普通高等学校规划教材



# Mechanics of Materials

# 材料力学

（上册）

李银山　编著

人民交通出版社股份有限公司
China Communications Press Co.,Ltd.

## 内 容 提 要

本教材是根据教育部高等院校工科本科“材料力学”课程教学基本(多学时)要求编写的,是作者继《Maple材料力学》出版后,将材料力学和计算机技术结合起来的又一部新型教材,首次讲解了李银山提出的一种解决材料力学和结构力学问题的快速解析法——连续分段独立一体化积分法。

本书由《材料力学》上、下册组成,共计28章。基本上涵盖了经典材料力学所涉及的所有问题,即强度、刚度、稳定性、动载荷、能量法和优化设计,内容完整、结构紧凑、叙述严谨、逻辑性强,并配备手算和电算(Maple软件)两类例题,思考题和A、B、C三类习题。

上册内容主要包括:截面几何性质;拉伸、压缩、剪切、扭转和弯曲等杆件基本变形的强度、刚度计算;杆件自由振动偏微分方程的建立;应力与应变分析;强度理论;组合变形;绳索的强度、刚度计算和利用计算机求解梁弯曲变形的快速解析法等共计15章。

本书适用于工科本科生材料力学教学使用,以及研究生和工程技术人员材料力学专题的学习研究。

为便于教师讲授本教材,本书配备**多媒体电子教案**,可于人民交通出版社网站(http://www.ccpress.com.cn/Service/index.aspx)下载。

**图书在版编目(CIP)数据**

材料力学. 上册/李银山编著. --北京:人民交通出版社股份有限公司,2014.9

普通高等学校规划教材

ISBN 978-7-114-11608-7

Ⅰ.①材… Ⅱ.①李… Ⅲ.①材料力学-高等学校-教材 Ⅳ.①TB301

中国版本图书馆CIP数据核字(2014)第186925号

普通高等学校规划教材

**书　　名**:**材料力学(上册)**

**著 作 者**:李银山

**责任编辑**:王文华　牛家鸣

**出版发行**:人民交通出版社股份有限公司

**地　　址**:(100011)北京市朝阳区安定门外外馆斜街3号

**网　　址**:http://www.ccpress.com.cn

**销售电话**:(010)59757973

**总 经 销**:人民交通出版社股份有限公司发行部

**经　　销**:各地新华书店

**印　　刷**:北京鑫正大印刷有限公司

**开　　本**:787×1092　1/16

**印　　张**:27.75

**字　　数**:650千

**版　　次**:2014年9月　第1版

**印　　次**:2014年9月　第1次印刷

**书　　号**:ISBN 978-7-114-11608-7

**定　　价**:49.00元

# 序

由李银山教授编写的《材料力学》是将材料力学和计算机技术结合起来的新型教材，本书分上、下册，共计28章，包括了材料力学教学大纲要求的全部内容。由于材料力学中许多问题的计算都比较繁琐，本书引入了由李银山提出的快速求解结构弯曲变形问题的连续分段独立一体化积分法，因而有利于系统地培养学生建模编程和计算分析、解决工程实际问题的能力。

连续分段独立一体化积分法首先将梁进行连续分段，建立具有四阶导数的挠曲线近似微分方程，然后分段独立积分四次，得到挠度的通解。根据边界条件和连续性条件，确定积分常数，得到剪力、弯矩、转角和挠度的解析函数，利用计算机绘出剪力图、弯矩图、转角图和挠度图。工程实例表明，连续分段独立一体化积分法建立方程简单，计算编程程式化，求解速度快，与有限元法相比，其优点是可以得到精确的解析解。

在工程结构中，索是除杆件之外的另一种典型的构件，例如海洋工程中的缆绳、支撑电缆车与索道的钢绳、输电线及光缆等，特别是近年来大型索支撑结构，例如悬索桥、斜拉桥等的迅速发展，索已成为其重要构件，因此本书增加了无弹性索和有弹性索力学计算的基本理论。

李银山教授在撰写本书的过程中，查阅了大量的有关资料，编写了许多富有特色的例题和分类习题，其理论体系系统完整，循序渐进，学生易于掌握。本书的初稿曾在太原理工大学和河北工业大学有关专业使用，效果良好。

本书的出版，为材料力学教学的改进提供了一条可供选择的途径。我们衷心地期望本书的出版能在材料力学教学改革和培养高水平工程技术人才方面发挥一定的作用。

中国工程院院士

陈予恕

2014年5月

# 前　　言

本教材是根据教育部高等院校工科本科“材料力学”课程教学基本要求(多学时)、教育部工科“力学”课程教学指导委员会面向21世纪工科“力学”课程教学改革要求编写的。本书是将材料力学和计算机技术结合起来的新型教材,由《材料力学》(上册)和《材料力学》(下册)两部分组成。

随着科学技术日新月异的发展,作为基础学科的材料力学,其体系和内容也必须相应地进行调整。从这个愿望出发,在编写本教材时力图在已有《材料力学》的基础上,从以下几个方面作进一步的改进:

(1)提出了一种解决材料力学和结构力学的快速解析新算法——**连续分段独立一体化积分法**。该法首先将梁进行连续分段,独立建立具有四阶导数的挠曲线近似微分方程,然后分段独立积分四次,得到挠度的通解。根据边界条件,确定积分常数,得到挠度的解析函数。

连续分段独立一体化积分法与通常求解弯曲变形问题的积分法不同,不用列平衡方程求解支座约束力,不用建立弯矩方程,就可得到剪力函数、弯矩函数、转角方程和挠度函数,反过来,也可以求出支座约束力。

本教材中的讲解传统算法与现代算法并重,学习传统算法便于理解材料力学基本原理,采用现代算法可以快速、准确解决工程问题,提高效率。

(2)吸收了《力学与实践》“教学研究”栏目的最新成果,以及第1~7届全国高等学校力学课程报告论坛的最新成果,使全书内容完整、结构紧凑、叙述严谨、逻辑性强。

(3)注意使用矢量、张量、矩阵等数学工具,以适应计算机的使用要求。增加了有限差分法和有限单元法等数值方法的内容,以利于理解有限单元法原理,达到尽快正确使用有限单元法大型软件求解的目的,并提高数值计算编程能力。

(4)引入了结构优化设计思想。本教材注意从被动分析设计到主动优化设计教学思想的转变。

社会生产的需求和设计经验的积累反映了发展结构优化的客观要求;结构分析理论与方法的日益成熟(特别是有限单元法的发展)、数学理论的发展(特别是现代数学规划论的发展)、电子计算机的发展(特别是MATLAB优化库的出现),是发展结构优化的基础和后盾。本书期望学生尽快掌握结构优化设计的思想和方法,以真正解决工程设计问题。

(5)过去由于手工无法求解而只限于等截面杆问题的分析,本教材引入了直接对变截面杆分析求解。

21世纪人类步入信息时代,计算机技术无论从硬件还是软件上都在日新月异地发展,信息化、数字化、网络化渗透在很多学科当中,也为很多学科提供了新的发展机遇。个人计算机的空前普及、计算机语言的更新换代、计算技术的不断发展,使面向计算机的材料力学不再满足于等截面杆的分析,而是开始尝试系统地建立面向计算机的变截面杆的问题,并建立计算机分析求解的精确模型,作精确的符号运算和数值分析计算,而不受求解问题规模的限制。

(6)引入了结构可靠性设计思想。本教材注意从容许应力设计法到可靠性设计法的教学思想的转变与衔接。

(7)增加了杆、轴、梁、索连续振动方程的建立,通过本书的学习,学生不仅可以掌握静态的材料力学设计,而且可以尽早接触动态的材料力学设计。

(8)增加了索的材料力学计算基本理论。在工程结构中,索是除杆件之外的另一种典型的构件,例如海洋工程中的缆绳、支撑电缆车与索道的钢绳、输电线及光缆等,特别是近年来大型索支撑结构,例如悬索桥、斜拉桥等的迅速发展,索已成为其重要构件。因此,有必要在材料力学课程中引入索的基本理论,其内容也是进一步学习薄膜理论的基础。

(9)子曰:"学而不思则罔,思而不学则殆。"。现有一些材料力学教科书所给出的思考题,似乎可以分为两大类:一类主要是复习性的,例如"材料力学的任务是什么?""材料力学的研究对象是什么?"等。另一类则不单纯是复习,而是带有一定的思考性。收入本书的思考题,基本上属于后一类。思考题中带"*"表示属于较难的问题。有的思考题虽然归入某一章,但由于材料力学知识的连贯性,可能需要全面思考。

(10)子曰:"学而时习之,不亦说乎?"。本书希望构建"教、学、习、用"四维一体的现代化、立体化教材。本书例题分为常规的手算例题和计算机电算例题,供教师"教"和学生"学"选用。收入本书的习题分为三类:A 类习题比较简单、容易,供同学们写课后作业,期中或期末考试练习选用;B 类习题有一定难度,供考研和参加力学竞赛的同学练习选用;C 类习题与工程实际结合比较紧密,供同学们写大作业和工程技术人员学习时参考应用。

作为面向21世纪的新教材,本书尝试为材料力学建立一种具有现代计算方法的强大功能,但又不失去传统解析方法之精确性的新体系。

华东理工大学李彤编写了第2~5章,并制作了本书的多媒体课件;河北工业大学李银山编写了其他所有章节,并统稿。

在编写本书过程中,我的研究生罗利军、董青田、曹俊灵、潘文波、吴艳艳、官云龙和其他许多博士生、硕士生及本科生提出了宝贵的修改建议,给予了很多帮助,在此一并致谢。

感谢我的博士生导师杨桂通教授针对本书进行的有益讨论和指导。

我深深地感谢我的夫人杨秀兰女士,她帮助我录入了全部书稿。

陈予恕院士热情为本书作序,并担任主审;河北工业大学李欣业教授、焦永树教授对书稿作了极为认真细致的审阅,提出了许多宝贵的改进意见,在此致以衷心的感谢!

限于作者水平,难免有错误与不妥之处,望读者不吝指正。

李银山

2014年5月于天津

# 主要符号表

$A$　面积
$a,b,c$　尺寸,距离,常数
$c$　波的传播速度
$c_l$　无限介质中纵波传播速度
$c_t$　无限介质中横波传播速度
$C$　积分常数,形心
$D$　直径(外径)
$d$　直径(内径)
$E$　材料弹性模量
$e$　偏心距
$F$　集中力
$F_{bs}$　挤压力
$F_{cr}$　柱的临界荷载
$F_N$　轴力
$F_S$　剪力
$F_{Sy},F_{Sz}$　剪力分量
$F_T$　绳索张力
$F_u$　极限载荷
$G$　切变模量
$g$　重力加速度
$h$　高度、尺寸
$I_y,I_z$　面积惯性矩
$I_p$　圆截面的极惯性矩
$I_t$　任意截面的极惯性矩
$I_{yz}$　面积惯性积
$I_1,I_2$　主惯性矩
$i$　惯性半径
$i_y,i_z$　对 $y$、$z$ 轴的惯性半径
$J$　质量惯性矩
$K$　体积弹性模量
$K_d$　动荷因数
$k$　弹簧刚度系数
$k_M$　弯曲梁弹簧刚度系数
$k_N$　拉压杆弹簧刚度系数
$k_n$　扭簧刚度系数
$k_T$　扭转轴弹簧刚度系数
$l$　长度
$L$　杆件的长度,跨度
$M$　弯矩
$M_e$　外力偶
$m$　分布力偶,质量
max　极大
min　极小
$n$　安全因数,每分钟的转数
$n_{st}$　稳定安全因数
$O$　坐标原点
$P$　功率
$p$　压力
$q$　分布载荷(单位距离上的荷载)
$r$　半径,距离
$S$　静矩
$s$　弧长
$T$　扭矩,温度,周期,动能
$T_u$　极限扭矩
$t$　厚度,时间
$U_\varepsilon$　应变能
$U_\varepsilon^*$　余应变能
$U_{\varepsilon,d}$　动应变能
$U_{\varepsilon,st}$　静应变能
$u$　轴向位移,$x$ 方向的位移
$u_\varepsilon$　单位体积的应变能
$u_\varepsilon^*$　单位体积的余应变能
$u_d$　形状改变比能
$u_v$　体积改变比能
$v,w$　梁的挠度分量,$y$、$z$ 方向的位移
$V$　体积,势能
$W$　抗弯截面模量,功
$W^*$　余功

$W_e$　外力功

$W_i$　内力功

$W_p$　圆截面抗扭截面模量

$W_t$　非圆截面抗扭截面模量

$x,y,z$　直角坐标,距离

$x_C,y_C,z_C$　形心坐标

$\alpha$　热膨胀系数,角,圆内外直径之比

$\alpha_K$　冲击韧度

$\beta$　表面加工系数

$\gamma$　切应变

$\gamma_{xy},\gamma_{yz},\gamma_{zx}$　$xy$、$yz$ 和 $zx$ 平面内的剪切应变

$\delta$　伸长率,广义位移,过盈量,厚度

$\delta U_\varepsilon$　虚变形能

$\delta U_\varepsilon^*$　余虚变形能

$\delta W$　虚功

$\delta W^*$　余虚功

$\delta W_e$　外力虚功

$\delta W_i$　内力虚功

$\delta \Pi$　虚变形势能

$\delta \Pi^*$　余虚变形势能

$\Delta$　位移,伸长量

$\Delta_d$　动位移

$\Delta_{st}$　静位移

$\Delta T$　温差

$\Pi$　变形势能

$\Pi^*$　余变形势能

$\theta$　弯曲转角,体积应变

$\vartheta$　单位长度扭转角

$\mu$　泊松比,长度因数

$\rho$　物质密度,曲率半径

$\sigma$　法向应力

$\sigma_1,\sigma_2,\sigma_3$　主应力

$\sigma_{cr}$　柱的临界应力

$\sigma_d$　动应力

$\sigma_m$　平均应力

$\sigma_{st}$　静应力

$[\sigma]$　容许应力

$\tau$　剪应力

$[\tau]$　容许剪应力

$\omega$　角速度

$\omega_0$　固有角频率

$\omega_d$　阻尼自由振动角频率

$\Omega$　激励角频率

$\varphi$　扭转角

$\zeta$　阻尼比

$EA$　抗拉(压)刚度

$EI$　抗弯刚度

$GI_p$　圆截面扭转刚度

$GI_t$　非圆截面扭转刚度

# 目　　录

孔丘(字仲尼,前551 -9 -28 ~ 前479 -4 -11)

子曰:“学而时习之,不亦说乎?
有朋自远方来,不亦乐乎?
人不知而不愠,不亦君子乎?”

# 第1章　绪　　论

## 1.1　材料力学教学内容的改革与发展

“材料力学”是一门具有悠久历史和丰富内容的传统学科,是机械工程、土木工程、水利工程、交通工程等专业领域的一门主要技术基础课。

“材料力学”的主要研究对象是杆件,以及由若干杆件组成的简单杆系,还有一些形状与受力均比较简单的板与壳。至于一般较复杂的杆系与板壳问题,则属于结构力学与弹性力学等研究范畴。工程实际中的构件,大部分属于杆件,而且,杆件问题的分析原理与方法也是分析其他形式构件的基础。

随着科学技术日新月异的发展,作为基础学科的材料力学,其体系和内容也必须相应地进行调整。从这个愿望出发,在编写本教材时力图在以下几个方面作一些改进:

(1)注意使用矢量、张量、矩阵等数学工具,以适应计算机的使用要求,增加有限差分法和有限单元法等数值方法的内容。

(2)引入结构优化设计思想,注意从被动分析设计到主动优化设计教学思想的转变。

社会生产的需求和设计经验的积累反映了发展结构优化的客观要求;结构分析理论与方法的日益成熟(特别是有限单元法的发展)、数学理论的发展(特别是现代数学规划论的发展)、电子计算机的发展(特别是 MATLAB 优化库的出现),是发展结构优化的基础和后盾。

材料力学的任务就是在保证构件(主要是杆件)正常安全工作,即满足强度、刚度和稳定性等基本要求的前提下,使构件重量最轻、材料最省、制造成本最低。

所谓强度就是构件抵抗破坏的能力,即保证在规定的使用条件下不发生意外的断裂或显著塑性变形;所谓刚度就是构件抵抗变形的能力,即保证在规定的使用条件下不产生过大变形;所谓稳定性就是构件保持原有平衡形式的能力,即保证在规定的使用条件下不失稳。

(3)过去由于手工无法求解而只限于等截面杆问题的分析,本教材引入了直接对变截面杆分析求解。

(4)引入结构可靠性设计思想,注意从容许应力设计法到可靠性设计法的教学思想的转变与衔接。

结构的可靠性包括结构的安全性、适用性和耐久性。其中结构的安全性包括强度、刚度和稳定性;结构的适用性指结构在正常使用时具有良好的工作性能;结构的耐久性指在正常维护条件下结构能够使用到预期的耐久年限。结构可靠性就是结构在规定的时间内,在规定的条件下,完成预定功能的能力。度量结构可靠性的数量指标称为结构可靠度,其定义为:在规定的时间内,在规定的条件下,完成预定功能的概率。

21 世纪,人类步入信息时代,计算机技术无论从硬件还是软件上都在日新月异地发展,信息化、数字化、网络化渗透在很多学科当中,也为很多学科提供了新的发展机遇。个人计算机的空前普及、计算机语言的更新换代、计算技术的不断发展,使面向计算机的材料力学不再满足于等截面杆的分析,而是开始尝试系统地建立面向计算机的变截面杆的问题,并建立计算机分析求解的精确模型,作精确的符号运算和数值分析计算,而不受求解问题规模的限制。

作为面向 21 世纪的新教材,本书尝试为材料力学建立这样一种具有现代计算方法的强大功能,但又不失去传统解析方法之精确性的新体系。

## 1.2 面向能力培养的材料力学

约翰·冯·纽曼指出:“科学不只是为了解释一些现象,更不只是为了说明一些事情。科学的主要任务是建立数学模型。它是数学的结构,加上了确定的语言说明,用以描述观察到的现象,这样的数学模型将是唯一精确的,这才是科学的任务。”

讲授材料力学要始终以数学建模思想为核心。什么是数学建模呢？如果一定要下一个定义的话,可以说它是一种科学的思考方法,是“对现实的现象通过心智活动构造出能抓住其重要且有用的特征的表示,常常是形象化的或符号的表示”。从科学、工程、经济、管理等角度看数学建模,就是用力学的模型和数学的语言和方法,通过抽象、简化,建立能近似刻画并“解决”实际问题的一种强有力的数学、力学工具。

数学、力学、物理、化学、天文、地理、生物各门学科尽管研究的内容不同,但一言以蔽之,其研究方法都是数学建模。其步骤为“象、数、理”三个要点。

“象”即自然现象之象也。自然现象是复杂的,实际问题是千姿百态的。在对事物观察和实验的基础上,经过抽象简化从而建立力学模型,材料力学的力学模型是变形杆件(杆、轴、梁、柱),在基本规律的基础上,经过逻辑推理和数学演绎,建立数学模型。材料力学的数学模型是常(偏)微分方程组。“象”其实就是把实际问题简化成力学模型(杆、梁、轴、柱),再转化为数学模型(偏微分方程组)的过程。”

“数”是力学的数理表达,是对“象”的定量研究。在现代主要是利用电子计算机对数学模型(偏微分方程组)求解,当然也离不开各种数学新方法和专业知识。现代自然科学和技术的发展,正在改变着传统的学科划分和科学研究的方法。数学、力学、物理、化学、天文、地理、生物这些曾经以纵向发展为主的基础学科,与日新月异的新技术相结合,使用数值、解析和图形并举的计算机方法,开拓出了横跨多种学科门类的新兴领域。计算科学特别是图形技术的长足进步,使人们得以理解和模拟出许多过去无从下手研究的复杂现象。从随机与结构共存的湍流现象,到自然界中图样花纹的选择与生长,以及生物形态的发生过程,都开始展现其内在规律。

“理”指力学的原理、道理。“理”狭义地讲指牛顿定律、变分原理等;广义地讲包括数学定理、物理原理、自然规律,甚至包括某一实际问题的规律总结。对求得的解进行分析判断、总结规律和稳定性分析,这是运用数学模型描述事物特征或运动规律的重要环节。“理”就是对数学模型(偏微分方程组)的求解结果进行分析判断、总结规律的过程。

辩证唯物主义认为世界是物质的，物质是在时间($t$)和空间($x$,$y$和$z$)中有规律地运动的。恩格斯根据客观物质和运动形式把现代科学分成：机械运动——力学、天文学(天体力学)；物理运动——物理学(分子的力学)；化学运动——化学(原子的力学)；生物运动——生物学(生物力学)；社会运动——社会学(生产力学)。研究自然现象的数量关系及运动规律的数学方法，必须以最简单的运动为基础，取某一系统为研究对象，建立它的非线性动力学模型。广义的动力学研究的是系统如何随时间变化。所谓系统，就是指由一些相互联系或相互作用的客体组成的集合。这些客体，既可以是自然科学中的一些物质，如气体、液体、固体、化合物、生物的各部分或其整体，也可以是各种社会事物组织，如各种群体或财政经济结构，以及生产力和知识等抽象的事物。系统的性质或特征由一些所谓状态变量所表征，如粒子的坐标和动量、化合物的浓度和人口密度等。动力学就是要研究这些状态变量随时间变化的规律。这种规律既可表达为关于状态变量的微分方程，也可用关于状态变量的离散方程表示，这些方程既可以是线性的，也可以是非线性的，但实际上多数都是非线性的，线性方程大多只是非线性方程的近似。

"材料力学"是力学系列课程中的重要组成部分，是固体力学最基础的力学课程。固体力学中最基本和最基础性的概念和理论大都是在基础力学部分建立的。学习材料力学，主要是学习如何将基础力学中的概念、理论和知识充分调动起来，灵活、合理、巧妙、综合地应用于由杆件(杆、轴、梁、柱)组成的复杂结构和机构的分析中去。

作为面向21世纪的课程内容体系，不仅要从各门单一课程的内容上考虑如何改革和更新，更应该统观材料力学的整个内容体系和知识结构，研究如何更加有效地培养学生学习材料力学中所最需要的能力。为了建立面向能力培养的内容体系，必须认真研究材料力学中各种能力的体现与要求。

从整体上讲，材料力学中有三方面的能力需要重点训练培养，它们分别是："象"(经典方法分析能力)、"数"(计算机分析能力)和"理"(定性分析能力)。

## 1.3 Maple 软件介绍

Maple 是 Waterloo 公司开发的一种数学运算软件，是目前世界上最为通用的符号计算软件之一。它提供了强大的数学计算功能和强大的程序包。在用户交互界面命令行，用户可以输入一条命令，Maple 执行后将结果显示给用户，然后等待用户进一步的输入。

为了满足不同领域用户的实际需要，Maple 将不同功能封装在不同的程序包中，并提供给不同的用户。在使用时，用户可以根据自己的需要，加载相应功能的程序包来完成相应的计算任务。Maple 提供十几种完成特定功能的程序包，如线性代数程序包、微积分程序包、统计程序包、微分方程程序包，以及画图程序包等，这些程序包可以满足各种应用计算的需求。除了 Maple 提供的各种程序包，还允许用户构建自己的自定义程序包，以完成更为复杂的特定需要。

### 1.3.1 工作表界面

Maple 工作表包含一组丰富的文档结：运算组、表格、段落、节以及超链接。运算组和表格帮助与 Maple 的运算引擎交互。这两种基本结构提供了直接途径来让 Maple 执行命令、显示结果。Maple 命令的输出结果可以是数字型的、符号型的，也可以是图像型的。

命令序列(运算组)是解决具体数学问题过程的规则描述，是工作表中最基本的可计算结构。它的首要目的是将一条或多条命令结合在一个可再次执行的组中,命令结束符为分号或冒号,通过左侧的尖括号迅速辨认运算组,将光标置于运算组的任意命令行后按回车,全组命令将依次执行,并将结果显示于运算组的末尾,同时光标将自动跳至下一运算组的首条命令行。

### 1.3.2 基本数学运算

Maple 可视为功能强大的计算器。Maple 内置大量各类特殊运算,如阶乘、最大公约数、最小公倍数、模、同余运算等。Maple 的强大首先表现在它的精确运算能力,无论是分数还是无理数,都不会在运算过程中自动取近似的十进制小数,这样避免了误差的叠加,同时 Maple 可给出任意精度的近似小数。Maple 还具有强大的代数运算能力,它可以用符号运算来解析地解决和处理许多问题,定义变量与使用变量,可解决"如果……那么"等类问题。Maple 可使用不同的方法让数学表达式更便于处理、使用。这种变通的特性允许进行诸如多项式展开、因式分解、三角式化简、用运算结果给变量赋值、恒等变换等操作,可以用变量代替运算结果,当处理大量的表达式和函数时,变量的使用将不可缺少(特别是中间结果需要重复使用时)。

Maple 提供多种方法定义函数。其一是使用箭头定义符(如同数学中映射的定义符)。其二是使用 unapply 命令,将表达式转化为函数。Maple 可求解多种代数方程(组)。Maple 对每类数学对象都提供了大量适当的函数,右击任一种数学对象都将显示相关的右键菜单。

Maple 中最常用的工具包就是线性代数(linalg)工具包,linalg 工具包提供了一组用于处理向量、矩阵的强力工具。Maple 可求矩阵标准型、特征值、特征向量,可定义曲线坐标,进行各种矩阵分解。使用 with(linalg)命令载入该工具包,会出现使用工具包的各种命令。

### 1.3.3 作图

Maple 支持 2D、3D 图像,它可以对显式、隐式、参数型函数及数据集作图。缺省情况图形将在行内(文档中)显示。首先用 with(plots)和 with(plottools)命令载入两个作图工具包,系统列出可用的函数。Maple 还能对线性不等式组作图,使许多线性规划问题的解可视化。

Maple 的 2D 作图工具允许同时对多函数作图,生成复函数映射、对数、双对数、参数型、分段、极坐标、等值线等图像,还可以对不等式组、隐函数、微分方程的解、根的分布等作图。另外,题目、标签、文字的字体属性等亦可按需设定。

plots 工具包中的命令:implicitplot 生成由二元方程决定的隐函数图象。plottools 工具包含有许多生成和处理图形对象的命令。

Maple 可以生成由显函数、参数型、微分方程的解给出的 3D 曲线和曲面。图像的外观,如字体、光照、着色等也可随便更改。plots 工具包不仅包含 2D、3D 作图,还支持 2D、3D 动画,用它可以描述现实世界中随时间变化的过程。

### 1.3.4 微分方程

Maple 能解多种常微分方程组(ODEs)与偏微分方程组(PDEs),包括方程组的初值问题(IVPs)、边值问题(BVPs)。DEtoos 工具包提供多种解微分方程组的工具。首先用 with(Detoos);命令载入此工具包。

dsolve 命令是解微分方程的重要命令。操作符 D 与命令 diff 也是常用的。Maple 还能识别许多特殊函数，如 Dirac、delta 函数等。

## 1.4 线性弹性定律由发现到完善

### 1.4.1 郑玄—胡克定律

线性弹性定律是材料力学等固体力学一个非常重要的基础。一般认为它是由科学家胡克(Hooke,1635 ~ 1703,英国)首先提出来的。

在胡克之前 1 500 年，我国早就有了关于力和变形成正比关系的记载。

东汉郑玄(Zheng Xuan,127 ~ 200,中国)就《周礼·考工记·弓人》中“量其力，有三均”注云：“假令弓力胜三石，引之中三尺，弛其弦，以绳缓擐之，每加物一石，则张一尺。”

唐初，贾公彦对此又有疏云：“郑又云，假令弓力胜三石，引之中三尺者，此即三石力之弓也。必知弓力三石者，当弛其弦，以绳缓擐之者，谓不张之，别以一绳两簾，乃加物一石张一尺、二石张二尺、三石张三尺。”

本书本着实事求是的科学态度，采纳王仁等多名院士的建议，将线性弹性定律，称为郑玄—胡克定律。这个定律的原始含义可以表示为：

$$F = k \cdot \Delta x \tag{1-1}$$

式中，$F$ 表示外力；$\Delta x$ 表示变形；$k$ 表示刚度系数。

胡克在 1676 年的一篇文章的末尾，以谜面为“ceiinosssttuv”的字谜，暗示了力和变形的线性关系。其后，在 1678 年的另一篇文章中，公布了字谜的谜底：“Ut tension sic vis”。这是拉丁文，译成中文就是：“有多大的伸长，就有多大的力”。意思是说，任何弹簧的力与其伸长成正比。

在简要介绍圆柱螺旋弹簧的试验装置和方法之后，据胡克自己说，如果某一质量(1 盎司，或者 1 磅)使弹簧伸长某一段距离(1/12 英寸，或者 1 英寸)，则两倍的质量将使它伸长两倍的距离，三倍的质量将使它伸长三倍的距离，以此类推。

郑玄把弓作为弹性体研究，引入了弹性限度的概念，即“假令弓力胜三石，引之中三尺”；郑玄给出了力与位移的定量关系，即“每加物一石则张一尺”；郑玄研究了弓的刚度特征，引入了刚度单位，即“石/尺”。

胡克的试验包括四种情况：圆柱螺旋弹簧试验，钟表的盘簧试验，金属丝拉伸试验，悬臂木梁试验。胡克的表述与郑玄是等价的。胡克也给出了力与位移的定量关系，即弹簧的力与其变形成正比；胡克研究了弹簧的刚度特征，引入了刚度单位，即“磅/英寸”。胡克的实验比郑玄讲的多，为材料力学的基本变形即拉、压、剪、扭和弯分类提供了原始模型。郑玄和胡克的局限性是：①他们都不曾注意到弹性大变形(大应变)的非线性问题，应该指出郑玄—胡克定律是线性弹性定律，过去称为“弹性定律”是不确切的；②表达式(1-1)中刚度系数 $k$ 包括材料常数和几何常数的耦合，没有把材料常数和几何常数分离开研究。

### 1.4.2 推广的郑玄—胡克定律

数学家和力学家柯西(Augustin Louis Cauchy,1789 ~ 1857,法国)，奠定了材料力学、弹性力学应力和应变的理论基础，他对材料力学的主要贡献有：①引进了应变的概念，并建立了应变和位移的关系，还讨论了主应变与应变二次曲面；②引进了应力张量和主应力的概念，对各向同性弹性体，他从主应变与主应力应当重合，推论在这一情形下弹性常数应当有两个；③讨论了应变张量与应力张量的关系，称为广义郑玄—胡克定律，论证了在最一般条件下应当有 36 个弹性常数;④得到了以位移表示的弹性体平衡方程并提出了边界条件;⑤首先指出了矩形截面杆的扭转与圆截面杆的扭转有重要区别;⑥最早研究了板的振动问题。同时,柯西在数学和力学的其他方面也有很多突出的贡献。

物理学家和考古学家托马斯·杨(Thomas Young,1773~1829,英国)最早引入了能量的概念,他定义了"弹性模量",至今人们还是把弹性模量 $E$ 称为杨氏模量。他首先给出了应力 $\sigma$ 和应变 $\varepsilon$ 间的定量数值关系:

$$\sigma = E \cdot \varepsilon \tag{1-2}$$

他还是首先考虑剪切弹性变形的科学家。

泊松(Simon Denis Poisson,1781~1840,法国),在分析力学中引进了泊松括号;在弹性力学中引进了泊松比 $\mu$,从理论上推演出各向同性弹性杆在纵向拉伸时,横向收缩应变 $\varepsilon'$ 与纵向伸长应变 $\varepsilon$ 之比是一个常数。

$$\varepsilon' = -\mu \cdot \varepsilon \tag{1-3}$$

泊松第一次得到了板的挠曲方程,还求解了许多具有实际应用价值的圆板的振动问题。

拉梅(Lame G,1795~1870,法国),引入了拉梅常数 $\lambda$,把应力张量的六个独立分量用应变张量的六个独立分量表示,得到了应变表示应力的广义郑玄—胡克定律,并给出了切应力与切应变之间的关系:

$$\tau = G \cdot \gamma \tag{1-4}$$

式(1-4)就是剪切郑玄—胡克定律,其中 $G$ 称为剪切弹性模量。

拉梅常数 $\lambda$ 可以用杨氏模量 $E$ 和泊松比 $\mu$ 表示:

$$G = \frac{E}{2(1+\mu)}, \lambda = \frac{E\mu}{(1+\mu)(1-2\mu)} \tag{1-5}$$

式(1-5)中的四个材料常数 $E$、$\mu$、$G$ 和 $\lambda$ 仅有两个是独立的。

经过柯西、托马斯·杨、泊松和拉梅等许多力学家的研究,线性弹性定律从发现到完善逐渐形成了现代的郑玄—胡克定律:①各向同性材料的应力和应变的正比关系仅与两个独立常数有关;②仅在线性弹性范围内(与小变形假设一致),即小应变情况下成立,应力应该小于比例极限 $\sigma_p$(或 $\tau_p$);③线性弹性定律由一维推广到三维,形成广义郑玄—胡克定律。

## 1.5 连续分段独立一体化积分法

### 1.5.1 工程设计对结构的快速解析解的需求

(1)大跨度桥梁、高层建筑、航空母舰、人造卫星、机器人等科技的发展,需要结构的快速解析解;

(2)结构优化设计需要结构的快速解析解;

(3)结构振动、稳定性控制需要结构的快速解析解。

设计实践证明仅仅采用有限元分析是不够的。

### 1.5.2 目前的研究现状

目前材料力学、结构力学求解超静定梁采用手工计算,利用三弯矩方程。首先选择静定基,列弯矩方程,采用单位载荷法、力法正则方程求出多余约束力;然后列平衡方程求出所有约束力;再列弯矩方程,采用单位载荷法才能求出挠度和转角。该方法计算速度慢,计算方法繁琐,不能得到完整的解析表达式。

### 1.5.3 计算机与力学相结合如虎添翼

2012年李银山提出了求解结构弯曲变形问题的一种快速解析法——连续分段独立一体化积分法。连续分段独立一体化积分法首先将梁进行分段,独立建立具有四阶导数的挠曲线近似微分方程,然后分段独立积分四次,得到挠度的通解。根据边界条件,确定积分常数,得到挠度的解析函数。

连续分段独立一体化积分法与通常求解弯曲变形问题的积分法不同,不用列平衡方程就能求解支座约束力,不用建立弯矩方程就可得到挠曲线方程、转角方程、弯矩方程和剪力方程,反过来,还可以求出支座约束力。

## 1.6 变形固体的基本假设

制作构件所用的材料多种多样,其具体组成与微观结构则更是复杂。为便于进行强度、刚度与稳定性的理论分析,现根据工程材料的主要性质对其作如下假设。

(1)连续性假设

假设在构件所占有的空间内毫无空隙地充满了物质,即认为构件是密实的。按此假设,构件中的一些力学量(例如各点的位移),即可用坐标的连续函数表示,并可采用无限小的数学分析方法。

(2)均匀性假设

材料在外力作用下所表现的性能,称为材料的力学性能或机械性能。在材料力学中,假设材料的力学性能与其在构件中的位置无关,即认为是均匀的。按此假设,从构件内部任何部位所切取的微小单元体(简称为微体),都具有与构件完全相同的性质。同样,通过试样所测得的力学性能,也可用于构件内的任何部位。

(3)各向同性假设

假设材料沿各个方向具有相同力学性能,即认为是各向同性的。沿各个方向具有相同力学性能的材料,称为各向同性材料。例如玻璃即为典型的各向同性材料;金属的各个晶粒均属于各向异性体,但由于金属构件所含晶粒极多,而且在构件内的排列又是随机的,因此,宏观上仍可将金属看成是各向同性材料的复合材料。

(4)小变形假设

小变形假设认为物体在外力或其他外部作用(如温度等)的影响下,物体所产生的变形与其本身的几何尺寸相比属于高阶小量,可以不考虑因变形而引起的尺寸变化。这样,就可以用变形前的几何尺寸来代替变形后的几何尺寸,在进行力学分析时使问题大为简化。例如,在考虑应变与位移的关系时就可以略去位移公式中的二阶小量等,使基本方程线性化。

综上所述,在材料力学中,一般将实际材料看作是连续、均匀与各向同性的小变形固体。实践表明,在此四个基本假设基础上所建立的理论与分析计算结果,符合工程要求。

(5)平截面假设

平截面假设是材料力学中的一个变形假设,适用于细长杆离集中力和支承较远处。其假设:垂直于杆件轴线的各截面(即杆的横截面),在杆件受拉伸、压缩或纯弯曲变形后仍为平面,且垂直于杆件变形后的轴线。如杆截面为圆形,则扭转变形后的截面亦为平面。

根据平截面假设,杆受拉压后各截面作平行移动;杆受弯曲后,各截面作相对转动。它们都仅为杆轴向的位置函数。因此,通过平截面假设就把空间三维问题简化为一维问题。弹性力学分析表明,对于无侧向力作用的杆,平截面假设是正确的。若杆受侧向力作用,截面上会出现剪切变形,但只要杆足够细长,则剪切变形比弯曲变形小得多,平截面假设就近似可用。

(6)圣维南原理

圣维南原理是材料力学中说明力的局部效应的原理,由圣维南(Saint-Venant,1797 ~ 1886,法国)于1855年提出而得名。其内容为:分布于弹性体上一小块面积(或体积)内的载荷所引起物体中的应力,在离载荷作用区稍远处,基本上只同载荷的主矢和主矩有关;载荷的具体分布只影响载荷作用区附近的应力分布。此原理的一个提法是:作用在弹性体某一区域的平衡力系在离此区域较远处产生的应力几乎是零。

根据圣维南原理,在研究远离载荷处的应力时,就可视计算或实验的方便性,在静力等效的前提下,改变载荷的分布情况。

平截面假设和圣维南原理也是材料力学问题简化的基本手段。

## 1.7 杆件变形的基本形式

一个固体,当它的长度远大于它的横向尺寸时,就叫做杆。材料力学的主要研究对象是杆。本书中先研究直杆(轴线为直线的杆),并且主要研究各个截面相同的杆即等截面直杆,也简略地讨论变截面杆、曲杆、绳索、板和壳等其他构件。

在工程实践中,杆件可能受到各种形式的外力作用,因此所引起的变形也是各式各样的。但不管实际变形怎样复杂,它们常常是由如图1-1所示的几种基本变形形式所组成。

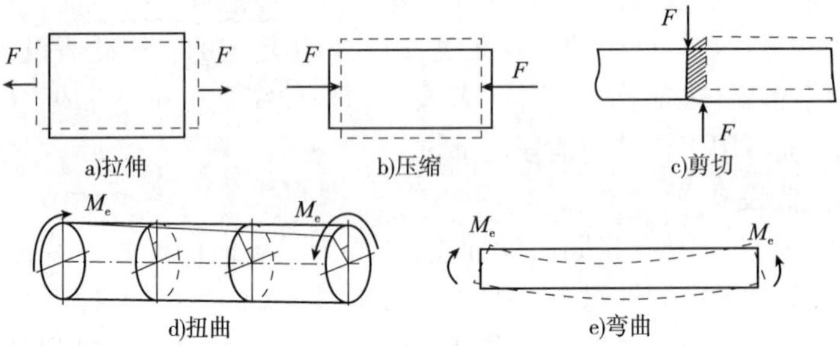


图1-1 杆件变形的基本形式

## 1.8 用平衡方程求支座约束力

### 1.8.1 平衡方程

对于空间任意力系的独立平衡方程,数目是6个,即

投影式

$$\sum F_x = 0, \sum F_y = 0, \sum F_z = 0 \tag{1-6a}$$

取矩式

$$\sum M_x = 0, \sum M_y = 0, \sum M_z = 0 \tag{1-6b}$$

列平衡方程正号规定:投影时与坐标轴方向一致取“+”号;取矩时按右手螺旋法则与逆时针方向一致取“+”号。

## 1.8.2 求支座约束力解题步骤

利用平衡方程求支座约束力的解题步骤：①研究对象；②受力分析；③列出方程；④写出结果。

(1)研究对象

根据所研究问题的已知条件和题意要求选择研究对象。研究对象可以是单个物体，也可以是几个物体的组合，或整个物体系统。把所要研究的物体从周围物体的联系中分离出来，单独画出它的简图，这种方法称为取分离体，所画简图称为分离体图。

选取研究对象时，应注意两个优先原则：①整体优先；②简单优先。

①整体优先：如果取整体为研究对象，可以求出全部或者部分约束力，可以优先取整体作为研究对象。

②简单优先：如果取某个物体或某部分物体为研究对象，约束力的个数最少，主动力简单，则称为受力简单。可以优先取受力简单物体作为研究对象。

(2)受力分析

写出隔离体受每个力的名称(个数一定，不能增加或者减少)，把主动力和约束力画在所隔离的研究对象上。

进行受力分析时，应注意先后次序：①先主动力；②后约束力。

①先主动力：先分析主动力，对所研究的对象，画上主动力。

②后约束力：然后根据约束的类型，正确画上相应的约束力。切不可单凭主观臆测或简单地以主动力的方向去推想约束力的方向。

(3)列出方程

列出方程就是根据力系的类型和需要求解的未知量的数目，列出相应的独立平衡方程。列平衡方程时，应注意含未知量唯一(最少)原则：为使解题简捷应尽可能地使每个方程中只包含一个未知量，或尽可能地使每个方程中包含最少个数的未知量。为此，

①列投影方程时，坐标轴尽可能与较多的未知力垂直；

②列取矩方程时，矩心轴尽可能地取在较多未知力集中的位置。

(4)写出结果

解平衡方程后，写出约束力大小。可以用符号表示，符号表示要求结果最简；也可以用数值表示，数值表示一般保留四位有效数字，要有合适的单位。

**例题 1-1** 已知结构如图 1-2a)所示，$q_1=4\text{kN/m}$，$F=2\text{kN}$，$q_2=2\text{kN/m}$，$M_e=2\text{kN}\cdot\text{m}$，$a=2\text{m}$。试求：①固定端 $A$ 与支座 $B$ 处的约束力；②销钉 $C$ 所受的力。

**解：**①求固定端 $A$ 与支座 $B$ 处的约束力。

$BC$ 梁(不包括销钉 $C$)受力$\boldsymbol{q}_1$、$\boldsymbol{F}_B$、$\boldsymbol{F}_{Cx1}$、$\boldsymbol{F}_{Cy1}$[图 1-2c)]：

$$\sum M_C=0,\ -\frac{q_1}{2}\cdot a\cdot\frac{a}{2}-\frac{1}{2}\cdot\frac{q_1}{2}\cdot a\cdot\frac{2a}{3}+F_B\cdot a=0 \tag{1}$$

$$F_B=3.333\text{kN}$$

整体受力$\boldsymbol{q}_1$、$\boldsymbol{F}$、$\boldsymbol{q}_2$、$\boldsymbol{M}_e$、$\boldsymbol{F}_{Ax}$、$\boldsymbol{F}_{Ay}$、$\boldsymbol{M}_A$、$\boldsymbol{F}_B$[图 1-2b)]：

$$\sum F_x=0,q_2a+F_{Ax}=0 \tag{2}$$

$$F_{Ax}=4\text{kN}$$

$$\sum F_y=0,\ -\frac{1}{2}\cdot q_1\cdot 2a-F+F_B+F_{Ay}=0 \tag{3}$$

$$F_{Ay}=6.667\text{kN}$$

$$\sum M_A=0,\ -\frac{1}{2}q_1\cdot 2a\cdot\frac{2}{3}\cdot 2a-F\cdot a-q_2\cdot a\cdot\frac{a}{2}+M_e+M_A=0 \tag{4}$$

$$M_A=14\text{kN}$$

以上解题过程较简捷,思路亦较清楚;题中所需求的未知力在方程中都没出现。

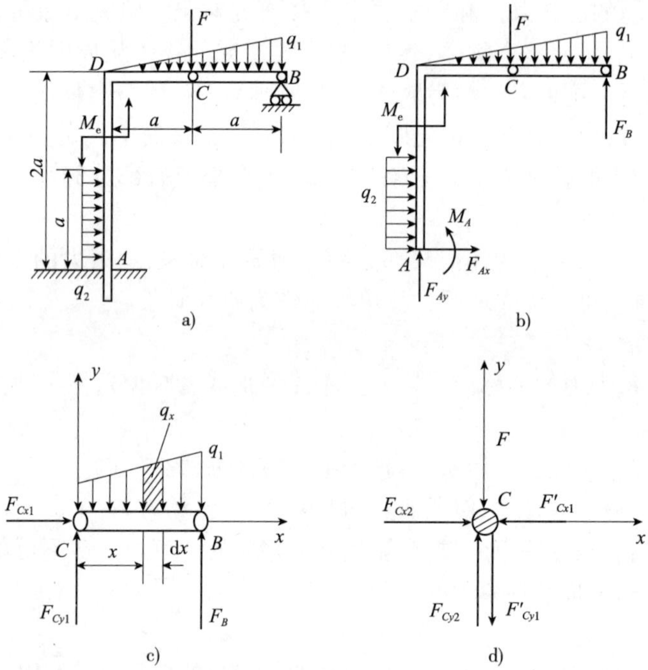


图 1-2

②求销钉 $C$ 所受的力。

以 $BC$ 梁为研究对象($F'_{Cx1}=F_{Cx1},F'_{Cy1}=F_{Cy1}$)。

$$\sum F_x=0,F_{Cx1}=0 \tag{5}$$

$$\sum F_y=0,\ -\frac{1}{2}\left(\frac{q_1}{2}+q_1\right)\cdot a+F_B+F_{Cy1}=0 \tag{6}$$

$$F_{Cy1}=2.667\text{kN}$$

销钉 $C$ 受力 $\boldsymbol{F}$、$\boldsymbol{F}'_{Cx1}$、$\boldsymbol{F}'_{Cy1}$、$\boldsymbol{F}_{Cx2}$、$\boldsymbol{F}_{Cy2}$[图 1-2d)]:

$$\sum F_x=0,F_{Cx2}-F'_{Cx1}=0 \tag{7}$$

$$F_{Cx2}=0$$

$$\sum F_y=0,F_{Cy2}-F'_{Cy1}-F=0 \tag{8}$$

$$F_{Cy2}=4.667\text{kN}$$

解题时一般可不必把销钉单独取出研究,可把销钉 $C$ 看成装在 $BC$ 梁或 $ADC$ 曲梁上,只有在考虑销钉的剪切或挤压应力时,才把销钉单独取出研究。

**讨论与练习**

(1)处理梯形分布力时,我们采用了分割成矩形加三角形处理方法,比较方便。

(2)处理梯形分布力时,也可以采用定积分法,请读者练习,并与(1)中的分割法比较。

(3)请读者使用 Maple 编程求解本题,验证手工计算结果。

(4)作用力 $F$ 与反作用力 $F'$ 通常大小相等,在列方程时,为方便计一撇通常省略不写。

## 1.9 Maple 编程示例

**编程题 1-1** 如图 1-3 所示三孔拱桥,本身重量不计。已知拱的尺寸 $a$ 和作用的两力 $\boldsymbol{F}_1$ 和 $\boldsymbol{F}_2$ 的大小,试用 Maple 语言编写求解所有支座约束力的程序。

已知:$F_1$,$F_2$,$a$。

求:$F_{Ax}$,$F_{Ay}$,$F_B$,$F_C$,$F_{Dx}$,$F_{Dy}$,$F_{Gx}$,$F_{Gy}$,$F_{Ix}$,$F_{Iy}$,$F_{Jx}$,$F_{Jy}$。

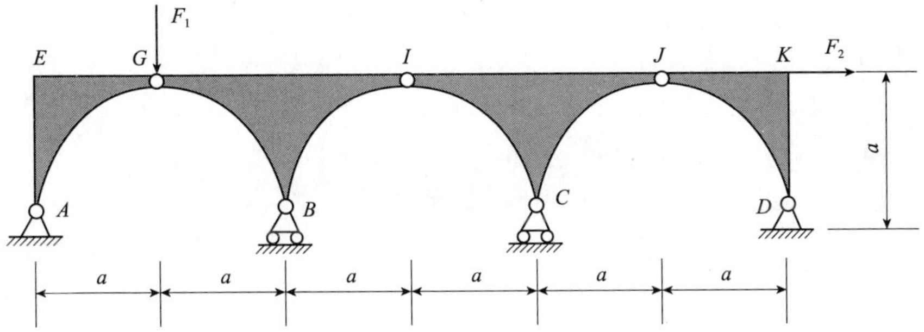


图 1-3

**解:● 建模**

平面任意力系一个研究对象可以列三个平衡方程。

(1)半拱 $AEG$(包括销钉 $G$)受力 $\boldsymbol{F}_1$、$\boldsymbol{F}_{Ax}$、$\boldsymbol{F}_{Ay}$、$\boldsymbol{F}_{Gx}$、$\boldsymbol{F}_{Gy}$。

(2)半拱 $BGI$ 受力 $\boldsymbol{F}_B$、$\boldsymbol{F}_{Gx}$、$\boldsymbol{F}_{Gy}$、$\boldsymbol{F}_{Ix}$、$\boldsymbol{F}_{Iy}$。

(3)半拱 $CIJ$ 受力 $\boldsymbol{F}_C$、$\boldsymbol{F}_{Ix}$、$\boldsymbol{F}_{Iy}$、$\boldsymbol{F}_{Jx}$、$\boldsymbol{F}_{Jy}$。

(4)半拱 $DJK$ 受力 $\boldsymbol{F}_2$、$\boldsymbol{F}_{Dx}$、$\boldsymbol{F}_{Dy}$、$\boldsymbol{F}_{Jx}$、$\boldsymbol{F}_{Jy}$。

**讨论与练习**

(1)受力分析时,力 $F_1$(即销钉 $G$)可以画在半拱 $AEG$ 上,或者画在半拱 $BGI$ 上。

(2)力 $F_1$(即销钉 $G$)不能既画在半拱 $AEG$ 上,又画在半拱 $BGI$ 上。

(3)力 $F_1$(即销钉 $G$)不能既不画在半拱 $AEG$ 上,又不画在半拱 $BGI$ 上。

(4)$F_1$(即销钉 $G$)不管画在哪个物体上,仅对 $F_1$ 作用点的中间铰链约束力结果有影响,对其他支座约束力结果无影响。

(5)本例将 $F_1$(即销钉 $G$)画在半拱 $AEG$ 上,请读者把 $F_1$(即销钉 $G$)画在半拱 $BGI$ 上重新编程计算验证结论(4),比较中间铰链 $G$ 约束力的变化规律。

(6)请读者补充出本题的隔离体受力图。

**● Maple 程序**

```
> restart:                                    #清零。
> eq1:=FA[x]+FG[x]=0:                         #半拱 AEG, ΣF_x=0。
```

```
> eq2: = -F[1]+FA[y]+FG[y] =0:                          #半拱AEG,ΣFy=0。
> eq3: =FA[x]*a-FA[y]*a=0:                              #半拱AEG,ΣMG=0。
> eq4: = -FG[x]+FIx=0:                                  #半拱BGI,ΣFx=0。
> eq5: = -FG[y]+FI[y]+FB=0:                             #半拱BGI,ΣFy=0。
> eq6: =FB*a +FI[y]*2*a+ =0:                            #半拱BGI,ΣMG=0。
> eq7: = -FI[x]+FJ[x]=0:                                #半拱CIJ,ΣFx=0。
> eq8: = -FI[y]+FJ[y]+FC=0:                             #半拱CIJ,ΣFy=0。
> eq9: =FI[y]*2*a-FC*a=0:                               #半拱CIJ,ΣMJ=0。
> eq10: =F[2]+FD[x]-FJ[x]=0:                            #半拱DJK,ΣFx=0。
> eq11: = -FJ[y]+FD[y]=0:                               #半拱DJK,ΣFy=0。
> eq12: =FD[x]*a+FD[y]*a=0:                             #半拱DJK,ΣMJ=0。
> solve({eq1,eq2,eq3,eq4,eq5,eq6,
>          eq7,eq8,eq9,eq10,eq11,eq12},
>        {FA[x],FA[y],FB,FC,FD[x],FD[y],
>          FG[x],FG[y],FI[x],FI[y],FJ[x],FJ[y]});
>                                                       #解方程组求支座约束力。
```

**答:**所有支座约束力为:

$F_{Ax}=\frac{1}{2}(F_1-F_2)$, $F_{Ay}=\frac{1}{2}(F_1-F_2)$ , $F_B=F_1+F_2$, $F_C=-(F_1+F_2)$,

$F_{Dx}=-\frac{1}{2}(F_1+F_2)$, $F_{Dy}=\frac{1}{2}(F_1+F_2)$, $F_{Gx}=-\frac{1}{2}(F_1-F_2)$,

$F_{Ix}=-\frac{1}{2}(F_1-F_2)$, $F_{Iy}=-\frac{1}{2}(F_1+F_2)$, $F_{Jx}=-\frac{1}{2}(F_1-F_2)$, $F_{Jy}=\frac{1}{2}(F_1+F_2)$。

$F_1$ 画在半拱 $AEG$ 上:$F_{Gy}=\frac{1}{2}(F_1+F_2)$;$F_1$ 画在半拱 $BGI$ 上:$F_{Gy}=-\frac{1}{2}(F_1-F_2)$。

## 思考题

**思考题 1-1** 在求解材料力学的问题中,理论力学里力的可传性原理什么时候可以应用,什么时候不能应用?图 1-4 中力 $\boldsymbol{F}$ 的作用点若从 $C$ 处移到 $E$ 处,对支座约束力有影响吗?对哪一段杆的内力和变形有影响?

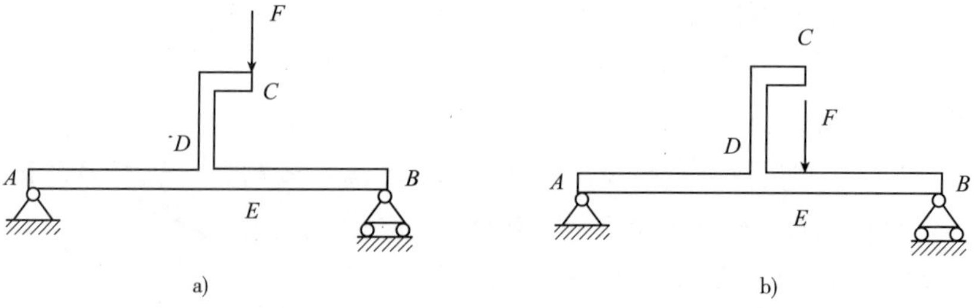


图 1-4

**思考题 1-2** 线性弹性定律是如何从发现到完善的,郑玄和胡克各自说了什么,郑玄—胡克定律在中学物理里是如何表述的,在材料力学(弹性力学、结构力学)中是如何表述的?

## 习题

### A 类型习题

**习题 1-1** 绞车如习题图 1-1 所示。已知重物 $G=196\text{N}$，$a=15\text{cm}$，$l=40\text{cm}$，$c=30\text{cm}$，$d=40\text{cm}$。试求：(1)使 $G$ 等速上升所需的力 $F$；(2)支座约束力(支座 $A$、$B$ 可视为铰支)。

**习题 1-2** 如习题图 1-2 所示，$AB$ 杆的左端固定在墙内。试求支座约束力。

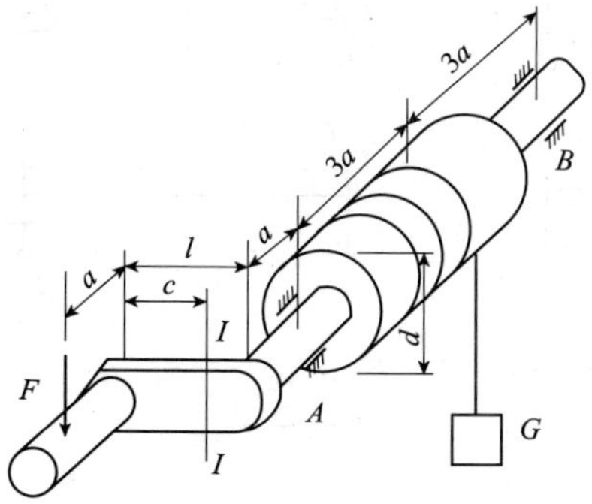


习题图 1-1

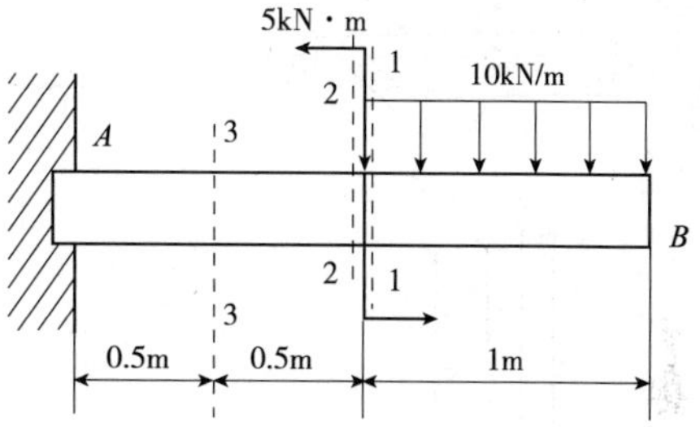


习题图 1-2

**习题 1-3** 如习题图 1-3 所示两端铰支的梁，中间承受一力偶 $M_0$。试求支座约束力。

**习题 1-4** 刚架 $ABC$ 受力如习题图 1-4 所示。试求支座约束力。

**习题 1-5** 试求如习题图 1-5 所示各梁的支座约束力。

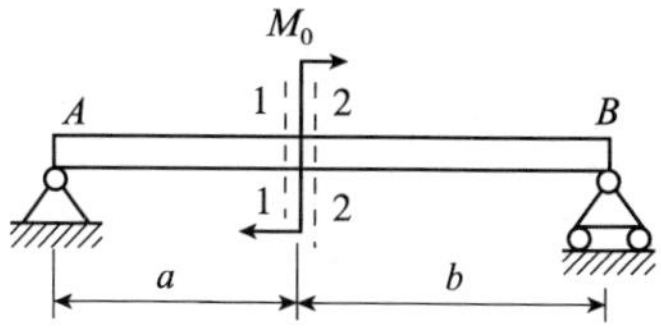


习题图 1-3

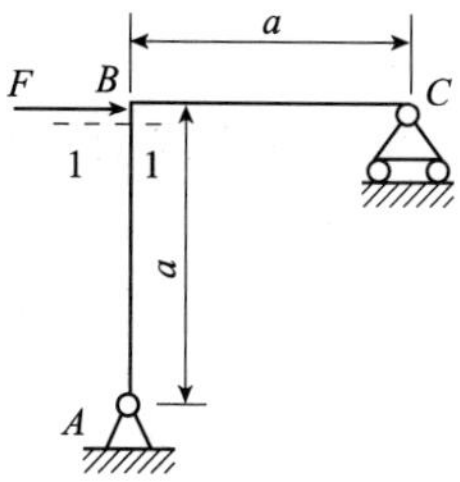


习题图 1-4

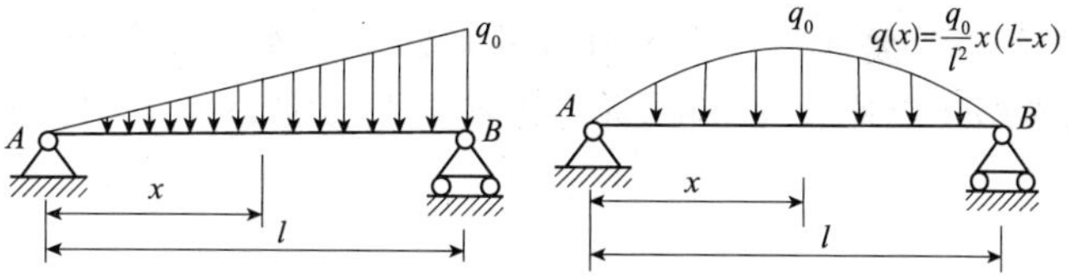


a) b)

习题图 1-5

**习题 1-6** 结构如习题图 1-6 所示。试求支座约束力。

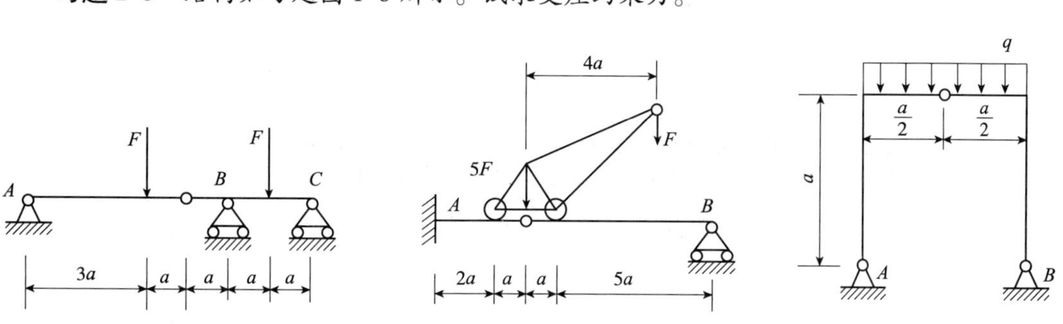


a) b) c)

习题图 1-6

**习题 1-7** 空间直角折杆 *ABCD* 如习题图 1-7 所示。试求支座约束力。

## B 类型习题

**习题 1-8** 如习题图 1-8a)、c)、e) 所示三种构件受力情况，可否分别平移至如习题图 1-8b)、d)、f) 所示情况？为什么？

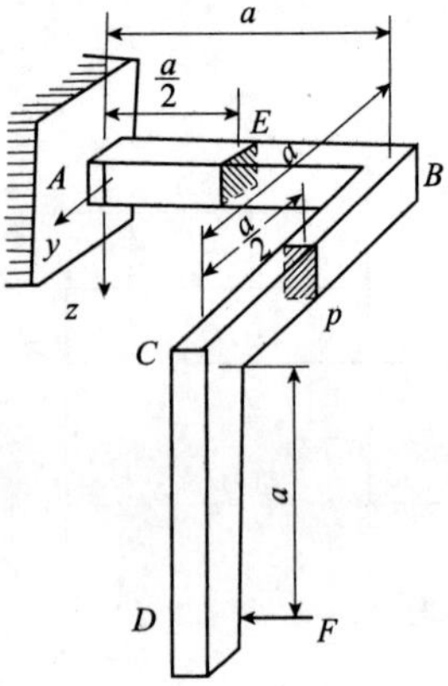


习题图 1-7

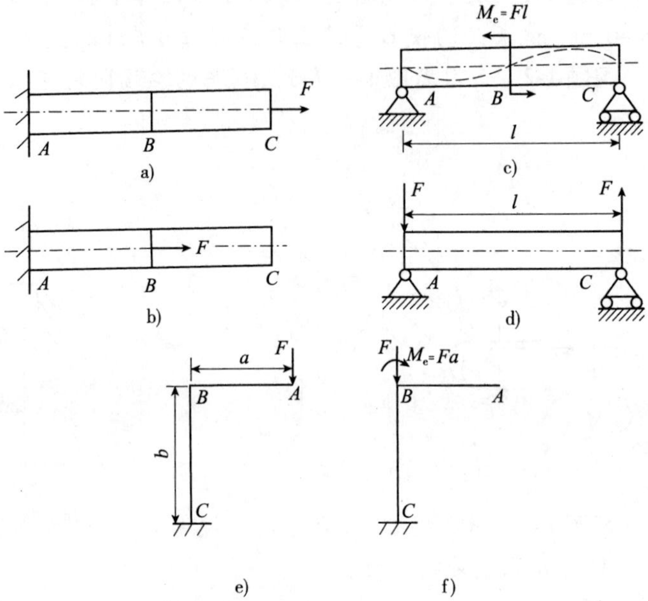


习题图 1-8

## C 类型习题

**习题 1-9** 如习题图 1-9 所示为一座用桁架加强的铰接梁式小桥，由支座 *A* 与 *B* 支撑。

(1) 如果载荷只是考虑匀质梁的自重 *G*，桁架中的杆力多大？

(2) 在小桥上有一重量为 *G*/4 的汽车。车重可作为以点形式施加的垂直方向作用力。如果车辆慢慢地驶过小桥，并考虑梁本身的重量，此时 *AC* 杆中的力取何值？

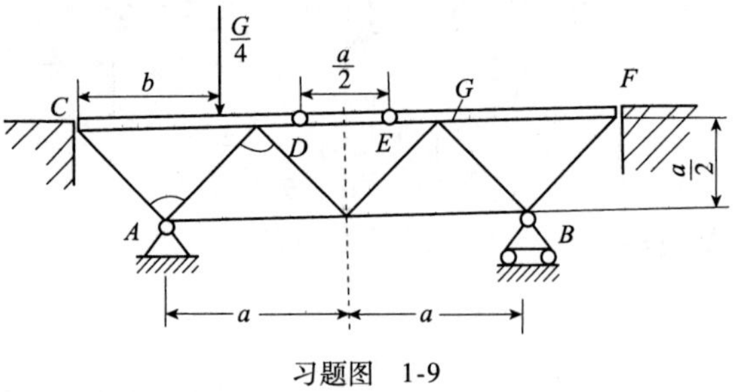


习题图 1-9

> 曾参（字子舆，前 505 ~ 前 436）
> 曾子曰："吾日三省吾身：
> 为人谋而不忠乎？
> 与朋友交而不信乎？
> 传不习乎？"

子曰："温故而知新，可以为师矣。"

# 第2章　截面几何性质

杆件的强度、刚度和稳定性与横截面的形状及尺寸有关，例如，拉压杆的应力及变形与横截面的面积有关，圆轴扭转应力及变形分别与横截面的抗扭截面系数及极惯性矩有关，梁的弯曲应力与横截面的形心位置以及惯性矩等有关。与截面形状及尺寸有关的几何量，统称为截面几何性质。本章研究截面几何性质的定义、相关定理与计算方法。

## 2.1　静矩与形心

### 2.1.1　截面的静矩

任意截面如图2-1所示，其面积为$A$，$Oyz$为截面所在平面内的任意直角坐标系。在坐标$(y,z)$的任一点处，取微面积$\mathrm{d}A$，则下述面积分，

$$S_z = \int_A y\mathrm{d}A, S_y = \int_A z\mathrm{d}A \tag{2-1}$$

分别称为截面对坐标轴$z$与$y$的静矩或一次矩。

由上述定义可以看出，静矩可能为正，可能为负，也可能为零。静矩的量纲为长度的三次方，即$L^3$。

### 2.1.2　截面的形心

根据合力矩定理可知，匀质等厚度薄板的重心在坐标系$Oyz$中的坐标为

$$y_C = \frac{\int_A y\mathrm{d}A}{A}, z_C = \frac{\int_A z\mathrm{d}A}{A} \tag{2-2}$$

且该重心坐标与板中面的形心$C$重合(图2-1)，所以，上述公式同样适用于计算截面形心的位置。

将式(2-1)代入式(2-2)，得

$$y_C = \frac{S_z}{A}, z_C = \frac{S_y}{A} \tag{2-3}$$

$$S_z = y_C A, S_y = z_C A \tag{2-4}$$

由此可见：当坐标$y_C = 0$或$z_C = 0$，即当坐标轴($z$或$y$)通过截面形心时，截面对该轴的静矩为零；反之，如果截面对某轴的静矩为零，则该轴必通过截面形心。

通过截面形心的坐标轴称为形心轴。

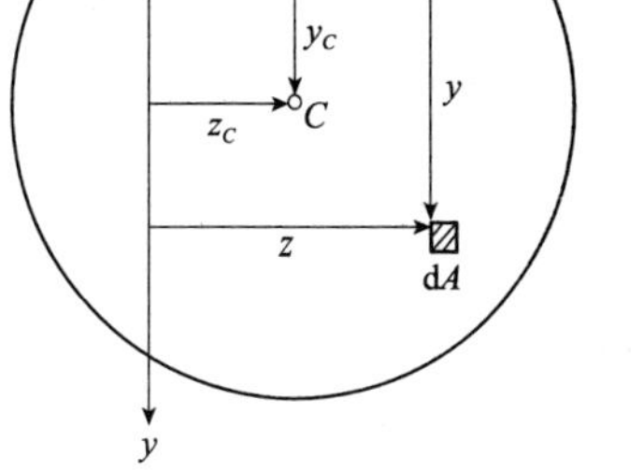


图2-1　截面的静矩与形心

**例题 2-1** 如图 2-2 所示，抛物线的方程为 $z=h\left(1-\frac{y^2}{b^2}\right)$。计算由抛物线、$y$ 轴和 $z$ 轴所围成的图形对 $y$ 轴和 $z$ 轴的静矩，并确定其形心 $C$ 的坐标。

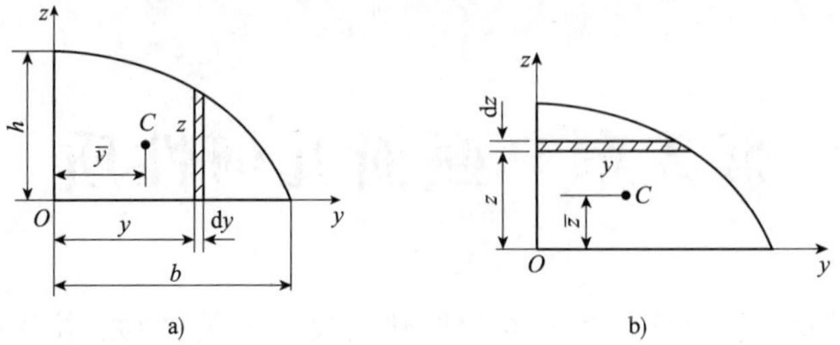

图 2-2

**解:**①计算由抛物线、$y$ 轴和 $z$ 轴所围成的图形的面积 $A$。

取平行于 $z$ 轴的狭长条作为微面积 $\mathrm{d}A$[图 2-2a)]，则

$$\mathrm{d}A=z\mathrm{d}y=h\left(1-\frac{y^2}{b^2}\right)\mathrm{d}y$$

图形的面积为

$$A=\int_A \mathrm{d}A=\int_0^b h\left(1-\frac{y^2}{b^2}\right)\mathrm{d}y=\frac{2}{3}bh$$

②计算对 $y$ 轴和 $z$ 轴的静矩 $S_y$、$S_z$。

图形对 $z$ 轴的静矩为

$$S_z=\int_A y\mathrm{d}A=\int_0^b hy\left(1-\frac{y^2}{b^2}\right)\mathrm{d}y=\frac{1}{4}b^2h$$

取平行于 $y$ 轴的狭长条作为微面积 $\mathrm{d}A$[图 2-2b)]，仿照上述方法，即可求出

$$S_y=\frac{4}{15}bh^2$$

③确定形心 $C$ 的坐标 $\bar{y}$、$\bar{z}$。

将 $S_z$、$S_y$ 代入式(2-3)，得

$$\bar{y}=\frac{S_z}{A}=\frac{3}{8}b$$

$$\bar{z}=\frac{2}{5}h$$

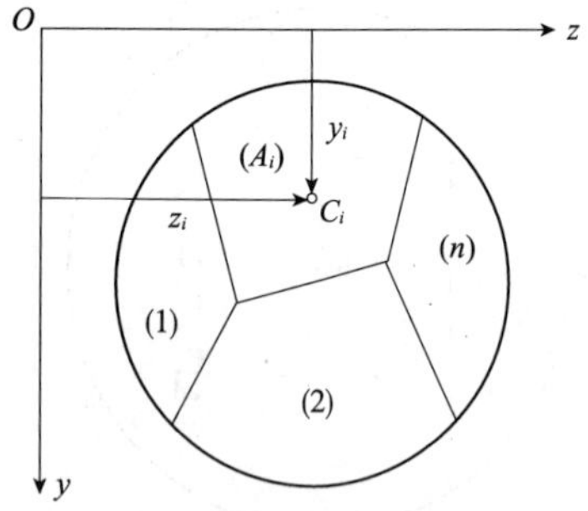

图 2-3 组合截面的静矩与形心

### 2.1.3 组合截面的静矩与形心

有些杆件横截面形状虽然比较复杂，但常常可看作是由若干简单截面或标准型材截面所组成，即所谓组合截面。现在研究组合截面的静矩与形心的位置。

考虑如图 2-3 所示组合截面，该截面由 $n$ 个部分组成，设组成部分 $i$ 的面积为 $A_i$，其形心的坐标为$(y_i, z_i)$，则由静矩的定义可知，

$$S_z=\sum_{i=1}^{n}A_iy_i,\ S_y=\sum_{i=1}^{n}A_iz_i \tag{2-5}$$

即截面对某一轴的静矩，等于其组成部分对同一轴的静矩之和。

将式(2-5)代入式(2-3),得组合截面的形心坐标为

$$y_C=\frac{\sum\limits_{i=1}^{n}A_iy_i}{\sum\limits_{i=1}^{n}A_i},z_C=\frac{\sum\limits_{i=1}^{n}A_iz_i}{\sum\limits_{i=1}^{n}A_i} \tag{2-6}$$

**例题 2-2** 试确定如图 2-4 所示图形形心 $C$ 的位置。已知:$H=120\text{mm}$、$h=10\text{mm}$、$B=90\text{mm}$、$b=10\text{mm}$。

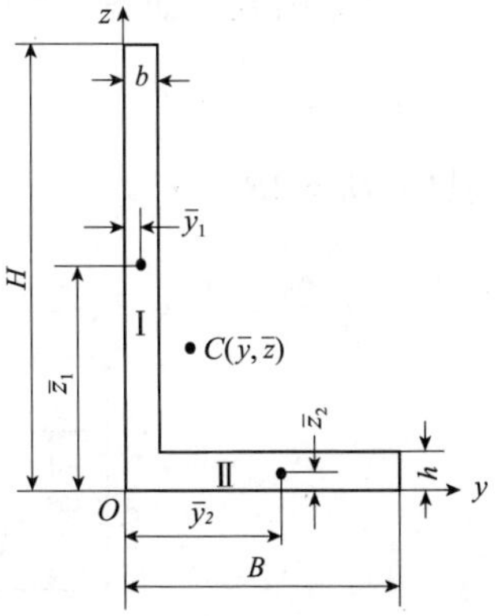

图 2-4

**解:**采用分割法。

①把图形看作是由两个矩形Ⅰ和Ⅱ组成的,选取坐标系如图 2-4 所示,计算每个矩形的面积 $A_1$、$A_2$。

矩形Ⅰ:$A_1=Hb=0.12\times0.01=1.2\times10^{-3}\text{m}^2$

矩形Ⅱ:$A_2=h(B-b)=0.01\times(0.09-0.01)=8\times10^{-4}\text{m}^2$

②计算每个矩形的形心坐标 $\bar{y}_1$、$\bar{z}_1$、$\bar{y}_2$、$\bar{z}_2$。

矩形Ⅰ:$\bar{y}_1=\dfrac{b}{2}=\dfrac{0.01}{2}=5\times10^{-3}\text{m},\bar{z}_1=\dfrac{H}{2}=\dfrac{0.12}{2}=0.06\text{m}$

矩形Ⅱ:$\bar{y}_2=b+\dfrac{B-b}{2}=0.01+\dfrac{0.09-0.01}{2}=0.05\text{m},\bar{z}_2=\dfrac{h}{2}=\dfrac{0.01}{2}=5\times10^{-3}\text{m}$

③确定整个图形形心 $C$ 的坐标 $\bar{y}$、$\bar{z}$。应用式(2-6),得形心 $C$ 的位置:

$$\bar{y}=\frac{A_1\bar{y}_1+A_2\bar{y}_2}{A_1+A_2}=23\text{mm},\bar{z}=\frac{A_1\bar{z}_1+A_2\bar{z}_2}{A_1+A_2}=38\text{mm}$$

**讨论与练习**

(1)请采用负面积法求解本题,并与分割法比较。

(2)请编写求解本题的 Maple 程序。

## 2.2 极惯性矩、惯性矩和惯性积

### 2.2.1 截面的极惯性矩

任意截面如图 2-5 所示,其面积为 $A$,$Oyz$ 为截面所在平面内的任意直角坐标系。在坐标为$(y,z)$的任一点处,取微面积 $\mathrm{d}A$,则下述面积分,

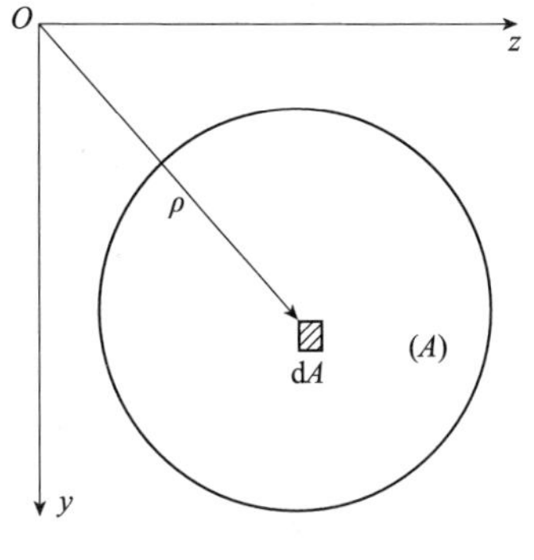

图 2-5 截面极惯性矩

$$I_{\mathrm{p}}=\int_A\rho^2\mathrm{d}A \tag{2-7}$$

称为截面对原点 $O$ 的极惯性矩,或二次矩。

由上述定义可以看出,极惯性矩 $I_{\mathrm{p}}$ 恒为正,其量纲为长度的四次方,即 $L^4$。

积分容易求得圆截面的极惯性矩为

$$I_{\mathrm{p}}=\frac{\pi D^4}{32} \tag{2-8}$$

空心圆截面如图 2-6a)所示,其极惯性矩为

$$I_p = \frac{\pi D^4}{32}(1-\alpha^4) \tag{2-9}$$

其中，$\alpha = \frac{d}{D}$。

薄壁圆截面如图 2-6b）所示，其极惯性矩为

$$I_p \approx \frac{\pi}{4} D_0^3 \delta \tag{2-10}$$

其中，$D_0 = 2R_0$。

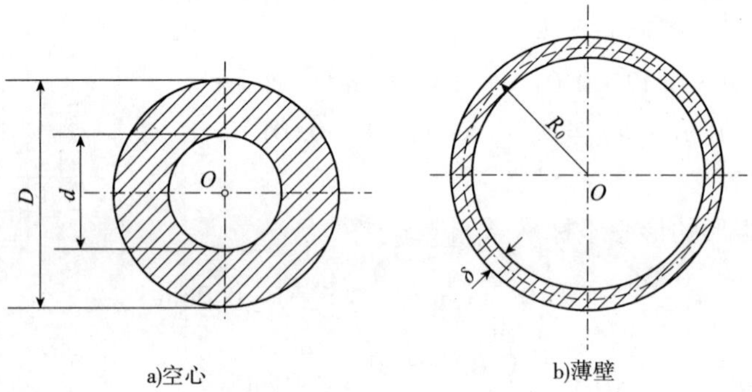


图 2-6　空心圆截面的极惯性矩

## 2.2.2　截面的惯性矩

任意截面如图 2-7 所示，其面积为 $A$，在坐标为$(y,z)$的任一点处取微面积 $\mathrm{d}A$，则下述面积分，

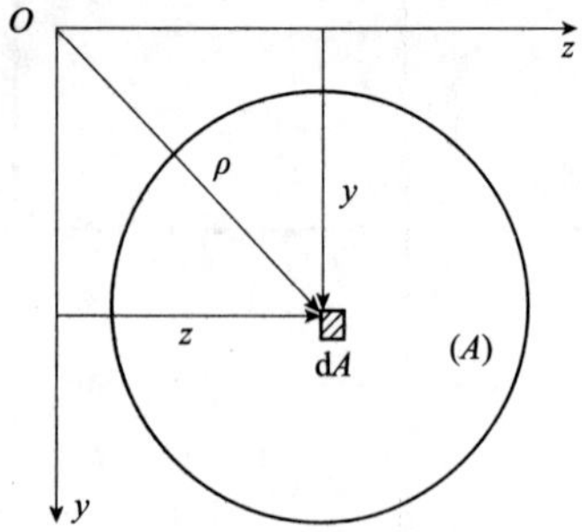


图 2-7　截面惯性矩

$$I_z = \int_A y^2 \mathrm{d}A, I_y = \int_A z^2 \mathrm{d}A \tag{2-11}$$

分别称为截面对坐标轴 $z$ 与 $y$ 的惯性矩或二次轴矩。

由上述定义可以看出，惯性矩 $I_z$ 与 $I_y$ 恒为正，其量纲为长度的四次方，即 $L^4$。

如图 2-7 所示，设 $\rho$ 为微面积 $\mathrm{d}A$ 的矢径，$\rho^2 = z^2 + y^2$，则显然有

$$I_p = I_z + I_y \tag{2-12}$$

即截面对任一点的极惯性矩，恒等于此截面对于过该点的任一对直角坐标轴的两个惯性矩之和。力学计算中，有时将惯性矩写成图形面积与某一长度平方的乘积，即

$$I_y = A \cdot i_y^2, I_z = A \cdot i_z^2 \tag{2-13}$$

或者改写为

$$i_z = \sqrt{\frac{I_z}{A}}, i_y = \sqrt{\frac{I_y}{A}} \tag{2-14}$$

式中，$i_y$ 和 $i_z$ 分别称为图形对 $y$ 轴和对 $z$ 轴的惯性半径。惯性半径的量纲就是长度 $L$。

矩形截面如图 2-8a）所示，积分容易求得其惯性矩为

$$I_z = \frac{bh^3}{12}, I_y = \frac{hb^3}{12} \tag{2-15}$$

圆形截面如图 2-8b)所示,积分容易求得其惯性矩为

$$I_z = \frac{\pi D^4}{64}, I_y = \frac{\pi D^4}{64} \tag{2-16}$$

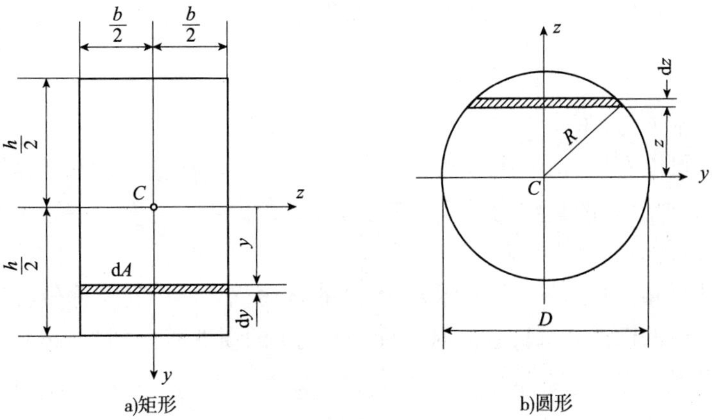


图 2-8　简单截面的惯性矩

由式(2-12)可得,圆形截面的极惯性矩为

$$I_p = \frac{\pi D^4}{32}$$

空心圆形截面的惯性矩为

$$I_z = \frac{\pi D^4}{64}(1-\alpha^4), I_y = \frac{\pi D^4}{64}(1-\alpha^4) \tag{2-17}$$

空心圆形截面的极惯性矩为

$$I_p = \frac{\pi D^4}{32}(1-\alpha^4)$$

其中,$\alpha = \frac{d}{D}$。

**例题 2-3**　计算如图 2-8b)所示图形截面对其形心轴的惯性矩和极惯性矩。

**解:**采用积分法。

①计算圆形截面对其形心 $y$ 轴的惯性矩 $I_y$:

取如图 2-8b)中所示的阴影线面积为 $dA$,则

$$dA = 2y dz = 2\sqrt{R^2 - z^2} dz$$

$$I_y = \int_A z^2 dA = 2\int_{-R}^{R} z^2 \sqrt{R^2 - z^2} dz = \frac{\pi}{4}R^4 = \frac{\pi D^4}{64}$$

②计算圆形截面对其形心 $z$ 轴的惯性矩 $I_z$:

根据对称性 $I_z = I_y$,可得

$$I_z = \frac{\pi D^4}{64}$$

③计算圆形截面对其形心 $x$ 轴的极惯性矩 $I_p$:

根据 $I_p = I_y + I_z$,可得

$$I_p = \frac{\pi}{32} D^4$$

### 2.2.3 截面的惯性积

任意截面如图2-9所示,其面积为 $A$,$Oyz$ 为截面所在平面内的任意直角坐标系。在坐标为($y$,$z$)的任一点处,取微面积 d$A$,则下述面积分,

$$I_{yz} = \int_A yz\mathrm{d}A \tag{2-18}$$

称为截面对坐标轴 $y$ 与 $z$ 的惯性积。

由以上定义可以看出,由于乘积可能为正,可能为负,所以惯性积 $I_{yz}$ 可能为正,可能为负,也可能为零。惯性积的量纲为长度的四次方,即 $L^4$。

当截面具有对称轴,且坐标轴 $y$ 与 $z$ 其中之一(例如 $y$ 轴)位于该对称轴上时(图2-10),由截面的对称性可知,对于任一个坐标为($y$,$z$)的微面积 d$A$,在其对称位置必存在一面积相同、坐标为($y$, $-z$)的微面积 d$A$,它们对坐标轴 $y$ 与 $z$ 的惯性积分别为 $yz$d$A$ 与 $-yz$d$A$,二者之和为零。由此得出结论:当坐标轴 $y$ 或 $z$ 位于对称轴上时,截面对坐标轴 $y$ 与 $z$ 的惯性积为零。

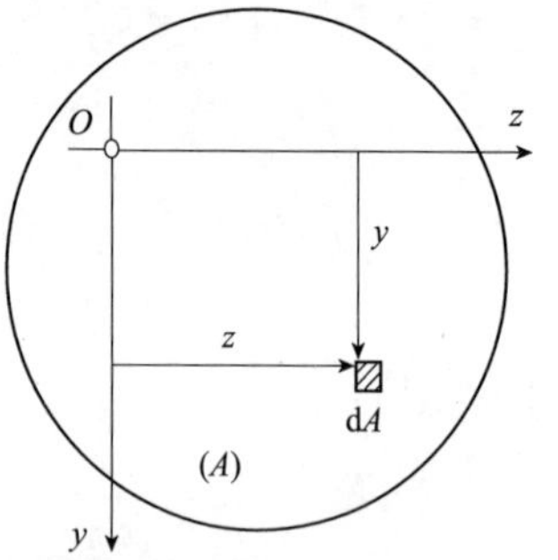


图2-9 截面的惯性积

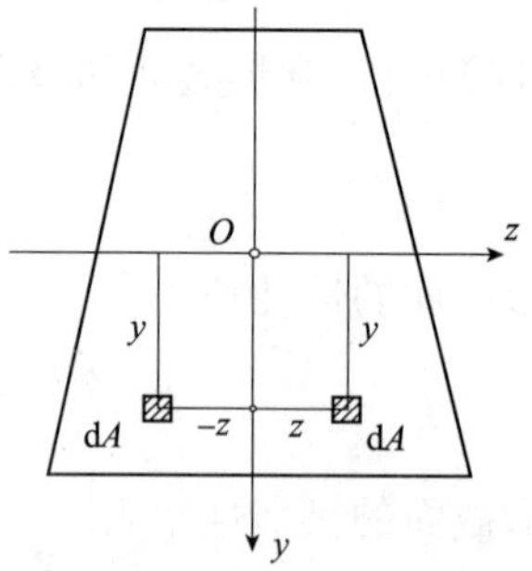


图2-10 具有对称轴的截面惯性积

## 2.3 平行移轴公式

同一截面对于平行的两对坐标轴的惯性矩或惯性积并不相同。当其中一对轴是图形的形心轴时,它们之间有比较简单的关系。现在介绍这种关系的表达式。

如图2-11所示,$C$ 表示截面的形心,$y_0$ 和 $z_0$ 轴是通过形心 $C$ 的坐标轴。若 $y$ 轴平行于 $y_0$ 轴,且两者的距离为 $b$;$z$ 轴平行于 $z_0$ 轴,且两者的距离为 $a$,显然可以看出

$$y = y_0 + a, z = z_0 + b \tag{2-19}$$

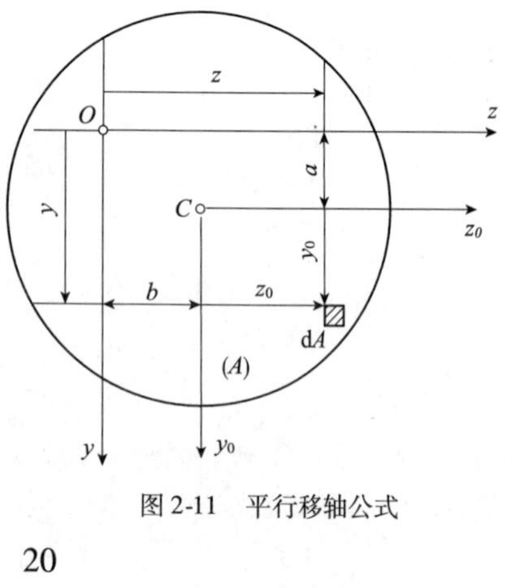


图2-11 平行移轴公式

### 2.3.1 惯性矩的平行移轴公式

截面对形心轴 $z_0$ 的惯性矩分别记为

$$I_{z_0} = \int_A y_0^2\mathrm{d}A \tag{2-20}$$

截面对 $z$ 轴的惯性矩分别为

$$I_z = \int_A y^2\mathrm{d}A \tag{2-21}$$

将式(2-19)代入式(2-21),得

$$I_z = \int_A y^2 \mathrm{d}A = \int_A (y_0 + a)^2 \mathrm{d}A = \int_A y_0^2 \mathrm{d}A + 2a\int_A y_0 \mathrm{d}A + a^2\int_A \mathrm{d}A \tag{2-22}$$

在式(2-22)中，$\int_A y_0 \mathrm{d}A = 0$（因为 $y_0$ 为形心轴），$\int_A \mathrm{d}A = A$。将式(2-20)代入式(2-22)简化得

$$I_z = I_{z_0} + a^2 A \tag{2-23a}$$

式(2-23a)即为惯性矩的平行移轴公式。即截面对于任一坐标轴 $z$ 的惯性矩，等于对其平行形心轴 $z_0$ 的惯性矩加上截面面积与两轴间距离平方之乘积，此定理称为惯性矩平行轴定理。

同理可证

$$I_y = I_{y_0} + b^2 A \tag{2-23b}$$

### 2.3.2　惯性积的平行移轴公式

截面对形心轴 $y_0$ 和 $z_0$ 的惯性积为

$$I_{y_0z_0} = \int_A y_0 z_0 \mathrm{d}A \tag{2-24}$$

截面对 $y$ 轴和 $z$ 轴的惯性积为

$$I_{yz} = \int_A yz \mathrm{d}A \tag{2-25}$$

将式(2-19)代入式(2-25)，得

$$\begin{aligned} I_{yz} &= \int_A yz \mathrm{d}A = \int_A (y_0 + a)(z_0 + b) \mathrm{d}A \\ &= \int_A y_0 z_0 \mathrm{d}A + b\int_A y_0 \mathrm{d}A + a\int_A z_0 \mathrm{d}A + ab\int_A \mathrm{d}A \end{aligned} \tag{2-26}$$

在式(2-26)中，$\int_A y_0 \mathrm{d}A = 0$，$\int_A z_0 \mathrm{d}A = 0$，$\int_A \mathrm{d}A = A$。将式(2-24)代入式(2-26)简化得

$$I_{yz} = I_{y_0z_0} + abA \tag{2-27}$$

式(2-27)即为惯性积的平行移轴公式。使用时要注意 $a$ 和 $b$ 是图形的形心在 $Oyz$ 坐标系中的坐标，它们是有正负的。

**例题 2-4**　某单臂液压机机架的横截面尺寸如图 2-12 所示。已知：$H = 1\ 400\text{mm}$，$B = 860\text{mm}$，$h_1 = 50\text{mm}$，$h_2 = 16\text{mm}$，$b = 16\text{mm}$。试确定截面形心的位置，横截面对形心轴 $y_C$ 的惯性矩及对形心轴 $y_C$、$z_C$ 的惯性积 $I_{y_Cz_C}$。

求：$\bar{y}$、$\bar{z}$，$I_{y_C}$，$I_{y_Cz_C}$。

**解**：采用负面积法。

①计算整个图形形心 $C$ 的坐标 $\bar{y}$、$\bar{z}$。

截面有一垂直对称轴，其形心必然在这一对称轴上，因而只需确定形心在对称轴上的位置。把截面看成是矩形 $ABCD$ 减去矩形 $abcd$，$ABCD$ 的面积为 $A_1$，$abcd$ 的负面积为 $A_2$。以底边 $DC$ 作为参考坐标轴 $y$。

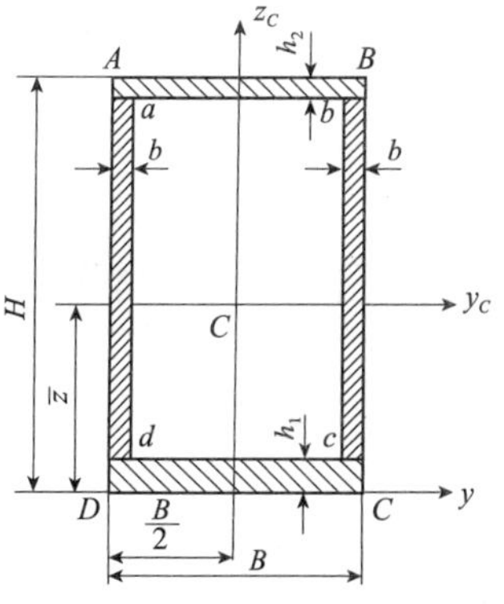

图　2-12

计算每个矩形的面积：$A_1 = 1.204\text{m}^2$，$A_2 = -1.105\text{m}^2$；

计算每个矩形的形心坐标：$\bar{z}_1 = 0.7\text{m}$，$\bar{z}_2 = 0.717\text{m}$。

由式(2-6)计算整个图形形心 $C$ 的坐标

$$\bar{z}=\frac{A_1\bar{z}_1+A_2\bar{z}_2}{A_1+A_2}=\frac{1.204\times0.7-1.105\times0.717}{1.204-1.105}=0.51\text{m}$$

根据对称性知：$\bar{y}=0$。

②计算整个图形对形心轴 $y_C$ 的惯性矩 $I_{y_C}$。

由平行移轴公式计算矩形 $ABCD$ 对 $y_C$ 轴的惯性矩为

$$I_{y_C}^{\text{I}}=I_{y_{C_1}}^{\text{I}}+A_1\cdot\overline{CC_1}^2=\frac{1}{12}BH^3+A_1\left(\frac{H}{2}-\bar{z}\right)^2$$

$$=\frac{1}{12}\times0.86\times1.4^3+1.204\times\left(\frac{1.4}{2}-0.51\right)^2=0.24\text{m}^4$$

计算矩形 $abcd$ 对 $y_C$ 轴的负惯性矩为

$$I_{y_C}^{\text{II}}=I_{y_{C_1}}^{\text{II}}+A_2\cdot\overline{CC_2}^2=-\frac{1}{12}(B-2b)(H-h_1-h_2)^3+A_2\left(\frac{H-h_1-h_2}{2}+h_1-\bar{z}\right)^2$$

$$=-\frac{1}{12}\times0.828\times1.334^3-1.105\times\left(\frac{1.334}{2}+0.05-0.51\right)^2=-0.211\text{m}^4$$

整个截面对 $y_C$ 轴的惯性矩为

$$I_{y_C}=I_{y_C}^{\text{I}}+I_{y_C}^{\text{II}}=0.24-0.211=0.029\text{m}^4$$

③由于 $z_C$ 轴是对称轴，故 $I_{y_Cz_C}=0$。

**例题 2-5** 计算如图 2-13 所示三角形 $OBD$ 对 $y$、$z$ 轴和形心轴 $y_C$、$z_C$ 的惯性积 $I_{yz}$ 和 $I_{y_Cz_C}$。

**解：**采用积分法。

①计算三角形 $OBD$ 对 $y$、$z$ 轴的惯性积 $I_{yz}$。

三角形斜边 $BD$ 的方程式为

$$z=\frac{h}{b}(b-y)$$

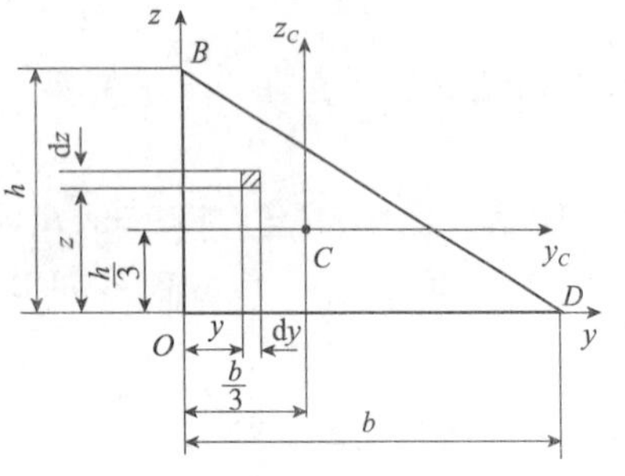


图 2-13

取微面积 $\mathrm{d}A=\mathrm{d}y\mathrm{d}z$，三角形对 $y$、$z$ 轴的惯性积为

$$I_{yz}=\int_A yz\mathrm{d}A=\int_0^b\left(\int_0^y z\mathrm{d}z\right)y\mathrm{d}y=\frac{h^2}{2b^2}\int_0^b y(b-y)^2\mathrm{d}y$$

$$=\frac{1}{24}b^2h^2$$

②三角形 $OBD$ 对形心轴 $y_C$、$z_C$ 的惯性积 $I_{y_Cz_C}$。

三角形的形心 $C$ 在 $Oyz$ 坐标系中坐标为 $\left(\frac{b}{3},\frac{h}{3}\right)$，由惯性积的平行移轴公式得

$$I_{y_Cz_C}=I_{yz}-A\cdot\frac{b}{3}\cdot\frac{h}{3}=\frac{1}{24}b^2h^2-\frac{1}{2}bh\cdot\frac{bh}{9}=-\frac{1}{72}b^2h^2$$

## 2.4 转轴公式与主惯性矩

上节讨论的平行移轴公式，表示了截面对两对相互平行坐标轴的惯性矩和惯性积之间的关系。现在讨论一对正交轴绕其原点在截面内转过一个角度后，截面对旋转前后两对正交轴的惯性矩和惯性积之间的关系。

## 2.4.1 转轴公式

如图 2-14 所示任意截面，该截面对坐标轴 $y$ 与 $z$ 轴的惯性矩和惯性积分别为 $I_y$、$I_z$ 与 $I_{yz}$，现在研究当坐标轴旋转 $\alpha$ 角后，截面对新坐标轴 $y_1$ 与 $z_1$ 的惯性矩 $I_{y_1}$、$I_{z_1}$ 与惯性积 $I_{y_1z_1}$。$\alpha$ 角以坐标轴 $y$ 为始边并以逆时针转向者为正。

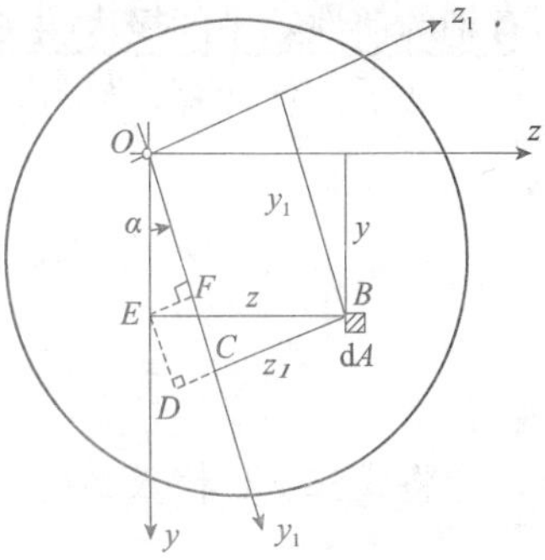

图 2-14 转轴公式

从图 2-14 中可以看出，坐标的转换关系为

$$y_1 = \overline{OF} + \overline{ED} = y\cos\alpha + z\sin\alpha$$

$$z_1 = \overline{BD} - \overline{EF} = z\cos\alpha - y\sin\alpha$$

可见，截面对坐标轴 $y_1$ 与 $z_1$ 的惯性积为

$$I_{y_1z_1} = \int_A (y\cos\alpha + z\sin\alpha)(z\cos\alpha - y\sin\alpha)\mathrm{d}A$$

$$= \cos2\alpha\int_A yz\mathrm{d}A + \frac{\sin2\alpha}{2}\left(\int_A z^2\mathrm{d}A - \int_A y^2\mathrm{d}A\right)$$

于是得

$$I_{y_1z_1} = \frac{I_y - I_z}{2}\sin2\alpha + I_{yz}\cos2\alpha \tag{2-28}$$

同理可得

$$\left.\begin{cases}I_{y_1}\\ I_{z_1}\end{cases}\right. = \frac{I_y + I_z}{2} \pm \frac{I_y - I_z}{2}\cos2\alpha \mp I_{yz}\sin2\alpha \tag{2-29}$$

式(2-28)与式(2-29)称为惯性积与惯性矩的转轴公式。

## 2.4.2 主轴与主惯性矩

式(2-28)反映了惯性积随坐标轴旋转的变化规律。由该式可以看出：当 $\alpha = 0°$ 时，$I_{y_1z_1} = I_{yz}$；而当 $\alpha = 90°$ 时，$I_{y_1z_1} = -I_{yz}$。这说明，当坐标轴由 $\alpha = 0°$ 旋转至 $\alpha = 90°$ 的过程中，惯性积的正负号发生改变。由此可见，在以 $O$ 点为共同原点的所有坐标系中，一定存在一个特殊的坐标系 $Oy_0z_0$，使得截面对坐标轴 $y_0$ 与 $z_0$ 的惯性积 $I_{z_0y_0} = 0$。原点位于 $O$ 点并使惯性积为零的坐标轴 $y_0$ 与 $z_0$，称为截面对 $O$ 点的主惯性轴，简称主轴。截面对主轴的惯性矩 $I_{z_0}$、$I_{y_0}$ 称为主惯性矩。

为了确定主轴的位置，令 $I_{y_1z_1} = 0$，代入式(2-28)，得到

$$\frac{I_y - I_z}{2}\sin2\alpha + I_{yz}\cos2\alpha = 0 \tag{2-30}$$

解得主轴的位置 $\alpha = \alpha_0$，则

$$\tan2\alpha_0 = -\frac{2I_{yz}}{I_y - I_z} \tag{2-31}$$

将式(2-31)得到的 $\alpha_0$ 值代入式(2-29)，便可求得主惯性矩。

从式(2-29)中可以看出，$I_{y_1}$、$I_{z_1}$ 的值随 $\alpha$ 角连续变化，故必有极大值与极小值。令

$$\frac{\mathrm{d}I_{y_1}}{\mathrm{d}\alpha} = 0,\ -(I_y - I_z)\sin2\alpha - 2I_{yz}\cos2\alpha = 0 \tag{2-32}$$

比较式(2-32)与式(2-30),可知式(2-32)的解也为式(2-31)。此外,由式(2-29)知,图形对于过某点的任意一对正交轴的惯性矩之和为一常数,所以可得到以下结论:截面对过某点所有轴的惯性矩中的极大值和极小值,就是过该点主轴的两个主惯性矩。

为了方便计算,推导出直接由 $I_y$、$I_z$ 和 $I_{yz}$ 计算的主惯性矩公式。由式(2-31)得到

$$\left.\begin{aligned}\cos 2\alpha_0 &= \frac{I_y - I_z}{\sqrt{(I_y - I_z)^2 + 4I_{yz}^2}}\\ \sin 2\alpha_0 &= \frac{-2I_{yz}}{\sqrt{(I_y - I_z)^2 + 4I_{yz}^2}}\end{aligned}\right\} \tag{2-33}$$

将式(2-33)代入式(2-29),经过简化可得

$$\left.\begin{aligned}I_{\max}\\ I_{\min}\end{aligned}\right\} = \frac{I_y + I_z}{2} \pm \sqrt{\left(\frac{I_y - I_z}{2}\right)^2 + I_{yz}^2} \tag{2-34}$$

可以证明,由式(2-31)求 $\alpha_0$ 时只取主值($|2\alpha_0| \leqslant 90°$)的条件下,若 $I_y > I_z$,则由 $y$ 轴转过 $\alpha_0$ 角度到达 $y_0$ 轴时,有 $I_{y_0} = I_{\max}$;若 $I_y < I_z$,则 $I_{y_0} = I_{\min}$。

如果坐标系的原点位于截面形心 $C$,则相应的主轴称为形心主轴,相应的主惯性矩称为形心主惯性矩。

可以证明,所有正多边形的任意形心轴均为形心主轴,且任意形心主惯性矩均相等。

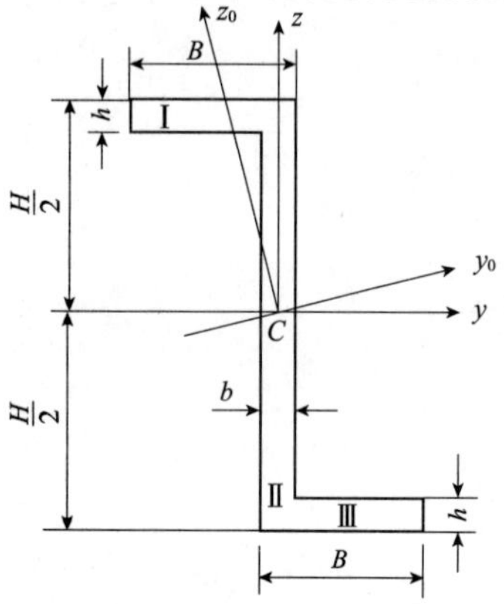

图 2-15

**例题 2-6** 试确定如图 2-15 所示图形形心主惯性轴的位置,并计算形心主惯性矩。已知:$H = 160\text{mm}$,$h = 11\text{mm}$,$B = 70\text{mm}$,$b = 11\text{mm}$。

**解:**①确定图形的形心。

由于图形有一对称中心 $C$,$C$ 即为图形的形心。选取通过形心的水平轴及垂直轴作为 $y$ 和 $z$ 轴。把图形看作是由Ⅰ、Ⅱ、Ⅲ三个矩形所组成。矩形Ⅰ的形心坐标为(−35,74.5);矩形Ⅱ的形心坐标为 $C$;矩形Ⅲ的形心坐标为(35, −74.5)。

$$y_{C_{\text{I}}} = -35\text{mm}, z_{C_{\text{I}}} = 74.5\text{mm}; y_{C_{\text{III}}} = 35\text{mm}, z_{C_{\text{III}}} = -74.5\text{mm}$$

②利用平行移轴公式分别求出各矩形对 $y$ 轴和 $z$ 轴的惯性矩和惯性积。

矩形Ⅰ:$I_y^{\text{I}} = \frac{1}{12}(B-b)h^3 + (B-b)h \cdot z_{C_{\text{I}}}^2 = 3.607 \times 10^{-6}\text{m}^4$

$$I_z^{\text{I}} = \frac{1}{12}h\,(B-b)^3 + (B-b)h \cdot y_{C_{\text{I}}}^2 = 0.982 \times 10^{-6}\text{m}^4$$

$$I_{yz}^{\text{I}} = 0 + (B-b)h \cdot y_{C_{\text{I}}} z_{C_{\text{I}}} = -1.69 \times 10^{-6}\text{m}^4$$

矩形Ⅱ:$I_y^{\text{II}} = \frac{1}{12}bH^3 = 3.76 \times 10^{-6}\text{m}^4$

$$I_z^{\text{II}} = \frac{1}{12}Hb^3 = 0.017\,8 \times 10^{-6}\text{m}^4$$

$$I_{yz}^{\text{II}} = 0$$

矩形Ⅲ:$I_y^{\text{III}} = \frac{1}{12}(B-b)h^3 + (B-b)h \cdot z_{C_{\text{III}}}^2 = 3.607 \times 10^{-6}\text{m}^4$

$$I_z^{\text{III}} = \frac{1}{12}h\,(B-b)^3 + (B-b)h \cdot y_{C_{\text{III}}}^2 = 0.982 \times 10^{-6}\text{m}^4$$

$$I_{yz}^{\mathrm{III}}=0+(B-b)h\cdot y_{C_{\mathrm{III}}}z_{C_{\mathrm{III}}}=-1.69\times10^{-6}\mathrm{m}^4$$

③求整个图形对 $y$ 轴和 $z$ 轴的惯性矩和惯性积。

$$I_y=I_y^{\mathrm{I}}+I_y^{\mathrm{II}}+I_y^{\mathrm{III}}=10.97\times10^{-6}\mathrm{m}^4$$

$$I_z=I_z^{\mathrm{I}}+I_z^{\mathrm{II}}+I_z^{\mathrm{III}}=1.98\times10^{-6}\mathrm{m}^4$$

$$I_{yz}=I_{yz}^{\mathrm{I}}+I_{yz}^{\mathrm{II}}+I_{yz}^{\mathrm{III}}=-3.38\times10^{-6}\mathrm{m}^4$$

④求形心主轴 $y_0$ 与 $y$ 轴的夹角。

$$\tan2\alpha_0=\frac{-2I_{yz}}{I_y-I_z}=0.752,\alpha_{01}\approx18°30'\text{或}\ \alpha_{02}\approx108°30'$$

⑤求整个图形的形心主惯性矩。

$$I_{y_0}=\frac{I_y+I_z}{2}+\frac{I_y-I_z}{2}\cos2\alpha_{01}-I_{yz}\sin2\alpha_{01}=12.1\times10^{-6}\mathrm{m}^4$$

$$I_{z_0}=\frac{I_y+I_z}{2}-\frac{I_y-I_z}{2}\cos2\alpha_{01}+I_{yz}\sin2\alpha_{01}=0.85\times10^{-6}\mathrm{m}^4$$

**讨论与练习**

(1)在求出 $I_y$、$I_z$、$I_{yz}$后,还可按另外一种方法计算形心主惯性矩,确定形心主惯性轴。这时,也可以由公式(2-34)求得形心主惯性矩

$$\left.\begin{matrix}I_{y_0}\\I_{z_0}\end{matrix}\right\}=\frac{I_y+I_z}{2}\pm\sqrt{\left(\frac{I_y-I_z}{2}\right)^2+I_{yz}^2}$$

(2)请读者使用 Maple 编程求解本题,验证手工计算结果。

## 2.5 惯性矩莫尔圆

我们利用三角函数变换将式(2-28)和式(2-29)写成

$$I_{y_1}=I_0+I_{\mathrm{R}}\cos2(\alpha-\alpha_0) \tag{2-35a}$$

$$I_{y_1z_1}=I_{\mathrm{R}}\sin2(\alpha-\alpha_0) \tag{2-35b}$$

其中

$$I_0=\frac{I_y+I_z}{2},I_{\mathrm{R}}=\sqrt{\left(\frac{I_y-I_z}{2}\right)^2+I_{yz}^2} \tag{2-36}$$

将式(2-36)消去 $\alpha$ 得到

$$(I_{y_1}-I_0)^2+I_{y_1z_1}^2=I_{\mathrm{R}}^2 \tag{2-37}$$

式(2-37)表示以惯性矩 $I_{ii}$ 为横坐标、以惯性积 $I_{ij}$ 为纵坐标的圆,它就是用于惯性矩计算的莫尔圆——惯性矩圆。惯性矩圆的圆心是$(I_0,0)$,惯性矩圆的半径是 $I_{\mathrm{R}}$。如果已经知道两个正交轴的 $I_y=I_z=I_0$,$I_{xy}=0$,则 $I_{\mathrm{R}}=0$,即惯性矩圆是点圆。

**定理:**如果某一截面对形心的两个正交惯性主轴的惯性矩相等,则过形心的任意轴都是形心主轴,并且具有相等的惯性矩。

## 2.6 Maple 编程示例

**编程题 2-1** 如图 2-16 所示图形由一个矩形、三个半圆环、两个 18a 槽钢、一个等腰三角形所组成。试计算形心主惯性矩(查表:槽钢高 68mm,腰厚 7mm,形心坐标 18.8mm,横截面积 2 569 $mm^2$,形心惯性矩 $x$ 轴98.6$cm^4$、$y$ 轴1 273$cm^4$)。

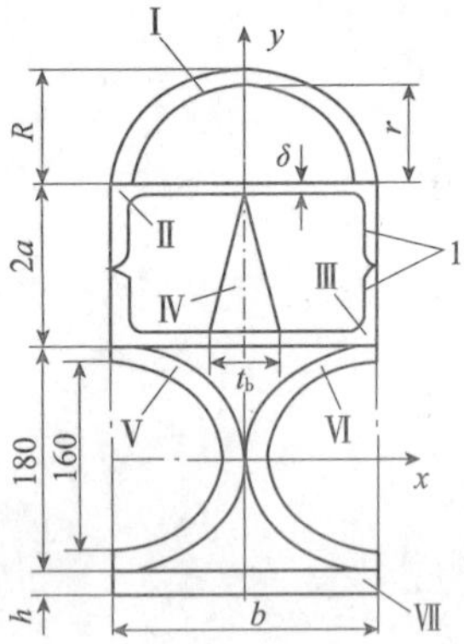


图 2-16

已知:$b = 180mm, h = 10mm, R = 90mm, r = 80mm, t_b = 60mm$。槽钢Ⅱ:$a = 68mm, \delta = 7mm, e = 18.8mm, A_2 = 2\ 569mm^2, I_{x2} = 98.6\ cm^4, I_{y2} = 1\ 273cm^4$。

求:$x_C, y_C, I_{max}, I_{min}$。

**解:● 建模**

建立如图 2-16 所示的直角坐标系。

①确定等腰三角形的高。

②确定半圆环Ⅰ的面积、形心坐标、主惯性矩。

③把图形看作是由半圆环Ⅰ、槽钢Ⅱ、槽钢Ⅲ、等腰三角形Ⅳ、半圆环Ⅴ、半圆环Ⅵ和矩形Ⅶ组成。求整个图形的面积。

④求整个图形的形心坐标。

⑤分别求半圆环Ⅰ、槽钢Ⅱ、槽钢Ⅲ、等腰三角形Ⅳ、半圆环Ⅴ、半圆环Ⅵ和矩形Ⅶ对 $x_C$ 轴和 $y_C$ 轴的惯性矩。

⑥求整个图形的形心主惯性矩。

**答:**形心主轴的坐标 $x_C = 0, y_C = 10.17cm$,形心主惯性矩为 $I_{max} = 26\ 960cm^4, I_{min} = 5\ 109cm^4$。

**● Maple 程序**

```
> restart:                                  #清零。
> ##########################################################
> th: =2 * (a - delta):                     #等腰三角形的高。
> AR: = Pi/2 * R^2:                         #半径为 R 的半圆面积。
> Ar: = - Pi/2 * r^2:                       #半径为 r 的半圆负面积。
> eR: =4 * R/(3 * Pi):                      #半径为 R 的半圆的形心距。
> er: =4 * r/(3 * Pi):                      #半径为 r 的半圆的形心距。
> e0: = (eR * AR + er * Ar)/(AR + Ar):      #半圆环的形心距。
> A[1]: = AR + Ar:                          #半圆环Ⅰ的面积。
> A[3]: = A[2]:                             #槽钢Ⅲ的面积。
> A[4]: = 1/2 * tb * th:                    #等腰三角形Ⅳ的面积。
> A[5]: = A[1]:                             #半圆环Ⅴ的面积。
> A[6]: = A[1]:                             #半圆环Ⅵ的面积。
> A[7]: = b * h:                            #矩形Ⅶ的面积。
> AA: = sum(A[i],i = 1..7):                 #整个图形的面积。
> AA: = normal(AA):                         #有理式的标准化。
> ##########################################################
> xC[1]: =0:                                #半圆环Ⅰ的形心坐标 xC1。
```

```
> yC[1]:=R+2*a+e0:                                #半圆环Ⅰ的形心坐标 y_C1。
> yC[1]:=normal(yC[1]):                           #有理式的标准化。
> xC[2]:=0:                                       #槽钢Ⅱ的形心坐标 x_C2。
> yC[2]:=R+2*a-e:                                 #槽钢Ⅱ的形心坐标 y_C2。
> xC[3]:=0:                                       #槽钢Ⅲ的形心坐标 x_C3。
> yC[3]:=R+e:                                     #槽钢Ⅲ的形心坐标 y_C3。
> xC[4]:=0:                                       #等腰三角形Ⅳ的形心坐标 x_C4。
> yC[4]:=R+delta+th/3:                            #等腰三角形Ⅳ的形心坐标 y_C4。
> xC[5]:=-R+e0:                                   #半圆环Ⅴ的形心坐标 x_C5。
> yC[5]:=0:                                       #半圆环Ⅴ的形心坐标 y_C5。
> xC[6]:=R-e0:                                    #半圆环Ⅵ的形心坐标 x_C6。
> yC[6]:=0:                                       #半圆环Ⅵ的形心坐标 y_C6。
> yC[7]:=-(R+h/2):                                #矩形Ⅶ的形心坐标 y_C7。
> x[C]:=0:                                        #整个图形的形心坐标 x_C。
> y[C]:=sum(A[i]*yC[i],i=1..7)/AA:                #整个图形的形心坐标 y_C。
> y[C]:=normal(y[C]):                             #有理式的标准化。
>#######################################################
> IxR:=1/72*R^4*(9*Pi^2-64)/Pi:                   #半径为 R 的半圆的主惯性矩 I_xC。
> Ixr:=-1/72*r^4*(9*Pi^2-64)/Pi:                  #半径为 r 的半圆的负主惯性矩 I_xC。
> IyR:=1/8*R^4*Pi:                                #半径为 R 的半圆的主惯性矩 I_yC。
> Iyr:=-1/8*r^4*Pi:                               #半径为 r 的半圆的负主惯性矩 I_yC。
> I1[x]:=IxR+AR*(eR-e0)^2+Ixr+Ar*(er-e0)^2:
>                                                 #半圆环Ⅰ的主惯性矩 I_x1。
> I1[y]:=IyR+Iyr:                                 #半圆环Ⅰ的主惯性矩 I_y1。
> I3[x]:=I2[x]:                                   #槽钢Ⅲ的主惯性矩 I_x3。
> I3[y]:=I2[y]:                                   #槽钢Ⅲ的主惯性矩 I_y3。
> I4[x]:=tb*th^3/36:                              #等腰三角形Ⅳ的主惯性矩 I_x4。
> I4[y]:=th*tb^3/48:                              #等腰三角形Ⅳ的主惯性矩 I_y4。
> I5[x]:=I1[y]:                                   #半圆环Ⅴ的主惯性矩 I_x5。
> I5[y]:=I1[x]:                                   #半圆环Ⅴ的主惯性矩 I_y5。
> I7[x]:=b*h^3/12:                                #矩形Ⅶ的主惯性矩 I_x7。
> I7[y]:=h*b^3/12:                                #矩形Ⅶ的主惯性矩 I_y7。
>#######################################################
>ICx[1]:=I1[x]+A[1]*(yC[1]-y[C])^2:               #半圆环Ⅰ对形心轴 x_C 的惯性矩。
>ICy[1]:=I1[y]:                                   #半圆环Ⅰ对形心轴 y_C 的惯性矩。
>ICx[2]:=I2[x]+A[2]*(yC[2]-y[C])^2:               #槽钢Ⅱ对形心轴 x_C 的惯性矩。
>ICy[2]:=I2[y]:                                   #槽钢Ⅱ对形心轴 y_C 的惯性矩。
>ICx[3]:=I3[x]+A[3]*(yC[3]-y[C])^2:               #槽钢Ⅲ对形心轴 x_C 的惯性矩。
```

```
>ICy[3]:=I3[y]:                                    #槽钢Ⅲ对形心轴 y_C 的惯性矩。
>ICx[4]:=I4[x]+A[4]*(yC[4]-y[C])^2:                #等腰三角形Ⅳ对形心轴 x_C 的惯性矩。
>ICy[4]:=I4[y]:                                    #等腰三角形Ⅳ对形心轴 y_C 的惯性矩。
>ICx[5]:=I5[x]+A[5]*(y[C])^2:                      #半圆环Ⅴ对形心轴 x_C 的惯性矩。
>ICy[5]:=I5[y]+A[5]*(xC[5])^2:                     #半圆环Ⅴ对形心轴 y_C 的惯性矩。
>ICx[6]:=ICx[5]:                                   #半圆环Ⅵ对形心轴 x_C 的惯性矩。
>ICy[6]:=ICy[5]:                                   #半圆环Ⅵ对形心轴 y_C 的惯性矩。
>ICx[7]:=I7[x]+A[7]*(yC[7]-y[C])^2:                #半圆环Ⅶ对形心轴 x_C 的惯性矩。
>ICy[7]:=I7[y]:                                    #半圆环Ⅶ对形心轴 y_C 的惯性矩。
>#########################################################
>IC[x]:=sum(ICx[i],i=1..7):                         #整个图形对形心轴 x_C 的惯性矩。
>IC[x]:=normal(IC[x]):                             #有理式的标准化。
>IC[y]:=sum(ICy[i],i=1..7):                         #整个图形对形心轴 y_C 的惯性矩。
>IC[y]:=normal(IC[y]):                             #有理式的标准化。
>#########################################################
> b:=180: h:=10:                                   #已知条件。
> a:=68: tb:=60:                                   #已知条件。
> R:=90: r:=80:                                    #已知条件。
> delta:=7:  e:=18.8:  A[2]:=2569:                 #已知条件。
> I2[x]:=0.986e6:  I2[y]:=12.73e6:                 #已知条件。
>AA:=evalf(AA,4);                                  #整个图形面积的数值。
> x[C]:=evalf(x[C],4);                             #整个图形的形心坐标 x_C 的数值。
> y[C]:=evalf(y[C],4);                             #整个图形的形心坐标 y_C 的数值。
>Imax:=evalf(IC[x],4);                             #整个图形主惯性矩最大值的数值。
>Imin:=evalf(IC[y],4);                             #整个图形主惯性矩最小值的数值。
>#########################################################
```

## 思考题

**思考题 2-1**　对于如图 2-17 所示的空心截面,如何简便地求出其形心位置?

**思考题 2-2**　矩形截面对 $z$ 轴的惯性矩,用如图 2-18a) 和 b) 所示两种方法分别计算如下:

(1) $I_z = \int_A y^2 \mathrm{d}A = \int_0^h y^2 b \mathrm{d}y = \dfrac{bh^3}{3}$;

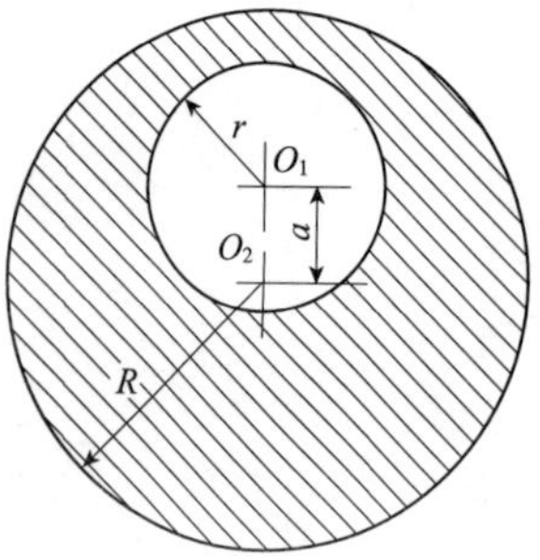


图　2-17

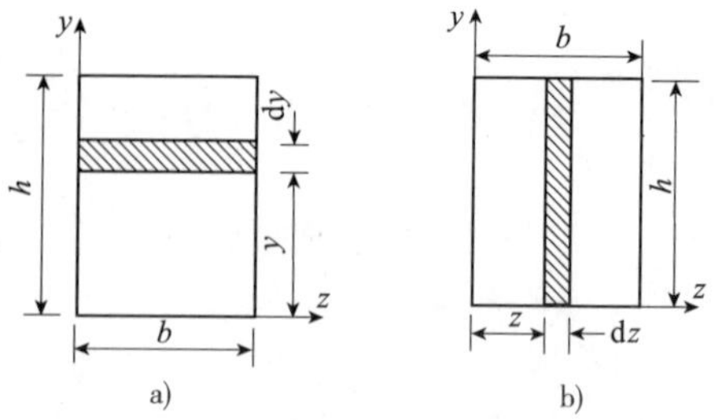


图　2-18

(2) $I_z = \int_A y^2 \mathrm{d}A = \int_0^b \left(\frac{h}{2}\right)^2 h \mathrm{d}z = \frac{bh^3}{4}$。

哪一个结果是不对的？为什么？

**思考题 2-3** 试判断如图 2-19 所示两种情况下等边角钢截面的惯性积 $I_{xy}$ 的正负号。

**思考题 2-4** 对于如图 2-20 所示三角形和半圆形截面，试指出下列各项运算中哪些是正确的，哪些是错误的。

(1) $I_{x(OAB)} = \frac{1}{2} I_{x(OABC)} = \frac{1}{2} \frac{bh^3}{3}$;

(2) $I_{xy(OAB)} = \frac{1}{2} I_{xy(OABC)} = \frac{1}{2} \frac{b^2h^2}{4}$;

(3) $I_{x(\text{半圆})} = \frac{1}{2} I_{x(\text{圆})} = \frac{1}{2} \frac{\pi D^4}{64}$;

(4) $I_{xy(\text{半圆})} = \frac{1}{2} I_{xy(\text{圆})}$;

(5) $I_{y(\text{半圆})} = \frac{1}{2} I_{y(\text{圆})}$。

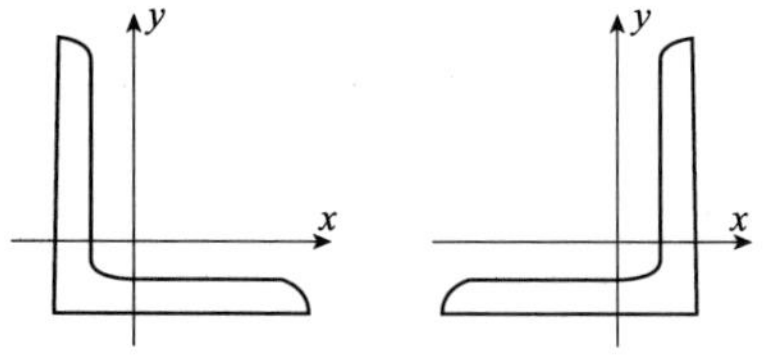


a) b)

图 2-19

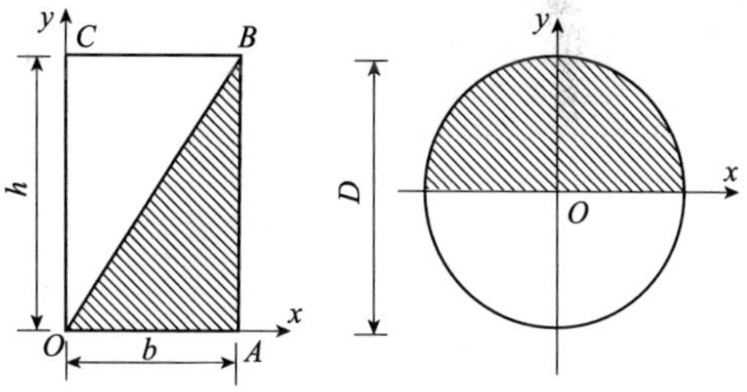


a) b)

图 2-20

**思考题 2-5** 试用最简便的方法求出如图 2-21 所示截面对 $y$ 轴和 $z$ 轴的惯性矩及惯性积。

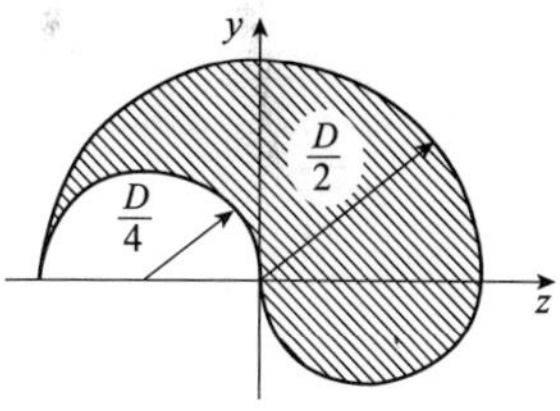


图 2-21

**思考题 2-6** 对于如图 2-22 所示的矩形和坐标轴，有下列的结果：

(1) $S_{y_1} = S_{y_2} = \frac{b^2h}{4}$;

(2) $S_{z_1} = S_{z_2} = \frac{bh^2}{4}$;

(3) $I_{y_1} = I_{y_2} = \frac{7b^3h}{48}$;

(4) $I_{z_1} = I_{z_2} = \frac{7bh^3}{48}$;

(5) $I_{y_1z_1} = I_{y_2z_2} = -\frac{b^2h^2}{16}$。

试指出哪些是正确的，哪些是错误的，有什么样的错误。

***思考题 2-7** 一平面图形可以对无限多的点具有同样大小的极惯性矩。试问这些点将连成怎样的曲线？

**思考题 2-8** 已知如图 2-23 所示面积为 $A$ 的图形对 $x$ 轴的惯性矩为 $I_x$，形心在 $C$ 处，$x_C$、

$x$ 和 $x_1$ 三根轴相互平行。为求图形对 $x_1$ 轴的惯性矩,应选用下列哪个式子计算?

(1)$I_{x_1}=I_x+b^2A$;

(2)$I_{x_1}=I_x+a^2A$;

(3)$I_{x_1}=I_x+(a+b)^2A$;

(4)$I_{x_1}=I_x+b^2A+2abA$。

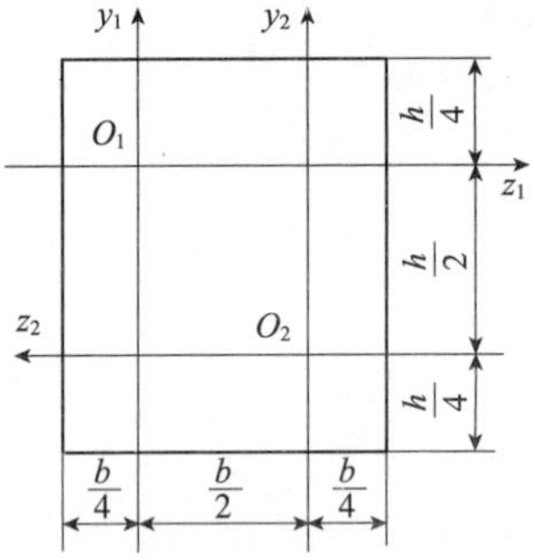


图 2-22

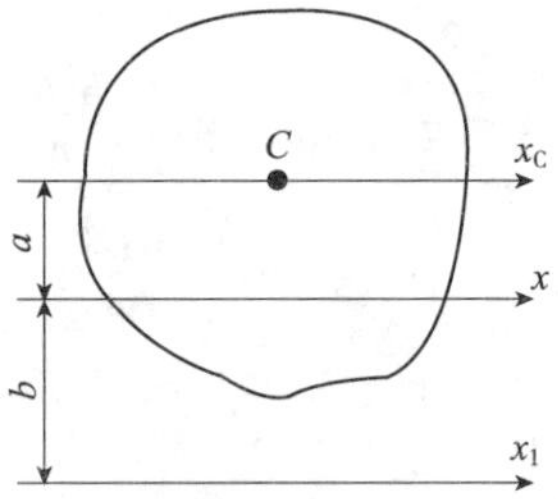


图 2-23

**思考题 2-9** 试判断如图 2-24 所示各种图形形心主轴的位置,并指出对哪一形心轴的惯性矩最大。其中图 2-24e)和 i)为等边角钢,图 2-24j)和 k)为带有小圆孔的圆形。

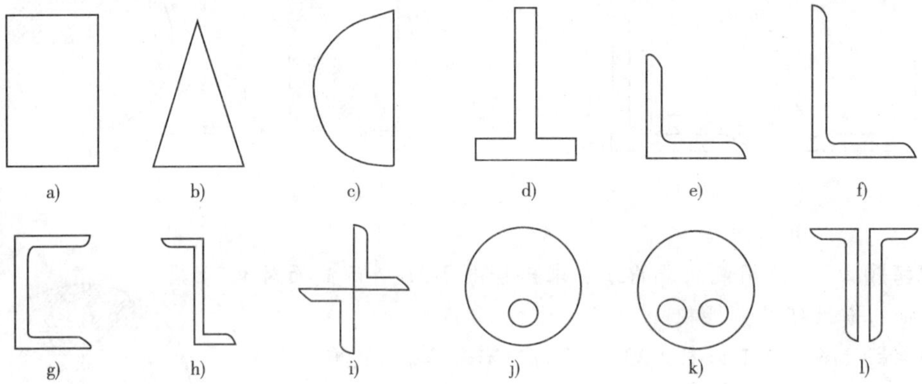


图 2-24

**思考题 2-10** 对如图 2-25 所示图形,当尺寸 $a$ 和 $b$ 的关系为任意时,试指出过 $O$ 点的全部主轴。

**思考题 2-11** 对于如图 2-26 所示图形,你能定性地指出它的形心和形心主轴的位置吗?

**思考题 2-12** 对于如图 2-27 所示直角三角形,试用推理的方法说明过弦中点 $O$ 且平行于两直角边的 $z$ 轴和 $y$ 轴就是主轴。

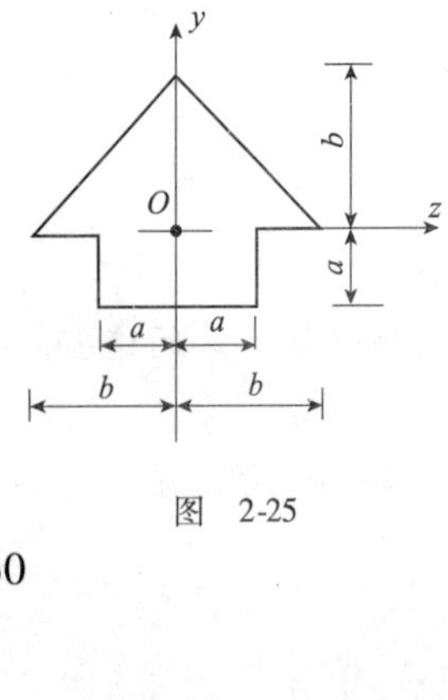


图 2-25

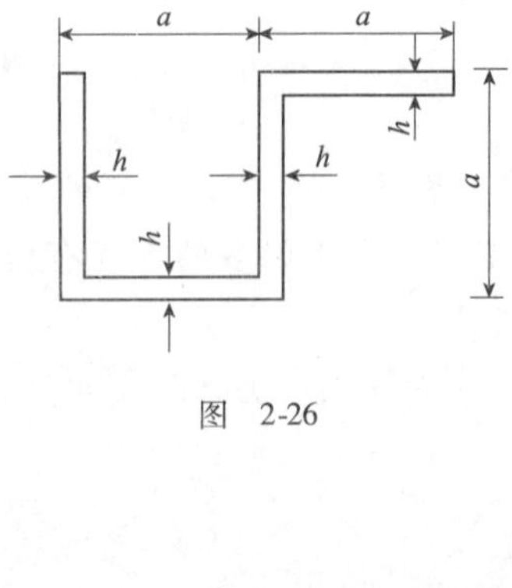


图 2-26

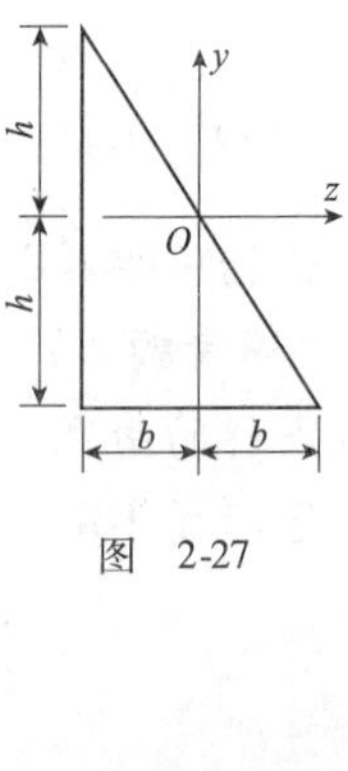


图 2-27

***思考题 2-13** 对于如图 2-28 所示等腰直角三角形，试用推理的说法说明过弦中点 $O$ 的任一对正交轴 $z_\alpha$ 和 $y_\alpha$ 都是主轴。

***思考题 2-14** 如何用最简捷的方法写出如图 2-29 所示截面对 $x$ 轴的惯性矩 $I_x$？

***思考题 2-15** 如图 2-30 所示等边三角形的形心在 $O$ 点，已知它对于对称轴 $x$ 的惯性矩 $I_x=\sqrt{3}a^4/96$，试不作计算而直接写出它对于 $y$ 轴（与 $x$ 轴垂直）的惯性矩 $I_y$。

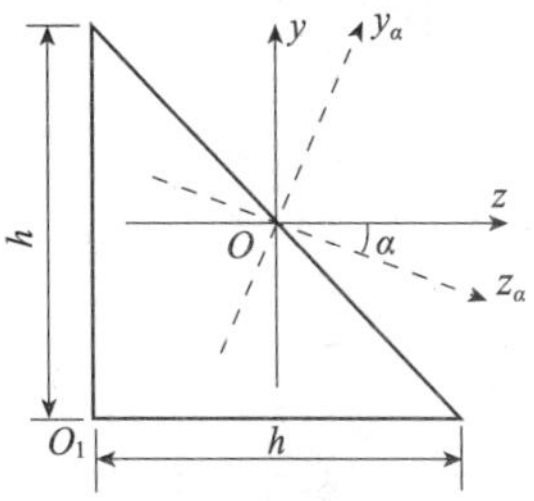


图 2-28

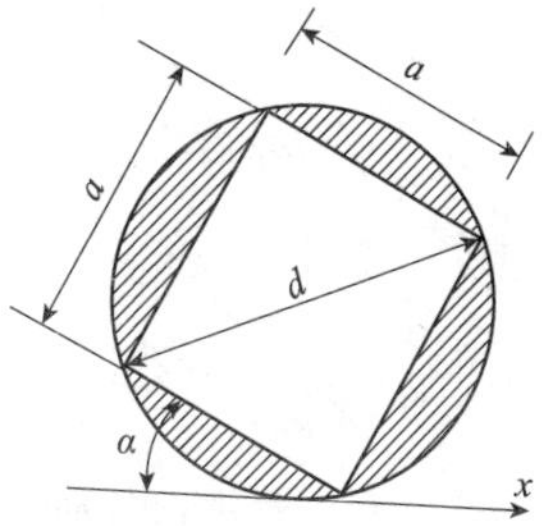


图 2-29

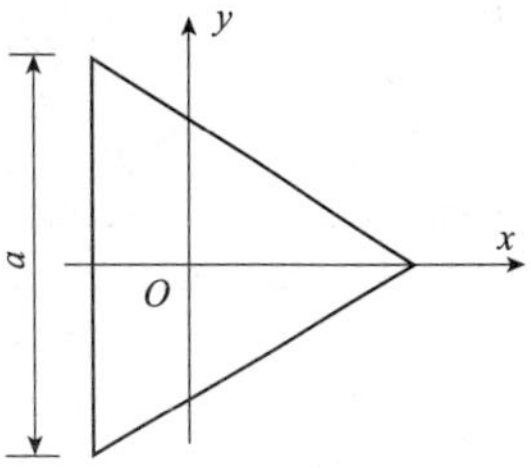


图 2-30

***思考题 2-16** 试将转轴公式中的参变量 $\alpha$ 消去，得出一个包括两个变量 $I_{y_1}$ 和 $I_{y_1z_1}$ 的方程。看从中可以得到什么有用的结果。

**思考题 2-17** 试将转轴公式写成矩阵形式。

## 习题

### A 类型习题

**习题 2-1** 试求如习题图 2-1 所示半圆形对形心轴 $x_C$ 的惯性矩 $I_{x_C}$。已知 $y_C=4R/(3\pi)$。

**习题 2-2** 如习题图 2-2 所示，边长为 $a$ 的正方形与半径为 $R$ 的圆形面积相等，试比较两者对 $y$ 轴惯性矩的大小。

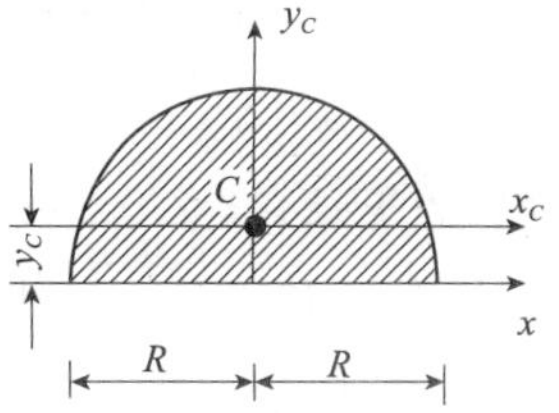


习题图 2-1

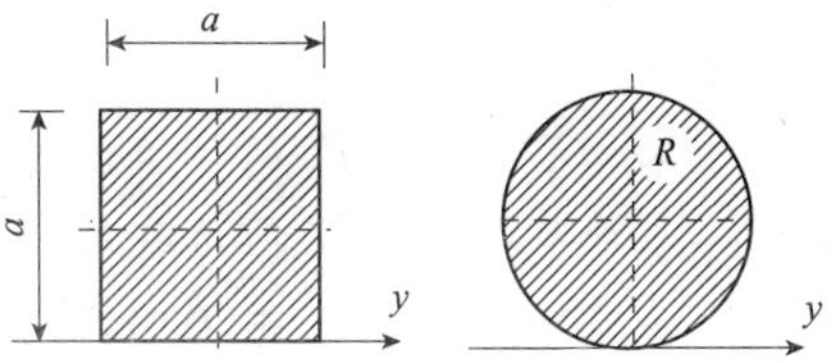


习题图 2-2

**习题 2-3** 求如习题图 2-3 所示图形的形心主惯性矩。已知半径为 $R$ 的半圆的形心位置 $a=4R/(3\pi)$。

**习题 2-4** 求如习题图 2-4 所示图形的形心主惯性矩。

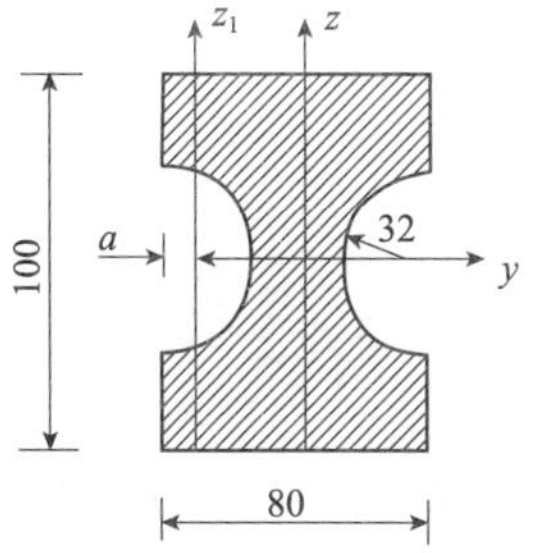


习题图 2-3 （尺寸单位：mm）

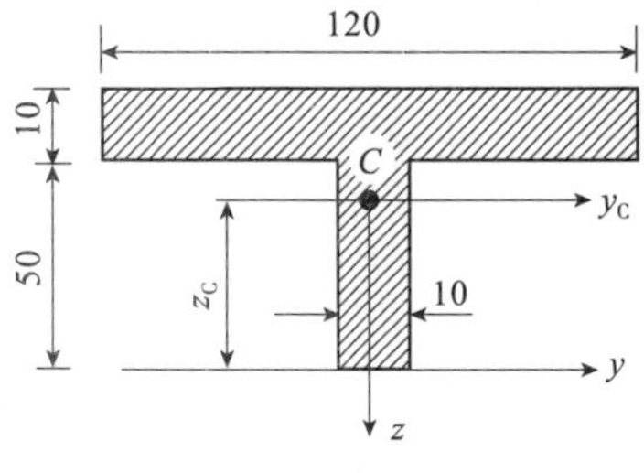


习题图 2-4 （尺寸单位：mm）

**习题 2-5**　求如习题图 2-5 所示图形对 $x$、$y$ 轴的惯性矩 $I_x$、$I_y$，惯性积 $I_{xy}$。

**习题 2-6**　求如习题图 2-6 所示带圆孔的圆形截面的 $I_y$、$I_z$。

**习题 2-7**　求如习题图 2-7 所示截面对水平形心轴的惯性矩。半圆的形心位置为 $C_1$，$y_{C_1}=2a/(3\pi)$。

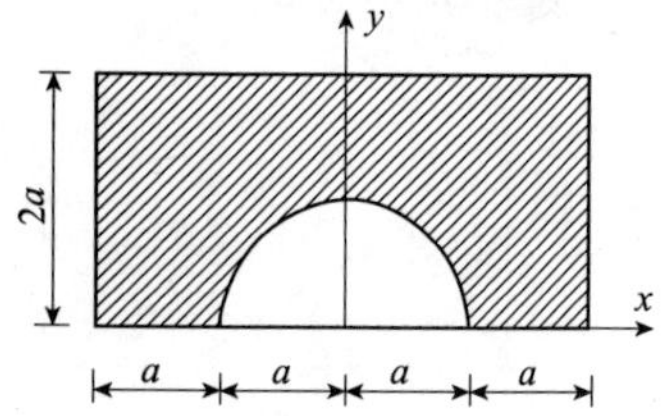


习题图　2-5

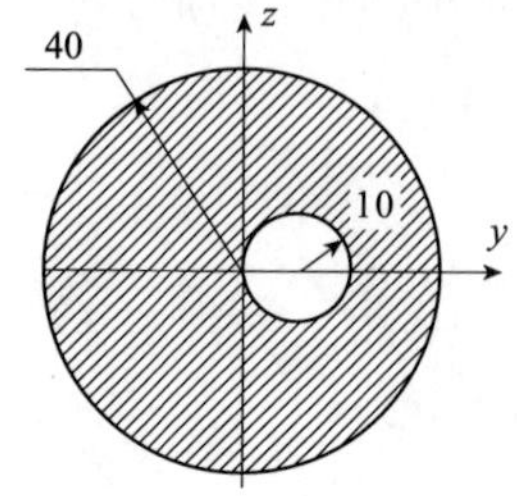


习题图 2-6　（尺寸单位：mm）

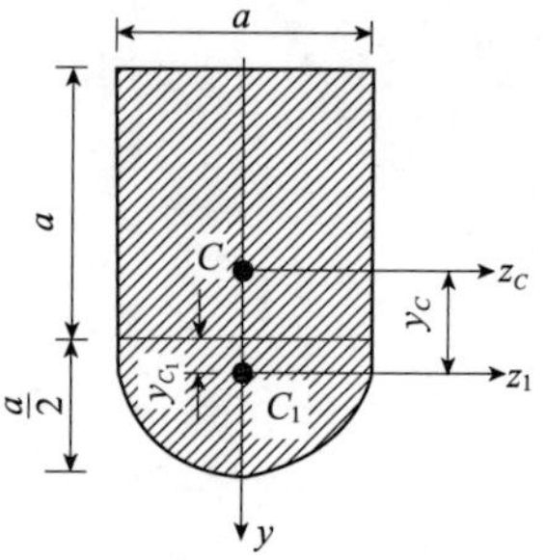


习题图　2-7

**习题 2-8**　求如习题图 2-8 所示带圆孔的矩形截面的形心主惯性矩。

**习题 2-9**　求如习题图 2-9 所示图形的形心主惯性矩。

**习题 2-10**　求如习题图 2-10 所示空心截面的惯性矩 $I_z$ 和抗弯截面模量 $W_z$。

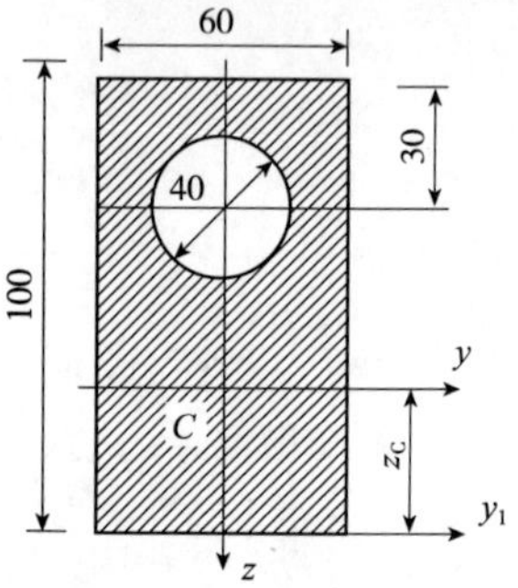


习题图 2-8　（尺寸单位：mm）

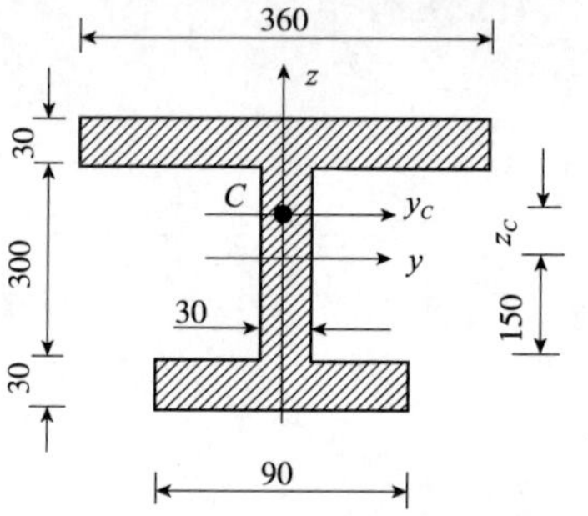


习题图 2-9　（尺寸单位：mm）

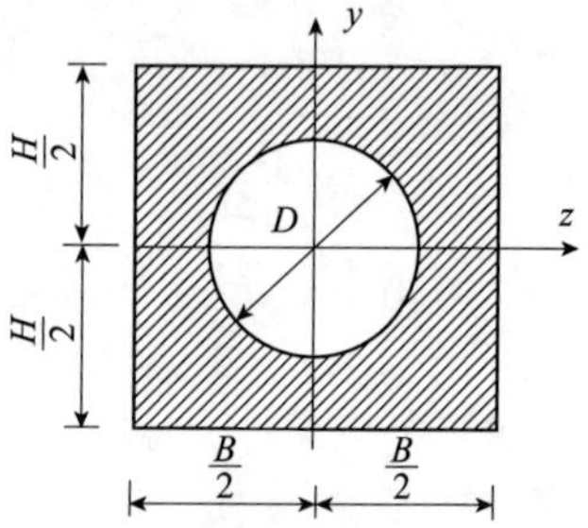


习题图　2-10

**习题 2-11**　求如习题图 2-11 所示组合图形对水平形心轴的惯性矩。

**习题 2-12**　求如习题图 2-12 所示截面的形心位置，并求对形心轴的主惯性矩 $I_{y_C}$、$I_{z_C}$。

**习题 2-13**　如习题图 2-13 所示 T 形截面 $h/b=6$，求截面形心 $C$ 的位置。

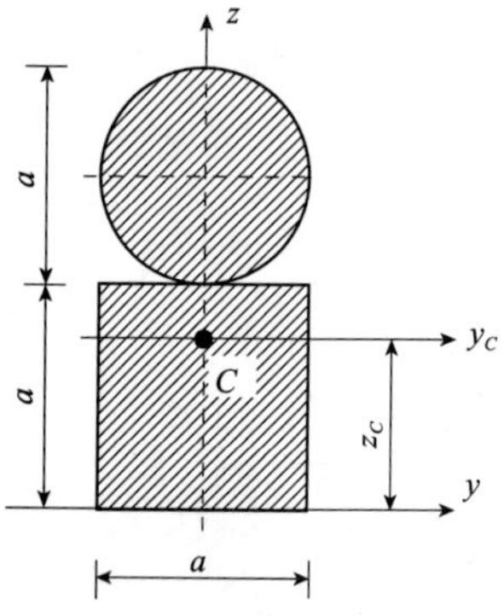


习题图　2-11

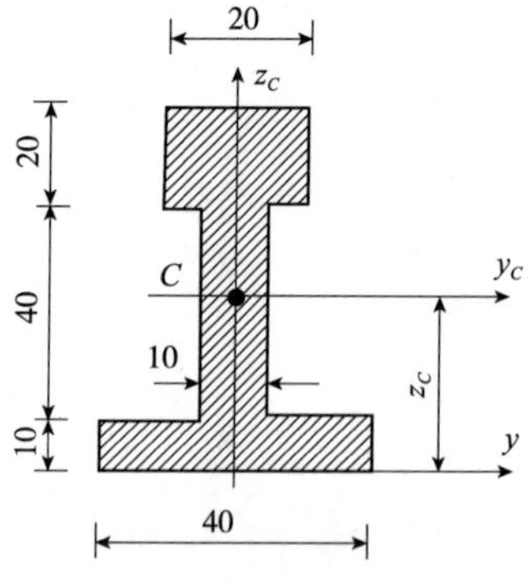


习题图　2-12

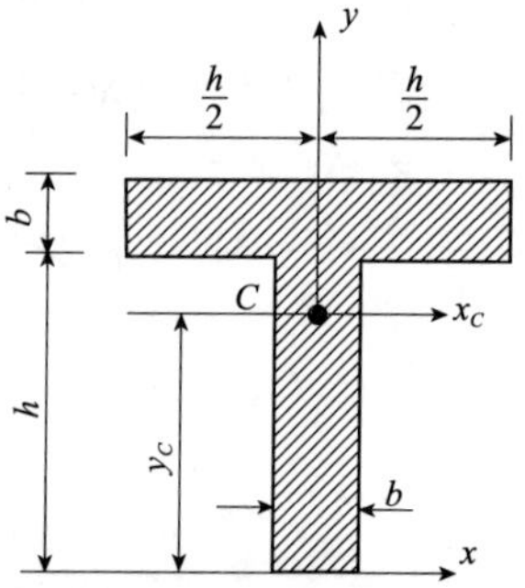


习题图　2-13

**习题 2-14**　如习题图 2-14 所示截面的面积为 $A$，对 $y$ 轴的惯性矩为 $I_y$，求 $I_{y_1}$ 和 $I_{y_2}$。

**习题 2-15**　求如习题图 2-15 所示截面对其水平形心轴的惯性矩。图中 $C_1$ 为半圆的形心，$y_{C_1}=2a/(3\pi)$。

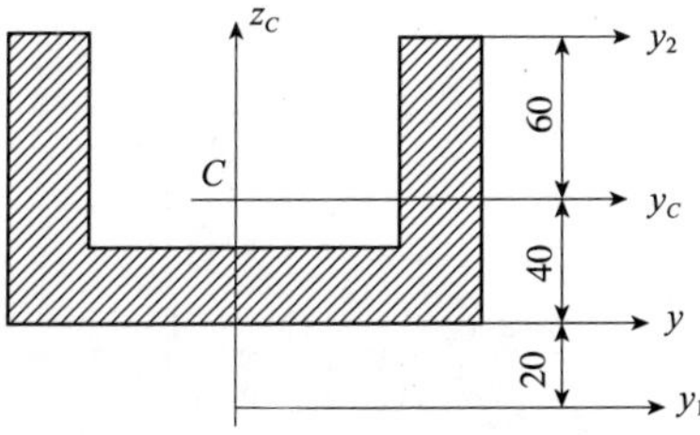


习题图 2-14 （尺寸单位：mm）

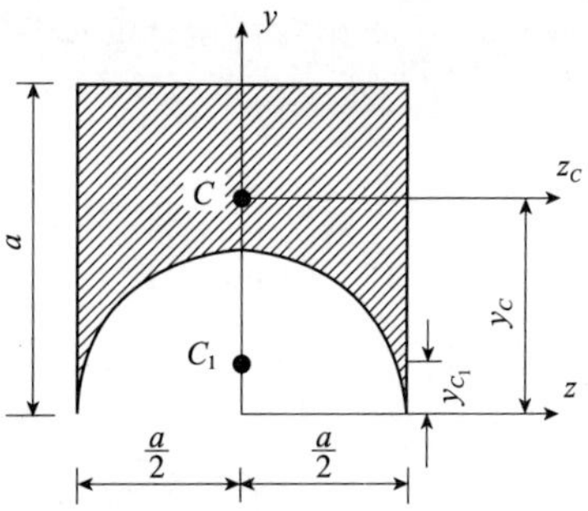


习题图 2-15

## B 类型习题

**习题 2-16** 已知如习题图 2-16 所示截面的形心为 $C$，面积为 $A$，对 $z$ 轴的惯性矩为 $I_z$，求截面对 $z_1$ 轴的惯性矩。

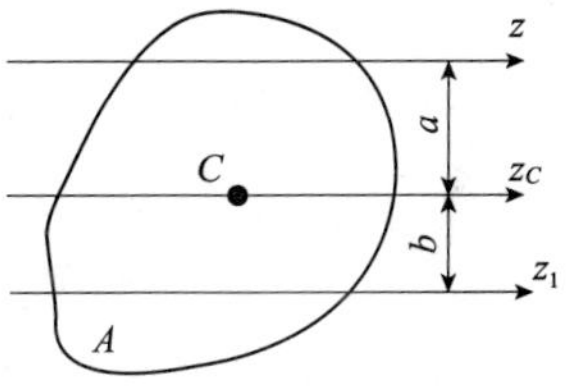


习题图 2-16

**习题 2-17** 下列两图形（如习题图 2-17）对各自形心轴 $y$、$z$ 轴的惯性矩之间的关系为

$I_y^{(a)}$ ________ $I_y^{(b)}$；$I_z^{(a)}$ ________ $I_z^{(b)}$。

(A)大于；(B)等于；(C)小于；(D)不能确定。

（从上面 4 个答案中选择正确答案）

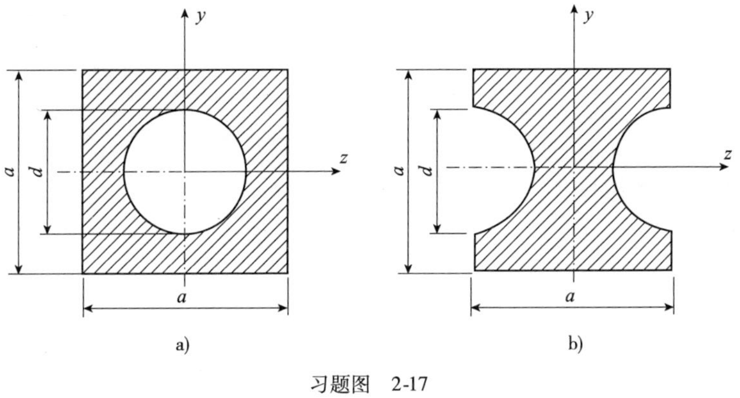


习题图 2-17

**习题 2-18** 如习题图 2-18a）所示圆截面，当其圆心沿 $x$ 轴向右移 $d/2$ 时，求该图形对 $y$ 轴的静矩和惯性矩。

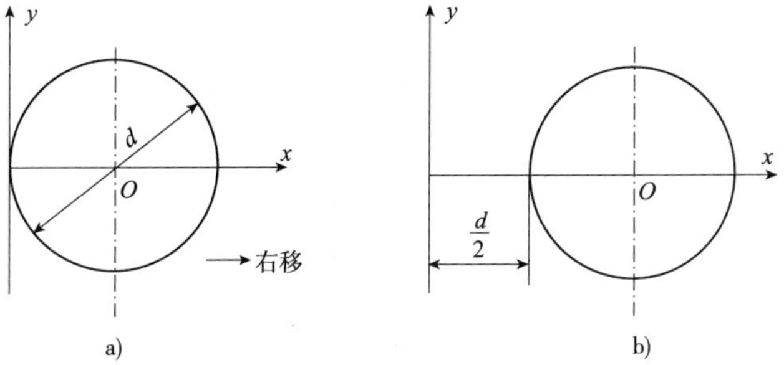


习题图 2-18

**习题 2-19** 试证圆形、正方形、等边三角形(习题图 2-19)的任一对形心轴都是形心主惯性轴,且截面对这些轴的形心主惯性矩均相同,并由此推出一般性结论。

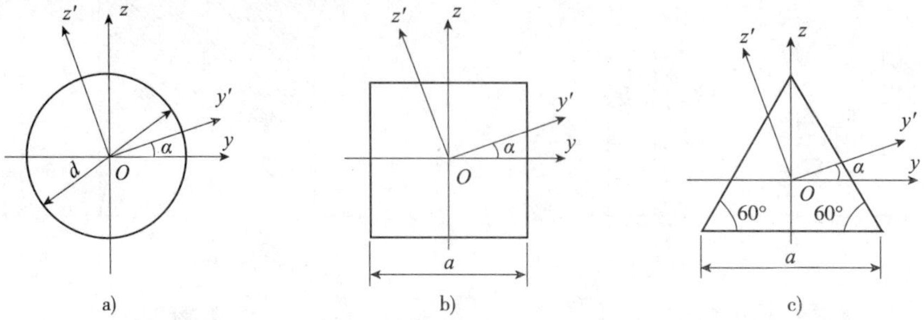


习题图 2-19

## C 类型习题

**习题 2-20** 对如习题图 2-20 所示的型材断面,求其对截面形心的主惯性轴和主惯性矩。

已知:$a=4\text{cm}$,$b=3\text{cm}$,$c=5\text{cm}$,$d=2.8\text{cm}$,$e=1.8\text{cm}$,$f=4\text{cm}$,$h=2\text{cm}$,$s=0.5\text{cm}$。

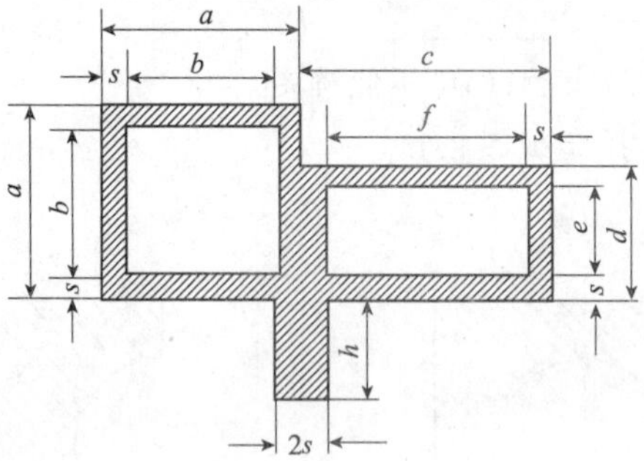


习题图 2-20

程颐(字正叔,1033~1107)

程子曰:"博学、审问、慎思、明辨、笃行

五者,废其一,非学也。"

子曰："三人行，必有我师焉。
择其善者而从之，其不善者而改之。"

# 第3章　基本概念和材料的力学性能

本章首先从静力学、几何学观点出发，介绍了应力、应变的概念。通过试验建立了应力与应变之间的关系。应力与应变之间的关系完全由材料决定，反映了材料所固有的力学性质。然后讨论了应力与应变之间的线弹性关系，即郑玄—胡克定律；许用应力和强度条件；应变能和应变能密度等。

## 3.1　外力和内力

### 3.1.1　外力

材料力学的研究对象是构件，因此，对于所研究的对象来说，其他构件与物体作用于其上的力均为外力，包括载荷与约束力。

按照外力的作用方式，可将外力分为表面力与体积力。作用在构件表面的外力，称为表面力，例如作用在高压容器内壁的气体或液体压力是表面力，两物体间的接触压力也是表面力。作用在构件各质点上的外力，称为体积力，例如构件的重力与惯性力均为体积力。

按照表面力在构件表面的分布情况，又可分为分布力与集中力。连续分布在构件表面某一范围的力，称为分布力。如果分布力的作用面积远小于构件的表面面积，或沿杆件轴线的分布范围远小于杆件长度，则可将分布力简化为作用于一点处的力，称为集中力。

按照载荷随时间变化的情况，可分为静载荷与动载荷。随时间不变化或变化极缓慢的载荷，称为静载荷。其特征是，在加载过程中构件的加速度小到可以忽略不计。随时间显著变化或使构件各质点产生明显加速度的载荷，称为动载荷。例如，锻造时汽锤杆受到的冲击力为动载荷。

构件在静载荷与动载荷作用下的力学表现或行为不同，分析方法也不完全相同，但前者是后者的基础。

### 3.1.2　内力

(1)内力的概念

在外力作用下，构件发生变形，同时，构件内部相连的各部分之间产生相互作用力。由于外力作用，构件内部相连部分之间的相互作用力，称为内力。构件的强度、刚度及稳定性，与内力的大小及其在构件内的分布情况密切相关。因此，内力分析是解决构件强度、刚度与稳定性问题的基础。

由刚体静力学可知，为了分析两物体之间的相互作用力，必须将该两物体分离。同样，要分析构件的内力，例如要分析如图3-1a)所示杆件横截面 $m$-$m$ 上的内力，也必须假想地沿该截面将杆件切开，于是切开截面的内力如图3-1b)所示。由连续性假设可知，内力是作用在切开截面上的连续分布力。

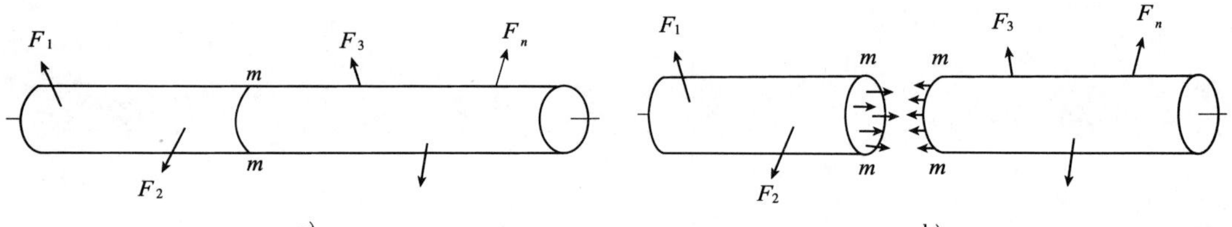

图3-1　构件的内力

应用力系简化理论，将上述分布内力向横截面的任一点例如形心 $C$ 简化，得主矢 $\boldsymbol{F}_R$ 与主矩 $\boldsymbol{M}$[图3-2a)]。为了分析内力，沿截面轴线方向建立坐标轴 $x$，在所切横截面内建立坐标轴 $y$ 与 $z$，并将主矢与主矩沿上述三轴分解[图3-2b)]，得内力分量 $F_N$、$F_{Sy}$ 和 $F_{Sz}$ 以及内力偶矩分量 $T$、$M_y$ 和 $M_z$。

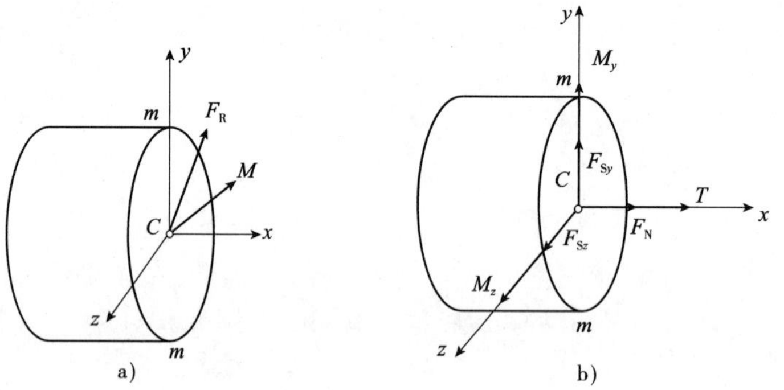

图3-2　内力分量

沿轴线的内力分量 $F_N$，称为轴力；作用线位于所切横截面的内力分量 $F_{Sy}$ 和 $F_{Sz}$，称为剪力；矢量沿轴线的内力偶矩分量 $T$，称为扭矩；矢量位于所切横截面的内力偶矩分量 $M_y$ 和 $M_z$，称为弯矩。

(2)求内力的方法

上述用截面假想地把构件分成两部分以显示并确定内力的方法，称为截面法。可将其归纳为以下四个步骤：

①**截**：欲求某一截面上的内力时，就沿该截面假想地把构件分成两部分。

②**取**：原则上取受力简单的部分作为研究对象，并弃去另一部分。

③**代**：用作用于截面上的规定正向内力代替弃去部分对取出部分的作用。

④**平**：建立取出部分的平衡方程，

$$\sum F_x = 0, \sum F_y = 0, \sum F_z = 0$$

$$\sum M_x = 0, \sum M_y = 0, \sum M_z = 0$$

确定未知的内力。

**例题3-1**　钻床如图3-3a)所以，在载荷 $F$ 作用下，试确定 $m$-$m$ 截面上的内力。

**解**：采用截面法求解。

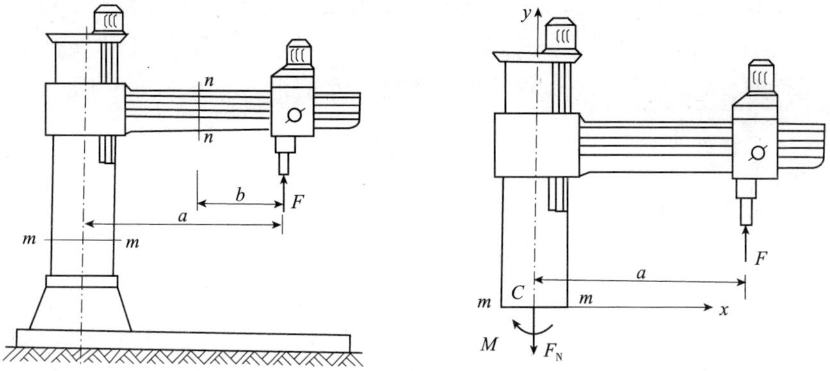


a)　　　　　　b)

图 3-3

①**截**:沿 $m$-$m$ 截面假想地将钻床分成两部分。

②**取**:取 $m$-$m$ 截面以上部分进行研究[图 3-3b)],并以截面的形心 $C$ 为原点,选取坐标系如图 3-3b)所示。

③**代**:用轴力 $F_N$ 和弯矩 $M$ 代替 $m$-$m$ 截面以下部分的作用。

④**平**:建立取出部分的平衡方程,求解 $F_N$ 和 $M$。

$m$-$m$ 截面以上部分受力 $\boldsymbol{F}$、$\boldsymbol{F}_N$、$\boldsymbol{M}$[图 3-3b)]。

$$\sum F_y = 0, F - F_N = 0 \quad (1)$$

$$F_N = F$$

$$\sum M_C = 0, Fa - M = 0 \quad (2)$$

$$M = Fa$$

**讨论与练习**

(1)若沿 $n$-$n$ 截面截断,取右部分为研究对象,截面上包含哪些内力素?

(2)请读者确定 $n$-$n$ 截面上的内力。

## 3.2 变形与位移

### 3.2.1 弹性变形与塑性变形

变形固体在外力作用下发生变形。若载荷完全卸去后,变形能够消失,构件又恢复到原来的形状和大小,称这种变形为弹性变形。反之,变形不能消失,被永远保留下来,称这种变形为塑性变形或残留变形。

实验指出,一般金属材料在一定受力限度内,力和变形成正比(线性)关系,这样的弹性体称为线性弹性体,简称线弹性体。材料力学主要研究线弹性体。

### 3.2.2 大变形与小变形

若物体的变形量与物体变形前尺寸相比很微小,则在建立静力平衡方程时可以忽略其变形量,而使用物体变形前尺寸,那么此种变形为小变形。反之,若在建立静力平衡方程时

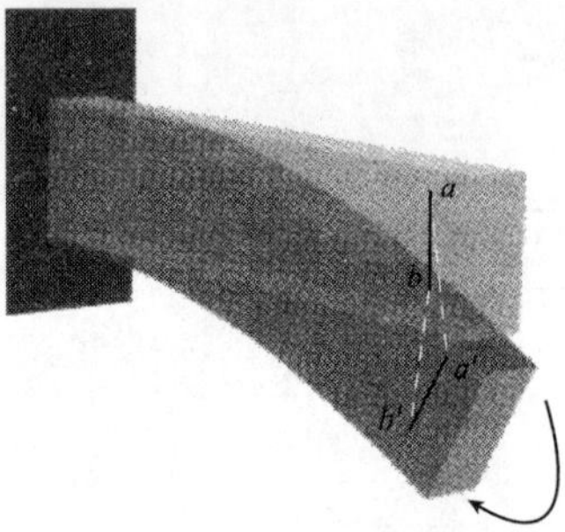

图 3-4 线位移和角位移

无法忽略其变形量，那么这种变形为大变形。发生大变形时，变形与力不再呈线性关系，属于非线性力学问题。材料力学主要研究小变形。

### 3.2.3 位移

物体发生变形，物体内各个质点要移动而使各个质点间的相对位置发生改变。图 3-4 中，物体变形时点 $a$ 移动到点 $a'$，点 $b$ 移到点 $b'$。线段 $aa'$、$bb'$分别是点 $a$、点 $b$ 的线位移。变形前物体内微线段 $ab$ 变形后移到 $a'b'$，线段 $a'b'$和 $ab$ 间夹角，就是 $ab$ 微线段的角位移。位移是矢量，线位移在 $x$、$y$、$z$ 方向的分量用 $u$、$v$、$w$ 来表示。

## 3.3 应力和应变

### 3.3.1 应力

如上所述，内力是构件内部相连两部分之间的相互作用力，并沿截面连续分布。为了描写内力的分布情况，现引入内力分布集度即应力的概念。

(1) 正应力与切应力

如图 3-5a) 所示，在截面 $m$-$m$ 上任一点 $k$ 的周围取一微小面积 $\Delta A$，并设作用在该面积上的内力为 $\Delta F$，则 $\Delta F$ 与 $\Delta A$ 的比值，称为 $\Delta A$ 内的平均应力，并用 $p_m$ 表示，即

$$p_m = \frac{\Delta F}{\Delta A} \tag{3-1a}$$

一般情况下，内力沿截面并非均匀分布，平均应力的大小与方向将随所取面积 $\Delta A$ 的大小而异。为了更精确地描写内力的分布情况，应使 $\Delta A$ 趋于零，由此所得平均应力的极限值，称为截面 $m$-$m$ 上 $k$ 点处的应力或总应力，并用 $p$ 表示，即

$$p = \lim_{\Delta A \to 0} \frac{\Delta F}{\Delta A} \tag{3-1b}$$

显然，应力 $p$ 的方向即 $\Delta F$ 的极限方向。为了分析方便，通常将应力 $p$ 沿截面法向与切向分解为两个分量[图 3-5b)]。沿截面法向的应力分量称为正应力，用 $\sigma$ 表示；沿截面切向的应力分量称为切应力，用 $\tau$ 表示。显然

$$p^2 = \sigma^2 + \tau^2 \tag{3-2}$$

应力的单位为 Pa，其名称为"帕斯卡"(Pascal)，1Pa = 1N/m$^2$。

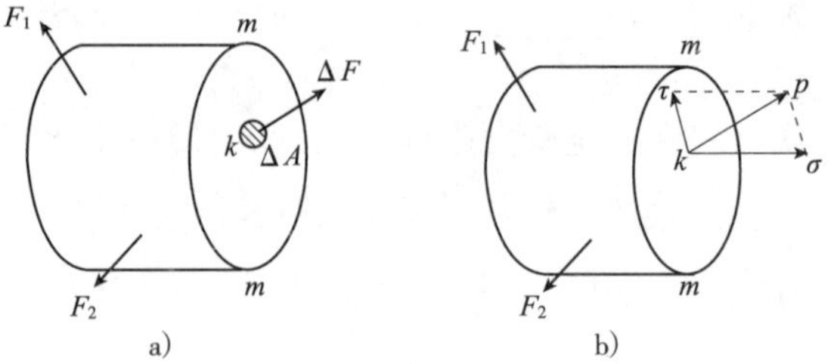

图 3-5 应力的定义

(2)单元体、基本应力状态

在构件的同一截面上,不同点处的应力一般不同;同时,在通过同一点不同方位的截面上,应力一般也不相同。为了全面研究一点处的应力,围绕该点切取一无限小的正六面体,称为单元体,即微体进行研究。显然,在微体不同方位的截面上,应力一般也不相同。

微体受力最基本、最简单的形式有两种,称为基本应力状态,一种是单向应力状态[图 3-6a)],另一种是纯剪切状态[图 3-6b)]。在单向受力状态下,微体仅在一对互相平行的截面上承受正应力;在纯剪切状态下,微体仅承受切应力。

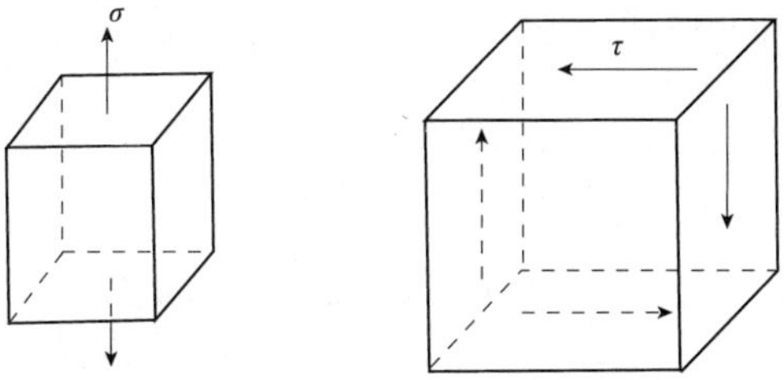


a)单向应力　　b)纯剪切

图 3-6　基本应力状态

### 3.3.2　应变

在外力作用下,构件发生变形,同时引起应力。为了研究构件的变形及其内部的应力分布,需要了解构件内部各点处的变形。为此,假想地将构件分割成许多细小的单元体。

构件受力后,各单元体的位置发生变化,同时,单元体棱边的长度发生改变[图 3-7a)],相邻棱边之间的夹角一般也发生改变[图 3-7b)]。

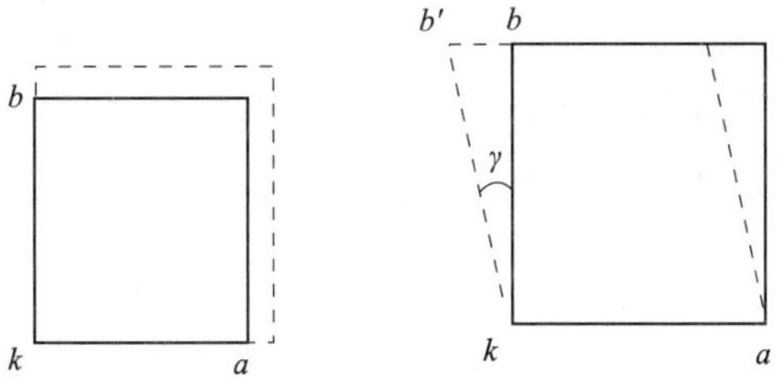


a)正应变　　b)切应变

图 3-7　应变的定义

设棱边 $ka$ 的原长为 $\Delta s$,变形后的长度为 $\Delta s+\Delta u$,即长度改变量为 $\Delta u$,则 $\Delta u$ 与 $\Delta s$ 的比值,称为棱边 $ka$ 的平均线应变,并用 $\varepsilon_{\mathrm{m}}$ 表示,即

$$\varepsilon_{\mathrm{m}}=\frac{\Delta u}{\Delta s} \tag{3-3a}$$

一般情况下,棱边 $ka$ 各点处的变形程度并不相同,平均正应变的大小将随 $ka$ 的长度而改变。为了精确地描写点 $k$ 沿棱边 $ka$ 方向的变形情况,应选取无限小的单元体即微体,由此所得平均正应变的极限值,即

$$\varepsilon=\lim_{\Delta s\to 0}\frac{\Delta u}{\Delta s} \tag{3-3b}$$

称为点 $k$ 沿棱边 $ka$ 方向的线应变或正应变。规定拉伸时,正应变 $\varepsilon$ 为“+”。采用类似方

法，还可确定 $k$ 点处沿其他任意方向的正应变。

微体相邻棱边所夹直角的改变量[图 3-7b)]，称为角应变或切应变，用 $\gamma$ 表示，即

$$\gamma = \lim_{\substack{\overline{kb} \to 0 \\ \overline{ka} \to 0}} \left( \angle akb' - \frac{\pi}{2} \right) \tag{3-4}$$

切应变的单位为弧度（rad）。显然，正应变与切应变的量纲均为一。

**例题 3-2** 两边固定的薄板如图 3-8 所示。变形后 $ab$ 和 $ad$ 两边保持为直线。$a$ 点沿垂直方向向下移动 0.025mm。试求 $ab$ 边的平均应变和 $ab$、$ad$ 两边夹角的变化。

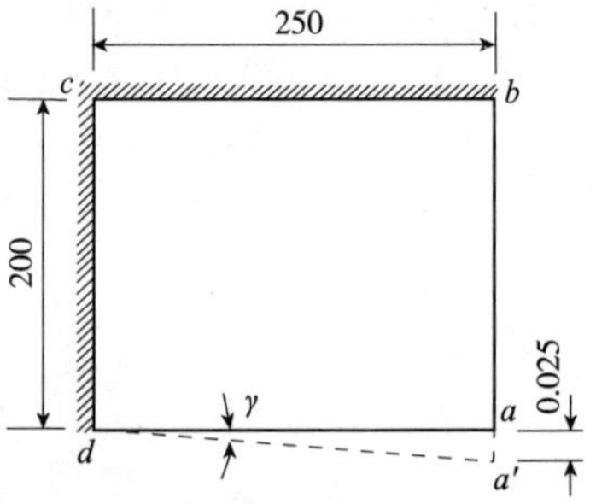

图 3-8 （尺寸单位：mm）

**解：**①$ab$ 边的平均应变为

$$\varepsilon_{\mathrm{m}} = \frac{\overline{a'b} - \overline{ab}}{\overline{ab}} = \frac{\overline{aa'}}{\overline{ab}} = \frac{0.025 \times 10^{-3}}{200 \times 10^{-3}} = 1.25 \times 10^{-4}$$

②由于 $\gamma$ 非常小，所以变形后 $ab$ 和 $ad$ 两边夹角的变化为

$$\angle ba'd - \frac{\pi}{2} = -\gamma \approx -\tan\gamma = -\frac{\overline{aa'}}{\overline{ad}} = -\frac{0.025 \times 10^{-3}}{250 \times 10^{-3}} = -1.0 \times 10^{-4}\mathrm{rad}$$

### 3.3.3 郑玄—胡克定律

单向受力试验表明（图 3-9），在正应力 $\sigma$ 作用下，材料沿正应力作用方向发生正应变 $\varepsilon$，而且，如果正应力不超过一定限度（这个限度称为比例极限 $\sigma_{\mathrm{p}}$），则正应力与正应变成正比，即 $\sigma \propto \varepsilon$，引进比例常数 $E$，于是得

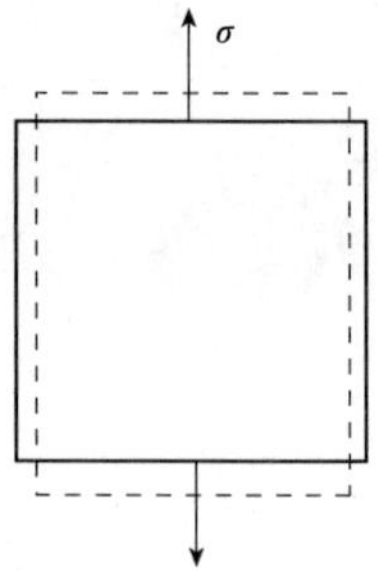

图 3-9 正应力与正应变的线性关系

$$\sigma = E\varepsilon \tag{3-5}$$

上述关系称为微观形式郑玄—胡克定律，比例常数 $E$ 称为弹性模量。

试验表明，对于工程中的绝大多数材料，在一定应力范围内，均符合或近似符合郑玄—胡克定律，因此，郑玄—胡克定律是一个普遍适用的重要定律。

由式(3-5)可以看出，弹性模量与应力具有相同的量纲。在我国法定计量单位制中，弹性模量的常用单位为 GPa，1GPa = $10^9$Pa。

弹性模量属于材料的力学性能，其值因材料而异，并由试验测定。例如，钢与合金钢的弹性模量 $E = 200 \sim 220$GPa，铝与铝合金的弹性模量 $E = 70 \sim 72$GPa。

## 3.4 材料拉伸时的力学性能

### 3.4.1 拉伸试验与应力—应变图

材料的力学性能由试验测定。拉伸试验是研究材料力学性能最基本、最常用的试验。标准拉伸试样如图 3-10 所示，标记 $m$ 与 $n$ 之间的杆段为试验段，其长度 $l$ 称为标距。对于试验段直径为 $d$ 的圆截面试样，通常规定

$$l = 10d \quad 或 \quad l = 5d \tag{3-6}$$

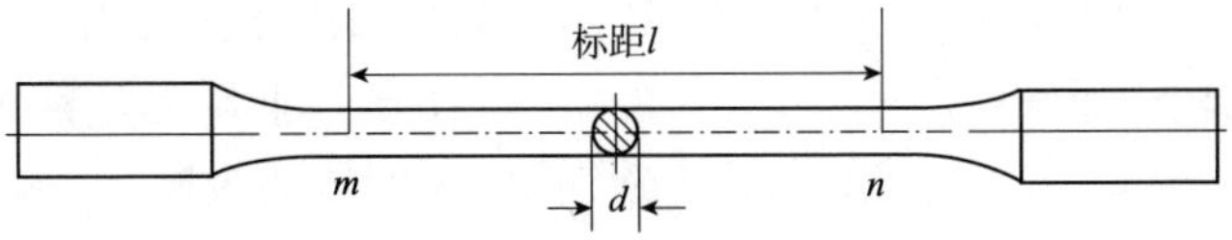


图 3-10　标准拉伸试样

试验时，首先将试样安装在材料试验机的上、下夹头内（图 3-11），并在标记 $m$ 与 $n$ 处安装测量轴向变形的仪器。然后开动机器，缓慢加载。随着载荷 $F$ 的增大，试样逐渐被拉长，试验段的拉伸变形用 $\Delta l$ 表示。拉力 $F$ 与变形 $\Delta l$ 间的关系曲线如图 3-11 所示，称为试样的力—伸长曲线或拉伸图。试验一直进行到试样断裂为止。

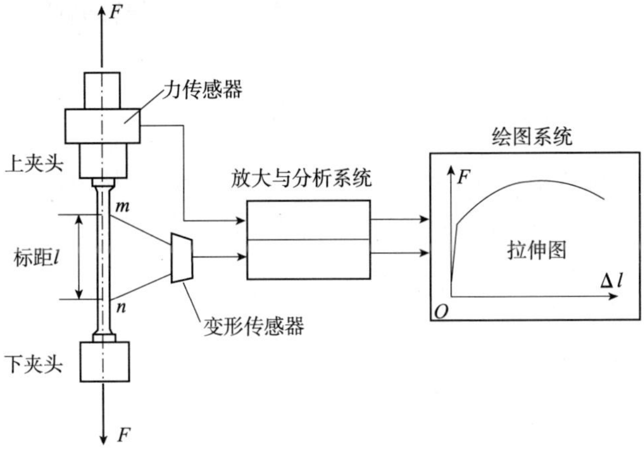


图 3-11　材料试验机

显然，拉伸图不仅与试样的材料有关，而且与试样的横截面尺寸及标距的大小有关。例如，试验段的横截面面积越大，将其拉断所需的拉力越大；在同一拉力作用下，标距越大，拉伸变形 $\Delta l$ 也越大。因此，不宜用试样的拉伸图表征材料的力学性能。

将拉伸图的纵坐标 $F$ 除以试样横截面的原面积 $A$，即得应力

$$\sigma = \frac{F}{A} \tag{3-7}$$

将其变形 $\Delta l$ 除以试验段的原长 $l$（即标距），即得应变

$$\varepsilon = \frac{\Delta l}{l} \tag{3-8}$$

由此所得应力 $\sigma$ 与应变 $\varepsilon$ 的关系曲线，称为材料的应力—应变图。

### 3.4.2　低碳钢的拉伸力学性能

低碳钢是工程中广泛应用的金属材料，其应力—应变图也非常具有典型意义。如图 3-12所示为低碳钢 Q235 的应力—应变图，现以该曲线为基础，并结合试验过程中所观察到的现象，介绍低碳钢的力学性能。

（1）弹性阶段

①线性弹性阶段

在拉伸的初始阶段，应力—应变曲线为一直线（图 3-12 中 $Oa$），说明在此阶段内正应力与正应变成正比，即遵循式（3-5）的郑玄—胡克定律。线性阶段最高点 $a$ 所对应的正应力，

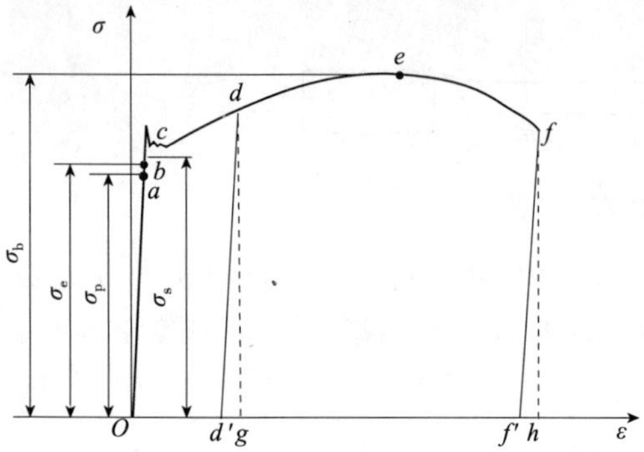


图 3-12 低碳钢的应力—应变曲线

称为材料的比例极限，用 $\sigma_p$ 表示；而直线 $Oa$ 的斜率，数值上即等于材料的弹性模量 $E$。低碳钢 Q235 的比例极限 $\sigma_p \approx 200\text{MPa}$，弹性模量 $E \approx 200\text{GPa}$。

若杆件变形前的横向尺寸为 $b$，变形后为 $b_1$，则横向应变为

$$\varepsilon' = \frac{\Delta b}{b} = \frac{b_1 - b}{b}$$

试验结果表明：当应力不超过比例极限 $\sigma_p$ 时，横向应变 $\varepsilon'$ 与轴向应变 $\varepsilon$ 之比的绝对值是一个常数，即

$$\left|\frac{\varepsilon'}{\varepsilon}\right| = \mu \tag{3-9}$$

$\mu$ 称为横向变形因数或泊松比，量纲为一。$\varepsilon'$ 和 $\varepsilon$ 符号是相反的。

因为当杆件轴向伸长时横向缩小，而轴向缩短时横向增大，所以 $\varepsilon'$ 和 $\varepsilon$ 的关系可以写成

$$\varepsilon' = -\mu\varepsilon \tag{3-10}$$

和弹性模量 $E$ 一样，泊松比 $\mu$ 也是材料固有的弹性常数。表 3-1 中摘录了几种常用材料的弹性模量与泊松比。

**常用材料的弹性模量与泊松比** 表 3-1

| 材 料 名 称 | $E$(GPa) | $\mu$ |
|---|---|---|
| 低碳钢(Q235) | 200 ~ 210 | 0.25 ~ 0.33 |
| 低合金钢(16Mn) | 200 ~ 220 | 0.25 ~ 0.33 |
| 合金钢(预应力钢筋) | 220 | 0.22 ~ 0.25 |
| 灰铸铁 | 80 ~ 160 | 0.23 ~ 0.27 |
| 铜及铜合金 | 100 ~ 120 | 0.31 ~ 0.36 |
| 铝合金(LY12) | 70 ~ 72 | 0.33 |
| 混凝土 | 15.2 ~ 36 | 0.16 ~ 0.18 |
| 木(顺纹) | 9 ~ 12 | |
| 石料(石灰岩) | 6 ~ 9 | 0.16 ~ 0.28 |
| 石料(青砖、红砖) | 2.7 ~ 3.5 | 0.12 ~ 0.20 |
| 橡胶(工业橡胶板) | 0.008 | 0.47 ~ 0.50 |

②非线性弹性阶段

超过比例极限后，从 $a$ 点到 $b$ 点，$\sigma$ 与 $\varepsilon$ 之间的关系不再是直线，但若此时解除拉力变形仍可完全消失，这种变形称为弹性变形。$b$ 点所对应的应力 $\sigma_e$ 是材料只出现弹性变形的极限值，称为弹性极限。在 $\sigma$-$\varepsilon$ 曲线上，对于低碳钢，$a$、$b$ 两点非常接近，所以工程上对弹性极限 $\sigma_e$ 和比例极限 $\sigma_p$ 并不严格区分；但对于有些材料，如橡胶材料等，$\sigma_e$ 和 $\sigma_p$ 差别很大，不能混为一谈。

(2)屈服阶段

当应力超过 $b$ 点增加到某一数值时，应变有非常明显的增加，而应力先是下降，然后微

小的波动，在 $\sigma$-$\varepsilon$ 曲线上出现接近水平线的小锯齿形线段。这种应力基本保持不变，而应变显著增加的现象，称为屈服或流动。在屈服阶段内，最高应力和最低应力分别称为上屈服极限和下屈服极限。上屈服极限的数值与试样形状、加载速度等因素有关，一般是不稳定的。下屈服极限则有比较稳定的数值，能够反应材料的性能。通常就把下屈服极限称为材料的屈服应力或屈服极限，并用 $\sigma_s$ 表示，低碳钢 Q235 的屈服应力 $\sigma_s \approx 235$MPa。

如果试样表面光滑，则当材料屈服时，试样表面将出现与轴线约成 45°的线纹（图3-13）。如前所述，在杆件的 45°斜截面上，作用有最大切应力，因此，上述线纹可能是材料沿该截面产生滑移所造成。材料屈服时试样表面出现的线纹通常称为滑移线。

（3）强化阶段

经过屈服阶段之后，材料又增强了抵抗变形的能力。这时若要使材料继续变形需要增大应力。经过屈服滑移之后，材料重新呈现抵抗继续变形的能力，称为材料的强化。硬化阶段的最高点 $e$ 所对应的正应力，称为材料的强度极限，用 $\sigma_b$ 表示。低碳钢 Q235 的强度极限 $\sigma_b \approx 380$MPa。强度极限是材料所能承受的最大应力。

（4）局部变形阶段

当应力增长至最大值 $\sigma_b$ 之后，试样的某一局部显著收缩（图 3-14），产生所谓缩颈。缩颈出现后，使试件继续变形所需的拉力减小，应力—应变曲线相应呈现下降，最后导致试样在缩颈处断裂。

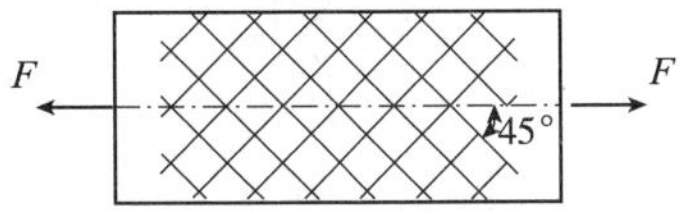


图 3-13　滑移线

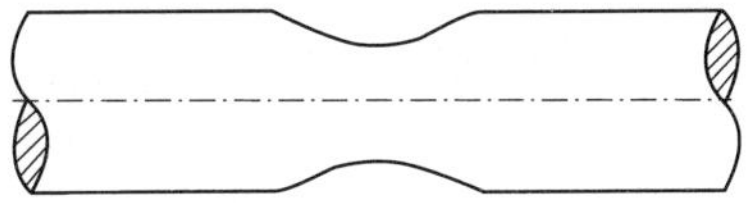

图 3-14　缩颈现象

综上所述，在整个拉伸过程中，材料经历了弹性、屈服、强化与缩颈四个阶段，并存在四个特征点，相应的应力依次为比例极限 $\sigma_p$、弹性极限 $\sigma_e$、屈服极限 $\sigma_s$ 和强度极限 $\sigma_b$。

（5）卸载与再加载规律

在超过弹性极限之后，例如在强化阶段某一点 $d$ 逐渐减小载荷，则卸载过程中的应力—应变曲线如图 3-12 中的 $dd'$ 所示，该直线与 $Oa$ 几乎平行。线段 $\overline{d'g}$ 代表随卸载而消失的应变即弹性应变；而线段 $\overline{Od'}$ 则代表应力减小至零时残留的应变，即塑性应变或残余应变。由此可见，当应力超过弹性极限后，材料的应变包括弹性应变与塑性应变，但在卸载过程中，应力与应变之间仍保持线性关系。

试验中还发现，如果卸载至 $d'$ 点后立即重新加载，则加载时的应力、应变关系基本上沿卸载时的直线 $d'd$ 变化，过点 $d$ 后仍沿原曲线 $def$ 变化，并至点 $f$ 断裂。因此，如果将卸载后已有塑性变形的试样当作新试样重新进行拉伸试验，其比例极限或弹性极限将得到提高，而断裂时的残余变形则减小。由于预加塑性变形，而使材料的比例极限或弹性极限提高的现象称为冷作硬化。工程中常利用冷作硬化来提高某些构件（例如钢筋与链条等）在弹性范围内的承载能力。

（6）材料的塑性

试样断裂时的残余变形最大。材料能经受较大塑性变形而不破坏的能力，称为材料的塑性或延性。材料的塑性用延伸率或断面收缩率度量。

设断裂时试验段的残余变形为 $l_1 - l$，则残余变形 $l_1 - l$ 与试验段原长 $l$ 的比值，即

$$\delta = \frac{l_1 - l}{l} \times 100\% \tag{3-11}$$

称为材料的延伸率;如果试验段横截面的原面积为 $A$,断裂后断口的横截面面积为 $A_1$,则

$$\psi = \frac{A - A_1}{A} \times 100\% \tag{3-12}$$

称为材料的断面收缩率。低碳钢 Q235 的延伸率 $\delta \approx 25\% \sim 30\%$,断面收缩率 $\psi \approx 60\%$。

塑性好的材料,在轧制或冷压成型时不易断裂,并能承受较大的冲击载荷。在工程中,通常将延伸率较大(例如 $\delta_s \geqslant 5\%$)的材料称为塑性或延性材料;延伸率较小的材料称为脆性材料。结构钢与硬铝等为塑性材料;而工具钢、灰口铸铁与陶瓷等则属于脆性材料。

## 3.5 材料拉压力学性能的进一步研究

### 3.5.1 一般金属材料的拉伸力学性能

如图 3-15 所示为铬锰硅钢与硬铝等金属材料的应力—应变图。可以看出,它们断裂时均具有较大的残余变形,即均属于塑性材料。不同的是,有些材料不存在明显的屈服阶段。

对于不存在明显屈服阶段的塑性材料,工程中通常以卸载后产生数值为 0.2% 的残余应变的应力作为屈服应力,称为屈服强度或名义屈服极限,并用 $\sigma_{0.2}$ 表示,如图 3-16 所示,在横坐标轴 $\varepsilon$ 上取 $\overline{OC} = 0.2\%$,自 $C$ 点作直线平行于 $OA$,并与应力—应变曲线相交于 $D$,与 $D$ 点对应的正应力即为名义屈服极限 $\sigma_{0.2}$。

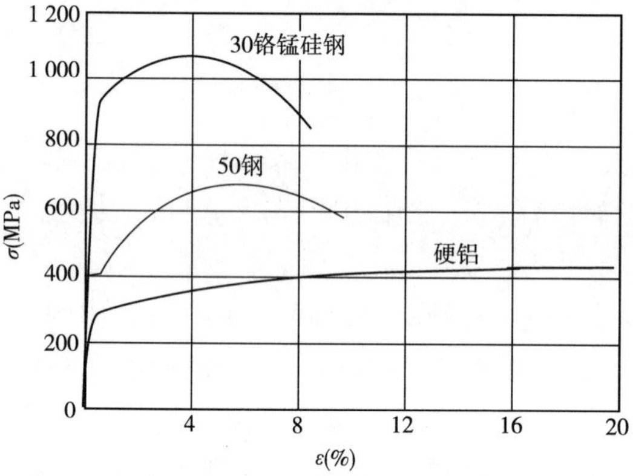


图 3-15　一般金属材料的拉伸曲线

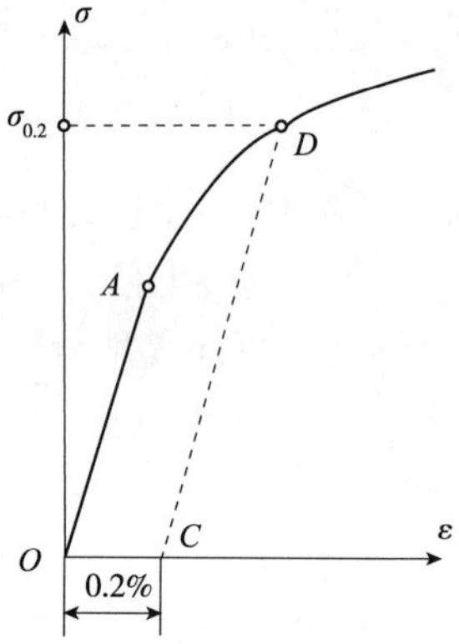


图 3-16　名义屈服极限

至于脆性材料,例如灰口铸铁与陶瓷等,从开始受力直至断裂,变形始终很小,既不存在屈服阶段,也无缩颈现象。图 3-17 所示为灰口铸铁拉伸时的应力—应变曲线,断裂时的应变仅为0.4% ~ 0.5%,断口垂直于试样轴线,即断裂发生在最大拉应力作用面。

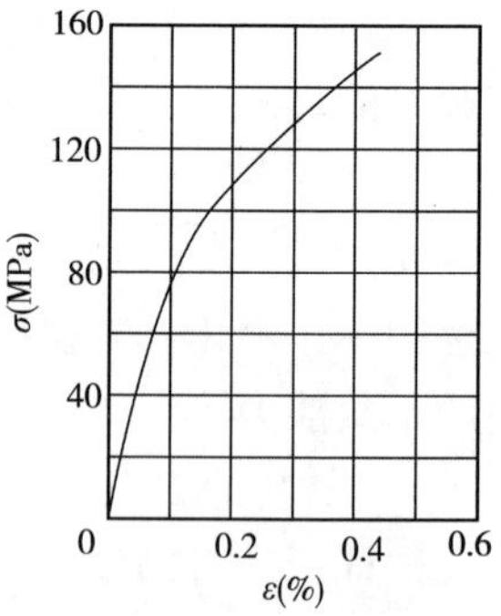


图 3-17　脆性材料拉伸曲线

### 3.5.2 材料在压缩时的力学性能

材料受压时的力学性能由压缩试验测定,一般细长试样压缩时容易失稳,因此在金属压缩试验中,通常采用短粗圆柱形试样。

低碳钢压缩时的应力—应变曲线如图 3-18a)中的虚线所示,为便于比较,图中还画出了拉伸时的应力—应变曲线。可以看出,

在屈服之前，压缩曲线与拉伸曲线基本重合，压缩与拉伸时的屈服应力与弹性模量大致相同。不同的是，随着压力不断增大，低碳钢试样将越压越“扁平”[图 3-18b)]。

灰口铸铁压缩时的应力—应变曲线如图 3-19a)所示，压缩强度极限远高于拉伸强度极限(约为 3 ~4 倍)。其他脆性材料如混凝土与石料等也具有上述特点，所以，脆性材料宜用作承压构件。灰口铸铁压缩的破坏形式如图 3-19b)所示，断口的方位角为55° ~60°。由于在该截面上存在较大切应力，所以灰口铸铁压缩破坏的方式是剪断。

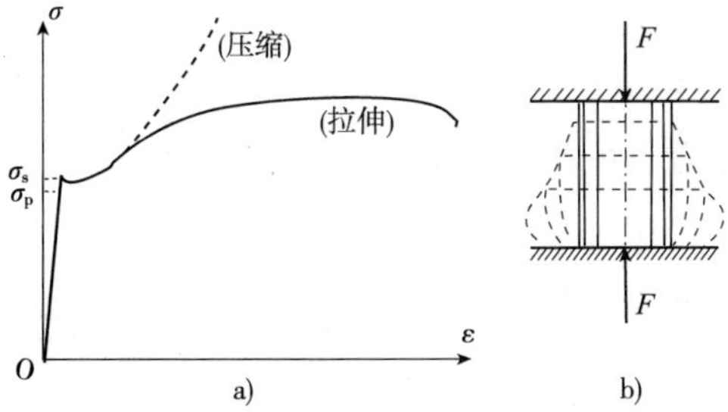


图 3-18　低碳钢压缩时的应力—应变曲线

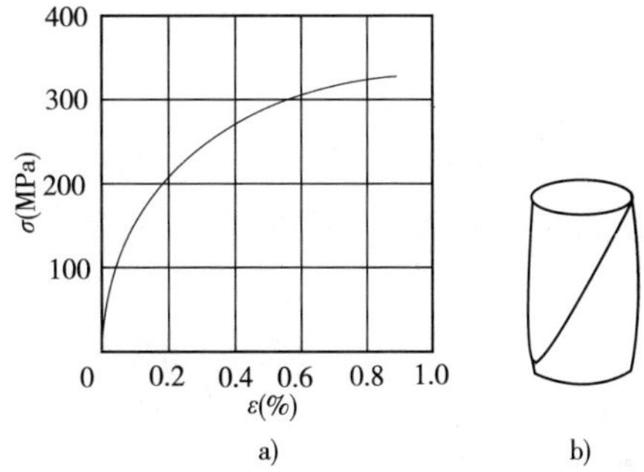


图 3-19　灰口铸铁压缩时的应力—应变曲线

### 3.5.3　温度对材料力学性能的影响

试验表明，温度对材料的力学性能存在很大的影响。如图 3-20a)所示为中碳钢的屈服应力 $\sigma_s$ 与强度极限 $\sigma_b$ 随温度 $T$ 变化的曲线。总的趋势是：材料的强度随温度升高而降低。图 3-20b)所示为铝合金的弹性模量 $E$ 与切变模量 $G$ 随温度变化的曲线，可以看出，随着温度的升高，材料的弹性常数 $E$ 与 $G$ 均降低。

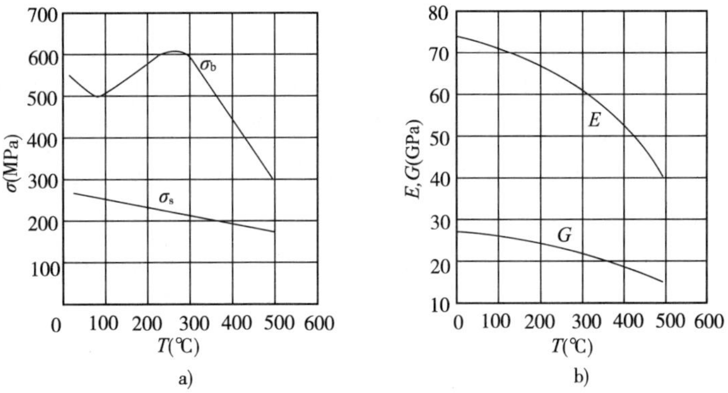


图 3-20　温度对材料力学性能的影响

## 3.6　许用应力与强度条件

### 3.6.1　失效

前述试验表明，当正应力达到强度极限时，会引起试件断裂；当正应力达到屈服应力时，试件将产生屈服或出现显著塑性变形。构件工作时发生断裂或显著塑性变形，一般都是不容许的。所以，从强度方面考虑，断裂是构件破坏或失效的一种形式，同样，屈服或出现显著塑性变形，也是构件失效的一种形式，一种广义的破坏。

根据上述情况,通常将强度极限 $\sigma_b$ 与屈服极限 $\sigma_s$ 统称为材料的极限应力,并用 $\sigma_u$ 表示。对于脆性材料,强度极限为其唯一强度指标,因此以强度极限作为极限应力;对于塑性材料,由于其屈服极限小于强度极限,故通常以屈服极限作为极限应力。

$$\sigma_u = \begin{cases} \sigma_s & \text{塑性材料} \\ \sigma_b & \text{脆性材料} \end{cases} \tag{3-13}$$

### 3.6.2 许用应力

根据分析计算所得构件的应力,称为工作应力。在理想的情况下,为了充分利用材料的强度,可使构件的工作应力接近材料的极限应力,但这实际上是不可能的,原因是:作用在构件上的外力常常估计不准确;构件的外形与所受外力往往比较复杂,计算所得应力通常均带有一定程度的近似性;实际材料的组成与品质等难免存在差异,不能保证构件所用材料与标准试样具有完全相同的力学性能,更何况由标准试样测得的力学性能本身也带有一定分散性,这种差别在脆性材料中尤为显著等。所有这些因素,都有可能使构件的实际工作条件比设想的要偏于不安全。除上述原因外,为了确保安全,构件还应具有适当的强度储备,特别是对于因失效而带来严重后果的构件,更应给予较大的强度储备。

由此可见,构件工作应力的最大容许值,必须低于材料的极限应力。对于由一定材料制成的具体构件,工作应力的最大容许值称为许用应力,并用[ ]表示,许用应力与极限应力的关系为

$$[\sigma] = \frac{\sigma_u}{n} \tag{3-14a}$$

$$[\tau] = \frac{\tau_u}{n} \tag{3-14b}$$

式中:$n$ 为大于 1 的因数,称为安全因数;$\tau_u$ 称为材料的扭转极限应力;$[\tau]$称为许用切应力。

如上所述,安全因数是由多种因素决定的。各种材料在不同工作条件下的安全因数或许用应力,可从有关规范或设计手册中查到。在一般静强度计算中,对于塑性材料,按屈服应力所规定的安全因数通常取为 $n_s = 1.5 \sim 2.2$;对于脆性材料,按强度极限所规定的安全因数通常取为 $n_b = 3.0 \sim 5.0$,甚至更大。

构件在交变应力作用下可能发生疲劳破坏,所以疲劳破坏也是构件破坏或失效的一种形式。关于构件在交变应力作用下的疲劳强度问题,将在第 18 章详细讨论。

### 3.6.3 强度条件

根据以上分析,为了保证构件在工作时不致因强度不够而破坏,构件内的最大工作应力不得超过许用应力。

(1)基本应力状态

对于单向应力状态

$$\sigma_{max} \leqslant [\sigma] \tag{3-15a}$$

对于纯剪切应力状态

$$\tau_{max} \leqslant [\tau] \tag{3-15b}$$

(2)复杂应力状态

对于复杂应力状态

$$\sigma_r \leqslant [\sigma] \tag{3-16}$$

式中，$\sigma_r$ 称为相当应力。

## 3.7 拉压应变能密度

### 3.7.1 应变能的概念

在外力作用下，弹性体发生变形，载荷在相应位移上做功。与此同时，弹性体因变形而具有做功的能力，即具有能量，例如被拧紧的发条在放松过程中能带动齿轮转动，被拉弯的弓可将箭射出，弹性体因变形而储存的能量，称为应变能，并用 $U_\varepsilon$ 表示。

根据能量守恒定律可知，如果载荷是由零逐渐地、缓慢地增加，以致在加载过程中弹性体的动能与热能等的变化均可忽略不计，则储存在弹性体内的应变能 $U_\varepsilon$ 数值上即等于外力所做的功 $W$，即

$$U_\varepsilon = W \tag{3-17}$$

### 3.7.2 正应力的应变能密度

设微体的边长分别为 $dx$、$dy$ 和 $dz$，在正应力 $\sigma$ 作用下[图 3-21a)]，微体沿应力作用方向的伸长为 $\varepsilon dx$，因此作用在微体上的拉力所做的功或微体的应变能为

$$dU_\varepsilon = \int_0^{\varepsilon_1} \sigma dydzdxd\varepsilon = \left(\int_0^{\varepsilon_1} \sigma d\varepsilon\right) dV \tag{3-18}$$

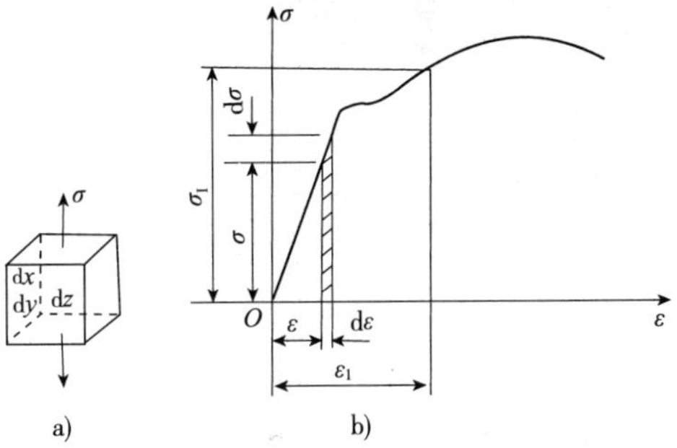


图 3-21　拉压应变能密度

单位体积内的应变能称为应变能密度，用 $u_\varepsilon$ 表示。由图 3-21a) 可知，微体的体积 $dV = dxdydz$，由上式得拉伸应变能密度为

$$u_\varepsilon = \frac{dU_\varepsilon}{dV} = \int_0^{\varepsilon_1} \sigma d\varepsilon \tag{3-19}$$

在应力小于比例极限的情况下，$\sigma$ 与 $\varepsilon$ 的关系为斜直线，计算三角形的面积，并由郑玄—胡克定律，上式可写成

$$u_\varepsilon = \frac{1}{2}\sigma\varepsilon = \frac{1}{2}E\varepsilon^2 = \frac{\sigma^2}{2E} \tag{3-20}$$

整个杆件的应变能为

$$U_\varepsilon = \int_V u_\varepsilon dV \tag{3-21}$$

## 3.8 圣维南原理

当作用在杆端的轴向外力沿横截面非均匀分布时，外力作用点附近各截面的应力也为非均匀分布。圣维南原理指出，力作用于杆端的分布方式，只影响杆端局部范围的应力分布，影响区的轴向范围约为离杆端 1 ~ 2 个杆的横向尺寸。此原理已经大量试验与计算所证实。例如，如图 3-22a) 所示承受集中力 $F$ 作用的杆，其截面宽度为 $h$，在 $x = h/4$ 与 $x = h/2$ 的

横截面 1-1 与 2-2 上，应力虽为非均匀分布[图 3-22b)、c)]，但在 $x=h$ 的横截面 3-3 上，应力则趋向于均匀[图 3-22d)]。因此，只要外力合力的作用线沿杆轴线，在离外力作用面稍远处，横截面上的应力分布均可视为均匀的。

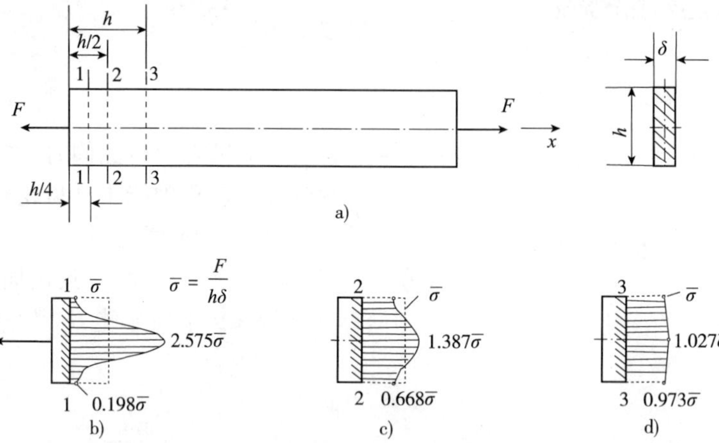


图 3-22　拉压杆的圣维南原理

## 3.9　Maple 编程示例

**编程题 3-1**　如图 3-23 所示杆件 $AB$，由于温度沿杆件轴线变化，在横截面 $x$ 处，沿轴线方向的正应变或轴向正应变为 $\varepsilon_x=k\sqrt{x}$（$x$ 的单位为 m，$k=4.0\times10^{-3}\,\mathrm{m}^{-\frac{1}{2}}$）。试求杆内的最大轴向应变、杆件 $AB$ 的长度改变量与平均轴向正应变。

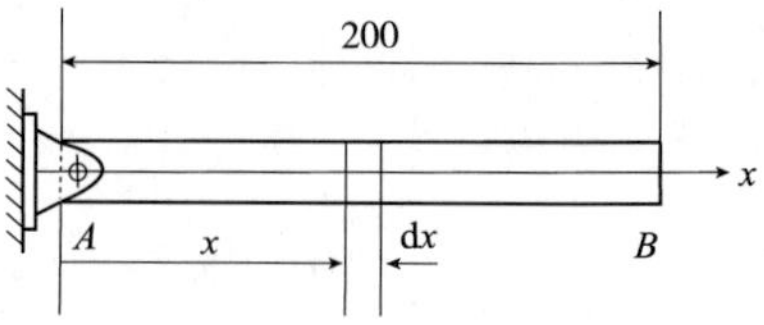


图 3-23　（尺寸单位：mm）

**解：● 建模**

①显然，最大正应变为 $\varepsilon_{\max}=k\sqrt{L}$。

②为了计算整个杆件的长度改变量，在横截面 $x$ 处，取一段长为 $\mathrm{d}x$ 的微段，由于温度变化，该微段的长度改变量为 $\mathrm{d}u=\varepsilon_x\mathrm{d}x$，由此得整个杆件的长度改变量为

$$u=\int_0^L \varepsilon_x \mathrm{d}x$$

而平均正应变则为

$$\varepsilon=\frac{u}{L}$$

**答：**$\varepsilon_{\max}=1.789\times10^{-3}$，$u=2.385\times10^{-4}\,\mathrm{m}$，$\varepsilon_{\mathrm{m}}=1.193\times10^{-3}$。

**● Maple 程序**

```
> restart;                                   #清零。
> L:=0.2;                                    #长度。
> epsilon[x]:=4.0e-3*sqrt(x);                #轴向正应变。
> epsilon[max]:=subs(x=L,epsilon[x]);
>                                            #最大正应变。
>u:=int(epsilon[x],x=0..L);                  #杆件的长度改变量。
> epsilon[m]:=u/L;                           #平均正应变。
```

## 思考题

**思考题 3-1** 如图 3-24 所示为三种材料的拉伸应力—应变曲线,试比较它们的强度、刚度和塑性。其中强度最高的材料是(  );弹性模量最小的材料是(  );塑性最好的材料是(  )。

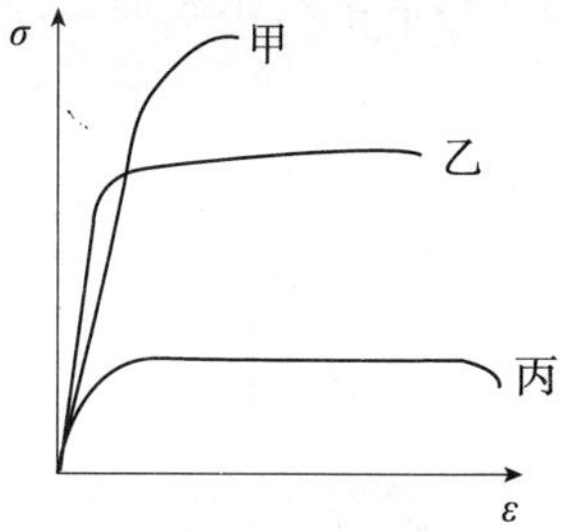

图 3-24

**思考题 3-2** 有低碳钢和灰铸铁的杆件可供你选用,试问怎样构造如图 3-25 所示桁架比较合适?

**思考题 3-3** 两个相同的多节桁架受不同的载荷作用,如图 3-26 所示,其中各相交斜杆互不接触。问两种载荷对各节杆件内力的影响是否相同?为什么?

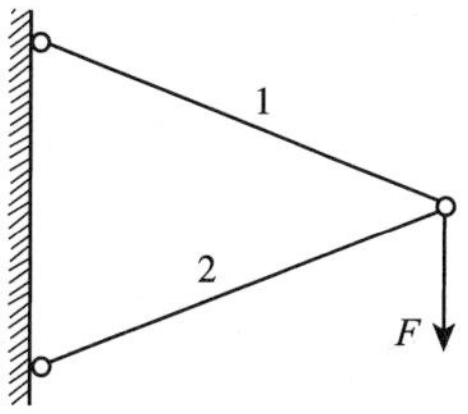

图 3-25

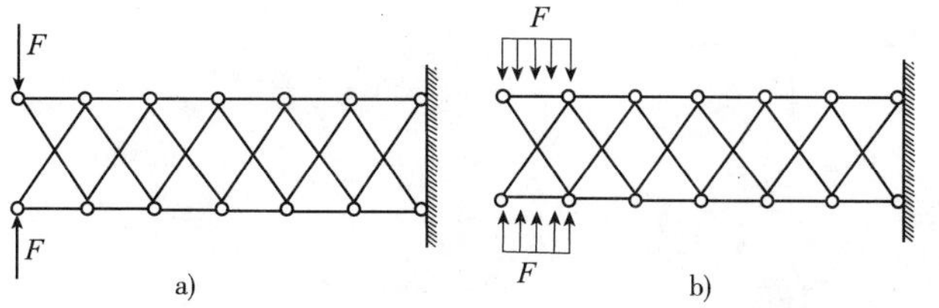

图 3-26

**思考题 3-4** 如图 3-27 所示各直杆在 $n$-$n$ 截面上的正应力,哪些属于均匀分布的?为什么?[图 3-27c)中,$a<b$]

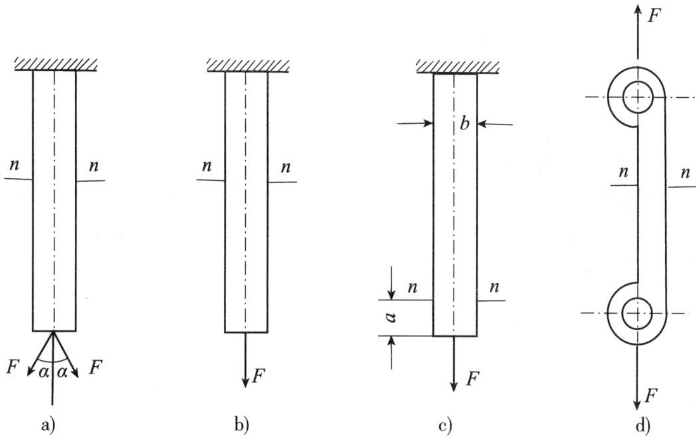

图 3-27

**思考题 3-5** 通常把伸长率 $\delta \geq 5\%$ 的材料叫做塑性材料。是否塑性材料的屈服极限 $\sigma_s$ 或屈服强度 $\sigma_{p0.2}$ 在拉伸与压缩时都几乎相等?可否举出一些塑性材料的例子,其拉伸与压缩的屈服应力存在着不容忽视的差异?

***思考题 3-6** 通常把伸长率 $\delta<5\%$ 的材料叫做脆性材料,$\delta \geq 5\%$ 的叫做塑性材料。是否塑性材料制成的圆柱形试样都只能压成薄圆饼状而不能压至破裂,因而得不到压缩强度限?是否脆性材料必定被压破而不会压成薄圆饼状?

***思考题 3-7** 如图 3-28 所示,将压缩试样制成两端有凹锥的圆筒形,同时压块亦制成与之吻合的圆锥形。这样做有什么好处?如何确定合适的角度 $\alpha$?

**思考题 3-8** 在平板变形前画有夹角为60°的两条直线 $aa$ 和 $bb$,如图 3-29 所示。若变形后此夹角为59.5°,问$A$点处的切应变是否等于0.5°?

**思考题3-9** 构件变形前有两个正方形单元体如图3-30中实线所示,虚线则表示构件变形后单元体的形状,问它们的切应变为多少?

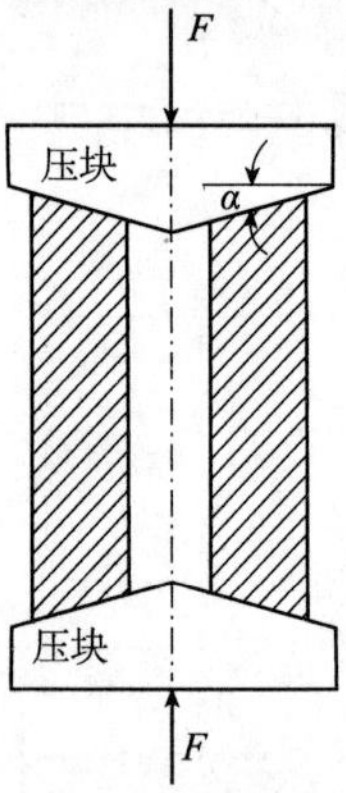


图 3-28

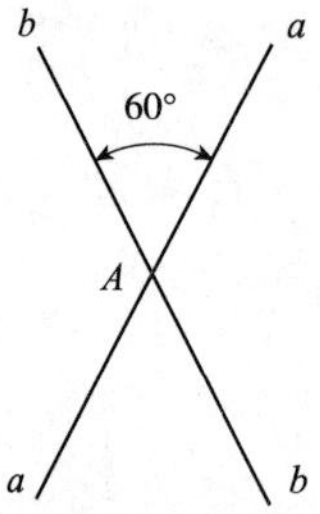


图 3-29

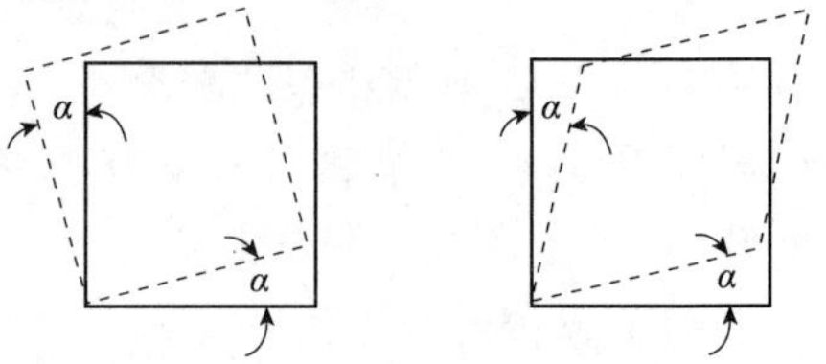


a) b)

图 3-30

## 习题

### A类型习题

**习题3-1** 一螺栓连接三块平板,受力如习题图3-1a)所示。试求螺栓上$m$-$m$及$n$-$n$截面上的剪力。设螺栓上的载荷为均匀分布,分布力大小为$\frac{F}{t}$[习题图3-1b)]。

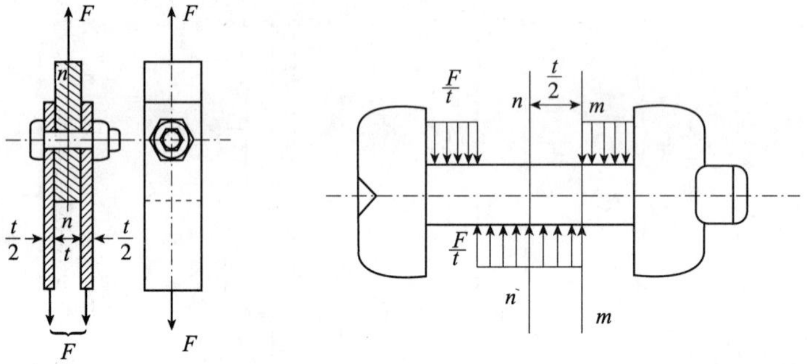


a) b)

习题图 3-1

**习题3-2** 如习题图3-2所示,圆轴在皮带力作用下等速转动,两皮带轮直径均为$d$。试说明圆轴将发生何种变形,并求$B$轮左侧截面和右侧截面上的内力素。

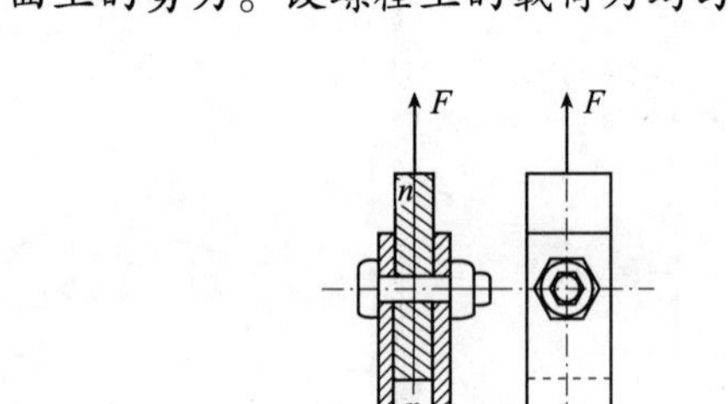


习题图 3-2

**习题3-3** 绞车如习题图1-1所示(习题1-1)。试求:$I$-$I$截面上的内力素。

**习题3-4** 悬臂梁如习题图1-2所示(习题1-2)。试求:1-1、2-2及3-3各横截面上的内力素(1-1、2-2是无限接近集中力偶的截面)。

**习题3-5** 简支梁如习题图1-3所示(习题1-3)。试求1-1、2-2横截面上的内力素(1-1、2-2是无限接近

力偶 $M_0$ 的截面)。

**习题 3-6** 刚架如习题图 1-4 所示(习题 1-4)。试求 1-1 截面上的内力素(1-1 截面垂直于轴线 $AB$ 且无限接近于刚节点 $B$)。

**习题 3-7** 各梁如习题图 1-5 所示(习题 1-5)。试求中间截面 $x=l/2$ 上的内力素。

**习题 3-8** 直杆 $ABC$ 如习题图 3-3 所示,$\alpha=30°$。试求 1-1、2-2 及 3-3 各横截面上的内力素(2-2、3-3 是无限接近支座 $B$ 的截面)。

**习题 3-9** 杆系结构如习题图 3-4 所示。已知 $P=6\text{kN}$,$BD=6\text{m}$(各杆自重均不计)。试求:(1)$AB$ 杆横截面上的内力素;(2)$BD$ 梁 1-1 截面上的内力素。

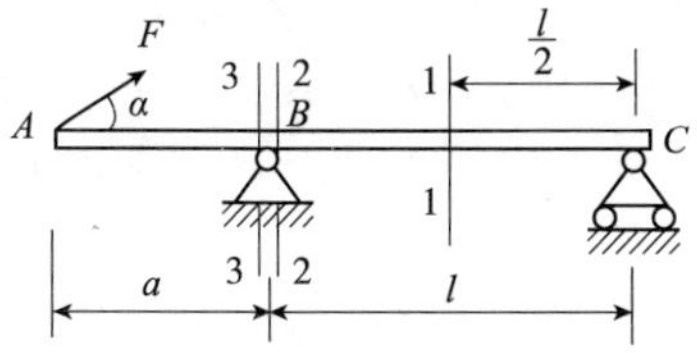


习题图 3-3

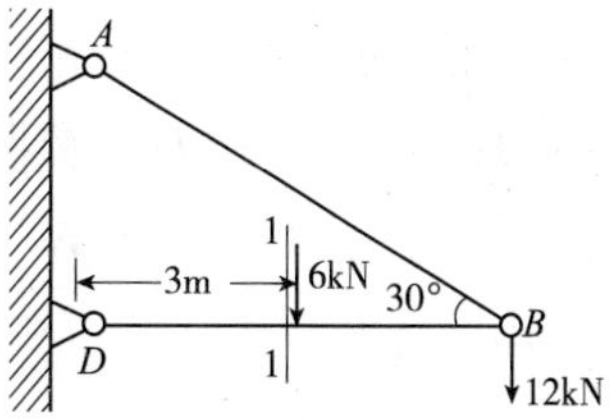


习题图 3-4

**习题 3-10** 托架如习题图 3-5 所示。试求 1-1、2-2、3-3 及 4-4 各横截面上的内力素($B$、$C$、$D$ 处均为销钉)。

**习题 3-11** 试求如习题图 3-6 所示桁架中 $m$-$m$ 截面上的内力素。

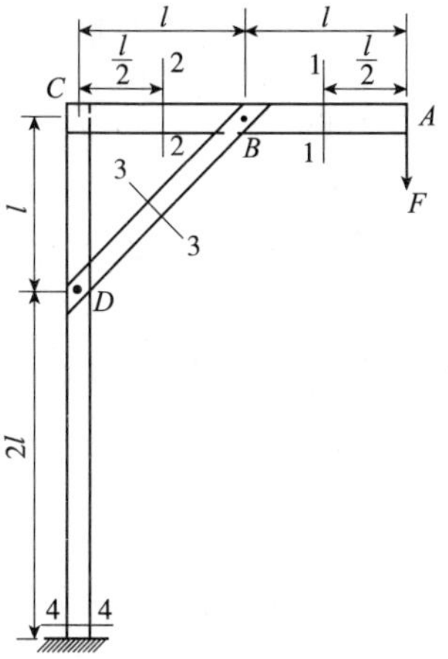


习题图 3-5

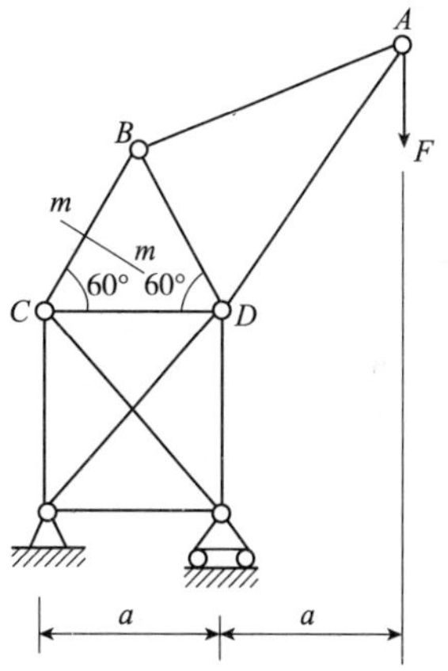


习题图 3-6

**习题 3-12** 结构如习题图 1-6 所示。试求中间铰两侧截面上的内力素。

**习题 3-13** 如习题图 3-7 所示为一端固定的圆弧形杆。试求 1-1、2-2、3-3 及 4-4 各横截面上的内力素。

**习题 3-14** 空间直角折杆如习题图 1-7 所示(习题 1-7)。试求 $E$、$P$ 截面上的内力素。

**习题 3-15** 如习题图 3-8 所示杆的横截面为等边三角形,已知该截面上的正应力 $\sigma_0$ 为均匀分布。试求截面上的内力素及合力作用点。

**习题 3-16** 如习题图 3-9 所示,梁的横截面为矩形,$h=10\text{cm}$,$b=5\text{cm}$,已知该截面上的应力分布规律为 $\sigma=C\dfrac{z}{bh^3}$,其中 $C=1\times10^6\ \text{N}\cdot\text{cm}$,$a=1\text{cm}$,$d=2\text{cm}$。(1)试作正应力沿截

面高度($y$ 方向)变化的分布图,并求最大拉应力及最大压应力;(2)求该截面上的内力素;(3)求$A$、$B$ 两点的正应力。

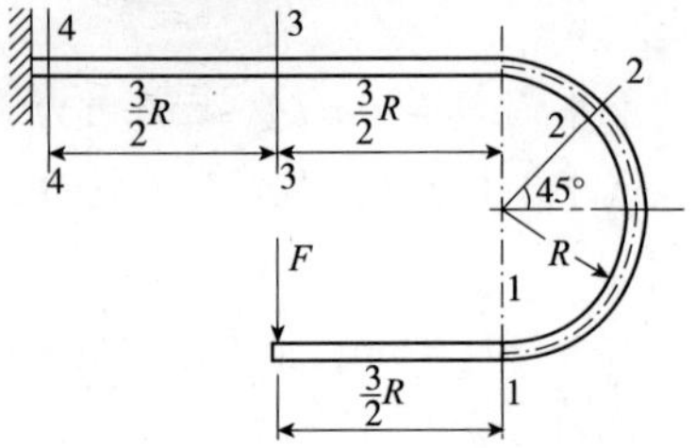


习题图 3-7

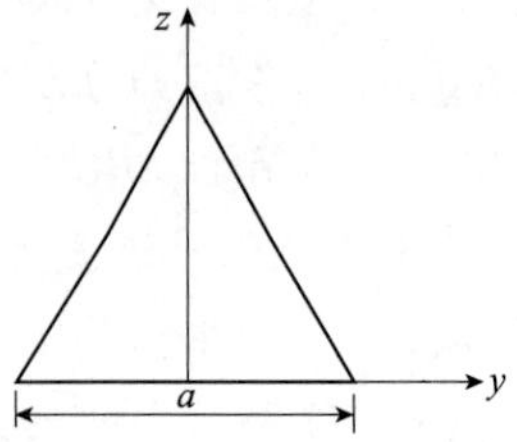


习题图 3-8

**习题 3-17** 直径为 $D$ 的圆杆承受扭转力偶 $M_e$,如习题图 3-10 所示。$I$-$I$ 截面上任一点处有剪应力 $\tau = C\rho$,$C$ 为常数,且 $\tau$ 的方向与 $\rho$ 垂直,$\rho$ 为该点到圆心的距离。试求 $C$。

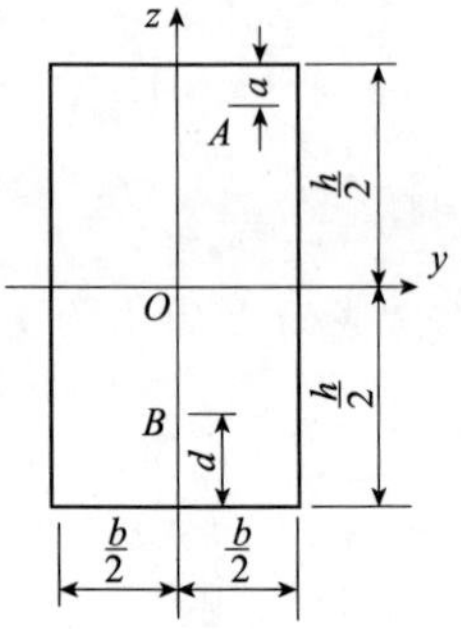


习题图 3-9

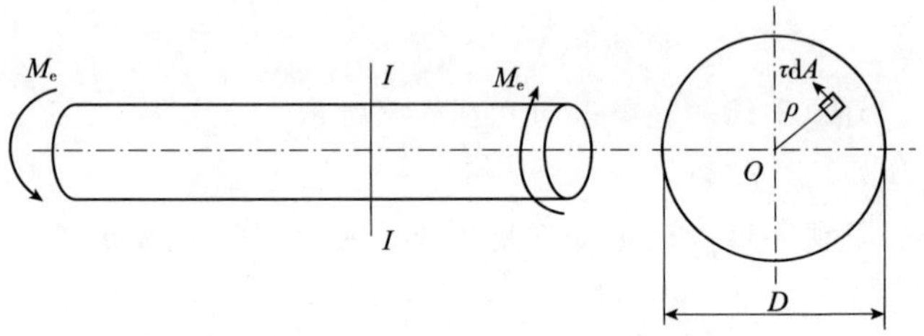


习题图 3-10

**习题 3-18** 如习题图 3-11 所示,三角形薄板因受外力作用而变形,角点 $B$ 垂直向上的位移为 0.03mm,但 $AB$ 和 $BC$ 仍保持为直线。试求沿 $OB$ 的平均应变,并求 $AB$ 与 $BC$ 两边在 $B$ 点的角度改变。

**习题 3-19** 如习题图 3-12 所示,圆形薄板的半径为 $R$,变形后 $R$ 的增量为 $\Delta R$。若 $R = 80\text{mm}$,$\Delta R = 3\times10^{-3}\text{mm}$,试求沿半径方向和外圆圆周方向的平均应变。

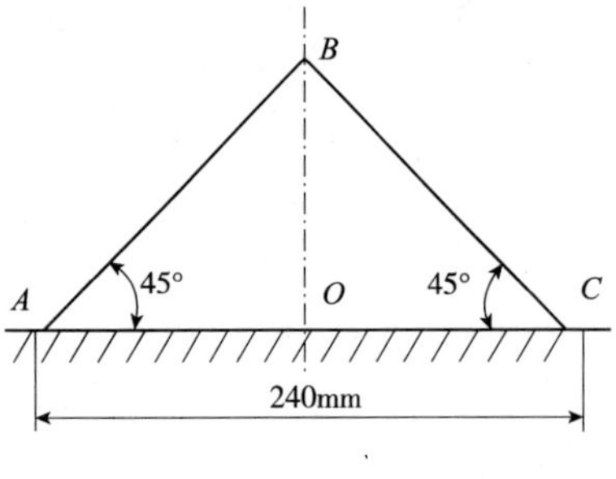


习题图 3-11

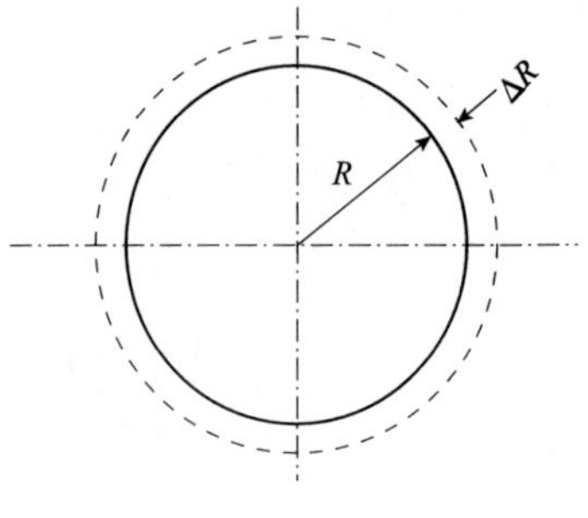


习题图 3-12

荀况(字卿,前 313 年~前 238 年)

荀子曰:"吾尝终日而思矣,

不如须臾之所学也。"

子曰:“学而不思则罔,思而不学则殆。”

# 第4章　轴向拉压

杆件受力或变形的一种最基本的形式为轴向拉伸或压缩。

本章研究拉压杆的强度和刚度计算,包括拉压杆的内力、强度条件和变形,简单拉压超静定问题的求解原理与方法,热应力与初应力分析。另外介绍了应力集中的概念和杆的纵向自由振动。

## 4.1　拉压杆的内力

### 4.1.1　轴力

(1)轴力的符号规定

在轴向载荷 $F$ 作用下[图 4-1a)],杆件横截面上的内力分量必沿杆件轴线。作用线垂直于横截面并通过其形心的内力分量,称为轴力,并用 $F_N$ 表示。

轴力或为拉力,或为压力,为区别起见,通常规定拉力为“+”。按此规定可知图 4-1b)所示轴力为正。

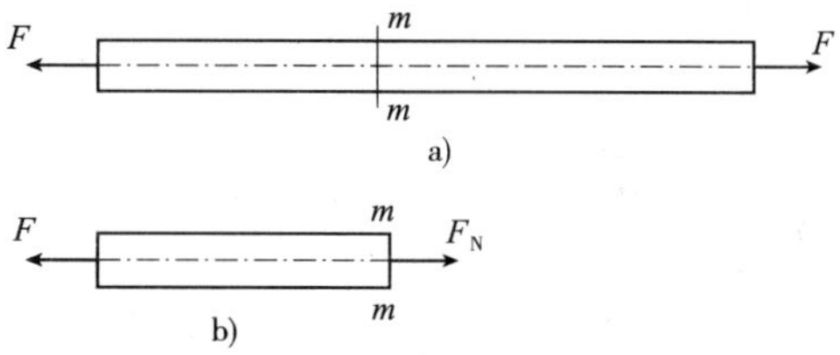


图 4-1　正向轴力

(2)截面法

用截面假想地把杆件分成两部分,以显示并确定轴力的方法称为截面法。可将其归纳为以下四个步骤。

①**截**:欲求某一截面上的轴力时,就沿该截面假想地把杆件分成两部分。

②**取**:原则上取受力简单的部分作为研究对象,并弃去另一部分。

③**代**:用作用于截面上的规定正向轴力 $F_N$,代替弃去部分对取出部分的作用(简称设正法)。

④**平**:建立取出部分的平衡方程,

$$\sum F_x = 0$$

确定未知的轴力。

### 4.1.2　轴力图

为了形象地表示轴力沿杆轴(即杆件轴线)的变化情况,确定最大轴力的大小及所在截面的位置,常采用图线表示法。作图时,以平行于杆轴的坐标 $x$ 表示横截面的位置,垂直于杆轴的另一坐标表示轴力 $F_N$,于是轴力沿杆轴的变化情况即可用图线表示。

表示轴力沿杆轴变化情况的图线,称为轴力图。例如图 4-2a)所示杆所受的轴力即如

图 4-2d)所示。画轴力图时应注意:

(1)轴力图画在原图的下面,上下对齐,并标出坐标轴 $x\text{-}F_N$。

(2)须标出轴力 $F_N$ 的正负号,并用小圆圈住。

(3)要标出轴力 $F_N$ 的区域,用细竖线表示。

(4)要标出轴力 $F_N$ 的单位。

(5)要标出轴力 $F_N$ 突变处的值。

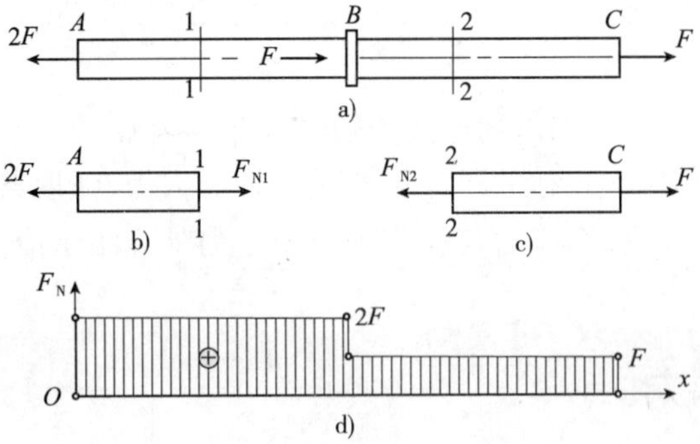


图 4-2 轴力图

**例题 4-1** 图 4-3a)为一双压手铆机的示意图。作用于活塞杆上的力分别简化为 $F_1 = 2.62\text{kN}$,$F_2 = 1.3\text{kN}$,$F_3 = 1.32\text{kN}$,计算简图如图 4-3b)所示。这里 $F_2$ 和 $F_3$ 分别是以压强 $p_2$ 和 $p_3$ 乘以作用面积得出的。试求活塞杆横截面 1-1 和 2-2 上的轴力,并作活塞杆的轴力图。

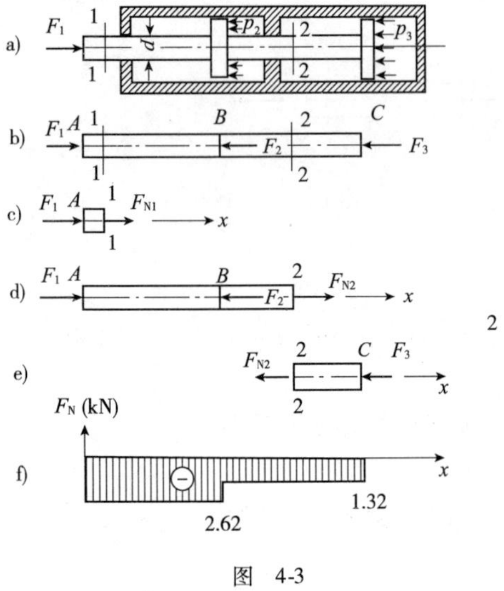


图 4-3

**解:**采用截面法。

①计算活塞杆 $AB$ 段的轴力 $F_{N1}$。

沿截面 1-1 将活塞杆分成两段,取出左段,用 $F_{N1}$ 表示右段对左段的作用[图 4-3c)]。

1-1 左段受力:$\boldsymbol{F}_1$、$\boldsymbol{F}_{N1}$。

$$\sum F_x = 0, F_1 + F_{N1} = 0 \qquad (1)$$

$$F_{N1} = -2.62\text{kN}$$

②计算活塞杆 $BC$ 段的轴力 $F_{N2}$。

在 $BC$ 段内用截面 2-2 分开,取出右段,用 $F_{N2}$ 表示左段对右段的作用[图 4-3e)]。

2-2 右段受力:$\boldsymbol{F}_3$、$\boldsymbol{F}_{N2}$。

$$\sum F_x = 0, -F_3 - F_{N2} = 0 \qquad (2)$$

$$F_{N2} = -1.32\text{kN}$$

③绘轴力图(轴力单位 kN),如图 4-3f)所示。

**讨论与练习**

(1)在 $AB$ 段内任意横截面上的轴力皆为 $F_{N1}$,且 $F_{N1}$ 为压力,即 $AB$ 段内轴力为负,变形为压缩。式中负号表示 $F_{N1}$ 应与图中假设的方向相反,即 $F_{N1}$ 为压力;在 $BC$ 段内轴力为负,变形也为压缩。

(2)截面法有四步,其中第三步“代”,本书建议采用设正法。

(3)如截面2-2取出左段,如图4-3d)所示。请读者计算 $F_{N2}$,并与取出右段的结果进行比较。

## 4.2 拉压杆的应力

轴向拉伸或压缩时,外力或其合力的作用线沿杆件轴线,而杆件的主要变形为轴向伸长或缩短(图4-4)。作用线沿杆件轴线的载荷称为轴向载荷。以轴向伸长或缩短为主要特征的变形形式,称为轴向拉压。以轴向拉压为主要变形的杆件,称为拉压杆。

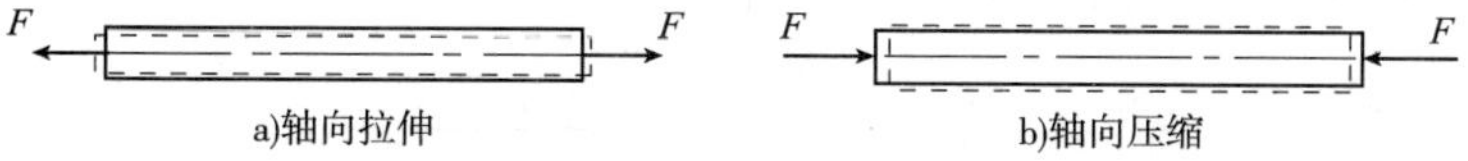


图4-4 拉压杆

### 4.2.1 拉压杆横截面上的应力

现在研究拉压杆截面上的应力分布,即确定截面上各点处的应力。

首先观察杆的变形。如图4-5a)所示为一等截面直杆,试验前,在杆表面标记两条垂直于杆轴的横线1-1与2-2,然后在杆两端加一对大小相等、方向相反的轴向载荷 $F$。从试验中观察到,横线1-1与2-2仍为直线,且仍垂直于杆件轴线,只是间距增大,分别平移至图示 $1'$-$1'$与 $2'$-$2'$位置。

根据上述现象,对杆内变形作如下假设:变形后,横截面仍保持平面,且仍与杆轴垂直,只是横截面间沿杆轴相对平移。此假设称为拉压杆的平面假设。

如果设想杆件是由无数纵向“纤维”所组成,则由上述假设可知,任意两横截面间所有纤维的变形均相同。对于均匀性材料,如果变形相同,则受力也相同,由此可见,横截面上各点处仅存在正应力 $\sigma$,并沿截面均匀分布[图4-5b)]。

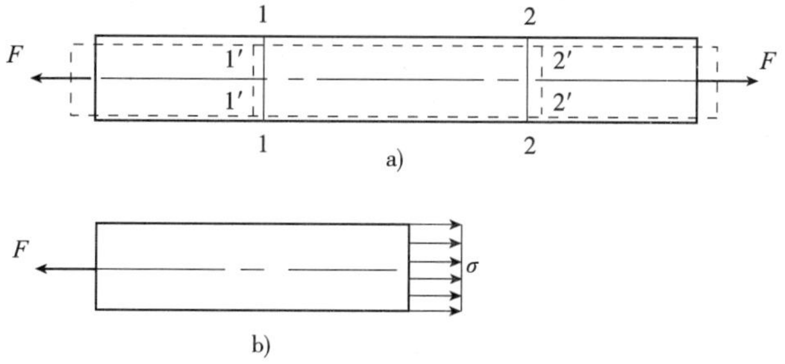


图4-5 拉伸杆横截面上的应力

设杆件横截面的面积为 $A$,轴力为 $F_N$,则根据平面假设可知,横截面上各点处的正应力均为

$$\sigma = \frac{F_N}{A} \tag{4-1}$$

式(4-1)已为试验所证实,适用于横截面为任意形状的等截面拉压杆。

正应力与轴力具有相同的正负符号,规定拉伸时为“+”。

对于变截面杆，有

$$\sigma(x)=\frac{F_N(x)}{A(x)} \tag{4-2}$$

### 4.2.2 拉压杆斜截面上的应力

以上研究了拉压杆横截面上的应力，为了更全面地了解杆内的应力情况，现在进一步研究斜截面上的应力。

如图4-6a)所示拉压杆，利用截面法，沿任一斜截面 $m\text{-}m$ 将杆切开，该截面的方向以其外法线 $On$ 与 $x$ 轴的夹角 $\alpha$ 表示。由前述分析可知，杆内各纵向纤维的变形相同，因此，在相互平行的截面 $m\text{-}m$ 与 $m'\text{-}m'$ 间，各纤维的变形也相同。因此，斜截面 $m\text{-}m$ 上的应力 $p_\alpha$ 沿截面均匀分布[图4-6b)]，且其方向与杆轴平行。

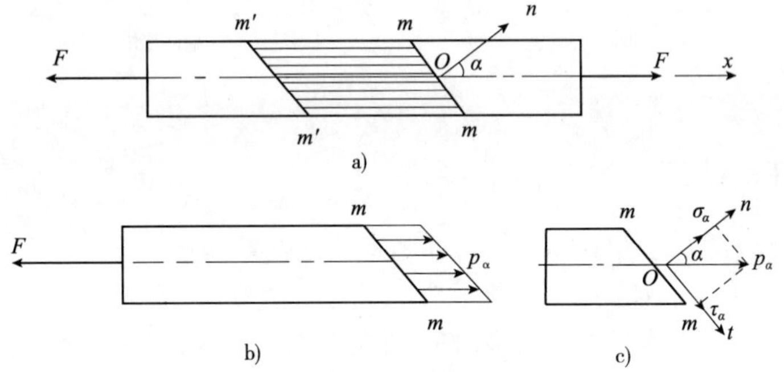


图4-6 拉压杆斜截面上的应力

设杆件斜截面的面积为 $A_\alpha$，斜截面上的内力为 $F_\alpha$，显然有

$$F_\alpha=F_N=F$$

$A_\alpha$ 与 $A$ 的关系为

$$A_\alpha=\frac{A}{\cos\alpha}$$

由此得截面 $m\text{-}m$ 上各点处的应力为

$$p_\alpha=\frac{F_\alpha}{A_\alpha}=\sigma\cos\alpha$$

将应力 $p_\alpha$ 沿截面法向与切向分解[图4-6c)]，得斜截面上的正应力与切应力分别为

$$\sigma_\alpha=p_\alpha\cos\alpha=\sigma\cos^2\alpha \tag{4-3}$$

$$\tau_\alpha=p_\alpha\sin\alpha=\frac{\sigma}{2}\sin2\alpha \tag{4-4}$$

可见，在拉压杆的任一斜截面上，不仅存在正应力，而且存在切应力，其大小均随截面方位变化。

当 $\alpha=0°$ 时，有

$$\sigma_{\alpha\max}=\sigma,\ \tau_{0°}=0 \tag{4-5}$$

即拉压杆的最大正应力发生在横截面上，其值为 $\sigma$，且切应力为零。

当 $\alpha=45°$ 时，有

$$\tau_{\alpha\max}=\frac{\sigma}{2},\ \sigma_{45°}=\frac{\sigma}{2} \tag{4-6}$$

即拉压杆的最大切应力发生在与杆轴成45°的斜截面上，其值为$\frac{\sigma}{2}$。

当$\alpha=90°$时，有

$$\sigma_{90°}=0,\tau_{90°}=0 \tag{4-7}$$

即在平行于杆件轴线的纵向截面上无任何应力。

为便于应用上述公式，现对方位角与切应力的正负符号作如下规定：以坐标轴$x$为始边，方位角$\alpha$沿逆时针转向者为正；切应力绕截面顺时针方向旋转者为正。按此规定图4-6c）所示$\alpha$、$\sigma_\alpha$和$\tau_\alpha$均为正。

### 4.2.3 强度条件

为了保证拉压杆在工作时不致因强度不够而破坏，杆内的最大工作应力不得超过许用应力：

$$\sigma_{max}\leqslant[\sigma] \tag{4-8}$$

利用上述条件，可以解决以下三类基本强度问题。

（1）强度校核

当已知拉压杆的截面尺寸、许用应力与所受外力时，通过比较工作应力与许用应力的大小，以判断该杆在所述外力作用下能否安全工作。

$$\sigma=\frac{F_N}{A}\leqslant[\sigma] \tag{4-9a}$$

（2）截面设计

如果已知拉压杆所受外力与许用应力，根据强度条件可以确定该杆所需横截面面积。

$$A\geqslant\frac{F_N}{[\sigma]} \tag{4-9b}$$

（3）承载估计

如果已知拉压杆的截面尺寸与许用应力，根据强度条件可以确定该杆所能承受的最大轴力。

$$F_N\leqslant A[\sigma] \tag{4-9c}$$

**例题4-2** 如图4-7a）所示为一悬臂吊车的简图，斜杆$AB$为直径$d=20$mm的钢杆，载荷$W=15$kN。已知$\overline{BC}=0.8$m，$\overline{AB}=1.9$m。当$W$移到$A$点时，求斜杆$AB$横截面上的应力；若钢材的许用应力$[\sigma]=150$MPa，试对斜杆$AB$进行强度校核。

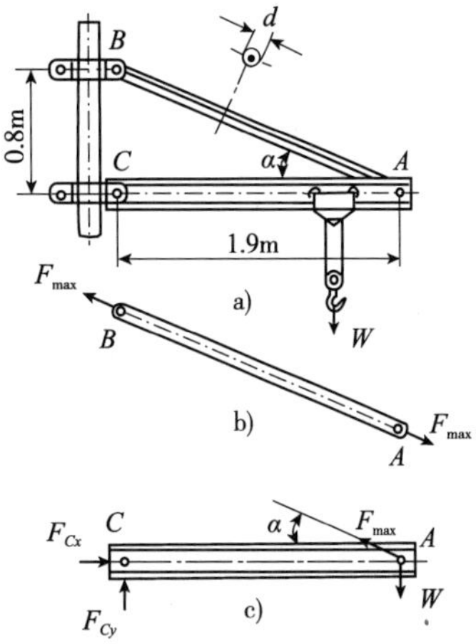

图 4-7

**解**：强度校核问题。

由三角形$ABC$计算得到：$\sin\alpha=0.388$。

①计算斜杆$AB$的轴力。

当载荷$W$移到$A$点时，斜杆$AB$受到的拉力最大，设其值为$F_{max}$。

横梁$AC$受力$\boldsymbol{W}$、$\boldsymbol{F}_{max}$、$\boldsymbol{F}_{Cx}$、$\boldsymbol{F}_{Cy}$[图4-7c)]。

$$\sum M_C=0,F_{max}\sin\alpha\cdot\overline{AC}-W\cdot\overline{AC}=0 \tag{1}$$

$$F_{max}=38.7\text{kN}$$

显然，斜杆 $AB$ 的轴力为 $F_N = 38.7\text{kN}$。

②对斜杆 $AB$ 进行强度校核。

斜杆 $AB$ 横截面上的应力为

$$\sigma = \frac{F_N}{A} = \frac{4F_N}{\pi d^2} = \frac{4 \times 38.7 \times 10^3}{3.14 \times 20^2 \times 10^{-6}} = 123\text{MPa} < [\sigma] = 150\text{MPa}$$

斜杆 $AB$ 满足强度条件。

**讨论与练习**

（1）如载荷增加到 $W = 20\text{kN}$，请读者重新计算斜杆 $AB$ 横截面上的应力。

（2）如果 $\sigma > [\sigma]$，不满足强度条件，应重新改变设计。不是加大斜杆的截面面积，就是限制 $W$ 的数值。

**例题 4-3** 某工地自制悬臂起重机如图 4-8a）所示。撑杆 $AB$ 为空心钢管，外径 105mm，内径 95mm。钢索 1 和 2 互相平行，且设钢索可看作为直径相当于 $d = 25\text{mm}$ 的圆杆计算。材料的许用应力为 $[\sigma] = 60\text{MPa}$，试确定起重机的许可吊重。

已知：$D = 105\text{mm}$，$d_0 = 95\text{mm}$，$\alpha = 45°$，$\beta = 30°$，$\theta = 15°$。

**解：**载荷估计问题。

①计算 $F_1$、$F_2$、$F_N$。

若不计摩擦力，显然有 $F_2 = W$。

滑轮 $A$ 受力 $\boldsymbol{W}$、$\boldsymbol{F}_N$、$\boldsymbol{F}_1$、$\boldsymbol{F}_2$。选取坐标轴 $x$ 和 $y$ 如图 4-8b）所示。

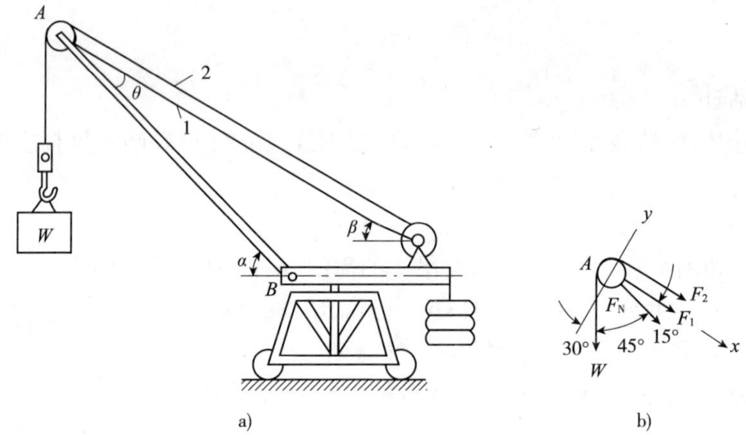


图 4-8

$$\sum F_y = 0, -F_N \sin\theta - W\cos\beta = 0 \tag{1}$$

$$F_N = -3.35W$$

$$\sum F_x = 0, F_1 + F_2 + W\sin\beta + F_N\cos\theta = 0 \tag{2}$$

$$F_1 = 1.74W$$

②按撑杆 $AB$ 允许的最大轴力计算许可吊重。

由式（4-9c）可知

$$|F_N| \leqslant [\sigma]A, 3.35W \leqslant \frac{\pi}{4}[\sigma](D^2 - d_0^2)\text{，得到}$$

$$W^{(1)}=\frac{\pi[\sigma](D^2-d_0^2)}{13.4}=\frac{3.14\times60\times10^6\times(105^2-95^2)\times10^{-6}}{13.4}=28.1\text{kN}$$

③按钢索允许的最大拉力计算许可吊重。

同理，$F_1\leqslant[\sigma]A_1$，$1.74W\leqslant\frac{\pi}{4}[\sigma]d^2$，得到

$$W^{(2)}=\frac{\pi[\sigma]d^2}{6.96}=\frac{3.14\times60\times10^6\times25^2\times10^{-6}}{6.96}=17\text{kN}$$

④确定起重机的许可吊重。

起重机的许可吊重为

$$[W]=\min\{W^{(1)},W^{(2)}\}=17\text{kN}$$

## 4.3 拉压杆的变形

当杆件承受轴向载荷时，其轴向与横向尺寸均发生变化。杆件沿轴线方向的变形，称为轴向变形；垂直于轴线方向的变形，称为横向变形。

### 4.3.1 拉压杆的轴向变形与横向变形

（1）等截面拉压杆的轴向变形

设拉压杆的横截面面积为 $A$，原长为 $l$（图 4-9），在轴向拉力 $F$ 作用下，杆长变为 $l_1$，其轴向变形为 $u=l_1-l$，则轴向正应变为

$$\varepsilon=\frac{u}{l} \tag{4-10}$$

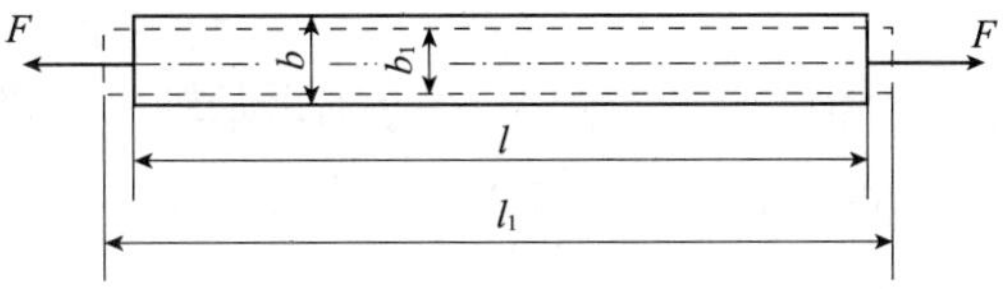

图 4-9　轴向变形与横向变形

将式(4-10)与式(4-1)代入式(3-5)，得

$$u=\frac{F_{\mathrm N}l}{EA} \tag{4-11}$$

该式为拉压郑玄—胡克定律的宏观表达形式。它表明，在比例极限内，拉压杆的轴向变形 $u$ 与轴力 $F_{\mathrm N}$ 及杆长 $l$ 成正比，与乘积 $EA$ 成反比。乘积 $EA$ 称为杆件的抗拉（压）刚度。显然，对于一给定长度的等截面拉压杆，在一定轴向载荷作用下，抗拉刚度越大，杆的轴向变形越小。由上式可知，轴向变形 $u$ 与轴力 $F_{\mathrm N}$ 具有相同的正负符号，即伸长为正，缩短为负。

拉压杆也可以看作是一个拉压簧，则有

$$u=\frac{F_{\mathrm N}}{k_{\mathrm N}} \tag{4-12}$$

其中

$$k_{\mathrm N}=\frac{EA}{l} \tag{4-13}$$

可见，拉压弹簧常数 $k_{\mathrm N}$ 与材料常数 $E$ 和几何常数 $A$、$l$ 有关。

（2）等截面拉压杆的横向变形

如图 4-9 所示，设杆件的原宽度为 $b$，在轴向拉力作用下，杆件宽度变为 $b_1$，其横向变形为 $\Delta b=b_1-b$，横向正应变为

$$\varepsilon'=\frac{\Delta b}{b} \tag{4-14}$$

将式(3-5)代入式(3-10),得

$$\varepsilon' = -\frac{\mu}{E}\sigma \tag{4-15}$$

将式(4-1)和式(4-14)代入式(4-15),得

$$\Delta b = -\frac{F_N \mu b}{EA} \tag{4-16}$$

式(4-15)和式(4-16)可看作广义郑玄—胡克定律的表达形式。

(3)变截面拉压杆的变形

对于轴向力、横截面面积或弹性模量沿杆轴逐段变化的拉压杆(图4-10),其轴向变形为

$$u = \sum_{i=1}^{n} \frac{F_{Ni} l_i}{E_i A_i} \tag{4-17}$$

式中,$F_{Ni}$、$l_i$、$E_i$ 与 $A_i$ 分别代表杆段 $i$ 的轴力、长度、弹性模量与横截面面积;$n$ 为杆件的杆段数。

若杆件横截面沿轴线变化,但变化平缓(图4-11),轴力也沿轴线变化,但作用线仍与轴线重合,这时,可用相邻的横截面从杆中取出长为 $\mathrm{d}x$ 的微段,将式(4-11)应用于这一微段,得微段的伸长为

$$\mathrm{d}u = \frac{F_N(x)\,\mathrm{d}x}{EA(x)}$$

式中,$F_N(x)$ 和 $A(x)$ 分别表示轴力和横截面面积,它们都是 $x$ 的函数。

积分上式得杆件的伸长为

$$u = \int_l \frac{F_N(x)\,\mathrm{d}x}{EA(x)} \tag{4-18}$$

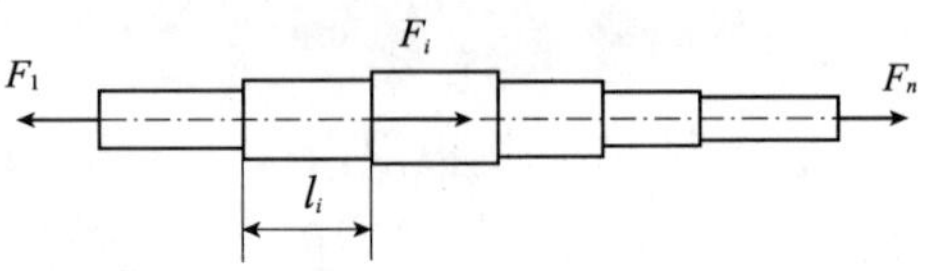

图4-10 阶梯形杆的变形

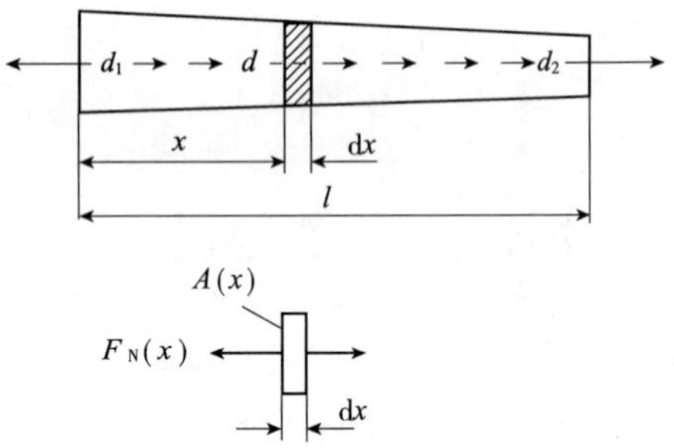

图4-11 变截面拉杆的变形

## 4.3.2 叠加原理与小变形假设

(1)叠加原理

几个载荷同时作用产生的效果,等于各载荷单独作用产生的效果的总和,此原理称为叠加原理。

当因变量与自变量成线性关系时,即可应用叠加原理。在线弹性范围内,杆件的应力及变形一般均与外力成正比,所以,通常均可应用叠加原理进行分析计算。

(2)小变形假设

桁架的变形通常用节点的位移表示。

与结构原尺寸相比很小的变形,称为小变形。对于某些大型结构,其本身的位移的数值

可能并不很小，但若与结构原尺寸相比很小，则仍属于小变形。在小变形的条件下，通常可按结构原有几何形状与尺寸计算约束力与内力，并可采用以切线代替圆弧的方法确定位移。因此，小变形是一个十分重要的概念，利用此概念，可使许多问题的分析计算大为简化。

### 4.3.3 拉压杆的应变能

对线弹性杆，在力 $F$ 按静力加载下(即很慢地加载)杆将伸长[图 4-12a)]。如果材料服从郑玄—胡克定律，其内力—变位图将为一直线，如图 4-12b)所示。在杆加载期间，力 $F$ 对杆做功，此功转变为势能，或应变能，储存于杆内。将式(3-20)和式(4-1)代入式(3-21)，得等截面杆件轴向拉压应变能。

$$U_\varepsilon = \int_V u_\varepsilon \mathrm{d}V = \int_V \frac{1}{2E}\sigma^2 \mathrm{d}V = \frac{1}{2E}\sigma^2 V = \frac{1}{2E}\left(\frac{F_\mathrm{N}}{A}\right)^2 A \cdot l$$

即

$$U_\varepsilon = \frac{F_\mathrm{N}^2 l}{2EA} \tag{4-19a}$$

或

$$U_\varepsilon = \frac{EAu^2}{2l} \tag{4-19b}$$

或

$$U_\varepsilon = \frac{F_\mathrm{N} u}{2} \tag{4-19c}$$

由能量守恒知，内力的应变能与外力的功相等，即

$$U_\varepsilon = W \tag{4-20}$$

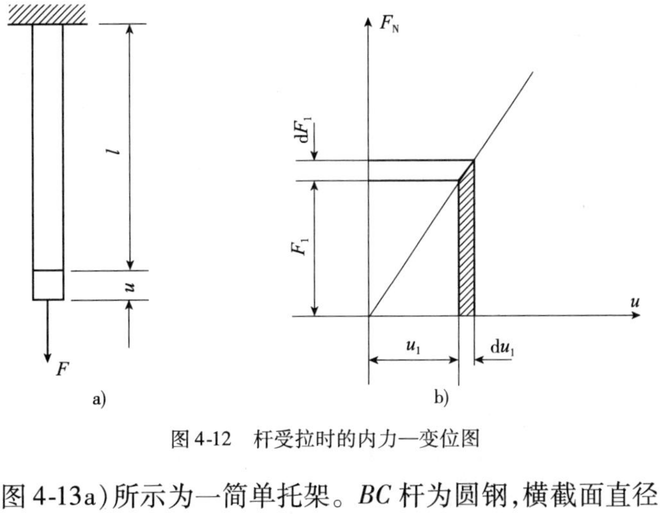


图 4-12 杆受拉时的内力—变位图

**例题 4-4** 如图 4-13a)所示为一简单托架。$BC$ 杆为圆钢，横截面直径 $d = 20\text{mm}$，$BD$ 杆为 8 号槽钢。若 $[\sigma] = 160\text{MPa}$，$E = 200\text{GPa}$，试校核托架的强度，并求 $B$ 点的位移。设 $F = 60\text{kN}$。

已知：$\overline{BC} = l_1 = 1.2\text{m}$，$\overline{CD} = 1.6\text{m}$，$\overline{BD} = l_2 = 2\text{m}$(由三角形比例$\overline{BC}:\overline{CD}:\overline{BD} = 3:4:5$)，$A_1 = \dfrac{\pi d^2}{4} = 314 \times 10^{-6}\text{m}^2$，$A_2 = 1\ 025 \times 10^{-6}\text{m}^2$(由 8 号槽钢查表)。

**解**：强度和刚度综合问题。

(1)校核托架的强度。

①计算各杆的轴力。

节点 $B$ 受力 $\boldsymbol{F}$、$\boldsymbol{F}_{N1}$、$\boldsymbol{F}_{N2}$[图 4-13b)]。

$$\sum F_y = 0,\ -F_{N2} \cdot \frac{4}{5} - F = 0 \tag{1}$$

$$F_{N2} = -75\text{kN}$$

$$\sum F_x = 0,\ -F_{N1} - F_{N2} \cdot \frac{3}{5} = 0 \tag{2}$$

$$F_{N1} = 45\text{kN}$$

②求各杆的应力。

$$\sigma_1 = \frac{F_{N1}}{A_1} = \frac{45 \times 10^3}{314 \times 10^{-6}} = 143.3\text{MPa} < [\sigma]$$

$$|\sigma_2| = \frac{|F_{N2}|}{A_2} = \frac{75 \times 10^3}{1\ 025 \times 10^{-6}} = 73.17\text{MPa} < [\sigma]$$

可见两杆都满足强度要求。

(2)解析法计算位移$\overline{BB_3}$。

①托架 $BCD$ 的计算简图如图 4-13c)所示。根据郑玄—胡克定律,求出 $BC$ 和 $BD$ 两杆的变形分别为

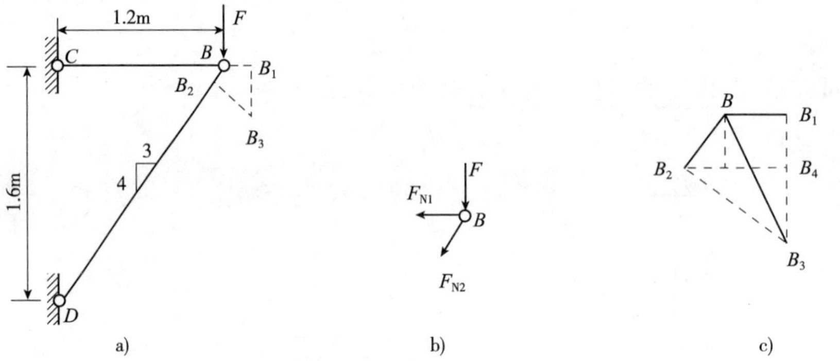


图 4-13

$$\overline{BB_1} = \Delta l_1 = \frac{F_{N1} l_1}{EA_1} = 0.86 \times 10^{-3}$$

$$\overline{BB_2} = |\Delta l_2| = \frac{|F_{N2}| l_2}{EA_2} = 0.732 \times 10^{-3}\text{m}$$

这里 $\Delta l_1$ 为拉伸变形,而 $\Delta l_2$ 为压缩变形。

②设想将托架在节点 $B$ 拆开。$BC$ 杆伸长变形后变为 $B_1C$,$BD$ 杆压缩变形后变为 $B_2D$。分别以 $C$ 点和 $D$ 点为圆心,$\overline{CB_1}$ 和$\overline{DB_2}$ 为半径,作弧相交于 $B_3$。$B_3$ 点即为托架变形后 $B$ 点的位置。因为变形很小,$B_1B_3$ 和 $B_2B_3$ 是两段极其微小的短弧,因此可分别用垂直于 $BC$ 和 $BD$ 的直线段来代替,这两段直线的交点即为 $B_3$。$\overline{BB_3}$即为 $B$ 点的位移。

③注意到三角形 $BCD$ 三边的长度比为$\overline{BC}:\overline{CD}:\overline{BD} = 3:4:5$,先求出 $B$ 点的垂直位移和水平位移。再由勾股定理求出 $B$ 点的位移。

$$\overline{B_2B_4} = \Delta l_1 + |\Delta l_2| \times \frac{3}{5}$$

$B$ 点的垂直位移

$$\overline{B_1B_3}=\overline{B_1B_4}+\overline{B_4B_3}=\overline{BB_2}\times\frac{4}{5}+\overline{B_2B_4}\times\frac{3}{4}$$

$$=\frac{3}{4}\Delta l_1+\frac{5}{4}|\Delta l_2|=1.56\times10^{-3}\text{m}$$

$B$ 点的水平位移

$$\overline{BB_1}=\Delta l_1=0.86\times10^{-3}\text{m}$$

节点 $B$ 的位移

$$\overline{BB_3}=\sqrt{(\overline{BB_1})^2+(\overline{B_1B_3})^2}=1.78\text{mm}$$

**讨论与练习**

(1)本题求变形也可以采用图解法,请读者完成并与解析法比较。

(2)求变形时利用了小变形假设,请读者体会哪一步利用了这个假设?

# 4.4 拉压超静定问题

## 4.4.1 简单拉压超静定

无论是支座约束力或轴力,仅根据平衡方程就可求出,这类问题称为静定问题。而有些结构仅根据平衡方程不能求出支座约束力或内力,其未知力(支座力或内力)的数目大于独立平衡方程的数目,这类问题称为超静定问题。多余未知力的数目称为超静定的次数。对于超静定结构,除写出独立平衡方程外,还必须根据变形几何关系和物理关系(郑玄—胡克定律)列出相应补充方程。超静定结构在静力平衡意义上来讲,支座约束力(内力)有多余的,而从结构的强度和刚度方面来讲,多余约束又是非常必要的。

用力法解超静定问题必须同时考虑静力平衡条件、变形几何条件和物理条件三个方面,具体步骤为:

(1)依据结构的约束情况,正确分析约束力,确定结构的静不定次数;

(2)列出独立平衡方程;

(3)假设未知力方向与结构变形后的位置,列出变形几何关系,即变形协调方程(几何量的关系);

(4)列出物理关系并代入变形协调方程,从而得到补充方程(力之间的关系);

(5)将独立的静力平衡方程与补充方程联立,求出全部未知力。其余问题同强度计算。在上述解题过程中,关键是要正确列出变形几何关系。它主要是根据结构的约束条件确定。此外应注意杆件的内力与变形相协调,即力与变形的一致性。

**例题 4-5** 在如图 4-14 所示结构中,设横梁 $AB$ 的变形可以省略,1、2 两杆的横截面面积相等,材料相同。试求 1、2 两杆的内力。已知:$F,\alpha,a,l,E,A$。

**解:**超静定问题。

①列 $AB$ 杆的平衡方程。

横梁 $AB$ 受力 $\boldsymbol{F}$、$\boldsymbol{F}_{\text{N1}}$、$\boldsymbol{F}_{\text{N2}}$、$\boldsymbol{F}_{Ax}$、$\boldsymbol{F}_{Ay}$。

$$\sum M_A = 0,\ -F \cdot 3a + F_{N1} \cdot a + F_{N2}\cos\alpha \cdot 2a = 0 \qquad (1)$$

②列物理方程。

由郑玄—胡克定律得

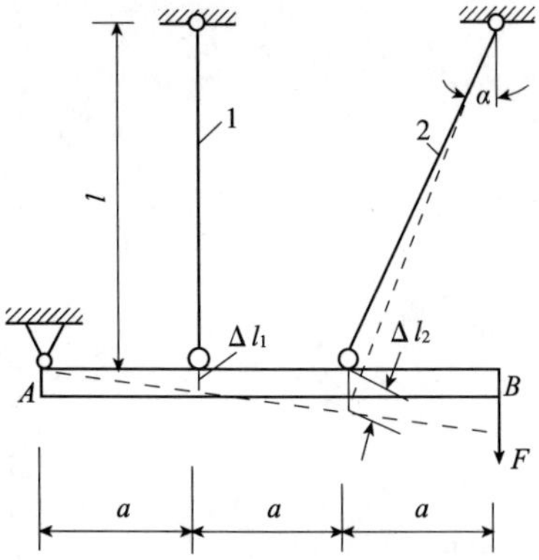


图 4-14

$$\Delta l_1 = \frac{F_{N1} l}{EA} \qquad (2)$$

$$\Delta l_2 = \frac{F_{N2} l}{EA\cos\alpha} \qquad (3)$$

③列变形协调方程。

由于横梁 $AB$ 是刚性杆，结构变形后，它仍为直杆，从图 4-14 中看出，1、2 两杆的伸长 $\Delta l_1$ 和 $\Delta l_2$ 应满足关系

$$\frac{\Delta l_2}{\cos\alpha} = \Delta l_1 \qquad (4)$$

④计算 1、2 两杆的内力。

以 $F_{N1}$、$F_{N2}$、$\Delta l_1$、$\Delta l_2$ 为未知数联立求解由式(1)~式(4)构成的方程组，得 1、2 两杆的内力：

$$F_{N1} = \frac{3F}{1 + 4\cos^3\alpha},\ F_{N2} = \frac{6F\cos^2\alpha}{1 + 4\cos^3\alpha}$$

**讨论与练习**

(1)请读者画出受力图。

(2)请读者利用 Maple 软件求解本题的方程组。

## 4.4.2 装配应力

构件制造中，其尺寸有微小误差是难免的，如果是静定结构，这种误差仅会使结构几何形状产生微小变化，而不会产生内部应力，但如果是超静定结构，这种误差就引起结构的内部应力即装配应力，求装配应力的方法与求解一般超静定问题的方法相似。

**例题 4-6** 吊桥链条的一节由三根长为 $l$ 的钢杆组成[图 4-15a)]。若三杆的横截面面积相等，材料相同，中间钢杆略短于名义长度，且加工误差为 $\delta = \dfrac{l}{2\,000}$，试求各杆的装配应力。已知：$l, A, E = 200\text{GPa}$。

**解：**装配应力问题。

①列平衡方程。

如不计两端连接螺栓的变形，可将链条的一节简化成如图 4-15a)所示的静不定结构。当把较短的中间杆与两侧杆一同固定于两端的刚体时，中间杆将受到拉伸，而两侧杆受到压缩，最后在虚线所示位置上，三杆的变形相互协调。设两侧杆的轴力为 $F_{N1}$，中间杆的轴力为 $F_{N2}$。

螺栓受力$\boldsymbol{F}_{N1}$、$\boldsymbol{F}_{N2}$、$\boldsymbol{F}_{N1}$[图 4-15b)]。

$$\sum F_x = 0,\ F_{N1} + F_{N2} + F_{N1} = 0 \qquad (1)$$

②列物理方程。

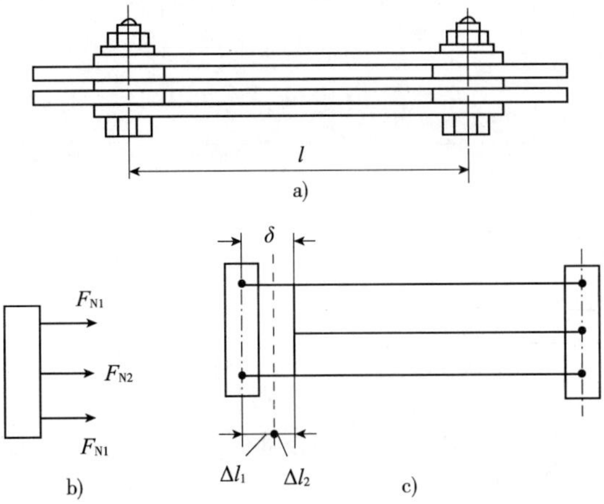


图 4-15

由郑玄—胡克定律，得

$$\Delta l_1 = \frac{F_{N1} l}{EA} \tag{2}$$

$$\Delta l_2 = \frac{F_{N2} l}{EA} \tag{3}$$

③列变形协调方程。

若两侧杆的变形为 $\Delta l_1$，中间杆的变形为 $\Delta l_2$，显然 $\Delta l_2 - \Delta l_1 = \delta$，即

$$\Delta l_2 - \Delta l_1 = \frac{l}{2\ 000} \tag{4}$$

④计算各杆的轴力。

以 $F_{N1}$、$F_{N2}$、$\Delta l_1$、$\Delta l_2$ 为未知数联立求解由式(1)～式(4)构成的方程组，得两侧杆和中间杆的轴力

$$F_{N1} = -\frac{EA}{6\ 000}, F_{N2} = \frac{EA}{3\ 000}$$

⑤计算各杆的装配应力。

两侧杆的装配应力

$$\sigma_1 = \frac{F_{N1}}{A} = -\frac{E}{6\ 000} = -33.33\text{MPa}$$

中间杆的装配应力

$$\sigma_2 = \frac{F_{N2}}{A} = \frac{E}{6\ 000} = 66.67\text{MPa}$$

### 4.4.3 温度应力

众所周知，温度变化将引起物体膨胀或收缩。设杆件原长为 $l$，材料的线膨胀系数为 $\alpha_l$，当温度改变 $\Delta T$ 时，杆长的改变量为

$$\Delta l = \alpha_l \cdot \Delta T \cdot l \tag{4-21}$$

与装配应力相同，温度应力也只有在超静定结构中才会产生，其求解方法也与一般超静定问题相似。

**例题4-7** 在图4-16a)中，设横梁$ACB$的变形可以省略不计，即设$ACB$为刚体；钢杆$AD$的横截面面积$A_1=100\text{mm}^2$，长度$l_1=330\text{mm}$，弹性模量$E_1=200\text{GPa}$，线膨胀系数$\alpha_{l1}=12.5\times10^{-6}℃^{-1}$；铜杆$BE$的相应数据分别是：$A_2=200\text{mm}^2$，$l_2=220\text{mm}$，$E_2=100\text{GPa}$，$\alpha_{l2}=16.5\times10^{-6}℃^{-1}$。如果温度升高30℃，试求两杆的轴力。已知：$\Delta T=30℃$，$a=240\text{mm}$，$b=150\text{mm}$。

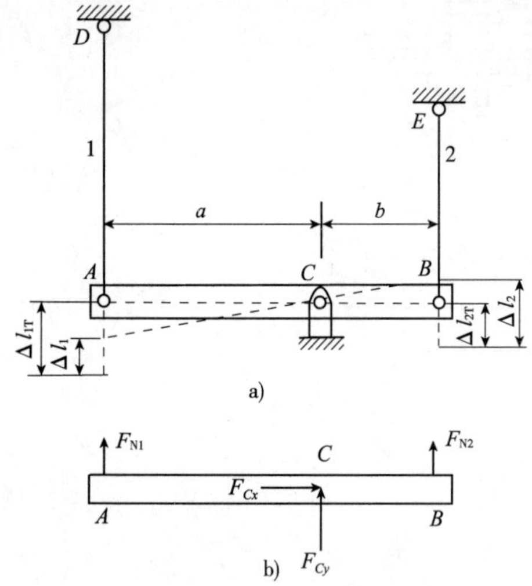


图 4-16

**解**：温度应力问题。

①列平衡方程。

设想拆除钢杆和铜杆横梁间的联系，允许其自由膨胀。这时钢杆和铜杆的温度变形分别是$\Delta l_{1T}$和$\Delta l_{2T}$。当把已经伸长的杆件再与横梁相连接时，必将在两杆内分别引起轴力$F_{N1}$和$F_{N2}$，并使两杆再次变形。

横梁$ACB$受力$\boldsymbol{F}_{Cx}$、$\boldsymbol{F}_{Cy}$、$\boldsymbol{F}_{N1}$、$\boldsymbol{F}_{N2}$[图4-16b)]。

$$\sum M_C=0,\ -F_{N1}\cdot a+F_{N2}\cdot b=0 \tag{1}$$

②列物理方程。

由郑玄—胡克定律，得

$$\Delta l_1=\frac{F_{N1}l_1}{E_1A_1} \tag{2}$$

$$\Delta l_2=\frac{F_{N2}l_2}{E_2A_2} \tag{3}$$

③列变形协调方程

$$-\frac{\Delta l_{1T}+\Delta l_1}{\Delta l_{2T}+\Delta l_2}=\frac{a}{b} \tag{4}$$

④计算各杆的轴力。

$$\Delta l_{1T}=\alpha_{l1}\cdot\Delta T\cdot l_1=12.5\times10^{-6}\times30\times330\times10^{-3}=124\times10^{-6}\text{m}$$

$$\Delta l_{2T}=\alpha_{l2}\cdot\Delta T\cdot l_2=16.5\times10^{-6}\times30\times220\times10^{-3}=109\times10^{-6}\text{m}$$

以$F_{N1}$、$F_{N2}$、$\Delta l_1$、$\Delta l_2$为未知数联立求解由式(1)～式(4)构成的方程组，得钢杆和铜杆的轴力

$$F_{N1}=-6.673\text{kN},F_{N2}=-10.68\text{kN}$$

## 4.5 应力集中的概念

由于构造与使用等方面的需要，许多构件常常带有沟槽（如螺纹）、孔和圆角（构件由粗到细的过渡圆角）等。在外力作用下，构件中邻近沟槽、孔或圆角的局部范围内，应力急剧增大。例，如图4-17a)所示含圆孔的受拉薄板，圆孔处$A$-$A$截面上的应力分布如图4-17b)所示，最大应力$\sigma_{max}$显著超过该截面的平均应力。

由于截面急剧变化所引起的应力局部增大现象，称为应力集中。应力集中的程度用应力集中因数$K$表示，其定义为

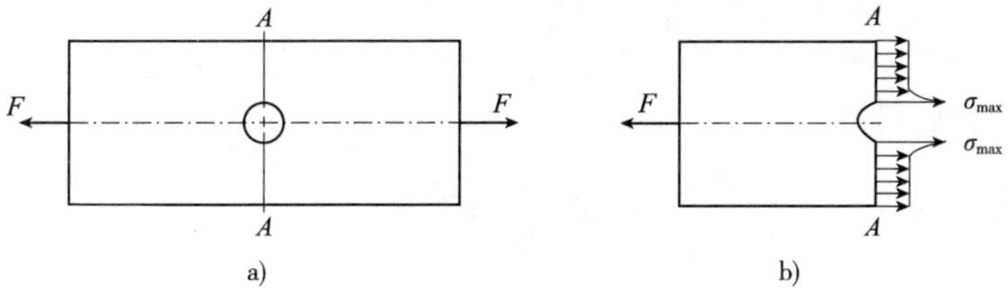


图 4-17　圆孔的应力集中

$$K = \frac{\sigma_{max}}{\sigma} \tag{4-22}$$

式中，$\sigma$ 为名义应力；$\sigma_{max}$ 为最大局部应力。

名义应力是在不考虑应力集中的条件下求得的平均应力。最大局部应力则是由解析理论（例如弹性力学）、实验或数值方法（例如有限元素法与边界元素法）等确定的。图 4-18 给出了含圆孔的板在轴向受力时的应力集中因数曲线，可以看出，圆孔的半径越小，应力集中因数越大。

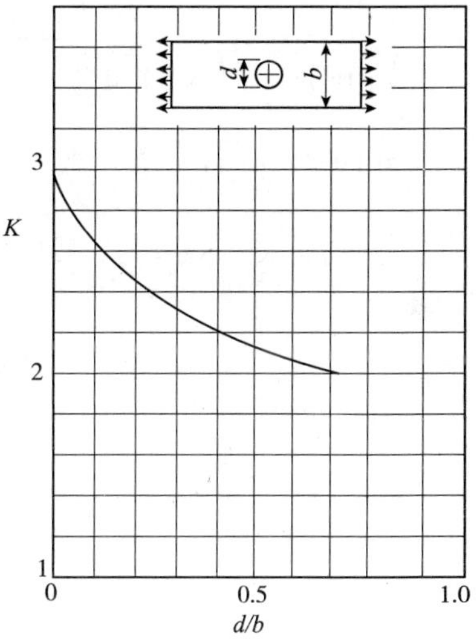


图 4-18　圆孔的应力集中因数

对于由脆性材料制成的构件，应力集中现象将一直保持到最大局部应力到达强度极限之前。因此，在设计脆性材料构件时，应考虑应力集中的影响。

对于由塑性材料制成的构件，应力集中对其在静载荷作用下的强度则几乎无影响。因为当最大应力 $\sigma_{max}$ 达到屈服应力 $\sigma_s$ 之后，如果继续增大载荷，则所增加的载荷将由同一截面的未屈服部分承担，以致屈服区域不断扩大，应力分布逐渐趋于均匀化。所以，在研究塑性材料构件的静强度问题时，通常可以不考虑应力集中的影响。

当零件受周期性变化的应力或受冲击载荷作用时，不论是塑性材料还是脆性材料，应力集中对零件强度都有严重影响，这往往是零件破坏的根源。

## 4.6　杆的纵向振动

假设杆的长度为 $l$，密度为 $\rho$，横截面积为 $A$，弹性模量为 $E$，并设杆的横截面在纵向振动中始终保持平面，且略去杆的纵向伸缩而引起的横向变形。设杆上距原点 $x$ 处在时刻 $t$ 的纵向位移为 $u(x,t)$，则杆上距原点 $x+\mathrm{d}x$ 处在时刻 $t$ 的纵向位移为 $u+\frac{\partial u}{\partial x}\mathrm{d}x$。杆的振动力学模型见图 4-19a)。从弹性体上提取一微元段 $\mathrm{d}x$[图 4-19b)]，该微元段的振动方程为

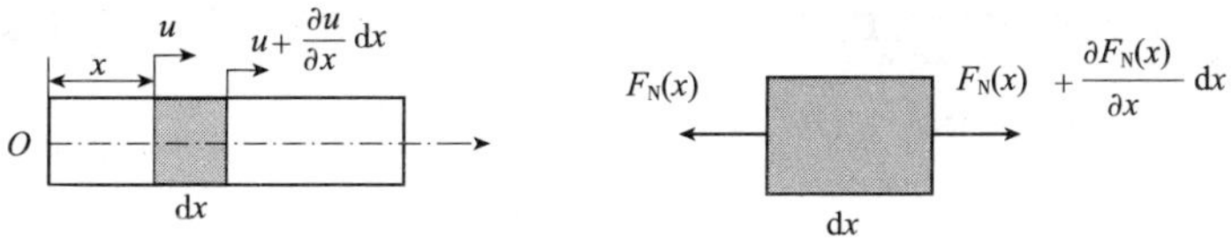


a)杆的振动力学模型　　b)杆的微元体

图 4-19　杆的纵向振动

$$\rho A\mathrm{d}x\ \frac{\partial^2 u}{\partial t^2}=F_{\mathrm{N}}+\frac{\partial F_{\mathrm{N}}}{\partial x}\mathrm{d}x-F_{\mathrm{N}} \tag{4-23}$$

式(4-23)简化后可得

$$\rho A\ \frac{\partial^2 u}{\partial t^2}=\frac{\partial F_{\mathrm{N}}}{\partial x} \tag{4-24}$$

振动时，$\mathrm{d}x$ 微元段的轴向伸长量为$\frac{\partial u}{\partial x}\mathrm{d}x$，故该微元段的应变为$\frac{\partial u}{\partial x}$，对应的轴向内力为 $F_{\mathrm{N}}(x)=AE\varepsilon(x)=AE\ \frac{\partial u}{\partial x}$，代入式(4-24)，并简化得到

$$\frac{\partial^2 u}{\partial t^2}-c^2\ \frac{\partial^2 u}{\partial x^2}=0 \tag{4-25}$$

式中，$c=\sqrt{\frac{E}{\rho}}$称为纵波在杆中的传播速度。

式(4-25)通常采用分离变量法求解。设

$$u(x,t)=X(x)U(t) \tag{4-26}$$

将式(4-26)代入式(4-25)中，得到

$$\frac{1}{U(t)}\ \frac{\partial^2 U(t)}{\partial t^2}=c^2\ \frac{1}{X(x)}\ \frac{\partial^2 X(x)}{\partial x^2}$$

可解得

$$X(x)=C\sin\frac{\omega_0}{c}x+D\cos\frac{\omega_0}{c}x \tag{4-27a}$$

$$U(t)=A\sin\omega_0 t+B\cos\omega_0 t \tag{4-27b}$$

其中，积分常数 $A$、$B$ 与初始条件有关，积分常数 $C$、$D$ 和固有角频率 $\omega_0$ 与杆的边界条件有关。

典型的边界条件有下面几种情形：

(1)固定

该处杆的纵向振动位移为零，即

$$u(0,t)=0\ \text{或}\ u(l,t)=0 \tag{4-28a}$$

(2)自由

该处杆的轴力为零，即

$$EAu'_x(0,t)=0\ \text{或}\ EAu'_x(l,t)=0 \tag{4-28b}$$

(3)弹性支撑

如图 4-20a)所示，杆的右端轴力应等于弹性力，即

$$-ku(l,t)=EAu'_x(l,t) \tag{4-28c}$$

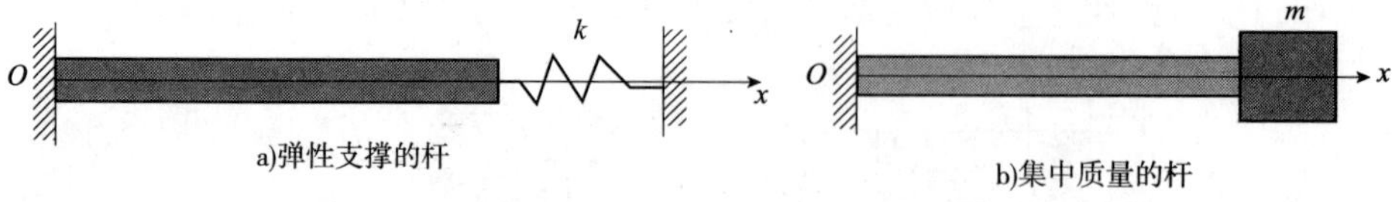


图 4-20　边界条件

(4)集中质量

如图 4-20b)所示，杆的右端轴力应等于集中质量块的惯性力，即

$$-m\ddot{u}_{tt}(l,t)=EAu'_x(l,t) \tag{4-28d}$$

以此为条件求出积分常数 $C$ 或 $D$ 及固有角频率 $\omega_0$。

## 4.7 Maple 编程示例

**编程题 4-1** 如图 4-21a）所示长度为 $l$ 的变截面杆，同时承受轴向分布载荷与集中载荷 $F$ 作用。设 $x$ 截面处的载荷集度与横截面面积分别为

$$q(x)=q_0\left(1+\frac{x}{l}\right),A=A_0\left[1-\frac{1}{2}\left(\frac{x}{l}\right)^{\frac{4}{3}}\right]^{\frac{1}{3}}$$

集中载荷为 $F=q_0l$，试确定杆端截面 $B$ 的轴向位移 $\delta$。已知杆长 $l=500\text{mm}$，弹性模量 $E=200\text{GPa}$，$q_0=150\text{N/mm}$，$A_0=1\ 000\text{mm}^2$。

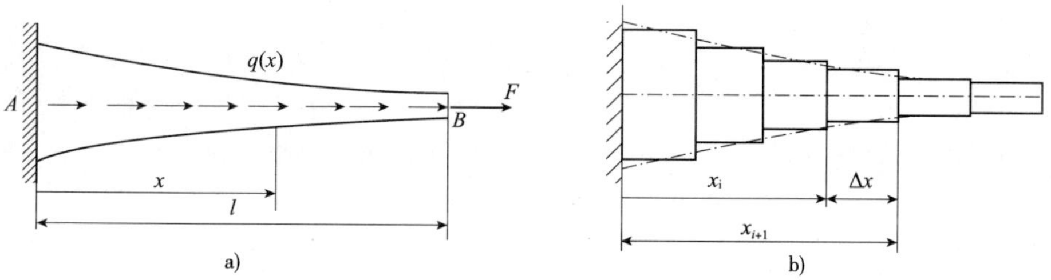


图 4-21

**解法一：● 建模**

变截面轴向拉（压）的位移

$$\delta=\int_0^l\frac{F_N(x)}{EA(x)}dx$$

**解法二：● 建模**

为便于进行数值计算，将上述变截面杆简化为由 $n$ 段等截面杆组成的阶梯形杆［图4-21b）］，得杆的轴向位移

$$\delta=\sum_{i=1}^{n}\frac{F_N(x_i)\Delta x_i}{EA_i}$$

式中，$F_N(x_i)$代表截面 $x_i$ 的轴力；$\Delta x_i$、$A_i$ 分别代表杆段 $i$ 的长度与平均横截面面积。

**答**：杆端截面 $B$ 的轴向位移 $\delta=0.369\ 8\text{mm}$。

**● Maple 程序**（连续积分法）

```
> restart:                                   #清零。
> E:=200e9: q0:=150e3:                       #已知条件。
> l:=500e-3: A0:=1000e-6:                    #已知条件。
> q:=q0*(1+x/l):                             #载荷集度。
> F:=q0*l:                                   #集中载荷。
> q:=subs(x=l-y,q):                          #坐标变换。
> FN:=F+int(q,y=0..l-x):                     #用积分求轴力。
> FN:=simplify(FN):                          #化简。
> A:=A0*(1-1/2*(x/l)^(4/3))^(1/3):           #横截面面积。
> delta:=int(FN/(E*A),x=0..l):               #用积分求杆端截面B的轴向位移。
> delta:=evalf(delta,4);                     #杆端截面B的轴向位移数值。
```

• **Maple 程序**(离散求和法)

```
> restart:                                            #清零。
> x:=(i-0.5)*(l/n):                                   #离散化后 x_i 的坐标。
> Delta[x]:=l/n:                                      #杆段 i 的长度 Δx_i。
> F:=q0*l:                                            #集中载荷。
> q:=q0*(1+x/l):                                      #载荷集度。
> q:=subs(i=n-j,q):                                   #坐标变换。
> FN:=F+Delta[X]*sum(q,j=0..n-i):                     #用和函数求轴力。
> FN:=simplify(FN):                                   #化简。
> A:=A0*(1-1/2*(x/l)^(4/3))^(1/3):                    #平均横截面面积。
> delta:=Delta[X]*sum(FN/(E*A),i=1..n):               #用和函数求杆端截面 B 的轴向位移。
> E:=200e9:q0:=150e3:                                 #已知条件。
> l:=500e-3:A0:=1000e-6:                              #已知条件。
> delta:=subs(n=1000,delta):                          #取 n=1 000 求杆端截面 B 轴向位移。
> delta:=evalf(delta,4);                              #杆端截面 B 的轴向位移数值。
```

## 思考题

**思考题 4-1** 对于如图 4-22 所示的杆件,若刚好在外力 $F$ 作用的截面 $a$-$a$ 上把它假想切开,那么力 $F$ 应算是作用在哪一段上?这样能否得到截面上确定的内力值?为什么?

**思考题 4-2** 杆件受拉如图 4-23 所示,由于截面 1-1 和 2-2 上的轴力为 $F_{N1}=F_{N2}=F$,截面积 $A_1=2A_2$,所以正应力分别为 $\sigma_1=F_{N1}/A_1=F/2A_2$,$\sigma_2=F_{N2}/A_2=F/A_2$,即 $\sigma_2=2\sigma_1$。以上结论对吗?如果认为不对,那么在什么条件下可以得到上述结果?

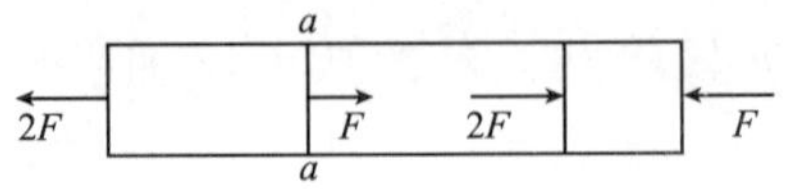


图 4-22

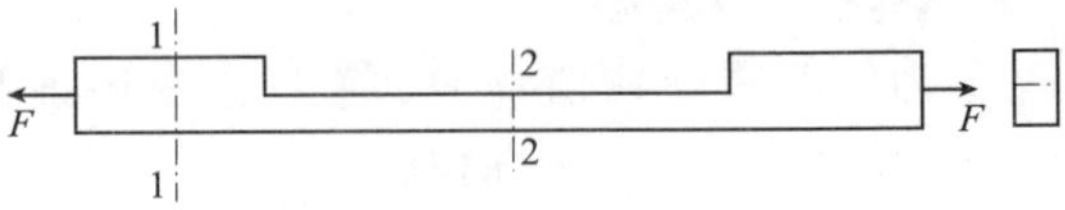


图 4-23

**思考题 4-3** 如图 4-24a)所示为等厚度、变宽度杆件受轴向拉力作用,其斜截面上是否有切应力存在?平面假设和横截面上的正应力公式 $\sigma=F_N/A$ 是否仍可适用?为什么?若从杆中 $B$ 点处取一个五面体(称为单元体),如图 4-24b)所示,则由它的平衡条件求得 $\sigma_x=\tau_{yx}$,$\sigma_y=\tau_{xy}$。以上结论对吗?为什么?

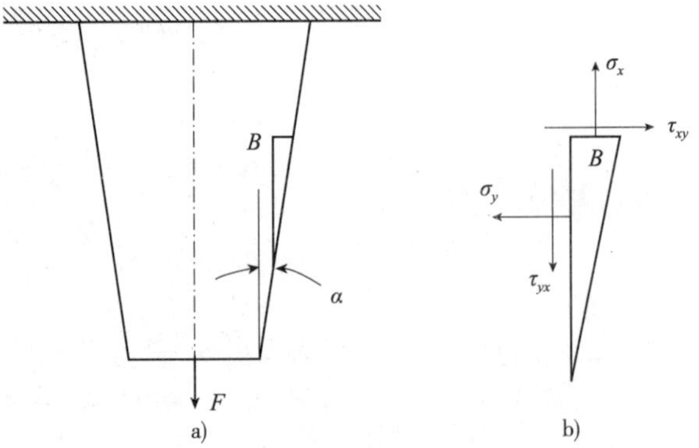


图 4-24

**思考题 4-4** 特制受拉圆杆如图 4-25 所示，采用简单拉伸的正应力公式 $\sigma = F_N/A$ 对它进行强度校核时，应注意哪些问题？杆中有直径为 $d$ 和 $d_1$ 的两个圆孔。

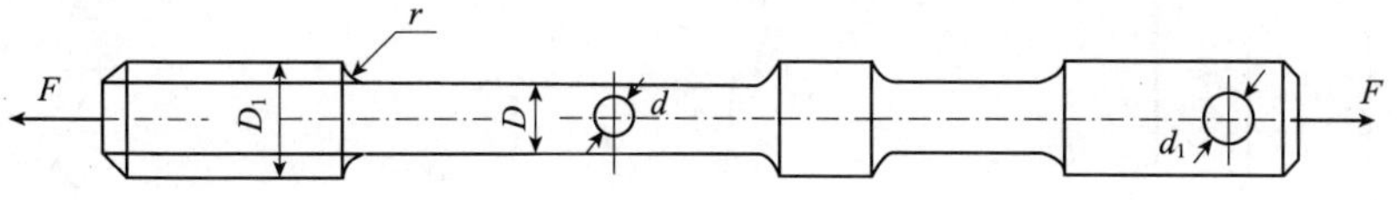


图 4-25

**思考题 4-5** 已知如图 4-26 所示桁架两杆的 $[F_{N1}] = [\sigma_1]A_1 = 2[\sigma_2]A_2 = 2[F_{N2}]$，为求它的许可载荷 $[F]$，由节点 $B$ 的平衡方程：

$$\sum F_x = 0, \ -F_{N1}\sin 30° + F_{N2}\sin 60° = 0 \quad (1)$$

$$\sum F_y = 0, F_{N1}\cos 30° + F_{N2}\cos 60° - F = 0 \quad (2)$$

求得 $F_{N1} = \sqrt{3}F/2$ 和 $F_{N2} = F/2$。有几位同学用下列不同方法继续求解：

(1) 由于 $F_{N1} > F_{N2}$，所以 $[F] = \dfrac{2}{\sqrt{3}}[F_{N1}]$；

(2) 由于 $\dfrac{[F_{N2}]}{[F_{N1}]} < \dfrac{F_{N2}}{F_{N1}}$，所以 $[F] = 2[F_{N2}]$；

(3) $[F]$ 与两杆都有关，所以由式(2)得

$$[F] = [F_{N1}]\cos 30° + [F_{N2}]\cos 60°$$

以上谁的解法正确？为什么？

**思考题 4-6** 如图 4-27 所示桁架两杆的尺寸和材料都相同，在桁架平面内受力 $F$ 的作用。若两杆长度不变，对于下列两种情况，试确定使杆件用料最省的角度 $\varphi$ 或 $\alpha$：

(1) $\varphi = 90°$，确定 $\alpha$ 角；

(2) $\alpha = 45°$，确定 $\varphi$ 角。

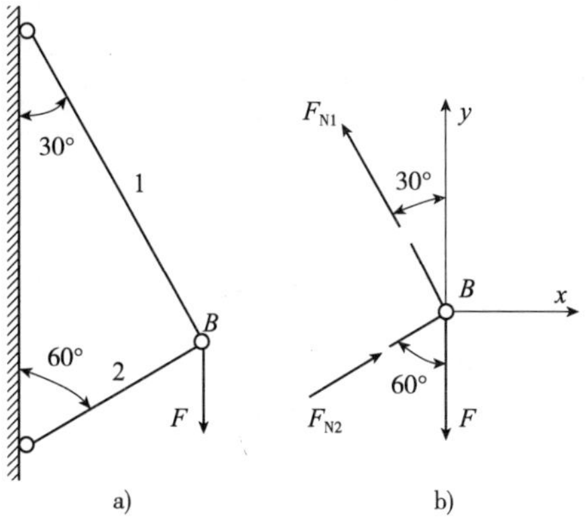


图 4-26

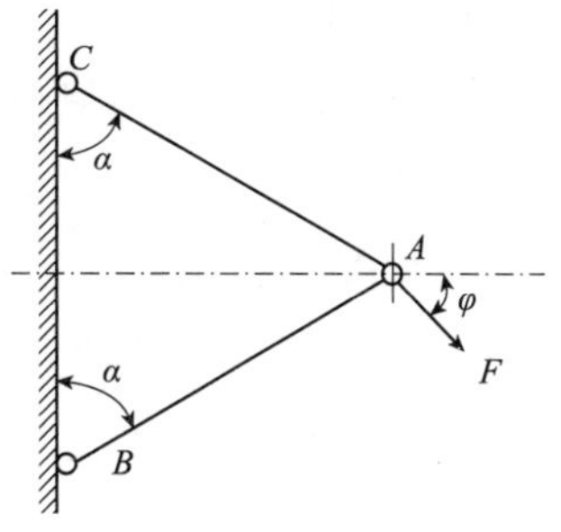


图 4-27

**思考题 4-7** 已知一等直杆的重量 $W$、长度 $l$、弹性模量 $E$ 和泊松比 $\mu$，当按如图 4-28 所示不同方式放置时，两者的体积是增大还是缩小？你会计算其体积变化吗？

**思考题 4-8** 变截面圆杆受力如图 4-29 所示，已知集中力 $F$、均布力 $q$、杆的长度 $l$、截面积 $A(x)$、弹性模量 $E$ 和泊松比 $\mu$。若认为杆件均匀拉伸，问如何求距底端为 $x$ 处的轴向线应变 $\varepsilon_x$、面积变化率 $\Delta A(x)/A(x)$ 和总体积变化？

**思考题 4-9** 已算得如图 4-30 所示两杆的伸长分别为 $\Delta l_1$ 和 $\Delta l_2$。有人认为，结点位移

是向量，所以按照平行四边形定律，以“位移分量”$\Delta l_1$ 和 $\Delta l_2$ 为两边作平行四边形，则对角线就表示 $A$ 点的“总位移”$\Delta$。这样做对吗？为什么？

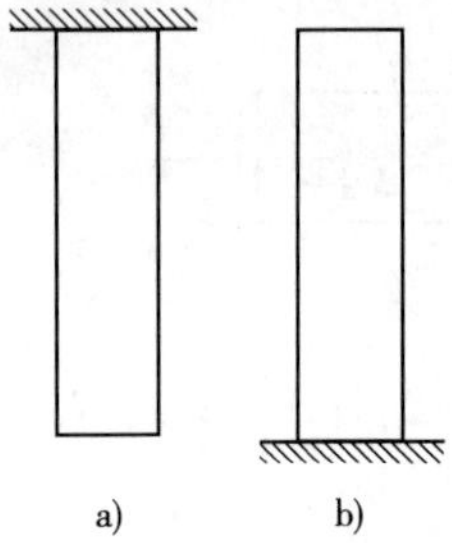


图 4-28

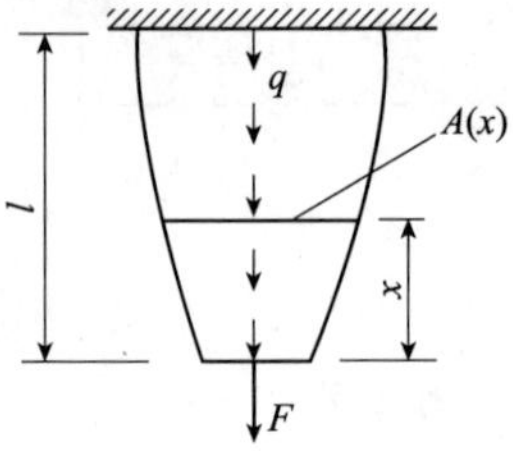


图 4-29

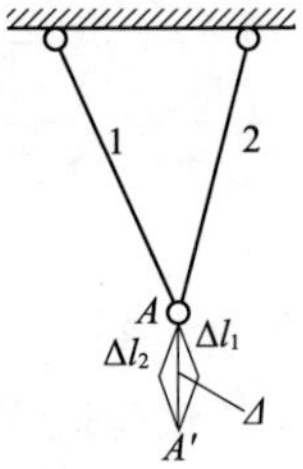


图 4-30

**思考题 4-10** 如图 4-31 所示对称结构，$CC'$ 为点 $C$ 在铅垂力 $F$ 作用下的位移，$CE$ 垂直于 $BC'$，由“小变形”知 $EC'$ 等于 $BC$ 杆的伸长 $\Delta l_{BC}$，$\angle EC'C$ 仍近似等于 $\alpha$。试指出下列两种算法正确与否。若有错误则指出错在哪里。

(1) $CC' = \dfrac{EC'}{\cos\alpha} = \dfrac{\Delta l_{BC}}{\cos\alpha}$;

(2) $CC' = BC'\cos\alpha - BE\cos\alpha = (l + \Delta l_{BC})\cos\alpha - l\cos\alpha = \Delta l_{BC}\cos\alpha$。

**思考题 4-11** 取一张长约 240mm、宽约 60mm 的纸条，在其中剪一直径为 10mm 的圆孔和长为 10mm 的横向缝隙，如图 4-32 所示。当用手拉纸条的两端时，问破裂从哪里开始？为什么？

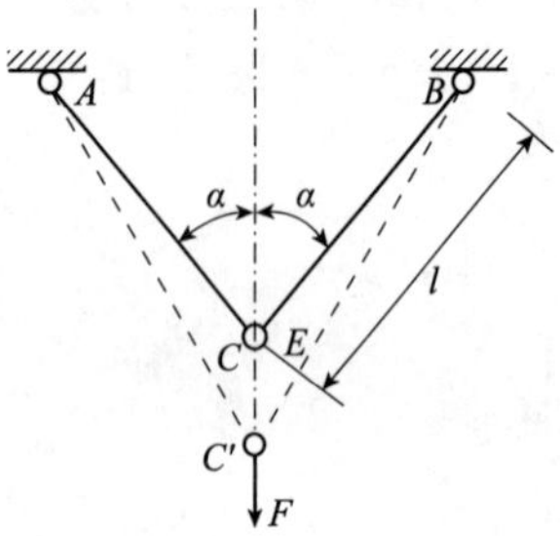


图 4-31

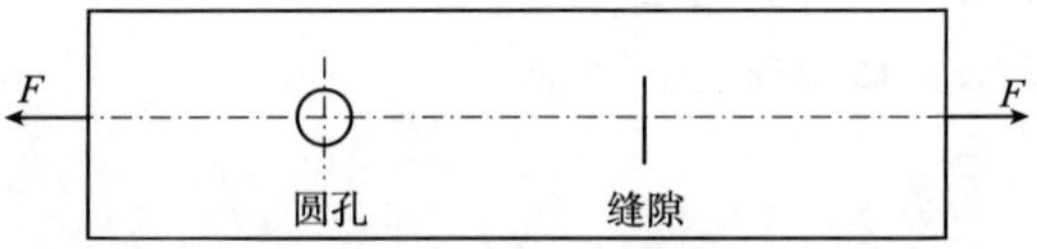


图 4-32

**思考题 4-12** 若不计结构自重，试判断如图 4-33 所示各杆系结构是静定的还是超静定的。

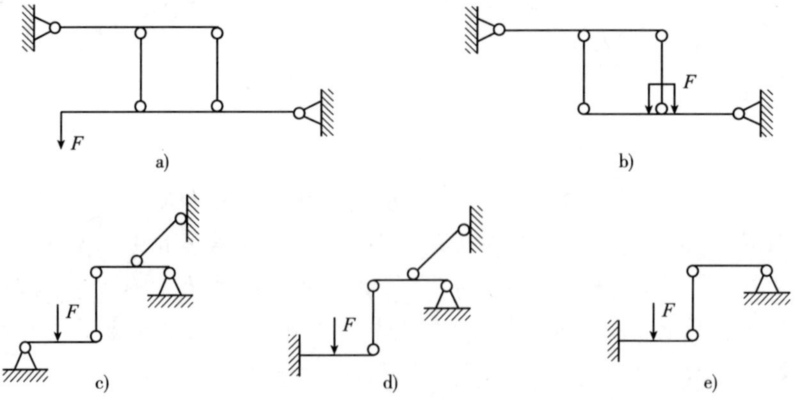


图 4-33

**思考题 4-13** 如图 4-34 所示三种结构，各杆材料和截面积相同，杆 1 和杆 2 的长度相等，且图 4-34c）中各交叉斜杆中间互不接触。问各结构中杆 1 和杆 2 的内力有什么不同？

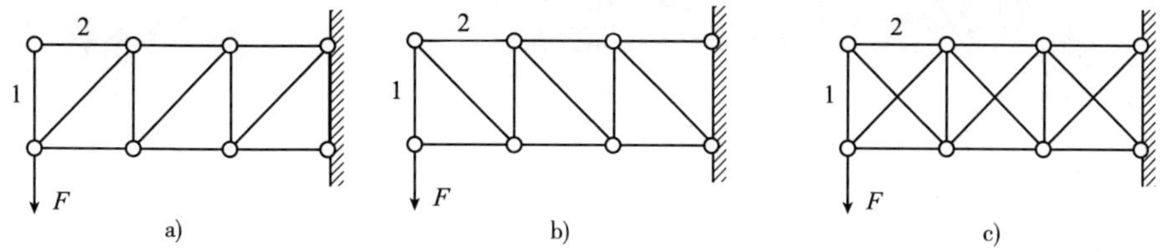


图 4-34

**思考题 4-14** 对于如图 4-35a）所示等截面直杆，试指出下列两种分析法是否有错误，并由此得出应有的结论。

（1）因为两个载荷 $F$ 大小相等、方向相反，自相平衡，所以两端约束力 $F_A = F_D = 0$。

（2）两个载荷 $F$ 分别使 $AB$ 和 $CD$ 两段受压力 $F$，所以两端约束力 $F_A = F_D = F$，方向如图 4-35b）所示。

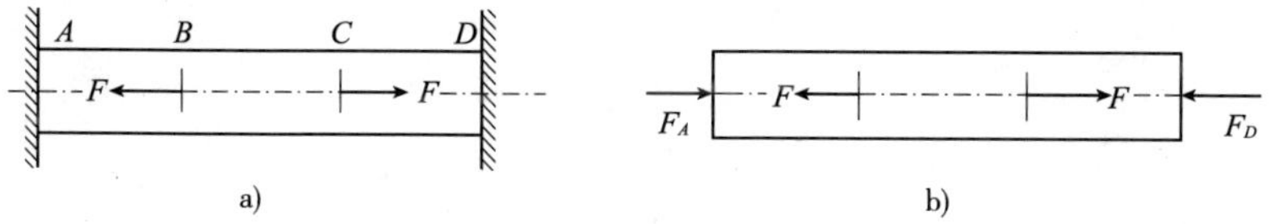


图 4-35

* **思考题 4-15** 如图 4-36 所示两杆的载荷有什么特点？你能利用这种特点来分析它们的变形和内力吗？

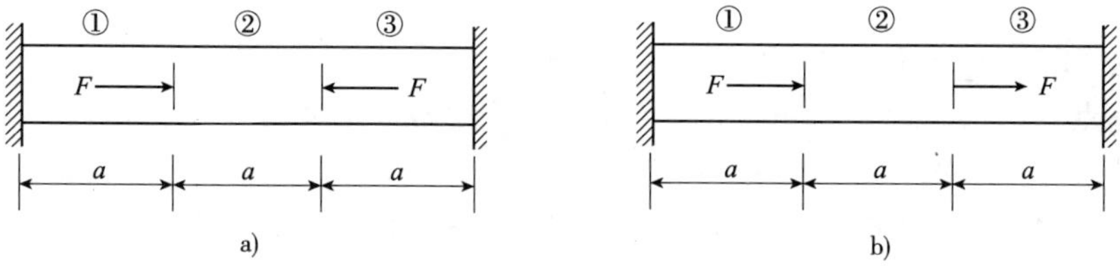


图 4-36

**思考题 4-16** 如图 4-37 所示三杆的横截面积相同，但杆 1 与杆 3 的弹性模量不相等（$E_1 > E_3$）。有人从平衡的角度出发，认为杆 1 与杆 3 的内力相等；有人则从超静定体系的特点出发，因内力按刚度分配，认为杆 1 的内力要比杆 3 的大。你认为应该怎样呢？此结构的变形协调方程是否为 $\Delta l_1 = \Delta l_3 = \Delta l_2 \cos\theta$？

**思考题 4-17** 如图 4-38 所示结构中三根杆的材料和横截面积均相同，已知各杆横截面上的正应力分别为 $\sigma_1 < [\sigma]$，$\sigma_2 = 1.5[\sigma]$，$\sigma_3 < [\sigma]$。鉴于杆 2 强度不够，有人认为只要把杆 2 的横截面积增加 50%，即可保证结构的强度足够。你认为他的意见怎样？为什么？

* **思考 4-18** 如图 4-39 所示结构中，三根杆的弹性模量 $E$、许用应力 $[\sigma]$ 和截面积 $A$ 均相同。为了充分发挥材料的作用，要求在力 $F$ 作用下三根杆的应力同时达到 $[\sigma]$，该怎么办？若利用装配应力，在装配之前杆 2 的原始长度应该大于还是小于 $l\cos\theta$（$0 < \theta < \pi/2$）？

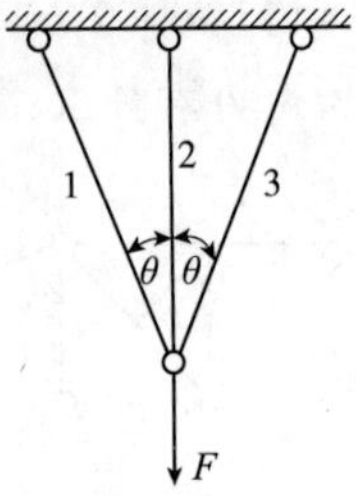


图 4-37

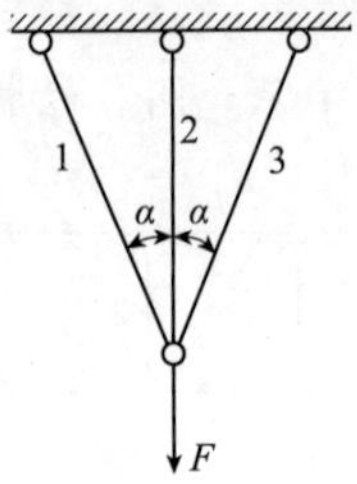


图 4-38

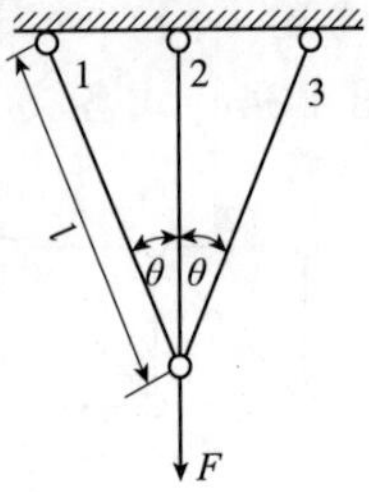


图 4-39

**思考题 4-19** 如图 4-40 所示由三根杆组成的构架，没有载荷作用。但当拆除 $AB$ 杆时，节点 $A$ 就移到了 $A'$ 处，这是什么原因引起的呢？

**思考题 4-20** 试分别以 $A$ 点[图 4-41a)]和 $B$、$D$ 点[图 4-41b)]列出求解两个结构内力时所必需的变形协调方程。

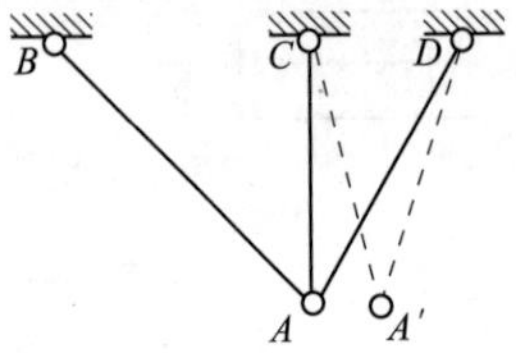


图 4-40

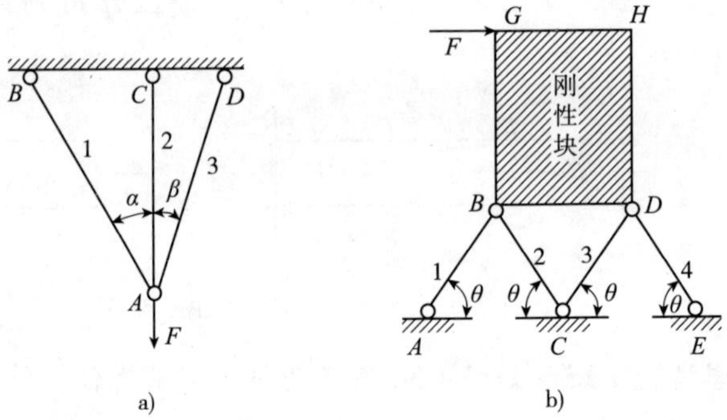


图 4-41

**思考题 4-21** 如图 4-42 所示结构中，$AB$ 和 $CD$ 为刚性杆，其间由四根相同的直杆相连。在一对集中力(相背或相向)作用下，这个结构是静定的还是超静定的？试列出求解四根杆的内力所需的有关方程。

**思考题 4-22** 如图 4-43 所示结构中，$AB$ 为刚性杆，装配后 1、2 两杆仍处于弹性范围内，但有内力作用。你能想办法测量出这两根杆中应力的大小吗？

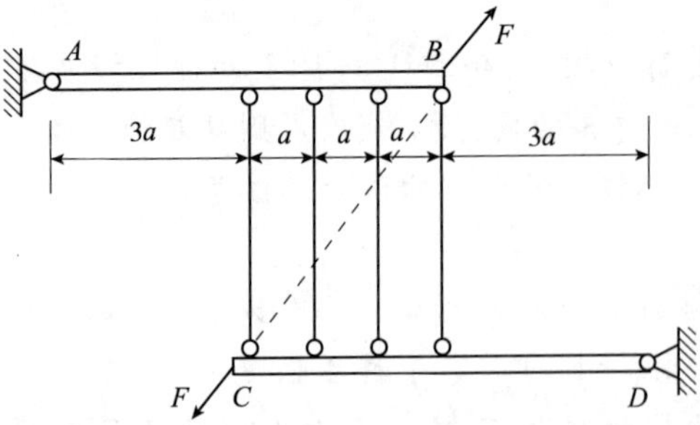


图 4-42

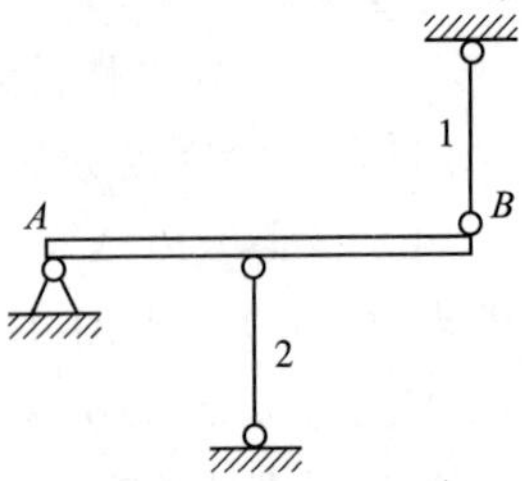


图 4-43

**思考题 4-23** 为求如图 4-44 所示超静定结构中杆 1、2 和 3 的内力(假定 $AB$ 为刚性杆)，有人画出受力图和变形图分别如图 4-44b)和 c)所示。这里有问题吗？

**思考题 4-24** 如图 4-45 所示装有套筒的螺栓，将螺母拧紧一圈后算得螺栓和套筒的轴力(绝对值)分别为 $F_{N1}$ 和 $F_{N2}$。当再在螺栓两端施加拉力 $F$ 时，若螺栓与套筒两端仍然密切接触，螺栓的轴力是否为 $F'_{N1} = F_{N1} + F$？为什么？

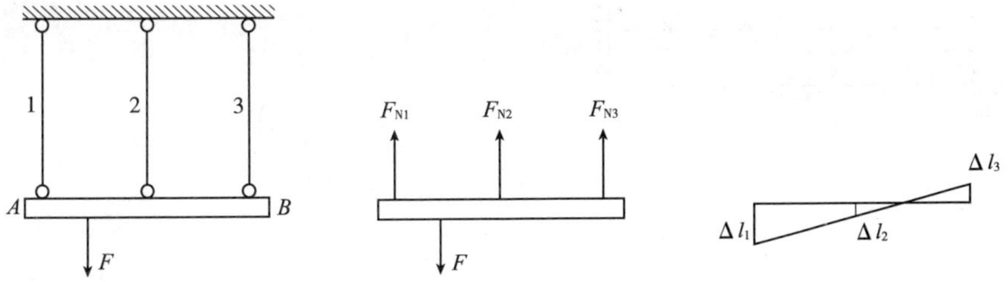


a) b) c)

图 4-44

*思考题 4-25　如图 4-46 所示一根相当长的圆截面杆，材料的弹性模量由中心处的 $E_0$ 沿径向按直线规律变化，到周边为 $1.2E_0$。问此时平面假设和正应力公式 $\sigma = F_N/A$ 是否仍然适用？

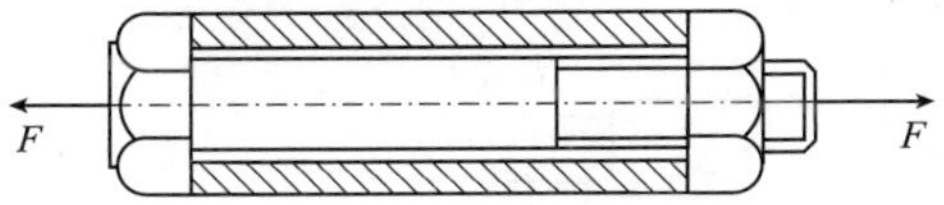


图 4-45

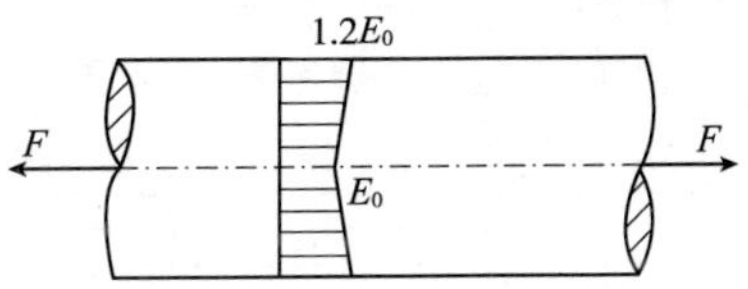


图 4-46

*思考题 4-26　一个由纤维增强的聚合物材料制成的试片，在拉伸试验机上测得其破坏时的总拉力为 $F_b$。纤维沿纵向均匀分布于基体之中，若两者的弹性模量和截面积分别为 $E_1$、$E_2$ 和 $A_1$、$A_2$，试分析它们各承受多大的拉应力。

*思考题 4-27　如图 4-47 所示两杆的长度和材料均相同，但截面积不相等（左杆为 $2A$，右杆为 $A$），它们之间有一缝隙 $\Delta$。当两杆同时均匀升温时，试分析它们刚好接触和接触以后端面 $B$ 和 $C$ 的位移（最好同时画图来表示）。

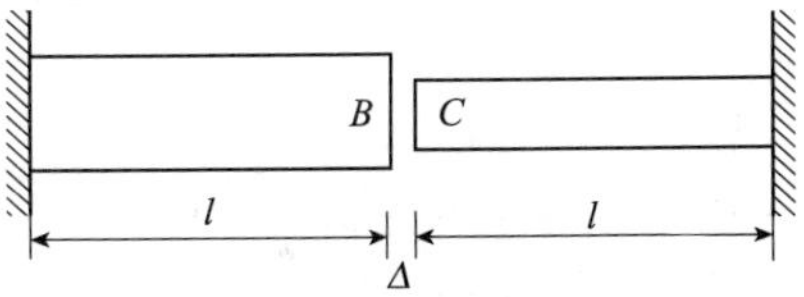


图 4-47

**思考题 4-28**　如图 4-48 所示各结构［图 4-48e）中两斜杆不接触］，当温度升高时，哪些将产生温度应力？为什么？

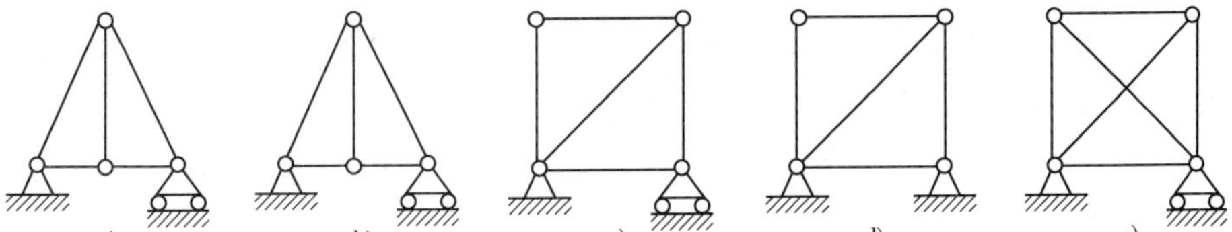

a) b) c) d) e)

图 4-48

**思考题 4-29**　有一根两端被固定的等截面直杆，当受到如下沿轴向的温度变化时（图 4-49），

$$t(x) = t_A + (t_B - t_A)\left(\frac{x}{l}\right)^n$$

问如何求约束力？

**思考题 4-30**　在有输送热气管道的工厂里，可以看到管道不是笔直铺设的，每隔一段距离，管道就弯成一个门框形状（图 4-50）。这种做法有什么力学意义？

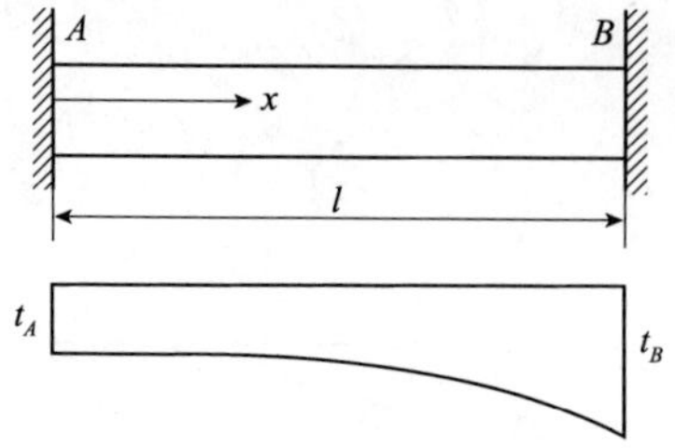


图　4-49

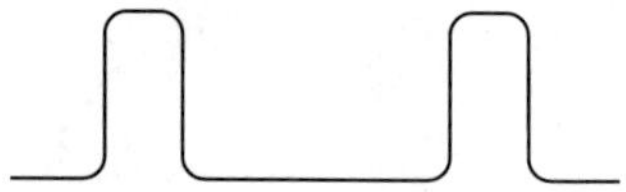

图　4-50

## 习题

### A 类型习题

**习题 4-1**　试求如习题图 4-1 所示拉杆 1-1、2-2、3-3 截面上的轴力，并作轴力图。

**习题 4-2**　试作如习题图 4-2 所示杆的轴力图。

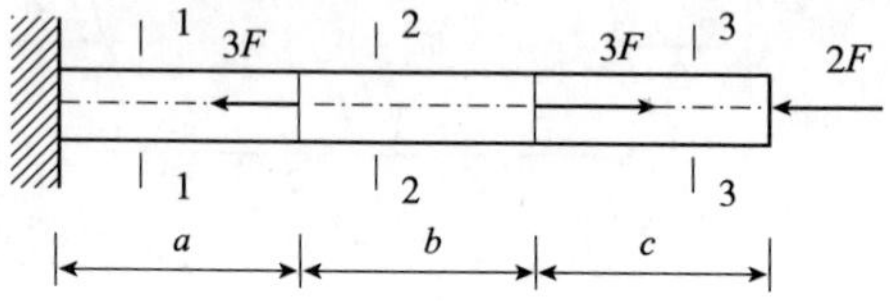


习题图　4-1

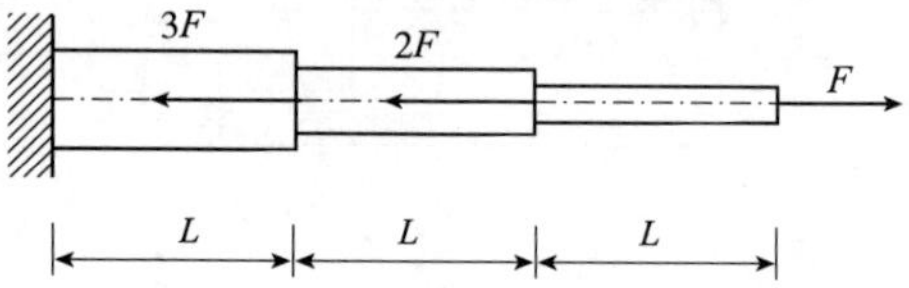


习题图　4-2

**习题 4-3**　如习题图 4-3a）所示直杆受轴向力作用，已知轴力图如图 4-3b）所示。试绘出杆 4-3a）所受的外力（力的大小、方向及作用点）。

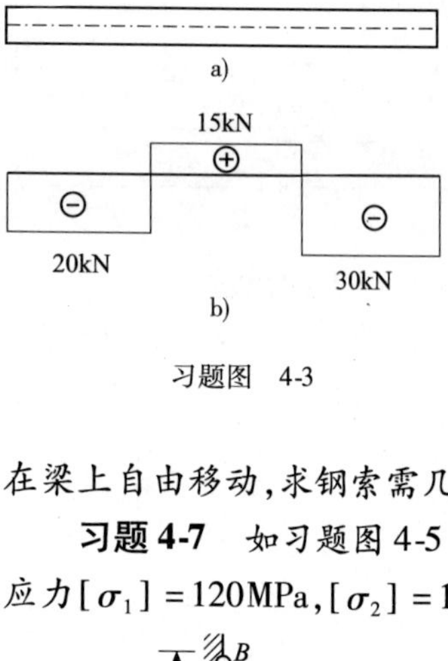


习题图　4-3

**习题 4-4**　直径为 1cm 的圆截面杆，承受轴向拉伸载荷 $F=18\text{kN}$，求杆中的最大剪应力。

**习题 4-5**　一杆受 $F=16\text{kN}$ 的轴向拉力，若最大剪应力不得超过 80MPa，试求此杆的最小横截面积 $A$。

**习题 4-6**　在如习题图 4-4 所示结构中，钢索 $BC$ 由一组直径 $d=2\text{mm}$ 的钢丝组成。若钢丝的许用应力 $[\sigma]=160\text{MPa}$，$AC$ 梁自重 $Q=3\text{kN}$，小车承载 $P=10\text{kN}$，且小车可以在梁上自由移动，求钢索需几根钢丝组成？

**习题 4-7**　如习题图 4-5 所示，两杆的横截面积 $A_1=800\text{mm}^2$，$A_2=600\text{mm}^2$，材料的许用应力 $[\sigma_1]=120\text{MPa}$，$[\sigma_2]=100\text{MPa}$，试确定结构的许可载荷 $[F]$（不考虑稳定性）。

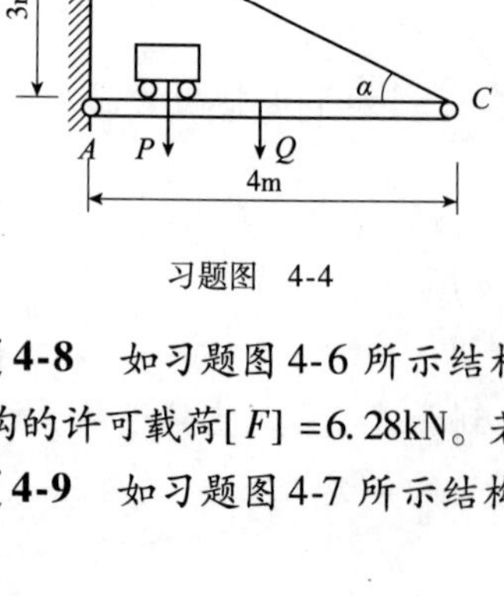


习题图　4-4

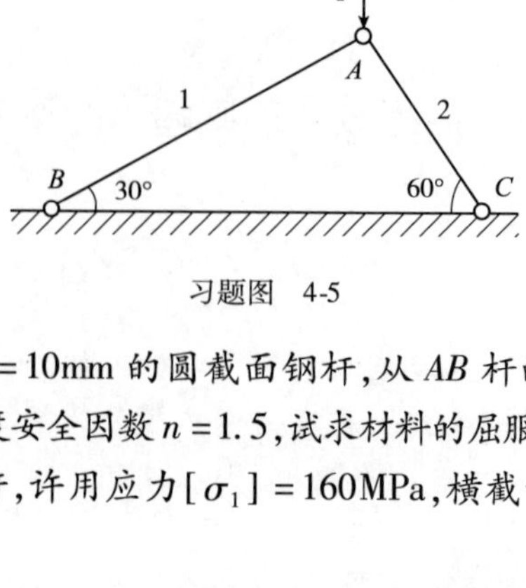


习题图　4-5

**习题 4-8**　如习题图 4-6 所示结构中，$AB$ 为 $d=10\text{mm}$ 的圆截面钢杆，从 $AB$ 杆的强度考虑，此结构的许可载荷 $[F]=6.28\text{kN}$。若 $AB$ 杆的强度安全因数 $n=1.5$，试求材料的屈服极限 $\sigma_s$。

**习题 4-9**　如习题图 4-7 所示结构，杆 1 为钢杆，许用应力 $[\sigma_1]=160\text{MPa}$，横截面积 $A_1=$

$200mm^2$；杆 2 为铜杆，$[\sigma_2]=120MPa$，横截面积 $A_2=100mm^2$。试确定许可载荷$[F]$。

**习题 4-10** 如习题图 4-8 所示桁架，受铅垂载荷 $F=50kN$ 作用，圆截面杆 1、2 的直径分别为 $d_1=15mm$、$d_2=20mm$，材料的许用应力均为$[\sigma]=150MPa$。试校核该桁架的强度。

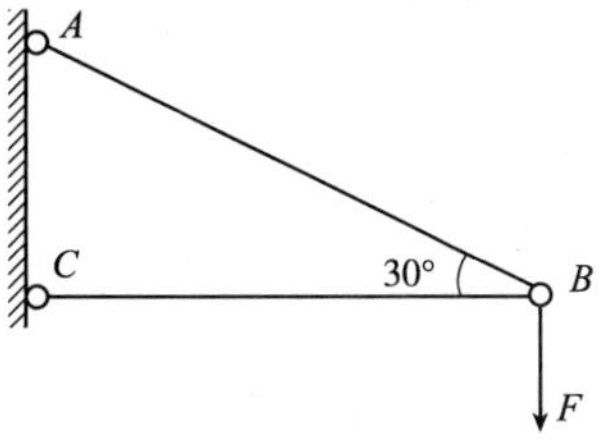


习题图 4-6

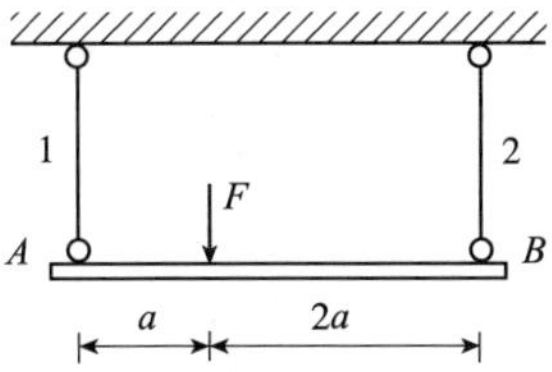


习题图 4-7

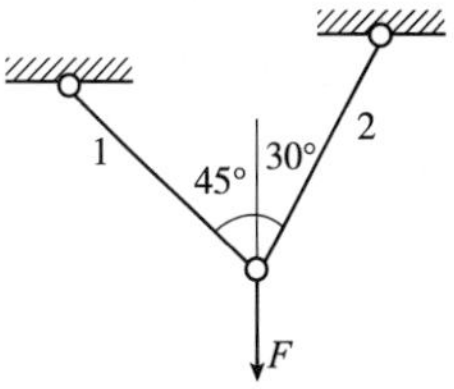


习题图 4-8

**习题 4-11** 如图 4-9 所示托架，$AC$ 是圆钢杆，许用应力$[\sigma]=160MPa$；$BC$ 是方木杆，许用压应力$[\sigma_c]=4MPa$；$F=60kN$。试选定钢杆直径 $d$ 及木杆方截面边长 $b$。

**习题 4-12** 如习题图 4-10 所示，钢质圆杆的直径 $d=10mm$，$F=5kN$，弹性模量 $E=210GPa$。求杆内最大应变和杆的总伸长量。

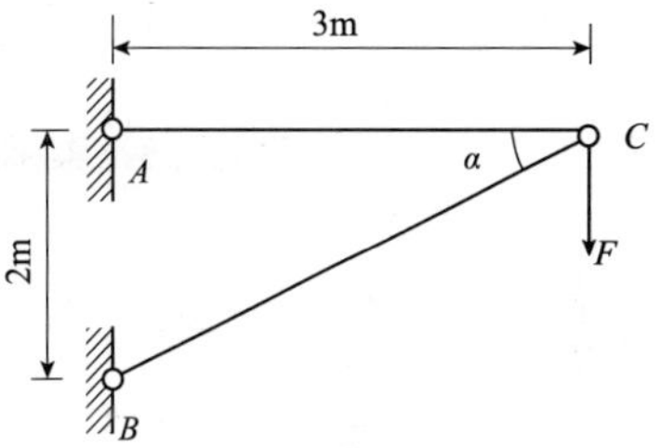


习题图 4-9

**习题 4-13** 如习题图 4-11 所示，载荷作用在刚性杆 $AB$ 上可移动，其位置用 $x$ 表示，1、2 两杆横截面积相同，弹性模量分别为 $E_1=E$、$E_2=2E$。

(1)欲使 1、2 两杆轴向伸长量相等，$x$ 应为多少？

(2)欲使 1、2 两杆轴向线应变相等，$x$ 应为多少？

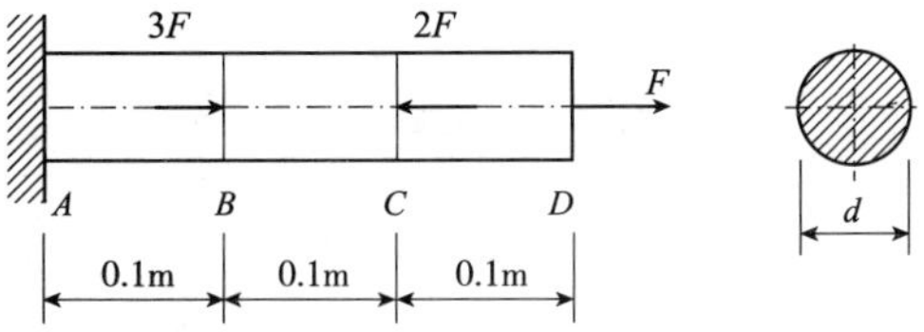


习题图 4-10

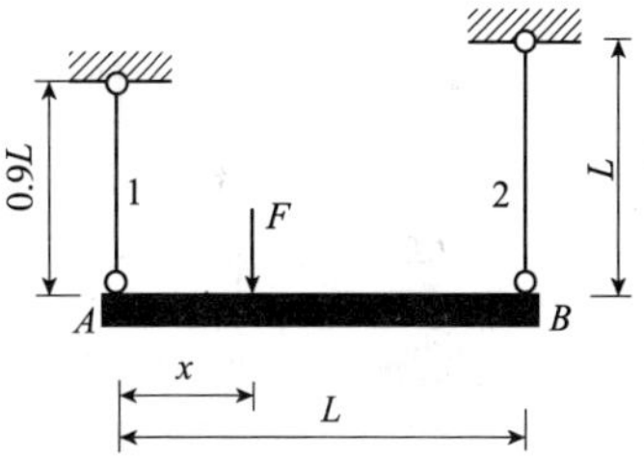


习题图 4-11

**习题 4-14** 如习题图 4-12 所示结构 $CD$ 为刚性杆，$AB$ 为直径 $d=20mm$ 的圆截面钢杆，其弹性模量 $E=200GPa$，$a=1m$，现测得 $AB$ 杆的纵向线应变 $\varepsilon=7\times10^{-4}$，求此时载荷 $F$ 的数值及 $D$ 截面的竖向位移 $\Delta_D$。

**习题 4-15** 如习题图 4-13 所示结构中，杆 1 的横截面积和许用应力分别为 $A_1=1\ 000mm^2$，$[\sigma_1]=160MPa$，杆 2 的横截面积和许用应力分别为 $A_2=10\ 000mm^2$，$[\sigma_2]=8MPa$，试求 1、2 杆的应力同时达到许用应力时的 $F$ 值和 $\theta$ 值。

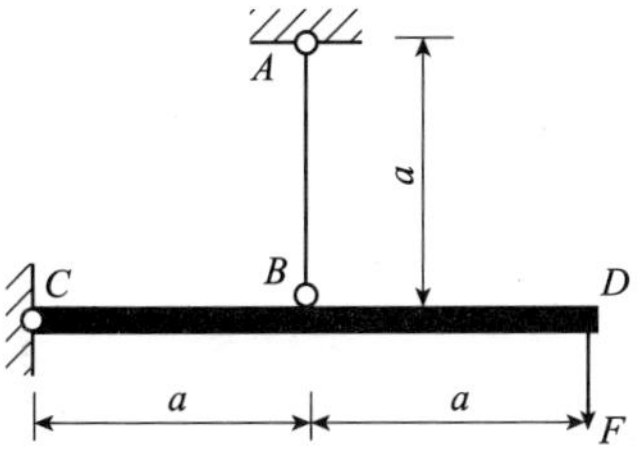


习题图 4-12

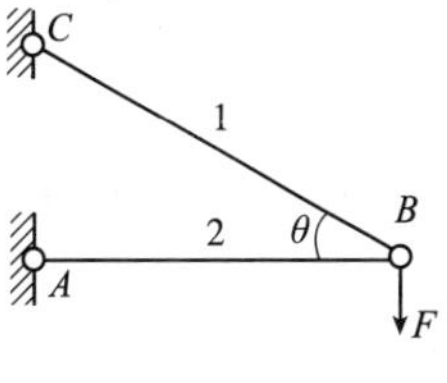


习题图 4-13

**习题 4-16** 如习题图 4-14 所示结构，$BC$ 为刚性梁，杆 1、2 的横截面积均为 $A$，许用应力分别为 $[\sigma_1]$ 和 $[\sigma_2]$，且 $[\sigma_1]=2[\sigma_2]$，载荷 $F$ 可沿梁 $BC$ 移动，其移动范围为 $0\leqslant x\leqslant L$。

(1)从强度方面考虑，当 $x$ 为何值时，$F$ 的允许值最大，即 $F_{max}=?$

(2)该结构的许可载荷 $[F]=?$

**习题 4-17** 如习题图 4-15 所示结构，$AB$ 为一刚性杆，$DC$ 为钢制斜拉杆。已知 $DC$ 的横截面积 $A=100\text{mm}^2$，其弹性模量 $E=200\text{GPa}$，$F_1=5\text{kN}$，$F_2=10\text{kN}$，求：

(1)$DC$ 杆的伸长量 $\Delta L_{DC}$；

(2)$B$ 点的铅垂位移 $\Delta_B$。

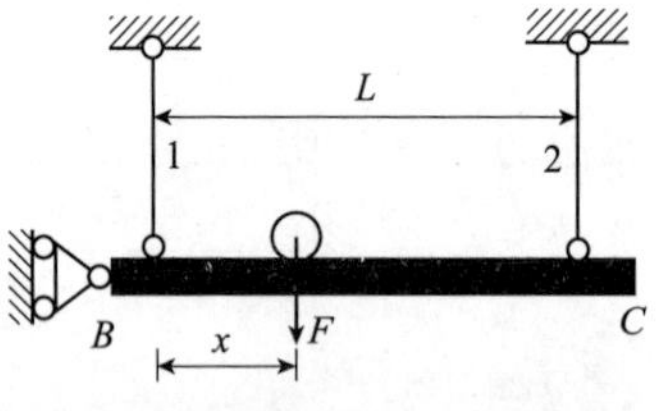

习题图 4-14

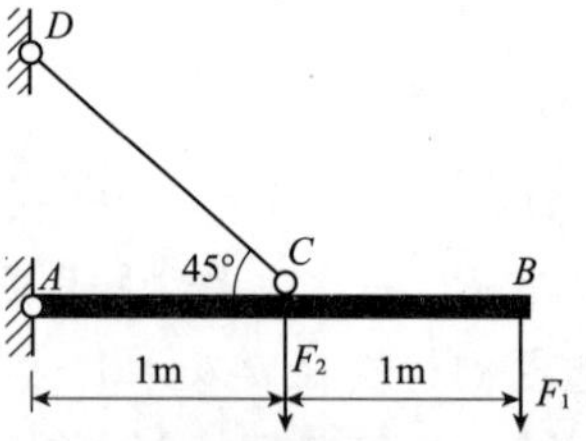

习题图 4-15

**习题 4-18** 如习题图 4-16 所示，刚性梁 $AB$ 在 $C$、$F$ 两点用钢丝绳悬挂，钢丝绳绕过定滑轮 $D$、$E$。已知钢丝绳的抗拉刚度为 $EA$，求 $A$ 点的铅垂位移（不考虑绳与滑轮间的摩擦）。

**习题 4-19** 如习题图 4-17 所示，$ABCD$ 为刚性块，已知两杆材料相同，$DE$ 杆直径 $d_1=6\text{mm}$，$HG$ 杆直径 $d_2=8\text{mm}$，$F=2\text{kN}$。求各杆的内力。

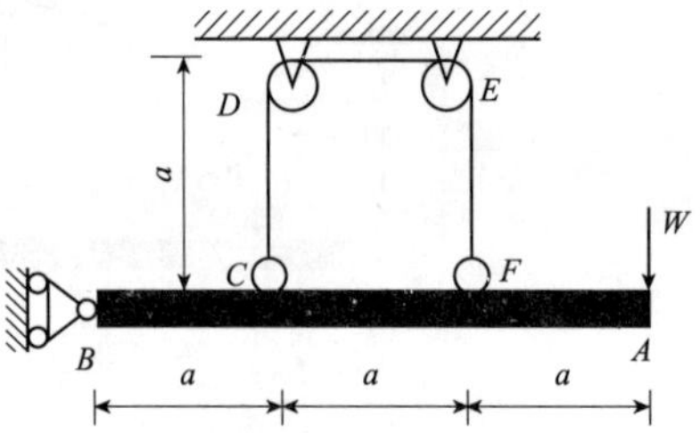

习题图 4-16

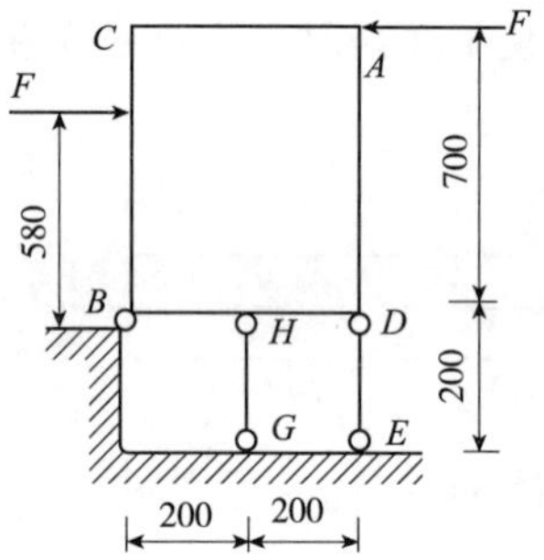

习题图 4-17 （尺寸单位：mm）

**习题 4-20** 如习题图 4-18 所示结构，1、2、3 杆弹性模量均为 $E$，横截面积均为 $A$，各杆长度如习题图 4-18 所示，横杆 $CD$ 为刚体，在图示位置受载荷 $F$ 的作用，求 1、2、3 各杆所受的轴力。

**习题 4-21** 如习题图 4-19 所示，杆 $AC$ 为刚性杆，1、2、3 各杆 $E$、$A$、$L$ 均相同，求各杆的内力。

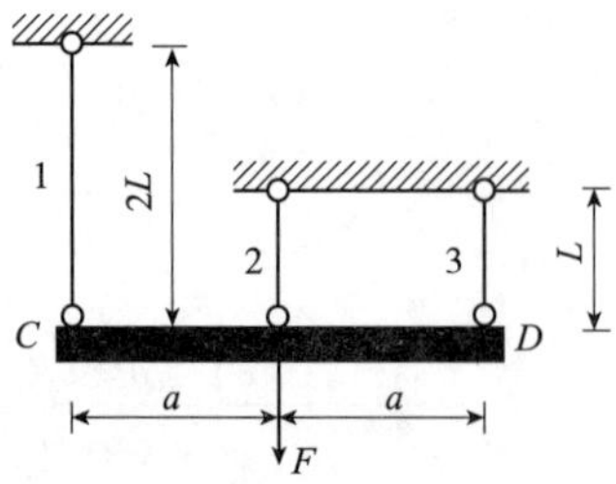

习题图 4-18

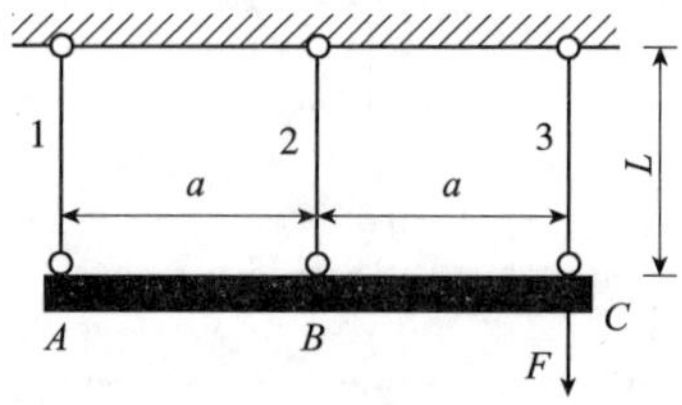

习题图 4-19

## B 类型习题

**习题 4-22** 如习题图 4-20 所示结构两杆的拉压刚度 $EA$ 相同，试证明：对于任意的 $\theta$，当节点 $A$ 的总位移 $\delta_A$ 与外力 $F$ 共线时，$\alpha=\pi/4$。(《力学与实践》小问题，1995 年第 269 题)

**习题 4-23** 如习题图 4-21 所示，直径为 $d$，长为 $l$ 的细长圆杆($d \ll l$)，由两部分胶合而成，胶合面 $mn$ 的法线与轴线的夹角为 $\theta$，设胶合面上的许用拉应力为 $\sigma_w$，许用切应力为 $\tau_w = 3/4\sigma_w$，杆件材料的许用拉应力 $[\sigma_0]=\sqrt{3}\sigma_w$，求杆件所能承受的最大拉力 $F_{max}$，并确定相应的 $\theta$ 角范围。(《力学与实践》小问题，1982 年第 27 题)

**习题 4-24** 当外力或外力的合力沿杆件轴线作用时，杆件截面上是否只存在正应力？以如习题图 4-22 所示受力之矩形截面($b \times h$)杆为例加以说明，其中 $q$ 为单位长度均布载荷。(《力学与实践》小问题，1995 年第 273 题)

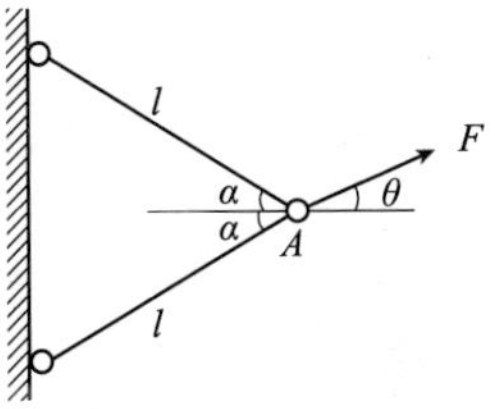


习题图 4-20

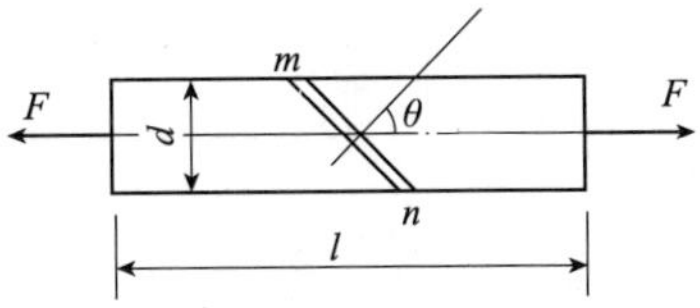


习题图 4-21

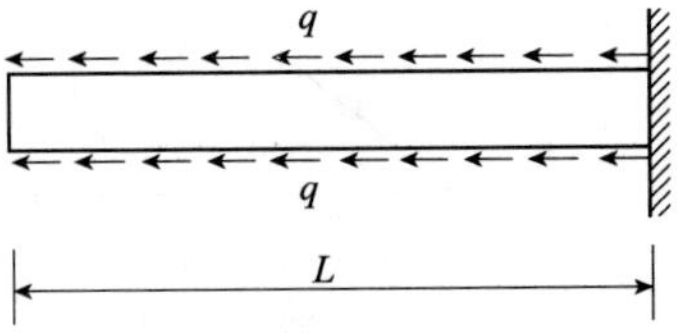


习题图 4-22

**习题 4-25** 铸铁试件压缩破坏实验如习题图 4-23 所示，如已知破坏面上的摩擦因数 $\mu=0.36$，摩擦角 $\varphi \approx 20°$，试根据铸铁破坏方式为剪断的假说，证明破坏面的法线与 $x$ 轴约成35°的倾角。(《力学与实践》小问题，1994 年第 256 题)

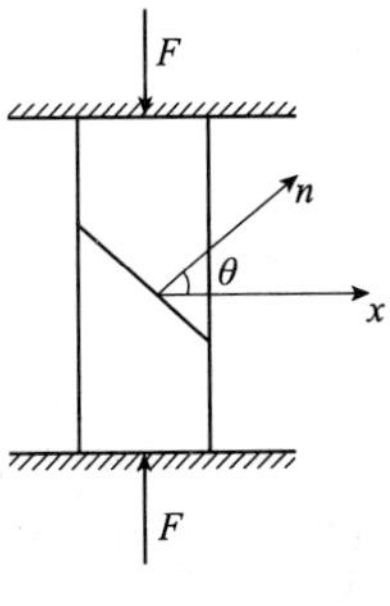


习题图 4-23

**习题 4-26** 一刚性梁，由 $n$ 根等间距杆吊着，各杆的长度及拉伸压缩刚度 $EA$ 均相等，梁上作用 $k$ 个铅直向下的集中力，各力大小及间距可任意确定(习题图 4-24)。不计刚性梁的重量，试求各杆内力。(《力学与实践》小问题，1990 年第 192 题)

**习题 4-27** 等截面杆 $AB$，未受力时长 $L$，将它竖起，上、下端固接，当上下端距离等于原长 $L$(习题图 4-25)时，求在自重作用下：(1)应力表达式；(2)受拉区和受压区的位移表达式。设截面面积为 $A$，材料重度为 $\gamma$，拉伸与压缩弹性模量分别为 $E^+$ 和 $E^-$。(《力学与实践》小问题，1992 年第 216 题)

**习题 4-28** 如习题图 4-26 所示对称桁架，受载荷 $F$ 作用，已知各杆材料相同，横截面面积也相同，问有何办法可使各杆同时达到材料的许用应力 $[\sigma]$？(《力学与实践》小问题，1983 年第 55 题)

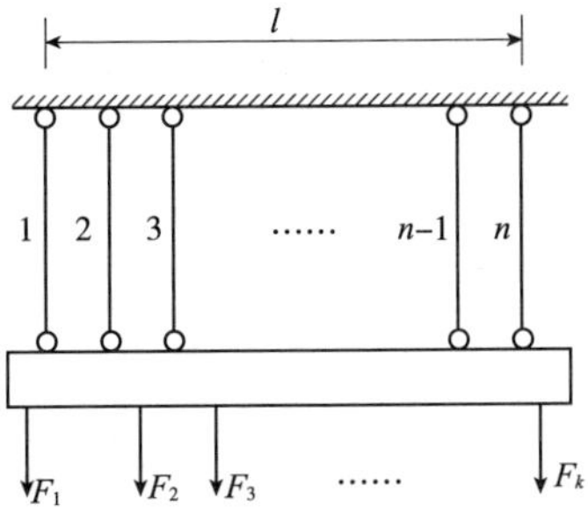


习题图 4-24

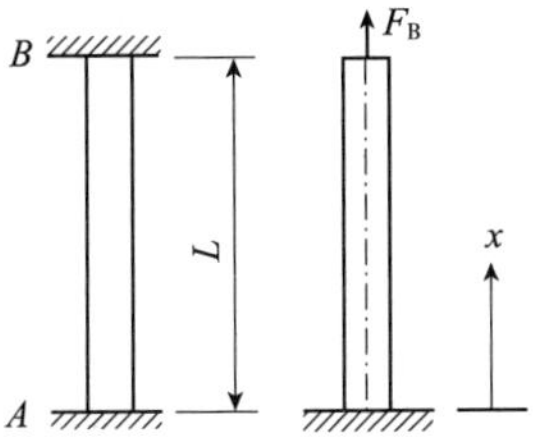


习题图 4-25

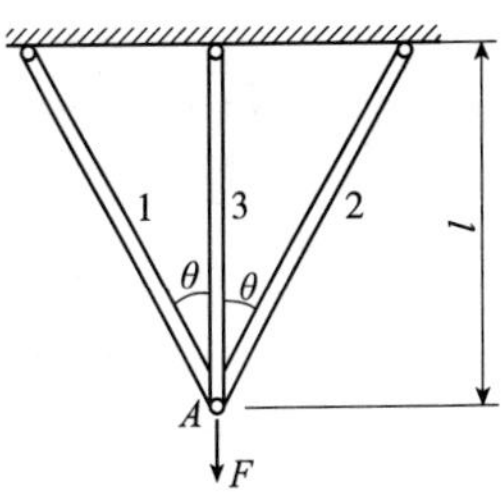


习题图 4-26

**习题 4-29**　六条腿桌子放在水平地面上，尺寸如习题图 4-27a）所示，桌面是刚性的，各条腿完全相同。(1) 证明：在图 4-27b）所示菱形区域内任意点 $A$ 处，施加一铅垂力 $F$ 时，六条腿都与地面接触。(2) 在上述情况下，求各条腿的内力。(《力学与实践》小问题，1982 年第 29 题)

**习题 4-30**　六条腿桌子同习题 4-29，一铅垂载荷 $F$ 作用在刚性的水平桌面上，各腿的材料性能和尺寸完全相同，试分别求出使六腿同时受力、五腿受力、四腿受力和三腿受力的载荷作用区。(《力学与实践》小问题，1985 年第 100 题)

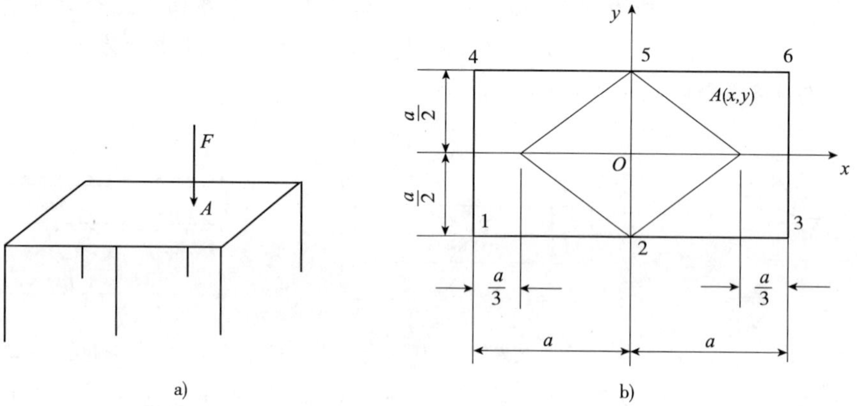


习题图　4-27

习题图　4-28

**习题 4-31**　轮轴用均匀分布的若干条相同的弹性钢丝绷在刚性轮圈上（习题图 4-28）。试证明：轮轴受到轮圈平面内载荷引起的位移与钢丝条数($n\geqslant 3$)成反比。(《力学与实践》小问题，1980 年第 4 题)

**习题 4-32**　自行车轮子（设轮圈为刚性）各辐条均匀绷紧，现用条扳子将其中一根辐条再拧紧一个螺距 $d$，求各辐条内力增量。(《力学与实践》小问题，1986 年第 128 题)

**习题 4-33**　试确定长度为 $l$ 的杆的纵向固有振动角频率，杆的一端固支，另一端自由。

**习题 4-34**　试确定长度为 $l$ 的杆的纵向固有振动角频率，杆的两端都自由或两端都固定。

## C 类型习题

**习题 4-35**　如习题图 4-29 所示，一根由密度为 $\rho$、弹性模量为 $E$ 的材料制成的立柱受到一轴向压力 $F$。压力大小与立柱自重相等。

(1) 试问柱内沿坐标 $x$ 方向的压应力 $\sigma(x)$ 为多大？

(2) $\sigma(x)$ 的极值发生在何处？

(3) 由柱自重 $G$ 和外载荷 $F$ 引起的柱缩短量 $\Delta h$ 是多少？

**习题 4-36**　如习题图 4-30 所示，一座由五个等长和等刚度的杆在无预应力时装配成的桁架，安装在两个固定支座上。

(1) 当力 $F$ 作用在结点 $D$ 时，支座约束力和杆内力为多少？

(2) 如力 $F$ 由结点 $D$ 沿着其作用方向移至结点 $C$ 时，杆内力值将变为多少？

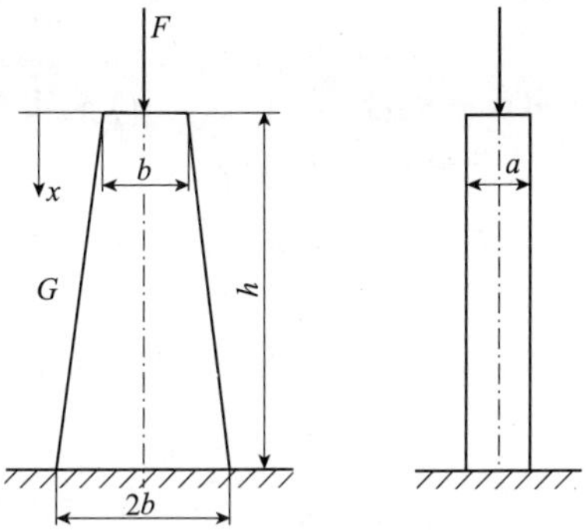


习题图　4-29

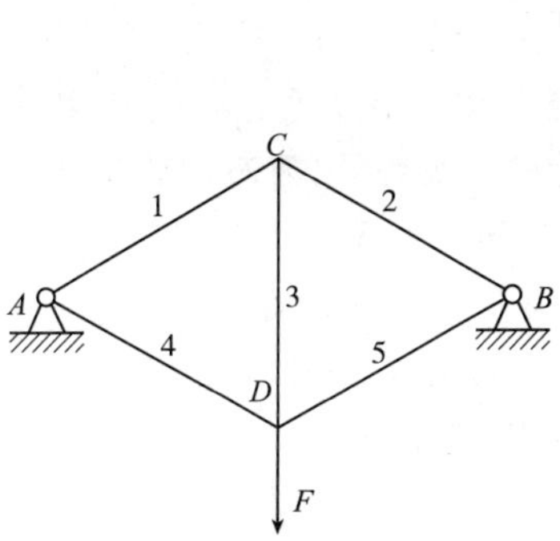


习题图　4-30

**习题 4-37**　如习题图 4-31 所示，重量为 $G$ 的均质等截面梁挂在 5 个刚度均为 $EA$ 的平行直杆上。杆 4 是由线性热膨胀系数 $\alpha_1=\alpha_2=\alpha_3=\alpha_5=\alpha$、$\alpha_4\neq\alpha$ 的特殊材料制造。在无外载荷且安装温度为 $T_0$ 时进行悬挂并无预应力产生；梁的变形和杆的自重均可忽略不计。

(1)在梁的自重 $G$ 和梁左端力 $F$ 作用下，并当系统处于温度 $T_1$ 时，五个杆的内力 $F_{N1}$、$F_{N2}$、$F_{N3}$、$F_{N4}$、$F_{N5}$ 分别为多大？

(2)当杆内力 $F_{N4}=0$ 时，温度 $T_2$ 是多少？

**习题 4-38**　如习题图 4-32 所示，一根由两种不同材料(1 为铜;2 为钢)组成的锥形杆，正好无预应力地装配在两个刚性墙之间。

(1)如有三个力 $F_1$、$F_2$ 和 $F_3$ 沿其轴向作用于杆上，问作用在墙 $A$ 和 $B$ 上的力为多少？

(2)杆内最大应力为多少？它发生在何处？

已知数据：$b=1.2\text{m}$，$c=0.2\text{m}$，$d=0.3\text{m}$，$e=0.25\text{m}$，$f=0.15\text{m}$，$g=0.3\text{m}$，$d_A=0.2\text{m}$，$d_B=0.1\text{m}$，$F_1=400\text{N}$，$F_2=2\,100\text{N}$，$F_3=1\,800\text{N}$。材料性质：$E_1=124\text{GPa}$，$E_2=216\text{GPa}$。

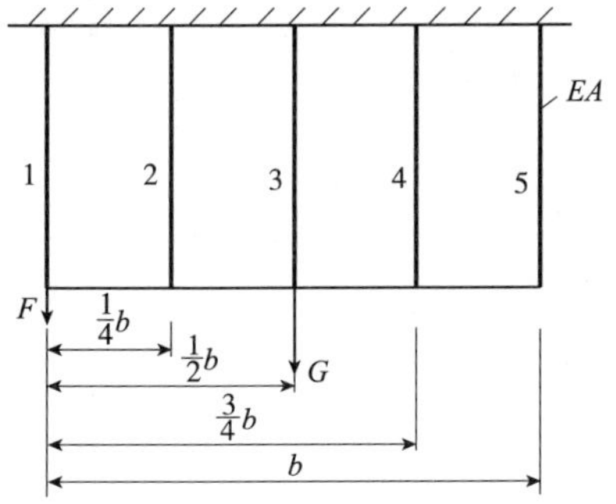


习题图　4-31

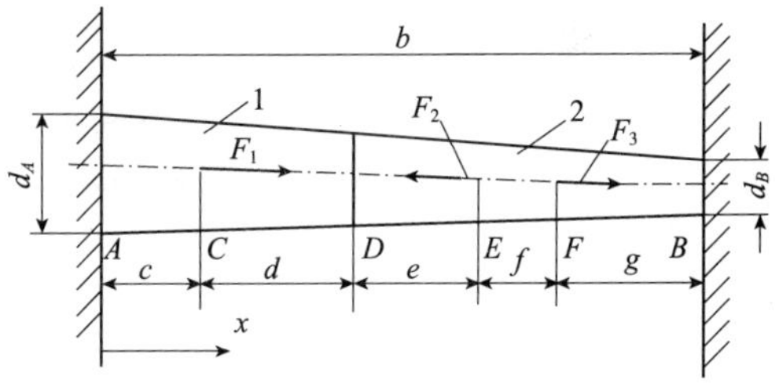


习题图　4-32

**习题 4-39**　如习题图 4-33 所示，在一热交换器中有一由两个同心圆管组成的双层管。两管的材料不同(内管 1 为铜;外管 2 为钢)，并在 $T_0=20$℃ 时无预应力状态下用两刚性法兰螺栓相连接，有温度不同的液体在相反的方向流过两端面，从而使管系升温。可以假设由 $A$ 端到 $B$ 端，内管和外管的温度分别由 $T_{1A}$ 下降到 $T_{1B}$、由 $T_{2A}$ 下降到 $T_{2B}$。

(1)在运行时，双管与在 $T_0$℃ 安装时长度相比，伸长了多少？

(2)此时，双管的应力 $\sigma_1$ 和 $\sigma_2$ 各为多少？

(3)两管之间在轴向的最大相对位移出现在何处？

已知数据：$h=1.4\text{m}$，$d_{1i}=0.11\text{m}$，$d_{1a}=0.115\text{m}$，$d_{2i}=0.116\text{m}$，$d_{2a}=0.165\text{m}$，$T_{1A}=80$℃，$T_{1B}=26$℃，$T_{2A}=60$℃，$T_{2B}=10$℃。材料性质：$E_1=124\text{GPa}$，$E_2=216\text{GPa}$，$\alpha_1=16.5\times$

$10^{-6}℃^{-1}$,$\alpha_2 = 14 \times 10^{-6}℃^{-1}$。

**习题 4-40** 如习题图 4-34 所示,一活塞泵缸盖由 6 个螺栓(杆直径为 $d$)紧固在缸体上。在安装时螺栓被拧紧,因而伸长了 $\Delta h_{N1}$,它与法兰的相对伸长量为 $\Delta h_R$。

(1)试问泵盖和缸体之间的预紧力 $F_{V1}$ 和每个螺栓上的拉力 $F_{N1}$ 各为多大?

(2)当缸体对缸盖的内压力为 $F$ 时,求预紧力 $F_{V2}$ 和螺栓拉力 $F_{N2}$。

已知数据:$\Delta h_{N1} = 0.022\text{mm}$,$h = 70\text{mm}$,$\Delta h_R = 0.034\text{mm}$,$F = 51\text{kN}$,$d = 12\text{mm}$,螺栓材料的弹性模量 $E = 216\text{GPa}$。

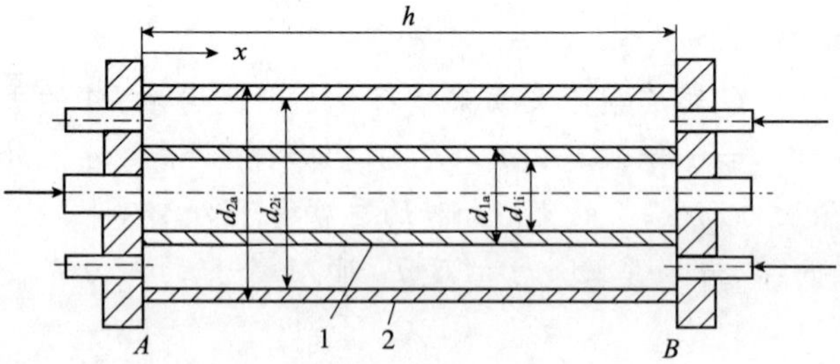


习题图 4-33

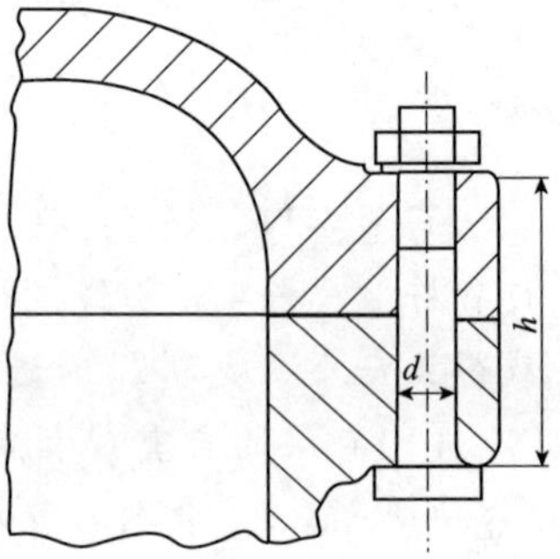


习题图 4-34

朱熹(字元晦,1130~1200)

观书有感(一)

半亩方塘一鉴开,
天光云影共徘徊。
问渠那得清如许,
为有源头活水来。

> 子曰："由，诲女知之乎？
> 知之为知之，不知为不知，是知也。"

# 第5章　剪　　切

本章首先介绍了剪切和挤压的实用计算，然后讨论了剪切郑玄—胡克定律，切应力双生互等定理，剪切应变能密度的计算。

## 5.1　剪切实用计算

为了把力从一个构件传递到另一个构件上，工程上常采用连接结构。起连接作用的连接件往往是个块体形构件，连接件内应力分布规律复杂，难于用材料力学知识作精确分析。工程上常采用实用计算的方法，假设应力均匀分布，从而对连接结构进行强度估算，称为实用计算。

工程实际中，会大量采用各种形式的连接，如螺栓连接、销钉连接、铆钉连接、键连接、榫连接、焊连接等。如图5-1所示是连接钢板和铆钉的受力示意图，作用于铆钉两侧面的力，试图使铆钉的上下两部分沿 $n$-$n$ 截面发生相对错动。如图5-2a）所示是连接轴与轮的键连接的工程实例，图5-2b）是键的受力，以上两例中 $n$-$n$ 截面称为剪切面。可以看出，剪切的受力和变形有以下特点：

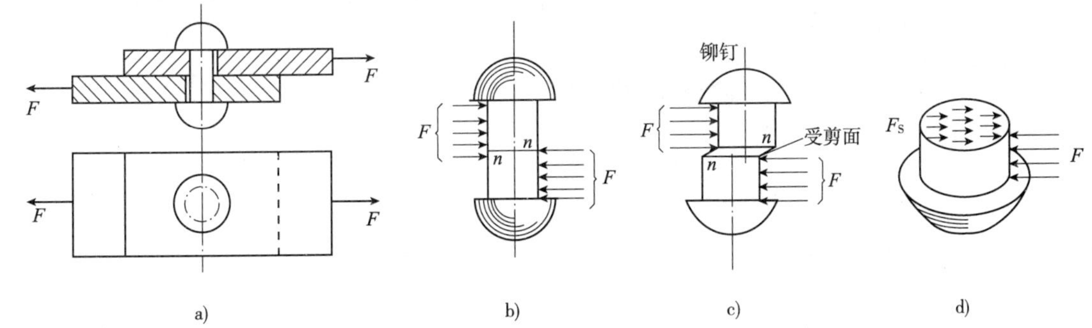


图5-1　铆钉接头的剪切与挤压实例

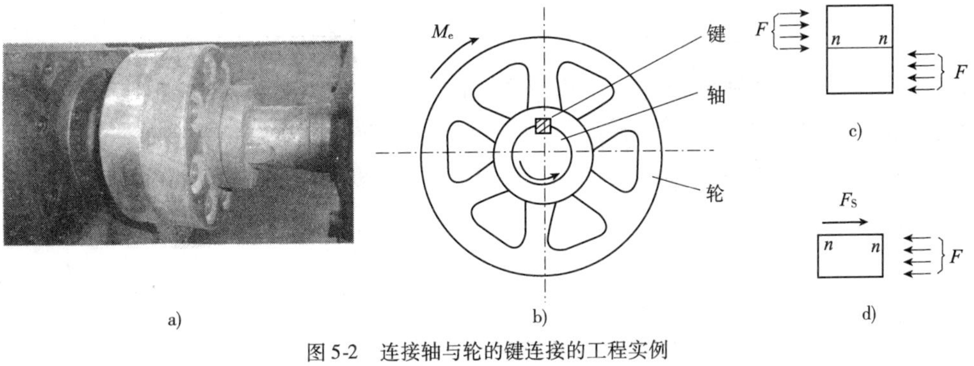


图5-2　连接轴与轮的键连接的工程实例

(1)作用于构件某一截面两侧的外力,大小相等,方向相反,作用线相距很近且垂直于轴线。

(2)处于两个平行外力之间的截面,发生相对错动变形。

把有错动变形趋势的截面称为剪切面,剪切面上的内力与截面相切,称为剪力,用 $F_S$ 表示。

虽然发生剪切变形的构件主要是各种连接件,但也会出现在其他一些场合。例如图 5-3 所示受剪钢杆所发生的变形也是剪切变形。

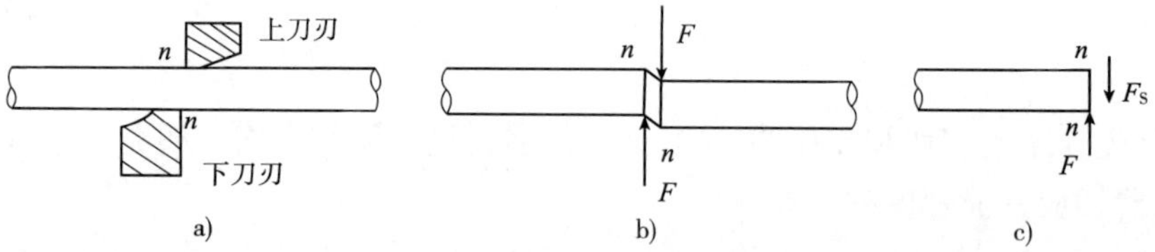


图 5-3　钢杆剪切实例

不难看出,受剪构件一般都不是细长的杆,剪切变形仅发生在力作用区域的附近,因此实际的应力分布情况非常复杂,要从理论上计算它们的工作应力往往非常困难,故在工程实际中,设计这类构件时,通常采用经过简化的实用计算方法。

### 5.1.1　剪切的强度条件

讨论剪切的内力和应力时,以剪切面 $n$-$n$ 将受剪构件分成两部分,并以其中一部分为研究对象,由平衡方程求 $F_S$。

实用计算中,假定受剪面上各点处的切应力相等,于是受剪面上的切应力为

$$\tau = \frac{F_S}{A_S} \tag{5-1}$$

式中,$F_S$ 为剪力;$A_S$ 为剪切面积;$\tau$ 为名义切应力。

剪切强度条件可表示为

$$\tau = \frac{F_S}{A_S} \leqslant [\tau] \tag{5-2}$$

式中,$[\tau]$为材料的许用切应力。

### 5.1.2　挤压的强度条件

工程实践表明,连接的失效不仅是由于连接件的剪切强度不够而引起,还会由于连接件与被连接件在接触面上相互挤压导致过大变形而引起。如图 5-4 所示就是铆钉孔被压成圆孔的情况。这种局部受压现象称为挤压。挤压应力的分布非常复杂,圆柱表面的挤压应力分布大致如图 5-4b)所示。为了简便,工程上也采用与剪切实用计算相似的计算方法,即假定在挤压面上挤压应力是均匀分布的。若以 $F_{bs}$ 表示挤压面上传递的力,$A_{bs}$ 表示挤压面面积,则挤压应力为

$$\sigma_{bs} = \frac{F_{bs}}{A_{bs}} \tag{5-3}$$

为了防止产生挤压破坏,构件的挤压强度条件为

$$\sigma_{bs}=\frac{F_{bs}}{A_{bs}}\leqslant[\sigma_{bs}] \qquad (5\text{-}4)$$

式中，$[\sigma_{bs}]$为材料的许用挤压应力，一般$[\sigma_{bs}]=(1.7\sim2)[\sigma]$。

当连接件与被连接件的接触面为平面时，如键连接，此时挤压面的面积就是连接与被连接件的接触面积。对于像销钉一类的连接件，它们的承压面实际上是半个圆柱面。在实用计算中，通常是用半个圆柱面在垂直于总挤压作用线平面上的投影，作为挤压面的计算面积，如图5-4c）所示。这样得到的挤压应力更接近于挤压应力的最大值，因而可以使设计更趋于安全。

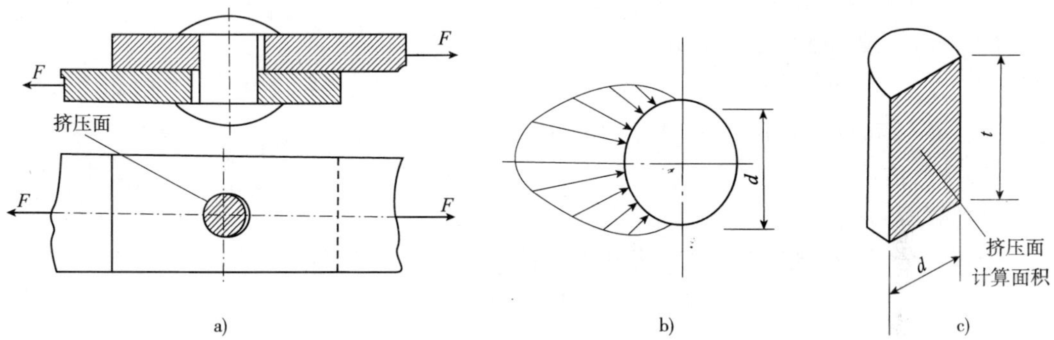


图5-4　圆孔及铆钉挤压应力的分布

**例题5-1**　电瓶车挂钩由插销连接（图5-5）。插销材料为20号钢，$[\tau]=30\text{MPa}$，挤压许用应力为$[\sigma_{bs}]=100\text{MPa}$，直径$d=20\text{mm}$，挂钩及被连接板件的厚度为$\delta=8\text{mm}$和$1.5\delta=12\text{mm}$，牵引力$F=15\text{kN}$。试校核插销的剪切强度和挤压强度。

**解：**强度校核问题。

①校核插销的剪切强度。

插销受力如图5-5b）所示。插销中段相对于上、下两段沿$m$-$m$和$n$-$n$两个面向左错动。所以有两个剪切面，称为双剪切。

插销中段受力$F$、$F_S$、$F_S$，如图5-5c）所示。

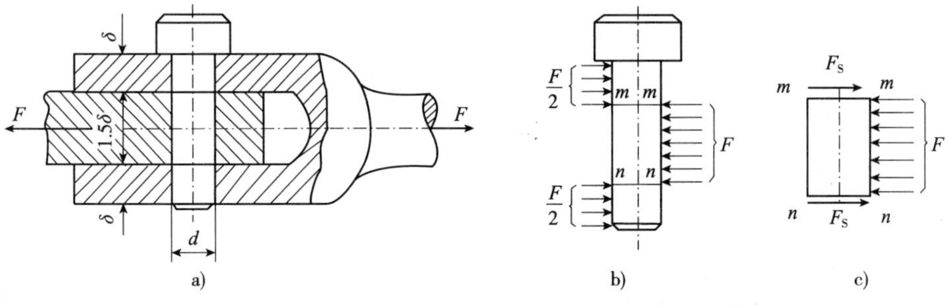


图　5-5

$$\sum F_x=0,\ -F+F_S+F_S=0$$

$$F_S=F/2$$

$$\tau=\frac{F_S}{A_S}=\frac{2F}{\pi d^2}=\frac{2\times15\times10^3}{3.14\times20^2\times10^{-6}}=23.87\text{MPa}\leqslant[\tau]$$

故插销满足剪切强度要求。

②校核插销的剪切挤压强度。

从图 5-5b)看出,插销的上段和下段

$$\sigma_{bs}^{(1)}=\frac{F_{bs}^{(1)}}{A_{bs}^{(1)}}=\frac{F}{2\delta d}=\frac{15\times10^{3}}{2\times8\times20\times10^{-6}}=46.88\text{MPa}$$

插销的中段

$$\sigma_{bs}^{(2)}=\frac{F_{bs}^{(2)}}{A_{bs}^{(2)}}=\frac{F}{1.5\delta d}=\frac{15\times10^{3}}{1.5\times8\times20\times10^{-6}}=62.5\text{MPa}$$

$$\sigma_{bs}^{(\max)}=\max\{\sigma_{bs}^{(1)},\sigma_{bs}^{(2)}\}=62.5\text{MPa}<[\sigma_{bs}]$$

故插销满足挤压强度要求。

综上所述,插销满足强度要求。

**例题 5-2** 已知钢板厚度 $\delta=10\text{mm}$,其剪切极限应力为 $\tau_u=300\text{MPa}$。若用冲床将钢板冲出直径 $d=25\text{mm}$ 的圆孔,问需要多大的冲剪力 $F$?

**解**:载荷估计问题。

①计算剪切面积。

剪切面是钢板内被冲头冲出的圆饼体的柱形侧面,如图 5-6b)所示。

$$A_s=\pi d\delta$$

②计算冲孔所需要的冲剪力 $F$。

$$F\geqslant A\tau_u=\pi d\delta\tau_u=3.14\times25\times10\times10^{-6}\times300\times10^{6}=236\text{kN}$$

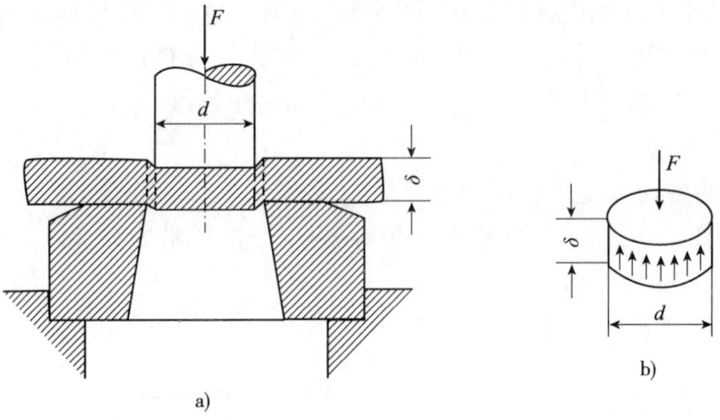


图 5-6

## 5.1.3 常用接合的实用计算方法

(1)铆接算例

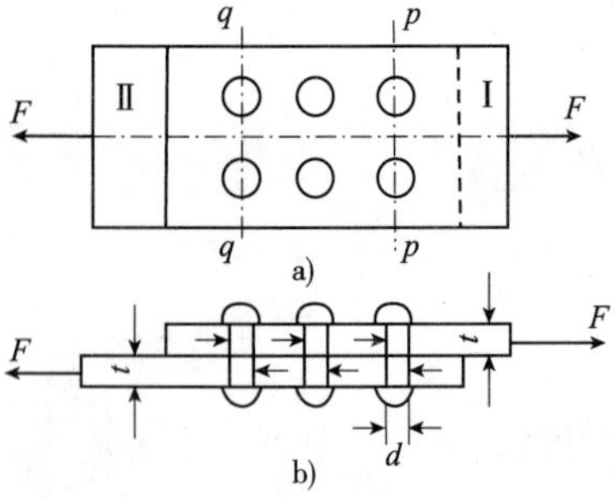


图 5-7

前面已经提过铆钉接合的主要破坏形式可能有:①铆钉的剪断;②铆钉和钢板孔壁之间的挤压破坏;③板净截面的拉断。所以铆接的强度校核主要应该从这三个方面进行。

**例题 5-3** 如图 5-7 所示为一搭接式的铆接合,计有 $n$ 个铆钉,$F$ 为总拉力,钉的直径为 $d$,铆钉的许用切应力为 $[\tau]$,许用挤压应力为 $[\sigma_{bs}]$,板的许用拉应力为 $[\sigma]$,求 $n$ 的值。

**解:**①剪切校核。

假定 $F$ 力由 $n$ 个铆钉来平均负担,则每一铆钉所分担的力为 $F/n$。根据切应力在截面上均匀分布的假定,即得每个铆钉截面上的切应力

$$\tau = \frac{F}{n \cdot \pi \frac{d^2}{4}} \leqslant [\tau]$$

由此得

$$n^{(1)} \geqslant \frac{4F}{\pi d^2 [\tau]}$$

②铆钉(或钢板孔壁)的挤压校核。

因为传到每一个铆钉上的压力是 $F/n$,所以平均挤压应力

$$\sigma_{\mathrm{bs}} = \frac{F}{tnd} \leqslant [\sigma_{\mathrm{bs}}]$$

由此得出必要的铆钉数

$$n^{(2)} \geqslant \frac{F}{td[\sigma_{\mathrm{bs}}]}$$

综上所述

$$n = \max\{n^{(1)}, n^{(2)}\}$$

③板的拉断校核。

假定板上各排铆钉数目相同[图 5-7a)]。显然最弱的静截面是板Ⅰ的截面 $p$-$p$ 或板Ⅱ的截面 $q$-$q$,假定在截面上有 $m$ 个孔,则净截面积为$(b-md)t$,同时由力的平衡条件可得在截面上均匀分布的假定,即得每一铆钉截面上的切应力[图 5-7b)]:

$$\sigma(b-md)t = F$$

即 $p$-$p$ 截面处净截面积上的正应力

$$\sigma = \frac{F}{(b-md)t} \leqslant [\sigma]$$

由此可求出 $m$ 的数值

$$m \leqslant \frac{b[\sigma]t + F}{d[\sigma]t}$$

**讨论与练习**

(1)图 5-4 已经表示出钉杆受挤压的情况,我们可用光测弹性力学方法测出挤压应力在铆钉柱形表面上的实际分布规律。如前所述,为简化计,我们以半圆柱侧面投影上的平均挤压应力作为校核计算的依据。当然挤压许用应力应根据试验所得的挤压强度极限来确定,这个强度极限也是根据试验所得的挤压极限荷重用同样简化方法计算而得的。

(2)请读者编写求解本题的 Maple 程序。

(2)焊接算例

焊接也是工程实际中大量采用的连接方式。如图 5-8 所示的侧焊缝主要承受剪切变形,对其进行强度校核时,通常认为有沿焊缝最窄处 $n$-$n$ 剪断的趋势,此最窄截面与焊缝底

面成45°角，且认为在受剪面上切应力均匀分布。所以侧焊缝的切应力强度条件为

$$\tau=\frac{F}{\sum 0.7h_f l_f}\leqslant[\tau_f] \tag{5-5}$$

式中，$[\tau_f]$为焊缝的许用切应力；$h_f$ 为贴角焊缝的厚度；$l_f$ 为焊缝的计算长度，它等于焊缝的实际长度减去 $2h_f$。

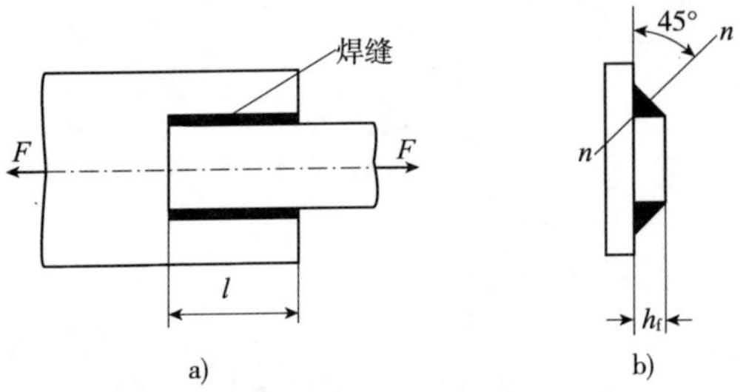


图 5-8　圆孔及铆钉挤压应力的分布

**例题 5-4**　把两块 200mm×10mm 的钢板用双搭板和侧边焊缝连接起来（图 5-9）。要求焊缝的抗拉强度和原来的钢板相等，试确定盖板和焊缝的尺寸。取钢板的许用拉应力为 $[\sigma]=160\text{MPa}$，焊缝的许用切应力为 $[\tau]=80\text{MPa}$。

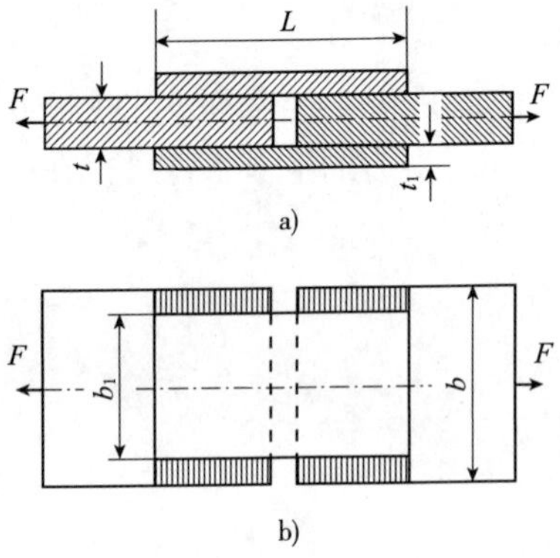


图　5-9

**解：**钢板的许用荷重 $F=bt[\sigma]=0.2\times0.01\times160\times10^6=320\text{kN}$。

为了安放侧边焊缝，可取搭板的宽 $b_1=180\text{mm}$。搭板的截面积应不小于主板的截面积。因此，$2b_1t_1\geqslant bt$，即 $t_1\geqslant\frac{bt}{2b_1}=5.55\text{mm}$，取 $t_1=6\text{mm}$。

每一主板上正反面共有四条焊缝，令 $l$ 为每一条焊缝的计算长度，$t_1$ 为焊缝宽，则按式（5-5）有：

$$\tau=\frac{F}{4\times0.7t_1 l}\leqslant[\tau]$$

$$l\geqslant\frac{F}{4\times0.7t_1[\tau]}=23.8\text{cm}$$

所需焊接的实际长度 $l_1\geqslant l+1\text{cm}$。搭板的长度 $L$ 应等于两倍焊缝的实际长度，因此可取 $L=50\text{cm}$。

**例题 5-5**　把两条 80mm×80mm×10mm 的等边角钢板以如图 5-10 所示的焊缝形式和接板连接。要求焊缝和角钢本身抗拉强度相等，试求所需侧边缝的长度 $l_1$ 和 $l_2$。设角钢为 3 号钢，许用拉应力为 $[\sigma]=160\text{MPa}$，焊缝的许用切应力为 $[\tau]=90\text{MPa}$。

**解：**从型钢表中，查出角钢截面积 $A=15.1\ \text{cm}^2$，从而决定截面重心位置 $e_1=2.35\text{cm}$，$e_2=5.25\text{cm}$。

每一角钢所能承担的荷重为 $F=[\sigma]A=242\text{kN}$。侧边焊缝的宽度在这一情况下可取 $t=1\text{cm}$，令 $L$ 为每一角钢所需焊缝的总计算长度，则由

$$\tau=\frac{F}{0.7tL}\leqslant[\tau]$$

可得

$$L \geqslant \frac{F}{0.7t[\tau]} = 38.4\text{cm}$$

从图 5-10 中可见，端焊缝的计算长度为 $l'_3 = 8 - 1 = 7\text{cm}$。因此两条侧边焊缝的总计算长度等于

$$l'_1 + l'_2 = L - l'_3 = 31.4\text{cm} \tag{1}$$

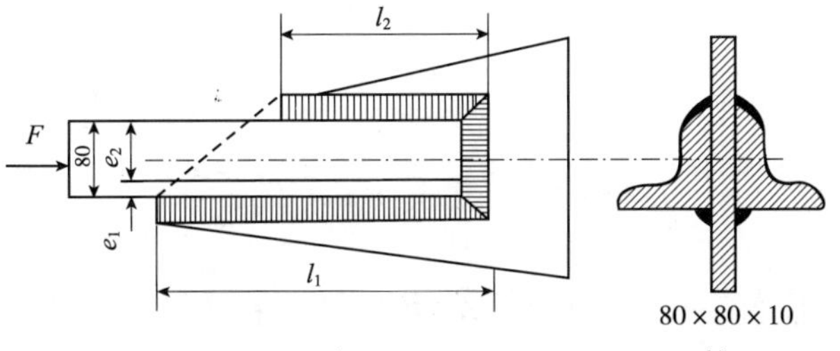


图 5-10 （尺寸单位：mm）

在角钢的焊接中，为了使两侧焊缝每一单位剪切面积上的切应力基本相等，焊缝的长度 $l'_1$ 和 $l'_2$ 之比应满足下列条件

$$\frac{l'_1}{l'_2} = \frac{e_2}{e_1} = 2.4 \tag{2}$$

由式(1)和式(2)，解得 $l'_1 = 22.2\text{cm}$，$l'_2 = 9.2\text{cm}$。在每一焊缝上还要加长 1cm，最后取 $l_1 = 24\text{cm}$，$l_2 = 11\text{cm}$。

(3)榫接算例

木结构中榫接合的强度计算也是按照剪切和挤压进行计算的。所用的计算公式和强度条件，与本节中所述的基本公式相同。榫接的结构形式、设计资料以及许用应力的确定都有相应的规范可供查阅。木材是一种具有方向性同时不是很均匀的材料，它的抗切强度、挤压强度不但和剪切、挤压面的方向有关，同时也和木材的含水率等有关。在榫接的计算中，木材的抗切强度主要是对顺纹剪切的抵抗力；就松木而言，其顺纹剪切的许用应力为 $[\tau]_{sq} = 0.5 \sim 1\text{MPa}$。木材的挤压许用应力通常用顺纹挤压许用应力 $[\sigma_{bs}]_{sj}$ 和横纹挤压许用应力 $[\sigma_{bs}]_{hj}$ 来代表，一般 $[\sigma_{bs}]_{sj}$ 远大于 $[\sigma_{bs}]_{hj}$。如果受压面的法线和木纹成 $\alpha$ 角，挤压许用应力 $[\sigma_{bs}]_{\alpha}$ 可按式(5-6)由 $[\sigma_{bs}]_{sj}$ 和 $[\sigma_{bs}]_{hj}$ 算出（顺挤相当于 $\alpha = 0°$，横挤则相当于 $\alpha = 90°$）。

$$[\sigma_{bs}]_{\alpha} = \frac{[\sigma_{bs}]_{sj}}{1 + \left\{\frac{[\sigma_{bs}]_{sj}}{[\sigma_{bs}]_{hj}} - 1\right\}\sin^3\alpha} \tag{5-6}$$

松木的许用应力 $[\sigma_{bs}]_{sj} = 8 \sim 10\text{MPa}$，$[\sigma_{bs}]_{hj} = 2.4\text{MPa}$。

**例题 5-6** 在如图 5-11 所示的木结构榫接节点中，斜撑和水平杆具有相同的横截面，即 18cm × 14cm，材料为松木，顺切许用应力为 $[\tau]_{sq} = 1\text{MPa}$，顺挤许用应力为 $[\sigma_{bs}]_{sj} = 8\text{MPa}$，横挤许用应力为 $[\sigma_{bs}]_{hj} = 2.4\text{MPa}$。试求图中 $h$ 和 $a$ 的尺寸，并校核图中 $nq$ 表面上的挤压应力。

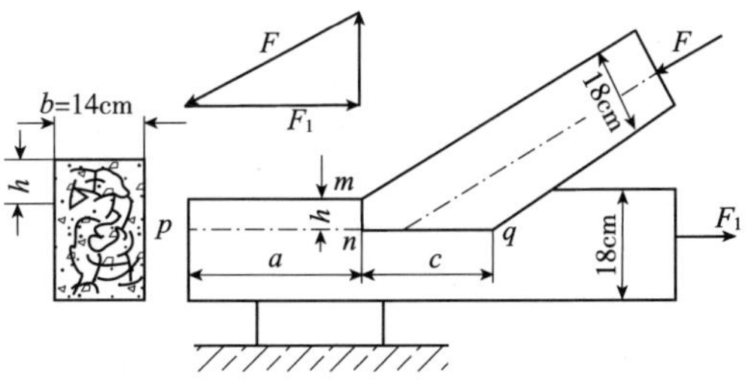


图 5-11

**解**：从图 5-11 中可知，受挤压的表面为 $mn$，挤压面积为$14h\text{cm}^2$；受剪切截面为 $pn$，剪切面积为$14a\text{cm}^2$，挤压荷重与剪切荷重都等于 $F_1$。

$$F_1 = F\cos30° = 50 \times 10^3 \times 0.865 = 43.3\text{kN}$$

按照剪切强度条件

$$\tau = \frac{F_1}{0.14a} \leqslant [\tau]_{\text{sq}}$$

可得

$$a \geqslant \frac{F_1}{0.14\,[\tau]_{\text{sq}}} = \frac{43.3 \times 10^3}{0.14 \times 1 \times 10^6} = 0.309\text{m}$$

采用 $a = 31\text{cm}$。

水平杆 $mn$ 面上所受的挤压为顺纹挤压，但斜撑上的挤压面 $mn$ 的法线与木纹成 30°，按照式(5-6)可得

$$[\sigma_{\text{bs}}]_{30°} = \frac{[\sigma_{\text{bs}}]_{\text{sj}}}{1 + \left\{\dfrac{[\sigma_{\text{bs}}]_{\text{sj}}}{[\sigma_{\text{bs}}]_{\text{hj}}} - 1\right\}\sin^3 30°}$$

$$= \frac{8 \times 10^6}{1 + \left(\dfrac{8 \times 10^6}{2.4 \times 10^6} - 1\right)\left(\dfrac{1}{2}\right)^3} = 6.2\text{MPa}$$

故挤压强度条件为

$$\sigma_{\text{bs}} = \frac{F_1}{0.14h} \leqslant [\sigma_{\text{bs}}]_{30°}$$

$$h \geqslant \frac{F_1}{0.14\,[\sigma_{\text{bs}}]_{30°}} = \frac{43.3 \times 10^3}{0.14 \times 6.2 \times 10^6} = 0.049\text{m}$$

采用 $h = 5\text{cm}$。

校核 $nq$ 面上的横纹挤压应力。挤压力等于 $F_2 = F\sin30° = 25\text{kN}$；应用几何条件，可求得 $c = (18 - 5\cos30°)/\sin30° = 27.3\text{cm}$，挤压应力

$$\sigma_{\text{bs}} = \frac{F_2}{bc} = \frac{25 \times 10^3}{14 \times 27.3 \times 10^{-4}} = 0.65\text{MPa} \ll [\sigma_{\text{bs}}]_{\text{hj}} = 2.4\text{MPa}$$

可见结构是足够安全的。

**讨论与练习**

在木结构的榫接中，常用有固定螺栓，但在计算接合的强度时，一般不计入螺栓的作用。

## 5.2 剪切郑玄—胡克定律

上面主要讨论了剪切的实用计算。在这些例子中，着重提出了有关各种强度校核的实验数据和计算方法，至于铆钉、螺栓等零件的变形，除了在技术规范中通过规定构件几何形式、材料性质以及施工方法等加以限制外，在实用计算中是难以准确估算出来的。但是在设计体积较大的杆件时，对剪切变形必须加以注意。另外，在理论方面我们也有必要去探讨角

应变和切应力之间的关系，以下我们就从直杆受拉（或受压）的简单例子出发，从理论上寻求角应变（剪切变形）和切应力之间的关系。

自受轴向拉伸（或压缩）的等截面杆内，用四个与杆轴成45°的斜截面和两个与书面平行的纵截面切出一个微小的单元立方体，令在横截面上的正应力为 $\sigma_x$，如图5-12a）所示。这些斜截面代表通过某一点 $O$ 的4个 $\alpha$ 截面，$\alpha=45°$、$135°$、$225°$（或 $-135°$）和 $315°$（或 $-45°$）。由于在此直杆内各点上的应力状态是完全相同的，因此直杆内任何一对方向相同的平行截面上的应力也必须相同，这四个两两平行的斜截面上的应力只需用一对互相垂直的斜截面上的应力来代表就够了［图5-12b）］。如图5-12c）中所示的各边与杆轴成45°的正方形（即单元体的侧影），由于杆件拉伸变形的结果，最后会成为菱形。这时正方形 $ABCD$ 沿杆轴的对角线 $AC$ 伸长成为 $A'C'$，垂直于杆轴的对角线 $BD$ 缩短成为 $B'D'$，因而使原有等于90°的 $\angle BAD$ 改变成为 $\angle B'A'D'=90°-\gamma$。$\gamma$ 就是角应变（剪切变形）。

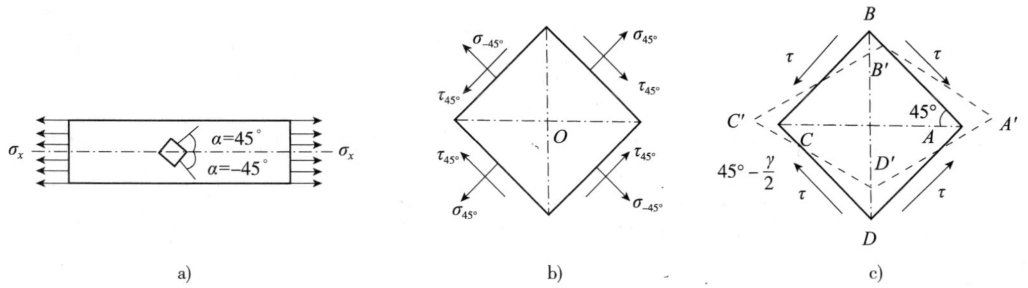


图5-12　拉杆内单元体上的应力分布图

使原来的微小正方形 $ABCD$ 的对角线和变形后的菱形 $A'B'C'D'$ 的对角线重合，如图5-12c）所示，令 $AC=BD=2a$，于是根据郑玄—胡克定律可得

$$OA'=OA(1+\varepsilon_x)=a(1+\varepsilon_x)$$

$$OB'=OB(1-\varepsilon_x)=a(1-\mu\varepsilon_x)$$

由于

$$\angle OA'B'=\frac{1}{2}(90°-\gamma)=45°-\frac{\gamma}{2}$$

所以

$$\tan\angle OA'B'=\tan\left(45°-\frac{\gamma}{4}\right)=\frac{OB'}{OA'}=\frac{1-\mu\varepsilon_x}{1+\varepsilon_x}$$

简化上式，根据小变形条件，我们知道 $\gamma$ 和 $\varepsilon_x$ 都是远小于1的数值。展开 $\tan(45°-\gamma/2)$ 和上式右边的式子，再略去高次微小值各项，并取 $\tan\gamma/2\approx\gamma/2$ 以后，简化为

$$\tan\left(45°-\frac{\gamma}{4}\right)=\frac{1-\frac{\gamma}{2}}{1+\frac{\gamma}{2}}=1-\gamma+\cdots\cdots$$

$$\frac{1-\mu\varepsilon_x}{1+\varepsilon_x}=1-(1+\mu)\varepsilon_x+\cdots\cdots$$

由此可得

$$\gamma=(1+\mu)\varepsilon_x$$

按照郑玄—胡克定律

$$\varepsilon_x = \sigma_x / E$$

以及切应力公式

$$\tau_{45^\circ} = \sigma_x \sin 45^\circ \cos 45^\circ = \frac{\sigma_x}{2}$$

在这一情况下

$$\varepsilon_x = \frac{2\tau}{E}$$

代入上式,得

$$\gamma = \frac{2(1+\mu)}{E}\tau$$

或

$$\tau = \frac{E}{2(1+\mu)}\gamma \tag{5-7}$$

在郑玄—胡克定律的适用范围内,$E$ 和 $\mu$ 都是常数,所以式(5-7)说明在任一斜截面上的切应力 $\tau$ 和它所引起的剪切变形 $\gamma$ 之间存在着正比关系。特别重要的是,式(5-7)和截面的倾角 $\alpha$ 无关,而只和表示材料性质的 $E$ 和 $\mu$ 有关;这就是说,式(5-7)不论在外形上或是本质上都相似于

$$\sigma = E\varepsilon$$

因此,我们可将式(5-7)写成

$$\tau = G\gamma \tag{5-8}$$

其中

$$G = \frac{E}{2(1+\mu)} \tag{5-9}$$

式(5-8)称为剪切郑玄—胡克定律,常数 $G$ 称为切变模量。由式(5-8)可以看出,切变弹性模量与弹性模量具有相同的量纲。在我国法定计量单位制中,切变弹性模量的常用单位为 GPa。$G$ 和 $E$ 一样表示材料的弹性特征,例如,钢与合金钢的切变模量 $G = 75 \sim 80$GPa;铝与铝合金的切变模量 $G = 26 \sim 30$GPa。$G$ 值可以由已知的 $E$ 和 $\mu$ 值求得。

在下一章中讲到薄壁圆筒的扭转试验时,就会看出 $G$ 值也可以像在简单拉伸试验中求 $E$ 值的方法一样,从 $\tau$-$\gamma$ 曲线的直线段求得。纯剪切试验表明(图 5-13),在切应力 $\tau$ 作用下,材料发生切应变 $\gamma$,而且,如果切应力不超过一定限度(这个限度称为比例极限 $\tau_p$),则切应力与切应变成正比,即 $\tau \propto \gamma$。

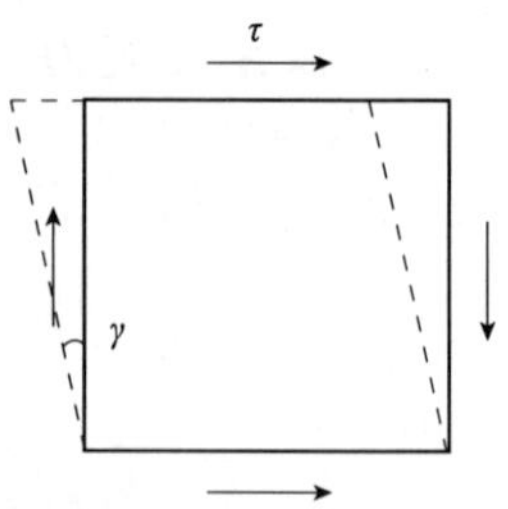

图 5-13 切应力与切应变的线性关系

各向同性匀质材料的弹性性质,基本上可由 $E$、$G$、$\mu$ 加上 $\lambda$ 共四个弹性系数决定,但其中只有两个是独立的。对于钢而言,$\mu = \frac{1}{4} \sim \frac{1}{3}$,因此 $G = \frac{3}{8}E \sim \frac{2}{5}E$。

试验表明,对于工程中的绝大多数材料,在一定应力范围内,均符合或近似符合剪切郑玄—胡克定律,因此,剪切郑玄—胡克定律是一个普遍适用的重要定律。

## 5.3 切应力双生互等定理

在两个通过一点并互相垂直的截面上，所作用着的垂直于两截面交线的切应力分量，它们的大小一定相等，方向一定都指向交线或者背向交线。这是切应力的一个重要特性，称为切应力双生互等定理。现在证明如下。

对于处于纯剪切状态的微体[图 5-14a)]，如果其边长分别为 dx、dy 和 dz，微体顶面与底面的切应力为 $\tau$，左、右侧面的切应力为 $\tau'$，则由平衡方程

$$\sum M_z = 0, \tau \mathrm{d}z\mathrm{d}x \cdot \mathrm{d}y - \tau' \mathrm{d}y\mathrm{d}z \cdot \mathrm{d}x = 0$$

得

$$\tau = \tau' \tag{5-10}$$

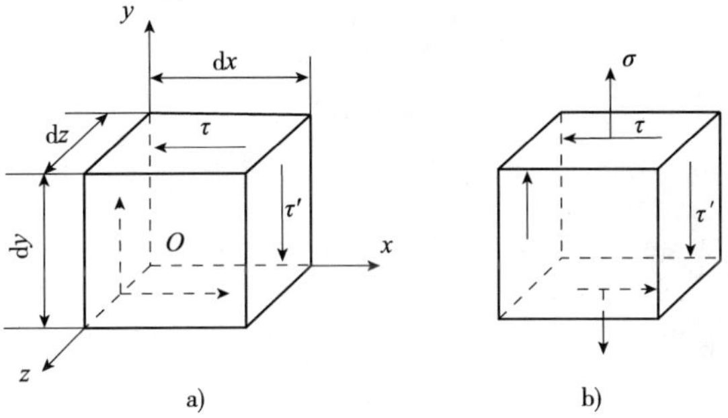


图 5-14 切应力互等定理

**讨论与练习**

当截面上存在正应力时，切应力互等定理仍成立，请读者证明[图 5-14b)]。

## 5.4 剪切应变能密度

### 5.4.1 剪切变形应变能

对一根受剪切的杆，一定产生剪力 $F_S$。有剪力必然有剪应变，相应地又有剪切应变能储存于杆内。根据郑玄—胡克定律[图 5-15a)]，剪应变 $\gamma = \frac{\lambda}{l}$，且与剪应力$\left(\tau = \frac{F_S}{A}\right)$成正比，$A$ 为剪切面面积。剪力 $F_S$ 作用在四边，由剪力 $F_S$ 所做的并以剪应变能的形式储存起来的功，如阴影 $OAB$ 面积表示，如图 5-15b)所示，即

$$W = \frac{1}{2} F_S \cdot \lambda$$

其中，$\lambda$ 为立方体顶面 $ab$ 相对于底面 $cd$ 沿水平方向的距离。根据应变能的大小应以功的量度去度量，即 $U_\varepsilon = W$，则

$$U_\varepsilon = \frac{1}{2} F_S \cdot \lambda \tag{5-11a}$$

对一根杆件来说，由郑玄—胡克定律，$\tau = G\gamma$，$\gamma = \frac{\lambda}{l}$，$\lambda = \frac{F_S l}{GA}$，则

$$U_\varepsilon = \frac{F_S^2 l}{2GA} \tag{5-11b}$$

或

$$U_\varepsilon = \frac{GA\lambda^2}{2l} \tag{5-11c}$$

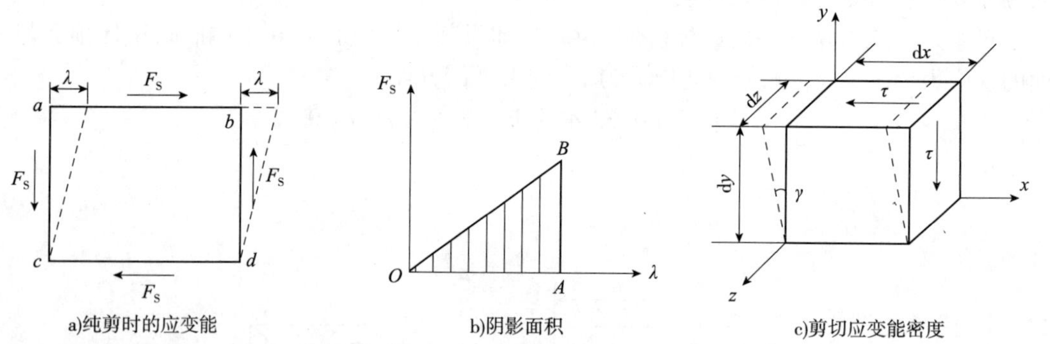


图 5-15　剪切变形应变能

### 5.4.2　剪切应变能密度

微体受力最基本、最简单的形式有两种，一种为单向受力[图 3-21a)]，另一种为纯剪切[图 5-15c)]。

在切应力小于比例极限($\tau \leqslant \tau_p$)的情况下，由于图 5-15a)所示的微元体体积为 $Al$，去除式(5-11)就得到单位体积剪切应变能，可用三种方式表示：

$$u_\varepsilon = \frac{1}{2}\tau\gamma \tag{5-12a}$$

$$u_\varepsilon = \frac{\tau^2}{2G} \tag{5-12b}$$

$$u_\varepsilon = \frac{1}{2}G\gamma^2 \tag{5-12c}$$

在切应力 $\tau$ 作用下，微体发生切应变 $\gamma$，顶面与底面间的相对位移为 $\gamma \mathrm{d}\gamma$，也可以采用与拉压类似的推导方法，可以得到剪切应变能密度：

$$u_\varepsilon = \int_0^{\gamma_1} \tau \mathrm{d}\gamma \tag{5-13}$$

整个杆件的应变能可由下式计算：

$$U_\varepsilon = \int_V u_\varepsilon \mathrm{d}V \tag{5-14}$$

## 5.5　Maple 编程示例

**编程题 5-1**　如图 5-16 所示齿轮用平键与轴连接(图中只画出了轴与键，没有画出齿轮)。已知轴的直径 $d=70\mathrm{mm}$，键的尺寸为 $b \times h \times l = 20\mathrm{mm} \times 12\mathrm{mm} \times 100\mathrm{mm}$，传递的扭转力偶矩 $M_e = 2\mathrm{kN \cdot m}$，键的许用应力$[\tau]=60\mathrm{MPa}$，$[\sigma_{bs}]=100\mathrm{MPa}$，试校核键的强度。

**解：• 建模**

①首先校核键的剪切强度。将平键沿 $n$-$n$ 截面分成两部分，并把 $n$-$n$ 以下部分和轴作为一个整体来考虑。

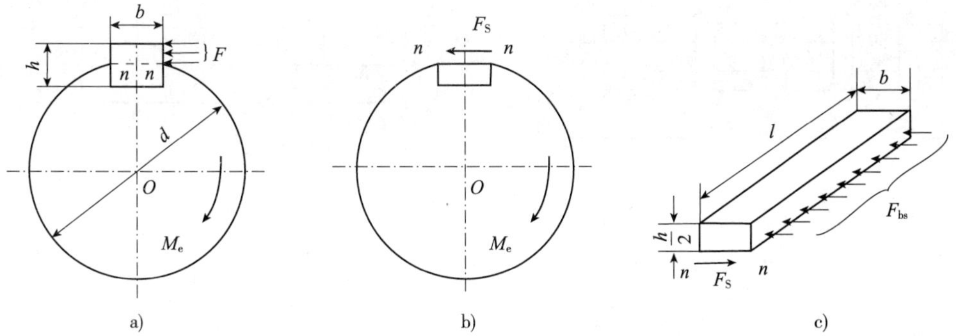


图 5-16

②列平衡方程求剪力。

③计算剪切应力。

④其次校核键的挤压强度。考虑键在 $n$-$n$ 截面以上部分,列平衡方程求挤压力。

⑤计算挤压应力。

**答:** $\tau = 28.58\text{MPa} < [\tau] = 60\text{MPa}$,$\sigma_{bs} = 95.26\text{MPa} < [\sigma_{bs}] = 100\text{MPa}$,平键满足剪切强度和挤压强度要求。

- **Maple 程序**

```
> restart:                                          #清零。
> eq1: = Fs * d/2 - M[ e] = 0:                      #平键 n-n 以下部分和轴,∑M_O = 0。
> eq2: = Fs - F = 0:                                #平键在 n-n 截面以上部分,∑F_x = 0。
> SOL1: = solve( { eq1, eq2 }, { Fs, F} ):          #解方程组求剪力和挤压力。
> Fbs: = F:                                         #挤压力。
> tau: = Fs/A[ s]:                                  #剪切应力。
> tau: = subs( SOL1, tau):                          #代入剪力。
> sigma[ bs]: = Fbs/A[ bs]:                         #挤压应力。
> sigma[ bs]: = subs( SOL1, sigma[ bs]):            #代入挤压力。
> A[ s]: = b * l:                                   #剪切面积。
> A[ bs]: = h * l/2:                                #挤压面积。
> M[ e]: = 2e3: d: = 70e - 3:                       #已知条件。
> b: = 20e - 3: h: = 12e - 3: l: = 100e - 3:        #已知条件。
> tau: = evalf( tau, 4);                            #剪切应力的数值。
> sigma[ bs]: = evalf( sigma[ bs], 4);              #挤压应力的数值。
```

## 思考题

**思考题 5-1**　在如图 5-17 所示铆接中,力是怎样传递的?如何分析主板和盖板的强度?若板与铆钉的材料相同,铆钉的直径均为 $d$,问要满足哪些强度条件,才能保证整个铆接结构的安全?

**思考题 5-2**　铆接如图 5-18 所示。当各铆钉材料相同而直径不同时,如何校核其强度?

* **思考题 5-3**　两钢板铆接和受力情况如图 5-19 所示。若各铆钉的材料和直径相同,问如何计算它们所受到的切应力?

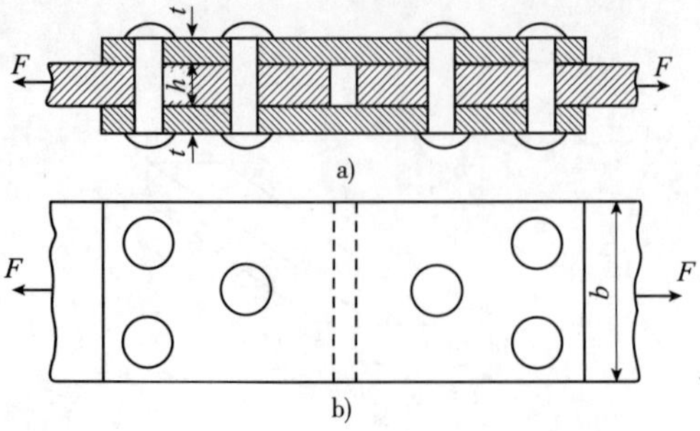


图 5-17

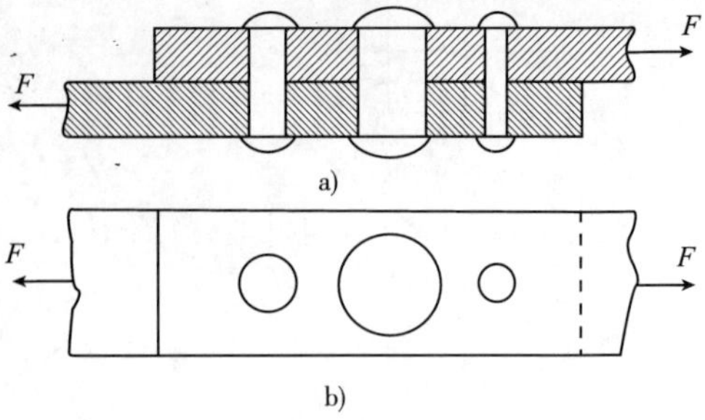


图 5-18

**思考题 5-4** 已知如图 5-20 所示单元体铅垂面上的切应力 $\tau$，问 $a$、$b$ 和 $c$ 各面上的切应力有多大？方向如何？

**思考题 5-5** 如图 5-21 所示从构件中取出的两个单元体，除写明是表面的以外，其他都是截面。当表面没有外力作用时，问哪些截面上可能有切应力？它的方向应该怎样？哪些截面上则不可能有切应力？

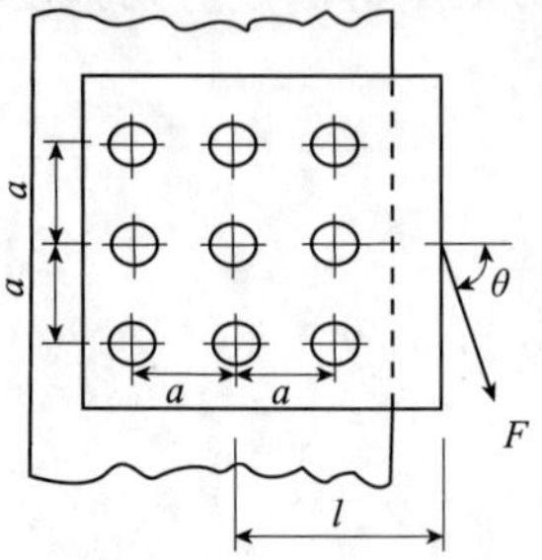


图 5-19

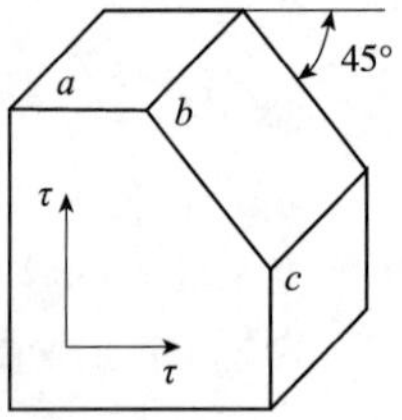


图 5-20

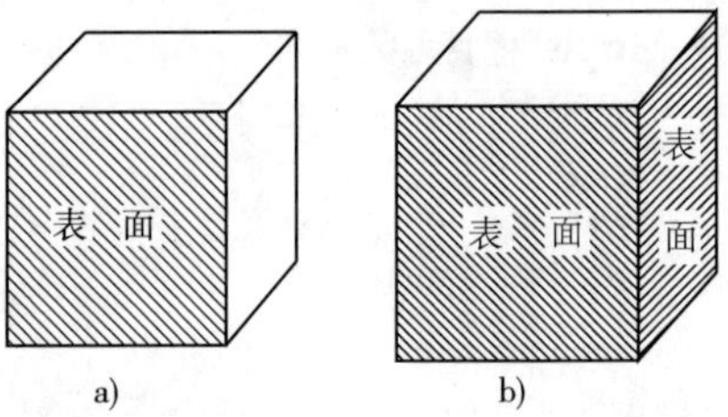


图 5-21

**思考题 5-6** 如图 5-22 所示，木栓阻止上下两块木板相对滑移，因而在截面 $AB$ 上直接受到剪力作用。但当力 $F$ 逐渐加大时，木栓最后却沿着纹理方向 $CD$ 破裂。你能解释这种现象吗？

**思考题 5-7** 正方形等厚平板，四边被铰接的刚性框架夹紧，如图 5-23 所示。当结构受到力 $F$ 作用时，板中心的小方块会产生什么样的变形和应力？

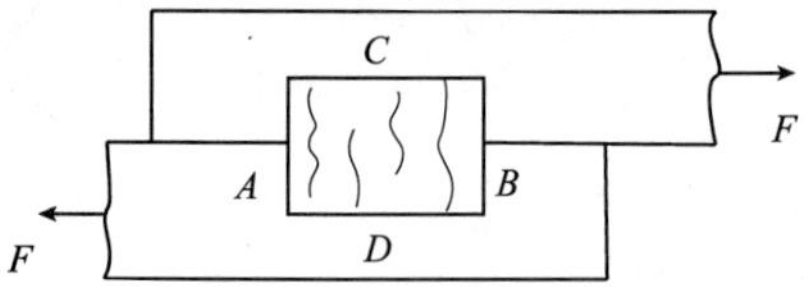


图 5-22

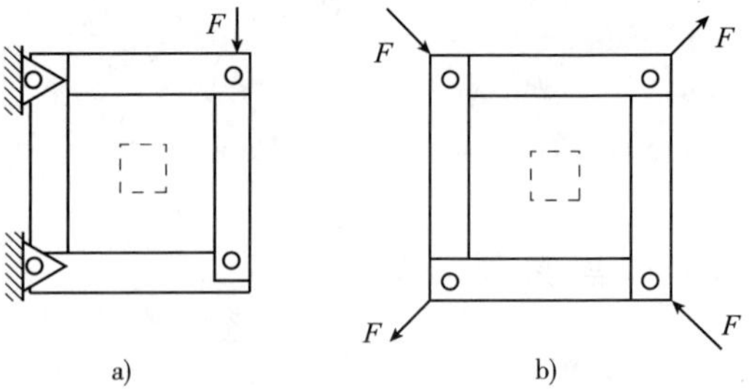


图 5-23

## 习题

### A 类型习题

**习题 5-1** 拉杆头部尺寸如习题图 5-1 所示，已知 $[\tau]=100\text{MPa}$，$[\sigma_{bs}]=200\text{MPa}$，试校核

强度。

**习题 5-2** 在如习题图 5-2 所示用两个螺栓连接的接头中，螺栓的许用剪应力 $[\tau]=130\mathrm{MPa}$，许用挤压应力 $[\sigma_{bs}]=300\mathrm{MPa}$。试校核螺栓的强度。

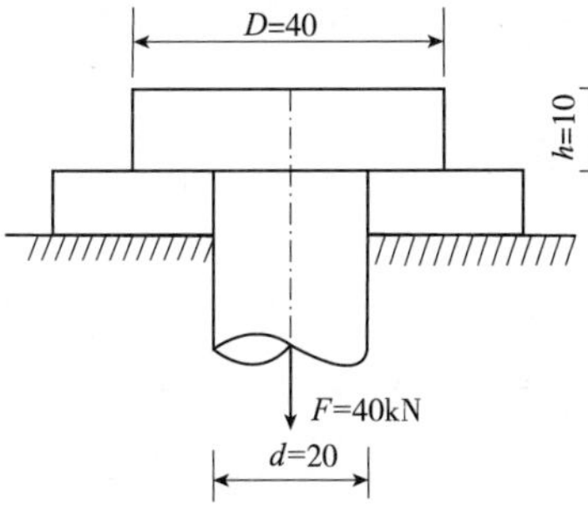


习题图 5-1 （尺寸单位：mm）

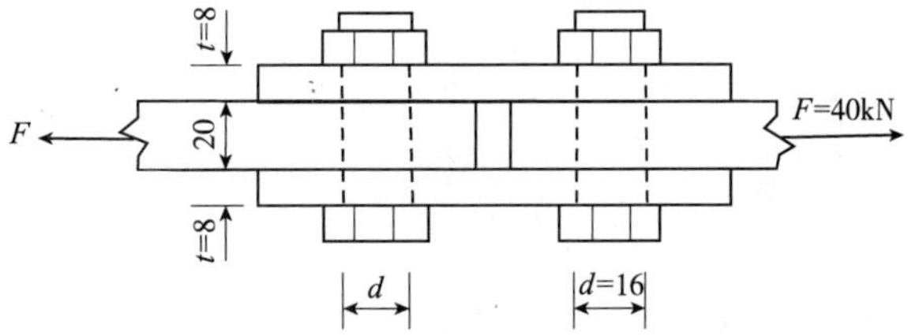


习题图 5-2 （尺寸单位：mm）

**习题 5-3** 在如习题图 5-3 所示接头中，三块相同厚度的钢板铆接在一起，已知钢板的 $[\sigma]=170\mathrm{MPa}$，铆钉的 $[\tau]=40\mathrm{MPa}$，$[\sigma_{bs}]=320\mathrm{MPa}$。试校核此接头的强度。

**习题 5-4** 如习题图 5-4 所示键的横截面为 6mm×6mm 的正方形，其长度 $L=30\mathrm{mm}$，材料的许用剪应力 $[\tau]=80\mathrm{MPa}$，许用挤压应力 $[\sigma_{bs}]=200\mathrm{MPa}$，求 $[F]$。

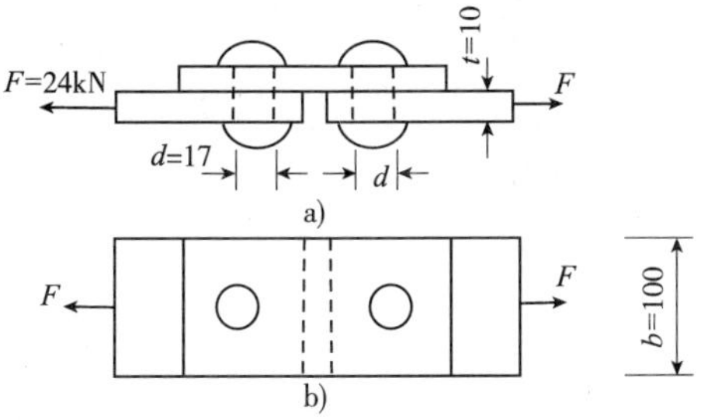


习题图 5-3 （尺寸单位：mm）

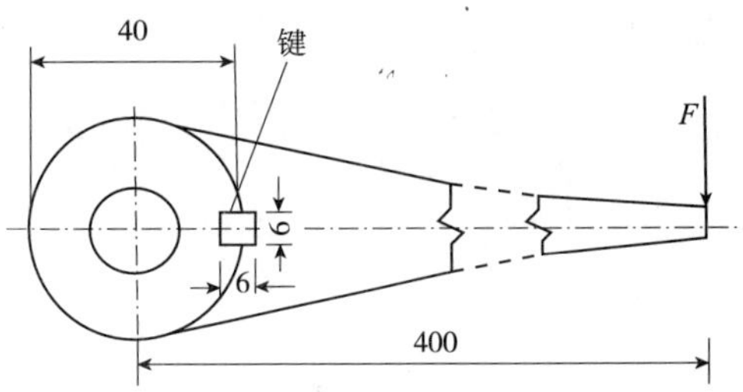


习题图 5-4 （尺寸单位：mm）

**习题 5-5** 如习题图 5-5 所示，为使压力机在超过最大压力 $F$ 作用时，重要机件不发生破坏，在压力机冲头内装有保险器。设极限剪应力 $\tau_u=360\mathrm{MPa}$，求保险器中的尺寸 $h$ 值。

**习题 5-6** 如习题图 5-6 所示接头，铆钉的许用剪应力 $[\tau]=100\mathrm{MPa}$，许用挤压应力 $[\sigma_{bs}]=280\mathrm{MPa}$。试校核铆钉的强度。

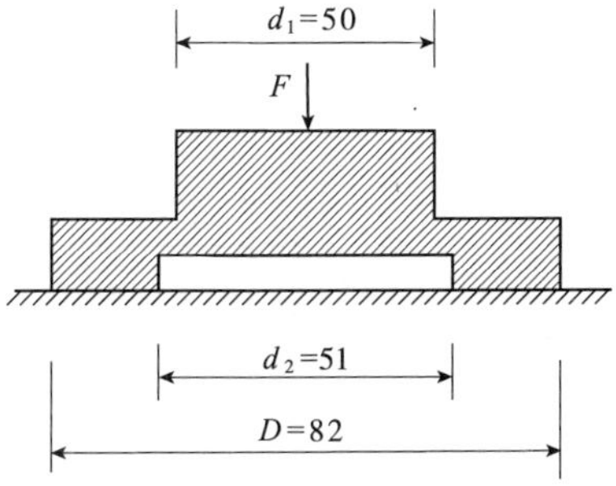


习题图 5-5 （尺寸单位：mm）

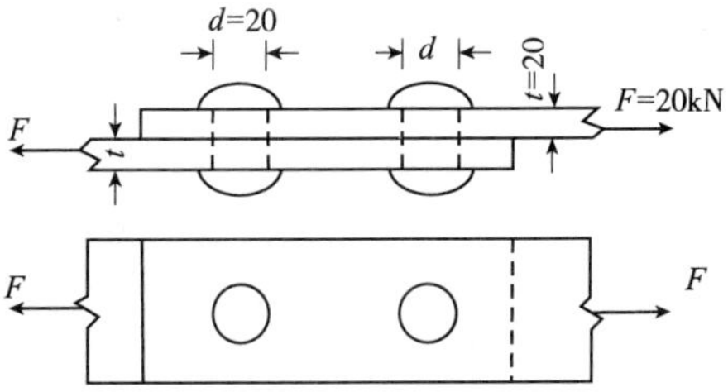


习题图 5-6 （尺寸单位：mm）

**习题 5-7** 一带肩杆件如习题图 5-7 所示，若杆件材料的 $[\sigma]=160\mathrm{MPa}$，$[\tau]=100\mathrm{MPa}$，许用挤压应力 $[\sigma_{bs}]=320\mathrm{MPa}$。求许可载荷。

**习题 5-8** 如习题图 5-8 所示接头铆钉的直径均为 $d=19\text{mm}$，许用剪应力 $[\tau]=65\text{MPa}$；板的许用挤压应力 $[\sigma_{bs}]=120\text{MPa}$，$[\sigma]=100\text{MPa}$。求许可载荷 $[F]$。

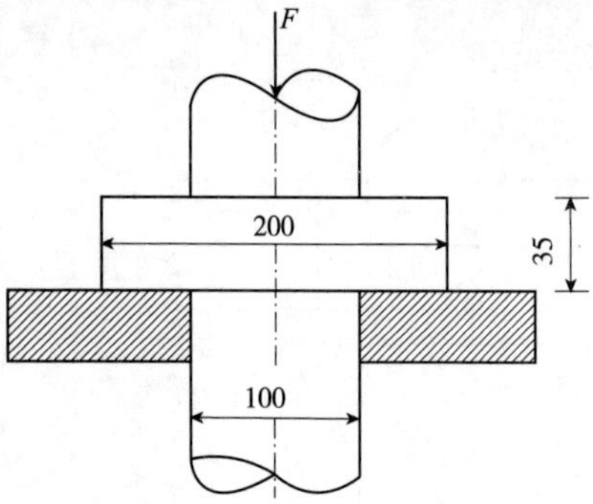


习题图 5-7 （尺寸单位：mm）

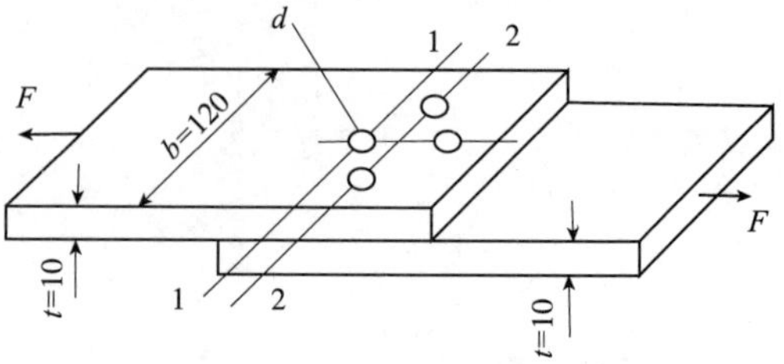


习题图 5-8 （尺寸单位：mm）

**习题 5-9** 如习题图 5-9 所示安全联轴器，已知安全销的平均直径 $d=5\text{mm}$，其极限剪应力 $\tau_u=370\text{MPa}$，轴的直径 $D=20\text{mm}$，求联轴器的额定转矩 $M_e$。

**习题 5-10** 如习题图 5-10 所示正方形截面的混凝土柱，横截面边长为 200mm，其基底为边长 1m 的正方形混凝土板。柱承受轴向压力 $F=100\text{kN}$，设地基对混凝土板的支反力为均匀分布，混凝土 $[\tau]=1.5\text{MPa}$，问混凝土的最小厚度为多少时，才不至于使柱穿过混凝土板？

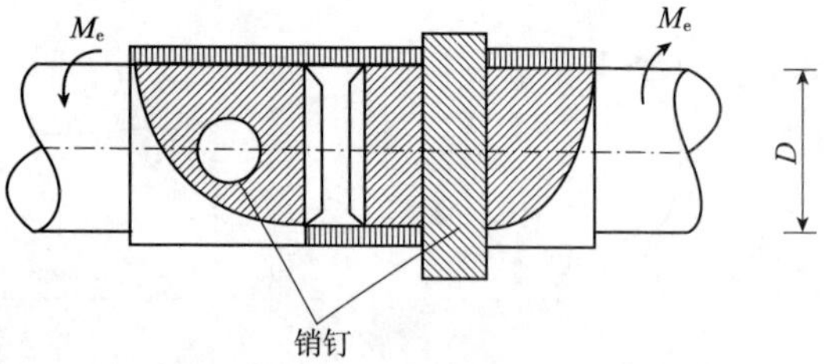


习题图 5-9

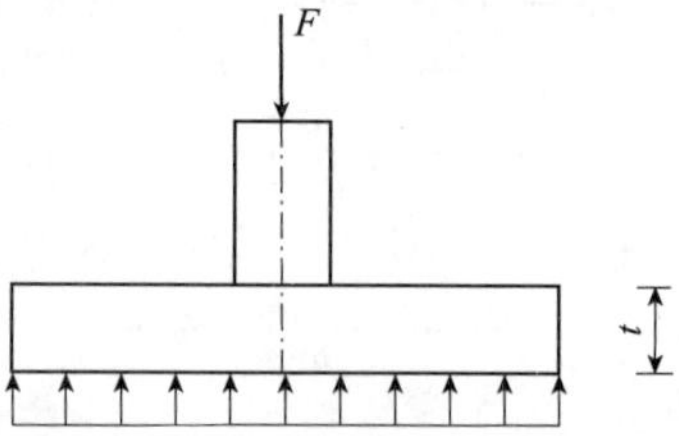


习题图 5-10

朱熹

观书有感（二）

昨夜江边春水生，

艨艟巨舰一毛轻。

向来枉费推移力，

此日中流自在行。

子曰:“敏而好学,不耻下问,是以谓之‘文’也。”

# 第6章　扭　　转

本章研究轴的内力、应力与变形,并在此基础上研究轴的强度与刚度问题。研究对象以圆截面轴为主,包括实心与空心圆截面轴,同时也研究薄壁截面轴,并简要介绍矩形与椭圆等非圆截面实心轴的应力与变形。此外,本章既研究静定轴也研究超静定轴。

## 6.1　扭矩

以横截面绕轴线作相对旋转为主要特征的变形,称为扭转(图6-1)。横截面间绕轴线的相对角位移,称为扭转角。凡是以扭转变形为主要变形的直杆,称为轴。

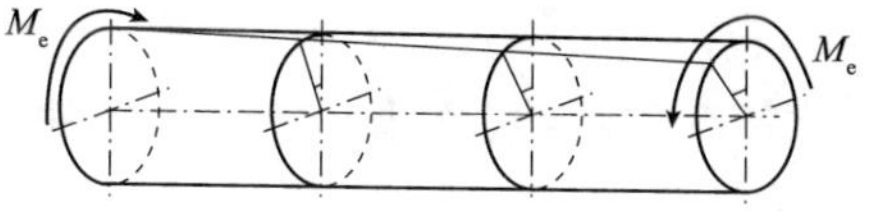


图6-1　扭转轴

### 6.1.1　外力偶矩的计算

作用在轴上的扭力偶矩,一般可通过力的平移,并利用平衡条件确定。但是,对于传动轴等转动构件,通常只知道它们的转速与所传递的功率。因此,在分析传动轴等转动类构件的内力之前,首先需要根据转速与功率计算轴所承受的扭力偶矩。

由动力学可知,力偶在单位时间内所作之功即功率 $P$,等于该力偶矩 $M_e$ 与相应角速度 $\omega$ 的乘积,即

$$P = M_e \cdot \omega \tag{6-1}$$

在工程实际中,功率 $P$ 的常用单位为kW,力偶矩 $M_e$ 与转速 $n$ 的常用单位分别为N·m与r/min,于是式(6-1)可表示为

$$P \times 1\ 000 = M_e \times \frac{2\pi n}{60} \tag{6-2}$$

由此得

$$\{M_e\}_{N \cdot m} = 9\ 549\ \frac{\{P\}_{kW}}{\{n\}_{r/min}} \tag{6-3}$$

### 6.1.2　扭矩

(1)扭矩的符号规定

作用在轴上的外力偶矩确定后,现在研究轴的内力。

在矩为 $M$ 的扭力偶作用下[图6-2a)],横截面上的分布内力必构成一力偶[图6-2b)],

而且,该力偶的矢量方向垂直于截面。矢量方向垂直于横截面的内力偶矩,即扭矩,并用 $T$ 表示。通常规定:按右手螺旋法则将扭矩用矢量表示,若矢量方向与横截面的外法线方向一致,则该扭矩为"+"。按此规定,图 6-2b)所示扭矩为正。

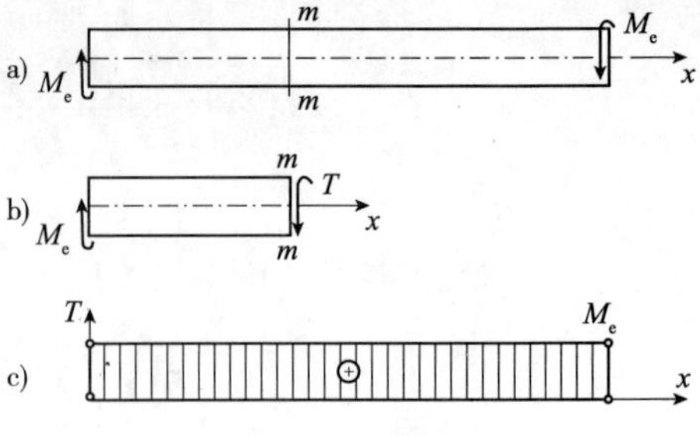

图 6-2 扭矩图

(2)截面法

用截面假想地把轴分成两部分以显示并确定扭矩的方法称为截面法。可将其归纳为以下四个步骤:

①**截**:欲求某一截面上的扭矩时,就沿该截面假想地把轴分成两部分。

②**取**:原则上取受力简单的部分作为研究对象,并弃去另一部分。

③**代**:用作用于截面上的规定正向扭矩 $T$,代替弃去部分对取出部分的作用。

④**平**:建立取出部分的平衡方程,

$$\sum M_x = 0$$

确定扭矩。

### 6.1.3 扭矩图

表示扭矩沿杆件轴线变化情况的图线,称为扭矩图。例如,图 6-2a)所示轴的扭矩图即如图 6-2c)所示。画扭矩图时应注意:

①扭矩图画在原图的下面,上下对齐,并标出坐标轴 $x$-$T$。

②须标出扭矩 $T$ 的正负号,用小圆圈住。

③要标出扭矩 $T$ 的区域,并用细竖线表示。

④要标出扭矩 $T$ 的单位。

⑤要标出扭矩 $T$ 突变处的值。

**例题 6-1** 转动轴如图 6-3a)所示。主动轮 $A$ 输入功率 $P_A = 36\text{kW}$,从动轮 $B$、$C$、$D$ 输出功率分别为 $P_B = P_C = 11\text{kW}$,$P_D = 14\text{kW}$,轴的转速为 $n = 300\text{r/min}$。试画出轴的扭矩图。

**解**:采用截面法。

①计算作用于各轮上的外力偶矩。

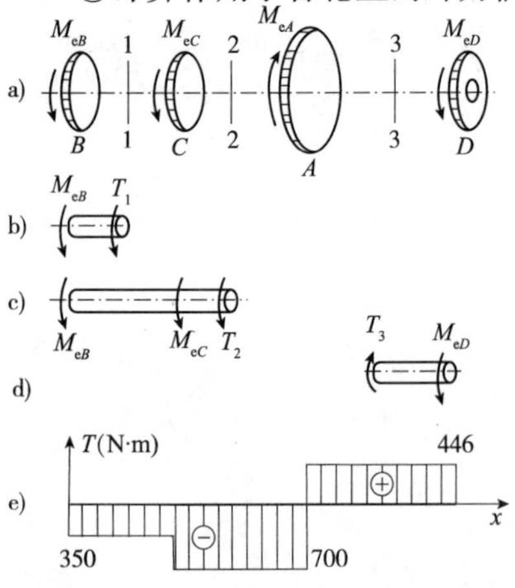

图 6-3

由公式(6-3)可知

$$M_{eA} = 9\ 549 \frac{\{P_A\}_{\text{kW}}}{\{n\}_{\text{r/min}}} = 9\ 549 \times \frac{36}{300} = 1\ 146\text{N} \cdot \text{m}$$

$$M_{eB} = 9\ 549 \frac{\{P_B\}_{\text{kW}}}{\{n\}_{\text{r/min}}} = 9\ 549 \times \frac{11}{300} = 350\text{N} \cdot \text{m}$$

$$M_{eC} = M_{eB} = 350\text{N} \cdot \text{m}$$

$$M_{eD} = 9\ 549 \frac{\{P_D\}_{\text{kW}}}{\{n\}_{\text{r/min}}} = 9\ 549 \times \frac{14}{300} = 446\text{N} \cdot \text{m}$$

②计算转动轴 $BC$ 段的扭矩 $T_1$。

沿截面 1-1 将转动轴分成两段,取出左段,用 $T_1$ 表示右段对左段的作用。

1-1 左段受力 $\boldsymbol{M}_{eB}$、$\boldsymbol{T}_1$[图 6-3b)]。

$$\sum M_x = 0, M_{eB} + T_1 = 0 \tag{1}$$
$$T_1 = -350\text{N} \cdot \text{m}$$

③计算转动轴 $CA$ 段的扭矩 $T_2$。

沿截面 2-2 将转动轴分成两段，取出左段，用 $T_2$ 表示右段对左段的作用。

2-2 左段受力 $\boldsymbol{M}_{eB}$、$\boldsymbol{M}_{eC}$、$\boldsymbol{T}_2$[图 6-3c)]。

$$\sum M_x = 0, M_{eB} + M_{eC} + T_2 = 0 \tag{2}$$
$$T_2 = -700\text{N} \cdot \text{m}$$

④计算转动轴 $AD$ 段的扭矩 $T_3$。

沿截面 3-3 将转动轴分成两段，取出右段，用 $T_3$ 表示左段对右段的作用。

3-3 左段受力 $\boldsymbol{M}_{eD}$、$\boldsymbol{T}_3$[图 6-3d)]。

$$\sum M_x = 0, M_{eD} - T_3 = 0 \tag{3}$$
$$T_3 = 446\text{N} \cdot \text{m}$$

⑤绘扭矩图，如图 6-3e)所示。

根据所得数据，把各截面上的扭矩沿轴线变化的情况，用 $T$-$x$ 图表示出来，就是扭矩图。从图中看出，最大扭矩发生于 $CA$ 段内，且 $T_{\max}^{(-)} = 700\text{N} \cdot \text{m}$。

**讨论与练习**

(1)对同一根轴，若把主动轮 $A$ 安置于轴的一端，例如与从动轮 $D$ 交换位置，请读者画出扭矩图。

(2)转动轴上主动轮和从动轮安置的位置不同，轴承受的最大扭矩也就不同，请读者比较以上两种布局哪一种合理？

## 6.2 圆轴扭转横截面上的切应力

工程中最常见的轴为圆截面轴，本节研究圆轴扭转时横截面上的应力及其分布规律。

### 6.2.1 平面假设

取一等截面圆轴，在其表面等间距地画上纵线与圆周线[图 6-4a)]，然后在轴两端施加一对大小相等、方向相反的扭力偶。从试验中观察到：各圆周线的形状不变，仅绕轴线作相对旋转；而当变形很小时，各圆周线的大小与间距均不改变，各纵线倾斜同一角度，所有矩形网格均变为同样大小的平行四边形[图 6-4b)]。

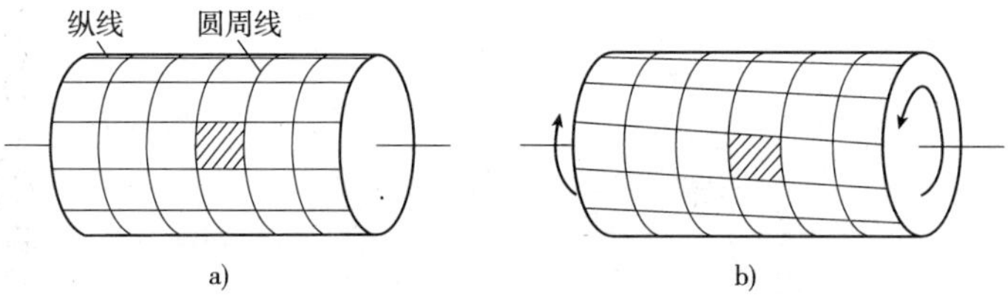


图 6-4　等直圆杆扭转时的变形

根据上述现象，对轴内变形作如下假设：变形后，横截面仍保持平面，其形状、大小与横截面间的距离均不改变，而且，半径仍为直线。概言之，圆轴扭转时，各横截面如同刚性圆片,仅绕轴线作相对旋转。此假设称为圆轴扭转平面假设。

### 6.2.2 扭转切应力的一般公式

现在,根据上述假设,进一步考虑几何、物理与静力学三方面,以建立圆轴扭转应力公式。

(1)变形几何关系

上述假设说明了圆轴变形的总体情况。为了确定横截面上各点处的应力,需要了解轴内各点处的变形。为此,用相距 d$x$ 的两个横截面以及夹角无限小的两个径向纵截面,从轴内切取一楔形体 $O_1ABCDO_2$ 进行分析[图6-5a)]。

根据平面假设,楔形体的变形如图中虚线所示,距轴线 $\rho$ 处的任一矩形 $abcd$ 变为平行四边形 $abc'd'$,即在垂直于半径的平面内发生剪切变形。设上述楔形体左、右端两截面间的相对转角即扭转角为 d$\varphi$,矩形 $abcd$ 的切应变为 $\gamma_\rho$,则由图可知

$$\gamma_\rho \approx \tan\gamma_\rho = \frac{\overline{dd'}}{\overline{ad}} = \rho\frac{\mathrm{d}\varphi}{\mathrm{d}x} \tag{6-4}$$

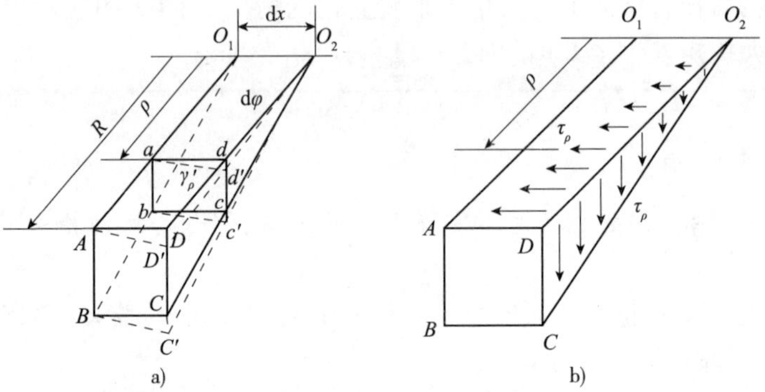


图6-5 圆杆横截面和纵截面上的切应力分布

(2)物理关系

当 $\tau \leqslant \tau_p$ 时,由剪切郑玄—胡克定律可知

$$\tau_\rho = G\gamma_\rho \tag{6-5}$$

将式(6-4)代入式(6-5),得横截面上距圆心 $\rho$ 处的切应力

$$\tau_\rho = G\rho\frac{\mathrm{d}\varphi}{\mathrm{d}x} \tag{6-6}$$

其方向则垂直于该点处的半径[图6-5b)]。

上式表明:扭转切应力沿截面径向线性变化,实心与空心圆轴的扭转切应力分布分别如图6-6a)与图6-6b)所示。

(3)静力关系

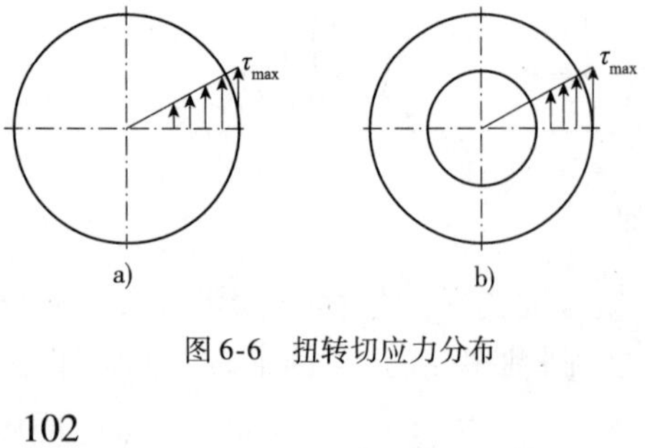


图6-6 扭转切应力分布

如图6-7所示,在距圆心 $\rho$ 处的微面积 d$A$ 上,作用有微剪力 $\tau_\rho$d$A$,它对圆心 $O$ 的力矩为 $\rho\tau_\rho$d$A$。在整个横截面上所有微力矩之和等于该截面的扭矩,即

$$\int_A \rho\tau_\rho \mathrm{d}A = T \tag{6-7}$$

将式(6-6)代入式(6-7),得

$$G\frac{d\varphi}{dx}\int_A \rho^2 dA = T \qquad (6\text{-}8)$$

上式中的积分代表截面的极惯性矩,即

$$\int_A \rho^2 dA = I_p \qquad (6\text{-}9)$$

将式(6-9)代入式(6-8),得

$$\frac{d\varphi}{dx} = \frac{T}{GI_p} \qquad (6\text{-}10)$$

此即圆轴扭转变形的基本公式。

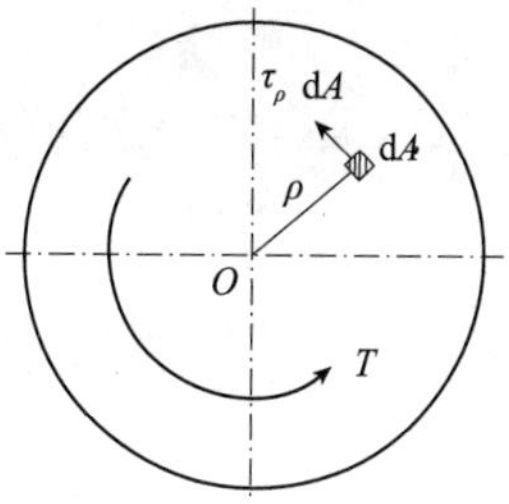

图 6-7 静力关系

最后,将式(6-10)代入式(6-6),得

$$\tau_\rho = \frac{T\rho}{I_p} \qquad (6\text{-}11)$$

此即圆轴扭转切应力的一般公式。

### 6.2.3 最大扭转切应力

由式(6-11)可知,在 $\rho = R$ 即圆截面边缘各点处,切应力最大,其值为

$$\tau_{max} = \frac{TR}{I_p} \qquad (6\text{-}12)$$

式中,比值 $I_p/R$ 是一个仅与截面尺寸有关的量,称为抗扭截面系数,并用 $W_p$ 表示,即

$$W_p = \frac{I_p}{R} \qquad (6\text{-}13)$$

于是,圆轴扭转的最大切应力为

$$\tau_{max} = \frac{T}{W_p} \qquad (6\text{-}14)$$

可见,最大扭转切应力与扭矩成正比,与抗扭截面系数反比。

由式(6-13)可知,对于直径为 $D$ 的圆截面轴,其抗扭截面系数为

$$W_p = \frac{\pi D^3}{16} \qquad (6\text{-}15)$$

而对于内径为 $d$、外径为 $D$ 的空心圆截面,其抗扭截面系数则为

$$W_p = \frac{\pi D^3}{16}(1 - \alpha^4) \qquad (6\text{-}16)$$

式中,$\alpha = d/D$ 代表内、外径的比值。

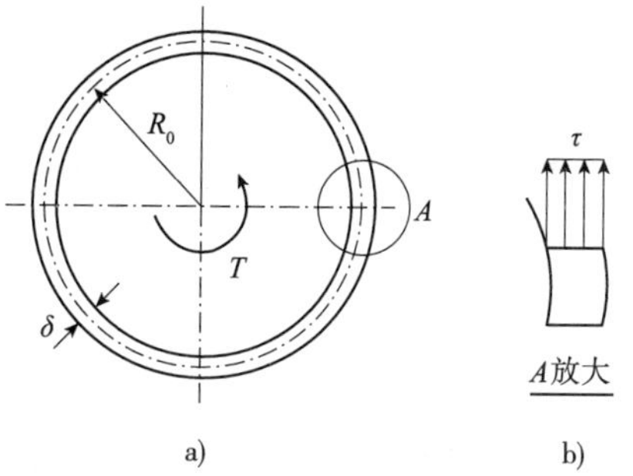

图 6-8 薄壁圆筒的扭转切应力

### 6.2.4 薄壁圆筒的扭转切应力

对于受扭薄圆管,可按空心圆截面轴进行分析计算,但由于管壁薄,可以认为扭转切应力沿壁厚均匀分布(图 6-8),于是,利用切应力与扭矩间的静力学关系,得薄壁圆管的扭转切应力为

$$\tau = \frac{T}{2\pi R_0^2 \delta} \qquad (6\text{-}17)$$

式中,$R_0$ 代表圆管的平均半径;$\delta$ 代表壁厚。

精确分析表明,当 $\delta \leqslant R_0/10$ 时,上式足够精确,最

大误差不超过4.53%。式(6-17)不仅简单,而且适用范围很广,它同时适用于弹性与非弹性,以及各向同性与各向异性的情况。由于扭转切应力沿壁厚均匀分布的假设,式(6-17)对于所有由匀质材料制成的薄壁圆管均成立。

# 6.3 圆轴扭转强度条件

## 6.3.1 扭转失效与扭转极限应力

扭转试验是用圆截面试样在扭转试验机上进行。

试验表明:塑性材料试样受扭时,先是发生屈服,这时,在试样表面的横向与纵向出现滑移线[图6-9a)],如果继续增大扭力偶矩,试样最后沿截面被剪断[图6-9b)];脆性材料试样受扭时,变形则始终很小,最后在与轴线约成45°倾角的螺旋面发生断裂[图6-9c)]。

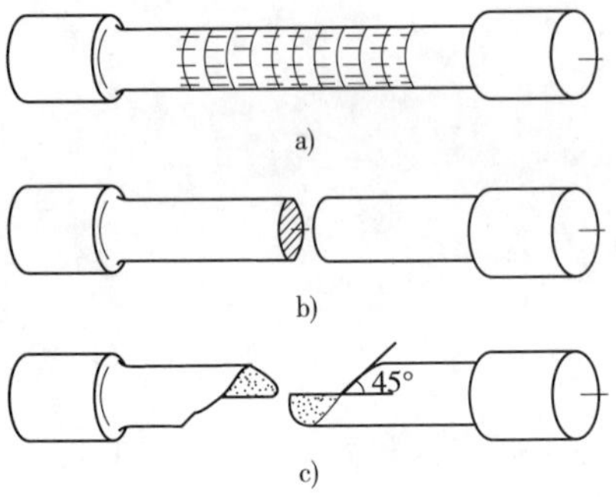

图6-9 扭转试验

上述情况表明,对于受扭轴,失效的标志仍为屈服或断裂。试样扭转屈服时横截面上的最大切应力,称为扭转屈服极限 $\tau_s$;试样扭转断裂时横截面上的最大切应力称为扭转强度极限 $\tau_b$。扭转屈服极限与强度极限,统称为扭转极限应力,并用 $\tau_u$ 表示。

$$\tau_u=\begin{cases}\tau_s,\text{塑性材料}\\ \tau_b,\text{脆性材料}\end{cases} \tag{6-18}$$

## 6.3.2 轴的强度条件

将材料的扭转极限应力 $\tau_u$ 除以安全因数 $n$,得扭转许用切应力

$$[\tau]=\frac{\tau_u}{n} \tag{6-19}$$

因此,为保证轴工作时不致因强度不够而破坏,最大扭转切应力 $\tau_{max}$ 不得超过扭转许用切应力$[\tau]$,即要求

$$\tau_{max}=\frac{T_{max}}{W_p}\leqslant[\tau] \tag{6-20}$$

理论与试验研究均表明,材料纯剪切时的许用切应力$[\tau]$与许用应力$[\sigma]$之间存在下述关系

对于塑性材料

$$[\tau]=(0.5\sim0.577)[\sigma] \tag{6-21}$$

对于脆性材料

$$[\tau]=(0.8\sim1.0)[\sigma_t] \tag{6-22}$$

式中,$[\sigma_t]$代表许用拉应力。

扭转时,轴表层即最大扭转切应力作用点处于纯剪切状态[图6-4b)],所以,扭转许用切应力也可利用上述关系确定。

## 6.3.3 圆轴合理截面与减缓应力集中

实心圆截面轴的扭转切应力分布如图6-6a)所示,当截面边缘的最大切应力到达许用切

应力时，圆心附近各点处的切应力仍很小，而且，由于它们所构成的微剪力 $\tau_\rho \mathrm{d}A$ 离圆心近、力臂小，这些材料承担的扭矩也小。所以，为了合理利用材料，宜将材料放置在远离圆心的部位，即做成空心的[图 6-8)]。显然，平均半径 $R_0$ 越大、壁厚 $\delta$ 越小，即比值 $R_0/\delta$ 越大，切应力分布越均匀，材料的利用率越高。因此，一些大型轴或对于减轻重量有较高要求的轴，通常均做成空心的。但也应注意到，如果比值 $R_0/\delta$ 过大，管在受扭时将产生皱褶现象(即局部失稳)，从而降低其抗扭能力。

设计轴时应注意的另一重要问题，是尽量减少截面尺寸的急剧改变，以减缓应力集中。例如对于阶梯形轴在粗细两段的交接处，宜配置适当尺寸的过渡圆角。

**例题 6-2** 由无缝钢管制成的汽车传动轴，外径 $D=90\text{mm}$，壁厚 $\delta=2.5\text{mm}$，材料为 45 号钢。使用时的最大扭矩为 $T=1.5\text{kN}\cdot\text{m}$。若材料的 $[\tau]=60\text{MPa}$，试校核轴的扭转强度。若把传动轴改为实心轴，要求它与原来的空心轴强度相同，试确定其直径，并比较实心轴和空心轴的重量。

**解：**(1)强度校核问题。

由传动轴的截面尺寸计算抗扭截面系数为

$$\alpha=\frac{d}{D}=\frac{D-2\delta}{D}=1-\frac{2\times 2.5\times 10^{-3}}{90\times 10^{-3}}=0.944$$

$$W_{\mathrm{p}}=\frac{\pi D^3}{16}(1-\alpha^4)=\frac{3.14\times 90^3\times 10^{-9}}{16}\times(1-0.944)=2.94\times 10^{-5}\text{m}^3$$

轴的最大切应力为

$$\tau_{\max}=\frac{T}{W_{\mathrm{p}}}=\frac{1\,500}{2.94\times 10^{-5}}=51\text{MPa}<[\tau]$$

可知汽车传动轴满足强度条件。

(2)截面设计问题。

①计算实心轴的直径。

当实心轴和空心轴的最大应力同为 $[\tau]$ 时，两轴的许可扭矩分别为

$$T_1=\frac{\pi D_1^3}{16}[\tau]$$

$$T_2=\frac{\pi D^3}{16}(1-\alpha^4)[\tau]$$

式中，$D_1$ 为实心轴的直径。

若两轴的强度相等，则 $T_1=T_2$，于是有

$$D_1=D\sqrt[3]{1-\alpha^4}=90\times 10^{-3}\sqrt[3]{1-0.944^4}=0.053\,1\text{m}$$

②比较实心轴和空心轴的重量。

$$\chi=\frac{\rho g l A_2}{\rho g l A_1}=\frac{D^2-d^2}{D_1^2}=\frac{90^2\times 10^{-6}-85^2\times 10^{-6}}{53.1^2\times 10^{-6}}=31\%$$

式中，$\rho$ 为轴的质量密度；$l$ 为轴的长度；$A_1$ 为实心轴横截面面积；$A_2$ 为空心轴横截面面积。

**讨论与练习**

(1)可见在载荷相同的条件下，空心轴的重量只为实心轴的 31%，明显减轻重量、

节约材料。这是因为横截面上的切应力沿半径按线性规律分布，圆心附近的应力很小，材料没有充分发挥作用。

(2)若把轴心附近的材料向边缘移置，使其成为空心轴，就会增大 $I_p$ 和 $W_p$，提高轴的强度。

## 6.4 圆轴扭转变形与刚度条件

### 6.4.1 圆轴扭转变形

轴的扭转变形，用横截面间绕轴线的相对角位移即扭转角 $\varphi$ 表示。由式(6-10)可知，微段 d$x$ 的扭转变形为

$$d\varphi = \frac{T}{GI_p}dx$$

因此，相距 $l$ 的两横截面间的扭转角为

$$\varphi = \int_l \frac{T}{GI_p}dx \tag{6-23}$$

由此可见，对于轴长为 $l$、扭矩 $T$ 为常数的等截面圆轴，其两端横截面间的相对转角即扭转角为

$$\varphi = \frac{Tl}{GI_p} \tag{6-24}$$

该式为扭转郑玄—胡克定律的表达形式。它表明扭转角 $\varphi$ 与扭矩 $T$、轴长 $l$ 成正比，与乘积 $GI_p$ 成反比。乘积 $GI_p$ 称为圆轴截面的扭转刚度，或简称为扭转刚度。

扭转轴也可以看作是一个扭簧，则有

$$\varphi = \frac{T}{k_T} \tag{6-25}$$

其中

$$k_T = \frac{GI_p}{l} \tag{6-26}$$

可见，扭簧刚度常数 $k_T$ 与材料常数 $G$ 和几何常数 $I_p$、$l$ 有关。

对于扭矩、横截面面积或切变模量沿杆轴逐段变化的圆截面轴，其扭转变形为

$$\varphi = \sum_{i=1}^{n}\frac{T_i l_i}{G_i I_{pi}} \tag{6-27}$$

式中，$T_i$、$l_i$、$G_i$ 与 $I_{pi}$ 分别代表杆段 $i$ 的扭矩、长度、切变模量与极惯性矩；$n$ 为杆件的总段数。

轴长为 $l$、扭矩 $T$ 为常数的等截面薄壁圆管的扭转变形为

$$\varphi = \frac{Tl}{2\pi G R_0^3 \delta} \tag{6-28}$$

### 6.4.2 圆轴扭转刚度条件

设计轴时，除应考虑强度问题外，对于许多轴，还常常对其变形有一定限制，即应满足刚度要求。

在工程实际中,通常是限制扭转角沿轴线的变化率

$$\vartheta = \frac{\mathrm{d}\varphi}{\mathrm{d}x} = \varphi' \tag{6-29}$$

或单位长度内的扭转角,使其不超过某一规定的许用值[$\vartheta$]。由式(6-10)可知,圆轴扭转的刚度条件为

$$\vartheta_{\max} = \frac{T_{\max}}{GI_{\mathrm{p}}} \times \frac{180}{\pi} \leqslant [\vartheta] \tag{6-30}$$

式中,[$\vartheta$]代表单位长度许用扭转角。对于一般传动轴,$[\vartheta] = 0.5°/\mathrm{m} \sim 1°/\mathrm{m}$;对于精密度机器与仪表的轴,[$\vartheta$]的值可根据有关设计标准或规范确定。

**例题 6-3** 图 6-10a)为某组合机床主轴箱内第 4 轴的示意图。轴上有Ⅱ、Ⅲ、Ⅳ三个齿轮,动力由 5 轴经齿轮Ⅲ输送到 4 轴,再由齿轮Ⅱ和Ⅳ带动 1、2 和 3 轴。1、2 轴同时钻孔,共消耗功率 0.756kW;3 轴扩孔,消耗功率 2.98kW。若 4 轴的转速为 183.5r/min,材料为 45 号钢,$G = 80\mathrm{GPa}$,$[\tau] = 40\mathrm{MPa}$,$[\varphi'] = 1.5°/\mathrm{m}$。试设计轴的直径。

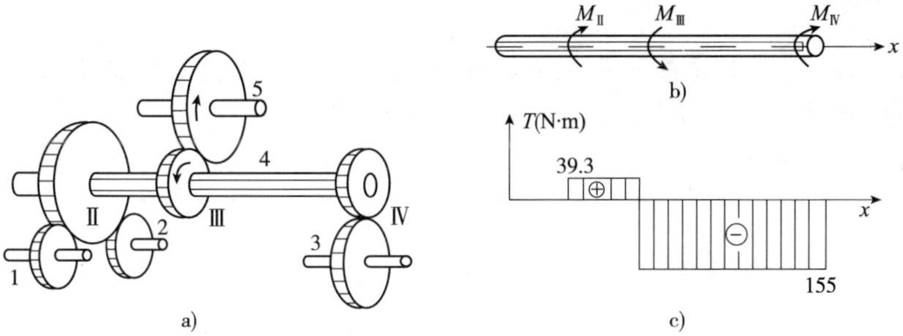


图 6-10

已知:$P_{Ⅱ} = 0.756\mathrm{kW}$, $P_{Ⅳ} = 2.98\mathrm{kW}$, $n = 183.5\mathrm{r/min}$, $[\tau] = 40\mathrm{MPa}$, $[\vartheta] = 1.5°/\mathrm{m}$, $G = 80\mathrm{GPa}$。

求:$D$。

**解:**截面设计问题。

①按强度条件设计轴的直径 $D$。

为了分析 4 轴的受力情况,先计算作用于齿轮Ⅱ和Ⅳ上的外力偶矩。

$$M_{Ⅱ} = 9\ 549\,\frac{\{P_{Ⅱ}\}_{\mathrm{kW}}}{\{n\}_{\mathrm{r/min}}} = 9\ 549 \times \frac{0.756}{183.5} = 39.3\mathrm{N \cdot m}$$

$$M_{Ⅳ} = 9\ 549\,\frac{\{P_{Ⅳ}\}_{\mathrm{kW}}}{\{n\}_{\mathrm{r/min}}} = 9\ 549 \times \frac{2.98}{183.5} = 155\mathrm{N \cdot m}$$

$M_{Ⅱ}$和$M_{Ⅳ}$同为阻抗力偶矩,故转向相同。若 5 轴经齿轮Ⅲ传给 4 轴的主动力偶矩为$M_{Ⅲ}$,则$M_{Ⅲ}$的转向应该与阻抗力偶矩的转向相反。

4 轴受力$\boldsymbol{M}_{Ⅱ}$,$\boldsymbol{M}_{Ⅲ}$,$\boldsymbol{M}_{Ⅳ}$[图 6-10b)]。

$$\sum M_x = 0,\ -M_{Ⅱ} + M_{Ⅲ} - M_{Ⅳ} = 0 \tag{1}$$

$$M_{Ⅲ} = 194.3\mathrm{N \cdot m}$$

应用截面法绘扭矩图[图 6-10c)],显然,在齿轮Ⅲ和Ⅳ之间,轴的任一横截面上的扭矩皆为最大值,$T_{\max}^{(-)} = 155\mathrm{N \cdot m}$。根据强度条件

$$\tau_{\max} = \frac{T_{\max}^{(-)}}{W_{\mathrm{p}}} = \frac{16T_{\max}^{(-)}}{\pi D^3} \leqslant [\tau]$$

$$D^{(1)}=\sqrt[3]{\frac{16T_{\max}^{(-)}}{\pi[\tau]}}=27.2\text{mm}$$

②按刚度条件设计轴的直径 $D$。

由刚度条件

$$\vartheta_{\max}=\frac{T_{\max}^{(-)}}{GI_{\mathrm{p}}}\times\frac{180}{\pi}=\frac{32T_{\max}^{(-)}}{G\pi D^4}\times\frac{180}{\pi}\leqslant[\vartheta]$$

$$D^{(2)}=\sqrt[4]{\frac{5\ 760T_{\max}^{(-)}}{\pi^2G[\vartheta]}}=29.5\text{mm}$$

③按强度和刚度要求设计轴的直径 $D$。

综上所述，取

$$D=\max\{D^{(1)},D^{(2)}\}=30\text{mm}$$

**讨论与练习**

(1)由上述可知，刚度条件是4轴的控制因素。由于刚度是大多数机床的主要矛盾，所以用刚度作为控制因素的轴是相当普遍的。

(2)请读者使用 Maple 编程求解本题，验证手工计算结果。

### 6.4.3 圆轴扭转的应变能

在切应力小于比例极限的范围内，由式(5-11)、式(5-12)和式(6-11)可知，圆轴扭转的应变能为

$$U_\varepsilon=\int_V u_\varepsilon\mathrm{d}V=\int_V\frac{\tau^2}{2G}\mathrm{d}V=\int_0^l\int_0^{2\pi}\int_0^{D/2}\frac{1}{2G}\left(\frac{T\cdot\rho}{I_{\mathrm{p}}}\right)^2\rho\mathrm{d}\rho\mathrm{d}\varphi\mathrm{d}x=\frac{\pi D^4T^2l}{64I_{\mathrm{p}}^2}$$

即

$$U_\varepsilon=\frac{T^2l}{2GI_{\mathrm{p}}}\tag{6-31a}$$

或

$$U_\varepsilon=\frac{GI_{\mathrm{p}}\varphi^2}{2l}\tag{6-31b}$$

或

$$U_\varepsilon=\frac{T\varphi}{2}\tag{6-31c}$$

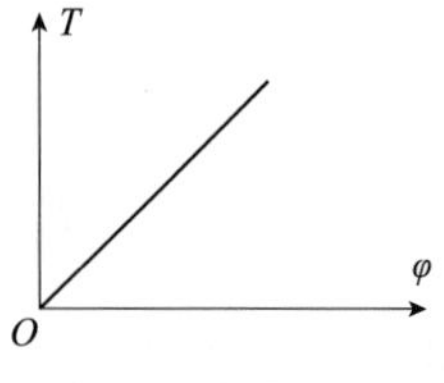

图6-11 杆受扭转时的荷载—位移图

求扭转时应变能的一个较简单方法是根据荷载—位移图(图6-11)求得。如果杆件的材料服从郑玄—胡克定律，那么作用扭矩 $T$ 与扭转角 $\varphi$ 之间的关系将为直线关系，并用方程(6-31)求得。

### 6.4.4 简单扭转超静定轴

前面所研究的轴，其支反力偶矩与扭矩均可由平衡条件确定，即均属于静定轴。然而，当轴的未知力偶矩(支反力偶矩与扭矩)的数目多于有效平衡方程的数目时，则成为超静定轴。

由前述分析可知，求解扭转超静定问题时，除应利用平衡方程外，还需建立补充方程。

即需要同时考虑轴的变形协调条件、物理关系和平衡方程。

**例题 6-4** 设圆轴具有 $A$、$B$ 两个凸缘[图 6-12a)]，在扭转力偶矩 $M_e$ 作用下发生了变形。这时把一个薄壁圆筒与轴的凸缘焊接在一起，然后解除 $M_e$[图 6-12b)]。设轴和筒的抗扭刚度分别是 $G_1I_{p_1}$ 和 $G_2I_{p_2}$，试求轴内和筒内的扭矩。

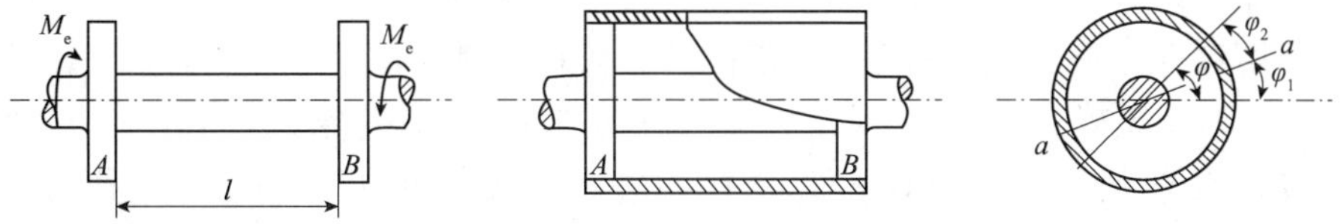


a)　　b)　　c)

图 6-12

**解:**扭转超静定问题。

①建立平衡方程。

由于筒与轴的凸缘焊接在一起，外加扭转力偶矩 $M_e$ 解除后，圆轴必然力图恢复其扭转变形，而圆筒则阻抗恢复。这就使得在轴内和筒内分别出现扭矩 $T_1$ 和 $T_2$。设想用横截面把轴与筒切开，这时已无外力偶矩。

轴与筒切开的横截面受力 $T_1$、$T_2$。

$$\sum M_x = 0, T_1 - T_2 = 0 \tag{1}$$

②建立物理方程。

焊接前轴在 $M_e$ 作用下的扭转角就是凸缘 $B$ 的水平直径相对于 $A$ 转过的角度 $\varphi$。

$$\varphi = \frac{M_e l}{G_1 I_{p_1}} \tag{2}$$

在筒与轴相焊接并解除 $M_e$ 后，因受筒的阻抗，轴的扭转变形不能完全恢复，这时圆轴余留的扭转角为 $\varphi_1$，而圆筒的扭转角为 $\varphi_2$。根据郑玄—胡克定律式(6-24)得

$$\varphi_1 = \frac{T_1 l}{G_1 I_{p_1}} \tag{3}$$

$$\varphi_2 = \frac{T_2 l}{G_2 I_{p_2}} \tag{4}$$

③建立变形协调方程。

显然

$$\varphi_1 + \varphi_2 = \varphi \tag{5}$$

④解方程组求 $T_1$ 和 $T_2$。

联立式(1)～式(5)解方程组，得轴内和筒内的扭矩为

$$T_1 = T_2 = \frac{M_e G_2 I_{p_2}}{G_1 I_{p_1} + G_2 I_{p_2}}$$

## 6.5 非圆截面轴的扭转

圆截面轴是最常见的受扭杆件，在工程实际中，有时也会碰到一些非圆截面轴，例如矩形与椭圆形截面轴等。

## 6.5.1 自由扭转与限制扭转

试验与分析表明,非圆截面轴扭转时,横截面不再保持平面而发生翘曲(图6-13)。如果横截面的翘曲受到限制,例如在轴的固定端处,横截面的翘曲受到固定端的限制,这时,横截面上将不仅存在切应力,而且还存在正应力。反之,如果轴扭转时各横截面均可自由翘曲,则横截面上将只有切应力而无正应力。横截面的翘曲受到限制的扭转称为限制扭转;反之,则属于自由扭转。精确分析表明,对于一般非圆实心轴,限制扭转引起的正应力很小,实际计算时可以忽略不计;对于非圆薄壁杆,限制扭转与自由扭转的差别较大,这种问题将在薄壁结构力学中研究。这里,只讨论自由扭转问题。

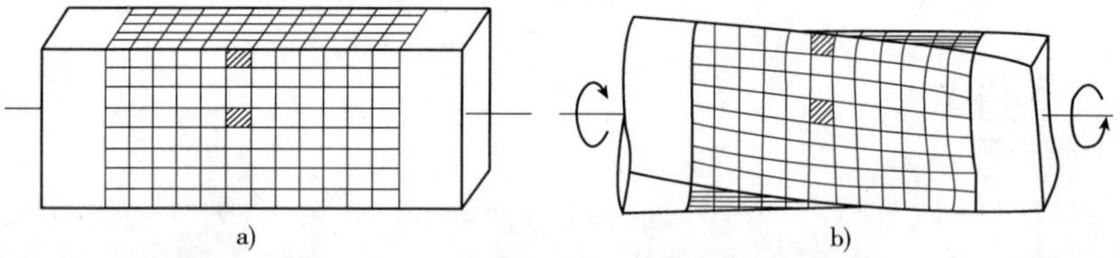


图6-13 非圆截面杆的自由扭转

非圆截面轴自由扭转时,计算最大扭转切应力与扭转变形为

$$\tau_{\max}=\frac{T}{W_t} \tag{6-32}$$

$$\varphi=\frac{Tl}{GI_t} \tag{6-33}$$

其中,$W_t$ 及 $I_t$ 的量纲分别与 $W_p$ 及 $I_p$ 的量纲相同。

## 6.5.2 矩形截面轴扭转

在非圆实心轴中,矩形截面轴最为常见。弹性理论指出:矩形截面轴扭转时,横截面边缘各点处的切应力均平行于截面周边(图6-14),角点处的切应力为零;最大切应力 $\tau_{\max}$ 发生在截面长边的中心处,而短边中点处的切应力 $\tau_1$ 也有相当大的数值。

上述结论与试验现象是一致的。从试验中观察到:轴表面棱角处的切应变为零;而距侧面中线越近,切应变越大,在侧面中线各点处,切应变最大(图6-13)。

根据弹性理论的研究结果,矩形截面轴的扭转切应力 $\tau_1$ 为

$$\tau_1=\gamma\tau_{\max} \tag{6-34}$$

矩形截面的 $W_t$ 和 $I_t$ 分别为

$$W_t=\alpha hb^2, I_t=\beta hb^3 \tag{6-35}$$

式中,$h$ 与 $b$ 分别代表矩形截面长边与短边长度;系数 $\alpha$、$\beta$、$\gamma$ 与 $h/b$ 比值有关,其值见表6-1。

**矩形截面扭转的有关系数 $\alpha$、$\beta$ 和 $\gamma$** 表6-1

| $h/b$ | 1.0 | 1.2 | 1.5 | 2.0 | 2.5 | 3.0 | 4.0 | 6.0 | 8.0 | 10.0 | ∞ |
|---|---|---|---|---|---|---|---|---|---|---|---|
| $\alpha$ | 0.208 | 0.219 | 0.231 | 0.246 | 0.258 | 0.267 | 0.282 | 0.299 | 0.307 | 0.313 | 0.333 |
| $\beta$ | 0.141 | 0.166 | 0.196 | 0.229 | 0.249 | 0.263 | 0.281 | 0.299 | 0.307 | 0.313 | 0.333 |
| $\gamma$ | 1.000 | 0.930 | 0.858 | 0.796 | 0.767 | 0.753 | 0.745 | 0.743 | 0.743 | 0.743 | 0.743 |

从表6-1中可以看出,当 $h/b\geqslant10$ 时,$\alpha$ 与 $\beta$ 均接近于1/3。所以,对于长为 $h$、宽为 $\delta$ 的狭长矩形截面轴(图6-15),其 $W_t$ 和 $I_t$ 分别为

$$W_t = \frac{1}{3}h\delta^2, I_t = \frac{1}{3}h\delta^3 \tag{6-36}$$

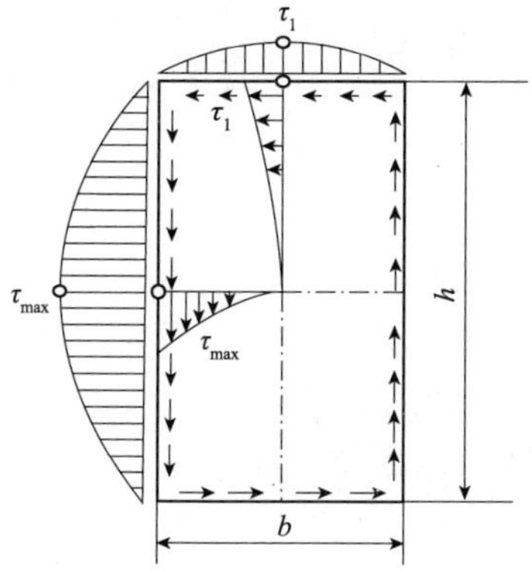

图 6-14　矩形截面轴扭转切应力分布

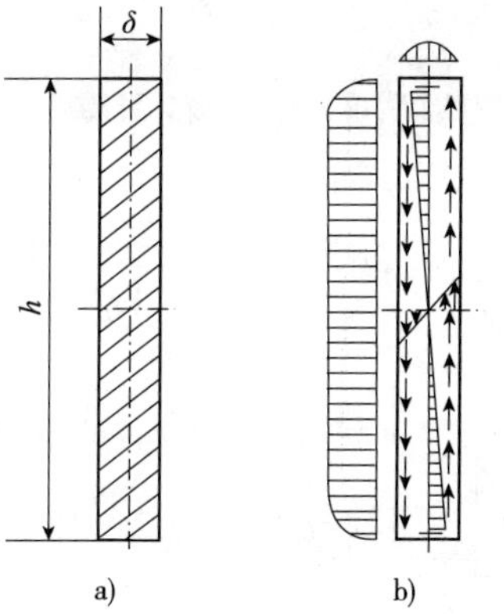

图 6-15　狭长矩形截面轴的扭转切应力分布

### 6.5.3　椭圆截面轴的扭转

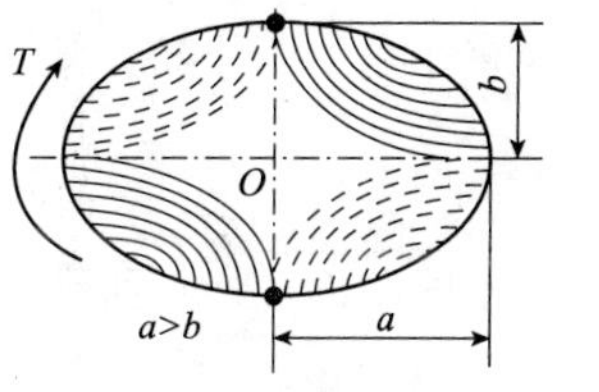

图 6-16　椭圆截面轴的扭转

椭圆截面最大切应力发生在椭圆短轴的端部(图 6-16),其 $W_t$ 和 $I_t$ 分别为

$$W_t = \frac{\pi b^4}{16 \cdot a}, I_t = \frac{\pi b^7}{16 \cdot a(a^2 + b^2)} \tag{6-37}$$

## 6.6　薄壁杆的扭转

为减轻重量,在工程结构中,特别是航空与航天结构中,广泛采用薄壁杆件。薄壁杆横截面的壁厚平分线,称为截面中心线。截面中心线为封闭曲线的薄壁杆,称为闭口薄壁杆;截面中心线为非封闭曲线的薄壁杆,称为开口薄壁杆。薄壁杆件自由扭转时,仍可按式(6-32)和式(6-33)计算最大扭转切应力与扭转变形。

### 6.6.1　闭口薄壁杆的扭转

如图 6-17 所示的闭口薄壁杆受到扭矩 $T$ 作用时,横截面任一点的切应力 $\tau$ 与该处壁厚 $\delta$ 的乘积为一常数,即

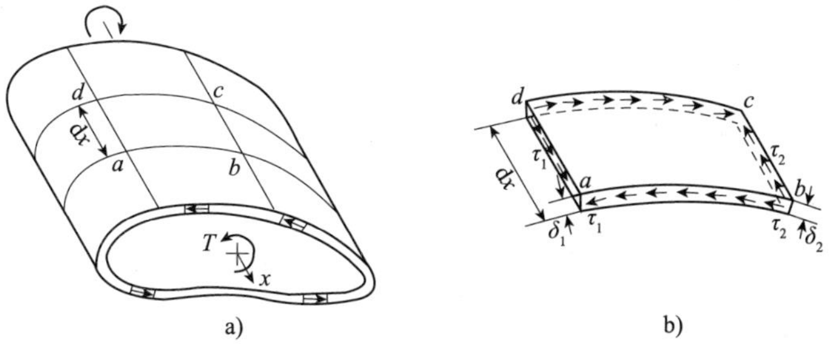

图 6-17　闭口薄壁杆的扭转

$$\tau \cdot \delta = \text{const} \tag{6-38}$$

可见,在杆壁最薄处扭转切应力最大,其 $W_t$ 和 $I_t$ 为

$$W_t = 2\omega\delta_{\min}, I_t = \frac{4\omega^2\delta}{s} \tag{6-39}$$

式中,$\omega$ 为截面中心线所包围的面积;$s$ 为截面中心线的长度。

### 6.6.2 开口薄壁杆扭转

与狭长矩形截面杆的扭转切应力分布相似[图 6-15b)],一般开口薄壁杆件的扭转切应力分布如图 6-18a)所示,切应力沿截面周边形成"环流"。

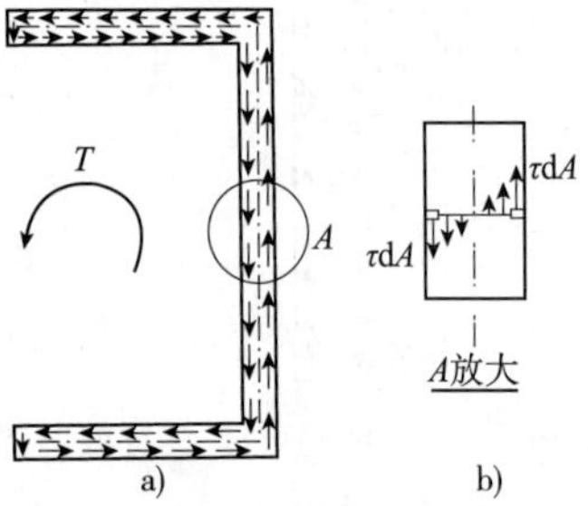


图 6-18 开口薄壁杆的扭转

从图 6-18b)中可以看出,截面中心线两侧对称位置处的微剪力 $\tau \mathrm{d}A$ 构成微力偶,但因杆壁薄、力偶臂小,所以,开口薄壁杆的抗扭性能很差,截面产生明显翘曲。因此,对于受扭构件,尽量不要采用开口薄壁杆。如果实在必要而不得不采用开口薄壁截面时,则应采取局部加强措施。

分析表明:对于等厚度的开口薄壁杆,其扭转变形与扭转应力仍可分别按狭长矩形截面进行计算,只需以截面中心线长度代替式中的 $h$ 即可。至于非等厚度的开口薄壁杆,则可将其看作是由若干狭长矩形截面杆组合而成,其 $W_t$ 和 $I_t$ 为

$$W_{\mathrm{t}} = \frac{1}{3\delta_{\max}}\sum_{i=1}^{n} h_i\delta_i^3, I_{\mathrm{t}} = \frac{1}{3}\sum_{i=1}^{n} h_i\delta_i^3 \qquad (6\text{-}40)$$

式中,$h_i$、$\delta_i$ 分别代表狭长矩形截面 $i$ 的长度与厚度。

**例题 6-5** 截面为圆环形的开口和闭口薄壁杆件如图 6-19 所示。设两杆具有相同的平均半径 $r$ 和壁厚 $\delta$,试比较两者的扭转强度和刚度。

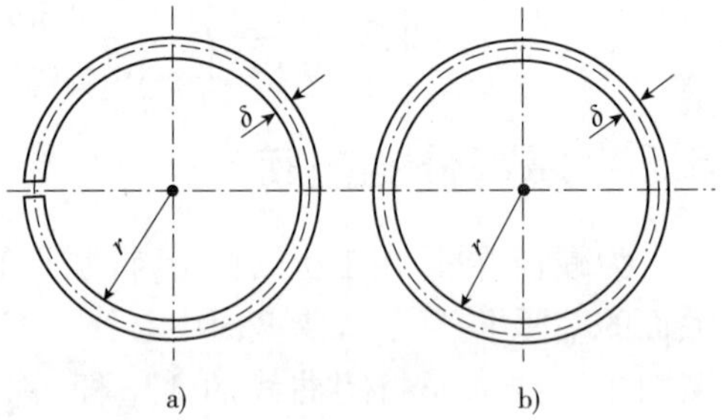


图 6-19

**解:**①求环形开口薄壁杆件的应力和变形。

计算环形开口薄壁杆件的应力和变形时,可以把环形展直,作为狭长矩形看待。这时矩形的长边为 $h = 2\pi r$,宽为 $\delta$。由式(6-32)、式(6-33)和式(6-40),可得切应力和扭转角为

$$\tau_1 = \frac{3T}{2\pi r\delta^2}, \varphi_1 = \frac{3Tl}{2\pi r\delta^3 G}$$

②求环形闭口薄壁杆件的应力和变形。

环形闭口薄壁截面的 $\omega$ 和 $s$ 分别为 $\omega = \pi r^2$,$s = 2\pi r$。将 $\omega$ 和 $s$ 的值代入式(6-32)、式(6-33)和式(6-40),求得切应力和扭转角为

$$\tau_2 = \frac{T}{2\pi r^2\delta}, \varphi_2 = \frac{Tl}{2\pi r^3\delta G}$$

③求两者应力之比和扭转角之比。

在 $T$ 和 $l$ 相同的情况下,两者应力之比是

$$\frac{\tau_1}{\tau_2} = 3\,\frac{r}{\delta}$$

扭转角之比是

$$\frac{\varphi_1}{\varphi_2} = 3\left(\frac{r}{\delta}\right)^2$$

由于 $r$ 远大于 $\delta$,所以开口薄壁杆件的应力和变形都远大于同样情况下的闭口薄壁杆件。

**讨论与练习**

(1) 对圆环形闭口薄壁杆件，由于 $\delta$ 很小，故 $I_p \approx 2\pi r^3\delta$，$W_p \approx 2\pi r^2\delta$。

(2) 圆环形闭口薄壁杆件也可以作为空心圆轴计算，得到与上面相同的结果，请读者完成。

## 6.7 密圈螺旋弹簧

如图 6-20a) 所示圆柱形密圈螺旋弹簧，沿弹簧轴线承受拉力 $F$ 作用。所谓密圈螺旋弹簧，是指螺旋升角 $\alpha$ 很小（例如小于 5°）的弹簧。设弹簧的平均直径为 $D$，弹簧丝的直径为 $d$，$n$ 为有效弹簧圈数。

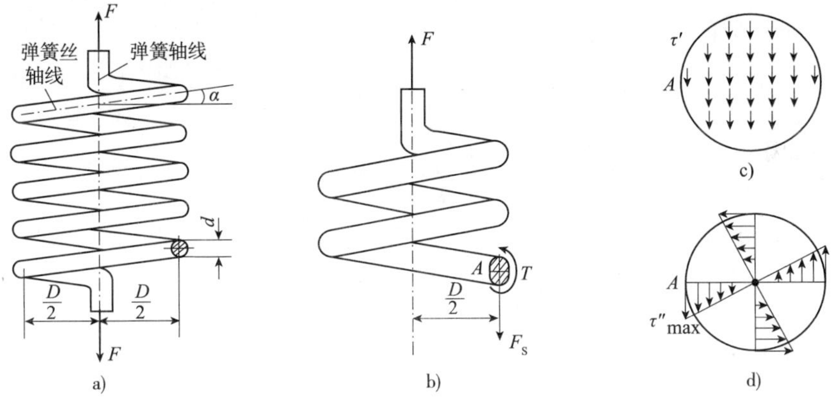


图 6-20 密圈螺旋弹簧受力及变形分析

### 6.7.1 弹簧的应力

弹簧的内力包括剪力 $F_S$ 及扭矩 $T$，其值分别为

$$F_S = F, T = \frac{FD}{2}$$

剪切切应力 $\tau'$ 和扭转切应力 $\tau''$ 分别为

$$\tau' = \frac{F_S}{A_S} = \frac{4F}{\pi d^2}$$

$$\tau'' = \frac{T}{W_p} = \frac{8FD}{\pi d^3}$$

弹簧的最大切应力发生在截面内侧点 $A$ 处，其值为

$$\tau_{max} = \tau''_{max} + \tau' = \frac{8FD}{\pi d^3}\left(1 + \frac{d}{2D}\right)$$

考虑簧丝曲率的影响，一般采用下面的经验公式来确定 $\tau_{max}$

$$\tau_{max} = \kappa \frac{8FD}{\pi d^3} \leqslant [\tau] \tag{6-41}$$

式中，修正系数 $\kappa$ 称为曲度系数。

$$\kappa = \frac{c-0.25}{c-1} + \frac{0.615}{c} \tag{6-42}$$

式中,$c = D/d$ 称为弹簧指数。

### 6.7.2 弹簧的变形

在线弹性范围($-\tau_p \leqslant \tau \leqslant \tau_p$)内可忽略剪切变形的影响。

$$\tau_\rho = \frac{T\rho}{I_p}, I_p = \frac{\pi d^4}{32}$$

$$u_\varepsilon = \frac{\tau_\rho^2}{2G} = \frac{128F^2D^2\rho^2}{\pi^2 d^8 G}, \mathrm{d}V = \rho \mathrm{d}\rho \mathrm{d}\theta \mathrm{d}s$$

由外力功

$$W = \frac{1}{2}F\lambda$$

及内力的变形能

$$U_\varepsilon = \int_V u_\varepsilon \mathrm{d}V = \frac{128F^2D^2}{\pi^2 d^8 G}\int_0^{2\pi}\mathrm{d}\theta\int_0^{d/2}\rho^2\mathrm{d}\rho\int_0^{n\pi D}\mathrm{d}s = \frac{4F^2D^3n}{d^4 G}$$

根据能量守恒

$$U_\varepsilon = W$$

得到弹簧的变形

$$\lambda = \frac{F}{k} \tag{6-43}$$

式中,$k$ 称为弹簧刚度。

$$k = \frac{Gd^4}{8D^3 n} \tag{6-44}$$

可见,$k$ 与材料常数 $G$ 和几何常数 $d$、$D$ 和 $n$ 有关。

## 6.8 轴的扭转振动

在齿轮传动系统中,轴的扭转振动是一种常见的振动形式。其振动方程及振动分析过程介绍如下。

如图 6-21a)所示,等截面直圆轴长为 $l$、密度为 $\rho$、材料的剪切弹性模量为 $G$、圆截面对中心的极惯性矩为 $I_p$,并假定该轴的横截面在扭转振动中保持为平面,并作整体转动。设 $\varphi(x,t)$ 表示轴上 $x$ 截面处在 $t$ 时刻相对于左截面的扭转角。从弹性体上提取一微元段 $\mathrm{d}x$,见图 6-21b)。该微元段的振动方程为

$$\rho I_p \mathrm{d}x \frac{\partial^2\varphi}{\partial t^2} = T + \frac{\partial T}{\partial x}\mathrm{d}x - T \tag{6-45}$$

由式(6-10)知,$T = GI_p \dfrac{\partial\varphi}{\partial x}$,将其代入式(6-45)并整理得

$$\frac{\partial^2\varphi}{\partial t^2} - c^2\frac{\partial^2\varphi}{\partial x^2} = 0 \tag{6-46}$$

式中,$c = \sqrt{\dfrac{G}{\rho}}$。

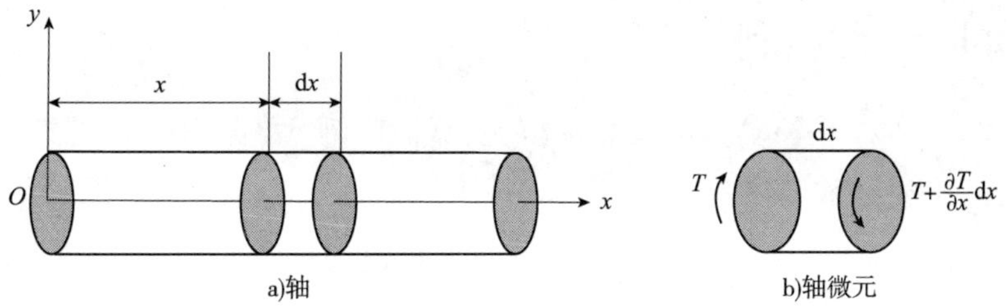


图 6-21 轴的扭转振动模型

方程(6-46)的解法仍然采用分离变量法。设

$$\varphi(x,t)=X(x)\Phi(t) \tag{6-47}$$

将式(6-47)代入式(6-46)中,得

$$\frac{1}{\Phi(t)}\frac{\partial^2\Phi(t)}{\partial t^2}=c^2\frac{1}{X(x)}\frac{\partial^2X(x)}{\partial x^2}$$

由上式可解得

$$X(x)=C\sin\frac{\omega_0}{c}+D\cos\frac{\omega_0}{c}x \tag{6-48a}$$

$$\Phi(t)=A\sin\omega_0t+B\cos\omega_0t \tag{6-48b}$$

其中,积分常数 $A$、$B$ 与初始条件有关,积分常数 $C$、$D$ 和固有角频率 $\omega_0$ 与轴的边界条件有关。

典型的边界条件有下面几种情形:

(1)固定

该处扭转振动角位移为零,即

$$\varphi(0,t)=0 \text{ 或 } \varphi(l,t)=0 \tag{6-49a}$$

(2)自由

该处扭矩为零,即

$$GI_p\varphi'_x(0,t)=0 \text{ 或 } GI_p\varphi'_x(l,t)=0 \tag{6-49b}$$

(3)弹性约束

如图 6-22a)所示,轴的右端扭矩等于弹性力矩,即

$$-k_n\varphi(l,t)=GI_p\varphi'_x(l,t) \tag{6-49c}$$

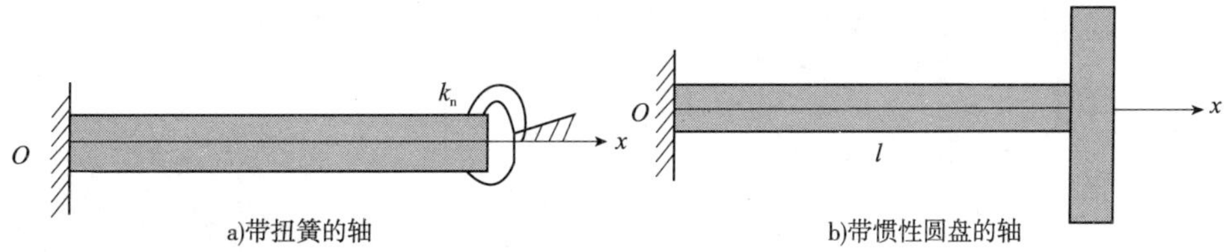


图 6-22 边界条件

(4)惯性圆盘

如图 6-22b)所示,杆的右端扭矩等于圆盘的惯性力矩,即

$$-J\ddot{\varphi}_{tt}(l,t)=GI_p\varphi'_x(l,t) \tag{6-49d}$$

以此为条件求出积分常数 $C$ 或 $D$ 及固有角频率 $\omega_0$。

## 6.9 Maple 编程示例

**编程题 6-1** 如图 6-23a)所示长度为 $l$ 的变截面圆轴,两端固定,承受集度为 $m$ 的均布扭力矩作用。设 $x$ 截面的直径为

$$d(x)=d_0\left[1-\frac{1}{2}\left(\frac{x}{l}\right)^{\frac{4}{3}}\right]^{\frac{1}{3}}$$

试求轴端的约束力偶矩。

已知:轴长 $l=500\text{mm}$,切变模量 $G=80\text{GPa}$,扭力矩集度 $m=1\ 000\text{N}$,$d_0=50\text{mm}$。

求:$M_A$,$M_B$。

**解法一:● 建模**

变截面扭转超静定问题。

解除 $B$ 端的固定约束,用约束力 $M_B$ 代替其作用[图 6-23b)],超静定正则方程

$$\Phi+\varphi\cdot M_B=0 \tag{1}$$

**解法二:● 建模**

采用离散化方法,正则方程为式(1)。

**答:**轴端 $A$ 的约束力偶矩 $M_A=289\text{N}\cdot\text{m}$,轴端 $B$ 的约束力偶矩 $M_B=211\text{N}\cdot\text{m}$。

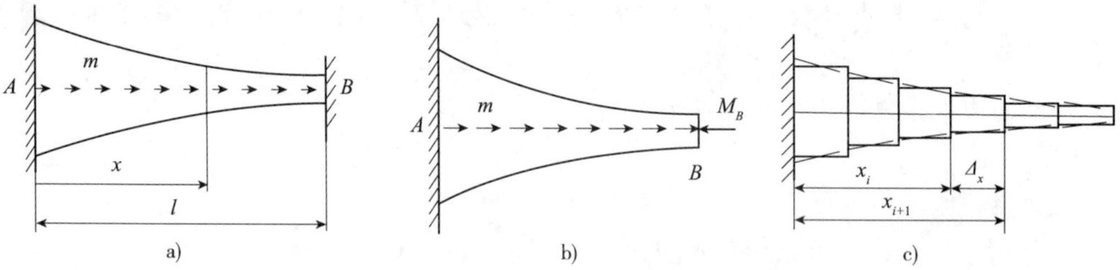


图 6-23

**● Maple 程序**

```
> restart;                                          #清零。
> l: =500e-3: d0: =50e-3:                           #已知条件。
> G: =80e9:  m: =1000:                              #已知条件。
> T1: =m*(l-x):                                     #均布载荷 m 作用下的扭矩。
> T2: =M0:                                          #单位载荷 M0 作用下的扭矩。
> d: =d0*(1-1/2*(x/l)^(4/3))^(1/3):                 #x 截面的直径。
> Ip: =Pi/32*d^4:                                   #x 截面的极惯性矩。
> Phi: =int(T1/(G*Ip),x=0..l):                      #用积分求均布载荷作用下扭转角。
> phi: =int(T2/(G*Ip),x=0..l):                      #用积分求单位载荷作用下扭转角。
> M0: = -1:                                         #单位载荷。
> Phi: =evalf(Phi):                                 #均布载荷作用下扭转角的数值。
> phi: =evalf(phi):                                 #单位载荷作用下扭转角的数值。
> eq1: =Phi+phi*M[B]=0:                             #正则方程。
> SOL1: =solve({eq1},{M[B]}):                       #轴端 B 的约束力偶矩。
> M[B]: =evalf(subs(SOL1,M[B]),4);                  #轴端 B 约束力偶矩的数值。
> M[A]: =evalf(m*l-M[B],4);                         #轴端 A 的约束力偶矩。
```

● **Maple 程序**

```
> restart:                                              #清零。
> x: = (i - 0.5) * (l/n):                               #离散化后的坐标 x_i。
> Delta[X]: = l/n:                                      #等分后每一段的长度 Δx_i。
> T1: = m * (l - x):                                    #均布载荷 m 作用下的扭矩。
> T2: = M0:                                             #单位载荷 M_0 作用下的扭矩。
> d: = d0 * (1 - 1/2 * (x/l)^(4/3))^(1/3):              #x_i 截面的直径。
> Ip: = Pi/32 * d^4:                                    #x_i 截面的极惯性矩。
> Phi: = Delta[X] * sum(T1/(G * Ip), i = 1..n):
>                                                       #求和法计算均布载荷作用下扭转角。
> phi: = Delta[X] * sum(T2/(G * Ip), i = 1..n):
>                                                       #求和法计算单位载荷作用下扭转角。
> l: = 500 * 10^(-3): d0: = 50 * 10^(-3):               #已知条件。
> m: = 1000: G: = 80 * 10^9:                            #已知条件。
> M0: = -1: n: = 1000:                                  #单位载荷和等分段数。
> Phi: = evalf(Phi):                                    #均布载荷作用下扭转角的数值。
> phi: = evalf(phi):                                    #单位载荷作用下扭转角的数值。
> eq1: = Phi + phi * M[B] = 0:                          #正则方程。
> SOL1: = solve({eq1}, {M[B]});                         #解方程。
> M[B]: = evalf(subs(SOL1, M[B]), 4);                   #轴端 B 的约束力偶矩。
> M[A]: = evalf(m * l - M[B], 4);                       #轴端 A 的约束力偶矩。
```

## 思考题

**思考题 6-1** 在如图 6-24a) 所示的受扭圆轴上,用横截面 *ABE* 和 *CDF* 以及水平截面 *ABCD* 截出一部分,如图 6-24b) 所示。由切应力互等定律可知,截面上的切应力分布如图 6-24b) 所示。试问在截面 *ABCD* 上由切应力所构成的合力偶与什么力偶相平衡?

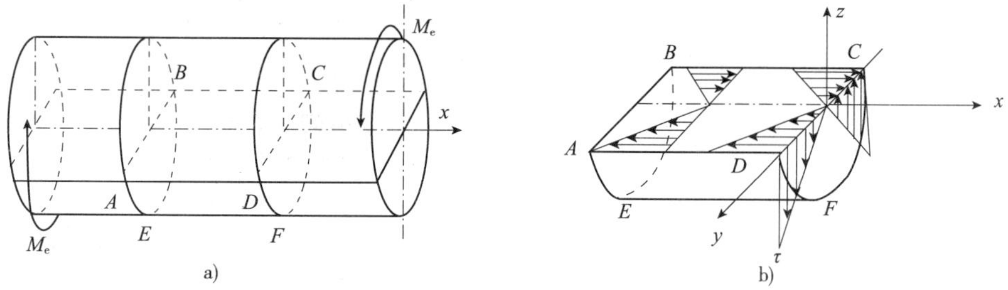


图 6-24

**思考题 6-2** 圆试件受扭如图 6-25 所示,试说明 *a*、*b*、*c* 和 *d* 四种破坏形式各发生在什么材料制成的试件上,并说明它们破坏的原因。

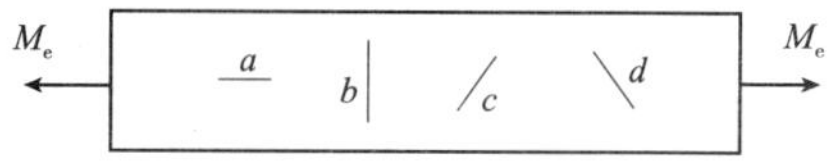


图 6-25

* **思考题 6-3** 如图 6-26 所示同一平面内的三根圆杆 *AB*、*CD* 和 *EF*,直径和材料都相同,下端焊接在刚块 *BDF* 上。当在 *A* 处作用有力偶 $M_e$ 时,问 *A*、*E* 两个面的角位移和线位移是否相等?

* **思考题 6-4** 用软钢或某种塑性很好的塑性材料制成的扭转圆试件，在扭转之后，试件表面的母线变成了螺旋线。问母线有没有伸长？试件的长度和直径有没有变化？最好通过试验来研究这个问题。

* **思考题 6-5** 如图 6-27 所示由两种材料在交界面上牢固结合而成的组合圆轴的横截面。已知两部分的极惯性矩分别为 $I_{p_1}$ 和 $I_{p_2}$，剪切弹性模量 $G_1 = 2G_2$，承受扭矩 $T$，问如何推导此组合轴横截面上的切应力公式？横截面上的切应力是怎样分布的？

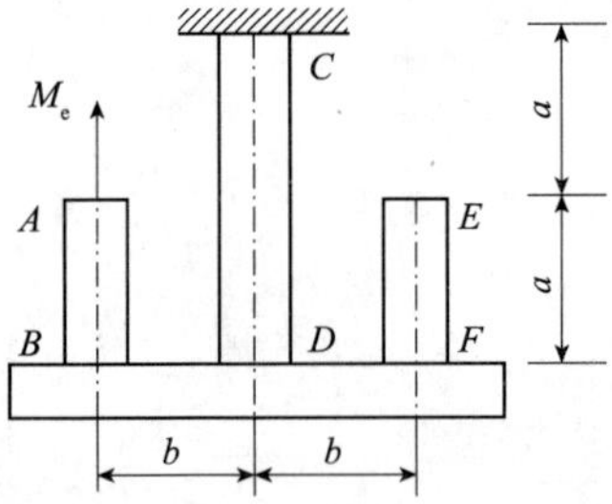


图 6-26

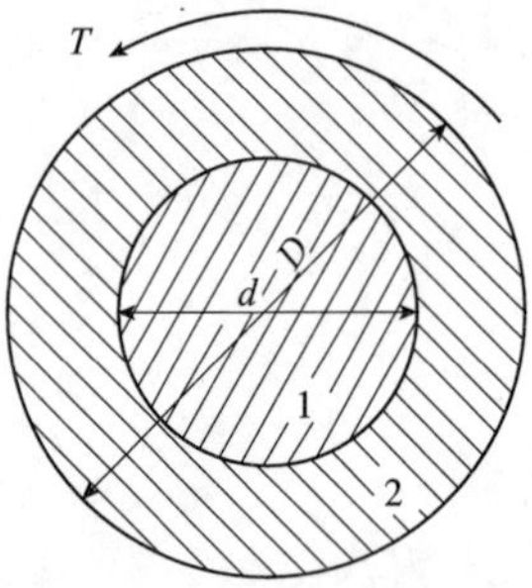


图 6-27

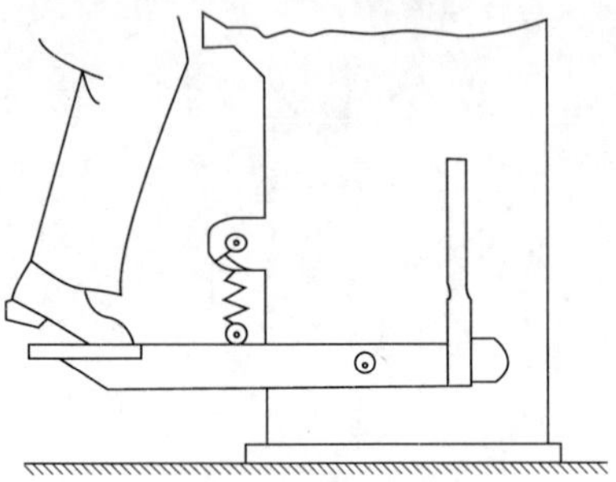

图 6-28

**思考题 6-6** 冲压操作工人通过踩动踏板来操纵冲压部分。踏板装有一圆柱形螺旋弹簧，使其在每次踩动后自动恢复原位，如图 6-28 所示，由于设计不当，工人踩动踏板太费劲。你能否设法改变弹簧，使操作轻便些？

* **思考题 6-7** 人们在日常生活中到处可以看到弹簧的应用。你注意到沙发的弹簧是什么样子吗？试分析一下为什么不绕成圆柱形螺旋弹簧而绕成如图 6-29 所示的形状？

* **思考题 6-8** 如图 6-30 所示一受扭转的棱柱体，在各侧表面上无任何外力作用，问在其横截面的凸角尖 $A$ 处是否必无切应力？为什么？在柱体扭转理论的发展过程中，圣维南曾经认为在凹角尖 $B$ 处的切应力也等于零，对吗？

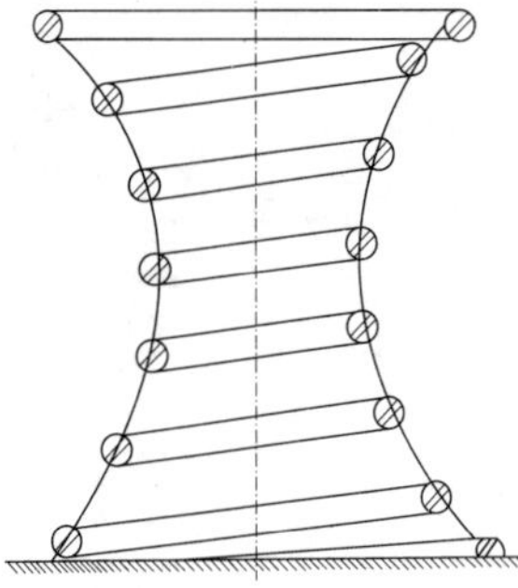

图 6-29

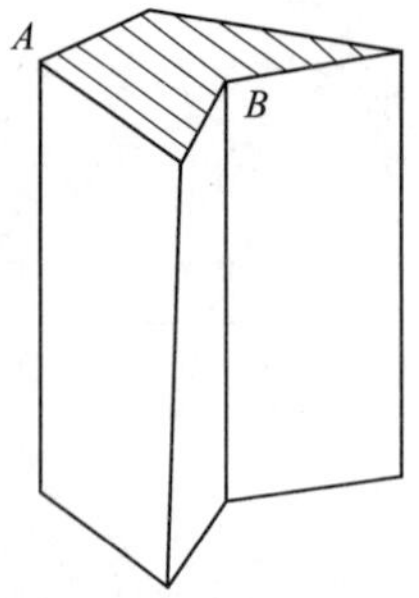


图 6-30

**思考题 6-9** 一正方形截面轴受扭转，试用正反对称性说明下述的截面变形情况哪些是不可能的：

(1) 图 6-31a)、b) 表示对横截面内的径向线 $OM$ 和 $ON$ 所设想的两种变形；

(2) 图 6-31c)、d) 表示对 $M$ 和 $N$ 两点所设想的两种沿铅垂方向的位移。

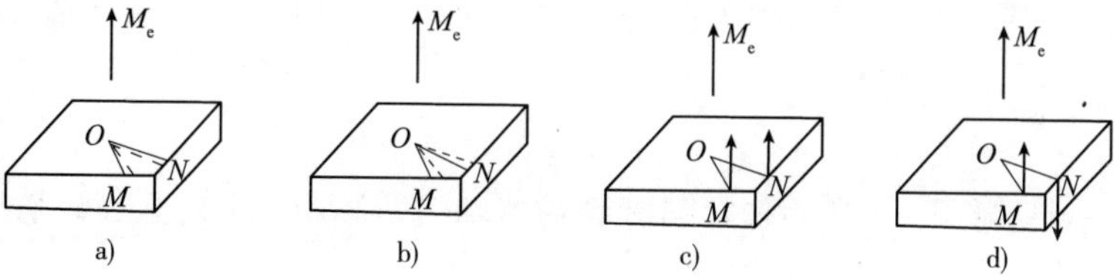


图 6-31

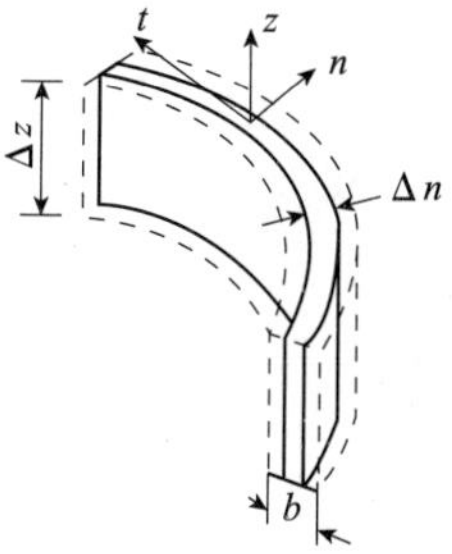


图 6-32

**思考题 6-10** 从一空心薄壁杆中截出如图 6-32 所示的单元体，假定此杆受扭转时，处处有 $\sigma_n = \tau_{nz} = \tau_{nt} = 0$，试由此单元推断 $\sigma_t$ 也必定为零。

**思考题 6-11** 试画出如图 6-33 所示两种 T 字形薄壁截面杆扭转时横截面上的切应力分布及其走向。

**思考题 6-12** 在纯扭转时，开口和闭口薄壁管中切应力的分布情况有什么不同？如图 6-34 所示三种截面薄壁管的材料、长度、壁厚和管壁的周长均相同。问哪一根管子的抗扭能力最强？哪一根最弱？

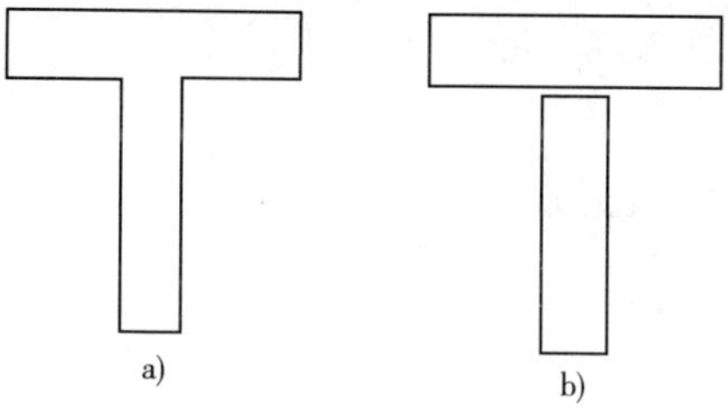


图 6-33

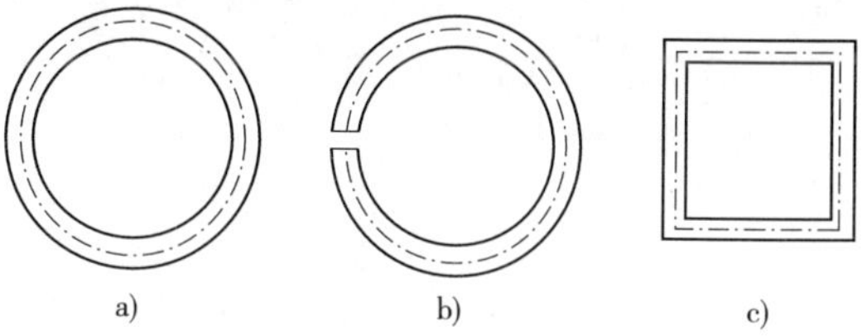


图 6-34

**思考题 6-13** 两根材料和尺寸完全相同的开口薄壁圆管，受到同样大小的扭矩作用，如图 6-35 所示。问两管内的应力状态是否相同？

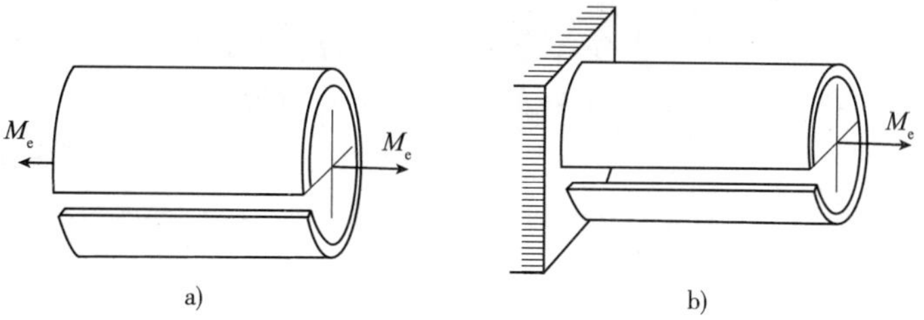


图 6-35

***思考题 6-14** 如图 6-36 所示为对称薄壁盒形截面，当杆发生纯扭转变形时，中间腹板有无应力存在？为什么？

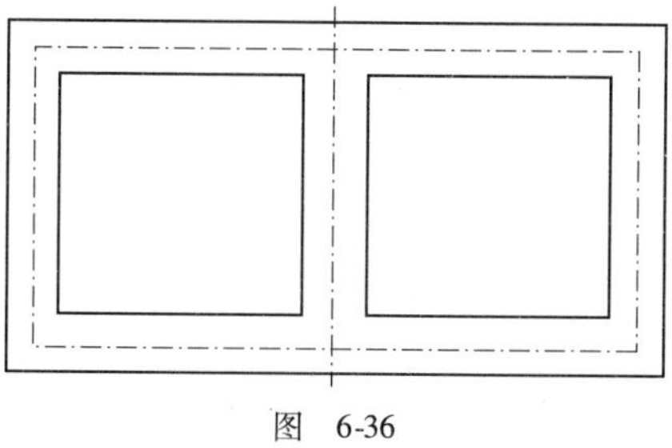

图 6-36

## 习题

### A 类型习题

**习题 6-1**　如习题图 6-1 所示两段同直径的圆轴用凸缘和 8 个同直径的螺栓连接。轴的 $[\tau]_{轴}=70\text{MPa}$，螺栓的 $[\tau]_{栓}=60\text{MPa}$，求许用转矩 $[M_e]$。

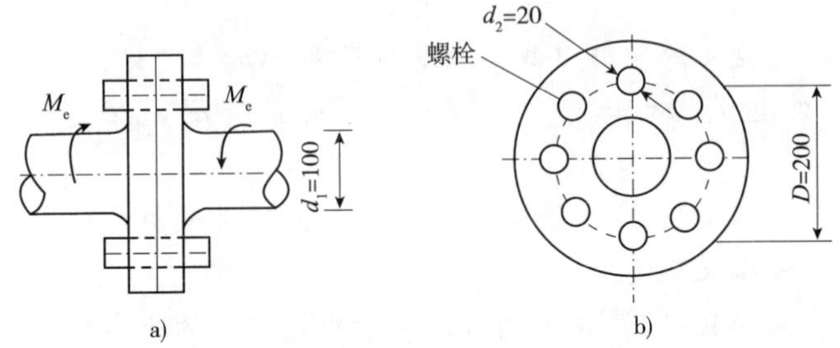


习题图 6-1　(尺寸单位:mm)

**习题 6-2**　如习题图 6-2 所示某传动轴，转速 $n=300\text{r/min}$，轮 1 为主动轮，输入功率 $P_1=50\text{kW}$，轮 2、3、4 为从动轮，输出功率 $P_2=10\text{kW}$，$P_3=P_4=20\text{kW}$。

(1)试绘该轴的扭矩图;

(2)若将轮 1 与轮 3 的位置对调，试分析对轴的受力是否有利。

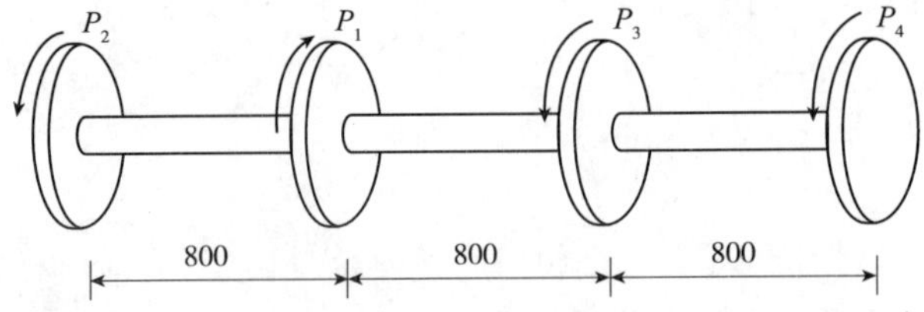


习题图 6-2　(尺寸单位:mm)

**习题 6-3**　如习题图 6-3 所示内外径分别为 20mm 和 40mm 的空心圆截面轴受扭矩 $T=1\text{kN}\cdot\text{m}$ 作用，计算横截面 $A$ 点的 $\tau_A$ 及横截面上的最大和最小剪应力。

**习题 6-4**　如习题图 6-4 所示实心轴与空心轴通过牙嵌离合器相连接，已知轴的转速 $n=100\text{r/min}$，传递的功率 $P=10\text{kW}$，$[\tau]=80\text{MPa}$。试确定实心轴的直径 $d$ 和空心轴的内外直径 $d_1$ 和 $D_1$。已知 $\alpha=d_1/D_1=0.6$。

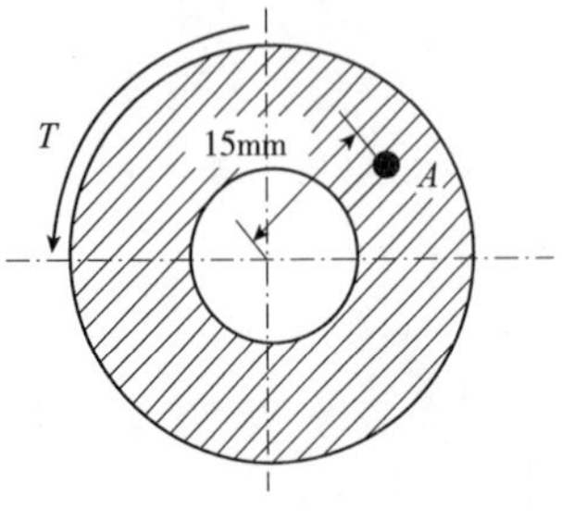


习题图　6-3

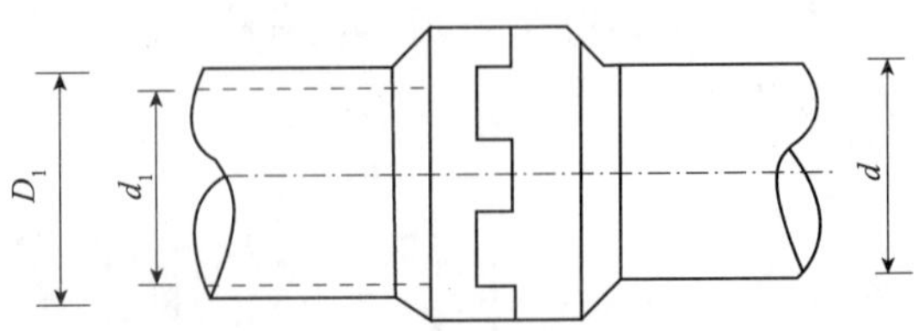


习题图　6-4

**习题 6-5**　材料相同的一根实心圆轴和一根空心圆轴，按传递相同的扭矩和具有相同的最大剪应力来进行设计。已知空心圆轴的 $d/D=0.8$，求:

(1)空心圆轴与实心圆轴的重量比;

(2)空心圆轴的外径与实心圆轴的直径比。

**习题 6-6** 直径为 $D$ 的实心圆轴，两端受扭转力偶矩作用，最大许可力偶矩为 $M_e$。若将轴的横截面积增加一倍，则其最大许可力偶矩为 $M_e$ 的多少倍？（按强度条件考虑）。

**习题 6-7** 实心钢轴和空心铝轴（$\alpha = d/D = 0.6$）的长度及横截面积均相等，钢的许用剪应力 $[\tau_1] = 80\text{MPa}$，铝的许用剪应力 $[\tau_2] = 50\text{MPa}$。从强度条件考虑，哪根轴能承受较大的扭矩？

**习题 6-8** 如习题图 6-5 所示阶梯圆轴，其直径分别为 36mm 和 30mm，$[\tau] = 40\text{MPa}$，试校核轴的强度。

**习题 6-9** 如习题图 6-6 所示圆轴，直径为 $d = 100\text{mm}$，材料剪切模量为 $G = 80\text{GPa}$。求 $AC$ 两截面间的相对扭转角 $\varphi_{AC}$。

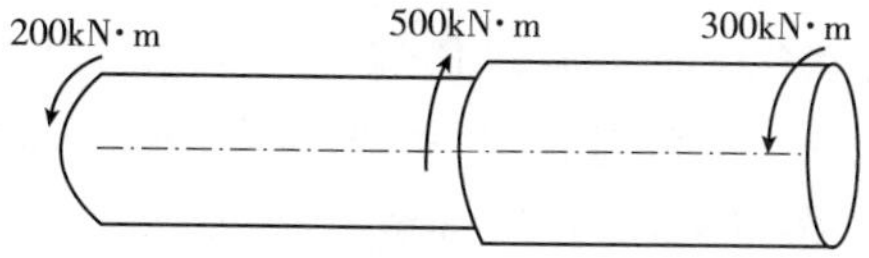


习题图 6-5

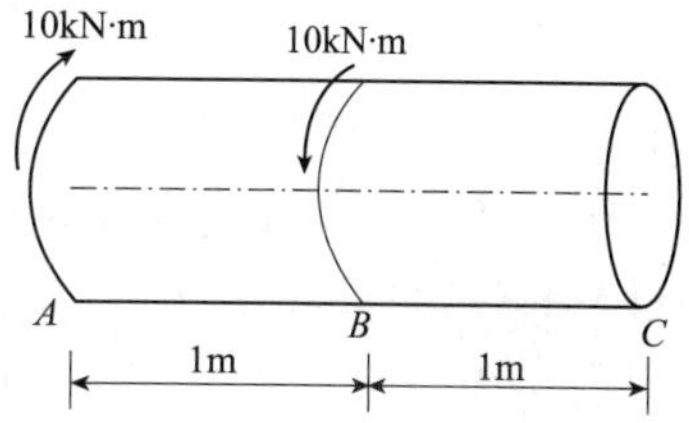


习题图 6-6

**习题 6-10** 如习题图 6-7 所示阶梯圆轴，$d_2 = 2d_1$，若使两段内单位长度的扭转角 $\vartheta$ 相等，则 $M_{e_2}/M_{e_1}$ 的比值为多少？

**习题 6-11** 如习题图 6-8 所示直角弯拐，$AB$ 段为圆轴，剪切模量为 $G$，不计 $BC$ 段变形，求 $C$ 点铅垂位移。

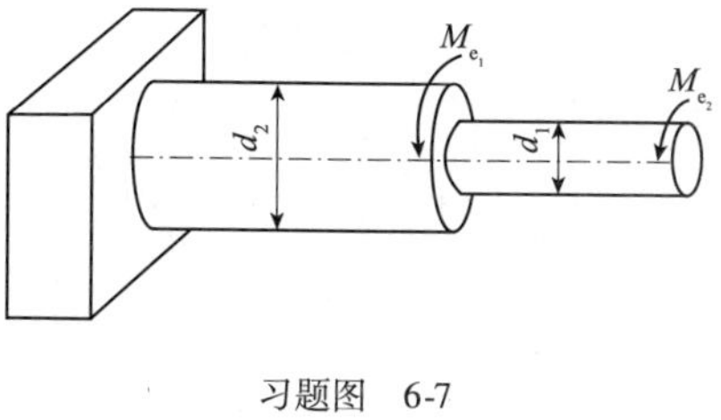


习题图 6-7

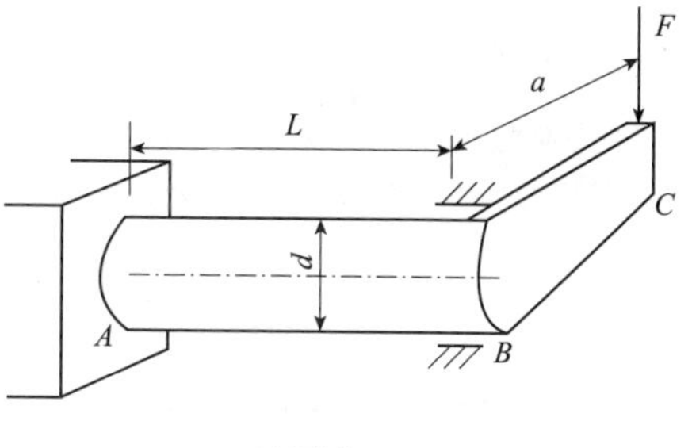


习题图 6-8

**习题 6-12** 圆轴的直径 $d = 50\text{mm}$，$G = 80\text{GPa}$，当两端截面间的扭转角为 6° 时，$\tau_{max} = 90\text{MPa}$，求轴的长度。

**习题 6-13** 如习题图 6-9 所示直径为 $d$ 的圆轴，两端受外力偶 $M_e$ 作用，两端面间的相对扭角 $\varphi_{AB} = 9°$，$[\tau] = 90\text{MPa}$，$G = 80\text{GPa}$，试求该轴满足强度要求时的 $L/d$ 的值。

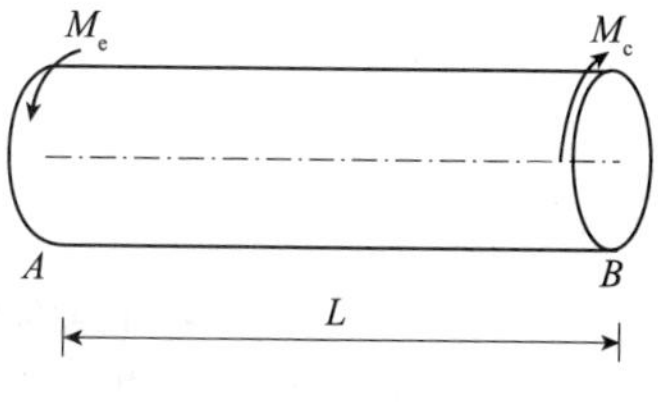


习题图 6-9

**习题 6-14** 如习题图 6-10 所示内外径分别为 45mm 和 65mm 的空心圆轴，$[\sigma] = 22\text{MPa}$，$G = 80\text{GPa}$。

(1)校核轴的强度；

(2)求 $A$、$C$ 两截面间的相对扭转角。

**习题 6-15** 传动轴传递的外力偶矩 $M_e = 5.4\text{N} \cdot \text{m}$，$[\tau] = 30\text{MPa}$，$[\vartheta] = 0.5°/\text{m}$。试选择轴的直径 $d$。

**习题 6-16** 钢轴的转速 $n=250\text{r/min}$，传递的功率 $P=60\text{kW}$，材料的 $[\tau]=40\text{MPa}$，$G=80\text{GPa}$，$[\vartheta]=0.8°/\text{m}$。试设计轴的直径 $d$。

**习题 6-17** 长为 3m、直径为 80mm 的钢轴，$G=80\text{GPa}$，当规定其剪应力不得超过 80MPa、扭转角不得超过 0.06rad 时，求该轴所能承受的最大扭矩。

**习题 6-18** 如习题图 6-11 所示圆轴所传递的功率 $P=5.5\text{kW}$，转速 $n=200\text{r/min}$，许用剪应力 $[\tau]=40\text{MPa}$。试设计轴的直径 $d$。

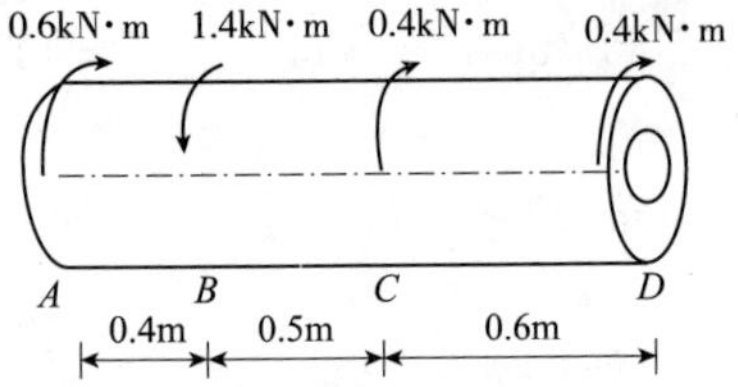


习题图 6-10

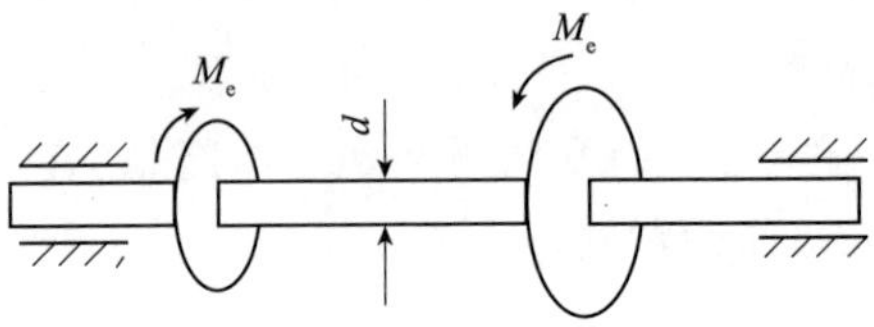


习题图 6-11

**习题 6-19** 一端固定的圆轴受集度为 $m_t$（N·m/m）的均布力偶作用而发生扭转变形，已知材料的许用剪应力为 $[\tau]$，若轴为等强度轴，试确定轴直径沿轴向变化的表达式 $d(x)$。

**习题 6-20** 直径 $d=100\text{mm}$ 的圆轴受力及尺寸如习题图 6-12 所示。

（1）画出扭矩图；

（2）如三个外力偶矩的位置可以互换，求最合理布置时轴内的 $\tau_{max}$。

**习题 6-21** 如习题图 6-13 所示两段直径均为 $d=60\text{mm}$ 的实心圆轴，由法兰盘通过 6 只螺栓连接。轴所传递的功率 $P=80\text{kW}$，转速 $n=240\text{r/min}$。轴与螺栓的许用剪应力分别为 $[\tau_1]=80\text{MPa}$ 和 $[\tau_2]=55\text{MPa}$。

（1）校核轴的强度；

（2）设计螺栓的直径 $d_{栓}$。

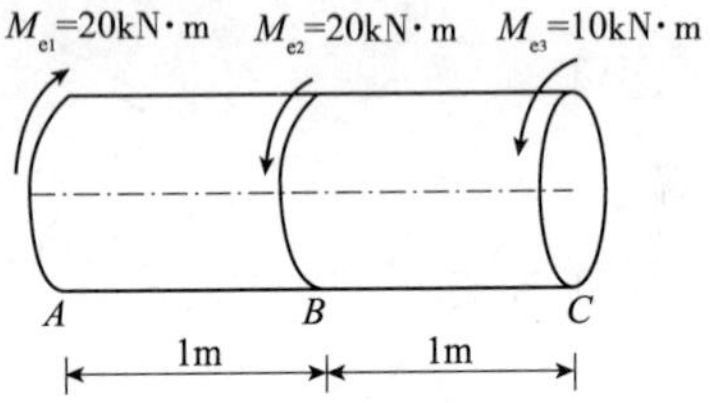


习题图 6-12

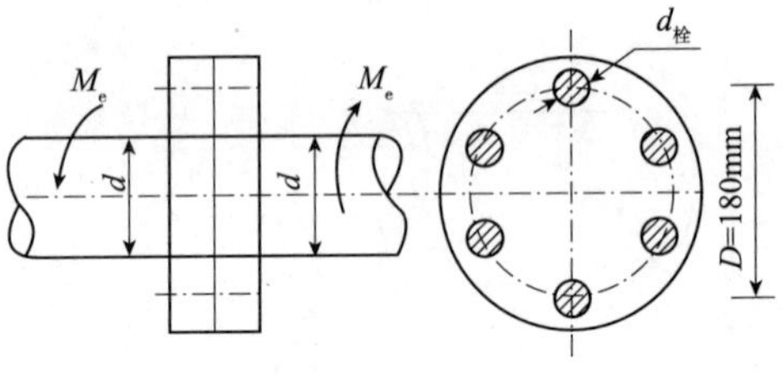


习题图 6-13

**习题 6-22** 直径 $d=30\text{mm}$ 的实心圆轴受到扭矩 $T=0.25\text{kN}\cdot\text{m}$ 的作用后，在 2m 长度内产生3.74°的相对扭转角。求材料的剪切弹性模量 $G$。

**习题 6-23** 两空心圆轴的材料、长度和所受的外力偶矩相同，1 轴外径 $D_1=55\text{mm}$，内径 $d_1=40\text{mm}$，若两轴单位长度扭转角关系为 $\vartheta_2=2\vartheta_1/3$，且用料重量相同，求 2 轴的外径 $D_2$ 和内径 $d_2$。

**习题 6-24** 空心圆截面铝轴，外径 $D=100\text{mm}$，内径 $d=90\text{mm}$，$L=2\text{m}$，$\tau_{max}=70\text{MPa}$，$G=80\text{GPa}$，受扭矩 $T$ 的作用，求：

（1）两端面的相对扭转角；

（2）在相同应力条件下实心轴的直径。

**习题 6-25** 如习题图 6-14 所示阶梯轴输入功率 $P_B=50\text{kW}$，输出功率分别为 $P_A=30\text{kW}$、$P_C=20\text{kW}$，转速 $n=1\ 200\text{r/min}$，$G=80\text{GPa}$，$[\vartheta]=0.3°/\text{m}$，若要求两段轴的强度相

同，试按刚度条件设计轴的直径 $d_1$ 和 $d_2$。

**习题 6-26** 如习题图 6-15 所示等截面传动轴的转速 $n = 191\mathrm{r/min}$，由 $A$ 轮输入功率 $P_A = 8\mathrm{kW}$，由 $B$、$C$、$D$ 各轮输出的功率分别为 $P_B = 3\mathrm{kW}$、$P_C = 1\mathrm{kW}$、$P_D = 4\mathrm{kW}$。已知轴的许用剪应力 $[\tau] = 60\mathrm{MPa}$，剪切弹性模量 $G = 80\mathrm{GPa}$，$[\vartheta] = 2°/\mathrm{m}$。要求：首先合理安排各轮的位置，然后绘出传动轴的扭矩图，并确定轴的直径。

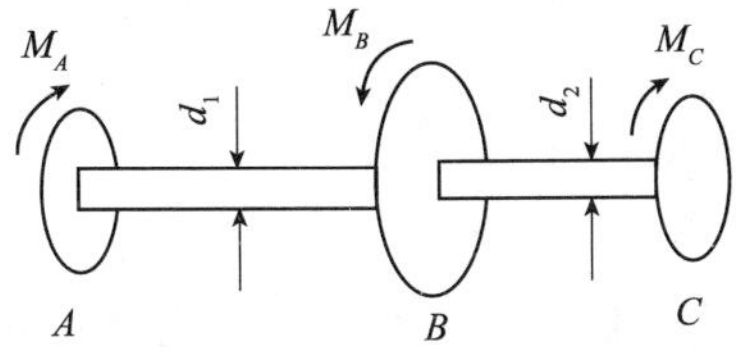


习题图 6-14

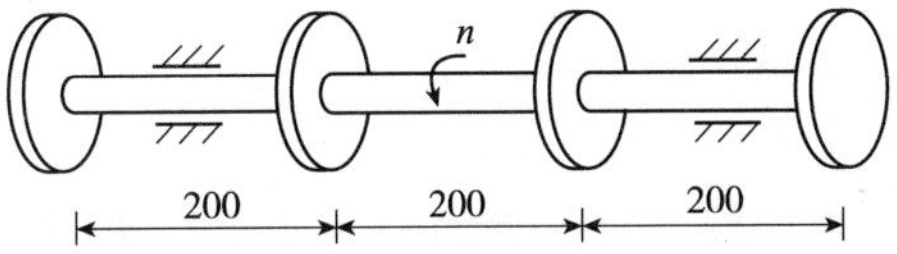


习题图 6-15 （尺寸单位：mm）

**习题 6-27** 圆轴受力如习题图 6-16 所示，已知均布扭转外力偶矩的集度 $m_0 = 10\mathrm{N \cdot m/m}$，轴长 $L = 1\mathrm{m}$，材料的许用剪应力 $[\tau] = 160/\pi\mathrm{MPa}$，剪切弹性模量 $G = 80\mathrm{GPa}$，$[\vartheta] = 2°/\mathrm{m}$，试确定该轴的直径 $d$。

**习题 6-28** 如习题图 6-17 所示圆轴承受扭转力偶矩 $M_e$，已知 $[\tau] = 100\mathrm{MPa}$，$G = 80\mathrm{GPa}$，在轴 2.5m 长度内的最大许可扭转角为 0.06rad，求 $M_e$ 的许可值。

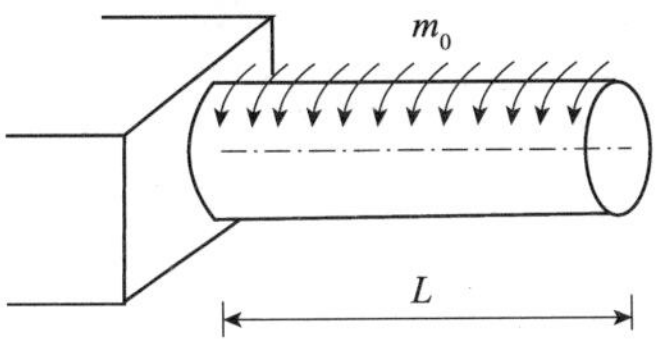


习题图 6-16

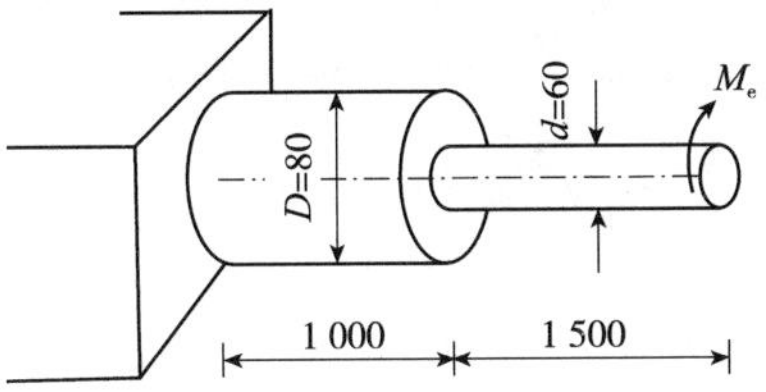


习题图 6-17 （尺寸单位：mm）

## B 类型习题

**习题 6-29** 如习题图 6-18 所示，设圆轴上有 $A$、$B$ 两个凸缘，在扭转力偶矩 $M_e$ 作用下，圆轴发生扭转变形，这时，把一段长为 $L$ 的圆管与轴的凸缘焊接在一起，然后解除 $M$。试分别用内力功和外力功两种方法求储存在该系统内的变形能。设圆轴和圆管的扭转刚度分别为 $GI_{P_1}$ 和 $GI_{P_2}$。（《力学与实践》小问题，1987 年第 152 题）

**习题 6-30** 一根套接的轴（紧配合或黏结连接）传递一扭矩 $T$（习题图 6-19），请分别画出两轴的扭矩图，并指出扭矩 $T$ 是以何种方式从Ⅰ轴传至Ⅱ轴的。（《力学与实践》小问题，1987 年第 140 题）

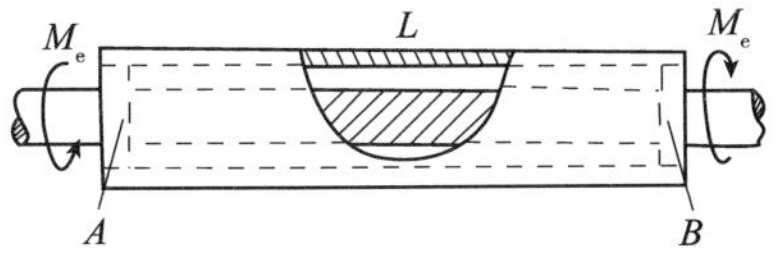


习题图 6-18

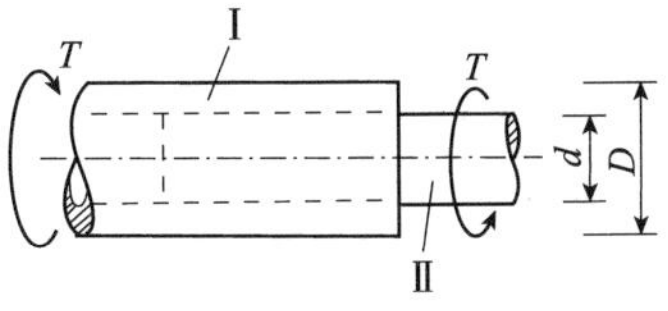


习题图 6-19

**习题 6-31** 相同材料组合轴如习题图 6-20 所示，若芯轴直径为 $d$，套管外径为 $D$，材料的许用切应力为 $[\tau]$。试问：

（1）用何方法可提高该组合轴的强度？若 $D = 2d$，用此法可使扭力偶矩的许用值 $[M_e]$ 提高百分之几？

(2)若 $d$ 可以调整，$d$ 与 $D$ 的比值为多大时，对强度最有利？(《力学与实践》小问题，1996 年第 285 题)

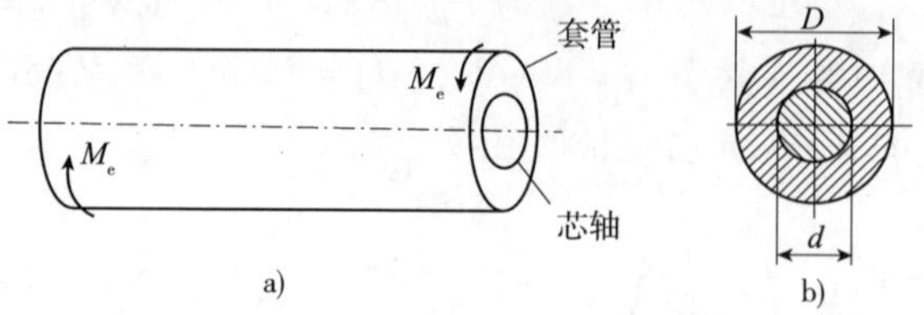


习题图 6-20

**习题 6-32** 杆的截面形状分别为圆、椭圆、等边三角形和窄矩形，试确定这些杆扭转振动的传播速度。

## C 类型习题

**习题 6-33** 求如习题图 6-21 所示轴的扭转弹簧系数。

已知数据：$a = 25\text{cm}, b = 50\text{cm}, e = 30\text{cm}, d_1 = 2\text{cm}, d_2 = 4\text{cm}$。切变模量 $G = 86\text{GPa}$。

**习题 6-34** 如习题图 6-22 所示，一个变截面轴（切变模量为 $G$）的两端为固定端。一对力矩作用在与轴固定联结的齿轮上，并将扭转力矩 $M_e = 2Fr$ 传送给轴。

(1)求固定支座 $A$ 和 $B$ 两端的约束力矩。

(2)当 $a > b > c$ 时，求最大切应力 $\tau_{max}$ 所在截面的位置及其大小。

(3)为使扭转角 $\varphi$ 为最大值，求齿轮应位于轴肩段 2 的位置。

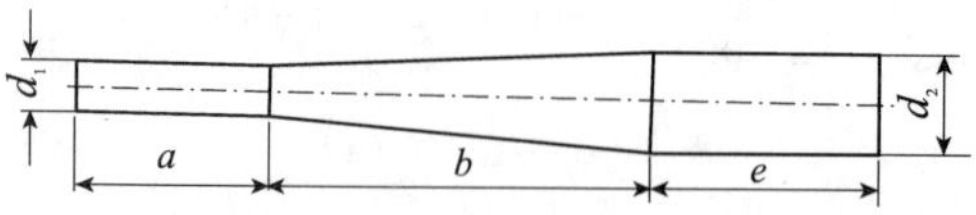


习题图 6-21

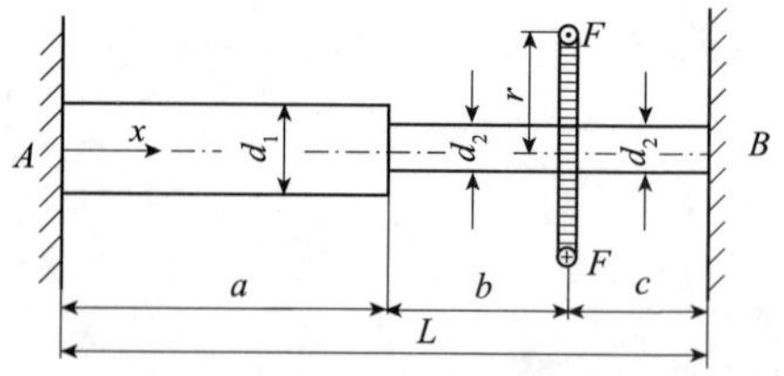


习题图 6-22

毛泽东(字润之,1893 ~ 1976)

“古为今用，

洋为中用，

去粗取精，

去伪存真。”

子曰："默而识之，学而不厌，
诲人不倦，何有于我哉？"

# 第7章　弯曲内力

本章研究梁的内力，为简单起见，仅研究所有外力均作用在同一平面内的梁，实际上，这也是最基本与最常见的情况。

## 7.1　梁的约束与类型

一般说来，当杆件承受垂直于其轴线的外力，或矢量垂直于杆轴的外力偶时，杆的轴线将由直线变为曲线[图7-1a)]。以轴线变弯为主要特征的变形形式，称为弯曲。凡是以弯曲变形为主要变形的杆件，称为梁。

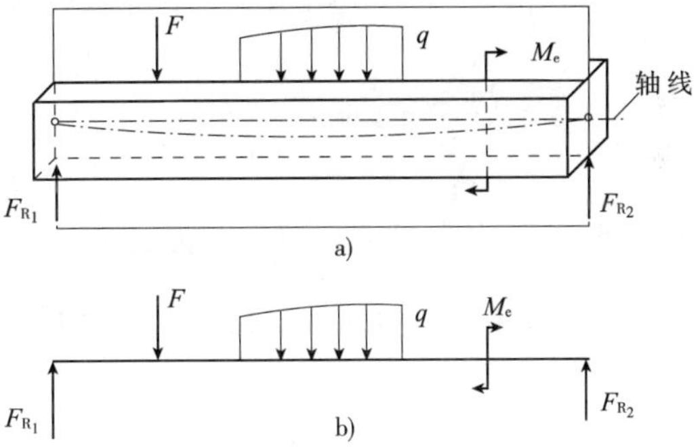

图7-1　梁的计算简图

梁是机械与工程结构中最常见的构件。在分析计算时，通常用梁的轴线代表梁，例如图7-1a）所示梁的计算简图即如图7-1b）所示。

### 7.1.1　支座形式与支座约束力

作用在梁上的外力，包括载荷与支座对梁的约束力。最常见的支座及相应支座约束力如下。

（1）活动铰支座。活动铰支座仅限制梁支承处垂直于支承平面的线位移，与此相应，仅存在垂直于支承平面的反作用力$F_R$[图7-2a)]。在图7-2a)中，同时还绘出了用铰杆表示的活动铰支座的简图。

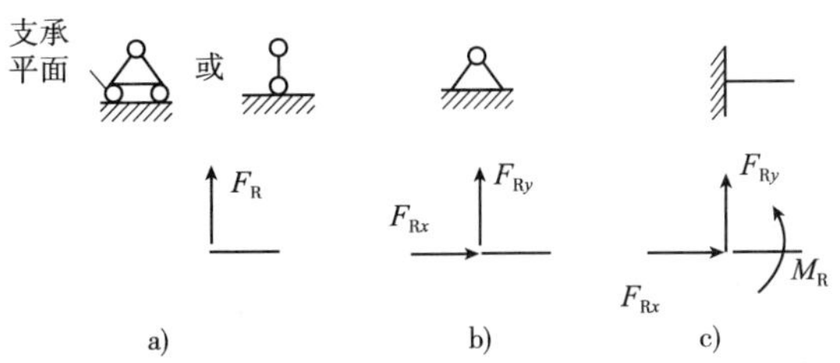

图7-2　支座形式及其约束力

（2）固定铰支座。固定铰支座限制梁在支承处沿任何方向的线位移，因此，相应支座约束力可用两个力表示，例如沿梁轴方向的支座约束力$F_{Rx}$与垂直于梁轴的支座约束力$F_{Ry}$[图7-2b)]。

（3）固定端。固定端限制梁端截面的线位移与角位移，因此，相应支座约束力可用三个分量表示，沿梁轴方向的支座约束力$F_{Rx}$、垂直于梁轴方向的支座约束力$F_{Ry}$以及位于梁轴平面内的支座约束力偶矩$M_R$[图7-2c)]。

### 7.1.2 梁的类型

本章所讨论的梁外力均作用在同一平面内。平面一般力系的有效平衡方程仅三个。因此,如果作用在梁上的支座约束力(包括支座约束力偶矩)也正好是三个,则恰可由平衡方程确定。利用平衡方程即可确定全部支座约束力的梁,称为静定梁。最常见的静定梁有以下三种:

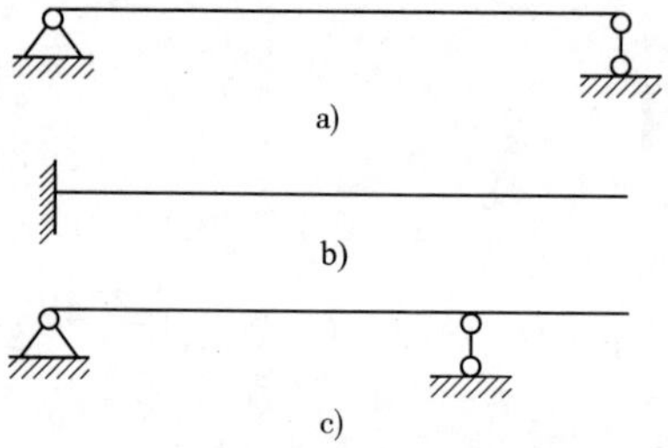

图 7-3 静定梁的类型

(1)简支梁:一端固定铰支、另一端为活动铰支的梁[图 7-3a)]。

(2)悬臂梁:一端固定、另一端自由的梁[图 7-3b)]。

(3)外伸梁:具有一个或两个外伸部分的简支梁[图 7-3c)]。

如果梁上支座约束力的数目超过有效平衡方程的数目,则仅靠平衡方程不能求解。仅靠平衡方程尚不能确定全部支座约束力的梁,称为静不定梁或超静定梁。

## 7.2 剪力与弯矩

### 7.2.1 剪力与弯矩的符号规定

如图 7-4a)所示任意梁,其上外力均为已知,现在研究任一横截面 $m$-$m$ 上的内力,该截面至梁左端的距离为 $b$。

利用截面法,在截面 $m$-$m$ 处将梁假想地切开,并选切开后的左段为研究对象[图 7-4b)]。当梁弯曲时,横截面一般同时存在两种内力分量:切向力 $F_S$,即剪力;内力偶矩 $M$,即弯矩。

关于剪力与弯矩的正负符号规定如下:剪力左上右下为"+"[图 7-5a)],即截面在左侧向上为正,截面在右侧向下为正;弯矩左顺右逆为"+"[图 7-5b)],即截面在左侧顺时针为正,截面在右侧逆时针为正。按此规定,图 7-5 中所示的剪力与弯矩均为正。

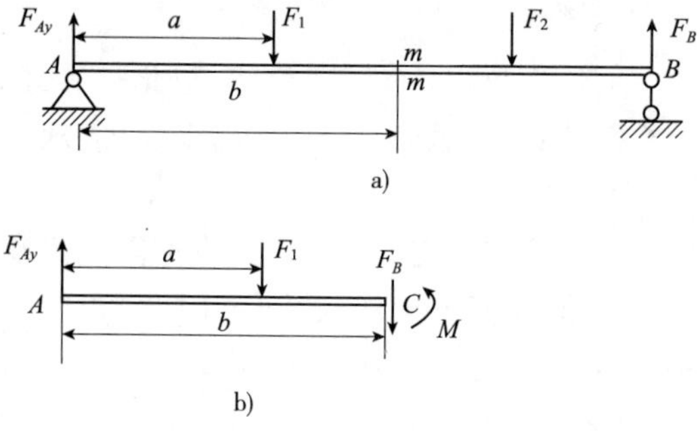

图 7-4 剪力与弯矩

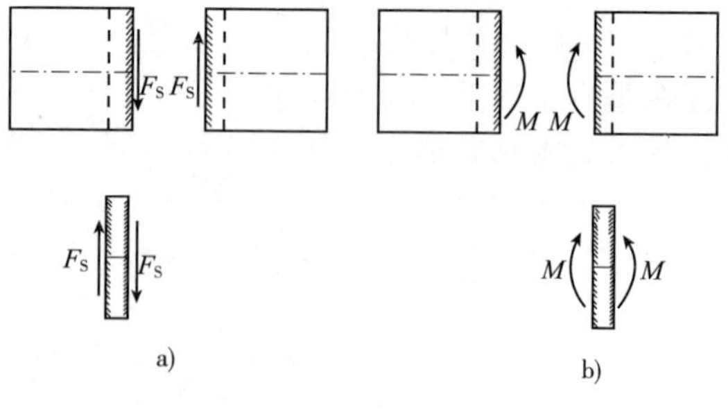

图 7-5 剪力与弯矩符号规定

### 7.2.2 截面法

计算剪力与弯矩的方法,即截面法在梁上的应用,可概括如下:

(1)截:在需求内力的横截面处,假想地将梁切开。

(2)取:原则上取受力简单的部分作为研究对象,并弃去另一部分。

(3)**代**:用作用于截面上的规定正向剪力 $F_S$ 和弯矩 $M$,代替弃去部分对取出部分的作用。

(4)**平**:由平衡方程

$$\sum F_y = 0$$

计算剪力 $F_S$;由平衡方程

$$\sum M_C = 0$$

计算弯矩 $M$。其中,$C$ 为所切横截面的形心。

**例题 7-1** 如图 7-6a)所示外伸梁,承受集中力 $F$ 与矩为 $M_e = Fl$ 的集中力偶作用,试计算横截面 $E$、横截面 $A_+$ 与 $D_-$ 的剪力和弯矩。截面 $A_+$ 代表距横截面 $A$ 无限近并位于其右侧的截面;截面 $D_-$ 代表距横截面 $D$ 无限近并位于其左侧的截面。

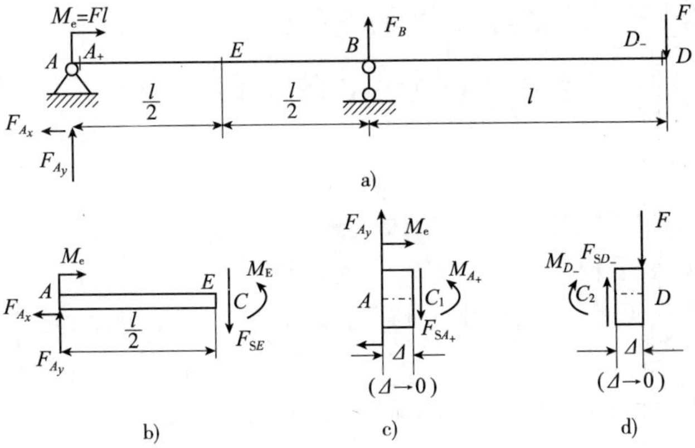


图 7-6

**解**:截面法。

①计算支座约束力。

外伸梁受力 $\boldsymbol{F}$、$\boldsymbol{M}_e$、$\boldsymbol{F}_{Ax}$、$\boldsymbol{F}_{Ay}$、$\boldsymbol{F}_B$[图 7-6a)]。

$$\sum F_x = 0, F_{Ax} = 0 \tag{1}$$

$$\sum M_A = 0,\ -F \cdot 2l - M_e + F_B \cdot l = 0$$
$$F_B = 3F \tag{2}$$

$$\sum F_y = 0,\ -F + F_B + F_{Ay} = 0$$
$$F_{Ay} = -2F \tag{3}$$

②计算横截面 $E$ 的剪力与弯矩($C$ 为截面 $E$ 的形心)。

截面 $E$ 左段受力 $\boldsymbol{M}_e$、$\boldsymbol{F}_{Ay}$、$\boldsymbol{F}_{SE}$、$\boldsymbol{M}_E$[图 7-6b)]。

$$\sum F_y = 0, F_{Ay} - F_{SE} = 0$$
$$F_{SE} = -2F \tag{4}$$

$$\sum M_C = 0,\ -F_{Ay} \cdot \frac{l}{2} - M_e + M_E = 0$$
$$M_E = 0 \tag{5}$$

③计算横截面 $A_+$ 的剪力与弯矩($C_1$ 为截面 $A_+$ 的形心)。

截面 $A_+$ 左段受力 $\boldsymbol{M}_e$、$\boldsymbol{F}_{Ay}$、$\boldsymbol{F}_{SA_+}$、$\boldsymbol{M}_{A_+}$[图 7-6c)]。

$$\sum F_y = 0, F_{Ay} - F_{SA_+} = 0$$
$$F_{SA_+} = -2F \tag{6}$$

$$\sum M_{C_1}=0,\ -F_{Ay}\cdot\Delta-M_e+M_{A+}=0$$

$$M_{A+}=Fl \tag{7}$$

④计算横截面 $D_-$ 的剪力与弯矩($C_2$ 为截面 $D_-$ 的形心)。

截面 $D_-$ 右段受力 $\boldsymbol{F}$、$\boldsymbol{F}_{SD-}$、$\boldsymbol{M}_{D-}$[图 7-6d)]。

$$\sum F_y=0,\ -F+F_{SD-}=0$$

$$F_{SD-}=F \tag{8}$$

$$\sum M_{C_2}=0,\ -F\cdot\Delta-M_{D-}=0$$

$$M_{D-}=0 \tag{9}$$

### 7.2.3 剪力函数、弯矩函数与剪力图、弯矩图

为了描写剪力与弯矩沿梁轴的变化情况,沿梁轴选取坐标 $x$ 表示横截面的位置,并建立剪力、弯矩与坐标 $x$ 间的解析关系式,即

$$F_S=F_S(x),M=M(x)$$

以上为剪力、弯矩沿梁轴变化的解析表达式,分别称为剪力函数与弯矩函数。

表示剪力与弯矩沿梁轴变化情况的另一重要方法为图示法。作图时,以 $x$ 为横坐标轴,以剪力 $F_S$ 或弯矩 $M$ 为纵坐标轴,分别绘制剪力与弯矩沿梁轴变化的图线。表示剪力与弯矩沿梁轴变化的图线,分别称为剪力图与弯矩图。画剪力图和弯矩图时应注意:

(1)剪力图画在原图的下面,弯矩图画在剪力图的下面,上下对齐,并标出坐标轴 $x$-$F_S$ 和 $x$-$M$。

(2)须标出剪力 $F_S$ 和弯矩 $M$ 的正负号,用小圆圈住。

(3)要标出剪力 $F_S$ 和弯矩 $M$ 的区域,并用细竖线表示。

(4)要标出剪力 $F_S$ 和弯矩 $M$ 的单位。

(5)要标出剪力 $F_S$ 和弯矩 $M$ 突变处的值。

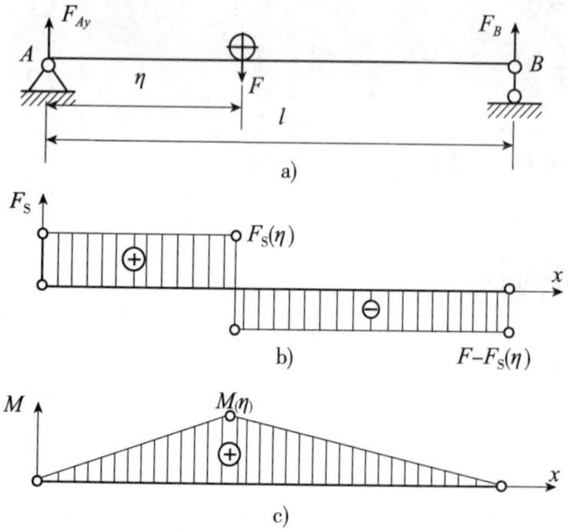


图 7-7

**例题 7-2** 如图 7-7a)所示简支梁,载荷 $F$ 可沿梁轴移动。试问:

(1)载荷位于何位置时,梁的最大剪力值最大,并确定该剪力值;

(2)载荷位于何位置时,梁的最大弯矩值最大,并确定该弯矩值。

**解:**如图 7-7a)所示,载荷位置用坐标 $\eta$ 表示。

①画梁的剪力图与弯矩图。

a. 支座约束力:

$$F_{Ax}=0,F_{Ay}=\frac{l-\eta}{l}F,F_B=\frac{\eta}{l}F$$

b. 剪力函数:

第一段

$$F_S=\frac{l-\eta}{l}F\quad(0<x<\eta)$$

第二段

$$F_S=-\frac{\eta}{l}F\quad(\eta<x<l)$$

画梁的剪力图[图 7-7b)]，剪力最大值

$$F_S(\eta)=\frac{l-\eta}{l}F\quad\left(0<\eta\leqslant\frac{l}{2}\right)$$

c. 弯矩函数：

第一段

$$M=\frac{l-\eta}{l}Fx\quad(0<x\leqslant\eta)$$

第二段

$$M=\frac{\eta}{l}F(l-x)\quad(\eta<x<l)$$

画梁的弯矩图[图 7-7c)]，弯矩最大值

$$M(\eta)=F\eta\left(1-\frac{\eta}{l}\right)$$

②剪力与弯矩的最大值。

$\eta\to0$ 即载荷无限靠近支座 $A$ 时，$F_{S,\max}^{(+)}=F$；$\eta\to l$ 即载荷无限靠近支座 $B$ 时，$F_{S,\max}^{(-)}=F$。$\eta=l/2$ 时，即载荷位于梁跨度中点时，$M_{\max}=\frac{1}{4}Fl$。

## 7.3 剪力、弯矩与载荷集度间的微分关系

在外载荷作用下，梁内产生剪力与弯矩。本节研究剪力、弯矩与载荷集度三者间的关系，及其在绘制剪力与弯矩图中的应用。

### 7.3.1 剪力、弯矩与载荷集度间的微、积分关系

如图 7-8a）所示梁，承受集度为 $q=q(x)$ 的分布载荷作用。这里，坐标轴 $x$ 的正向为自左向右，载荷集度则规定为方向向上者为正。为了研究剪力与弯矩沿梁轴的变化，用坐标分别为 $x$ 与 $x+dx$ 的横截面从梁中切取一微段进行分析。

设截面 $x$ 的内力为 $F_S$ 与 $M$，由于梁上仅作用连续变化的分布载荷，内力沿梁轴连续变化，因此，截面 $x+dx$ 的内力为 $F_S+dF_S$ 与 $M+dM$。此外，在该微段上还作用有集度为 $q(x)$ 的分布载荷。

**推导一：**微段 $dx$ 受力 $q$、$\boldsymbol{F}_S$、$\boldsymbol{M}$、$\boldsymbol{F}_S+d\boldsymbol{F}_S$、$\boldsymbol{M}+d\boldsymbol{M}$[图 7-8b)]。

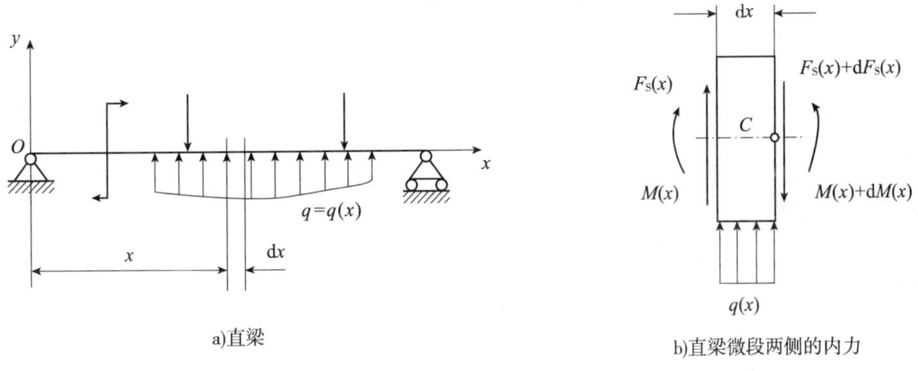


图 7-8 剪力、弯矩和载荷集度间的微分关系

$$\sum F_y = 0, F_S + q \cdot dx - (F_S + dF_S) = 0 \tag{7-1}$$

由式(7-1),得

$$\frac{dF_S}{dx} = q \tag{7-2}$$

$$\sum M_C = 0, (M + dM) - F_S \cdot dx - q \cdot dx \cdot \frac{dx}{2} - M = 0 \tag{7-3}$$

由式(7-3)并略去二阶微量 $q(dx)^2/2$,得

$$\frac{dM}{dx} = F_S \tag{7-4}$$

将式(7-4)代入式(7-2),还可得

$$\frac{d^2M}{dx^2} = q \tag{7-5}$$

上述关系表明:剪力图某点处的切线斜率,等于相应截面处的载荷集度;弯矩图某点处的切线斜率,等于相应截面处的剪力;而弯矩图某点处的二阶导数,则等于相应截面处的载荷集度。

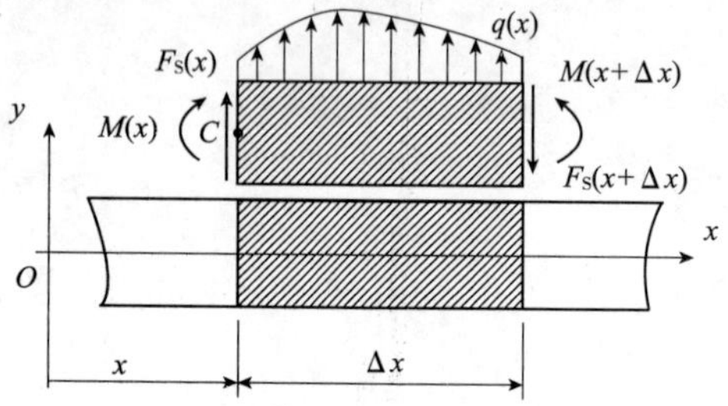

图 7-9　$x$ 处 $\Delta x$ 长的一段梁

以上所述剪力、弯矩与载荷集度间的微分关系式,实际上即梁微段的平衡方程。

**推导二:**剪力 $F_S(x)$ 和弯矩 $M(x)$ 都是截面位置 $x$ 的函数。在载荷没有发生突变的一段梁内,$F_S(x)$ 和 $M(x)$ 都是连续可导的。就在这样的一段梁上的 $x$ 处取长为 $\Delta x$ 的一小段(图 7-9)作为研究对象。由平衡条件得

$$\sum F_y = 0, F_S(x) + \int_x^{x+\Delta x} q(t)\,dt - F_S(x + \Delta x) = 0 \tag{7-6}$$

$$\sum M_C = 0, M(x + \Delta x) - M(x) + \int_x^{x+\Delta x} (t - x) \cdot q(t)\,dt - F_S(x + \Delta x) \cdot \Delta x = 0 \tag{7-7}$$

移项,两边同除以 $\Delta x(\neq 0)$,有

$$\frac{F_S(x + \Delta x) - F_S(x)}{\Delta x} = \frac{\int_x^{x+\Delta x} q(t)\,dt}{\Delta x} \tag{7-8}$$

$$\frac{M(x + \Delta x) - M(x)}{\Delta x} = F_S(x + \Delta x) - \frac{\int_x^{x+\Delta x} (t - x) \cdot q(t)\,dt}{\Delta x} \tag{7-9}$$

令 $\Delta x \to 0$,对式(7-6)和式(7-7)的左边考虑函数导数的定义,同时对其右边使用洛必达(L'Hospital)法则,得

$$\frac{dF_S(x)}{dx} = \lim_{\Delta x \to 0} \frac{d\left[\int_x^{x+\Delta x} q(t)\,dt\right]}{d(\Delta x)} = \lim_{\Delta x \to 0}[q(x + \Delta x)] = q(x) \tag{7-10}$$

即式(7-2)。

$$\frac{dM(x)}{dx} = F_S(x) - \lim_{\Delta x \to 0}[(x + \Delta x - x) \cdot q(x + \Delta x)] = F_S(x) \tag{7-11}$$

即式(7-4)。

**推导三**：对式(7-6)和式(7-7)的左边考虑函数导数的定义，同时对其右边使用积分中值定理

$$\frac{\mathrm{d}F_{\mathrm{S}}(x)}{\mathrm{d}x}=\lim_{\substack{\Delta x\to 0\\ \xi\in[x,x+\Delta x]}}\frac{\Delta x\cdot q(\xi)}{\Delta x}=q(x) \tag{7-12}$$

$$\frac{\mathrm{d}M(x)}{\mathrm{d}x}=F_{\mathrm{S}}(x)-\lim_{\substack{\Delta x\to 0\\ \xi\in[x,x+\Delta x]}}\frac{\Delta x\cdot(\xi-x)\cdot q(\xi)}{\Delta x}=F_{\mathrm{S}}(x) \tag{7-13}$$

同样得到式(7-2)和式(7-4)。

上述过程表明式(7-2)和式(7-4)是"精确的"等式。

推导过程中只考虑函数 $F_{\mathrm{S}}(x)$ 和 $M(x)$ 连续可导的一段，不需要画出整个梁，与梁的支承条件无关。一般条件下，内力和 $x$ 的分段函数中，分段点就是载荷突变点，支座可视作载荷突变点。

对式(7-2)、式(7-4)和式(7-5)积分，得

$$F_{\mathrm{S}_2}=F_{\mathrm{S}_1}+\int_{x_1}^{x_2}q\mathrm{d}x \tag{7-14}$$

$$M_2=M_1+\int_{x_1}^{x_2}F_{\mathrm{S}}\mathrm{d}x \tag{7-15}$$

$$M_2=M_1+F_{\mathrm{S}_1}(x_2-x_1)+\int_{x_1}^{x_2}\left(\int_{x_1}^{x}q\mathrm{d}x\right)\mathrm{d}x \tag{7-16}$$

上述关系表明：$x_2$ 截面上的剪力 $F_{\mathrm{S}_2}$，等于 $x_1$ 截面上的剪力 $F_{\mathrm{S}_1}$ 加上两截面之间分布载荷图的面积；$x_2$ 截面上的弯矩 $M_2$，等于 $x_1$ 截面上的弯矩 $M_1$ 加上两截面之间剪力图的面积。

### 7.3.2 利用剪力、弯矩与载荷集度间的微、积分关系绘制剪力图与弯矩图

由式(7-2)、式(7-4)、式(7-5)、式(7-15)、式(7-16)可以看出，梁的载荷与剪力、弯矩图之间存在如下关系。

(1)无分布载荷作用梁段

在无分布载荷作用的梁段，$q(x)=0$，$F_{\mathrm{S}}(x)=\mathrm{const}$，即剪力图为水平直线。相应的弯矩图为直线，其斜率则随 $F_{\mathrm{S}}$ 值而定。

(2)均布载荷作用梁段

在均布载荷作用的梁段，$q(x)=\mathrm{const}(\neq 0)$，即剪力图为倾斜直线，其斜率随 $q$ 值而定，而相应的弯矩图则为二次抛物线。显然，当分布载荷向上($q>0$)时，弯矩图为凹曲线；反之，当分布载荷向下($q<0$)时，弯矩图为凸曲线。在 $F_{\mathrm{S}}=0$ 的横截面处，弯矩图相应存在极值点。

(3)线性分布载荷作用梁段

最常见的非均布载荷为线性分布载荷，其表达式为

$$q=ax+b$$

式中，$a$ 与 $b$ 为常数。

由于载荷集度 $q$ 是 $x$ 的一次函数，梁的剪力 $F_{\mathrm{S}}$ 必为 $x$ 的二次函数，而弯矩 $M$ 则为 $x$ 的三次函数，即剪力图为二次抛物线，弯矩图为三次曲线。

**例题 7-3** 如图 7-10a)所示组合梁，由梁 $AC$ 与梁 $CD$ 并用铰链 $C$ 连接而成。在铰链 $C$ 与梁 $AC$ 上，分别作用有集中力 $F$ 与矩为 $M_{\mathrm{e}}=Fa$ 的集中力偶。试画梁的剪力与弯矩图。

**解**：①计算支座约束力。

梁 $AC$ 受力 $\boldsymbol{M}_{\mathrm{e}}$、$\boldsymbol{F}_A$、$\boldsymbol{F}_{Cx}$、$\boldsymbol{F}_{Cy}$[图 7-10b)]。

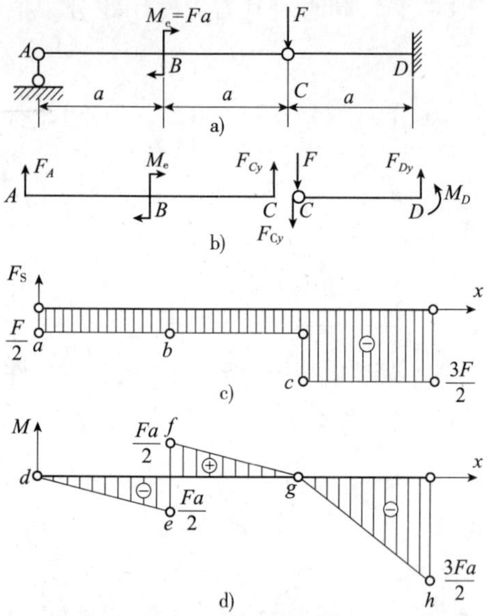

图 7-10

梁 $CD$ 受力 $\boldsymbol{F}$、$\boldsymbol{F}_{Cx}$、$\boldsymbol{F}_{Cy}$、$\boldsymbol{F}_{Dx}$、$\boldsymbol{F}_{Dy}$、$\boldsymbol{M}_D$[图 7-10b)]。

计算可知：$F_A = -\dfrac{1}{2}F$，$F_{Cx} = 0$，$F_{Cy} = \dfrac{1}{2}F$，$F_{Dx} = 0$，$F_{Dy} = \dfrac{3}{2}F$，$M_D = -\dfrac{3}{2}Fa$。

②画剪力图。

将整个组合梁划分为 $AB$、$BC$ 与 $CD$ 三段，由于梁上仅作用集中载荷，所以，各段梁的剪力图为水平直线。利用截面法，求得各段起点截面的剪力分别为

$$F_{SA_+} = -\frac{1}{2}F, F_{SB_+} = -\frac{1}{2}F, F_{SC_+} = -\frac{3}{2}F$$

上述截面的剪力值，在 $x$-$F_S$ 平面内依次对应 $a$、$b$ 与 $c$[图 7-10c)]。于是，在 $AB$、$BC$ 与 $CD$ 段内，分别过 $a$、$b$ 与 $c$ 画水平直线，即得梁的剪力图。

$$F_{S,\max}^{(-)} = \frac{3}{2}F$$

③弯矩图[图 7-10d)]。

各段梁的弯矩图均为倾斜直线。利用截面法，求得各段起点与终点截面的弯矩分别为

$$M_{A_+} = 0, M_{B_-} = -\frac{1}{2}Fa, M_{B_+} = \frac{1}{2}Fa, M_{C_-} = 0, M_{C_+} = 0, M_{D_-} = -\frac{3}{2}Fa。$$

上述截面的弯矩值，在 $x$-$M$ 平面内依次对应 $d$、$e$、$f$、$g$ 与 $h$[图 7-10d)]。分别连直线 $de$、$fg$ 与 $gh$，即得梁的弯矩图。

$$M_{\max}^{(+)} = \frac{1}{2}Fa, M_{\max}^{(-)} = \frac{3}{2}Fa$$

**讨论与练习**

(1)由于梁间铰仅能传递力，不能传递力偶矩，所以，梁间铰处截面 $C_-$ 与 $C_+$ 弯矩均为零。

(2)请读者使用 Maple 编程求解本题，验证手工计算结果。

**例题 7-4** 如图 7-11a)所示简支梁，承受线性分布载荷作用，载荷集度的最大绝对值为 $q_0$，试建立梁的剪力函数和弯矩函数，并画剪力与弯矩图。

**解：**①计算支座约束力。

简支梁 $AB$ 受力 $q$、$\boldsymbol{F}_{Ax}$、$\boldsymbol{F}_{Ay}$、$\boldsymbol{F}_B$[图 7-11a)]：

$$F_{Ax} = 0, F_{Ay} = \frac{1}{6}q_0 l, F_B = \frac{1}{3}q_0 l$$

②建立剪力函数与弯矩函数。

载荷集度

$$q = -\frac{q_0}{l}x \tag{1}$$

剪力函数

$$F_S = F_{Ay} + \int_0^x q\mathrm{d}x = \frac{1}{6}q_0 l - \frac{q_0}{2l}x^2 \quad (2)$$

弯矩函数

$$M = \int_0^x F_S\mathrm{d}x = \frac{q_0 l}{6}x - \frac{q_0}{6l}x^3 \quad (3)$$

③画剪力与弯矩图。

由式(2)知,剪力图为二次抛物线,开口向下[图7-11c)]。

$$F_{S\max}^{(+)} = \frac{1}{6}q_0 l \quad (x=0)$$

$$F_{S\max}^{(-)} = \frac{1}{3}q_0 l \quad (x=l)$$

由式(3)知,弯矩图为三次凸曲线[图7-11d)]。

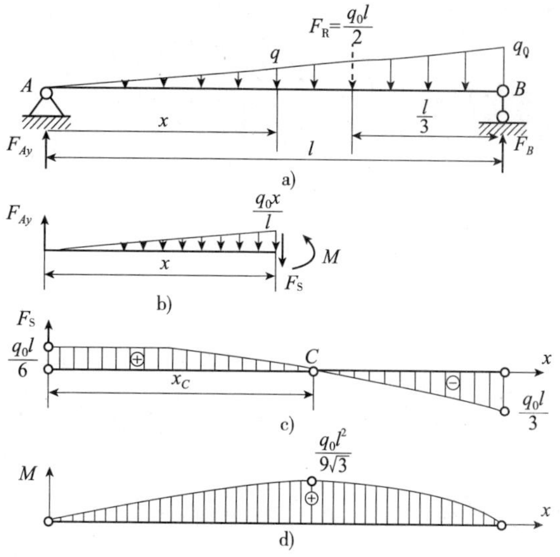


图 7-11

$$M_{\max} = \frac{\sqrt{3}}{27}q_0 l^2 \quad \left(x = \frac{l}{\sqrt{3}}\right)$$

**讨论与练习**

(1)判断凸曲线 $\frac{\mathrm{d}^2 F_S}{\mathrm{d}x^2} = -\frac{q_0}{l} < 0, \frac{\mathrm{d}^2 M}{\mathrm{d}x^2} = -\frac{q_0}{l}x < 0$。

(2)确定弯矩极大值位置:$F_S = 0$。

(3)请读者使用 Maple 编程求解本题,验证手工计算结果。

## 7.4 刚架与曲梁的内力

### 7.4.1 刚架内力

在工程实际中,有些杆系结构是用很刚硬的接头连接而成[图7-12a)]。这种刚度很大、受力时可视为不变形的接头,称为刚性接头或刚节点。用刚性接头连接杆件所组成的结构,称为刚架。与铰链不同,刚性接头不仅能传递力,而且能传递力偶矩。轴线位于同一平面,且各横截面的纵向对称轴均位于该平面的刚架,称为平面刚架。

平面刚架在截面上不仅存在剪力与弯矩,而且还存在轴力,轴力和剪力的正负号仍按前面规定。对于刚架,弯矩原则上无正负号规定:

(1)对于横杆弯矩仍按以前符号规定;对于竖杆,应注意与水平段协调一致,可以假想地自然拉水平后,按横杆确定符号,例如竖杆 *AB* 的左侧面看作是横杆的顶面 *BC* 的延伸部分。

按照这些规定,如图7-12b)所示的轴力、剪力与弯矩均为正。

(2)在绘制刚架的弯矩图时,约定把弯矩图画在杆件弯曲变形凹入的一侧,也即画在受压的一侧。

(3)习惯上常把在刚架外侧的弯矩假定为正。

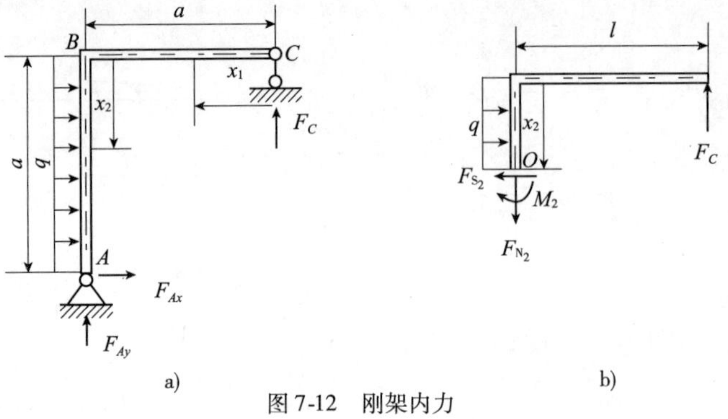


图 7-12　刚架内力

（4）对于丁字形和十字形刚架，横杆与水平梁的规定一致；竖杆建议先建立坐标系，然后再按横梁规定正负号。

**例题 7-5**　作如图 7-13 所示刚架的弯矩图。

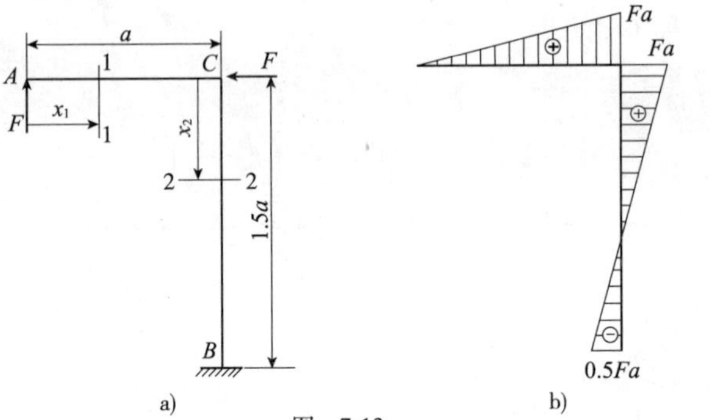


图　7-13

**解：**①计算支座约束力。

$$F_{Bx}=F, F_{By}=-F, M_B=-\frac{1}{2}Fa$$

②建立弯矩函数。

在横杆 $AC$ 的范围内，把坐标原点取在 $A$ 点，并用截面 1-1 以左的外力来计算弯矩。

第一段：$M=Fx_1, 0<x_1<a$。

在竖杆 $BC$ 的范围内，把原点放在 $C$ 点，求任意截面 2-2 上的弯矩时，用截面 2-2 以上的外力来计算弯矩。

第二段：$M=Fa-Fx_2, 0<x_2<1.5a$。

③绘弯矩图[图 7-13b)]。

$$M_{max}^{(+)}=Fa, M_{max}^{(-)}=-0.5Fa$$

**讨论与练习**

（1）计算内力时，一般说应先求出刚架的支座约束力，本题由于刚架的 $A$ 端是自由端，无需确定支座约束力就可直接计算弯矩。

（2）在绘制刚架的弯矩图时，约定把弯矩图画在杆件弯曲变形凹入的一侧，亦即画在受压的一侧。例如，根据竖杆的变形，在截面 $B$ 处杆件的左侧凹入，即左侧受压，故将截面 $B$ 的弯矩画在左侧。

### 7.4.2 曲梁内力

轴线为平面曲线，且横截面的纵向对称轴均位于轴线平面的杆件，称为平面曲杆。以弯曲为主要变形的平面曲杆称为平面曲梁[图 7-14a)]。

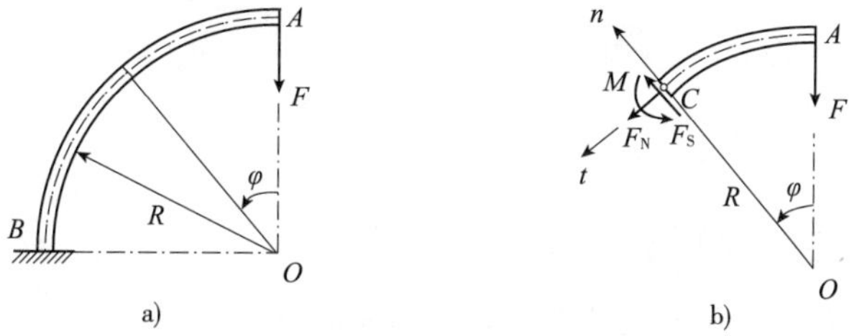


图 7-14 曲梁内力

剪力与轴力的正负符号仍按以前规定，至于弯矩，通常规定为使轴线曲率增加者为正。按照这些规定，如图 7-14b)所示的轴力、剪力与弯矩均为正。

刚架和曲梁各杆段弯矩符号有时不易作出统一规定，因此，通常将弯矩图画在弯曲时受压的一侧，而不必注明弯矩的正负符号。

**例题 7-6** 如图 7-15a)所示是轴线为四分之一圆周的曲杆，试作曲杆的弯矩图。

**解**：截面法。

①计算支座约束力。

$$F_{Ax} = -2F, F_{Ay} = -F, M_A = Fa$$

②建立轴力、剪力和弯矩函数。

以圆心角为 $\varphi$ 的横截面（径向截面）$m$-$m$，将曲杆分成两部分。$m$-$m$ 截面以右的部分如图 7-15b)所示，把作用于这一部分上的力投影于轴线在 $m$-$m$ 截面处的法线和切线方向，并对 $m$-$m$ 截面的形心取矩。

$$\sum F_n = 0, F_N - F\sin\varphi - 2F\cos\varphi = 0$$
$$F_N = F\sin\varphi + 2F\cos\varphi \tag{1}$$

$$\sum F_\tau = 0, F_S + F\cos\varphi - 2F\sin\varphi = 0$$
$$F_S = -F\cos\varphi + 2F\sin\varphi \tag{2}$$

$$\sum M_C = 0, M + F \cdot a\sin\varphi - 2F \cdot a(1 - \cos\varphi) = 0$$
$$M = Fa(2 - \sin\varphi - 2\cos\varphi) \tag{3}$$

③绘弯矩图[图 7-15c)]。

$$M_{max} = Fa$$

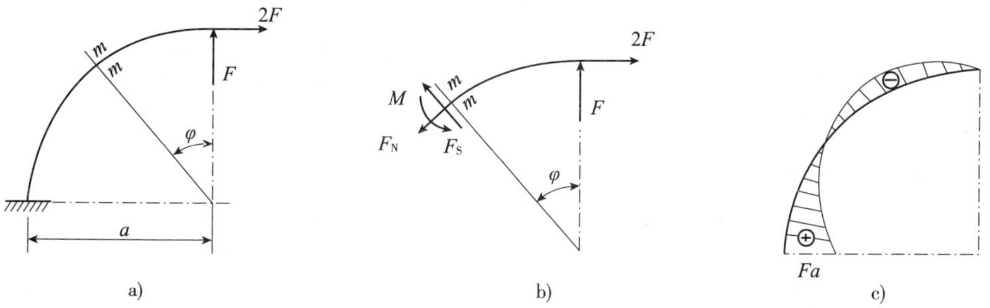


图 7-15

**讨论与练习**

(1)计算内力时,一般应先求出曲杆的支座约束力,本题从曲杆的自由端开始计算,无需确定支座约束力就可直接计算弯矩。

(2)作弯矩图时,将 $M$ 画在轴线的法线方向,并画在杆件受压的一侧。也可以作曲杆的剪力图和轴力图。

## 7.5 剪力与弯矩的简易作图法

(1)任一载荷当从左到右作图和从右到左作图时的符号相反

如图 7-16 所示,在截面 $C$ 处,若从左到右作剪力图,则遇到载荷 $F$ 处应向负剪力方向突变 $F$ 的大小;若是从右到左画,遇到集中力 $F$ 后则向正剪力方向突变。集中力引起的弯矩图曲线斜率的突变也是这样,从左边画斜率由正突变为负,从右边画则由负突变为正。集中力偶对剪力图无影响,但在弯矩图上有一个突变,其规律与上述同。

(2)内力图从零线出发必须又回到零线

这是由杆件的平衡条件决定的,即任何一个内力图,从零线出发必须又回到零线上。

以图 7-17 为例,图中箭头是以从左向右画图时标出的,当剪力图画至 $a$ 点时,其数值为 $-14\text{kN}$,这时遇到 $B$ 支座处向上的约束力 14kN,于是刚好回到零线。如果画到 $a$ 点时的剪力不等于 $-14\text{kN}$,则回不到零线,这只有当支座约束力计算错误或作图错误才有可能出现。弯矩图也是同样道理。读者可自行多作检验。

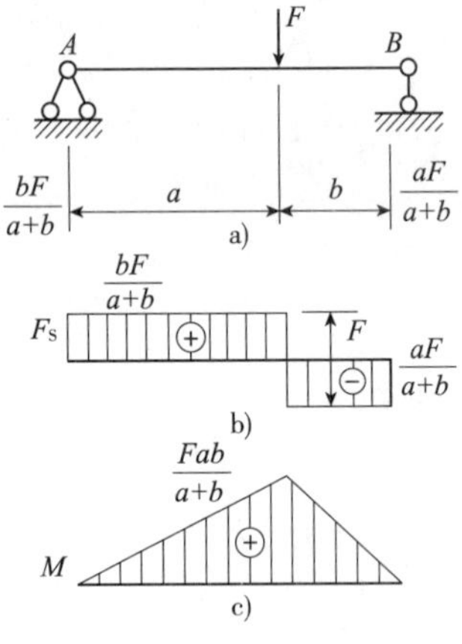


图 7-16　反向作图

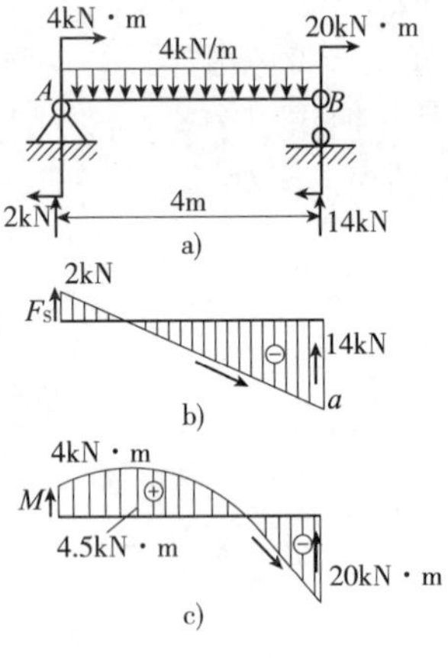


图 7-17　回到零线

(3)简易作图法

所谓剪力图和弯矩图的简易作图法就是不用列出方程式而直接画图的方法,此法并非独立的方法,只是对载荷、剪力、弯矩之间的关系掌握得熟练,以及对图形的一些规律理解得深刻之后的必然结果。

例如用简易法作如图 7-18 所示梁的剪力图与弯矩图,从右边开始画显然省事,于是定出了 $a$ 点,梁中只有向下的均布载荷,故从右到左时剪力图斜直线上升,由 $a$ 点的剪力 $-\frac{3}{8}qL$ 到左端应增加正的 $qL$,故左端剪力为$\frac{5}{8}qL$。对于弯矩图,显然右端为零,左端为$\frac{3}{8}qL \cdot L - qL \cdot \frac{L}{2} =$

$-\dfrac{1}{8}qL^2$，中间应是抛物线变化，由于剪力为零的截面距离右端$\dfrac{3}{8}L$，故弯矩的局部极大值为$\dfrac{3}{8}qL\cdot\dfrac{3}{8}L-\dfrac{3}{8}qL\cdot\dfrac{1}{2}\left(\dfrac{3}{8}L\right)=\dfrac{9}{128}qL^2$，左端负值弯矩的绝对值为$\dfrac{1}{8}qL^2=\dfrac{16}{128}qL^2$。这样加以比较后就能把图形基本上画正确。至于弯矩图的准确曲线，例如这里通过零的位置，若无必要是可以不要求定出来的，若要定出也很简单，从右边算有$\dfrac{3}{8}qL\cdot x-\dfrac{1}{2}qx^2=0$，解得$x=\dfrac{3}{4}L$。

(4)由已知剪力图或弯矩图求梁上的载荷

有时给出梁的支承情况和剪力图(或弯矩图)，要求推出弯矩图(或剪力图)和梁上的载荷，这同样是一个熟练问题。

已知某简支梁的弯矩图如图7-19所示，求作剪力图及梁上的载荷。首先看到这个弯矩图上有两处突变，其中，左边一个由$-10(\text{kN}\cdot\text{m})$变到$10(\text{kN}\cdot\text{m})$，可以肯定梁在该截面处受到一个集中外力偶作用，其力矩为$20\text{kN}\cdot\text{m}$，顺时针旋转。右边一个突变发生在铰支座处，但铰是无约束力偶的，故知梁在此处还受到另一集中力偶作用，其力矩为$10(\text{kN}\cdot\text{m})$，顺时针旋转。从弯矩图上还可以看到两段斜直线是平行的，即斜率相等，均为$-\dfrac{10(\text{kN}\cdot\text{m})}{1(\text{m})}$，所以剪力在全梁上均为$-10(\text{kN})$。剪力图上除两端支座处外并无其他突变和斜线，故知梁上无集中力和分布载荷，经过这样分析之后全部图形就作出来了。

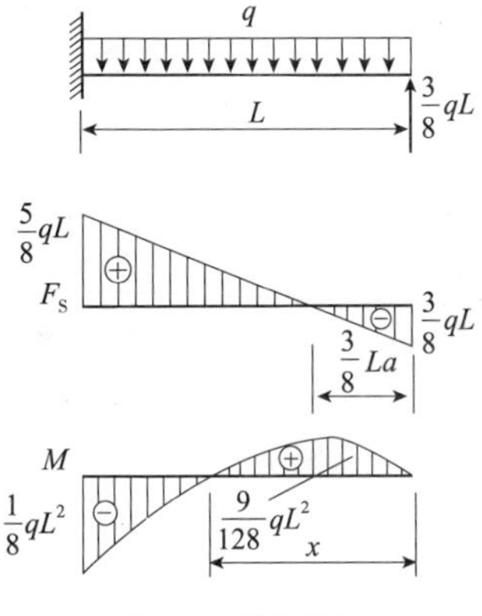


图7-18　简易作图

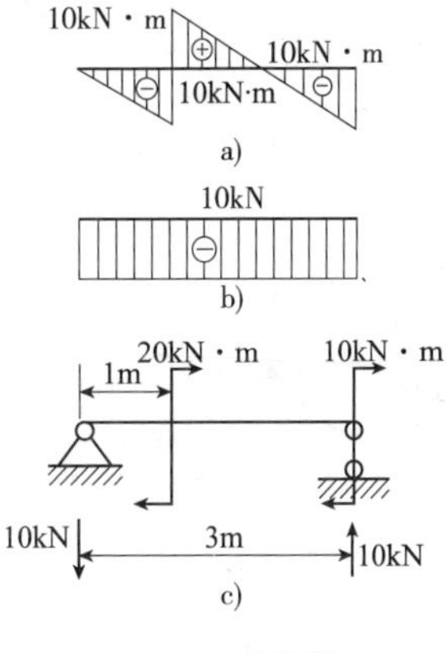


图7-19　反问题

已知剪力图求弯矩图和梁的载荷，其方法与此相同。

## 7.6 Maple编程示例

**编程题7-1**　试编程画如图7-20a)所示梁的剪力与弯矩图。

已知：$M_e=80\text{kN}\cdot\text{m}$，$F=15\text{kN}$，$q=5\text{kN/m}$，$L=5\text{m}$。

求：作剪力图、弯矩图。

**解：● 建模**

梁受力$\boldsymbol{M}_e$、$\boldsymbol{F}$、$q$、$\boldsymbol{F}_{Ax}$、$\boldsymbol{F}_{Ay}$、$\boldsymbol{F}_B$。

①计算支座约束力；

②建立剪力函数(剪力的单位kN)；

③建立弯矩函数(弯矩的单位kN · m)；

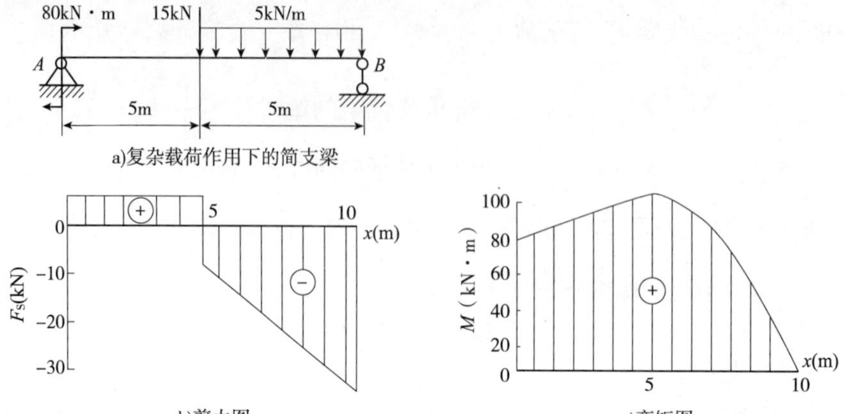


a)复杂载荷作用下的简支梁

b)剪力图

c)弯矩图

图 7-20　Maple 绘出的剪力图和弯矩图

④绘剪力图；

⑤绘弯矩图。

**• Maple 程序**

```
> restart:                                                         #清零。
> eq1:=FAx=0:                                                      #整体∑F_x=0。
> eq2:=FB*L-m-F*L/2-q*L/2*3*L/4=0:                                 #整体∑M_A=0。
> eq3:=FAy+FB-F-q*L/2=0:                                           #整体∑F_y=0。
>SOL1:=solve({eq1,eq2,eq3},{FAx,FAy,FB}):
>                                                                  #解方程组。
> FAx:= subs(SOL1,FAx):                                            #支座约束力F_Ax大小。
> FAy:=subs(SOL1,FAy):                                             #支座约束力F_Ay大小。
> FB:=1/8*(8*m+4*F*L+3*q*L^2)/L:                                   #支座约束力F_B 大小。
> Fs:=x->piecewise(x<L/2,FAy,x<L,FAy-F-q*(x-L/2)):
>                                                                  #剪力方程。
> Fs:=normal(Fs(x)):                                               #有理式的标准化。
> M:=x->piecewise(x<L/2,m+FAy*x,
>                x<L,m+FAy*x-F*(x-L/2)-q/2*(x-L/2)^2):
>                                                                  #弯矩方程。
> M:=normal(M(x)):                                                 #有理式的标准化。
> Fs1:=1/8/L*(-8*m+4*F*L+q*L^2):                                   #第一段剪力函数。
> Fs2:=1/8*(-8*m-4*F*L+5*q*L^2-8*q*L*x)/L:
>                                                                  #第二段剪力函数。
>Fsmax:=subs(x=L,Fs2):                                             #最大剪力。
> M1:=1/8*(8*m*L-8*x*m+4*x*F*L+x*q*L^2)/L:
>                                                                  #第一段弯矩函数。
> M2:=-1/8*(-8*m*L+8*x*m+4*x*F*L-5*x*q*L^2-4*F*L^2
>       +4*q*L*x^2+q*L^3)/L:                                       #第二段弯矩函数。
> Mmax:=subs(x=L/2,M1):                                            #最大弯矩。
> m:=80;  F:=15;  q:=5; L:=10:                                     #已知条件。
> Fs:=eval(Fs);                                                    #数值剪力函数。
```

```
> M: = eval(M);                                                    #数值弯矩函数。
> Fsmax: = eval(Fsmax);                                            #最大剪力的数值。
> Mmax: = eval(Mmax);                                              #最大弯矩的数值。
>   plot(Fs,x=0..L,filled=true,labels=["x","Fs"]);
>                                                                  #绘剪力图。
> plot(M,x=0..L,filled=true,labels=["x","M"]);
>                                                                  #绘弯矩图。
> end                                                              #结束。
```

## 思考题

**思考题 7-1* 剪力、弯矩与载荷集度三者之间的微分关系是如何建立的？其物理意义和几何意义是什么？在建立上述关系时，载荷集度与坐标轴的取向有何联系？如图7-21所示几种情形所推出的微分关系是否相同？为什么？

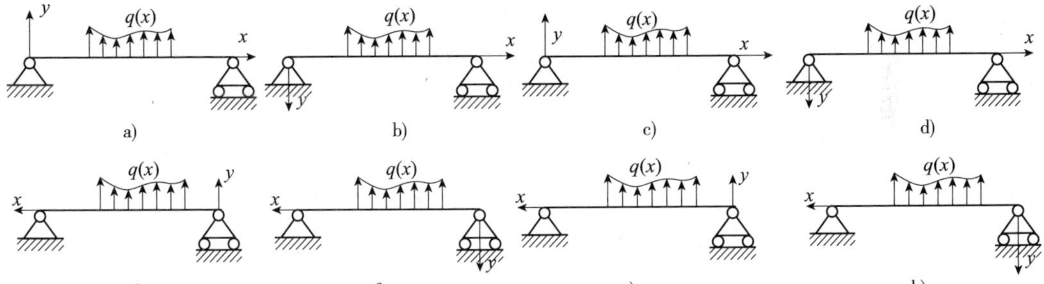


图 7-21

***思考题 7-2** 试利用 $q$、$F_S$ 与 $M$ 之间的微分关系，推导出某段梁的左、右两端截面间 $q$、$F_S$ 与 $M$ 之间的积分关系。若用这些关系指导画内力图，试指出依次排列的 $q$、$F_S$ 与 $M$ 图之间在几何上有哪些规律可循。

**思考题 7-3** 根据 $q$、$F_S$ 与 $M$ 三者的微分和积分关系，你能对已绘制出的内力图作出正确的判断吗？以如图7-22所示的梁为例，试定性地指出 $F_S$、$M$ 图中的错误。

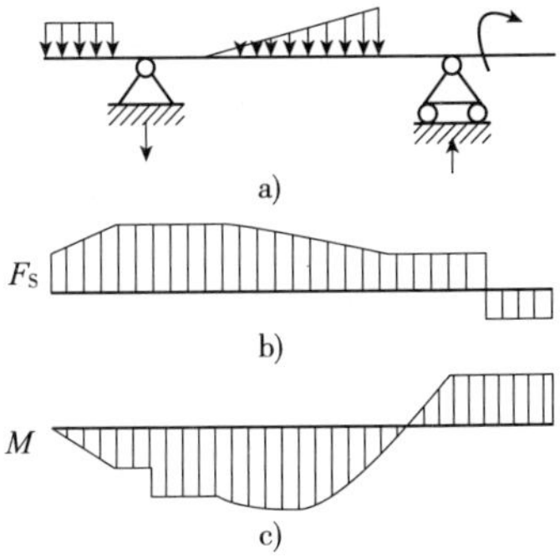


图 7-22

***思考题 7-4** 如图7-23所示梁因承受分布力偶作用而产生弯曲变形，试问梁上分布力偶集度 $m(x)$ 与梁的内力 $F_S(x)$、$M(x)$ 之间存在什么关系？如何推导这种关系？

***思考题 7-5** 如图7-24所示一直梁，其上的分布力不垂直于轴线 $x$，试考察梁在微段 $dx$ 上各内力素与分布载荷间的微分关系。若将直梁改为曲梁，分布力与轴线夹角仍为 $\theta$，这种关系又如何？

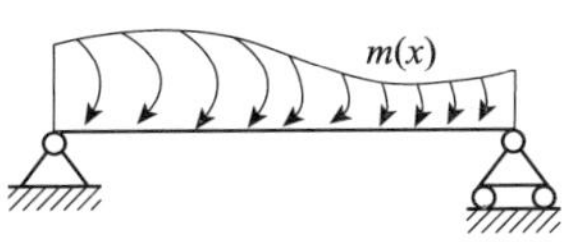


图 7-23

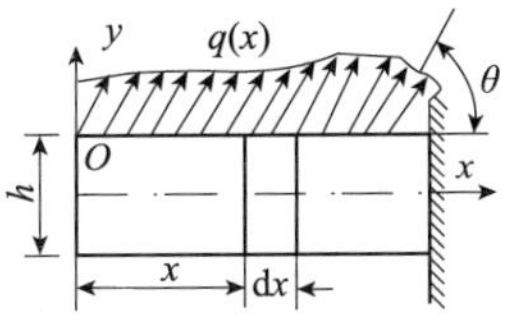


图 7-24

**思考题 7-6**　如图 7-25 所示,微梁段作用有集中力 $F$ 或集中力偶 $M_0$,试推导这两种情况下载荷、剪力与弯矩三者之间的关系。

**思考题 7-7**　如图 7-26 所示两梁长度相同,其上作用的载荷总重量均为 $F$,试比较它们的剪力和弯矩的分布有何异同。

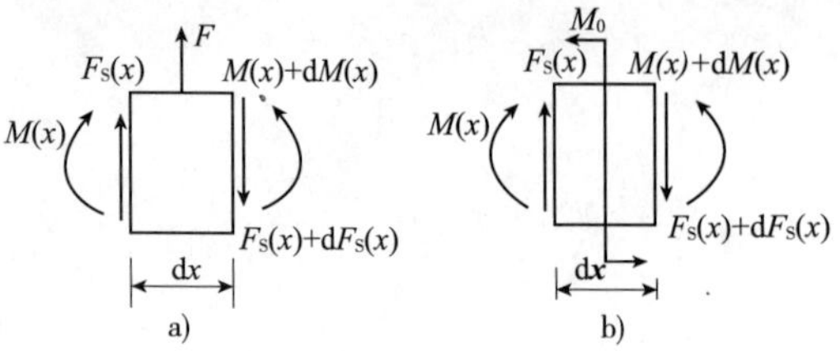


图　7-25

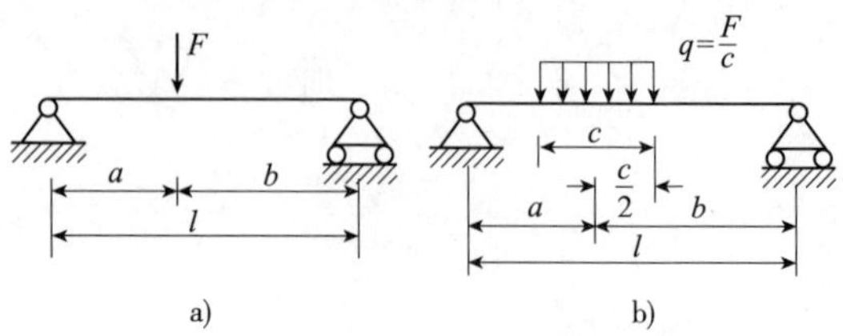


图　7-26

**思考题 7-8**　一承受均布载荷的简支梁,发现其上的弯矩比较大,有人建议加上一根辅助梁,就可以使最大弯矩减小。试比较其效果如何。如图 7-27 所示,已知 $l$、$a$、$b$ 和 $q$,问在辅助梁 $CD$ 的跨中弯矩为多大?原始梁 $AB$ 在相应的位置上弯矩减小了多少?

**思考题 7-9**　飞机在水平直线飞行时,机翼承受发动机重力和气动力作用,后者简化成梯形分布,如图 7-28 所示。问机翼可简化为何种受力模型?如何绘制机翼的内力图?

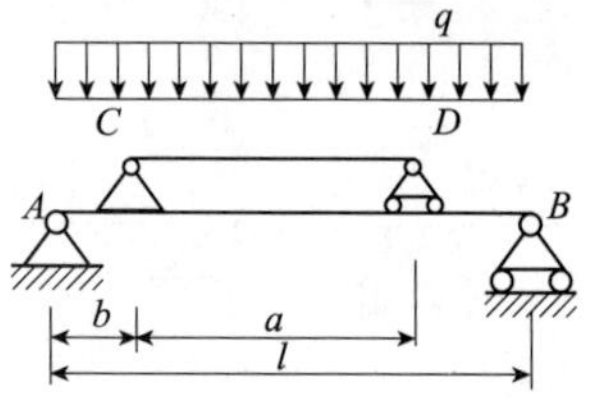


图　7-27

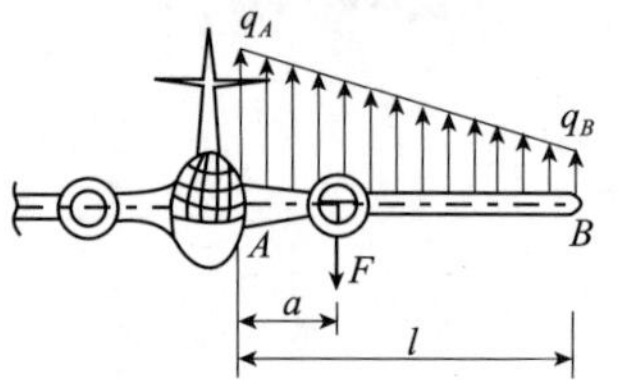


图　7-28

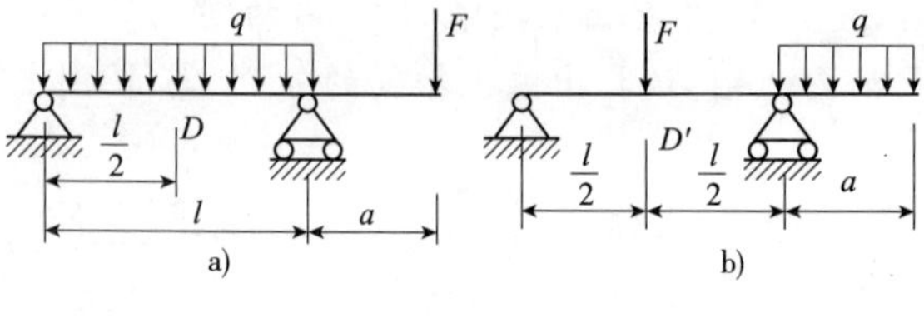


图　7-29

**思考题 7-10**　如图 7-29 所示的两个外伸梁,跨中 $D$ 点的弯矩可用叠加原理直接写出

$$M_D = \frac{ql^2}{8} - \frac{Fa}{2},\quad M'_D = \frac{Fl}{4} - \frac{qa^2}{4}$$

试解释为什么是这样。若 $M_D > 0$,　$M'_D > 0$,它们分别是两梁的最大弯矩吗?

**思考题 7-11**　人们常常利用叠加法迅速画出梁在复杂载荷作用下的弯矩图,比如由图 7-30b)与 c)叠加得图 d)。有人注意到图 7-30b)的抛物线以水平线为基础,而图 7-30d)的抛物线则以斜线为基线,于是提出了两者的弯矩是否一致的问题。你怎样看待?

**思考题 7-12**　试根据如图 7-31 所示各梁的载荷特点,回答下列问题:

(1)若结构对称,载荷也对称,在 $F_S$、$M$ 图上各有什么特点?

(2)若结构对称,载荷反对称,在 $F_S$、$M$ 图上又各有什么特点?

(3)在以上两种情况下,对称面上的 $F_S$ 和 $M$ 值是否等于零?

**思考题 7-13**　如果如图 7-32 所示两外伸梁上作用的分布载荷与上、下表面相切并平行于梁的轴线,那么在任意横截面上将产生哪些内力素?它们沿轴线的分布规律有何内在联系?若 $A$、$B$ 两支座互换,将对各内力素有什么影响?

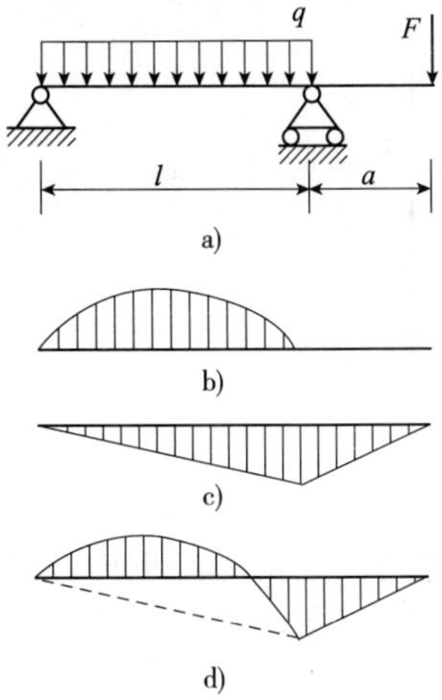


图 7-30

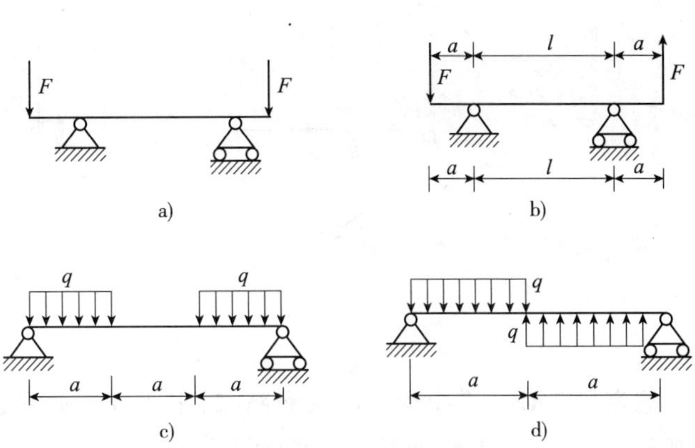


图 7-31

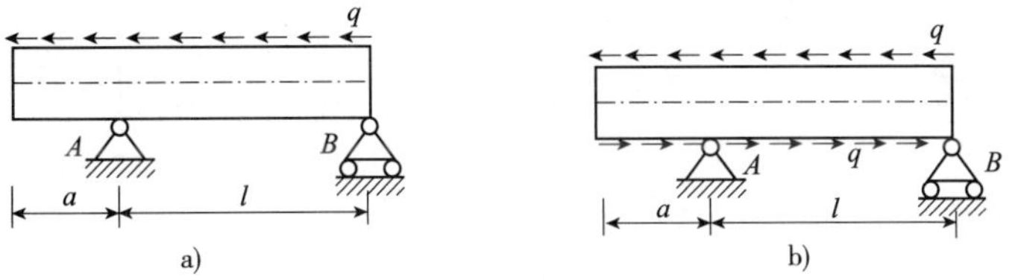


图 7-32

*思考题 7-14　在悬臂梁上有一段均布的移动载荷，距固定端的距离以变量 $\xi$ 表示，如图 7-33 所示。如何写出对于 $AB$、$BC$ 和 $CD$ 各段通用的弯矩方程。

**思考题 7-15**　一个体重为 $F$ 的人，试图走过两端简单搁置在河两岸的木板便桥，如图 7-34所示。只要板内最大弯矩超过板材所能承受的弯矩 $M$，桥板就会断开。试问当人走到何处(即 $x$ 为何值)时会有板断人堕河中的危险？

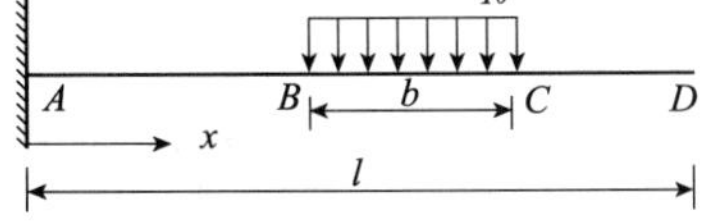


图 7-33

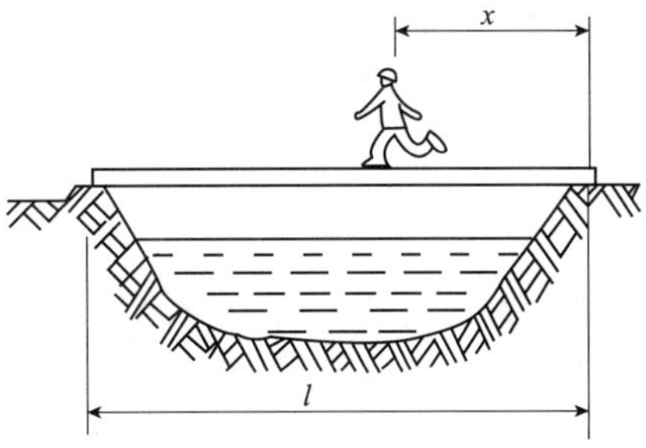


图 7-34

**思考题 7-16**　有一组等间距的集中载荷 $F_1$、$F_2$、$F_3$ 和 $F_4$ 在一简支梁上移动，如图 7-35 所示。问这组力移动到什么位置时，梁内产生的弯矩为最大？若将各载荷的合力记作 $F_R$，此时 $F_R$ 离左支座有多远？

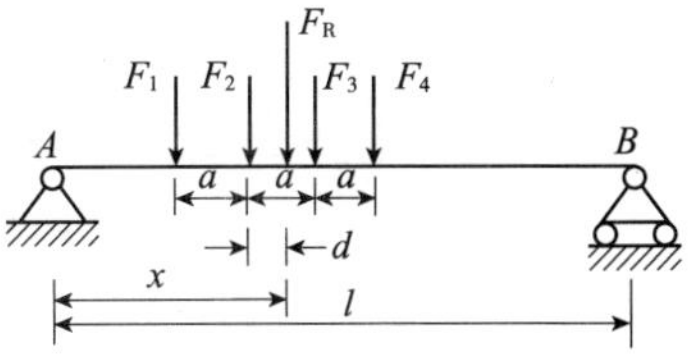


图 7-35

**思考题 7-17**　刚架中对任意截面的内力分析和计算，与梁有何异同？试判断如图 7-36 所示两刚架在 $A$、$B$、$C$ 和 $D$ 等截面上的弯矩方向和剪力的正负。

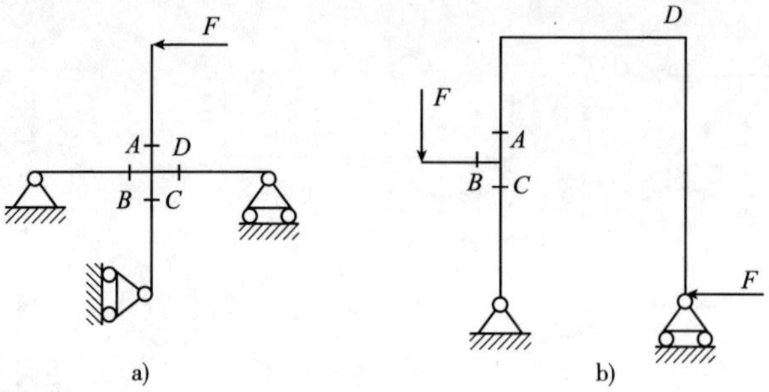


图 7-36

**思考题 7-18** 带中间铰的梁和刚架,中间铰处的内力有何特点?根据你对中间铰性质的理解,试画出图 7-37 中梁和刚架的弯矩图。

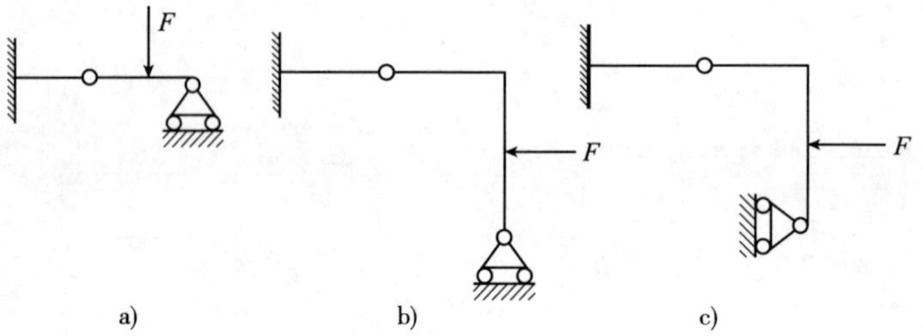


图 7-37

**思考题 7-19** 刚架的支承和受力如图 7-38 所示,有人画出了它们的弯矩图,试判断其正误,并说明理由。

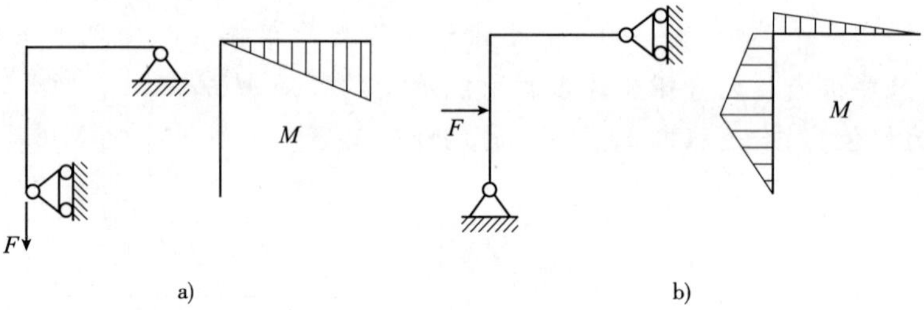


图 7-38

**思考题 7-20** 对于如图 7-39 所示各平面刚架,不经过计算,你能正确指出支座约束力的方向并画出弯矩图吗?

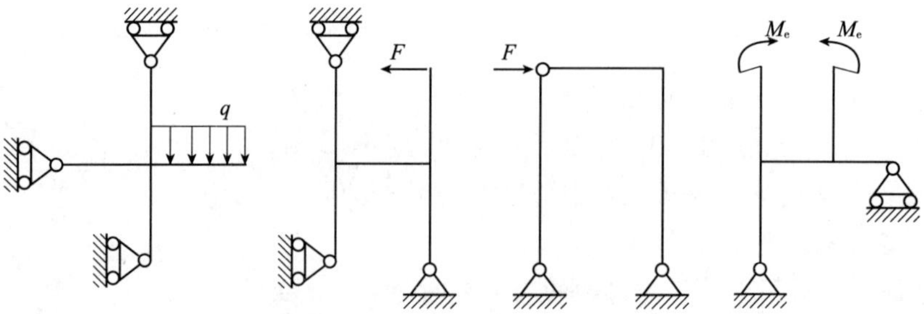


图 7-39

## 习题

### A 类型习题

**习题 7-1**　设已知如习题图 7-1 所示各简支梁的载荷 $F$、$q$、$M_e$ 及其尺寸。

(1)列出简支梁的剪力函数和弯矩函数；

(2)作剪力图和弯矩图；

(3)确定简支梁的剪力最大值和弯矩最大值。

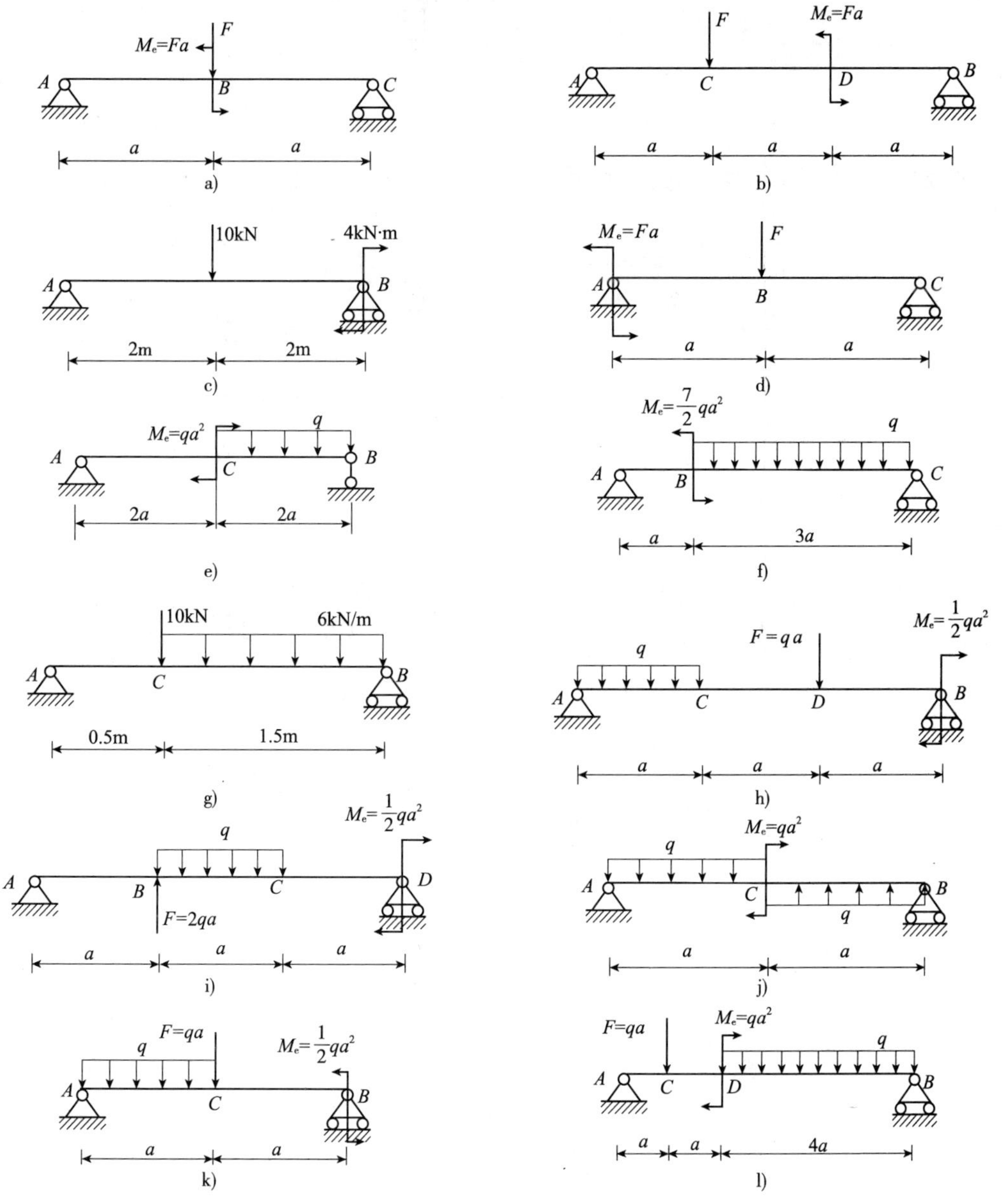


习题图　7-1

**习题 7-2**　设已知如习题图 7-2 所示各悬臂梁的载荷 $F$、$q$、$M_e$ 及其尺寸。

(1)列出悬臂梁的剪力函数和弯矩函数；

(2)作剪力图和弯矩图；

(3)确定悬臂梁的剪力最大值和弯矩最大值。

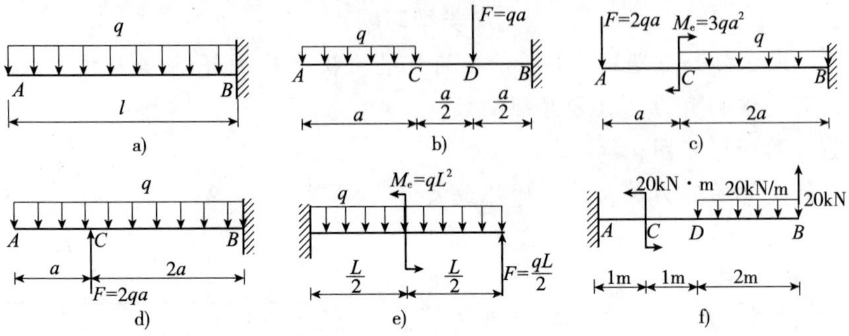


习题图 7-2

**习题 7-3** 设已知如习题图 7-3 所示各外伸梁的载荷 $F$、$q$、$M_e$ 及其尺寸。

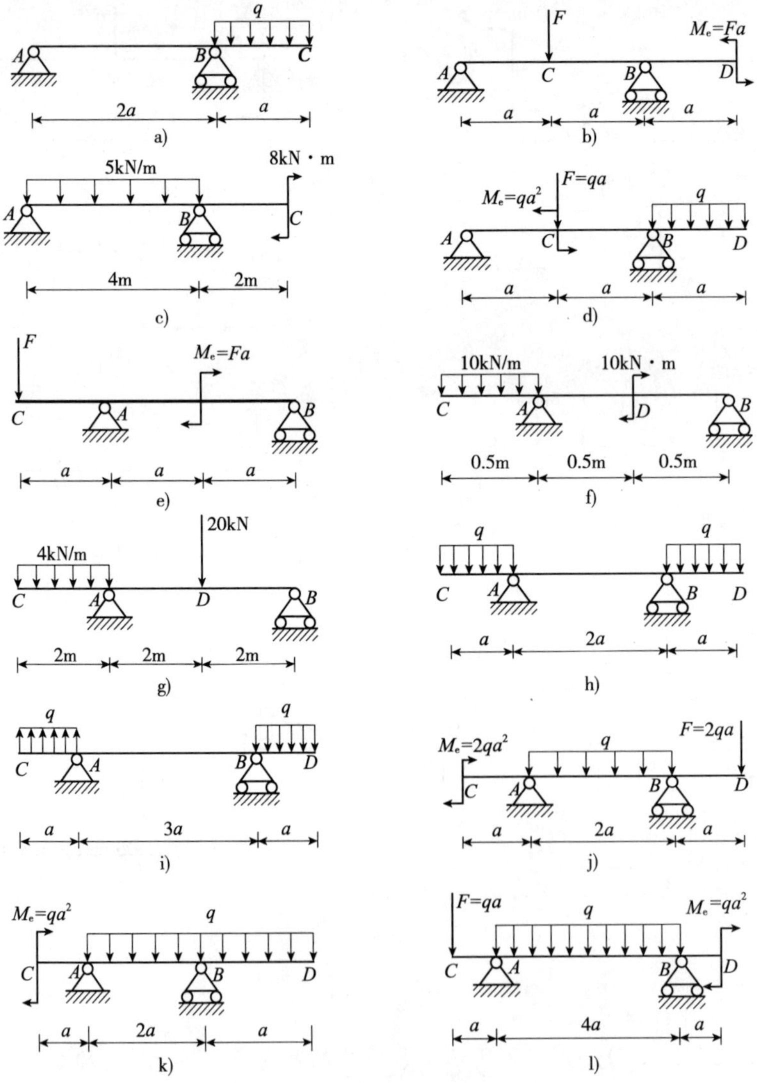


习题图 7-3

(1)列出外伸梁的剪力函数和弯矩函数；

(2)作剪力图和弯矩图；

(3)确定外伸梁的剪力最大值和弯矩最大值。

**习题 7-4** 设已知如习题图 7-4 所示各刚架的载荷 $F$、$q$、$M_e$ 及其尺寸。

(1)列出刚架的轴力函数、剪力函数和弯矩函数；

(2)作轴力图、剪力图和弯矩图；

(3)确定刚架的轴力最大值、剪力最大值和弯矩最大值。

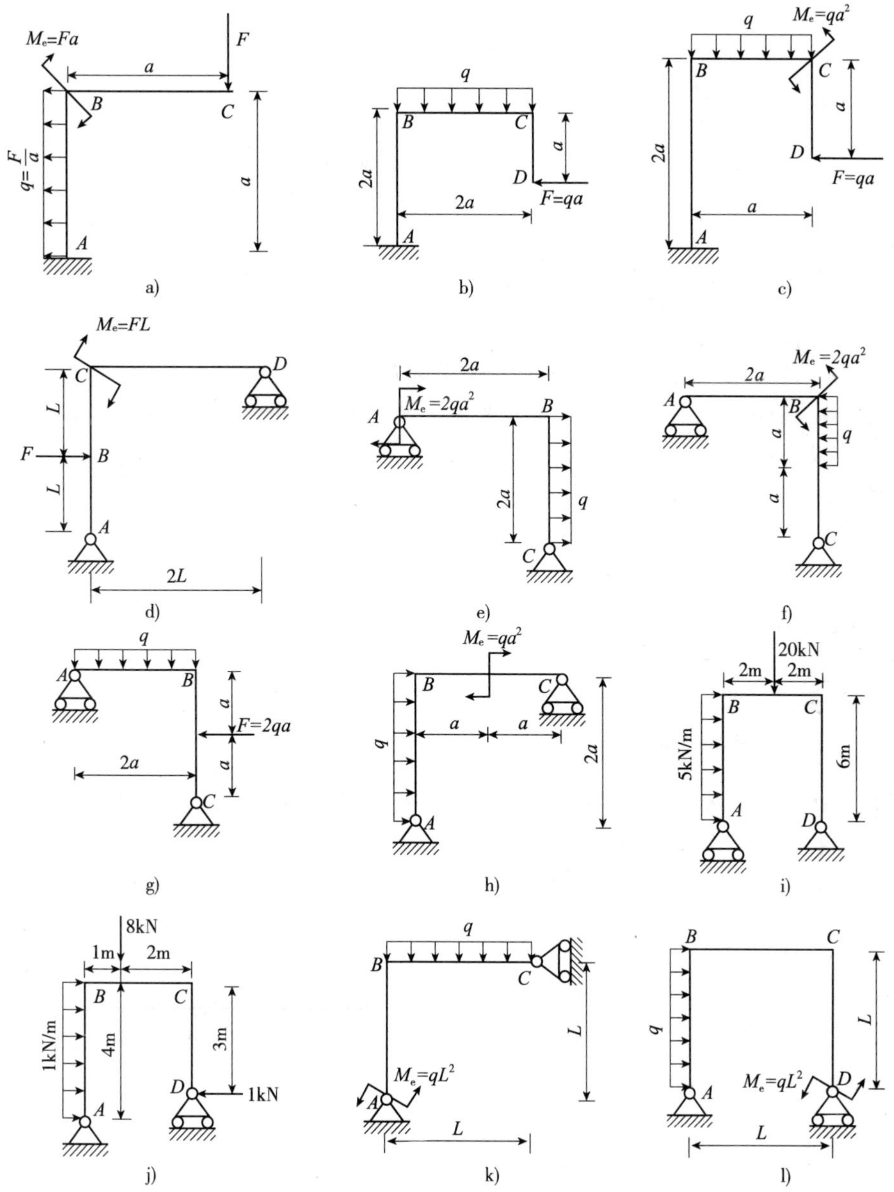

习题图 7-4

**习题 7-5** 作如习题图 7-5 所示梁的剪力图和弯矩图。

**习题 7-6** 作如习题图 7-6 所示刚架的内力图。

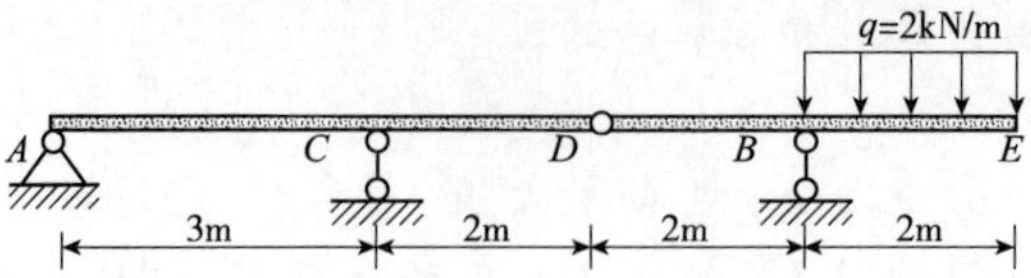


习题图 7-5

**习题 7-7** 如习题图 7-7 所示杆 $ABC$ 由直杆和半圆组成,试作该杆的内力图。

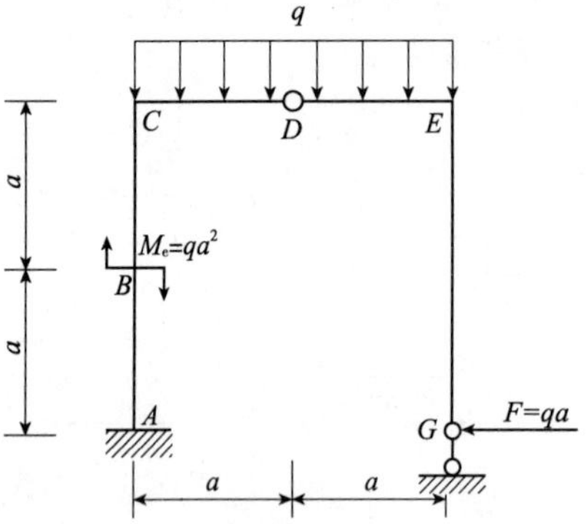


习题图 7-6

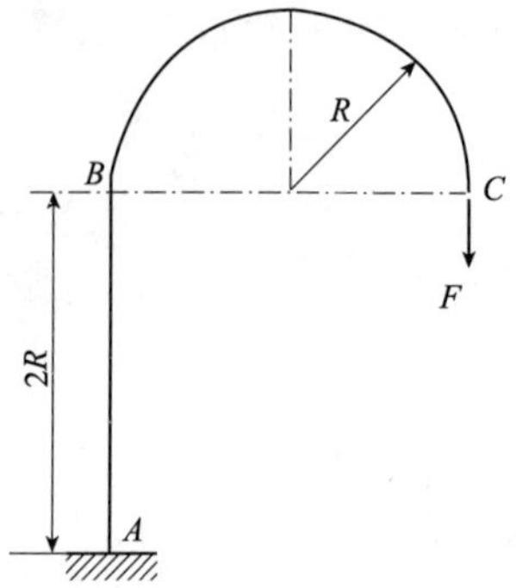


习题图 7-7

## B 类型习题

**习题 7-8** 如习题图 7-8 所示梁上作用有集度为 $m=m(x)$ 的分布力偶矩,试建立 $m$、$F_S$ 和 $M$ 之间的微分关系。

**习题 7-9** 如习题图 7-9 所示悬臂梁上表面受切向分布力 $t$(N/m)作用,已知 $t$、$h$、$L$,试分别作出此梁的内力图。

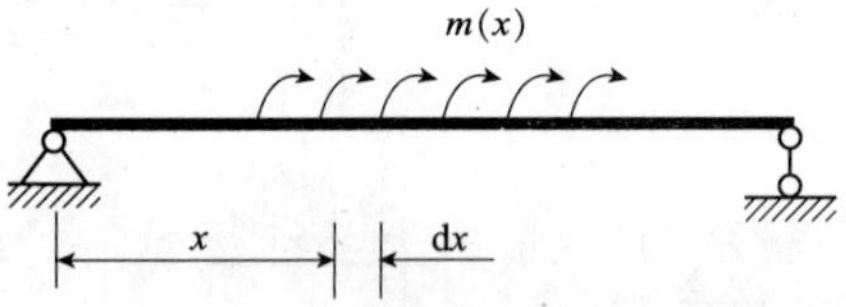


习题图 7-8

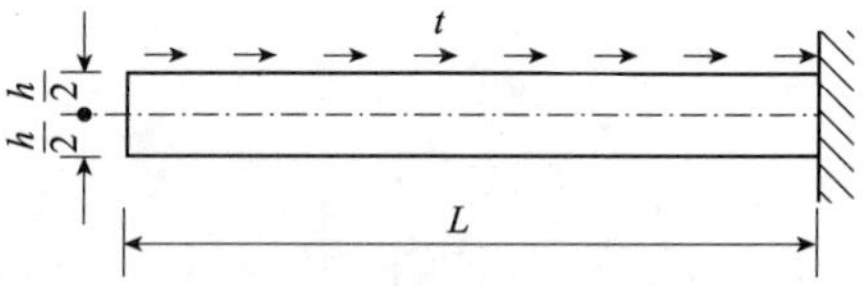


习题图 7-9

**习题 7-10** 欲用钢索起吊一根均匀分布自重为 $q$、长度为 $L$ 的等截面梁如习题图 7-10 所示,吊点的位置 $x$ 应为多少才最合理?

**习题 7-11** 放置在水平面上的梁 $AB$,承受按三角形分布的载荷作用,如习题图 7-11 所示。设支撑梁的地面约束力沿梁长为均匀分布,求作梁的剪力图和弯矩图。

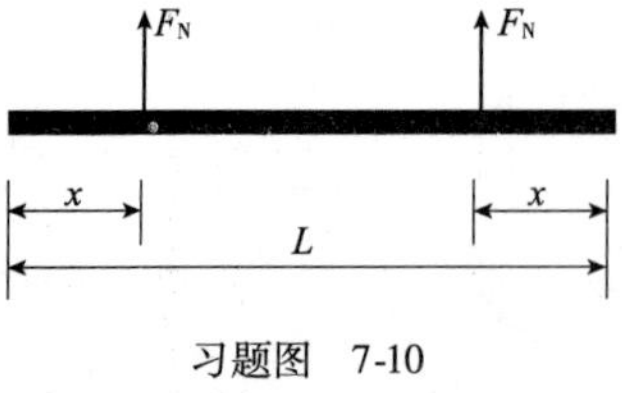


习题图 7-10

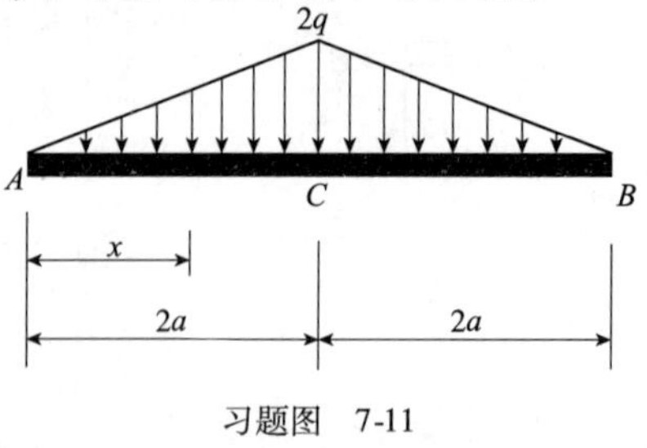


习题图 7-11

**习题 7-12** 如习题图 7-12 所示,已知梁的剪力图,试求梁的载荷图及弯矩图(已知梁上没有集中力偶的作用)。

**习题 7-13** 如习题图 7-13 所示,已知梁的弯矩图,试求梁的载荷图及剪力图。

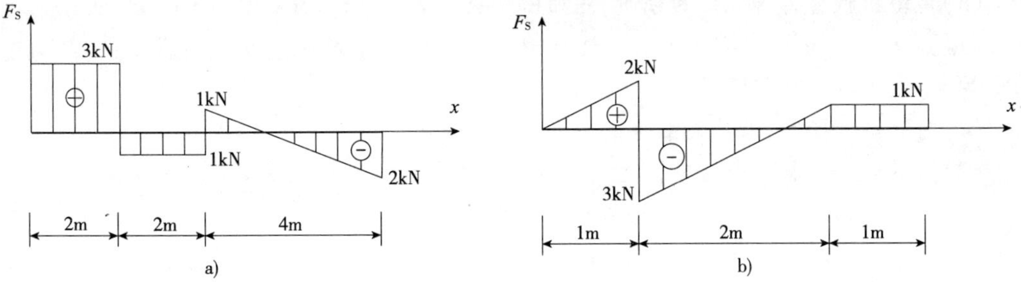


习题图 7-12

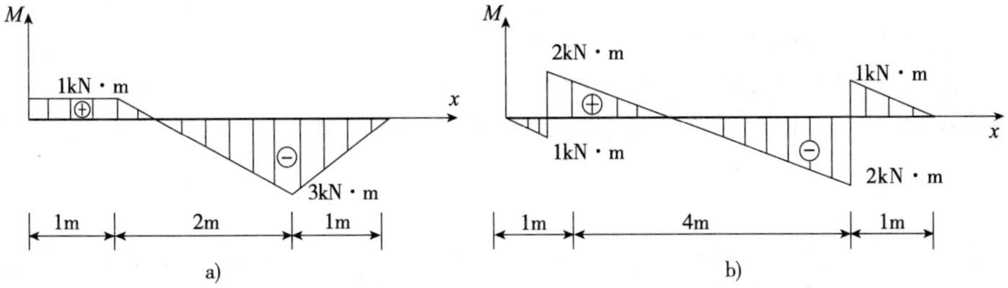


习题图 7-13

**习题 7-14** 等截面工字梁结构如习题图 7-14 所示，一活动载荷 $F$ 可在全梁 $l$ 上移动。试问，如何布置中间铰 $B$ 和可动铰支座 $C$，才能充分利用材料抗力。(《力学与实践》小问题，1985 年第 104 题)

**习题 7-15** 宽为 4m 的水沟上横跨一长 6m 的窄跳板（如习题图 7-15）。两体重为 $P=800\text{N}$ 的同伴欲过此沟。已知跳板是等截面的，允许的最大弯矩为 $[M]=600\text{N}\cdot\text{m}$。试说明两人采取何种办法可以安全过沟。(《力学与实践》小问题，1986 年第 120 题)

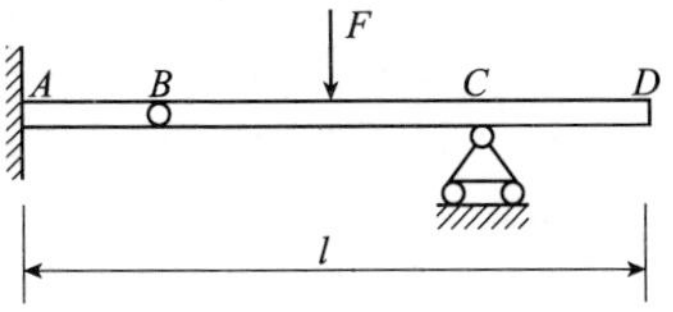


习题图 7-14

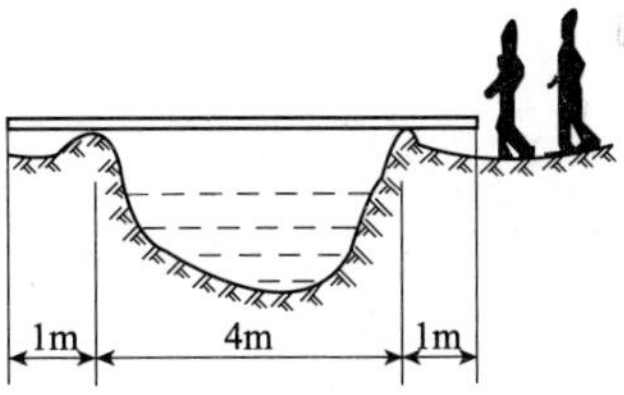


习题图 7-15

## C 类型习题

**习题 7-16** 一根梁用一个固定端和两个可动铰支承着，它承受沿长度均匀分布的载荷 $q$（习题图 7-16）。

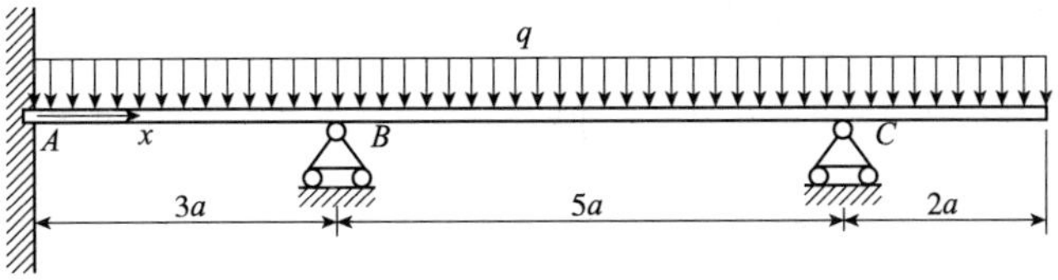


习题图 7-16

(1) 试证明该静不定梁通过装进两个转动铰可以变为静定支承情况。

(2) 若在梁中 $x=4a$ 处装入一个转动铰，则应在哪儿设置第二个铰，以使该梁静定化，并使两个支座 $B$ 和 $C$ 承受相同的载荷？

(3) 试给出横剪力和弯矩的分布,并画出相应的 $F_S(x)$ 和 $M(x)$ 曲线。

**习题 7-17** 一个焊有两个腹板的棱柱形支架用钢索吊起来。支架的自重是 $G$,两腹板的重量可忽略(习题图 7-17)。

(1) 对 $a=4b$ 情况,求支架中的横剪力和弯矩分布。

(2) 当最大弯矩取最小值时,$b$ 应为多大?

**习题 7-18** 如习题图 7-18 所示结构由两根长度和重量均相同的梁 1 和梁 2 组成。梁 1 的左支座落在一根与梁 2 刚性联结的曲杆上。梁的自重分布是:左半梁的重量是右半梁的 2 倍。梁 2 的自重 $G_2=G_1$ 沿整个梁轴均匀分布。曲杆的重量可以忽略。

(1) 两根梁的支座约束力有多大?

(2) 确定梁 1 中最大弯矩的位置和大小。

(3) 确定当 $a=b/4$ 时,梁 2 的剪力和弯矩分布。

(4) 为使梁 2 中的最大弯矩不大于梁 1 的最大弯矩,$a$ 最大允许为多少?

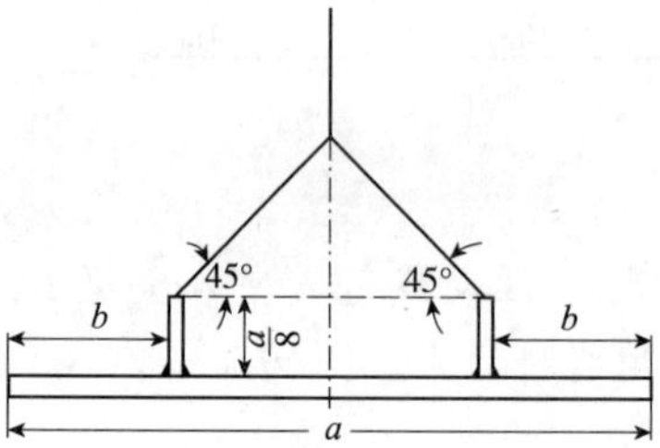


习题图 7-17

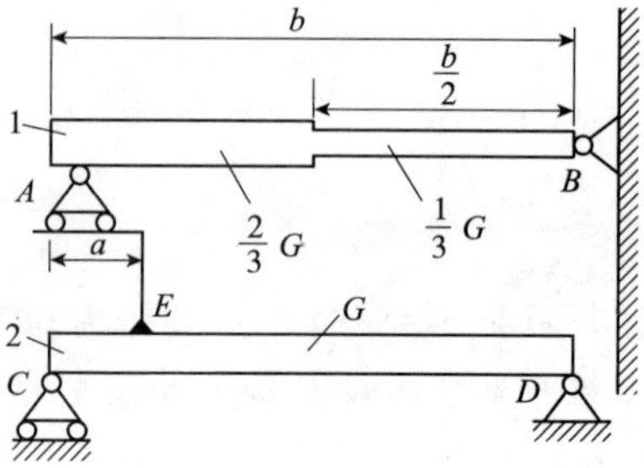


习题图 7-18

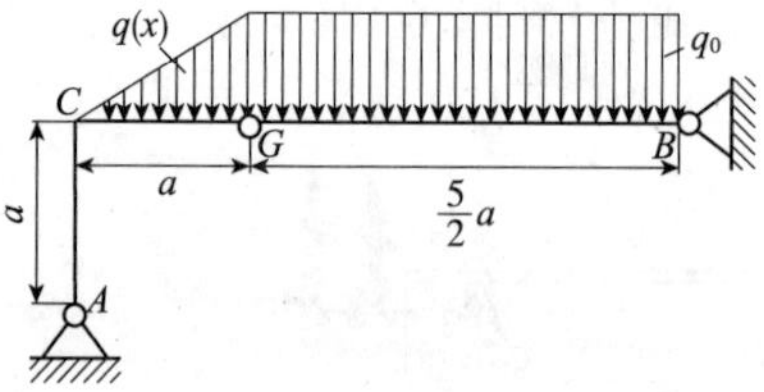


习题图 7-19

**习题 7-19** 一个仓库的屋顶设计成如习题图 7-19 所示的三铰拱形。层顶的自重可以用恒定的分布载荷 $q(x)$ 来表示。

(1) $A$ 点和 $B$ 点处的支座约束力有多大?

(2) 试给出屋顶水平部分中的剪力和弯矩分布。

(3) 屋顶中的最大弯矩发生在哪里?

曾参,《大学》:“苟日新,日日新,又日新。”

子曰："不愤不启，不悱不发。
举一隅不以三隅反，则不复也。"

# 第8章　弯曲应力

本章研究梁在对称弯曲时梁的应力、强度计算与合理强度设计。

## 8.1　弯曲正应力

在一般情况下，梁内同时存在剪力与弯矩。因此，在梁的横截面上，将同时存在切应力与正应力[图8-1a)]。因为只有切向微内力 $\tau \mathrm{d}A$ 才能构成剪力[图8-1b)]；只有法向微内力 $\sigma \mathrm{d}A$ 才能构成弯矩；梁弯曲时横截面上的切应力与正应力，分别称为弯曲切应力与弯曲正应力。

在机械与工程结构中，最常见的梁往往至少具有一个纵向对称面，而外力则作用在该对称面内(图8-2)。在这种情况下，梁的变形对称于该纵向对称面。对称面截面梁在纵向对称面承受横向外力与变形形式，称为对称弯曲。

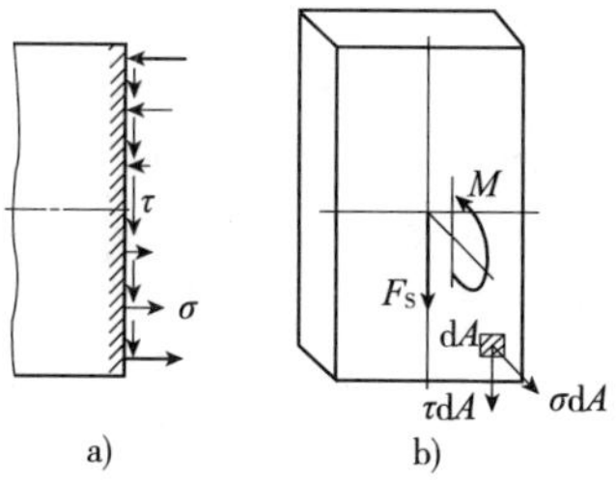


图8-1　弯曲切应力与弯曲正应力

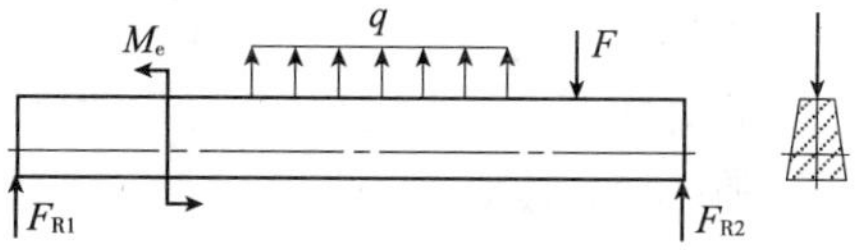


图8-2　对称弯曲

### 8.1.1　试验与假设

首先观察梁的变形。取一根对称截面梁(例如矩形截面梁)，在其表面画上纵线与横线[图8-3a)]。然后，在梁两端纵向对称面内，施加一对大小相等、方向相反的力偶，使梁仅承受弯矩作用。梁或梁段各横截面的剪力为零而弯矩为常数的受力状态，称为纯弯曲[图8-3b)]。

图8-3　纯弯曲

(1)纯弯曲试验

①梁表面的横线仍为直线,仍与纵线正交,只是横线间作相对转动。

②纵线变为弧线,在正弯矩作用下,靠近梁顶面的纵线缩短,靠近梁底面的纵线伸长。

③在纵线伸长区,梁的宽度减小,而在纵线缩短区,梁的宽度则增加,情况与轴向拉压时的变形相似。

(2)纯弯曲梁的两个假设

①变形后,横截面仍保持平面,且仍与纵线正交,称为弯曲平面假设。

②梁内各纵向"纤维"仅承受轴向拉应力或压应力,称为单向受力假设。

根据平面假设,横截面上各点处均无切应变,因此梁纯弯时横截面上不存在切应力。

根据平面假设,当梁弯曲时,部分"纤维"伸长,部分"纤维"缩短,而由伸长区到缩短区,其间必存在一长度不变的过渡层。弯曲时梁内长度不变的过渡层,称为中性层(图 8-4)。中性层与横截面的交线,称为中性轴,对称弯曲时,梁的变形对称纵向对称面,因此中性轴垂直于横截面的纵向对称轴。

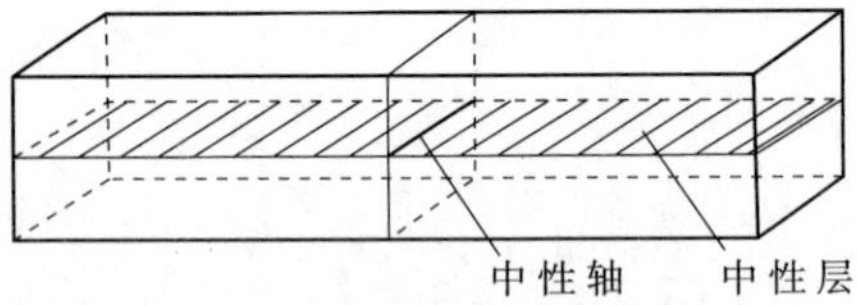


图 8-4　纯弯曲

综上所述,纯弯曲时梁的所有横截面仍保持平面,并绕中性轴作相对转动,而所有纵向"纤维"则均处于单向受力状态。

## 8.1.2　弯曲正应力一般公式

现在,根据上述分析,进一步考虑几何、物理与静力学三方面,以建立弯曲正应力公式。

(1)几何方面

首先,研究纵向"纤维"的变形。为此,用横截面 1-1 与 2-2 从梁中切取长为 $dx$ 的一微段,并沿截面纵向对称轴与中性轴分别建立坐标轴 $y$ 与 $z$[图 8-5a)]。梁弯曲后,纵坐标为 $y$ 的纵线 $ab$ 变为弧线 $a'b'$[图 8-5b)]。设截面 1-1 与 2-2 间的相对转角为 $d\theta$,中性层 $O_1O_2$ 的曲率半径为 $\rho$,则纵线 $ab$ 的正应变为

$$\varepsilon = \frac{\widehat{a'b'} - dx}{dx} = \frac{(\rho + y)d\theta - \rho d\theta}{\rho d\theta} = \frac{y}{\rho} \tag{8-1}$$

实际上,由于距中性层等远各"纤维"的变形相同,所以,上述应变 $\varepsilon$ 即代表纵坐标为 $y$ 的任一"纤维"的正应变。

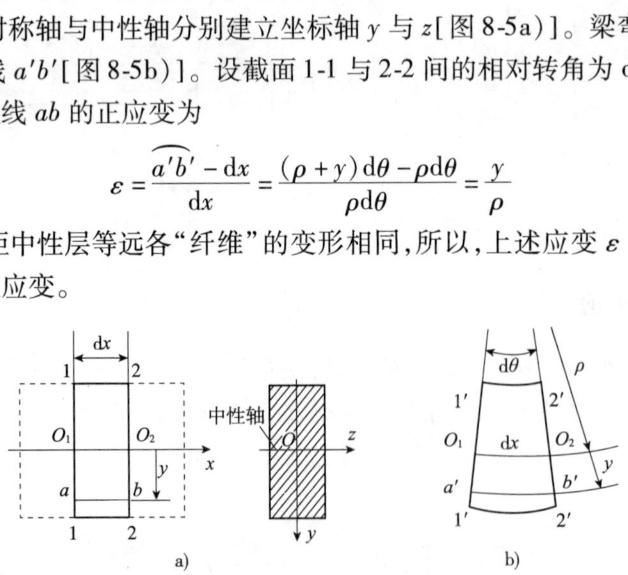


图 8-5　纯弯曲几何关系

(2)物理方面

如上所述,假设各"纤维"处于单向受力状态,因此,当正应力不超过材料的比例极限时,即可应用郑玄—胡克定律,由此得横截面上 $y$ 处的正应力为

$$\sigma = E\varepsilon = \frac{Ey}{\rho} \tag{8-2}$$

可见，正应力沿截面高度呈线性变化，而中性轴上各点的正应力则均为零（图 8-6）。

（3）静力学方面

如图 8-7 所示，横截面上各点的法向微内力 $\sigma \mathrm{d}A$ 组成一空间平行力系，而且，由于横截面上没有轴力，仅存在位于 $x$-$y$ 平面的弯矩 $M$，因此，

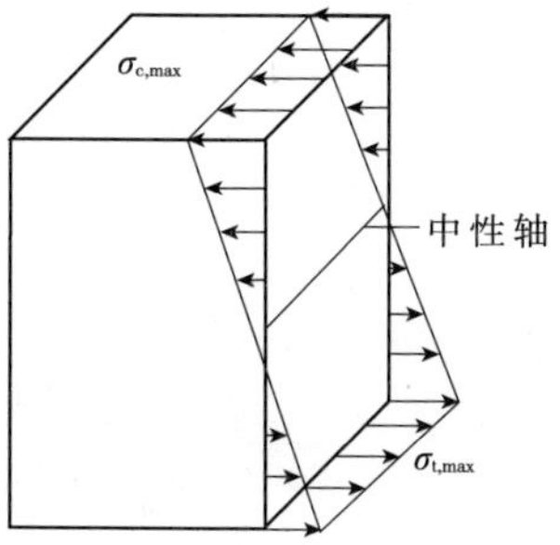


图 8-6　纯弯曲物理关系

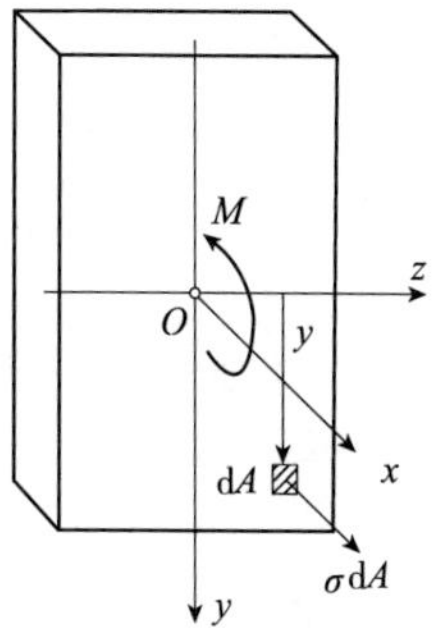


图 8-7　纯弯曲静力平衡关系

$$\int_A \sigma \mathrm{d}A = 0 \tag{8-3}$$

$$\int_A y\sigma \mathrm{d}A = M \tag{8-4}$$

将式（8-2）代入式（8-3）得

$$\int_A y \mathrm{d}A = 0 \tag{8-5}$$

上式中的积分代表截面对坐标轴 $z$ 的静矩 $S_z$。由式（2-4）可知，仅当坐标轴 $z$ 通过截面形心时，静矩 $S_z$ 才为零。由此可见，中性轴通过截面形心。

将式（8-2）代入式（8-4），得

$$\frac{E}{\rho}\int_A y^2 \mathrm{d}A = M \tag{8-6}$$

上式中的积分代表截面对坐标轴 $z$ 的惯性矩 $I_z$。于是得

$$\frac{1}{\rho} = \frac{M}{EI_z} \tag{8-7}$$

此即用曲率表示的弯曲变形公式。

上式表明，中性层的曲率 $1/\rho$ 与弯矩 $M$ 成正比，与乘积 $EI_z$ 成反比。乘积 $EI_z$ 称为梁截面的弯曲刚度。惯性矩 $I_z$ 综合地反映了横截面的形状与尺寸对弯曲变形的影响。

将式（8-7）代入式（8-2），于是横截面上 $y$ 处的正应力为

$$\sigma = \frac{My}{I_z} \tag{8-8}$$

此即弯曲正应力的一般公式。

试验表明，只要横截面上的最大弯曲正应力不超过材料的比例极限，式（8-7）与式（8-8）的计算结果，与试验结果一致。这说明，基于平面假设与单向受力假设的弯曲理论是正确的。

### 8.1.3　最大弯曲正应力

由式（8-8）可知，在 $y = y_{\max}$ 即横截面上离中性轴最远的各点处，弯曲正应力最大，其值为

$$\sigma_{\max}=\frac{My_{\max}}{I_z}=\frac{M}{W} \tag{8-9}$$

其中,$W$ 仅与截面的形状与尺寸有关,称为抗弯截面系数,即

$$W=\frac{I_z}{y_{\max}} \tag{8-10}$$

可见,最大弯曲正应力与弯矩成正比,与抗弯截面系数成反比。抗弯截面系数 $W$ 综合地反映了横截面的形状与尺寸对弯曲正应力的影响。

高为 $h$,宽为 $b$ 的矩形截面,其 $W_z$ 为

$$W_z=\frac{I_z}{y_{\max}}=\frac{bh^3/12}{h/2}=\frac{1}{6}bh^2 \tag{8-11}$$

直径为 $D$ 的圆形截面,其 $W$ 为

$$W=\frac{I_z}{y_{\max}}=\frac{\pi D^4/64}{D/2}=\frac{\pi D^3}{32} \tag{8-12}$$

空心圆截面,其 $W$ 为

$$W=\frac{\pi D^3}{32}(1-\alpha^4) \tag{8-13}$$

式中,$\alpha=d/D$,代表空心圆截面的内、外径的比值。

至于各种标准型钢截面的抗弯截面系数,可从型钢表中查得。

### 8.1.4 正应力公式的推广

(1)横力弯曲时的正应力

梁的横截面上既有剪力又有弯矩,这种弯曲称为横力弯曲,则横截面上不仅有正应力,还有切应力。由于切应力的存在,梁的横截面将产生翘曲(图 8-8)。此外,与中心层平行的纵截面上,会有由横向力引起的压应力。由较精确的分析证明,对跨度 $l$ 与横截面高度 $h$ 之比大于 5 时,纯弯曲时正应力公式(8-8)可以足够精确地计算横力弯曲时横截面上的正应力,并不会引起很大的误差,能够满足工程问题所需要的精度。

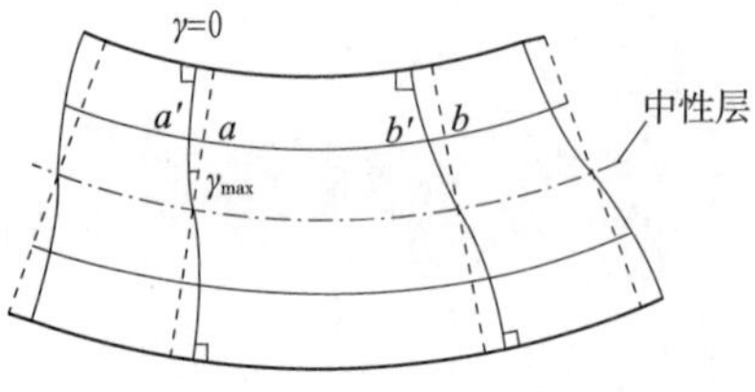


图 8-8　横力弯曲时的正应力

横力弯曲时,弯矩不是常量,随截面位置而变化。计算最大正应力时,一般以弯矩的最大值计算。但公式(8-8)表明,正应力不仅与弯矩有关,还与截面的形状和尺寸有关,所以最大正应力不一定发生在弯矩最大的截面上。

(2)非对称梁的纯弯曲

进一步研究表明,对于非对称梁,只要外力偶矩作用于形心主惯性轴和轴线组成的形心主惯性平面内,或外力偶矩的作用平面平行于形心主惯性平面,则中性轴与这个平面垂直,弯曲变形发生在形心主惯性平面内。横截面上的正应力仍可按式(8-8)计算。

### 8.1.5 弯曲正应力强度条件

求得最大弯曲正应力后,建立弯曲正应力强度条件

$$\sigma_{\max}=\frac{M}{W}\leqslant[\sigma] \tag{8-14}$$

式(8-14)仅适用于许用拉应力$[\sigma_t]$与许用压应力$[\sigma_c]$相同的梁,如果两者不同,例如灰口铸铁等脆性材料的许用压应力超过许用拉应力,则应按拉伸与压缩分别进行强度计算。

**例题 8-1** 如图 8-9 所示截面梁,弯矩 $M = 800\text{kN}\cdot\text{m}$,并位于纵向对称面(即 $Cxy$ 平面)内。试计算最大弯曲正应力。已知:$b = 30\text{mm}$,$h = 600\text{mm}$,$d_1 = 400\text{mm}$,$d_2 = 350\text{mm}$。

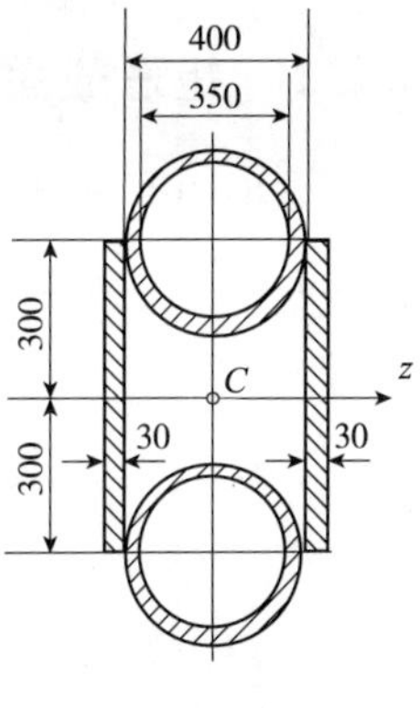


图 8-9

**解:**①计算抗弯截面系数 $W$。

a. 截面由两个矩形和两个空心圆组成。

空心圆内外径之比:$\alpha = \dfrac{d_2}{d_1} = \dfrac{7}{8}$。

空心圆的面积:$A = \dfrac{\pi}{4}d_1^2(1-\alpha^2) = 0.029\,45\text{m}^2$。

b. 计算矩形对 $z$ 轴的惯性矩。

矩形对 $z$ 轴的惯性矩:$I_{z_1} = \dfrac{1}{12}bh^3 = 5.4\times10^{-4}\text{m}^4$。

c. 计算空心圆对 $C_0z$ 轴的惯性矩($C_0$ 为空心圆圆心,$C_0z//Cz$)。

$$I_{zC_0} = \frac{\pi}{64}d_1^4(1-\alpha^4) = 5.2\times10^{-4}\text{m}^4$$

d. 计算空心圆对 $z$ 轴的惯性矩。

利用平行移轴公式,计算空心圆对 $z$ 轴的惯性矩:

$$I_{z_2} = I_{zC_0} + A_2\cdot y_{C_0}^2 = 3.170\times10^{-3}\text{m}^4$$

e. 计算整个截面对 $z$ 轴的惯性矩。

$$I_z = 2I_{z_1} + 2I_{z_2} = 0.007\,421\text{m}^4$$

f. 计算离中心轴最远处点的坐标 $y_{\max}$。

$$y_{\max} = \frac{1}{2}(h+d_1) = 0.5\text{m}$$

g. 计算抗弯截面系数 $W$。

$$W = \frac{I_z}{y_{\max}} = 0.148\,4\text{m}^3$$

②计算最大弯曲正应力。

最大弯曲正应力 $\sigma_{\max} = \dfrac{M}{W} = 53.91\text{MPa}$。

**讨论与练习**

(1)关于中性层对称截面的弯曲拉应力与弯曲压应力相等分别发生在离中性层最远处。

(2)请读者使用 Maple 编程求解本题,验证手工计算结果。

## 8.2 弯曲切应力

当梁横力弯曲时,横截面上不仅存在正应力,而且存在切应力,即所谓弯曲切应力。矩形截面梁是一种常见截面梁，为了减轻结构重量，工程中还常常采用工字形与箱形等薄壁截面梁。本节首先研究矩形截面梁的弯曲切应力，然后研究工字形以及圆形截面梁的弯曲切应力。

### 8.2.1 矩形截面梁的弯曲切应力

图 8-10 所示矩形截面梁，截面的高度与宽度分别为 $h$ 与 $b$，并在纵向对称面内承受横向载荷作用。

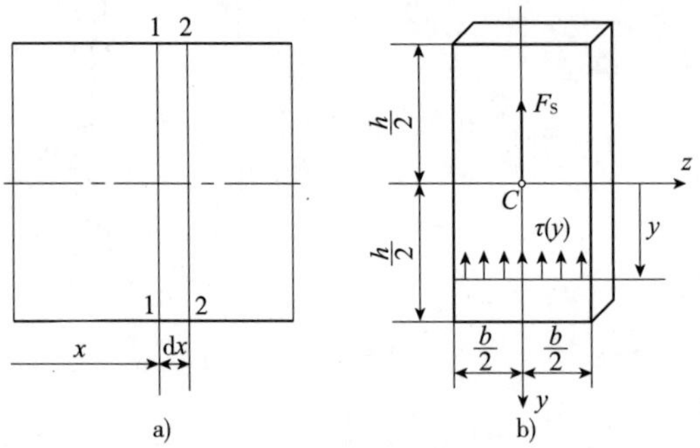


图 8-10　承受横向载荷作用的矩形截面梁

根据切应力互等定理可知，在横截面两侧边缘的各点处，切应力一定平行于侧边。如果截面是窄而高的，则又可以认为，在沿截面的宽度方向，切应力的大小与方向均不可能有显著变化。根据以上分析，对弯曲切应力分布作如下假设：横截面上各点处的切应力，均平行于剪力或截面侧边，并沿截面宽度均匀分布。

现在根据上述假设，研究弯曲切应力沿截面高度的变化规律。

首先，用相距 d$x$ 的横截面 1-1 与 2-2 从梁中切取一微段[图 8-11a)]。然后，在横截面上纵坐标为 $y$ 处，再用一个纵向截面 $m$-$n$，将该微段的下部切出[图 8-11b)]。设横截面上 $y$ 处的切应力为 $\tau(y)$。

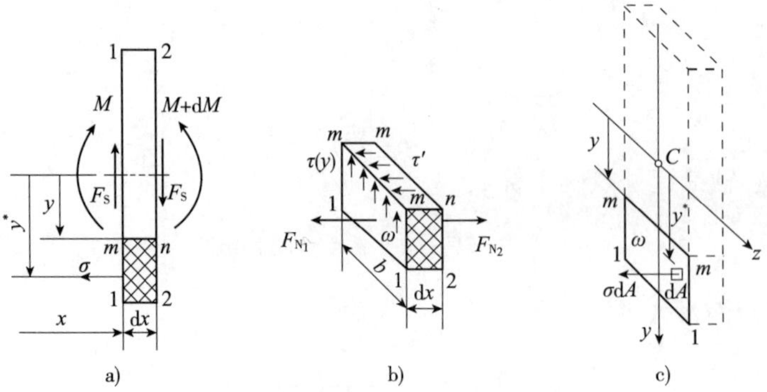


图 8-11　矩形截面梁的弯曲切应力分析

如图 8-11a)所示，由于存在剪力 $F_S$，截面 1-1 与 2-2 的弯矩将不相同，分别为 $M$ 与 $M+\mathrm{d}M$，因此，上述两截面的弯曲正应力也不相同。设微段下部横截面 $m_1$ 与 $n_2$ 的面积为 $\omega$，在该两截面上由弯曲正应力所构成的轴向合力分别为 $F_{N_1}$ 与 $F_{N_2}$，则由微段下部的轴向平衡方程可知

$$\sum F_x = 0, F_{N_2} - F_{N_1} - \tau' b\mathrm{d}x = 0 \tag{8-15}$$

由图 8-11c)可知

$$F_{N_1} = \int_\omega \sigma \mathrm{d}A = \frac{M}{I_z}\int_\omega y^* \mathrm{d}A = \frac{M}{I_z}S_z^* \tag{8-16}$$

其中

$$S_z^* = S_z(\omega) = \int_\omega y^* \mathrm{d}A \tag{8-17}$$

代表截面 $\omega$ 对坐标轴 $z$ 的静矩。同理

$$F_{N_2} = \frac{M+\mathrm{d}M}{I_z}S_z^* \tag{8-18}$$

将式(8-16)、式(8-18)代入式(8-15),并考虑到

$$\frac{\mathrm{d}M}{\mathrm{d}x}=F_{\mathrm{S}} \tag{8-19}$$

于是得

$$\tau'=\frac{F_{\mathrm{S}}S_z^*}{I_zb} \tag{8-20}$$

由切应力互等定理可知,纵截面 $m$-$n$ 上的切应力 $\tau'$数值上也等于 $\tau(y)$。因此

$$\tau(y)=\frac{F_{\mathrm{S}}S_z^*}{I_zb} \tag{8-21}$$

矩形截面对中性轴 $z$ 的惯性矩为

$$I_z=\frac{bh^3}{12} \tag{8-22}$$

如图 8-12a)所示,$y$ 处横线一侧的部分截面 $\omega$ 对 $z$ 轴的静矩则为

$$S_z^*=b\left(\frac{h}{2}-y\right)\cdot\frac{1}{2}\left(\frac{h}{2}+y\right)=\frac{bh^2}{8}\left(1-\frac{4y^2}{h^2}\right) \tag{8-23}$$

将式(8-22)、式(8-23)代入式(8-21),得

$$\tau(y)=\frac{3F_{\mathrm{S}}}{2bh}\left(1-\frac{4y^2}{h^2}\right) \tag{8-24}$$

由此可见,矩形截面梁的弯曲切应力沿截面高度呈抛物线分布[图 8-12b)];在横截面的上、下边缘处($y=\mp h/2$),切应力 $\tau=0$;在中性轴处($y=0$),切应力最大,其值为

$$\tau_{\max}=\frac{3F_{\mathrm{S}}}{2A} \tag{8-25}$$

式中,$A$ 代表横截面面积。

与精确解相比,当 $h/b\geqslant2$ 时,上述解答的误差极小;当 $h/b=1$ 时,误差约为 10%。

### 8.2.2 工字形截面梁的弯曲切应力

工字形截面由上、下翼缘与腹板所组成[图 8-13a)]。切应力主要由腹板(腹板面积为 $A_0$)承担,可近似看成是均匀分布的[图 8-13b)],即

$$\tau=\frac{F_{\mathrm{S}}}{A_0} \tag{8-26}$$

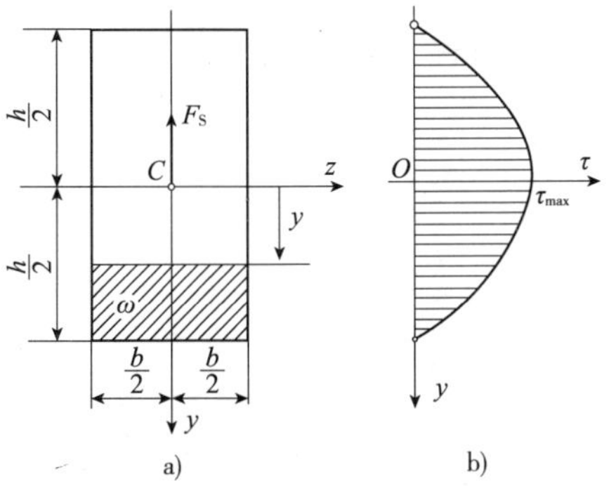


图 8-12 矩形截面梁的弯曲切应力分布

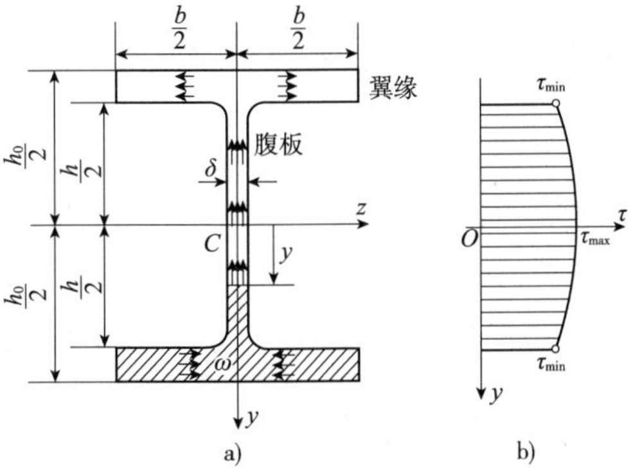


图 8-13 工字形截面梁的弯曲切应力分布

翼缘上的切应力较腹板切应力小,强度计算时一般可以不予考虑。

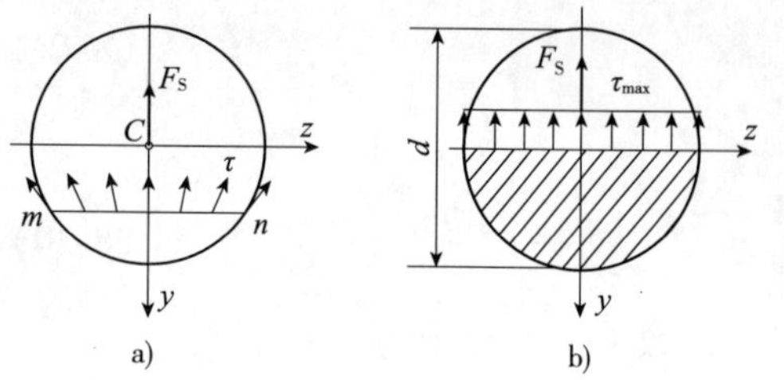


图 8-14　圆形截面梁的弯曲切应力分布

### 8.2.3　圆形截面梁的弯曲切应力

圆截面上的最大弯曲切应力仍发生在中性轴上[图 8-14b)]。并可近似认为中性各点处的切应力均平行于剪力，且沿中性轴均匀分布。

$$\tau_{max} = \frac{4F_S}{3A} \tag{8-27}$$

式中，$A$ 为圆形截面的面积。

与精确解相比，上式的误差约为 4%。

### 8.2.4　弯曲切应力强度条件

最大弯曲切应力通常发生在中性轴上各点处，而该处的弯曲正应力为零，因此，最大弯曲切应力作用点处于纯剪切状态，相应的强度条件则为

$$\tau_{max} = \frac{F_S S_z^*}{I_z b} \leqslant [\tau] \tag{8-28a}$$

或

$$\tau_{max} = \alpha_S \frac{F_S}{A} \leqslant [\tau] \tag{8-28b}$$

其中

$$\alpha_S = \frac{AS_z^*}{I_z b} = \frac{S_z^*}{i_z^2 b} \tag{8-29}$$

式中，$\alpha_S$ 为梁的剪切强度因数；$i_z$ 为对 $z$ 轴的惯性半径。

几种特殊截面梁的剪切强度因数如下：

①矩形截面：$\alpha_S = 3/2$；②工字形截面：$\alpha_S = A/A_0$；③圆形截面：$\alpha_S = 4/3$。

### 8.2.5　弯曲正应力与弯曲切应力比较

梁弯曲时横截面上同时存在正应力与切应力，现将两者的大小作一比较。

例如图 8-15 所示矩形截面悬臂梁，承受集中载荷 $F$ 作用，梁的最大剪力与最大弯矩分别为

$$|F_S|_{max} = F, M_{max} = Fl \tag{8-30}$$

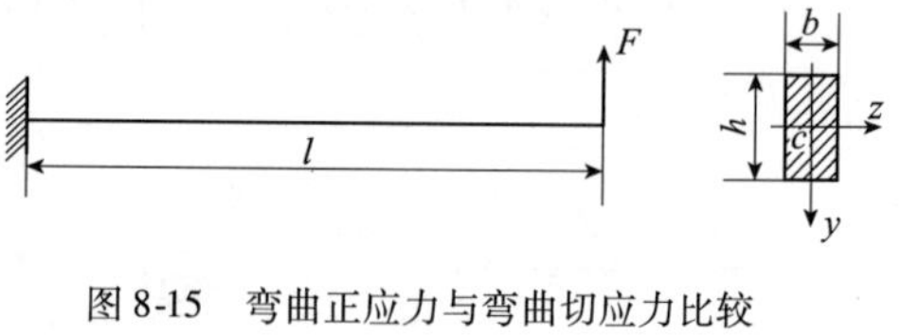


图 8-15　弯曲正应力与弯曲切应力比较

梁的最大弯曲正应力与最大弯曲切应力分别为

$$\sigma_{max} = \frac{6Fl}{bh^2}, \tau_{max} = \frac{3F}{2bh} \tag{8-31}$$

所以两者的比值为

$$\frac{\sigma_{max}}{\tau_{max}} = \frac{4l}{h} \tag{8-32}$$

可见，当梁的长度 $l$ 远大于其截面高度 $h$ 时，梁的最大弯曲正应力远大于最大弯曲切应力。

在一般细长的非薄壁截面梁中，最大弯曲正应力远大于最大弯曲切应力。因此，对于一般细长的非薄壁截面梁，通常只需按弯曲正应力强度条件进行分析即可。但是，对于薄壁截面梁与弯矩较小而剪力却较大的梁，后者如短而高的梁、集中载荷作用在支座附近的梁等，

则不仅应考虑弯曲正应力强度条件，而且还应考虑弯曲切应力强度条件。

还应指出，在某些薄壁梁的某些点处，例如工字形截面的腹板与翼缘的交界处，弯曲正应力与弯曲切应力可能均具有相当大的数值，这种正应力与切应力联合作用下的强度问题，将在第 13 章详细讨论。

**例题 8-2** T 形截面铸铁梁的载荷和截面尺寸如图 8-16a）所示。铸铁的抗拉许用应力为 $[\sigma_t]=30\text{MPa}$，抗压许用应力为 $[\sigma_c]=160\text{MPa}$。试按最大正应力校核梁的强度，并计算该截面的最大弯曲切应力以及腹板与翼缘交接处的弯曲切应力。已知：$F_1=9\text{kN}$，$F_2=4\text{kN}$，$a=1\text{m}$，$b_1=80\text{mm}$，$h_1=20\text{mm}$，$b_2=20\text{mm}$，$h_2=120\text{mm}$。

**解：**强度校核问题。

①计算最大剪力和最大弯矩。

a. 计算支座约束力。

梁受力 $\boldsymbol{F}_1$、$\boldsymbol{F}_2$、$\boldsymbol{F}_{Ax}$、$\boldsymbol{F}_{Ay}$、$\boldsymbol{F}_B$。

$F_{Ax}=0$，$F_{Ay}=2.5\text{kN}$，$F_B=10.5\text{kN}$。

b. 建立剪力函数和弯矩函数[单位：$x$(m)，$F_S$(kN)，$M$(kN·m)]，绘剪力图和弯矩图。

$$F_S=\begin{cases}2.5 & 0<x<1\\ -6.5 & 1<x<2\\ 4 & 2<x<3\end{cases};\quad M=\begin{cases}2.5x & 0\leqslant x\leqslant 1\\ -6.5x+9 & 1<x\leqslant 2\\ 4x-12 & 2<x\leqslant 3\end{cases}$$

c. 找出最大剪力和最大弯矩。

$F_{S,\max}^{(+)}=4\text{kN}$，$F_{S,\max}^{(-)}=6.5\text{kN}$；$M_{\max}^{(+)}=2.5\text{kN}\cdot\text{m}$，$M_{\max}^{(-)}=4\text{kN}\cdot\text{m}$。

②计算形心的坐标和截面惯性矩。

a. 确定截面形心位置。

选参考坐标系 $Oyz_0$ 如图 8-16d）所示，并将截面 $m$-$m$ 分解为矩形 1、2 两部分。由式（2-6）可知，截面形心的纵坐标为

$$y_1=\frac{b_1h_1\cdot\dfrac{h_1}{2}+b_2h_2\left(h_1+\dfrac{h_2}{2}\right)}{b_1h_1+b_2h_2}=52\text{mm},\quad y_2=h_1+h_2-y_1=88\text{mm}$$

b. 计算截面对中心轴 $z_C$ 的惯性矩 $I_z$。

$$I_z=\frac{1}{12}b_1h_1^3+b_1h_1\cdot\left(y_1-\frac{h_1}{2}\right)^2+\frac{1}{12}b_2h_2^3+b_2h_2\cdot\left(h_1+\frac{h_2}{2}-y_1\right)^2=763\text{cm}^4$$

③弯曲正应力强度校核。

a. 计算截面 $B$ 的最大弯曲正应力。

在截面 $B$ 上弯矩是负值，最大拉应力发生于边缘各点[图 8-16e）]。

$$\sigma_t^{(B)}=\frac{M_{\max}^{(-)}y_1}{I_z}=27.2\text{MPa}$$

最大压应力发生于下边缘各点，且

$$\sigma_c^{(B)}=\frac{M_{\max}^{(-)}y_2}{I_z}=46.2\text{MPa}$$

b. 计算截面 $C$ 的最大弯曲正应力。

在截面 $C$ 的上边缘，作用有最大压应力，因 $M_{\max}^{(+)}<M_{\max}^{(-)}$，$y_1<y_2$，显然 $\sigma_c^{(C)}=\dfrac{M_{\max}^{(+)}y_1}{I_z}<\sigma_c^{(B)}$。

最大拉应力在截面 $C$ 的下边缘各点处，且

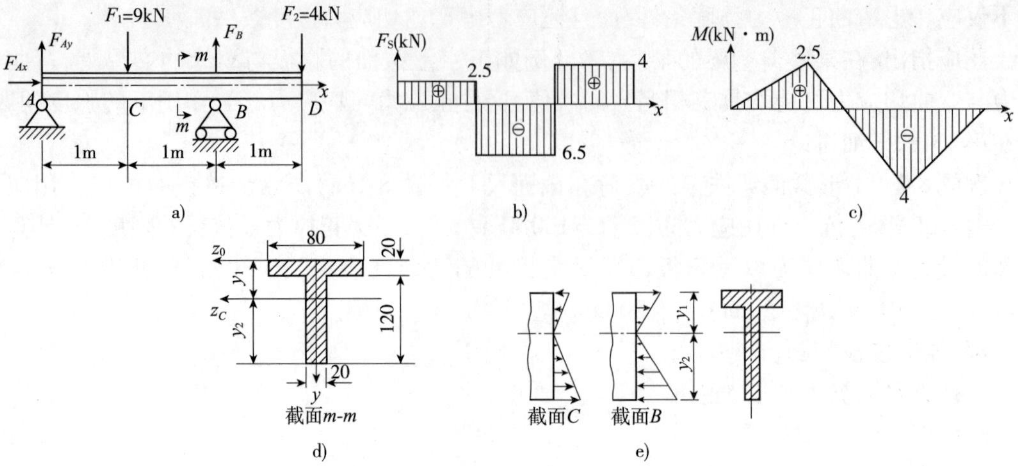


图 8-16 （尺寸单位：cm）

$$\sigma_t^{(C)} = \frac{M_{max}^{(+)} y_2}{I_z} = 28.8\text{MPa}$$

c. 对梁进行弯曲正应力强度校核。

$\sigma_{t,max} = \max\{\sigma_t^{(B)}, \sigma_t^{(C)}\} = 28.8\text{MPa} < [\sigma_t]$；

$\sigma_{c,max} = \sigma_c^{(B)} = 46.2\text{MPa} < [\sigma_c]$。梁强度条件满足要求。

④计算弯曲切应力。

a. 计算最大弯曲切应力。

最大弯曲切应力发生在中心轴上，先计算中心轴 $z_C$ 一侧的部分截面对中心轴的静矩。

$$S_{z,max}^* = b_2 y_2 \cdot \frac{y_2}{2} = 7.744 \times 10^{-5}\text{m}^3$$

最大弯曲切应力

$$\tau_{max} = \frac{F_{S,max}^{(-)} \cdot S_{z,max}^*}{I_z b_2} = 3.3\text{MPa}$$

b. 计算腹板与翼缘交接处的弯曲切应力。

计算腹板与翼缘交接处一侧的部分截面对中心轴 $z_C$ 的静矩。

$$S_{zj}^* = b_1 h_1 \cdot \left(y_1 - \frac{h_1}{2}\right) = 6.72 \times 10^{-5}\text{m}^3$$

交接处的弯曲切应力

$$\tau_j = \frac{F_{S,max}^{(-)} \cdot S_{zj}^*}{I_z b_2} = 2.86\text{MPa}$$

**讨论与练习**

（1）与弯曲正应力 $\sigma_{c,max} = 46.2\text{MPa}$ 相比，弯曲切应力 $\tau_{max} = 3.3\text{MPa}$ 的数值是非常微小的。

（2）在腹板与翼缘交接处既有正应力又有切应力，强度校核时应按复杂应力状态进行校核在第 13 章讨论。

（3）请读者使用 Maple 编程求解本题，验证手工计算结果。

## 8.3 Maple 编程示例

**编程题 8-1** 承受均布载荷的工字钢两端外伸梁,如图 8-17 所示。已知工字钢号为 22b,材料的许用应力[$\sigma$] = 170MPa。试确定其许可载荷[$q$]。已知:$L$ = 6m,$c_1$ = 2m,$c_2$ = 2m,查表 $W$ = 325 cm$^3$。

**解:• 建模**

载荷估计问题。

梁受力 $q$、$\boldsymbol{F}_{Ax}$、$\boldsymbol{F}_{Ay}$、$\boldsymbol{F}_B$。

①计算支座约束力。

②建立弯矩函数,绘弯矩图。

③找出最大弯矩。

④计算最大正应力。

⑤根据强度条件建立不等式。

⑥解不等式确定许可载荷。

**答:**许可载荷[$q$] = 22.1kN/m。

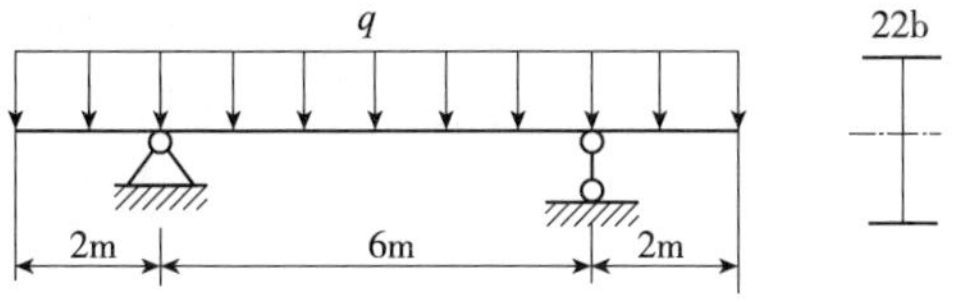


a)结构载荷图

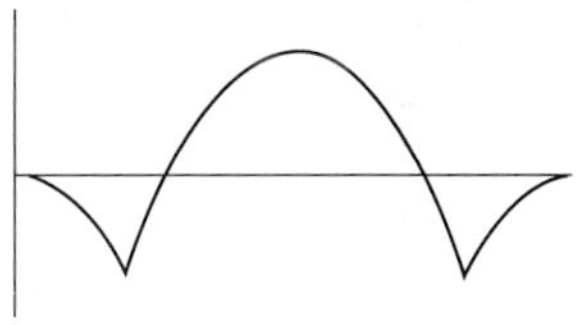

b)弯矩示意图

图 8-17

**• Maple 程序**

```
> ##########################################################
> restart:                                    #清零。
> alias([sigma] = sigma[xy]):                 #变量命名。
> eq1: = FA[x] =0:                            #梁,ΣF_x =0。
> eq2: = FB * L - q * (L+2 * c) * L/2 =0:     #梁,ΣM_A =0。
> eq3: = FA[y] + FB - q * (L+2 * c) =0:       #梁,ΣF_y =0。
>SOL1: = solve({eq1,eq2,eq3},{FA[x],FA[y],FB}):
>                                             #解方程组。
> FA[x]: = subs(SOL1,FA[x]):                  #支座约束力 F_Ax。
> FA[y]: = subs(SOL1,FA[y]):                  #支座约束力 F_Ay。
> FB: = subs(SOL1,FB):                        #支座约束力 F_B。
> ##########################################################
> M: = x - > piecewise(x<c, -q * x * x/2,
>          x<c+L, -q * x * x/2 + FA[y] * (x-c),
>          x<2 * c+L, -q * x * x/2 + FA[y] * (x-c) + FB * (x-L-c)):
>                                             #弯矩方程。
> M: = normal(M(x)):                          #有理式的标准化。
> M1: = -1/2 * q * x^2:                       #第一段弯矩函数。
```

```
> M2: = -1/2*q*x^2+1/2*q*L*x-1/2*q*L*c+q*c*x-q*c^2:
>                                       #第二段弯矩函数。
> M3: = -1/2*q*x^2+q*L*x-2*q*L*c+2*q*c*x-2*q*c^2-1/2*q*L^2:
>                                       #第三段弯矩函数。
>##########################################################
> Mzmax: = subs(x=c+L/2,M2):            #最大正弯矩。
> Mfmax: = -subs(x=c,M1):               #最大负弯矩。
> Mmax: = max(Mzmax,Mfmax):             #最大弯矩。
> sigma[max]: = Mmax/W:                 #梁的最大正应力。
> ineq4: = sigma[max] <= sigma[xy]:     #强度条件不等式。
> L: =6: c: =2:                         #已知条件。
> sigma[xy]: =170e6:   W: =325e-6:      #已知条件。
> plot(subs(q=1,M),x=0..L+2*c,tickmarks=[0,0]);
>                                       #绘弯矩图。
> solve({ineq4},{q});                   #解不等式计算[q]。
>##########################################################
```

**编程题 8-2** 组合工字截面梁,尺寸及受力如图 8-18 所示,$[\tau]=100\text{MPa}$。画出梁的剪力图及$|F_S|_{max}$作用面上的剪应力分布图,并校核最大剪应力是否满足强度条件。

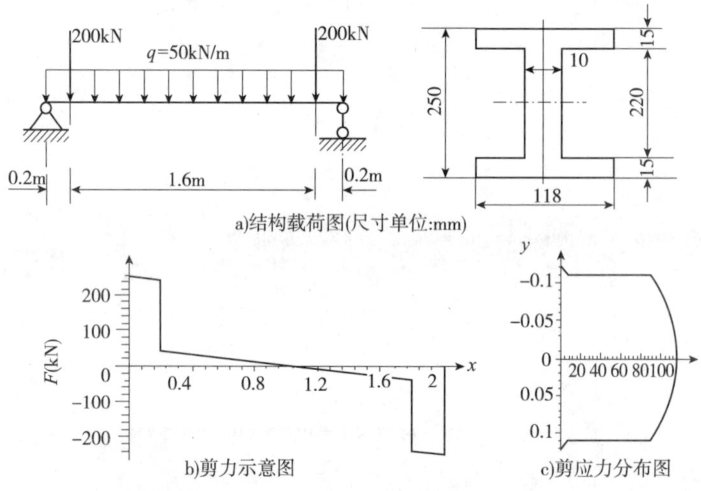


图 8-18

已知:$q=50\text{kN/m}$,$F=200\text{kN}$,$l=2\text{m}$,$a=0.2\text{m}$,$H=250\text{mm}$,$B=118\text{mm}$,$b=10\text{mm}$,$h=220\text{mm}$。

求:$\tau_{max}$。

**解:● 建模**

弯曲切应力强度校核问题。

梁受力 $q$、$\boldsymbol{F}$、$\boldsymbol{F}$、$\boldsymbol{F}_{Ax}$、$\boldsymbol{F}_{Ay}$、$\boldsymbol{F}_B$。

①计算支座约束力。

②建立剪力函数。

③找出最大剪力。

④建立截面上距中性轴为 $y$ 的横线以下部分面积对中性轴的静矩 $S_z^*$ 函数。

⑤建立切应力分布函数。

⑥绘梁的剪力图。

⑦剪应力分布图。

⑧计算最大弯曲切应力。

**答**：$\tau_{max}=116.3\text{MPa}>[\tau]=100\text{MPa}$。不满足切应力强度条件。

- **Maple 程序**

```
> restart:                                                    #清零。
> ##################################################
> alias(tau[max]=Tau[max]):                                   #变量命名。
> a:=L/10:                                                    #已知条件。
> eq1:=FA[x]=0:                                               #梁，ΣF_x=0。
> eq2:=FB*L-1/2*q*L^2-F*a-F*(L-a)=0:                          #梁，ΣM_A=0。
> eq3:=FA[y]+FB-q*L-F-F=0:                                    #梁，ΣF_y=0。
> SOL1:=solve({eq1,eq2,eq3},{FA[x],FA[y],FB}):
>                                                             #解方程组。
> FA[x]:= subs(SOL1,FA[x]):                                   #支座约束力 F_Ax。
> FA[y]:= subs(SOL1,FA[y]):                                   #支座约束力 F_Ay。
> FB:= subs(SOL1,FB):                                         #支座约束力 F_B。
> ##################################################
> Fs:=x->piecewise(x<a,FA[y]-q*x,
>                  x<L-a,FA[y]-q*x-F,
>                    x<L,FA[y]-q*x-F-F):                      #剪力函数。
> Fs:=normal(Fs(x)):                                          #有理式的标准化。
> Fs1:=1/2*q*L+F-q*x:                                         #第一段剪力函数。
> Fs2:=1/2*q*L-q*x:                                           #第二段剪力函数。
> Fs3:=1/2*q*L-F-q*x:                                         #第三段剪力函数。
> Fsmax:=subs(x=0,Fs1):                                       #最大剪力。
> ##################################################
> Iz:=1/12*B*H^3-1/12*(B-b)*h^3:                              #整个截面对形心轴的惯性矩。
> Sz:=y->piecewise(y<-h/2,B/8*(H^2-4*y^2),
>                  y<h/2,B/8*(H^2-h^2)+b/8*(h^2-4*y^2),
>                  y<H/2,B/8*(H^2-4*y^2)):
>                                                             #截面的静矩 S_z* 函数。
> Sz:=normal(Sz(y)):                                          #有理式的标准化。
> Sz1:=-1/8*B*(-H^2+4*y^2):                                   #上矩形截面的静矩 S_z*。
> Sz2:=1/8*B*H^2-1/8*B*h^2+1/8*b*h^2-1/2*b*y^2:
>                                                             #中间矩形截面的静矩 S_z*。
> Sz3:=Sz1:                                                   #下矩形截面的静矩 S_z*。
> ##################################################
> tau:=y->piecewise(y<-h/2,Sz1*Fsmax/(Iz*B),
                    y<h/2,Sz2*Fsmax/(Iz*b),
                    y<H/2,Sz3*Fsmax/(Iz*B)):
>                                                             #切应力分布函数。
```

```
> tau: =normal(tau(y)):                                        #有理式的标准化。
> tau1: = -3/4 * ( -H^2 +4 * y^2) * (q * L +2 * F)/(B * H^3 - h^3 * B +h^3 * b):
>                                                              #上矩形截面切应力。
> tau2: = -3/4 * ( -B * H^2 +B * h^2 - b * h^2 +4 * b * y^2) * (q * L +2 * F)/(B * H^3 - h^3 * B
>            +h^3 * b)/b:                                      #中间矩形截面切应力。
> tau3: =tau1:                                                 #下矩形截面切应力。
> Tau[max]: =subs(y =0,tau2);                                  #最大切应力。
> ############################################################
> F: =200e3:   q: =50e3: L: =2:                                #已知条件。
> H: =0.25: B: =0.118: h: =0.22: b: =0.01:                     #已知条件。
> plot(Fs/1000,x =0..L);                                       #绘剪力图。
> plot(tau/1000000,y = -H/2..H/2);                             #绘切应力分布图。
> Tau[max]: =evalf(Tau[max],4);                                #最大切应力的数值。
> ############################################################
```

**编程题 8-3** 矩形截面梁受力如图 8-19 所示。若梁的宽度 $b=20\text{mm}$，材料的许用应力 $[\sigma]=160\ \text{MN/m}^2$，设计等强度梁。

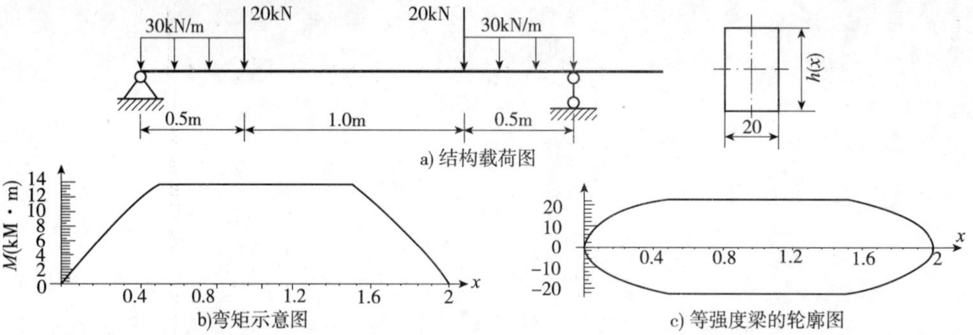


图 8-19

已知：$F=20\text{kN}$，$q=30\text{kN/m}$，$l=2\text{m}$，$a=0.5\text{m}$。

求：$h(x)$。

**解：● 建模**

截面设计问题。

梁受力 $\boldsymbol{F}$、$\boldsymbol{F}$、$q$、$q$、$\boldsymbol{F}_{Ax}$、$\boldsymbol{F}_{Ay}$、$\boldsymbol{F}_B$。

①计算支座约束力。

②建立弯矩函数。

③建立截面高度函数[单位：$x$(m)，$h$(mm)]。

根据 $\sigma_{\max}=\dfrac{M}{W}\leqslant[\sigma]$，$W=\dfrac{bh^2}{6}$，得 $h=\sqrt{\left|\dfrac{6M}{[\sigma]b}\right|}\times10^3$。

④绘梁的弯矩图。

⑤绘等强度梁的轮廓图。

$$\text{答：}h(x)=\begin{cases}0.1369\sqrt{|1.5x^2-3.5x|} & ,0\leqslant x\leqslant0.5\\ 0.1605 & ,0.5<x<1.5\text{。}\\ 0.1369\sqrt{|1.5x^2-2.5x-1|} & ,1.5\leqslant x\leqslant2\end{cases}$$

● **Maple 程序**

```
> restart:                                            #清零。
> ##############################################
> alias([sigma]=sigma[xy]):                           #变量命名。
> a:=L/4:                                             #已知条件。
> eq1:=FA[x]=0:                                       #梁，∑F_x=0。
> eq2:=FB*L-q*a*a/2-F*a-F*(L-a)-q*a*(L-a/2)=0:
>                                                     #梁，∑M_A=0。
> eq3:=FA[y]+FB-F-F-q*a-q*a=0:                        #梁，∑F_y=0。
> SOL1:=solve({eq1,eq2,eq3},{FA[x],FA[y],FB}):
>                                                     #解方程组。
> FA[x]:= subs(SOL1,FA[x]):                           #支座约束力 F_Ax。
> FA[y]:= subs(SOL1,FA[y]):                           #支座约束力 F_Ay。
> FB:= subs(SOL1,FB):                                 #支座约束力 F_B。
> ################################################
> M:=x->piecewise(x<a,FA[y]*x-q*x*x/2,
>              x<L-a,FA[y]*x-q*a*(x-a/2)-F*(x-a),
>                 x<L,FA[y]*x-q*a*(x-a/2)-F*(x-a)
>                      -F*(x-L+a)-1/2*q*(x-L+a)^2):
>                                                     #弯矩函数。
> M:=normal(M(x)):                                    #有理式的标准化。
> M1:=1/4*x*q*L+x*F-1/2*q*x^2:                        #第一段弯矩函数。
> M2:=1/32*q*L^2+1/4*F*L:                             #第二段弯矩函数。
> M3:=3/4*x*q*L-x*F-1/4*q*L^2+F*L-1/2*q*x^2:
>                                                     #第三段弯矩函数。
> #####################################################
> h:=x->piecewise(x<a,(6*abs(M1)/(sigma[xy]*b))^(1/2),
>              x<L-a,(6*abs(M2)/(sigma[xy]*b))^(1/2),
>                x<L,(6*abs(M3)/(sigma[xy]*b))^(1/2)):
>                                                     #横截面高度函数。
> #####################################################
> F:=20e3:  q:=30e3:                                  #已知条件。
> sigma[xy]:=160e6:                                   #已知条件。
> L:=2: b:=20e3:                                      #已知条件。
> h:=evalf(h(x),4);                                   #高度函数的数值。
> with(plots):                                        #加载绘图库。
> plot(M/1000,x=0..L);                                #绘弯矩图。
> hz:=plot(h*1000,x=0..L):                            #绘等强度梁的上轮廓图。
> hf:=plot(-h*1000,x=0..L):                           #绘等强度梁的下轮廓图。
> display({hz,hf});                                   #合并图形。
> #####################################################
```

## 思考题

**思考题 8-1** 对于如图 8-20a）所示的梁截面，它对中性轴惯性矩和抗弯截面系数可否按下式计算？

$$I_z = \frac{\pi D^4}{64} - \frac{\pi d^4}{64}; W_z = \frac{\pi D^3}{32} - \frac{\pi d^3}{32}$$

如何正确地写出如图 8-20b）和图 8-20c）所示截面的 $I_z$ 和 $W_z$？

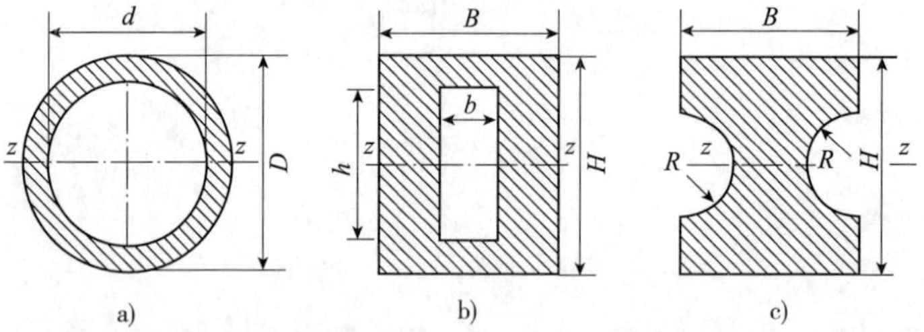


图 8-20

**思考题 8-2** 如图 8-21 所示梁的各种截面形状，若梁在铅垂的力系作用下产生平面弯曲，并假定弯矩为正，问这些截面上的正应力沿高度如何分布？试画出分布示意图。

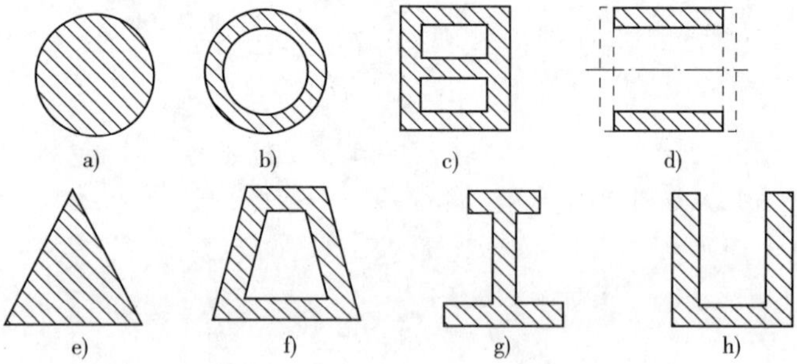


图 8-21

**思考题 8-3** 梁由四根角钢组合而成，问在纯弯曲时如图 8-22 所示各种组合形式中哪一种强度最佳？哪一种最劣？并说明其理由（外力平面为铅垂对称面）。

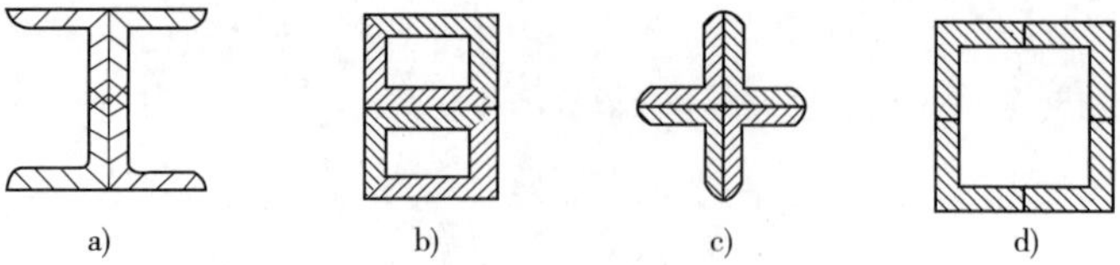


图 8-22

**思考题 8-4** 一正方形截面梁，其水平对角线为中性轴，若削去顶和底的棱角，如图 8-23 所示，问是否可以提高梁的强度？当 $\alpha$ 或 $\Delta$ 为何值时，其抗弯截面系数最大？

**思考题 8-5** 一根圆木绕 $z$ 轴弯曲时，适当地削去一层（图 8-24），在同样弯矩下反而降低了最大正应力，试说明其中的道理。

**思考题 8-6** 有一直径为 $d$ 的钢丝，绕在直径为 $D$ 的圆筒上，钢丝仍然处于弹性范围。为了减小弯曲应力，有人认为要加大钢丝的直径，你说对吗？试说明其理由。

**思考题 8-7** 材料和横截面均相同的两根梁，变形后挠曲线为两同心圆弧，如图 8-25 所示。问这两根梁的最大正应力是否相同？

**思考题 8-8** 伽利略在 1638 年出版的《关于两门新科学的对话》一书中，就如图 8-26 所示的悬梁写道："如果杆件断裂，裂口一定发生在 $B$ 处，该处榫眼边缘充当杠杆 $BC$ 的支点，而力就是作用在这里的；杆的厚度 $BA$ 为杠杆的另一臂，沿 $BA$ 存在抗力。此抗力抵抗着墙外的 $BD$ 部分与墙内部分相分离。从以上所述，可知作用于 $C$ 处的力的大小与棱柱杆厚度处的抗力的大小之比（棱柱杆的厚度指 $BA$ 端和其连接部分的嵌接高度），等于 $BA$ 长度的一半与 $BC$ 长度之比值。"从现在的观点看，这相当于假定正应力在横截面上是怎样分布的？

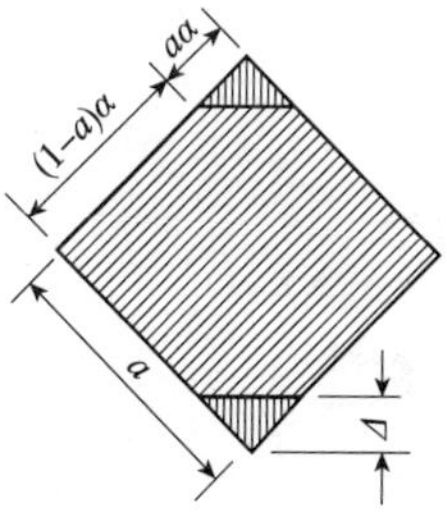

图 8-23

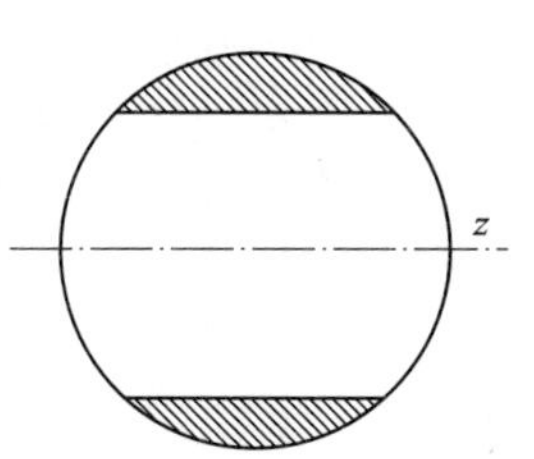

图 8-24

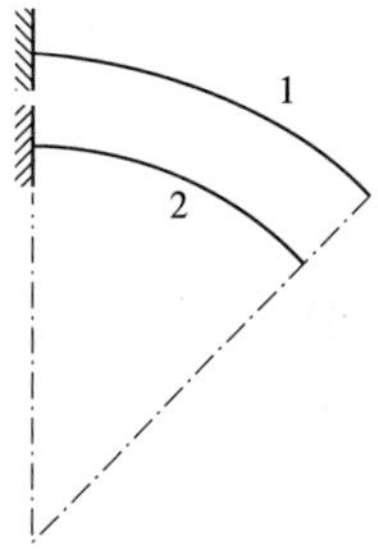

图 8-25

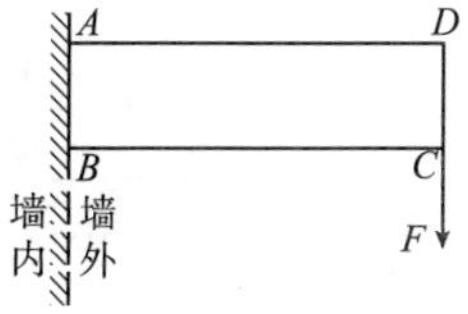

图 8-26

**思考题 8-9** 在法国科学院会员 $E$ · 马略特去世不久后（1686 年）刊出的一篇论文中，作者分析了悬臂梁的强度问题。他先假定纵向纤维所受的力与到 $D$ 点（图 8-27）的距离成正比。于是得出矩形截面悬臂梁的载荷 $F$ 与固定端截面上分布拉力的合力 $F_R/2$ 的关系（$F_R$ 相当于 $\sigma_{max}bh$，$b$ 为梁宽）：

$$F=\frac{F_R h}{3l} \tag{8-33}$$

试分析这里相当于假定正应力在截面上是如何分布的？

接着，他观察到梁的上半部受拉、下半部受压，并假定受拉与受压的分布相同，他将 $h/2$ 代替式(8-32)中的 $h$，于是得出：

$$F=2\,\frac{F_R\cdot\dfrac{h}{2}}{3l}=\frac{F_R h}{3l} \tag{8-34}$$

试分析这里相当于假定正应力在截面上是如何分布的。由于式(8-32)和式(8-33)相同，他就错误地认为中性轴的位置无关紧要。试指出他在推导式(8-33)中的错误。这个历史故事，给我们以什么启示？

**思考题 8-10** 一根圆轴直径为 $D$，开有一个直径为 $d$ 的中心横孔（图 8-28）。在所取的 $yOz$ 坐标平面内承受纯弯曲，弯矩为 $M$。若圆轴以匀速 $\omega$ 绕轴线 $z$ 转动，试分析此轴转动到什么位置时截面上正应力最大，并指出此最大正应力作用在截面的什么位置上（轴线 $z$ 垂直于纸面）。

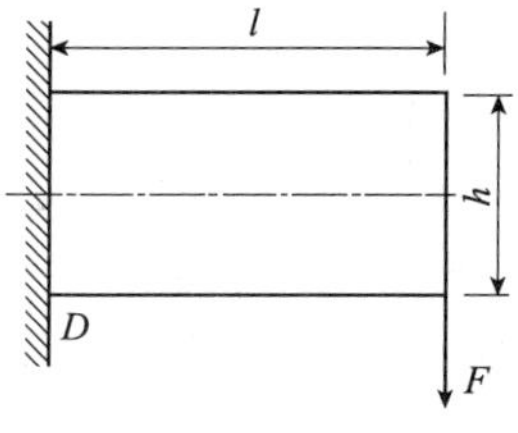

图 8-27

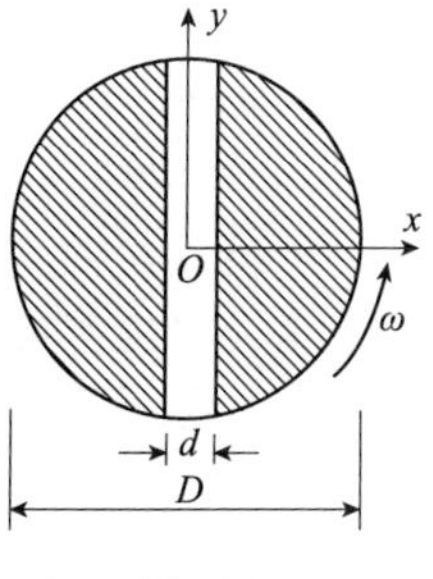

图 8-28

**思考题 8-11** 法国著名力学家纳维(C. L. M. H. Navier)于 1819 年在桥梁道路学院讲授材料力学时,曾假定棱柱杆弹性弯曲时,其中性轴把截面划分成这样两部分,即拉应力对此轴的力矩必与压应力对此轴的力矩相等。这样来确定中性轴的位置对吗?为什么?

***思考题 8-12** 有没有拉伸与压缩时的弹性模量不相同的材料?试举出一些例子。用这样的材料制成矩形截面梁,它在纯弯曲条件下横截面上的正应力该如何分布?

**思考题 8-13** 如图 8-29 所示,在静载荷下,矩形截面梁竖放要比横放的抗弯能力大。但有些矩形梁却是横放的,比如钢轨下面的枕木,这是什么道理?

**思考题 8-14** 如图 8-30 所示为梁的菱形截面,假定在对称轴上的铅垂剪力下切应力的铅垂分量沿宽度均匀分布,问如何确定此分量沿截面高度的分布?

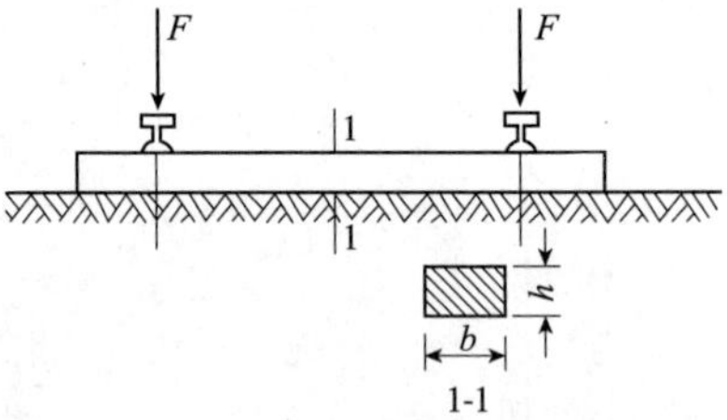


图 8-29

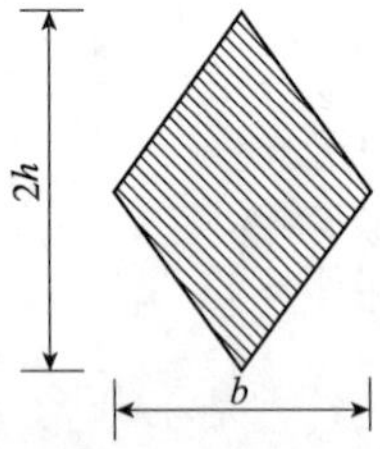


图 8-30

**思考题 8-15** 试定性地画出如图 8-21 所示的各种梁截面[图 8-21d)除以外]沿梁高度铅垂剪应力或剪应力铅垂分量的分布图(假定剪力在对称轴上铅垂向下)。试总结一下,等直梁的最大切应力是否总是发生在中性轴上?哪些截面形状不在中性轴上?

**思考题 8-16** 如图 8-31 所示梁的各种截面形状,在横力弯曲下(假定 $y$ 轴上剪力方向铅垂向下),试标定位置 $m$-$m$、$n$-$n$ 等处切应力的分布和方向。参照矩形截面的切应力公式 $\tau=\dfrac{F_S S(\omega)}{Ib}$,试指出在计算切应力时,各 $S(\omega)$ 应按哪部分面积对哪根轴取静矩。

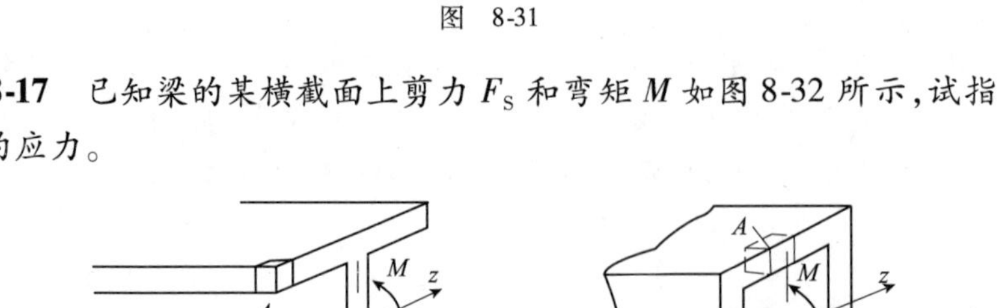


图 8-31

**思考题 8-17** 已知梁的某横截面上剪力 $F_S$ 和弯矩 $M$ 如图 8-32 所示,试指出 $A$、$B$ 两单元体各面上的应力。

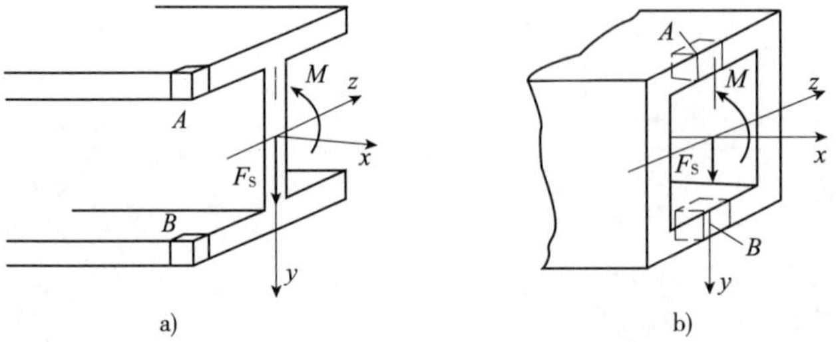


图 8-32

**思考题 8-18** 用梁的弯曲切应力公式 $\tau=\frac{F_S S(\omega)}{Ib}$ 计算工字梁翼缘上 $A$ 点(图 8-33)水平切应力时,$S(\omega)$ 和 $b$ 值各表示什么意思?

**思考题 8-19** 推导矩形梁的切应力公式时,可以认为纵截面上的切应力是平均分布的,即 $\tau=\frac{F_{ST}}{b\mathrm{d}x}$(图 8-34),为什么不能认为横截面上的切应力也是平均分布的?

***思考题 8-20** 梁的切应力公式 $\tau=\frac{F_S S(\omega)}{Ib}$ 在使用上有什么限制条件?可否推广应用于如图 8-35 所示的变高度矩形截面梁?为什么?

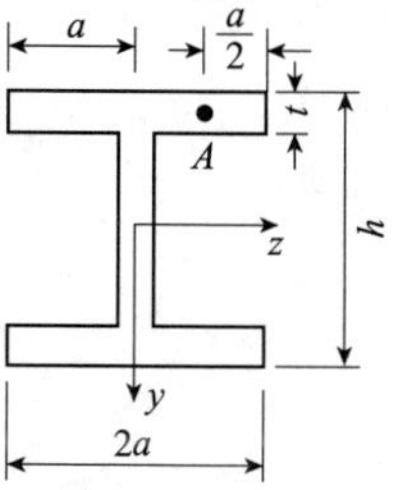


图 8-33

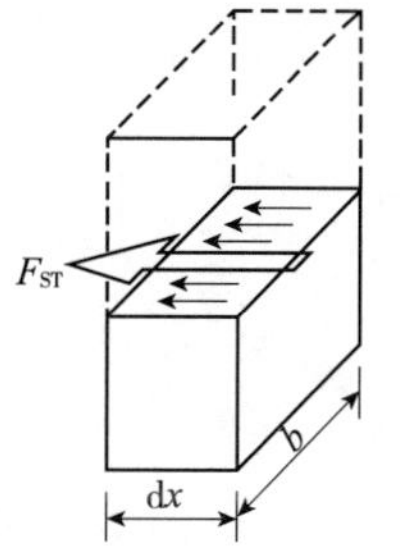


图 8-34

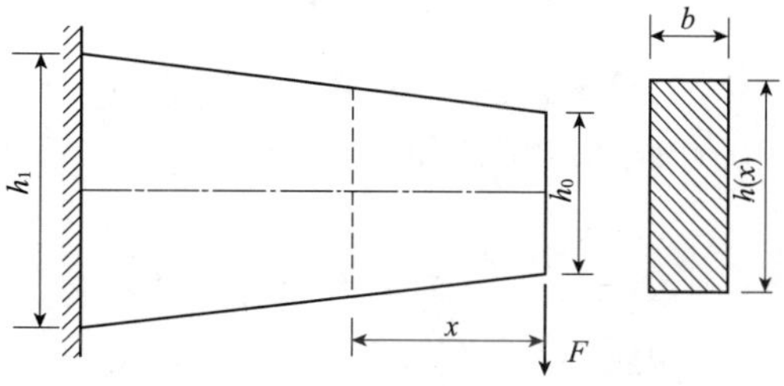


图 8-35

## 习题

### A 类型习题

**习题 8-1** 简支梁如习题图 8-1 所示,试求 1-1 截面上 $A$、$B$ 两点处的正应力,并绘出该截面上的正应力分布图。

**习题 8-2** 如习题图 8-2 所示简支梁,已知 $F=10\text{kN}$, $L=2\text{m}$, $b=40\text{mm}$, $h=80\text{mm}$, $E=210\text{GPa}$。求跨中下缘处的纵向应变 $\varepsilon_C$。

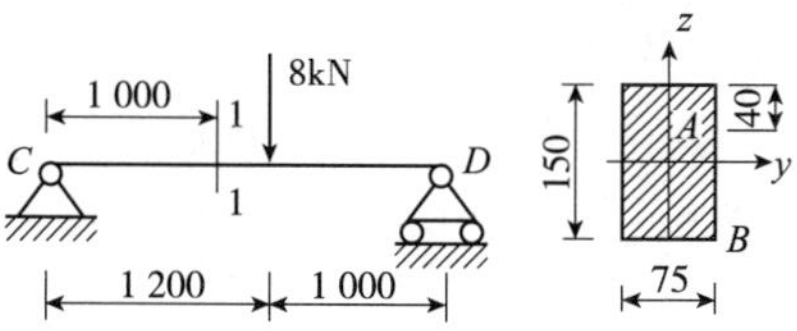


习题图 8-1 (尺寸单位:mm)

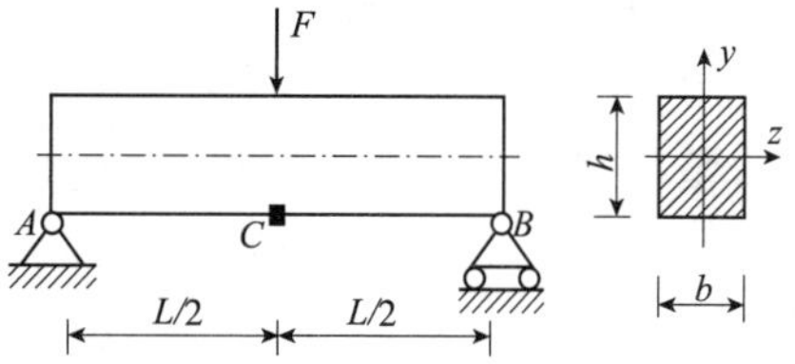


习题图 8-2

**习题 8-3** 求如习题图 8-3 所示铸铁梁中的最大拉应力 $\sigma_{t,max}$ 和最大压应力 $\sigma_{c,max}$,并指出所在截面及相应点的位置($I_z=188\times10^6\ \text{mm}^4$)。

**习题 8-4** 指出如习题图 8-4 所示 T 形截面梁内最大拉应力所在的截面及其位置,并计算最大拉应力($I_z=6.013\times10^7\ \text{mm}^4$)。

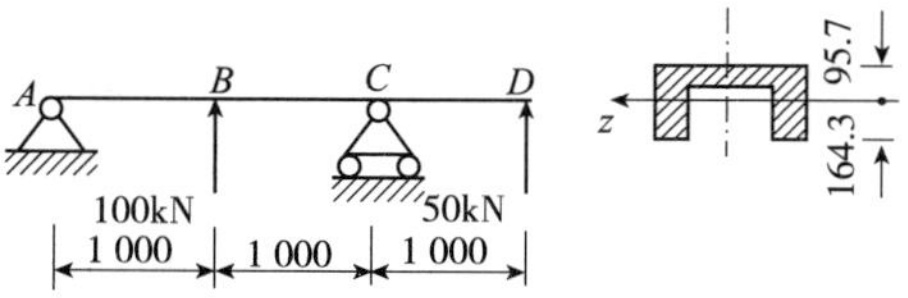


习题图 8-3 (尺寸单位:mm)

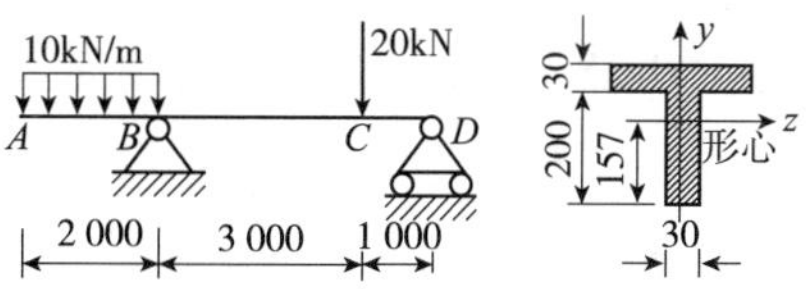


习题图 8-4 (尺寸单位:mm)

**习题 8-5** 16 号工字钢截面的尺寸及受力如习题图 8-5 所示，截面对中性轴的惯性矩 $I_z=1.13\times10^{7}\ \mathrm{mm}^4$，$[\sigma]=160\mathrm{MPa}$。试校核正应力强度。

**习题 8-6** 铸铁梁如习题图 8-6 所示，材料的许用拉应力 $[\sigma_t]=30\mathrm{MPa}$，许用压应力 $[\sigma_c]=60\mathrm{MPa}$，$I_z=7.63\times10^{-6}\mathrm{m}^4$。试校核此梁的强度。

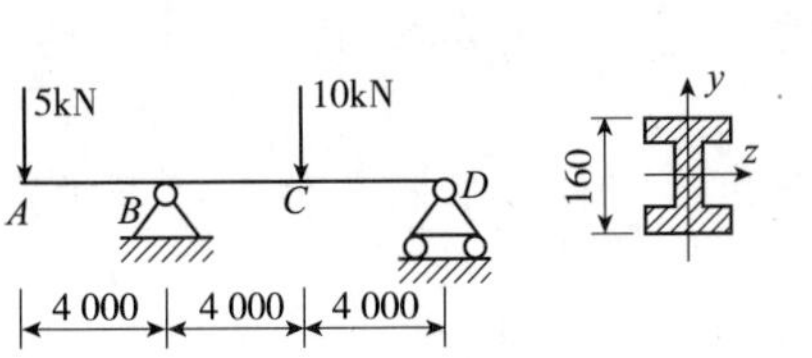


习题图 8-5 （尺寸单位:mm）

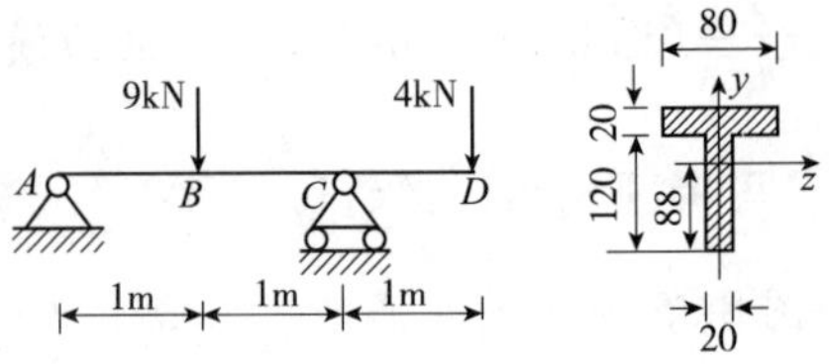


习题图 8-6 （尺寸单位:mm）

**习题 8-7** 如习题图 8-7 所示梁在 $C$ 点贴电阻应变片，测得 $\varepsilon=6.0\times10^{-4}$，材料的 $E=200\mathrm{GPa}$，$[\sigma]=160\mathrm{MPa}$。

(1) 求 $F$；

(2) 若 $F=3.5\mathrm{kN}$，校核该梁的强度。

**习题 8-8** 倒 T 形截面悬臂梁，尺寸及载荷如习题图 8-8 所示，许用拉应力 $[\sigma_t]=40\mathrm{MPa}$，许用压应力 $[\sigma_c]=80\mathrm{MPa}$，$I_z=1.018\times10^{8}\ \mathrm{mm}^4$，$y_1=96.4\mathrm{mm}$。试计算梁的许可载荷 $[F]$。

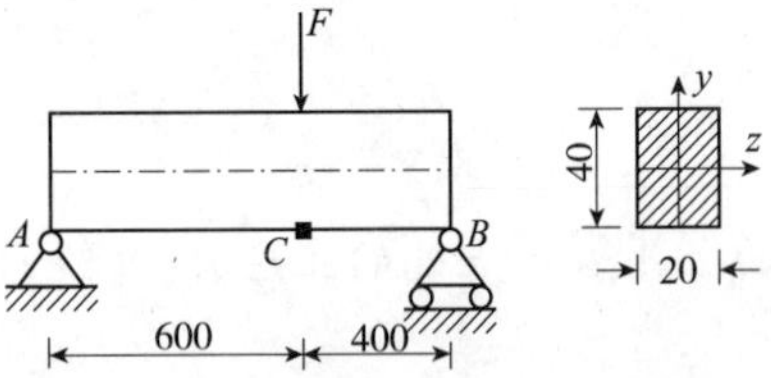


习题图 8-7 （尺寸单位:mm）

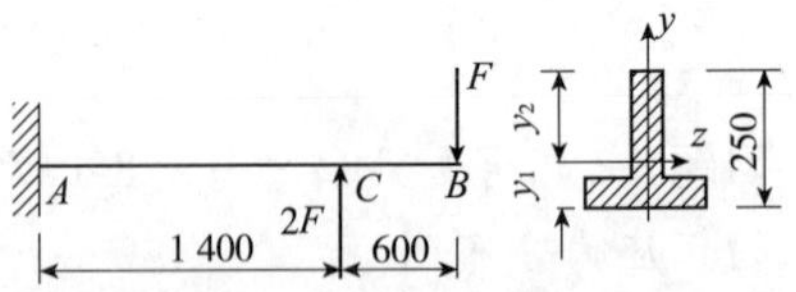


习题图 8-8 （尺寸单位:mm）

**习题 8-9** 外伸梁截面及受载如习题图 8-9 所示，已知 $I_z=500\times10^{4}\ \mathrm{mm}^4$，材料的许用拉应力 $[\sigma_t]=15\mathrm{MPa}$，许用压应力 $[\sigma_c]=40\mathrm{MPa}$，校核该梁的强度。

**习题 8-10** 如习题图 8-10 所示，当载荷 $F$ 直接作用在 $AB$ 梁中点时，梁内最大应力超过许用应力 $[\sigma]$ 的 30%，为消除这一过载现象，配置辅助梁 $CD$。已知 $L=6\mathrm{m}$，试求辅助梁的最小跨度 $a$。

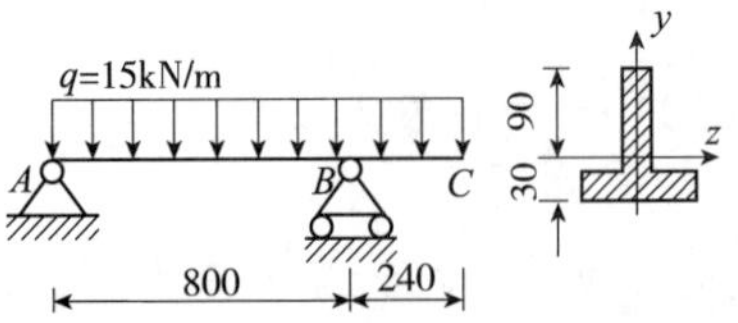


习题图 8-9 （尺寸单位:mm）

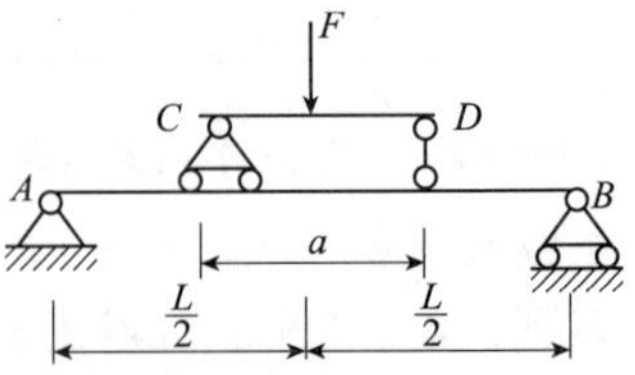


习题图 8-10

**习题 8-11** 工字形截面简支梁如习题图 8-11 所示，已知 $W_z=141\times10^{3}\mathrm{mm}$，$[\sigma]=160\mathrm{MPa}$，$E=210\mathrm{GPa}$。今在 $C$ 截面下缘测得纵向应变 $\varepsilon=4\times10^{-4}$，求载荷 $F$ 的值。并校核该梁的强度。

**习题 8-12** 外伸梁由铸铁制成，截面形状如习题图 8-12 所示。已知 $I_z=4\ 953\mathrm{cm}^4$，$y_1=7.14\mathrm{cm}$，$y_2=12.86\mathrm{cm}$，$[\sigma_c]=120\mathrm{MPa}$，$[\sigma_t]=35\mathrm{MPa}$，$a=1\mathrm{m}$，试求梁的许可载荷 $[F]$。

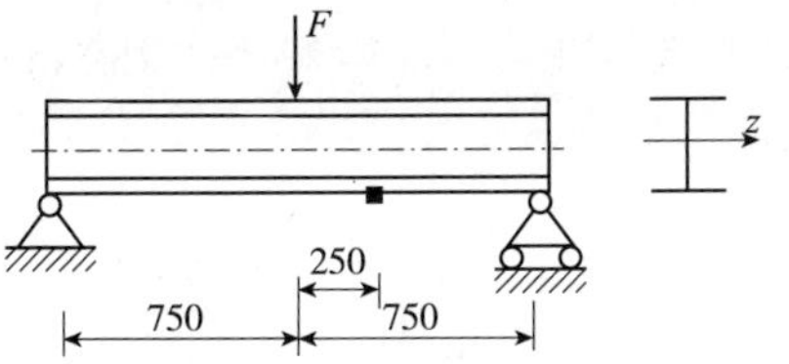

习题图 8-11 （尺寸单位：mm）

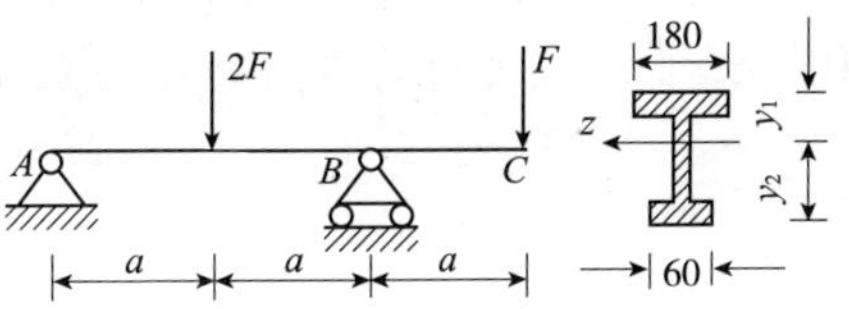

习题图 8-12 （尺寸单位：mm）

**习题 8-13** 已知 T 形铸铁外伸梁的$[\sigma_t]=35\text{MPa}$，$[\sigma_c]=120\text{MPa}$，$I_z=5\times10^7\text{mm}^4$，$y_1=70\text{mm}$，$y_2=130\text{mm}$，$z$ 轴过形心。试求：

(1)按习题图 8-13a)放置时的许用载荷$[F]$；

(2)按习题图 8-13a)、b)两种放置哪种合理？为什么？

**习题 8-14** 如习题图 8-14 所示铸铁 T 形截面梁，惯性矩 $I_z=7.65\times10^6\text{mm}^4$，许用拉应力$[\sigma_t]=40\text{MPa}$，许用压应力$[\sigma_c]=60\text{MPa}$，$F_1=12\text{kN}$，$F_2=4.5\text{kN}$，$L=1\text{m}$。试校核此梁的正应力强度。

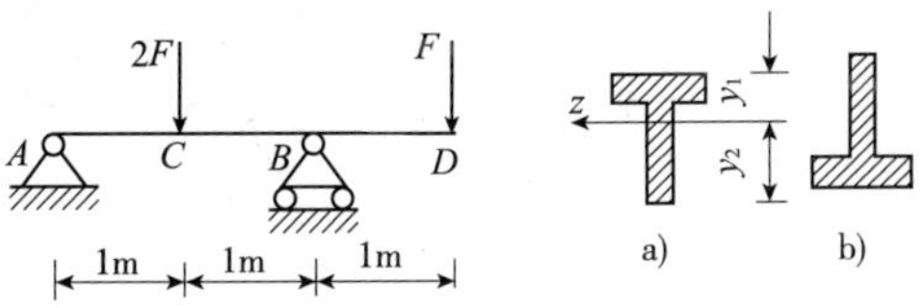

习题图 8-13

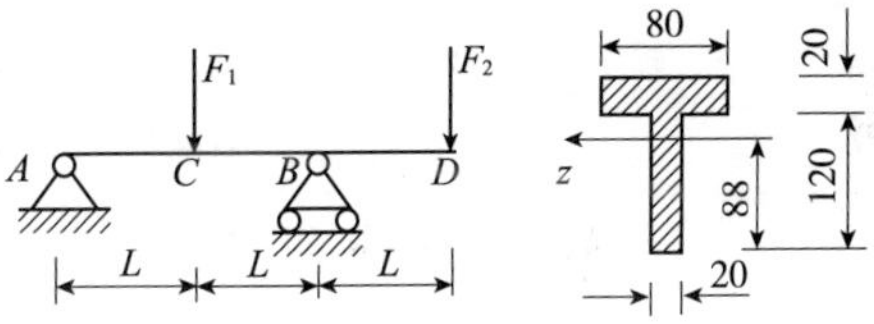

习题图 8-14 （尺寸单位：mm）

**习题 8-15** 如习题图 8-15 所示矩形截面梁，$F$、$a$、$b$ 及 $h$ 已知，计算 $D$ 左截面上 $K$ 点的正应力及剪应力。

**习题 8-16** 如习题图 8-16 所示，矩形截面梁 $h=200\text{mm}$、$b=100\text{mm}$，求 $E$ 左截面上 $A$、$B$ 点处的 $\tau_A$ 和 $\tau_B$，并求 $\tau_{\max}$。

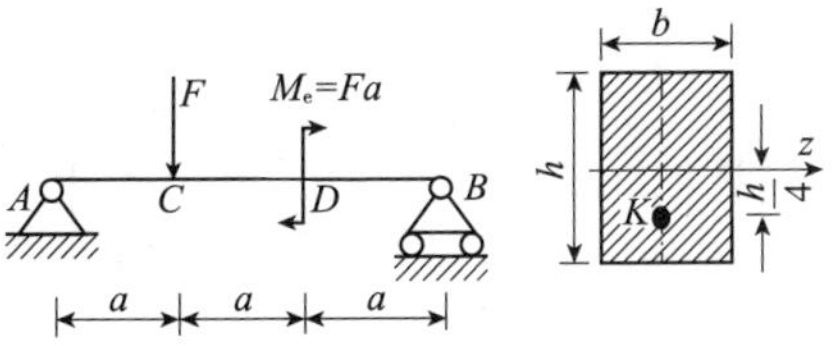

习题图 8-15

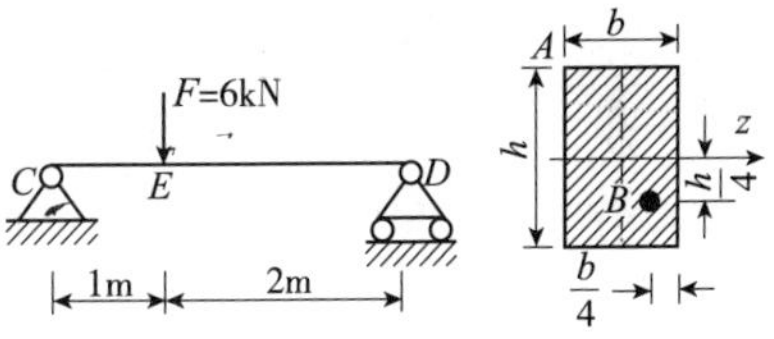

习题图 8-16

**习题 8-17** 如习题图 8-17 所示梁由三块等厚木板胶合而成，已知$[\tau]=5\text{MPa}$，试校核胶缝的剪切强度。

**习题 8-18** 如习题图 8-18 所示矩形截面梁，已知 $F$、$b$、$h$，且$[\sigma]=2[\tau]$。求同时能满足正应力和剪应力强度条件下外伸端 $a$ 的长度。

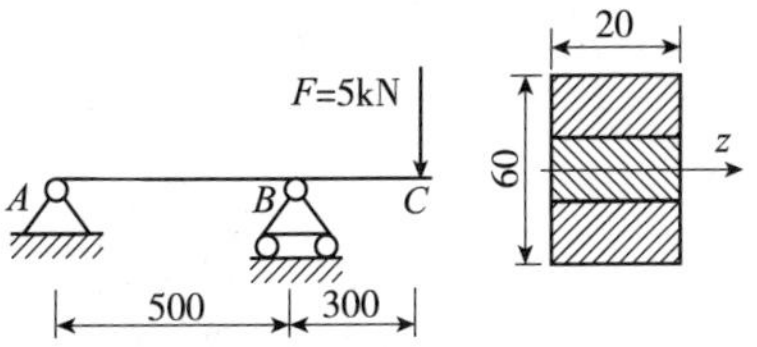

习题图 8-17 （尺寸单位：mm）

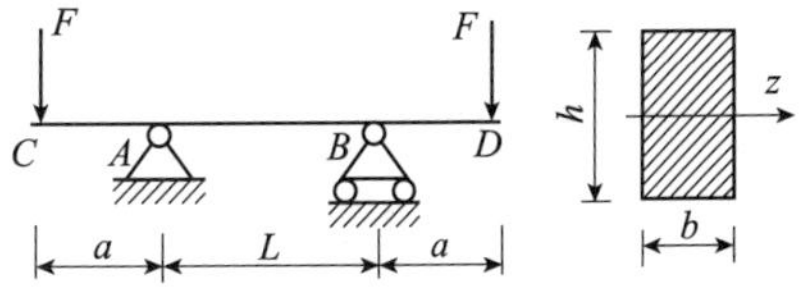

习题图 8-18

**习题 8-19** 工字形截面外伸梁如习题图 8-19 所示，如使支座处和跨中截面上的最大正应力均等于 140MPa，试求均布载荷 $q$ 和外伸臂 $a$ 的长度。抗弯截面模量 $W_z=692.2\times10^3\text{mm}^3$。

**习题 8-20** 如习题图 8-20 所示,矩形截面外伸梁由圆木构成,已知 $F=5\text{kN}$,$[\sigma]=10\text{MPa}$,$a=1\text{m}$,确定所需木材的最小直径 $d$。

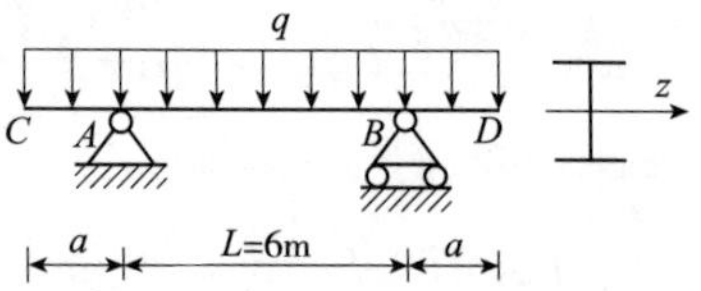


习题图 8-19

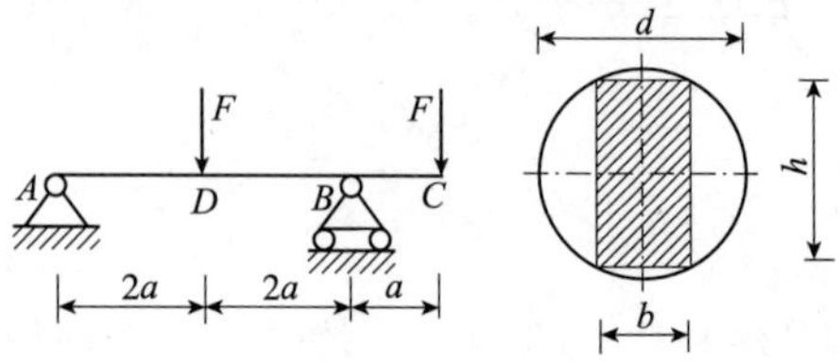


习题图 8-20

**习题 8-21** T 形截面简支梁如习题图 8-21 所示,若 $[\sigma_c]=3[\sigma_t]$,求习题图 8-21a)、b) 两种情况下许可载荷之比($C$ 为截面形心)。

**习题 8-22** 空心截面简支梁受力如习题图 8-22 所示,已知 $d/D=7/10$,材料的 $[\sigma]=160\text{MPa}$,求所需的直径 $D$ 和 $d$。

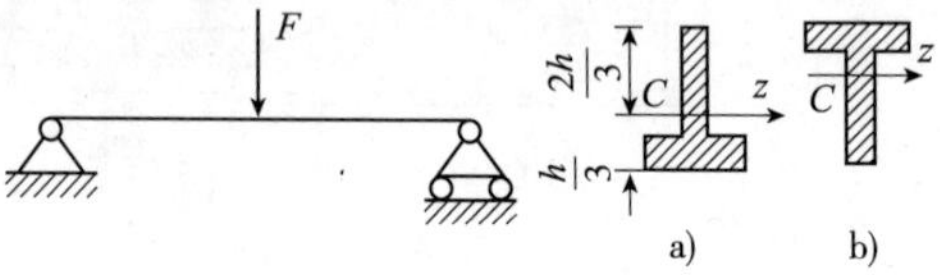


习题图 8-21

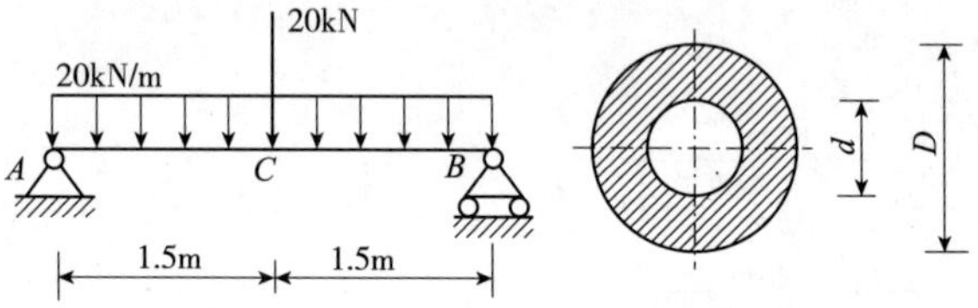


习题图 8-22

**习题 8-23** 如习题图 8-23 所示 T 形截面铸铁梁,已知 $[\sigma_t]=30\text{MPa}$,$[\sigma_c]=60\text{MPa}$,截面对中性轴的惯性矩 $I_z=7.63\times10^{-6}\text{m}^4$($C$ 为截面形心)。试计算许用载荷 $[F]$ 的值。

**习题 8-24** 如习题图 8-24 所示已知梁的许用应力 $[\sigma]=160\text{MPa}$,截面对中性轴的惯性矩 $I_z=5.066\times10^7\ \text{mm}^4$。试确定许用力偶矩 $[M_e]$。

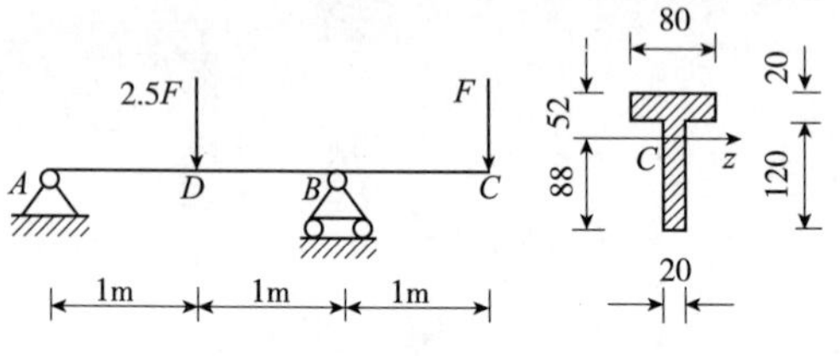


习题图 8-23 (尺寸单位:mm)

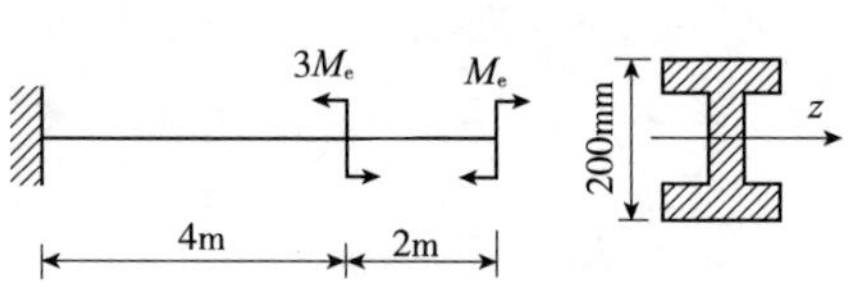


习题图 8-24

**习题 8-25** 如习题图 8-25 所示薄钢片长度 $L=500\text{mm}$,厚度 $t=0.6\text{mm}$,在 $M$ 作用下两端横截面的相对转角 $\theta=60°$,已知材料的 $E=210\text{GPa}$。求钢片内的最大弯曲正应力。

**习题 8-26** 一矩形截面简支梁受力如习题图 8-26 所示,$h=200\text{mm}$,$b=100\text{mm}$,$L=3\text{m}$,$F=6.0\text{kN}$。试求在下面两种情况下,在集中力截面上 $A$、$B$ 两点处的正应力。

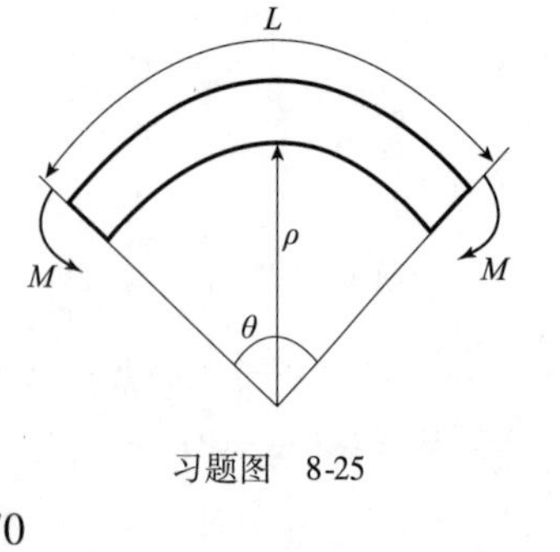


习题图 8-25

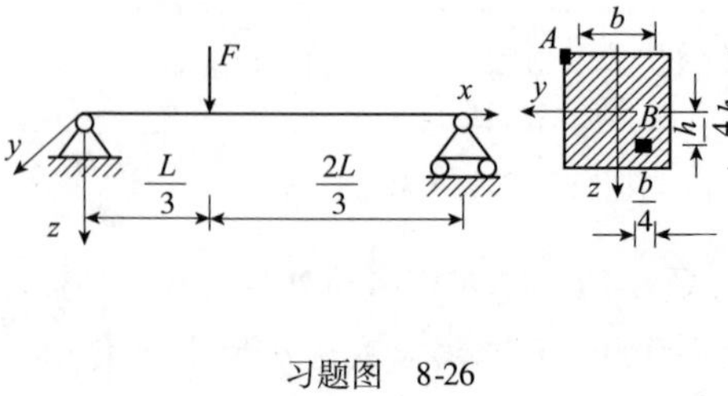


习题图 8-26

(1)$F$ 沿 $z$ 方向；

(2)$F$ 沿 $y$ 方向。

**习题 8-27**　铸铁梁的尺寸及所受载荷如习题图 8-27 所示，截面对中性轴的惯性矩 $I_{z_C} = 2.98 \times 10^{-5}\ \mathrm{m}^4$，试求最大拉应力和最大压应力。

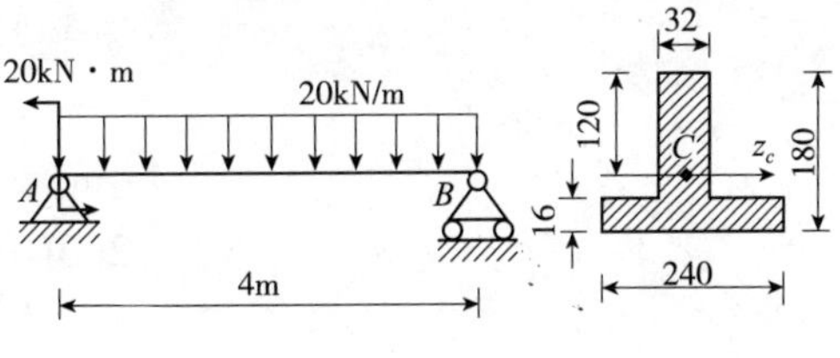


习题图 8-27　(尺寸单位:mm)

## B 类型习题

**习题 8-28**　图示边长 $a$ 的正方形截面梁，可用一根大料做成[习题图 8-28a)]，也可用两根小料拼成如习题图 8-28b)、c)、d) 所示。试问后三者中，哪一种承载能力最大？哪种最小？[注：习题图 8-28c) 所示梁的接触面间无摩擦力]。

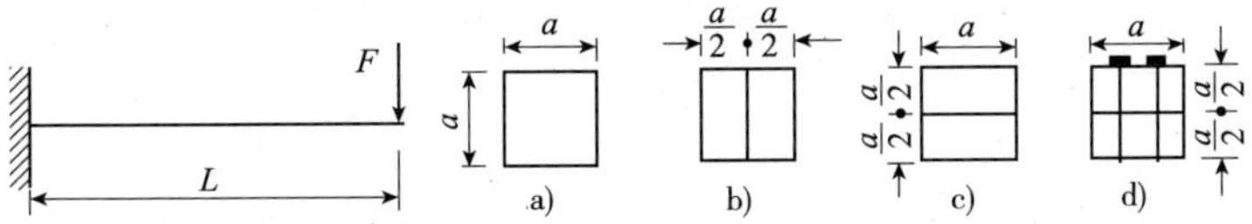


习题图　8-28

**习题 8-29**　如习题图 8-29 所示简支梁由 18 号工字钢制成，在外载荷作用下，测得横截面 $A$ 处梁底面的纵向应变 $\varepsilon = 3.0 \times 10^{-4}$。试计算梁的最大弯曲正应力。已知钢的弹性模量 $E = 200\mathrm{GPa}$，$a = 1\mathrm{m}$。

**习题 8-30**　等腰梯形截面梁（习题图 8-30），其截面高度为 $h$，用应变仪测得其上边缘的纵向线应变 $\varepsilon_1 = -42 \times 10^{-6}$，下边缘的纵向线应变 $\varepsilon_2 = 14 \times 10^{-6}$，试求此截面形心的位置。

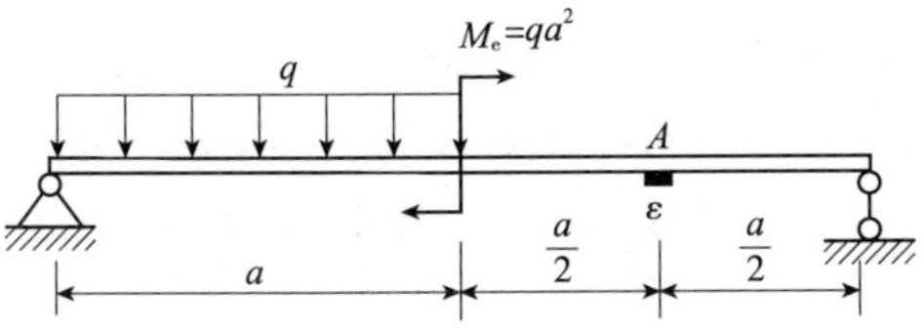


习题图　8-29

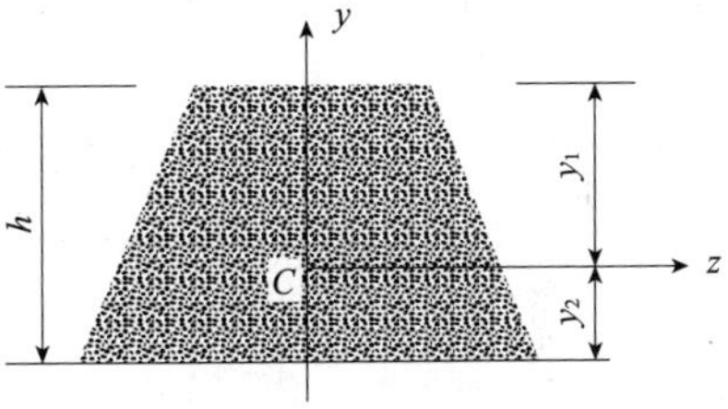


习题图　8-30

**习题 8-31**　如习题图 8-31 所示简支梁承受均布载荷 $q$，截面为矩形，材料的弹性模量为 $E$。试求梁的最底层纤维的总伸长 $\Delta L$。

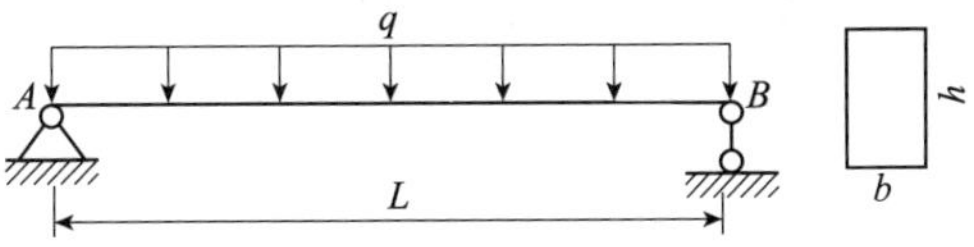


习题图　8-31

**习题 8-32**　如习题图 8-32 所示，正方形截面边长为 $a$，设水平对角线为中性轴。

(1) 证明去掉边长 $a/9$ 的上、下两棱角后，截面的抗弯模量最大；

(2) 若截面上的弯矩不变，求新截面的最大正应力 $\sigma_{\max,2}$ 与原截面的最大正应力 $\sigma_{\max,1}$ 的比值。

**习题 8-33**　在竖向对称平面内弯曲的铸铁曲轴，其截面如习题图 8-33 所示。若材料的压缩许用应力之比为 3:1，大圆直径截面为 $D$，大圆圆心与孔之距为 $a$，求保证材料强度充分

发挥时圆孔的直径 $d$。

**习题 8-34** 矩形截面梁(习题图 8-34)的长度 $L=4\text{m}$,截面尺寸 $b=10\text{cm}$,$h=20\text{cm}$,弹性模量 $E=200\text{GPa}$。当载荷从 $A$ 移至 $B$ 的过程中,测得 $D$ 截面 $n$ 处(在梁的下边缘)沿梁轴线方向的最大线应变 $\varepsilon_n=0.375\times10^{-3}$。

(1)求载荷 $F$ 的大小及 $\varepsilon_n=0.375\times10^{-3}$ 时载荷的位置;

(2)求载荷从 $A$ 移至 $B$ 的过程中,梁上的最大弯曲正应力 $\sigma_{\max}$。

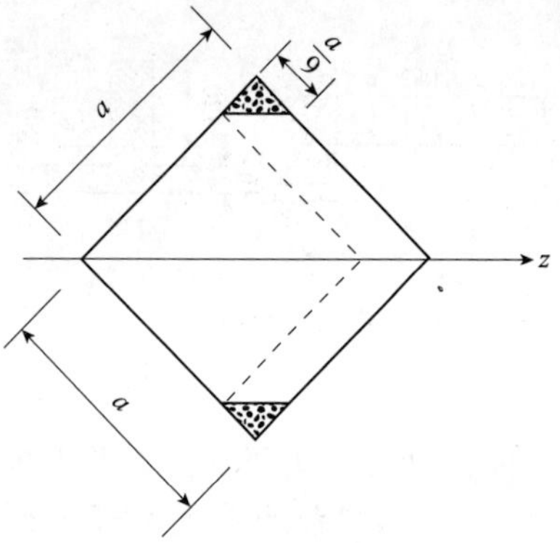

习题图 8-32

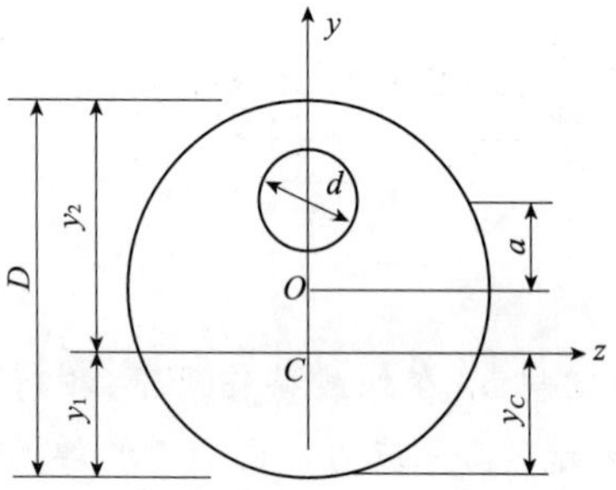

习题图 8-33

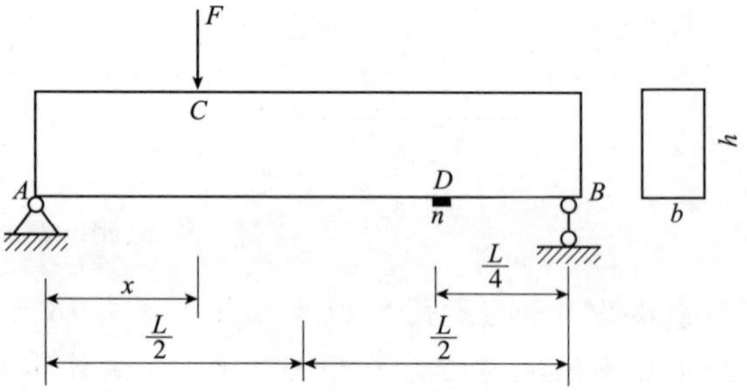

习题图 8-34

**习题 8-35** 用螺钉将四块木板连接而成的箱形梁如习题图 8-35 所示。每块木板的横截面皆为 150mm × 25mm。若每一螺钉的许可剪力为 1.1kN,试确定螺钉的间距 $s$。设 $F=5.5\text{kN}$。

**习题 8-36** 下端固定的正六角柱如习题图 8-36 所示,其横截面边长 $b=40\text{mm}$,柱的上端有一质量为 1kg 的小球 $M$,以 $\omega=100\text{rad/s}$ 的角速度在水平面内旋转,$OM=\rho=200\text{mm}$,柱的高度 $H=1\text{m}$。试求柱体内的最大动应力。(《力学与实践》小问题,1983 年第 70 题)

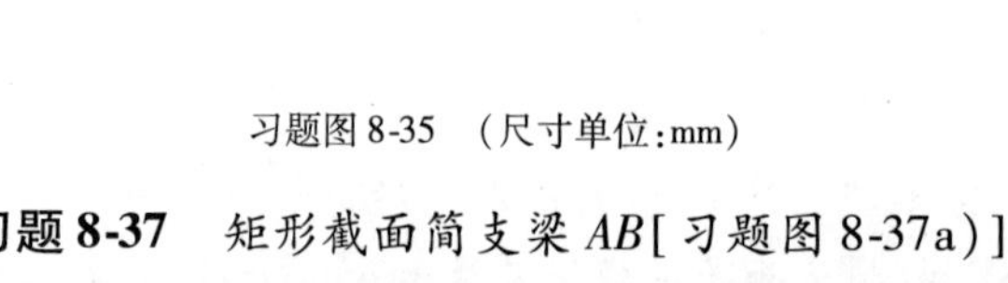

习题图 8-35 (尺寸单位:mm)

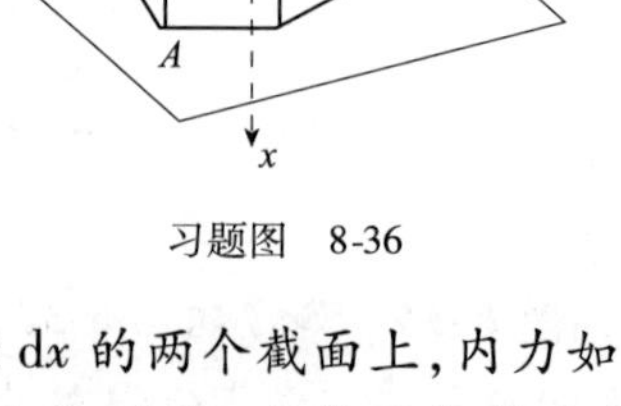

习题图 8-36

**习题 8-37** 矩形截面简支梁 $AB$[习题图 8-37a)]在相距 d$x$ 的两个截面上,内力如习题图 8-37b)所示。再用相距 d$y$ 的两个纵截面截出单元体 $abcd$,由于左、右截面上剪力 $F_S$ 相同,所以左、右截面的切应力 $\tau$ 也相同。由切应力互等定理,上、下的切应力 $\tau$ 也相同。由于左、右截面上弯矩 $M$ 不相同,所以左、右的正应力 $\sigma$ 也不相同[习题图 8-37c)]。问:为什么单元体水平方向静力不平衡,错误出在什么地方?(《力学与实践》小问题,1991 年第 208 题)

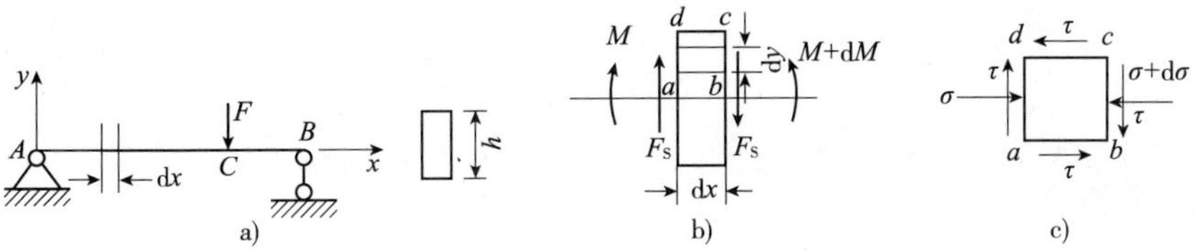


习题图 8-37

## C 类型习题

**习题 8-38** 如习题图 8-38 所示，一梁承受均布载荷 $q$。在梁的截面上钻有两轴向孔，其直径为 $d=a/2$，并分布得使截面二次惯性矩 $I_y$ 和 $I_z$ 相等。

(1) $b$ 必须为多大？并求出截面惯性矩的大小；

(2) 当梁出现最大弯曲应力时，外载荷方向与 $z$ 轴的夹角应为多大？

已知数据：$a=10\text{cm}$，$L=8\text{m}$，$q=500\text{N/m}$。

**习题 8-39** 如习题图 8-39 所示，升降平台支承在一个剪刀形的机构上。长度为 $a$ 的剪刀臂在点 $A$、$C$、$E$ 点铰接，并将 $B$ 点和 $D$ 点放在无摩擦的导轨内。升降平台用气压活塞来支承，活塞在 $B$ 点施加一个水平力。平台和载荷的总重力 $F$ 离左支座 $C$ 的距离为 $b=0.4a$。

(1) 支点 $A$、$B$、$C$、$D$、$E$ 处的力有多大？

(2) 设 $15°\leqslant\alpha\leqslant60°$，问两个剪刀臂中的哪个承受最大弯矩？其值为多少？发生在 $\alpha$ 角为多大时？

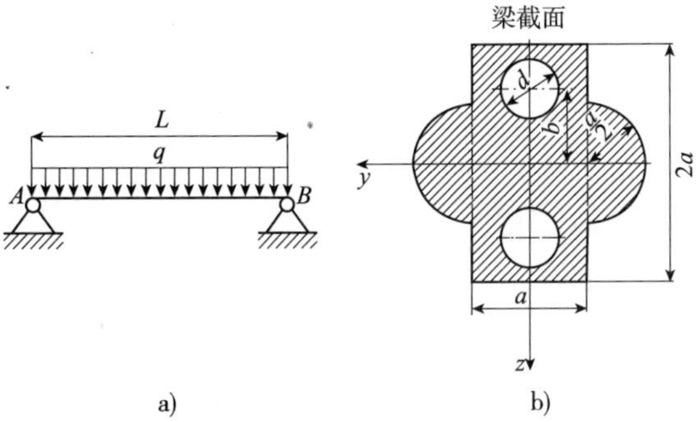


习题图 8-38

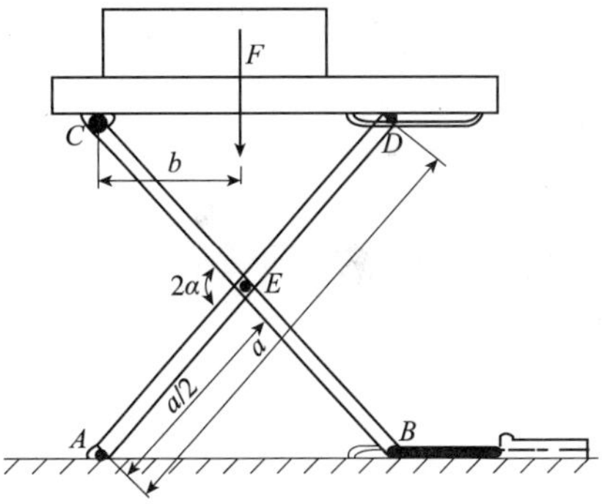


习题图 8-39

**习题 8-40** 如习题图 8-40 所示，一个底面为等边三角形的支架由三根等长度的杆构成。在顶点加一 $F=8\ 500\text{N}$ 的铅垂力。各杆在顶点用一个无摩擦的铰相连；在杆上 1/4 支架高处连有一根绳，防止各杆在水平光滑地面上滑塌。绳的最大拉力不得超过 $F_T=2\ 200\text{N}$，且从强度方面考虑，杆中最大弯矩值不得超过 $M_m=1\ 850\text{N}\cdot\text{m}$。

求：当底面三角形尽可能大时，杆的允许设计长度和书架的允许高度？

**习题 8-41** 如习题图 8-41 所示，在一端固定的铰接梁上装有一台起重机，在图示位置上作用一与垂直方向成 $\alpha$ 角的倾斜力 $F_2$。起重机的自重合在一起用重力 $F_1$ 表示，起重机的底架在起重机与铰接梁之间的支座 $A$ 处可以承受水平力。

试用图解确定 $A$、$B$、$C$、$D$ 处的支座约束力，$G$ 处的铰接力以及铰接梁 $CD$ 中的弯矩。

已知数据：$a=4\text{m}$，$b=3\text{m}$，$c=3\text{m}$，$d=5\text{m}$，$e=1\text{m}$，$f=2\text{m}$，$F_1=25\text{kN}$，$F_2=30\text{kN}$，$\alpha=30°$。

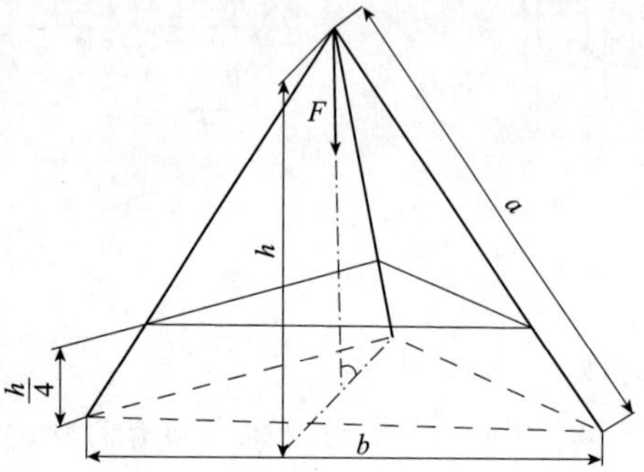


习题图　8-40

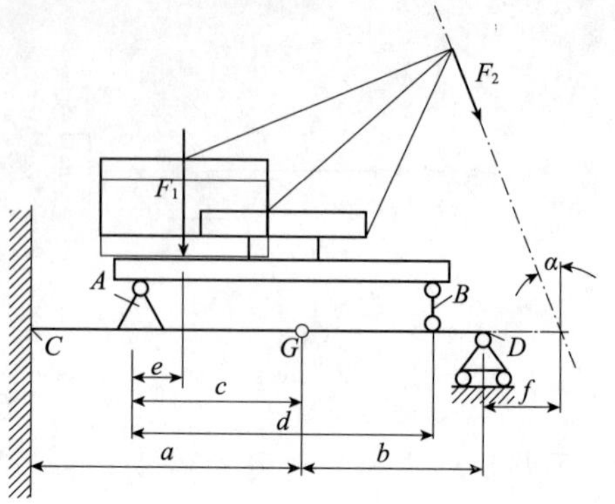


习题图　8-41

孔伋(字子思,前 483 ~ 前 402)

子思:"好学近乎知,

力行近乎仁,知耻近乎勇。"

> 子曰："吾十有五而志于学，三十而立，
> 四十而不惑，五十而知天命，
> 六十而耳顺，七十而从心所欲，不逾矩。"

# 第9章 弯曲变形

本章研究梁的变形。研究梁变形的目的，不仅是为了进行梁的刚度计算与分析静不定梁，同时也是为以后研究压杆稳定等问题提供有关基础。

主要研究梁在对称变曲时的变形，介绍梁变形的基本方程与求解方法，包括直接积分法，叠加法和力矩—面积法。直接积分法是分析梁变形的基本方法，叠加法提供了综合应用已有计算结果，求解复杂问题的有效途径中，力矩—面积法是计算梁的挠度和转角的一种实用方法，解题范围将大为扩展。

此外本章还研究了简单静不定梁和弯曲振动问题。

## 9.1 直接积分法

### 9.1.1 梁变形的度量—挠度及转角

在外力作用下，梁的轴线由直线变为曲线（图9-1）。变弯后的梁轴称为挠曲轴或挠曲线，它是一条连续而光滑的曲线。如果作用在梁上的外力均位于梁的同一纵向对称面内，则挠曲轴为一平面曲线，并位于该对称面内。

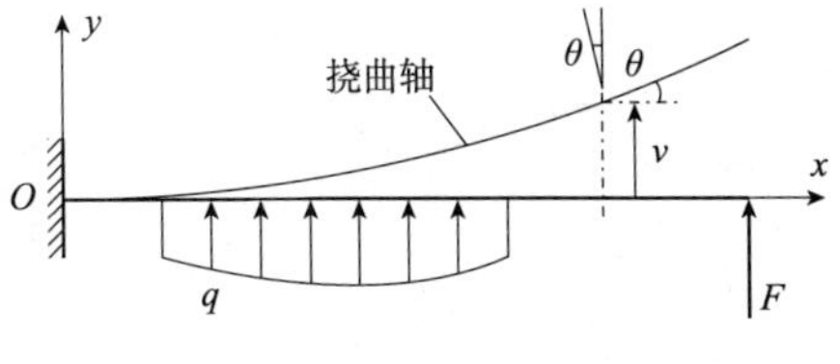

图9-1 梁的变形—挠度和转角

研究表明，对于细长梁，剪力对其变形的影响一般均可忽略不计，而认为弯曲时各横截面仍保持平面，仍与变弯后的梁轴正交。因此，梁的变形可用横截面形心的线位移与截面的角位移表示。

横截面的形心在垂直于梁轴方向的位移，称为挠度，并用 $v$ 表示。不同截面的挠度一般不同，所以，如果沿变形前的梁建立坐标系 $Oxy$，则

$$v = f(x) \tag{9-1}$$

当梁弯曲时，由于梁轴的长度保持不变，因此，截面形心沿梁轴方向也存在位移，但在小变形的条件下，挠曲轴是一条很平坦的曲线，截面形心的轴向位移远小于其横向位移，因而可以忽略不计。所以，式(9-1)也代表挠曲轴的解析表达式，称为挠曲轴方程。横截面的角位移，称为转角，并用 $\theta$ 表示。由于忽略剪力对变形的影响，梁弯曲时横截面仍保持平面并与挠曲轴正交。因此，任一横截面转角也等于挠曲轴在该截面处的切线与坐标的夹角，即

$$\tan\theta = \frac{dv}{dx}, \theta = \arctan\frac{dv}{dx} \tag{9-2}$$

在工程实际中，转角 $\theta$ 一般均很小，例如 $\theta \leqslant 1°$ 或 $\theta \leqslant 0.0175\text{rad}$，于是由上式得

$$\tan\theta \approx \theta, \theta = \frac{\mathrm{d}v}{\mathrm{d}x} \tag{9-3}$$

即横截面的转角等于挠曲轴在该截面处的斜率。可见,在忽略剪力影响的情况下,转角与挠度相互关联。挠度和转角是度量弯曲变形的两个基本量。在图 9-1 所示的坐标系中,向上的挠度和逆时针的转角为正。

### 9.1.2 挠曲线近似微分方程

在建立纯弯曲正应力公式时,曾得到用中性层曲率表示的弯曲变形公式:

$$\frac{1}{\rho} = \frac{M}{EI} \tag{9-4}$$

如果忽略剪力对梁变形的影响,则上式也可用于一般横力弯曲。在这种情况下,由于弯矩 $M$ 与曲率半径 $\rho$ 均为 $x$ 的函数,上式变为

$$\frac{1}{\rho(x)} = \frac{M(x)}{EI(x)} \tag{9-5}$$

即挠曲轴上任一点处的曲率 $1/\rho(x)$ 与该点处横截面上的弯矩 $M(x)$ 成正比,而与该截面的弯曲刚度 $EI(x)$ 成反比。

由高等数学可知,平面曲线 $v = f(x)$ 上任一点的曲率为

$$\frac{1}{\rho(x)} = \frac{\dfrac{\mathrm{d}^2 v}{\mathrm{d}x^2}}{\left[1 + \left(\dfrac{\mathrm{d}v}{\mathrm{d}x}\right)^2\right]^{\frac{3}{2}}} \tag{9-6}$$

将上述关系用于分析梁的变形,于是由式(9-5)得

$$\frac{\dfrac{\mathrm{d}^2 v}{\mathrm{d}x^2}}{\left[1 + \left(\dfrac{\mathrm{d}v}{\mathrm{d}x}\right)^2\right]^{\frac{3}{2}}} = \frac{M(x)}{EI(x)} \tag{9-7}$$

上式称为挠曲轴微分方程。它是一个二阶非线性微分方程。

前面曾经指出,在工程实际中,梁的转角一般均很小,因此,$(\mathrm{d}v/\mathrm{d}x)^2 \ll 1$,所以,式(9-7)可简化为

$$\frac{\mathrm{d}^2 v}{\mathrm{d}x^2} = \frac{M(x)}{EI(x)} \tag{9-8}$$

上式称为挠曲轴近似微分方程。实践表明,由此方程求得的挠度与转角,对于一般工程应用已足够精确。

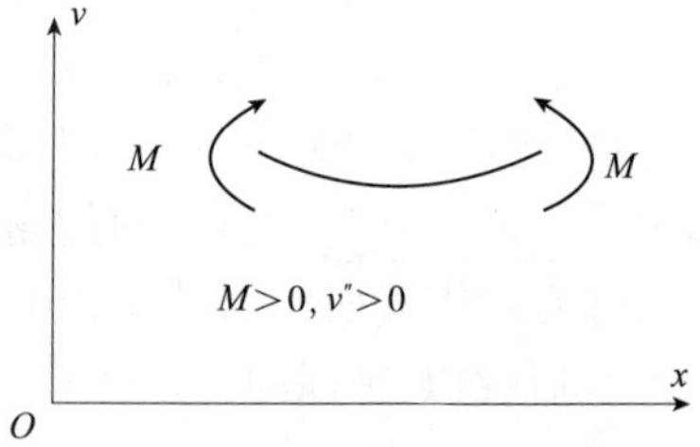


图 9-2 挠曲线近似微分方程的推导

$\mathrm{d}^2v/\mathrm{d}x^2$ 与弯矩的关系如图 9-2 所示,图中,坐标轴 $v$ 以向上为正,由该图可以看出:当梁段承受正弯矩时,挠曲轴为凹曲线。$\mathrm{d}^2v/\mathrm{d}x^2$ 为正。可见,如果弯矩的正负符号仍按以前规定,并选用坐标轴 $v$ 向上的坐标系,则弯矩 $M$ 与 $\mathrm{d}^2v/\mathrm{d}x^2$ 恒为同号。特别对于等截面梁 $I(x) = I = \text{const}$。

$$EIv'' = M(x) \tag{9-9a}$$

$$EIv''' = F_S(x) \tag{9-9b}$$

$$EIv^{(4)} = q(x) \tag{9-9c}$$

### 9.1.3 直接积分法

直接积分法是计算梁的挠度和转角最基本的方法。它的好处:其一,能给出全梁的挠度和转角的函数式;其二,它是其他计算方法的理论基础。但缺点是当梁需分多段积分时,确定积分常数的计算很麻烦。

积分式(9-8),得到转角方程为

$$\theta(x) = \frac{\mathrm{d}v}{\mathrm{d}x} = \int \frac{M(x)}{EI(x)}\mathrm{d}x + C_1 \tag{9-10}$$

再积分一次,得到挠曲线方程

$$v(x) = \int\left[\int \frac{M(x)}{EI(x)}\mathrm{d}x\right]\mathrm{d}x + C_1 x + C_2 \tag{9-11}$$

式中,$C_1$、$C_2$ 为积分常数,由边界条件确定。

利用直接积分法在写各段弯矩方程和积分运算过程中遵循一些原则,可使其得到一定的简化。这些原则主要有两条:

(1)从统一的坐标原点出发划分 $x$ 的区间,且把坐标原点放在梁的左端(或右端),使后一段的弯矩方程中总包括前面的各端。

(2)积分时遇到$(x-a)$这样的括号不展开,将它看作自变量($a$ 是各个分段处的坐标)。

上述积分常数可以利用梁上某些横截面的已知位移条件来确定。例如,在固定端处,横截面的挠度和转角均为零;在铰支座处,横截面的挠度为零;在弹性支座处,横截面的挠度等于弹性支座的变形。梁横截面的约束条件或已知位移条件称为梁的位移边界条件。如果利用式(9-9c)积分,将出现四个积分常数。确定这些积分常数,除需要位移边界条件外,还要利用某些横截面的已知弯矩和剪力值,称为梁的静力边界条件。

当梁的弯矩方程必须分段建立时,梁的挠曲线近似微分方程式(9-8)也必须分段求出,这样就增加了积分常数的个数。为了确定这些常数,除了利用位移边界条件,还要利用分段处挠曲线的连续、光滑条件,即梁在相邻交界处的左右横截面具有相同的挠度和转角。这种在分段处挠曲线应满足的连续、光滑条件,称为梁位移的连续条件。

对于梁的弯曲,用挠度表示的基本边界条件有以下几种:

(1)固支端。固支端的挠度和转角都为零,即

$$\begin{cases} v(x)=0 \\ v'(x)=0 \end{cases} \quad (x=0 \text{ 或 } l) \tag{9-12}$$

(2)铰支端。铰支端的挠度等于零和弯矩为集中力偶 $M_e$,即

$$\begin{cases} v(x)=0 \\ EIv''(x)=M_e \end{cases} \quad (x=0 \text{ 或 } l) \tag{9-13}$$

(3)自由端。自由端的弯矩为集中力偶 $M_e$ 和自由端的剪力为集中力 $F$,即

$$\begin{cases} EIv''(x)=M_e \\ EIv'''(x)=F \end{cases} \quad (x=0 \text{ 或 } l) \tag{9-14}$$

除了以上基本边界条件以外,还有其他一些常见边界条件。

(4)弹性支承。梁端具有弹簧支承(图 9-3 右端),即

$$\begin{cases} EIv''(l) = -k_t v'(l) \\ EIv'''(l) = kv(l) \end{cases} \tag{9-15}$$

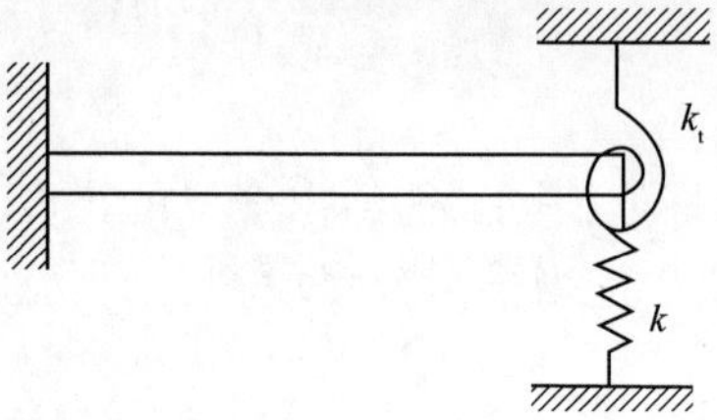

图 9-3 弹簧支承边界条件

(5)中间铰链。此处的左右横截面具有相同的挠度，并且弯矩等于零，即

$$\begin{cases} v[a^{(-0)}] = v[a^{(+0)}] \\ EIv''[a^{(-0)}] = 0 \end{cases} \tag{9-16}$$

铰链左右横截面具有相同的剪力和弯矩，即

$$\begin{cases} EIv'''[a^{(-0)}] = EIv'''[a^{(+0)}] \\ EIv''[a^{(-0)}] = EIv''[a^{(+0)}] \end{cases} \tag{9-17}$$

(6)集中力或集中力偶处。此处的左右横截面具有相同的挠度和转角，即

$$\begin{cases} v(a^{(-0)}) = v(a^{(+0)}) \\ v'(a^{(-0)}) = v'(a^{(+0)}) \end{cases} \tag{9-18}$$

**例题 9-1** 图 9-4a)为镗刀在工件上镗孔的示意图。为保证镗孔精度，镗刀杆的弯曲变形不能过大。设径向切削力 $F = 200\text{N}$，镗刀杆直径 $d = 10\text{mm}$，外伸长度 $l = 50\text{mm}$。材料的弹性模量 $E = 210\text{GPa}$。试求镗刀杆上安装镗刀头的截面 $B$ 的转角和挠度。

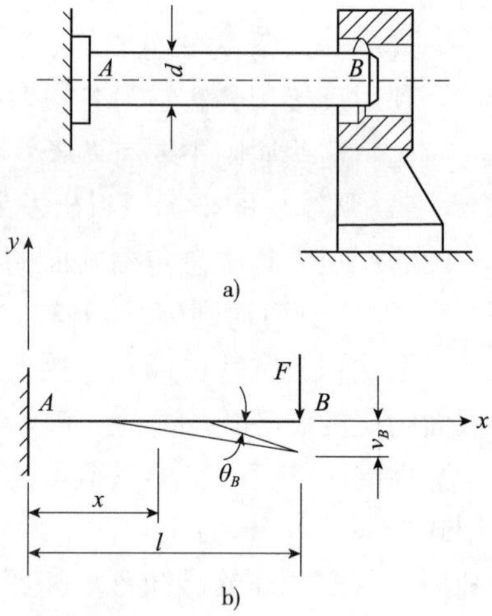

图 9-4

**解**：采用直接积分法。

镗刀杆可简化为悬臂梁。选取坐标系如图 9-4b)所示。

①建立弯矩函数。

$$M = -F(l - x)$$

根据式(9-9)得挠曲线的微分方程为

$$v'' = \frac{F}{EI}(x - l) \tag{1}$$

②计算转角方程的通解。

对式(1)积分一次得

$$v' = \frac{F}{2EI}x^2 - \frac{Fl}{EI}x + C_1 \tag{2}$$

③计算挠度方程的通解。

对式(2)积分一次得

$$v = \frac{F}{6EI}x^3 - \frac{Fl}{2EI}x^2 + C_1x + C_2 \tag{3}$$

④计算积分常数。

将固定端位移边界条件

$$v'(0) = 0, v(0) = 0 \tag{4}$$

代入式(2)和式(3)，解得

$$C_1 = 0, C_2 = 0 \tag{5}$$

⑤计算转角函数和挠度函数。

将式(5)代入式(2)和式(3)得

$$\theta = \frac{F}{2EI}x^2 - \frac{Fl}{EI}x \tag{6}$$

$$v = \frac{F}{6EI}x^3 - \frac{Fl}{2EI}x^2 \tag{7}$$

⑥计算截面 $B$ 的转角和挠度。

$$\theta_B=\theta(l)=-\frac{Fl^2}{2EI}=-0.00242\text{rad}$$

$$v_B=v(l)=-\frac{Fl^3}{3EI}=-8.05\times10^{-5}\text{m}$$

# 9.2 叠加法

## 9.2.1 叠加法

在弯曲变形很小，且材料服从郑玄—胡克定律的情况下，挠曲线的微分方程式(9-9a)是线性的。又因在小变形的前提下，计算弯矩时用梁变形前的位置，结果弯矩与载荷的关系也是线性的。这样，对应于几种不同的载荷，弯矩可以叠加，方程式(9-9a)的解也可以叠加。例如，$F$、$q$ 两种载荷作用时的弯矩分别为 $M_F$ 和 $M_q$，叠加 $M_F$ 和 $M_q$ 就是两种载荷共同作用时的弯矩 $M$，即

$$M=M_F+M_q \tag{9-19}$$

设 $F$ 和 $q$ 各自单独作用下的挠度为分别为 $v_F$ 和 $v_q$，根据式(9-9a)

$$EI\frac{\mathrm{d}^2v_F}{\mathrm{d}x^2}=M_F,EI\frac{\mathrm{d}^2v_q}{\mathrm{d}x^2}=M_q \tag{9-20}$$

若 $F$ 和 $q$ 共同作用下的挠度为 $v$，则 $v$ 与 $M$ 的关系也应该是

$$EI\frac{\mathrm{d}^2v}{\mathrm{d}x^2}=M \tag{9-21}$$

将式(9-19)代入式(9-21)，并利用式(9-20)，得

$$EI\frac{\mathrm{d}^2v}{\mathrm{d}x^2}=M_F+M_q=EI\frac{\mathrm{d}^2v_F}{\mathrm{d}x^2}+EI\frac{\mathrm{d}^2v_q}{\mathrm{d}x^2}=EI\frac{\mathrm{d}^2(v_F+v_q)}{\mathrm{d}x^2} \tag{9-22}$$

可见 $F$ 和 $q$ 联合作用下的挠度 $v$，就是两个载荷单独作用下的挠度 $v_F$ 和 $v_q$ 的代数和。这一结论显然可以推广到载荷多于两个的情况。所以，当梁上同时作用几个载荷时，可分别求出每一载荷单独引起的变形，把所得变形叠加即为这些载荷共同作用时的变形。这就是计算弯曲变形的叠加法。为此，将梁在某些简单载荷作用下的变形列入表 9-1 中，以便直接查用；利用这些表格，使用叠加法，可比较方便地解决一些弯曲变形问题。

**梁的转角和挠度** 表 9-1

| 序号 | 梁的简图 | 挠曲线方程 | 端截面转角 | 最大挠度 |
|---|---|---|---|---|
| 1 | 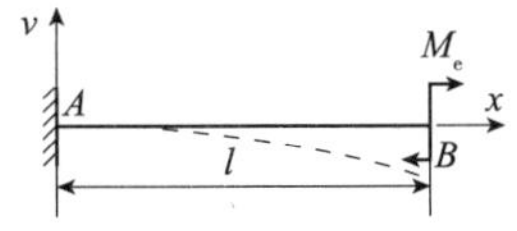 | $v=-\frac{M_ex^2}{2EI}$ | $\theta_B=-\frac{M_el}{EI}$ | $v_B=-\frac{M_el^2}{2EI}$ |
| 2 | 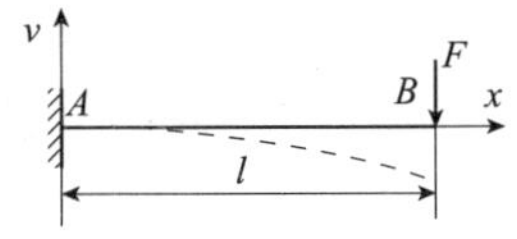 | $v=-\frac{Fx^2}{6EI}(3l-x)$ | $\theta_B=-\frac{Fl^2}{2EI}$ | $v_B=-\frac{Fl^3}{3EI}$ |

| 序号 | 梁的简图 | 挠曲线方程 | 端截面转角 | 最大挠度 |
|---|---|---|---|---|
| 3 | 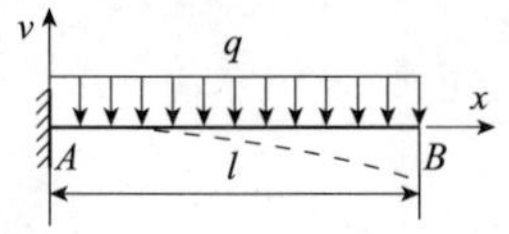  | $v=-\frac{qx^2}{24EI}(x^2-4lx+6l^2)$ | $\theta_B=-\frac{ql^3}{6EI}$ | $v_B=-\frac{ql^4}{8EI}$ |
| 4 | 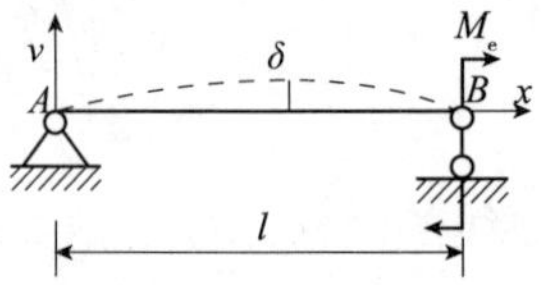  | $v=\frac{M_e x}{6EIl}(l^2-x^2)$ | $\theta_A=\frac{M_e l}{6EI}$<br>$\theta_B=-\frac{M_e l}{3EI}$ | $x=l/\sqrt{3}$<br>$v_{max}=\frac{\sqrt{3}M_e l^2}{27EI}$ |
| 5 | 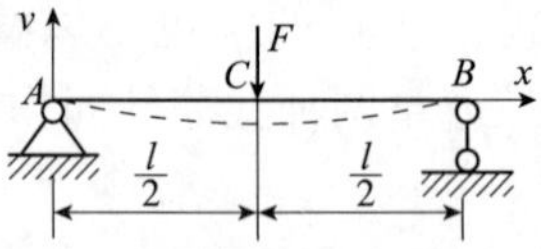  | $v=-\frac{Fx}{48EI}(3l^2-4x^2)$<br>$\left(0\leqslant x\leqslant\frac{l}{2}\right)$ | $\theta_A=-\theta_B=-\frac{Fl^2}{16EI}$ | $v_{max}=-\frac{Fl^3}{48EI}$ |
| 6 | 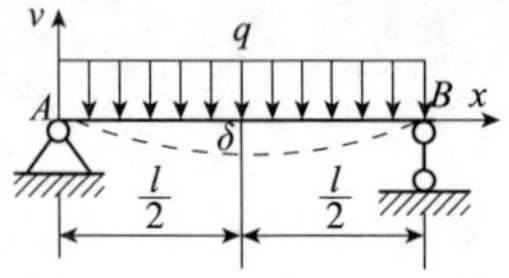  | $v=-\frac{qx}{24EI}(x^3-2lx^2+l^3)$ | $\theta_A=-\theta_B=-\frac{ql^3}{24EI}$ | $v_{max}=-\frac{5ql^4}{384EI}$ |
| 7 | 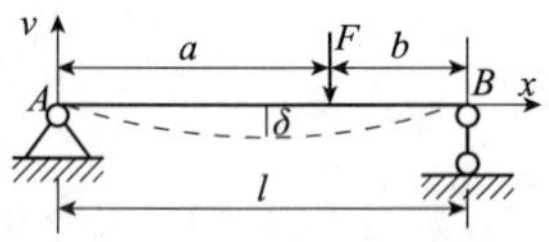  | $v=-\frac{Fbx}{6lEI}(l^2-x^2-b^2)$<br>$(0\leqslant x\leqslant a)$<br>$v=-\frac{Fa(l-x)}{6lEI}(x^2+a^2-2lx)$<br>$(a<x\leqslant l)$ | $\theta_A=-\frac{Fab(l+b)}{6EIl}$<br>$\theta_B=\frac{Fab(l+a)}{6EIl}$ | $x=\sqrt{\frac{l^2-b^2}{3}}$<br>$v_{max}=-\frac{Fb(l^2-b^2)^{3/2}}{9\sqrt{3}lEI}$ |
| 8 | 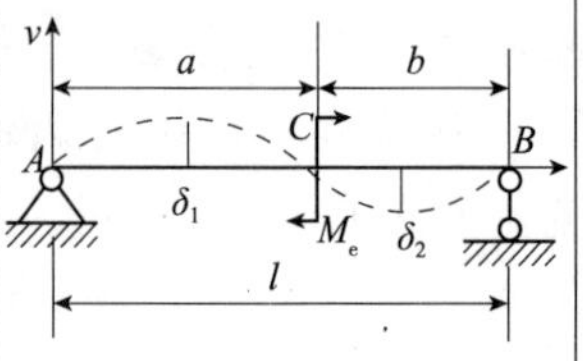  | $v=\frac{M_e x}{6lEI}(l^2-x^2-3b^2)$<br>$(0\leqslant x\leqslant a)$<br>$v=\frac{M_e(l-x)}{6lEI}(x^2+3a^2-2lx)$<br>$(a<x\leqslant l)$ | $\theta_A=\frac{M_e(l^2-3b^2)}{6lEI}$<br>$\theta_B=\frac{M_e(l^2-3a^2)}{6lEI}$<br>$\theta_C=\frac{M_e(l^2-3a^2-3b^2)}{6lEI}$ | $x=\sqrt{(l^2-3b^2)/3}$<br>$\delta_1=\frac{M_e(l^2-3b^2)^{3/2}}{9\sqrt{3}lEI}$<br>$x=l-\sqrt{(l^2-3a^2)/3}$<br>$\delta_2=\frac{M_e(l^2-3a^2)^{3/2}}{9\sqrt{3}lEI}$ |

**例题 9-2** 车床主轴的计算简图可简化成外伸梁，如图 9-5a）所示。$F_1$ 为切削力，$F_2$ 为齿轮传动力。若近似地把外伸梁作为等截面梁，试求截面 $B$ 的转角和端点 $C$ 的挠度。已知：$E,I,l,a$。

**解：**采用叠加法。

设想沿截面 $B$ 将外伸梁分成两部分，$AB$ 部分为简支梁，梁上除集中力 $F_2$ 外，在截面 $B$ 上还有剪力 $F_S^{ws}=F_1$ 和弯矩 $M^{ws}=F_1a$；先把 $BC$ 部分看作集中力 $F_1$ 作用下的悬臂梁，其次把外伸梁的 $BC$ 部分看作是整体转动了一个 $\theta_B$ 的悬臂梁。

①计算截面 $B$ 的转角。

a. 查表 9-1 第 4 栏得由 $M^{ws}$产生的截面 $B$ 上的转角为

$$\theta_B^{(1)}=\frac{M^{ws}l}{3EI}=\frac{F_1al}{3EI}$$

b. 查表 9-1 第 5 栏得由 $F_2$ 产生的截面 $B$ 上的转角为

$$\theta_B^{(2)}=-\frac{F_2l^2}{16EI}$$

c. 叠加得到截面 $B$ 的转角为

$$\theta_B=\frac{l(16F_1a-3F_2l)}{48EI}$$

②计算端点 $C$ 的挠度。

a. 查表 9-1 第 2 栏得由 $F_1$ 产生的端点 $C$ 的挠度为

$$v_C^{(1)}=\frac{F_1a^3}{3EI}$$

b. 计算由 $\theta_B$ 产生的端点 $C$ 的挠度为

$$v_C^{(1)}=a\theta_B=\frac{al(16F_1a-3F_2l)}{48EI}$$

c. 叠加得到端点 $C$ 的挠度为

$$v_C=\frac{a[16F_1a(a+l)-3F_2l^2]}{48EI}$$

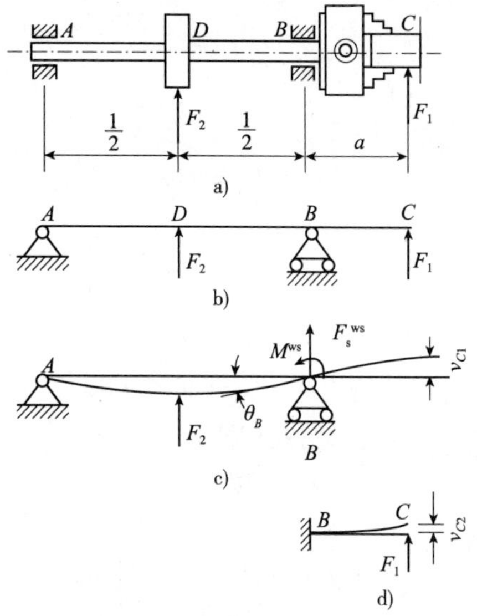

图 9-5

### 9.2.2 对称性的利用

利用对称性与反对称性可以使计算工作量至少减少 50% 或更多。为此介绍几个定理如下:

**定理一**:定义在对称区间$(-l,l)$内的任何函数 $F(x)$,必可以表示成偶函数 $H(x)$与奇函数 $G(x)$之和的形式,且这种表示法是唯一的。

**定理二**:任一 $n$ 阶实方阵$[A]$,都可以表示成一对称阵$[B]$和一反对称阵$[C]$之和,且表示法是唯一的。

**定理三**:在线性对称结构上任一载荷可以分解成一对称载荷与一反对称载荷之和。

**例题 9-3** 试求如图 9-6a)所示简支梁中点的挠度和转角,已知:$E,I,q,a$。

**解**:采用叠加法。

将图 9-6a)的梁分解成图 9-6b)和图 9-6c)的叠加,所得变形是一样的。图 9-6b)的梁受力反对称,显然中点的挠度为零,所以图 9-6c)梁中点的挠度即为所求。查表 9-1 第 6 栏最大挠度知

$$f=-\frac{5}{384}\frac{\frac{q}{2}(2a)^4}{EI}=-\frac{5qa^4}{48EI}$$

又由于图 9-6c)的梁受力对称,中点的转角为零,因而图 9-6b)梁中点的转角即为所求。而 9-6b)的梁实际上又相当于两个以跨度为 $a$ 的简支梁,因此,求跨度为 $a$ 的简支梁受向下均布载荷 $q/2$ 时右端的转角即可。查表 9-1 第 6 栏端截面转角知

$$\theta=\frac{1}{24}\frac{\frac{q}{2}a^3}{EI}=\frac{qa^3}{48EI}$$

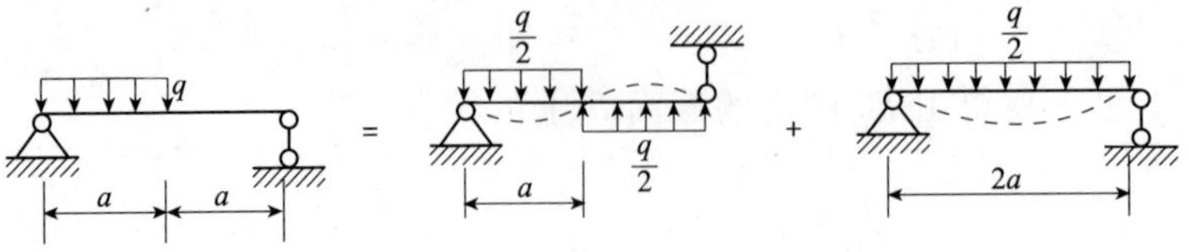


图 9-6

**例题 9-4** 试求如图 9-7a)所示简支梁中点的挠度和支座 $A$ 处的转角,已知:$E,I,q,L$。

**解:**采用叠加法。

①计算简支梁中点的挠度。

将图 9-7a)与图 9-7b)叠加正好等于图 9-7c)变形的两倍,即 $f_a+f_b=2f_c$。同时我们又注意到在中点处图 9-7a)与图 9-7b)的挠度相同,即 $f_a=f_b$,从而 $f_a=f_c$。也就是说图 9-7a)与图 9-7c)梁中点的挠度相同。查表 9-1 第 6 栏最大挠度知

$$f_a=-\frac{5}{384}\frac{\frac{q}{2}L^4}{EI}=-\frac{5qL^4}{768EI}$$

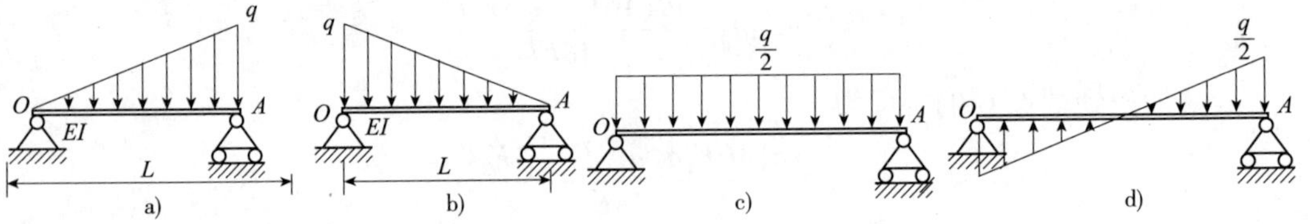


图 9-7

②计算支座 $A$ 处的转角。

可以一般性地假设,在如同图 9-7a)那样荷载呈线性分布的简支梁中,$A$ 处的转角为 $\theta_A^{(a)}=\xi\frac{qL^3}{EI}$,其中 $\xi$ 是一个待定的无量纲常数。图 9-7a)的荷载可分解为对称部分和反对称部分之和,分别如图 9-7c)和图 9-7d)所示。在图 9-7c)中,$A$ 处的转角为 $\theta_A^{(c)}=\frac{q}{2}\cdot\frac{L^3}{24EI}=\frac{qL^3}{48EI}$。在图 9-7d)中,由于荷载反对称,梁的中点挠度和弯矩均为零,故中点可视为铰支点。这样中点与 $A$ 之间可视为一个简支梁。这个简支梁也作用着线性分布的荷载。根据上述假设,其 $A$ 处的转角必定为 $\theta_A^{(d)}=\left(\frac{q}{2}\right)\frac{\xi}{EI}\left(\frac{L}{2}\right)^3=\frac{1}{16}\frac{\xi qL^3}{EI}=\frac{1}{16}\theta_A^{(a)}$。根据叠加原理,有

$$\theta_A^{(a)}=\frac{qL^3}{48EI}+\frac{1}{16}\theta_A^{(a)}$$

由上式可算出 $\xi=\frac{1}{45}$,故有

$$\theta_A^{(a)}=\frac{qL^3}{45EI}$$

**例题 9-5** 已知如图 9-8 所示简支梁的中点作用有向上的集中力 $F$,为了使中点挠度为零。问施加于右半段上的均布载荷 $q$ 应为多大?

**解**:采用叠加法。

由例题 9-3 知

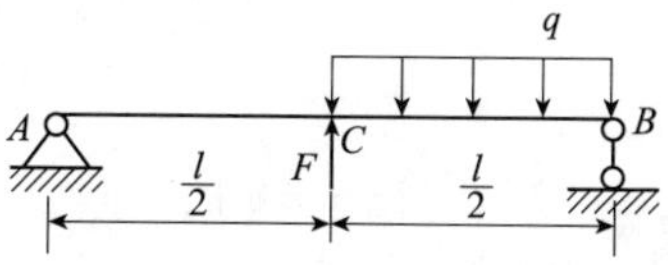


图 9-8

$$f_q = -\frac{5}{384}\frac{\frac{q}{2}l^4}{EI} = -\frac{5ql^4}{768EI}$$

查表 9-1 第 5 栏最大挠度知

$$f_F = \frac{Fl^3}{48EI}$$

根据题意

$$f_F + f_q = 0$$

解得 $q = \frac{16F}{5l}$。

### 9.2.3 简单超静定梁的解法

只用静力平衡方程不能解出超静定梁的所有支座约束力,还必须引用其他条件,这个条件就是梁的变形协调条件。

**例题 9-6** 对图 9-9 所示超静定梁,试用解除固定端对截面转动约束的方法求解。已知:$F,E,I,l,a$。

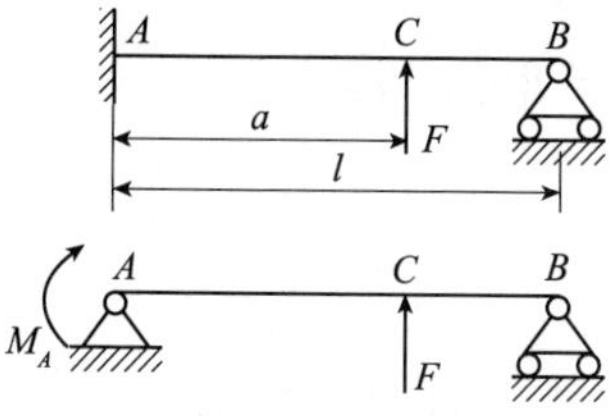


图 9-9

**解**:采用叠加法。

梁受力 $\boldsymbol{F}$、$\boldsymbol{M}_A$、$\boldsymbol{F}_{Ax}$、$\boldsymbol{F}_{Ay}$、$\boldsymbol{F}_B$。

①解除固定端对截面 $A$ 的转动约束,就把固定端变成为铰支座。这就将原来的超静定梁在形式上变为静定的简支梁。在简支梁的支座 $A$ 上,应以未知的反作用力 $\boldsymbol{M}_A$ 代表固定端对截面 $A$ 的转动约束。

②叠加 $\boldsymbol{M}_A$ 和 $\boldsymbol{F}$ 各自单独作用时截面 $A$ 的转角 $(\theta_A)_{M_A}$ 和 $(\theta_A)_F$,得到两者共同作用时截面 $A$ 的转角 $\theta_A$。因实际上 $A$ 为固定端,截面 $A$ 的转角应等于零,这便是变形协调条件

$$\theta_A = 0, (\theta_A)_{M_A} + (\theta_A)_F = 0 \tag{1}$$

③查表 9-1 第 4 栏和第 7 栏,得出 $(\theta_A)_{M_A}$ 和 $(\theta_A)_F$,代入变形协调方程(1)后就可以求出 $M_A$。

$$(\theta_A)_{M_A} = -\frac{M_A l}{3EI}, (\theta_A)_F = \frac{Fl^2}{16EI}, M_A = \frac{Fa(l-a)(2l-a)}{2l^2} \tag{2}$$

④对静定基列平衡方程得到其他的支座约束力

$$F_{Ax} = 0, F_{Ay} = -\frac{F(2l^3 - 3la^2 + a^3)}{2l^3}, F_B = -\frac{Fa^2(3l-a)}{2l^3} \tag{3}$$

## 9.3 力矩—面积法

力矩—面积法可以克服直接积分法由于过程冗繁不便应用的弱点,其原理简单,概念清楚。力矩—面积法又称为变形叠加法,即把变形分解为几个部分,可分别计算求和,它与载荷叠加法联合运用,对于超静定问题和复杂的弯曲变形问题非常行之有效。

由梁挠曲线近似微分方程(9-9a)作定积分得

$$\theta(x) = \theta_0 + \int_0^x \frac{M(x)}{EI}\mathrm{d}x \tag{9-23}$$

$$v(x) = v_0 + \theta_0 x + \int_0^x \left[ \int_0^x \frac{M(x)}{EI} dx \right] dx \tag{9-24}$$

当然，当 $x = a$ 时

$$\theta(a) = \theta_0 + \int_0^a \frac{M(x)}{EI} dx \tag{9-25}$$

$$v(a) = v_0 + \theta_0 a + \int_0^a \left[ \int_0^x \frac{M(x)}{EI} dx \right] dx \tag{9-26}$$

这里 $\theta_0$、$v_0$ 分别代表原点截面的转角和挠度，而积分项反映这段梁的变形。这表明，$x$ 截面的转角 $\theta(x)$ 等于原点处转角 $\theta_0$ 与相对转角（变形项）$\int_0^x \frac{M(x)}{EI} dx$ 之和；$x$ 截面的挠度 $v(x)$ 等于原点处挠度 $v_0$，原点处转角在 $x$ 处引起的挠度 $\theta_0 x$ 与相对挠度（变形项）$\int_0^x \left[ \int_0^x \frac{M(x)}{EI} dx \right] dx$ 三项之和。当然，原点的选择以便于计算（或查表叠加）为好。

**例题 9-7** 用力矩—面积法计算例题 9-1。

**解**：因 $\theta_0 = 0, v_0 = 0$ 故

$$\theta_B = \theta(l) = \int_0^l \frac{M}{EI} dx = -\frac{Fl^2}{2EI}$$

$$v_B = v(l) = \int_0^l \left( \int_0^x \frac{M}{EI} dx \right) dx = -\frac{Fl^3}{3EI}$$

**例题 9-8** 外伸梁（$EI$ 为常数）受力如图 9-10 所示，求 $C$ 点的转角和挠度。

**解**：采用力矩—面积法。

坐标如图 9-10 所示，原点取在 $B$ 处，$M = -F(b - x)$，则

$$\theta_C = \theta_B + \int_0^b \frac{M}{EI} dx$$

$$v_C = v_B + \theta_B b + \int_0^b \left( \int_0^x \frac{M}{EI} dx \right) dx$$

显然 $v_B = 0$，查表 9-1 知 $\theta_B = -\frac{Fba}{3EI}$。

$$\int_0^b \frac{M}{EI} dx = -\frac{Fb^2}{2EI}, \int_0^b \left( \int_0^x \frac{M}{EI} dx \right) dx = -\frac{Fb^3}{3EI}$$

注意，$C$ 相对于 $B$ 的变形与假设 $B$ 为固定端时 $C$ 的变形相等。

最后得

$$\theta_C = -\frac{Fb(2a + 3b)}{6EI}, v_C = -\frac{Fb^2(a + b)}{3EI}$$

**例题 9-9** 直角拐如图 9-11 所示，由圆形和矩形截面直杆组成，求 $C$ 点的挠度。已知：$F, E, G, a, L, d, b, h$。

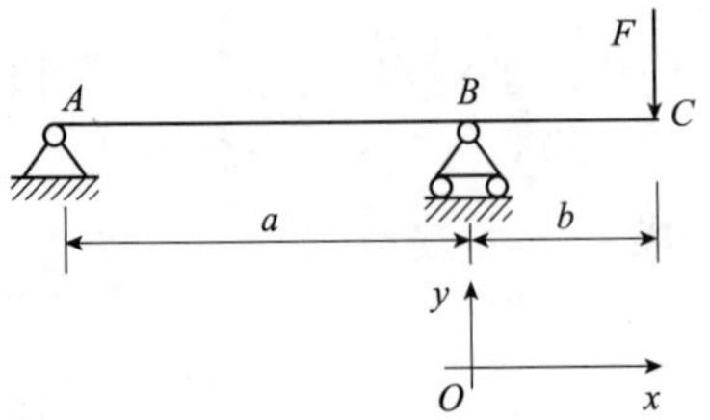


图 9-10

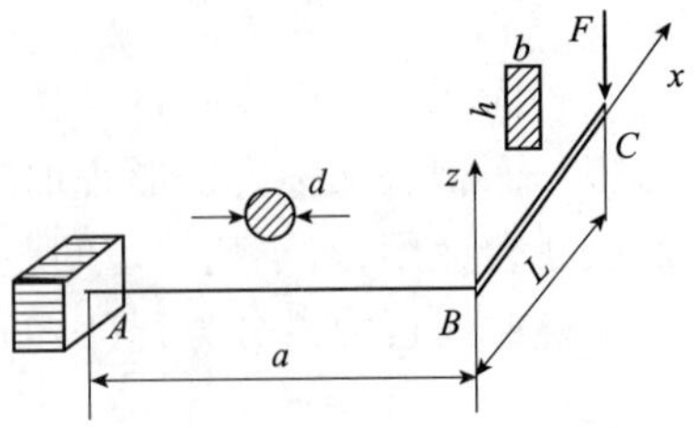


图 9-11

**解**:采用力矩—面积法。

①建立坐标系如图 9-11 所示,计算圆形和矩形截面直杆的惯性矩及圆形截面直杆的极惯性矩。

圆形截面 $I=\frac{\pi d^4}{64}, I_p=\frac{\pi d^4}{32}$;矩形截面 $I_1=\frac{bh^3}{12}$。

②计算圆形截面直杆的扭转角。

$$\varphi_{AB}=\frac{FLa}{GI_p}=\frac{32FLa}{\pi Gd^4}$$

③计算 $B$ 点的转角和挠度。

$B$ 点的转角与圆形截面直杆的扭转角相等,即

$$\theta_B=\varphi_{AB}=\frac{32FLa}{\pi Gd^4}$$

$B$ 点的挠度就是悬臂圆形截面直梁在 $B$ 点的挠度(可查表 9-1),即

$$w_B=-\frac{Fa^3}{3EI}=-\frac{64Fa^3}{3\pi Ed^4}$$

④计算 $C$ 点相对于 $B$ 点的变形(可查表 9-1)。

矩形截面直杆的弯矩函数

$$M=-F(L-x)$$

计算积分项

$$\int_0^L\left(\int_0^x\frac{M}{EI}\mathrm{d}x\right)\mathrm{d}x=-\frac{FL^3}{3EI_1}=-\frac{4FL^3}{Ebh^3}$$

⑤求截面 $C$ 的挠度。

$$w_C=w_B+\theta_BL+\int_0^L\left(\int_0^x\frac{M}{EI}\mathrm{d}x\right)\mathrm{d}x=-\frac{64Fa^3}{3\pi Ed^4}-\frac{32FL^2a}{\pi Gd^4}-\frac{4FL^3}{Ebh^3}$$

## 9.4 梁的刚度条件与弯曲应变能

### 9.4.1 梁的刚度条件

对于机械和工程结构中的许多梁,除应满足强度要求外,还必须具备足够的刚度。例如,机床主轴的变形过大,将影响机床对工件的加工精度,并造成主轴轴承和齿轮的不均匀磨损。

梁的刚度条件为

$$v_{\max}\leqslant[v] \tag{9-27}$$

$$\theta_{\max}\leqslant[\theta] \tag{9-28}$$

式中,$[\theta]$为许用转角,$[v]$为许用挠度,它们的数值应根据构件的工程用途,从有关设计规范中查取。如在机械工程中,对轴的许用转角和许用挠度有如下规定:

起重机大梁$[v]=(0.001\sim0.002)l$;

普通机床主轴$[v]=(0.0001\sim0.0005)l$;

$[\theta]=0.001\sim0.005\text{rad}$;

发动机凸轮轴$[v]=0.05\sim0.06\text{mm}$;

滑动轴承处$[\theta]=0.001\text{rad}$；

向心轴承处$[\theta]=0.05\text{rad}$。

在土木工程中，一般只校核梁的挠度，且规定$[v/l]$在（1/1 000 ~ 1/250）范围之内。

### 9.4.2 弯曲应变能

让我们以纯弯梁的例子[图9-12a)]并假设梁中的应力低于比例极限来开始我们对应变能的讨论。因为该梁的弯矩 $M$ 为常数，梁将弯曲成曲率为 $M/EI$ 的圆弧。此圆弧所张角 $\theta$ 为

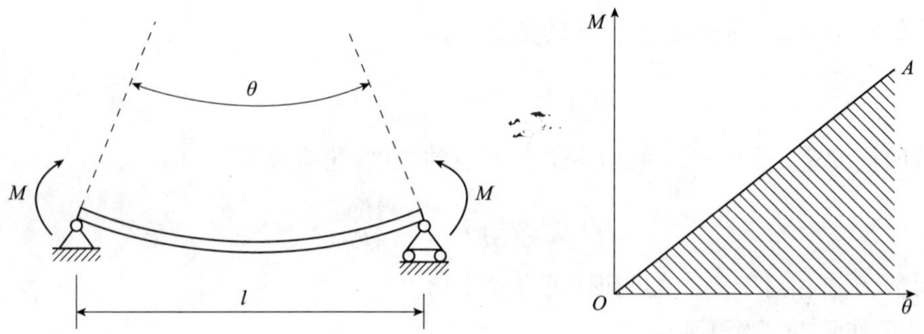


a)纯弯下的梁　　b)力矩与转角之间呈线性关系

图9-12　弯曲应变能

$$\theta=\frac{Ml}{EI} \tag{9-29}$$

此角 $\theta$ 与弯矩 $M$ 的线性关系的图解用线 $OA$ 示于图9-12b)中。当力偶 $M$ 值自零逐渐增大到它们的最大值时，它们做了功，此功用弯矩—挠度图下面的面积来表示[图9-12b)中阴影线所示]。这个功等于梁中所储存的应变能 $U_{\varepsilon}$，为

$$U_{\varepsilon}=\frac{M\theta}{2} \tag{9-30a}$$

此表达式类似于因力作用于受拉杆件上所产生的应变能的方程式(4-19c)，也类似因扭矩作用于轴上所产生的应变能的方程式(6-31c)。

现在合并方程(9-29)和式(9-30a)，我们可以用下面任一形式表达纯弯梁中所储存的应变能：

$$U=\frac{M^2 l}{2EI} \tag{9-30b}$$

或

$$U=\frac{EI\theta^2}{2l} \tag{9-30c}$$

方程式(9-30b)得出以弯矩 $M$ 表示的应变能，而方程式(9-30c)得出以角 $\theta$ 表示的应变能。

如果梁不是纯弯和弯矩 $M$ 沿梁的长度变化，我们可以借考虑长度为 $\mathrm{d}x$ 的梁的单元，然后进行积分来求得其应变能。单元的两边的夹角 $\mathrm{d}\theta$ 为

$$\mathrm{d}\theta=\frac{M\mathrm{d}x}{EI}=\frac{\mathrm{d}^2 v}{\mathrm{d}x^2}\mathrm{d}x \tag{9-31}$$

因此，该单元中所储存的应变能为

$$dU_\varepsilon = \frac{M^2 dx}{2EI} 或 dU_\varepsilon = \frac{EI}{2}\left(\frac{d^2 v}{dx^2}\right)^2 dx \tag{9-32}$$

从而,梁的总应变能为

$$U_\varepsilon = \int_l \frac{M^2 dx}{2EI} \tag{9-33}$$

或

$$U_\varepsilon = \int_l \frac{EI}{2}\left(\frac{d^2 v}{dx^2}\right)^2 dx \tag{9-34}$$

式中的积分是对梁的整个长度进行。

应变能的方程仅考虑了梁中弯矩的影响。此外每一单元中还将储存有一定的剪切应变能。这后一种应变能将在下册中讨论。然而,对于细长的梁,其剪切应变能与大得多的弯曲应变能相比,可略去不计。

## 9.5 梁的振动

### 9.5.1 梁的横向振动方程

在研究梁的横向振动时,假设梁具有纵向对称平面,所受的所有外力都在此对称平面内。且梁在此平面内作横向弯曲振动,梁上各点的运动也就只需用轴线的横向位移来表示。

设 $v(x,t)$ 表示梁上 $x$ 截面处在 $t$ 时刻的横向振动位移。从弹性体上提取一微元段 $dx$,见图 9-13b)。根据牛顿运动定律,该微元段的振动方程为

$$\rho A dx \frac{\partial^2 v}{\partial t^2} = F_S - \left(F_S + \frac{\partial F_S}{\partial x} dx\right) \tag{9-35}$$

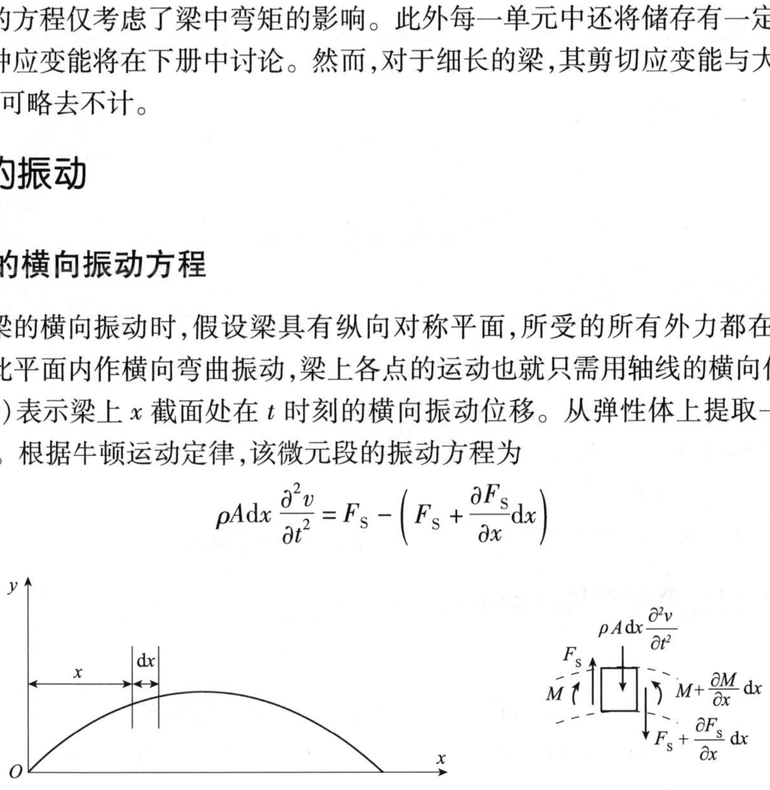


图 9-13 梁的横向振动

整理后得

$$\rho A \frac{\partial^2 v}{\partial t^2} = -\frac{\partial F_S}{\partial x} \tag{9-36}$$

将式(9-9b)代入式(9-36)中得

$$\frac{\partial^2 v}{\partial t^2} + c^2 \frac{\partial^4 v}{\partial x^4} = 0 \tag{9-37}$$

式中,$c = \sqrt{\frac{EI}{\rho A}}$称为梁的弯曲波速度。

### 9.5.2 梁的自由振动

下面研究梁的自由振动。仍采用分离变量法求解方程(9-37)。设方程的解

$$v(x,t)=X(x)V(t) \tag{9-38}$$

将式(9-38)代入方程(9-37),得

$$\frac{1}{V}\frac{\mathrm{d}^2V}{\mathrm{d}t^2}=-\frac{c^2}{X}\frac{\mathrm{d}^4X}{\mathrm{d}x^4} \tag{9-39}$$

可把方程(9-39)变成如下两个方程

$$\frac{\mathrm{d}^2V}{\mathrm{d}t^2}+\omega_0^2V=0 \tag{9-40}$$

$$\frac{\mathrm{d}^4X}{\mathrm{d}x^4}-\beta^4X=0,\beta^2=\frac{\omega_0}{c} \tag{9-41}$$

式(9-40)的通解

$$V(t)=A\sin\omega_0t+B\cos\omega_0t \tag{9-42}$$

式(9-41)的特征方程为

$$\lambda^4-\beta^4=0 \tag{9-43}$$

由此可解得

$$\lambda_{1,2}=\pm\beta,\lambda_{3,4}=\pm\beta i$$

故方程(9-41)的通解

$$X(x)=C\mathrm{e}^{\beta x}+D\mathrm{e}^{-\beta x}+E\mathrm{e}^{j\beta x}+F\mathrm{e}^{-j\beta x} \tag{9-44}$$

$$X(x)=C_1\cosh\beta x+C_2\sinh\beta x+C_3\cos\beta x+C_4\sin\beta x \tag{9-45}$$

特征值 $\lambda$ 及振型函数 $X(x)$ 都由梁的边界条件来确定。

在所有这些边界中条件中,反映对端点位移或转角的约束条件称为几何边界条件;反映对弯矩或剪力的约束条件称为力边界条件。

下面介绍求解不同边界条件下的系统固有角频率和振型函数。

### 9.5.3 梁的固有角频率与振型函数

(1)简支梁

图9-14a)所示简支梁的边界条件为:铰支端的挠度和弯矩都为零,即

$$v(0,t)=0,EIv''_{xx}(0,t)=0,EIv(l,t)=0,EIv''_{xx}(l,t)=0 \tag{9-46}$$

特征方程

$$\sin\beta l=0,\beta^2=\frac{\omega_0}{c} \tag{9-47}$$

对应的系统固有角频率为

$$\omega_{0,n}=\frac{n^2\pi^2}{l^2}\sqrt{\frac{EI}{\rho A}}\quad(n=1,2,\cdots) \tag{9-48}$$

系统振型函数

$$X_n(x)=C\sin\frac{n\pi x}{l}\quad(n=1,2,\cdots) \tag{9-49}$$

(2)固支梁[图9-14b)]

固支梁边界条件为:固支端的挠度和转角都为零,即

$$v(0,t)=0,v'_x(0,t)=0,v(l,t)=0,v'_x(l,t)=0 \tag{9-50}$$

特征方程

$$\cos\beta l\cosh\beta l = 1, \beta^2 = \frac{\omega_0}{c} \tag{9-51}$$

相应的系统一阶固有角频率为

$$\omega_{0,1} = \frac{22.4}{l^2}\sqrt{\frac{EI}{\rho A}} \tag{9-52}$$

及系统振型函数为

$$X_n(x) = C\left\{\begin{aligned}(\sinh\beta_n l - \sin\beta_n l)(\cosh\beta_n x - \cos\beta_n x) - \\ (\cosh\beta_n l - \cos\beta_n l)(\sinh\beta_n x - \sin\beta_n x)\end{aligned}\right\} \quad (n = 1, 2, \cdots) \tag{9-53}$$

(3)悬臂梁[图 9-14c)]

悬臂梁的边界条件为:固支端的挠度和转角都为零、自由端的弯矩与剪力都为零,即

$$v(0,t) = 0, v'_x(0,t) = 0, EIv''_{xx}(l,t) = 0, EIv'''_{xxx}(l,t) = 0 \tag{9-54}$$

特征方程

$$\cos\beta l\cosh\beta l = -1 \tag{9-55}$$

对应的系统第一固有角频率为

$$\omega_{0,1} = \frac{3.516}{l^2}\sqrt{\frac{EI}{\rho A}} \tag{9-56}$$

系统振型函数为

$$X_n(x) = C\left\{\begin{aligned}(\cos\beta_n l + \cosh\beta_n l)(\cos\beta_n x - \cosh\beta_n x) + \\ (\sin\beta_n l - \sinh\beta_n l)(\sin\beta_n x - \sinh\beta_n x)\end{aligned}\right\} \quad (n = 1, 2, \cdots) \tag{9-57}$$

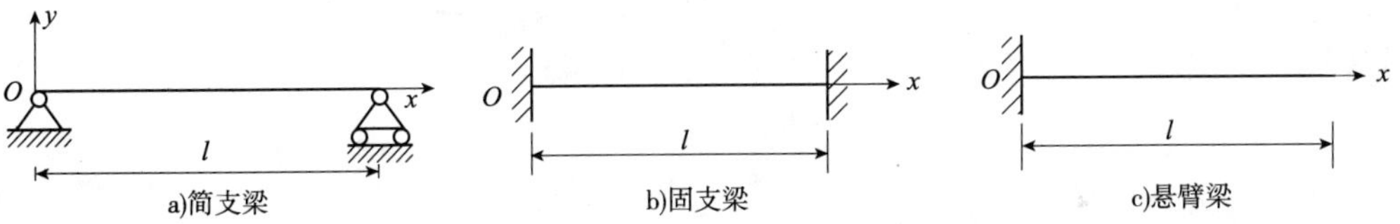


图 9-14 典型梁的边界条件

如图 9-15 所示是自由—自由梁、固支—固支梁、固支—铰支梁和悬臂梁的前三阶弹性模态振型。

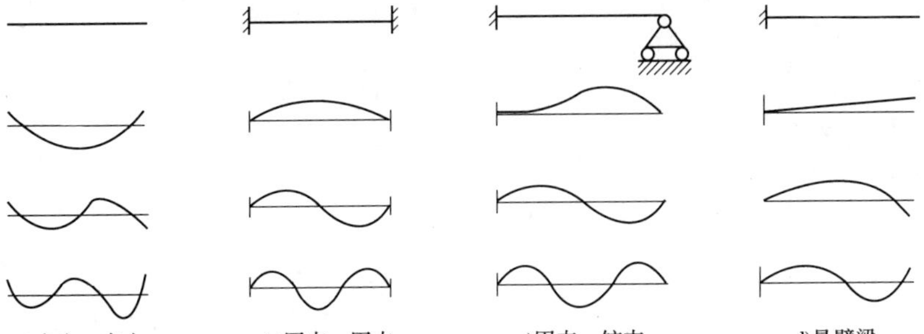


图 9-15 振型

## 9.6 Maple 编程示例

**编程题 9-1** 等高度但宽度随坐标分段线性变化的梁。求解图 9-16 所示的分段线性变惯矩梁的转角方程、挠度方程、梁中点 $C$ 的挠度和最大挠度。

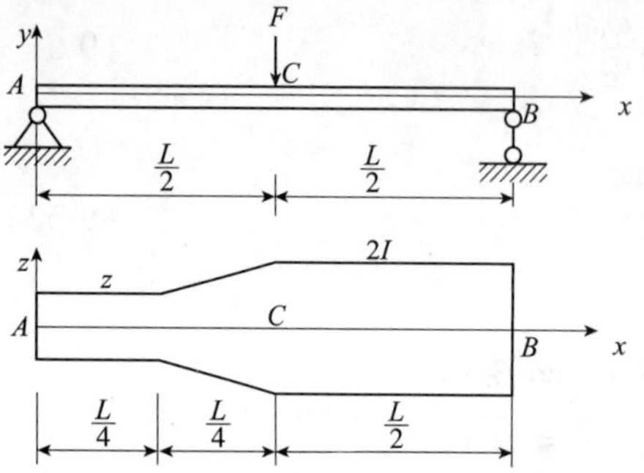


图 9-16

已知：$F,E,I,L$。

求：$\theta(x),v(x),v_C,v_{max}$。

**解：● 建模**

采用直接积分法。

梁受力 $\boldsymbol{F}$、$\boldsymbol{F}_{Ax}$、$\boldsymbol{F}_{Ay}$、$\boldsymbol{F}_B$。

①建立梁的惯性矩方程。

②建立梁的弯矩方程。

③积分求截面转角方程的通解。

④积分求截面挠度方程的通解。

⑤确定积分常数。

⑥求梁中点 $C$ 的挠度和最大挠度。

**答：**梁中点 $C$ 的挠度 $v_C=-\dfrac{19FL^3}{1\,536EI}$和最大挠度 $v_{max}=-\dfrac{611FL^3}{49\,152EI}$。

**● Maple 程序**

```
> restart:                                          #清零。
>##########################################################
> J1:=J:                                            #第一段惯性矩函数。
> J2:=4*J*x/L:                                      #第二段惯性矩函数。
> J3:=2*J:                                          #第三段惯性矩函数。
> M[1]:=F*x/2:                                      #第一段弯矩函数。
> M[2]:=-F*x/2+F*L/2:                               #第二段弯矩函数。
>##########################################################
> theta[1]:=C[1]+int(M[1]/(E*J1),x=0..x):
>                                                   #第一段转角方程的通解。
> theta[2]:=C[2]+int(M[1]/(E*J2),x=L/4..x):
>                                                   #第二段转角方程的通解。
> theta[3]:=C[3]+int(M[2]/(E*J3),x=L/2..x):
>                                                   #第三段转角方程的通解。
> v[1]:=C[4]+int(theta[1],x=0..x):                  #第一段挠度方程的通解。
> v[2]:=C[5]+int(theta[2],x=L/4..x):                #第二段挠度方程的通解。
> v[3]:=C[6]+int(theta[3],x=L/2..x):                #第三段挠度方程的通解。
> eq1:=subs(x=0,v[1])=0:                            #边界条件。
> eq2:=subs(x=L,v[3])=0:                            #边界条件。
> eq3:=subs(x=L/4,theta[1])=subs(x=L/4,theta[2]):
>                                                   #连续性条件。
> eq4:=subs(x=L/4,v[1])=subs(x=L/4,v[2]):
>                                                   #连续性条件。
> eq5:=subs(x=L/2,theta[2])=subs(x=L/2,theta[3]):
>                                                   #连续性条件。
> eq6:=subs(x=L/2,v[2])=subs(x=L/2,v[3]):
>                                                   #连续性条件。
> SOL1:=solve({eq1,eq2,eq3,eq4,eq5,eq6},
>             {C[1],C[2],C[3],C[4],C[5],C[6]}):
```

```
>                                                          #解方程组求积分常数。
> ##########################################################
> theta[1]:=subs(SOL1,theta[1]):                           #代换。
> theta[1]:=sort(normal(theta[1]),x):                      #第一段转角函数。
> theta[2]:=subs(SOL1,theta[2]):                           #代换。
> theta[2]:=sort(normal(theta[2]),x):                      #第二段转角函数。
> theta[3]:=subs(SOL1,theta[3]):                           #代换。
> theta[3]:=sort(normal(theta[3]),x):                      #第三段转角函数。
> v[1]:=subs(SOL1,C[4]=0,v[1]):                            #代换。
> v[1]:=sort(normal(v[1]),x):                              #第一段挠度函数。
> v[2]:=subs(SOL1,v[2]):                                   #代换。
> v[2]:=sort(normal(v[2]),x):                              #第二段挠度函数。
> v[3]:=subs(SOL1,v[3]):                                   #代换。
> v[3]:=sort(normal(v[3]),x):                              #第三段挠度函数。
> ##########################################################
> v[C]:=subs(x=L/2,v[2]);                                  #梁中点C的挠度。
> eq7:=theta[2]=0:                                         #挠度函数的一阶导数等于零。
> SOL2:=solve({eq7},{x});                                  #解方程确定最大挠度的位置。
> v[max]:=subs(SOL2,v[2]);                                 #最大挠度。
```

## 思考题

**思考题 9-1** 在弹性梁的小挠度弯曲中,微分方程 $EIv''(x) = \pm M(x)$ 中右边正负号按什么规则选定,比如在如图 9-17 所示的各坐标系中该如何决定?

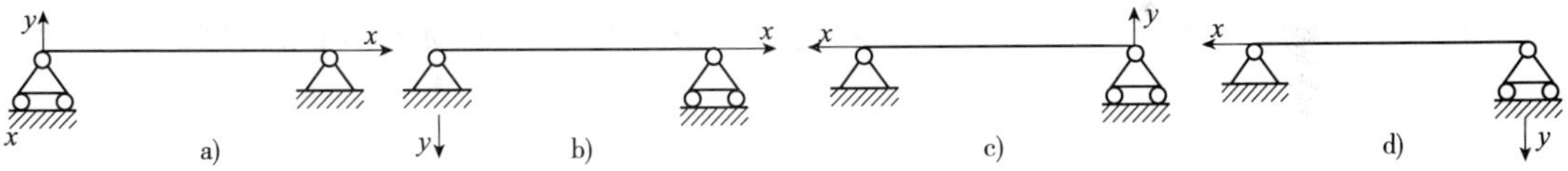


图 9-17

**思考题 9-2** 试将挠曲轴线微分方程写成直接用载荷集度 $q(x)$ 而不是用弯矩 $M(x)$ 表示的形式,并说明在参考坐标系里正负号的正确选择。

**思考题 9-3** 在工程上所设计的梁中,可见到多种约束形式。试以如图 9-18 所示八种情形为例,写出各约束处的几何边界条件(转角和挠度)和力的边界条件(剪力和弯矩)。($k$ 是支座弹簧的刚度)

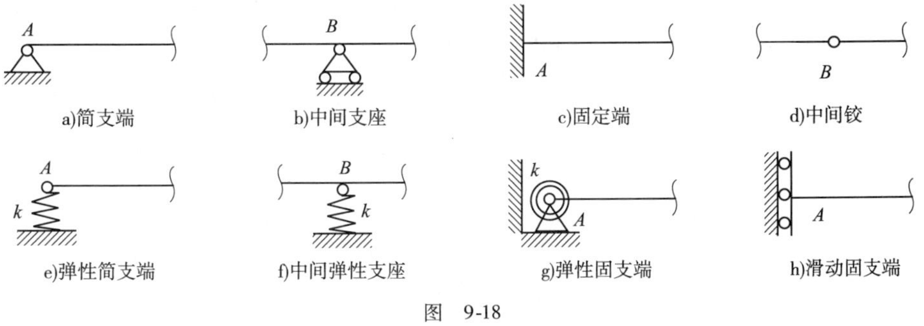


图 9-18

**思考题 9-4** 试对比图 9-19 中的两种约束，阐述它们提供的边界条件有何异同。

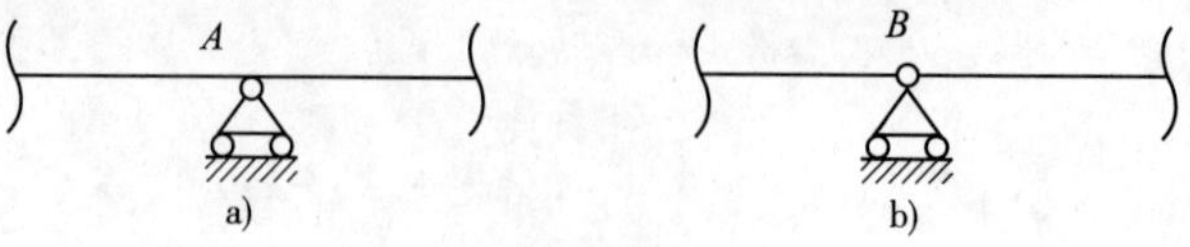


图 9-19

**思考题 9-5** 由$\frac{1}{\rho}=\pm\frac{M}{EI}$可知，当 $M$ 为常量即纯弯曲时，全梁的曲率不变，$\rho$ 为常数，所以挠曲线是一条圆弧线。今取如图 9-20 所示悬臂梁，自由端作用有集中力偶 $M_e$，亦为纯弯曲，但解得 $v=\frac{M_e x^2}{2EI}$，即挠曲线是一条抛物线。为什么会这样？试说明其理由。

**思考题 9-6** 游泳池的跳板如图 9-21 所示。如果改变跳板的刚度，支承弹簧的变形大小是否也随着改变？如果将跳板右端的铰支座改变成固定端，弹簧的变形在下列两种情形下该如何确定：

(1)跳板为一刚性板；

(2)跳板为一弹性板。

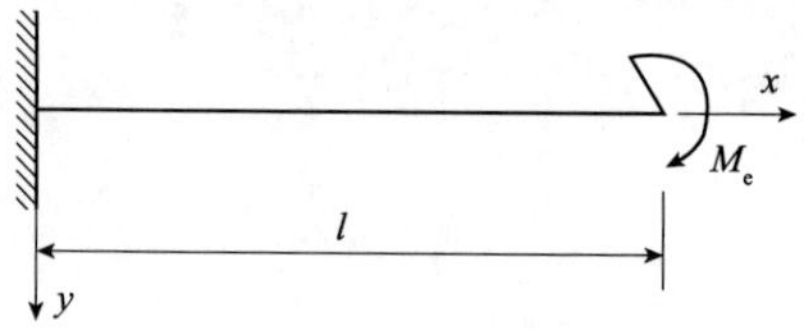


图 9-20

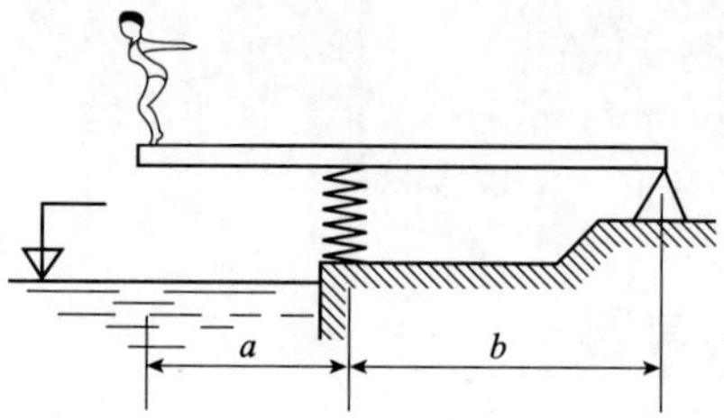


图 9-21

**思考题 9-7** 一悬臂梁如图 9-22 所示，试指出图 9-22a)和 b)两种情况下转角 $\theta_A$ 的符号。如果将坐标轴选成如图 9-22c)所示那样，边界条件和 $\theta_A$ 的正负号有什么变化？

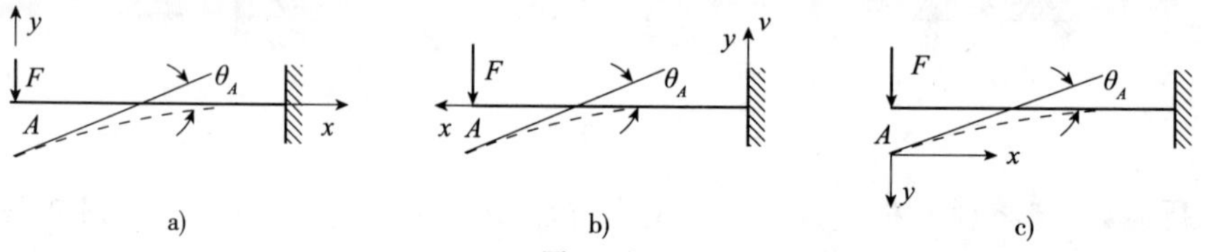


图 9-22

**思考题 9-8** 为了使梁有较大的变形，可以设计成截面为矩形的变高度等强度梁(比如汽车后桥的叠板弹簧)。试问这种梁的挠曲轴线形状有什么特点？

**思考题 9-9** 对如图 9-23a)所示简支梁，试问：

(1)按所选定截面，发现跨中处强度不够。于是设计者采用图 9-23b)所示的局部补强的办法，使跨中截面满足强度要求。这个方案是否可行？

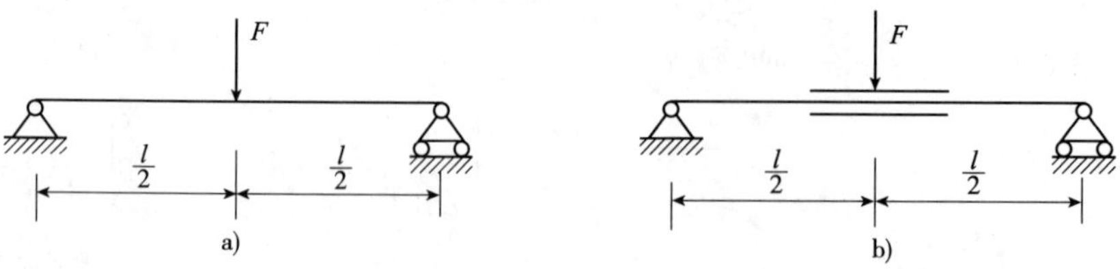


图 9-23

(2)若发现跨中挠度超过了设计的允许值,也采用这种局部增加刚度的办法是否合理?为什么?

**思考题 9-10** 若已求出如图 9-24 所示等刚度梁的挠曲线方程为

$$EIv = -\frac{qx^5}{120l}$$

试问:

(1)$x=0$ 和 $x=l$ 两端点处的约束是什么样的?

(2)最大弯矩和最小剪力各是多大?

(3)梁上的载荷是怎样分布的?

**思考题 9-11** 对如图 9-25 所示等刚度超静定梁,你看能通过对挠曲轴线微分方程的二次积分求出梁的变形吗?

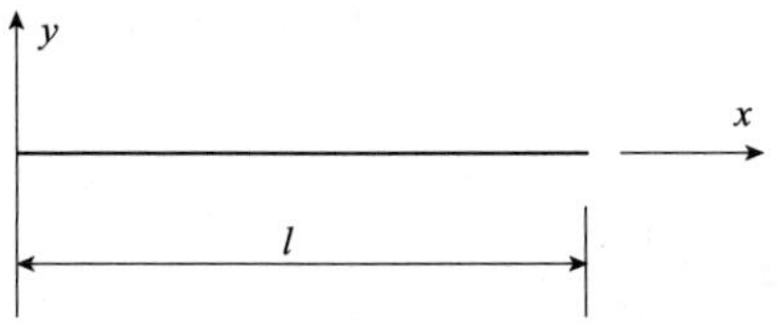


图 9-24

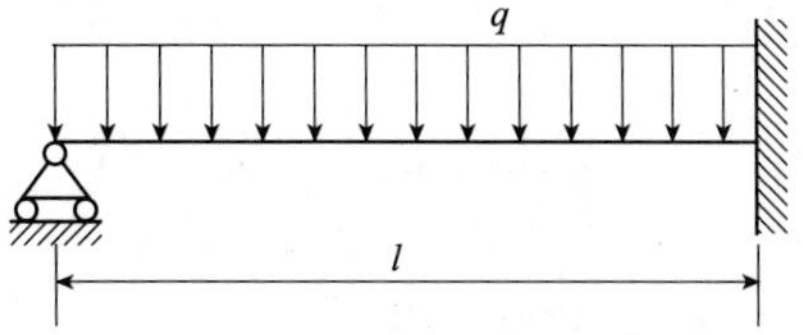


图 9-25

**思考题 9-12** 在建筑工地上,常常将准备砌墙的砖堆放在跳板上。跳板两端支撑在脚手架上,可视为简支梁。砖或沿板上散放[图 9-26a)],或集中堆在中间[图 9-26b)]。这两种堆砖情况下跳板的最大正应力和最小挠度各有多大差别?

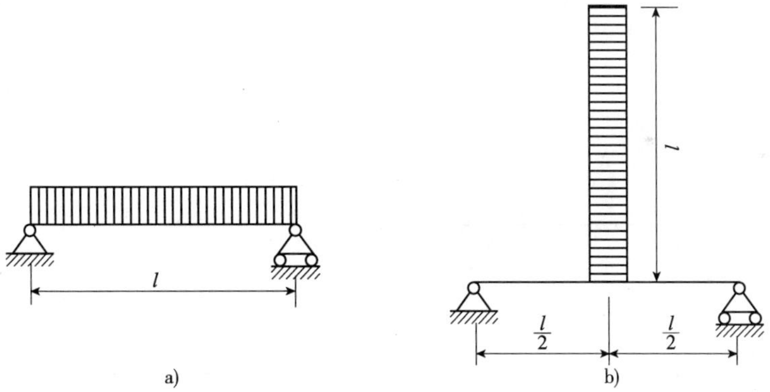


图 9-26

**思考题 9-13** 中国古代木结构建筑中,在上梁与柱子[图 9-27a)]的连续处,往往采用一种独具风格的斗拱结构,示意如图 9-27b)所示。联系思考题 9-12(图 9-26)的结果,试从材料力学的观点分析一下这种世界上特有的结构方式有什么优点。

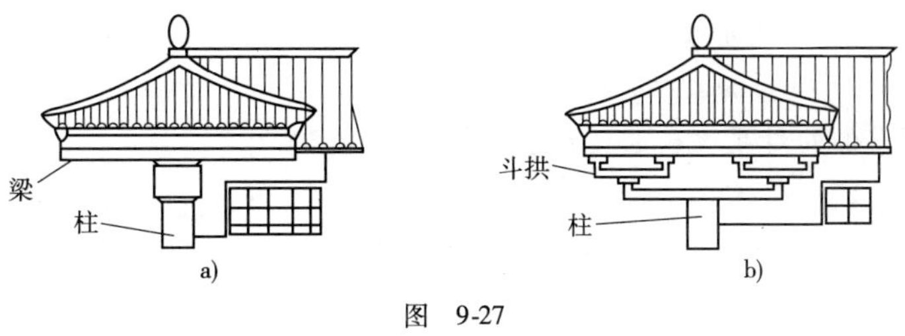


图 9-27

**思考题 9-14** 如图 9-28 所示一等刚度外伸梁，解得其外伸端点的挠度等于零，但从直观上看这是不可能的。这个解题过程如下，试分析其毛病出在哪里。

$$AB\text{ 段}:M(x_1) = -\frac{qx_1^2}{2} \qquad EIv'_1 = -\frac{qx_1^3}{6} + C_1 \qquad EIv_1 = -\frac{qx_1^4}{24} + C_1x_1 + D_1$$

$$BC\text{ 段}:M(x_2) = -\frac{qx_2^2}{2} \qquad EIv'_2 = -\frac{qx_2^3}{6} + C_2 \qquad EIv_2 = -\frac{qx_2^4}{24} + C_2x_2 + D_2$$

由约束条件，$x_1=0$ 处 $v_1=0$，得 $D_1=0$；$x_1=l$ 处 $v_1=0$，得 $C_1=ql^3/24$。由光滑连续条件，$x_1=x_2=l$ 处，$\theta_1=\theta_2$ 和 $v_1=v_2$，得 $C_1=C_2$ 和 $D_1=D_2$，于是就得到 $x_2=0$ 处 $v_C=0$。

***思考题 9-15** 一等刚度 $EI$ 的直杆平放于刚性平面上[图 9-29a)]，其单位长度的自重为 $q$。今在 $A$ 端施加力 $F$[图 9-29b)]，其值小于 $ql/2$。问如何确定 $A$ 点抬起的高度 $\delta$ 与弯曲长度 $x$ 的关系？若 $F=ql/2$，情况将如何？

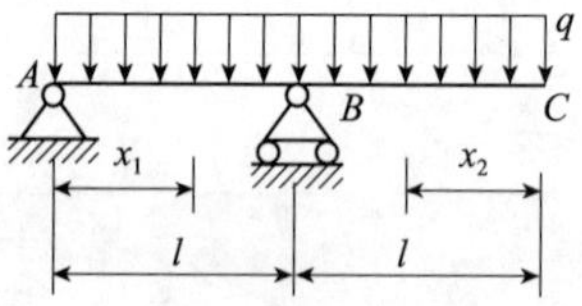


图 9-28

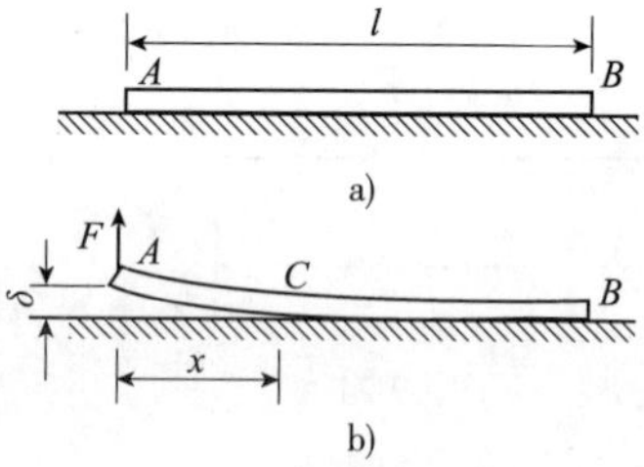


图 9-29

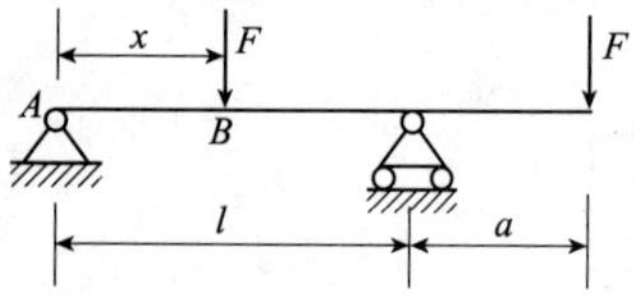


图 9-30

**思考题 9-16** 对如图 9-30 所示外伸梁，试调整跨 $F$ 内力的作用点 $B$，使 $AB$ 段的挠度呈线性变化，并说明你是如何定出 $B$ 点位置的。

**思考题 9-17** 如何利用叠加法计算如图 9-31 所示诸梁 $C$ 点的挠度和转角？

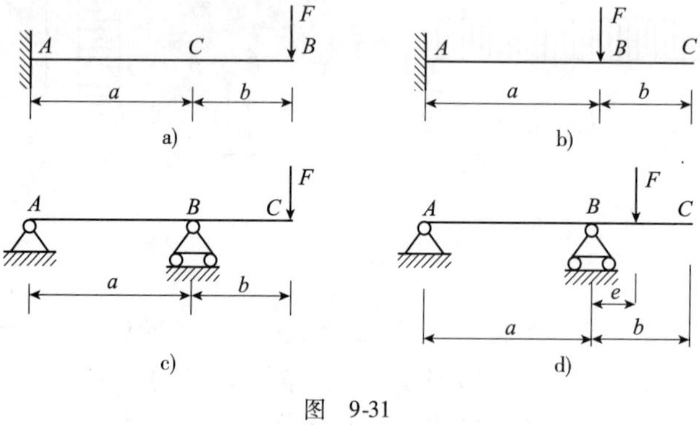


图 9-31

**思考题 9-18** 若已知简支梁承受均布载荷 $q$ 时的中点挠度和端点转角，如图 9-32a) 所示，那么对于图 9-32b)、c) 和 d) 的梁的中点挠度以及图 9-32c) 梁的中点转角，你能不能通过比较就直接给出它们的结果呢(设图示各梁的刚度相同)？

**思考题 9-19** 欲计算图 9-33a) 所示的梁在外伸端 $C$ 处的挠度，有人认为宜采用叠加法，并在书中查得图 9-33b) 所示外伸梁在 $C$ 处的挠度绝对值为

$$v_C = \frac{Fa^2(l+a)}{3EI}$$

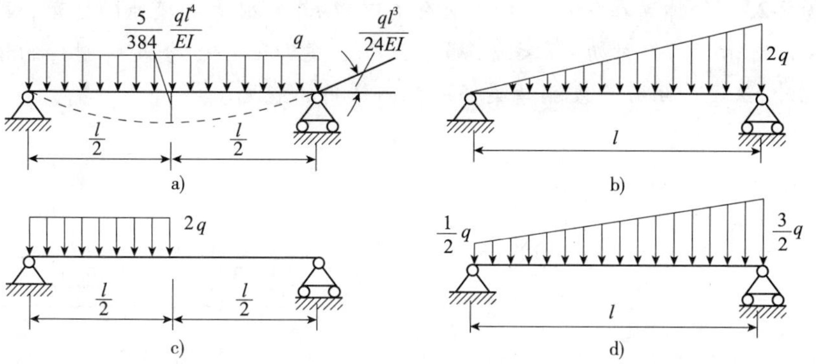


图 9-32

然后令 $a=x$, $\mathrm{d}F=q\mathrm{d}x$，于是对图 9-33a) 的梁写出了如下表达式：

$$v_C = \int_0^a \frac{(q\mathrm{d}x)x^3(l+x)}{3EI} = \frac{qla^3}{9EI} + \frac{qa^4}{12EI}$$

此结果对吗？这是不是正确地运用了叠加法？试指出问题所在。

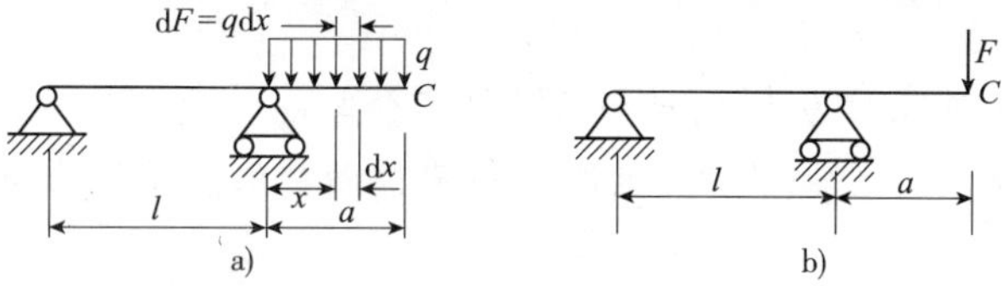


图 9-33

*思考题 9-20** 简支梁上作用有集中力 $F$[图 9-34a)]，其作用点位置 $\xi$ 是可变动的，此时任意截面的弯矩 $M=M(F,x,\xi)$ 和相应的挠度 $v=v(F,x,\xi)$ 在 $x>\xi$ 和 $x<\xi$ 处都成立。试在这个基础上确定简支梁上：

(1) 有分布载荷 $q(x)$ 作用时 $x$ 截面处的弯矩和挠度[图 9-34b)]。

(2) 有集中力偶 $M_0=Fc$ 作用时 $x$ 截面处的弯矩和挠度[图 9-34c)]。

然后总结一下正确运用叠加法的要点。

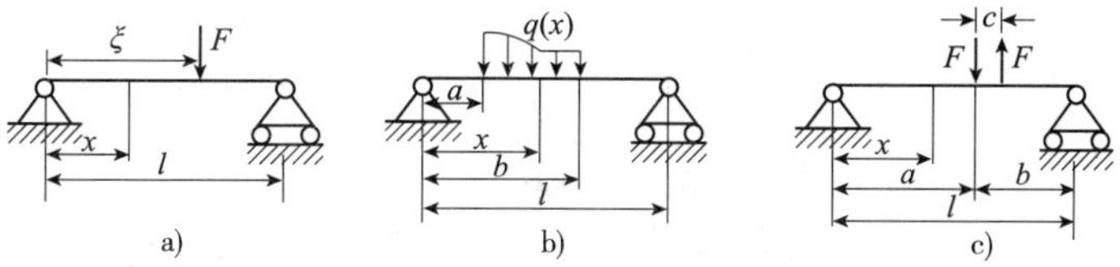


图 9-34

***思考题 9-21** 矩形截面悬臂梁，受到非均匀加热，温度沿截面高度呈线性分布，如图 9-35 所示。若材料的弹性模量为 $E$，线膨胀系数为 $\alpha$，试问梁因加热变弯的曲率 $1/\rho$ 和最大挠度各有多大？并示意画出挠曲线形状(平面假设仍然适用)。这时梁内有温度应力吗？

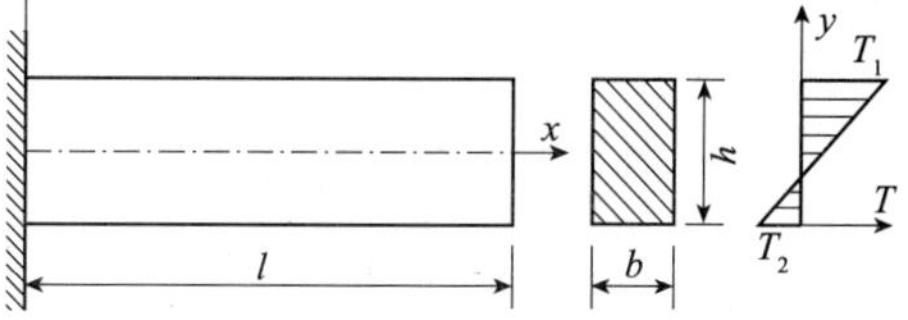


图 9-35

**思考题 9-22** 如图 9-36 所示一受力板条，可观察到它的轴线既伸长又变弯。若由实验测出该板上、下边缘的纵向应变 $\varepsilon_1$ 和 $\varepsilon_2$，问如何由此确定挠曲轴线的曲率半径？

**思考题 9-23** 外伸梁在跨度中处作用有集中力 $F$,为测量支座处的转角,设计了三个方案,如图 9-37 所示。若尺寸 $h<b\ll a$,那么三个方案即三个百分表所测得的值是否相同?为什么?此外,试设计用百分表测量梁任一截面转角的装置。

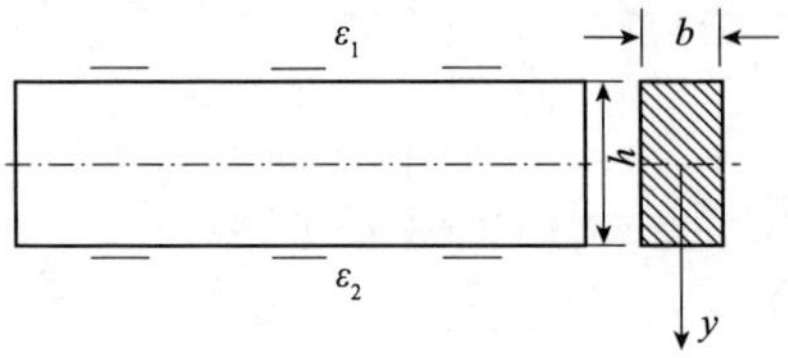


图 9-36

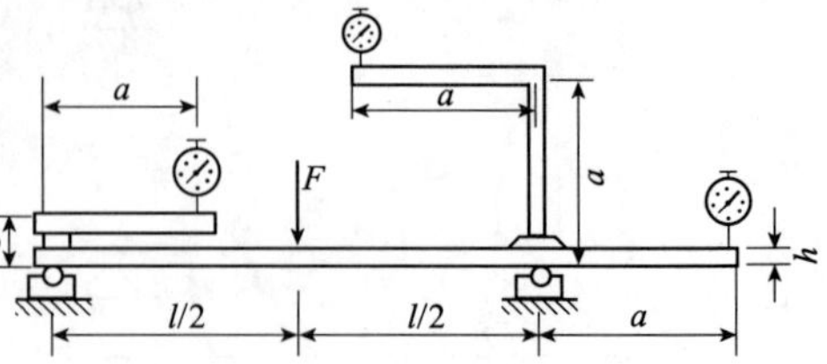


图 9-37

*思考题 9-24** 一般材料力学实验室往往备有等强度悬臂梁,用以校正电阻片的灵敏系数,如图 9-38 所示。若梁长为 $l$,厚度为 $t$,在 $F$ 力作用下百分表的读数为 $f$,问梁上纵向粘贴的电阻片所测出的应变 $\varepsilon$ 与 $f$、$t$、$l$ 有什么关系?或者说,由 $f$、$t$ 和 $l$ 等数据可获知等强度梁表面上任一点的纵向应变吗?

*思考题 9-25** 如图 9-39 所示,悬臂梁在固定端与一刚性圆柱面相接触,试用分析结果回答下列问题:

(1) $F$ 为多大时(设此时为 $F_1$),挠曲后的梁不会与圆柱面的其他点相接触?

(2) 当 $F=F_2>F_1$ 时,比如梁在 $x$ 处刚好与圆柱面接触。试给出 $F_2$ 的大小和此时自由端的挠度。

(3) 加到 $F_2$ 以后,若外力按比例增加,自由端的挠度是否也按比例增加?

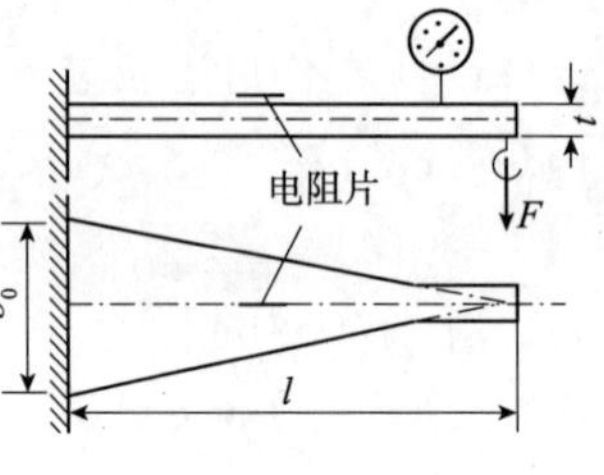


图 9-38

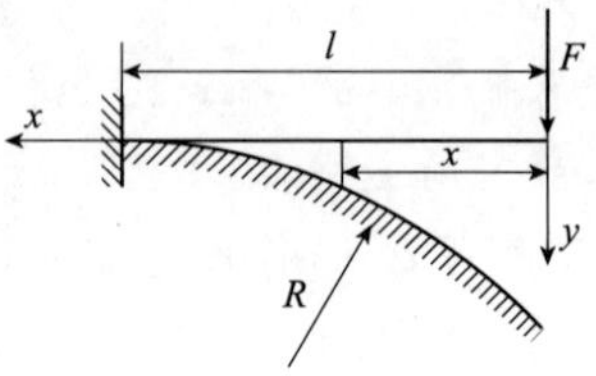


图 9-39

## 习题

### A 类型习题

**习题 9-1** 用积分法计算如习题图 9-1 所示梁的挠度 $v_B$ 和转角 $\theta_B$。

**习题 9-2** 如习题图 9-2 所示,已知 $BC$ 杆的抗拉刚度为 $Ea^2$,$AB$ 梁的抗弯刚度为 $2Ea^4/3$。用积分法求端点 $A$ 的转角 $\theta_A$ 和梁的中点挠度 $f$。

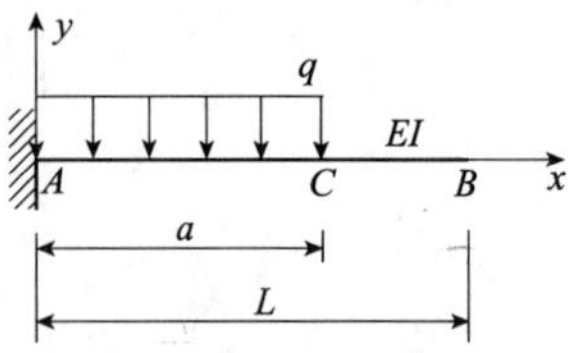


习题图 9-1

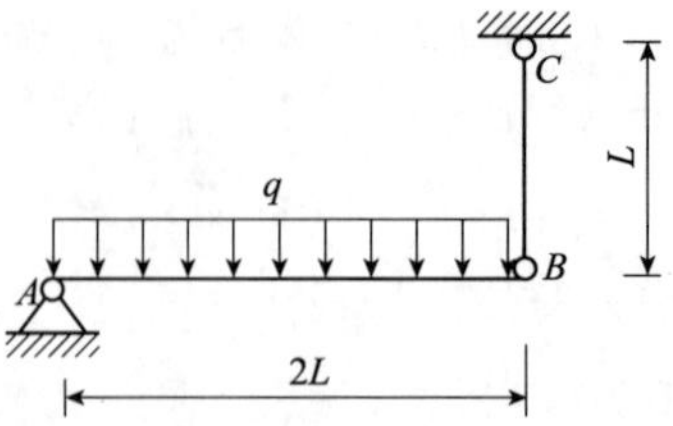


习题图 9-2

**习题 9-3** 用叠加法求如习题图 9-3 所示变截面梁 $C$ 点和 $B$ 点的挠度 $v_C$、$v_B$。

**习题 9-4** 用叠加法求如习题图 9-4 所示梁 $C$ 端挠度 $v_C$ 和转角 $\theta_C$。

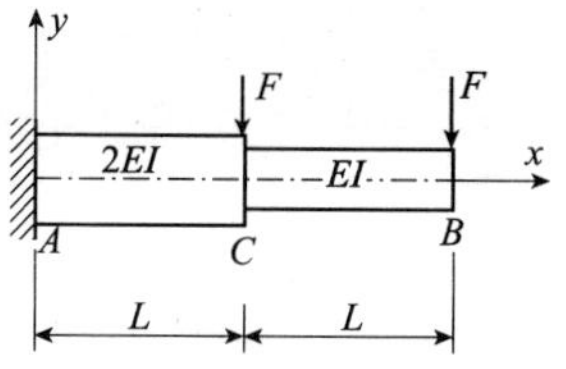


习题图 9-3

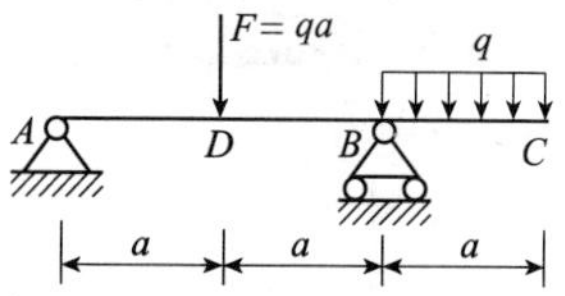


习题图 9-4

**习题 9-5** 如习题图 9-5 所示木梁 $AB$ 右端由钢杆 $BC$ 支撑。梁的横截面为正方形，边长 0.20m，弹性模量 $E_1 = 10\text{GPa}$；钢杆横截面为圆形，直径 $d = 17.85\text{mm}$，$E_2 = 210\text{GPa}$；均布载荷 $q = 40\text{kN/m}$。试求 $BC$ 杆的伸长及 $AB$ 梁中点的挠度。

**习题 9-6** 用叠加法求如习题图 9-6 所示等截面梁 $C$ 端的挠度 $v_C$ 和转角 $\theta_C$。

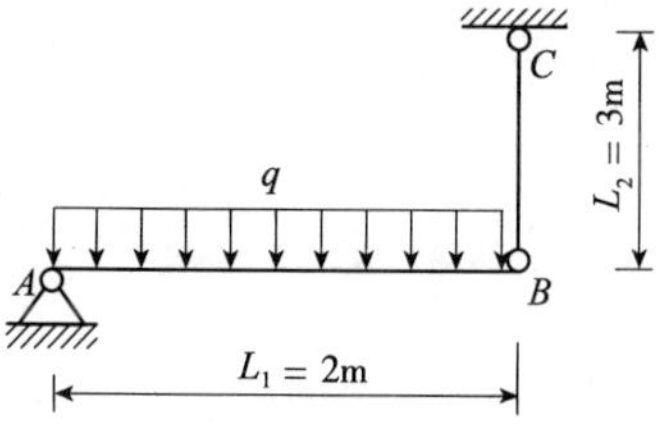


习题图 9-5

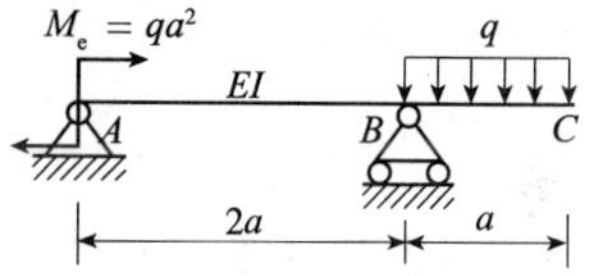


习题图 9-6

**习题 9-7** 如习题图 9-7 所示，欲使 $C$ 截面挠度为 0，$F$ 与 $qL$ 应有何关系？（用叠加法）

**习题 9-8** 如习题图 9-8 所示梁 $B$ 处为弹簧支座，其刚度为 $k$，试求 $C$ 端的挠度。

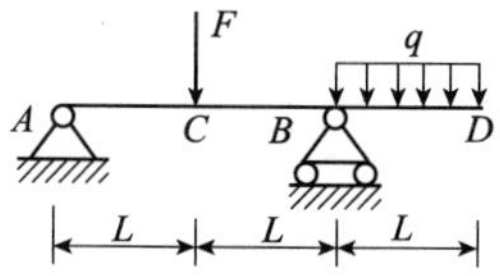


习题图 9-7

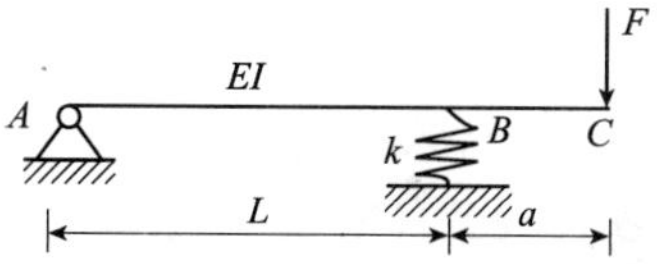


习题图 9-8

**习题 9-9** 用叠加法求如习题图 9-9 所示变截面梁 $C$ 端的挠度和转角。

**习题 9-10** 如习题图 9-10 所示，已知许可挠度 $[f] = L/150$，$E = 200\text{GPa}$，$[\sigma] = 100\text{MPa}$，试根据梁的刚度条件确定许可载荷 $[F]$，并校核强度（$I_z = 15\ 760\ \text{cm}^4$，$W_z = 875\ \text{cm}^3$）。

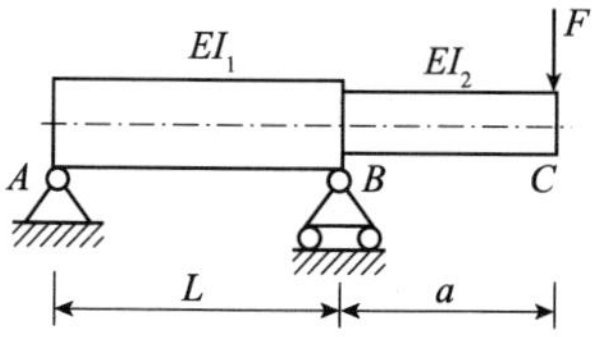


习题图 9-9

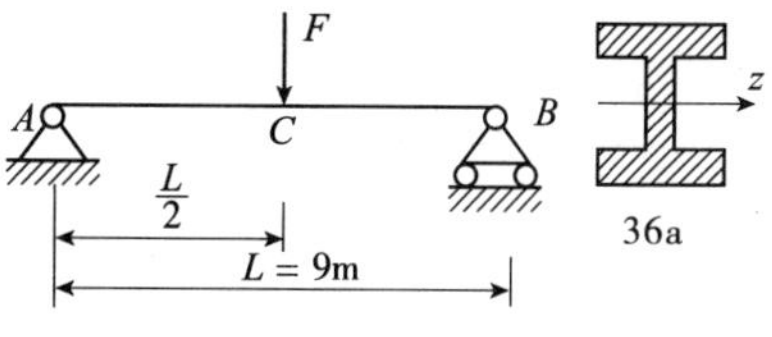


习题图 9-10

**习题 9-11** 如习题图 9-11 所示，为了提高悬臂梁 $AB$ 的强度和刚度，用短梁 $CD$ 加固。设二梁 $EI$ 相同，试求：

（1）二梁接触处的压力；

（2）加固前后 $AB$ 梁最大弯矩的比值；

（3）加固前后 $B$ 点挠度的比值。

**习题 9-12** 如习题图 9-12 所示，$CB$ 梁的右端有一刚性臂 $AB$，与梁刚性连接。$A$ 处为弹性转动约束，设弹簧刚度为 $k$，梁的 $EI$ 已知，试求梁 $B$ 截面的弯矩。

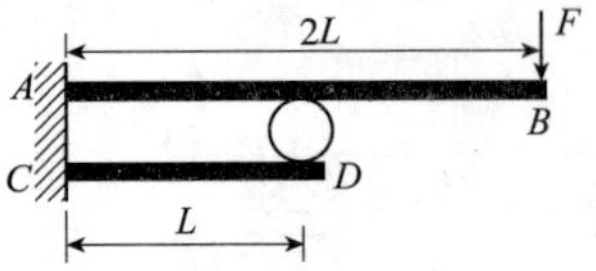


习题图 9-11

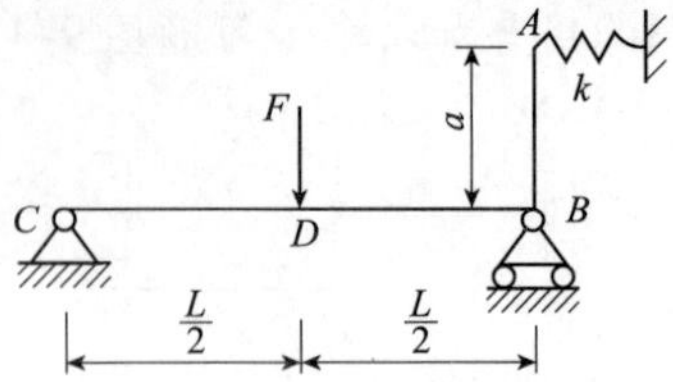


习题图 9-12

**习题 9-13** 如习题图 9-13 所示结构由梁 $AB$ 和拉杆 $CD$ 组成，材料相同，弹性模量为 $E$。梁截面的惯性矩 $I$、拉杆横截面积 $A$ 均已知。试求：

(1) 拉杆 $CD$ 的轴力；

(2) 若拉杆视为刚体，画出梁的剪力图和弯矩图。

**习题 9-14** 梁柱结构如习题图 9-14 所示，$E=200\text{GPa}$，不考虑压杆的稳定性，求使三个支座约束力相等时，柱 $CD$ 的直径 $d$。

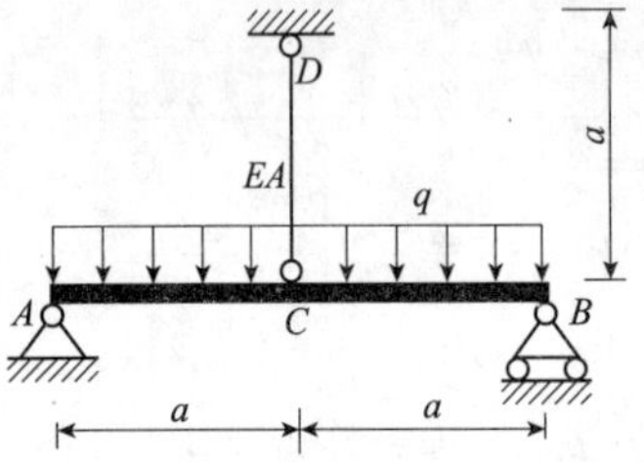


习题图 9-13

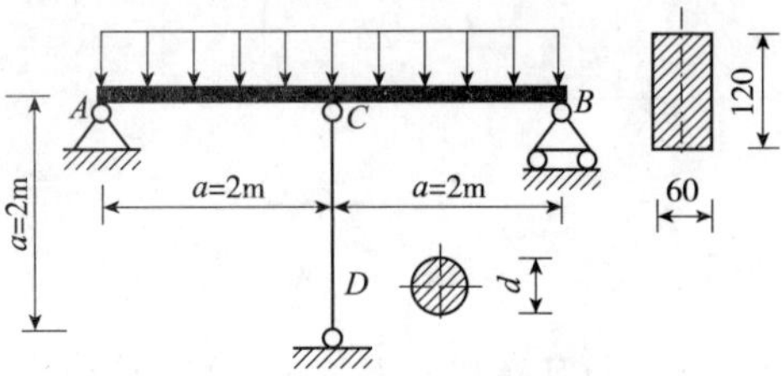


习题图 9-14 （尺寸单位：mm）

## B 类型习题

**习题 9-15** 如习题图 9-15 所示，材料不同，宽度相同，厚度分别为 $h_1$ 和 $h_2$ 的两块板叠合（无摩擦）在一起的简支梁，承受均布载荷 $q$。试求该梁中点的挠度 $v_C$。已知：板的弹性模量分别为 $E_1$ 和 $E_2$，对中性轴的惯性矩分别为 $I_1$ 和 $I_2$。

**习题 9-16** 宽度为 $b$，高度为 $h$，材料的弹性模量为 $E$ 的矩形截面梁受力如习题图 9-16 所示。试求 $B$ 点和 $C$ 点的水平位移。

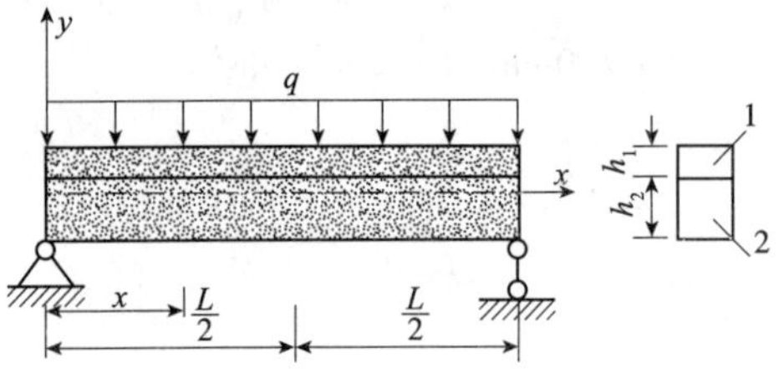


习题图 9-15

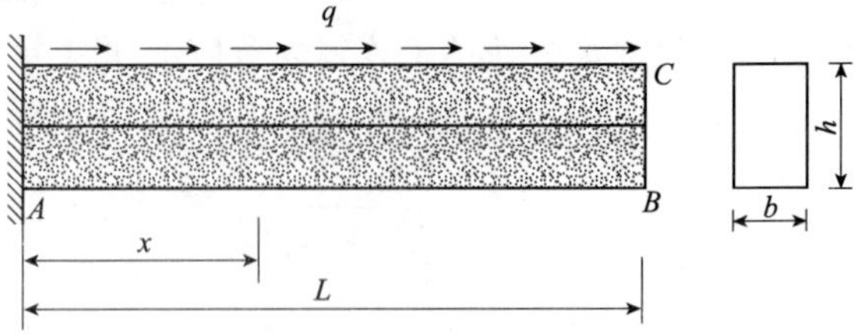


习题图 9-16

**习题 9-17** 如习题图 9-17 所示等截面梁，抗弯刚度为 $EI$，设梁下有一曲面 $y=-Ax^3$，欲使梁变形后，恰好与该曲面密合，且曲面不受压力。试问梁上应加什么载荷？并确定载荷的大小和方向。

**习题 9-18** 如习题图 9-18 所示一等截面（$EI$ = 常量）、两端固定的梁 $AB$，其右端支座转过一微小角度 $\theta$。试求梁的支座约束力。

**习题 9-19** 如习题图 9-19 所示矩形截面悬臂梁，沿其截面高度 $h$ 承受非均匀加热，设梁

的顶部温度为 $T_1$，底部温度为 $T_2(T_2 > T_1)$，顶面与底面间的温度呈线性变化，(材料的线膨胀系数为 $\alpha$，弹性模量为 $E$，由于温度不均匀受热而使梁发生翘曲)。问在小变形情况下，在梁的自由端须加多大力偶矩 $M_e$ 时，才能使翘曲的梁展直？

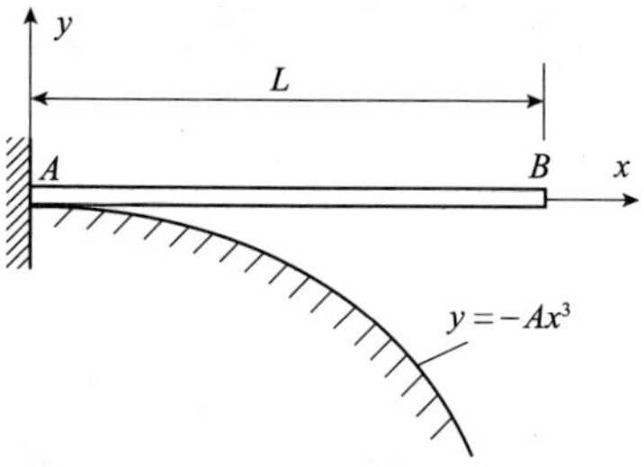


习题图 9-17

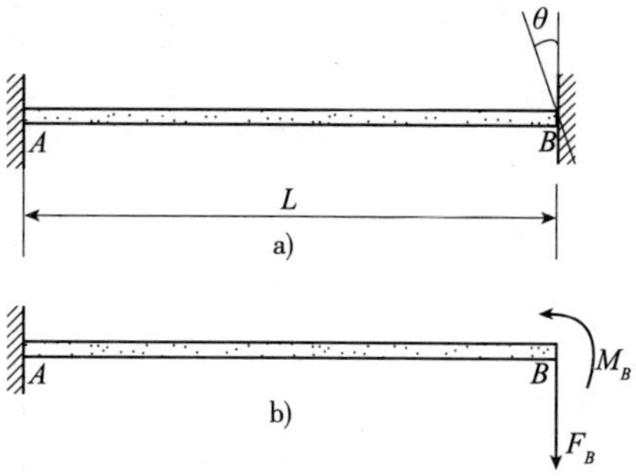


习题图 9-18

**习题 9-20** 矩形截面等直悬臂梁 $AB$ 如习题图 9-20 所示，在集中力 $F$ 作用下测得 $C$ 截面上边缘的纵向应变为 $\varepsilon_C$，试求 $B$ 端挠度的表达式。

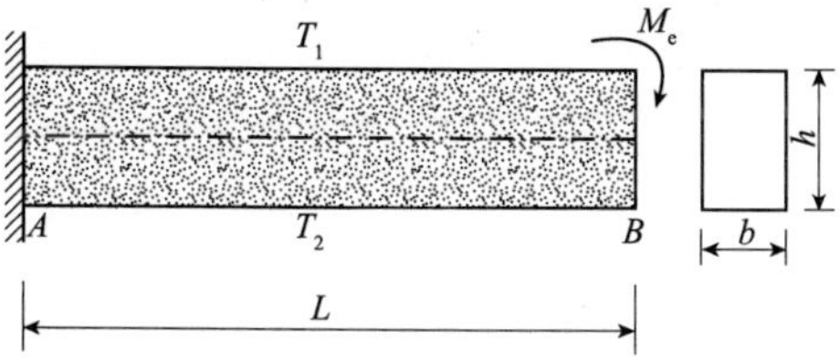


习题图 9-19

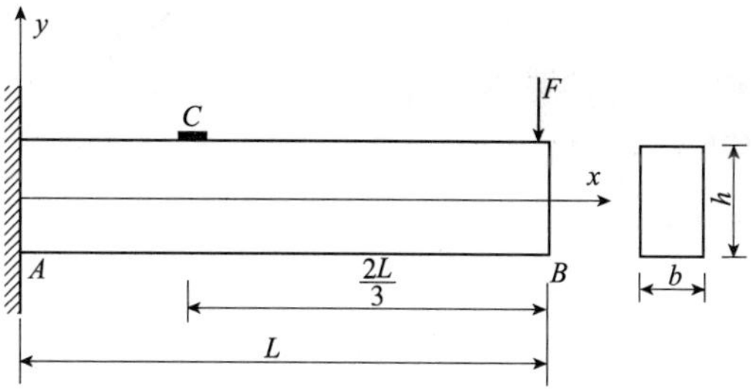


习题图 9-20

**习题 9-21** 如习题图 9-21 所示，重量为 $P$ 的直梁放置在水平刚性平面上，当端部受集中力 $F = P/3$ 后，未提起部分保持与平面密合。求提起部分的长度 $x$。

**习题 9-22** 如习题图 9-22 所示，设在梁顶面上受到均布的切向载荷，其集度为 $t$，梁截面为 $b \times h$ 的矩形，弹性模量 $E$ 为已知。试求梁自由端 $A$ 点的铅垂位移和水平位移。

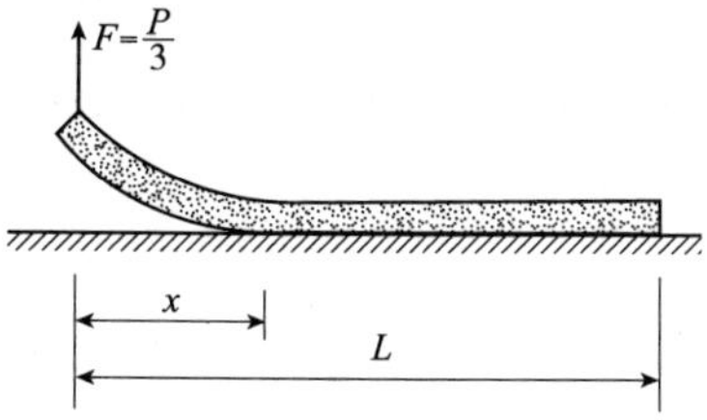


习题图 9-21

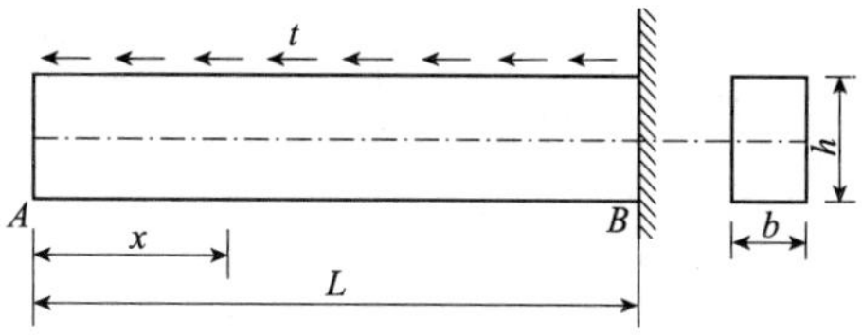


习题图 9-22

**习题 9-23** 等截面薄板条 $ABC$ 置于坚硬的刚性平面上，一端伸出支撑面之外，薄板条将由于自重而产生弹性变形，如习题图 9-23 所示，试利用 $D$ 及 $B$ 处的变形条件，求平面上弯曲部分长度 $L$ 与外伸部分长度 $a$ 之比。

**习题 9-24** 如习题图 9-24 所示，在刚性圆板上放置一钢板，试确定在铅垂载荷 $p$ 作用下，钢板不与圆柱接触部分的外伸长度 $l$ 及其中的最大正应力。已知：$R = 7.5\text{cm}$，$h = 0.025\text{cm}$，在单位面积上的力 $p = 10\ \text{N/cm}^2$，$E = 200\text{GPa}$，钢板条长为 $L = 15\text{cm}$。

**习题 9-25** 如习题图 9-25 所示，物块 $C$ 的重量为 $G$，置于悬臂梁 $AB$ 上，梁长 $L$，弯曲刚

度 $EI$,物块与梁间的摩擦因数为 $\mu$,求:

(1)物块开始滑动时的位置。

(2)物块滑离 $B$ 端时的速度。(《力学与实践》小问题,1986 年第 127 题)

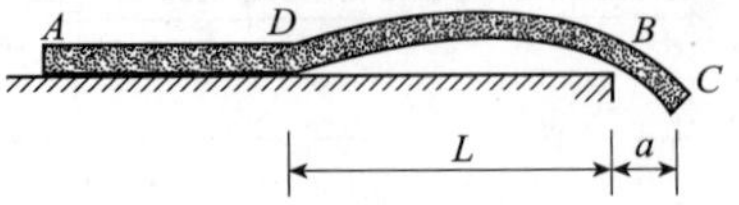


习题图 9-23

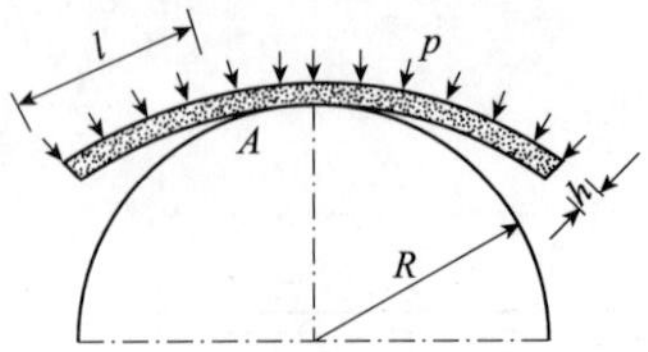


习题图 9-24

**习题 9-26** 等截面悬臂梁 $AB$ 预制成曲线形状[习题图 9-26a)],此形状恰使该梁移动的集中载荷到达任意位置时均能保持相同的高度。另一等直悬臂梁 $AC$ 与 $AB$ 同固支于 $A$ 端[习题图 9-26b)]。问:

(1)当 $AB$ 梁上的载荷 $F$ 移动到 $x$ 处时,$Ax$ 段是否与 $AC$ 梁的相应段紧贴且无挤压?为什么?

(2)若欲使梁 $AC$ 受载变形后恰好与未受载的梁 $AB$ 紧贴且无挤压,应在梁 $AC$ 上如何加载?已知两梁长均为 $l$,弯曲刚度均为 $EI$,且均为小变形。(《力学与实践》小问题,1989 年第 176 题)

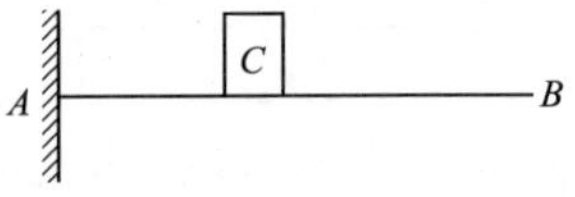


习题图 9-25

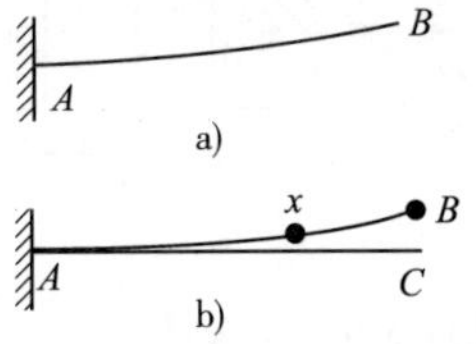


习题图 9-26

**习题 9-27** 如习题图 9-27 所示梁为均质材料等截面梁,具有纵向对称面,外力在该对称面内。已知梁内无轴力,并略去剪力对变形的影响。若梁内距中性层等远的任一层纵向纤维的总伸长 $\Delta l=0$,试证明以下两结论成立:

(1)该梁弯矩图的总面积 $A_M$ 为零,即 $A_M=0$;

(2)梁两端的转角相等,即 $\theta_A=\theta_B$。(《力学与实践》小问题,1995 年第 264 题)

**习题 9-28** 山坡上下有 $A$、$B$ 两根木柱,顶端在同一水平线上,长度分别为 $l_1$ 和 $l_2$,惯性距分别为 $I_1$ 和 $I_2$(习题图 9-28),弹性模量为 $E$,用一不可伸长的绳子以水平力 $F$ 将 $A$ 桩顶端拉紧,绳的另一端栓在 $B$ 桩顶端,然后松开,求绳中张力。若两端距离为 $L$,改用拉伸刚度为 $E_cA_c$ 的弹性绳,结果又如何?(《力学与实践》小问题,1987 年第 136 题)

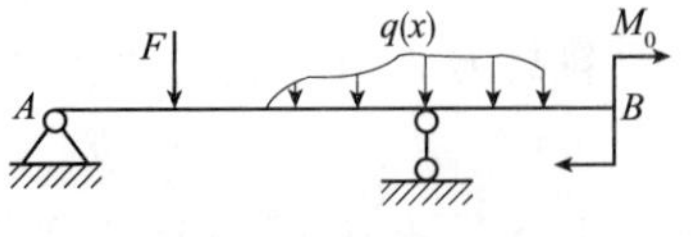


习题图 9-27

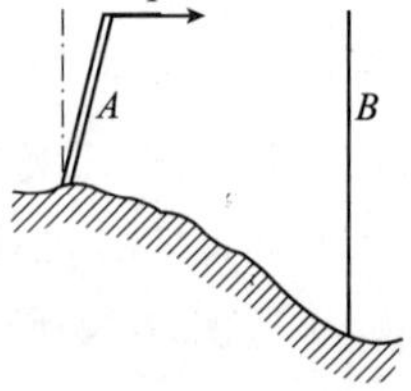


习题图 9-28

**习题 9-29** $A$、$B$、$C$、$D$ 四根直圆杆,弹性模量均为 $E$,杆长均为 $L$,惯性矩均为 $I$,铅直固

定于周长为 $a$ 的正方形 $ABCD$ 的四个角上。现将一周长为 $b$(略小于 $a$)、拉伸刚度为 $E_cA_c$ 的弹性柔绳套在四杆顶端(习题图 9-29)。设每段绳的张力相同,试求套绳后各杆顶的挠度和绳子的张力。(《力学与实践》小问题,1988 年第 164 题)

**习题 9-30** 如习题图 9-30 所示梁受均布载荷 $q$ 作用,已知梁的弯曲刚度 $EI$ 为常值,抗弯截面模量为 $W$,梁材料的许用正应力为$[\sigma]$。试求:

(1)当支座 $A$ 上移的距离 $\Delta$ 为何值时对梁的强度最有利(不计剪切变形的影响)?

(2)有上述 $\Delta$ 时梁的许用载荷$[q]$与支座 $A$ 未上移时梁的许用载荷$[q_0]$相比,提高了百分之多少?(《力学与实践》小问题,1995 年第 265 题)

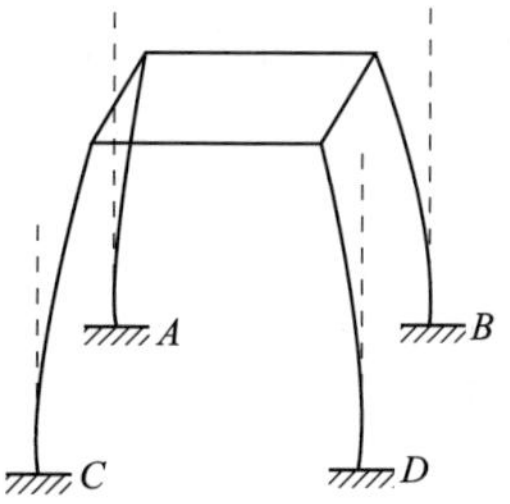


习题图 9-29

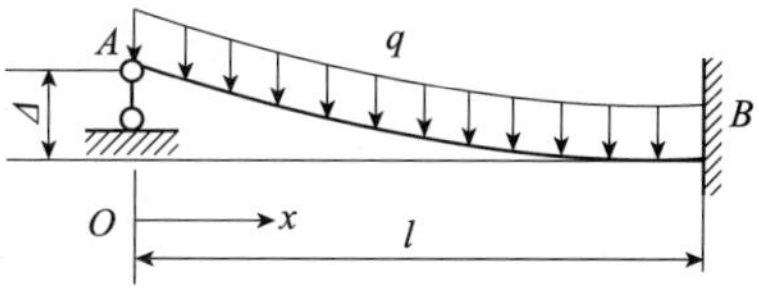


习题图 9-30

**习题 9-31** 梁 $AB$ 的 $A$ 端固接在具有抛物线形 $y=ax^2$ 的刚性支面的顶点上(习题图 9-31),$B$ 端受一集中力 $F$ 作用。在小变形范围内,随着 $F$ 的不断增大,讨论 $B$ 端的位移。(《力学与实践》小问题,1990 年第 184 题)

**习题 9-32** 悬臂梁 $AB$ 受竖直向下的均布载荷 $q$ 作用,梁长为 $l$,弯曲刚度为 $EI$,固定端 $A$ 高出水平地面 $h(\ll l)$(习题图 9-32),假设地面是刚性的。当悬臂梁只是自由端 $B$ 着地时,求均布载荷 $q$ 应满足的条件。(《力学与实践》小问题,1982 年第 28 题)

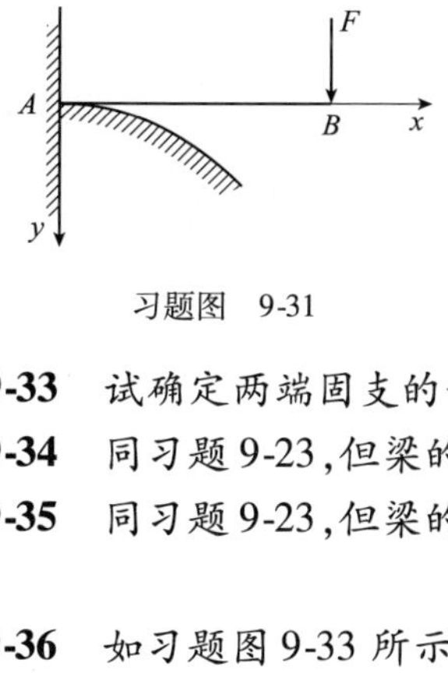


习题图 9-31

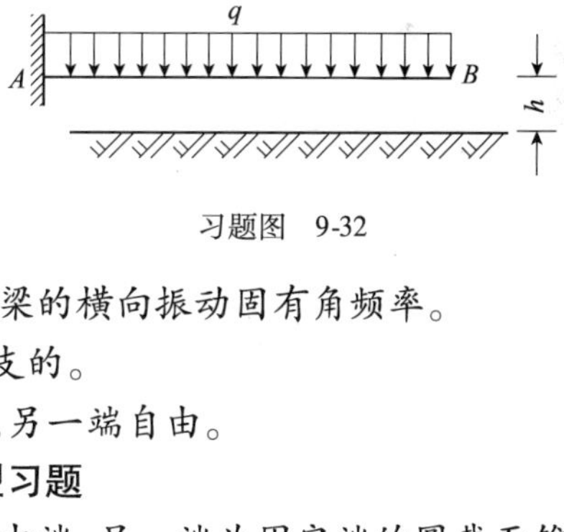


习题图 9-32

**习题 9-33** 试确定两端固支的长度为 $l$ 的梁的横向振动固有角频率。

**习题 9-34** 同习题 9-23,但梁的两端是简支的。

**习题 9-35** 同习题 9-23,但梁的一端固支,另一端自由。

## C 类型习题

**习题 9-36** 如习题图 9-33 所示,一端为自由端,另一端为固定端的圆截面锥形,梁承受均匀分布载荷 $q$,求自由端的挠度。

**习题 9-37** 如习题图 9-34 所示,两端均为固定端的梁在中部有一铰链。其弯曲刚度为 $EI$。它在安装时无预应力。当一端相对地面下沉 $s$,求支座约束力和梁的剪力与弯矩。

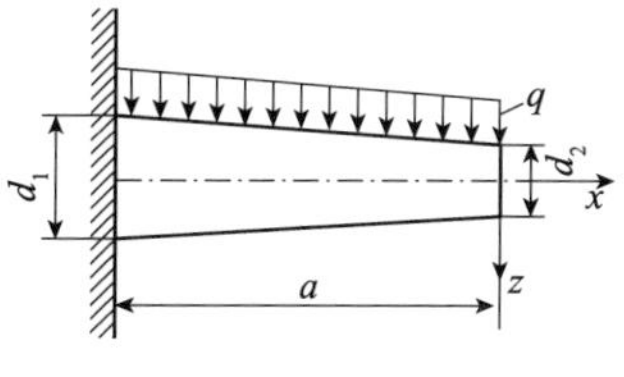


习题图 9-33

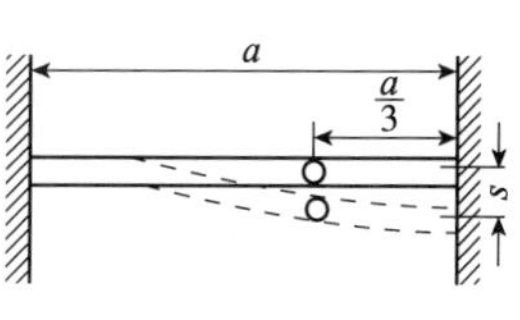


习题图 9-34

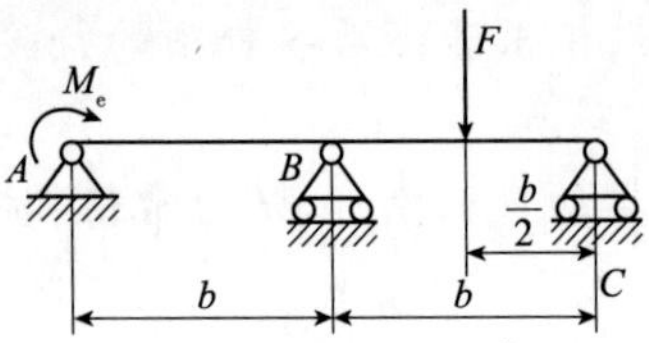

习题图 9-35

**习题 9-38** 弯曲刚度为 $EI$ 的超静定梁如习题图 9-35 所示，承受一集中力 $F$ 和在端部作用的力矩 $M_e = bF$。

(1)求支座约束力，梁的弯矩图及其挠度；

(2)最大挠度的位置和大小。

**习题 9-39** 如习题图 9-36 所示，求图中所绘的铰接梁(工字形钢 40)在铰链 $G$ 处的挠度。

已知数据：$I_y = 29\ 210\text{cm}^4$，$E = 206\text{GPa}$，$F_1 = 40\text{kN}$，$F_2 = 15\text{kN}$，$F_3 = 30\text{kN}$，$q_1 = 30\text{kN/m}$，$q_2 = 60\text{kN/m}$，$a = 1\text{m}$，$b = 3\text{m}$，$c = 6\text{m}$，$d = 7\text{m}$，$e = 8.5\text{m}$，$f = 10\text{m}$，$g = 11\text{m}$，$h = 12\text{m}$。

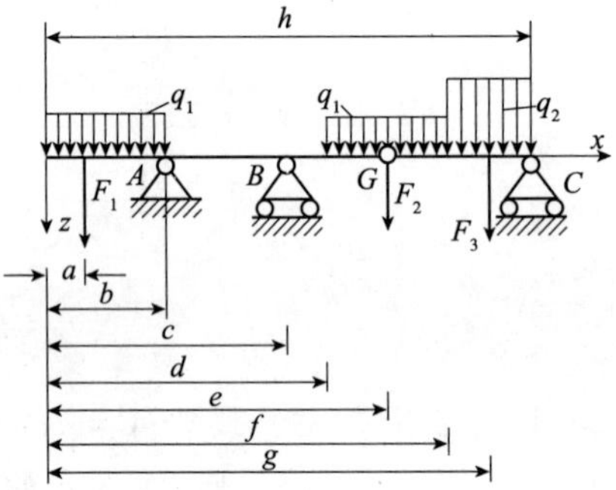

习题图 9-36

但丁(意大利，1266 ~ 1321)
“人不能像走兽那样活着，
应该追求知识和美德。”

子曰："学然后知不足，教然后知困。
知不足，然后能自反也；
知困，然后能自强也。"

# 第10章　弯曲问题的进一步研究

本章首先介绍了五种求弯曲变形的方法：初参数法、待定系数法、共轭梁法、奇异函数法和有限差分法。初参数法是不需要作积分运算就能得到挠度函数的直接法；待定系数法属于微分法；共轭梁法是一种利用求弯矩的比拟梁法；奇异函数法求解弯曲变形，简捷规范，特别适合于计算机的应用；有限差分法是求解弯曲变形的一种最基本的数值方法。

然后研究一般非对称截面梁的弯曲正应力、一般薄壁截面梁的弯曲切应力，并在此基础上研究与剪切有关的问题、弯曲中心问题。此外，本章还研究复合梁和夹层梁的弯曲应力。

## 10.1　初参数法

由梁的挠曲线近似微分方程

$$EIv''=M(x) \qquad (10\text{-}1)$$

直接积分，并利用边界条件确定积分常数，即可得出挠度方程和转角方程，进而可计算梁在任一截面处的挠度 $v$ 和转角 $\theta$。当梁的弯矩方程分为许多段时，逐段积分则相当烦琐。为了方便计算，可利用下列的挠度普遍方程（图10-1）：

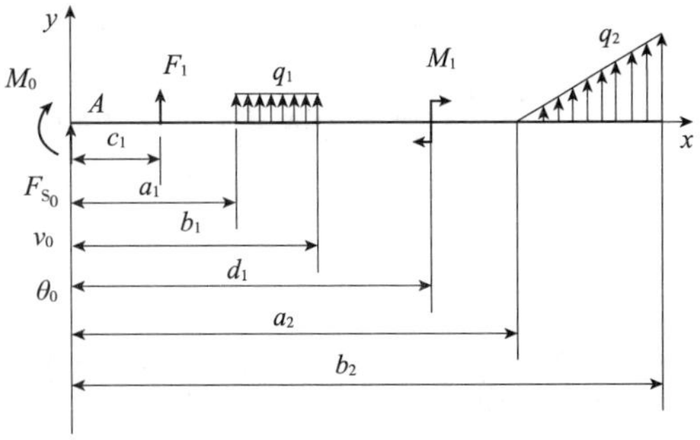


图10-1　初参数法

$$\begin{aligned}EIv(x)=&EIv_0+EI\theta_0x+\frac{M_0}{2!}x^2+\frac{F_{S_0}}{3!}x^3+\frac{F_1}{3!}(x-c_1)+\\&\frac{q_1}{4!}(x-a_1)^4-\frac{q_1}{4!}(x-b_1)^4+\frac{M_1}{2!}(x-d_1)^2+\\&\frac{q_2}{5!}\frac{(x-a_2)^5}{b_2-a_2}-\frac{q_2}{4!}(x-b_2)^4-\frac{q_2}{5!}\frac{(x-b_2)^5}{b_2-a_2}\end{aligned} \qquad (10\text{-}2)$$

式中，$v_0$、$\theta_0$、$M_0$ 和 $F_{S_0}$ 分别为梁左端起始处的挠度、转角、弯矩和剪力，统称为初参数。所以式(10-2)又称为梁挠度的初参数方程。

列写和应用该方程的一些要点如下：

(1)坐标原点应取在梁的左端，各梁段的横坐标均由同一原点来计算。

(2) $F_i$、$q_i$ 和 $F_{Si}$ 均以向上为正值，$M_i$ 以顺时针转向为正值，$\theta$ 以反时针转向为正值，$v$ 以向上为正值（式中各项是假设它们均为正值而列出的）。

(3)不论所给载荷将梁分为多少段，上述方程可通用于全梁。列写方程时，可针对梁上最末(最右)一段的截面进行,但在运用方程时,必须遵守以下规则:当求某截面 $x$ 处的挠度时,如果某一括号项内为负值,例如$(x-a_1)$中 $x<a_1$,则应将此项弃去。

(4)将式(10-2)逐步微分,可依次求得 $EI\theta(x)$、$M(x)$、$F_S(x)$、$q(x)$诸方程。注意在计算过程中切勿展开括号$(x-a_1)$等。

(5)从梁左端的边界条件,一般只知道两个初参数的值。通常可用梁的其他支座处的边界条件,代入挠度方程(10-2),或由它导出的转角或内力方程(也可利用外力的平衡方程),求出未知的初参数值。

(6)当梁有中间铰时,由于中间铰处转角有突变,所以在方程(10-2)里应加相应的项。

(7)用此方程求解超静定梁,有时颇为便捷。

**例题 10-1** 求如图 10-2 所示梁的挠度曲线函数($EI=$常数),$B$ 处为弹性支承,其弹簧系数为 $k$。已知:$F=qL,q,L$。

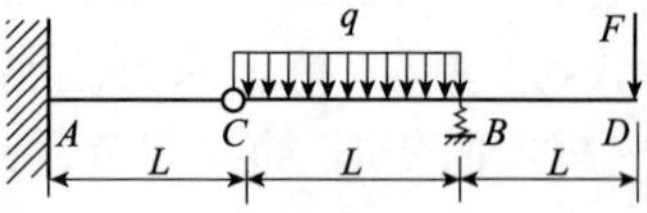

图 10-2

**解**:采用初参数法。

①$A$ 端是固定端,所以两个初参数为零 $\theta_A=0,v_A=0$。

②由平衡条件可求出另两个初参数及支座约束力 $F_B$。

梁 $CBD$ 受力:$\boldsymbol{F}$、$q$、$\boldsymbol{F}_{Cx}$、$\boldsymbol{F}_{Cy}$、$\boldsymbol{F}_B$。

$$\sum M_C=0,\ -F\cdot 2L-qL\cdot\frac{L}{2}+F_B\cdot L=0 \tag{1}$$

$$F_B=\frac{5}{2}qL(\uparrow)$$

整体梁受力:$\boldsymbol{F}$、$q$、$\boldsymbol{F}_{Ax}$、$\boldsymbol{F}_{Ay}$、$\boldsymbol{M}_A$,$\boldsymbol{F}_B$。

$$\sum F_y=0,\ -F-qL+F_S^{(A)}+F_B=0 \tag{2}$$

$$F_S^{(A)}=-\frac{1}{2}qL(\uparrow)$$

$$\sum M_A=0,\ -F\cdot 3L-qL\cdot\frac{3L}{2}+F_B\cdot 2L-M_A=0 \tag{3}$$

$$M_A=\frac{1}{2}qL^2(\text{逆时针})$$

③仿照式(10-2)列出挠度曲线方程时,要注意本题在中间铰 $C$ 处转角有突变,所以应加上相应的一项 $\Delta\theta_C(x-L)$。

$$\begin{aligned}EIv&=\frac{M_A}{2!}x^2+\frac{F_S^{(A)}}{3!}x^3+EI\Delta\theta_C(x-L)-\frac{q}{4!}(x-L)^4+\frac{q}{4!}(x-2L)^4+\frac{F_B}{3!}(x-2L)^3\\&=\frac{qL^2}{4}x^2-\frac{qL}{12}x^3+EI\Delta\theta_C(x-L)-\frac{q}{24}(x-L)^4+\frac{q}{24}(x-2L)^4+\frac{5qL}{12}(x-2L)^3\end{aligned} \tag{4}$$

④利用 $B$ 点处边界条件 $v(L)=-\dfrac{F_B}{k}$,来确定未知数 $\Delta\theta_C$。将 $v(L)=-\dfrac{5qL}{2k}$代入式(4)即可求得

$$\Delta\theta_C=-\frac{5q}{2k}-\frac{7qL^3}{24EI}$$

⑤将 $\Delta\theta_C$ 代入初参数方程,即得到梁的挠度曲线函数。

$$v=\frac{qL^2x^2}{4EI}-\frac{qLx^3}{12EI}-q(x-L)\left(\frac{5}{2k}+\frac{7L^3}{24EI}\right)-$$

$$\frac{q(x-L)^4}{24EI}+\frac{q(x-2L)^4}{24EI}+\frac{5qL(x-2L)^3}{12EI}$$

## 10.2 待定系数法

待定系数法是一种解析法，它是做微分运算，其计算精度与积分法、初参数法相同，对于受常用载荷作用的静定梁，可以用待定系数法求梁的变形。尤其是具有多个弯矩方程的梁变形问题，使用待定系数法较为方便，而且运算速度快。对给定梁，可以由梁的边界条件与弯矩方程，确定挠曲线方程中的待定系数，从而得出梁的变形方程。

梁的挠曲线近似微分方程式(10-1)对于受集中力、集中力偶与分布力等常用载荷作用，具有多个弯矩方程的梁，如图 10-3 所示。其弯矩方程与挠曲线方程，可写成

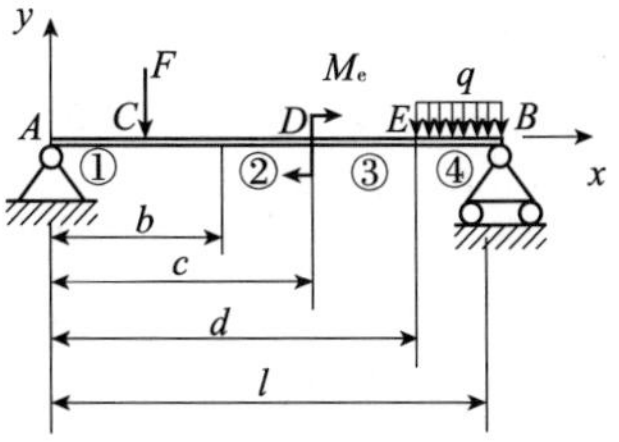

图 10-3 待定系数法

$$M_k=\sum_{i=1}^{k}C_i(x) \tag{10-3}$$

$$EIv_k=\sum_{j=1}^{2}a_jx^{j-1}+\sum_{i-1}^{k}D_i(x) \tag{10-4}$$

式(10-3)为第 $k$ 段梁的弯矩方程 $M_k$，而 $C_i(x)$ 为第 $i$ 段梁的弯矩增量，是已知量。式(10-4)为第 $k$ 段梁的挠曲线方程 $v_k$，其中的 $a_j$ 为待定系数，可由梁的边界条件确定，而 $D_i(x)$ 为第 $i$ 段梁的挠曲线增量，可由 $C_i(x)$ 确定，$EI$ 为梁的抗弯刚度。由式(10-3)与式(10-4)，可写出各段梁的弯矩与挠曲线方程。

对于给定梁，若使挠曲线在接界处光滑连续，要求弯矩增量与挠曲线增量满足下面的微分关系

$$\frac{\mathrm{d}^2D_i(x)}{\mathrm{d}x^2}=C_i(x) \tag{10-5}$$

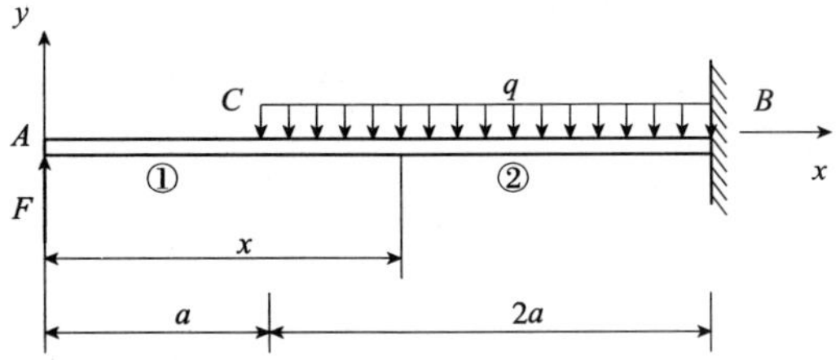

图 10-4

由式(10-5)可知，第 $i$ 段梁的增量 $D_i(x)$ 与 $C_i(x)$ 相比，其项数相同，而对应项的幂次高二阶，又都是坐标的连续函数。

**例题 10-2** 悬臂梁受集中力与分布力作用，如图 10-4 所示，设 $F=qa$，试写出该梁的挠度与转角函数。已知：$q,a,E,I$。

**解：**采用待定系数法。

①建立第 1、2 段梁的弯矩方程。

$$M_1=C_1(x)=qax\big|_1 \tag{1}$$

$$M_2=C_1(x)+C_2(x)=qax\big|_1-\frac{q}{2}(x-a)^2\big|_2 \tag{2}$$

②第 1、2 段梁的挠曲线方程，要满足式(10-4)与式(10-5)，可写成

$$EIv_1=a_1+a_2x+D_1(x)=a_1+a_2x\big|_0+a_3x^3\big|_1 \tag{3}$$

$$EIv_2=a_1+a_2x+D_1(x)+D_2(x)=a_1+a_2x\big|_0+a_3x^3\big|_1+a_4(x-4)^4\big|_2 \tag{4}$$

③由式(10-1)可求出挠曲线形状系数，即

$$EIv''_2=6a_3x\big|_1+12a_4(x-4)^2\big|_2=M_2$$

从对应项相等，得

$$a_3 = \frac{1}{6}qa, a_4 = -\frac{1}{24}q$$

④由边界条件确定边界系数，在固定端处的转角与挠度等于零，即

$$v'_2\big|_{x=3a} = 0, v_2\big|_{x=3a} = 0$$

由式(4)知，

$$EIv'_2\big|_{x=3a} = 0, \left[a_2 + \frac{qa}{2}x^2 - \frac{q}{6}(x-a)^3\right]_{x=3a} = 0$$

$$a_2 = -\frac{19}{6}qa^3$$

$$EIv_2\big|_{x=3a} = 0, \left[a_1 + a_2x + \frac{qa}{6}x^3 - \frac{q}{24}(x-a)^4\right]_{x=3a} = 0$$

$$a_1 = \frac{17}{3}qa^4$$

⑤将形状系数和边界系数代入式(3)和式(4)，并求导可得第1、2段梁的挠曲线和转角方程

$$EIv_1 = \frac{17}{3}qa^4 - \frac{19}{6}qa^3x\big|_0 + \frac{qa}{6}x^3\big|_1 \tag{5}$$

$$EI\theta_1 = -\frac{19}{6}qa^3\big|_0 + \frac{qa}{2}x^2\big|_1 \tag{6}$$

$$EIv_2 = \frac{17}{3}qa^4 - \frac{19}{6}qa^3x\big|_0 + \frac{qa}{6}x^3\big|_1 - \frac{q}{24}(x-a)^4\big|_2 \tag{7}$$

$$EI\theta_2 = -\frac{19}{6}qa^3\big|_0 + \frac{qa}{2}x^2\big|_1 - \frac{q}{6}(x-a)^3\big|_2 \tag{8}$$

式(5)~式(8)的下标$|_0$、$|_1$、$|_2$分别表示梁的初边界项和第1、2段梁的挠曲线增量。而式(7)、式(8)在梁的接界处，第2段梁的挠曲线增量等于零，剩余部分为第1段梁的变形方程。所以，式(7)、式(8)可以作为两段梁的变形方程。

## 10.3 共轭梁法

经常有只要求计算梁上某一个或几个指定截面的挠度和转角的问题，这种情况下用直接积分法就显得太繁琐了。共轭梁法又称虚梁法，它是把求梁的变形问题转化为求梁内力问题的一种方法，对于变截面梁求变形（例如对于阶梯式变截面），用共轭梁法比用积分法更加行之有效。

梁的挠曲线近似微分方程

$$v'' = \frac{M(x)}{EI(x)} \tag{10-6}$$

与弯矩和载荷集度间的关系

$$M'' = q(x) \tag{10-7}$$

之间有相似关系。设想有一虚梁，和实梁长度相等，坐标原点位置和坐标轴的正向也相同。

把$\frac{M(x)}{EI(x)}$作为虚载荷$\bar{q}(x)$，即

$$\bar{q}(x)=\frac{M(x)}{EI(x)} \tag{10-8}$$

这样，对于虚梁就有

$$\overline{M}''(x)=\bar{q}(x) \tag{10-9}$$

积分一次得到

$$\overline{M}'(x)=\overline{F}_{S}(x)=\int_{0}^{x}\bar{q}(x)\mathrm{d}x+\overline{F}_{S_0} \tag{10-10}$$

再积分一次，则有

$$\overline{M}(x)=\int_{0}^{x}\left[\int_{0}^{x}\bar{q}(x)\mathrm{d}x\right]\mathrm{d}x+\overline{F}_{S_0}x+\overline{M}_{0} \tag{10-11}$$

对于实梁，挠曲线微分方程式

$$v''=\frac{M(x)}{EI(x)} \tag{10-12}$$

积分后有

$$v'=\theta=\int_{0}^{x}\frac{M(x)}{EI}\mathrm{d}x+\theta_{0} \tag{10-13}$$

$$v=\int_{0}^{x}\left[\int_{0}^{x}\frac{M(x)}{EI}\mathrm{d}x\right]\mathrm{d}x+\theta_{0}x+v_{0} \tag{10-14}$$

由式(10-8)得

$$\int_{0}^{x}\bar{q}(x)\mathrm{d}x=\int_{0}^{x}\frac{M(x)}{EI(x)}\mathrm{d}x \tag{10-15}$$

$$\int_{0}^{x}\left[\int_{0}^{x}\bar{q}(x)\mathrm{d}x\right]\mathrm{d}x=\int_{0}^{x}\left[\int_{0}^{x}\frac{M(x)}{EI(x)}\mathrm{d}x\right]\mathrm{d}x \tag{10-16}$$

由式(10-10)和式(10-13)以及式(10-11)和式(10-14)比较，令

$$\overline{F}_{S_0}=\theta_{0} \tag{10-17}$$

$$\overline{M}_{0}=v_{0} \tag{10-18}$$

于是对于任一横截面，均有

$$\theta=\overline{F}_{S} \tag{10-19}$$

$$v=\overline{M} \tag{10-20}$$

这样就把求实梁的挠度和转角问题，变成了求虚梁的剪力和弯矩问题。为了保证式(10-17)和式(10-18)条件的成立就必须选择虚梁的适当支承方式，如实梁某处的 $v_0=0$，则虚梁相应处应有 $\overline{M}_0=0$；实梁 $\theta_0=0$，则应有 $\overline{F}_{S_0}=0$，这种对应支座关系表示在表 10-1 中。

应用共轭梁法的要领和注意事项如下：

(1)首先根据实梁的支承情况，由表 10-1 确实虚梁的支承情况，由表 10-2 把实梁转换成虚梁。

(2)对于等刚度梁(即各截面 $EI$ 相同)，可先绘出实梁的弯矩图，以它作为虚梁的分布载荷图。应特别注意实梁弯矩的符号和虚梁分布载荷的方向，当实梁弯矩为正时，虚分布载荷应向上，反之则向下。这样做就能使虚梁某截面处的正虚弯矩和正虚剪力，对应于实梁同一截面处的正挠度和正转角，反之亦然。

**实梁与虚梁对应支承方式** 表 10-1

| 实梁 | | 虚梁 | |
|---|---|---|---|
| 支承(或端部)情况 | 边界条件 | 支承(或端部)情况 | 边界条件 |
| 固定端 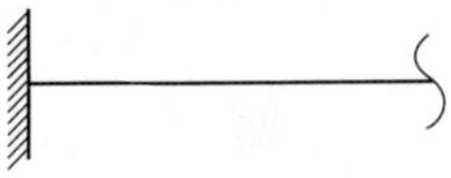 | $v=0$<br>$\theta=0$ | 自由端 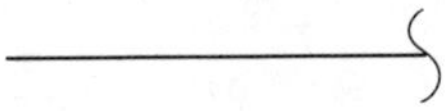 | $\overline{M}=0$<br>$\overline{F}_S=0$ |
| 自由端 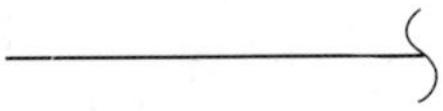 | $v\neq0$<br>$\theta\neq0$ | 固定端 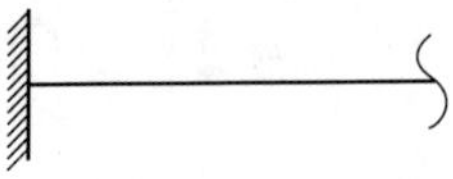 | $\overline{M}\neq0$<br>$\overline{F}_S\neq0$ |
| 端铰支座 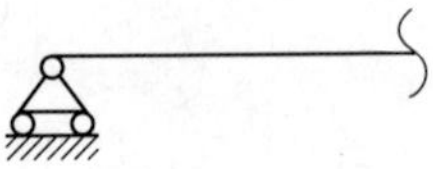 | $v=0$<br>$\theta\neq0$ | 端铰支座 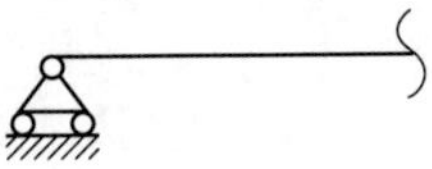 | $\overline{M}=0$<br>$\overline{F}_S\neq0$ |
| 中间铰支座 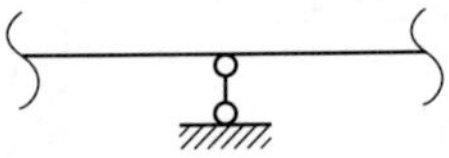 | $v=0$<br>$\theta\neq0$<br>但 $\theta_1=\theta_2$ | 梁中铰 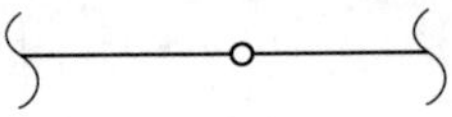 | $\overline{M}=0$<br>$\overline{F}_S\neq0$<br>但 $\overline{F}_{S_1}=\overline{F}_{S_2}$ |
| 梁中铰 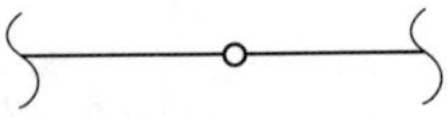 | $v_1=v_2$<br>$\theta_1\neq\theta_2$ | 中间铰支座 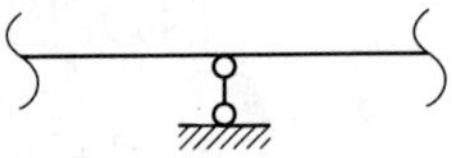 | $\overline{M}_1=\overline{M}_2$<br>$\overline{F}_{S_1}\neq\overline{F}_{S_2}$ |

**实梁与对应虚梁转换图** 表 10-2

| 实梁 | 虚梁 |
|---|---|
| 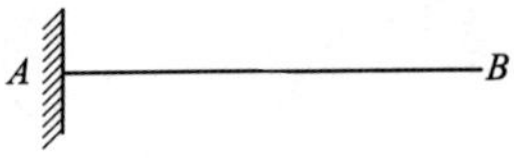 | 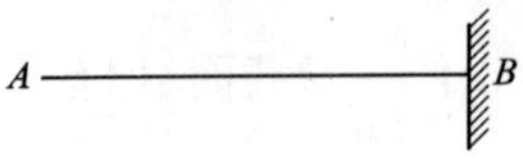 |
| 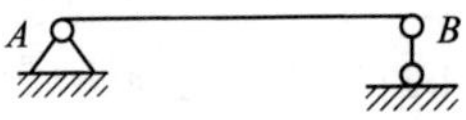 | 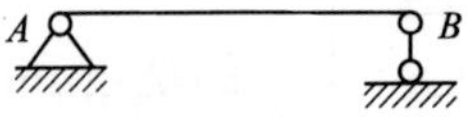 |
| 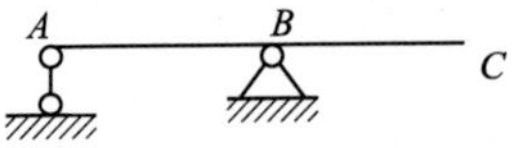 | 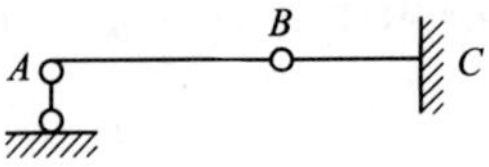 |
| 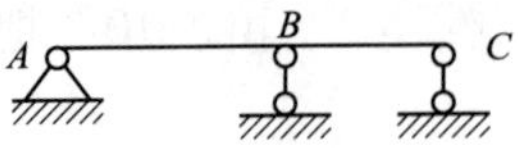 | 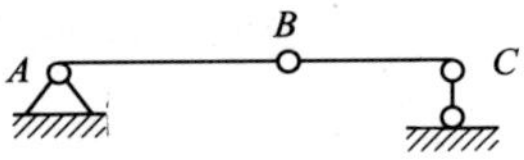 |
| 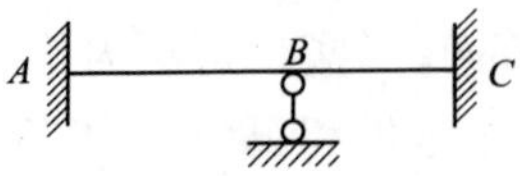 | 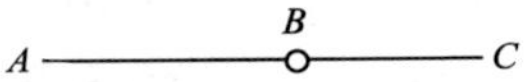 |

(3)对于变截面梁或不同材料梁要根据式(10-8)把实梁弯矩图折算成虚梁载荷分布图。

(4)由式(10-6)和式(10-8)知,虚分布载荷集度 $\overline{q}(x)$ 的单位与曲率的单位相同,都是 $m^{-1}$,所以虚剪力的单位与转角单位相同,是 rad,虚弯矩的单位与挠度单位相同,是 m。

(5)由于实梁弯矩图多为三角形、矩形、二次抛物线和三次抛物线等,把它们当作虚分布载荷后再计算虚剪力和虚弯矩,这就常要用到这些图形的面积和形心位置,参见表 10-3。

**几种图形的面积和形心位置** 表 10-3

| 图　形 | | 面　积 | 形心位置 $C$ |
|---|---|---|---|
| 矩形 | 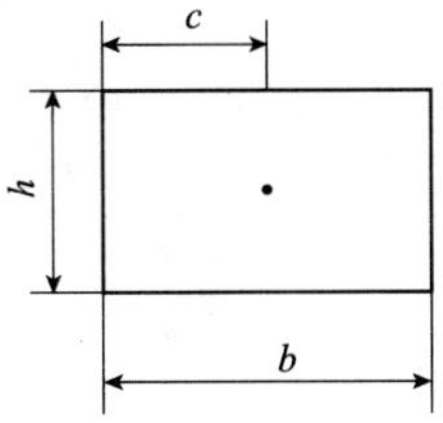 | $bh$ | $\frac{1}{2}b$ |
| 三角形 | 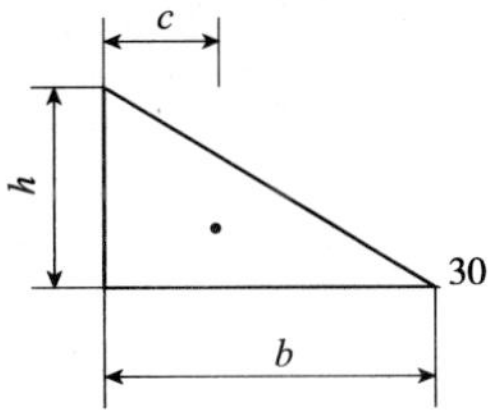 | $\frac{1}{2}bh$ | $\frac{1}{3}b$ |
| 二次抛物线 | 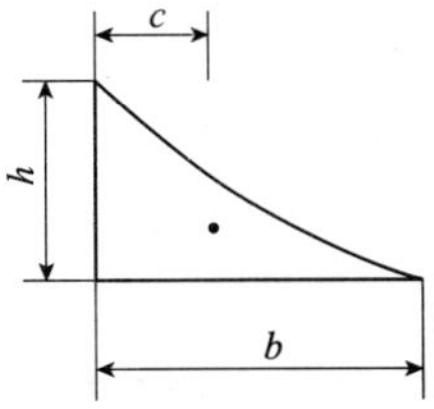 | $\frac{1}{3}bh$ | $\frac{1}{4}b$ |
| 三次抛物线 | 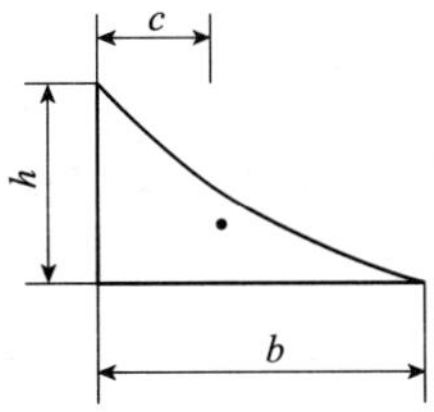 | $\frac{1}{4}bh$ | $\frac{1}{5}b$ |
| 二次抛物线 | 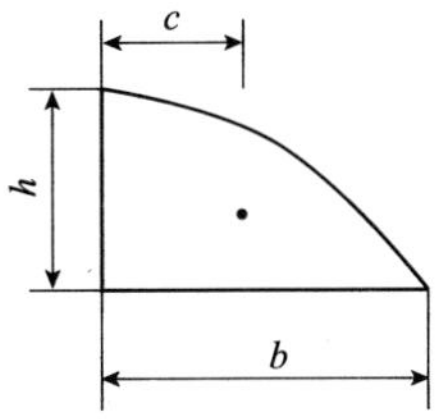 | $\frac{2}{3}bh$ | $\frac{3}{8}b$ |
| 二次抛物线 | 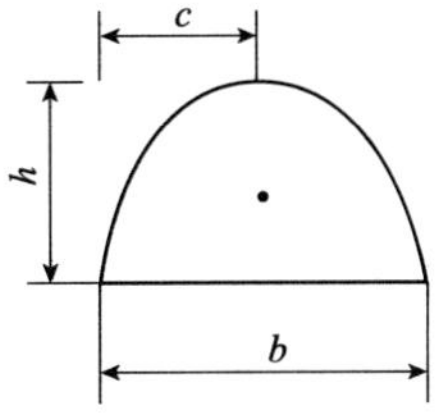 | $\frac{2}{3}bh$ | $\frac{1}{2}b$ |

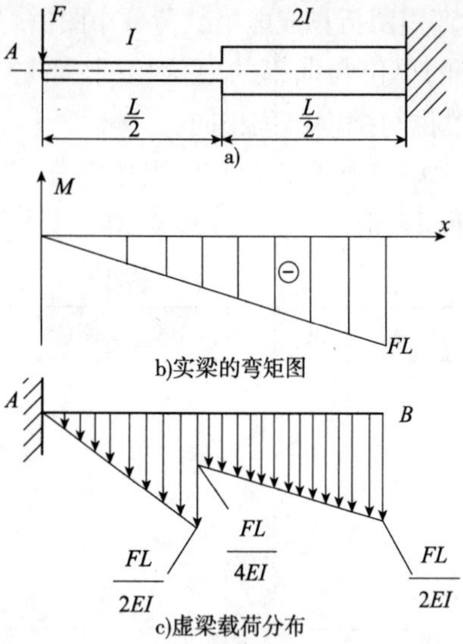

a)
b)实梁的弯矩图
c)虚梁载荷分布
图 10-5

**例题 10-3** 求如图 10-5 所示变截面梁的 $A$ 端挠度。已知：$F$、$L$、$E$、$I$。梁受力：$\boldsymbol{F}$、$\boldsymbol{F}_{By}$、$\boldsymbol{M}_B$。

**解：**①作实梁的弯矩图[为三角形，见图10-5b)]。

②根据表 10-1 确定虚梁支承[图 10-5c)]，并将实弯矩按分段情况用各段的 $EI$ 去除相应段的弯矩，把这样折算后的弯矩图作为虚梁载荷分布。

③求实梁自由端的挠度，故此处应计算虚梁固定端的虚弯矩。由表 9-1 知

$$v_B = \overline{M}_B = -\frac{FL}{4EI}\cdot\frac{L}{2}\cdot\frac{3L}{4} - \frac{FL}{8EI}\cdot\frac{L}{2}\cdot\frac{5L}{6} - \frac{FL}{4EI}\cdot\frac{L}{2}\cdot\frac{L}{3} = -\frac{3FL^3}{16EI}$$

对于实际的变截面梁 $A$ 端挠度 $v_A = -\dfrac{3FL^3}{16EI}$。

## 10.4 奇异函数法

### 10.4.1 奇异函数

当梁上载荷比较复杂时，如用积分法求弯曲变形，要分段列出弯矩方程，然后逐段积分。每段积分两次就出现两个积分常数。若分成 $n$ 段，则积分常数共有 $2n$ 个。确定这些积分常数是非常繁琐的，因而就有一些企图使计算相对简化的方法，利用奇异函数也是其中的一种。为此，定义下列函数：

$$\langle x-a\rangle^n = \begin{cases} 0 & ,x<a \\ (x-a)^n & ,x>a \end{cases} \tag{10-21}$$

式中，$n\geqslant 0$，以上定义表明，对 $x<a$，由尖角括号表示的函数 $\langle x-a\rangle^n$ 等于零；对 $x>a$，它就是普通的二项式 $(x-a)^n$。令 $n$ 分别等于 0，1，2，…，可以得到

$$\langle x-a\rangle^0 = \begin{cases} 0 & ,x<a \\ (x-a)^0 = 1 = \dfrac{\mathrm{d}}{\mathrm{d}x}(x-a) & ,x>a \end{cases} \tag{10-22}$$

$$\langle x-a\rangle^1 = \begin{cases} 0 & ,x<a \\ (x-a) = \dfrac{1}{2}\dfrac{\mathrm{d}}{\mathrm{d}x}(x-a)^2 & ,x>a \end{cases} \tag{10-23}$$

$$\langle x-a\rangle^2 = \begin{cases} 0 & ,x<a \\ (x-a)^2 = \dfrac{1}{3}\dfrac{\mathrm{d}}{\mathrm{d}x}(x-a)^3 & ,x>a \end{cases} \tag{10-24}$$

……

上式中的前面三个函数分别表示于图 10-6 中。

根据以上讨论，函数 $\langle x-a\rangle^n$ 的积分规则是

$$\int_{-\infty}^{x}\langle x-a\rangle^n\mathrm{d}x = \begin{cases} 0 & ,x<a \\ \dfrac{1}{n+1}(x-a)^{n+1} & ,x>a \end{cases} \tag{10-25}$$

按照式(10-21)给出的定义，上式等号的右端又可写成

$$\frac{1}{n+1}\langle x-a\rangle^{n+1} \tag{10-26}$$

于是有

$$\int_{-\infty}^{x}\langle x-a\rangle^{n}\mathrm{d}x=\frac{1}{n+1}\langle x-a\rangle^{n+1} \tag{10-27}$$

式中，$n \geqslant 0$。

图 10-6 中的图线表明，由式(10-21)定义的函数可用以描述梁的弯矩。既然弯矩能由函数 $\langle x-a\rangle^{n}$ 来表达，则通过式(10-27)表示的积分规则，便可求得梁的转角和挠度。

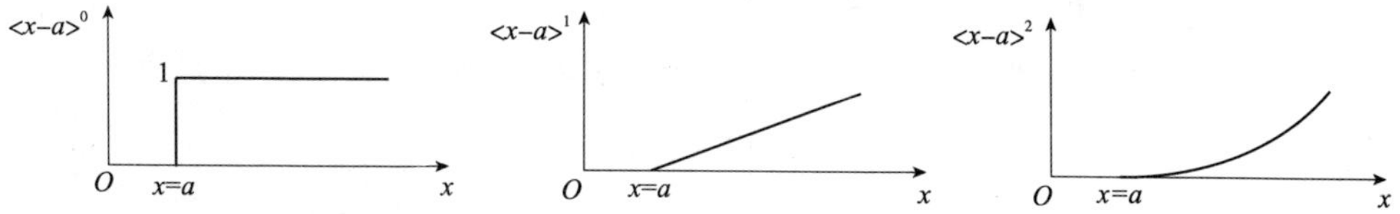


图 10-6　奇异函数的定义

**例题 10-4**　求如图 10-7 所示简支梁的弯曲变形。已知：$M_{\mathrm{e}}=qa^{2}$，$F=qa$，$q$，$a$，$E$，$I$。

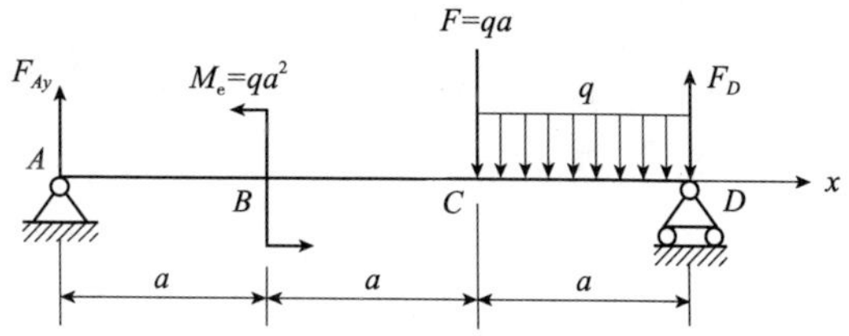


图　10-7

**解**：采用奇异函数法。

①计算支座约束力。

简支梁受力 $q$、$\boldsymbol{F}$、$\boldsymbol{M}_{\mathrm{e}}$、$\boldsymbol{F}_{Ax}$、$\boldsymbol{F}_{Ay}$、$\boldsymbol{F}_{D}$：

$$F_{Ax}=0,F_{Ay}=\frac{5}{6}qa,F_{D}=\frac{7}{6}qa$$

②建立弯矩函数。

应分成三段列出弯矩函数，而且计算弯矩时总是用截面左侧的载荷。

$AB$ 段：$M=\dfrac{5qa}{6}x$；

$BC$ 段：$M=\dfrac{5qa}{6}x-qa^{2}\,(x-a)^{0}$；

$CD$ 段：$M=\dfrac{5qa}{6}x-qa^{2}\,(x-a)^{0}-qa\,(x-2a)^{1}-\dfrac{q}{2}(x-2a)^{2}$。

上列弯矩方程表示了一定的规律，例如 $CD$ 段，前两项就是左侧 $BC$ 段的弯矩函数，而新加入的项又都含有因子$(x-2a)$。这里 $x=2a$ 正是 $BC$ 和 $CD$ 两段分界的坐标。根据这一规律，利用式(10-21)定义的函数，就把以上三个式子统一写成一个式子

$$M=\frac{5qa}{6}x-qa^{2}\,\langle x-a\rangle^{0}-qa\,\langle x-2a\rangle^{1}-\frac{q}{2}\langle x-2a\rangle^{2} \tag{1}$$

容易验证式(1)是正确的，譬如在 $AB$ 段内，因 $x<a$ 和 $x<2a$，故$\langle x-a\rangle^{0}$，$\langle x-2a\rangle^{1}$ 和 $\langle x-2a\rangle^{2}$ 都等于零，于是它就化为 $AB$ 段弯矩函数。

③积分求转角方程的通解。

由弯曲变形的基本方程式(1)，得

$$EI\frac{\mathrm{d}^{2}v}{\mathrm{d}x^{2}}=\frac{5qa}{6}x-qa^{2}\,\langle x-a\rangle^{0}-qa\,\langle x-2a\rangle^{1}-\frac{q}{2}\langle x-2a\rangle^{2}$$

按式(10-27)积分上式，得

$$EI\frac{\mathrm{d}v}{\mathrm{d}x}=\frac{5qa}{12}x^2-qa^2\langle x-a\rangle^1-\frac{qa}{2}\langle x-2a\rangle^2-\frac{q}{6}\langle x-2a\rangle^3+C_1 \tag{2}$$

④积分求挠度方程的通解。

再对式(2)积分一次,得

$$EIv=\frac{5qa}{36}x^3-\frac{qa^2}{2}\langle x-a\rangle^2-\frac{qa}{6}\langle x-2a\rangle^3-\frac{q}{24}\langle x-2a\rangle^4+C_1x+C_2 \tag{3}$$

⑤利用边界条件确定计算积分常数。

边界条件是

$$v(0)=0,v(3a)=0$$

在使用以上边界条件时,注意到当 $x=0$ 时,因 $x<a$,故 $\langle x-a\rangle^1$,$\langle x-2a\rangle^2$……都等于零;当 $x=3a$ 时,因 $x>2a$,故 $\langle x-a\rangle^1$,$\langle x-2a\rangle^2$……都变为普通二项式。于是有

$$C_2=0 \tag{4}$$

$$\frac{5qa}{36}(3a)^3-\frac{qa^2}{2}(2a)^2-\frac{qa}{6}a^3-\frac{q}{24}a^4+C_1\cdot 3a=0 \tag{5}$$

解得

$$C_1=-\frac{37}{72}qa^3,C_2=0$$

⑥确定转角函数。

把积分常数代回式(2)得

$$EI\theta=-\frac{37}{72}qa^3+\frac{5qa}{12}x^2-qa^2\langle x-a\rangle^1-\frac{qa}{2}\langle x-2a\rangle^2-\frac{q}{6}\langle x-2a\rangle^3 \tag{6}$$

⑦确定挠度函数。

把积分常数代回式(3)得

$$EIv=-\frac{37}{72}qa^3+\frac{5qa}{36}x^3-\frac{qa^2}{2}\langle x-a\rangle^2-\frac{qa}{6}\langle x-2a\rangle^3-\frac{q}{24}\langle x-2a\rangle^4 \tag{7}$$

式(6)和式(7)就是转角和挠度的通式。按照式(10-21)给出的定义,由它可以直接写出任意一段的变形。

### 10.4.2 阶梯形梁的变形

如图10-8所示为一阶梯形梁,梁截面的惯性矩依次为 $I_1$、$I_2$……$I_n$,将惯性矩的倒数 $\frac{1}{I(x)}$ 表达为下列阶梯函数:

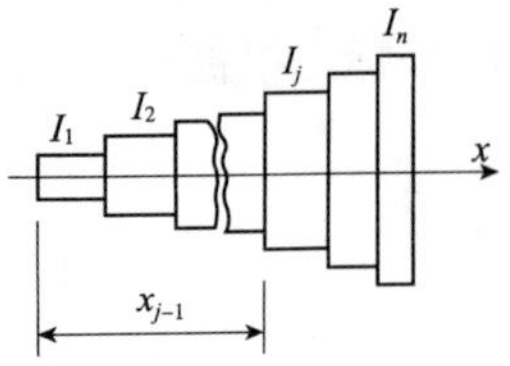

图10-8 阶梯形梁

$$\frac{1}{I(x)}=\beta_0+\sum_{j=1}^{n-1}\beta_j(x-x_j)^0 \tag{10-28}$$

式中,$\beta_0=\frac{1}{I_1}$,$\beta_1=\frac{1}{I_2}-\frac{1}{I_1}$,…,$\beta_j=\frac{1}{I_{j+1}}-\frac{1}{I_j}$。

梁的挠曲线微分方程为

$$Ev''=\frac{M(x)}{I(x)} \tag{10-29}$$

将式(10-28)代入式(10-29),利用式(10-27)积分一次得到转角方程 $v'(x)$;积分二次,即可获得挠度方程 $v(x)$。

# 10.5 有限差分法

## 10.5.1 中央差分法

当受弯杆件是变截面梁或梁上载荷比较复杂时,用积分法求弯曲变形,计算相当困难。在这些情况下,有限差分法(图 10-9)不失为一种有效的方法。它是一种数值法,把求解微分方程的问题转变为求解代数方程组。

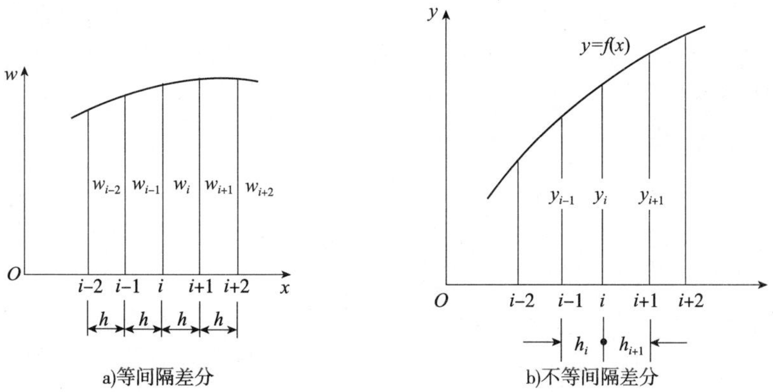


图 10-9 有限差分法

首先我们导出计算一阶和二阶导数的差分公式。设图 10-9a)中的曲线代表连续性函数 $v=f(x)$,它可以是梁的挠曲线,也可以是其他函数。取横坐标分别为 $x_{i-2},x_{i-1},x_i,x_{i+1}\cdots\cdots$ 的诸点。各相邻点间的距离可以是相等的,也可以是不等的。在这里我们使各相邻点间的距离皆等于 $h$。这些点的纵坐标分别记为 $v_{i-2},v_{i-1},v_i,v_{i+1}\cdots\cdots$。在 $i$ 点附近把函数 $v=f(x)$ 展开为泰勒级数:

$$v=v_i+\left(\frac{\mathrm{d}v}{\mathrm{d}x}\right)_i(x-x_i)+\frac{1}{2!}\left(\frac{\mathrm{d}^2v}{\mathrm{d}x^2}\right)_i(x-x_i)^2+\frac{1}{3!}\left(\frac{\mathrm{d}^3v}{\mathrm{d}x^3}\right)_i(x-x_i)^3+\cdots \tag{10-30}$$

式中,$\left(\frac{\mathrm{d}v}{\mathrm{d}x}\right)_i$,$\left(\frac{\mathrm{d}^2v}{\mathrm{d}x^2}\right)_i$……分别表示各阶导数在 $x=x_i$ 处的数值。在点 $i-1$ 处有

$$x=x_{i-1}=x_i-h \tag{10-31}$$

在点 $i+1$ 处有

$$x=x_{i+1}=x_i+h \tag{10-32}$$

把式(10-31)和式(10-32)分别代入式(10-30),求得 $v$ 在点 $i-1$ 和 $i+1$ 处的值分别为

$$v_{i-1}=v_i-\left(\frac{\mathrm{d}v}{\mathrm{d}x}\right)_i h+\frac{1}{2!}\left(\frac{\mathrm{d}^2v}{\mathrm{d}x^2}\right)_i h^2-\frac{1}{3!}\left(\frac{\mathrm{d}^3v}{\mathrm{d}x^3}\right)_i h^3+\cdots$$

$$v_{i+1}=v_i+\left(\frac{\mathrm{d}v}{\mathrm{d}x}\right)_i h+\frac{1}{2!}\left(\frac{\mathrm{d}^2v}{\mathrm{d}x^2}\right)_i h^2+\frac{1}{3!}\left(\frac{\mathrm{d}^3v}{\mathrm{d}x^3}\right)_i h^3+\cdots$$

如将 $h$ 取得充分小,则以上两式中含 $h^3$ 以及更高次的项都可省略,于是

$$v_{i-1}=v_i-\left(\frac{\mathrm{d}v}{\mathrm{d}x}\right)_i h+\frac{1}{2!}\left(\frac{\mathrm{d}^2v}{\mathrm{d}x^2}\right)_i h^2 \tag{10-33}$$

$$v_{i+1}=v_i+\left(\frac{\mathrm{d}v}{\mathrm{d}x}\right)_i h+\frac{1}{2!}\left(\frac{\mathrm{d}^2v}{\mathrm{d}x^2}\right)_i h^2 \tag{10-34}$$

从式(10-33)、式(10-34)中解出

$$\left(\frac{\mathrm{d}v}{\mathrm{d}x}\right)_i=\frac{v_{i+1}-v_{i-1}}{2h} \tag{10-35}$$

$$\left(\frac{\mathrm{d}^2v}{\mathrm{d}x^2}\right)_i=\frac{v_{i+1}-2v_i+v_{i-1}}{h^2} \tag{10-36}$$

至此,我们已经求得一阶导数和二阶导数的差分表达式,若 $v=f(x)$ 代表挠曲线,则以上两式分别是挠曲线在 $i$ 点的斜率和曲率的近似值。其所以为“近似”值,是因为导出以上公式时,省略了含有 $h^3$ 和更高次的项。可见,$h$ 取得越小,所得结果也就越精确。

对于差分节点之间间距不等的情况,需导出不等距节点差分公式。二次差商的不等距差分[图 10-9b)]公式为

$$\left(\frac{\mathrm{d}^2v}{\mathrm{d}x^2}\right)_i=\frac{2}{h_{i+1}+h_i}\left(\frac{v_{i+1}-v_i}{h_{i+1}}-\frac{v_i-v_{i-1}}{h_i}\right) \tag{10-37}$$

其中,$\alpha=\dfrac{h_{i+1}}{h_i}$,式(10-37)可写成

$$\left(\frac{\mathrm{d}^2v}{\mathrm{d}x^2}\right)_i=\frac{2}{h_i^2\alpha(1+\alpha)}[\alpha v_{i-1}-(1+\alpha)v_i+v_{i+1}] \tag{10-38}$$

把式(10-38)所表示的二阶导数代入挠曲线的近似微分方程,得

$$v_{i-1}-2v_i+v_{i+1}=h^2\frac{M_i}{EI_i} \tag{10-39}$$

式中,$M_i$ 和 $EI_i$ 是指梁在 $x=x_i$ 处的弯矩和抗弯刚度。

若在挠曲线上选定某些点,然后对每一点都按式(10-39)写出一个有限差分方程,这样就得到一组代数方程,其未知量就是所选各点的挠度。解这一组代数方程,即可求出所选各点的挠度。

**例题 10-5** 等截面悬臂梁长度为 $l$,弹性模量为 $E$,自由端受集中力 $F$ 的作用如图 10-10 所示。求悬臂梁的变形。

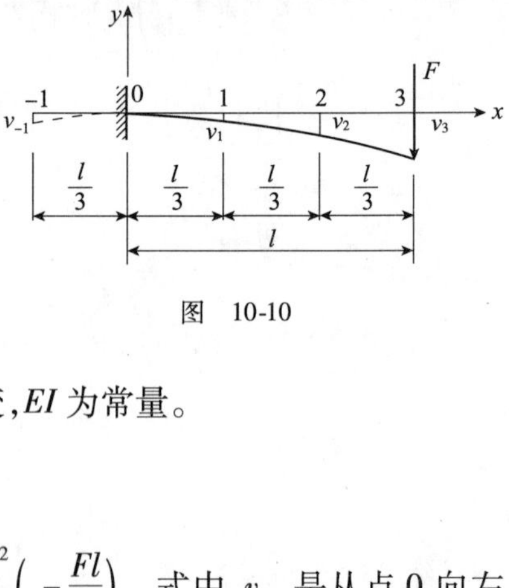


图 10-10

**解**:采用有限差分法。

①列平衡方程,求支座约束力。

②将悬臂梁分成三个相等的间隔,这样就在梁上确定了 0、1、2、3 四个差分点。因为点 0 的挠度 $v_0=0$,所以只有其余三点的挠度 $v_1$、$v_2$、$v_3$ 是未知量。梁的截面不变,$EI$ 为常量。

③计算差分点的弯矩值。

④建立差分方程。

⑤在点 0,$M_0=-Fl$,差分方程是 $v_{-1}-2v_0+v_1=\left(\dfrac{l}{3}\right)^2\left(-\dfrac{Fl}{EI}\right)$。式中,$v_{-1}$是从点 0 向左延伸的一个“虚拟”点 $-1$ 的挠度。由于挠曲线在 0 点的斜率为零,由式(10-1)知$\left(\dfrac{\mathrm{d}v}{\mathrm{d}x}\right)_0\approx\dfrac{v_1-v_{-1}}{2h}=0$,故 $v_{-1}=v_1$。

⑥求解差分方程。

⑦与精确解 $v_{\max} = -\dfrac{Fl^3}{3EI}$ 相比，采用有限差分法求得的近似解 $v_3 = -\dfrac{19Fl^3}{54EI}$，误差仅为 $\eta = \left|\dfrac{v_3 - v_{\max}}{v_{\max}}\right| \times 100\% = 5.6\%$。在这里只是粗略地把梁分成三个间隔，如划分更细一些，精度将更加提高。

⑧绘挠曲线图。

有限差分法计算出的最大挠度 $v_3 = -\dfrac{19Fl^3}{54EI}$，大约比精确解结果高 $\eta = 5.6\%$。

### 10.5.2 刚度或弯矩有突变时的中央差分方程

积分等解析方法求梁挠度的基本方程是挠曲线近似微分方程 $v'' = \dfrac{M}{EI}$，因此无论是 $M$ 还是 $EI$ 突变，都将使 $v''$ 出现不连续问题。本节将考虑 $v''$ 的不连续性问题，给出求解挠度的一般中央差分方程。

(1)差分点取在刚度或弯矩突变处时的差分方程

对常见的两种突变问题，中央差分方程修正的表达式为

①截面突变。

$$v_{i-1} - 2v_i + v_{i+1} = \frac{h^2 M_i}{2E}\left[\frac{1}{I_i^{(-)}} + \frac{1}{I_i^{(+)}}\right] \tag{10-40}$$

该式表明，截面突变处的中央差分方程的计算柔度应取两侧极限柔度的平均值。

②弯矩突变(集中力偶作用处)。

$$v_{i-1} - 2v_i + v_{i+1} = \frac{h^2}{2EI_i}[M_i^{(-)} + M_i^{(+)}] \tag{10-41}$$

其中，$M_i^{(+)}$、$M_i^{(-)}$ 表示突变点 $i$ 处的集中力偶，顺时针为“+”。该式表明，弯矩突变处的中央差分方程的计算弯矩应取两侧极限弯矩的代数平均值。

(2)刚度或弯矩处不为差分点时的差分方程

对截面或弯矩突变问题，中央差分方程修正的表达式为

①截面突变。

$$v_{i-1} - 2v_i + v_{i+1} = \begin{cases} \dfrac{h^2 M_i}{EI_i} + \dfrac{h_{kR}^2 M_k}{2E\Delta I_k} & ,x_i < x_k < x_{i+1} \\ \dfrac{h^2 M_i}{EI_i} - \dfrac{h_{kL}^2 M_k}{2E\Delta I_k} & ,x_{i-1} < x_k < x_i \end{cases} \tag{10-42}$$

②弯矩突变。

$$v_{i-1} - 2v_i + v_{i+1} = \begin{cases} \dfrac{h^2 M_i}{EI_i} + \dfrac{h_{kR}^2 \Delta M_k}{2EI_k} & ,x_i < x_k < x_{i+1} \\ \dfrac{h^2 M_i}{EI_i} - \dfrac{h_{kL}^2 \Delta M_k}{2EI_k} & ,x_{i-1} < x_k < x_i \end{cases} \tag{10-43}$$

式中，$\Delta I_k=\dfrac{I_k^{(-)}I_k^{(+)}}{I_k^{(-)}-I_k^{(+)}}$；$\Delta M_k=M_k^{(+)}-M_k^{(-)}$；$k$ 代表突变点；“+”和“-”分别代表突变点 $k$ 处物理量的右极限和左极限；$h_{kR}$ 和 $h_{kL}$ 分别代表突变点距右侧和左侧最近差分点的距离；$\Delta M_k$ 表示突变点 $k$ 处的集中力偶，顺时针为“+”。

必须指出，由于截断误差的存在，应用本节关于突变问题的差分方程未必能得到比传统差分解更精确的挠度，尤其在步长取的较小时。然而突变问题差分方程仅仅包含着步长的三次幂以上项的截断误差（包括挠曲线三阶以上导数突变误差），这是差分法固有的问题，因此我们建议在突变较大时采用本节导出的差分方程。

## 10.6 非对称弯曲

前面讨论的弯曲问题，要求梁有纵向对称面，且载荷都作用于这一对称面内，于是挠曲线也是这一对称面内的曲线。现在讨论的梁无纵向对称面，或者虽有纵向对称面，但载荷并不在该对称面内，则均属于非对称弯曲。

### 10.6.1 非对称弯曲正应力一般公式

一直梁，横截面如图 10-11 所示，坐标轴 $y$ 与 $z$ 为截面，不一定是主形心轴，弯矩 $M_z$ 在 $xy$ 平面内。试验表明，在非对称弯曲时，①平面假设；②纵向纤维间无正应力假设，仍然成立。

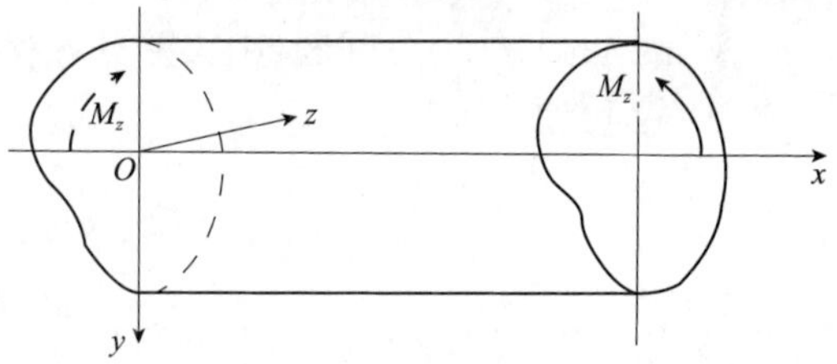


图 10-11 非对称弯曲

如果中心层的曲率半径用 $\rho$ 表示，以相邻的两个横截面从梁中取出 d$x$ 的微段，如图 10-12a）所示。则由变形几何关系，横截面上距中性轴 $\eta$ 处的弯曲正应变为

$$\varepsilon=\frac{(\rho+\eta)\mathrm{d}\theta-\rho\mathrm{d}\theta}{\rho\mathrm{d}\theta}=\frac{\eta}{\rho} \tag{10-44}$$

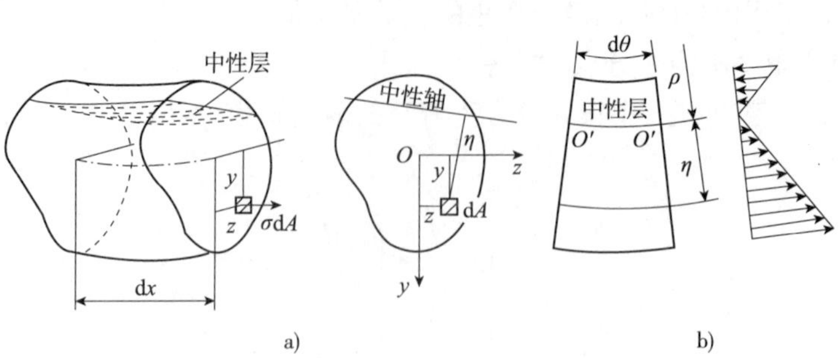


图 10-12 非对称弯曲正应力一般公式

由郑玄—胡克定律，得物理关系

$$\sigma=E\varepsilon=E\frac{\eta}{\rho} \tag{10-45}$$

如图 10-12b）所示，横截面上各点处的法向微内力 $\sigma$d$A$ 构成一空间平行力系，而且，由

于横截面上没有轴力，仅存在弯矩$M_z$，因此

$$\int_A \sigma \mathrm{d}A = 0 \tag{10-46}$$

$$\int_A z\sigma \mathrm{d}A = 0 \tag{10-47}$$

$$\int_A y\sigma \mathrm{d}A = M_z \tag{10-48}$$

将式(10-45)代入式(10-46)，得

$$\int_A \eta \mathrm{d}A = 0 \tag{10-49}$$

由此可见，在一般非对称弯曲时，中性轴仍通过截面形心。这样，如果中性轴的方位以其与坐标轴 $y$ 的夹角 $\varphi$ 表示，则由图 10-13 可以看出

$$\eta = y\sin\varphi - z\cos\varphi \tag{10-50}$$

$$\sigma = \frac{E}{\rho}(y\sin\varphi - z\cos\varphi) \tag{10-51}$$

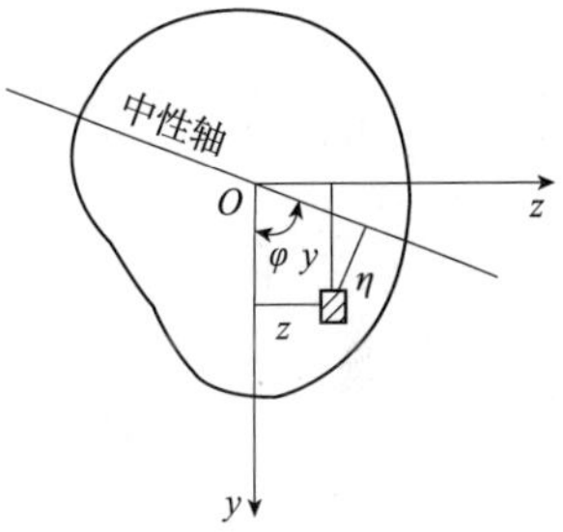


图 10-13　非对称弯曲中性轴的方位

将式(10-51)代入式(10-47)，并注意到 $I_y = \int_A z^2 \mathrm{d}A, I_{yz} = \int_A yz\mathrm{d}A$，得

$$\tan\varphi = \frac{I_y}{I_{yz}} \tag{10-52}$$

将式(10-51)代入式(10-48)，并消去$E/\rho$，得

$$\sigma = \frac{M_z(I_y y - I_{yz} z)}{I_y I_z - I_{yz}^2} \tag{10-53}$$

最普遍的情况是在包含杆件轴线的任意纵向平面内，作用一对纯弯曲力偶矩。这时，可把力偶矩分解为 $M_y$ 和 $M_z$，相应的弯曲正应力

$$\sigma = \frac{M_z(I_y y - I_{yz} z)}{I_y I_z - I_{yz}^2} + \frac{M_y(I_z z - I_{yz} y)}{I_y I_z - I_{yz}^2} \tag{10-54}$$

轴 $y$ 与中性轴的夹角为 $\varphi$，且以逆时针为正，代入式(10-54)，$\sigma(y_0, z_0) = 0$ 得中性轴，解得

$$\tan\varphi = \frac{z_0}{y_0} = -\frac{M_z I_y - M_y I_{yz}}{M_y I_z - M_z I_{yz}} \tag{10-55}$$

### 10.6.2　非对称弯曲的两种特殊情况

(1)$I_{yz} = 0$，即坐标轴 $y$ 与 $z$ 为截面就是主形心轴。

$$\sigma = \frac{M_z y}{I_z} + \frac{M_z z}{I_y} \tag{10-56}$$

$$\tan\varphi = -\frac{I_y M_z}{I_z M_y} \tag{10-57}$$

(2)$M_y = 0, I_{yz} = 0$。

当弯矩作用面垂直于横截面的任一主形心轴时，中性轴沿该主形心轴，即中性轴垂直于

弯矩作用面。中性轴垂直于弯矩作用面的变形形式，称为平面弯曲。

$$\sigma = \frac{M_z y}{I_z} \tag{10-58}$$

$$\varphi = \frac{\pi}{2} \tag{10-59}$$

对称弯曲时，中性轴垂直于弯矩作用面，所以，对称弯曲是一种平面弯曲。

**例题 10-6** 跨度中点受集中力 $F$ 作用的简支梁如图 10-14 所示。梁截面为 $Z$ 形，已知：$I_y = 1.98 \times 10^{-6}\text{m}^4$，$I_z = 10.97 \times 10^{-6}\text{m}^4$，$I_{yz} = 3.38 \times 10^{-6}\text{m}^4$。若 $F = 6\text{kN}$，$l = 4\text{m}$，试求弯曲正应力。

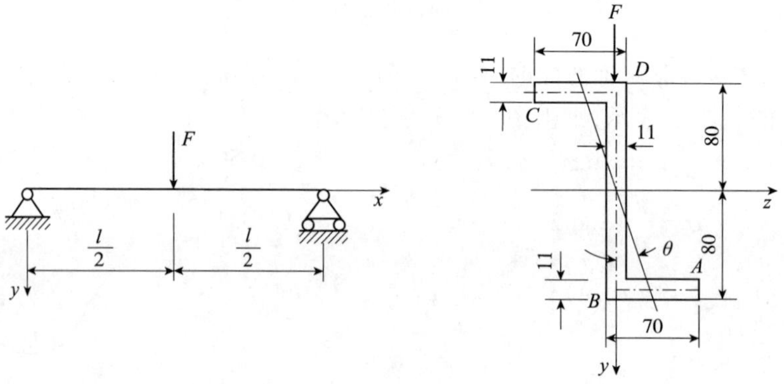


a) b)

图 10-14 （尺寸单位：mm）

**解：**①截面形心就是它的几何对称中心。为计算方便，选定 $y$、$z$ 轴如图 10-13 所示。按所选坐标系，外力都在 $xy$ 平面内。

②计算跨度中点的最大弯矩。

$$M_z = \frac{1}{4}Fl = 6\text{kN} \cdot \text{m}$$

③由式（10-52）计算由 $y$ 到中性轴的角度 $\theta$。

$$\tan\theta = \frac{I_y}{I_{yz}}, \theta = 30.36°$$

④在跨度中点截面上，$A$、$B$、$C$、$D$ 四点离中性轴最远，应力最大。由式（10-53）计算各点正应力。

$$\sigma_A = \frac{M_z(I_y y_A - I_{yz} z_A)}{I_y I_z - I_{yz}^2} = -47.42\text{MPa}$$

$$\sigma_B = \frac{6 \times 10^3[(1.98 \times 10^{-6})(80 \times 10^{-3}) - (3.38 \times 10^{-6})(-5.5 \times 10^{-3})]}{(1.98 \times 10^{-6})(10.97 \times 10^{-6}) - (3.38 \times 10^{-6})^2} = 103.1\text{MPa}$$

同理可得 $\sigma_C = 47.42\text{MPa}$，$\sigma_D = -103.1\text{MPa}$。

**讨论与练习**

（1）这一例题的第二种解法是，先确定横截面的形心主惯性轴，然后把 $F$ 分解成在两个形心主惯性平面中的两个分量，使问题变成两个形心主惯性平面中的弯曲叠加。这就可以使用式（10-56）、式（10-57）进行计算。详细过程，建议由读者去完成。

（2）请读者使用 Maple 编程求解本题，验证手工计算结果。

**例题 10-7** 横截面为矩形的悬臂梁如图 10-15 所示,若作用于自由端的集中力 $F$ 与 $y$ 轴的夹角为 $\varphi$,试讨论梁的应力与变形。已知:$l$、$E$、$I_y$、$I_z$、$y_{\max}$、$z_{\max}$。求 $\tan\theta$、$\sigma_A$、$\sigma_B$、$f_{\max}$、$\tan\psi$。

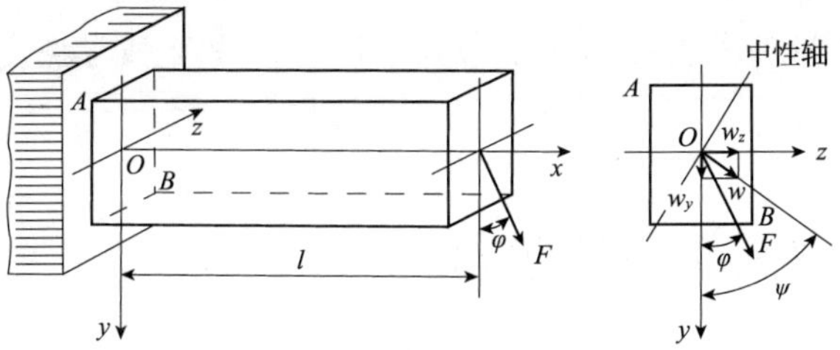


图 10-15

**解:**①在选定的坐标系中,$y$,$z$ 轴为截面的形心主惯性轴。将 $F$ 分解成 $y$ 和 $z$ 的分量。

$$F_y = F\cos\varphi, F_z = F\sin\varphi$$

问题转化为在 $xy$ 和 $xz$ 两个形心主惯性平面内弯曲的叠加。

②计算在固定端的最大弯矩 $M_z$ 和 $M_y$。

$$M_z = -Fl\cos\varphi, F_y = -Fl\sin\varphi$$

这里弯矩 $M_y$ 的符号可规定为,在坐标 $z$ 为正的点上引起拉应力的 $M_y$ 为正。

③由式(10-57)计算由 $y$ 到中性轴的角度 $\psi$。

$$\tan\theta = -\frac{M_z I_y}{M_y I_z} = -\frac{I_y}{I_z}\cot\varphi \tag{1}$$

④在固定端截面上,$A$,$B$ 两点离中性轴最远,应力最大。且 $\sigma_A$ 为拉应力,$\sigma_B$ 为压应力,两者大小相等。由式(10-56)得

$$\sigma_A = Fl\left(\frac{y_{\max}\cos\varphi}{I_z} + \frac{z_{\max}\sin\varphi}{I_y}\right), \sigma_B = -\sigma_A$$

⑤计算自由端挠度的大小和方向。

查表 9-1,求出自由端的形心因 $F_y$ 引起的垂直位移为

$$v = \frac{F_y l^3}{3EI_z} = \frac{Fl^3}{3EI_z}\cos\varphi$$

挠度 $v$ 沿 $y$ 轴的正向。

查表 9-1,求出自由端的形心因 $F_z$ 引起的垂直位移为

$$w = \frac{Fl^3}{3EI_z}\sin\varphi$$

挠度 $w$ 沿 $z$ 轴的正向。

最后得自由端的位移(挠度)及其方向为

$$f = \sqrt{v^2 + w^2} = \frac{Fl^3}{3E}\sqrt{\left(\frac{\cos\varphi}{I_z}\right)^2 + \left(\frac{\sin\varphi}{I_y}\right)^2}$$

$$\tan\psi = \frac{w}{v} = \frac{I_z}{I_y}\tan\varphi \tag{2}$$

**讨论与练习**

(1)一般情况下,$I_z \neq I_y$,故 $\psi \neq \varphi$。这就再次说明,挠度所在的平面与外力作用平面

不重合。所以有时把这种情况称为斜弯曲。对圆形或正方形等截面，$I_z = I_y$，于是有 $\psi = \varphi$，表明梁的挠度与集中力 $F$ 在同一平面内，这属于平面弯曲。

(2)式(1)、式(2)两式表明，$\tan\theta\tan\psi = -1$，所以中性轴与挠度 $f$ 所在的平面是垂直的。

## 10.7 开口薄壁梁的弯曲切应力

在工程结构中，广泛采用薄壁截面梁，它们或为开口的，或为闭口的，本节研究薄壁截面梁的弯曲切应力。

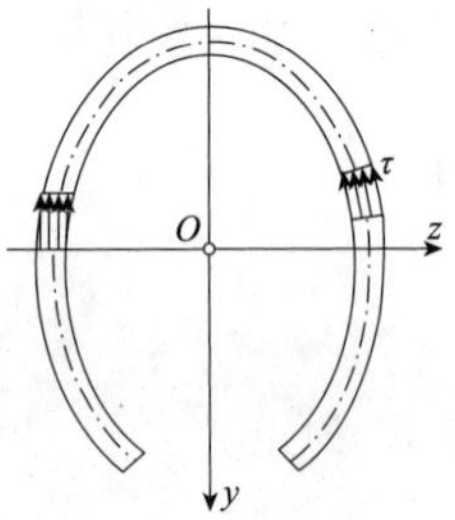

图 10-16 开口薄壁梁横截面

对于薄壁梁的弯曲切应力(图 10-16)，可作如下假设：横截面上各点处的弯曲切应力，平行于该点处的周边或截面中心线的切线，并沿壁厚均匀分布。

图 10-17a)所示为一任意形状的开口薄壁梁，坐标轴 $y$ 与 $z$ 为截面的主形心轴。在平行于坐标轴 $y$ 的载荷作用下，梁发生平面弯曲。

为了研究弯曲切应力，首先在横截面 $x$ 与 $x+\mathrm{d}x$ 处，用两个横截面从梁中切取一微段，然后在距开口端 $s$ 处，再用一个沿壁厚方向的纵截面将该微段的下部切出[图 10-17b)]。由切应力互等定理可知，纵截面 $bc$ 上的切应力 $\tau$ 数值上等于横截面上 $s$ 处的切应力 $\tau(s)$。

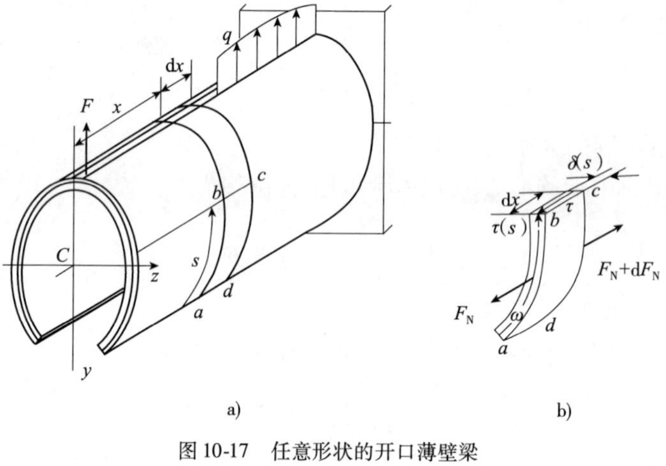

a) b)

图 10-17 任意形状的开口薄壁梁

设截面 $ab$ 与 $cd$ 的面积均为 $\omega$，$s$ 处的壁厚为 $\delta(s)$，在此两截面上由弯曲正应力构成的轴向合力分别为 $F_{\mathrm{N}}$ 与 $F_{\mathrm{N}}+\mathrm{d}F_{\mathrm{N}}$，则根据微段下部 $abcd$ 的轴向平衡条件，显然有

$$\tau(s) = \frac{1}{\delta(s)}\frac{\mathrm{d}F_{\mathrm{N}}}{\mathrm{d}x} \tag{10-60}$$

由图 10-17b)可以看出

$$F_{\mathrm{N}} = \int_{\omega}\sigma\mathrm{d}A = \int_{\omega}\frac{My}{I_z}\mathrm{d}A = \frac{MS_z^*(\omega)}{I_z} \tag{10-61}$$

式中，$S_z^*(\omega)$代表从开口端至 $s$ 处的部分截面 $\omega$ 对坐标轴 $z$ 的静矩。

将式(10-61)代入式(10-60)，并设横截面 $x$ 上的剪力为 $F_{\mathrm{S}}$，于是得截面 $x$ 上 $s$ 处的弯曲

切应力为

$$\tau(s)=\frac{F_{\mathrm{S}}S_z^*(\omega)}{I_z\delta(s)} \tag{10-62}$$

而该处的弯曲剪力流则为

$$q(s)=\tau(s)\delta(s)=\frac{F_{\mathrm{S}}S_z^*(\omega)}{I_z} \tag{10-63}$$

由式(10-62)与式(10-63)可知,切应力 $\tau(s)$ 与剪力流 $q(s)$ 分别随 $S_z^*(\omega)/\delta(s)$ 与 $I_z$ 变化,即弯曲切应力与剪力流的分布规律均取决于截面几何性质。

# 10.8 弯曲中心

## 10.8.1 弯曲中心的定义

对称弯曲时,剪力 $F_{\mathrm{S}y}$ 的作用线与横截面的对称轴重合。但是,在图 10-18a)所示一般平面弯曲的情况下,剪力 $F_{\mathrm{S}y}$ 的作用线究竟位于何处则尚待确定[图 10-18b)]。应该注意到,当梁承受横向载荷时,如果外力作用线与上述剪力 $F_{\mathrm{S}y}$ 的作用线不在同一个平行于 $x$ 轴的平面内[图 10-18c)],则将外力平移到该平面时,将产生一个矩为 $M_{\mathrm{a}}$ 的附加扭力偶,这时,梁不仅发生弯曲变形,同时发生扭转变形。因此,有必要确定剪力作用线的位置。

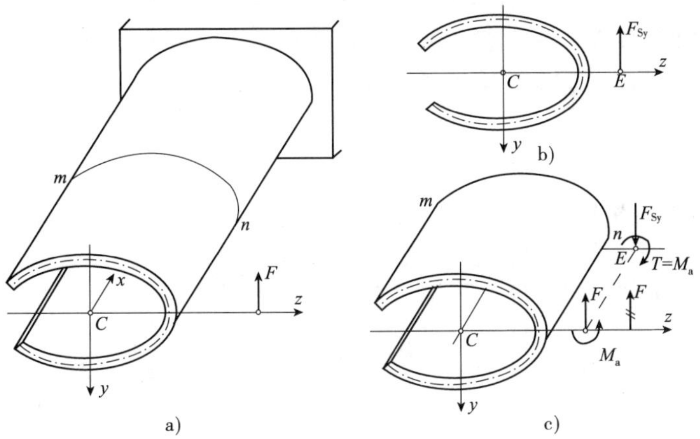


图 10-18　一般平面弯曲剪力的作用位置

如图 10-19a)所示,若以坐标原点 $O$ 为矩心,并设剪力的力臂为微剪力的力臂,则根据合力矩定理可知

$$F_{\mathrm{S}y}e_z=\int_A\rho\tau\mathrm{d}A \text{ 或 } F_{\mathrm{S}y}e_z=\int_l\rho q_y\mathrm{d}s \tag{10-64}$$

式中,$l$ 代表截面中心线的总长。

将式(10-63)代入式(10-64),得

$$e_z=\frac{\int_l S_z^*\rho\mathrm{d}s}{I_z} \tag{10-65}$$

同理,当梁在垂直于主形心轴 $y$ 的平面内发生平面弯曲时[图 10-19b)],有

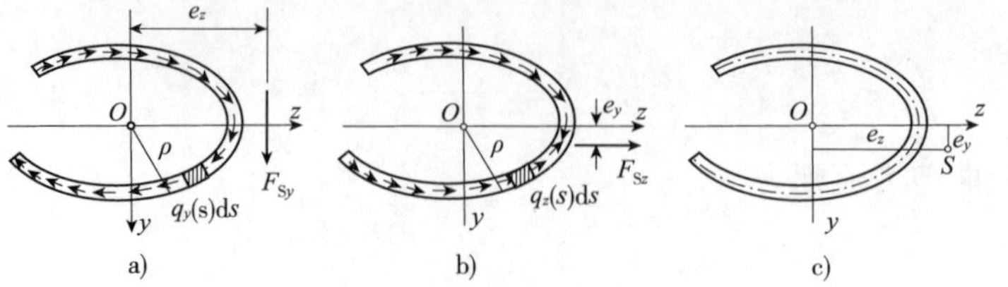


图 10-19　弯曲中心位置的确定

$$e_y = \frac{\int_l S_y \rho \mathrm{d}s}{I_y} \tag{10-66}$$

在横截面所在平面内，坐标为$(e_y, e_z)$的点[图 10-19c)]，即弯曲剪力 $F_{Sy}$与 $F_{Sz}$作用线的交点，称为横截面的剪心或弯心。由此可见，只有当横向外力(集中力或分布力)的作用线通过截面剪心时，梁才仅弯不扭，因此为了避免使抗扭性能差的梁(例如开口薄壁梁)发生扭转变形，应尽量避免外力偏心剪心。

## 10.8.2　对称与 L 形等截面的弯曲中心

剪心位置$(e_y, e_z)$仅取决于截面的形状与尺寸而与外力无关。

由上述分析还可以看出，当截面具有一个对称轴时，弯曲中心必位于该对称轴上[图10-20a)]；而对于双对称截面，则弯曲中心必与形心重合[图 10-20b)]。

另一种值得注意的情况是截面中线为由两段直线组成的开口薄壁截面梁，例如 $L$ 形、$T$ 形与 $V$ 形等薄壁截面梁。如图 10-21a)所示，中线为两段直线的开口薄壁截面，其弯曲中心必位于该两直线的交点 $b$。

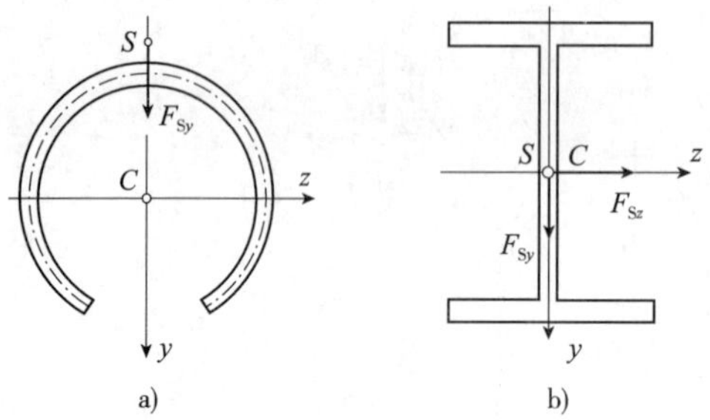


图 10-20　对称截面的弯曲中心

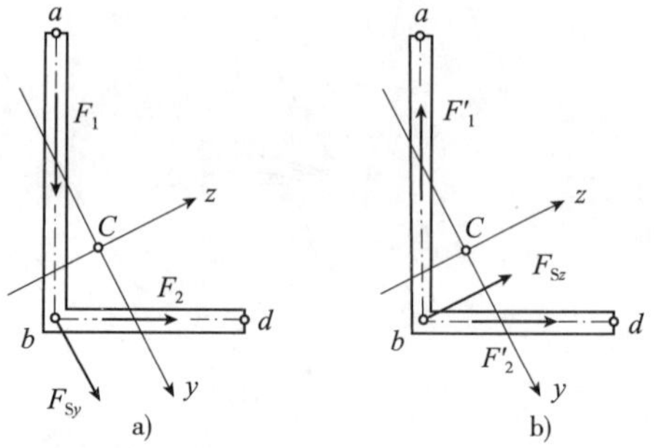


图 10-21　L 形截面的弯曲中心

**例题 10-8**　求图 10-22 中槽形截面的弯曲中心。已知：$h$，$b$，$\delta$，$d$。

**解：**①以截面的对称轴为 $z$ 轴，则 $y$，$z$ 轴为形心主惯性轴。当剪力 $F_{Sy}$平行于 $y$ 轴，且杆件并无扭转变形时，弯曲切应力按式(10-62)计算。

②下翼缘上的部分面积 $A_1$ 对 $z$ 轴的静矩为

$$S_z^* = \xi\delta \cdot \frac{h}{2}$$

将其代入式(10-62)，得下翼缘上距边缘为 $\xi$ 的切应力为

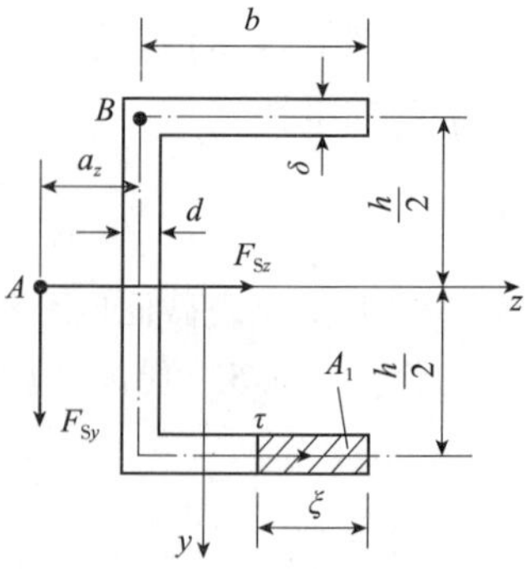


图　10-22

$$\tau = \frac{F_{Sy}\xi h}{2I_z}$$

其中

$$I_z = \frac{1}{12}d\,(h-\delta)^3 + \frac{1}{6}\left(b+\frac{d}{2}\right)\delta^3 + 2\left(b+\frac{d}{2}\right)\delta\left(\frac{h}{2}\right)^2$$
$$= \frac{1}{12}[\,d\,(h-\delta)^3 + \delta(2b+d)(\delta^2+3h^2)\,]$$

$\tau$ 为正,表示它指向截出面积 $A_1$ 的内部,如图 10-22 所示。用相似的方法也可求得上翼缘腹板的切应力。

③为了确定 $F_{Sy}$的位置,选定上翼缘中线和腹板中线的交点 $B$ 作为力矩中心。因为腹板和上翼缘上的微内力 $\tau \mathrm{d}A$ 都通过 $B$ 点,这些内力对 $B$ 点的力矩等于零。结果,整个截面上微内力 $\tau \mathrm{d}A$ 对 $B$ 点的力矩总和为

$$\int_A \rho\tau \mathrm{d}A = \int_0^b h\cdot\frac{F_{Sy}\xi h}{2I_z}\delta \mathrm{d}\xi = \frac{F_{Sy}b^2h^2\delta}{4I_z}$$

④由 $\tau \mathrm{d}A$ 组成的内力系的合力就是 $F_{Sy}$,$F_{Sy}$对 $B$ 点力矩为 $F_{Sy}a_z$。根据合力矩定理,亦即式(10-64),得

$$F_{Sy}a_z = \frac{F_{Sy}b^2h^2\delta}{4I_z}$$

于是有

$$a_z = \frac{\delta b^2h^2}{4I_z} \tag{1}$$

当剪力 $F_{Sz}$沿对称轴 $z$ 时为对称弯曲,弯曲中心一定在截面的对称轴上,即

$$a_y = 0 \tag{2}$$

所以 $F_{Sy}$与对称轴的交点 $A$ 即为弯曲中心 $A(a_z,a_y)$。

**讨论与练习**

(1)弯曲中心 $A$ 在对称轴上,位置可用 $a_z$ 来确定。

(2)由式(1)看出,它与材料性质和载荷无关。所以弯曲中心只与截面的形状和尺寸有关,是截面的几何性质之一。

## 10.9 复合梁和夹层梁

由两种或两种以上材料所组成的梁,称为复合梁。例如用两种不同金属组成的双金属梁,由面板与芯材组成的夹层梁以及钢筋混凝土梁等均为复合梁。本节研究复合梁对称弯曲时的应力。

### 10.9.1 转换截面法

考虑图 10-23a)所示复合梁,材料 1 与材料 2 的弹性模量分别为 $E_1$ 与 $E_2$,相应的横截面面积分别为 $A_1$ 与 $A_2$,相应的横截面对中性层的惯性矩分别为 $I_1$ 与 $I_2$,并分别简称为截面 1 与截面 2。在梁两端的纵向对称面内,作用一对方向相反、其矩均为 $M$ 的力偶。用 $\rho$ 表示中

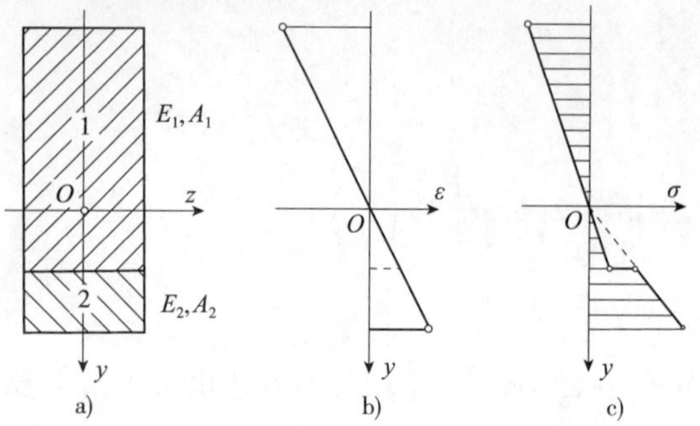

图 10-23　转换截面法

性层的曲率半径。试验表明，平面假设与单向受力假设仍然成立。

$$E_1\int_{A_1} y\mathrm{d}A_1 + E_2\int_{A_2} y\mathrm{d}A_2 = 0 \tag{10-67}$$

$$\frac{1}{\rho}=\frac{M}{E_1I_1+E_2I_2} \tag{10-68}$$

$$\left.\begin{aligned}\sigma_1&=\frac{My}{I_1+I_2E_2/E_1}\\ \sigma_2&=\frac{My}{I_1E_1/E_2+I_2}\end{aligned}\right\} \tag{10-69}$$

式(10-67)可确定中性轴的位置，式(10-68)可得中性层的曲率，式(10-69)可得截面 1 与 2 上的弯曲正应力。

转换截面法是以式(10-67)～式(10-69)为依据，将多种材料构成的截面，转换为单一材料的等效截面，然后采用分析均质材料梁的方法进行求解的一种简化方法。

$$n=\frac{E_2}{E_1},\ \overline{I}=I_1+nI_2 \tag{10-70}$$

式中，$n$ 称为模量比。

### 10.9.2　夹层梁简化理论

夹层梁也是一种复合梁，工程中常采用简化理论(图 10-24)进行分析计算。首先假设弯矩完全由面板承受。当面板的弹性模量远大于芯材的弹性模量时此假设是合理的。其次由于面板厚度一般远小于芯材厚度，因此，假设剪力完全由芯材承受，弯曲切应力沿芯材截面均分布。

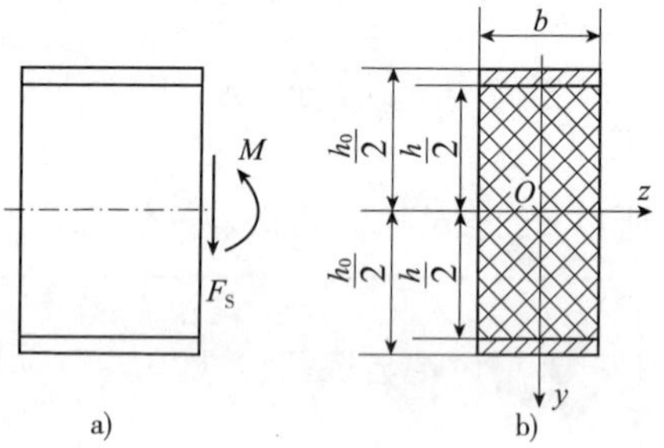

图 10-24　夹层梁简化理论

夹层梁面板的最大弯曲正应力为

$$\sigma_{\max}=\frac{Mh_0}{2I_{fz}},I_{fz}=\frac{1}{12}b(h_0^3-h^3) \tag{10-71}$$

夹层梁芯材的弯曲切应力为

$$\tau_{\max}=\frac{F_S}{bh} \tag{10-72}$$

## 10.10　Maple 编程示例

**编程题 10-1**　阶梯轴受力如图 10-25 所示。设 $E=200\text{GPa}$，$F_1=1.2\text{kN}$，$F_2=6.7\text{kN}$。试求 $F_1$ 及 $F_2$ 作用截面的挠度，并确定挠曲线。

已知：$d_1=50\text{mm}$，$d_2=52\text{mm}$，$d_3=60\text{mm}$，$d_4=65\text{mm}$，$a_1=40\text{mm}$，$a_2=100\text{mm}$，$a_3=125\text{mm}$，$a_4=35\text{mm}$，$b_1=100\text{mm}$，$b_2=200\text{mm}$，$b_3=100\text{mm}$，$c_1=15\text{mm}$，$c_2=85\text{mm}$。求 $v_4$，$v_{16}$。

**解：• 建模**

梁受力$\boldsymbol{F}_1$、$\boldsymbol{F}_2$、$\boldsymbol{F}_{Ax}$、$\boldsymbol{F}_{Ay}$、$\boldsymbol{F}_B$。

①列平衡方程，求支座约束力。

②将全梁十六等分，跨距十二等分。

③计算差分点和突变点的弯矩值。

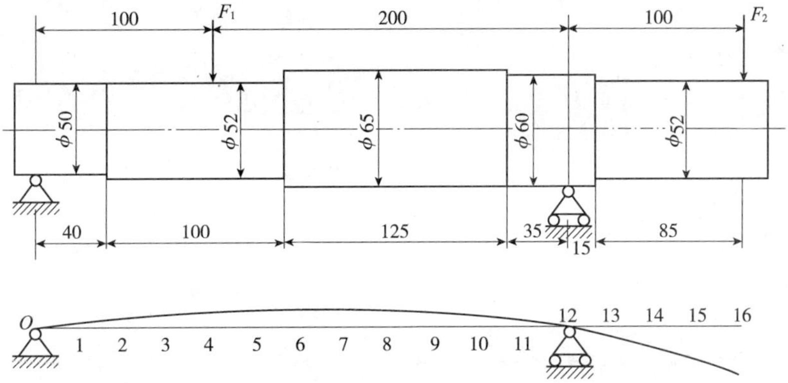


图 10-25 （尺寸单位：mm）

④建立差分方程，其中 1、2 点，5、6 点，10、11 点，12、13 点的中央差分方程用式(10-39)计算。

⑤注意边界条件 $v_0 = v_{12} = 0$。

⑥求解差分方程。

⑦绘挠曲线图。

⑧按突变修正中央差分公式计算。

**答：**$F_1$ 作用截面的挠度 $v_4 = 20.39\mu m$，$F_2$ 作用截面的挠度 $v_{16} = -70.75\mu m$。

按突变修正中央差分公式计算结果：$v_4 = 20.63\mu m$，$v_{16} = -70.27\mu m$。

- **Maple 程序**

```
> restart:                                              #清零。
> ##############################################
> a[1]:=40e-3:  a[2]:=100e-3:                           #已知条件。
> a[3]:=125e-3: a[4]:=35e-3:                            #已知条件。
> b[1]:=100e-3: b[2]:=200e-3: b[3]:=100e-3:
>                                                       #已知条件。
> c[1]:=15e-3:  c[2]:=85e-3:                            #已知条件。
> d[1]:=50e-3:  d[2]:=52e-3:                            #已知条件。
> d[3]:=60e-3:  d[4]:=65e-3:                            #已知条件。
> L0:=a[1]+a[2]+a[3]+a[4]:                              #跨距。
> L:=L0+c[1]+c[2]:                                      #全梁长度。
> F[1]:=1.2e3:  F[2]:=6.7e3:                            #已知条件。
> E:=200e9:   pi:=evalf(Pi):                            #已知条件。
> ##################################################
> eq1:=FA[x]=0:                                         #梁,ΣF_x=0。
> eq2:=FB*L0-F[1]*b[1]-F[2]*L=0:                        #梁,ΣM_A=0。
> eq3:=FA[y]+FB-F[1]-F[2]=0:                            #梁,ΣF_y=0。
>SOL1:=solve({eq1,eq2,eq3},{FA[x],FA[y],FB}):
>                                                       #解方程组。
> FA[x]:=0:                                             #支座约束力 F_Ax。
> FA[y]:= subs(SOL1,FA[y]):                             #支座约束力 F_Ay。
> FB:= subs(SOL1,FB):                                   #支座约束力 F_B。
> ##################################################
```

```
> N: =16:                                                  #将全梁十六等分。
> N0: =12:                                                 #将跨距十二等分。
> h: =L/N:                                                 #差分步长。
> v[0]: =0:                                                #边界条件一。
> v[N0]: =0:                                               #边界条件二。
> J[1]: =pi/64 * d[1]^4:                                   #第一段的截面惯性矩。
> J[2]: =pi/64 * d[2]^4:                                   #第二、五段的截面惯性矩。
> J[3]: =pi/64 * d[3]^4:                                   #第四段的截面惯性矩。
> J[4]: =pi/64 * d[4]^4:                                   #第三段的截面惯性矩。
> ##################################################
> for i from 0 to 3 do                                     #分段计算差分点的弯矩循环开始。
> x[i]: =h * i:                                            #差分点的坐标。
> M[i]: =FA[y] * h * i:                                    #差分点的弯矩。
> od:                                                      #循环结束。
> for i from 4 to N0 - 1 do                                #分段计算差分点的弯矩循环开始。
> x[i]: =h * i:                                            #差分点的坐标。
> M[i]: =FA[y] * h * i - F[1] * h * (i - 4):               #差分点的弯矩。
> od:                                                      #循环结束。
> for i from N0 to N do                                    #分段计算差分点的弯矩循环开始。
> x[i]: =h * i:                                            #差分点的坐标。
> M[i]: =FA[y] * h * i - F[1] * h * (i - 4) + FB * h * (i - N0):
>                                                          #差分点的弯矩。
> od:                                                      #循环结束。
> ##################################################
> with(linalg):                                            #加载矩阵运算库。
> A: =matrix(N - 1,N - 1,[[ -2,1,0,0,0,0,0,0,0,0,0,0,0,0,0],
>                          [1, -2,1,0,0,0,0,0,0,0,0,0,0,0,0],
>                          [0,1, -2,1,0,0,0,0,0,0,0,0,0,0,0],
>                          [0,0,1, -2,1,0,0,0,0,0,0,0,0,0,0],
>                          [0,0,0,1, -2,1,0,0,0,0,0,0,0,0,0],
>                          [0,0,0,0,1, -2,1,0,0,0,0,0,0,0,0],
>                          [0,0,0,0,0,1, -2,1,0,0,0,0,0,0,0],
>                          [0,0,0,0,0,0,1, -2,1,0,0,0,0,0,0],
>                          [0,0,0,0,0,0,0,1, -2,1,0,0,0,0,0],
>                          [0,0,0,0,0,0,0,0,1, -2,1,0,0,0,0],
>                          [0,0,0,0,0,0,0,0,0,1, -2,0,0,0,0],
>                          [0,0,0,0,0,0,0,0,0,0,1, 1,0,0,0],
>                          [0,0,0,0,0,0,0,0,0,0,0, -2,1,0,0],
>                          [0,0,0,0,0,0,0,0,0,0,0,0,1, -2,1,0],
>                          [0,0,0,0,0,0,0,0,0,0,0,0,0,1, -2,1]]):
>                                                          #差分方程系数矩阵。
> #B: =vector([h^2 * M[1]/(E * J[1]),
> #        seq(h^2 * M[i]/(E * J[2]),i =2..5),
> #        seq(h^2 * M[i]/(E * J[4]),i =6..10),
```

```
> #         seq(h^2 * M[i]/(E * J[3]),i = 11..12),
> #         seq(h^2 * M[i]/(E * J[2]),i = 13..N - 1)]);#传统差分方程常数向量。
> ################################################################
> Delta[Jk1]: = J[1] * J[2]/(J[1] - J[2]):           #第一突变点截面惯性矩相当增量。
> Delta[Jk2]: = J[2] * J[4]/(J[2] - J[4]):           #第二突变点截面惯性矩相当增量。
> Delta[Jk3]: = J[3] * J[4]/(J[4] - J[3]):           #第三突变点截面惯性矩相当增量。
> Delta[Jk4]: = J[2] * J[3]/(J[3] - J[2]):           #第四突变点截面惯性矩相当增量。
> hk[R1]: = 2 * h - a[1]:                            #第一突变点距右侧最近差分点的距离。
> hk[L1]: = a[1] - h:                                #第一突变点距左侧最近差分点的距离。
> hk[R2]: = 6 * h - a[1] - a[2]:                     #第二突变点距右侧最近差分点的距离。
> hk[L2]: = a[1] + a[2] - 5 * h:                     #第二突变点距左侧最近差分点的距离。
> hk[R3]: = 11 * h - a[1] - a[2] - a[3]:             #第三突变点距右侧最近差分点的距离。
> hk[L3]: = a[1] + a[2] + a[3] - 10 * h:             #第三突变点距左侧最近差分点的距离。
> hk[R4]: = 13 * h - L0 - c[1]:                      #第四突变点距右侧最近差分点的距离。
> hk[L4]: = L0 + c[1] - 12 * h:                      #第四突变点距左侧最近差分点的距离。
> Mk1: = FA[y] * a[1]:                               #第一突变点的弯矩。
> Mk2: = FA[y] * (a[1] + a[2]) - F[1] * (a[1] + a[2] - b[1]):
>                                                    #第二突变点的弯矩。
> Mk3: = FA[y] * (a[1] + a[2] + a[3]) - F[1] * (a[1] + a[2] + a[3] - b[1]):
>                                                    #第三突变点的弯矩。
> Mk4: = FA[y] * (L0 + c[1]) - F[1] * (L0 + c[1] - b[1]) + FB * c[1]:
>                                                    #第四突变点的弯矩。
> B: = vector([h^2 * M[1]/(E * J[1]) + (hk[R1])^2 * Mk1/(2 * E * Delta[Jk1]),
>          h^2 * M[2]/(E * J[2]) - (hk[L1])^2 * Mk1/(2 * E * Delta[Jk1]),
>        seq(h^2 * M[i]/(E * J[2]),i = 3..4),
>          h^2 * M[5]/(E * J[2]) + (hk[R2])^2 * Mk2/(2 * E * Delta[Jk2]),
>          h^2 * M[6]/(E * J[4]) - (hk[L2])^2 * Mk2/(2 * E * Delta[Jk2]),
>        seq(h^2 * M[i]/(E * J[4]),i = 7..9),
>          h^2 * M[10]/(E * J[4]) + (hk[R3])^2 * Mk3/(2 * E * Delta[Jk3]),
>          h^2 * M[11]/(E * J[3]) - (hk[L3])^2 * Mk3/(2 * E * Delta[Jk3]),
>          h^2 * M[12]/(E * J[3]) + (hk[R4])^2 * Mk4/(2 * E * Delta[Jk4]),
>          h^2 * M[13]/(E * J[2]) - (hk[L4])^2 * Mk4/(2 * E * Delta[Jk4]),
>      seq(h^2 * M[i]/(E * J[2]),i = 14..N - 1)]);#修正差分方程常数向量。
> V: = linsolve(A,B):                                #求解差分方程。
> ################################################
> for i from 1 to N0 - 1 do                          #分段结果输出循环开始。
> v[i]: = evalf(V[i],4):                             #差分点的挠度。
> od;                                                #循环结束。
> for i from N0 + 1 to N do                          #分段结果输出循环开始。
> v[i]: = evalf(V[i - 1],4):                         #差分点的挠度。
> od;                                                #循环结束。
> plot([seq([x[i],v[i]],i = 0..N)],tickmarks = [3,3]);
>                                                    #绘挠曲线图。
> ################################################
```

## 思考题

**思考题 10-1** 建筑工程中常用的钢筋混凝土结构，在设计上布置钢筋承受拉力、混凝土承受压力，这有什么好处？今有一座钢筋混凝土结构的桥梁，如图 10-26 所示，在使用中出现险情：列车通过时跨中挠度超过了设计要求。有人说：这好办，只要中间部位再加一个桥墩就行了。试分析一下这个方案是否可行？为什么？并提出一个可行的方案。

**思考题 10-2** 如图 10-27 所示一等刚度双跨超静定梁，可用分析的方法求出支座约束力。今拟通过实测来测量支座约束力，以便与分析所得结果相比较，试设计此实验装置（包括提出所需测量仪表）。

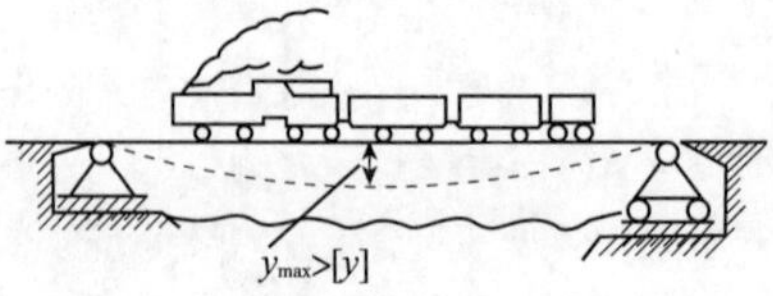


图 10-26

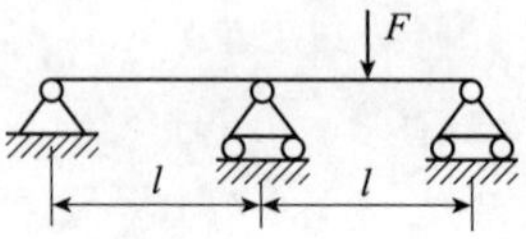


图 10-27

**思考题 10-3** 在两个固定铰支座之间，装上一条直杆，承受横向载荷 $F$，构成一次超静定结构[图 10-28a)]。若改用一条曲杆，也是一次超静定结构[图 10-28b)，称为拱]。若两者载荷和跨度 $l$ 都相同，试比较任意截面上的内力素有何异同。

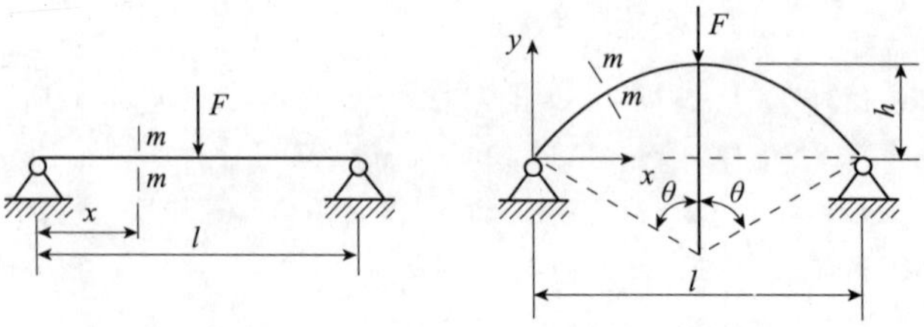


a) b)

图 10-28

*思考题 10-4 已知一任意截面的等直梁，在集中力偶作用下产生纯弯曲。图 10-29 中的 $y$ 和 $z$ 轴是正交的形心轴（但不是主轴），力偶作用在 $xOy$ 平面内。若不使用已有的平面弯曲应力公式，试直接从平面假定出发推导此梁横截面上的正应力公式。

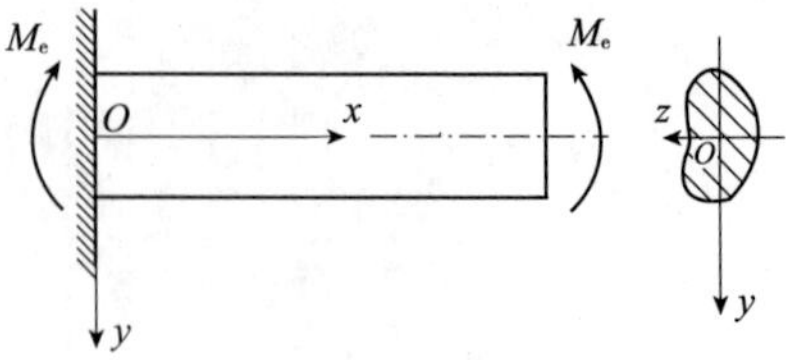


图 10-29

**思考题 10-5** 试判断如图 10-30 所示各种截面的形心和弯心的大概位置。若剪力沿垂直向下且通过弯心，试画出剪力流的流向。

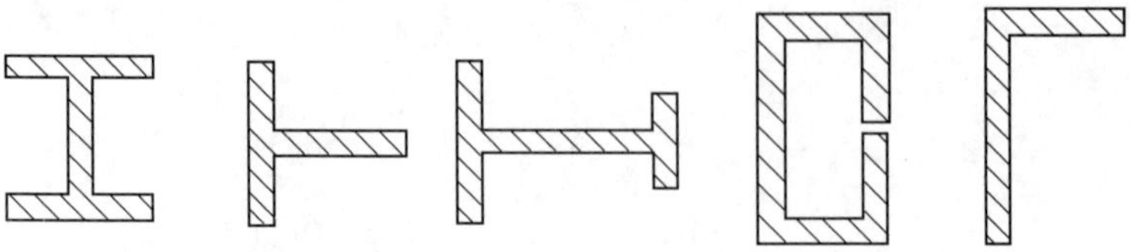

a) b) c) d) e)

图 10-30

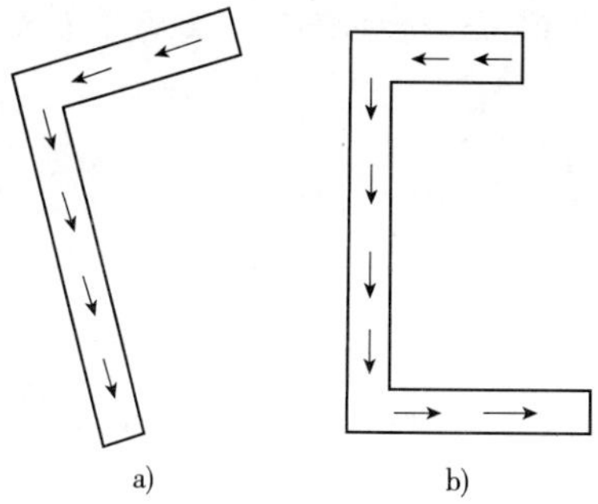


图 10-31

**思考题 10-6** 在分析开口薄壁截面弯心的位置时，对如图 10-31a)所示的角形截面，可由剪力合力的作用点立即定出。那么，对于如图 10-31b)所示的不对称槽形截面，是否也可用同样的方法确定弯心的位置呢？

**思考题 10-7** 试绘出如图 10-32 所示槽形和 $Z$ 形截面梁的形心主惯面（形心主轴与梁轴线组成的平面）和弯心主惯面（弯心主轴与弯心连线组成的平面）。若要保证平面弯曲，同时又不产生扭转，外力平面应与上述哪个平面重合？

**思考题 10-8** 一矩形截面悬臂梁在自由端受一力偶 $M_e$ 作用，如图 10-33 所示，当 $M_e$ 的作用平面 $ab$ 绕梁的轴线 $x$ 转动一周时，梁端截面形心将描绘出什么样的曲线？如果是正方形截面，又将如何？

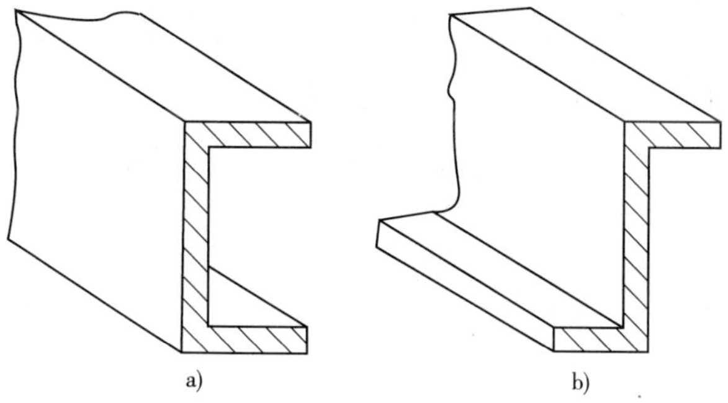


图 10-32

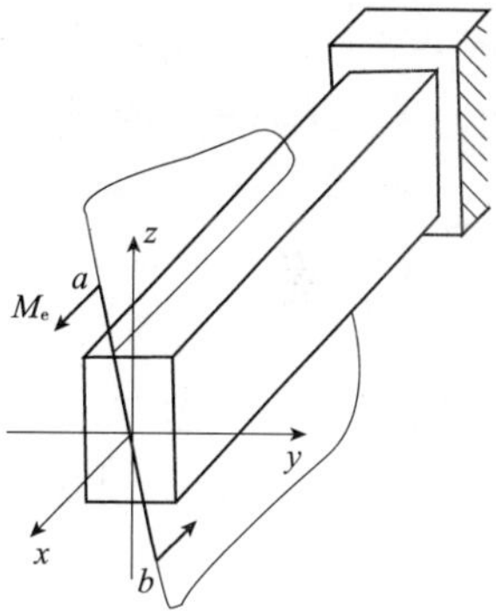


图 10-33

**思考题 10-9** 悬臂梁在自由端受到横向集中力作用，如图 10-34 所示各种不同的截面形状和力的作用线，其中 $C$ 为形心，$S$ 为弯心。试判断各梁将产生什么变形。

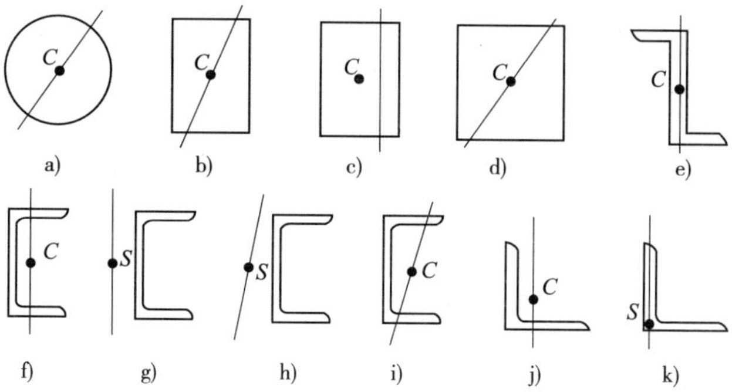


图 10-34

**思考题 10-10** 试通过表 10-4 比较斜弯曲与平面弯曲的主要区别。

表 10-4

| 变形形式 | 受力特点 | 中性轴位置 | 挠度曲线 |
|---|---|---|---|
| 平面弯曲 | | | |
| 斜弯曲 | | | |

**思考题 10-11** 矩形截面梁斜弯曲，当外力平面与矩形对角线和梁轴线所组成的平面重合时，中性轴是否与另一对角线重合？

**思考题 10-12** 在斜弯曲的情况下，梁的挠度可以计算如下：

$$f=\sqrt{f_y^2+f_z^2}$$

那么，梁的总转角应如何计算？

**思考题 10-13** 尺寸相同的三根矩形截面杆，它们的受力情况分别如图 10-35 所示。试指出各杆内最大正应力所在的位置和危险面上中性轴的位置。

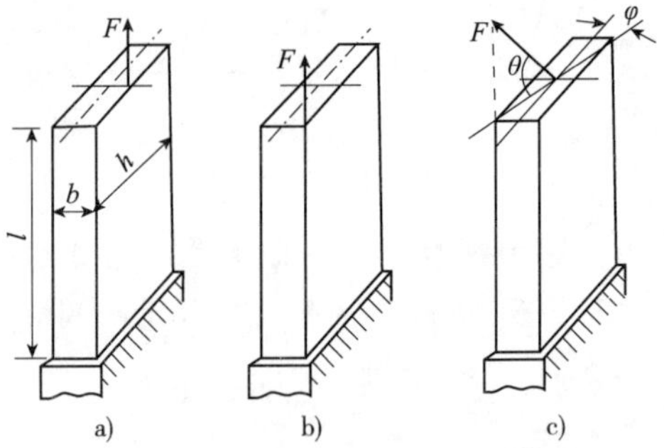


图 10-35

* **思考题 10-14** 两材料不同而尺寸相同的金属板紧密地结合在一起（截面如图 10-36 所示）成为一双金属梁。在纯弯曲（弯曲力偶在铅垂平面内）时梁内的正应力分布与同样尺寸的单金属梁有无差异？试指出双金属梁正应力沿截面高度的分布规律。这时中性轴的位置是否仍然通过截面图形的形心？

**思考题 10-15** 如图 10-37 所示直梁的截面，内、外两种材料的弹性模量分别为 $E_2$ 和 $E_1$，弯曲时两者无相对滑动。对这种梁该如何校核强度？在选用材料时，把刚度和强度好一些的材料放在里边还是放在外层为好？

**思考题 10-16** 由两种材料黏合而成的圆形和矩形截面等直梁，若载荷作用在几何形状的纵向对称平面内（图 10-38），是否仍发生平面弯曲？如何确定它们的弯心位置？

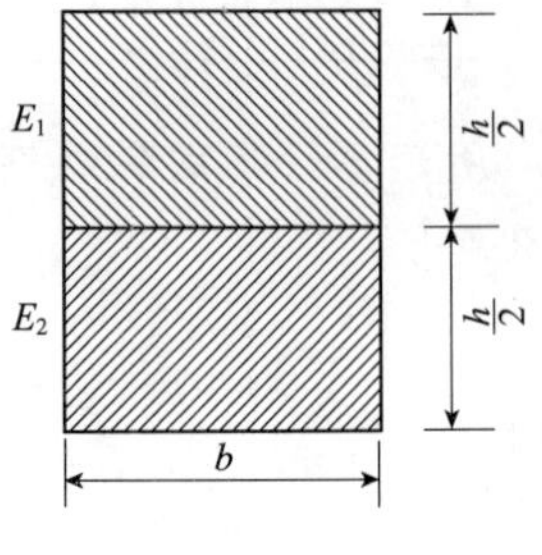


图 10-36

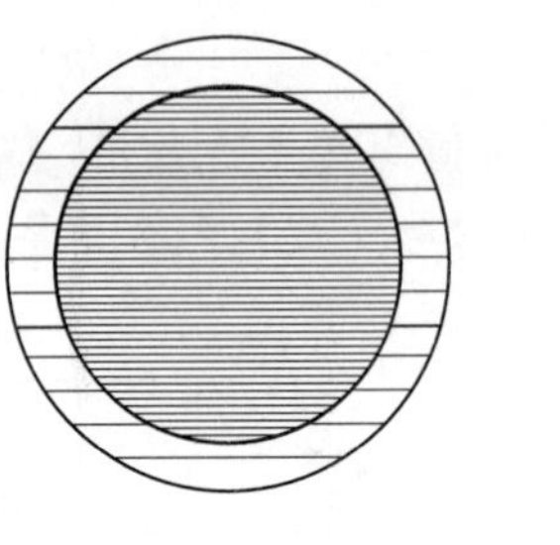

图 10-37

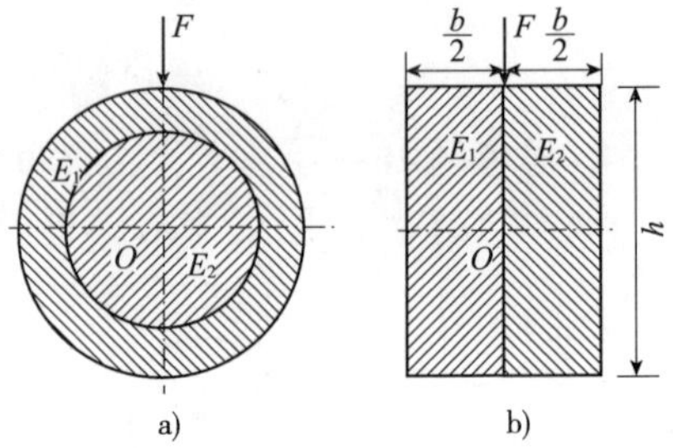


图 10-38

## 习题

### A 类型习题

**习题 10-1** 试用初参数法求如习题图 10-1 所示的两端固定的梁的挠度曲线函数。已知：$q_0$，$L$，梁的刚度 $EI$ = 常数。

**习题 10-2** 简支梁受集中力、集中力偶与分布力作用，如习题图 10-2 所示，设 $F=qa$，$M_e=qa^2$，试采用待定系数法写出梁的变形函数。

**习题 10-3** 外伸梁受集中力、集中力偶与分布力作用，如习题图 10-3 所示，设 $M_e=qa^2$，$F=qa$，试采用待定系数法写出梁的变形函数。

**习题 10-4** 采用共轭梁法求如习题图 10-4 所示的梁的自由端挠度和转角。已知：$q$，$a$，$b$，$E$，$I$。

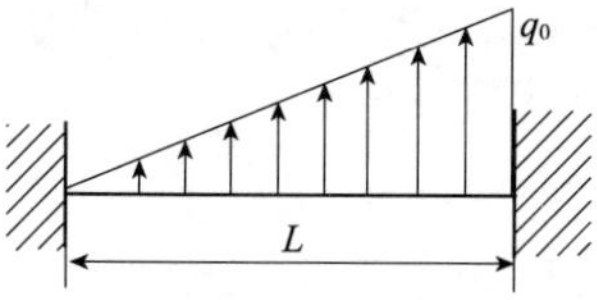


习题图　10-1

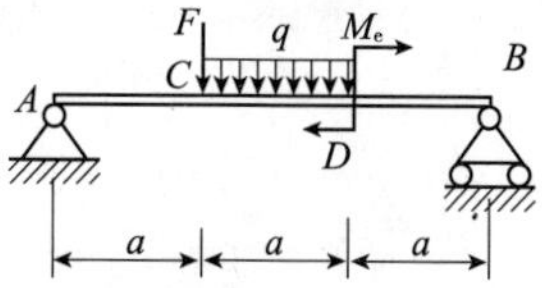


习题图　10-2

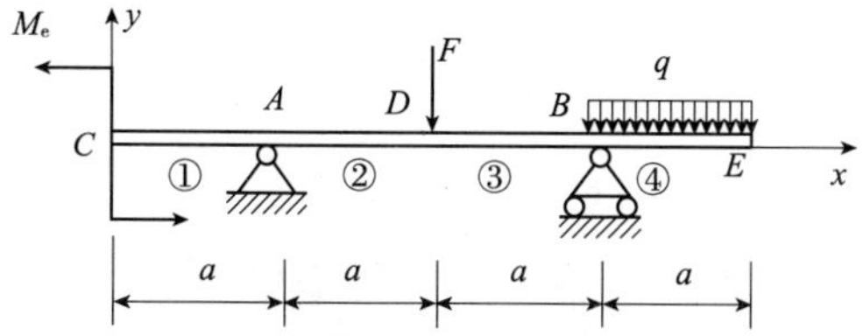


习题图　10-3

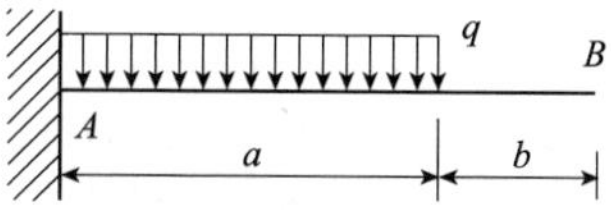


习题图　10-4

**习题 10-5**　试采用奇异函数法计算习题图 10-5 所示梁截面 $A$ 和 $B$ 的挠度和转角。弯曲刚度 $EI$ 为常数。已知：$F=8\text{kN}$，$q=8\text{kN/m}$，$L=5\text{m}$。

## B 类型习题

**习题 10-6**　如习题图 10-6 所示一非对称工字梁，试确定其弯曲中心 $A$ 的位置。

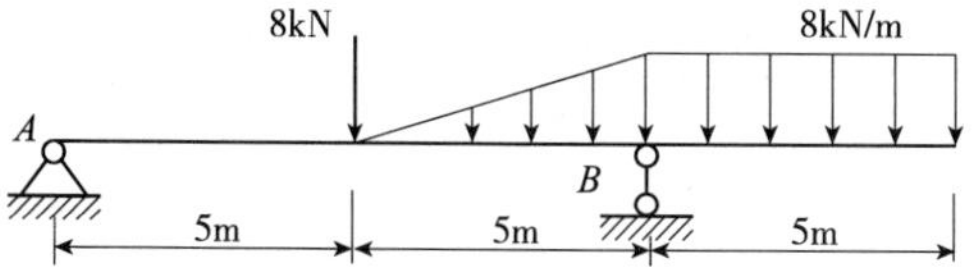


习题图　10-5

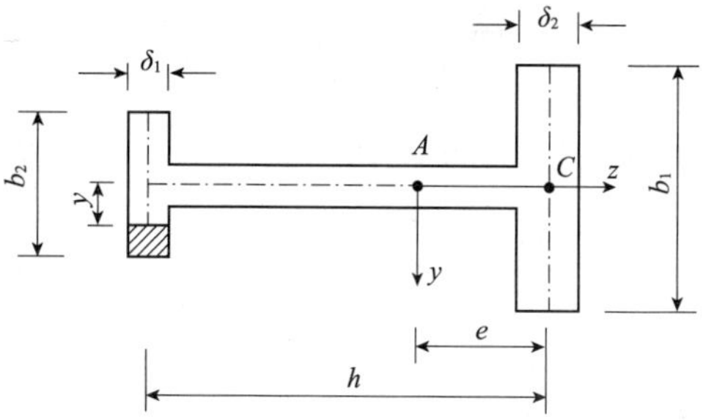


习题图　10-6

**习题 10-7**　求如习题图 10-7 所示薄壁圆环截面的弯曲中心。设平均半径 $R$，壁厚 $t$，剪力 $F_S$ 向下。

**习题 10-8**　确定如习题图 10-8 所示截面的弯曲中心 $A$ 的位置，设壁厚 $\delta$ 为常数。

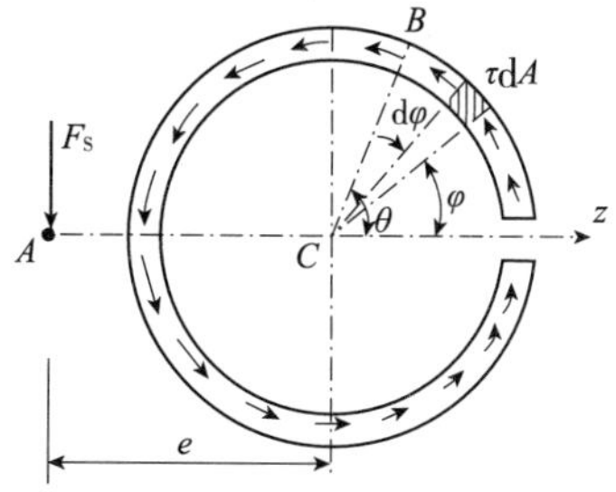


习题图　10-7

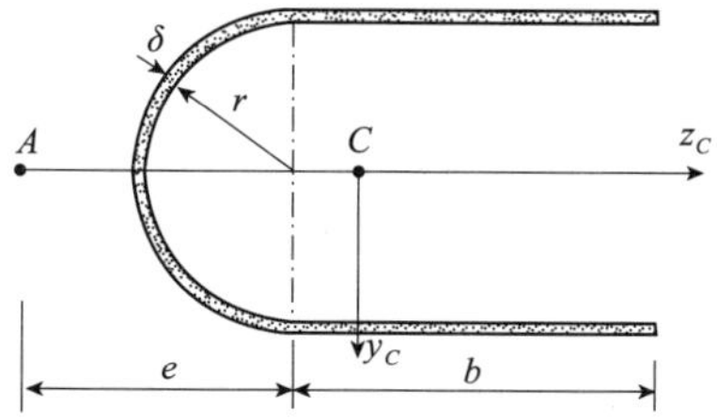


习题图　10-8

**习题 10-9**　用钢板与木材组合的简支梁（习题图 10-9）。梁跨长 $L=3\text{m}$，$F=10\text{kN}$，木材与钢板间不能相对滑动，已知木材的弹性模量 $E_1=10\text{GPa}$，钢材的弹性模量 $E_2=210\text{GPa}$。求木材及钢材中的最大正应力。

**习题 10-10**　一矩形截面梁（习题图 10-10），材料的抗拉弹性模量 $E_t$ 大于材料的抗压弹

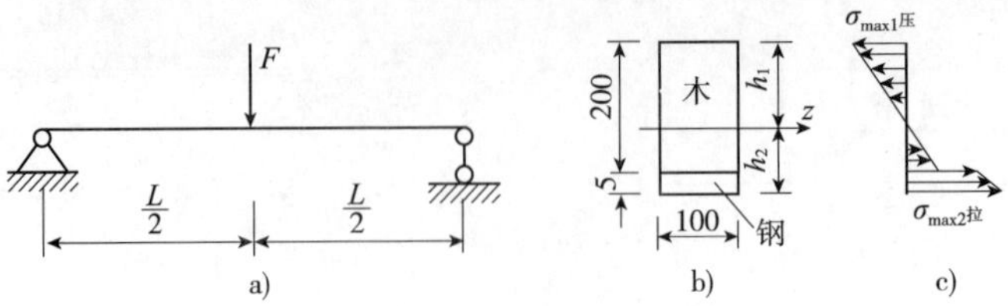


习题图 10-9 （尺寸单位：mm）

性模量 $E_c$，确定正应力在截面上的分布规律。

**习题 10-11** 如习题图 10-11 所示，由木、钢两种材料组成的矩形截面梁，木、钢的弹性模量分别为 $E_1=10\text{GPa}$，$E_2=210\text{GPa}$。求木材与钢材所受弯矩之比 $M_1:M_2$ 的值。

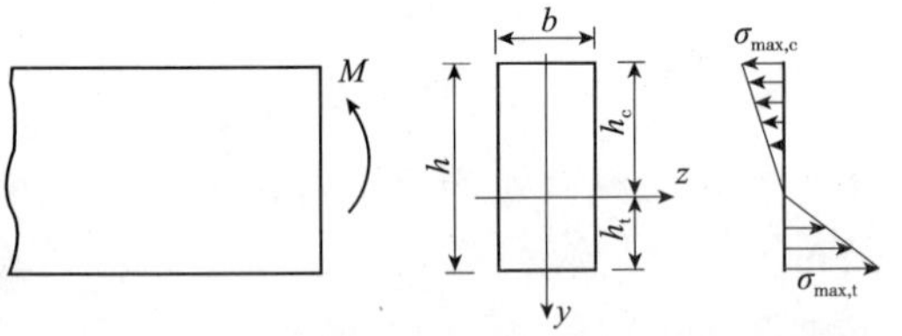


习题图 10-10

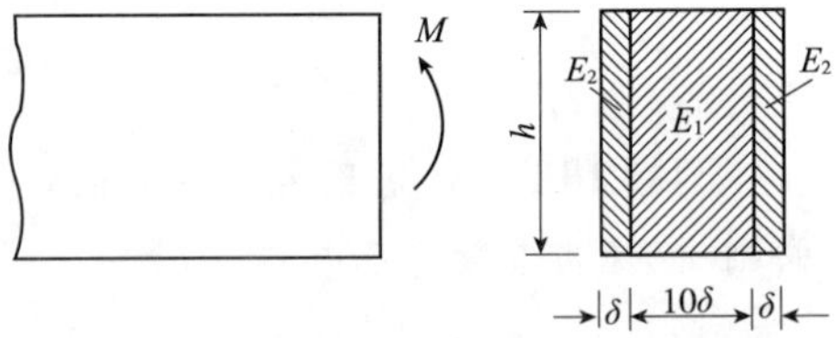


习题图 10-11

**习题 10-12** 一根简支梁是由 100mm × 300mm 的木板与工字钢翼缘用螺栓固定而成，梁的跨度为 $L=9.6\text{m}$，全部承受均布载荷。今在跨度中点翼缘的内面 $A$、$B$ 两点安置两个应变片（习题图 10-12）。用实验测得这两点的纵向线应变 $\varepsilon_A=-420\times10^{-6}$、$\varepsilon_B=-700\times10^{-6}$。如果此梁的变形仍符合平面假设，已知木、钢的弹性模量分别为 $E_1=10\text{GPa}$，$E_2=210\text{GPa}$。

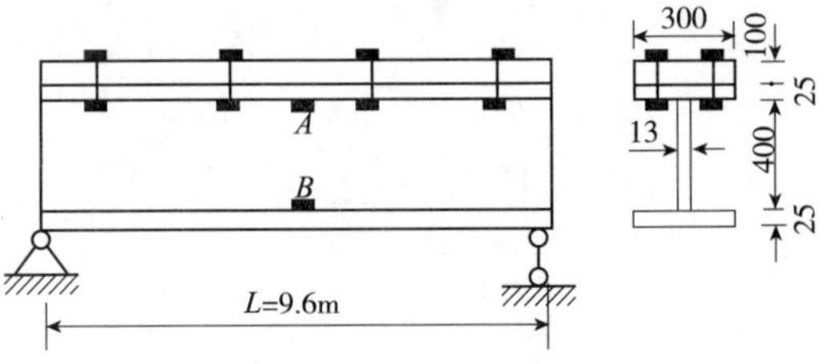


习题图 10-12 （尺寸单位：mm）

（1）求上述截面上作用在木板上的总轴力；

（2）如果螺栓的纵向间距为 600mm，求每一螺栓承受的平均剪力。假设每个螺栓的受力相同。

**习题 10-13** 如习题图 10-13 所示圆截面简支梁由 $A$、$B$ 套成，$A$、$B$ 层间不计摩擦，材料的弹性模量 $E_B=2E_A$。求出外力偶矩作用下，$A$、$B$ 中最大正应力的比值 $\sigma_{\max,A}/\sigma_{\max,B}$。

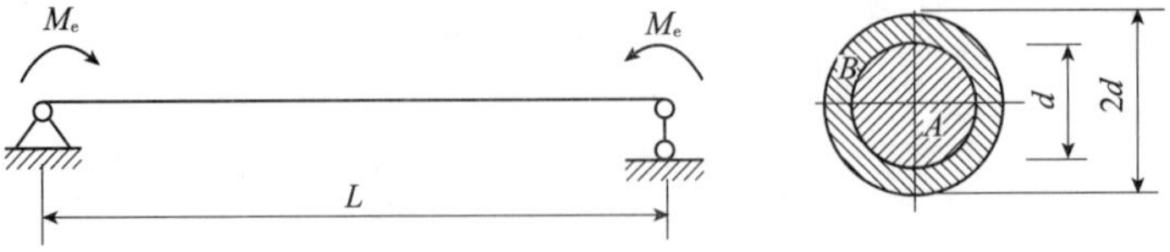


习题图 10-13

**习题 10-14** 如习题图 10-14 所示矩形截面悬臂梁，$b=20\text{mm}$，$h=50\text{mm}$，$L=0.4\text{m}$。在自由端部横截面内受载荷 $F$ 作用。现由实验测得梁表面 $A$、$B$ 点沿梁轴线方向的线应变分别为 $\varepsilon_A=2.1\times10^{-4}$ 和 $\varepsilon_B=2.1\times10^{-4}$。试确定载荷 $F$ 及其方位角 $\beta$。已知弹性模量 $E=200\text{GPa}$。

**习题 10-15** 如习题图 10-15 所示边长为 $b$ 的正三角形截面悬臂梁在自由端截面形心处

受集中力 $F_y$、$F_z$ 作用，且 $F_y=\sqrt{3}F_z$。求自由端截面形心 $C$ 的位移及其所在平面。

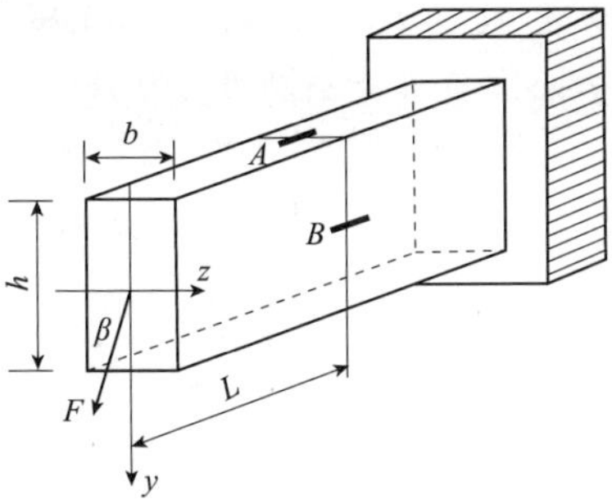


习题图 10-14

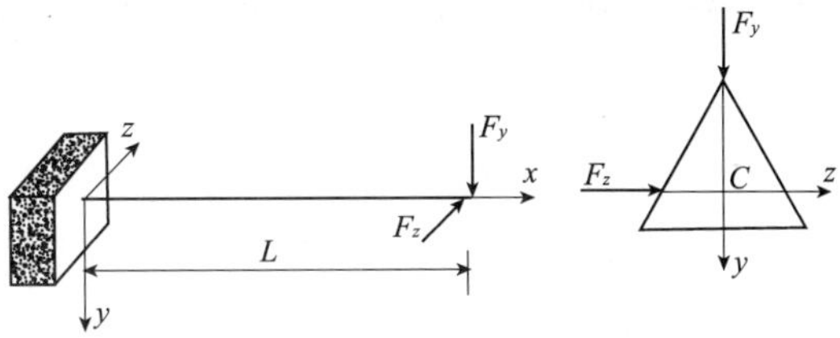


习题图 10-15

**习题 10-16** 如习题图 10-16 所示悬臂梁的横截面为直角三角形，$b=75\text{mm}$，$h=150\text{mm}$，$L=1.25\text{m}$。自由端的集中力 $P=6\text{kN}$，且通过截面形心并平行于三角形的竖直边。若不计杆件的扭转变形，试求固定端 $A$、$B$、$C$ 三点的正应力。

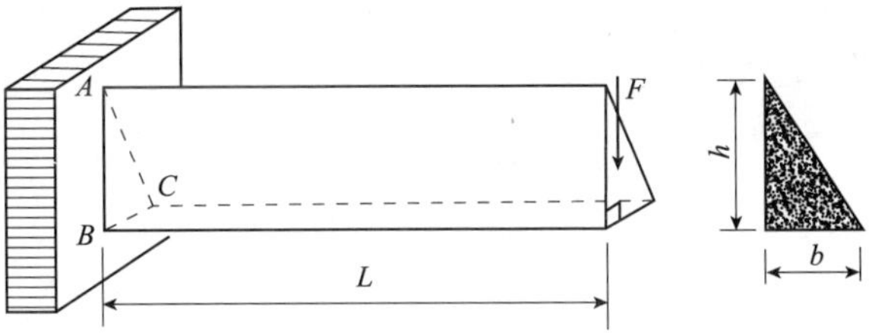


习题图 10-16

**习题 10-17** 悬臂梁横截面如习题图 10-17 所示，设 $P$ 平行于 $y$ 轴且过形心 $C$，已知 $I_y=I_z=\dfrac{11a^4}{12}$，$I_{yz}=\dfrac{a^4}{3}$。求 $A$ 点的弯曲正应力 $\sigma_A$。

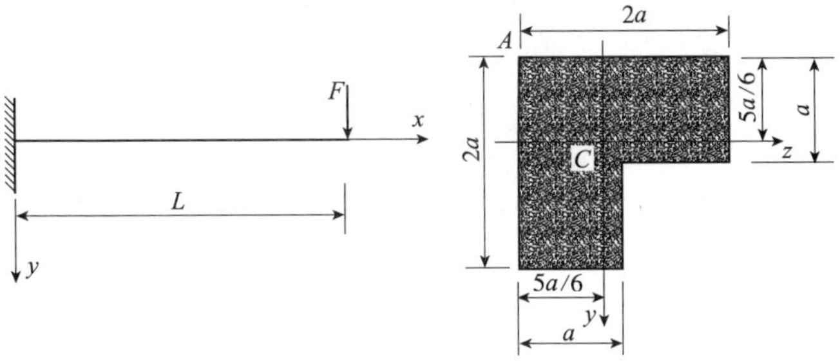


习题图 10-17

**习题 10-18** 受均布载荷简支梁如习题图 10-18 所示，已知 $E$、$L$、$q$，求最大挠度 $f$ 及其所在平面。

## C 类型习题

**习题 10-19** 如习题图 10-19 所示，一长方形等截面梁由钢与铜两层板粘贴在一起而成。由外载荷产生的最大弯矩为 $M_y$。在伯努里的假设下求变形 $\varepsilon(z)$ 与应力 $\sigma(z)$ 的分布。

已知数据：$a=70\text{mm}$，$b=12\text{mm}$，$c=43\text{mm}$，$M_y=685\text{N}\cdot\text{m}$。钢：$E_1=216\text{GPa}$，铜：$E_2=124\text{GPa}$。

**习题 10-20** 如习题图 10-20a) 所示，为了减少图中所绘的梁的最大弯曲应力和在垂直方向的最大挠度，将梁的截面在其全长度 $L$ 依照习题图 10-20c)、d)所示予以加强。梁的各部分均沿着全部接触面牢固连接。梁和加强部件均由同一材料制成。试问如习题图 10-20c)、d)所示对加强部件的布置，梁的最大弯曲应力和在垂直方向的最大挠度？

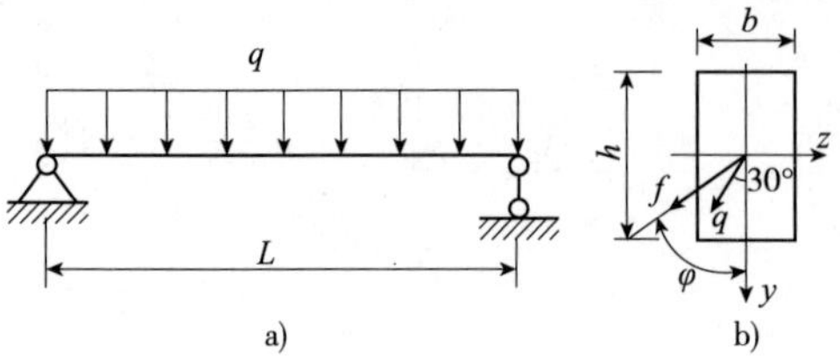


习题图　10-18

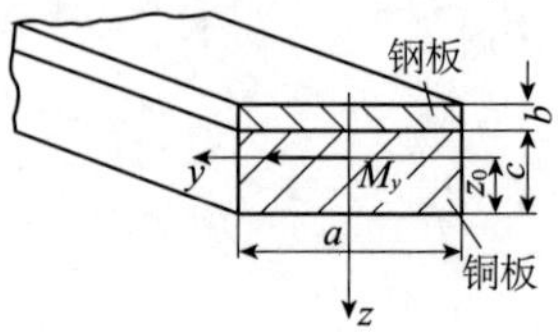


习题图　10-19

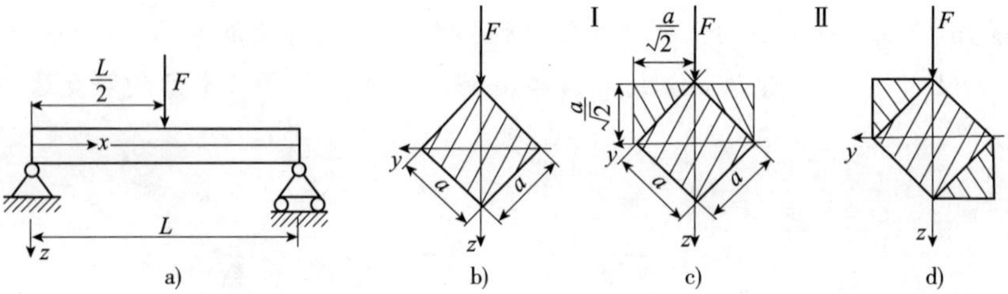


习题图　10-20

弗兰西斯·培根(英国,1561～1626)

“知识像烛光,

能照亮一个人,

也能照亮无数的人。”

子曰:“我非生而知之者,好古,敏以求之者也。”

# 第 11 章　利用计算机求解梁弯曲变形的快速解析法

李银山提出一种求解复杂载荷作用下梁弯曲变形问题的连续分段独立一体化积分法。连续分段独立一体化积分法首先将梁进行自然分段,独立建立具有 4 阶导数的挠曲线近似微分方程,然后分段独立积分 4 次,得到挠度的通解。根据边界条件和连续性条件,确定积分常数,得到剪力、弯矩、转角和挠度的解析函数,同时绘出剪力图、弯矩图、转角图和挠度图。工程实例表明,连续分段独立一体化积分法建立方程简单,计算编程程式化,求解速度快,与有限元法相比其优点是可以得到精确的解析解。

## 11.1　连续分段独立一体化积分法

连续分段独立一体化积分法的解题步骤如下:

(1)首先把梁在突变处自然分成 $n$ 段,建立独立的四阶导数挠曲线微分方程

$$\frac{\mathrm{d}^4 v_i}{\mathrm{d}x^4}=\frac{q_i(x)}{E_iI_i}\quad(i=1,2,\cdots,n)\tag{11-1}$$

(2)积分一次,得到剪力方程通解

$$\frac{\mathrm{d}^3 v_i}{\mathrm{d}x^3}=\int\frac{q_i(x)\mathrm{d}x}{E_iI_i}+C_{i,1}\quad(i=1,2,\cdots,n)\tag{11-2}$$

积分两次,得到弯矩方程通解

$$\frac{\mathrm{d}^2 v_i}{\mathrm{d}x^2}=\int\left(\int\frac{q_i(x)}{E_iI_i}\mathrm{d}x\right)\mathrm{d}x+C_{i,1}x+C_{i,2}\quad(i=1,2,\cdots,n)\tag{11-3}$$

积分三次,得到转角方程通解

$$\frac{\mathrm{d}v_i}{\mathrm{d}x}=\int\left(\int\left(\int\frac{q_i(x)}{E_iI_i}\mathrm{d}x\right)\mathrm{d}x\right)\mathrm{d}x+\frac{1}{2}C_{i,1}x^2+C_{i,2}x+C_{i,3}\quad(i=1,2,\cdots,n)\tag{11-4}$$

积分四次,得到挠度方程通解

$$v_i=\int\left(\int\left(\int\left(\int\frac{q_i(x)}{E_iI_i}\mathrm{d}x\right)\mathrm{d}x\right)\mathrm{d}x\right)\mathrm{d}x+\frac{1}{6}C_{i,1}x^3+\frac{1}{2}C_{i,2}x^2+C_{i,3}x+C_{i,4}\quad(i=1,2,\cdots,n)\tag{11-5}$$

(3)利用位移边界条件、力边界条件和连续性条件建立 $4n$ 个边界条件约束方程

$$f(C_{i,j})=0\quad(i=1,2,\cdots,n;j=1,2,3,4)\tag{11-6}$$

联立求解边界条件约束方程(11-6),就可确定 $4n$ 个积分常数 $C_{i,j}(i=1,2,\cdots,n;j=1,2,3,4)$。

(4)将积分常数 $C_{i,j}(i=1,2,\cdots,n;j=1,2,3,4)$ 代入式(11-2)～式(11-5)就可得到剪力、弯矩、转角和挠度的解析表达式。

## 11.2 静定梁的快速解析法

### 11.2.1 等截面梁的快速解析法

(1)复杂载荷作用下的简支梁

**例题 11-1** 简支梁的载荷和尺寸如图 11-1 所示,弯曲刚度 $EI$ 为常数,试利用计算机求解剪力、弯矩、转角和挠度的最大值。已知:$L=5\text{m}$,$M_e=80\text{kN}\cdot\text{m}$,$F=15\text{kN}$,$q=5\text{kN/m}$。

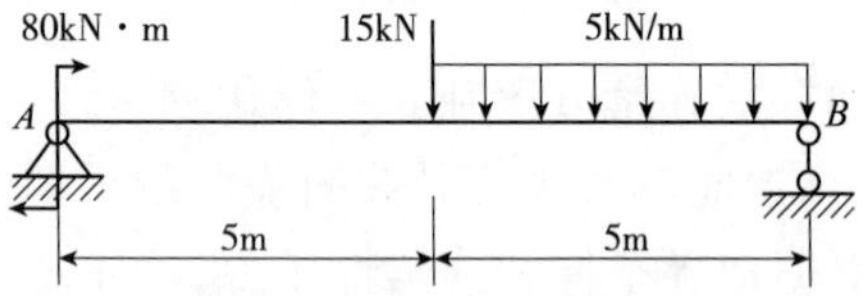

图 11-1 复杂载荷作用下的简支梁

**解**:利用连续分段独立一体化积分法求解步骤为:

①本题分为两段 $n=2$,各段的挠曲线近似微分方程如下:

$$\frac{\mathrm{d}^4 v_1}{\mathrm{d}x^4}=0 \quad (0\leqslant x\leqslant L) \tag{1a}$$

$$\frac{\mathrm{d}^4 v_2}{\mathrm{d}x^4}=-\frac{q}{EI} \quad (L<x\leqslant 2L) \tag{1b}$$

②对式(1)各段的挠曲线近似微分方程分别积分四次,得到剪力、弯矩、转角和挠度的通解。在通解中,包含有 8 个积分常数 $C_i(i=1,2,\cdots,8)$。

③利用如下的位移边界条件、力边界条件和连续性条件

$$v_1(0)=0, EIv''_1(0)=M_e \tag{2a}$$

$$v_1(L)=v_2(L), v'_1(L)=v'_2(L) \tag{2b}$$

$$EIv''_1(L)=EIv''_2(L), EIv'''_1(L)=EIv'''_2(L)+F \tag{2c}$$

$$v_2(2L)=0, EIv''_2(2L)=0 \tag{2d}$$

联立解方程组式(2),得出 8 个积分常数 $C_i(i=1,2,\cdots,8)$。

④将积分常数 $C_i(i=1,2,\cdots,8)$ 代入剪力、弯矩、转角和挠度的通解得到剪力、弯矩、转角和挠度的解析表达式。

⑤通过观察图形与解析求解相结合的方法,最大挠度位置发生在第一段转角为零的位置,即

$$\theta_1(x)=0 \tag{3}$$

解得 $x=0.963L$,代入第一段挠度函数 $v_1(x)$,即得最大挠度。

求出剪力、弯矩、转角和挠度的最大值如下:

剪力最大值:$F_{\mathrm{S,max}}^{(+)}=5.75\text{kN}(x=0)$,$F_{\mathrm{S,max}}^{(-)}=34.25\text{kN}(x=10\text{m})$;

弯矩最大值:$M_{\max}=108.8\text{kN}\cdot\text{m}(x=5\text{m})$;

转角最大值:$\theta_{\max}^{(-)}=0.722\,5\dfrac{qL^3}{EI}(x=0)$,$\theta_{\max}^{(+)}=0.550\,8\dfrac{qL^3}{EI}(x=2L)$;

挠度最大值:$v_{\max}^{(-)}=0.364\,7\dfrac{qL^4}{EI}(x=0.962\,4L)$。

⑥利用支座约束力与剪力函数的关系:$F_{Ay}=F_{\mathrm{S1}}(0)$,$F_B=-F_{\mathrm{S2}}(2L)$。可以得到支座约束力:$F_{Ax}=0$,$F_{Ay}=5.75\text{kN}$,$F_B=34.25\text{kN}$。

(2)复杂载荷作用下的悬臂梁

**例题 11-2** 悬臂梁的载荷和尺寸如图 11-2 所示,弯曲刚度 $EI$ 为常数,试利用计算机求解剪力、弯矩、转角和挠度的函数表达式。已知:$F=\frac{2}{3}qL, L=5\mathrm{m}, q=3\mathrm{kN/m}$。

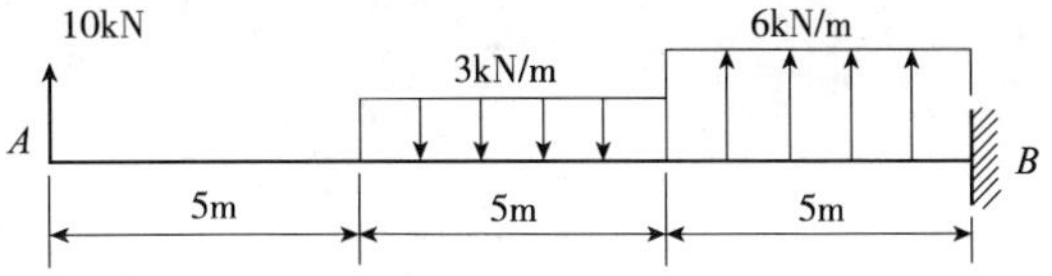

图 11-2 复杂载荷作用下的悬臂梁

**解**:利用连续分段独立一体化积分法求解步骤为:

①本题分为三段 $n=3$,各段的挠曲线近似微分方程如下:

$$\frac{\mathrm{d}^4 v_1}{\mathrm{d}x^4}=0 \quad (0\leqslant x\leqslant L) \tag{1a}$$

$$\frac{\mathrm{d}^4 v_2}{\mathrm{d}x^4}=-\frac{q}{EI} \quad (L<x\leqslant 2L) \tag{1b}$$

$$\frac{\mathrm{d}^4 v_3}{\mathrm{d}x^4}=\frac{2q}{EI} \quad (2L<x\leqslant 3L) \tag{1c}$$

②对式(1)各段的挠曲线近似微分方程分别积分四次,得到剪力、弯矩、转角和挠度的通解。在通解中,包含有 12 个积分常数 $C_i(i=1,2,\cdots,12)$。

③利用如下的位移边界条件、力边界条件和连续性条件

$$EIv''_1(0)=0, EIv'''_1(0)=F \tag{2a}$$

$$v_1(L)=v_2(L), v'_1(L)=v'_2(L) \tag{2b}$$

$$EIv''_1(L)=EIv''_2(L), EIv'''_1(L)=EIv'''_2(L) \tag{2c}$$

$$v_2(2L)=v_3(2L), v'_2(2L)=v'_3(2L) \tag{2d}$$

$$EIv''_2(2L)=EIv''_3(2L), EIv'''_2(2L)=EIv'''_3(2L) \tag{2e}$$

$$v_3(3L)=0, v'_3(3L)=0 \tag{2f}$$

联立解方程组式(2),得出 12 个积分常数 $C_i(i=1,2,\cdots,12)$。

④将积分常数 $C_i(i=1,2,\cdots,12)$代入剪力、弯矩、转角和挠度的通解得到剪力、弯矩、转角和挠度的解析表达得到剪力、弯矩、转角和挠度的解析表达式如下:

剪力函数

$$F_{S_1}=\frac{2qL}{3} \quad (0\leqslant x\leqslant L)$$

$$F_{S_2}=-\frac{q}{3}(3x-5L) \quad (L<x\leqslant 2L)$$

$$F_{S_3}=\frac{q}{3}(6x-13L) \quad (2L<x\leqslant 3L)$$

弯矩函数

$$M_1=\frac{2qLx}{3} \quad (0\leqslant x\leqslant L)$$

$$M_2=-\frac{q}{6}(3x^2-10Lx+3L^2) \quad (L<x\leqslant 2L)$$

$$M_3=\frac{q}{6}(6x^2-26Lx+33L^2) \quad (2L<x\leqslant 3L)$$

转角函数

$$\theta_1=\frac{qL}{6EI}(2x^2-13L^2)\quad(0\leqslant x\leqslant L)$$

$$\theta_2=-\frac{q}{6EI}(x^3-5Lx^2+3L^2x+12L^3)\quad(L<x\leqslant 2L)$$

$$\theta_3=\frac{q(x-3L)}{6EI}(2x^2-7Lx+12L^2)\quad(2L<x\leqslant 3L)$$

挠度函数

$$v_1=\frac{qL}{72EI}(8x^3-156L^2x+291L^3)\quad(0\leqslant x\leqslant L)$$

$$v_2=-\frac{q}{72EI}(3x^4-20Lx^3+18L^2x^2+144L^3x-288L^4)\quad(L<x\leqslant 2L)$$

$$v_3=\frac{q\ (x-3L)^2}{36EI}(3x^2-8Lx+24L^2)\quad(2L<x\leqslant 3L)$$

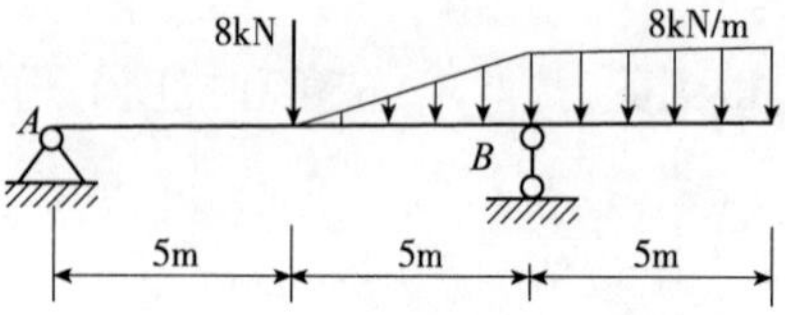

图 11-3 复杂载荷作用下的外伸梁

(3)复杂载荷作用下的外伸梁

**例题 11-3** 外伸梁的载荷和尺寸如图 11-3 所示,弯曲刚度 $EI$ 为常数,试利用计算机画出剪力图、弯矩图、转角图和挠度图。已知:$F=\frac{1}{5}qL$,$L=5\text{m}$,$q=8\text{kN/m}$。

**解**:利用连续分段独立一体化积分法求解步骤为:

①本题分为三段 $n=3$,各段的挠曲线近似微分方程如下:

$$\frac{d^4v_1}{dx^4}=0\quad(0\leqslant x\leqslant L)\tag{1a}$$

$$\frac{d^4v_2}{dx^4}=-\frac{q}{EI}\frac{x-L}{L}\quad(L<x\leqslant 2L)\tag{1b}$$

$$\frac{d^4v_3}{dx^4}=-\frac{q}{EI}\quad(2L<x\leqslant 3L)\tag{1c}$$

②对式(1)各段的挠曲线近似微分方程分别积分四次,得到剪力、弯矩、转角和挠度的通解。在通解中,包含有 12 个积分常数 $C_i(i=1,2,\cdots,12)$。

③利用如下的位移边界条件、力边界条件和连续性条件

$$v_1(0)=0,EIv''_1(0)=0\tag{2a}$$

$$v_1(L)=v_2(L),v'_1(L)=v'_2(L)\tag{2b}$$

$$EIv''_1(L)=EIv''_2(L),EIv'''_1(L)=EIv'''_2(L)+F\tag{2c}$$

$$v_2(2L)=0,v_3(2L)=0\tag{2d}$$

$$v'_2(2L)=v'_3(2L),EIv''_2(2L)=EIv''_3(2L)\tag{2e}$$

$$EIv''_3(3L)=0,EIv'''_3(3L)=0\tag{2f}$$

联立解方程组式(2),得出 12 个积分常数 $C_i(i=1,2,\cdots,12)$。

④将积分常数 $C_i(i=1,2,\cdots,12)$代入剪力、弯矩、转角和挠度的通解得到剪力、弯矩、转角和挠度的解析表达式。

⑤用计算机画出的剪力图、弯矩图、转角图和挠度图如图 11-4 所示。

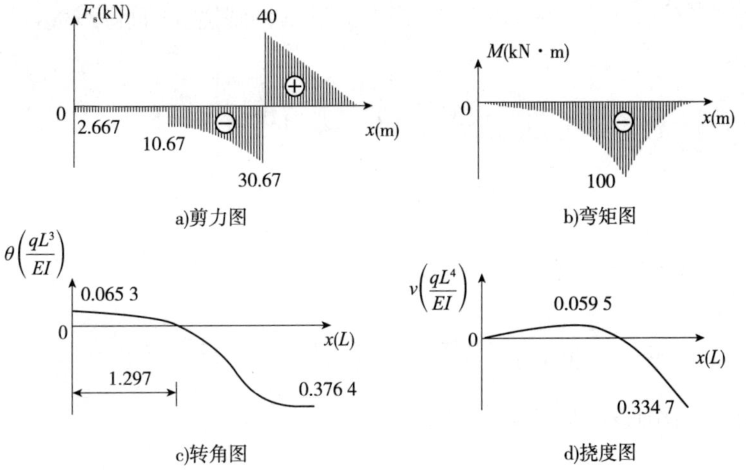


图　11-4

### 11.2.2　阶梯截面梁的快速解析法

**例题 11-4**　求如图 11-5 所示梁的挠度函数及梁中点的挠度。已知：$F,E,I$。

**解**：利用连续分段独立一体化积分法求解步骤如下。

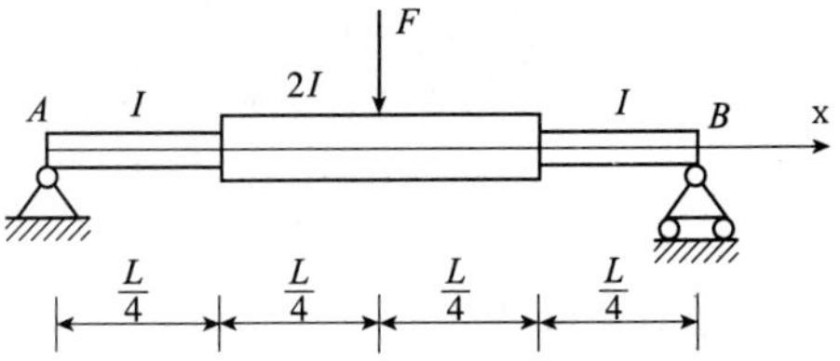


图 11-5　阶梯形梁的变形

①本题分为四段 $n=4$，各段的挠曲线近似微分方程如下：

$$\frac{\mathrm{d}^4 v_1}{\mathrm{d}x^4}=0 \quad \left(0 \leqslant x \leqslant \frac{L}{4}\right) \tag{1a}$$

$$\frac{\mathrm{d}^4 v_2}{\mathrm{d}x^4}=0 \quad \left(\frac{L}{4} < x \leqslant \frac{L}{2}\right) \tag{1b}$$

$$\frac{\mathrm{d}^4 v_3}{\mathrm{d}x^4}=0 \quad \left(\frac{L}{2} < x \leqslant \frac{3L}{4}\right) \tag{1c}$$

$$\frac{\mathrm{d}^4 v_4}{\mathrm{d}x^4}=0 \quad \left(\frac{3L}{4} < x \leqslant L\right) \tag{1d}$$

②对式(1)各段的挠曲线近似微分方程分别积分四次，得到剪力、弯矩、转角和挠度的通解。在通解中，包含有 16 个积分常数 $C_i(i=1,2,\cdots,16)$。

③利用如下的位移边界条件、力边界条件和连续性条件

$$v_1(0)=0, EIv''_1(0)=0 \tag{2a}$$

$$v_1(L/4)=v_2(L/4), v'_1(L/4)=v'_2(L/4) \tag{2b}$$

$$EIv''_1(L/4)=2EIv''_2(L/4), EIv'''_1(L/4)=2EIv'''_2(L/4) \tag{2c}$$

$$v_2(L/2)=v_3(L/2), v'_2(L/2)=v'_3(L/2) \tag{2d}$$

$$2EIv''_2(L/2)=2EIv''_3(L/2), 2EIv'''_2(L/2)=2EIv'''_3(L/2)+F \tag{2e}$$

$$v_3(3L/4)=v_4(3L/4), v'_3(3L/4)=v'_4(3L/4) \tag{2f}$$

$$2EIv''_3(3L/4)=EIv''_4(3L/4), 2EIv'''_3(3L/4)=EIv'''_4(3L/4) \tag{2g}$$

$$v_4(L)=0, EIv''_4(L)=0 \tag{2h}$$

联立解方程组式(2)，得出 16 个积分常数 $C_i(i=1,2,\cdots,12)$。

④将积分常数 $C_i(i=1,2,\cdots,16)$ 代入挠度的通解得到挠度的解析表达式。

挠度函数：

$$v_1=\frac{Fx}{384EI}(32x^2-15L^2)\quad\left(0\leqslant x\leqslant\frac{L}{4}\right)$$

$$v_2=\frac{F}{768EI}(32x^3-24L^2x-L^3)\quad\left(\frac{L}{4}<x\leqslant\frac{L}{2}\right)$$

$$v_3=-\frac{F}{768EI}(32x^3-96Lx^2+72L^2x-7L^3)\quad\left(\frac{L}{2}<x\leqslant\frac{3L}{4}\right)$$

$$v_4=-\frac{F(x-L)}{384EI}(32x^2-64Lx+17L^2)\quad(2L<x\leqslant 3L)$$

⑤最大挠度在梁中点。挠度最大值 $v_{\max}^{(-)}=\dfrac{3FL^3}{256EI}\left(x=\dfrac{L}{2}\right)$。

### 11.2.3 变惯性矩梁的快速解析法

连续分段独立一体化积分法的解题步骤如下：

①把梁结构分成 $n$ 段，根据弯矩、剪力和载荷集度三者的关系

$$\frac{\mathrm{d}^2M_i(x)}{\mathrm{d}x^2}=q_i(x),\frac{\mathrm{d}M_i(x)}{\mathrm{d}x}=F_{\mathrm{S}_i}(x)\quad(i=1,2,\cdots,n)\tag{11-7}$$

挠度、转角和弯矩三者的关系

$$\frac{\mathrm{d}^2v_i(x)}{\mathrm{d}x^2}=\frac{M_i(x)}{EI_i(x)},\frac{\mathrm{d}v_i(x)}{\mathrm{d}x}=\theta_i(x)\quad(i=1,2,\cdots,n)\tag{11-8}$$

利用式(11-7)、式(11-8)建立独立的具有四阶导数的挠曲线微分方程

$$I_i(x)\frac{\mathrm{d}^4v_i(x)}{\mathrm{d}x^4}+2\frac{\mathrm{d}I_i(x)}{\mathrm{d}x}\frac{\mathrm{d}^3v_i(x)}{\mathrm{d}x^3}+\frac{\mathrm{d}^2I_i(x)}{\mathrm{d}x^2}\frac{\mathrm{d}^2v_i(x)}{\mathrm{d}x^2}=\frac{q_i(x)}{E}\quad(i=1,2,\cdots,n)\tag{11-9}$$

②将式(11-9)积分四次，得到挠度方程通解

$$v_i=f(x,C_{i,1},C_{i,2},C_{i,3},C_{i,4})\quad(i=1,2,\cdots,n)\tag{11-10}$$

把式(11-10)对 $x$ 求一次导得到转角方程通解

$$\theta_i=f'_x\quad(i=1,2,\cdots,n)\tag{11-11}$$

把式(11-11)对 $x$ 求一次导得到弯矩方程通解

$$M_i=EIf''_{xx}\quad(i=1,2,\cdots,n)\tag{11-12}$$

把式(11-12)对 $x$ 求一次导得到剪力方程通解

$$F_{\mathrm{S}i}=EIf'''_{xxx}+EI'_xf''_{xx}\quad(i=1,2,\cdots,n)\tag{11-13}$$

③利用位移边界条件、力边界条件和连续性条件建立 $4n$ 个边界条件约束方程

$$\varphi(C_{i,j})=0\quad(i=1,2,\cdots,n;j=1,2,3,4)\tag{11-14}$$

联立求解边界条件约束方程(11-14)，就可确定 $4n$ 个积分常数 $C_{i,j}(i=1,2,\cdots,n;j=1,2,3,4)$。

④将积分常数 $C_{i,j}(i=1,2,\cdots,n;j=1,2,3,4)$ 代入式(11-10)～式(11-13)就可得到剪力、弯矩、转角和挠度的解析表达式。

⑤根据剪力、弯矩、转角和挠度的解析表达式，利用计算机绘出剪力图、弯矩图、转角图和挠度图。

⑥根据剪力、弯矩、转角和挠度的解析表达式，确定最大剪力、最大弯矩、最大转角和最大挠度。

⑦根据剪力和弯矩的解析表达式,直接确定支座约束力。

(1)惯性矩按坐标的线性规律变化

横截面为矩形截面的梁,如保持高度 $h$ 不变,而宽度按线性规律变化 $b=b_0+b_1x$,则属这种情况。

**例题 11-5** 求解如图 11-6 所示的线性变惯性矩梁的挠度方程及梁的最大挠度。已知:$F,E,L,I$。

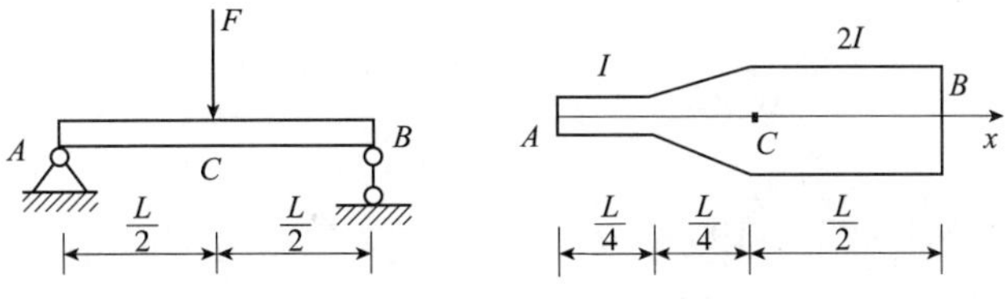


图 11-6 等高变宽变截面梁

**解**:利用连续分段独立一体化积分法求解步骤为:

①本题分为三段 $n=3$,各段的惯性矩方程为

$$I_1=I \quad \left(0\leqslant x\leqslant\frac{L}{4}\right) \tag{1a}$$

$$I_2=\frac{4I}{L}x \quad \left(\frac{L}{4}<x\leqslant\frac{L}{2}\right) \tag{1b}$$

$$I_3=2I \quad \left(\frac{L}{2}<x\leqslant L\right) \tag{1c}$$

其中第二段惯性矩对 $x$ 的一阶导数为

$$I'_2=\frac{4I}{L} \quad \left(\frac{L}{4}<x<\frac{L}{2}\right) \tag{1d}$$

各段的挠曲线近似微分方程为

$$v_1^{(4)}=0 \quad \left(0\leqslant x\leqslant\frac{L}{4}\right) \tag{2a}$$

$$EI_2v_2^{(4)}+2EI'_2v_2^{(3)}=0 \quad \left(\frac{L}{4}<x\leqslant\frac{L}{2}\right) \tag{2b}$$

$$v_3^{(4)}=0 \quad \left(\frac{L}{2}<x\leqslant L\right) \tag{2c}$$

②对式(2)各段的挠曲线近似微分方程分别积分四次,得到剪力、弯矩、转角和挠度的通解。在通解中,包含有 12 个积分常数 $C_i(i=1,2,\cdots,12)$。

③利用如下的位移边界条件、力边界条件和连续性条件。

$$v_1(0)=0,EI_1v''_1(0)=0 \tag{3a}$$

$$v_1(L/4)=v_2(L/4),v'_1(L/4)=v'_2(L/4) \tag{3b}$$

$$EI_1v''_1(L/4)=EI_2v''_2(L/4),EI_1v'''_1(L/4)=EI_2v'''_2(L/4)+EI'_2v''_2(L/4) \tag{3c}$$

$$v_2(L/2)=v_3(L/2),v'_2(L/2)=v'_3(L/2) \tag{3d}$$

$$EI_2v''_2(L/2)=EI_3v''_3(L/2),EI_2v'''_2(L/2)+EI'_2v''_2(L/2)=EI_3v'''_3(L/2)+F \tag{3e}$$

$$v_3(L)=0,EI_3v''_3(L)=0 \tag{3f}$$

联立解方程组式(3),得出 12 个积分常数 $C_i(i=1,2,\cdots,12)$。

④将积分常数 $C_i(i=1,2,\cdots,12)$ 代入剪力、弯矩、转角和挠度的通解得到剪力、弯矩、转角和挠度的解析表达式。

挠度函数

$$v_1=\frac{Fx}{768EI}(64x^2-33L^2)\quad\left(0\leqslant x\leqslant\frac{L}{4}\right)$$

$$v_2=\frac{FL}{768EI}(48x^2-45Lx+L^2)\quad\left(\frac{L}{4}<x\leqslant\frac{L}{2}\right)$$

$$v_3=-\frac{F(x-L)}{768EI}(32x^2-64Lx+5L^2)\quad\left(\frac{L}{2}<x\leqslant L\right)$$

梁中点挠度值

$$v_C^{(-)}=\frac{19}{1\ 536}\cdot\frac{FL^3}{EI}=0.012\ 37\frac{FL^3}{EI}\quad\left(x=\frac{L}{2}\right)$$

挠度最大值

$$v_{\max}^{(-)}=\frac{611}{49\ 152}\cdot\frac{FL^3}{EI}=0.012\ 43\frac{FL^3}{EI}\quad\left(x=\frac{15}{32}L\right)$$

(2)惯性矩按坐标的平方规律变化

由四根角钢构成的组合杆,其横截面积保持不变,而截面惯矩可近似认为正比于角钢形心到截面对称轴的距离的平方,杆件的抗弯刚度就接近于这种情况,即 $I=I_0+I_1x+I_2x^2$。

(3)惯性矩按坐标的立方规律变化

厚度 $\delta$ 不变的圆环形薄壁杆件,其直径按线性规律变化 $D=D_0+D_1x$;或者宽度 $b$ 不变,而高度按线性规律变化 $h=h_0+h_1x$ 的矩形截面梁均属此种情况。

**例题 11-6** 变高度悬臂梁如图 11-7 所示,试求其挠度曲线函数和转角函数。已知:$q_0$,$E,b,h_0,l,a$。$L=l+a,h=\frac{h_0}{L}(L-x),I_0=\frac{1}{12}bh_0^3,q=-\frac{q_0}{l}(l-x)$。

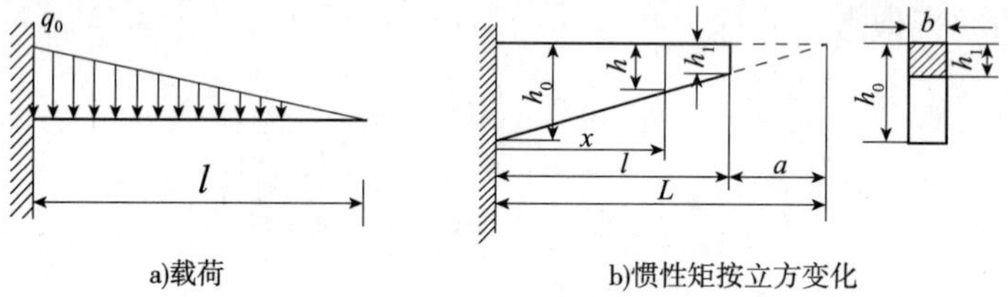


图 11-7 等宽变高变截面悬臂梁

**解**:利用连续分段独立一体化积分法求解步骤为:

①本题分为一段 $n=1$,惯性矩函数为

$$I=-\frac{I_0}{L^3}(x-L)^3\quad(0\leqslant x\leqslant l)\tag{1a}$$

惯性矩对 $x$ 的一阶导数为

$$I'=-\frac{3I_0}{L^3}(x-L)^2\quad(0\leqslant x\leqslant l)\tag{1b}$$

惯性矩对 $x$ 的二阶导数为

$$I''=-\frac{6I_0}{L^3}(x-L)\quad(0\leqslant x\leqslant l)\tag{1c}$$

挠曲线近似微分方程为

$$Iv^{(4)}+2I'v'''+I''v''=\frac{q_0}{El}(x-l)\quad(0\leqslant x\leqslant l)\tag{2}$$

②对式(2)的挠曲线近似微分方程分别积分四次,得到剪力、弯矩、转角和挠度的通解。在通解中,包含有4个积分常数 $C_i(i=1,2,3,4)$。

③利用如下的位移边界条件、力边界条件和连续性条件。

$$v(0)=0,v'(0)=0\tag{3a}$$

$$EIv''(l)=0,EIv'''(l)+EI'v''(l)=0\tag{3b}$$

联立解方程组式(3),得出4个积分常数 $C_i(i=1,2,3,4)$。

④将积分常数 $C_i(i=1,2,3,4)$ 代入转角和挠度的通解得到转角和挠度的解析表达式。

**答:**转角函数

$$\theta=-\frac{q_0L^3}{6lEI_0}\left[x+\frac{3a^2x}{L(L-x)}-\frac{a^3x(2L-x)}{2L^2(L-x)^2}-3a\ln\frac{L}{L-x}\right]$$

挠度函数

$$v=-\frac{q_0L^3}{6lEI_0}\left[\frac{x}{2L^2}(2L^3-6aL^2-6a^2L+a^3)-\frac{x}{2}(2L-x)-\frac{a^3x}{2L(L-x)}+3a(L+a-x)\ln\frac{L}{L-x}\right]$$

(4)惯性矩按坐标的四次方规律变化

圆台形杆件,其直径按线性规律变化 $d=d_0+d_1x$;或正四棱台形杆件,其截面边长按线性规律变化 $a=a_0+a_1x$,均属此种情况。

**例题11-7** 如图11-8所示,求直径按线性规律变化时,求自由端 $B$ 的位移。已知:$F,l,E,D_0,I_0=\frac{\pi}{64}D_0^4$。

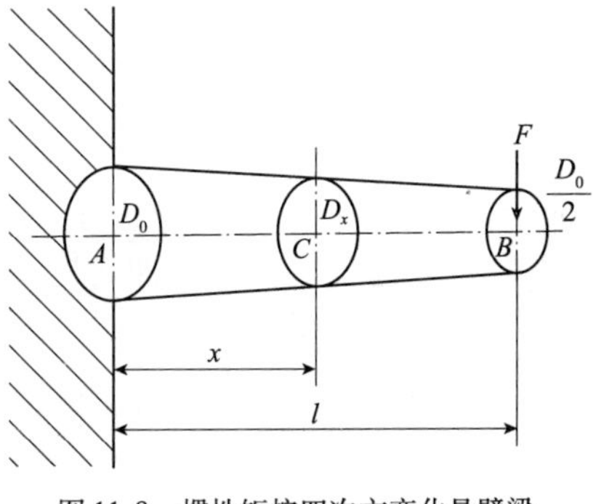

图11-8 惯性矩按四次方变化悬臂梁

**解:**利用连续分段独立一体化积分法求解步骤为:

①本题分为一段 $n=1$,惯性矩函数为

$$I=\frac{I_0}{16l^4}(x-2l)^4\quad(0\leqslant x\leqslant l)\tag{1a}$$

惯性矩对 $x$ 的一阶导数为

$$I'=\frac{I_0}{4l^4}(x-2l)^3\quad(0\leqslant x\leqslant l)\tag{1b}$$

惯性矩对 $x$ 的二阶导数为

$$I''=\frac{3I_0}{4l^4}(x-2l)^2\quad(0\leqslant x\leqslant l)\tag{1c}$$

挠曲线近似微分方程为

$$Iv^{(4)}+2I'v'''+I''v''=0\quad(0\leqslant x\leqslant l)\tag{2}$$

②对式(2)的挠曲线近似微分方程积分四次,得到剪力、弯矩、转角和挠度的通解。在通解中,包含有4个积分常数 $C_i(i=1,2,3,4)$。

③利用如下的位移边界条件、力边界条件和连续性条件

$$v(0)=0,v'(0)=0\tag{3a}$$

$$EIv''(l)=0,EIv'''(l)+EI'v''(l)=F\tag{3b}$$

联立解方程组式(3),得出4个积分常数 $C_i(i=1,2,3,4)$。

④将积分常数 $C_i(i=1,2,3,4)$ 代入剪力、弯矩、转角和挠度的通解得到其解析表达式。

⑤计算自由端的位移。

$$\theta_B=|\theta(l)|, v_B=|\theta(l)|$$

**答:** 自由端 $B$ 的转角 $\theta_B=\frac{4}{3}\cdot\frac{Fl^2}{EI_0}$,自由端 $B$ 的挠度 $v_B=\frac{2}{3}\cdot\frac{Fl^3}{EI_0}$。

## 11.3 超静定梁的快速解析法

### 11.3.1 等截面超静定梁的快速解析法

**例题 11-8** 如图 11-9 所示超静定连续梁,该梁有 4 个相等长度的跨度,弯曲刚度 $EI$ 为常数,仅在第 3 跨加载,试利用计算机求解支座约束力,画出剪力图、弯矩图、转角图和挠度图。已知:$q$,$L$。

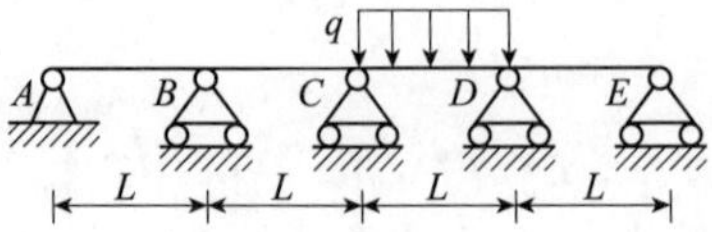


图 11-9 四跨连续梁载荷

**解:** 利用连续分段独立一体化积分法求解步骤为:

①本题分为四段 $n=4$,各段的挠曲线近似微分方程如下:

$$\frac{d^4v_1}{dx^4}=0 \quad (0\leqslant x\leqslant L) \tag{1a}$$

$$\frac{d^4v_2}{dx^4}=0 \quad (L<x\leqslant 2L) \tag{1b}$$

$$\frac{d^4v_3}{dx^4}=-\frac{q}{EI} \quad (2L<x\leqslant 3L) \tag{1c}$$

$$\frac{d^4v_4}{dx^4}=0 \quad (3L<x\leqslant 4L) \tag{1d}$$

②对式(1)各段的挠曲线近似微分方程分别积分 4 次,得到剪力、弯矩、转角和挠度的通解。在通解中,包含有 16 个积分常数 $C_i(i=1,2,\cdots,16)$。

③利用如下的位移边界条件、力边界条件和连续性条件

$$v_1(0)=0, EIv''_1(0)=0 \tag{2a}$$

$$v_1(L)=0, v_2(L)=0 \tag{2b}$$

$$v'_1(L)=v'_2(L), EIv''_1(L)=EIv''_2(L) \tag{2c}$$

$$v_2(2L)=0, v_3(2L)=0 \tag{2d}$$

$$v'_2(2L)=v'_3(2L), EIv''_2(2L)=EIv''_3(2L) \tag{2e}$$

$$v_3(3L)=0, v_4(3L)=0 \tag{2f}$$

$$v'_3(3L)=v'_4(3L), EIv''_3(3L)=EIv''_4(3L) \tag{2g}$$

$$v_4(4L)=0, EIv''_4(4L)=0 \tag{2h}$$

联立解方程组式(2),得出 16 个积分常数 $C_i(i=1,2,\cdots,16)$。

④将积分常数 $C_i(i=1,2,\cdots,16)$ 代入剪力、弯矩、转角和挠度的通解得到剪力、弯矩、转角和挠度的解析表达式。

⑤用计算机画出的剪力图,弯矩图、转角图和挠度图如图 11-10 所示。

⑥确定支座约束力。

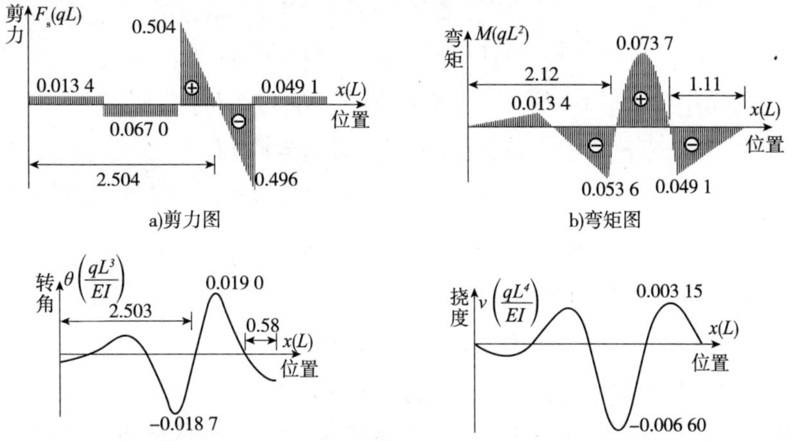


a)剪力图　　b)弯矩图

c)转角图　　d)挠度图

图　11-10

$$F_{Ay}=F_{S_1}(0),F_B=F_{S_2}(L)-F_{S_1}(L),F_C=F_{S_3}(2L)-F_{S_2}(2L),$$
$$F_D=F_{S_4}(3L)-F_{S_3}(3L),F_E=-F_{S_4}(4L)$$

**答:**支座约束力 $F_{Ax}=0,F_{Ay}=\dfrac{3qL}{224},F_B=\dfrac{-9qL}{112},F_C=\dfrac{4qL}{7},F_D=\dfrac{61qL}{112},F_E=\dfrac{-11qL}{224}$。

## 11.3.2　阶梯截面超静定梁的快速解析法

**例题 11-9**　如图 11-11 所示,一长为 $L$ 的固定端梁,该梁跨中一半 $L/2$ 部分的惯性矩为 $I_1$,两端 $L/4$ 部分的惯性矩都是 $I_2$,在其中点作用着集中载荷。试求此梁固定端的弯矩。已知:$F,L,E,I_1,I_2$。

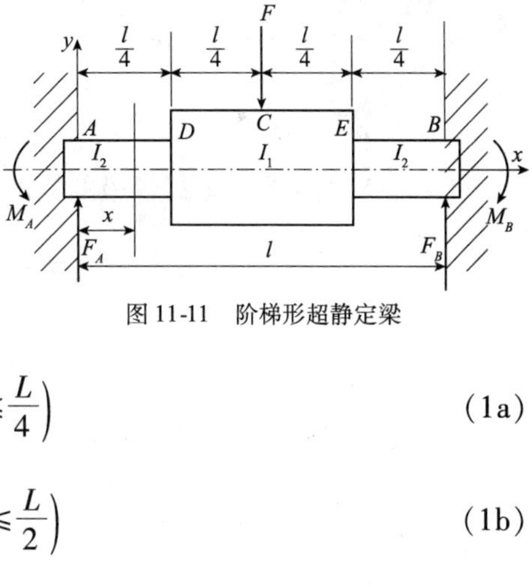


图 11-11　阶梯形超静定梁

**解:**利用连续分段独立一体化积分法求解步骤为:

①本题分为四段 $n=4$,各段的挠曲线近似微分方程如下:

$$\frac{d^4v_1}{dx^4}=0\quad\left(0\leqslant x\leqslant\frac{L}{4}\right)\tag{1a}$$

$$\frac{d^4v_2}{dx^4}=0\quad\left(\frac{L}{4}<x\leqslant\frac{L}{2}\right)\tag{1b}$$

$$\frac{d^4v_3}{dx^4}=0\quad\left(\frac{L}{2}<x\leqslant\frac{3L}{4}\right)\tag{1c}$$

$$\frac{d^4v_4}{dx^4}=0\quad\left(\frac{3L}{4}<x\leqslant L\right)\tag{1d}$$

②对式(1)各段的挠曲线近似微分方程分别积分四次,得到剪力、弯矩、转角和挠度的通解。在通解中,包含有 16 个积分常数 $C_i(i=1,2,\cdots,16)$。

③利用如下的位移边界条件、力边界条件和连续性条件

$$v_1(0)=0, v'_1(0)=0 \tag{2a}$$

$$v_1(L/4)=v_2(L/4), v'_1(L/4)=v'_2(L/4) \tag{2b}$$

$$EI_2v''_1(L/4)=EI_1v''_2(L/4), EI_2v'''_1(L/4)=EI_1v'''_2(L/4) \tag{2c}$$

$$v_2(L/2)=v_3(L/2), v'_2(L/2)=v'_3(L/2) \tag{2d}$$

$$EI_1v''_2(L/2)=EI_1v''_3(L/2), EI_1v'''_2(L/2)=EI_1v'''_3(L/2)+F \tag{2e}$$

$$v_3(3L/4)=v_4(3L/4), v'_3(3L/4)=v'_4(3L/4) \tag{2f}$$

$$EI_1v''_3(3L/4)=EI_2v''_4(3L/4), EI_1v'''_3(3L/4)=EI_2v'''_4(3L/4) \tag{2g}$$

$$v_4(L)=0, EIv''_4(L)=0 \tag{2h}$$

联立解方程组式(2),得出 16 个积分常数 $C_i(i=1,2,\cdots,12)$。

④将积分常数 $C_i(i=1,2,\cdots,16)$代入挠度的通解得到挠度的解析表达式。

⑤确定支座约束力。

$$F_{Ay}=F_{S_1}(0), F_{By}=-F_{S_4}(L), M_A=-M_1(0), M_B=M_4(L)$$

**答:**$F_{Ay}=\dfrac{F}{2}, F_{By}=\dfrac{F}{2}, M_A=\dfrac{FL}{16}\dfrac{I_1+3I_2}{I_1+I_2}, M_B=-\dfrac{FL}{16}\dfrac{I_1+3I_2}{I_1+I_2}$。

## 11.4 Maple 编程示例

**编程题 11-1** 复杂载荷作用下悬臂梁的载荷和尺寸如图 11-12 所示,弯曲刚度 $EI$ 为常数,试利用计算机编程画出剪力图、弯矩图、转角图和挠度图。已知:$q=5\text{kN/m}, L=5\text{m}, M_e=5\text{kN}\cdot\text{m}, M_e=\dfrac{qL^2}{25}$。

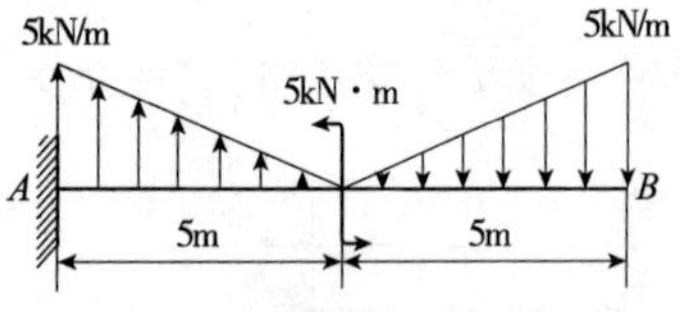


图 11-12

**解:• 建模**

利用连续分段独立积分法求解步骤为:

①本题分为两段 $n=2$,各段的挠曲线近似微分方程如下:

$$\frac{d^4v_1}{dx^4}=\frac{q}{EI}\frac{L-x}{L} \quad (0\leqslant x\leqslant L) \tag{1a}$$

$$\frac{d^4v_2}{dx^4}=-\frac{q}{EI}\frac{x-L}{L} \quad (L\leqslant x\leqslant 2L) \tag{1b}$$

②对式(1)各段的挠曲线近似微分方程分别积分四次,得到剪力、弯矩、转角和挠度的通解。在通解中,包含有 8 个积分常数 $C_i(i=1,2,\cdots,8)$。

③利用如下的位移边界条件、力边界条件和连续性条件

$$v_1(0)=0, v'_1(0)=0 \tag{2a}$$

$$v_1(L)=v_2(L), v'_1(L)=v'_2(L) \tag{2b}$$

$$EIv''_1(L)=EIv''_2(L)+Me, EIv'''_1(L)=EIv'''_2(L) \tag{2c}$$

$$EIv''_2(2L)=0, EIv'''_2(2L)=0 \tag{2d}$$

联立解方程组式(2),得出 8 个积分常数 $C_i(i=1,2,\cdots,8)$。

④将积分常数 $C_i(i=1,2,\cdots,8)$代入剪力、弯矩、转角和挠度的通解其解析表达式。

图 11-13 是用计算机画出的剪力图,弯矩图、转角图和挠度图。

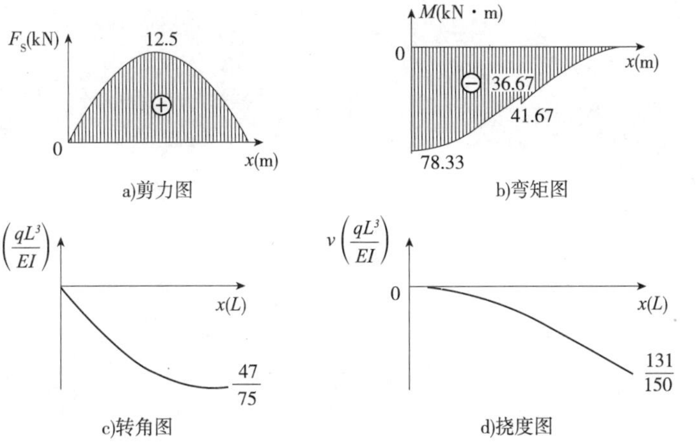


图 11-13

## • Maple 程序

```
> restart:
> ###########################################################
> ddddv1: = q * (L - x)/L/(E * J):                      #第一段挠曲线近似微分方程。
> ddddv2: = - q * (x - L)/L/(E * J):                    #第二段挠曲线近似微分方程。
> dddv1: = int(ddddv1,x) + C1:                          #积分一次得第一段剪力方程通解。
> dddv2: = int(ddddv2,x) + C2:                          #积分一次得第二段剪力方程通解。
> ddv1: = int(dddv1,x) + C3:                            #积分两次得第一段弯矩方程通解。
> ddv2: = int(dddv2,x) + C4:                            #积分两次得第二段弯矩方程通解。
> dv1: = int(ddv1,x) + C5:                              #积分三次得第一段转角方程通解。
> dv2: = int(ddv2,x) + C6:                              #积分三次得第二段转角方程通解。
> v1: = int(dv1,x) + C7:                                #积分四次得第一段挠度方程通解。
> v2: = int(dv2,x) + C8:                                #积分四次得第二段挠度方程通解。
> ###########################################################
> eq1: = subs(x = 0,v1) = 0:                            #v1(0) = 0。
> eq2: = subs(x = 0,dv1) = 0:                           #v'1(0) = 0。
> eq3: = subs(x = L,v1) = subs(x = L,v2):               #v1(L) = v2(L)。
> eq4: = subs(x = L,dv1) = subs(x = L,dv2):             #v1'(L) = v'2(L)。
> eq5: = subs(x = L,(E * J) * ddv1)
>        = subs(x = L,(E * J) * ddv2) + Me:             #EIv''1(L) = EIv''2(L) + Me。
> eq6: = subs(x = L,(E * J) * dddv1)
>        = subs(x = L,(E * J) * dddv2):                 #EIv'''1(L) = EIv'''2(L)。
> eq7: = subs(x = 2 * L,(E * J) * ddv2) = 0:            #EIv''2(L) = 0。
> eq8: = subs(x = 2 * L,(E * J) * dddv2) = 0:           #EIv'''2(2L) = 0。
> SOL1: = solve({eq1,eq2,eq3,eq4,eq5,eq6,eq7,eq8},
>            {C1,C2,C3,C4,C5,C6,C7,C8}):                #求解 8 个积分常数。
> ###########################################################
> Fs1: = normal(subs(SOL1,(E * J) * dddv1)):            #第一段剪力函数。
> Fs2: = normal(subs(SOL1,(E * J) * dddv2)):            #第二段剪力函数。
```

```
> M1: = normal(subs(SOL1,(E * J) * ddv1)):              #第一段弯矩函数。
> M2: = normal(subs(SOL1,(E * J) * ddv2)):              #第二段弯矩函数。
> theta1: = normal(subs(SOL1,dv1)):                     #第一段转角函数。
> theta2: = normal(subs(SOL1,dv2)):                     #第二段转角函数。
> v1: = normal(subs(SOL1,v1)):                          #第一段挠度函数。
> v2: = normal(subs(SOL1,v2)):                          #第二段挠度函数。
> ##################################################
> E: = 1:J: = 1:                                        #给定数值。
> with(plots):                                          #加载绘图库。
> tu1: = plot({Fs1/1e3},x = 0..L,filled = true):
>                                                       #第一段剪力图。
> tu2: = plot({Fs2/1e3},x = L..2 * L,filled = true):
>                                                       #第二段剪力图。
> display({tu1,tu2});                                   #合并绘剪力图。
> tu3: = plot({M1/1e3},x = 0..L,filled = true):
>                                                       #第一段弯矩图。
> tu4: = plot({M2/1e3},x = L..2 * L,filled = true):
>                                                       #第二段弯矩图。
> display({tu3,tu4});                                   #合并绘弯矩图。
> tu5: = plot({theta1/1e3},x = 0..L):                   #第一段转角图。
> tu6: = plot({theta2/1e3},x = L..2 * L):               #第二段转角图。
> display({tu5,tu6});                                   #合并绘转角图。
> tu7: = plot({v1/1e3},x = 0..L):                       #第一段挠度图。
> tu8: = plot({v2/1e3},x = L..2 * L):                   #第二段挠度图。
> display({tu7,tu8});                                   #合并绘转角图。
> ##################################################
```

## 思考题

**思考题 11-1** 如图 11-14 所示各杆都是简支，问求它们的支座约束力和内力时有什么共性和特性？

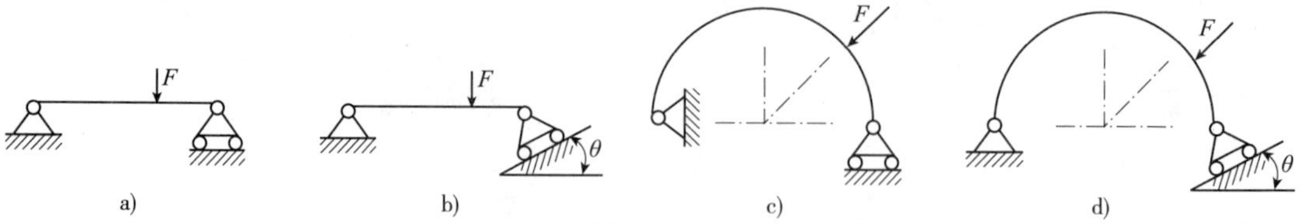


图 11-14

**思考题 11-2** 试绘如图 11-15 所示各杆的 $M$ 图，从中能看出有什么规律性的结果吗？

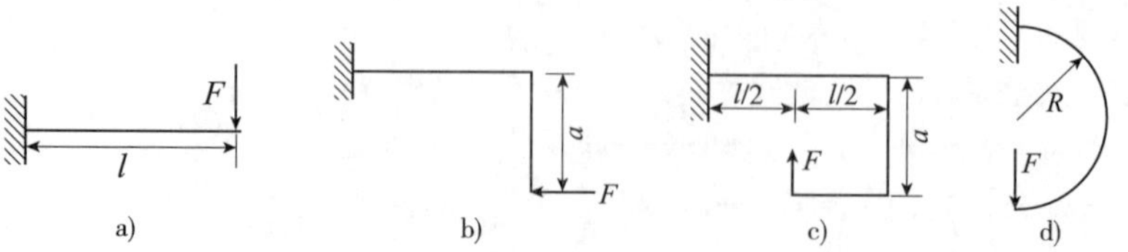


图 11-15

**思考题 11-3** 如图11-16所示直、曲两悬臂梁，在自由端上都作用有垂直于轴线的集中力$F$，问两者在1-1截面上的内力素有何差别？若力$F$变为垂直于纸面作用时，情况会有什么变化？

* **思考题 11-4** 如图11-17所示正弦曲线状的曲梁，工作时承受均布的风载荷，如何确定梁内任意截面的内力？

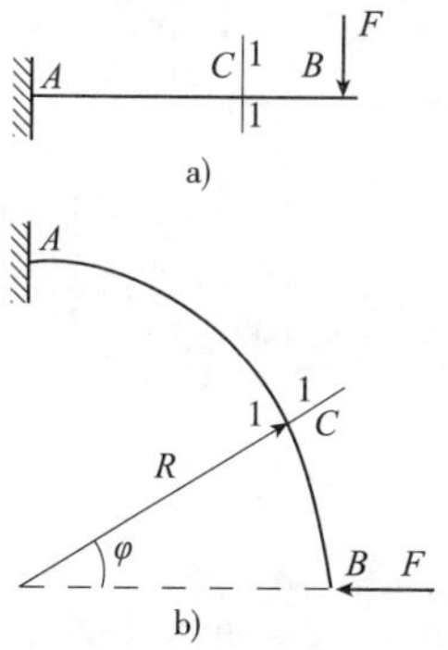


图 11-16

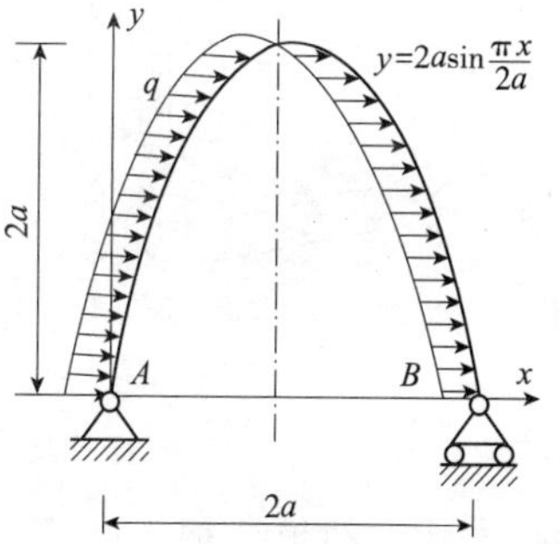


图 11-17

* **思考题 11-5** 如图11-18所示的简支梁和悬臂梁，其上皆作用有正弦分布载荷，即$q(x)=q_0\sin\frac{\pi x}{l}$。如何简便得出弯矩在梁中的分布式？

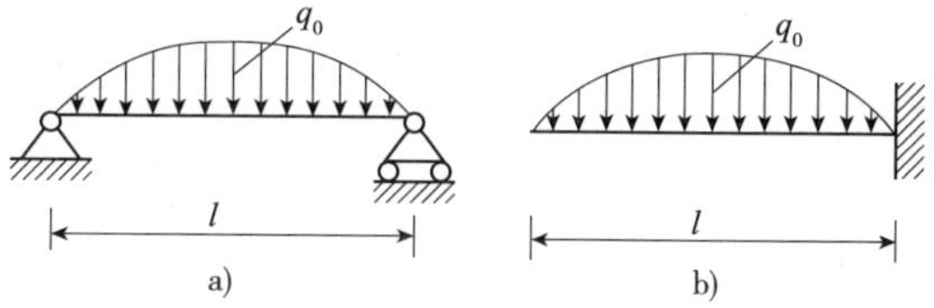


图 11-18

* **思考题 11-6** 一悬臂梁顶部作用有均匀分布的切向力，如图11-19所示。人们分析在一横截面的内力时，知道轴力$F_N(x)=-qx$，弯矩$M(x)=qxh/2$和剪力$F_S=0$。由此是否可以认为任意横截面上只有正应力而没有剪应力？为什么？

**思考题 11-7** 在建筑工地上有时会看到将要安装的屋架梁制造成如图11-20所示的形状，即靠中间的部分在腹板上有许多圆孔，且工字形截面的中间高、两边低。这样做从材料力学的角度看是否合理？为什么？

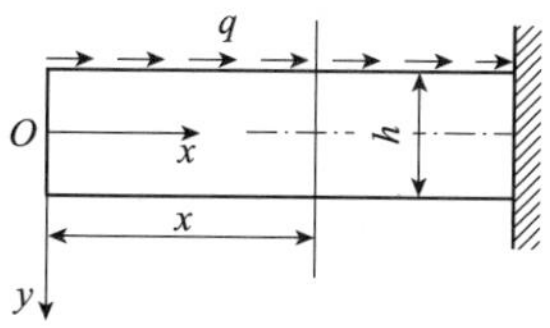


图 11-19

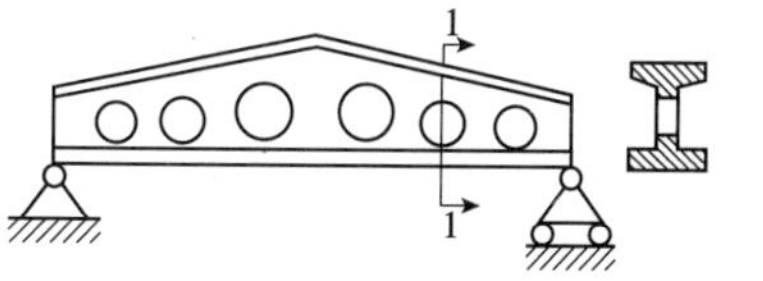


图 11-20

**思考题 11-8** 欲将两块截面都是$b\times h$的板合成为一根$b\times 2h$的梁，可否在接触面上挖槽并将键嵌入，如图11-21所示，使之成为一个整体？如果可以，在键的尺寸$a\times a\times b$选定后，键的数目该如何确定？如果不加这些键，两块木板自己叠放在一起承受弯曲时，$\sigma$和$\tau$沿截面高度将如何分布？

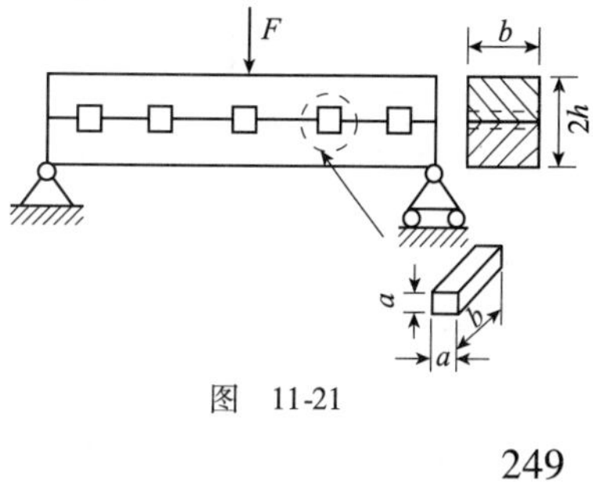


图 11-21

**思考题 11-9** 一箱形梁由四块木板钉合在一起，现有两种拼装方案，如图 11-22 所示，但最后的外形尺寸 $b \times h$ 一样，用的钉子和钉的间距也一样。试问在 $xy$ 平面内承受垂直于 $x$ 轴的载荷时，两种方案的实际效果是否一样？有什么差异？

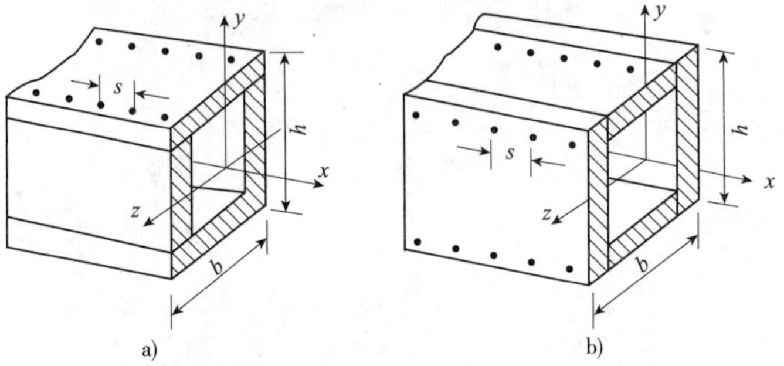


图 11-22

**思考题 11-10** 两根槽钢在上、下翼缘处焊接金属板条而组成一个整体，使用时为自由端受横向力的悬臂梁，如图 11-23 所示。问上、下板条传递什么样的力？

**思考题 11-11** 如图 11-24 所示多块木板构成的叠层梁（木板之间并无胶粘结），对于这种组合形式的梁，任意横截面上的正应力和切应力是怎样分布的？该如何进行强度校核？

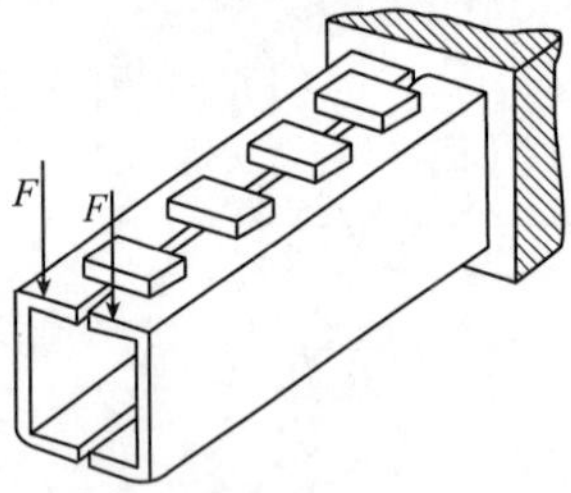


图 11-23

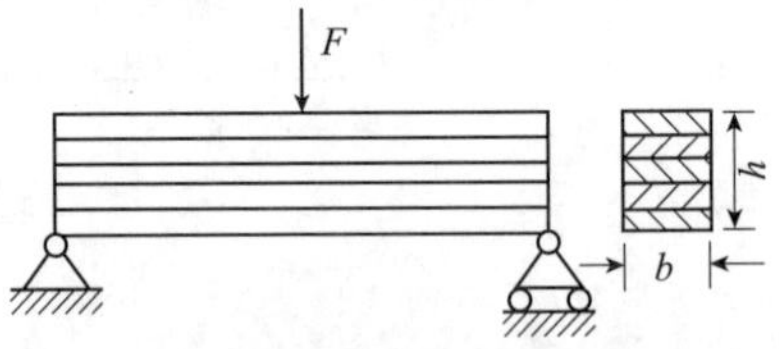


图 11-24

**思考题 11-12** 一根方截面木梁，原设计为一根木料做成，但因尺寸太大，后改用板料拼合而成，其方案有多种，如图 11-25 所示。试分析一下它们的承载能力是否相同。

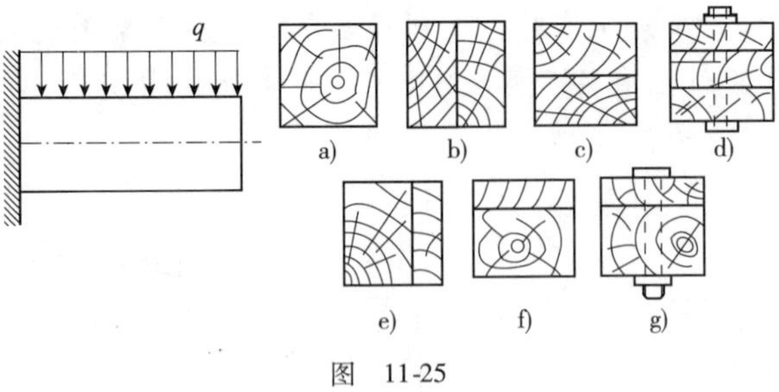


图 11-25

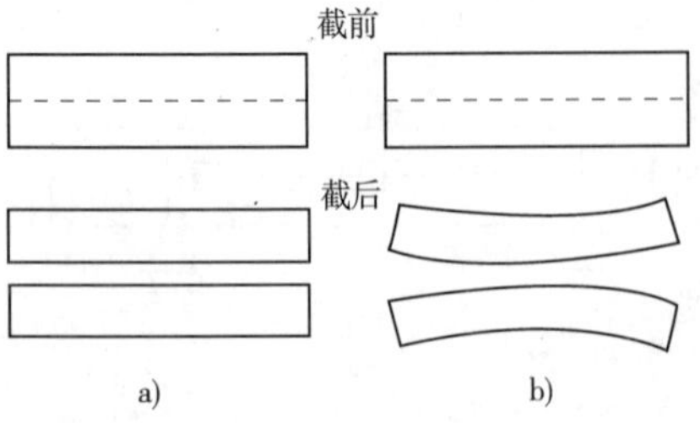


图 11-26

**思考题 11-13** 有两块平板，沿某处纵向截开，如图 11-26 所示，结果一块是自由分离而不变形［图 11-26a)］，另一块截开后两小块都有微弯［图 11-26b)］。试问这两块板在未加载的情况下为什么会出现两种不同的结果？

**思考题 11-14** 某矩形截面简支梁，其上作用的外力偶 $M_e$ 值有待测定。于是在梁的侧表面 $A$ 点处，沿与中性层交角为45°的方向贴上电阻应变片，如图 11-27 所示。当将 $M_e$ 移去后测得 $\varepsilon_A$，问如何分析 $\varepsilon_A$ 与 $M_e$ 的关系？此关系受 $M_e$ 的作用位置的影响吗？与 $M_e$ 的作用方向有关吗？

**思考题 11-15** 用电阻应变仪测量如图 11-28 所示梁（截面对中性轴对称）的正应力时，常常测得同一截面的上、下表面处的正应力大小不一样（梁在支座处表面较粗糙时尤为明显）。试问是上表面的大些还是下表面的大些？为什么？

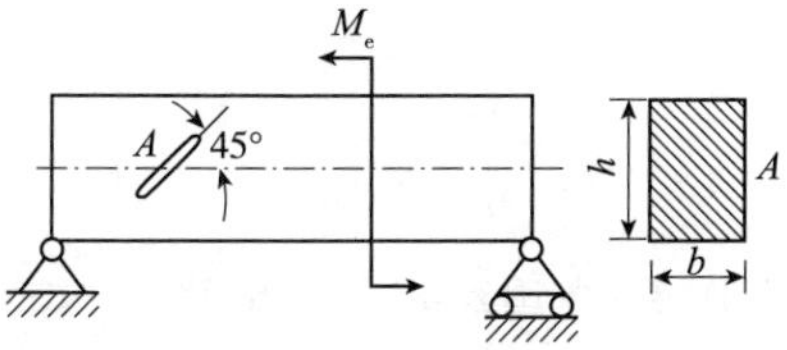


图 11-27

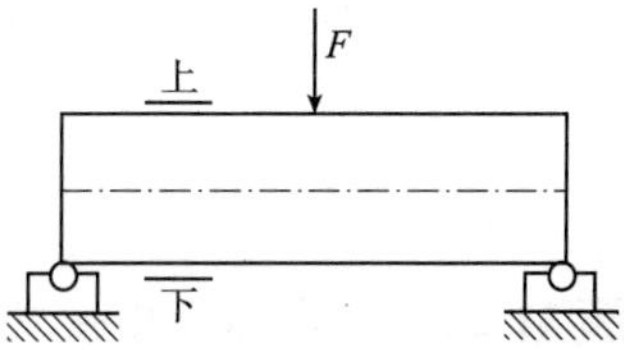


图 11-28

**思考题 11-16** 在宇航等工程中宜尽量采用质轻而强度和刚度较高的材料，这就涉及材料的几个参数：$E$、$\sigma_b$、$\sigma_s$ 和 $\rho$（重度）。现要设计一根受弯构件，可供选择的材料有三种，其性能见表 11-1。

试问用哪种材料比较轻？用哪种材料变形比较小？应该用什么指标来衡量材料的强度好或刚度好？

**受弯构件材料性能** 表 11-1

| 材料类型 | $\sigma_s$ 或 $\sigma_{p0.2}$ (MPa) | $\sigma_b$ (MPa) | $E$ (GPa) | $\rho$ $(kN\cdot m^{-3})$ | $\sigma_b/\rho$ $(\times10^4 m)$ | $E/\rho$ $(\times10^7 m)$ |
|---|---|---|---|---|---|---|
| 低碳钢 | 250 | 390 | 210 | 78 | 0.5 | 0.27 |
| 中强钢 | 370 | 620 | 210 | 78 | 0.8 | 0.27 |
| 硬　铝 | 340 | 540 | 75 | 27 | 2 | 0.28 |

**思考题 11-17** 对如图 11-29 所示带有中间铰的等刚度梁，加外力偶 $M_e$。作用在中间铰的左边[图 11-29a)]或右边[图 11-29b)]，梁的变形是否相同？为什么？

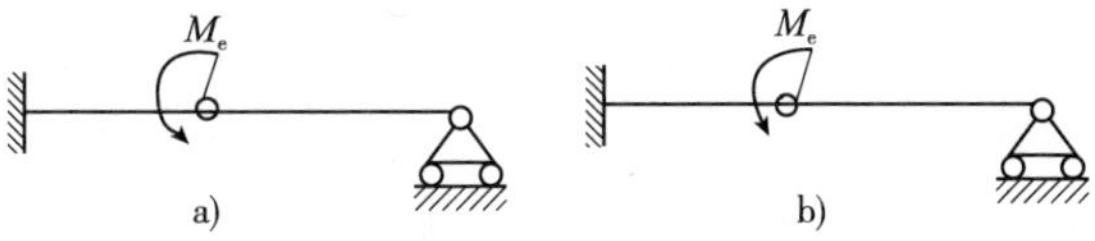


图 11-29

**思考题 11-18** 如图 11-30 所示的两梁均不计自重，试判断在跨中 $C$ 点处挠度和转角是否等于零，并说明其理由。

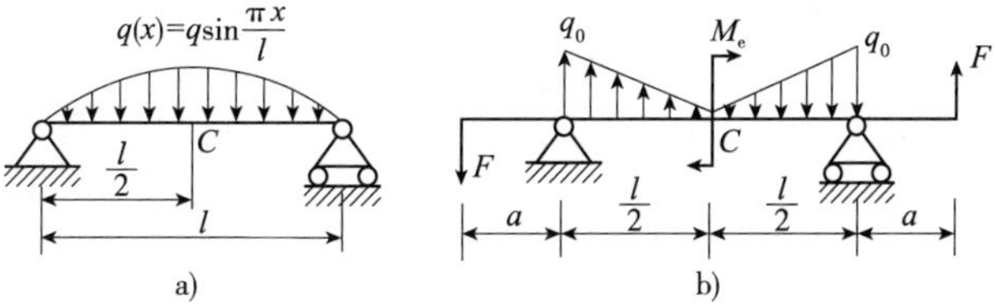


图 11-30

**思考题 11-19** 不要计算，按你对梁变形的理解试画出如图 11-31 所示诸梁的挠曲线草图，并说明是如何画出的。

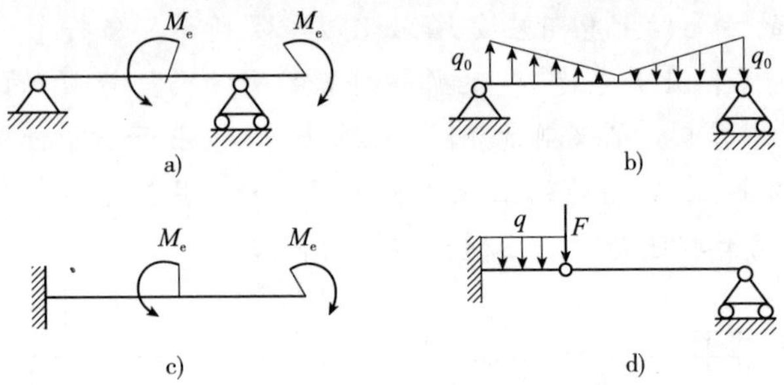


图 11-31

*思考题 11-20 早在胡克定律发表之前约1500年,我国汉代古籍中就有一段有趣的记载。东汉经学家郑玄(公元127~200年)对《考工记·弓人》中"量其力,有三均"作注释时写到:"假令弓力胜三石,引之中三尺,弛其弦,以绳缓擐之,每加物一石,则张一尺。"这句话的大意是:假定弓能承受三石的力,相应地它中央的挠度为三尺,若将弦卸下,用绳松套着弓的两端,则每加一石的重物,它就张开一尺。现在我们要问,当研究力与变形的关系时,在张弓射箭或测量弓的过程中,是否始终都符合上述线性规律?在材料力学的学习中,除了线性的问题之外,你是否还遇到过受弯构件的非线性弹性问题?试举例说明。

思考题 11-21 图11-32b)、c)和d)是图11-32a)双跨超静定梁的一些基本体系中比较常用的三种。试分别列出它们的变形条件,从计算工作量来看,你认为哪种基本体系较为简便?

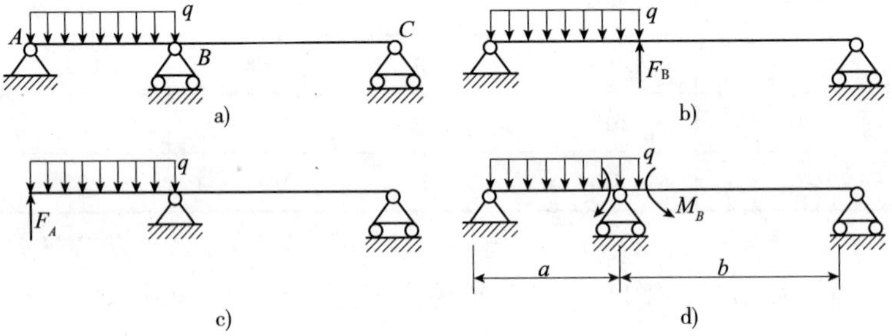


图 11-32

思考题 11-22 当求解出超静定梁的多余约束力之后,你能否从直观上判断所得结果是否有误?对于如图11-33所示的各超静定梁,有人给出了所求得未知力的实际方向,试验查一下是否正确,并给出判断理由?

思考题 11-23 如图11-34所示等刚度梁一端固定、另一端滑动固定。在载荷$F$作用下可滑动端沿铅垂方向有位移,试问如何确定此位移?

思考题 11-24 一等刚度双跨连续梁受力如图11-35所示。设计者希望此梁工作时最大弯矩不要太大,有人认为适当改变中间支座的高度就可以达到目的。试问这个建议是否可行?中间支座应该抬高还是降低?为什么?

*思考题 11-25 由理论分析知道超静定梁有许多优点,如内力分配较均匀,有较大的刚度,可以节省材料等。为什么在工作中往往还采用静定梁?

思考题 11-26 建筑结构中,横梁两端往往搭在柱子上或嵌在砖墙里。在设计时可理想地将其抽象化为简支梁,实际上很难区分其两端的约束是固支还是简支。若将它抽象为如图11-36所示三种约束,问按哪种约束形式进行梁的强度校核最为安全?

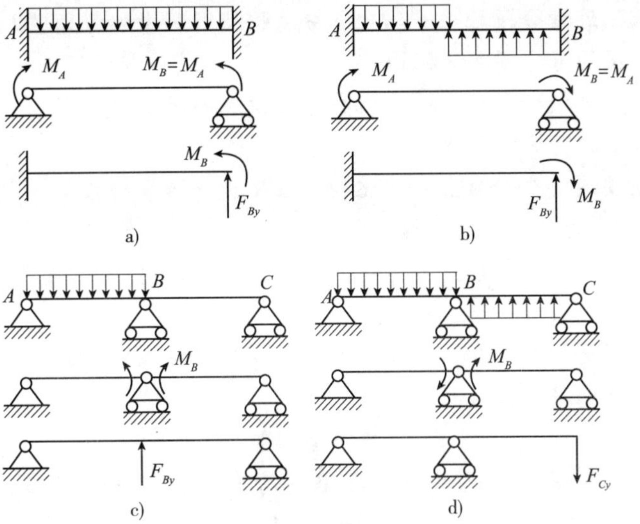


图 11-33

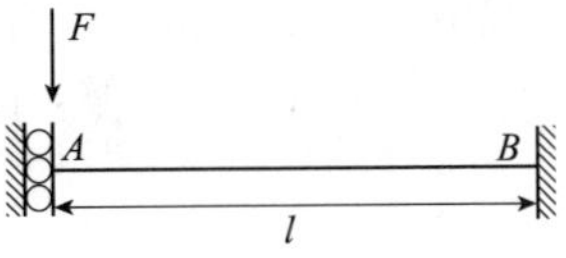


图 11-34

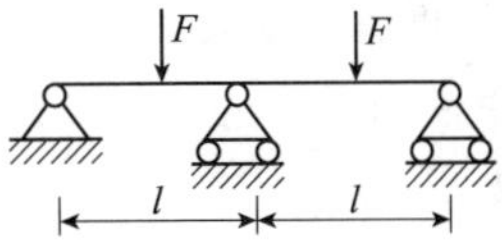


图 11-35

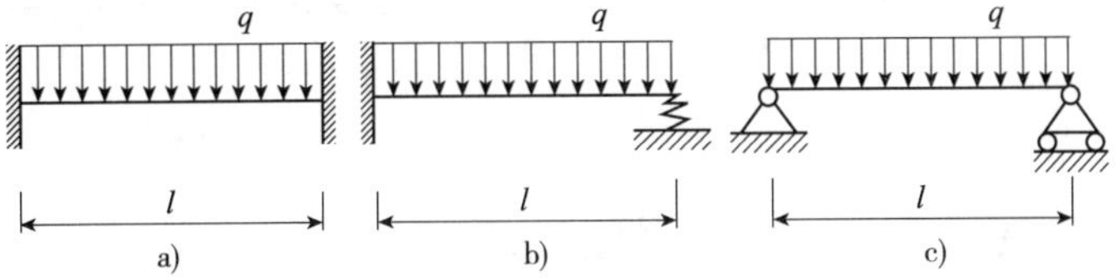


图 11-36

**思考题 11-27** 对某两端固定的等刚度梁，有人在求出其未知力后考查了它的弯矩图，意外发现了弯矩图的面积等于零，弯矩图面积对任一端的一次矩(面积矩)也等于零，但却不知什么缘故。你能给他做出正确的解释吗？

**思考题 11-28** 连续分段独立一体化积分法与直接积分法对比有什么不同？归纳总结连续分段独立一体化积分法的优越性。

**思考题 11-29** 连续分段独立一体化积分法能够求解超静定问题？不用列平衡方程连续分段独立一体化积分法能够求解支座约束力吗？

**思考题 11-30** 连续分段独立一体化积分法的连续分段与有限单元法的分段有什么不同？连续分段独立一体化积分法的独立积分与其他方法的积分相比有什么优越性？连续分段独立一体化积分法的一体化体现了哪些优越性？

## 习题

### A 类型习题

**习题 11-1** 采用连续分段独立一体化积分法快速解析求解习题 7-1，采用计算机绘制复杂载荷作用下简支梁的剪力图和弯矩图。

**习题 11-2**　采用连续分段独立一体化积分法快速解析求解习题 7-2，采用计算机绘制复杂载荷作用下悬臂梁的剪力图和弯矩图。

**习题 11-3**　采用连续分段独立一体化积分法快速解析求解习题 7-3，采用计算机绘制复杂载荷作用下外伸梁的剪力图和弯矩图。

**习题 11-4**　采用连续分段独立一体化积分法快速解析求解习题 8-6，采用计算机确定最大弯矩，并对梁的正应力进行强度校核。

**习题 11-5**　采用连续分段独立一体化积分法快速解析求解习题 8-17，采用计算机确定最大剪力，并对梁的切应力进行强度校核。

**习题 11-6**　采用连续分段独立一体化积分法快速解析求解习题 9-1，采用计算机绘制复杂载荷作用下梁的挠度图和转角图。

## B 类型习题

**习题 11-7**　如习题图 11-1 所示连续梁，各跨跨度相等，求第 $K$ 个支点处弯矩 $M_K$ 的表达式。$M_0 = M$ 为已知，证明：当跨数 $n$ 充分大时，$M_K/M = (-0.268)^K$。(《力学与实践》小问题，1980 年第 5 题)

**习题 11-8**　两端固支梁，长为 $l$，其上作用有均布载荷 $q$。若等间距地设置 $n$ 个中间支座(习题图 11-2 中画出了 4 个)，试求各中间支座的约束力。(《力学与实践》小问题，1995 年第 263 题)

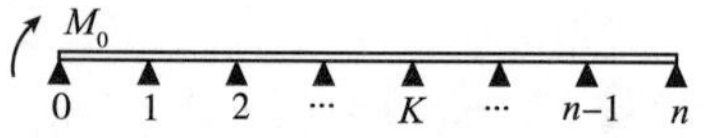


习题图　11-1

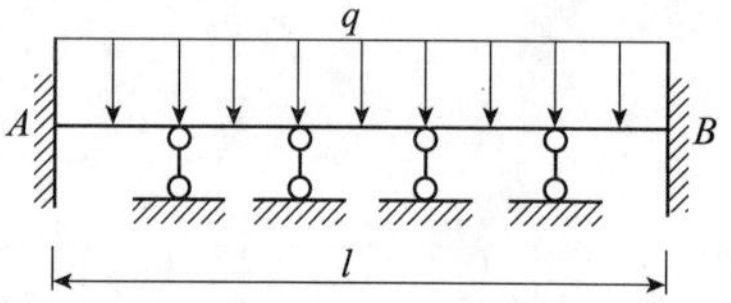


习题图　11-2

**习题 11-9**　平行于地面的十字形刚架，交点 $E$ 刚结。$E$ 点处受一铅垂载荷 $F$。设材料服从郑玄—胡克定律，杆尺寸及弹性系数均为已知(习题图 11-3)，求 $E$ 点的位移。(《力学与实践》小问题，1987 年第 148 题)

**习题 11-10**　一根充分长的直钢筋置于刚性地面上，在距一端为 $b$ 的位置用力往上提(习题图 11-4)，试问当此端点刚离开地面时，钢筋离地的长度 $l$ 是多少？(《力学与实践》小问题，1996 年第 289 题)

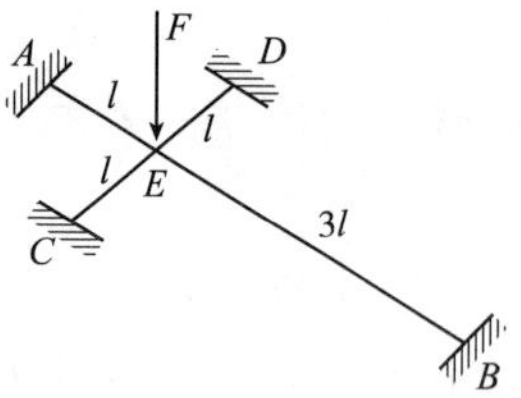


习题图　11-3

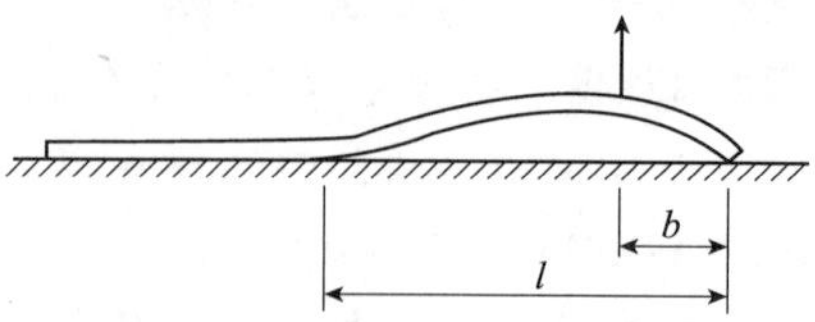


习题图　11-4

**习题 11-11**　单位长度重 $q$ 的均质杆 $AB$ 置于刚性水平地面上，已知在中点 $C$ 处垫一块高为 $h$ 的砖时(支承处可简化为一点)，恰使杆的半长离地，如习题图 11-5 所示。问使端部开始与地面成点接触时(即少垫一块砖就成线接触)，需垫几块同样的砖？使杆两端离地，至少需垫同样的砖多少块？(《力学与实践》小问题，1984 年第 63 题)

**习题 11-12** 如习题图 11-6 所示简支梁 $AB$，跨度为 $4a$，离某刚性水平地面的距离为 $\delta_0$，当作用于梁的两个载荷 $F$ 逐渐增加时，迫使梁的中间段 $CD$ 与平面 $A'B'$ 相接触。已知 $\delta_0$，$EI$ 及接触段 $CD$ 的长度 $a$，求：载荷 $F$ 的值及梁 $A$ 端的转角 $\theta_A$。（《力学与实践》小问题，1983 年第 57 题）

**习题 11-13** 如习题图 11-7 所示高 $h$、长 $2l$、截面弯曲刚度为 $EI$ 的梁，在刚性压模作用下轴线弯曲成 $w(x)=ax^2$，试求作用在梁上的模压分布（设梁为小变形且保持在线弹性范围）。（《力学与实践》小问题，2001 年第 329 题）

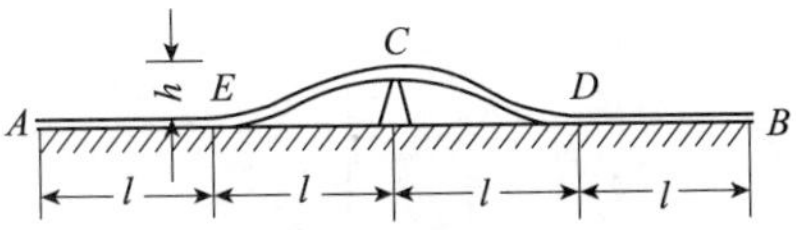


习题图 11-5

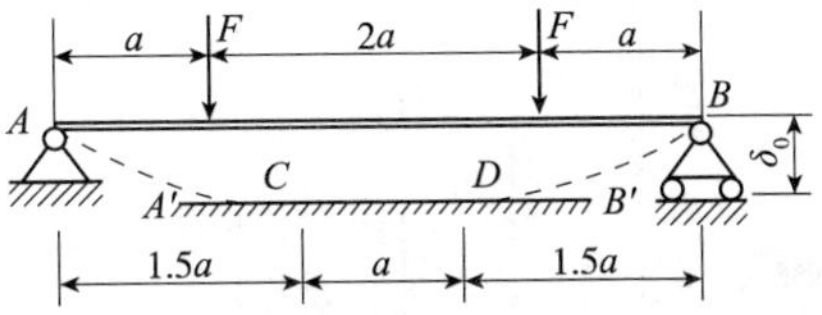


习题图 11-6

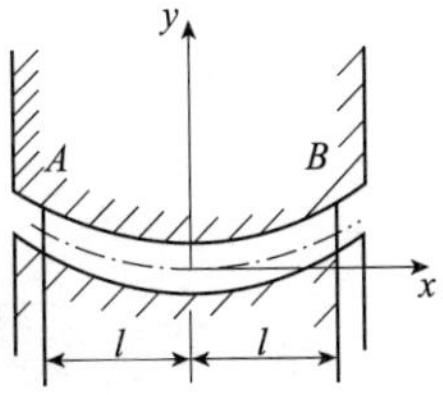


习题图 11-7

## C 类型习题

**习题 11-14** 三个相等的圆弧杆在 $A$、$B$、$C$ 点铰接成一个整圆习题图 11-8，此平面圆环受到两个大小相等沿径向作用在圆周上的力作用。

(1) 铰链中传递的力多大？

(2) 试确定杆 1 中沿杆轴分布的剪力、轴力和弯矩，并对 $\alpha=15°$ 时作出其分布曲线；

(3) 在角度 $\alpha$ 为多大以及在圆环的哪个位置上时，圆环内弯矩的极值取最小值？

**习题 11-15** 一自行车的链条驱动装置在如习题图 11-9 所示位置受到脚蹬力 $F_P=(0, F_y, F_z)$ 的载荷。对此，假设链条的下部不受拉力，且后脚蹬不加力。

(1) 试求水平方向的链条力 $F_K$ 以及在轴承 $A$ 和 $B$ 中传递的力；

(2) 试确定踏板支承轴中的横向力与弯矩的分布，并给出最大弯矩的位置与大小。

已知数据：$F_P=500\text{N}$，$\alpha=30°$，$r_P=18\text{cm}$，$r_K=9\text{cm}$，$a_1=1\text{cm}$，$a_2=7\text{cm}$，$a_3=10\text{cm}$，$a_4=16\text{cm}$。

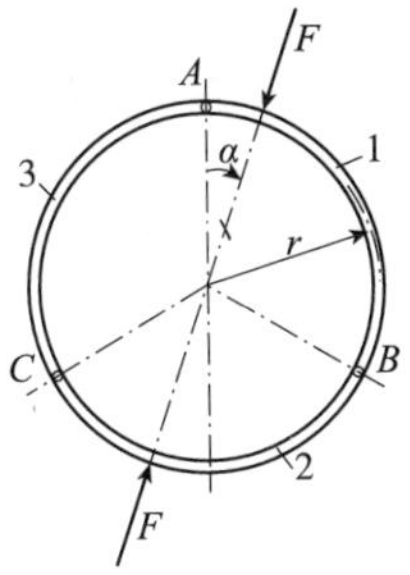


习题图 11-8

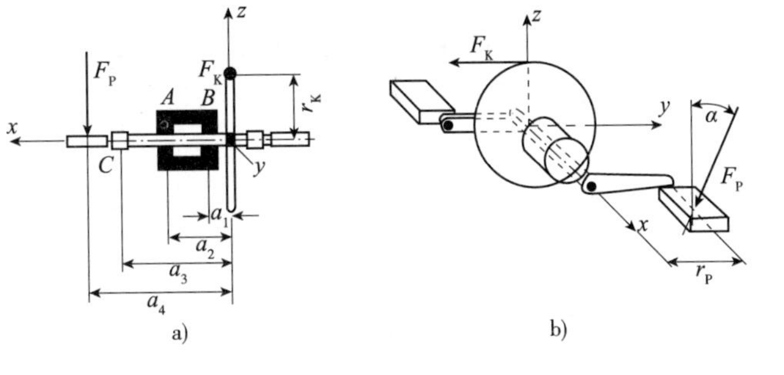


习题图 11-9

**习题 11-16** 在如习题图 11-10 所示的四级传动装置的驱动轴上作用有静扭矩 $M_I=3\text{N}\cdot\text{m}$。传动装置的齿轮可视为直插正齿轮，啮合角为 $\alpha$，也就是传递两齿轮啮合力的作用线通过两齿轮节圆的接触点，并与节圆（其直径为 $d$）的切线成 $\alpha$ 角。

(1) 传动轴 V 的力矩 $M_V$ 多大？

(2) 作用在轴 Ⅱ 支座 $A$ 与 $B$ 上的力多大？

(3) 试确定轴 Ⅱ 的弯矩曲线。

已知数据：

轴Ⅱ：$a=45\text{mm}$，$b=90\text{mm}$，$c=110\text{mm}$，$e=80\text{mm}$，$f=45\text{mm}$。

齿轮1~8的节圆直径：$d_1=35\text{mm}$，$d_2=170\text{mm}$，$d_3=75\text{mm}$，$d_4=250\text{mm}$，$d_5=85\text{mm}$，$d_6=240\text{mm}$，$d_7=105\text{mm}$，$d_8=220\text{mm}$。

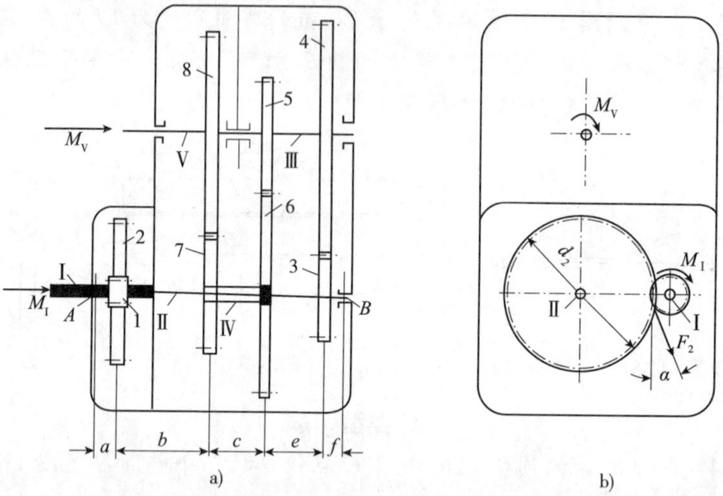


习题图 11-10

爱因斯坦（德国，1879~1955）

"一切实在的知识，

都是从经验开始，

又终结于经验。"

子以四教:"文、行、忠、信"。

# 第 12 章　应力与应变分析

前面研究了材料在单向受力与纯剪切时的应力与应变,以及应力与应变之间的关系,这些研究对于了解构件的应力与变形是必要的,也有助于正确分析构件的强度。然而,单向受力与纯剪切仅仅是材料或微体受力最基本的形式,在实际构件中有时还会碰到一些更复杂的情况。本章研究应力、应变状态的基本理论,应力应变间的一般关系。研究的目的是为构件的应力、变形与强度分析提供更广泛的理论基础。

## 12.1　一点的应力状态及其分类

### 12.1.1　一点的应力状态

在第 4 章中讨论轴向拉伸或轴向压缩杆的斜截面上的应力时,我们知道,杆件内一点的应力是随所在截面方位的变化而变化的,对于一般的受力构件,也具有类似的结论。通过受力构件一点处的各个不同截面上的应力的集合,称为一点处的应力状态。

在进行构件的强度计算时,对于轴向拉伸(压缩)和弯曲变形的正应力强度,由于危险点处横截面上正应力是通过该点各方位截面上正应力的最大值,且处于单向应力状态,所以可直接用该值去建立强度条件。对于自由扭转和弯曲变形的切应力强度,由于危险点处横截面上的切应力是通过该点各方位截面上切应力的最大值,且处于纯剪切应力状态,所以可将其与材料在纯剪切时的许用切应力相比较来建立强度条件。但一般情况下,构件各点处在横截面上既有正应力又有切应力。当需要按这些点的应力对构件进行强度计算时,就不能分别按正应力和切应力来建立强度条件,而必须综合考虑这两种应力对构件强度的影响。为此,就需要全面研究受力构件内一点处的应力状态。研究一点处的应力状态,在于研究通过一点不同截面上的应力变化规律,从而找出该点的最大正应力和最大切应力的数值,以及它们所在截面的方位,以便研究构件的破坏原因,并对构件进行失效分析。

研究构件内某一点的应力状态时,可围绕该点截取一微小的正六面体(单元体)。当单元体各边长趋于零时,便代表一个点。由于单元体各个面很小,可认为每个面上的应力均匀分布,因此可用面上一点的应力代表整个面各处的应力;同时单元体内相互平行的截面上,应力都是相等的。当单元体三个相互垂直平面上的应力均已知时,则其他截面上的应力可用截面法求得。于是三个相互垂直截面上的应力就构成了该点的应力状态。

单元体各面上的应力分量共有九个,如图 12-1 所示。各应力分量的表示方法如下:例如 $\tau_{xy}$,第一下标 $x$ 表示应力作用面,第二下标 $y$ 表示与应力平行的坐标轴。$\tau_{xy}$ 就是作用在 $x$

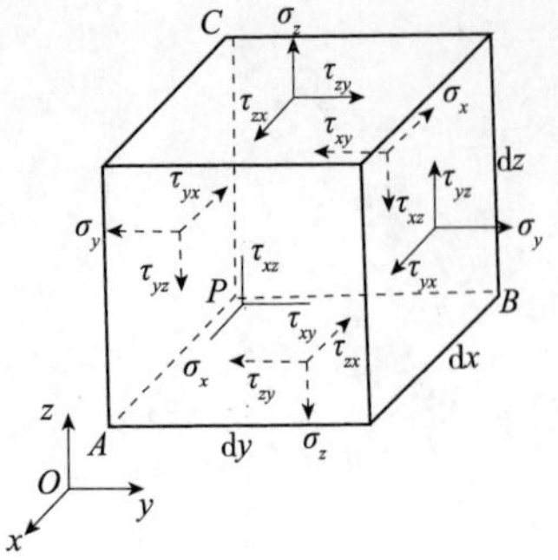

图 12-1 单元体上的应力分量

面上的平行于 $y$ 轴的切应力。所谓 $x$ 面就是面的法线矢量与平行的平面，外法线与坐标轴正向一致的面为正面，与坐标轴负向一致的面为负面。正应力分量往往只用一个下标，表示为 $\sigma_x$、$\sigma_y$、$\sigma_z$。

弹性力学对应力分量的符号规定：正面应力分量沿坐标正向为正，负面应力分量沿坐标负向为正，反之为负。按弹性力学符号规定图 12-1 中所示应力分量均为正。这样的符号规定方便、直观、简单。

## 12.1.2 切应力互等定理

按弹性力学的符号规定，分析单元体上各力绕 $Ox$ 轴的力矩平衡可得

$$\sum M_x = 0, (\tau_{yz}\mathrm{d}z\mathrm{d}x)\mathrm{d}y - (\tau_{zy}\mathrm{d}x\mathrm{d}y)\mathrm{d}z = 0 \tag{12-1}$$

即为

$$\tau_{yz} = \tau_{zy} \tag{12-2}$$

同理可得

$$\tau_{xy} = \tau_{yx}, \tau_{yz} = \tau_{zy}, \tau_{zx} = \tau_{xz} \tag{12-3}$$

式(12-3)就是切应力互等定理的一般形式，因此，任意点的应力状态可用 $\sigma_x$、$\sigma_y$、$\sigma_z$、$\tau_{xy}$，$\tau_{yz}$和 $\tau_{zx}$ 等 6 个独立的分量表示，它们的集合可用一个二阶张量表示为 $\sigma_{ij}(i,\ j=1,2,3)$，而 $\sigma_{ij}=\sigma_{ji}$，例如 $\sigma_{11}$表示 $\sigma_x$，$\sigma_{23}$表示 $\tau_{yz}$等。写成矩阵形式有

$$[\sigma_{ij}] = \begin{bmatrix} \sigma_{11} & \tau_{12} & \tau_{13} \\ \tau_{21} & \sigma_{22} & \tau_{23} \\ \tau_{31} & \tau_{32} & \sigma_{33} \end{bmatrix} = \begin{bmatrix} \sigma_x & \tau_{xy} & \tau_{xz} \\ \tau_{yx} & \sigma_y & \tau_{yz} \\ \tau_{zx} & \tau_{zy} & \sigma_z \end{bmatrix} \tag{12-4}$$

## 12.1.3 主单元体、主平面和主应力

若选择适当的坐标系，如图 12-2 所示，即将单元体在空间进行旋转，总可以找到在某一坐标系下单元体各面上的切应力全为零，而只有正应力存在，这时的单元体称为主单元体。单元体上切应力为零的平面称为主平面，主平面上的正应力称为主应力，因此主单元体共有三对主平面，其上的主应力分别用 $\sigma_1$、$\sigma_2$ 和 $\sigma_3$ 表示，且有 $\sigma_1 \geqslant \sigma_2 \geqslant \sigma_3$。从数学的角度看主应力 $\sigma_1$、$\sigma_2$ 和 $\sigma_3$，实际上就是应力矩阵式(12-4)的三个特征值，主应力的方向就是特征向量的方向。

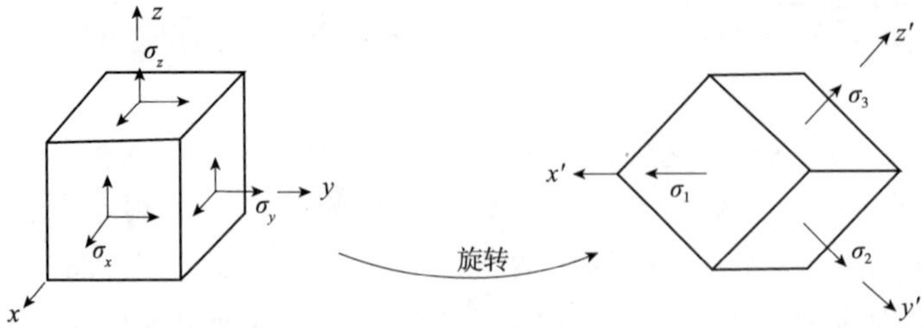

图 12-2 主单元体与主应力

## 12.1.4 应力状态的分类

主应力 $\sigma_1$、$\sigma_2$ 和 $\sigma_3$ 全部不为零时，称为三向应力状态或空间应力状态。如图 12-3a)所

示的钢轨，围绕火车车轮与钢轨接触点处截取单元体，表面上有接触应力 $\sigma_1$，由于 $\sigma_1$ 的作用，与表面相垂直的横截面和纵截面上受到周围材料的约束应力 $\sigma_2$ 和 $\sigma_3$ 的作用，单元体三个相互垂直的面均为主平面，且三个主应力均不为零，于是得到三向压应力状态，如图 12-3b) 所示。另外，周围受静水压力作用的钢球内的任一点也是三向压应力状态。螺钉受拉伸时，从螺纹根部取出的单元体则处于三向拉应力状态。

三个主应力中有两个主应力不为零时，称为二向应力状态或平面应力状态。如图 12-4 所示。薄平板受到平面内载荷作用时，在板平面内任意方向取 $x$、$y$ 轴，垂直于平面取 $z$ 轴，则板内应力一般可用 $\sigma_x$、$\sigma_y$、$\tau_{xy}$ 三个应力分量表示，其余的应力分量皆为零，这种情况就是平面应力状态。空间应力状态和平面应力状态又称为复杂应力状态。

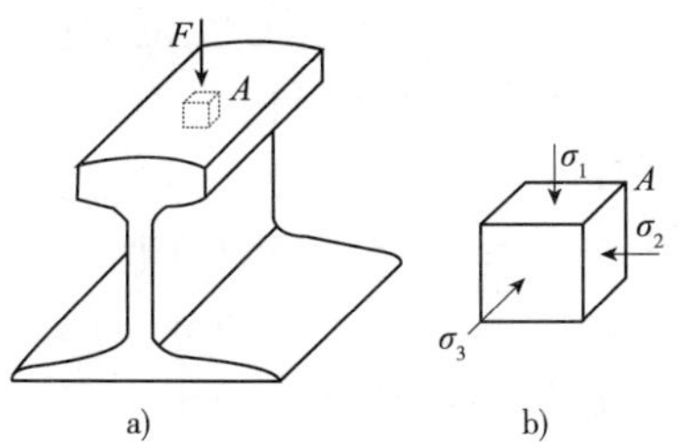


图 12-3　三向应力状态

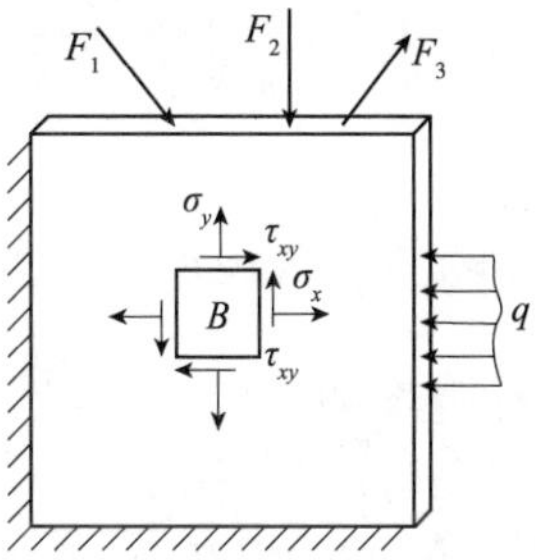


图 12-4　平面应力状态

三个主应力中仅有一个主应力不为零的情况称为单向应力状态。如前述的轴向拉伸或压缩杆中一点的应力状态即是这种应力状态。单向应力状态称为简单应力状态。

应该指出，分析构件中一点的应力状态，首先应找出各个面上的应力为已知或可求的一个单元体，这样的单元体称为原始单元体，它是进行应力分析的基础。例如，对于图 12-5a) 所示的梁，第 8 章里讨论过它的横截面和纵截面上的应力，因此就可以绕所研究点，用一对横截面、两对纵截面截取一个微小正六面体，即原始单元体。在图示集中力 $F$ 的作用下，对于梁上边缘的 $A$ 点，横截面上只有正应力，且为最大压应力，可以用式(8-9)求出，所有纵截面上均无应力；对中性轴上的 $B$ 点，横截面上只有与剪力同方向的切应力，可以用式(8-21)求出，根据切应力互等定理，在一对平行纵截面上有相应的切应力，另一对平行纵截面上无应力，所有面上的正应力均为零；对于中性轴下方的任一点 $C$ 点，横截面上既有切应力又有正应力，且正应力为拉应力，给定 $C$ 点到中性轴的距离，则横截面上的拉应力和切应力可分别用式(8-8)和式(8-21)求出，同理，在一对平行纵截面上有相应的切应力，其余各应力为零。三点的原始单元体如图 12-5b)、c) 和 d) 所示。

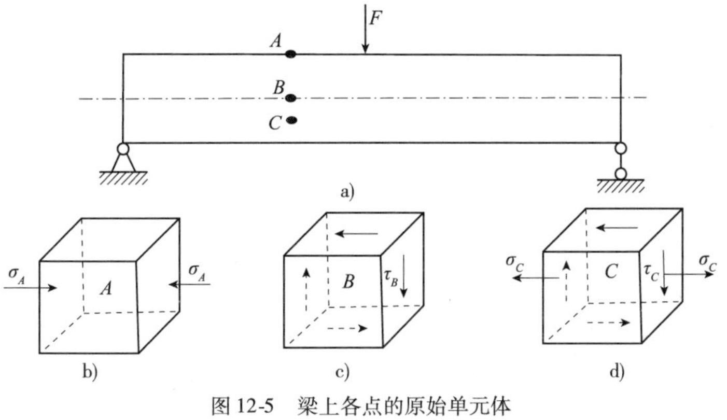


图 12-5　梁上各点的原始单元体

## 12.2 平面应力状态分析

### 12.2.1 解析法

平面应力下的单元可具有作用于 $x$ 面和 $y$ 面上的法向应力和剪应力，如图 12-6a)所示。但是单元的 $z$ 面上没有应力。单元的 $x$ 面上的剪应力用 $\tau_{xy}$ 来表示，其中第一个脚注代表应该力作用的面，第二个脚注代表剪应力的方向。当采用这些符号辨别剪应力时，习惯上假设：当剪应力沿 $y$ 轴正方向作用时，该剪应力为正。因此，$\tau_{xy}$ 顺图示方向为正。类似地，单元顶面上的剪应力用 $\tau_{yx}$ 来表示，它代表应力作用于单元的 $y$ 面上，顺 $x$ 方向为正。这里采用这种剪应力 $\tau_{xy}$ 和 $\tau_{yx}$ 的正负号规则，是因为它是弹性理论中广泛应用的规则。

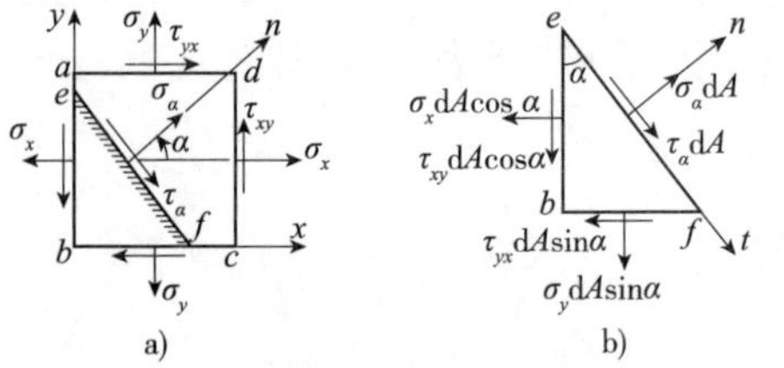


图 12-6 平面应力状态斜截面上的应力

然而，在我们前面的讨论中，我们所用剪应力 $\tau_\alpha$ 的正负号规则是建立在剪应力是顺时针方向还是反时针方向作用于单元之上的。我们将继续把 $\tau_\alpha$ 的这个规则应用于平面应力的讨论中，因此，我们看出在 $\alpha=0°$的平面上（单元的 $x$ 面上），我们得到 $\tau_\alpha=-\tau_{xy}$，而在 $\alpha=90°$的面上，我们得 $\tau_\alpha=\tau_{yx}$，并且，根据两互相垂直平面上剪应力相等，显然得出

$$\tau_{xy}=\tau_{yx} \tag{12-5}$$

（1）斜截面应力的一般公式

现在，让我们讨论法线与 $x$ 轴成 $\alpha$ 角的斜面[图 12-6b)]。作用于 $ef$ 截面上的法向应力 $\sigma_\alpha$ 和 $\tau_\alpha$ 可根据三角形单元的平衡条件来求出。在写平衡条件时，必须记住，单元各面的面积不都是相等的，每一项应力要乘以它所作用面的面积以得出总的力。三角形微体沿斜截面法向与切向的平衡方程分别为

$$\begin{aligned}\sum F_n=0,\ &\sigma_\alpha \mathrm{d}A-(\tau_{xy}\mathrm{d}A\cos\alpha)\sin\alpha-(\sigma_x\mathrm{d}A\cos\alpha)\cos\alpha-\\&(\tau_{yx}\mathrm{d}A\sin\alpha)\cos\alpha-(\sigma_y\mathrm{d}A\sin\alpha)\sin\alpha=0\end{aligned} \tag{12-6}$$

$$\begin{aligned}\sum F_\tau=0,\ &\tau_\alpha \mathrm{d}A+(\tau_{xy}\mathrm{d}A\cos\alpha)\cos\alpha-(\sigma_x\mathrm{d}A\cos\alpha)\sin\alpha-\\&(\tau_{yx}\mathrm{d}A\sin\alpha)\sin\alpha+(\sigma_y\mathrm{d}A\sin\alpha)\cos\alpha=0\end{aligned} \tag{12-7}$$

根据切应力互等定理式(12-5)，并由三角学公式，化简得

$$\sigma_\alpha=\frac{\sigma_x+\sigma_y}{2}+\frac{\sigma_x-\sigma_y}{2}\cos2\alpha+\tau_{xy}\sin2\alpha \tag{12-8}$$

$$\tau_\alpha=\frac{\sigma_x-\sigma_y}{2}\sin2\alpha-\tau_{xy}\cos2\alpha \tag{12-9}$$

此即平面应力状态下斜截面应力的一般公式。这些方程通过应力 $\sigma_x$、$\sigma_y$ 和 $\tau_{xy}$ 给出作用于任一斜面上的法向应力和剪应力。注意：当 $\alpha=0$ 时，方程得出 $\sigma_\alpha=\sigma_x$ 和 $\tau_\alpha=-\tau_{xy}$；当 $\alpha=\frac{\pi}{2}$时，方程得出 $\sigma_\alpha=\sigma_y$ 和 $\tau_\alpha=\tau_{xy}$。

当应用上述 $\sigma_\alpha$ 和 $\tau_\alpha$ 的方程时，必须注意遵守应力的正负号规则：

①$\alpha$ 角：以 $x$ 轴正向为起线，逆时针转至斜截面外法线 $\boldsymbol{n}$ 为正，反之为负；

②当受拉时，所有法向应力为正；

③当剪应力 $\tau_{xy}$ 作用于单元的 $x$ 面上时，则顺 $y$ 轴方向 $\tau_{xy}$ 为正；当剪应力 $\tau_{xy}$ 作用于单元

的反 $x$ 面上时，则逆 $y$ 轴方向 $\tau_{xy}$ 为正[图 12-6a)]

④当剪应力 $\tau_\alpha$ 按顺时针方向作用于材料上时，$\tau_\alpha$ 为正[图 12-6b)]。

选择这种 $\tau_\alpha$ 的正负号规则的理由是：当为正时，这样引起在莫尔圆中按反时针方向度量其角 $2\alpha$，这种度量法与用于度量 $\alpha$ 的正方向相同。

式(12-8)、式(12-9)是根据平衡条件建立的，因此，它们既可用于线弹性问题，也可用于非线性和非弹性问题，既可用于各向同性情况，也可用于各向异性情况，与材料的力学性能无关。

在与 $x$ 轴成 $\alpha+\frac{\pi}{2}$ 角的平面上的应力 $\sigma'_\alpha$ 和 $\tau'_\alpha$ 可借 $\alpha+\frac{\pi}{2}$ 代替式(12-8)、式(12-9)中的 $\alpha$ 来求得。如果这样做，我们将发现：

$$\sigma_\alpha+\sigma'_\alpha=\sigma_x+\sigma_y,\tau'_\alpha=-\tau_\alpha \tag{12-10}$$

因此，我们看到：互相垂直的平面上法向应力之和保持为常数，而互相垂直平面上的剪应力大小相等但方向相反。

(2)平面应力状态的极值正应力

当图 12-6b)中所示的角从 0°变到 360°时，其应力 $\sigma_\alpha$ 和 $\tau_\alpha$ 也随之改变。$\sigma_\alpha$ 的最大值和最小值为主应力。发生主应力的主平面位置可借取导数 $\mathrm{d}\sigma_\alpha/\mathrm{d}\alpha$ 等于零，然后求解 $\alpha$ 来确定。因而，根据式(12-8)可求出：

$$\frac{\mathrm{d}\sigma_\alpha}{\mathrm{d}\alpha}=0,\ -(\sigma_x-\sigma_y)\sin2\alpha+2\tau_{xy}\cos2\alpha=0 \tag{12-11}$$

或

$$\tan2\alpha_{\mathrm{p}}=\frac{2\tau_{xy}}{\sigma_x-\sigma_y} \tag{12-12}$$

其中，$\alpha_{\mathrm{p}}$ 用以代替 $\alpha$，表示确定主平面的角。从式(12-12)所得到的 $2\alpha_{\mathrm{p}}$ 有两个相差 180°的值，其中第一个值位于 0°和 180°之间，另一个位于 180°和 360°之间。因而，$\alpha_{\mathrm{p}}$ 的两个值可以求出来：一个值位于 0°和 90°之间，另一个位于 90°和 180°之间。对于这些 $\alpha_{\mathrm{p}}$ 中的一个值，其法向应力 $\sigma_\alpha$ 为最大，而对于另一个值，法向应力则为最小。这两个主应力发生在互相垂直的平面上。由式(12-8)得

$$\sigma_\alpha=\sigma_0+R_\sigma\cos2(\alpha-\alpha_{\mathrm{p}}) \tag{12-13}$$

其中

$$\sigma_0=\frac{\sigma_x+\sigma_y}{2},R_\sigma=\sqrt{\left(\frac{\sigma_x-\sigma_y}{2}\right)^2+\tau_{xy}^2} \tag{12-14}$$

$$\cos2\alpha_{\mathrm{p}}=\frac{\sigma_x-\sigma_y}{2R_\sigma},\sin2\alpha_{\mathrm{p}}=\frac{\tau_{xy}}{R_\sigma} \tag{12-15}$$

可得平面最大与最小正应力分别为

$$\left.\begin{matrix}\sigma_{\max[2]}\\ \sigma_{\min[2]}\end{matrix}\right\}=\frac{\sigma_x+\sigma_y}{2}\pm\sqrt{\left(\frac{\sigma_x-\sigma_y}{2}\right)^2+\tau_{xy}^2} \tag{12-16}$$

这里 $\sigma_{\max[2]}$、$\sigma_{\min[2]}$ 中的下标[2]表示平面应力最值，以区别单元体的应力最值 $\sigma_{\max}$、$\sigma_{\min}$。$\alpha_{\mathrm{p1}}$ 对应平面最大正应力 $\sigma_{\max[2]}$；$\alpha_{\mathrm{p2}}=\alpha_{\mathrm{p1}}+\frac{\pi}{2}$ 对应平面最小正应力 $\sigma_{\min[2]}$。

可从式(12-16)中看到

$$\sigma_{\max[2]}+\sigma_{\min[2]}=\sigma_x+\sigma_y,\sigma_{\alpha_{\mathrm{p1}}}+\sigma_{\alpha_{\mathrm{p2}}}=\sigma_x+\sigma_y \tag{12-17}$$

这是可以预料到的。

根据式(12-9)可以进行有关主平面的重要观察。如果在此式中令 $\tau_\alpha=0$,并对 $2\alpha$ 求解,我们就将再次得到式(12-12)。此结果表明主平面上没有剪应力。

(3)平面应力状态的极值切应力

现在让我们确定平面最大剪应力和最大剪应力所作用的平面。求导数 $d\tau_\alpha/d\alpha$[见式(12-9)],并令它等于零,可求出

$$\cot 2\alpha_s = -\frac{2\tau_{xy}}{\sigma_x-\sigma_y} \tag{12-18}$$

式中,$\alpha_s$ 表示最大剪应力平面角。

将式(12-18)与式(12-12)进行比较,可看出

$$\cot 2\alpha_s = -\tan 2\alpha_p \tag{12-19}$$

所以得出结论:$2\alpha_s$ 和 $2\alpha_p$ 必定相差 90°,即

$$\alpha_s=\alpha_p+\frac{\pi}{4} \tag{12-20}$$

因此,最大剪应力平面与主平面成 45°。将由式(12-18)所确定的 $2\alpha_s$ 值代入式(12-9),求得

$$\tau_\alpha=R_\sigma\cos 2(\alpha-\alpha_s)\text{ 或 }\tau_\alpha=R_\sigma\sin 2(\alpha-\alpha_p) \tag{12-21}$$

其中

$$\sin 2\alpha_s=\frac{\sigma_x-\sigma_y}{2R_\sigma},\cos 2\alpha_s=-\frac{\tau_{xy}}{R_\sigma} \tag{12-22}$$

平面应力状态最大与最小切应力分别为

$$\left.\begin{matrix}\tau_{max[2]}\\ \tau_{min[2]}\end{matrix}\right\}=\pm\sqrt{\left(\frac{\sigma_x-\sigma_y}{2}\right)^2+\tau_{xy}^2} \tag{12-23}$$

它也等于

$$\tau_{max[2]}=\frac{\sigma_{max[2]}-\sigma_{min[2]}}{2},\tau_{min[2]}=\frac{\sigma_{min[2]}-\sigma_{max[2]}}{2} \tag{12-24}$$

这里 $\tau_{max[2]}$,$\tau_{min[2]}$中的下标[2]表示平面应力最值,以区别单元体的应力最值 $\tau_{max}$。

最大剪应力平面上的法向应力为

$$\sigma_{\alpha_{s1}}=\sigma_{\alpha_{s2}}=\frac{\sigma_x+\sigma_y}{2} \tag{12-25}$$

由式(12-18)求出相差 90°的两个角度 $\alpha_{s1}$ 和 $\alpha_{s2}=\frac{\pi}{2}+\alpha_{s1}\left(\text{或 }\alpha_{s2}=-\frac{\pi}{2}+\alpha_{s1}\right)$,$\alpha_{s1}$ 对应最大切应力所在平面,$\alpha_{s2}$ 对应最小切应力所在平面。

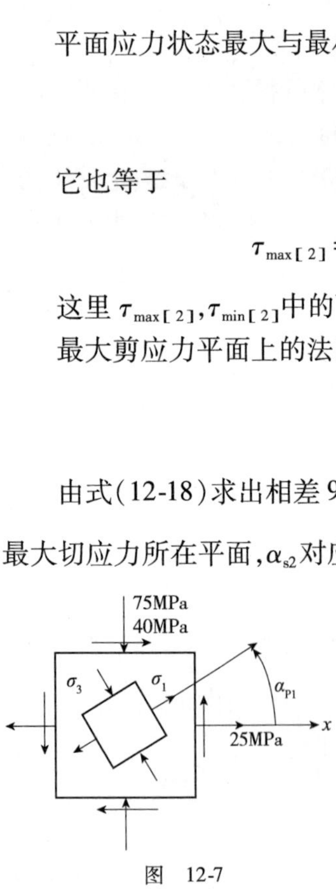


图 12-7

**例题 12-1** 单元体的应力状态如图 12-7 所示。试求主应力并确定主平面的位置。

**解:**按应力的符号规则选定,$\sigma_x=25\text{MPa}$,$\sigma_y=-75\text{MPa}$,$\tau_{xy}=40\text{MPa}$。由式(12-12)得

$$\tan 2\alpha_p=\frac{2\tau_{xy}}{\sigma_x-\sigma_y}=\frac{2\times 40\times 10^6}{25\times 10^6-(-25\times 10^6)}=0.80$$

$$\cos 2\alpha_p>0,\sin 2\alpha_p>0$$

$\alpha_{p1}=19.33°$，$\alpha_{p2}=109.3°$，将 $\alpha_{p1}$，$\alpha_{p2}$分别代入公式(12-8)，得

$$\sigma_{\alpha_{p1}}=\frac{\sigma_x+\sigma_y}{2}+\frac{\sigma_x-\sigma_y}{2}\cos 2\alpha_{p1}+\tau_{xy}\sin 2\alpha_{p1}$$

$$=\frac{25\times10^6+(-25\times10^6)}{2}+\frac{25\times10^6-(-25\times10^6)}{2}\cos 38.66°+40\times10^6\sin 38.66°$$

$$=39\text{MPa}$$

$$\sigma_{\alpha_{p2}}=\frac{\sigma_x+\sigma_y}{2}+\frac{\sigma_x-\sigma_y}{2}\cos 2\alpha_{p2}+\tau_{xy}\sin 2\alpha_{p2}$$

$$=\frac{25\times10^6+(-25\times10^6)}{2}+\frac{25\times10^6-(-25\times10^6)}{2}\cos 218.7°+40\times10^6\sin 218.7°$$

$$=-89\text{MPa}$$

可见，在由 $\alpha_{p1}=19.33°$确定的主平面上，作用着主应力 $\sigma_{max}=39\text{MPa}$；在由 $\alpha_{p2}=109.3°$确定的主平面上，作用着主应力 $\sigma_{min}=-89\text{MPa}$。按照主应力的记号规定，$\sigma_1>\sigma_2>\sigma_3$，单元体的三个主应力分别是 $\sigma_1=39\text{MPa}$，$\sigma_2=0$，$\sigma_3=-89\text{MPa}$。

也可联合使用式(12-12)和式(12-16)来确定主平面的位置和主应力的数值，以下两例题就采用这一方法。

**例题 12-2** 如图 12-8a)所示，讨论圆轴扭转的应力状态，并分析铸铁试样受扭时的破坏现象。

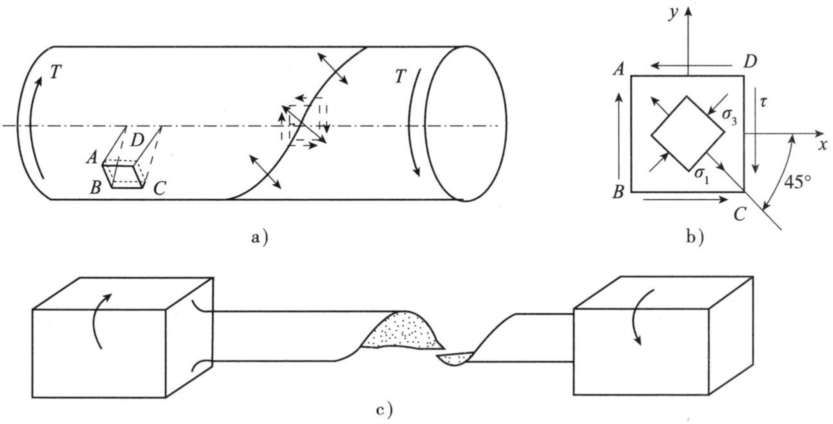


图 12-8

**解**：①圆轴扭转时，在横截面的边缘处应力最大，其数值为

$$\tau=\frac{T}{W_p} \tag{1}$$

②计算主应力。在圆轴的表层按如图 12-8a)所示方式取出单元体 $ABCD$，单元体各面上的应力如图 12-8b)所示。

$$\sigma_x=0,\sigma_y=0,\tau_{xy}=-\tau \tag{2}$$

这就是纯剪切应力状态。把式(2)代入式(12-16)，得

$$\left.\begin{matrix}\sigma_{max[2]}\\ \sigma_{min[2]}\end{matrix}\right\}=\frac{\sigma_x+\sigma_y}{2}\pm\sqrt{\left(\frac{\sigma_x-\sigma_y}{2}\right)^2+\tau_{xy}^2}=\pm\tau$$

按照主应力的记号规定

$$\sigma_1=\tau,\sigma_2=0,\sigma_3=-\tau$$

所以，纯剪切的两个主应力绝对值相等，都等于切应力 $\tau$，但一个为拉应力，另一个为压应力。

③计算主要方向角。

由式(12-12)、式(12-15)得

$$\tan 2\alpha_p = \frac{2\tau_{xy}}{\sigma_x - \sigma_y} \rightarrow +\infty$$

$$\cos 2\alpha_p = 0, \sin 2\alpha_p < 0$$

所以主方向角 $\alpha_{p1} = 135°$，$\alpha_{p2} = 45°$，从 $x$ 轴量起，由 $\alpha_{p1} = 135°$（逆时针方向）所确定的主平面上的主应力为 $\sigma_1 = \tau$，而由 $\alpha_{p2} = 45°$所确定的主平面上的主应力为 $\sigma_3 = -\tau$。

圆截面铸铁试样扭转时，表面各点 $\sigma_{max}$ 所在的主平面联成倾角为 45°的螺旋面[图 12-8a)]。由于铸铁抗拉强度较低，试件将沿这一螺旋面因拉伸而发生断裂破坏，如图 12-8c)所示。

**例题 12-3** 图 12-9a)为一横力弯曲下的梁，求得截面 $m$-$m$ 上的弯矩 $M$ 和剪力 $F_s$ 后，由式(8-8)和式(8-21)算出截面上一点 $A$ 处的弯曲正应力和切应力分别为 $\sigma = -70$MPa 和 $\tau = 50$MPa[图 12-9b)]。试确定 $A$ 点的主应力及主平面的方位，并讨论同一截面上其他点的应力状态。

已知：$\sigma_x = 0$，$\sigma_y = -70$MPa，$\tau_{xy} = 50$MPa。

求：$\sigma_1$，$\sigma_2$，$\sigma_3$，$\alpha_{p1}$。

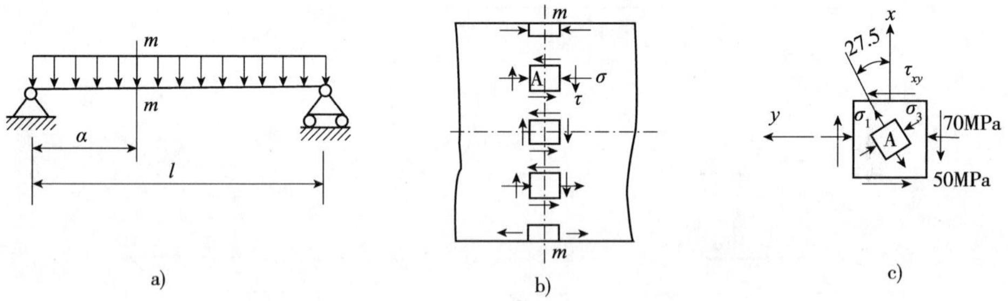


图 12-9

**解**：①把从 $A$ 点处截取的单元体放大如图 12-9c)所示。垂直方向等于零的应力是代数值较大的应力，故选定 $x$ 轴的方向垂直向上。

②计算主方向角。

由式(12-12)、式(12-15)得

$$\tan 2\alpha_p = \frac{2\tau_{xy}}{\sigma_x - \sigma_y} = \frac{2 \times 50 \times 10^6}{0 - (-70 \times 10^6)} = 1.429$$

$$\cos 2\alpha_p > 0, \sin 2\alpha_p > 0$$

主方向角 $\alpha_{p1} = 27.5°$，$\alpha_{p2} = 117.5°$，从 $x$ 轴按反时针方向的角度 $\alpha_{p1} = 27.5°$，确定 $\sigma_{max}$所在的主平面；以同一方向的角度 $\alpha_{p2} = 117.5°$，确定 $\sigma_{min}$所在的另一主平面。

③计算主应力。

至于这两个主应力的大小，则可由公式(12-16)求得

$$\left.\begin{matrix}\sigma_{max[2]} \\ \sigma_{min[2]}\end{matrix}\right\} = \frac{\sigma_x + \sigma_y}{2} \pm \sqrt{\left(\frac{\sigma_x - \sigma_y}{2}\right)^2 + \tau_{xy}^2}$$

$$=\frac{0+(-70\times10^6)}{2}\pm\sqrt{\left[\frac{0-(-70\times10^6)}{2}\right]^2+(50\times10^6)^2}=\begin{cases}26\\-96\end{cases}\text{MPa}$$

按照关于主应力的记号规定，$\sigma_1=26.05\text{MPa}$，$\sigma_2=0$，$\sigma_3=-96.05\text{MPa}$。主应力及主平面的位置已表示于图12-9c)中。

在梁的横截面 $m$-$m$ 上，其他点的应力状态都可用相同的方法进行分析。截面上、下边缘处的各点为单向压缩或拉伸，横截面即为它们的主平面。在中性轴上，各点的应力状态为纯剪切，主平面与梁轴成45°，从上边缘到下边缘，各点的原始应力状态，如图12-9b)所示。

在求出梁截面上一点主应力的方向后，把其中一个主应力的方向延长与相邻横截面相交。以此类推，我们将得到一条折线，它的极限就是一条曲线。在这样的曲线上，任一点的切线即代表该点主应力的方向。这种曲线称为主应力迹线。经过每一点有两条相互垂直的主应力迹线。图12-10表示梁内的两组主应力迹线，虚线为主压应力迹线，实线为主拉应力迹线。在钢筋混凝土梁中，钢筋的作用是抵抗拉伸，所以应使钢筋尽可能地沿主拉应力迹线的方向放置。

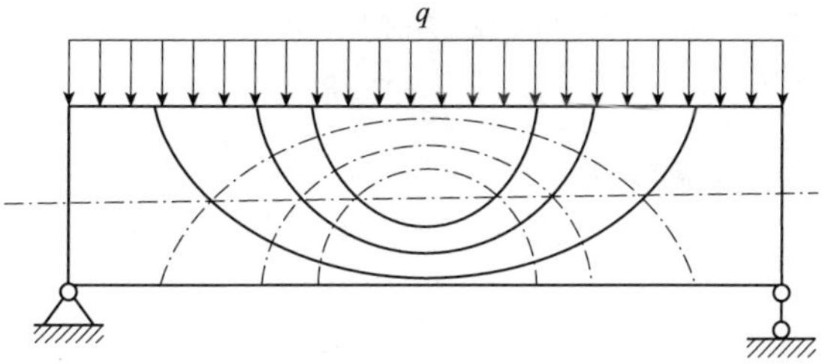

图12-10 主应力迹线

**讨论与练习**

请大家编 Maple 程序绘梁主应力迹线的计算机仿真图。

### 12.2.2 几何法

以上所述平面应力状态的应力分析，也可利用图解法进行讨论。

(1)应力圆

由式(12-8)、式(12-9)可知，正应力 $\sigma_\alpha$ 与切应力 $\tau_\alpha$ 均为 $\alpha$ 的函数，说明在 $\sigma_\alpha$ 与 $\tau_\alpha$ 之间存在确定的函数关系，而上述两式则为其参数方程。

由式(12-13)和(12-21)可知，$\sigma_\alpha$ 与 $\tau_\alpha$ 之间的关系是一个圆，称为应力圆或莫尔(O. Mohr)圆。其参数方程为

$$\sigma_\alpha=\sigma_0+R_\sigma\cos2(\alpha-\alpha_p) \tag{12-26}$$

$$\tau_\alpha=R_\sigma\sin2(\alpha-\alpha_p) \tag{12-27}$$

消去参数 $\alpha$，可以得到在 $\sigma$-$\tau$ 平面内的直角坐标方程

$$(\sigma_\alpha-\sigma_0)^2+\tau_\alpha^2=R_\sigma^2 \tag{12-28}$$

可以看出，在以 $\sigma$ 为横坐标轴、$\tau$ 为纵坐标轴的平面内，上式的轨迹为应力圆，其圆心的坐标为 $C(\sigma_0,0)$，半径为 $R_\sigma$，而圆上任一点的纵、横坐标，则分别代表微体相应截面的切应力与正应力。

(2)应力圆的绘制与应用

如图 12-11 所示,在 $\sigma$-$\tau$ 平面内,与 $x$ 截面对应的点位于 $D(\sigma_x,\tau_{xy})$,与 $y$ 截面对应的点位于 $E(\sigma_y,-\tau_{xy})$,由于$\overline{DF}=\overline{EG}$,因此,直线 $DE$ 与坐标轴 $\sigma$ 的交点 $C$ 的横坐标为 $\sigma_0$,即 $C$ 为应力圆的圆心。于是,以 $C$ 为圆心,$CD$ 或 $CE$ 为半径作圆,即得相应的应力圆。

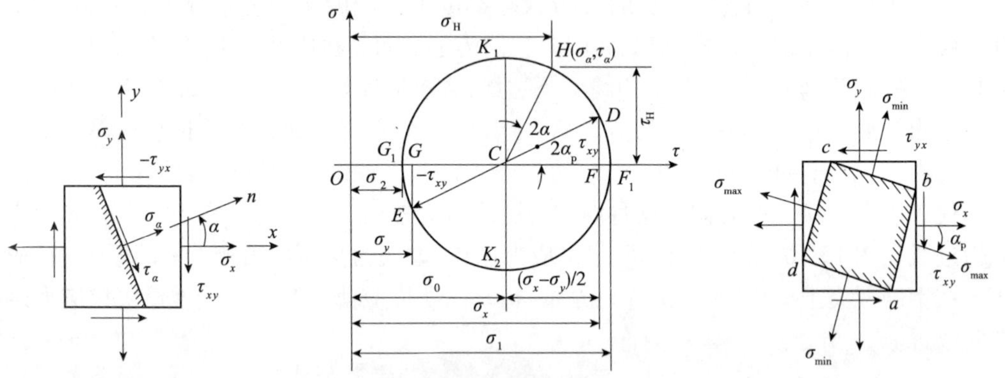

a)平面一般单元体　　b) 平面应力的莫尔圆　　c)主单元体

图 12-11　应力圆的绘制及应用

应力圆确定后,如欲求 $\alpha$ 截面的应力,则只需将半径 $CD$ 沿方位角 $\alpha$ 的转向旋转 $2\alpha$ 至 $CH$ 处,所得 $H$ 点的纵、横坐标 $\tau_{\mathrm{H}}$ 与 $\sigma_{\mathrm{H}}$,即分别代表 $\alpha$ 截面的切应力 $\tau_\alpha$ 与正应力 $\sigma_\alpha$,现证明如下:

设将 $\angle DCF=2\alpha_{\mathrm{p}}$ 表示,则

$$\begin{aligned}\sigma_H &=\overline{OC}+\overline{CH}\cos(2\alpha-2\alpha_{\mathrm{p}})\\ &=\overline{OC}+\overline{CD}\cos(2\alpha-2\alpha_{\mathrm{p}})\\ &=\sigma_0+R_\sigma\cos2\alpha_{\mathrm{p}}\cos2\alpha+R_\sigma\sin2\alpha_{\mathrm{p}}\sin2\alpha\\ &=\frac{\sigma_x+\sigma_y}{2}+\frac{\sigma_x-\sigma_y}{2}\cos2\alpha+\tau_{xy}\sin2\alpha=\sigma_\alpha\end{aligned}$$

$$\begin{aligned}\tau_H &=\overline{CH}\sin(2\alpha-2\alpha_{\mathrm{p}})\\ &=\overline{CD}\sin(2\alpha-2\alpha_{\mathrm{p}})\\ &=R_\sigma\cos2\alpha_{\mathrm{p}}\sin2\alpha-R_\sigma\sin2\alpha_{\mathrm{p}}\cos2\alpha\\ &=\frac{\sigma_x-\sigma_y}{2}\cos2\alpha-\tau_{xy}\sin2\alpha=\tau_\alpha\end{aligned}$$

在利用应力圆分析应力时,应注意应力圆上的点与微体内的截面的对应关系。如图 12-12所示,当微体内截面 $A$ 与 $B$ 的夹角为 $\alpha$ 时,应力圆上相应点 $a$ 与 $b$ 所对应的圆心角则为 $2\alpha$,且两角之转向相同。因此,与两互垂截面相对应的点,必位于应力圆上同一直径的两端。例如图 12-11 中,分别与 $x$ 与 $y$ 截面对应的 $D$ 与 $E$ 即位于同一直径的两端。

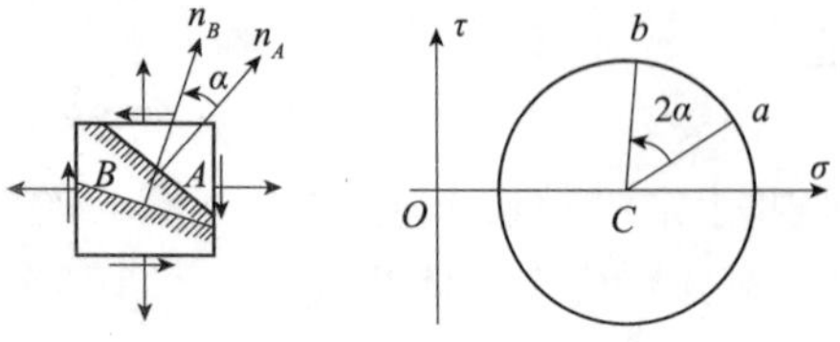

图 12-12　单元体与应力圆的对应关系

利用应力圆可以得出关于得出二向应力状态的很多结论。可用以确定主应力的数值和主平面的方位。例如图 12-11 中,由于应力圆上 $F_1$ 点的横坐标(正应力)大于其他点的横坐标,而纵坐标(切应力)等于零,所以 $F_1$ 点代表最大的主应力,即

$$\sigma_{F_1}=\overline{OF_1}=\overline{OC}+\overline{CF_1}=\sigma_0+R_\sigma$$

$$=\frac{\sigma_x+\sigma_y}{2}+\sqrt{\left(\frac{\sigma_x-\sigma_y}{2}\right)^2+\tau_{xy}^2}=\sigma_{\max[2]}$$

同理，$G_1$ 点代表平面上最小的主应力，即

$$\sigma_{G_1}=\overline{OG_1}=\overline{OC}-\overline{CG_1}=\sigma_0-R_\sigma$$

$$=\frac{\sigma_x+\sigma_y}{2}-\sqrt{\left(\frac{\sigma_x-\sigma_y}{2}\right)^2+\tau_{xy}^2}=\sigma_{\min[2]}$$

这就是式(12-16)。在应力圆上由 $D$ 点(代表法线为 $x$ 轴的平面)到 $F_1$ 点所对圆心角为顺时针的 $2\alpha_p$，在单元体中[图 12-11c)]由 $x$ 轴也顺时针取 $\alpha_p$，这就确定了 $\sigma_1$ 所在的法线的位置。

$$\tan 2\alpha_p=\frac{\overline{FD}}{\overline{CF}}=\frac{2\tau_{xy}}{\sigma_x-\sigma_y}$$

按照关于 $\alpha$ 和 $\tau_{xy}$ 的符号规定，顺时针的 $\alpha_p$ 是负的，$\tau_{xy}$ 是负的，$\tan 2\alpha_p$ 也应为负值，于是再次得到了式(12-12)。

这里详细说明一下采用解析法与图解法确定 $\sigma_{\max[2]}$ 的方向角 $\alpha_{p_1}$。

①$D$ 点在应力圆的第Ⅰ象限，$2\alpha_p$ 从 $CD$ 顺时针到 $O\sigma$ 轴正向，$\alpha_p$ 从原始单元体上 $x$ 轴正向顺时针转到主单元体 $\sigma_{\max[2]}$ 的作用面法线正向；$\tan 2\alpha_p<0$，$\sin 2\alpha_p<0$，$\cos 2\alpha_p>0$，$-45°<\alpha_p<0°$，$135°<\alpha_{p_1}<180°$，$45°<\alpha_{p_2}<90°$，$0°<\alpha_{s_1}<45°$，$90°<\alpha_{s_2}<135°$。原始单元体上 $\tau_{0°}>0$，$\tau_{xy}<0$，$\sigma_x>\sigma_y$。

②$D$ 点在应力圆的第Ⅱ象限，$2\alpha_p$ 从 $CD$ 顺时针到 $O\sigma$ 轴正向，$\alpha_p$ 从原始单元体上 $x$ 轴正向顺时针转到主单元体 $\sigma_{\max[2]}$ 的作用面法线正向；$\tan 2\alpha_p>0$，$\sin 2\alpha_p<0$，$\cos 2\alpha_p<0$，$-90°<\alpha_p<-45°$，$90°<\alpha_{p_1}<135°$，$0°<\alpha_{p_2}<45°$，$135°<\alpha_{s_1}<180°$，$45°<\alpha_{s_2}<90°$。原始单元体上 $\tau_{0°}>0$，$\tau_{xy}<0$，$\sigma_x<\sigma_y$。

③$D$ 点在应力圆的第Ⅲ象限，$2\alpha_p$ 从 $CD$ 逆时针到 $O\sigma$ 轴正向，$\alpha_p$ 从原始单元体上 $x$ 轴正向逆时针转到主单元体 $\sigma_{\max[2]}$ 的作用面法线正向；$\tan 2\alpha_p<0$，$\sin 2\alpha_p>0$，$\cos 2\alpha_p<0$，$45°<\alpha_p<90°$，$45°<\alpha_{p1}<90°$，$135°<\alpha_{p_2}<180°$，$90°<\alpha_{s_1}<135°$，$0°<\alpha_{s_2}<45°$。原始单元体上 $\tau_{0°}<0$，$\tau_{xy}>0$，$\sigma_x<\sigma_y$。

④$D$ 点在应力圆的第Ⅳ象限，$2\alpha_p$ 从 $CD$ 逆时针到 $O\sigma$ 轴正向，$\alpha_p$ 从原始单元体上 $x$ 轴正向逆时针转到主单元体 $\sigma_{\max[2]}$ 的作用面法线正向；$\tan 2\alpha_p>0$，$\sin 2\alpha_p>0$，$\cos 2\alpha_p>0$，$0°<\alpha_p<45°$，$0°<\alpha_{p_1}<45°$，$90°<\alpha_{p_2}<135°$，$45°<\alpha_{s_1}<90°$，$135°<\alpha_{s_2}<180°$。原始单元体上 $\tau_{0°}<0$，$\tau_{xy}>0$，$\sigma_x>\sigma_y$。

应力圆上 $K_1$ 和 $K_2$ 两点的纵坐标分别是最大值和最小值，分别代表平面单元体最大和最小切应力。因为 $\overline{CK_1}$ 和 $\overline{CK_2}$ 都是应力圆的半径，故有

$$\tau_{K_1}=\overline{CK_1}=R_\sigma=\sqrt{\left(\frac{\sigma_x-\sigma_y}{2}\right)^2+\tau_{xy}^2}=\tau_{\max[2]}$$

$$\tau_{K_2}=-\overline{CK_2}=-R_\sigma=-\sqrt{\left(\frac{\sigma_x-\sigma_y}{2}\right)^2+\tau_{xy}^2}=\tau_{\min[2]}$$

这就是式(12-23)。

在应力圆上，由 $F_1$ 和 $K_1$ 所对圆心角为反时针的 $\frac{\pi}{2}$；在单元面内，由 $\sigma_{\max[2]}$ 所在主平面

的法线到$\tau_{\max[2]}$所在平面的法线应为反时针的$\frac{\pi}{4}$。

**例题 12-4** 试用图解法解如图 12-13 所示单元体 $m$-$m$ 截面上的正应力 $\sigma_m$ 和切应力 $\tau_m$。

**解:**首先,在 $\sigma$-$\tau$ 平面内,按选定的比例尺,由坐标( $-100$, $-60$)与(50,60)分别确定 $A$ 与 $B$ 点[图 12-13b)]。然后,以 $AB$ 为直径画圆,即得相应的应力圆。

为了确定截面 $m$-$m$ 上的应力,将半径 $CA$ 沿顺时针方向旋转 60°至 $CD$ 处,所得 $D$ 点即为截面 $m$-$m$ 上的对应点。

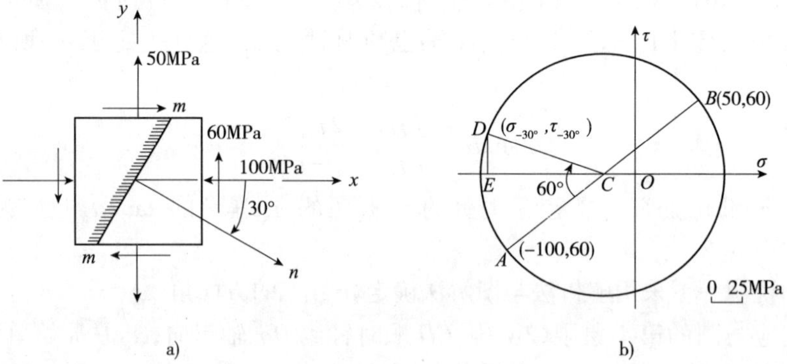


图 12-13

按选定的比例尺,量得$\overline{OE}=115\text{MPa}$,$\overline{ED}=35\text{MPa}$,由此得截面 $m$-$m$ 上的正应力和切应力分别为

$$\sigma_m=-115\text{MPa},\tau_m=35\text{MPa}$$

**例题 12-5** 已知图 12-14a)所示单元体的 $\sigma_x=80\text{MPa}$,$\sigma_y=-40\text{MPa}$,$\tau_{xy}=60\text{MPa}$,$\tau_{yx}=60\text{MPa}$。试用应力圆求主应力,并确定主平面位置。

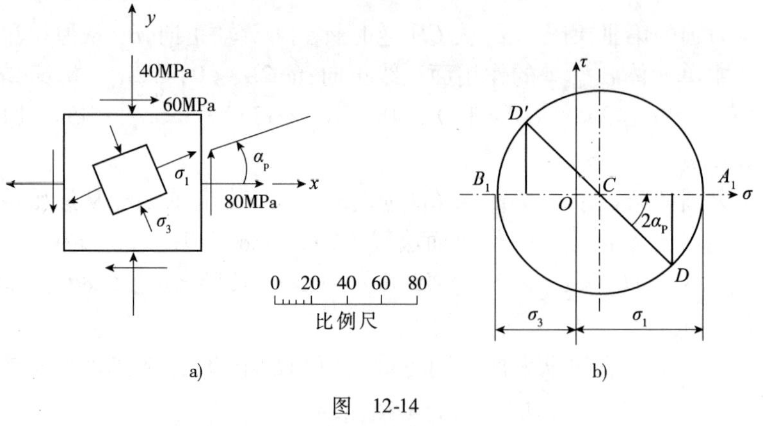


图 12-14

**解:**①按选定的比例尺,以 $\sigma_{0°}=\sigma_x=80\text{MPa}$,$\tau_{0°}=-\tau_{xy}=-60\text{MPa}$ 为坐标确定 $D$(80, $-60$)点;以 $\sigma_{90°}=\sigma_y=-40\text{MPa}$,$\tau_{90°}=\tau_{yx}=60\text{MPa}$ 为坐标确定 $D'$( $-40$,60)点,连接 $D$、$D'$,与横坐标轴交于 $C$ 点。以 $C$ 为圆心、$\overline{DD'}$为直径作应力圆,如图 12-14b)所示。

②按所用比例尺量出 $\sigma_1=\overline{OA_1}=105\text{MPa}$,$\sigma_3=\overline{OB_1}=-65\text{MPa}$,在这里另一个主应力 $\sigma_2=0$。在应力圆上由 $D$ 到 $A_1$,为反时针方向,且$\angle DCA_1=2\alpha_{p_1}=45°$。所以,在单元体中从 $x$ 以逆时针方向量取 $\alpha_{p_1}=22.5°$,确定 $\sigma_1$ 所在位置主平面的法线,如图 12-14a)所示。

## 12.3 空间应力状态

前面研究斜截面的应力及相应极值应力时，曾引进两个限制，其一是微体处于平面应力状态，其二是所研究的斜截面均垂直于微体的不受力表面。本节研究应力状态的一般形式——三向应力状态，并研究所有斜截面的应力。

### 12.3.1 三向应力圆

考虑图 12-15a）所示主平面微体，主应力分别为 $\sigma_1$、$\sigma_2$ 与 $\sigma_3$。

首先分析与主应力 $\sigma_3$ 平行的斜截面 $abcd$ 上的应力［图 12-15b）］。不难看出，该截面的应力 $\sigma_\alpha$ 及 $\tau_\alpha$ 仅与主应力 $\sigma_1$ 及 $\sigma_2$ 有关。所以，在 $\sigma$-$\tau$ 平面内，与该类斜截面对应的点，必位于由 $\sigma_1$ 与 $\sigma_2$ 所确定的应力圆上（图 12-16）。同理，与主应力 $\sigma_2$（或 $\sigma_1$）平行的各截面的应力，则可由 $\sigma_1$ 与 $\sigma_3$（或 $\sigma_2$ 与 $\sigma_3$）所画应力圆确定。

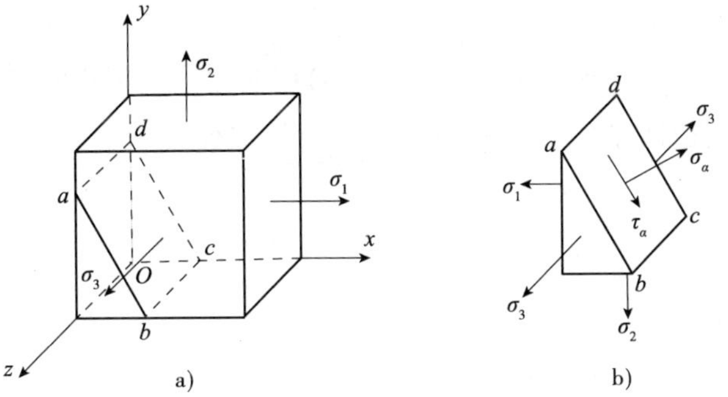


图 12-15　主平面微体

至于与三个主应力均不平行的任意斜截面 $ABC$（图 12-17），由四面体 $OABC$ 的平衡，得该截面的正应力与切应力分别为

$$\sigma_n = \sigma_1 \cos^2\alpha + \sigma_2 \cos^2\beta + \sigma_3 \cos^2\gamma \tag{12-29}$$

$$\tau_n = \sqrt{\sigma_1^2 \cos^2\alpha + \sigma_2^2 \cos^2\beta + \sigma_3^2 \cos^2\gamma - \sigma_n^2} \tag{12-30}$$

式中，$\alpha$、$\beta$ 和 $\gamma$ 分别代表斜截面 $ABC$ 的外法线与 $x$、$y$ 和 $z$ 轴的夹角。

利用上述关系可以证明，在 $\sigma$-$\tau$ 平面内，与上述截面对应的点 $A(\sigma_n, \tau_n)$，必位于图 12-16 所示三圆所构成的阴影区域内。

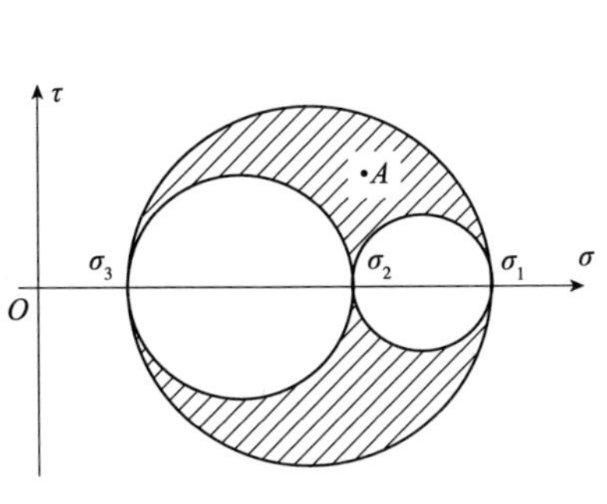


图 12-16　三向应力圆

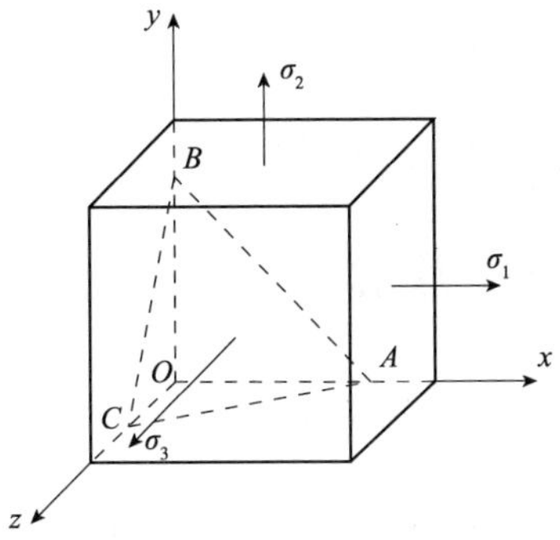


图 12-17　任意斜截面

### 12.3.2 最大应力

综上所述，在 $\sigma$-$\tau$ 平面内，代表任一截面的应力的点，或位于应力圆上，或位于由上述三圆所构成的阴影区域内。由此可见，一点处的最大与最小正应力分别为最大与最小主应力，即

$$\sigma_{\max}=\sigma_1,\sigma_{\min}=\sigma_3 \tag{12-31}$$

三个应力圆的半径代表三个主切应力，即

$$\tau_{12}=\frac{\sigma_1-\sigma_2}{2},\tau_{23}=\frac{\sigma_2-\sigma_3}{2},\tau_{13}=\frac{\sigma_1-\sigma_3}{2} \tag{12-32}$$

而最大切应力则为

$$\tau_{\max}=\frac{\sigma_1-\sigma_3}{2}\text{或}\tau_{\max}=\tau_{13} \tag{12-33}$$

并位于与 $\sigma_1$ 及 $\sigma_3$ 均成45°的截面上。

### 12.3.3 应力不变量

三个主应力 $\sigma_1$、$\sigma_2$ 与 $\sigma_3$ 实际上就是式(12-4)中应力张量矩阵的三个特征值，三个主应力方向就是三个特征值对应的三个特征向量。即特征方程

$$\begin{vmatrix}\sigma_x-\sigma_k & \tau_{xy} & \tau_{xz}\\ \tau_{yx} & \sigma_y-\sigma_k & \tau_{yz}\\ \tau_{zx} & \tau_{zy} & \sigma_z-\sigma_k\end{vmatrix}=0 \tag{12-34}$$

的三个根。展开式(12-34)化简得

$$\sigma_k^3-\Gamma_1\sigma_k^2+\Gamma_2\sigma_k-\Gamma_3=0 \tag{12-35}$$

其中

$$\Gamma_1=\sigma_x+\sigma_y+\sigma_z=\mathrm{tr}(\sigma_{ij}) \tag{12-36}$$

$$\Gamma_2=\sigma_x\sigma_y+\sigma_y\sigma_z+\sigma_z\sigma_x-\tau_{xy}^2-\tau_{yz}^2-\tau_{zx}^2 \tag{12-37}$$

$$\Gamma_3=\begin{vmatrix}\sigma_x & \tau_{xy} & \tau_{xz}\\ \tau_{yx} & \sigma_y & \tau_{yz}\\ \tau_{zx} & \tau_{zy} & \sigma_z\end{vmatrix}=\det(\sigma_{ij}) \tag{12-38}$$

根据韦达定理可知

$$\Gamma_1=\sigma_1+\sigma_2+\sigma_3 \tag{12-39}$$

$$\Gamma_2=\sigma_1\sigma_2+\sigma_2\sigma_3+\sigma_3\sigma_1 \tag{12-40}$$

$$\Gamma_3=\sigma_1\sigma_2\sigma_3 \tag{12-41}$$

$\Gamma_1$、$\Gamma_2$ 与 $\Gamma_3$ 分别称为第一、第二、第三应力张量不变量，简称应力不变量。

## 12.4 应变分析

### 12.4.1 位移与应变的关系

所谓位移，就是位置的移动。空间任意一点 $P$ 的位移矢量 $\boldsymbol{U}$ 在 $x$ 轴，$y$ 轴和 $z$ 轴上的投影分别记为 $u$，$v$ 和 $w$，即

$$\boldsymbol{U}=u\boldsymbol{i}+v\boldsymbol{j}+w\boldsymbol{k} \tag{12-42}$$

式中，$\boldsymbol{i}$、$\boldsymbol{j}$ 是沿 $x$、$y$ 和 $z$ 方向的单位矢量。

根据变形固体的连续性假设，位移分量 $u$、$v$ 和 $w$ 都应是坐标 $x$、$y$ 和 $z$ 的连续函数，即

$$u=u(x,y,z),v=v(x,y,z),w=w(x,y,z) \tag{12-43}$$

为了分析物体在其某一点 $P$ 的形变状态，在这一点沿着坐标轴 $x$、$y$ 和 $z$ 的正方向取三个微小的线段 $PA$、$PB$、$PC$，如图 12-1 所示。物体变形后，这三个线段的长度以及它们之间的直角一般都将有所改变。各线段的每单位长度的伸缩，即单位伸缩或相对伸缩，称为正应变；各线段之间的直角的改变，用 rad 表示，称为剪应变。正应变用字母 $\varepsilon$ 表示：$\varepsilon_x$ 表示 $x$ 方向的线段 $PA$ 的正应变，余类推。剪应变用字母 $\gamma$ 表示：$\gamma_{yz}$表示 $y$ 与 $z$ 两方向的线段（即 $PB$ 与 $PC$）之间的直角的改变，余类推。正应变和剪应变都是无因次的数量。

弹性力学符号规定：正应变以伸长时为正，缩短时为负，与正应力的正负号规定相适应。剪应变以直角变小时为正，变大时为负，与剪应力的正负号规定相适应。

由弹性力学知位移 $u$、$v$ 和 $w$ 与应变的关系：

$$\varepsilon_x=\frac{\partial u}{\partial x},\varepsilon_y=\frac{\partial v}{\partial y},\varepsilon_z=\frac{\partial w}{\partial z} \tag{12-44}$$

$$\gamma_{xy}=\frac{\partial u}{\partial y}+\frac{\partial v}{\partial x},\gamma_{yz}=\frac{\partial v}{\partial z}+\frac{\partial w}{\partial y},\gamma_{zx}=\frac{\partial w}{\partial x}+\frac{\partial u}{\partial z} \tag{12-45}$$

并且有切应变互等关系：

$$\gamma_{xy}=\gamma_{yx},\gamma_{yz}=\gamma_{zy},\gamma_{zx}=\gamma_{xz} \tag{12-46}$$

在物体的任意一点，如果已知 $\varepsilon_x$、$\varepsilon_y$、$\varepsilon_z$、$\gamma_{yz}$、$\gamma_{zx}$、$\gamma_{xy}$ 这六个应变，就可以求得经过该点的任一线段的正应变，也可以求得经过该点的任意两个线段之间的角度的改变。因此，这六个应变，称为该点的形变分量，可以完全确定该点的形变状态。

仅发生应变 $\varepsilon_x$、$\varepsilon_y$ 和 $\gamma_{xy}$ 的材料单元被说成处于平面应变状态。这样的单元没有法向应变 $\varepsilon_z$，$zx$ 和 $yz$ 平面上也没有剪切应变 $\gamma_{zx}$ 和 $\gamma_{yz}$。我们看到：平面应变的一般情况用下面条件来定义：

$$\varepsilon_x\neq 0,\varepsilon_y\neq 0,\gamma_{xy}\neq 0 \tag{12-47}$$

$$\varepsilon_z=0,\gamma_{yz}=0,\gamma_{zx}=0 \tag{12-48}$$

上述平面应变的定义与平面应力的定义（第 12.2 节）相类似。对于平面应力，一般情况可表达如下：

$$\sigma_x\neq 0,\sigma_y\neq 0,\tau_{xy}\neq 0 \tag{12-49}$$

$$\sigma_z=0,\tau_{yz}=0,\tau_{zx}=0 \tag{12-50}$$

根据前面两个方程组的相似性，不能推断平面应力和平面应变发生在相同条件下。例如，我们知道，平面应力下的单元，通常产生 $z$ 方向的应变，这就立即表明平面应力状态不一定产生平面应变状态。同样，平面应变下的单元通常将有应力 $\sigma_z$ 作用于它，以保持 $\varepsilon_z=0$ 的状态，所以再次看出平面应力和平面应变是不同时发生的。

### 12.4.2 平面上任意方位的应变

构件内任一点处不同方位截面的应力一般不同，与此相似，构件内任一点处在不同方位的应变一般也不同。当构件内某点处的变形均平行于某一平面时（图 12-18），则称该点处于平面应变状态。

如图 12-19 所示，在 $Oxy$ 坐标系内，取一无限小的矩形元素 $OABC$。设线段 $OA$ 和 $OC$ 的正应变分别为 $\varepsilon_x$ 和 $\varepsilon_y$，直角 $AOC$ 的切应变为 $\gamma_{xy}$。

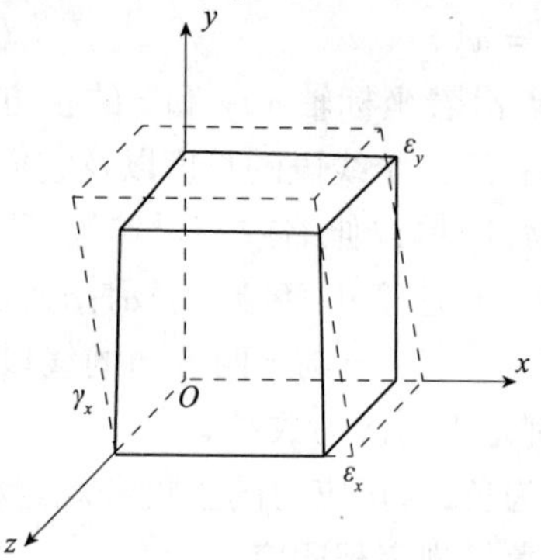


图 12-18　平面应变状态

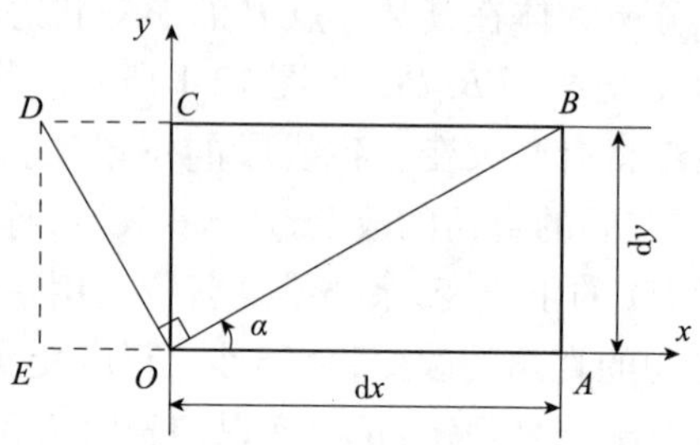


图 12-19　任意方位的应变

现在研究与 $x$ 轴成 $\alpha$ 角的线段 $OB$ 的正应变 $\varepsilon_\alpha$，以及处于该方位的直角 $BOD$ 的切应变 $\gamma_\alpha$。材料力学符号规定如下：

(1)以 $x$ 轴为始边、方位角 $\alpha$ 为逆时针转向者为正。

(2)正应变 $\varepsilon_\alpha$，当受拉时为正。

(3)切应变 $\gamma_\alpha$，规定使直角 $BOD$ 增大者为正。

(4)正应变 $\varepsilon_x$、$\varepsilon_y$ 以伸长时为正，切应变 $\gamma_{xy}$ 规定使直角 $AOC$ 减少者为正。

按照这个规定 $\varepsilon_{0^\circ}=\varepsilon_x,\varepsilon_{90^\circ}=\varepsilon_y,\gamma_{0^\circ}=-\gamma_{xy},\gamma_{90^\circ}=\gamma_{yx}$。

$$\varepsilon_{0^\circ}+\varepsilon_{90^\circ}=\varepsilon_x+\varepsilon_y,\gamma_{0^\circ}=-\gamma_{90^\circ} \tag{12-51}$$

首先研究正应变 $\varepsilon_\alpha$。

如图 12-20 所示，由于变形，矩形 $OABC$ 沿 $x$ 与 $y$ 方向分别伸长 $\varepsilon_x\mathrm{d}x$ 和 $\varepsilon_y\mathrm{d}y$ [图 12-20a)、b)]，直角 $\angle AOC$ 增大 $-\gamma_{xy}$ [图 12-20c)]。这三种变形均使线段 $OB$ 的长度发生改变，在小变形的条件下，其值分别为 $\varepsilon_x\mathrm{d}x\cos\alpha,\varepsilon_y\mathrm{d}y\sin\alpha$ 及 $-\gamma_{xy}\mathrm{d}y\cos\alpha$。

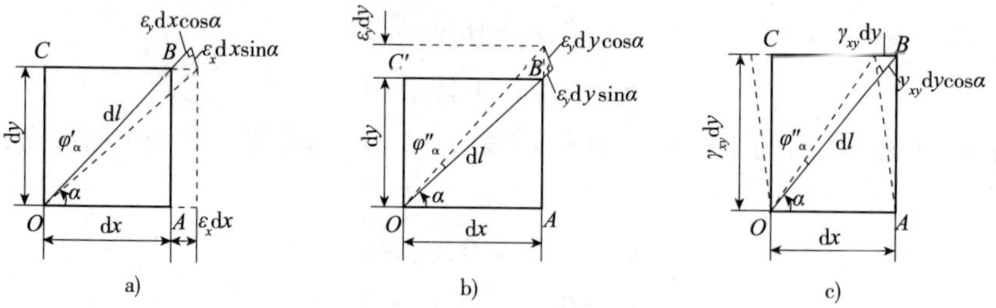


图 12-20　平面应变状态分析

设线段 $OB$ 的原长为 $\mathrm{d}l$，由上述分析可知，该线段的变形为

$$\Delta(\mathrm{d}l)=\varepsilon_x\mathrm{d}x\cos\alpha+\varepsilon_y\mathrm{d}y\sin\alpha+\gamma_{xy}\mathrm{d}y\cos\alpha \tag{12-52}$$

而其正应变则为

$$\frac{\Delta(\mathrm{d}l)}{\mathrm{d}l}=\varepsilon_x\cos\alpha\frac{\mathrm{d}x}{\mathrm{d}l}+\varepsilon_y\sin\alpha\frac{\mathrm{d}y}{\mathrm{d}l}+\gamma_{xy}\cos\alpha\frac{\mathrm{d}y}{\mathrm{d}l} \tag{12-53}$$

于是得

$$\varepsilon_\alpha=\varepsilon_x\cos^2\alpha+\varepsilon_y\sin^2\alpha+\gamma_{xy}\cos\alpha\sin\alpha \tag{12-54}$$

或

$$\varepsilon_\alpha = \frac{\varepsilon_x + \varepsilon_y}{2} + \frac{\varepsilon_x - \varepsilon_y}{2}\cos 2\alpha + \frac{\gamma_{xy}}{2}\sin 2\alpha \tag{12-55}$$

现在研究切应变 $\gamma_\alpha$。如前所述，$\gamma_\alpha$ 代表直角 $\angle BOD$ 的改变量(图 12-19)。变形时，若线段 $OB$ 的转角为 $\varphi_\alpha$，线段 $OD$ 的转角为 $\varphi_{\alpha+90^\circ}$，显然，直角 $\angle BOD$ 的切应变即为

$$\gamma_\alpha = \varphi_{\alpha+90^\circ} - \varphi_\alpha \tag{12-56}$$

由图 12-20 可知，应变 $\varepsilon_x$ 使直线 $OB$ 沿顺时针方向转动，其值为

$$\varphi'_\alpha = -\frac{\varepsilon_x \mathrm{d}x\sin\alpha}{\mathrm{d}l} = -\varepsilon_x\cos\alpha\sin\alpha$$

同时，应变 $\varepsilon_y$ 与 $\gamma_{xy}$ 也使直线 $OB$ 转动，转角分别为

$$\varphi''_\alpha = \frac{\varepsilon_y \mathrm{d}y\cos\alpha}{\mathrm{d}l} = \varepsilon_y\sin\alpha\cos\alpha$$

$$\varphi'''_\alpha = \frac{\gamma_{xy}\mathrm{d}y\sin\alpha}{\mathrm{d}l} = \gamma_{xy}\sin^2\alpha$$

因此，直线 $OB$ 的总转角为

$$\varphi_\alpha = (\varepsilon_y - \varepsilon_x)\cos\alpha\sin\alpha - \gamma_{xy}\sin^2\alpha \tag{12-57}$$

将上式中的 $\alpha$ 用 $\alpha+90^\circ$ 代替，得 $OD$ 的转角为

$$\varphi_{\alpha+90^\circ} = (\varepsilon_x - \varepsilon_y)\cos\alpha\sin\alpha - \gamma_{xy}\cos^2\alpha \tag{12-58}$$

将式(12-57)和式(12-58)代入式(12-56)，于是得 $\alpha$ 方位的切应变为

$$\frac{\gamma_\alpha}{2} = \frac{\varepsilon_x - \varepsilon_y}{2}\sin 2\alpha - \frac{\gamma_{xy}}{2}\cos 2\alpha \tag{12-59}$$

所以，当 $\varepsilon_x$、$\varepsilon_y$ 与 $\gamma_{xy}$ 已知时，由式(12-55)、式(12-59)即可确定该平面内任意方位的正应变与切应变。显然，当 $\alpha$ 为任意值时，有

$$\gamma_\alpha = -\gamma_{\alpha+90^\circ} \tag{12-60}$$

即互垂方位的切应变数值相等，符号相反。

### 12.4.3 应变圆

平面应变公式(12-55)、式(12-59)与平面应力公式(12-8)、式(12-9)具有完全相同的形式。在这两组公式中，$\varepsilon_x$、$\varepsilon_y$、$\gamma_{xy}/2$ 分别与 $\sigma_x$、$\sigma_y$、$\tau_{xy}$ 对应。因此，在以 $\varepsilon$ 为横坐标轴、$\gamma/2$ 为纵坐标轴的平面内，由参数方程(12-55)、式(12-59)所确定的曲线也为圆。实际上，消去参数 $2\alpha$，即得

$$(\varepsilon_\alpha - \varepsilon_0)^2 + \left(\frac{\gamma_\alpha}{2}\right)^2 = R_\varepsilon^2$$

可见，该圆的圆心位于$(\varepsilon_0, 0)$，而半径为 $R_\varepsilon$，即

$$\varepsilon_0 = \frac{\varepsilon_x + \varepsilon_y}{2}, R_\varepsilon = \sqrt{\left(\frac{\varepsilon_x - \varepsilon_y}{2}\right)^2 + \left(\frac{\gamma_{xy}}{2}\right)^2}$$

此圆称为应变圆(图 12-21)或应变莫尔圆。

容易证明，若$(\varepsilon_x, \gamma_{xy}/2)$位于圆上的 $D$ 点，则只需将半径 $CD$ 沿方位角 $\alpha$ 的转向旋转 $2\alpha$ 至 $CE$，所得 $E$ 点的纵、横坐标即分别代表 $\gamma_\alpha/2$ 与 $\varepsilon_\alpha$。

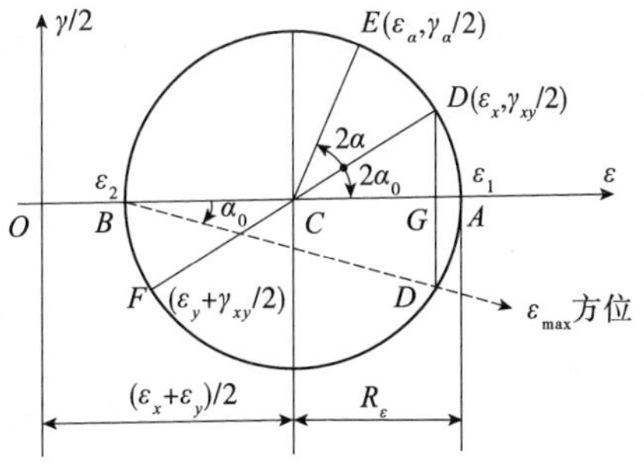


图 12-21　应变圆

## 12.4.4 平面应变状态的最大应变与主应变

从应变圆中可以看出,最大与最小正应变分别为

$$\left.\begin{matrix}\varepsilon_{\max[2]}\\ \varepsilon_{\min[2]}\end{matrix}\right\}=\frac{\varepsilon_x+\varepsilon_y}{2}\pm\sqrt{\left(\frac{\varepsilon_x-\varepsilon_y}{2}\right)^2+\left(\frac{\gamma_{xy}}{2}\right)^2} \tag{12-61}$$

最大正应变的方位可由下式确定

$$\tan 2\alpha_0=\frac{\gamma_{xy}}{\varepsilon_x\varepsilon_y} \tag{12-62}$$

而最大切应变则为

$$\frac{\gamma_{\max[2]}}{2}=\sqrt{\left(\frac{\varepsilon_x-\varepsilon_y}{2}\right)^2+\left(\frac{\gamma_{xy}}{2}\right)^2} \tag{12-63}$$

切应变为零的方位之相应正应变,称为主应变。

## 12.4.5 应变的实测(图 12-22)

一般先测出三个选定方向 $\alpha_1$、$\alpha_2$、$\alpha_3$ 上的线应变 $\varepsilon_a$、$\varepsilon_b$、$\varepsilon_c$,若它们之间有等夹角 $\varphi$,我们以主应变 $\varepsilon_{\max}$ 作为 $x$ 轴、$\varepsilon_{\min}$ 为 $y$ 轴,取主应变 $\varepsilon_{\max}$ 的方向与 $Ob$ 的方向间的夹角为 $\alpha$,则 $\alpha_1=\alpha-\varphi$,$\alpha_2=\alpha$,$\alpha_3=\alpha+\varphi$,$\varepsilon_x=\varepsilon_{\max}$,$\varepsilon_y=\varepsilon_{\min}$,$\gamma_{xy}=0$,由式(12-55)得到

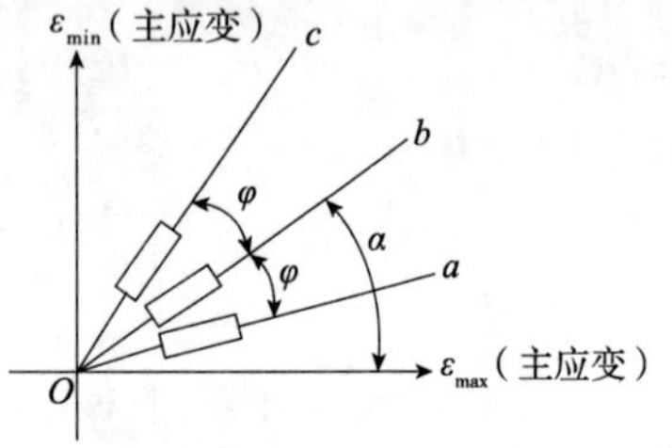

图 12-22 应变的实测

$$\varepsilon_a=\frac{\varepsilon_{\max}+\varepsilon_{\min}}{2}+\frac{\varepsilon_{\max}-\varepsilon_{\min}}{2}\cos 2(\alpha-\varphi) \tag{12-64}$$

$$\varepsilon_b=\frac{\varepsilon_{\max}+\varepsilon_{\min}}{2}+\frac{\varepsilon_{\max}-\varepsilon_{\min}}{2}\cos 2\alpha \tag{12-65}$$

$$\varepsilon_c=\frac{\varepsilon_{\max}+\varepsilon_{\min}}{2}+\frac{\varepsilon_{\max}-\varepsilon_{\min}}{2}\cos 2(\alpha+\varphi) \tag{12-66}$$

由式(12-64)~式(12-66)解得

$$\left.\begin{matrix}\varepsilon_{\max}\\ \varepsilon_{\min}\end{matrix}\right\}=\varepsilon_b+\frac{\varepsilon_a+\varepsilon_c-2\varepsilon_b}{4\sin^2\varphi}\pm\frac{\sqrt{(\varepsilon_a-\varepsilon_c)^2+(2\varepsilon_b-\varepsilon_a-\varepsilon_c)^2\cot^2\varphi}}{2\sin 2\varphi} \tag{12-67}$$

$$\tan 2\alpha=\frac{\varepsilon_{\alpha_1}-\varepsilon_{\alpha_3}}{2\varepsilon_{\alpha_2}-\varepsilon_{\alpha_3}-\varepsilon_{\alpha_1}}\tan\varphi \tag{12-68}$$

当 $\varphi=45°$,$\varepsilon_a$ 与固定坐标 $O\xi\eta$ 夹角为 0°时,

$$\left.\begin{matrix}\varepsilon_{\max}\\ \varepsilon_{\min}\end{matrix}\right\}=\frac{\varepsilon_{0°}+\varepsilon_{90°}}{2}\pm\frac{\sqrt{2}}{2}\sqrt{(\varepsilon_{0°}-\varepsilon_{45°})^2+(\varepsilon_{90°}-\varepsilon_{45°})^2} \tag{12-69}$$

$$\tan 2\alpha=\frac{\varepsilon_{0°}-\varepsilon_{90°}}{2\varepsilon_{45°}-\varepsilon_{0°}-\varepsilon_{90°}} \tag{12-70}$$

当 $\varphi=60°$,$\varepsilon_a$ 与固定坐标 $Ox_0y_0$ 夹角为 0°时,

$$\left.\begin{matrix}\varepsilon_{\max}\\ \varepsilon_{\min}\end{matrix}\right\}=\frac{\varepsilon_{0°}+\varepsilon_{60°}+\varepsilon_{120°}}{3}\pm\frac{\sqrt{3}}{3}\sqrt{(\varepsilon_{0°}-\varepsilon_{60°})^2+(\varepsilon_{60°}-\varepsilon_{120°})^2+(\varepsilon_{120°}-\varepsilon_{0°})^2} \tag{12-71}$$

$$\tan 2\alpha=\frac{\sqrt{3}(\varepsilon_{0^\circ}-\varepsilon_{120^\circ})}{2\varepsilon_{60^\circ}-\varepsilon_{0^\circ}-\varepsilon_{120^\circ}} \tag{12-72}$$

**例题 12-6** 用直角应变花(图 12-23)测得一点处的三个线应变为 $\varepsilon_{0^\circ}=-300\times10^{-6}$，$\varepsilon_{45^\circ}=-200\times10^{-6}$，$\varepsilon_{90^\circ}=200\times10^{-6}$，试求主应变及其方向。

**解：**①由式(10-69)计算主应变。

$$\left.\begin{matrix}\varepsilon_{\max}\\ \varepsilon_{\min}\end{matrix}\right\}=\frac{\varepsilon_{0^\circ}+\varepsilon_{90^\circ}}{2}\pm\frac{\sqrt{2}}{2}\sqrt{(\varepsilon_{0^\circ}-\varepsilon_{45^\circ})^2+(\varepsilon_{90^\circ}-\varepsilon_{45^\circ})^2}$$

$$=\left\{\frac{-300+200}{2}\pm\frac{\sqrt{2}}{2}\sqrt{[-300-(-200)]^2+[200-(-200)]^2}\right\}\times10^{-6}$$

$$=\begin{cases}241.5\times10^{-6}\\ -341.5\times10^{-6}\end{cases}$$

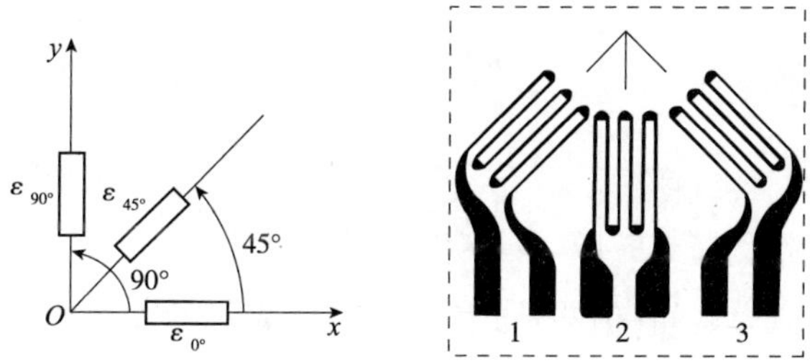


a) b)

图 12-23

②由式(10-70)计算方向角。

$$\tan 2\alpha=\frac{\varepsilon_{0^\circ}-\varepsilon_{90^\circ}}{2\varepsilon_{45^\circ}-\varepsilon_{0^\circ}-\varepsilon_{90^\circ}}$$

$$=\frac{-300\times10^{-6}-200\times10^{-6}}{2\times(-200\times10^{-6})-(-300\times10^{-6})-200\times10^{-6}}=\frac{5}{3}$$

$2\alpha$ 在第Ⅲ象限：$\alpha=119.5$，$\varphi=45^\circ$，$\alpha_0=-(\alpha-\varphi)=-74.5$。

主应变 $\varepsilon_1=241.5\times10^{-6}$，$\varepsilon_2=0$，$\varepsilon_3=-341.5\times10^{-6}$，主应变方向 $\alpha_{10}=105.5^\circ$，$\alpha_{20}=15.48^\circ$。

## 12.5 广义郑玄—胡克定律

本节研究各向同性材料在复杂应力状态下的应力应变关系。

### 12.5.1 广义郑玄—胡克定律的定义

在讨论单向拉伸或压缩时，根据实验结果，曾得到

$$\varepsilon=\frac{\sigma}{E} \tag{12-73}$$

此外，轴向的变形还将引起横向尺寸的变化，横向应变 $\varepsilon'$，即

$$\varepsilon'=-\mu\varepsilon,\ \varepsilon'=-\mu\frac{\sigma}{E} \tag{12-74}$$

在纯剪切的情况下，实验结果表明，有

$$\gamma=\frac{\tau}{G} \tag{12-75}$$

在最普遍的情况下，如图 12-1 所示，可以看作是三组单向应力和三组纯剪切的组合。对于各向同性材料，当变形很小且在线弹性范围内时，线应变只与切应力有关，而与正应力无关。这样，我们就可利用式(12-73)～式(12-75)三式求出各应力分量各自对应的应变，然后再进行叠加。例如，由于 $\sigma_x$ 单独作用，在 $x$ 方向引起的线应变为$\frac{\sigma_x}{E}$，由于 $\sigma_y$ 和 $\sigma_z$ 单独作用，在 $x$ 方向引起的线应变则分别是 $-\mu\frac{\sigma_y}{E}$和 $-\mu\frac{\sigma_z}{E}$。三个切应力分量皆与 $x$ 方向的线应变无关。叠加以上结果，得

$$\varepsilon_x=\frac{1}{E}[\sigma_x-\mu(\sigma_y+\sigma_z)] \tag{12-76}$$

同理，可以求出沿 $y$ 和 $z$ 方向的线应变 $\varepsilon_y$ 和 $\varepsilon_z$。最后得到

$$\begin{cases}\varepsilon_x=\dfrac{1}{E}[\sigma_x-\mu(\sigma_y+\sigma_z)]\\ \varepsilon_y=\dfrac{1}{E}[\sigma_y-\mu(\sigma_z+\sigma_x)]\\ \varepsilon_z=\dfrac{1}{E}[\sigma_z-\mu(\sigma_x+\sigma_y)]\end{cases} \tag{12-77}$$

至于切应变与切应力之间，仍然是式(12-75)所表示的关系，且与正应力分量无关。这样，在 $xy$、$yz$ 和 $zx$ 三个面内的切应变分别是

$$\gamma_{xy}=\frac{2(1+\mu)}{E}\tau_{xy},\gamma_{yz}=\frac{2(1+\mu)}{E}\tau_{yz},\gamma_{zx}=\frac{2(1+\mu)}{E}\tau_{zx} \tag{12-78}$$

式(12-77)和式(12-78)，称为广义郑玄—胡克定律。$E$ 和 $\mu$ 称为工程材料常量。

如果采用应变表示应力则式(12-77)、式(12-78)变为

$$\begin{cases}\sigma_x=\lambda(\varepsilon_x+\varepsilon_y+\varepsilon_z)+2G\varepsilon_x\\ \sigma_y=\lambda(\varepsilon_x+\varepsilon_y+\varepsilon_z)+2G\varepsilon_y\\ \sigma_z=\lambda(\varepsilon_x+\varepsilon_y+\varepsilon_z)+2G\varepsilon_z\end{cases} \tag{12-79}$$

$$\tau_{xy}=G\gamma_{xy},\tau_{yz}=G\gamma_{yz},\tau_{zx}=G\gamma_{zx} \tag{12-80}$$

式(12-79)、式(12-80)中的两个常数 $\lambda$ 和 $G$ 称为拉梅(Lame)常量。拉梅常量和工程材料常量的关系是

$$G=\frac{E}{2(1+\mu)},\lambda=\frac{E\mu}{(1+\mu)(1-2\mu)} \tag{12-81}$$

$$E=\frac{G(3\lambda+2G)}{\lambda+G},\mu=\frac{\lambda}{2(\lambda+G)} \tag{12-82}$$

四个材料常数仅有两个是独立的。

### 12.5.2 主应变与主应力的关系

当单元体的周围六个面皆为主平面时，使 $x$、$y$ 和 $z$ 的方向分别与 $\sigma_1$、$\sigma_2$ 与 $\sigma_3$ 的方向一致。这时

$$\sigma_x=\sigma_1,\sigma_y=\sigma_2,\sigma_z=\sigma_3,\tau_{xy}=0,\tau_{yz}=0,\tau_{zx}=0 \tag{12-83}$$

广义郑玄—胡克定律化为

$$
\begin{cases}
\varepsilon_1 = \dfrac{1}{E}[\sigma_1 - \mu(\sigma_2 + \sigma_3)] \\
\varepsilon_2 = \dfrac{1}{E}[\sigma_2 - \mu(\sigma_3 + \sigma_1)] \\
\varepsilon_3 = \dfrac{1}{E}[\sigma_3 - \mu(\sigma_1 + \sigma_2)]
\end{cases} \tag{12-84}
$$

可见

$$\sigma_1 \geqslant \sigma_2 \geqslant \sigma_3, \varepsilon_1 \geqslant \varepsilon_2 \geqslant \varepsilon_3$$

式(12-83)表明,在三个坐标平面内的切应变等于零,故坐标 $x$、$y$、$z$ 的方向就是主应变的方向。也就是说主应变和主应力的方向是重合的。所以,在主应变用实测的方法求出后,由公式(12-84),即可解出主应力。

$$
\begin{cases}
\sigma_1 = \lambda(\varepsilon_1 + \varepsilon_2 + \varepsilon_3) + 2G\varepsilon_1 \\
\sigma_2 = \lambda(\varepsilon_1 + \varepsilon_2 + \varepsilon_3) + 2G\varepsilon_2 \\
\sigma_3 = \lambda(\varepsilon_1 + \varepsilon_2 + \varepsilon_3) + 2G\varepsilon_3
\end{cases} \tag{12-85}
$$

### 12.5.3 体积应变与平均应力的关系

变形前单元体的体积为 $V = \mathrm{d}x\mathrm{d}y\mathrm{d}z$。在三个主应力作用下,变形后各棱边长分别变成 $\mathrm{d}x + \varepsilon_1\mathrm{d}x, \mathrm{d}y + \varepsilon_2\mathrm{d}y, \mathrm{d}z + \varepsilon_3\mathrm{d}z$,略去高阶微量,变形后单元体的体积为

$$V_1 = \mathrm{d}x\mathrm{d}y\mathrm{d}z(1 + \varepsilon_1)(1 + \varepsilon_2)(1 + \varepsilon_3) \approx \mathrm{d}x\mathrm{d}y\mathrm{d}z(1 + \varepsilon_1 + \varepsilon_2 + \varepsilon_3) \tag{12-86}$$

所以单元体的体积改变率为

$$\theta = \frac{V_1 - V}{V} = \varepsilon_1 + \varepsilon_2 + \varepsilon_3 \tag{12-87}$$

$\theta$ 也称为体积应变。将式(12-84)代入式(12-87),经整理得

$$\theta = \frac{\sigma_{\mathrm{m}}}{K} \tag{12-88}$$

其中

$$K = \frac{E}{3(1 - 2\mu)}, \sigma_{\mathrm{m}} = \frac{1}{3}(\sigma_1 + \sigma_2 + \sigma_3) \tag{12-89}$$

$K$ 称为体积弹性模量,$\sigma_{\mathrm{m}}$ 称为平均应力。式(12-88)表明体积应变与平均应力成正比,此即体积郑玄—胡克定律。

**例题 12-7** 在一个体积比较大的钢块上有一直径为 50.01mm 的凹座,凹座内放置一个直径为 50mm 的钢制圆柱[图 12-24a)],圆柱受到 $F = 300\text{kN}$ 的轴向压力。假设钢块不变形,试求圆柱的主应力。取 $E = 200\text{GPa}$,$\mu = 0.30$。

**解:**①柱体横截面上的压应力为

$$\sigma_z = \frac{F_{\mathrm{N}}}{A} = -\frac{4F}{\pi d_0^2} = \frac{4 \times 300 \times 10^3}{3.14 \times 50^2 \times 10^{-6}} = -153\text{MPa}$$

这是柱体内各点的三个主应力中绝对值最大的一个。

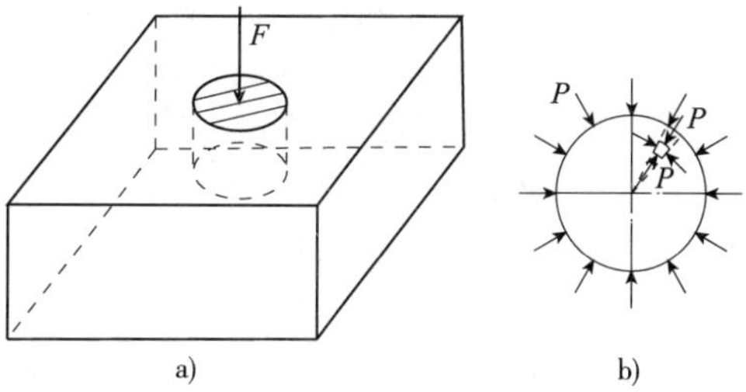


图 12-24

②在轴向压缩下,圆柱将产生横向膨胀。在它胀到塞满凹座后,凹座与柱体之间将产生径向均匀压力 $p$[图 12-24b)]。在柱体横截面内,这是一个二向均匀应力状态,这种情况下,柱体中任一点的径向和周向应力皆为 $-p$。又由于假设钢块不变形,所以柱体在径向只能发生由于塞满凹座而引起的应变,其数值为

$$\varepsilon_r=\frac{d-d_0}{d_0}=\frac{50.01\times10^{-3}-50\times10^{-3}}{50\times10^{-3}}=2.0\times10^{-4}$$

③由广义郑玄—胡克定律得

$$\varepsilon_r=\frac{1}{E}(\sigma_r-\mu\sigma_z-\mu\sigma_\theta),\varepsilon_r=\frac{1}{E}[-p-\mu\sigma_z-\mu\cdot(-p)] \qquad (1)$$

$$p=-\frac{E\varepsilon_r+\mu\sigma_z}{1-\mu}=\frac{0.3\times153\times10^6-200\times10^9\times2\times10^{-4}}{1-0.3}=8.43\text{MPa}$$

④圆柱的主应力 $\sigma_1=-8.43\text{MPa}$,$\sigma_2=-8.43\text{MPa}$,$\sigma_3=-153\text{MPa}$。

## 12.6 Maple 编程示例

**编程题 12-1** 已知一点的六个应力分量为 $\sigma_x=1\,000\times10^5\text{Pa}$,$\sigma_y=500\times10^5\text{Pa}$,$\sigma_z=-100\times10^5\text{Pa}$,$\tau_{yz}=300\times10^5\text{Pa}$,$\tau_{zx}=-200\times10^5\text{Pa}$,$\tau_{xy}=400\times10^5\text{Pa}$,试求该点的主应力和应力主方向,并求出主剪应力。

**解:• 建模**

①建立应力张量矩阵。

②求矩阵的特征值和特征向量。

③提取矩阵的特征值,求该点的主应力。

④提取矩阵的特征向量,求该点的应力主方向。

⑤求出主剪应力。

**答:**主应力 $\sigma_1=122.2\text{MPa}$,$\sigma_2=49.49\text{MPa}$,$\sigma_3=-31.74\text{MPa}$。

应力主方向:$[l_1\quad m_1\quad n_1]^\tau=[0.878\,9\quad 0.476\,3\quad -0.248\,7]^\tau$。

最大切应力 $\tau_{max}=76.97\text{MPa}$。

**• Maple 程序**

```
> restart:                                                   #清零。
> with(linalg):                                              #加载矩阵库。
> alias(sigma = s,tau = t):                                  #变量命名。
> t[yx]: = t[xy]:   t[zy]: = t[yz]:   t[xz]: = t[zx]:        #切应力互等定理。
> s[x]: = 100e6:   s[y]: = 50e6:      s[z]: = -10e6:         #已知条件。
> t[xy]: = 40e6:   t[yz]: = 30e6:   t[zx]: = -20e6:          #已知条件。
> SS: = matrix(3,3,[sigma[x],tau[xy],tau[xz],
>                   tau[yx],sigma[y],tau[yz],
>                   tau[zx],tau[zy],sigma[z]]):              #应力张量矩阵。
> VV: = eigenvectors(SS):                                    #求矩阵的特征值和特征向量。
> s[1]: = evalf(VV[2][1],4);                                 #第一主应力。
> s[2]: = evalf(VV[1][1],4);                                 #第二主应力。
> s[3]: = evalf(VV[3][1],4);                                 #第三主应力。
> X1: = evalf(VV[2][3][1],4);                                #第一主应力方向。
```

```
> X2: = evalf(VV[1][3][1],4);                    #第二主应力方向。
> X3: = evalf(VV[3][3][1],4);                    #第三主应力方向。
> t[13]: = evalf((s[1] - s[3])/2,4);             #主剪应力之一。
> t[12]: = evalf((s[1] - s[2])/2,4);             #主剪应力之二。
> t[23]: = evalf((s[2] - s[3])/2,4);             #主剪应力之三。
```

## 思考题

**思考题 12-1** 如图 12-25a),b)所示两构件中,同一构件内 $A$,$B$ 两点的应力状态是否相同?为什么?

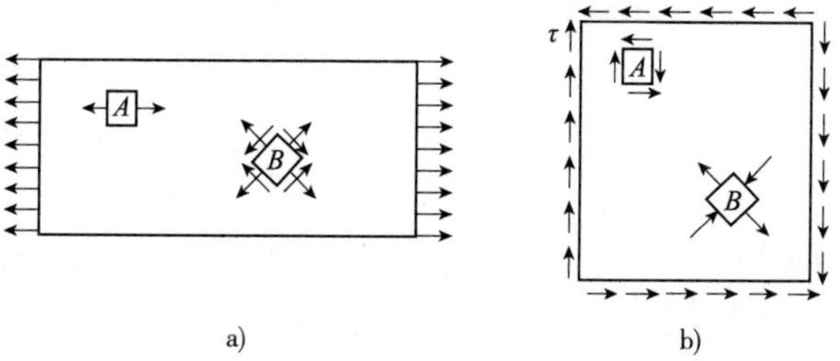


图 12-25

**思考题 12-2** 受拉薄板在表面上有一小的突出尖角,如图 12-26 所示。过尖角顶点 $A$ 各截面上的正应力和切应力等于多少?

**思考题 12-3** 如图 12-27 所示具有 V 形环向切槽的圆杆受到轴向拉伸,问此时切槽底部附近区域内各点处于什么样的应力状态?

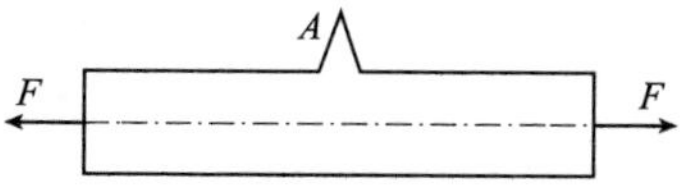


图 12-26

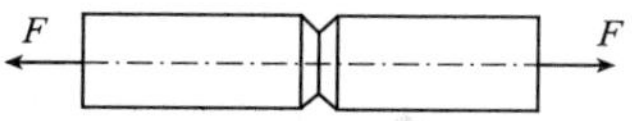


图 12-27

***思考题 12-4** 圆柱形试件拉伸产生缩颈后,缩颈区域中央是否处于均匀的单向拉伸应力状态?

**思考题 12-5** 由于单元体侧面上的应力是向量,可以用向量相加的方法求合应力。于是,对于如图 12-28 所示单元体,截面 $AB$ 上的正应力计算如下:

$$\sigma^2 = \tau^2 + \tau^2$$

所以

$$\sigma = \sqrt{2}\tau$$

这样计算正确吗?为什么?

**思考题 12-6** 试判断如图 12-29 所示两个单元体各是几向应力状态。

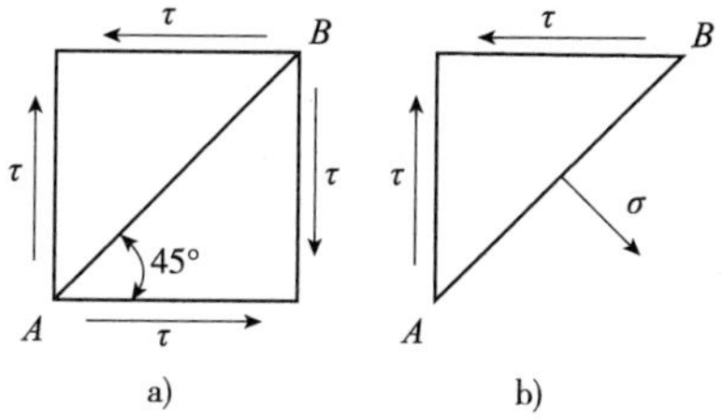


图 12-28

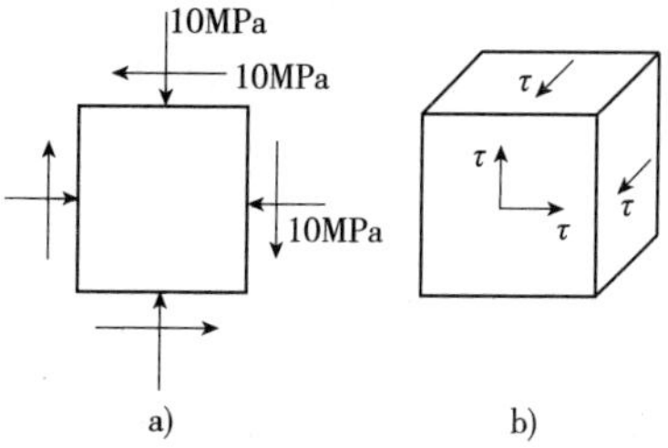


图 12-29

**思考题 12-7** 如图 12-30 所示球体和正方体,在整个外表面上都受到均匀压力 $p$ 作用。

(1) 在两者中各任取一点,这两点的应力状态是否相同? 主应力各有多大?

(2) 在两者中各取一任意斜截面,两斜截面上的应力是否均匀分布而且大小相同?

**思考题 12-8** 已知通过某一点的任意两个垂直于某主平面的斜面(它们互相不垂直,见图 12-31)上的正应力和切应力,可以作出此点的一个二向应力圆吗? 怎样作?

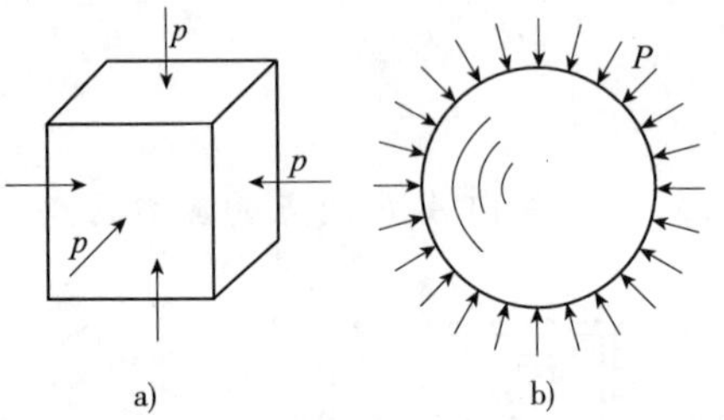


a) b)

图 12-30

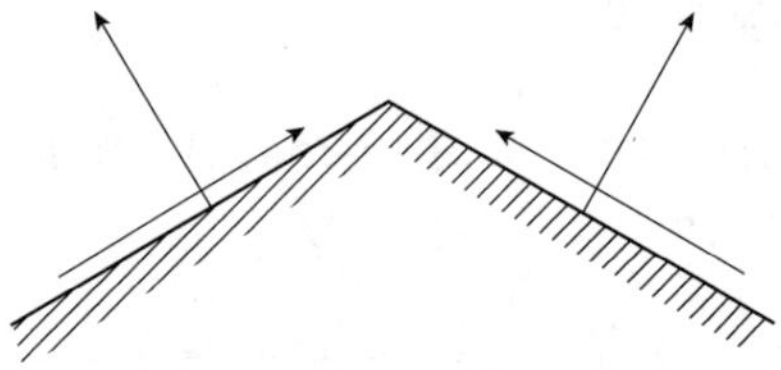

图 12-31

**思考题 12-9** 一单元体上作用有 $\sigma$ 和 $\tau$,如图 12-32 所示。今欲求与 $y$ 轴平行且与 $x$ 轴成45°夹角的阴影斜面上的切应力。由于斜面与 $y$ 轴平行,所以仅须考虑 $\sigma$ 的作用,即看成单向应力状态,于是得该面上切应力为 $\sigma/2$。试问所得结果及其分析方法是否正确? 为什么?

* **思考题 12-10** 切应力互等定律是否在任何情况下都成立? 你能举出不成立的例子吗?

**思考题 12-11** 已知如图 12-33a) 所示单轴拉伸直杆的轴向应变 $\varepsilon_x$、应力 $\sigma_x$、材料弹性模量 $E$ 和泊松比 $\mu$。为求与轴线成 $\alpha$ 角方向上的线应变 $\varepsilon_\alpha$,用斜面将杆假想切开如图 12-33b) 所示。由应力分析知 $\sigma_\alpha = \sigma_x \cos^2\alpha$,于是由郑玄—胡克定律 $\sigma = E\varepsilon$ 得 $\varepsilon_\alpha = \varepsilon_x \cos^2\alpha$。试问这样求解是否正解? 为什么?

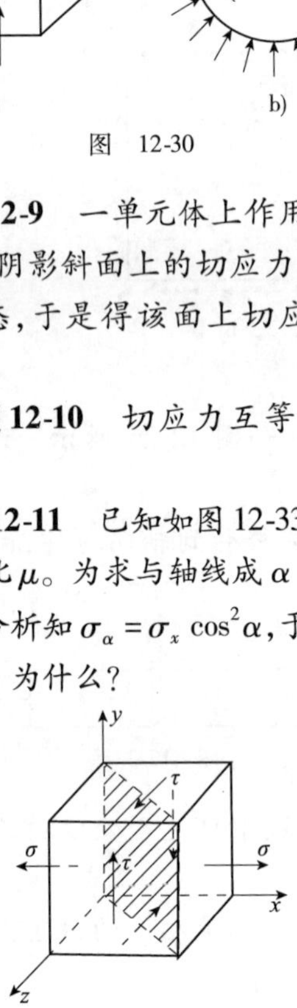


图 12-32

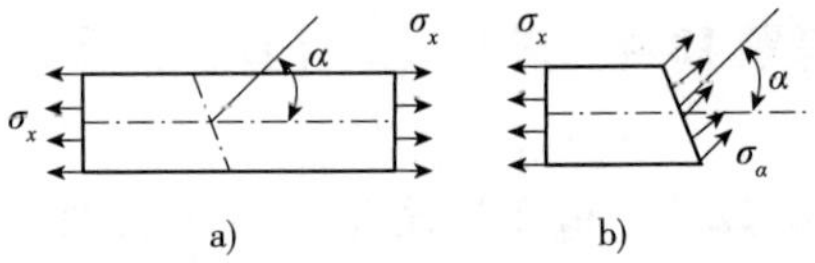


图 12-33

**思考题 12-12** 在正方形的表面上贴有一电阻应变花,如图 12-34 所示。假定表示应变花方位的应变片 $A$ 与 $x$ 轴的夹角 $\theta = 45°$。为了校核这一取向,使平板分别只沿 $x$ 或 $y$ 方向受同样大小的均匀拉伸作用(即分别为 $\sigma_y = 0$ 或 $\sigma_x = 0$),并测得了应变。对这两者均用 $\varepsilon_1$ 表示较大的主应变。试证明若应变花贴的方位正确,则

(1) 两种情况下应变片 $A$ 测出的应变均为

$$\varepsilon_A = \frac{1-\mu}{2}\varepsilon_1$$

(2) 应变片 $B$ 测出的应变为

当 $\sigma_y = 0$ 时,$\varepsilon_B = \dfrac{1-\mu}{2}\varepsilon_1 + \dfrac{\sqrt{3}(1+\mu)}{4}\varepsilon_1$;

当 $\sigma_x=0$ 时，$\varepsilon_B=\dfrac{1-\mu}{2}\varepsilon_1-\dfrac{\sqrt{3(1+\mu)}}{4}\varepsilon_1$。

此外，再求出 $\varepsilon_C$ 的相应表达式。

**思考题 12-13** 如图 12-35 所示一平面应力状态的单元体，若已知材料的弹性常数 $E$ 和 $\mu$，问如何写出沿正交轴 $u$ 和 $v$ 方向的应变 $\varepsilon_u$ 和 $\varepsilon_v$？

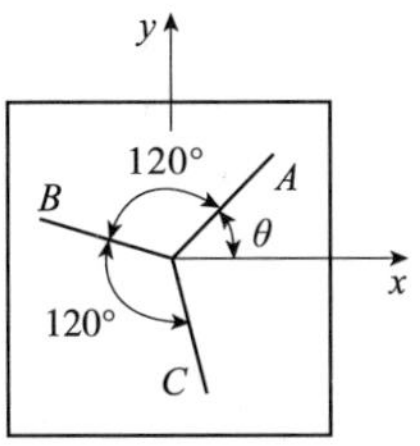


图 12-34

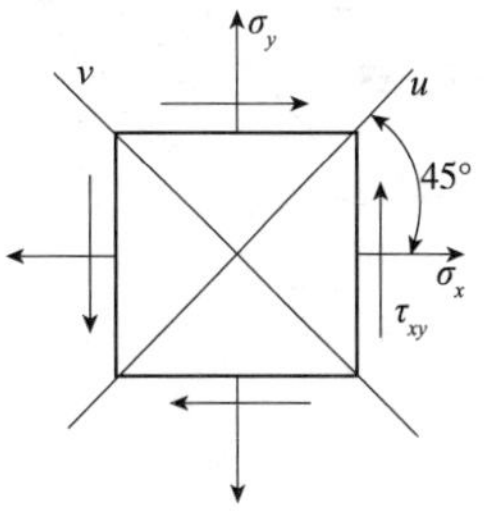


图 12-35

**思考题 12-14** 如图 12-36 所示单元体中，$\tau_{xy}$ 是否会引起 $z$ 方向的厚度变化？

**思考题 12-15** 对如图 12-37 所示单元体，已知主应变 $\varepsilon_1$ 和 $\varepsilon_2$ 以及材料的弹性常数 $E$ 和 $\mu$。若求得另一主应变 $\varepsilon_3=-\mu(\varepsilon_1+\varepsilon_2)$，是否正确？为什么？

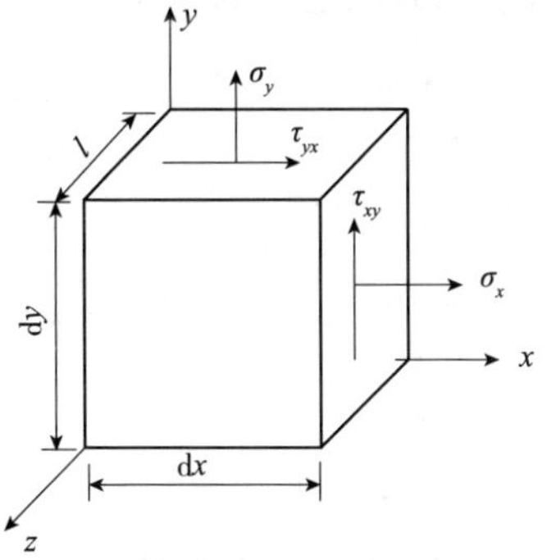


图 12-36

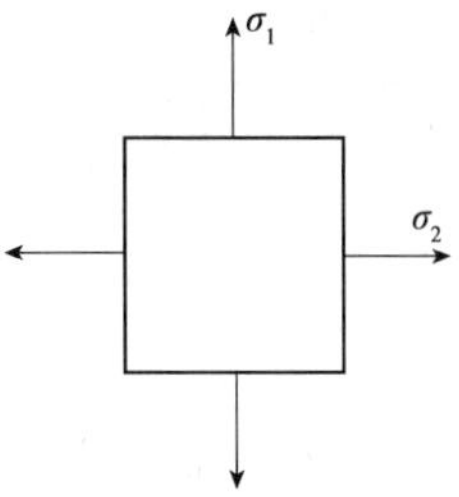


图 12-37

**思考题 12-16** 三个相同的立方体金属块处于不同的刚性约束下，即图 12-38a）的只在 $x$ 方向受约束，图 12-38b）的在 $x$ 和 $y$ 两个方向受约束，图 12-38c）的在 $x$，$y$ 和 $z$ 三个方向上全都受约束。当金属块的温度升高后，试比较它们在 $x$，$y$ 和 $z$ 方向上热应力的大小。

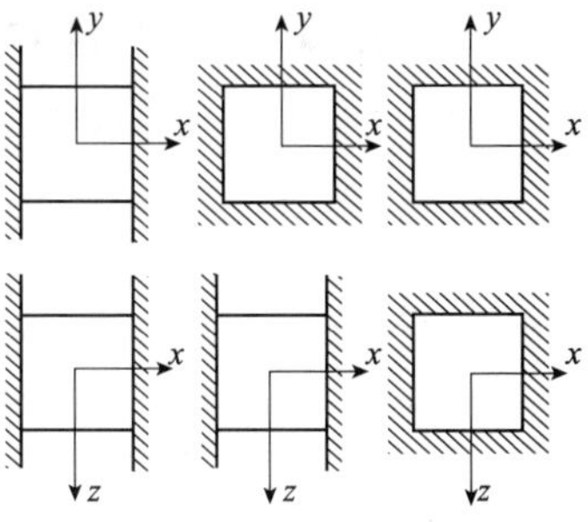


图 12-38

***思考题 12-17** 一飞机机身由纵桁条、圆弧形肋和外蒙皮构成，肋和蒙皮互不接触而通过铆钉与桁条连接，如图 12-39所示。当在蒙皮与肋之间装有绝热材料时，蒙皮和桁条的温度会变得与肋的温度很不相同。若蒙皮和桁条冷却到比肋的温度低 $\Delta t$ 时，问蒙皮中的应力状态如何？

**思考题 12-18** 正方形盲孔的刚模如图 12-40 所示，当沿 $z$ 方向施加均布压力 $p$[图 12-40a)]或施加均匀位移 $\Delta$[图 12-40b)]时，模内的物体(其弹性常数为 $E$ 和 $\mu$)的应力和应变状态如何(略去物体与模壁的摩擦作用)？

**思考题 12-19** 有一等厚薄壁圆筒，两端承受扭矩 $T_0$。若材料在拉伸和压缩时的弹性模量和泊松比各不相等(分别为 $E_1$，$\mu_1$ 和 $E_2$，$\mu_2$)，问扭转时圆筒沿轴向有没有线应变？为什么？

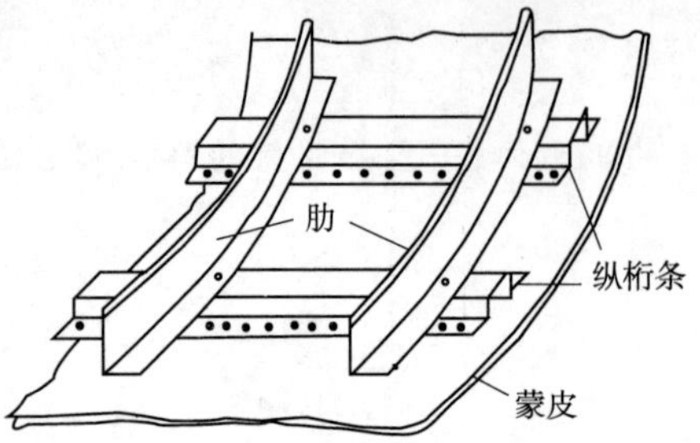


图 12-39

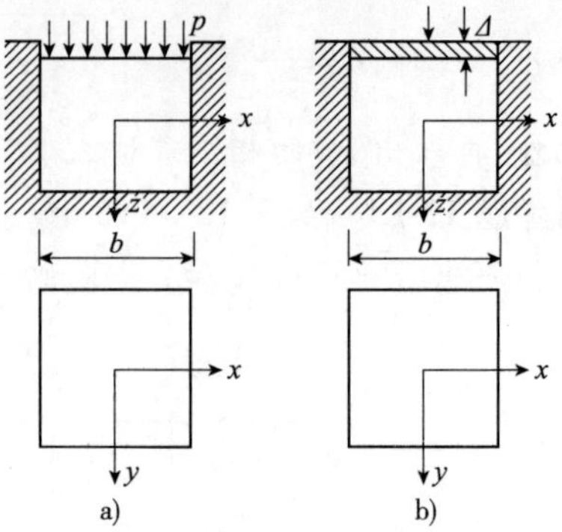


图 12-40

## 习题

### A 类型习题

**习题 12-1** 求习题图 12-1 所示单元体的主应力，并在单元体上标出其作用面的位置。

**习题 12-2** $A$、$B$ 两点的应力状态如习题图 12-2 所示，试求各点的主应力和最大剪应力。

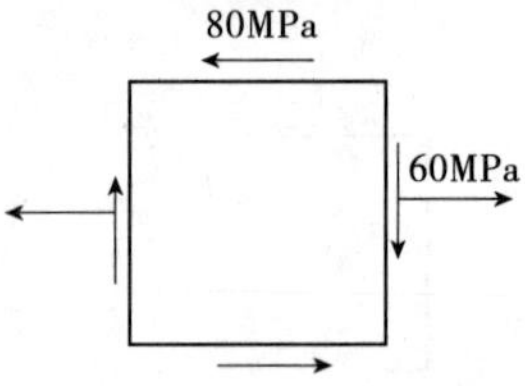


习题图 12-1

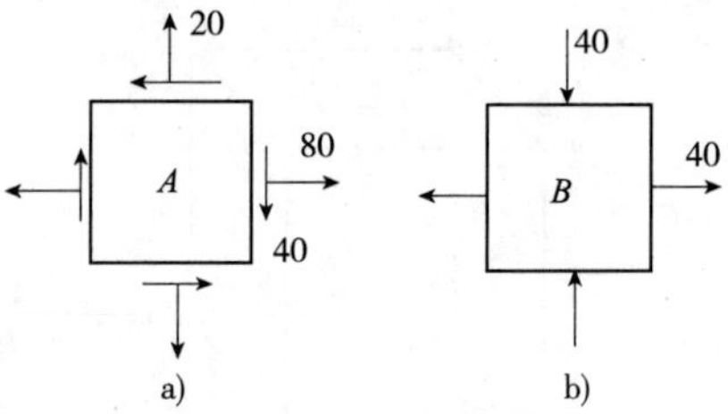


习题图 12-2 （单位：MPa）

**习题 12-3** 已知应力状态如习题图 12-3 所示，试求主应力及其方向角，并确定最大剪应力值。

**习题 12-4** 如习题图 12-4 所示单元体，求：

(1) 指定斜截面上的应力；

(2) 主应力大小及方向，并将平面标在单元体图上。

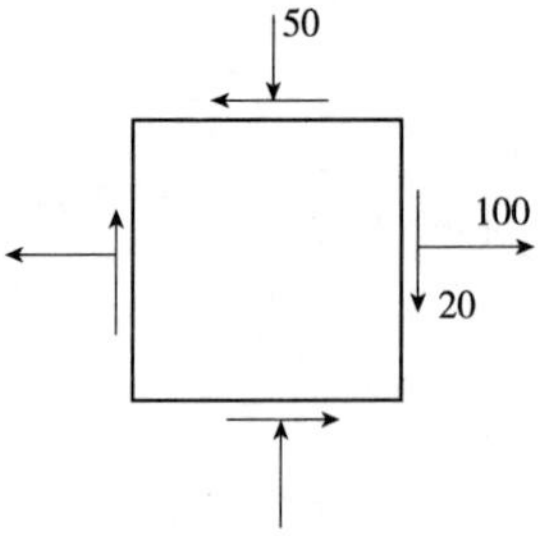


习题图 12-3 （单位：MPa）

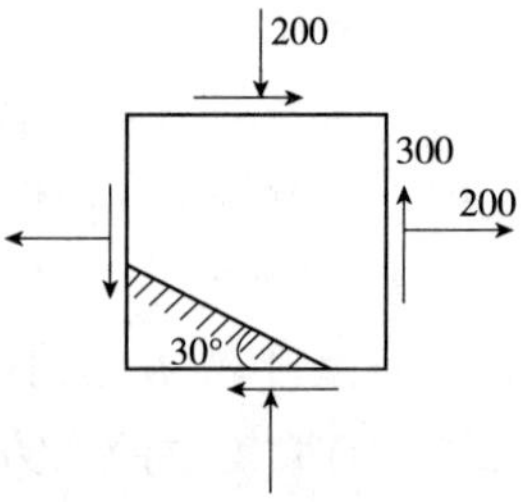


习题图 12-4 （单位：MPa）

**习题 12-5** 如习题图 12-5 所示结构中，$F_1=1\text{kN}$，$F_2=0.5\text{kN}$，$M_e=1\text{kN}\cdot\text{m}$，$d=50\text{mm}$，求 $A$ 点的主应力。

**习题 12-6** 某点的应力状态如习题图 12-6 所示，求该点的主应力及最大剪应力。

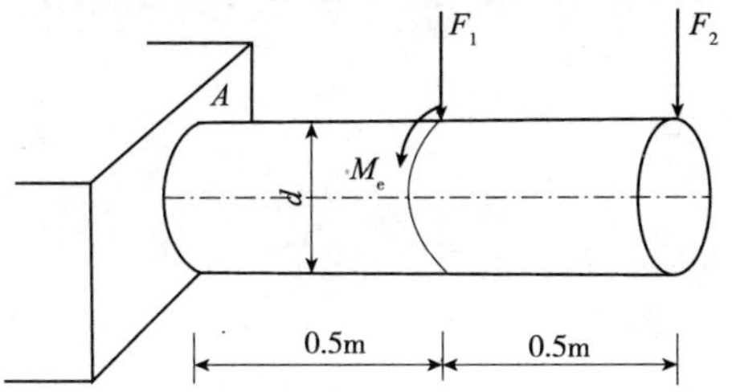


习题图 12-5

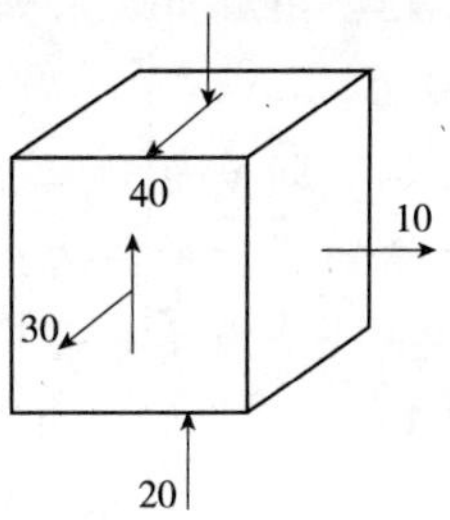


习题图 12-6 （单位：MPa）

**习题 12-7** 如习题图 12-7 所示，已知单元体的泊松比 $\mu=0.25$，$E=200\text{GPa}$。试求：

(1)主应力；

(2)最大剪应力；

(3)$\sigma_1$ 方向的应变 $\varepsilon_{\max}$。

**习题 12-8** 作如习题图 12-8 所示单元体所对应的应力圆，并求 $\sigma_y$ 和 $\tau_{yx}$ 的值。

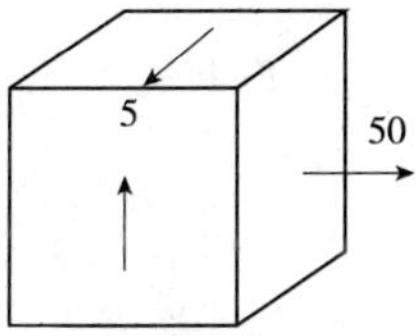


习题图 12-7 （单位：MPa）

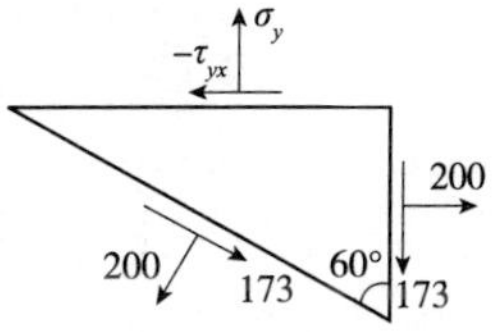


习题图 12-8 （单位：MPa）

**习题 12-9** 某点应力状态如习题图 12-9 所示。试求该点的主应力及最大剪应力，并画出三向应力圆。

**习题 12-10** 直径为 $d$ 的实心圆轴，受 $M_e$ 作用如习题图 12-10 所示。测得轴表面 $A$ 点与轴线成 $-45°$ 方向的线应变 $\varepsilon$，试导出用 $M_e$、$d$、$\varepsilon$ 表示的剪切弹性模量 $G$ 的表达式。

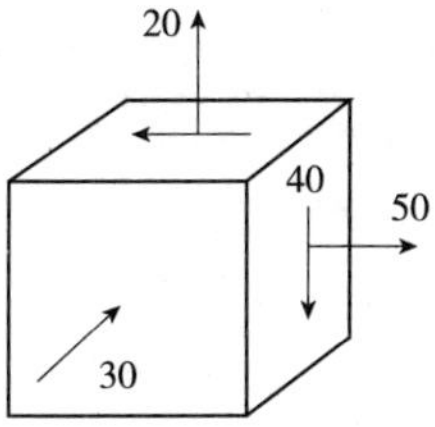


习题图 12-9 （单位：MPa）

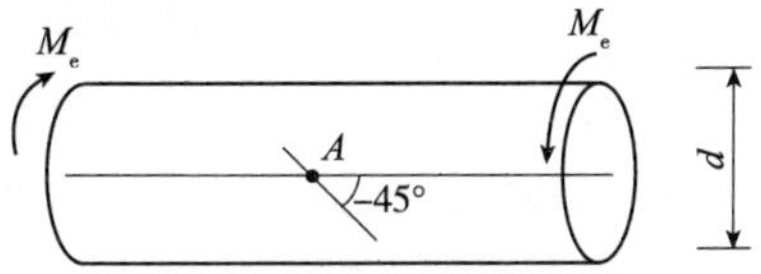


习题图 12-10

**习题 12-11** 如习题图 12-11 所示，直径 $D$ 的圆轴，两端受扭转力偶 $M_e$ 的作用。今测得与轴线成 45°方向的线应变 $\varepsilon_{45°}$。已知材料的弹性模量为 $E$，泊松比 $\mu$，求 $M_e$ 的表达式。

**习题 12-12** 如习题图 12-12 所示，已知材料的弹性模量 $E=200\text{GPa}$，泊松比 $\mu=0.25$，求单元体的三个主应变值。

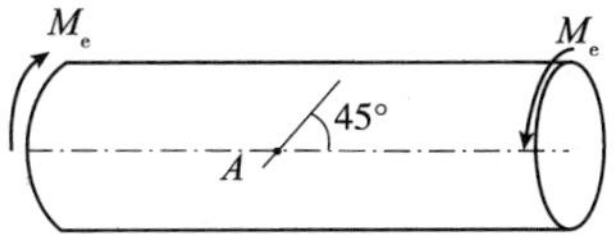


习题图 12-11

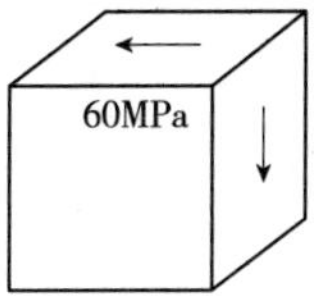


习题图 12-12

**习题 12-13** 用解析法求如习题图 12-13 所示单元体 $ab$ 斜截面上的应力($\alpha=30°$),并求 $\tau_{max}$ 及主应力。

**习题 12-14** 如习题图 12-14 所示单元体,求:

(1)指定斜截面上的应力;

(2)主应力大小及主平面位置,并将主平面标在单元体图上。

**习题 12-15** 如习题图 12-15 所示单元体,已知 $\sigma_x=100\text{MPa}$,$\sigma_y=40\text{MPa}$,该点的最大主应力 $\sigma_1=120\text{MPa}$,求该点的 $\tau_{xy}$,另外两个主应力 $\sigma_2$、$\sigma_3$ 及最大剪应力。

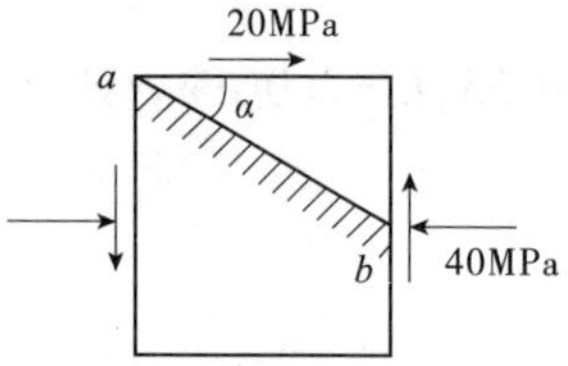


习题图 12-13

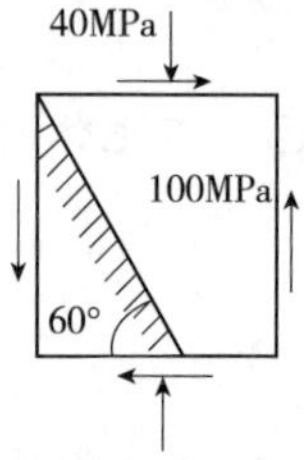


习题图 12-14

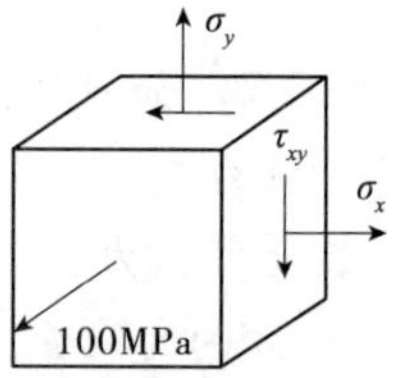


习题图 12-15

**习题 12-16** 如习题图 12-16 所示应力图各表示什么应力状态?画出与之相应的应力单元体,并标出各面上的应力。

**习题 12-17** 如习题图 12-17 所示,一体积为 10mm×10mm×10mm的立方铝块,将其放入宽为 10mm 的刚性槽中。已知铝块的泊松比 $\mu=0.33$,弹性模量 $E=70\text{GPa}$,求在 $F=6\text{kN}$ 的作用下铝块中的三个主应力。

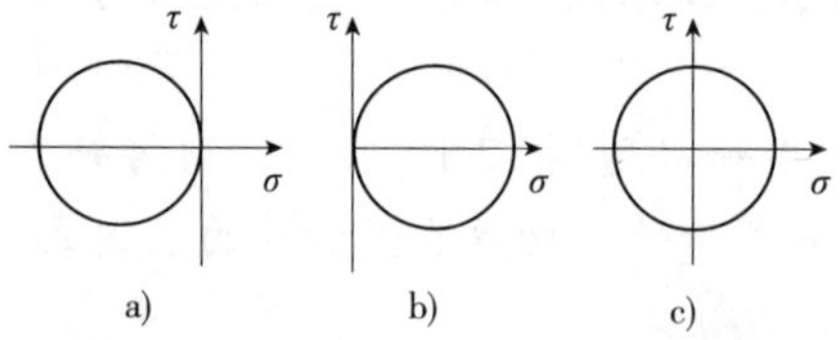


习题图 12-16

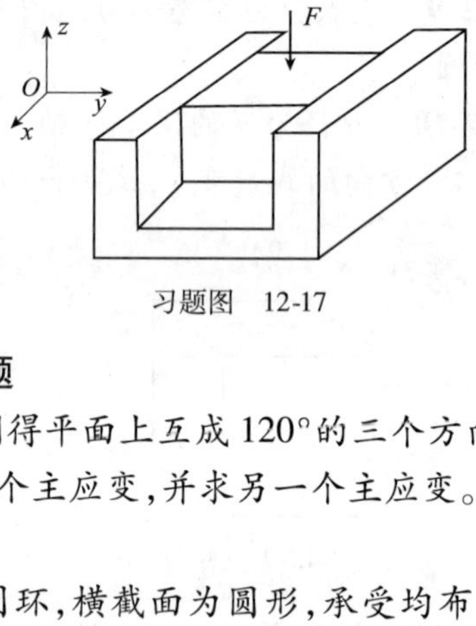


习题图 12-17

## B 类型习题

**习题 12-18** 如习题图 12-18 所示,用应变花测得平面上互成 120°的三个方向 1、2、3 的应变值。设其中两个相等,求证第三个应变值是一个主应变,并求另一个主应变。(《力学与实践》小问题,1986 年第 124 题)

**习题 12-19** 如习题图 12-19 所示,等截面细圆环,横截面为圆形,承受均布力偶矩(其矢量均沿圆环切线方向)作用。实验告诉我们:力偶矩集度 $m$ 增大时,圆环横截面转角 $\varphi$ 也随之增大;当 $m$ 增大到某一临界值时,圆环会突然翻转。试确定此翻转力偶矩集度之值。(《力学与实践》小问题,2002 年第 341 题)

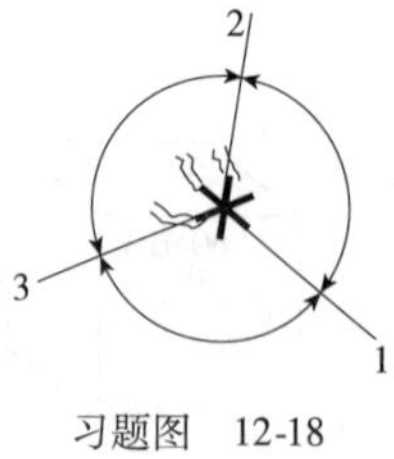


习题图 12-18

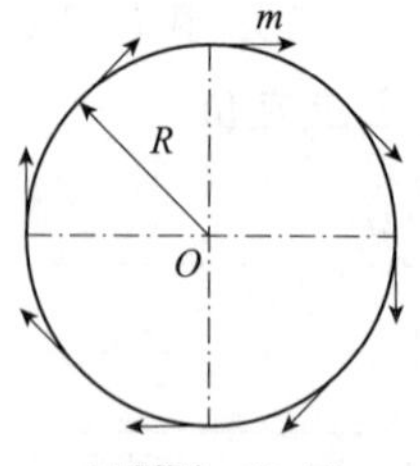


习题图 12-19

## C 类型习题

**习题 12-20** 如习题图 12-20 所示，外直径为 $d$ 的薄壁圆管是由宽度为 $b$ 的钢带螺旋式地卷焊制造的。它用来传递一扭矩和一轴向压力。在垂直于管轴的截面上由此产生了压应力 $\sigma_D$ 和应力 $\tau$。

(1)当焊缝不受剪切时，$\sigma_D/\tau$ 的比值应为多大？

(2)在上述情况(1)时，焊缝上的法向应力值为多少？

已知数据：$d=0.24\text{m}$，$b=0.36\text{m}$，$\sigma_D=-4\text{MPa}$。

**习题 12-21** 如习题图 12-21 所示，为了求立铣机床的钻轴的外表面上的应力，要在 $a$，$b$，$c$ 三个不同方向用电阻片测量应变。试求在钻轴外表面上的主法向应力 $\sigma_1$ 与 $\sigma_2$ 和最大切应力，以及主轴与钻轴间夹角的大小。

已知数据：$\varepsilon_a=0.21\times10^{-4}$，$\varepsilon_b=-0.63\times10^{-4}$，$\varepsilon_c=0.49\times10^{-4}$，$\alpha=45°$。材料性质 $E=216\text{GPa}$，$\mu=0.3$。

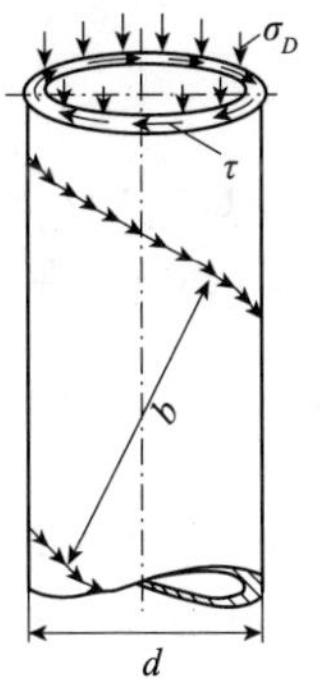


习题图 12-20

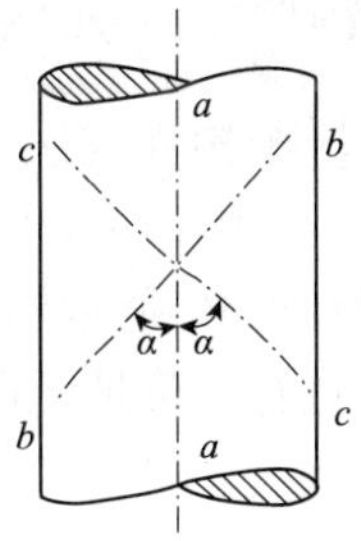


习题图 12-21

**习题 12-22** 如习题图 12-22 所示，将一铜正方体放入由刚性材料高精度加工而成的正方形模具 $M$ 中并承受通过一刚性活塞施加的压力。正方体和模具的规定尺寸为 $d$。在室温 $T_0$ 时，未受力的铜正方体的边长小于模具边长 $\Delta d_0$，设刚性材料的热应变可忽略不计。当温度为 $T_1$ 时，铜方块增加的高度 $\Delta d_H$ 为多少？

已知数据：$d=50\text{mm}$，$\Delta d=0.01\text{mm}$，$F=18\text{kN}$，$T_0=20℃$，$T_1=40℃$。铜的材料性质：$\alpha=16.5\times10^{-6}/℃$，$\mu=0.35$，$E=124\text{GPa}$。

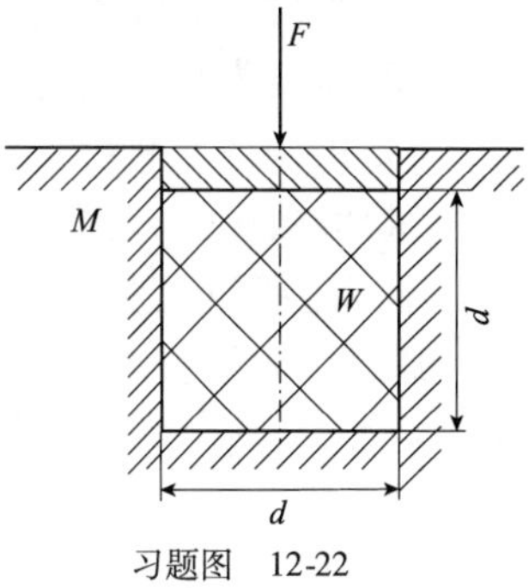


习题图 12-22

列夫·托尔斯泰(俄罗斯，1828～1910)

"天才的十分之一是灵感，

十分之九是血汗。"

子曰："朝闻道，夕死可矣。"

# 第13章　强度理论

由第3章材料的力学性能、应力应变关系可知，当材料处于极限应力时就要屈服或断裂，即材料失效。不同材料失效的现象和规律固然不同，就是同一种材料处于不同应力状态时，失效的现象和规律也不同。怎样从众多的失效现象中寻找失效规律，假设失效的共同原因，从而利用有限的实验资料去建立材料的失效判据，即强度理论，是本章研究的主要内容。本章主要讨论常用工程材料静载荷时的常用强度理论。

## 13.1　材料破坏形式和强度理论的概念

设计者在设计一个构件或系统中的任一构件时，都要根据设计的要求，使其具有确定的功能。在某种条件下，例如在过大的载荷或过高的温度下，构件会失去它们应有的功能，即构件失效。为此设计者必须弄清楚构件各种可能的失效方式，然后建立合适的失效准则，以便对各种失效方式进行正确地预测和控制。

由于失效方式取决于材料的种类、加载的方式、构件的应力状态和工作环境等因素，所以，为了确定失效方式，需要广泛通晓构件对载荷的响应，对构件进行全面的应力分析。

构件的失效主要表现为强度失效、刚度失效、失稳与屈曲失效、疲劳失效以及蠕变与松弛失效。

(1)强度失效方式是屈服与断裂。

(2)刚度失效方式是构件产生过量的弹性变形。

(3)由构件平衡状态的突然转变引起的失效称为屈曲失效。

(4)疲劳失效方式是由于交变应力的作用而引起构件的突然断裂。

本章主要讨论强度失效。

通过单向拉伸试验可以建立单向应力状态下的失效判据。对于脆性材料，在单向拉伸应力状态下，其失效形式为断裂，失效判据为

$$\sigma = \sigma_b \tag{13-1}$$

对于塑性材料，在单向拉伸应力状态下，其失效形式为屈服，失效判据为

$$\sigma = \sigma_s \tag{13-2}$$

在复杂应力状态下，材料的失效方式不仅与各个主应力的大小有关，而且与它们的组合情况有关。例如脆性材料在三向等压应力状态下会产生塑性变形。塑性材料在三向等拉应力状态下会发生脆性断裂。实际构件的受力方式是多种多样的，其主应力的组合各不相同，通过试验一一确定各个应力组合下构件失效的主应力值，这显然是不现实的。为此，力学工作者在进行了大量试验和工程实践的基础上，将金属材料的失效方式归结为两种，即屈服与断裂。同时对这两种失效方式提出了失效原因的假说，并直接利用单向拉伸的试验结果来建立各种应力状态下的屈服和断裂失效判据及相应的设计准则。

# 13.2 空间应力状态下的应变能密度

## 13.2.1 应变能密度一般表达式

考虑图 13-1a)所示微体,其边长分别为 $dx$、$dy$ 与 $dz$,在主应力 $\sigma_1$、$\sigma_2$ 与 $\sigma_3$ 作用下,微体沿 $x$、$y$ 与 $z$ 轴方向的伸长分别为 $\varepsilon_1 dx$、$\varepsilon_2 dy$ 与 $\varepsilon_3 dz$,在线弹性范围内,应力 $\sigma_1$、$\sigma_2$ 及 $\sigma_3$ 分别与 $\varepsilon_1$、$\varepsilon_2$ 及 $\varepsilon_3$ 成正比,因此,微体的应变能 $dU$ 为

$$dU=\frac{1}{2}\sigma_1 dydz\cdot\varepsilon_1 dx+\frac{1}{2}\sigma_2 dzdx\cdot\varepsilon_2 dy+\frac{1}{2}\sigma_3 dxdy\cdot\varepsilon_3 dz=u_\varepsilon dV \tag{13-3}$$

由此得单位体积内应变能即应变能密度为

$$u_\varepsilon=\frac{1}{2}(\sigma_1\varepsilon_1+\sigma_2\varepsilon_2+\sigma_3\varepsilon_3) \tag{13-4}$$

将式(12-84)代入上式,得到用主应力表示的比能 $u_\varepsilon=\frac{dU}{dV}$为

$$u_\varepsilon=\frac{1}{2E}[\sigma_1^2+\sigma_2^2+\sigma_3^2-2\mu(\sigma_1\sigma_2+\sigma_2\sigma_3+\sigma_3\sigma_1)] \tag{13-5}$$

## 13.2.2 体积改变能密度

在外力作用下,微体的体积与形状一般均发生变化,现在研究相应的应变能即**体积改变能**与**畸变能**。

如图 13-1 所示,任意三向应力状态之应力 $\sigma_1$、$\sigma_2$ 与 $\sigma_3$,均可分解为两部分,其一为三个方向均承受平均应力 $\sigma_m$,另一为三个方向分别承受 $\sigma_1-\sigma_m$、$\sigma_2-\sigma_m$ 与 $\sigma_3-\sigma_m$ 称为给定应力状态的**应力偏量**。

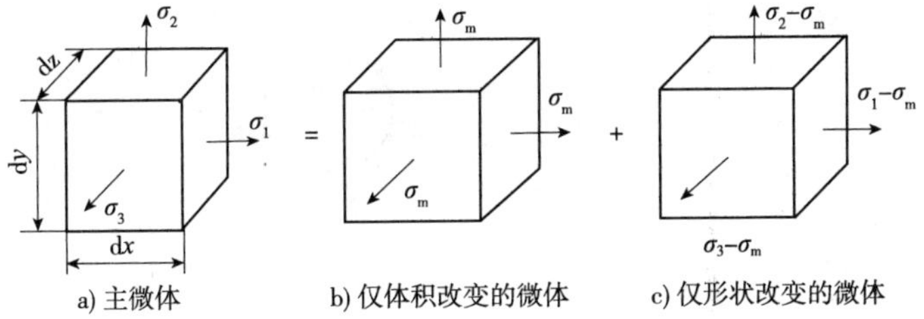


图 13-1 应变能密度的计算

在平均应力三个 $\sigma_m=\frac{1}{3}(\sigma_1+\sigma_2+\sigma_3)$作用下[图 13-1b)],微体的形状不变,仅体积发生改变,于是由式(13-5)得微体的应变能密度即体积改变能密度为

$$u_v=\frac{1}{2E}[\sigma_m^2+\sigma_m^2+\sigma_m^2-2\mu(\sigma_m^2+\sigma_m^2+\sigma_m^2)]$$

或

$$u_v=\frac{1-2\mu}{6E}(\sigma_1+\sigma_2+\sigma_3)^2 \tag{13-6}$$

## 13.2.3 畸变能密度

在应力偏量 $\sigma_1-\sigma_m$、$\sigma_2-\sigma_m$ 与 $\sigma_3-\sigma_m$ 作用下[图 13-1c)],由式(12-88)知

$$\theta=\frac{1}{K}\cdot\frac{(\sigma_1-\sigma_m)+(\sigma_2-\sigma_m)+(\sigma_3-\sigma_m)}{3}=0 \tag{13-7}$$

体积应变为零,所以微体的体积不变,仅形状发生改变。

在外力作用下,一般情况下,受力物体中的单元体将同时发生体积改变和形状改变。与体积改变相对应的那一部分比能称为体积改变比能,与形状改变相对应的那一部分比能称为形状改变比能或畸变能密度,总比能是这两部分之和,即

$$u_\varepsilon=u_v+u_d \text{ 或 } u_d=u_\varepsilon-u_v \tag{13-8}$$

将式(13-5)、式(13-6)代入式(13-8),并化简得畸变能密度

$$u_d=\frac{1+\mu}{6E}[(\sigma_1-\sigma_2)^2+(\sigma_2-\sigma_3)^2+(\sigma_3-\sigma_1)^2] \tag{13-9}$$

**例题 13-1** 导出各向同性线弹性材料的弹性常数 $E$、$G$ 和 $\mu$ 之间的关系。

**解:**①按纯剪切计算应变能密度 $u_{\varepsilon_1}$(图 13-2)。由式(5-12b)知

$$u_{\varepsilon_1}=\frac{\tau^2}{2G} \tag{1}$$

②按一般单元体计算纯剪切状态应变能密度 $u_{\varepsilon_2}$。

按照例题 12-2 纯剪切单元体的主应力 $\sigma_1=\tau,\sigma_2=0,\sigma_1=-\tau$。把主应力代入式(13-5)得

$$u_{\varepsilon_2}=\frac{\tau^2(1+\mu)}{2G} \tag{2}$$

③两种方式计算纯剪切应变能密度应相等 $u_{\varepsilon_1}=u_{\varepsilon_2}$。由式(1)和式(2)得

$$G=\frac{E}{2(1+\mu)}$$

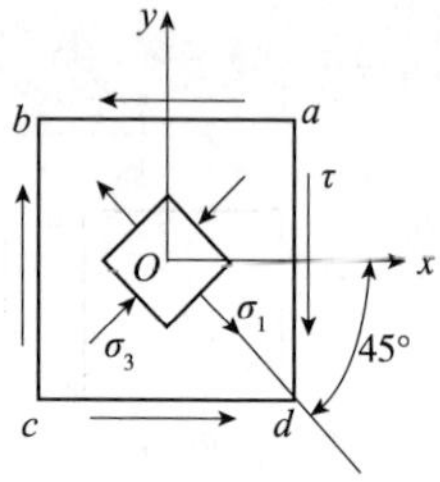


a) 单元体

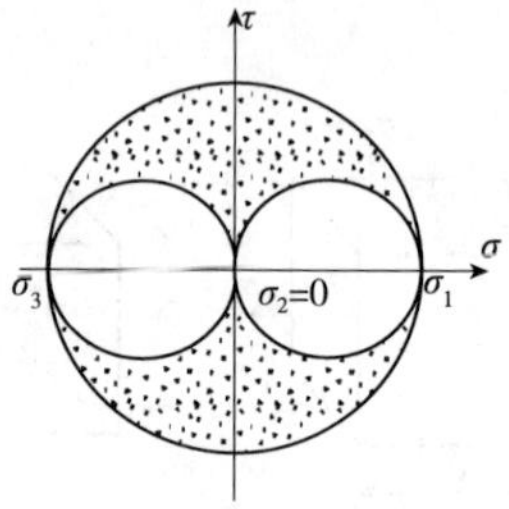


b) 应力圆

图 13-2

## 13.3 典型的强度理论

### 13.3.1 断裂准则

构件在载荷作用下,没有明显塑性变形而发生突然破断的现象称为断裂失效。工程上常见的断裂主要有如下三种类型:

①脆性材料的突然断裂:由脆性材料制成的构件在绝大多数受力情况下发生的破坏都是突然断裂,如受拉的铸铁构件和混凝土构件的断裂等。

②有裂纹或缺陷构件的断裂:这类断裂不局限于发生在脆性材料制成的构件中,它经常发生在由塑性材料制成的含有初始裂纹或缺陷的构件中,当构件存在高度应力集中或工作

环境温度低于0℃时，脆性断裂的可能性会更大。

③渐近性断裂（亦称疲劳断裂）：构件在交变应力作用下，即使是塑性材料，在经历一定次数的应力循环之后也会发生无明显屈服的低应力脆性断裂，这种破坏形式习惯上称为疲劳断裂，但称为渐近性断裂失效更好。

本节主要讨论第一类断裂的失效判据和设计准则。工程上常用的断裂准则主要有：最大拉应力准则和最大伸长线应变准则。

（1）最大拉应力理论（第一强度理论）

该理论认为，无论材料处于什么应力状态，发生脆性断裂的原因是危险点处的最大拉力 $\sigma_1$ 达到在单向拉伸时的极限值 $\sigma_u$。

根据这一准则，直接利用脆性材料单向拉伸试验结果得到断裂判据为

$$\sigma_1 = \sigma_b \tag{13-10}$$

相应的设计准则为

$$\sigma_{r1} = \sigma_1 \leqslant [\sigma] \tag{13-11}$$

式中，$[\sigma] = \sigma_b / n_b$，$\sigma_b$ 为材料在单向拉伸时的抗拉强度，$n_b$ 为断裂安全因数。

这一准则与均质脆性材料（如铸铁、石料、混凝土、玻璃、陶瓷等）的拉断试验结果吻合得很好。例如，由铸铁等脆性材料制成的构件，不论在单向拉伸、扭转或双向受拉应力状态下，其脆性断裂破坏都是发生在最大拉应力所在的截面上。但是最大拉应力准则没有考虑另外两个主应力对破坏的影响，且不能应用于无拉应力的应力状态。

这一理论一般认为是由英国教育家 W. J. M. Rankine（1820 ~ 1872）首先提出的。

（2）最大拉应变理论（第二强度理论）

该理论认为，无论材料处于什么应力状态，发生脆性断裂的原因是危险点处的最大伸长线应变 $\varepsilon_1$ 达到在单向拉伸时的极限值 $\varepsilon_u$。

根据这一准则，利用脆性材料单向拉伸的试验结果，确定上述极限值 $\varepsilon_u$，即

$$\varepsilon_1 = \frac{\sigma_b}{E} \tag{13-12}$$

处于任意应力状态，根据广义郑玄—胡克定律有

$$\varepsilon_1 = \frac{1}{E}[\sigma_1 - \mu(\sigma_2 + \sigma_3)] \tag{13-13}$$

于是脆性断裂判据为

$$\sigma_1 - \mu(\sigma_2 + \sigma_3) = \sigma_b \tag{13-14}$$

相应的设计准则为

$$\sigma_{r_2} = \sigma_1 - \mu(\sigma_2 + \sigma_3) \leqslant [\sigma] \tag{13-15}$$

表面润滑的石料或混凝土等脆性材料受轴向压缩时，将沿垂直于压力的方向裂开，裂开的方向就是 $\varepsilon_1$ 方向。铸铁在二向拉压应力且压应力较大的情况下，试验结果也与这一准则接近。但按照这一准则，二向受压的强度与单向受压不同，而混凝土、花岗岩的试验资料表明，两种情况的强度并无明显差别。与此类似，按照这一准则，铸铁在二向拉伸时应比单向拉伸安全，试验结果并不能证实这一点。对于这种情况，还是最大拉应力准则接近试验结果。

这一理论是由法国弹性力学家圣维南 B. deSaint Venant（1797 ~ 1866）所建议的。

### 13.3.2 屈服准则

工程上常用的屈服准则主要有:最大切应力理论和均方根切应力理论。

(1)最大切应力理论(第三强度理论)

该理论认为:无论在什么应力状态下,材料发生屈服的原因是危险点处的最大切应力$\tau_{max}$达到在单向拉伸时的极限值$\tau_u$。

根据这一准则,利用单向拉伸的试验结果,确定上述极限值$\tau_u$,即

$$\tau_u = \frac{\sigma_s}{2} \tag{13-16}$$

对于任意应力状态,最大切应力$\tau_{max} = (\sigma_1 - \sigma_3)/2$。故屈服判据可写成

$$\sigma_1 - \sigma_3 = \sigma_s \tag{13-17}$$

得到相应的设计准则为

$$\sigma_{r_3} = \sigma_1 - \sigma_3 \leqslant [\sigma] \tag{13-18}$$

式中,$[\sigma] = \sigma_s/n_s$,$\sigma_s$为材料的屈服点,$n_s$为屈服安全因数。

这一理论能够较满意地解释塑性材料出现塑性屈服的现象。例如低碳钢拉伸时,在与轴线成45°的斜面上出现滑移线,而最大剪应力也发生在这些截面上。该理论的缺点是未考虑主应力$\sigma_2$的作用(或者说没有考虑到其他主剪应力$\tau_{12}$或$\tau_{23}$的影响),而试验却表明,主应力$\sigma_2$对材料屈服的确存在一定影响。因此,最大切应力理论提出后不久,又有所谓的最大畸变能理论产生。

最大切应力理论由法国科学家屈雷斯加(Tresca)于1864年提出,故又称为Tresca屈服准则。

(2)均方根剪应力理论(第四强度理论)

这一理论认为另外的两个主剪应力也将影响材料的塑性屈服。因此决定材料塑性屈服破坏的因素不仅仅是最大剪应力,而应该是三个主剪应力的均方根平均值

$$\tau_{123} = \sqrt{\frac{1}{3}(\tau_{12}^2 + \tau_{23}^2 + \tau_{31}^2)} \tag{13-19}$$

即不论它是复杂应力状态或是单向应力状态,只要单元体中的方根剪应力$\tau_{123}$,达到材料在单向拉伸下发生塑性屈服时的极限均方根剪应力$\tau_{123}^u$,材料就将发生塑性屈服破坏。

$$\tau_{123} = \tau_{123}^u \tag{13-20}$$

复杂应力状态时的三个主剪应力分别为

$$\tau_{12} = \frac{1}{2}(\sigma_1 - \sigma_2),\tau_{23} = \frac{1}{2}(\sigma_2 - \sigma_3),\tau_{31} = \frac{1}{2}(\sigma_3 - \sigma_1) \tag{13-21}$$

代入式(13-19)得单元体的均方根剪应力为

$$\tau_{123} = \sqrt{\frac{1}{12}[(\sigma_1 - \sigma_2)^2 + (\sigma_2 - \sigma_3)^2 + (\sigma_3 - \sigma_1)^2]} \tag{13-22}$$

在单向拉伸情况下,当拉应力$\sigma_1$($\sigma_2 = \sigma_3 = 0$)到达极限应力$\sigma_s$时,单元体相应的极限均方根剪应力为

$$\tau_{123}^u = \sqrt{\frac{1}{12}(\sigma_s^2 + \sigma_s^2)} = \frac{\sigma_s}{\sqrt{6}} \tag{13-23}$$

将式(13-22)、式(13-23)代入式(13-20)得到用主应力形式表达的破坏条件为

$$\sqrt{\frac{1}{2}[(\sigma_1-\sigma_2)^2+(\sigma_2-\sigma_3)^2+(\sigma_3-\sigma_1)^2]}=\sigma_s \tag{13-24}$$

引入安全因数后，便得到第四强度理论的强度条件为

$$\sigma_{r4}=\sqrt{\frac{1}{2}[(\sigma_1-\sigma_2)^2+(\sigma_2-\sigma_3)^2+(\sigma_3-\sigma_1)^2]}\leqslant[\sigma] \tag{13-25}$$

这一理论考虑了中间主应力 $\sigma_2$ 的影响。在二向应力状态下，这一理论与试验结果较为符合，它比第三强度理论更接近实际情况。在机械制造工业中第三和第四强度理论都得到广泛应用。

这一理论由德国科学家密息斯（R. von Mises）于 1913 年提出，也称为Mises 屈服准则。

**讨论与练习**

（1）第四强度理论有多种物理解释。式（13-25）也可以从单元体的形状改变比能的假设推得，所以也称为最大畸变能理论，推导过程作为练习由读者完成。其他多种解释可见《力学与实践》，1980 年第 2 期。

（2）均方根剪应力解释由俞茂宏于 1962 年提出。

### 13.3.3 莫尔准则和俞茂宏准则

（1）修正的最大切应力理论（莫尔强度理论）

试验结果表明，一些拉压强度不相等的脆性材料（例如铸铁和混凝土）在某些应力状态下，也可能发生剪切破坏。为了建立这种材料的失效判据和相应的设计准则，德国工程师莫尔（Mohr，1835～1918）在 1900 年提出了新的失效准则——莫尔准则。

莫尔准则认为：切应力是使材料达到危险状态的主要因素，但滑移面上所产生的阻碍滑移的内摩擦力却取决于剪切面上的正应力的大小。对于在一定应力状态下的材料，当滑移面上为压应力时，滑移阻力增大。为拉应力时，滑移阻力减小。因此，根据莫尔准则，材料的滑动破坏就不一定发生在最大切应力所在截面上，而会发生在（$\tau$-$f\sigma$）值最大的截面上（$f$ 为内摩擦因数）。通过试验可找到这种滑动破坏截面，并得到该截面上的切应力 $\tau=\tau_u$ 和正应力 $\sigma=\sigma_u$。在给定的材料应力状态下，$\tau_u$ 和 $\sigma_u$ 都是定值，且可用莫尔应力圆上一点的坐标（$\sigma_u$，$\tau_u$）来表示。对于同一种材料，这两个应力随着应力状态变化的规律可用下式表示

$$\tau_u=F(\sigma_u) \tag{13-26}$$

式（13-26）可用 $\sigma$-$\tau$ 坐标系上的曲线表示。

下面简单介绍确定这种曲线的方法，理论上不考虑 $\sigma_2$ 对材料失效的影响。这样我们可以按照 $\sigma_1$ 和 $\sigma_3$ 的各种不同比值进行一系列的试验，得到材料在屈服时的 $\sigma_1$ 和 $\sigma_3$ 数值，并根据它们的数值画出一系列应力圆，称为极限应力圆。它们的包络线就是上述的 $\tau_u=F(\sigma_u)$ 曲线，如图 13-3 所示。

按照莫尔准则，材料的危险状态及安全范围都可用这种包络线来确定，即当代表某一应力状态的应力圆恰好与包络线相接触时，则材料达到极限状态；若应力圆位于包络线以内时，则它代表的应力状态是安全的。对于每一种材料都可通过试验得到一条这样的包络线。

由于测取多个极限应力圆的试验工作十分繁重，获得的包络线的数学方程往往过于复杂而难以应用。因此，实际应用时为了简化，一般利用有限的试验数据来得到包络线的近似

曲线。例如只需由单向拉伸、单向压缩和纯剪切三个试验得出的三个极限应力圆就可绘出图 13-2a)所示的包络线。更简单的方法是用单向拉伸和单向压缩两个极限应力圆的公切线代替包络线。如果再除以安全因数,便得到图 13-2b)所示的情况。对于第二种情况,可用下列方法导出莫尔准则的设计准则。

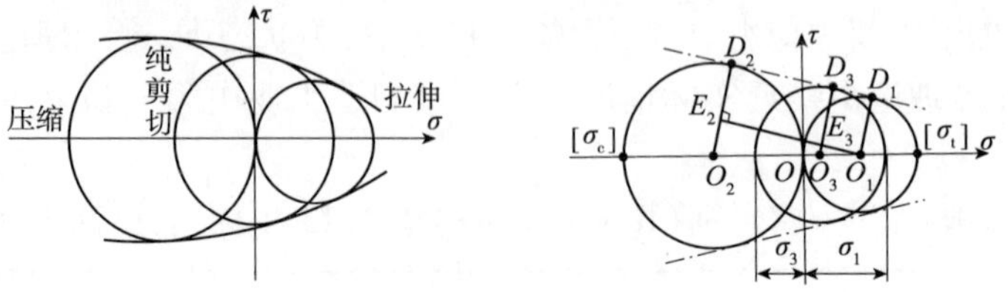


a)三种应力状态下　　b)两种应力状态下

图 13-3　简化包络线

由图 13-2b)所示的几何关系可得(推导从略)

$$\sigma_1 - \alpha\sigma_3 = \sigma_t^u \tag{13-27}$$

其中,修正因数 $\alpha = \dfrac{\sigma_t^u}{\sigma_c^u}$。

此即按莫尔准则建立起来的破坏条件。引入安全因数后,强度条件是

$$\sigma_{rM} = \sigma_1 - \alpha\sigma_3 \leqslant [\sigma_t] \tag{13-28}$$

式中,$\alpha = \dfrac{[\sigma_t]}{[\sigma_c]}$,$[\sigma_t] = \dfrac{\sigma_t^u}{n_u}$,$[\sigma_c] = \dfrac{\sigma_c^u}{n_u}$。

如上所述,莫尔准则较切合实际地考虑了材料在剪切滑移时内摩擦的影响。对于常发生屈服破坏的塑性材料,由于$[\sigma_t] = [\sigma_c]$,莫尔准则即为最大切应力理论。因此,莫尔准则主要用于处理拉压强度不相等的脆性材料的剪切失效问题。

**例题 13-2**　T 形截面铸铁梁的载荷和截面尺寸如图 13-4 所示。铸铁的抗拉容许应力为$[\sigma_t] = 30\text{MPa}$,抗压许用应力为$[\sigma_c] = 160\text{MPa}$。试用莫尔强度理论校核铸铁梁截面 $B$ 上腹板与翼缘交界处的强度。

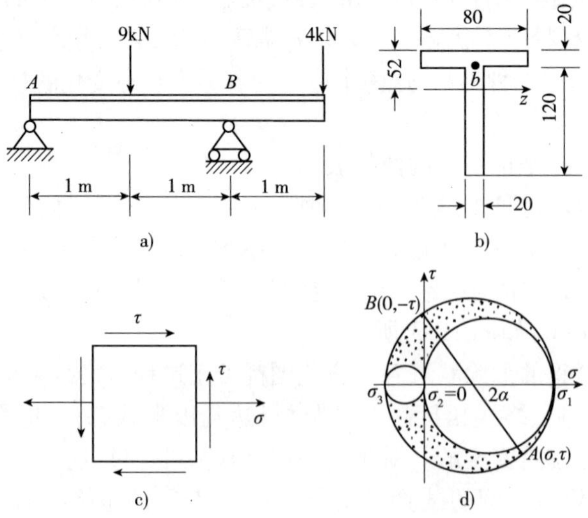


图 13-4　(尺寸单位:mm)

**解**:①校核交接处 $b$ 点的强度时,首先要算出该点的弯曲正应力和切应力。

在例题 8-2 中已知,截面 $B$ 上弯矩 $M=-4\text{kN}\cdot\text{m}$,剪力 $F_S=-6.5\text{kN}$。$I_z=763\ \text{cm}^4$,$S_z^*=67.2\text{cm}^3$,$y_b=-32\text{mm}$,$b_2=20\text{mm}$。

$$\sigma=\frac{My_b}{I_z}=\frac{-4\times10^3\times(-32\times10^{-3})}{763\times10^{-8}}=16.8\text{MPa}$$

$$\tau=\frac{F_S S_z^*}{I_z b_2}=\frac{-6.5\times10^3\times67.2\times10^{-6}}{763\times10^{-8}\times20\times10^{-3}}=-2.86\text{MPa}$$

②在截面 $B$ 上,$b$ 点的应力状态如图 13-4c)所示,计算 $b$ 点的主应力。

$$\sigma_x=\sigma=16.8\text{MPa},\sigma_y=0,\tau_{xy}=-\tau=2.86\text{MPa}$$

$$\left.\begin{matrix}\sigma_{\max[2]}\\ \sigma_{\min[2]}\end{matrix}\right\}=\frac{\sigma_x+\sigma_y}{2}\pm\sqrt{\left(\frac{\sigma_x-\sigma_y}{2}\right)^2+\tau_{xy}^2}$$

$$=\frac{16.8\times10^6}{2}\pm\sqrt{\left(\frac{16.8\times10^6}{2}\right)^2+(2.86\times10^6)^2}=\begin{cases}17.3\\-0.47\end{cases}\text{MPa}$$

$$\sigma_1=17.3\text{MPa},\sigma_2=0,\sigma_3=-0.47\text{MPa}$$

③使用莫尔强度理论。

$$\sigma_{\text{rM}}=\sigma_1-\frac{[\sigma_t]}{[\sigma_c]}\sigma_3$$

$$=17.3\times10^6-\frac{30\times10^6}{160\times10^6}(-0.47\times10^6)=17.4\text{MPa}<[\sigma_t]$$

所以满足莫尔理论强度条件。

(2)双剪应力理论(俞茂宏强度理论)

这一假设认为影响材料塑性屈服的因素不仅有最大切应力 $\tau_{\max}=\tau_{13}$,而且中间主剪应力 $\tau_{12}$(或 $\tau_{23}$)也将影响材料的屈服。由于三个主切应力中,最大主切应力的数值恒等于另两个主切应力之和,这三个量中仅有两个独立量。因此双切应力假设认为:决定材料塑性屈服的主要因素是单元体的两个较大的主切应力。即不论它是复杂应力状态或是单向应力状态,只要单元体的两个较大主剪应力之和 $\tau_{13}+\tau_{12}$(或 $\tau_{13}+\tau_{23}$),达到材料在单向拉伸下发生塑性屈服时的极限双切应力和$(\tau_{13}+\tau_{12})^{\text{u}}$,材料就将发生塑性屈服,其屈服条件为

$$\tau_{13}+\tau_{12}=(\tau_{13}+\tau_{12})^{\text{u}} \tag{13-29}$$

上式等号左边为单元体在复杂应力状态时的双剪应力,等于

$$\tau_{13}+\tau_{12}=\frac{1}{2}(\sigma_1-\sigma_3)+\frac{1}{2}(\sigma_1-\sigma_2)=\sigma_1-\frac{1}{2}(\sigma_2+\sigma_3) \tag{13-30}$$

等号右边为材料在单向拉伸情况下当拉应力到达极限应力 $\sigma^{\text{u}}=\sigma_s$ 时,单元体相应的极限双剪应力和,等于

$$(\tau_{13}+\tau_{12})^{\text{u}}=\sigma^{\text{u}}=\sigma_s \tag{13-31}$$

代入式(13-29),即得以主应力形式表达的双切应力假说的屈服条件为

$$\begin{cases}\sigma_1-\dfrac{1}{2}(\sigma_2+\sigma_3)=\sigma_s,\text{当 }\sigma_2\leqslant\dfrac{1}{2}(\sigma_3+\sigma_1)\text{时}\\ \dfrac{1}{2}(\sigma_1+\sigma_2)-\sigma_3=\sigma_s,\text{当 }\sigma_2>\dfrac{1}{2}(\sigma_3+\sigma_1)\text{时}\end{cases} \tag{13-32}$$

这一条件称为双剪应力屈服准则,俞茂宏于 1961 年提出。

引入安全因数后，即得用主应力形式表达的双切应力强度条件为

$$\begin{cases}\sigma_{rY}=\sigma_1-\dfrac{1}{2}(\sigma_2+\sigma_3)\leqslant[\sigma]，当\ \sigma_2\leqslant\dfrac{1}{2}(\sigma_3+\sigma_1)\ 时\\ \sigma_{rY}=\dfrac{1}{2}(\sigma_1+\sigma_2)-\sigma_3\leqslant[\sigma]，当\ \sigma_2>\dfrac{1}{2}(\sigma_3+\sigma_1)\ 时\end{cases}\tag{13-33}$$

## 13.4 强度理论的应用

### 13.4.1 强度理论的统一形式

综合以上各强度理论，可以归纳成表 13-1。

表 13-1 中最后一列的强度条件，系综合式(13-11)、式(13-15)、式(13-18)、式(13-25)、式(13-28)、式(13-33)，把这些强度条件写成统一的形式

$$\sigma_{ri}\leqslant[\sigma]\tag{13-34}$$

式中，$[\sigma]$为材料的许用应力；$\sigma_{ri}$为按不同的强度理论所得到的复杂应力状态下几个主应力的综合值。这种主应力的综合值，通常称为相当应力。其中 $i=1、2、3、4、M、Y$。数字 1、2、3、4 分别表示最大拉应力、最大拉应变、最大剪应力和均方根剪应力准则的序号，故这四个准则又分别称为第一、第二、第三和第四强度理论，M 表示莫尔设计理论，Y 表示俞茂宏设计理论。

几种常用的强度理论　　表 13-1

| 强度理论 | 单向拉伸时的破坏值 | 在复杂应力状态下由主应力表达的相应值<br>强度条件 $\sigma_r\leqslant[\sigma]$ |
|---|---|---|
| 最大拉应力理论 | $\sigma_u$ | $\sigma_1$ |
| | | $\sigma_{r1}=\sigma_1\leqslant[\sigma]$ |
| 最大拉应变理论 | $\dfrac{\sigma_u}{E}$ | $\dfrac{1}{E}[\sigma_1-\mu(\sigma_2+\sigma_3)]$ |
| | | $\sigma_{r2}=\sigma_1-\mu(\sigma_2+\sigma_3)\leqslant[\sigma]$ |
| 最大切应力理论 | $\dfrac{\sigma_u}{2}$ | $\dfrac{1}{2}(\sigma_1-\sigma_3)$ |
| | | $\sigma_{r3}=\sigma_1-\sigma_3\leqslant[\sigma]$ |
| 均方根切应力理论 | $\dfrac{\sigma_u}{\sqrt{6}}$ | $\sqrt{\dfrac{1}{12}[(\sigma_1-\sigma_2)^2+(\sigma_2-\sigma_3)^2+(\sigma_3-\sigma_1)^2]}$ |
| | | $\sigma_{r4}=\sqrt{\dfrac{1}{2}[(\sigma_1-\sigma_2)^2+(\sigma_2-\sigma_3)^2+(\sigma_3-\sigma_1)^2]}\leqslant[\sigma]$ |
| 修正的最大切应力理论 | $\sigma_u$ | $\sigma_1-\alpha\sigma_3$，其中修正因数 $\alpha=\dfrac{\sigma_t^u}{\sigma_c^u}$ |
| | | $\sigma_{rM}=\sigma_1-\alpha\sigma_3\leqslant[\sigma]$，其中修正因数 $\alpha=\dfrac{[\sigma_t]}{[\sigma_c]}$ |
| 双切应力理论 | $\sigma_u$ | $\sigma_1-\dfrac{1}{2}(\sigma_2+\sigma_3)=[\sigma_s]$，当 $\sigma_2\leqslant\dfrac{1}{2}(\sigma_3+\sigma_1)$ 时<br>$\dfrac{1}{2}(\sigma_1+\sigma_2)-\sigma_3=[\sigma_s]$，当 $\sigma_2>\dfrac{1}{2}(\sigma_3+\sigma_1)$ 时 |
| | | $\sigma_{rY}=\sigma_1-\dfrac{1}{2}(\sigma_2+\sigma_3)\leqslant[\sigma]$，当 $\sigma_2\leqslant\dfrac{1}{2}(\sigma_3+\sigma_1)$ 时<br>$\sigma_{rY}=\dfrac{1}{2}(\sigma_1+\sigma_2)-\sigma_3\leqslant[\sigma]$，当 $\sigma_2>\dfrac{1}{2}(\sigma_3+\sigma_1)$ 时 |

以上介绍了几种基本的强度理论。在工程实践中，当遇到的问题是处于常温、静载和二向应力状态的情况时，可以直接根据破坏情况的不同，来选择强度理论。例如铸铁、砖石与混凝土一类脆性材料一般发生脆性断裂破坏，通常采用第一或第二强度理论；而钢材一类塑性材料的破坏形式多为塑性屈服，通常采用第三或第四强度理论。但材料的脆性和塑性不是绝对的。例如像大理石这样的材料在常温静载下承受单向压缩时显示出脆性断裂；但在三向压缩时却可以有很好的塑性。又如像低碳钢这类塑性很好的材料，在低温或很高的加载速度下，却显示出脆性破坏。因而把塑性材料和脆性材料理解为材料处于塑性状态或脆性状态更为确切些。为此，必须按照可能发生破坏的形式来选择适宜的强度理论进行计算。

上述几个强度理论是力学和工程技术部门长期研究和实践的总结。随着生产的发展，关于材料强度的学说和对材料破坏的认识必将进一步深化，并促进强度理论的不断深入发展。

应用强度理论解决实际问题的步骤是：

(1)分析计算构件危险点上的应力。

(2)确定主应力 $\sigma_1$、$\sigma_2$ 和 $\sigma_3$。

(3)选用适当的强度理论，计算其相当应力 $\sigma_{ri}$，然后应用强度条件 $\sigma_{ri} \leqslant [\sigma]$ 进行强度计算。

### 13.4.2 许用正应力[$\sigma$]与许用切应力[$\tau$]的关系

按强度理论建立纯剪切应力状态的强度条件，并寻求许用正应力[$\sigma$]与许用切应力[$\tau$]的关系。

纯剪切是二向应力状态，且 $\sigma_1 = \tau, \sigma_2 = 0, \sigma_3 = -\tau$。

$$\tau \leqslant [\tau] \tag{13-35}$$

(1)按第一强度理论的强度条件是

$$\sigma_{r1} = \sigma_1 = \tau \leqslant [\sigma], \tau \leqslant [\sigma] \tag{13-36}$$

比较式(13-35)和式(13-36)得到许用切应力与许用拉应力的关系

$$[\tau] = [\sigma] \tag{13-37}$$

(2)按第二强度理论的强度条件是

$$\sigma_{r2} = \sigma_1 - \mu(\sigma_2 - \sigma_3) = (1+\mu)\tau \leqslant [\sigma], \tau \leqslant \frac{1}{1+\mu}[\sigma] \tag{13-38}$$

比较式(13-35)和式(13-38)得到许用切应力与许用拉应力的关系

$$[\tau] = \frac{1}{1+\mu}[\sigma] \approx 0.769\,2[\sigma] \tag{13-39}$$

可见，对于脆性材料通常取[$\tau$] = (0.7 ~ 1)[$\sigma$]为宜。

(3)按第三强度理论的强度条件是

$$\sigma_{r3} = \sigma_1 - \sigma_3 = 2\tau \leqslant [\sigma], \tau \leqslant \frac{1}{2}[\sigma] \tag{13-40}$$

比较式(13-35)和式(13-40)得到许用切应力与许用拉应力的关系

$$[\tau] = \frac{1}{2}[\sigma] \approx 0.5[\sigma] \tag{13-41}$$

（4）按第四强度理论的强度条件是

$$\sigma_{r4}=\sqrt{\frac{1}{2}[\tau^2+\tau^2+4\tau^2]}=\sqrt{3}\tau\leqslant[\sigma],\tau\leqslant\frac{1}{\sqrt{3}}[\sigma] \tag{13-42}$$

比较式（13-35）和式（13-42）得到许用切应力与许用拉应力的关系

$$[\tau]=\frac{1}{\sqrt{3}}[\sigma]\approx 0.577\,4[\sigma] \tag{13-43}$$

（5）按第双切应力理论的强度条件是

$$\sigma_{rY}=\sigma_1-\frac{1}{2}(\sigma_2+\sigma_3)=\frac{3}{2}\tau\leqslant[\sigma],\tau\leqslant\frac{2}{3}[\sigma] \tag{13-44}$$

比较式（13-35）和式（13-44）得到许用切应力与许用拉应力的关系

$$[\tau]=\frac{2}{3}[\sigma]\approx 0.666\,7[\sigma] \tag{13-45}$$

综上所述，对于塑性材料通常取$[\tau]=(0.5\sim0.7)[\sigma]$为宜。

### 13.4.3 薄壁圆筒的强度计算

在工程实际中，常常使用承受内压的薄壁圆筒［图 13-5a)］，例如高压罐、充压气瓶与作动筒缸体等，当这类承受内压圆筒的壁厚 $\delta$ 远小于它的直径 $D$ 时，称为**薄壁圆筒**。本节主要研究薄壁圆筒的应力与强度计算。

（1）薄壁圆筒应力分析

若封闭的薄壁圆筒所受内压力为 $p$，则沿圆筒轴线作用于筒底的总压力为 $F$［图 13-5b)］，且

$$F=p\cdot\frac{\pi D^2}{4} \tag{13-46}$$

在 $F$ 力作用下，圆筒横截面上应力 $\sigma_x$ 的计算，属于轴向拉伸问题。因为薄壁圆筒的横截面面积是 $A=\pi D\delta$，$\sigma_x=F/A$，固有

$$\sigma_x=\frac{pD}{4\delta} \tag{13-47}$$

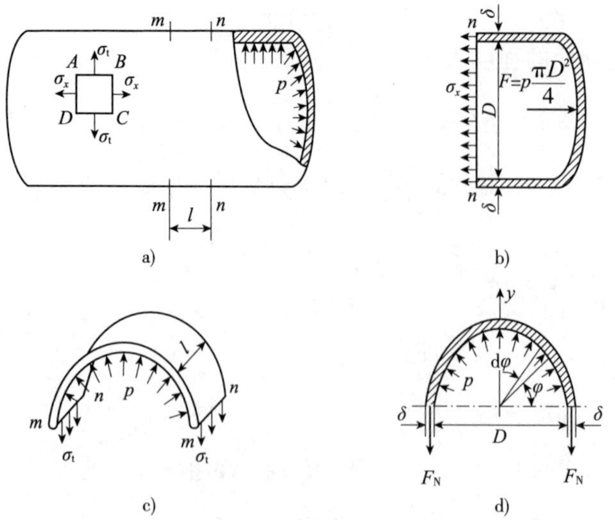


图 13-5　薄壁圆筒

用相距为 $l$ 的两个横截面和包含直径的纵向平面，从圆筒中截取一部分[图 13-5c)]。若在筒壁的纵向截面上应力为 $\sigma_t$，则内力为

$$F_N = \sigma_t \delta l \tag{13-48}$$

在这一部分圆筒内壁的微分面积 $dA = l \cdot \frac{D}{2} d\varphi$，压力为 $dF = p dA$。它在 $y$ 方向的投影为 $dF \sin\varphi$。通过积分求出上述投影的总和为

$$\int dF \sin\varphi = \int_0^{\pi} pl \cdot \frac{D}{2} \sin\varphi d\varphi = plD \tag{13-49}$$

积分结果表明，截出部分在纵向平面上的投影面积 $lD$ 与 $p$ 的乘积，就等于内压力的合力。由平衡方程，得

$$\sum F_y = 0, \ -2F_N + plD = 0 \tag{13-50}$$

$$\sigma_t = \frac{pD}{2\delta} \tag{13-51}$$

从式(13-47)和式(13-51)看出，纵向截面上的应力 $\sigma_t$ 是横截面上应力 $\sigma_x$ 的两倍。

$\sigma_x$ 作用的截面就是直杆轴向拉伸的横截面。这类截面上没有切应力。又因压力是轴对称载荷，所以在 $\sigma_t$ 作用的纵向截面上也没有切应力。这样，通过 $ABCD$ 的第三个方向上，有作用于内壁的内压力 $p$ 和作用于外壁的大气压力，在筒壁内引起径向压应力 $\sigma_n$，在内表面处，径向压应力的数值最大。

$$\sigma_n = -p \tag{13-52}$$

而其与轴向正应力的比值则为

$$\frac{|\sigma_n|}{\sigma_x} = \frac{p}{\frac{pD}{4\delta}} = \frac{4\delta}{D} \tag{13-53}$$

对于薄壁圆筒而言(譬如，$\delta \leqslant D/20$)，$\sigma_n$ 远小于 $\sigma_x$ 和 $\sigma_t$，可以认为等于零，于是我们得到了二向应力状态。

(2)薄壁圆筒的强度条件

综上所述，筒壁各点处均可视为处于二向应力状态，其主应力 $\sigma_1 = \sigma_t, \sigma_2 = \sigma_x, \sigma_3 = \sigma_n \approx 0$，则为

$$\sigma_1 = \frac{pD}{2\delta}, \sigma_2 = \frac{pD}{4\delta}, \sigma_3 = 0 \tag{13-54}$$

于是，如果圆筒是用塑性材料所制成，则按第三与第四强度理论所建立的强度条件分别为

$$\sigma_{r3} = \frac{pD}{2\delta} \leqslant [\sigma] \tag{13-55}$$

$$\sigma_{r4} = \frac{\sqrt{3}pD}{4\delta} \leqslant [\sigma] \tag{13-56}$$

如果圆筒是用脆性材料所制成，则按第一与第二强度理论所建立的强度条件分别为

$$\sigma_{r1} = \frac{pD}{2\delta} \leqslant [\sigma] \tag{13-57}$$

$$\sigma_{r2} = \frac{(2-\mu)pD}{4\delta} \leqslant [\sigma] \tag{13-58}$$

**例题 13-3** 由 Q235 钢制成的蒸汽锅炉。壁厚 $\delta = 10\text{mm}$,内径 $D = 1\text{m}$。蒸汽压力 $p = 3\text{MPa}$,许用应力 $[\sigma] = 160\text{MPa}$,试校核锅炉强度。

**解:**①计算锅炉壁的三个主应力。由式(13-54)知

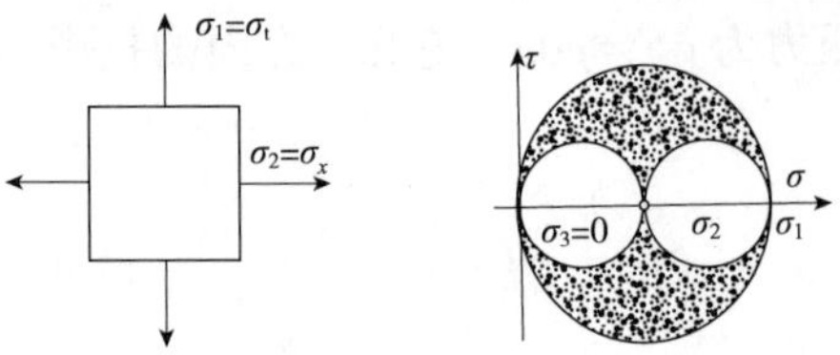


a)单元体　　b)应力圆

图 13-6

$$\sigma_1 = \sigma_t = \frac{pD}{2\delta} = \frac{3 \times 10^6 \times 1}{2 \times 10 \times 10^{-3}} = 150\text{MPa};$$

$$\sigma_2 = \sigma_x = \frac{pD}{4\delta} = \frac{3 \times 10^6 \times 1}{4 \times 10 \times 10^{-3}} = 75\text{MPa}, \sigma_3 = 0。$$

锅炉中取出一点如图 13-6 所示。

②校核锅炉的强度。计算相当应力 $\sigma_{r3}, \sigma_{r4}$。

按第三强度理论校核

$$\sigma_{r3} = \sigma_1 - \sigma_3 = \frac{pD}{2\delta} = 150\text{MPa} < [\sigma]$$

按第四强度理论校核

$$\sigma_{r4} = \sqrt{\frac{1}{2}[(\sigma_1 - \sigma_2)^2 + (\sigma_2 - \sigma_3)^2 + (\sigma_3 - \sigma_1)^2]} = \frac{\sqrt{3}pD}{4\delta} = 130\text{MPa} < [\sigma]$$

综上所述,锅炉满足强度条件。

**讨论与练习**

(1)对于薄壁圆筒而言按内径计算与按外径(或平均直径)计算,误差可以忽略不计。

(2)对于薄壁圆筒而言按 $\sigma_3 = -p$ 计算与按 $\sigma_3 = 0$ 计算,误差可以忽略不计。

## 13.5 Maple 编程示例

**编程题 13-1** 等厚度钢制薄壁圆筒($t << d$),其平均直径 $d = 100\text{cm}$,筒内液体压强 $p = 3.6\text{MPa}$。材料的许用应力 $[\sigma] = 160\text{MPa}$,试设计圆筒的壁厚 $t$。

**解:** • **建模**

①计算薄壁圆筒横截面和纵截面上的应力。

$$\sigma_x = \frac{pd}{4t}, \sigma_t = \frac{pd}{2t}$$

②计算薄壁圆筒内壁点的三个主应力。

$$\sigma_1 = \sigma_t, \sigma_2 = \sigma_x, \sigma_3 = 0$$

③计算第三、四强度理论相当应力 $\sigma_{r3}, \sigma_{r4}$。

④按第三强度理论 $\sigma_{r3} \leqslant [\sigma]$ 设计壁厚 $t$。

⑤按第四强度理论 $\sigma_{r4} \leqslant [\sigma]$ 设计壁厚 $t$。

**答:**按第三强度理论设计的壁厚 $t \geqslant 11.25\text{mm}$,取 $t = 12\text{mm}$;

按第四强度理论设计的壁厚 $t \geqslant 9.743\text{mm}$,取 $t = 10\text{mm}$。

可以看出,Tresca 准则较 Mises 准则偏于安全。

• **Maple 程序**

```
> restart:                                          #清零。
> ####################################
> alias([sigma] = sigma[xy]):                       #变量命名。
> sigma[x]: = p * d/(4 * t):                        #σx = pd/(4t)。
> sigma[t]: = p * d/(2 * t):                        #σt = pd/(2t)。
> sigma[1]: = sigma[t]:                             #σ1 = σt。
> sigma[2]: = sigma[x]:                             #σ2 = σx。
> sigma[3]: = 0:                                    #σ3 = 0。
> ##################################################
> sigma[r3]: = sigma[1] - sigma[3]:                 #第三强度理论相当应力 σr3。
> sigma[r4]: = sqrt(1/2 * ((sigma[1] - sigma[2])^2
>    + (sigma[2] - sigma[3])^2 + (sigma[3] - sigma[1])^2)):
>                                                   #第三强度理论相当应力 σr3。
> p: = 3.6e6: d: = 100e - 3: sigma[xy]: = 160e6:
>                                                   #已知条件。
> ineq1: = sigma[r3] < = sigma[xy]:                 #σr3 ≤ [σ]
> solve({ineq1}, {t});                              #解表达式设计厚度 t。
> ineq2: = sigma[r4] < = sigma[xy]:                 #σr4 ≤ [σ]
> solve({ineq2}, {t});                              #解表达式设计厚度 t。
```

## 思考题

**思考题 13-1** 试直接根据畸变能密度的概念，判断图中 13-7 所示两个塑性材料的单元体哪个较容易发生塑性流动。

*__思考题 13-2__ 如果保持 $\sigma_1$ 和 $\sigma_3$（$\sigma_1 \neq \sigma_3$）的值不变，问 $\sigma_2$ 为多大时，第三强度理论的相当应力值与第四强度理论的相等？又当 $\sigma_2$ 为多大时，两个理论的相当应力值相差最大？在后一情况下，第三强度理论对材料的强度低估了百分之几？

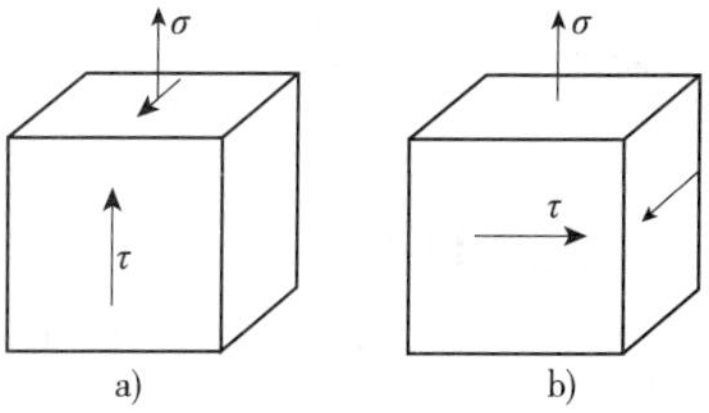


图 13-7

**思考题 13-3** 弗普尔（A. Föppl）利用水泥砂浆（一份水泥、三份砂）、砂岩和花岗岩做压缩试验，得到强度极限的数据（以 MPa 计）如表 13-2 所示。第二强度理论与这些试验结果相符合吗？

表 13-2

| 材料 | 单向压缩 | 单向压缩（有润滑剂） | 二向等值压缩（有润滑剂） |
|---|---|---|---|
| 水泥砂浆 | 24.7 | 13.8 | 14.7 |
| 砂岩 | 62.4 | 24.9 | 24.8 |
| 花岗岩 | 146 | 40.7 | 45.2 |

**思考题 13-4** 图 13-8a）表示某种塑性材料制成的圆棒试样，在侧表面受均匀压力作用而两端面不受力。当压力很大时就会发生图 13-8b）所示因缩颈而破坏。试解释这种现象。

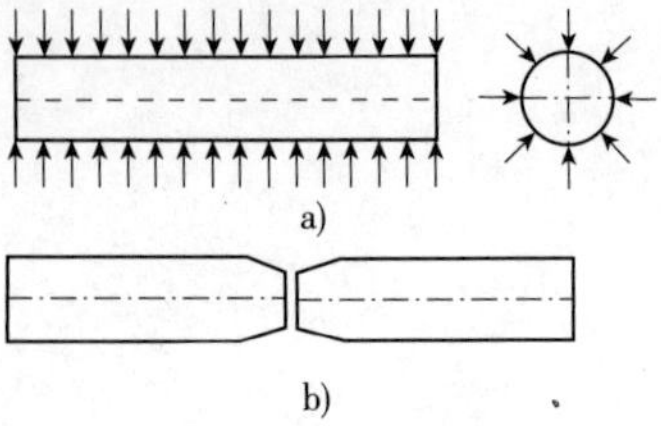

图 13-8

*思考题 13-5** 当材料的拉伸强度与压缩强度不相等时，如何修正第一和第二强度理论以适用于这样的材料？

***思考题 13-6** 圆柱形灰铸铁试件受轴向压缩时，试用莫尔强度理论定性地推断其断裂面的法线与轴线的夹角是约等于45°，还是大于或小于45°。

**思考题 13-7** 如何利用图 13-9a) 所示莫尔强度理论的简化极限曲线，来推导灰铸铁压缩时破坏斜面的角度 $\theta$ [图 13-9b)] 的计算公式：

$$\theta=\frac{1}{2}\arccos\frac{\sigma_{bc}-\sigma_{bt}}{\sigma_{bc}+\sigma_{bt}}$$

式中，$\sigma_{bt}$ 和 $\sigma_{bc}$ 分别为拉伸和压缩的强度极限。

**思考题 13-8** 为了消除薄壁圆筒扭转时所产生的压应力，以防止失稳，可以采用对筒打内压的方法（筒的两端封闭）。若已知它的扭转剪应力为 $\tau$，仅受内压时的轴向正应力 $\sigma_x$ 和环向正应力 $\sigma_z$，且 $\sigma_z=2\sigma_x$，问当 $\sigma_z$ 与 $\tau$ 成怎样的关系时，内压的作用正好抵消扭转所引起的压应力（用应力圆说明）？

**思考题 13-9** 对如图 13-10 所示由钢板铆接而成的薄壁圆筒形压力容器，为什么在纵向接缝处单位长度上所需铆钉数要比周向接缝处多？

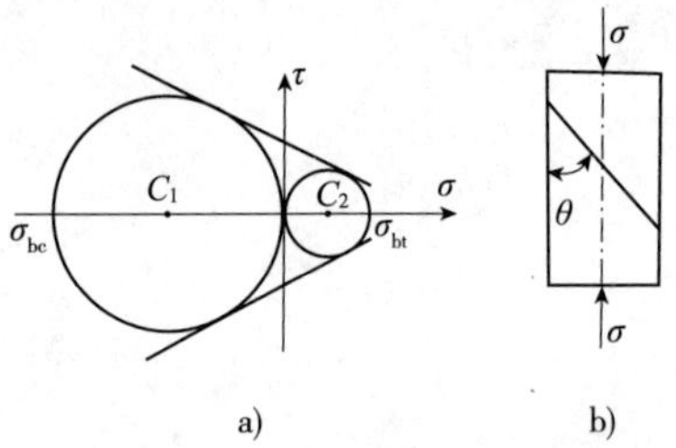

图 13-9

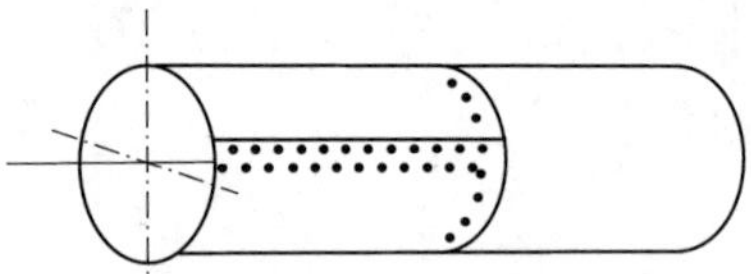
图 13-10

## 习题

### A 类型习题

**习题 13-1** 试对铸铁零件进行强度校核。已知许用应力 $[\sigma_t]=30\text{MPa}$，$[\sigma_c]=75\text{MPa}$，危险点的主应力为：$\sigma_1=30\text{MPa}$，$\sigma_2=20\text{MPa}$，$\sigma_3=15\text{MPa}$，$\mu=0.25$。

**习题 13-2** 火车行驶时车轮与钢轨接触点的三个主应力分别为 $\sigma_1=-650\text{MPa}$，$\sigma_2=-700\text{MPa}$，$\sigma_3=-900\text{MPa}$，$[\sigma]=250\text{MPa}$。试分别用第三和第四强度理论校核其强度。

**习题 13-3** 某构件危险点应力状态如习题图 13-1 所示，$[\sigma]=160\text{MPa}$。试校核其强度（用第三强度理论）。

**习题 13-4** 如习题图 13-2 所示单元体，$[\sigma]=160\text{MPa}$，按第四强度理论校核其强度。

**习题 13-5** 如习题图 13-3a)、b) 表示同一材料的两个单元体，其屈服极限 $\sigma_s=275\text{MPa}$。根据第三强度理论求两单元体同时达屈服极限时拉应力 $\sigma$ 与剪应力 $\tau$ 的值（设 $\sigma>\tau$）。

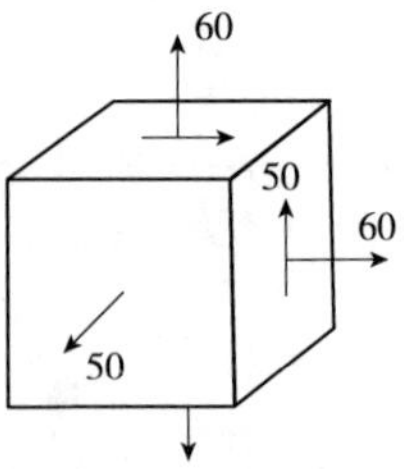

习题图 13-1 （单位：MPa）

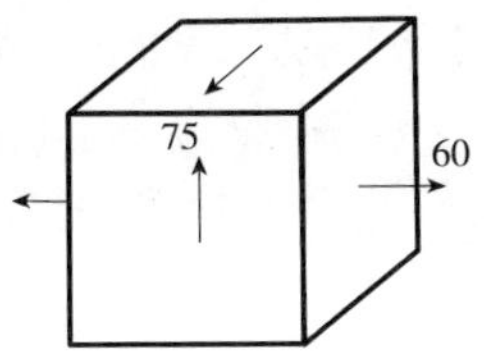


习题图 13-2 （单位：MPa）

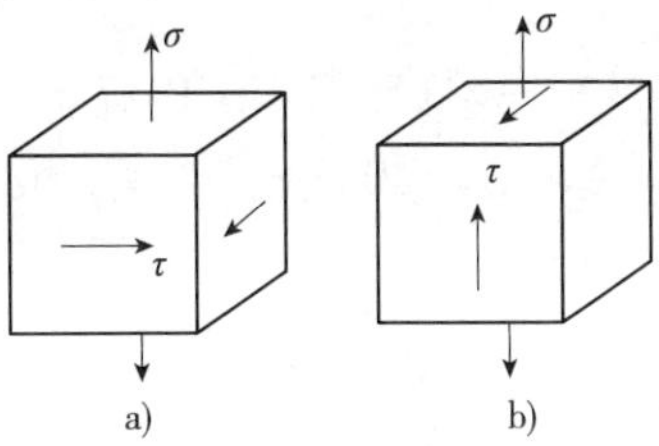


习题图 13-3

**习题 13-6** 危险点应力状态如习题图 13-4 所示，材料为铸铁，$[\sigma_t]=30\text{MPa}$。用第一强度理论校核强度。

**习题 13-7** 钢制构件，已知危险点单元体如习题图 13-5 所示，材料的屈服极限 $\sigma_s=240\text{MPa}$，按第三强度理论求构件的工作安全因数。

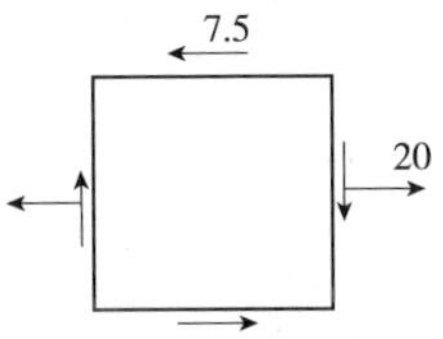


习题图 13-4 （单位：MPa）

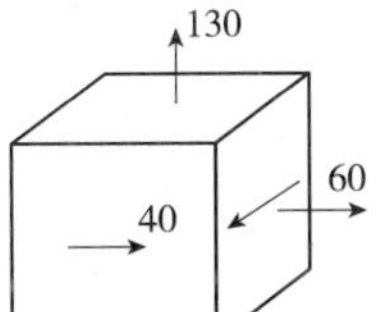


习题图 13-5 （单位：MPa）

**习题 13-8** 用第三强度理论全面校核如习题图 13-6 所示组合截面梁的强度。已知 $[\sigma]=120\text{MPa}$，$a=0.6\text{m}$，$F=100\text{kN}$，$I_z=89\times10^6\ \text{mm}^4$。

**习题 13-9** 如习题图 13-7 所示，已知壁厚 $t=5\text{mm}$ 的封闭容器，内压 $p=1\text{MPa}$，扭转力偶矩 $M_e=0.3\text{kN}\cdot\text{m}$。平均直径 $D=100\text{mm}$。求 $K$ 点的主应力。

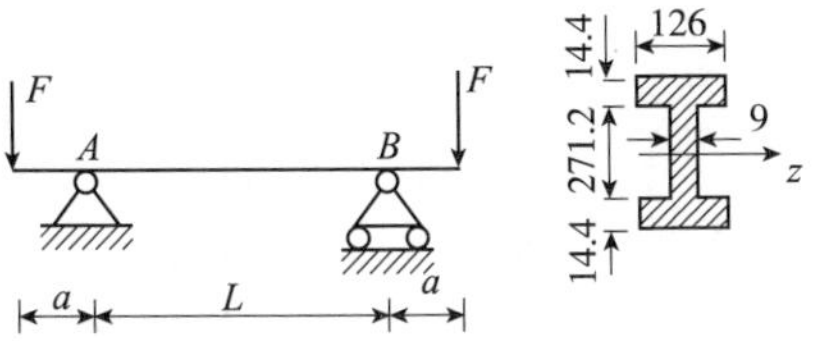


习题图 13-6 （尺寸单位：mm）

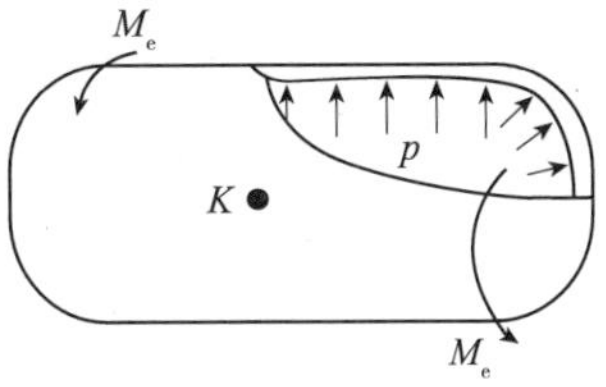


习题图 13-7

## B 类型习题

**习题 13-10** 如习题图 13-8 所示薄壁圆筒承受弯矩 $M$、扭矩 $T$ 和内压 $p$ 作用，材料弹性模量 $E$，许用应力 $[\sigma]$，求危险点的应力值，并根据第三强度写出强度校核表达式，再求出下端母线 $AB$ 的伸长量。

**习题 13-11** 如习题图 13-9 所示中薄壁圆筒位于两刚性壁之间，材料的泊松比为 $\mu$，充压前有微小间隙 $\Delta$，试计算圆筒的应力。

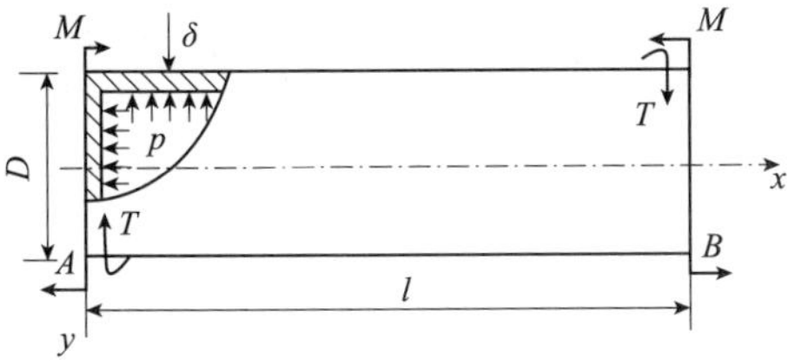


习题图 13-8

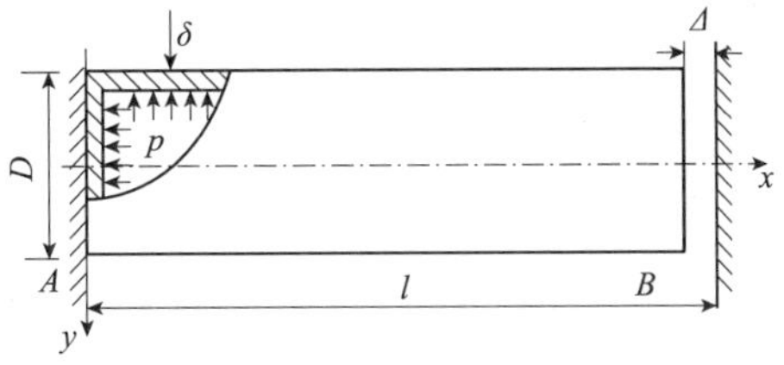


习题图 13-9

## C 类型习题

**习题 13-12** 如习题图 13-10 所示,薄壁圆筒内径 $D$,厚度 $\delta$,内压 $p$,用宽为 $b$ 的板条滚压,板条焊口要求 $\sigma_W \leq 0.7\sigma_1$,$\tau_W \leq 0.5\sigma_1$,试确定 $b$ 的取值范围。$\sigma_1$ 为第一主应力。

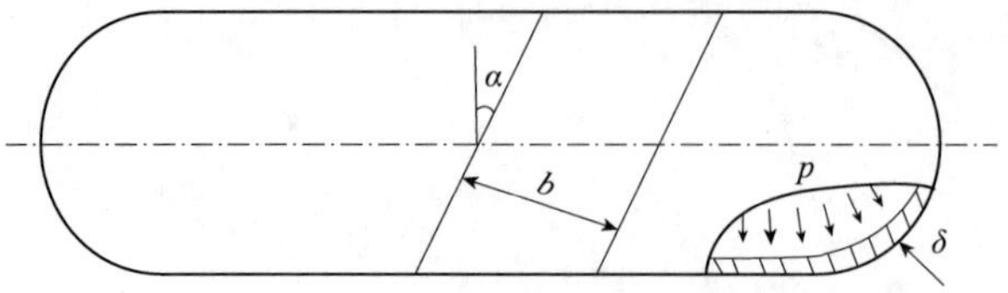


习题图 13-10

莎士比亚(英国,1564 ~ 1616)
"知识是到达天堂的翅膀。"

子曰:“知者不惑,仁者不忧,勇者不惧。”

# 第14章　组 合 变 形

第4、6、8章分别研究了杆件横截面上只作用有轴力$F_N$,扭矩$T$、一个方向弯矩$M$等一个内力分量时的应力计算问题。本章将研究截面同时存在两个或两个以上内力分量,即复杂内力时杆件应力计算问题。对于小变形与线性弹性,可用叠加原理,分别计算每一内力分量时截面上某点应力,然后叠加起来,即为复杂内力时该点的应力。

## 14.1　组合变形与叠加原理

前面我们讨论了构件在基本变形(轴向拉压、扭转、弯曲)时的强度和刚度计算。但工程实际中的构件,由外力引起的变形常常包含两种或三种基本变形,这类变形形式称为组合变形。

工程中常见的组合变形有以下三种:

(1)两个平面弯曲的组合(斜弯曲)。

(2)拉伸(或压缩)与弯曲的组合,以及偏心拉伸(或压缩)。

(3)扭转与弯曲或扭转与拉伸(压缩)的组合。

求解构件组合变形问题的方法是叠加法。只要构件的材料服从郑玄—胡克定律和小变形假设,则此时力的独立作用原理是成立的,即每一组载荷引起的变形和内力不受其他载荷的影响,因此可以使用叠加原理。求解组合变形问题的基本步骤如下:将组合变形构件所受载荷等效分解后进行分组,使每组载荷只产生一种基本变形。分别计算各组载荷作用下的内力、应力和变形。由于各组载荷对构件的效应彼此独立,互不影响,叠加各组载荷单独作用下的计算结果即为组合变形问题的解。

叠加时注意正确确定危险截面和危险点,并分析叠加后危险点的应力状态。若各组载荷在危险点产生的均为单向应力,便可以进行代数叠加。若叠加后危险点为复杂应力状态,则应该按照第12章和第13章介绍的方法进行分析计算。

本章重点讨论拉伸(或压缩)与弯曲的组合变形、扭转与弯曲的组合变形。斜弯曲问题在第10章已有论述。

## 14.2　拉伸或压缩与弯曲的组合

下面说明拉伸(压缩)与弯曲组合变形时的强度计算方法。

任一点处的正应力

$$\sigma = \pm\frac{F_N}{A} \pm \frac{M}{W} \tag{14-1}$$

强度条件

$$\sigma_{\max} = \frac{F_N}{A} + \frac{M_{\max}}{W} \leqslant [\sigma] \tag{14-2}$$

应该指出,如果材料的许用拉应力和许用压应力不同,而且截面的部分区域受拉,部分区域受压,应分别计算出最大拉应力和最大压应力,并分别按拉伸和压缩进行强度计算。

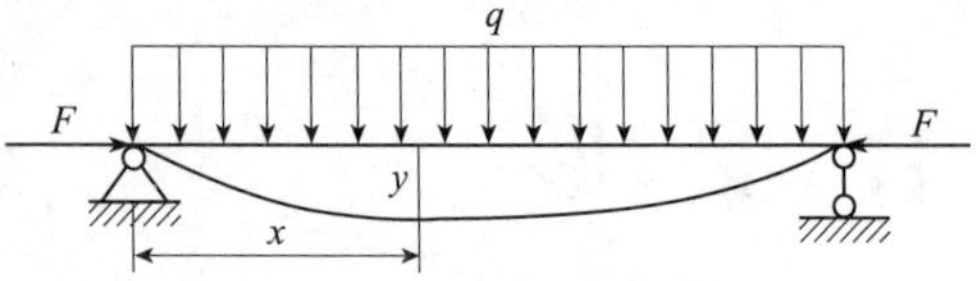


图 14-1　梁的纵横弯曲

还应指出,如果横向力产生的挠度与横截面尺寸相比不能忽略,则轴向力在横截面上引起的附加弯矩 $\Delta M = Fy$ 也不能忽略,如图 14-1 所示。这时叠加法不能使用,而应考虑横向力与轴向力之间的相互影响。

## 14.2.1　弯曲与弯曲的组合

**例题 14-1**　已知许用载荷[$\sigma$],给出如图 14-2 所示悬臂梁的强度条件。

(1)矩形截面。

(2)圆形截面。

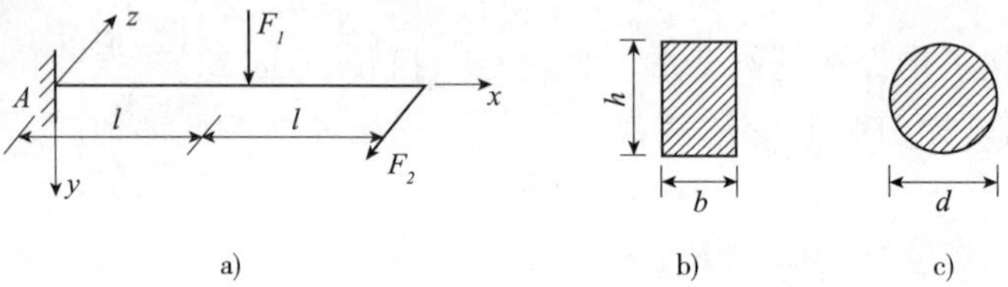


图 14-2　弯曲与弯曲的组合

**解:**分析梁在两个互垂平面的弯矩图(未画出)可知两梁危险截面均为 $A$。

(1)矩形截面。

在 $H$ 点[图 14-3a)],两外力引起的最大拉应力叠加,在 $H'$ 点,两外力引起的绝对值最大压应力叠加,故为危险点,强度条件为

$$\sigma_{\max} = \frac{M_{z,A}}{W_z} + \frac{M_{y,A}}{W_y} = \frac{6F_1 l}{bh^2} + \frac{12F_2 l}{b^2 h} \leqslant [\sigma] \tag{1}$$

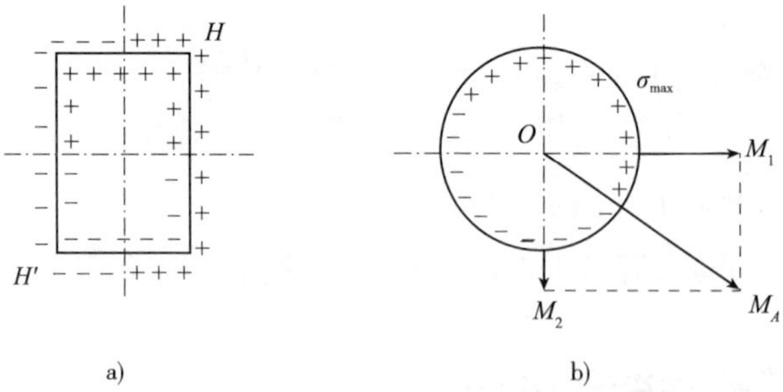


图 14-3　弯曲与弯曲组合的最危险点

(2)圆形截面。

圆截面关于任意直径具有对称性,弯矩可进行矢量叠加,强度条件为

$$\sigma_{\max} = \frac{\sqrt{M_{z,A}^2 + M_{y,A}^2}}{W} = \frac{32l\sqrt{F_1^2 + 4F_2^2}}{\pi d^3} \leqslant [\sigma] \tag{2}$$

最大应力发生在圆截面右上一点[图 14-3b)]。

**讨论与练习**

(1)对于圆截面,常见的错误有$\sigma_{\max}=\frac{M_{z,A}}{W}+\frac{M_{y,A}}{W}$,错误在于由 $F_1$ 和 $F_2$ 引起的最大拉应力不在同一点,不能像矩形一样叠加。注意到对圆截面,两个方向的弯矩矢量的合弯矩所引起的弯曲仍然是对称弯曲,因此可以由式(2)计算。

(2)在圆截面情形,不同截面合弯矩矢量的方位不同,各截面最大正应力点的连线是一条空间曲线。你能采用 Maple 编程画出这条空间曲线吗?

(3)请读者补充分别画出梁在两个互垂平面的弯矩图。

### 14.2.2 拉伸与弯曲的组合

**例题 14-2** 小型压力机的铸铁框架如图 14-4a)所示。已知材料的许用拉应力$[\sigma_t]=30\text{MPa}$,许用压应力为$[\sigma_c]=160\text{MPa}$。试按立柱的强度确定压力机的最大许用压力 $F$。立柱的截面尺寸如图 14-4b)所示。已知:$b_1=150\text{mm}$,$b_2=50\text{mm}$,$h_1=50\text{mm}$,$h_2=150\text{mm}$,$a=350\text{mm}$。

**解:**(1)截面 $m$-$m$ 几何特征计算。

①计算立柱横截面面积。

$$A=A_1+A_2=b_1h_1+b_2h_2=150\ \text{cm}^2$$

②确定立柱横截面形心的位置。

$$z_0=\frac{A_1\frac{h_1}{2}+A_2\left(h_1+\frac{h_2}{2}\right)}{A}=7.5\text{cm}$$

③计算立柱横截面对形心轴 $y$ 的惯性矩。

$$I_y=\frac{1}{12}b_1h_1^3+A_1\left(z_0-\frac{h_1}{2}\right)^2+\frac{1}{12}b_2h_2^3+A_2\left(h_1+\frac{h_2}{2}-z_0\right)^2=5\ 310\ \text{cm}^4$$

(2)分析立柱的内力和应力。

像立柱这样的受力情况有时称为偏心拉伸。框架立柱产生拉伸和弯曲两种变形,所以实质上是拉伸与弯曲的组合。

①计算立柱任意横截面上的内力。

根据截面法[图 14-4c)],容易求得截面 $m$-$m$ 上的轴力 $F_N$ 和弯矩 $M_y$ 分别为

$$F_N=F\quad(\text{N})$$

$$M_y=F(a+z_0)=0.425F\quad(\text{N}\cdot\text{m})$$

②计算在轴力作用下的拉应力。

横截面上与轴力 $F_N$ 对应的拉应力是均匀分布的拉应力,且

$$\sigma'=\frac{F_N}{A}=66.67F\quad(\text{Pa})$$

③计算在弯矩作用下的最大拉应力和最大压应力。

与弯矩 $M_y$ 对应的正应力按线性分布,最大拉应力和压应力分别是

$$\sigma''_{\mathrm{t\,max}}=\frac{M_y z_0}{I_y}=600.3F\quad(\mathrm{Pa})$$

$$\sigma''_{\mathrm{cmax}}=\frac{M_y(h_1+h_2-z_0)}{I_y}=1\ 000F\quad(\mathrm{Pa})$$

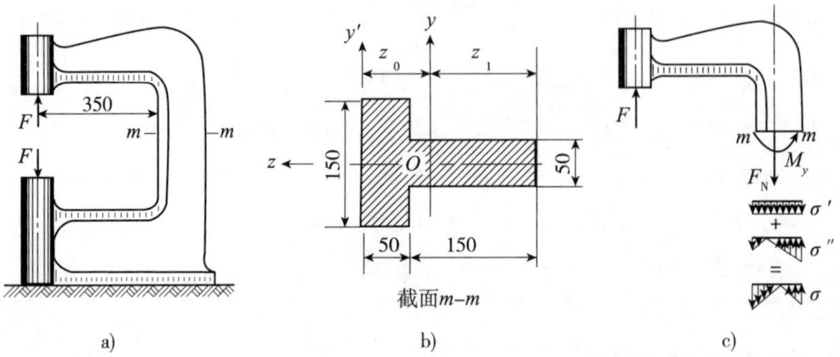


图 14-4　小型压力机

(3)按立柱的强度确定压力机的最大许用压力。

①按抗拉强度条件确定许用载荷。

从图 14-4c)看出,叠加以上两种应力后,在截面内侧边缘上发生最大拉应力,并由抗拉强度条件

$$\sigma_{\mathrm{tmax}}=\sigma'+\sigma''_{\mathrm{tmax}}\leqslant[\sigma_{\mathrm{t}}]$$

得

$$F^{[1]}=45.1\mathrm{kN}$$

②按抗压强度条件确定许用载荷。

在截面外侧边缘上发生最大压应力,并由抗压强度条件

$$\sigma_{\mathrm{cmax}}=\sigma''_{\mathrm{cmax}}-\sigma'\leqslant[\sigma_{\mathrm{c}}]$$

得

$$F^{[2]}=171.3\mathrm{kN}$$

③按立柱的强度条件确定许用载荷。

综上所述压力机的最大许用压力为

$$[F]=\min\{F^{[1]},F^{[2]}\}=45.1\mathrm{kN}$$

### 14.2.3　偏心拉伸

**例题 14-3**　如图 14-5a)所示。矩形杆宽 $h$,厚 $b$,轴向载荷 $F$,一侧有深 $\alpha h(0<\alpha<0.5)$ 的缺口,求杆内的最大应力随 $\alpha$ 变化,并与双侧开口情况比较。

**解:**①单侧开口情形。

$$\sigma_{\max}^{(1)}=\frac{F}{A}+\frac{M}{W}=\frac{F}{(1-\alpha)bh}+\frac{F\alpha h/2}{bh^2(1-\alpha)^2/6}=\frac{1+2\alpha}{(1-\alpha)^2}\cdot\frac{F}{bh}$$

②双侧开口情形(增加虚线缺口)。

$$\sigma_{\max}^{(2)}=\frac{F}{A}=\frac{1}{1-2\alpha}\cdot\frac{F}{bh}$$

参见图 14-5b),当 $\alpha<0.4$ 时,双侧开口 $\sigma_{\max}$ 较小。

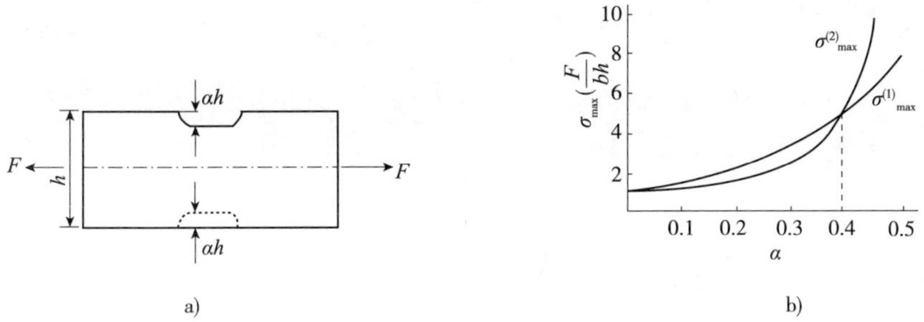


图 14-5

**讨论与练习**

(1)在工程设计中,降低偏心距有重要意义。

(2)请用 Maple 编程画出 $\alpha$-$\sigma_{max}$ 变化曲线。

## 14.3 偏心压缩与截面核心

### 14.3.1 偏心压缩

当短柱上的压力与轴线平行但不与轴线重合时,即为偏心压缩。图 14-6 所示为一偏心压缩的短柱,$y$、$z$ 轴为形心主轴,压力 $F$ 作用点的坐标为($y_F$,$z_F$)。将偏心压力向轴线 $OO'$ 简化,得到轴向压力 $F$ 和力偶矩 $Fe$,将 $Fe$ 再向 $z$、$y$ 轴方向分解为弯矩$M_z$ 和$M_y$ 且有 $M_z = F \cdot y_F$,$M_y = F \cdot z_F$。轴向压力 $F$ 产生轴向压缩变形,$M_z$ 和$M_y$ 分别引起平面弯曲变形为纯弯曲。所以,偏心压缩是压缩与弯曲的组合变形,且任意两个横截面上的内力与应力都是相等的。在任意横截面上,如图 14-7 所示,坐标为($y$,$z$)的 $B$ 点与三种变形对应的应力分别为

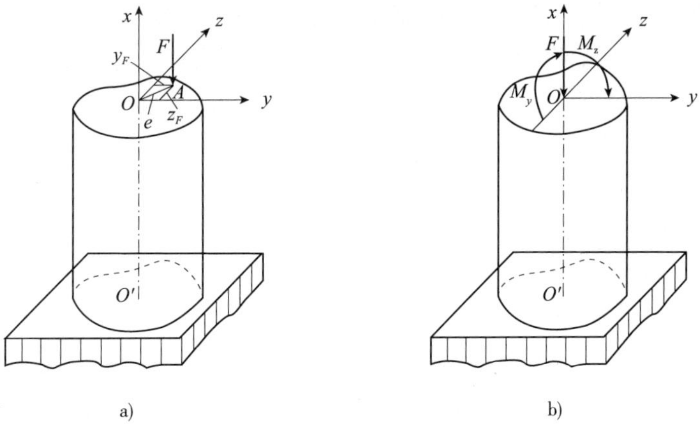


图 14-6 偏心压缩

$$\sigma' = -\frac{F}{A} \tag{14-3}$$

$$\sigma'' = -\frac{M_z y}{I_z} = -\frac{F y_F y}{I_z} \tag{14-4}$$

$$\sigma''' = -\frac{M_y z}{I_y} = -\frac{F z_F z}{I_y} \tag{14-5}$$

式中的负号表示压应力。叠加以上三种应力得到 $B$ 点的应力，并注意到 $I_z = A \cdot i_z^2, I_y = A \cdot i_y^2$，化简整理得

$$\sigma = -\frac{F}{A}\left(1 + \frac{y_F y}{i_z^2} + \frac{z_F z}{i_y^2}\right) \tag{14-6}$$

为确定横截面上的最大应力点，首先应确定中性轴的位置。设中性轴上各点的坐标为 $(y_0, z_0)$，则利用中性轴上应力为零的条件，由式(14-6)得

$$-\frac{F}{A}\left(1 + \frac{y_F y_0}{i_z^2} + \frac{z_F z_0}{i_y^2}\right) = 0 \tag{14-7}$$

整理写成

$$\frac{y_F y_0}{i_z^2} + \frac{z_F z_0}{i_y^2} = -1 \tag{14-8}$$

这是一个直线方程，也就是中性轴方程。令 $a_y$、$a_z$ 表示中性轴在 $y$、$z$ 轴上的截距，则在式(14-8)中分别令 $z_0 = 0, y_0 = a_y$ 和 $y_0 = 0, z_0 = a_z$，可得到

$$a_y = -\frac{i_z^2}{y_F}, a_z = -\frac{i_y^2}{z_F} \tag{14-9}$$

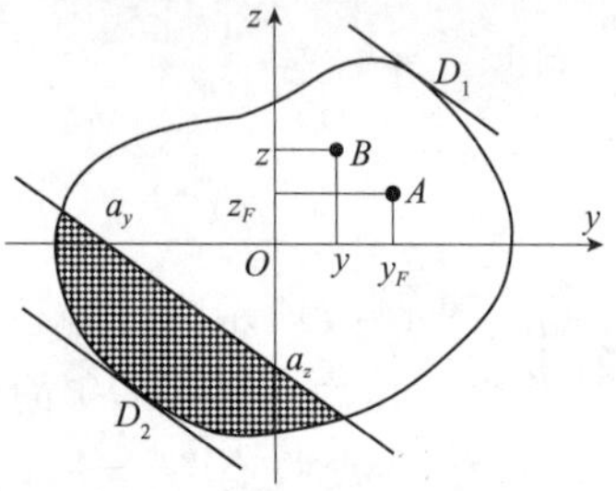


图 14-7　偏心压缩受拉和受压区域

上式表明 $a_y$ 与 $y_F$ 符号相反，$a_z$ 与 $z_F$ 符号相反，故中性轴与偏心压力 $F$ 的作用点 $A$ 位于截面形心 $O$ 的两侧，如图 14-7 所示。中性轴将截面分成两个区，阴影区受拉，另一区受压。在截面周边上，$D_1$ 和 $D_2$ 两点的切线平行于中性轴，它们是离中性轴最远的点，其中 $D_1$ 点具有最大压应力，$D_2$ 点具有最大拉应力。

### 14.3.2　截面核心

由式(14-9)可知，若压力 $F$ 逐渐向截面形心靠近，则中性轴逐渐远离形心。当中性轴与边缘相切及以外时，整个截面上就只有压应力。当偏心压力作用在截面的某个范围以内时，中性轴的位置将在截面以外或与周边相切，这样在整个截面上就只会产生压应力，通常把截面上的这个范围称为截面核心。工程实际中，受偏心压缩的砖、石或混凝土短柱，都是一些脆性材料，设计上一般要求整个截面上不能出现拉应力，以防构件受拉开裂。另外，对于建筑物的基础，常受偏心压缩，设计上不允许其脱离地面。因此，研究截面核心是有实用意义的。

下面以矩形截面为例说明确定截面核心的方法。图 14-8 所示为边长 $b \times h$ 的矩形截面，根据外力作用点在截面核心的边界上时对应的中性轴与截面周边相切的原则确定截面核心的边界。设中性轴在①位置时，有截矩 $a_y = h/2, a_z = \infty$，将其代入式(14-9)得

$$y_F = -\frac{i_z^2}{a_y} = -\frac{h^2}{12}\Big/\frac{h}{2} = -\frac{h}{6} \tag{14-10}$$

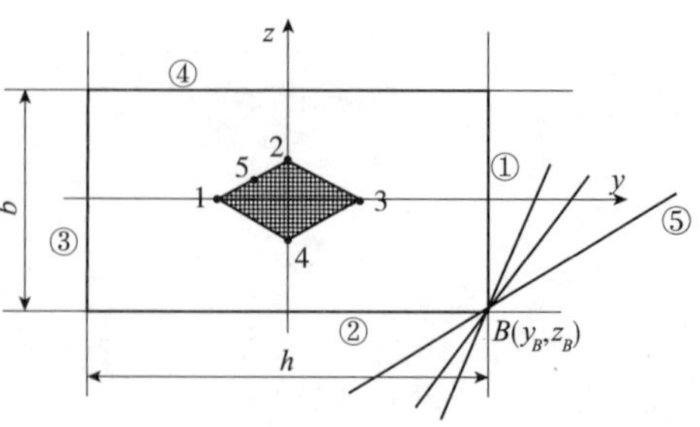


图 14-8　矩形截面的截面核心

$$z_F = -\frac{i_y^2}{a_z} = 0 \tag{14-11}$$

则压力作用点1的坐标为$(-h/6,0)$。

同理可求得中性轴②所对应的压力作用点2的坐标为$(0,b/6)$；中性轴③所对应的压力作用点3的坐标为$(h/6,0)$；中性轴④所对应的压力作用点4的坐标为$(0,-b/6)$。

将$B$点的坐标$(y_B,z_B)$代入中性轴方程式(14-8)得

$$y_F = -\frac{i_z^2}{y_B} - \frac{z_F z_B}{i_y^2 y_B} i_z^2 \tag{14-12}$$

因式中的$i_z$、$i_y$是常数，所以$y_F$与$z_F$之间是线性关系。如图14-8所示，过$B$点的三条中性轴①、②、⑤分别对应的力的作用点1、2、5必定在一条直线上。用直线将1、2、3、4、点顺序相连，所形成的菱形（见图14-8所示的阴影部分）即为矩形截面的截面核心。图14-8中的1、3点正位于截面长度的三分点处，2、4点位于截面宽度的三分点处，因此又称为"均三分法则"。

由上述确定截面核心的过程，得到以下规律：截面周边的直线段对应于截面核心周边的一个点；截面周边外凸的棱角对应于截面核心周边的一条直线；截面有内凹段时，不应在内凹段里的点取中性轴，否则中性轴穿过截面，将截面分成拉、压区域，应该跨过内凹段取切线。

**例题14-4** 若短柱的截面为矩形（图14-9），试确定截面核心。已知：$b$，$h$。

**解：**①矩形截面的对称轴即为形心主惯性轴，计算矩形截面对$y$、$z$轴的惯性半径。

$$i_y^2 = \frac{b^2}{12}, i_z^2 = \frac{h^2}{12}$$

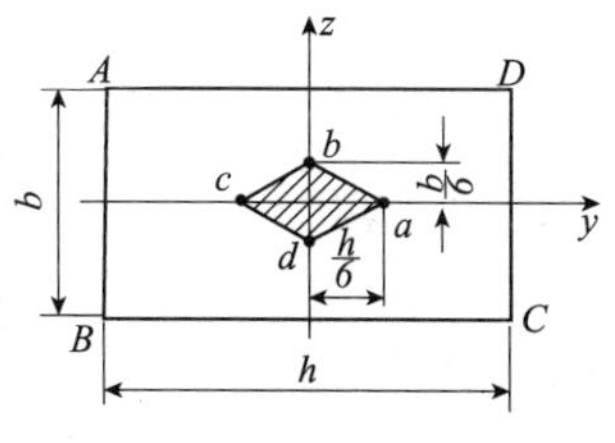


图 14-9

②若中性轴分别与$AB$边重合，则中性轴在坐标轴上的截距分别是

$$a_y = -\frac{h}{2}, a_z = \infty$$

③代入公式(14-9)，得压力$F$作用点$a$的坐标

$$y_a = \frac{h}{6}, z_a = 0, \text{即 } a\left(\frac{h}{6},0\right)$$

④同理，当中性轴分别与$BC$、$CD$和$DA$重合时，压力$F$的作用点分别是$b$、$c$、$d$，其坐标为

$$b\left(0,\frac{b}{6}\right), c\left(-\frac{h}{6},0\right), d\left(0,-\frac{b}{6}\right)$$

最后得到一个菱形$abcd$的截面核心。

**例题14-5** 试求半径为$r$的圆形截面的截面核心。

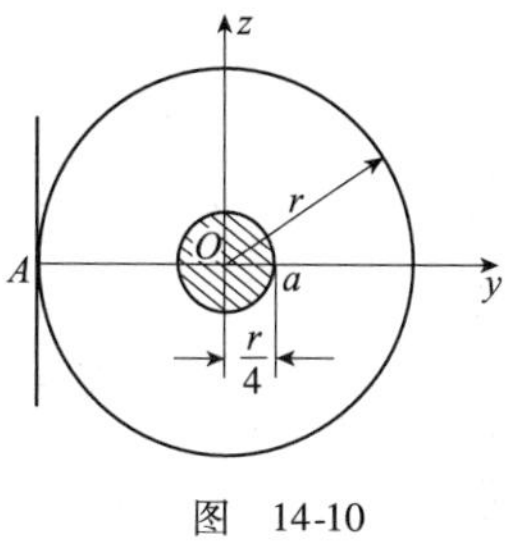


图 14-10

**解：**①圆截面的任意直径皆为形心主惯性轴。设中心轴切于圆周上的任意点$A$（图14-10），就以通过$A$点的直径为$y$轴，与$y$垂直的另一直径为$z$轴。用前例的同样方法，确定压力作用点的坐标为

$$y_a = \overline{Oa} = \frac{r}{4}, z_a = 0, \text{即 } a\left(\frac{h}{6},0\right)$$

即$a$点也在通过$A$的直径上，且距圆心的距离为$\frac{r}{4}$。

②中性轴切于圆周的其他点时，压力作用点也在通过该点的直径上，距圆心的距离也是$\frac{r}{4}$。这样，就得到一个半径为$\frac{r}{4}$的圆形截面核心。

## 14.4 弯扭组合

### 14.4.1 拉扭组合

拉伸时 $\sigma=\frac{F_N}{A}$，扭转时 $\tau=\frac{T}{W_t}$。我们讨论如图 14-11 所示情形的拉扭组合单元体和应力圆。

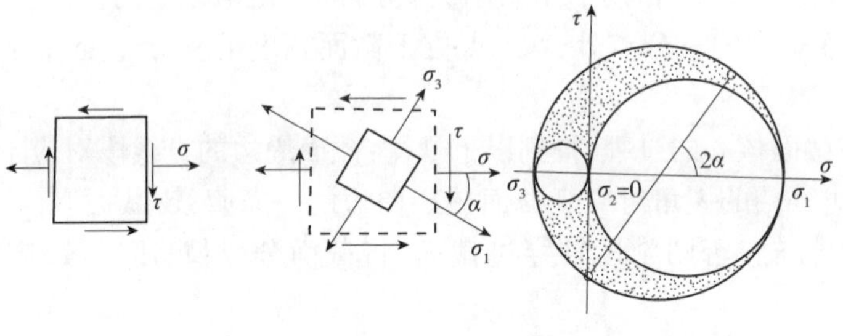


图 14-11 拉扭或弯扭组合

在公式(12-16)中，若以 $\sigma_x=\sigma,\sigma_y=0,\tau_{xy}=-\tau$ 代入，并按三个主应力的顺序排列，则单元体的最大和最小主应力分别为

$$\sigma_1=\frac{\sigma}{2}+\frac{1}{2}\sqrt{\sigma^2+4\tau^2},\sigma_2=0,\sigma_3=\frac{\sigma}{2}-\frac{1}{2}\sqrt{\sigma^2+4\tau^2} \tag{14-13}$$

将以上的 $\sigma_1$、$\sigma_2$ 和 $\sigma_3$ 分别代入公式(13-34)和表 13-1，则有：

对于脆性材料

$$\sigma_{r1}=\frac{\sigma_N}{2}+\frac{1}{2}\sqrt{\sigma_N^2+4\tau_T^2}\leqslant[\sigma] \tag{14-14}$$

$$\sigma_{r2}=\frac{1-\mu}{2}\sigma_N+\frac{1+\mu}{2}\sqrt{\sigma_N^2+4\tau_T^2}\leqslant[\sigma] \tag{14-15}$$

对于塑性材料

$$\sigma_{r3}=\sqrt{\sigma_N^2+4\tau_T^2}\leqslant[\sigma] \tag{14-16}$$

$$\sigma_{r4}=\sqrt{\sigma_N^2+3\tau_T^2}\leqslant[\sigma] \tag{14-17}$$

### 14.4.2 弯扭组合

弯曲时 $\sigma=\frac{M}{W}$，扭转时 $\tau=\frac{T}{W_p}$。与拉扭组合类同，危险点弯扭组合的单元体和应力圆如图 14-11 所示。对于塑性材料，按照 Treca 和 Mises 强度设计准则

$$\sigma_{r3}=\sqrt{\sigma_M^2+4\tau_T^2}\leqslant[\sigma] \tag{14-18}$$

$$\sigma_{r4}=\sqrt{\sigma_M^2+3\tau_T^2}\leqslant[\sigma] \tag{14-19}$$

### 14.4.3 拉(压)弯扭组合

有些杆件,除发生弯扭组合变形外,同时还承受轴向载荷作用,即处于弯拉(压)扭组合变形状态。对于这类杆件,如果它们是用塑性材料制成,正应力 $\sigma$ 为轴向正应力 $\sigma_N$ 与弯曲正应力 $\sigma_M$ 之代数和,即强度条件为

$$\sigma_{r3} = \sqrt{(\sigma_N + \sigma_M)^2 + 4\tau_T^2} \leqslant [\sigma] \tag{14-20}$$

$$\sigma_{r4} = \sqrt{(\sigma_N + \sigma_M)^2 + 3\tau_T^2} \leqslant [\sigma] \tag{14-21}$$

**例题 14-6** 如图 14-12 所示,标语牌重 $P = 150\text{N}$,风力 $F = 150\text{N}$,空心钢柱 $AB$ 外径 $D = 50\text{mm}$,内径 $d = 45\text{mm}$,许用应力$[\sigma] = 80\text{MPa}$,$a = 0.2\text{m}$,$l = 2.5\text{m}$,按第三强度理论校核钢柱的强度。

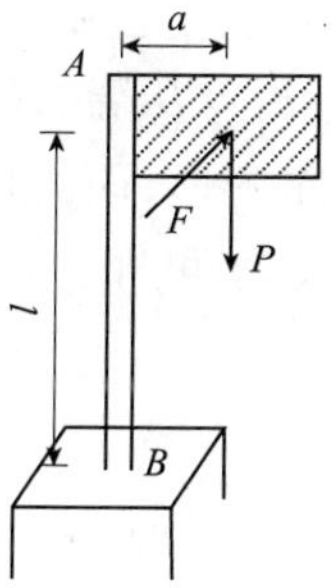


a)标语牌

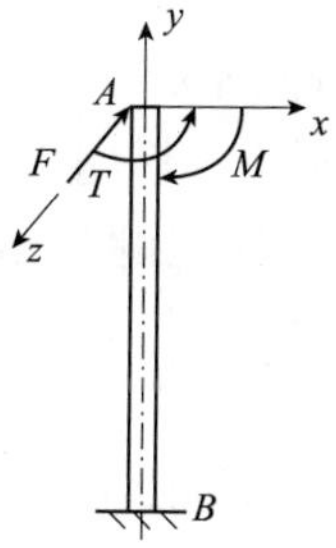


b)压+弯+弯+扭组合

图 14-12

**解:**①计算各内力。

钢柱受力分析如图 14-12a)所示,$B$ 为危险截面。

轴力:$F_N = P = 150\text{N}$(压)。

扭矩:$T = Fa = 24\text{N} \cdot \text{m}$。

$xy$ 平面弯矩:$M_z = Pa = 30\text{N} \cdot \text{m}$。

$yz$ 平面 $B$ 点弯矩:$M_{xB} = Fl = 300\text{N} \cdot \text{m}$。

$B$ 端合弯矩:$M_B = \sqrt{M_z^2 + M_{xB}^2} = 301.5\text{N} \cdot \text{m}$。

②计算各应力。

$$\sigma_N = \frac{F_N}{A} = \frac{4F_N}{\pi(D^2 - d^2)} = \frac{4 \times 150}{3.14 \times (50^2 - 45^2) \times 10^{-6}} = 0.4\text{MPa}$$

$$\sigma_M = \frac{M_B}{W} = \frac{32M_B}{\pi D^3(1 - \alpha^4)} = \frac{32 \times 301.5}{3.14 \times 50^3 \times (1 - 0.9^4) \times 10^{-9}} = 71.4\text{MPa}$$

$$\tau = \frac{T}{W_p} = \frac{16T}{\pi D^3(1 - \alpha^4)} = \frac{16 \times 24}{3.14 \times 50^3 \times (1 - 0.9^4) \times 10^{-9}} = 2.8\text{MPa}$$

③强度校核。

$$\sigma_{r3} = \sqrt{(\sigma_N + \sigma_M)^2 + 4\tau^2}$$

$$= \sqrt{(0.4 \times 10^6 + 71.4 \times 10^6)^2 + 4 \times 2.8^2 \times 10^{12}} = 72.0\text{MPa} < [\sigma]$$

故钢柱安全。

**讨论与练习**

(1)计算表明风压比自重引起的应力大得多。

(2)请读者用第四强度理论校核本题。

### 14.4.4 圆截面弯扭组合

工程中常见的轴(如齿轮轴、带轮轴、电动机轴、曲柄轴等),大多在发生扭转变形的同时,还伴随有弯曲变形。现以图14-13a)所示钢制摇臂轴为例说明弯扭组合变形时,轴的强度计算方法。

摇臂轴的$AB$段为一等直圆杆,直径为$d$,$A$端可视为固定端,在自由端$C$处作用有垂直向下的集中力$F$。为了研究$AB$杆的受力,可将集中力$F$向$B$端的截面形心简化,作出$AB$杆的受力图,如图14-13b)所示。横向力$F$使轴产生弯曲变形,而力偶矩$Fa$使轴产生扭转变形,分别作出扭矩图和弯矩图,如图14-13c)所示。由该图可知,危险截面为固定端$A$截面,其内力的绝对值为

$$T = Fa, M = Fl \tag{14-22}$$

作出危险面的切应力和正应力的分布图,如图14-13d)所示。由该图可知,危险点在截面上、下缘的$K_1$、$K_2$点,两点的应力数值均为

$$\tau = \frac{T}{W_p}, \sigma = \frac{M}{W} \tag{14-23}$$

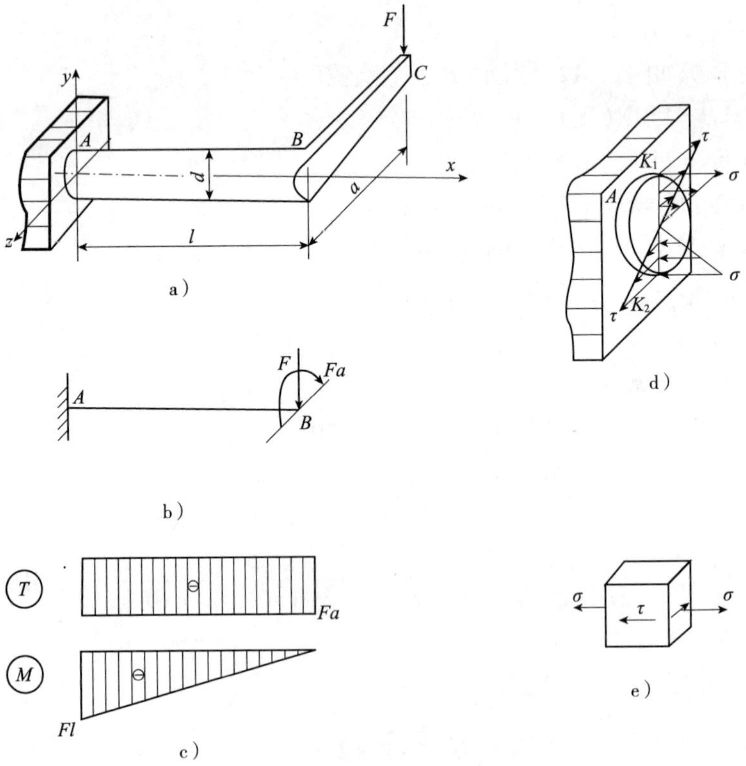


图14-13 单向弯曲与扭转组合变形

由于两点的应力数值相同，所以危险程度相同，不妨取 $K_1$ 点研究。该点的应力状态如图 14-13e）所示，如将式（14-23）中的 $\sigma$ 和 $\tau$ 值代入式（14-18）、式（14-19），并考虑到圆轴的 $W_P=2W$，可以得到 Tresca 和 Mises 设计准则的更直接形式，即

$$\sigma_{r3}=\frac{1}{W}\sqrt{M^2+T^2}\leqslant[\sigma] \tag{14-24}$$

$$\sigma_{r4}=\frac{1}{W}\sqrt{M^2+0.75\,T^2}\leqslant[\sigma] \tag{14-25}$$

式中，$M$、$T$ 为同一危险截面上的弯矩与扭矩。

**例题 14-7** 如图 14-14 所示传动轴 $AB$，由电机通过联轴器作用在截面 $A$ 上的扭力偶矩为 $M_e=1\text{kN}\cdot\text{m}$，胶带紧边与松边的张力分别为 $F_{T1}$ 与 $F_{T2}$，且 $F_{T1}=2F_{T2}$，轴承 $C$ 与 $B$ 间的距离 $l=200\text{mm}$，胶带轮的直径 $D=300\text{mm}$，轴用钢制成，许用应力 $[\sigma]=160\text{MPa}$，试按第四强度理论确定轴 $AB$ 的直径。

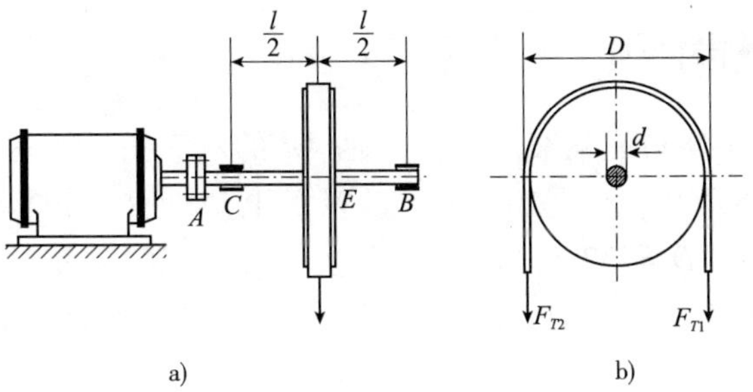

图 14-14

**解：**①外力分析。

将胶带张力 $F_{T1}$ 与 $F_{T2}$ 向轴 $AB$ 的轴线简化，得作用在截面 $E$ 的横向力为 $F$ 与扭力偶矩 $M_E$[图 14-14a）]，其值分别为

$$F=F_{T1}+F_{T2}=2F_{T1}+F_{T2}=3F_{T2}$$

$$M_E=F_{T1}\cdot\frac{D}{2}-F_{T2}\cdot\frac{D}{2}=\frac{1}{2}F_{T2}D$$

作用在截面 $A$ 上的扭力偶矩 $M_e$，对轴 $AB$ 列平衡方程

$$\sum M_x=0,\ -M_e+M_E=0 \tag{1}$$

得 $F_{T2}=\dfrac{2M_e}{D}=\dfrac{2\times1\times10^3}{300\times10^{-3}}=6.67\text{kN}$，$F=20\text{kN}$，$M_E=1\text{kN}\cdot\text{m}$。

②内力分析。

横向力 $F$ 使轴弯曲，扭力偶矩 $M_e$ 与 $M_E$ 使轴扭转，轴的弯矩与扭矩图分别如图 14-15b）、c）所示，横截面 $E_{(-)}$ 为危险截面，该截面的弯矩与扭矩分别为

$$M=\frac{Fl}{4}=\frac{20\times10^3\times0.2}{4}=1.0\text{kN}\cdot\text{m}$$

$$T=M_e=1.0\text{kN}\cdot\text{m}$$

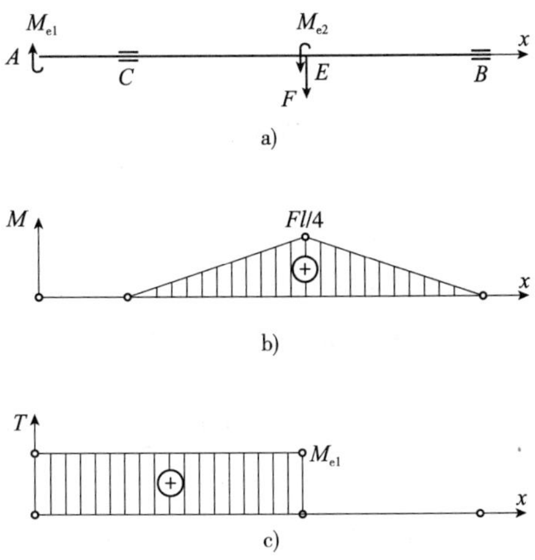

图 14-15 内力图

③设计轴径。

根据式(14-25),要求

$$\frac{32}{\pi d^3}\sqrt{M^2+0.75T^2}\leqslant[\sigma]$$

由此得轴 $AB$ 的直径为

$$d\geqslant\sqrt[3]{\frac{32}{\pi[\sigma]}\sqrt{M^2+0.75T^2}}$$

$$=\left(\frac{32}{3.14\times160\times10^6}\sqrt{1\ 000^2+0.75\times1\ 000^2}\right)^{\frac{1}{3}}=0.043\ 8\text{m}$$

取 $d=44\text{mm}$。

## 14.5 Maple 编程示例

**编程题 14-1** 图 14-16a)是某滚齿机传动轴 $AB$ 的示意图。轴的直径为 35mm,材料为 45 钢,许用应力$[\sigma]=85\text{MPa}$。轴是由 $P=2.2\text{kW}$ 的电动机通过带轮 $C$ 带动的,转速为 $n=966\text{r/min}$。带轮的直径为 $D=132\text{mm}$,带拉力约为 $F+f'=600\text{N}$。齿轮 $E$ 的节圆直径为 $d_1=50\text{mm}$,$F_n$ 为作用于齿轮上的法向力。试按第三强度理论校核轴的强度。

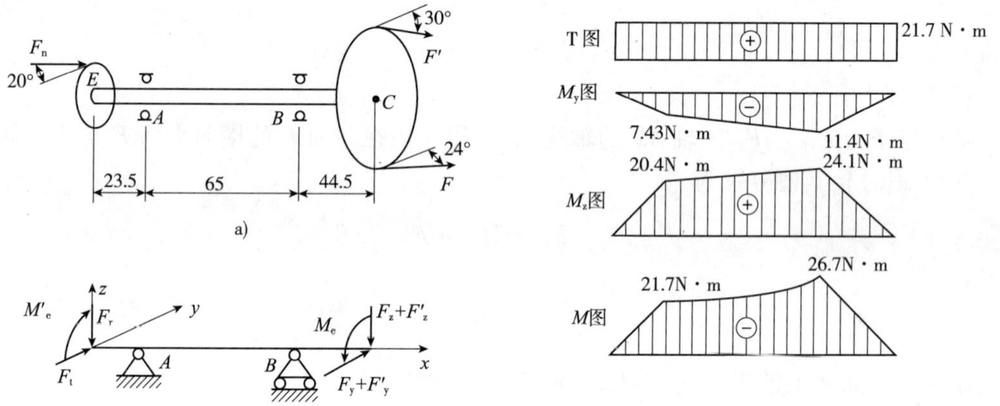


图 14-16

已知:$P=2.2\text{kW}$,$n=966\text{r/min}$,$F+f'=600\text{N}$,$D=132\text{mm}$,$d_1=50\text{mm}$,$d=35\text{mm}$,$[\sigma]=85\text{MPa}$,$a_1=23.5\text{mm}$,$a_2=65\text{mm}$,$a_3=44.5\text{mm}$,$\alpha_1=20°$,$\alpha_2=24°$,$\alpha_3=30°$。

求:$\sigma_{r3}$。

**解:● 建模**

轴受力:$\boldsymbol{F}_n$,$\boldsymbol{F}$,$\boldsymbol{F}'$,$\boldsymbol{F}_{Ax}$,$\boldsymbol{F}_{Ay}$,$\boldsymbol{F}_{Az}$,$\boldsymbol{F}_{By}$,$\boldsymbol{F}_{Bz}$,$\boldsymbol{M}_e$,$\boldsymbol{M}'_e$。

①计算带轮传递给轴的扭转力矩 $\boldsymbol{M}_e$,带拉力 $\boldsymbol{F}$,$\boldsymbol{F}'$和齿轮上法向力 $\boldsymbol{F}_n$;

②计算带拉力 $\boldsymbol{F}$、$\boldsymbol{F}'$和齿轮上法向力$\boldsymbol{F}_n$ 在 $y$、$z$ 轴上的分力;

③计算支座的约束力;

④建立扭矩方程,绘扭矩图;

⑤建立弯矩方程,绘弯矩图;

⑥计算抗弯截面系数；

⑦计算最大扭矩和最大弯矩。

⑧按第三强度理论计算相当应力 $\sigma_{r3}$。

**答**：$\sigma_{r3}=8.181\mathrm{MPa}<[\sigma]=85\mathrm{MPa}$。

**注**：考虑到轴在交变应力下工作，这里规定的许用应力$[\sigma]$已远低于静载下的数值。即使如此，上面的计算表明，轴的相当应力仍然偏低，轴的直径偏大，强度储备过高。出现这种情况，有时是出于刚度或结构上的考虑。

- **Maple 程序**

```
> restart:                                               #清零。
> alias(D=DD):                                           #变量命名。
> P:=2.2:n:=966:  f:=600:                                #已知条件。
> DD:=132e-3:d1:=50e-3:d:=35e-3:                         #已知条件。
> a[1]:=23.5e-3:a[2]:=65e-3:                             #已知条件。
> a[3]:=44.5e-3:alpha[1]:=20*Pi/180:                     #已知条件。
> alpha[2]:=24*Pi/180:alpha[3]:=30*Pi/180:
>                                                        #已知条件。
> Me:=9549*P/n:                                          #带轮传递给轴的扭转力矩。
> eq1:=(F-F1)*DD/2=Me:                                   #带拉力与力矩的关系。
> eq2:=F+F1=f:                                           #已知条件。
> eq3:=Fn*cos(alpha[1])*d1/2=Me:                         #齿轮上法向力与带轮上力矩关系。
>SOL1:=solve({eq1,eq2,eq3},{F,F1,Fn}):                   #解方程组。
> F:= subs(SOL1,F):F1:= subs(SOL1,F1):                   #带拉力。
> Fn:= subs(SOL1,Fn):                                    #齿轮上法向力。
> Ft:=Fn*cos(alpha[1]):                                  #齿轮法向力在y轴上的分力。
> Fr:=Fn*sin(alpha[1]):                                  #齿轮法向力在z轴上的分力。
> Fy:=F*cos(alpha[2])+F1*cos(alpha[3]):                  #带拉力在y轴上的分力。
> Fz:=F*sin(alpha[2])+F1*sin(alpha[3]):                  #带拉力在z轴上的分力。
> eq4:=FA[x]=0:                                          #轴,ΣFx=0。
> eq5:=FB[y]*a[2]+Fy*(a[2]+a[3])-Ft*a[1]=0:
>                                                        #轴,ΣMAz=0。
> eq6:=FB[z]*a[2]-Fz*(a[2]+a[3])+Fr*a[1]=0:
>                                                        #轴,ΣMAy=0。
> eq7:=FA[y]+FB[y]+Ft+Fy=0:                              #轴,ΣFy=0。
> eq8:=FA[z]+FB[z]-Fr-Fz=0:                              #轴,ΣFz=0。
>SOL2:=solve({eq4,eq5,eq6,eq7,eq8},
>      {FA[x],FA[y],FA[z],FB[y],FB[z]}):                 #解方程组。
> FA[x]:=0:                                              #A支座的约束力FAx。
> FA[y]:=subs(SOL2,FA[y]):                               #A支座的约束力FAy。
> FA[z]:=subs(SOL2,FA[z]):                               #A支座的约束力FAz。
> FB[y]:=subs(SOL2,FB[y]):                               #B支座的约束力FBy。
> FB[z]:=subs(SOL2,FB[z]):                               #B支座的约束力FBz。
```

```
> T: = x - > piecewise(x < a[1] + a[2] + a[3],Me):          #扭矩方程 T(x)。
> My: = x - > piecewise(x < a[1], - Fr * x,
>                     x < a[1] + a[2], - Fr * x + FA[z] * (x - a[1]),
>x < a[1] + a[2] + a[3], - Fr * x + FA[z] * (x - a[1]) + FB[z] * (x - a[1] - a[2])):
>                                                              #弯矩方程 My(x)。
> Mz: = x - > piecewise(x < a[1],Ft * x,
>                     x < a[1] + a[2],Ft * x + FA[y] * (x - a[1]),
> x < a[1] + a[2] + a[3],Ft * x + FA[y] * (x - a[1]) + FB[y] * (x - a[1] - a[2])):
>                                                              #弯矩方程 Mz(x)。
> M: = sqrt(My^2 + Mz^2):                                      #总弯矩方程 M(x)。
> W: = Pi * d^3/32:                                            #抗弯截面系数。
> plot(T(x),x = 0..a[1] + a[2] + a[3]);                        #绘扭矩图 T(x)。
> plot(My(x),x = 0..a[1] + a[2] + a[3]);                       #绘弯矩图 My(x)。
> plot(Mz(x),x = 0..a[1] + a[2] + a[3]);                       #绘弯矩图 Mz(x)。
> plot(M(x),x = 0..a[1] + a[2] + a[3]);                        #绘总弯矩图 M(x)。
> M[B]: = M(a[1] + a[2]):                                      #B 截面的弯矩。
> T[B]: = T(a[1] + a[2]):                                      #B 截面的扭矩。
> sigma[r3]: = 1/W * sqrt(M[B]^2 + T[B]^2):
>                                                              #第三强度理论相当应力。
> sigma[r3]: = evalf(sigma[r3],4);                             #第三强度理论相当应力的数值。
> sigma[r4]: = 1/W * sqrt(M[B]^2 + 0.75 * T[B]^2):
>                                                              #第四强度理论相当应力。
> sigma[r4]: = evalf(sigma[r4],4);                             #第四强度理论相当应力的数值。
```

## 思考题

**思考题 14-1** 试分析如图 14-17 所示三种受力情况下刚架 $AB$ 段各属于哪些基本变形的组合。若 $AB$、$BC$ 和 $CD$ 各段长度均为 $l$，试比较三种情况在截面 $A$ 上的内力素。

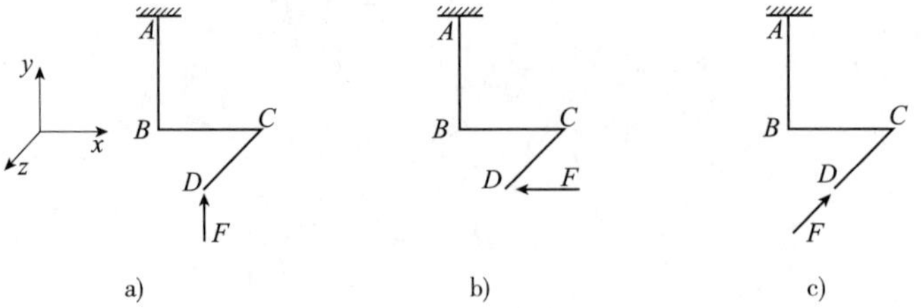


a) b) c)

图 14-17

**思考题 14-2** 如图 14-18 所示中三种斜置的梁，除了支座 $C$ 有差别外，其余都相同。试判断这三种情况下梁的 $BC$ 段各产生什么变形。

**思考题 14-3** 如图 14-19 所示矩形和圆形截面直杆的弯矩为 $M_y$ 和 $M_z$，它们的最大应力是否都可以用公式 $\sigma_{\max}=\dfrac{M_y}{W_y}+\dfrac{M_z}{W_z}$计算？为什么？

**思考题 14-4** 由于正方形截面对于任一对正交形心轴的惯性积都等于零，所以只要横向力通过形心，它就产生平面弯曲而永远不会产生斜弯曲，对吗？于是，对如图 14-20 所示的梁可以仿效圆截面采用如下的强度条件：

$$\sigma_{\max} = \frac{\sqrt{M_y^2 + M_z^2}}{W} = \frac{6M_r}{a^3} \leqslant [\sigma]$$

是否正确？

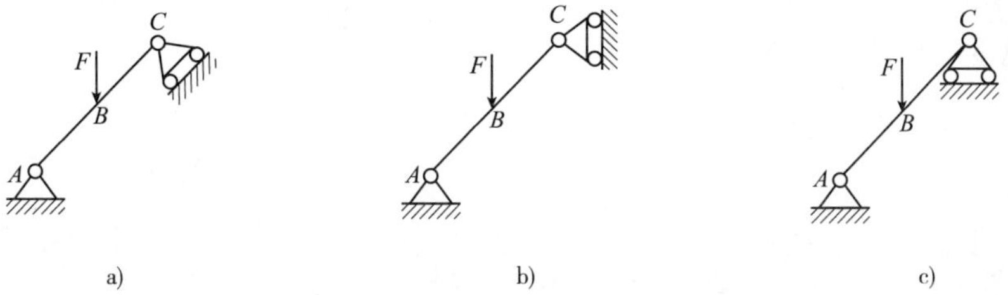


图 14-18

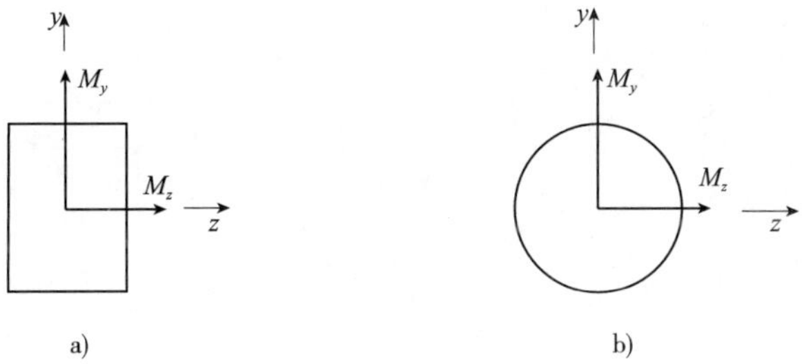


图 14-19

*思考题 14-5** 如图 14-21 所示一受轴向拉伸的杆件，今发现一侧有裂纹。为了防止裂纹扩大，修理工厂在裂纹处钻了一个尺寸不大的圆孔，并将它的边缘加以修整。有人建议在另一侧对称处再钻一个同样的小孔，这是否合理？

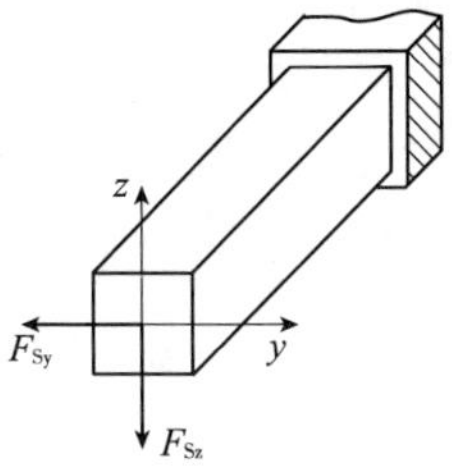


图 14-20

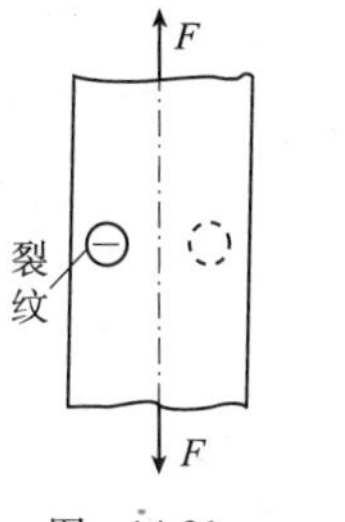


图 14-21

**思考题 14-6** 试大致画出如图 14-22 所示各截面的截面核心形状。

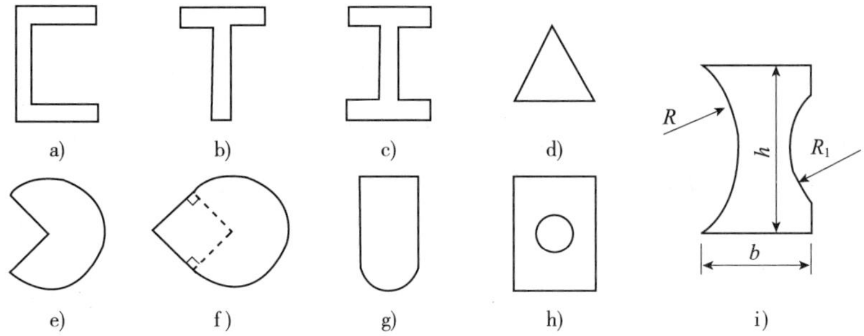


图 14-22

*思考题 14-7　受扭的薄片同时受拉，其扭转刚度有无变化？受弯的薄片同时受拉，其弯曲刚度有无变化？如何通过实验测定这种变化？

*思考题 14-8　已知圆杆沿两正交轴 $y$ 和 $z$ 的弯矩图 $M_z$ 和 $M_y$ 图，如图 14-23a）和 b）所示。试证明合弯矩图在 $AB$ 和 $CD$ 两段是直线，$BC$ 段是上凹的双曲线，如图 14-23c）所示。

**思考题 14-9**　矩形截面杆受力如图 14-24 所示。试判断底截面上哪些点可能是危险点，并画出这些点的应力状态。

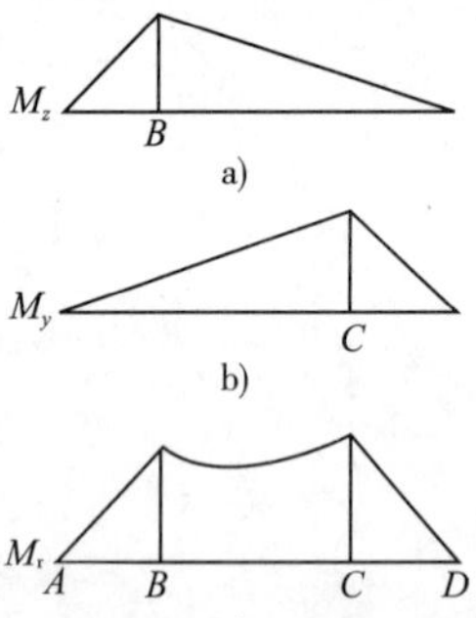


图　14-23

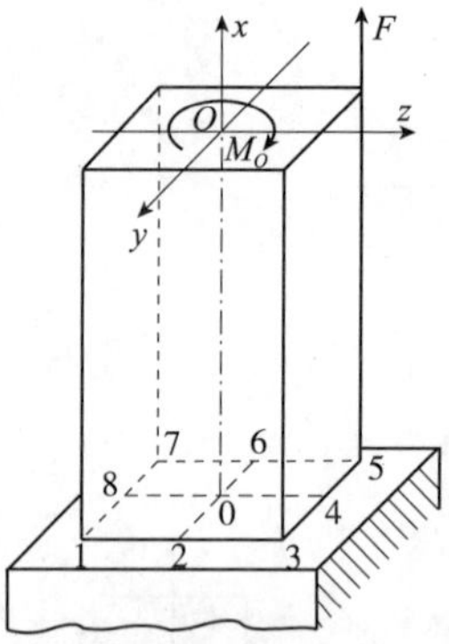


图　14-24

**思考题 14-10**　圆截面半圆弧形曲杆水平放置，一端固定，自由端受铅垂载荷 $F$ 作用，如图 14-25 所示。

（1）可能的危险面和危险点在哪里？

（2）危险点的应力状态如何？

（3）若用不同的强度理论进行核算，其危险面和危险点的位置是否相同？为什么？

**思考题 14-11**　圆杆受力如图 14-26 所示。

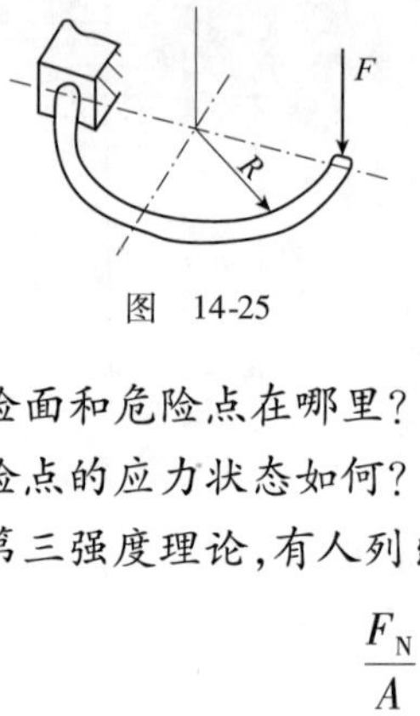


图　14-25

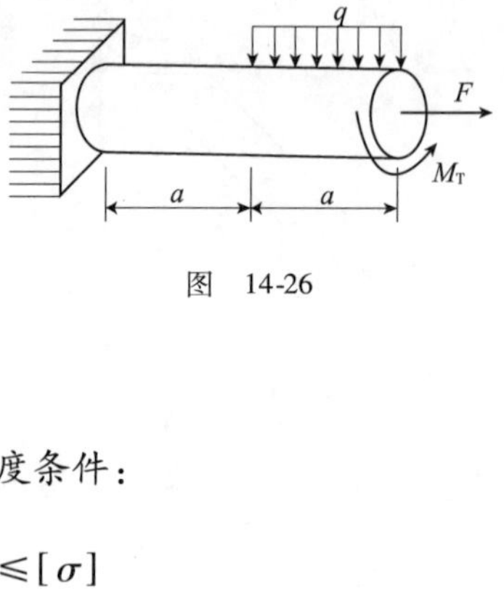


图　14-26

（1）危险面和危险点在哪里？

（2）危险点的应力状态如何？

（3）按第三强度理论，有人列出下面两种形式的强度条件：

$$\frac{F_N}{A}+\sqrt{\left(\frac{M}{W}\right)^2+4\left(\frac{T}{W_p}\right)^2}\leqslant[\sigma]$$

$$\sqrt{\left(\frac{F_N}{A}+\frac{M}{W}\right)^2+4\left(\frac{T}{W_p}\right)^2}\leqslant[\sigma]$$

问哪一种是正确的？为什么？

## 习题

### A 类型习题

**习题 14-1**　具有切槽的正方形木杆受力如习题图 14-1 所示。求：

(1) $m$-$m$ 截面上的 $(\sigma_t)_{max}$ 和 $(\sigma_c)_{max}$；

(2) 此 $(\sigma_t)_{max}$ 是截面削弱前 $\sigma_t$ 值的几倍。

**习题 14-2** 如习题图 14-2 所示偏心受压杆。试求该杆中不出现拉应力时的最大偏心距 $e$。

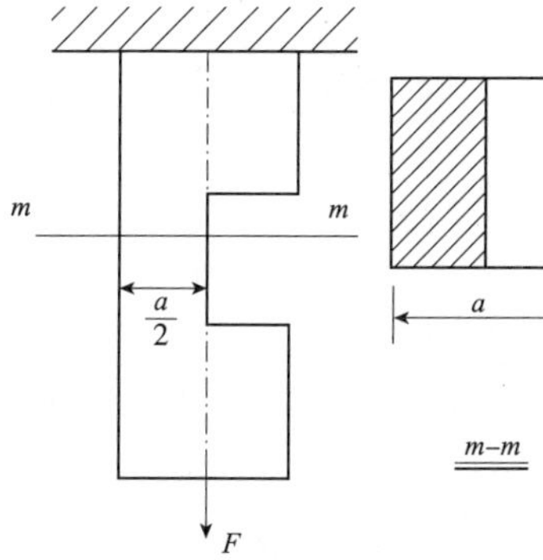


习题图 14-1

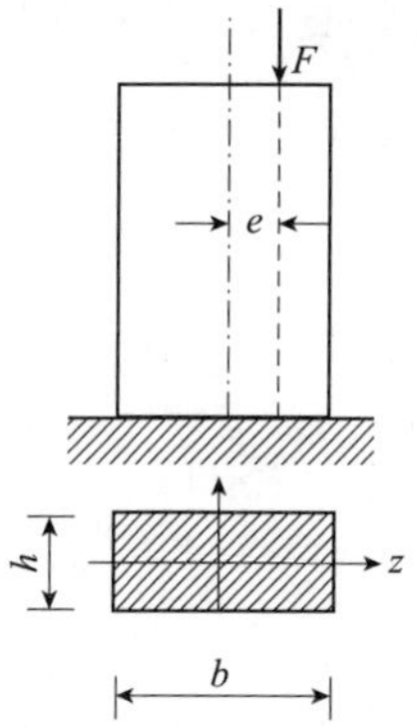


习题图 14-2

**习题 14-3** 如习题图 14-3 所示矩形截面钢杆受偏心拉力作用，用应变片测得杆件上、下表面的轴向线应变分别为 $\varepsilon_a = 1\times10^{-3}$、$\varepsilon_b = 0.4\times10^{-3}$，材料的弹性模量 $E = 210\text{GPa}$。

(1) 试绘制横截面上的正应力分布图；

(2) 求拉力 $F$ 及其偏心距 $e$。

**习题 14-4** 托架如习题图 14-4 所示，已知 $AB$ 为矩形截面梁，宽度 $b = 20\text{mm}$，高度 $h = 40\text{mm}$，杆 $CD$ 为圆管，其外径 $D = 30\text{mm}$，内径 $d = 24\text{mm}$，材料的 $[\sigma] = 160\text{MPa}$。若不考虑 $CD$ 杆的稳定问题，试按强度要求计算结构的许用载荷 $[q]$。

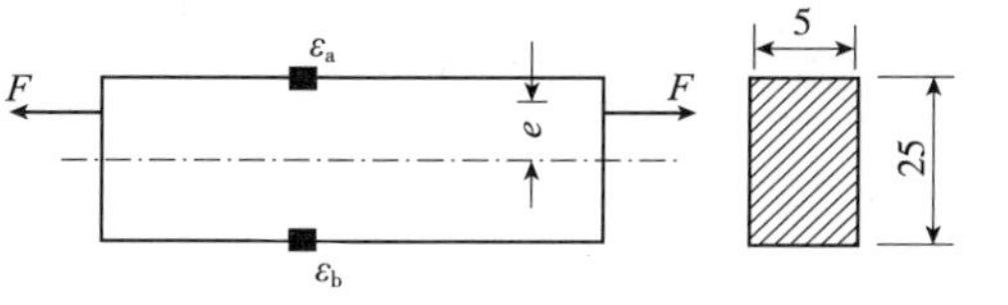


习题图 14-3 （尺寸单位：mm）

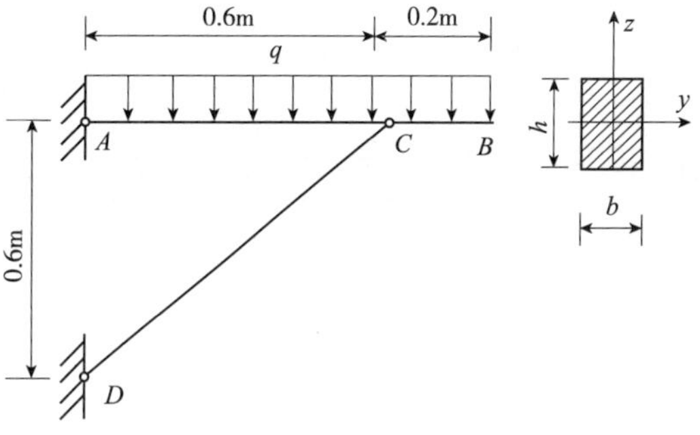


习题图 14-4

**习题 14-5** 平板的尺寸及受力如习题图 14-5 所示，已知 $F = 12\text{kN}$，$[\sigma] = 100\text{MPa}$。求切口的允许深度 $x$。（不计应力集中影响）

**习题 14-6** 皮带传动轴由电机带动，尺寸及受力如习题图 14-6 所示，皮带轮重 $G = 1\text{kN}$，直径 $D = 1\ 200\text{mm}$，$F_T = 6\text{kN}$，$F_t = 3\text{kN}$。轴的许用应力 $[\sigma] = 50\text{MPa}$，$L = 1\ 600\text{mm}$。试用第四强度理论确定传动轴的直径。

**习题 14-7** 齿轮传动轴由电机带动，作用在齿轮上的力如习题图 14-7 所示，已知轴

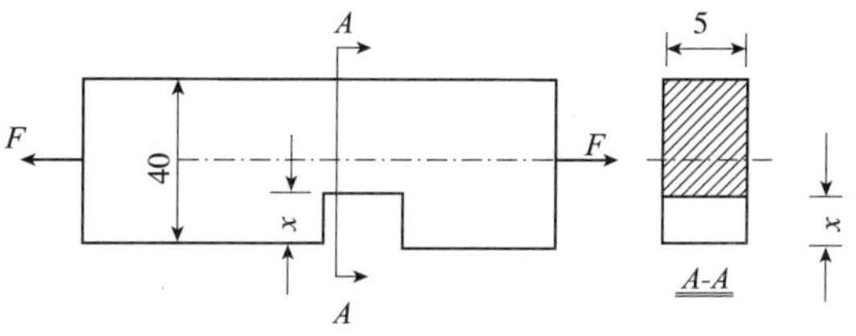


习题图 14-5 （尺寸单位：mm）

的直径 $d=30\text{mm}$，$F_R=0.8\text{kN}$，$F_Q=2\text{kN}$，$L=50\text{mm}$，$[\sigma]=80\text{MPa}$，齿轮节圆直径 $D=200\text{mm}$。试用第三强度理论校核轴的强度。

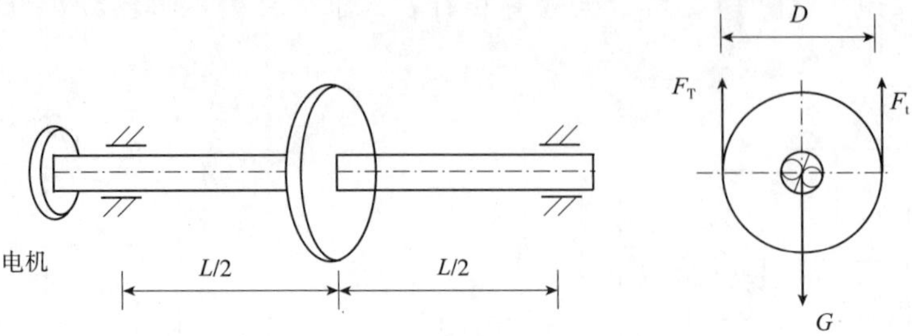


习题图 14-6

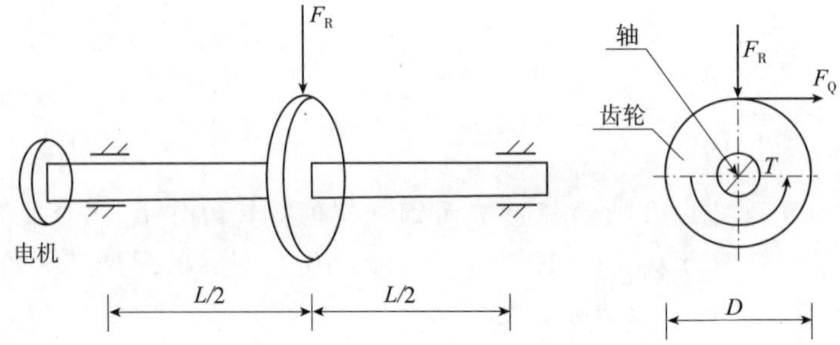


习题图 14-7

**习题 14-8** 如习题图 14-8 所示，等截面圆轴上安装二齿轮 C、D。其直径 $D_1=200\text{mm}$，$D_2=300\text{mm}$。已知 C 轮上作用切向力 $F_1=20\text{kN}$，材料的 $[\sigma]=60\text{MPa}$。要求：

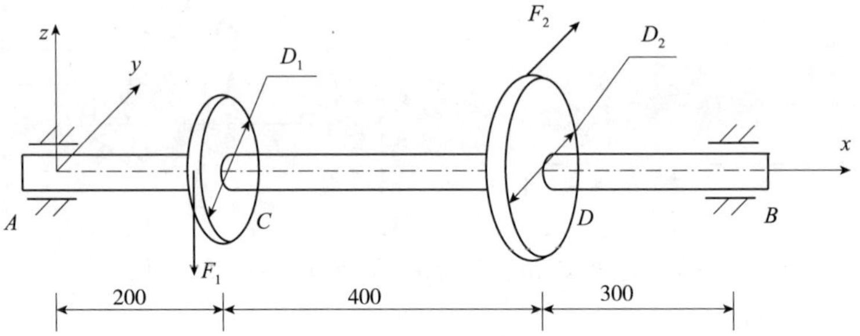


习题图 14-8(尺寸单位：mm)

(1)用第三强度理论确定轴的直径；

(2)画出危险点的应力单元体。

**习题 14-9** 如习题图 14-9 所示，水平直角折杆受竖直力 $F$ 作用，已知轴直径 $d=100\text{mm}$，$a=400\text{mm}$，$E=200\text{GPa}$，$\mu=0.25$。在 D 截面顶点 K 测出轴向应变 $\varepsilon_0=2.75\times10^{-4}$。试求该折杆危险点的相当应力 $\sigma_{r3}$。

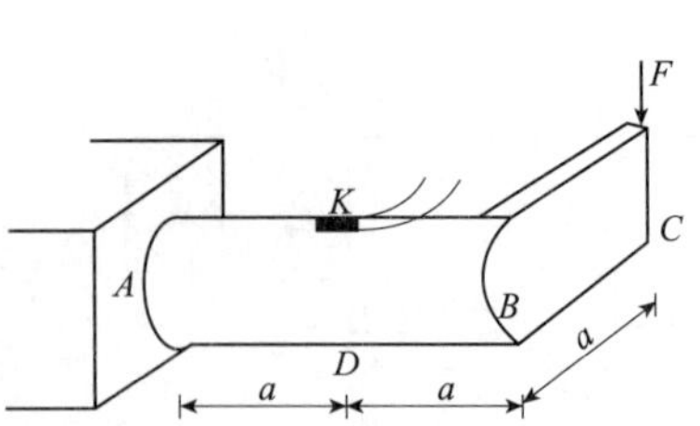


习题图 14-9

**习题 14-10** 直径 $d=20\text{mm}$ 的圆截面直角折杆受力情况如习题图 14-10 所示，$F=200\text{N}$，已知材料的许用应力为 $[\sigma]=170\text{MPa}$。试用第三强度理论确定折杆的长度 $a$ 的许可值。

**习题 14-11**　如习题图 14-11 所示直角折杆位于水平面内，受铅垂载荷 $F_1$ 及水平载荷 $F_2$ 作用，试按第三强度理论确定圆轴 $AB$ 的直径。已知 $F_1=20\text{kN}$，$F_2=10\text{kN}$，$L_1=150\text{mm}$，$L_2=140\text{mm}$，$[\sigma]=160\text{MPa}$。

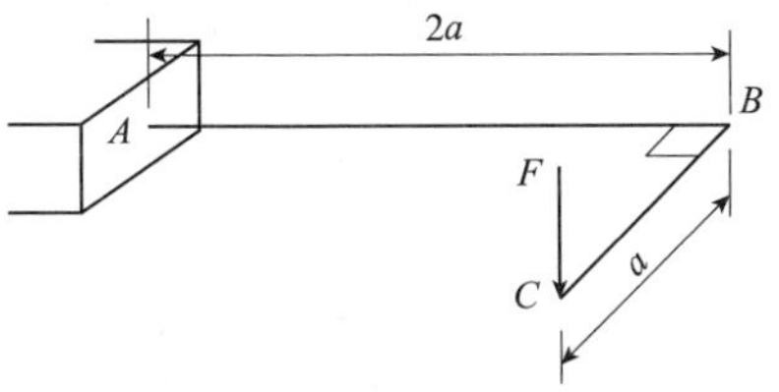


习题图　14-10

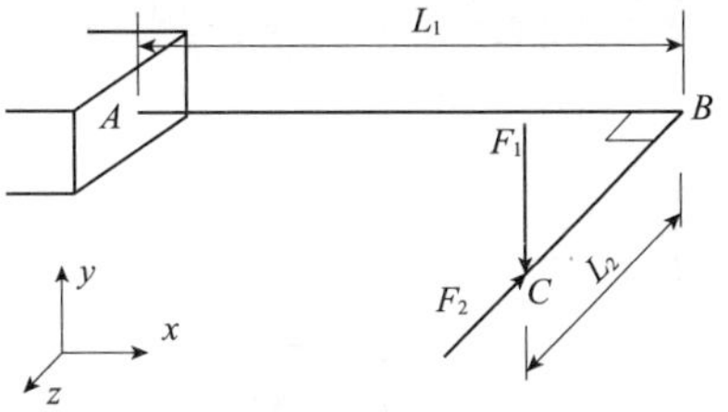


习题图　14-11

**习题 14-12**　如习题图 14-12 所示钢制圆轴，直径 $d=100\text{mm}$，$F=4.2\text{kN}$，$M_e=1.5\text{kN}\cdot\text{m}$，$[\sigma]=80\text{MPa}$。按第三强度理论校核圆轴的强度。

**习题 14-13**　如习题图 14-13 所示，传动轴由电机带动，装有直径 $D=1\text{m}$、重 $G=6\text{kN}$ 的皮带轮，皮带张力为水平方向，$F_T=6\text{kN}$，$F_t=3\text{kN}$。轴的直径 $D=100\text{mm}$，许用应力 $[\sigma]=60\text{MPa}$。

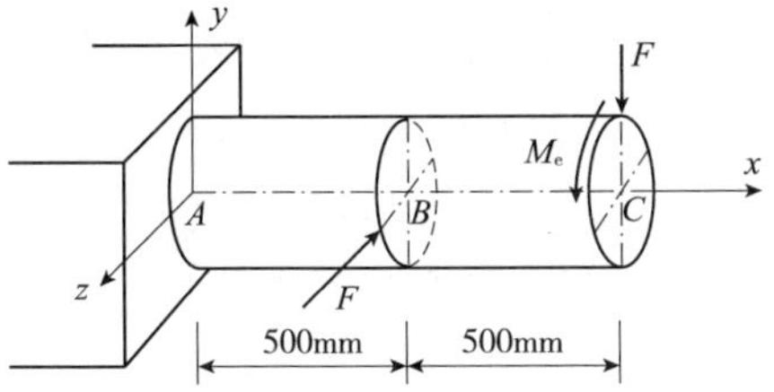


习题图　14-12

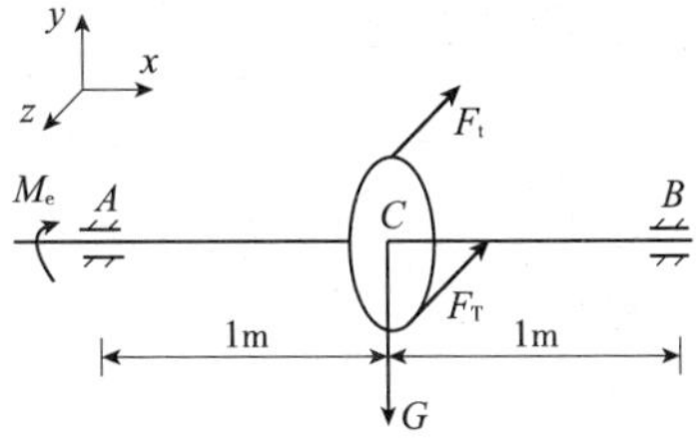


习题图　14-13

(1)画轴的内力图；

(2)按第三强度理论校核轴的强度。

**习题 14-14**　如习题图 14-14 所示传动轴 $AB$ 直径 $d=80\text{mm}$，轴长 $L=2\text{m}$，$[\sigma]=100\text{MPa}$，轮缘挂重物 $F=8\text{kN}$ 与转矩 $M_e$ 平衡，轮直径 $D=0.7\text{m}$。画出轴的内力图，并用第三强度理论校核轴的强度。

**习题 14-15**　如习题图 14-15 所示砂轮传递的力偶矩 $M_e=20.5\text{N}\cdot\text{m}$，砂轮直径 $D=25\text{cm}$，重量 $Q=275\text{N}$，磨削力 $F_y:F_z=3:1$。轴的许用应力 $[\sigma]=60\text{MPa}$，用第四强度理论选择砂轮轴直径。

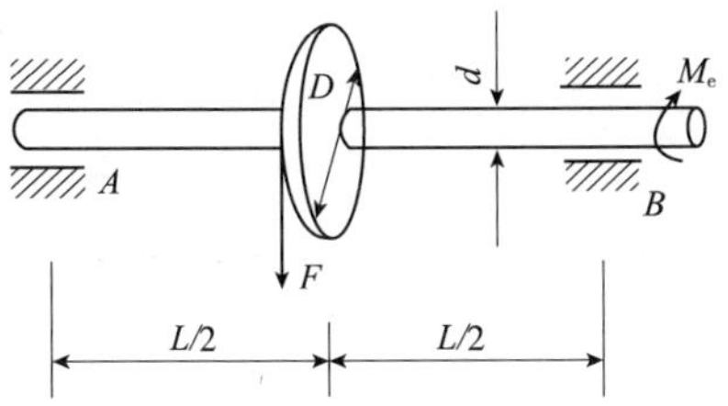


习题图　14-14

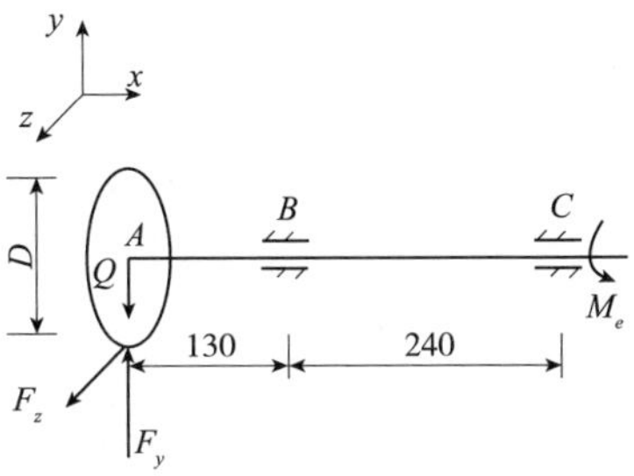


习题图 14-15　(尺寸单位:mm)

**习题 14-16**　如习题图 14-16 所示传动轴，皮带轮 1 的直径 $D_1=80\text{cm}$，皮带轮 2 的直径 $D_2=40\text{cm}$，已知轴的许用应力 $[\sigma]=50\text{MPa}$。试用第四强度理论设计轴的直径 $d$，并指出危险截面的位置。

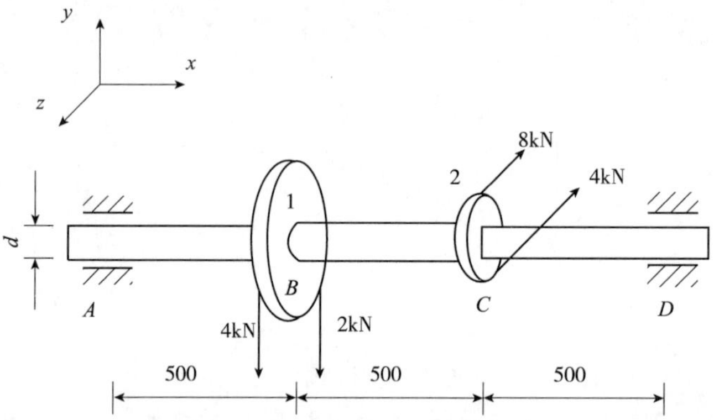


习题图 14-16　（尺寸单位：mm）

## B 类型习题

**习题 14-17**　如习题图 14-17 所示，钢丝绳总横截面积 $A$，每根钢丝直径 $d$，许用应力 $[\sigma]$，滑轮直径 $D$，求许用拉力 $[F]$。考虑两种情况：①单根圆钢丝；②$n$ 根圆钢丝。

**习题 14-18**　如习题图 14-18 所示闭口等厚度矩形薄壁杆，截面的几何尺寸为已知量，承受弯矩 $M_y$、$M_z$，轴力 $F_N$，扭矩 $T$ 和剪力 $F_S$ 的作用，试按第四强度理论求危险点的相当应力 $\sigma_{r4}$。已知：$S_z(\omega)$ 和 $S_z(\omega*)$ 分别为 $a$、$b$ 处一侧的相关部分截面对 $z$ 轴的静矩；$\Omega$ 为截面中心线围成的面积，$t$ 为壁厚；$A$ 为横截面面积，$I_z$、$W_y$ 和 $W_z$ 分别为截面对相关轴的惯性矩和抗弯截面系数。

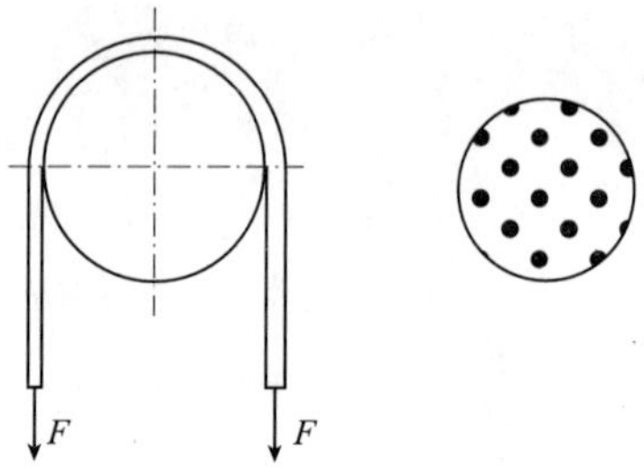


习题图　14-17

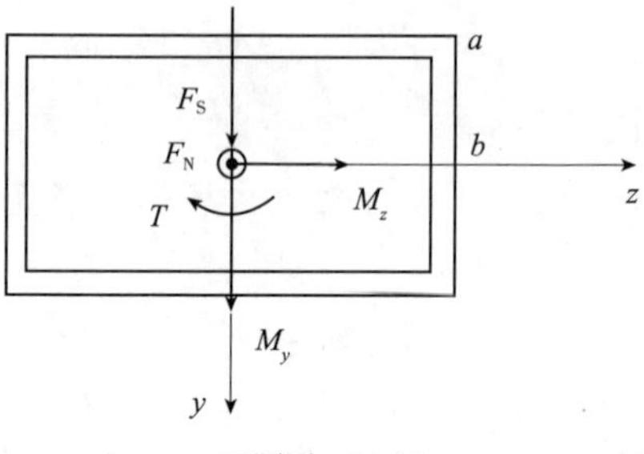


习题图　14-18

**习题 14-19**　如习题图 14-19 所示，圆杆长 $l$，直径 $d$，单位长度重 $q$，$A$ 端搁于光滑刚性墙面。求杆最大应力点 $C$ 到 $A$ 端距离 $s$。

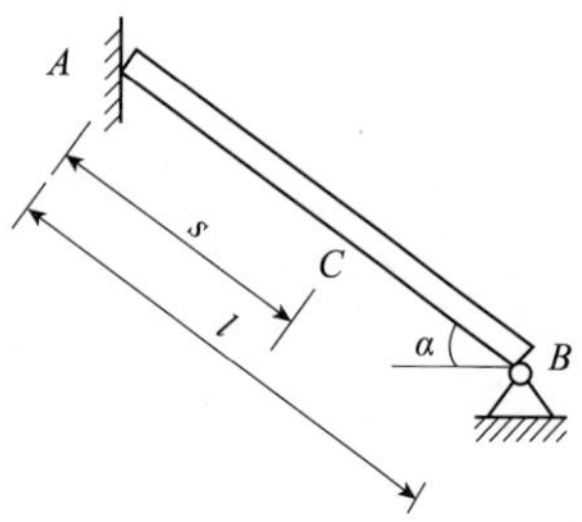


习题图　14-19

**习题 14-20**　如习题图 14-20 所示，圆截面等直杆受横向力 $F$ 和绕轴线的扭矩 $T$ 作用。实验测得杆表面 $A$ 处沿轴线方向的线应变 $\varepsilon_0=400\times10^{-6}$，杆表面 $B$ 处沿与母线成 45°方向的线应变 $\varepsilon_{45°}=375\times10^{-6}$。杆的抗弯截面系数 $W=6\ 000\ \text{mm}^2$，弹性模量 $E=200\text{GPa}$，泊松比 $\mu=0.25$，计算危险点的第四强度理论的相当应力，设材料始终处于线弹性状态。

**习题 14-21**　求如习题图 14-21 所示两块宽为 $\delta$ 的矩形组成丁字形截面的截面核心。

**习题图 14-22**　求如习题图 14-22 所示边长为 $a$ 正三角形截面的截面核心。

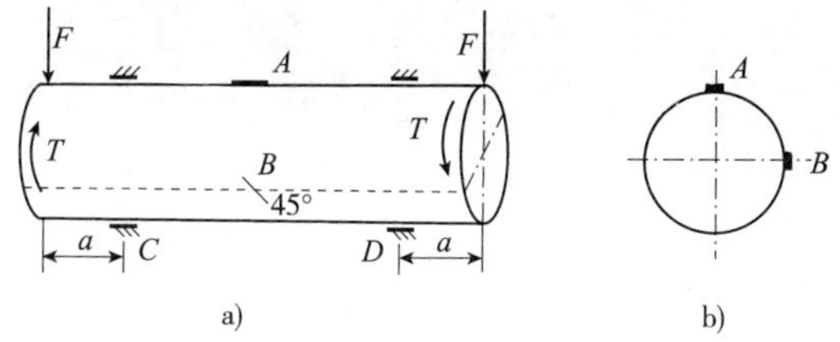


习题图　14-20

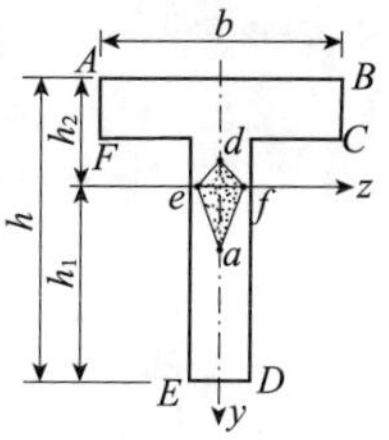


习题图　14-21

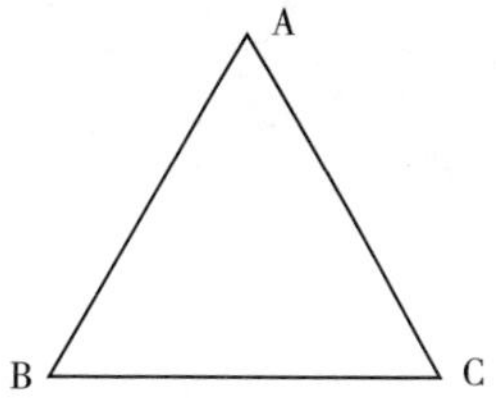


习题图　14-22

## C 类型习题

**习题 14-23**　如习题图 14-23 所示，一个长方形截面的杆在端部受到偏心力 $F$。

(1)请给出作为 $x$ 和 $z$ 函数的法向应力 $\sigma_x$；

(2)在杆边缘 $\sigma_x$ 改变正负号的地点在何处？

**习题 14-24**　如习题图 14-24 所示，截面为圆形的杆 1 一端为固定端。在距离固定端 $a$ 处焊接另一杆 2，并在其端部 $A$ 点处受一力 $F$。两杆由同一种材料制成。

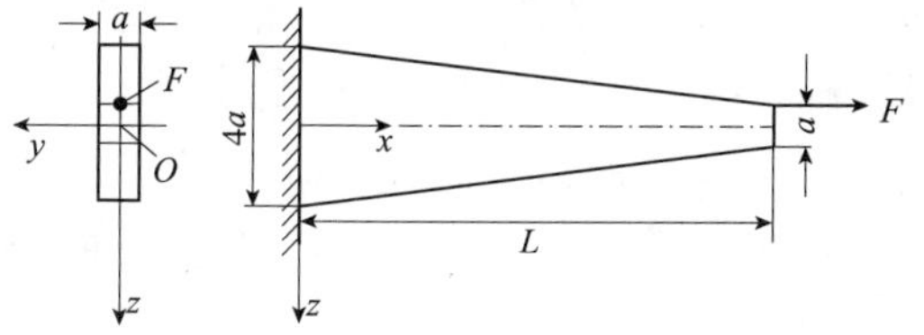


习题图 14-23

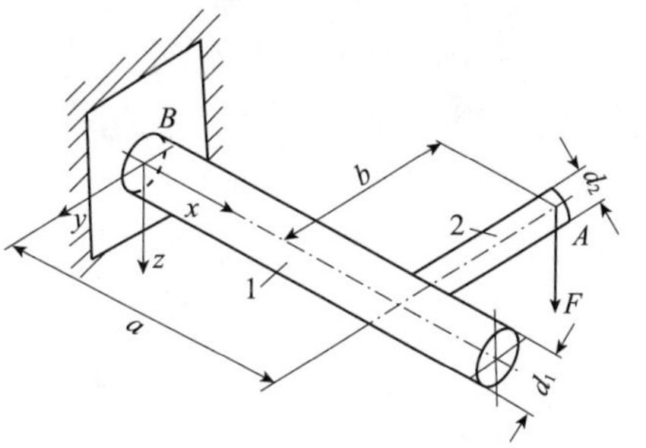


习题图 14-24

(1)依照畸变能理论，在杆 1 受力最大的 $B$ 点的最大比较应力 $\sigma_{r4}$ 应为多大？

(2)求 $A$ 点沿力的方向的挠度？

已知数据：$a=1.5\text{m}, b=0.8\text{m}; d_1=40\text{mm}, d_2=20\text{mm}, F=350\text{N}, E=206\text{GPa}, G=81\text{GPa}$。

雨果(法国，1802 ~ 1885)

“多办一所学校，可少建一座监狱。”

子曰："政者，正也。"

# 第 15 章　索

本章推导了张紧索在铅直分布力作用下的平衡方程，求得其精确解，说明索张力的水平分量为常量。给出了索的应力，变形、应变能等表达式。分析了水平悬索的张力与变形，并通过数值结果进行了说明。

## 15.1　索的静止

在工程结构中，索是除去杆件之外的另一种典型的构件，例如海洋工程中的缆绳、支撑电缆车与索道的钢绳、输电线及光缆等。特别是近年来大型索支撑结构，例如悬索桥、斜拉桥等迅速发展，索已成为其重要构件。因此，有必要在材料力学课程中，对索的基本理论作一简要介绍，其内容也是进一步学习薄膜理论的基础。

我们知道物质的构造是有间断性的，是由各分子或原子所组合而成。但因为原子及分子，比寻常物体小几万万倍，故宏观地说，物质可以抽象的算作有连续性的。讨论普通有连续性的物体在一力系作用之下的静止，是属于变形体静力学。但只有一度空间性可变形体的静止，仍可用质点组静力学的方法来解释。我们寻常认为一个固体是变形体，若此固体在任何小力量作用之下能改变其形状；一条索可以算作有完全柔顺性，如果索在任何点皆可以曲折。我们现在只讨论完全柔顺索的静止。

索的张力总是沿着绳索的方向。如果索本身很轻，又不受垂直于绳子方向的力的作用，则索的形状是直线。在有些问题中，索受到横向力的作用，如重力或者约束的作用，绳索就不再是直的，而是弯的。弯曲的绳索，可以看成是无数段小的直线段的极限，因而绳中的张力方向沿着小直线段的方向［严格一些说，这要求索是柔软的（不能抵抗弯矩）且是不可伸长的，这当然是实际索（钢丝，缆绳，皮带、链条等）的一个理想化模型］，即索中的张力沿着绳索的切线。这是索的基本性质。

从力学角度看，索区别于杆的主要特征是柔性构件只能受拉，而抗压缩、弯曲、剪切及扭转的能力极低，横向外力主要由轴向拉力来平衡，但因其显著的横向变形也不同于拉伸杆，下面将对索的张力、变形等作一简要分析。

## 15.2　绕在杆上的索

一条绳子绕在杆上：绳子先与杆子的 $P_0$ 点接触，然后绕到 $Q$ 点与杆子分离［图 15-1a）］，全绳则横在与杆子成垂直的平面内，索在 $P_0$ 点的张力为 $F_{T_0}$，在 $Q$ 点的是 $F_{T_Q}$。索在这两个张力作用下平衡，并有向$\overset{\frown}{P_0Q}$的方向开始移动的趋势，索与杆子间的摩擦因数为 $\mu$。现在我们欲求在任一点 $P$ 处索中的张力及索作用在杆子上的正压力。

在 $P$ 点我们可以研究一小段索 $\Delta s$ 上的平衡状态，此处有三个力量互相平衡的作用着：$\Delta s$ 的右边为$F_T$，左边为$F_T+\Delta F_T$，$F_T$ 与$F_T+\Delta F_T$ 之间为索与杆子间的反作用力 $\Delta F_R$。因为索有向左移动的趋势，故向量 $\Delta F_R$ 在杆面法线 $PN$ 的右边，并与法线成 $\varepsilon$ 角，应用拉密定理，得

$$\frac{F_T}{\sin\left(\frac{\pi}{2}+\frac{\Delta\theta}{2}+\varepsilon\right)}=\frac{F_T+\Delta F_T}{\sin\left(\frac{\pi}{2}-\varepsilon+\frac{\Delta\theta}{2}\right)}=\frac{\Delta F_R}{\sin(\pi-\Delta\theta)} \tag{15-1}$$

或

$$\frac{F_T}{\cos\left(\frac{\Delta\theta}{2}+\varepsilon\right)}=\frac{F_T+\Delta F_T}{\cos\left(\varepsilon-\frac{\Delta\theta}{2}\right)}=\frac{\Delta F_R}{\sin\Delta\theta} \tag{15-2}$$

其中，$\Delta\theta$ 为一极小角度，故在上列方程式中，若将式(15-1)同式(15-2)的分子与分子、分母与分母互减，并使 $\Delta\theta\to0$，则上式可写成下列微分方程

$$\frac{\mathrm{d}F_T}{\sin\varepsilon\mathrm{d}\theta}=\frac{F_T}{\cos\varepsilon} \tag{15-3}$$

积分，并令 $\tan\varepsilon=\mu$，得

$$F_T=F_{T_0}\mathrm{e}^{\mu\theta} \tag{15-4}$$

式中，$\theta$ 为在杆面上 $P$ 点的法线与 $P_0$ 点法线之间的角度。

若 $\rho$ 为杆面在 $P$ 点的曲率半径，则 $\mathrm{d}s=\rho\mathrm{d}\theta$；若以$q_N$ 代表杆面每单位索长的正压力，则$q_N$ 的数值等于

$$q_N=\frac{\mathrm{d}F_R\cos}{\mathrm{d}s}=\frac{F_T}{\rho} \tag{15-5}$$

即杆面上每单位索的正压力，与 $P$ 点索中的张力成正比，并与杆面的曲率半径成反比。

方程式(15-4)在实际中甚有用处，假如一条麻绳与一木杆间的摩擦因数 $\mu=0.530$，则 $2\pi\mu=3.33$，$\mathrm{e}^{2\pi\mu}=27.9$，故麻绳绕木杆一周，它的张力即增加 27.9 倍，所以一牧童牵不住一头要逃跑的牛时，只要将牛绳绕在一株树上一周或数周就可以牵住了。

在解答有连续性的索平衡问题中，可以把一条绳子看作一串质点，一串质点是有间断性的，但若使质点的数目增加到无穷大时，一串有间断性的质点就变为一条有连续性的索了。故在图 15-1a)中，$P$ 点的 $\Delta s$ 可以算作一质点 $P_i$[图 15-1b)]，它两旁索的物质，可以算作聚在 $P_{i-1}$与 $P_{i+1}$两质点中；作用在 $P_i$ 点两旁的张力为$F_{T_{i-1}}$与$F_{T_i}$，而 $\Delta F_{R_i}$代表 $P_i$ 与杆面间的反作用。质点 $P_i$ 静止，则在$\overline{OP_i}$及与$\overline{OP_i}$呈垂直两方向上各分力之和必等于零。

$$(F_{T_i}+F_{T_{i-1}})\sin\frac{\Delta\theta_i}{2}=\Delta F_{R_i}\cos\varepsilon \tag{15-6}$$

$$(F_{T_i}-F_{T_{i-1}})\cos\frac{\Delta\theta_i}{2}=\Delta F_{R_i}\sin\varepsilon \tag{15-7}$$

质点 $P_{i+1}$与 $P_i$ 之间的距离甚小，故 $\Delta\theta_i$ 为一极小角度，因此式(15-6)、式(15-7)可写为

$$(F_{T_i}+F_{T_{i-1}})\frac{\Delta\theta_i}{2}=\Delta F_{R_i}\cos\varepsilon \tag{15-8}$$

$$F_{T_i}-F_{T_{i-1}}=\Delta F_{R_i}\sin\varepsilon \tag{15-9}$$

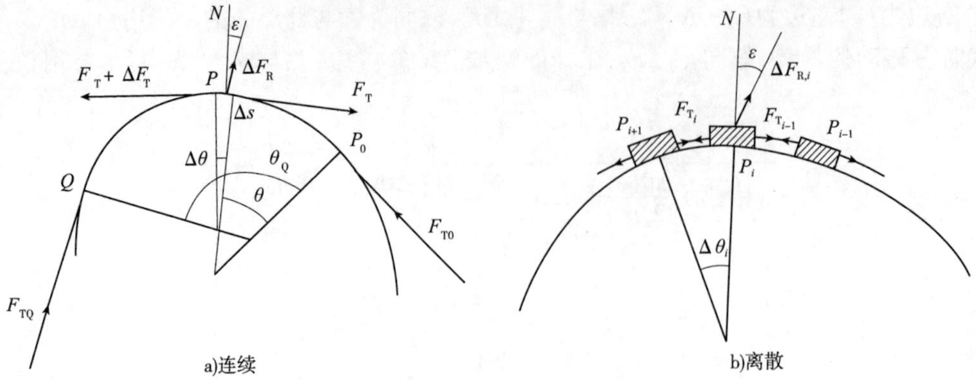


图 15-1　绕在杆上的绳索

消除 $\Delta F_{R_i}$，则得

$$F_{T_i}-F_{T_{i-1}}=\frac{1}{2}(F_{T_i}+F_{T_{i-1}})\mu\Delta\theta_i \tag{15-10}$$

张力 $F_{T_i}$ 与 $F_{T_{i-1}}$ 的差为第一级微分 $\Delta\theta_i$ 的函数，今在式(15-7)中既不算 $(\Delta\theta_i)^2$ 及比 $(\Delta\theta_i)^2$ 更小的各项，故式(15-10)可写作

$$F_{T_i}-F_{T_{i-1}}=F_{T_{i-1}}\mu\Delta\theta_i, F_{T_i}=F_{T_{i-1}}(1+\mu\Delta\theta_i) \tag{15-11}$$

质点 $P_i$ 不过一串质点中的任何一个而已，故上列方程式是任何质点的平衡条件。若将自第一、第二至第 $i$ 个质点的 $i$ 个方程式写出，则得

$$F_{T_1}=F_{T_0}(1+\mu\Delta\theta_1) \tag{15-12}$$

$$F_{T_2}=F_{T_1}(1+\mu\Delta\theta_2) \tag{15-13}$$

$$\cdots$$

$$F_{T_i}=F_{T_{i-1}}(1+\mu\Delta\theta_i) \tag{15-14}$$

以上各个方程式互乘得张力 $F_{T_i}$ 为作用于 $P_0$ 点上的张力 $F_{T_0}$ 及各已知微角度 $\Delta\theta_j(j=1,2,3,\cdots,i)$ 的函数如下：

$$F_{T_i}=F_{T_0}(1+\mu\Delta\theta_1)(1+\mu\Delta\theta_2)\cdots(1+\mu\Delta\theta_i) \tag{15-15}$$

令 $\theta$ 代表杆子的表面在 $P_i$ 和 $P_0$ 两点的二法线之间的角度。如果 $\theta$ 不变，但使 $P_i$ 与 $P_0$ 之间的质点数目增加到很大，并令每点离左右邻近两点的角度距离相等，即

$$\Delta\theta_j=\Delta\theta(j=1,2,\cdots,n) \tag{15-16}$$

则因

$$\theta=\sum_{j=1}^{i}\Delta\theta_j=i\Delta\theta \tag{15-17}$$

故公式(15-15)可写作

$$F_{T_i}=F_{T_0}\left(1+\mu\frac{\theta}{i}\right)^i \tag{15-18}$$

现在我们可以使 $i$ 变为无穷大。换言之，使 $P_0$ 与 $P_i$ 间的质点无限制的增加，于是张力 $F_{T_i}$ 就成为方程式(15-4)中的答案了。在此处我们求 $F_{T_i}$ 用有限乘积的方法，然后使此有限乘积变为一无限乘积。方程式(15-3)是一有连续性的索的平衡条件，它的物理含义与式(15-11)一样，故微分方程式(15-3)的积分式(15-4)就与微差方程式(15-11)和答案(15-18)相同了。

## 15.3 悬桥

跨在一条河上一悬桥的主要工程问题,是把整个桥的重量分配在悬挂桥的缆绳上。若桥本身每单位长的重量 $w_0$ 及桥的长度皆为已知数,则我们要寻求的答案是缆绳的形状及绳中每一点的张力。

我们可以假定缆绳的形状与桥的中心是对称的,所以只要讨论半座桥的静止状态就够了。图 15-2 中,曲线 $OQ$ 为悬桥的缆绳,$\overline{O'Q'}$为缆绳所悬挂桥的一半。因为桥的重量比缆绳的重量大得多,故在缆绳及桥的平衡状态中缆绳本身的重量可以不算。现在我们取缆绳的任一段 $OP$,$OP$ 是在张力$F_T$、桥一部分$\overline{O'P'}$的重量 $W$($W=w_0x$)及在 $O$ 点的水平张力$F_H$ 共同作用之下静止的。缆绳的 $OP$ 段可以看作一组质点,故依质点组的平衡条件,$F_T$、$F_H$ 与 $W$ 的向量和必须等于零。若将此平衡条件的无向量方程式写出,则得

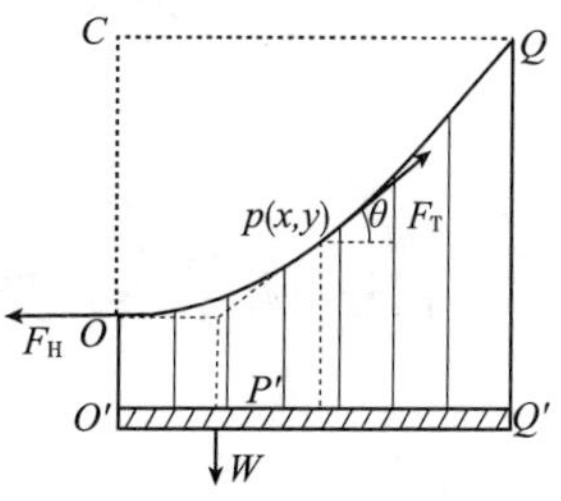

图 15-2 悬桥的缆绳

$$F_T\cos\theta = F_H \tag{15-19}$$

$$F_T\sin\theta = w_0 x \tag{15-20}$$

在式(15-19)、式(15-20)中消去张力 $F_T$,则

$$\tan\theta = \frac{w_0}{F_H}x \tag{15-21}$$

但 $\tan\theta = \dfrac{dy}{dx}$,故积分得

$$y = \frac{w_0}{2F_H}x^2 \tag{15-22}$$

因图 15-2 中的 $O$ 点被选作坐标系的原点,式(15-22)中的积分常数等于零。

方程式(15-22)告诉我们:曲线 $OP$ 是一抛物线。若以上 $L$ 代表全桥长度,$S$ 为缆绳下垂的长度$\overline{OC}$,则

$$S = \frac{w_0}{2F_H}\cdot\frac{L^2}{4} \text{或} F_H = \frac{w_0L^2}{8S} \tag{15-23}$$

上列方程式中 $Lw_0$ 等于全桥的重量,是一已知数,故量度出 $S$ 后,在 $O$ 点的水平张力 $F_H$ 就可以算出,求得 $F_H$ 后,则从式(15-19)、式(15-20)及式(15-21)导得在 $P$ 点的张力等于

$$F_T = F_H\sec\theta = \sqrt{F_H^2 + {w_0}^2x^2} \tag{15-24}$$

## 15.4 悬链线

一条无弹性、质量分布均匀的索,挂在重力场中平衡着,求索的形状及索中每点的张力。

我们仍假定索的两端系在一条水平线上,故索的形状与它的最低点是对称的。试求索 $CP$ 段的平衡状态(图 15-3)。索中的张力在 $P$ 点为$F_T$,索最低点 $C$ 的水平张力为$F_H$;若以 $\overline{W}_0$ 代表每单位长度索的重量,$s$ 为 $CP$ 的长度,则 $W=\overline{W}_0\cdot s$ 为 $CP$ 的重量,而$F_T$、$F_H$ 与 $W$ 三力量的平衡条件是

$$F_T\sin\theta = \overline{W}_0\cdot s \tag{15-25}$$

$$F_T\cos\theta = F_H \tag{15-26}$$

消除 $F_T$,得

$$\frac{\mathrm{d}y}{\mathrm{d}x}=\tan\theta=\frac{\overline{W}_0}{F_{\mathrm{H}}}s \tag{15-27}$$

方程式(15-27)中 $s$ 即为索 $CP$ 的长度,故

$$\mathrm{d}s^2=\mathrm{d}x^2+\mathrm{d}y^2 \text{ 或} \left(\frac{\mathrm{d}s}{\mathrm{d}x}\right)^2=1+\left(\frac{\mathrm{d}y}{\mathrm{d}x}\right)^2 \tag{15-28}$$

令 $c=\dfrac{F_{\mathrm{H}}}{\overline{W}_0}$。由式(15-27)及式(15-28)得

$$\frac{\mathrm{d}s}{\mathrm{d}x}=\sqrt{1+\frac{s^2}{c^2}} \tag{15-29}$$

积分,得索长 $s$ 同坐标 $x$ 的关系

$$\frac{s}{c}=\sinh\frac{x}{c} \tag{15-30}$$

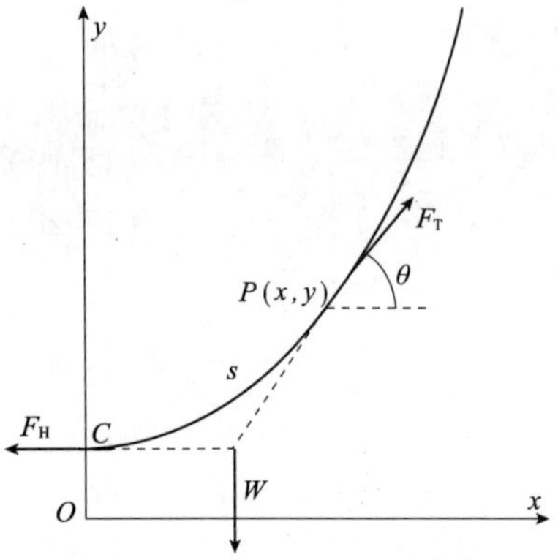


图 15-3　悬链线

方程式(15-30)中本有一积分常数,但图 15-3 中的原点在 $x=0$、$s=0$ 处,故此常数等于零。绳子本身的曲线则自式(15-27)与式(15-30)积分而由下列方程式代表:

$$y=c\cdot\cosh\frac{x}{c} \tag{15-31}$$

其中常数 $c$ 等于图 15-3 中的 $\overline{OC}$。由式(15-25)、式(15-26)及式(15-30)算出在 $P$ 点的张力 $F_{\mathrm{T}}$ 等于

$$F_{\mathrm{T}}=\sqrt{F_{\mathrm{H}}^2+W_0{}^2s^2}=F_{\mathrm{H}}\cosh\frac{x}{c}=\overline{W}_0y \tag{15-32}$$

方程式(15-31)所代表的曲线有一特别名称,即“悬链线”。

悬链线有两种近似值,即 $x\ll c$ 及 $x\gg c$。方程式(15-30)及式(15-31)右边的双曲线函数的幂级数为

$$s=c\left[\frac{x}{c}+\frac{1}{3!}\left(\frac{x}{c}\right)^3+\frac{1}{5!}\left(\frac{x}{c}\right)^5+\cdots\cdots\right] \tag{15-33}$$

$$y=c\left[1+\frac{1}{2!}\left(\frac{x}{c}\right)^2+\frac{1}{4!}\left(\frac{x}{c}\right)^4+\cdots\cdots\right] \tag{15-34}$$

若 $\dfrac{x}{c}$ 甚小(即 $x\ll c$),则近似得

$$y=c+\frac{x^2}{2c} \tag{15-35}$$

就是说,此处的悬链线像抛物线[图 15-4a)]。

如果 $x$ 大于 $c$,则近似的方程式(15-35)不能用了,但

$$\cosh\frac{x}{c}=\frac{1}{2}\left[\exp\left(\frac{x}{c}\right)+\exp\left(-\frac{x}{c}\right)\right] \tag{15-36}$$

故若 $x$ 比 $c$ 大得多($x\gg c$),则 $\exp\left(-\dfrac{x}{c}\right)$ 甚小,换句话说,离原点甚远处的悬链线与指数曲线一样,即

$$y=\frac{c}{2}\exp\left(\frac{x}{c}\right) \tag{15-37}$$

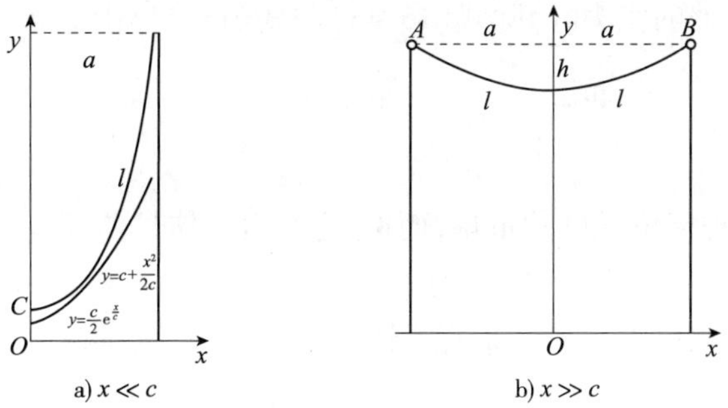


图 15-4　悬链线的近似

若索的总长度是$2l$,系索的两个钉子之间的水平距离是$2a$,$l$ 与 $a$ 皆为已知数,则未知数 $c$ 在 $C$ 点的水平张力 $F_H$ 作用下,可由下列方程式算出:

$$\frac{l}{c}=\sinh\frac{a}{c} \tag{15-38}$$

长度 $y$ 与 $c$ 之差为索弛垂的长度 $h$。若索的水平张力甚大,则弛垂的长度很小[图 15-4b)]。依式(15-35)得

$$h=\frac{a^2}{2c}\text{或 }F_H=\overline{W}_0c=\frac{\overline{W}_0a^2}{2h} \tag{15-39}$$

若在式(15-33)、式(15-34)中近似的不算$\left(\frac{x}{c}\right)^3$以下各项,则 $l=a$,故

$$F_H=\frac{\overline{W}_0l^2}{2h}=\frac{lW}{4h} \tag{15-40}$$

其中 $W$ 等于全索的重量。在系挂索 $A$ 点的张力 $F_T$ 亦可依式(15-32)及式(15-30)写为

$$F_{T_A}=\overline{W}_0l\coth\frac{a}{c}=\frac{W}{2}\cosh\frac{a}{c} \tag{15-41}$$

以上公式可用幂级数$\frac{a}{c}$展开,它的第一项即等于 $F_H$。故当索中的张力很大时,在各点张力的近似值皆等于水平张力 $F_H$。从式(15-33)及式(15-34)可知索的长度,因弛垂的缘故比$\overline{AB}$间的距离近似的长。

$$2(l-a)=\frac{a^3}{3c^2}=\frac{\overline{W}_0^2l^3}{3F_H^2}=\frac{4h^2}{3l} \tag{15-42}$$

## 15.5　有弹性索在重力场中的静止

上节所讲的在重力场中平衡的索,是没有弹性的。现在我们假定一条有弹性的索,在没有张力的作用下,有一固有的均匀的截面 $A_0$,它的每单位体积的重量是一常数 $\overline{w}_0$,它的弹性系数等于 $\lambda$,索的两端系在一条水平线上的两个钉子上,在重力作用之下,索的截面变为 $A$,每一单位体积的重量变为 $\overline{w}$。若以 $ds_0$ 代表索的一小段固有的长度,则因弹性的关系此长度在重力作用之下变为 $ds$,但 $ds_0$ 中的质量不因索的伸长而有所变更,故

$$\overline{w}_0A_0ds_0=\overline{w}Ads \tag{15-43}$$

依郑玄—胡克定律

$$\frac{ds}{ds_0}=1+\frac{F_T}{\lambda} \tag{15-44}$$

其中 $F_T$ 为索中 $s$ 处的张力，消除式(15-43)与式(15-44)中的 $ds/ds_0$，则得

$$\overline{W}=\frac{\overline{W}_0}{1+\dfrac{F_T}{\lambda}}\quad(\overline{W}_0=\overline{w}_0A_0,\overline{W}=\overline{w}A)\tag{15-45}$$

$\overline{W}$ 代表索伸长后每单位长度的重量，而 $\overline{W}_0$ 为在索未伸长前固有单位长度的重量。现在我们要注意的是：$\overline{W}_0$ 为一常数，而 $\overline{W}$ 因为 $F_T$ 是一变数也成一变数了。

图 15-4 中的索现在可以算作一条有弹性的索，在 $P$ 点的平衡方程式应改为

$$F_T\sin\theta=\int_0^s\overline{w}A\mathrm{d}s\tag{15-46}$$

$$F_T\cos\theta=F_H\tag{15-47}$$

水平张力 $F_H$ 是一常数，故求上列方程式的微分，得

$$\sin\theta\mathrm{d}F_T+F_T\cos\theta\mathrm{d}\theta=\overline{W}\mathrm{d}s\tag{15-48}$$

$$\cos\theta\mathrm{d}F_T-F_T\sin\theta\mathrm{d}\theta=0\tag{15-49}$$

解 $\mathrm{d}F_T$ 与 $F_T\mathrm{d}\theta$，则因 $\sin\theta=\mathrm{d}y/\mathrm{d}s$，$\cos\theta=\mathrm{d}x/\mathrm{d}s$ 而得 $\mathrm{d}F_T$ 与 $F_T\mathrm{d}\theta$ 的数值如下

$$\mathrm{d}F_T=\overline{W}\sin\theta\mathrm{d}s=\overline{W}\mathrm{d}y\tag{15-50}$$

$$F_T\mathrm{d}\theta=\overline{W}\cos\theta\mathrm{d}s=\overline{W}\mathrm{d}x\tag{15-51}$$

因式(15-45)，式(15-50)及式(15-51)得

$$\frac{\mathrm{d}F_T}{\mathrm{d}y}=\overline{w}A=\frac{\overline{W}_0}{1+\dfrac{F_T}{\lambda}}$$

或

$$\frac{\mathrm{d}F_T}{\mathrm{d}x}=\frac{\overline{W}_0}{1+\dfrac{F_T}{\lambda}}\cdot\frac{\mathrm{d}y}{\mathrm{d}x}\tag{15-52}$$

但因式(15-46)、式(15-47)的关系，$\mathrm{d}y/\mathrm{d}x$ 可写作：

$$\frac{\mathrm{d}y}{\mathrm{d}x}=\sqrt{\frac{F_T^2}{F_H^2}-1}\tag{15-53}$$

故

$$\left(1+\frac{F_T}{\lambda}\right)\frac{\mathrm{d}F_T}{\mathrm{d}x}=\overline{W}_0\sqrt{\frac{F_T^2}{F_H^2}-1}\tag{15-54}$$

积分，并使 $x=0$ 时 $F_T=F_H$，则

$$\frac{1}{\lambda}\sqrt{F_T^2-F_H^2}+\operatorname{arccosh}\frac{F_T}{F_H}=\frac{\overline{W}_0}{F_H}x\tag{15-55}$$

为运算方便起见，令

$$F_T=F_H\cosh\omega,c=\frac{F_H}{\overline{W}_0},e=\frac{F_H}{\lambda}\tag{15-56}$$

则方程式(15-55)可写成

$$\frac{x}{c}=\omega+e\sinh\omega$$

$$\mathrm{d}x=c(1+e\cosh\omega)\mathrm{d}\omega\tag{15-57}$$

将式(15-56)及式(15-57)代入式(15-53)，则变量 $y$ 所满足的微分方程式是

$$\mathrm{d}y=(1+e\cosh\omega)\sinh\omega\mathrm{d}\omega\tag{15-58}$$

积分，并令积分常数等于零，得

$$\frac{y}{c}=\cosh\omega+\frac{1}{2}e\cosh^2\omega \tag{15-59}$$

方程式(15-57)及式(15-59)代表一条静止在重力场中有弹性索的二参数方程式。在15.5节中所讲的，没有弹性的索的形状是一悬链线；现在方程式(15-57)与式(15-59)所代表的曲线可不是悬链线了。当然，若 $e=0$，即式(15-56)中的 $\lambda$ 等于无穷大时，式(15-57)与式(15-59)就同方程式(15-31)一样；$\lambda$ 等于$\infty$的物理意义是索没有弹性。

在式(15-56)、式(15-38)及式(15-59)中，我们只知道索每固有单位长度的重量 $\overline{W}_0=\overline{w}_0A_0$，弹性系数 $\lambda$，索的固有长度 $2l_0$ 及系索两个钉子间的水平距离 $2a$。若当 $x=a$ 时参数 $\omega=\omega_1$，则 $a$ 与 $\omega_1$ 的关系，由式(15-57)得

$$a=c(\omega_1+e\sinh\omega_1) \tag{15-60}$$

索在重力场中的长度为 $2l$，$l$ 的数值是

$$\begin{aligned}l&=\int_0^l \mathrm{d}s=\int_0^{\omega_1}\sqrt{\left(\frac{\mathrm{d}x}{\mathrm{d}\omega}\right)^2+\left(\frac{\mathrm{d}y}{\mathrm{d}\omega}\right)^2}\mathrm{d}\omega\\&=c\int_0^{\omega_1}(1+e\cosh\omega)\cosh\omega\mathrm{d}\omega\\&=c\left[\sinh\omega_1+\frac{1}{2}e\left(\omega_1+\frac{1}{2}\sinh2\omega_1\right)\right]\end{aligned} \tag{15-61}$$

索的固有长度 $2l_0$ 可应用上列方程式及式(15-44)与式(15-56)算出如下：

$$l_0=\int_0^{l_0}\frac{\mathrm{d}s_0}{\mathrm{d}s}\mathrm{d}s=c\int_0^{\omega_1}\frac{1}{1+\dfrac{T}{\lambda}}(1+e\cosh\omega)\cosh\omega\mathrm{d}\omega=c\sinh\omega_1 \tag{15-62}$$

故因水平张力 $F_{\mathrm{H}}$ 的作用，变量 $c$ 及参数 $\omega_1$ 可由式(15-60)与式(15-62)两个方程式算出。既知 $c$ 与 $\omega_1$ 之后，则在索任何点的张力可用式(15-56)求到。

因重力的作用，索伸长的长度是

$$2(l-l_0)=ce\left(\omega_1+\frac{1}{2}\sinh2\omega_1\right) \tag{15-63}$$

若以 $S$ 代表系索的钉子处与索最低点两者之间索弛垂的长度，则依式(15-59)得

$$\begin{aligned}S&=y(\omega_1)-y(0)=c\left(\cosh\omega_1-1+\frac{1}{2}e\sinh^2\omega_1\right)\\&=\sqrt{l_0{}^2+c^2}-c+\frac{e}{2c}l_0{}^2\end{aligned} \tag{15-64}$$

如果用 $S_0$ 代表一条无弹性索弛垂的长度，则

$$S_0=\sqrt{l_0{}^2+c_0{}^2}-c_0 \tag{15-65}$$

其中 $c_0$ 为式(15-60)中 $e=0$ 时的值。假如一条索的弹性系数 $\lambda$ 很大，因此索于重力作用之下的伸长度很小，则我们可将有一类的公式用 $e$ 的幂级数来代表，例如：

$$S=S_0+d_0\left(\frac{\cosh\omega_1-1}{a\cosh\omega_1}+\frac{l_0}{2c^2}\right)e+\cdots \tag{15-66}$$

故$(S-S_0)$代表索因弹性的伸长而增加的弛垂度(图15-5)。

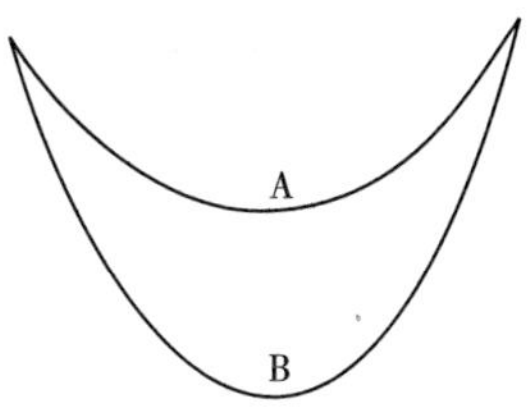


图15-5 索的弛垂度
A-无弹性的索；B-有弹性的索

**例题15-1** 我们现用上述的公式计算一条钢丝在重力场中的伸

长度及张力等。假如钢丝的直径为 $d=3\text{mm}$，且 $\overline{W}_0=0.6\text{N/m}$，$\lambda=1.9\times10^3\text{kN}$；钢丝的固有长度 $2l_0=640\text{m}$，两个挂钢丝钉子之间的水平距离为 $2a_0=610\text{m}$，则由式(15-60)及式(15-62)得

$$\frac{l_0}{a}=\frac{\sinh\omega_1}{\omega_1+\frac{\overline{W}_0}{\lambda}l_0}$$

故

$$1.05=\frac{\sinh\omega_1}{\omega_1+1.02\times10^{-4}}$$

解上列方程式的 $\omega_1$，得

$$\omega_1=0.5450,\ \sinh\omega_1=0.5724,\ c=\frac{l_0}{\sinh\omega_1}=560\text{m}$$

依式(15-64)，钢丝弛垂的长度 $S$ 为

$$S=560\times(1.152-1)=85\text{m}$$

## 15.6 索的应力与应变能

考虑一根等截面索，两端 $A$ 与 $B$ 固定，沿索长度承受铅直向下的分布载荷，变形后状态如图 15-6a)所示。假设：

(1)索是张紧的，变形较小，处于线弹性范围。

(2)索仅承受拉力，不计压缩、弯曲、剪切及扭转刚度。张紧的索将只受拉，而不出现松软情况，但具有初始张力。索的自重包含在分布力 $q$ 中，外作用力与索曲线同在图示铅直面内。

索只受拉，相应地横截面上的内力仅有沿轴线切向的拉力，即张力。因索的形状及两端的张力尚未知，无法由截面法直接得到张力，而需要先建立基本方程再求解得到。在索中截取微段，如图 15-6b)所示，$F_T$ 为张力，$\Delta F_T$ 为截面位置改变引起张力的变化部分，$\Delta s$、$\Delta x$、$\Delta y$ 分别为微段的弧长及其在水平与铅直方向的投影。

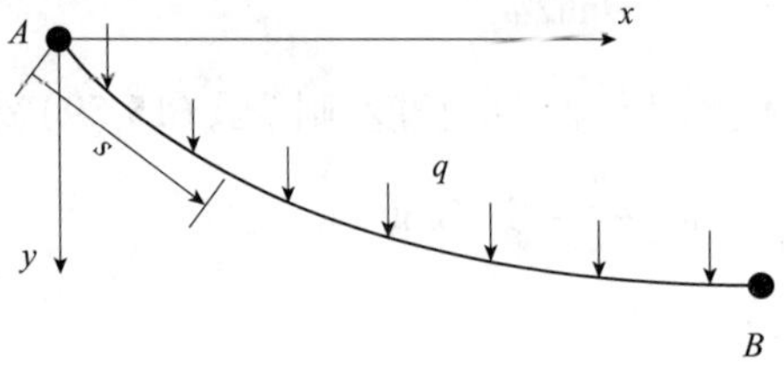


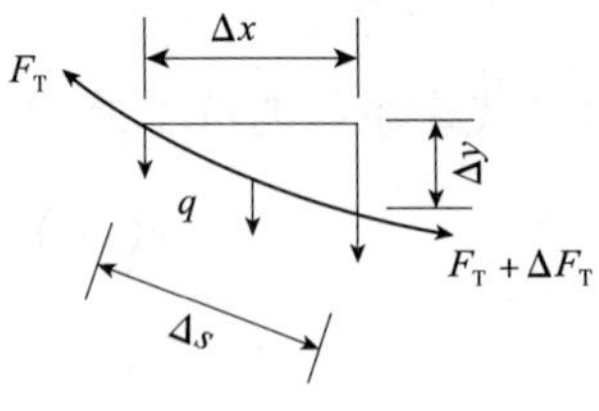


图 15-6 索与微段的平衡

根据该段索的水平与铅直方向的平衡条件

$$\sum F_x=0,\ \Delta F_{Tx}=0 \tag{15-67}$$

$$\sum F_y=0,\ \Delta F_{Ty}+q\Delta s=0 \tag{15-68}$$

可得平衡方程

$$\frac{\mathrm{d}F_{T_x}}{\mathrm{d}s}=0 \tag{15-69}$$

$$\frac{\mathrm{d}F_{\mathrm{T}y}}{\mathrm{d}s}=-q \tag{15-70}$$

式中，$F_{\mathrm{T}x}$和$F_{\mathrm{T}y}$分别为索张力的水平与铅直分量。$\Delta F_{\mathrm{T}x}$和$\Delta F_{\mathrm{T}y}$是它们沿长度方向的改变量。由式(15-69)得知$F_{\mathrm{T}x}=\mathrm{const}$，即索各横截面的张力可以是变化的，但其中水平分量却恒为常量，包括于两端固定处。

类似于杆件拉伸变形的假设与分析，可得索横截面上只有正应力$\sigma$，且在横截面上均匀分布，该正应力组成一个同向平行力系，其合力就是张力，所以有应力

$$\sigma=\frac{F_{\mathrm{T}}}{A} \tag{15-71}$$

式中，$A$为横截面面积。

通常$\sigma \gg q/D$($D$为索横截面特征尺寸)，不计$q$作用点表面的压应力。索中任意点处于单向应力状态，由郑玄—胡克定律得相应于正应力的正应变

$$\varepsilon=\frac{\sigma}{E}=\frac{F_{\mathrm{T}}}{EA} \tag{15-72}$$

式中，$E$为材料的弹性模量。则横向正应变$\varepsilon'=-\mu\varepsilon$，$\mu$为泊松比，从而可确定截面变形情况。索的伸长量为

$$\Delta L=\int_{L_0}\varepsilon\mathrm{d}s=\int_{L_0}\frac{F_{\mathrm{T}}}{EA}\mathrm{d}s=\frac{F_{\mathrm{H}}}{\lambda}\int_{2a}\left(\frac{\mathrm{d}s}{\mathrm{d}x}\right)^2\mathrm{d}x \tag{15-73}$$

式中，$L_0$为索未承载时的长度，即原长，$2a$为其水平长度。式(15-73)表明索的伸长量不仅与其拉伸刚度$EA$、水平张力$F_{\mathrm{T}x}$有关，还取决于其平衡形态。索的应变能

$$U_{\varepsilon}=\int_{L_0}\frac{1}{2}\sigma\varepsilon\mathrm{d}V=\int_{L_0}\mathrm{d}s\int_{L_0}\frac{F_{\mathrm{T}}^2}{2EA^2}\mathrm{d}A=\int_{L_0}\frac{F_{\mathrm{T}}^2}{2EA}\mathrm{d}s \tag{15-74}$$

由上述方程可见，欲求得索的应力、绳长、应变能等，需先确定其张力与形态。

## 15.7 弦的振动

为了直接推导弦这个连续体的振动方程，下面从弦上取一个微小单元，如图15-7所示，单元长度为$\mathrm{d}x$。弦在做微小振动时，$\sin\theta\approx\tan\theta=\frac{\partial y}{\partial x}$，$\mathrm{d}s=\mathrm{d}x$。以微元为分析对象，根据牛顿第二定律，得到运动方程

$$\rho A\mathrm{d}x\frac{\partial^2 y}{\partial t^2}=F_{\mathrm{T}}\left(\theta+\frac{\partial\theta}{\partial x}\mathrm{d}x\right)-F_{\mathrm{T}}\theta$$

将上式化简后，得到

$$\rho A\frac{\partial^2 y}{\partial t^2}=F_{\mathrm{T}}\frac{\partial^2 y}{\partial x^2} \tag{15-75}$$

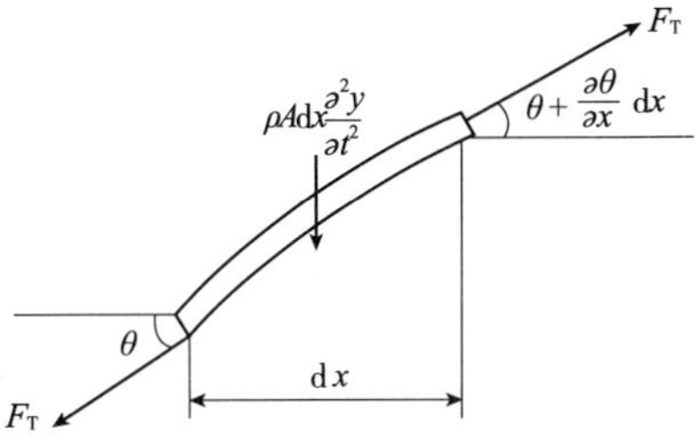

图15-7 微弦单元

弦的横向自由振动偏微分方程为

$$\frac{\partial^2 y}{\partial x^2}=\frac{1}{c^2}\frac{\partial^2 y}{\partial t^2} \tag{15-76}$$

式中，$c=\sqrt{\frac{F_{\mathrm{T}}}{\rho A}}$。

系统初始条件为

$$y(x,0)=f(x),\frac{\partial y}{\partial t}(x,0)=g(x) \tag{15-77}$$

系统边界条件为

$$y(0,t)=0,y(l,t)=0 \tag{15-78}$$

式(15-76)的振动解可设为

$$y(x,t)=X(x)Y(t) \tag{15-79}$$

式中,$X(x)$是振型函数。

将式(15-79)代入式(15-76)中,得到

$$c^2\frac{1}{X}\frac{\mathrm{d}^2X}{\mathrm{d}x^2}=\frac{1}{Y}\frac{\mathrm{d}^2Y}{\mathrm{d}t^2} \tag{15-80}$$

式(15-80)左边仅是$x$的函数,右边仅是时间$t$的函数。要使等式成立,只有两边都等于一常数$\alpha=-\omega_0^2$,则有

$$\frac{\mathrm{d}^2Y}{\mathrm{d}t^2}-\alpha Y=0,\frac{\mathrm{d}^2X}{\mathrm{d}x^2}-\frac{\alpha}{c^2}X=0$$

也可表示为

$$\frac{\mathrm{d}^2Y}{\mathrm{d}t^2}+\omega_0^2Y=0 \tag{15-81}$$

$$\frac{\mathrm{d}^2X}{\mathrm{d}x^2}+\beta^2X=0,\beta=\frac{\omega_0}{c} \tag{15-82}$$

方程式(15-81)和式(15-82)的解分别为

$$Y=A\sin\omega_0t+B\cos\omega_0t \tag{15-83}$$

$$X=C\sin\beta x+D\cos\beta x \tag{15-84}$$

式中,$A$、$B$、$C$和$D$为积分常数。

由边界条件式(15-78)得到

$$X(0)=0 \tag{15-85}$$

把式(15-84)代入上式得到

$$D=0 \tag{15-86}$$

再由边界条件

$$X(l)=0 \tag{15-87}$$

得到

$$\sin\beta l=0 \tag{15-88}$$

式(15-88)是弦的特征方程,由此可以确定一系列特征值

$$\beta_i=\frac{i\pi}{l},i=1,2,\cdots \tag{15-89}$$

系统各阶固有角频率

$$\omega_{0,i}=\frac{i\pi}{l}\sqrt{\frac{F_\mathrm{T}}{\rho A}},i=1,2,\cdots \tag{15-90}$$

与其相应的特征函数(振型函数)

$$X_i(x)=\sin\frac{i\pi x}{l},i=1,2,\cdots \tag{15-91}$$

由式(15-79)得到弦的主振动为

$$y_i(x,t)=(A_i\sin\omega_{0,i}t+B_i\cos\omega_{0,i}t)\sin\frac{i\pi x}{l},i=1,2,\cdots \tag{15-92}$$

根据线性系统叠加原理,弦的自由振动可表示为各阶主振的叠加

$$y(x,t)=\sum(A_i\sin\omega_{0,i}t+B_i\cos\omega_{0,i}t)\sin\frac{i\pi x}{l} \tag{15-93}$$

其中 $A_i,B_i$ 可由运动初始条件确定。将初始条件式(15-77)代入式(15-93),得

$$f(x)=\sum B_i\sin\frac{i\pi x}{l};g(x)=\sum A_i\omega_{0,i}\sin\frac{i\pi x}{l}$$

根据三角函数簇的正交性

$$\int_0^l\sin\frac{i\pi x}{l}\sin\frac{j\pi x}{l}\mathrm{d}x=\begin{cases}l/2, & i=j\\0, & i\neq j\end{cases}$$

由此解得

$$A_i=\frac{2}{l}\int_0^l f(x)\sin\frac{i\pi x}{l}\mathrm{d}x;B_i=\frac{1}{\omega_{0,i}}\frac{2}{l}\int_0^l g(x)\sin\frac{i\pi x}{l}\mathrm{d}x$$

## 15.8 Maple 编程示例

**编程题 15-1** 某索桥中的一根由多股钢丝缠绕而成的索,长 $2l_0=536\text{m}$,横截面积 $A=0.134\text{m}^2$,单位长度重量 $\overline{W_0}=1\ 084\text{N/m}$,水平悬挂,两点之距 $2a=535.8\text{m}$,仅受自重作用。

(1)不考虑绳索的弹性(假定弹性系数 $\lambda=\infty$),计算索中点与两端处横截面上的应力,并计算弛垂度 $S_0$。

(2)考虑绳索的弹性,弹性模量 $E=156\text{GPa}$,计算索中点与两端处横截面上的应力,并计算弛垂度 $S$。

(3)再考虑弹性与不考虑弹性两种情况,用计算机仿真绳索的形状,并计算由于弹性产生的绳索伸长 $\Delta L$ 以及弛垂度增量 $\Delta S$。

**解:● 建模**

①不考虑绳索的弹性。

a. 根据式(15-60)及式(15-62),令 $e=0$,得

$$\frac{l_0}{a}=\frac{\sinh\omega_1}{\omega_1} \tag{1}$$

解方程式(1)得

$$\omega_1^{(0)}=0.047\ 32,c_0=a/\omega_1^{(0)}=5\ 661$$

b. 由式(15-56)得,索中点处横截面上的张力为

$$F_{\text{Tm}}^{(0)}=F_{\text{H}}^{(0)}=c_0\cdot\overline{w}_0=6\ 137\text{kN}$$

而在两端处横截面上的张力

$$F_{\text{T}A}^{(0)}=F_{\text{T}B}^{(0)}=F_H^{(0)}\cdot\cosh\omega_1^{(0)}=6\ 144\text{kN}$$

将张力代入式(15-71)得,索中点与两端处横截面上的应力分别为

$$\sigma_{\text{m}}^{(0)}=45.80\text{MPa},\sigma_A^{(0)}=\sigma_B^{(0)}=45.85\text{MPa}$$

可见,尽管索张力及应力沿长度的相对变化较小,但绝对变化量仍然不小。索两端张力与横向载荷相平衡,但其值是载荷的 10.6 倍。

c. 由式(15-47)可得,索在两端处切线与水平线的夹角为

$$\theta_A^{(0)} = \theta_B^{(0)} = \arccos\frac{F_{\mathrm{H}}^{(0)}}{F_{\mathrm{T}A}^{(0)}} = 2.71°$$

依式(15-65)计算索的弛垂度

$$S_0 = \sqrt{{l_0}^2 + {c_0}^2} - c_0 = 6.340\mathrm{m}$$

可见,虽然垂度相对于索长与索两端的倾角较小,但是索中点的绝对位移仍不小。

②考虑绳索的弹性。

a. 根据式(15-60)及式(15-62)得

$$\frac{l_0}{a} = \frac{\sinh\omega_1}{\omega_1 + \frac{\overline{w}_0}{\lambda}l_0} \tag{2}$$

这里弹性系数 $\lambda = EA = 2.09 \times 10^7\mathrm{kN}$。解方程式(2)得

$$\omega_1 = 0.060\ 20, c = l_0/\sinh\omega_1 = 4\ 449$$

b. 由式(15-56)得,索中点处横截面上的张力为

$$F_{\mathrm{Tm}} = F_{\mathrm{H}} = c \cdot \overline{w}_0 = 4\ 823\mathrm{kN}$$

而在两端处横截面上的张力

$$F_{\mathrm{T}A} = F_{\mathrm{T}B} = F_{\mathrm{H}} \cdot \cosh\omega_1 = 4\ 831\mathrm{kN}$$

将张力代入式(15-71)得,索中点与两端处横截面上的应力分别为

$$\sigma_{\mathrm{m}} = 35.99\mathrm{MPa}, \sigma_A = \sigma_B = 36.05\mathrm{MPa}$$

可见,考虑弹性时,应力值比不考虑弹性时应力要小,更符合实际情况,不考虑弹性时计算比较保守。

c. 由式(15-47)可得,索在两端处切线与水平线的夹角为

$$\theta_A = \theta_B = \arccos\frac{F_{\mathrm{H}}}{F_{\mathrm{T}A}} = 3.45°$$

依式(15-64)计算索的弛垂度

$$S = \sqrt{{l_0}^2 + c^2} - c + \frac{e}{2c}l_0^2 = 8.067\mathrm{m}$$

这里 $e = c\frac{\overline{W_0}}{\lambda} = 0.000\ 230\ 7$。

③计算机仿真(在同一坐标系中)。

a. 因弹性的伸长而增加的弛垂度。

$$\Delta S = S - S_0 = 1.727\mathrm{m}$$

b. 按式(15-63)计算绳子伸长的长度。

$$\Delta L = 2(l - l_0) = ce\left(\omega_1 + \frac{1}{2}\sinh2\omega_1\right) = 0.158\mathrm{m}$$

由此可见,绳子伸长的长度相对于弛垂度的增加是比较小的。

c. 不考虑绳索弹性时,绳索的下垂形状方程:

$$\begin{cases} x = c_0\omega \\ y = c_0\cosh\omega - c_0 - S_0 \end{cases}$$

考虑绳索弹性时,绳索的下垂形状方程:

$$\begin{cases} x = c(\omega + e\sinh\omega) \\ y = c\left(\cosh\omega + \dfrac{e}{2}\cosh^2\omega\right) - c\left(1 + \dfrac{e}{2}\right) - S \end{cases}$$

由计算机编程序对绳索的实际形状仿真如图 15-8 所示。

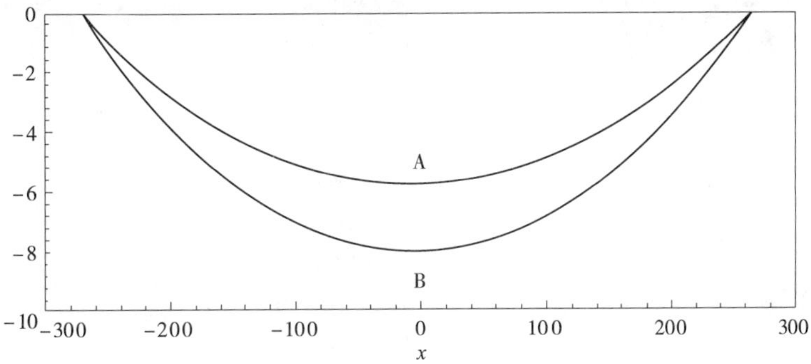


图 15-8 绳索的实际形状的计算机仿真

A-无弹性的绳子;B-有弹性的绳子

- **Maple 程序**

```
> ####################################################
> restart:                                    #不考虑绳索弹性时的程序。
> eq1: = l[0]/a = sinh(omega10)/(omega10):
>                                             #l_0/a = sinhω_1/ω_1。
> l[0]: = 536/2:a: = 535.8/2:                 #已知条件。
>   W0: = 1084:   A: = 0.134:                 #已知条件。
> SOL1: = fsolve({eq1},{omega10},omega10 = 0..1):
>                                             #解方程求解 ω_1。
> omega10: = subs(SOL1,omega10):              #ω_1^(0) 的值。
> c0: = a/omega10:                            #c_0 = a/ω_1^(0)。
> S0: = sqrt(l[0]^2 + c0^2) - c0:             #不考虑弹性时索的弛垂度。
> FH[0]: = W0 * c0:                           #不考虑弹性时的水平力。
> sigma0: = FH[0]/A:                          #不考虑弹性时索中点的应力。
> FA[T0]: = FH[0] * cosh(omega10):            #不考虑弹性时 A、B 两端处的力。
> sigma[A0]: = FA[T0]/A:                      #不考虑弹性时两端处的应力。
> theta[0]: = evalf(arccos(FH[0]/FA[T0]) * 180/Pi):
>                                             #不考虑弹性时索在两端处倾角。
> ####################################################
> restart:                                    #考虑绳索弹性时的程序。
> eq2: = l[0]/a = sinh(omega1)/(omega1 + w0/lambda * l[0]):
>                                             #l_0/a = sinhω_1/(ω_1 + (w_0/λ)l_0)。
> lambda: = E * A:                            #弹性系数。
> l[0]: = 536/2:a: = 535.8/2:                 #已知条件。
> E: = 156e9:     A: = 0.134:                 #已知条件。
```

```
> w0: = 1084:                                         #已知条件。
> SOL2: = fsolve({eq2},{omega1},omega1 = 0..2):
>                                                     #解方程求解 ω1。
> omega1: = subs(SOL2,omega1):                        #ω1 的值。
> c: = l[0]/sinh(omega1):                             #c = l0/sinhω1。
> e: = c * w0/lambda:                                 #e = cw0/λ。
> S: = sqrt(l[0]^2 + c^2) - c + e/(2 * c) * l[0]^2:
>                                                     #考虑弹性时索的弛垂度。
> F[H]: = w0 * c:                                     #考虑弹性时的水平力。
> sigma: = F[H]/A:                                    #考虑弹性时索中点的应力。
> FB[T]: = F[H] * cosh(omega1):                       #考虑弹性时 A、B 两端处的力。
> sigma[B]: = FB[T]/A:                                #考虑弹性时两端处的应力。
> theta: = evalf(arccos(F[H]/FB[T]) * 180/Pi):
>                                                     #考虑弹性时索在两端处倾角。
> Delta[L]: = c * e * (omega1 + 1/2 * sinh(2 * omega1)):
>                                                     #绳子伸长的长度。
> S0: = 6.340:                                        #不考虑弹性时索的弛垂度。
> Delta[s]: = S - S0:                                 #弹性的伸长而增加的弛垂度。
> ###################################################
> restart:                                            #绳索形状的计算机仿真程序。
> with(plots):                                        #加载绘图库。
> x1: = c0 * omega:                                   #不考虑弹性时索的横坐标方程。
> y1: = c0 * cosh(omega) - y10 - S0:                  #不考虑弹性时索的纵坐标方程。
> x2: = c * (omega + e * sinh(omega)):                #考虑弹性时索的横坐标方程。
> y2: = c * (cosh(omega) + e/2 * cosh(omega)^2) - y20 - S:
>                                                     #考虑弹性时索的纵坐标方程。
> y10: = c0:                                          #不考虑弹性时索中点的纵坐标。
> y20: = c * (1 + e/2):                               #考虑弹性时索中点的纵坐标。
> e: = c * w0/lambda:                                 #e = cw0/λ。
> lambda: = E * A:                                    #弹性系数。
> a: = 535.8/2: w0: = 1084:                           #已知条件。
> E: = 156e9:  A: = 0.134:                            #已知条件。
> S0: = 6.339996:                                     #不考虑弹性时索的弛垂度。
> S: = 8.066778256:                                   #考虑弹性时索的弛垂度。
> c0: = 5661.187408:                                  #已知参数。
> c: = 4448.834749:                                   #已知参数。
> Tu1: = plot([x1,y1,omega = -0.1..0.1]):
>                                                     #无弹性的绳子的形状。
> Tu2: = plot([x2,y2,omega = -0.1..0.1]):
>                                                     #有弹性的绳子的形状。
> display({Tu1,Tu2},view = [-300..300, -10..0],thickness = 2);
>                                                     #绳索的实际形状对比。
> ###########################################################
```

## 思考题

**思考题 15-1** 索与杆相比，在受力和工程应用方面有哪些优缺点？

**思考题 15-2** 如图 15-9 所示一起重桅杆，由四根钢丝绳拉紧，使它保持直立状态。这时 $AC$ 和 $BD$ 两绳的拉力一致，$AE$ 和 $BF$ 两绳的拉力一致。若突然有一根钢丝绳断了，比如 $BD$，问其他三根钢丝绳的拉力会有什么变化？

* **思考题 15-3** 如图 15-10 所示一种“弦丝测力计”，当弦丝为线性弹性材料时，问这种测力计的 $F$-$\theta$ 特性曲线是直线还是曲线？你能把它画出来吗？

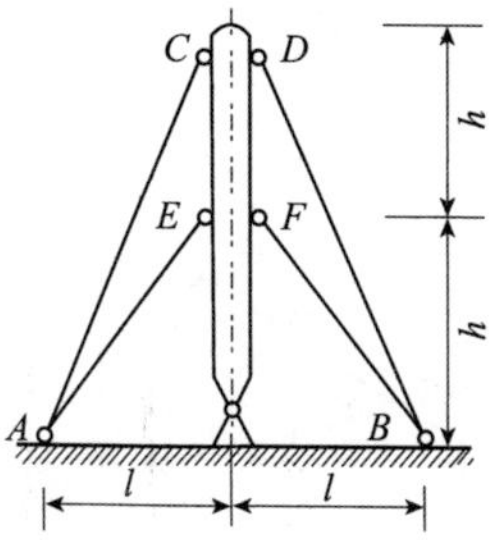


图 15-9

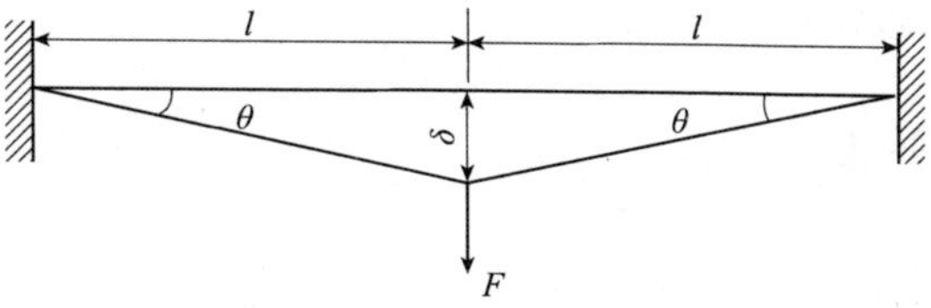


图 15-10

**思考题 15-4** 如图 15-11 所示，刚性杆 $DG$ 用铰链固定于 $D$ 点，并由绕过 $B$ 和 $C$ 两个滑轮的绳索吊住。求绳索的内力时，这是一个静定还是超静定问题？你能确定着力点 $H$ 的垂直位移吗？绳索是否有某个截面的位置保持不动？你能找到它在哪里吗？

**思考题 15-5** 如图 15-12 所示一塔架，下端用柱铰安装在地面上，两边左右对称地用绳索拉住。当从左面或右面有风吹来时，为确定绳索的内力，请问这是几次超静定问题？

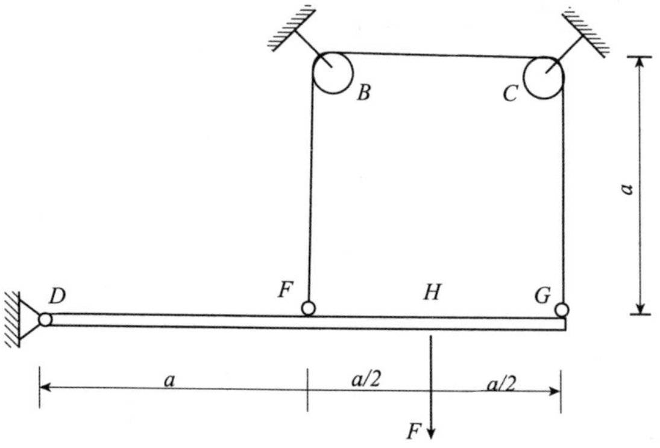


图 15-11

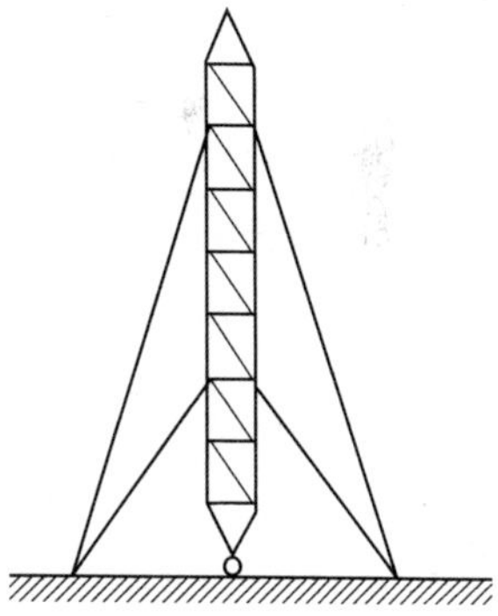

图 15-12

## 习题

### A 类型习题

**习题 15-1** 拔河时，绳子受力如习题图 15-1 所示。已知 $F_1 = 400\text{N}$，$F_2 = 300\text{N}$，$F_2 = 350\text{N}$，$F_4 = 350\text{N}$，$F_5 = 250\text{N}$，$F_6 = 450\text{N}$（各 $F$ 表示双手的合力）。试求 1-1、2-2、3-3、4-4、及 5-5 各截面上的内力素。

**习题 15-2** 如习题图 15-2 所示，柔索 $ACB$ 的总质量 $m_1 = 10\text{kg}$，假设柔索质量沿水平线均匀分布，物 $B$ 的质量也为 $m_1$，物 $E$ 的质量 $m_2 = 15\text{kg}$，$l = 5\text{m}$，$b = 2\text{m}$。试求：

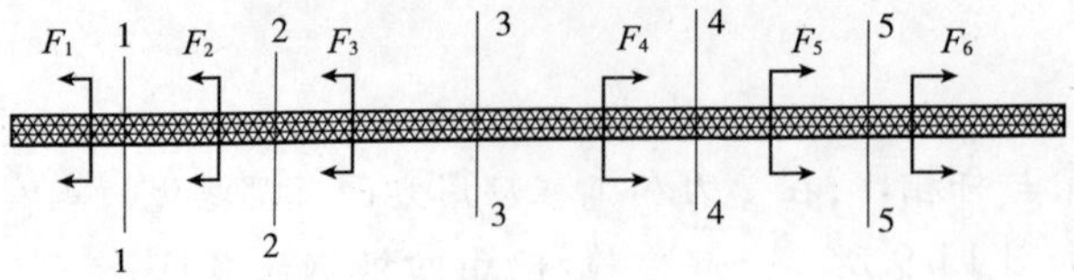


习题图　15-1

(1)垂度 $h$；

(2)柔索在 $A$ 处的斜率。

**习题 15-3**　如习题图 15-3 所示，柔索 $AC$ 的总质量 $m_1=25\text{kg}$，假设柔索质量沿水平线均匀分布，物 $E$ 的质量 $m_2=450\text{kg}$，$l=3\text{m}$，$b=2.5\text{m}$。试求：

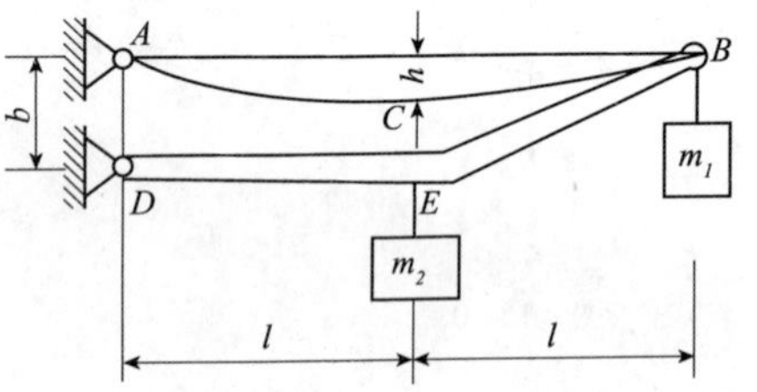


习题图　15-2

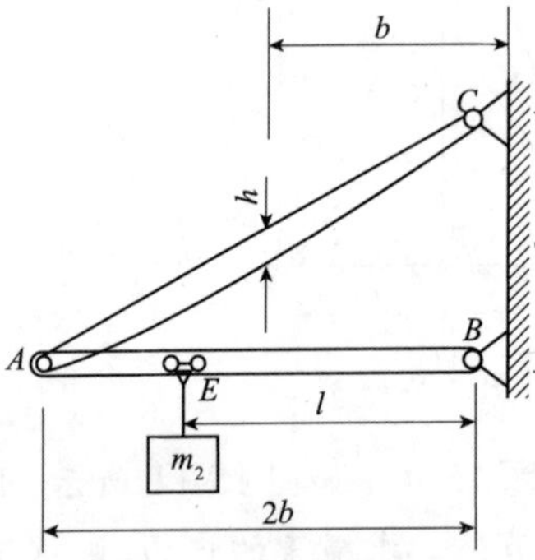


习题图　15-3

(1)垂度 $h$；

(2)柔索在 $A$、$C$ 处的斜率。

**习题 15-4**　如习题图 15-4 所示，每单位长度质量 $\overline{m}=2.2\text{kg/m}$ 的柔索长 $l_{AOB}=76\text{m}$，用来跨越 $l_{AB}=75\text{m}$ 的水平距离。试求：

(1)柔索的近似垂度 $h$；

(2)柔索的最大张力。

**习题 15-5**　如习题图 15-5 所示，每单位长度索的重力 $q=10\text{N/m}$，跨度 $l=100\text{m}$，物块的重力均为 $P=10\text{kN}$，试求跨中的垂度。

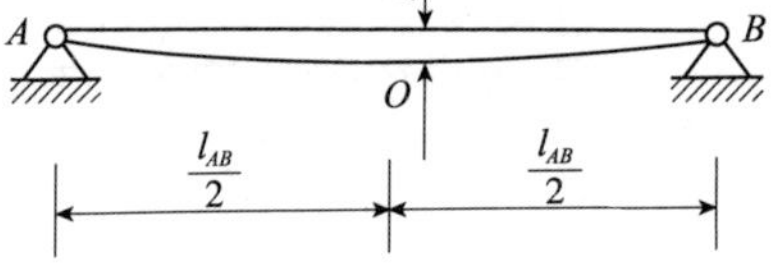


习题图　15-4

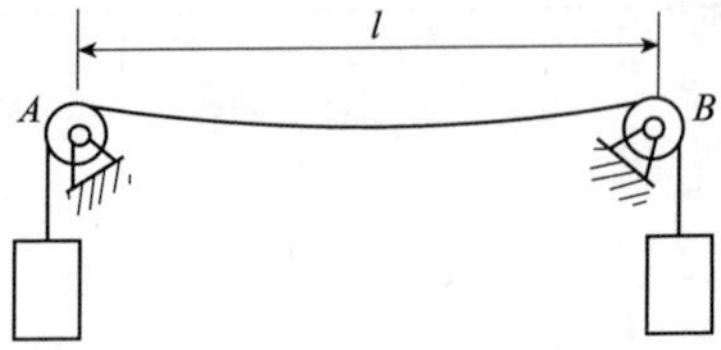


习题图　15-5

**习题 15-6**　有一长 $l=10\text{m}$，重力 $P=20\text{N}$ 的柔索附着于 $A$ 点和 $B$ 点两套环。两套环均能自由地滑动于杆上如习题图 15-6 所示。试求：

(1)水平力 $F$ 多大能使 $h=b$；

(2)所对应的 $h$ 值；

(3)柔索的最大张力。

**习题 15-7**　如习题图 15-7 所示，相同的电缆在 $B$ 处连接。由于塔身是细长的，故 $B$ 处电缆所产生合力的水平分量必须为零。假设电缆呈抛物线形，$l_1=120\text{m}$，$l_2=80\text{m}$，$h_2=3\text{m}$。试求 $h_1$。

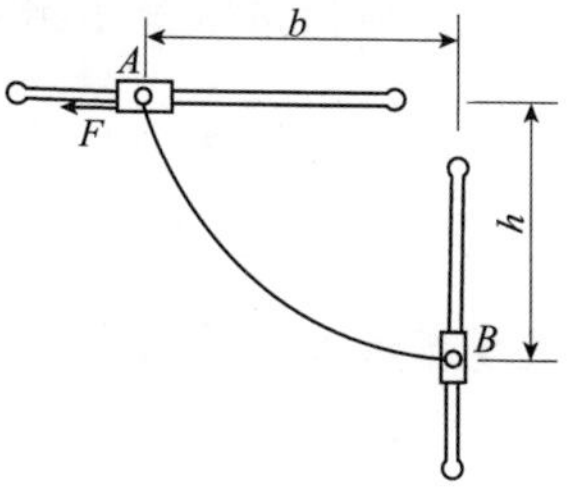


习题图 15-6

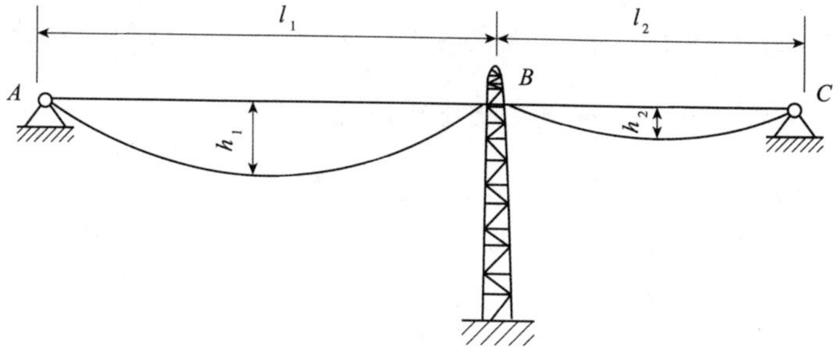


习题图 15-7

**习题 15-8** 如习题图 15-8 所示，柔索单位长度的重力 $q=10\text{N/m}$，固定于 $A$，同时置于坡度为1∶5的光滑斜面上，$C$ 端用水平力 $F=2\text{kN}$ 牵拉，已知 $l=60\text{m}$。试求从索离开斜面处 $B$ 点至 $A$ 点的水平距离 $b$ 及索内最大拉力。

**习题 15-9** 如习题图 15-9 所示，柔索静止在水平面上，其一端绕过一滑轮，并以力 $F$ 牵引。当力 $F$ 逐渐增大时 $BC$ 段的长度越来越短，小到某一极限 $b$ 时，$BC$ 段开始产生滑动，已知 $l=200\text{m}$，$h=4\text{m}$，索与平面之间的静摩擦因数 $f_s=0.5$。试求能保持平衡的最小 $b$ 的值。

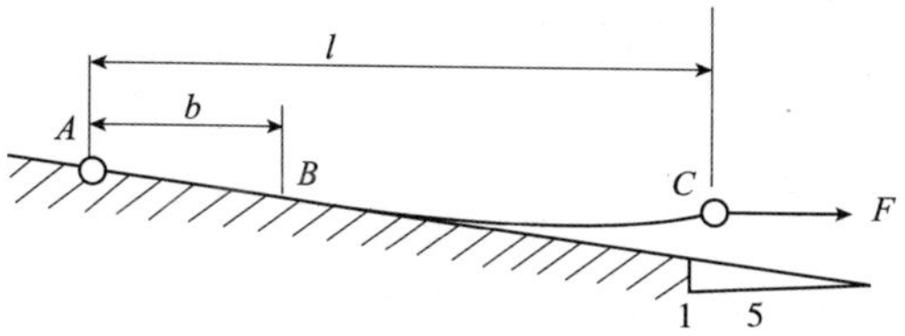


习题图 15-8

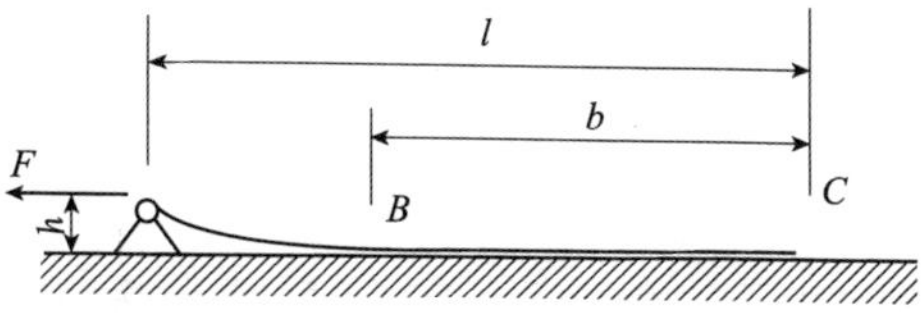


习题图 15-9

## B 类型习题

**习题 15-10** 一条重量等于 $W$ 的绳子挂在一水平线上的二点，一重量 $W'$ 系于此绳的最低点。若 $\alpha,\beta$ 是绳子最高点与最低点二切线的倾角，则证：$\dfrac{\tan\alpha}{\tan\beta}=1+\dfrac{W}{W'}$。

**习题 15-11** 一重的、长度等于 $l$ 的绳子挂在二钉子上；在此二钉子处，绳子与水平线成 $\alpha,\beta$ 二角度。证：二钉子的高度差等于 $l\sin\dfrac{1}{2}(\alpha-\beta)\sec\dfrac{1}{2}(\alpha+\beta)$。

**习题 15-12** 一固有长度为 $l$ 的弹性绳（每单位固有长度的重量等于 $w$）的两端，系在同一悬直线中相距 $b$ 长度的二钉子上，$b$ 比它仅在重力作用之下所得到的长度为长。令 $\lambda$ 代表绳的弹性系数。证：距上端 $x$ 固有长度的一点将位移到 $\dfrac{wx}{2\lambda}(l-x)+\dfrac{bx}{l}$。

**习题 15-13** 一线多边形是由 $n$ 个相等的重量挂在一轻的线上所形成，每两个邻近重量之间，线的长度皆相等。证：线多边形的各段与水平线所成的倾角的正切，形成一算术级数；若 $n$ 增加到无穷大，而各重量之和仍等于一常数，则此线多边形将以一悬链线作极限。

**习题 15-14** 一重的、不均匀的锁链两端挂在一水平线内的二点，且形成一半圆周。若 $y$ 代表锁链的任一节在水平线之下的深度，而 $r$ 为半圆周的半径，则证：锁链的质量密度是与 $r/y^2$ 成正比。

**习题 15-15** 证：在 15.5 节中所讨论的有弹性绳子的伸长所做的功等于 $W = 2\bar{w}_0 c^2 e\left(\sinh\omega + \frac{1}{3}\sinh^3\omega\right)$。

**习题 15-16** 若 $F_T$ 代表某线绳任一点的张力，同时此线绳是在一力场作用下呈平衡状态，而 $F_T$ 的方向同线绳在此处的切线相重合，则证：$q + \frac{dF_T}{ds} = 0$。其中 $q$ 为力场在每单位绳上的力向量，而 ds 等于线绳微弧的长度。

**习题 15-17** 求一重而不均匀的缆绳在重力场中的平衡形状，设缆绳的质量密度与以最低点作参考的绳长成正比。

**习题 15-18** 一锁链是由 $2n$ 个相同的链环所合成，每两个链环之间的接触是十分光滑的，锁链两端的末段在一不光滑的水平铁丝上滑动，它们的摩擦因数为 $\mu$。证：当锁链在极限平衡状态时，末段链环与悬直线所成的角度等于 $\arctan\frac{2n\mu}{2n-1}$。

**习题 15-19** 求如习题图 15-10 所示弦作垂直自由振动时，前三阶固有角频率和相应的振型函数。

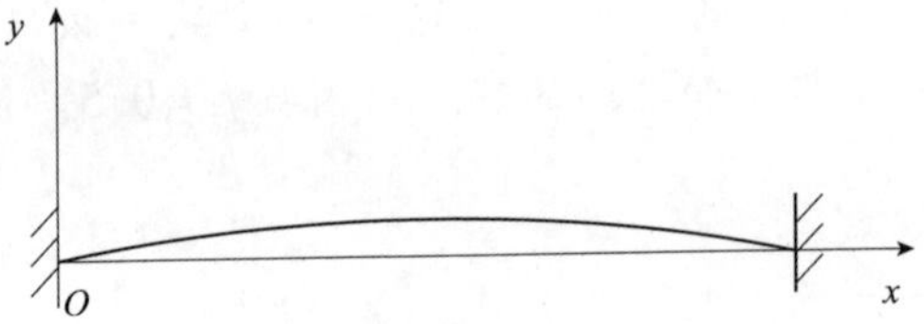


习题图 15-10

## C 类型习题

**习题 15-20** 如习题图 15-11 所示，一风筝用 $L = 250$m 长的线绳拴在地上，且在那儿作用着一个 $F_T = 8$N 的拉力。设固定在支架上的绳与水平线之间的角度 $\alpha = 10°$。单位长度绳的重量为 $p_0 = 0.03$N/m，对绳的风力可以忽略，此风筝能飞多高？

**习题 15-21** 如习题图 15-12 所示，一桥板在两支柱间用一索来支撑，桥板的车道单位长度重量 dG/da 在其板长 $a$ 内线性变化。如果索中的最大拉力不允许超过 $F_{T,\max} = 200$kN，试问索曲线的方程是怎样的？从车道算起最小索距为多少？

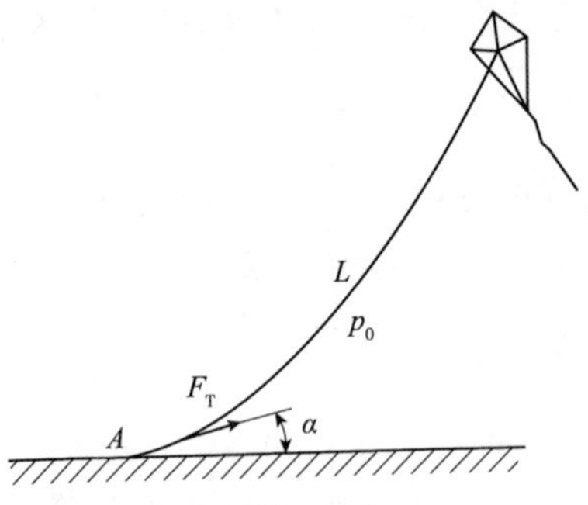


习题图 15-11

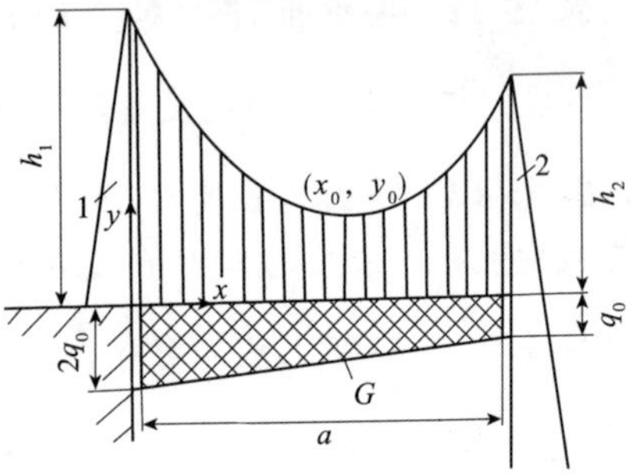


习题图 15-12

已知数据：$G = 300$kN，$a = 15$m，$h_1 = 9$m，$h_2 = 6$m。

**习题 15-22** 如习题图 15-13 所示，一直径为 $d$ 的钢丝张拉在两固定支点上。在其连线中点作用一力 $F$。钢丝的自重可忽略不计。如不允许超过许用拉应力 $\sigma_z$，试求钢丝中的预

张力 $F_D$ 可以达到多大和此时受力点的挠度 $f$ 为多少?

已知数据:$a=1.5\text{m}$, $F=120\text{N}$, $d=3\text{mm}$, $E=216\text{GPa}$, $\sigma_z=200\text{MPa}$。

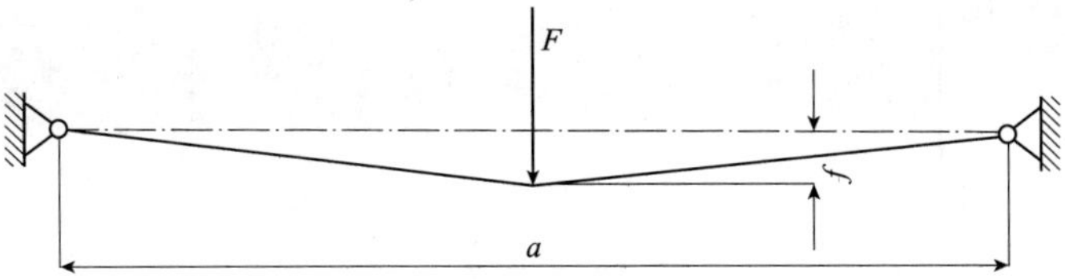


习题图 15-13

巴尔扎克(法国,1799~1850)

"逆境,是天才的进身之阶;

信徒的洗礼之水;

能人的无价之宝;

弱者的无底之渊。"

# 附录 A　热轧型钢(GB/T 706—2008)

**工字钢截面尺寸、截面面积、理论质量及截面特性**　　表 A-1

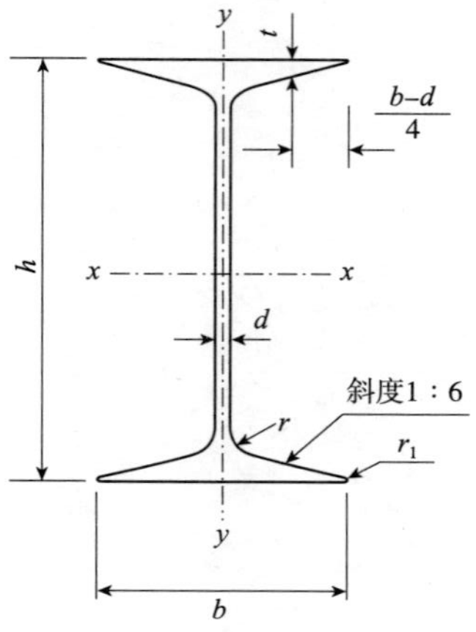


符号意义：$h$——高度；
$b$——腿宽度；
$d$——腰厚；
$t$——平均腿厚度；
$r$——内圆弧半径；
$r_1$——腿端圆弧半径。

截面面积计算公式：$hd+2t(b-d)+0.615(r^2-r_1^2)$

| 型号 | 截面尺寸 (mm) | | | | | | 截面面积 ($cm^2$) | 理论质量 (kg/m) | 惯性矩 ($cm^4$) | | 惯性半径 (cm) | | 截面模数 ($cm^3$) | |
|---|---|---|---|---|---|---|---|---|---|---|---|---|---|---|
| | $h$ | $b$ | $d$ | $t$ | $r$ | $r_1$ | | | $I_x$ | $I_y$ | $i_x$ | $i_y$ | $W_x$ | $W_y$ |
| 10 | 100 | 68 | 4.5 | 7.6 | 6.5 | 3.3 | 14.345 | 11.261 | 245 | 33.0 | 4.14 | 1.52 | 49.0 | 9.72 |
| 12 | 120 | 74 | 5.0 | 8.4 | 7.0 | 3.5 | 17.818 | 13.987 | 436 | 46.9 | 4.95 | 1.62 | 72.7 | 12.7 |
| 12.6 | 126 | 74 | 5.0 | 8.4 | 7.0 | 3.5 | 18.118 | 14.223 | 488 | 46.9 | 5.20 | 1.61 | 77.5 | 12.7 |
| 14 | 140 | 80 | 5.5 | 9.1 | 7.5 | 3.8 | 21.516 | 16.890 | 712 | 64.4 | 5.76 | 1.73 | 102 | 16.1 |

续上表

| 型号 | 截面尺寸 (mm) | | | | | | 截面面积 ($cm^2$) | 理论质量 (kg/m) | 惯性矩 ($cm^4$) | | 惯性半径 (cm) | | 截面模数 ($cm^3$) | |
|---|---|---|---|---|---|---|---|---|---|---|---|---|---|---|
| | $h$ | $b$ | $d$ | $t$ | $r$ | $r_1$ | | | $I_x$ | $I_y$ | $i_x$ | $i_y$ | $W_x$ | $W_y$ |
| 16 | 160 | 88 | 6.0 | 9.9 | 8.0 | 4.0 | 26.131 | 20.513 | 1 130 | 93.1 | 6.58 | 1.89 | 141 | 21.2 |
| 18 | 180 | 94 | 6.5 | 10.7 | 8.5 | 4.3 | 30.756 | 24.143 | 1 660 | 122 | 7.36 | 2.00 | 185 | 26.0 |
| 20a | 200 | 100 | 7.0 | 11.4 | 9.0 | 4.5 | 35.578 | 27.929 | 2 370 | 158 | 8.15 | 2.12 | 237 | 31.5 |
| 20b | | 102 | 9.0 | | | | 39.978 | 31.069 | 2 500 | 169 | 7.96 | 2.06 | 250 | 33.1 |
| 22a | 220 | 110 | 7.5 | 12.3 | 9.5 | 4.8 | 42.128 | 33.070 | 3 400 | 225 | 8.99 | 2.31 | 309 | 40.9 |
| 22b | | 112 | 9.5 | | | | 46.528 | 36.524 | 3 570 | 239 | 8.78 | 2.27 | 325 | 42.7 |
| 24a | 240 | 116 | 8.0 | 13.0 | 10.0 | 5.0 | 47.741 | 37.477 | 4 570 | 280 | 9.77 | 2.42 | 381 | 48.4 |
| 24b | | 118 | 10.0 | | | | 52.541 | 41.245 | 4 800 | 297 | 9.57 | 2.38 | 400 | 50.4 |
| 25a | 250 | 116 | 8.0 | | | | 48.541 | 38.105 | 5 020 | 280 | 10.2 | 2.40 | 402 | 48.3 |
| 25b | | 118 | 10.0 | | | | 53.541 | 42.030 | 5 280 | 309 | 9.94 | 2.40 | 423 | 52.4 |
| 27a | 270 | 122 | 8.5 | 13.7 | 10.5 | 5.3 | 54.554 | 42.825 | 6 550 | 345 | 10.9 | 2.51 | 485 | 56.6 |
| 27b | | 124 | 10.5 | | | | 59.954 | 47.064 | 6 870 | 366 | 10.7 | 2.47 | 509 | 58.9 |
| 28a | 280 | 122 | 8.5 | | | | 55.404 | 43.492 | 7 110 | 345 | 11.3 | 2.50 | 508 | 56.6 |
| 28b | | 124 | 10.5 | | | | 61.004 | 47.888 | 7 480 | 379 | 11.1 | 2.49 | 534 | 61.2 |
| 30a | 300 | 126 | 9.0 | 14.4 | 11.0 | 5.5 | 61.254 | 48.084 | 8 950 | 400 | 12.1 | 2.55 | 597 | 63.5 |
| 30b | | 128 | 11.0 | | | | 67.254 | 52.794 | 9 400 | 422 | 11.8 | 2.50 | 627 | 65.9 |
| 30c | | 130 | 13.0 | | | | 73.254 | 57.504 | 9 850 | 445 | 11.6 | 2.46 | 657 | 68.5 |
| 32a | 320 | 130 | 9.5 | 15.0 | 11.5 | 5.8 | 67.156 | 52.717 | 11 100 | 460 | 12.8 | 2.62 | 692 | 70.8 |
| 32b | | 132 | 11.5 | | | | 73.556 | 57.741 | 11 600 | 502 | 12.6 | 2.61 | 726 | 76.0 |
| 32c | | 134 | 13.5 | | | | 79.956 | 62.765 | 12 200 | 544 | 12.3 | 2.61 | 760 | 81.2 |

续上表

| 型号 | 截面尺寸（mm） | | | | | | 截面面积（$cm^2$） | 理论质量（kg/m） | 惯性矩（$cm^4$） | | 惯性半径（cm） | | 截面模数（$cm^3$） | |
|---|---|---|---|---|---|---|---|---|---|---|---|---|---|---|
| | $h$ | $b$ | $d$ | $t$ | $r$ | $r_1$ | | | $I_x$ | $I_y$ | $i_x$ | $i_y$ | $W_x$ | $W_y$ |
| 36a | 360 | 136 | 10.0 | 15.8 | 12.0 | 6.0 | 76.480 | 60.037 | 15 800 | 552 | 14.4 | 2.69 | 875 | 81.2 |
| 36b | | 138 | 12.0 | | | | 83.680 | 65.689 | 16 500 | 582 | 14.1 | 2.64 | 919 | 84.3 |
| 36c | | 140 | 14.0 | | | | 90.880 | 71.341 | 17 300 | 612 | 13.8 | 2.60 | 962 | 87.4 |
| 40a | 400 | 142 | 10.5 | 16.5 | 12.5 | 6.3 | 86.112 | 67.598 | 21 700 | 660 | 15.9 | 2.77 | 1 090 | 93.2 |
| 40b | | 144 | 12.5 | | | | 94.112 | 73.878 | 22 800 | 692 | 15.6 | 2.71 | 1 140 | 96.2 |
| 40c | | 146 | 14.5 | | | | 102.112 | 80.158 | 23 900 | 727 | 15.2 | 2.65 | 1 190 | 99.6 |
| 45a | 450 | 150 | 11.5 | 18.0 | 13.5 | 6.8 | 102.446 | 80.420 | 32 200 | 855 | 17.7 | 2.89 | 1 430 | 114 |
| 45b | | 152 | 13.5 | | | | 111.446 | 87.485 | 33 800 | 894 | 17.4 | 2.84 | 1 500 | 118 |
| 45c | | 154 | 15.5 | | | | 120.446 | 94.550 | 35 300 | 938 | 17.1 | 2.79 | 1 570 | 122 |
| 50a | 500 | 158 | 12.0 | 20.0 | 14.0 | 7.0 | 119.304 | 93.654 | 46 500 | 1 120 | 19.7 | 3.07 | 1 860 | 142 |
| 50b | | 160 | 14.0 | | | | 129.304 | 101.504 | 48 600 | 1 170 | 19.4 | 3.01 | 1 940 | 146 |
| 50c | | 162 | 16.0 | | | | 139.304 | 109.354 | 50 600 | 1 220 | 19.0 | 2.96 | 2 080 | 151 |
| 55a | 550 | 166 | 12.5 | 21.0 | 14.5 | 7.3 | 134.185 | 105.335 | 62 900 | 1 370 | 21.6 | 3.19 | 2 290 | 164 |
| 55b | | 168 | 14.5 | | | | 145.185 | 113.970 | 65 600 | 1 420 | 21.2 | 3.14 | 2 390 | 170 |
| 55c | | 170 | 16.5 | | | | 156.185 | 122.605 | 68 400 | 1 480 | 20.9 | 3.08 | 2 490 | 175 |
| 56a | 560 | 166 | 12.5 | | | | 135.435 | 106.316 | 65 600 | 1 370 | 22.0 | 3.18 | 2 340 | 165 |
| 56b | | 168 | 14.5 | | | | 146.635 | 115.108 | 68 500 | 1 490 | 21.6 | 3.16 | 2 450 | 174 |
| 56c | | 170 | 16.5 | | | | 157.835 | 123.900 | 71 400 | 1 560 | 21.3 | 3.16 | 2 550 | 183 |
| 63a | 630 | 176 | 13.0 | 22.0 | 15.0 | 7.5 | 154.658 | 121.407 | 93 900 | 1 700 | 24.5 | 3.31 | 2 980 | 193 |
| 63b | | 178 | 15.0 | | | | 167.258 | 131.298 | 98 100 | 1 810 | 24.2 | 3.29 | 3 160 | 204 |
| 63c | | 180 | 17.0 | | | | 179.858 | 141.189 | 102 000 | 1 920 | 23.8 | 3.27 | 3 300 | 214 |

**槽钢截面尺寸、截面面积、理论质量及截面特性**　　　　表 A-2

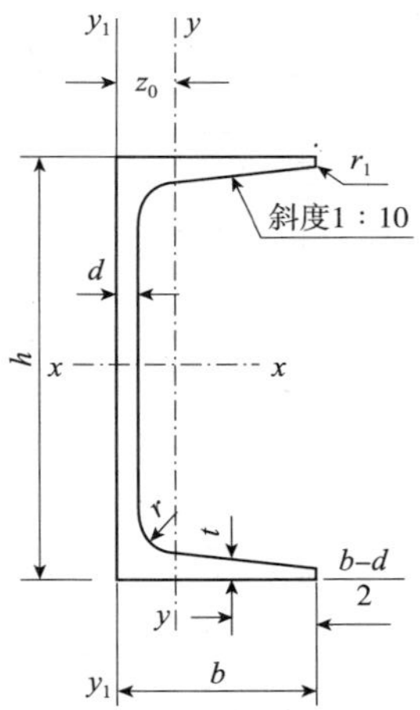


符号意义：$h$——高度；

$b$——腿宽度；

$d$——腰厚；

$t$——平均腿厚度；

$r$——内圆弧半径；

$r_1$——腿端圆弧半径。

$z_0$——$yy$ 轴与 $y_1y_1$ 轴间距。

截面面积计算公式：$hd+2t(b-d)+0.349(r^2-r_1^2)$

| 型号 | 截面尺寸 (mm) | | | | | | 截面面积 ($cm^2$) | 理论质量 (kg/m) | 惯性矩 ($cm^4$) | | | 惯性半径 (cm) | | 截面模数 ($cm^3$) | | 重心距离 (cm) |
|---|---|---|---|---|---|---|---|---|---|---|---|---|---|---|---|---|
| | $h$ | $b$ | $d$ | $t$ | $r$ | $r_1$ | | | $I_x$ | $I_y$ | $I_{y1}$ | $i_x$ | $i_y$ | $W_x$ | $W_y$ | $z_0$ |
| 5 | 50 | 37 | 4.5 | 7.0 | 7.0 | 3.5 | 6.928 | 5.438 | 26.0 | 8.30 | 20.9 | 1.94 | 1.10 | 10.4 | 3.55 | 1.35 |
| 6.3 | 63 | 40 | 4.8 | 7.5 | 7.5 | 3.8 | 8.451 | 6.634 | 50.8 | 11.9 | 28.4 | 2.45 | 1.19 | 16.1 | 4.50 | 1.36 |
| 6.5 | 65 | 40 | 4.3 | 7.5 | 7.5 | 3.8 | 8.547 | 6.709 | 55.2 | 12.0 | 28.3 | 2.54 | 1.19 | 17.0 | 4.59 | 1.38 |
| 8 | 80 | 43 | 5.0 | 8.0 | 8.0 | 4.0 | 10.248 | 8.045 | 101 | 16.6 | 37.4 | 3.15 | 1.27 | 25.3 | 5.79 | 1.43 |
| 10 | 100 | 48 | 5.3 | 8.5 | 8.5 | 4.2 | 12.748 | 10.007 | 198 | 25.6 | 54.9 | 3.95 | 1.41 | 39.7 | 7.80 | 1.52 |
| 12 | 120 | 53 | 5.5 | 9.0 | 9.0 | 4.5 | 15.362 | 12.059 | 346 | 37.4 | 77.7 | 4.75 | 1.56 | 57.7 | 10.2 | 1.62 |
| 12.6 | 126 | 53 | 5.5 | 9.0 | 9.0 | 4.5 | 15.692 | 12.318 | 391 | 38.0 | 77.1 | 4.95 | 1.57 | 62.1 | 10.2 | 1.59 |
| 14a | 140 | 58 | 6.0 | 9.5 | 9.5 | 4.8 | 18.516 | 14.535 | 564 | 53.2 | 107 | 5.52 | 1.70 | 80.5 | 13.0 | 1.71 |
| 14b | | 60 | 8.0 | | | | 21.316 | 16.733 | 609 | 61.1 | 121 | 5.35 | 1.69 | 87.1 | 14.1 | 1.67 |

续上表

| 型号 | 截面尺寸 (mm) | | | | | | 截面面积 (cm²) | 理论质量 (kg/m) | 惯性矩 (cm⁴) | | | 惯性半径 (cm) | | 截面模数 (cm³) | | 重心距离 (cm) |
|---|---|---|---|---|---|---|---|---|---|---|---|---|---|---|---|---|
| | $h$ | $b$ | $d$ | $t$ | $r$ | $r_1$ | | | $I_x$ | $I_y$ | $I_{y1}$ | $i_x$ | $i_y$ | $W_x$ | $W_y$ | $z_0$ |
| 16a | 160 | 63 | 6.5 | 10.0 | 10.0 | 5.0 | 21.962 | 17.24 | 866 | 73.3 | 144 | 6.28 | 1.83 | 108 | 16.3 | 1.80 |
| 16b | | 65 | 8.5 | | | | 25.162 | 19.752 | 935 | 83.4 | 161 | 6.10 | 1.82 | 117 | 17.6 | 1.75 |
| 18a | 180 | 68 | 7.0 | 10.5 | 10.5 | 5.2 | 25.699 | 20.174 | 1 270 | 98.6 | 190 | 7.04 | 1.96 | 141 | 20.0 | 1.88 |
| 18b | | 70 | 9.0 | | | | 29.299 | 23.000 | 1 370 | 111 | 210 | 6.84 | 1.95 | 152 | 21.5 | 1.84 |
| 20a | 200 | 73 | 7.0 | 11.0 | 11.0 | 5.5 | 28.837 | 22.637 | 1 780 | 128 | 244 | 7.86 | 2.11 | 178 | 24.2 | 2.01 |
| 20b | | 75 | 9.0 | | | | 32.837 | 25.777 | 1 910 | 144 | 268 | 7.64 | 2.09 | 191 | 25.9 | 1.95 |
| 22a | 220 | 77 | 7.0 | 11.5 | 11.5 | 5.8 | 31.846 | 24.999 | 2 390 | 158 | 298 | 8.67 | 2.23 | 218 | 28.2 | 2.10 |
| 22b | | 79 | 9.0 | | | | 36.246 | 28.453 | 2 570 | 176 | 326 | 8.42 | 2.21 | 234 | 30.1 | 2.03 |
| 24a | 240 | 78 | 7.0 | 12.0 | 12.0 | 6.0 | 34.217 | 26.860 | 3 050 | 174 | 325 | 9.45 | 2.25 | 254 | 30.5 | 2.10 |
| 24b | | 80 | 9.0 | | | | 39.017 | 30.628 | 3 280 | 194 | 355 | 9.17 | 2.23 | 274 | 32.5 | 2.03 |
| 24c | | 82 | 11.0 | | | | 43.817 | 34.396 | 3 510 | 213 | 388 | 8.96 | 2.21 | 293 | 34.4 | 2.00 |
| 25a | 250 | 78 | 7.0 | 12.0 | 12.0 | 6.0 | 34.917 | 27.410 | 3 370 | 176 | 322 | 9.82 | 2.24 | 270 | 30.6 | 2.07 |
| 25b | | 80 | 9.0 | | | | 39.917 | 31.335 | 3 530 | 196 | 353 | 9.41 | 2.22 | 282 | 32.7 | 1.98 |
| 25c | | 82 | 11.0 | | | | 44.917 | 35.260 | 3 690 | 218 | 384 | 9.07 | 2.21 | 295 | 35.9 | 1.92 |
| 27a | 270 | 82 | 7.5 | 12.5 | 12.5 | 6.2 | 39.284 | 30.838 | 4 360 | 216 | 393 | 10.5 | 2.34 | 323 | 35.5 | 2.13 |
| 27b | | 84 | 9.5 | | | | 44.684 | 35.077 | 4 690 | 239 | 428 | 10.3 | 2.31 | 347 | 37.7 | 2.06 |
| 27c | | 86 | 11.5 | | | | 50.084 | 39.316 | 5 020 | 261 | 467 | 10.1 | 2.28 | 372 | 39.8 | 2.03 |
| 28a | 280 | 82 | 7.5 | | | | 40.034 | 31.427 | 4 760 | 218 | 388 | 10.9 | 2.33 | 340 | 35.7 | 2.10 |
| 28b | | 84 | 9.5 | | | | 45.634 | 35.823 | 5 130 | 242 | 428 | 10.6 | 2.30 | 366 | 37.9 | 2.02 |
| 28c | | 86 | 11.5 | | | | 51.234 | 40.219 | 5 500 | 268 | 463 | 10.4 | 2.29 | 393 | 40.3 | 1.95 |

续上表

| 型号 | 截面尺寸 (mm) | | | | | | 截面面积 ($cm^2$) | 理论质量 (kg/m) | 惯性矩 ($cm^4$) | | | 惯性半径 (cm) | | 截面模数 ($cm^3$) | | 重心距离 (cm) |
|---|---|---|---|---|---|---|---|---|---|---|---|---|---|---|---|---|
| | $h$ | $b$ | $d$ | $t$ | $r$ | $r_1$ | | | $I_x$ | $I_y$ | $I_{y1}$ | $i_x$ | $i_y$ | $W_x$ | $W_y$ | $z_0$ |
| 30a | 300 | 85 | 7.5 | 13.5 | 13.5 | 6.8 | 43.902 | 34.463 | 6 050 | 260 | 467 | 11.7 | 2.43 | 403 | 41.1 | 2.17 |
| 30b | | 87 | 9.5 | | | | 49.902 | 39.173 | 6 500 | 289 | 515 | 11.4 | 2.41 | 433 | 44.0 | 2.13 |
| 30c | | 89 | 11.5 | | | | 55.902 | 43.883 | 6 950 | 316 | 560 | 11.2 | 2.38 | 463 | 46.4 | 2.09 |
| 32a | 320 | 88 | 8.0 | 14.0 | 14.0 | 7.0 | 48.513 | 38.083 | 7 600 | 305 | 552 | 12.5 | 2.50 | 475 | 46.5 | 2.24 |
| 32b | | 90 | 10.0 | | | | 54.913 | 43.107 | 8 140 | 336 | 593 | 12.2 | 2.47 | 509 | 49.2 | 2.16 |
| 32c | | 92 | 12.0 | | | | 61.313 | 48.131 | 8 690 | 374 | 643 | 11.9 | 2.47 | 543 | 52.6 | 2.09 |
| 36a | 360 | 96 | 9.0 | 16.0 | 16.0 | 8.0 | 60.910 | 47.814 | 11 900 | 455 | 818 | 14.0 | 2.73 | 660 | 63.5 | 2.44 |
| 36b | | 98 | 11.0 | | | | 68.110 | 53.466 | 12 700 | 497 | 880 | 13.6 | 2.70 | 703 | 66.9 | 2.37 |
| 36c | | 100 | 13.0 | | | | 75.310 | 59.118 | 13 400 | 536 | 948 | 13.4 | 2.67 | 746 | 70.0 | 2.34 |
| 40a | 400 | 100 | 10.5 | 18.0 | 18.0 | 9.0 | 75.068 | 58.928 | 17 600 | 592 | 1 070 | 15.3 | 2.81 | 879 | 78.8 | 2.49 |
| 40b | | 102 | 12.5 | | | | 83.068 | 65.208 | 18 600 | 640 | 1 140 | 15.0 | 2.78 | 932 | 82.5 | 2.44 |
| 40c | | 104 | 14.5 | | | | 91.068 | 71.488 | 19 700 | 688 | 1 220 | 14.7 | 2.75 | 986 | 86.2 | 2.42 |

## 等边角钢截面尺寸、截面面积、理论质量及截面特性

表 A-3

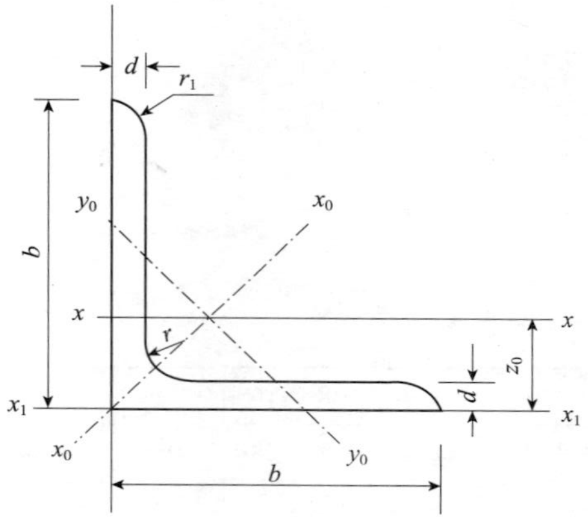


符号意义：$b$——边宽度；

$d$——边厚度；

$r$——内圆弧半径；

$r_1$——边端圆弧半径；

$z_0$——重心距离。

截面面积计算公式：$d(2b-d)+0.215(r^2-r_1^2)$

| 型号 | 截面尺寸 (mm) | | | 截面面积 ($cm^2$) | 理论质量 (kg/m) | 外表面积 ($m^2$/m) | 惯性矩 ($cm^4$) | | | | 惯性半径 (cm) | | | 截面模数 ($cm^3$) | | | 重心距离 (cm) |
|---|---|---|---|---|---|---|---|---|---|---|---|---|---|---|---|---|---|
| | $b$ | $d$ | $r$ | | | | $I_x$ | $I_{x1}$ | $I_{x0}$ | $I_{y0}$ | $i_x$ | $i_{x0}$ | $i_{y0}$ | $W_x$ | $W_{x0}$ | $W_{y0}$ | $z_0$ |
| 2 | 20 | 3 | 3.5 | 1.132 | 0.889 | 0.078 | 0.40 | 0.81 | 0.63 | 0.17 | 0.59 | 0.75 | 0.39 | 0.29 | 0.45 | 0.20 | 0.60 |
| | | 4 | | 1.459 | 1.145 | 0.077 | 0.50 | 1.09 | 0.78 | 0.22 | 0.58 | 0.73 | 0.38 | 0.36 | 0.55 | 0.24 | 0.64 |
| 2.5 | 25 | 3 | | 1.432 | 1.124 | 0.098 | 0.82 | 1.57 | 1.29 | 0.34 | 0.76 | 0.95 | 0.49 | 0.46 | 0.73 | 0.33 | 0.73 |
| | | 4 | | 1.859 | 1.459 | 0.097 | 1.03 | 2.11 | 1.62 | 0.43 | 0.74 | 0.93 | 0.48 | 0.59 | 0.92 | 0.40 | 0.76 |
| 3.0 | 30 | 3 | 4.5 | 1.749 | 1.373 | 0.117 | 1.46 | 2.71 | 2.31 | 0.61 | 0.91 | 1.15 | 0.59 | 0.68 | 1.09 | 0.51 | 0.85 |
| | | 4 | | 2.276 | 1.786 | 0.117 | 1.84 | 3.63 | 2.92 | 0.77 | 0.90 | 1.13 | 0.58 | 0.87 | 1.37 | 0.62 | 0.89 |
| 3.6 | 36 | 3 | | 2.109 | 1.656 | 0.141 | 2.58 | 4.68 | 4.09 | 1.07 | 1.11 | 1.39 | 0.71 | 0.99 | 1.61 | 0.76 | 1.00 |
| | | 4 | | 2.756 | 2.163 | 0.141 | 3.29 | 6.25 | 5.22 | 1.37 | 1.09 | 1.38 | 0.70 | 1.28 | 2.05 | 0.93 | 1.04 |
| | | 5 | | 3.382 | 2.654 | 0.141 | 3.95 | 7.84 | 6.24 | 1.65 | 1.08 | 1.36 | 0.70 | 1.56 | 2.45 | 1.00 | 1.07 |

续上表

| 型号 | 截面尺寸 (mm) | | | 截面面积 ($cm^2$) | 理论质量 (kg/m) | 外表面积 ($m^2/m$) | 惯性矩 ($cm^4$) | | | | 惯性半径 (cm) | | | 截面模数 ($cm^3$) | | | 重心距离 (cm) |
|---|---|---|---|---|---|---|---|---|---|---|---|---|---|---|---|---|---|
| | $b$ | $d$ | $r$ | | | | $I_x$ | $I_{x1}$ | $I_{x0}$ | $I_{y0}$ | $i_x$ | $i_{x0}$ | $i_{y0}$ | $W_x$ | $W_{x0}$ | $W_{y0}$ | $z_0$ |
| 4 | 40 | 3 | 5 | 2.359 | 1.852 | 0.157 | 3.59 | 6.41 | 5.69 | 1.49 | 1.23 | 1.55 | 0.79 | 1.23 | 2.01 | 0.96 | 1.09 |
| | | 4 | | 3.086 | 2.422 | 0.157 | 4.60 | 8.56 | 7.29 | 1.91 | 1.22 | 1.54 | 0.79 | 1.60 | 2.58 | 1.19 | 1.13 |
| | | 5 | | 3.791 | 2.976 | 0.156 | 5.53 | 10.74 | 8.76 | 2.30 | 1.21 | 1.52 | 0.78 | 1.96 | 3.10 | 1.39 | 1.17 |
| 4.5 | 45 | 3 | | 2.659 | 2.088 | 0.177 | 5.17 | 9.12 | 8.20 | 2.14 | 1.40 | 1.76 | 0.89 | 1.58 | 2.58 | 1.24 | 1.22 |
| | | 4 | | 3.486 | 2.736 | 0.177 | 6.65 | 12.18 | 10.56 | 2.75 | 1.38 | 1.74 | 0.89 | 2.05 | 3.32 | 1.54 | 1.26 |
| | | 5 | | 4.292 | 3.369 | 0.176 | 8.04 | 15.2 | 12.74 | 3.33 | 1.37 | 1.72 | 0.88 | 2.51 | 4.00 | 1.81 | 1.30 |
| | | 6 | | 5.076 | 3.985 | 0.176 | 9.33 | 18.36 | 14.76 | 3.89 | 1.36 | 1.70 | 0.80 | 2.95 | 4.64 | 2.06 | 1.33 |
| 5 | 50 | 3 | 5.5 | 2.971 | 2.332 | 0.197 | 7.18 | 12.5 | 11.37 | 2.98 | 1.55 | 1.96 | 1.00 | 1.96 | 3.22 | 1.57 | 1.34 |
| | | 4 | | 3.897 | 3.059 | 0.197 | 9.26 | 16.69 | 14.70 | 3.82 | 1.54 | 1.94 | 0.99 | 2.56 | 4.16 | 1.96 | 1.38 |
| | | 5 | | 4.803 | 3.770 | 0.196 | 11.21 | 20.90 | 17.79 | 4.64 | 1.53 | 1.92 | 0.98 | 3.13 | 5.03 | 2.31 | 1.42 |
| | | 6 | | 5.688 | 4.465 | 0.196 | 13.05 | 25.14 | 20.68 | 5.42 | 1.52 | 1.91 | 0.98 | 3.68 | 5.85 | 2.63 | 1.46 |
| 5.6 | 56 | 3 | 6 | 3.343 | 2.624 | 0.221 | 10.19 | 17.56 | 16.14 | 4.24 | 1.75 | 2.20 | 1.13 | 2.48 | 4.08 | 2.02 | 1.48 |
| | | 4 | | 4.390 | 3.446 | 0.220 | 13.18 | 23.43 | 20.92 | 5.46 | 1.73 | 2.18 | 1.11 | 3.24 | 5.28 | 2.52 | 1.53 |
| | | 5 | | 5.415 | 4.251 | 0.220 | 16.02 | 29.33 | 25.42 | 6.61 | 1.72 | 2.17 | 1.10 | 3.97 | 6.42 | 2.98 | 1.57 |
| | | 6 | | 6.420 | 5.040 | 0.220 | 18.69 | 35.26 | 29.66 | 7.73 | 1.71 | 2.15 | 1.10 | 4.68 | 7.49 | 3.40 | 1.61 |
| | | 7 | | 7.404 | 5.812 | 0.219 | 21.23 | 41.23 | 33.63 | 8.82 | 1.69 | 2.13 | 1.09 | 5.36 | 8.49 | 3.80 | 1.64 |
| | | 8 | | 8.367 | 6.568 | 0.219 | 23.63 | 47.24 | 37.37 | 9.89 | 1.68 | 2.11 | 1.09 | 6.03 | 9.44 | 4.16 | 1.68 |
| 6 | 60 | 5 | 6.5 | 5.829 | 4.576 | 0.236 | 19.89 | 36.05 | 31.57 | 8.21 | 1.85 | 2.33 | 1.19 | 4.59 | 7.44 | 3.48 | 1.67 |
| | | 6 | | 6.914 | 5.427 | 0.235 | 23.25 | 43.33 | 36.89 | 9.60 | 1.83 | 2.31 | 1.18 | 5.41 | 8.70 | 3.98 | 1.70 |
| | | 7 | | 7.977 | 6.262 | 0.235 | 26.44 | 50.65 | 41.92 | 10.96 | 1.82 | 2.29 | 1.17 | 6.21 | 9.88 | 4.45 | 1.74 |
| | | 8 | | 9.020 | 7.081 | 0.235 | 29.47 | 58.02 | 46.66 | 12.28 | 1.81 | 2.27 | 1.17 | 6.98 | 11.00 | 4.88 | 1.78 |

续上表

| 型号 | 截面尺寸 (mm) | | | 截面面积 ($cm^2$) | 理论质量 (kg/m) | 外表面积 ($m^2/m$) | 惯性矩 ($cm^4$) | | | | 惯性半径 (cm) | | | 截面模数 ($cm^3$) | | | 重心距离 (cm) |
|---|---|---|---|---|---|---|---|---|---|---|---|---|---|---|---|---|---|
| | $b$ | $d$ | $r$ | | | | $I_x$ | $I_{x1}$ | $I_{x0}$ | $I_{y0}$ | $i_x$ | $i_{x0}$ | $i_{y0}$ | $W_x$ | $W_{x0}$ | $W_{y0}$ | $z_0$ |
| 6.3 | 63 | 4 | 7 | 4.978 | 3.907 | 0.248 | 19.03 | 33.35 | 30.17 | 7.89 | 1.96 | 2.46 | 1.26 | 4.13 | 6.78 | 3.29 | 1.70 |
| | | 5 | | 6.143 | 4.822 | 0.248 | 23.17 | 41.73 | 36.77 | 9.57 | 1.94 | 2.45 | 1.25 | 5.08 | 8.25 | 3.90 | 1.74 |
| | | 6 | | 7.288 | 5.721 | 0.247 | 27.12 | 50.14 | 43.03 | 11.20 | 1.93 | 2.43 | 1.24 | 6.00 | 9.66 | 4.46 | 1.78 |
| | | 7 | | 8.412 | 6.063 | 0.247 | 30.87 | 58.60 | 48.96 | 12.79 | 1.92 | 2.41 | 1.23 | 6.88 | 10.99 | 4.98 | 1.82 |
| | | 8 | | 9.515 | 7.469 | 0.247 | 34.46 | 67.11 | 54.56 | 14.33 | 1.90 | 2.40 | 1.23 | 7.75 | 12.25 | 5.47 | 1.85 |
| | | 10 | | 11.657 | 9.151 | 0.246 | 41.09 | 84.31 | 64.85 | 17.33 | 1.88 | 2.36 | 1.22 | 9,39 | 14.56 | 6.36 | 1.93 |
| 7 | 70 | 4 | 8 | 5.570 | 4.372 | 0.275 | 26.39 | 45.74 | 41.80 | 10.99 | 2.18 | 2.74 | 1.40 | 5.14 | 8.44 | 4.17 | 1.86 |
| | | 5 | | 6.875 | 5.397 | 0.275 | 32.21 | 57.21 | 51.08 | 13.31 | 2.16 | 2.73 | 1.39 | 6.32 | 10.32 | 4.95 | 1.91 |
| | | 6 | | 8.160 | 6.406 | 0.275 | 37.77 | 68.73 | 59.93 | 15.61 | 2.15 | 2.71 | 1.38 | 7.48 | 12.11 | 5.67 | 1.95 |
| | | 7 | | 9.424 | 7.398 | 0.275 | 43.09 | 80.29 | 68.35 | 17.82 | 2.14 | 2.69 | 1.38 | 8.59 | 13.81 | 6.34 | 1.99 |
| | | 8 | | 10.667 | 8.373 | 0.274 | 48.17 | 91.92 | 76.37 | 19.98 | 2.12 | 2.68 | 1.37 | 9.68 | 15.43 | 6.98 | 2.03 |
| 7.5 | 75 | 5 | 9 | 7.412 | 5.818 | 0.295 | 39.97 | 70.56 | 63.30 | 16.63 | 2.33 | 2.92 | 1.50 | 7.32 | 11.94 | 5.77 | 2.04 |
| | | 6 | | 8.797 | 6.905 | 0.294 | 46.95 | 84.55 | 74.38 | 19.51 | 2.31 | 2.90 | 1.49 | 8.64 | 14.02 | 6.67 | 2.07 |
| | | 7 | | 10.106 | 7.976 | 0.294 | 53.57 | 98.71 | 84.96 | 22.18 | 2.30 | 2.89 | 1.48 | 9.93 | 16.02 | 7.44 | 2.11 |
| | | 8 | | 11.503 | 9.030 | 0.294 | 59.96 | 112.97 | 95.07 | 24.86 | 2.28 | 2.88 | 1.47 | 11.20 | 17.93 | 8.19 | 2.15 |
| | | 9 | | 12.825 | 10.068 | 0.294 | 66.10 | 127.30 | 104.71 | 27.48 | 2.27 | 2.86 | 1.46 | 12.43 | 19.75 | 8.89 | 2.18 |
| | | 10 | | 14.126 | 11.089 | 0.293 | 71.98 | 141.71 | 113.92 | 30.05 | 2.26 | 2.84 | 1.46 | 13.64 | 21.48 | 9.56 | 2.22 |
| 8 | 80 | 5 | | 7.912 | 6.211 | 0.315 | 48.79 | 85.36 | 77.33 | 20.25 | 2.48 | 3.13 | 1.60 | 8.34 | 13.67 | 6.66 | 2.15 |
| | | 6 | | 9.397 | 7.376 | 0.314 | 57.35 | 102.50 | 90.98 | 23.72 | 2.47 | 3.11 | 1.59 | 9.87 | 16.08 | 7.65 | 2.19 |
| | | 7 | | 10.860 | 8.525 | 0.314 | 65.58 | 119.70 | 104.07 | 27.09 | 2.46 | 3.10 | 1.58 | 11.37 | 18.40 | 8.58 | 2.23 |
| | | 8 | | 12.303 | 9.658 | 0.314 | 73.49 | 136.97 | 116.60 | 30.39 | 2.44 | 3.08 | 1.57 | 12.83 | 20.61 | 9.46 | 2.27 |
| | | 9 | | 13.725 | 10.774 | 0.314 | 81.11 | 154.31 | 128.60 | 33.61 | 2.43 | 3.06 | 1.56 | 14.25 | 22.73 | 10.29 | 2.31 |
| | | 10 | | 15.126 | 11.874 | 0.313 | 88.43 | 171.74 | 140.09 | 36.77 | 2.42 | 3.04 | 1.56 | 15.64 | 24.76 | 11.08 | 2.35 |

续上表

| 型号 | 截面尺寸 (mm) | | | 截面面积 ($cm^2$) | 理论质量 (kg/m) | 外表面积 ($m^2/m$) | 惯性矩 ($cm^4$) | | | | 惯性半径 (cm) | | | 截面模数 ($cm^3$) | | | 重心距离 (cm) |
|---|---|---|---|---|---|---|---|---|---|---|---|---|---|---|---|---|---|
| | $b$ | $d$ | $r$ | | | | $I_x$ | $I_{x1}$ | $I_{x0}$ | $I_{y0}$ | $i_x$ | $i_{x0}$ | $i_{y0}$ | $W_x$ | $W_{x0}$ | $W_{y0}$ | $z_0$ |
| 9 | 90 | 6 | 10 | 19.637 | 8.350 | 0.354 | 82.77 | 145.87 | 131.26 | 34.28 | 2.79 | 3.51 | 1.80 | 12.61 | 20.63 | 9.95 | 2.44 |
| | | 7 | | 12.301 | 9.656 | 0.354 | 94.83 | 170.30 | 150.47 | 39.18 | 2.78 | 3.50 | 1.78 | 14.54 | 23.64 | 11.19 | 2.48 |
| | | 8 | | 13.944 | 10.946 | 0.353 | 106.47 | 194.80 | 168.97 | 43.97 | 2.76 | 3.48 | 1.78 | 16.42 | 26.55 | 12.35 | 2.52 |
| | | 9 | | 15.566 | 12.219 | 0.353 | 117.72 | 219.39 | 186.77 | 48.66 | 2.75 | 3.46 | 1.77 | 18.27 | 29.35 | 13.46 | 2.56 |
| | | 10 | | 17.167 | 13.476 | 0.353 | 128.58 | 244.07 | 203.90 | 53.26 | 2.74 | 3.45 | 1.76 | 20.07 | 32.04 | 14.52 | 2.59 |
| | | 12 | | 20.306 | 15.940 | 0.352 | 149.22 | 293.76 | 236.21 | 62.22 | 2.71 | 3.41 | 1.75 | 23.57 | 37.12 | 16.49 | 2.67 |
| 10 | 100 | 6 | 12 | 11.932 | 9.366 | 0.393 | 114.95 | 200.07 | 181.98 | 47.92 | 3.10 | 3.90 | 2.00 | 15.68 | 25.74 | 12.69 | 2.67 |
| | | 7 | | 13.796 | 10.830 | 0.393 | 131.86 | 233.54 | 208.97 | 54.74 | 3.09 | 3.89 | 1.99 | 18.10 | 29.55 | 14.26 | 2.71 |
| | | 8 | | 15.638 | 12.276 | 0.393 | 148.24 | 267.09 | 235.07 | 61.41 | 3.08 | 3.88 | 1.98 | 20.47 | 33.24 | 15.75 | 2.76 |
| | | 9 | | 17.462 | 13.708 | 0.392 | 164.12 | 300.73 | 260.30 | 67.95 | 3.07 | 3.86 | 1.97 | 22.79 | 36.81 | 17.18 | 2.80 |
| | | 10 | | 19.261 | 15.120 | 0.392 | 179.51 | 334.48 | 284.68 | 74.35 | 3.05 | 3.84 | 1.96 | 25.06 | 40.26 | 18.54 | 2.84 |
| | | 12 | | 22.800 | 17.898 | 0.391 | 208.90 | 402.34 | 330.95 | 86.84 | 3.03 | 3.81 | 1.95 | 29.48 | 46.80 | 21.08 | 2.91 |
| | | 14 | | 26.256 | 20.611 | 0.391 | 236.53 | 470.75 | 374.06 | 99.00 | 3.00 | 3.77 | 1.94 | 33.73 | 52.90 | 23.44 | 2.99 |
| | | 16 | | 29.627 | 23.257 | 0.390 | 262.53 | 539.80 | 414.16 | 110.89 | 2.98 | 3.74 | 1.94 | 37.82 | 58.57 | 25.63 | 3.06 |
| 11 | 110 | 7 | 12 | 15.196 | 11.928 | 0.433 | 177.16 | 310.64 | 280.94 | 73.38 | 3.41 | 4.30 | 2.20 | 22.05 | 36.12 | 17.51 | 2.96 |
| | | 8 | | 17.238 | 13.535 | 0.433 | 199.46 | 355.20 | 316.49 | 82.42 | 3.40 | 4.28 | 2.19 | 24.95 | 40.69 | 19.39 | 3.01 |
| | | 10 | | 21.261 | 16.690 | 0.432 | 242.19 | 444.65 | 384.39 | 99.98 | 3.38 | 4.25 | 2.17 | 30.60 | 49.42 | 22.91 | 3.09 |
| | | 12 | | 25.200 | 19.782 | 0.431 | 282.55 | 534.60 | 448.17 | 116.93 | 3.35 | 4.22 | 2.15 | 36.05 | 57.62 | 26.15 | 3.16 |
| | | 14 | | 29.056 | 22.809 | 0.431 | 320.71 | 625.16 | 508.01 | 133.40 | 3.32 | 4.18 | 2.14 | 41.31 | 65.31 | 29.14 | 3.24 |

续上表

| 型号 | 截面尺寸 (mm) | | | 截面面积 (cm²) | 理论质量 (kg/m) | 外表面积 (m²/m) | 惯性矩 (cm⁴) | | | | 惯性半径 (cm) | | | 截面模数 (cm³) | | | 重心距离 (cm) |
|---|---|---|---|---|---|---|---|---|---|---|---|---|---|---|---|---|---|
| | $b$ | $d$ | $r$ | | | | $I_x$ | $I_{x1}$ | $I_{x0}$ | $I_{y0}$ | $i_x$ | $i_{x0}$ | $i_{y0}$ | $W_x$ | $W_{x0}$ | $W_{y0}$ | $z_0$ |
| 12.5 | 125 | 8 | 14 | 19.750 | 15.504 | 0.492 | 297.03 | 521.01 | 470.89 | 123.16 | 3.88 | 4.88 | 2.50 | 32.52 | 53.28 | 25.86 | 3.37 |
| | | 10 | | 24.373 | 19.123 | 0.491 | 361.67 | 651.93 | 573.89 | 149.46 | 3.85 | 4.85 | 2.48 | 39.97 | 64.93 | 30.62 | 3.45 |
| | | 12 | | 28.912 | 22.696 | 0.491 | 423.16 | 783.42 | 671.44 | 174.88 | 3.83 | 4.82 | 2.46 | 41.17 | 75.96 | 35.03 | 3.53 |
| | | 14 | | 33.367 | 26.193 | 0.490 | 481.65 | 915.61 | 763.73 | 199.57 | 3.80 | 4.78 | 2.45 | 54.16 | 86.14 | 39.13 | 3.61 |
| | | 16 | | 37.739 | 29.625 | 0.489 | 537.31 | 1 048.62 | 850.98 | 223.65 | 3.77 | 4.75 | 2.43 | 60.93 | 96.28 | 42.96 | 3.68 |
| 14 | 140 | 10 | | 27.373 | 21.488 | 0.551 | 514.65 | 915.11 | 817.27 | 212.04 | 4.34 | 5.46 | 2.78 | 50.58 | 82.56 | 39.20 | 3.82 |
| | | 12 | | 32.512 | 25.522 | 0.551 | 603.68 | 1 099.28 | 958.79 | 248.57 | 4.31 | 5.43 | 2.76 | 59.80 | 96.85 | 45.02 | 3.90 |
| | | 14 | | 37.567 | 29.490 | 0.550 | 688.81 | 1 284.22 | 1 093.56 | 284.06 | 4.28 | 5.40 | 2.75 | 68.75 | 110.47 | 50.45 | 3.98 |
| | | 16 | | 42.539 | 33.393 | 0.549 | 770.24 | 1 470.07 | 1 221.81 | 318.67 | 4.26 | 5.36 | 2.74 | 77.46 | 123.42 | 55.55 | 4.06 |
| 15 | 150 | 8 | 14 | 23.750 | 18.644 | 0.592 | 521.37 | 899.55 | 827.49 | 215.25 | 4.69 | 5.90 | 3.01 | 47.36 | 78.02 | 38.14 | 3.99 |
| | | 10 | | 29.373 | 23.058 | 0.591 | 637.50 | 1 125.09 | 1 012.79 | 262.21 | 4.66 | 5.87 | 2.99 | 58.35 | 95.49 | 45.51 | 4.08 |
| | | 12 | | 34.912 | 27.406 | 0.591 | 748.85 | 1 351.26 | 1 189.97 | 307.73 | 4.63 | 5.84 | 2.97 | 69.04 | 112.19 | 52.38 | 4.15 |
| | | 14 | | 40.367 | 31.688 | 0.590 | 855.64 | 1 578.25 | 1 359.30 | 351.98 | 4.60 | 5.80 | 2.95 | 79.45 | 128.16 | 58.83 | 4.23 |
| | | 15 | | 43.063 | 33.804 | 0.590 | 907.39 | 1 692.10 | 1 441.09 | 373.69 | 4.59 | 5.78 | 2.95 | 84.56 | 135.87 | 61.90 | 4.27 |
| | | 16 | | 45.739 | 35.905 | 0.589 | 958.08 | 1 806.21 | 1 521.02 | 395.14 | 4.58 | 5.77 | 2.94 | 89.59 | 143.40 | 64.89 | 4.31 |
| 16 | 160 | 10 | 16 | 31.502 | 24.729 | 0.630 | 799.53 | 1 365.33 | 1 237.30 | 321.76 | 4.98 | 6.27 | 3.20 | 66.70 | 109.36 | 52.76 | 4.31 |
| | | 12 | | 37.441 | 29.391 | 0.630 | 916.58 | 1 639.57 | 1 455.68 | 377.49 | 4.95 | 6.24 | 3.18 | 78.98 | 128.67 | 60.74 | 4.39 |
| | | 14 | | 43.296 | 33.987 | 0.629 | 1 048.36 | 1 914.68 | 1 665.02 | 431.70 | 4.92 | 6.20 | 3.16 | 90.95 | 147.17 | 68.24 | 4.47 |
| | | 16 | | 49.067 | 38.518 | 0.629 | 1 175.08 | 2 190.82 | 1 865.57 | 484.59 | 4.89 | 6.17 | 3.14 | 102.63 | 164.89 | 75.31 | 4.55 |
| 18 | 180 | 12 | | 42.241 | 33.159 | 0.710 | 1 321.35 | 2 332.80 | 2 100.10 | 542.61 | 5.59 | 7.05 | 3.58 | 100.82 | 165.00 | 78.41 | 4.89 |
| | | 14 | | 48.896 | 38.383 | 0.709 | 1 514.48 | 2 723.48 | 2 407.42 | 621.53 | 5.56 | 7.02 | 3.56 | 116.25 | 189.14 | 88.38 | 4.97 |
| | | 16 | | 55.467 | 43.542 | 0.709 | 1 700.99 | 3 115.29 | 2 703.37 | 698.60 | 5.54 | 6.98 | 3.55 | 131.13 | 212.40 | 97.83 | 5.05 |
| | | 18 | | 61.055 | 48.634 | 0.708 | 1 875.12 | 3 502.43 | 2 988.24 | 762.01 | 5.50 | 6.94 | 3.51 | 145.64 | 234.78 | 105.14 | 5.13 |

续上表

| 型号 | 截面尺寸 (mm) | | | 截面面积 ($cm^2$) | 理论质量 (kg/m) | 外表面积 ($m^2/m$) | 惯性矩 ($cm^4$) | | | | 惯性半径 (cm) | | | 截面模数 ($cm^3$) | | | 重心距离 (cm) |
|---|---|---|---|---|---|---|---|---|---|---|---|---|---|---|---|---|---|
| | $b$ | $d$ | $r$ | | | | $I_x$ | $I_{x1}$ | $I_{x0}$ | $I_{y0}$ | $i_x$ | $i_{x0}$ | $i_{y0}$ | $W_x$ | $W_{x0}$ | $W_{y0}$ | $z_0$ |
| 20 | 200 | 14 | 18 | 54.642 | 42.894 | 0.788 | 2 103.55 | 3 734.10 | 3 343.26 | 863.83 | 6.20 | 7.82 | 3.98 | 144.70 | 236.40 | 111.82 | 5.46 |
| | | 16 | | 62.013 | 48.680 | 0.788 | 2 366.15 | 4 270.39 | 3 760.89 | 971.41 | 6.18 | 7.79 | 3.96 | 163.65 | 265.93 | 123.96 | 5.54 |
| | | 18 | | 69.301 | 54.401 | 0.787 | 2 620.64 | 4 808.13 | 4 164.54 | 1 076.74 | 6.15 | 7.75 | 3.94 | 182.22 | 294.48 | 135.52 | 5.62 |
| | | 20 | | 76.505 | 60.056 | 0.787 | 2 867.30 | 5 347.51 | 4 554.55 | 1 180.04 | 6.12 | 7.72 | 3.93 | 200.42 | 322.06 | 146.55 | 5.69 |
| | | 24 | | 90.661 | 71.168 | 0.785 | 3 338.25 | 6 457.16 | 5 294.97 | 1 381.53 | 6.07 | 7.64 | 3.90 | 236.17 | 374.41 | 166.65 | 5.87 |
| 22 | 220 | 16 | 21 | 68.664 | 53.901 | 0.866 | 3 187.36 | 5 681.62 | 5 063.73 | 1 310.99 | 6.81 | 8.59 | 4.37 | 199.55 | 325.51 | 153.81 | 6.03 |
| | | 18 | | 76.752 | 60.250 | 0.866 | 3 534.30 | 6 395.93 | 5 615.32 | 1 453.27 | 6.79 | 8.55 | 4.35 | 222.37 | 360.97 | 168.29 | 6.11 |
| | | 20 | | 84.756 | 66.533 | 0.865 | 3 871.49 | 7 112.04 | 6 150.08 | 1 592.90 | 6.76 | 8.52 | 4.34 | 244.77 | 395.34 | 182.16 | 6.18 |
| | | 22 | | 92.676 | 72.751 | 0.865 | 4 199.23 | 7 830.19 | 6 668.37 | 1 730.10 | 6.73 | 8.48 | 4.32 | 266.78 | 428.66 | 195.45 | 6.26 |
| | | 24 | | 100.512 | 78.902 | 0.864 | 4 517.83 | 8 550.57 | 7 170.55 | 1 865.11 | 6.70 | 8.45 | 4.31 | 288.39 | 460.94 | 208.21 | 6.33 |
| | | 26 | | 108.264 | 84.987 | 0.864 | 4 827.58 | 9 273.39 | 7 656.98 | 1 998.17 | 6.68 | 8.41 | 4.30 | 309.62 | 492.21 | 220.49 | 6.41 |
| 25 | 250 | 18 | 24 | 87.842 | 68.956 | 0.985 | 5 268.22 | 9 379.11 | 8 369.04 | 2 167.41 | 7.74 | 9.76 | 4.97 | 290.12 | 473.42 | 224.03 | 6.84 |
| | | 20 | | 97.045 | 76.180 | 0.984 | 5 779.34 | 10 426.97 | 9 181.94 | 2 376.74 | 7.72 | 9.73 | 4.95 | 319.66 | 519.41 | 242.85 | 6.92 |
| | | 24 | | 115.201 | 90.433 | 0.983 | 6 763.93 | 12 592.74 | 10 742.67 | 2 785.19 | 7.66 | 9.66 | 4.92 | 377.34 | 607.70 | 278.38 | 7.07 |
| | | 26 | | 124.154 | 97.461 | 0.982 | 7 238.08 | 13 585.18 | 11 491.33 | 2 984.84 | 7.63 | 9.62 | 4.90 | 405.50 | 650.05 | 295.19 | 7.15 |
| | | 28 | | 133.022 | 104.422 | 0.982 | 7 700.60 | 14 643.62 | 12 219.39 | 3 181.81 | 7.61 | 9.58 | 4.89 | 433.22 | 691.23 | 311.42 | 7.22 |
| | | 30 | | 141.807 | 111.318 | 0.981 | 8 151.80 | 15 705.30 | 12 927.26 | 3 376.34 | 7.58 | 9.55 | 4.88 | 460.51 | 731.28 | 327.12 | 7.30 |
| | | 32 | | 150.508 | 118.149 | 0.981 | 8 592.01 | 16 770.41 | 13 615.32 | 3 568.71 | 7.56 | 9.51 | 4.87 | 487.39 | 770.20 | 342.33 | 7.37 |
| | | 35 | | 163.402 | 128.271 | 0.980 | 9 232.44 | 18 374.95 | 14 611.16 | 3 853.72 | 7.52 | 9.46 | 4.86 | 526.97 | 826.53 | 364.30 | 7.48 |

## 不等边角钢截面尺寸、截面面积、理论重量及截面特性

表 A-4

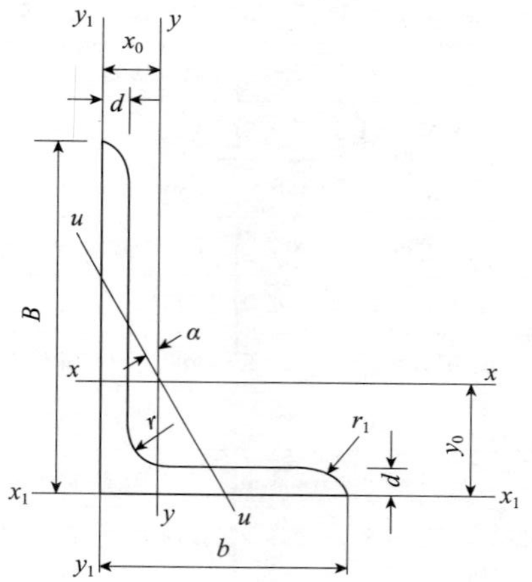


符号意义：$B$——长边宽度；

$b$——短边宽度；

$d$——边厚度；

$r$——内圆弧半径；

$r_1$——边端圆弧半径；

$x_0$——重心距离；

$y_0$——重心距离。

截面面积计算公式：$d(B+b-d)+0.215(r^2-r_1^2)$

| 型号 | 截面尺寸 (mm) | | | | 截面面积 ($cm^2$) | 理论质量 (kg/m) | 外表面积 ($m^2$/m) | 惯性矩 ($cm^4$) | | | | | 惯性半径 (cm) | | | 截面模数 ($cm^3$) | | | tanα | 重心距离 (cm) | |
|---|---|---|---|---|---|---|---|---|---|---|---|---|---|---|---|---|---|---|---|---|---|
| | $B$ | $b$ | $d$ | $r$ | | | | $I_x$ | $I_{x1}$ | $I_y$ | $I_{y1}$ | $I_u$ | $i_x$ | $i_y$ | $i_u$ | $W_x$ | $W_y$ | $W_u$ | | $x_0$ | $y_0$ |
| 2.5/1.6 | 25 | 16 | 3 | 3.5 | 1.162 | 0.912 | 0.080 | 0.70 | 1.56 | 0.22 | 0.43 | 0.14 | 0.78 | 0.44 | 0.34 | 0.43 | 0.19 | 0.16 | 0.392 | 0.42 | 0.86 |
| | | | 4 | | 1.499 | 1.176 | 0.079 | 0.88 | 2.09 | 0.27 | 0.59 | 0.17 | 0.77 | 0.43 | 0.34 | 0.55 | 0.24 | 0.20 | 0.381 | 0.46 | 1.86 |
| 3.2/2 | 32 | 20 | 3 | | 1.492 | 1.171 | 0.102 | 1.53 | 3.27 | 0.46 | 0.82 | 0.28 | 1.01 | 0.55 | 0.43 | 0.72 | 0.30 | 0.25 | 0.382 | 0.49 | 0.90 |
| | | | 4 | | 1.939 | 1.522 | 0.101 | 1.93 | 4.37 | 0.57 | 1.12 | 0.35 | 1.00 | 0.54 | 0.42 | 0.93 | 0.39 | 0.32 | 0.374 | 0.53 | 1.08 |
| 4/2.5 | 40 | 25 | 3 | 4 | 1.890 | 1.484 | 0.127 | 3.08 | 5.39 | 0.93 | 1.59 | 0.56 | 1.28 | 0.70 | 0.54 | 1.15 | 0.49 | 0.40 | 0.385 | 0.59 | 1.12 |
| | | | 4 | | 2.467 | 1.936 | 0.127 | 3.93 | 8.53 | 1.18 | 2.14 | 0.71 | 1.36 | 0.69 | 0.54 | 1.49 | 0.63 | 0.52 | 0.381 | 0.63 | 1.32 |
| 4.5/2.8 | 45 | 28 | 3 | 5 | 2.149 | 1.687 | 0.143 | 4.45 | 9.10 | 1.34 | 2.23 | 0.80 | 1.44 | 0.79 | 0.61 | 1.47 | 0.62 | 0.51 | 0.383 | 0.64 | 1.37 |
| | | | 4 | | 2.806 | 2.203 | 0.143 | 5.69 | 12.13 | 1.70 | 3.00 | 1.02 | 1.42 | 0.78 | 0.60 | 1.91 | 0.80 | 0.66 | 0.380 | 0.68 | 1.47 |

续上表

| 型号 | 截面尺寸 (mm) | | | | 截面面积 | 理论质量 | 外表面积 | 惯性矩 ($cm^4$) | | | | | 惯性半径 (cm) | | | 截面模数 ($cm^3$) | | | tanα | 重心距离 (cm) | |
|---|---|---|---|---|---|---|---|---|---|---|---|---|---|---|---|---|---|---|---|---|---|
| | $B$ | $b$ | $d$ | $r$ | ($cm^2$) | (kg/m) | ($m^2$/m) | $I_x$ | $I_{x1}$ | $I_y$ | $I_{y1}$ | $I_u$ | $i_x$ | $i_y$ | $i_u$ | $W_x$ | $W_y$ | $W_u$ | | $x_0$ | $y_0$ |
| 5/3.2 | 50 | 32 | 3 | 5.5 | 2.431 | 1.908 | 0.161 | 6.24 | 12.49 | 2.02 | 3.31 | 1.20 | 1.60 | 0.91 | 0.70 | 1.84 | 0.82 | 0.68 | 0.404 | 0.73 | 1.51 |
| | | | 4 | | 3.177 | 2.494 | 0.160 | 8.02 | 16.65 | 2.58 | 4.45 | 1.53 | 1.59 | 0.90 | 0.69 | 2.39 | 1.06 | 0.87 | 0.402 | 0.77 | 1.60 |
| 5.6/3.6 | 56 | 36 | 3 | 6 | 2.743 | 2.153 | 0.181 | 8.88 | 17.54 | 2.92 | 4.70 | 1.73 | 1.80 | 1.03 | 0.79 | 2.32 | 1.05 | 0.87 | 0.408 | 0.80 | 1.65 |
| | | | 4 | | 3.590 | 2.818 | 0.180 | 11.45 | 23.39 | 3.76 | 6.33 | 2.23 | 1.79 | 1.02 | 0.79 | 3.03 | 1.37 | 1.13 | 0.408 | 0.85 | 1.78 |
| | | | 5 | | 4.415 | 3.466 | 0.180 | 13.86 | 29.25 | 4.49 | 7.94 | 2.67 | 1.77 | 1.01 | 0.78 | 3.71 | 1.65 | 1.36 | 0.404 | 0.88 | 1.82 |
| 6.3/4 | 63 | 40 | 4 | 7 | 4.058 | 3.185 | 0.202 | 16.49 | 33.30 | 5.23 | 8.63 | 3.12 | 2.02 | 1.14 | 0.88 | 3.87 | 1.70 | 1.40 | 0.398 | 0.92 | 1.87 |
| | | | 5 | | 4.993 | 3.920 | 0.202 | 20.02 | 41.63 | 6.31 | 10.86 | 3.76 | 2.00 | 1.12 | 0.87 | 4.74 | 2.07 | 1.71 | 0.396 | 0.95 | 2.04 |
| | | | 6 | | 5.908 | 4.638 | 0.201 | 23.36 | 49.98 | 7.29 | 13.12 | 4.34 | 1.96 | 1.11 | 0.86 | 5.59 | 2.43 | 1.99 | 0.393 | 0.99 | 2.08 |
| | | | 7 | | 6.802 | 5.339 | 0.201 | 26.53 | 58.07 | 8.24 | 15.47 | 4.97 | 1.98 | 1.10 | 0.86 | 6.40 | 2.78 | 2.29 | 0.389 | 1.03 | 2.12 |
| 7/4.5 | 70 | 45 | 4 | 7.5 | 4.547 | 3.570 | 0.226 | 23.17 | 45.92 | 7.55 | 12.26 | 4.40 | 2.26 | 1.29 | 0.98 | 4.86 | 2.17 | 1.77 | 0.410 | 1.02 | 2.15 |
| | | | 5 | | 5.609 | 4.403 | 0.225 | 27.95 | 57.10 | 9.13 | 15.39 | 5.40 | 2.23 | 1.28 | 0.98 | 5.92 | 2.65 | 2.19 | 0.407 | 1.06 | 2.24 |
| | | | 6 | | 6.647 | 5.218 | 0.225 | 32.54 | 68.35 | 10.62 | 18.58 | 6.35 | 2.21 | 1.26 | 0.98 | 6.95 | 3.12 | 2.59 | 0.404 | 1.09 | 2.28 |
| | | | 7 | | 7.657 | 6.011 | 0.225 | 37.22 | 79.99 | 12.10 | 21.84 | 7.16 | 2.20 | 1.25 | 0.97 | 8.03 | 3.57 | 2.94 | 0.402 | 1.13 | 2.32 |
| 7.5/5 | 75 | 50 | 5 | 8 | 6.125 | 4.808 | 0.245 | 34.86 | 70.00 | 12.61 | 21.04 | 7.41 | 2.39 | 1.44 | 1.10 | 6.83 | 3.30 | 2.74 | 0.435 | 1.17 | 2.36 |
| | | | 6 | | 7.260 | 5.699 | 0.245 | 41.12 | 84.30 | 14.70 | 25.37 | 8.54 | 2.38 | 1.42 | 1.08 | 8.12 | 3.88 | 3.19 | 0.435 | 1.21 | 2.40 |
| | | | 8 | | 9.467 | 7.431 | 0.244 | 52.39 | 112.50 | 18.53 | 34.23 | 10.87 | 2.35 | 1.40 | 1.07 | 10.52 | 4.99 | 4.10 | 0.429 | 1.29 | 2.44 |
| | | | 10 | | 11.590 | 9.089 | 0.244 | 62.71 | 140.80 | 21.96 | 43.43 | 13.10 | 2.33 | 1.38 | 1.06 | 12.79 | 6.04 | 4.99 | 0.423 | 1.36 | 2.52 |
| 8/5 | 80 | 50 | 5 | | 6.375 | 5.005 | 0.255 | 41.96 | 85.21 | 12.82 | 21.06 | 7.66 | 2.56 | 1.42 | 1.10 | 7.78 | 3.32 | 2.74 | 0.388 | 1.14 | 2.60 |
| | | | 6 | | 7.560 | 5.935 | 0.255 | 49.49 | 102.53 | 14.95 | 25.41 | 8.85 | 2.56 | 1.41 | 1.08 | 9.25 | 3.91 | 3.20 | 0.387 | 1.18 | 2.65 |
| | | | 7 | | 8.724 | 6.848 | 0.255 | 56.16 | 119.33 | 46.96 | 29.82 | 10.18 | 2.54 | 1.39 | 1.08 | 10.58 | 4.48 | 3.70 | 0.384 | 1.21 | 2.69 |
| | | | 8 | | 9.867 | 7.745 | 0.254 | 62.83 | 136.41 | 18.85 | 34.32 | 11.38 | 2.52 | 1.38 | 1.07 | 11.92 | 5.03 | 4.16 | 0.381 | 1.25 | 2.73 |

续上表

| 型号 | 截面尺寸 (mm) | | | | 截面面积 ($cm^2$) | 理论质量 (kg/m) | 外表面积 ($m^2/m$) | 惯性矩 ($cm^4$) | | | | | 惯性半径 (cm) | | | 截面模数 ($cm^3$) | | | tanα | 重心距离 (cm) | |
|---|---|---|---|---|---|---|---|---|---|---|---|---|---|---|---|---|---|---|---|---|---|
| | $B$ | $b$ | $d$ | $r$ | | | | $I_x$ | $I_{x1}$ | $I_y$ | $I_{y1}$ | $I_u$ | $i_x$ | $i_y$ | $i_u$ | $W_x$ | $W_y$ | $W_u$ | | $x_0$ | $y_0$ |
| 9/5.6 | 90 | 56 | 5 | 9 | 7.212 | 5.661 | 0.287 | 60.45 | 121.32 | 18.32 | 29.53 | 10.98 | 2.90 | 1.59 | 1.23 | 9.92 | 4.21 | 3.49 | 0.385 | 1.25 | 2.91 |
| | | | 6 | | 8.557 | 6.717 | 0.286 | 71.03 | 145.59 | 21.42 | 35.58 | 12.90 | 2.88 | 1.58 | 1.23 | 11.74 | 4.96 | 4.13 | 0.384 | 1.29 | 2.95 |
| | | | 7 | | 9.880 | 7.756 | 0.286 | 81.01 | 169.60 | 24.36 | 41.71 | 14.67 | 2.86 | 1.57 | 1.22 | 13.49 | 5.70 | 4.72 | 0.382 | 1.33 | 3.00 |
| | | | 8 | | 11.183 | 8.779 | 0.286 | 91.03 | 194.17 | 27.15 | 47.93 | 16.34 | 2.85 | 1.56 | 1.21 | 15.27 | 6.41 | 5.29 | 0.380 | 1.36 | 3.04 |
| 10/6.3 | 100 | 63 | 6 | 10 | 9.617 | 7.550 | 0.320 | 99.06 | 199.71 | 30.94 | 50.50 | 18.42 | 3.21 | 1.79 | 1.38 | 14.64 | 6.35 | 5.25 | 0.394 | 1.43 | 3.24 |
| | | | 7 | | 11.111 | 8.722 | 0.320 | 113.45 | 233.00 | 35.26 | 59.14 | 21.00 | 3.20 | 1.78 | 1.38 | 16.88 | 7.29 | 6.02 | 0.394 | 1.47 | 3.28 |
| | | | 8 | | 12.534 | 9.878 | 0.319 | 127.37 | 266.32 | 39.39 | 67.88 | 23.50 | 3.18 | 1.77 | 1.37 | 19.08 | 8.21 | 6.78 | 0.391 | 1.50 | 3.32 |
| | | | 10 | | 15.467 | 12.142 | 0.319 | 153.81 | 333.06 | 47.12 | 85.73 | 28.33 | 3.15 | 1.74 | 1.35 | 23.32 | 9.98 | 8.24 | 0.387 | 1.58 | 3.40 |
| 10/8 | 100 | 80 | 6 | | 10.637 | 8.350 | 0.354 | 107.04 | 199.83 | 61.24 | 102.68 | 31.65 | 3.17 | 2.40 | 1.72 | 15.19 | 10.16 | 8.37 | 0.627 | 1.97 | 2.95 |
| | | | 7 | | 12.301 | 9.656 | 0.354 | 122.73 | 233.20 | 70.08 | 119.98 | 36.17 | 3.16 | 2.39 | 1.72 | 17.52 | 11.71 | 9.60 | 0.626 | 2.01 | 3.0 |
| | | | 8 | | 13.944 | 10.946 | 0.353 | 137.92 | 266.61 | 78.58 | 137.37 | 40.58 | 3.14 | 2.37 | 1.71 | 19.81 | 13.21 | 10.80 | 0.625 | 2.05 | 3.04 |
| | | | 10 | | 17.167 | 13.476 | 0.353 | 166.87 | 333.63 | 94.65 | 172.48 | 49.10 | 3.12 | 2.35 | 1.69 | 24.24 | 16.12 | 13.12 | 0.622 | 2.13 | 3.12 |
| 11/7 | 110 | 70 | 6 | 10 | 10.637 | 8.350 | 0.354 | 133.37 | 265.78 | 42.92 | 69.08 | 25.36 | 3.54 | 2.01 | 1.54 | 17.85 | 7.90 | 6.53 | 0.403 | 1.57 | 3.53 |
| | | | 7 | | 12.301 | 9.656 | 0.354 | 153.00 | 310.07 | 49.01 | 80.82 | 28.95 | 3.53 | 2.00 | 1.53 | 20.60 | 9.09 | 7.50 | 0.402 | 1.61 | 3.57 |
| | | | 8 | | 13.944 | 10.946 | 0.353 | 172.04 | 354.39 | 54.87 | 92.70 | 32.45 | 3.51 | 1.98 | 1.53 | 23.30 | 10.25 | 8.45 | 0.401 | 1.65 | 3.62 |
| | | | 10 | | 17.167 | 13.476 | 0.353 | 208.39 | 443.13 | 65.88 | 116.83 | 39.20 | 3.48 | 1.96 | 1.51 | 28.54 | 12.48 | 10.29 | 0.397 | 1.72 | 3.70 |
| 12.5/8 | 125 | 80 | 7 | 11 | 14.096 | 11.066 | 0.403 | 227.98 | 454.99 | 74.42 | 120.32 | 43.81 | 4.02 | 2.30 | 1.76 | 26.86 | 12.01 | 9.92 | 0.408 | 1.80 | 4.01 |
| | | | 8 | | 15.989 | 12.551 | 0.403 | 256.77 | 519.99 | 83.49 | 137.85 | 49.15 | 4.01 | 2.28 | 1.75 | 30.41 | 13.56 | 11.18 | 0.407 | 1.84 | 4.06 |
| | | | 10 | | 19.712 | 15.474 | 0.402 | 312.04 | 650.09 | 100.67 | 173.40 | 59.45 | 3.98 | 2.26 | 1.74 | 37.33 | 16.56 | 13.64 | 0.404 | 1.92 | 4.14 |
| | | | 12 | | 23.351 | 18.330 | 0.402 | 364.41 | 780.39 | 116.67 | 209.67 | 69.35 | 3.95 | 2.24 | 1.72 | 44.01 | 19.43 | 16.01 | 0.400 | 2.00 | 4.22 |

续上表

| 型号 | 截面尺寸 (mm) | | | | 截面面积 | 理论质量 | 外表面积 | 惯性矩 ($cm^4$) | | | | | 惯性半径 (cm) | | | 截面模数 ($cm^3$) | | | tanα | 重心距离 (cm) | |
|---|---|---|---|---|---|---|---|---|---|---|---|---|---|---|---|---|---|---|---|---|---|
| | $B$ | $b$ | $d$ | $r$ | ($cm^2$) | (kg/m) | ($m^2$/m) | $I_x$ | $I_{x1}$ | $I_y$ | $I_{y1}$ | $I_u$ | $i_x$ | $i_y$ | $i_u$ | $W_x$ | $W_y$ | $W_u$ | | $x_0$ | $y_0$ |
| 14/9 | 140 | 90 | 8 | 12 | 18.038 | 14.160 | 0.453 | 365.64 | 730.53 | 120.69 | 195.79 | 70.83 | 4.50 | 2.59 | 1.98 | 38.48 | 17.34 | 14.31 | 0.411 | 2.04 | 4.50 |
| | | | 10 | | 22.261 | 17.475 | 0.452 | 445.50 | 913.20 | 140.03 | 245.92 | 85.82 | 4.47 | 2.56 | 1.96 | 47.31 | 21.22 | 17.48 | 0.409 | 2.12 | 4.58 |
| | | | 12 | | 26.400 | 20.724 | 0.451 | 521.59 | 1 096.09 | 169.79 | 296.89 | 100.21 | 4.44 | 2.54 | 1.95 | 55.87 | 24.95 | 20.54 | 0.406 | 2.19 | 4.66 |
| | | | 14 | | 30.456 | 23.908 | 0.451 | 594.10 | 1 279.26 | 192.10 | 348.82 | 114.13 | 4.42 | 2.51 | 1.94 | 64.18 | 28.54 | 23.52 | 0.403 | 2.27 | 4.74 |
| 15/9 | 150 | 90 | 8 | | 18.839 | 14.788 | 0.473 | 442.05 | 898.35 | 122.80 | 195.96 | 74.14 | 4.84 | 2.55 | 1.98 | 43.86 | 17.47 | 14.48 | 0.364 | 1.97 | 4.92 |
| | | | 10 | | 23.261 | 18.260 | 0.472 | 539.24 | 1 122.85 | 148.62 | 246.26 | 89.86 | 4.81 | 2.53 | 1.97 | 53.97 | 21.38 | 17.69 | 0.362 | 2.05 | 5.01 |
| | | | 12 | | 27.600 | 21.666 | 0.471 | 632.08 | 1 347.50 | 172.85 | 297.46 | 104.95 | 4.79 | 2.50 | 1.95 | 63.79 | 25.14 | 20.80 | 0.359 | 2.12 | 5.09 |
| | | | 14 | | 31.856 | 25.007 | 0.471 | 720.77 | 1 572.38 | 195.62 | 349.74 | 119.53 | 4.76 | 2.48 | 1.94 | 73.33 | 28.77 | 23.84 | 0.356 | 2.20 | 5.17 |
| | | | 15 | | 33.952 | 26.652 | 0.471 | 763.62 | 1 684.93 | 206.50 | 376.33 | 126.67 | 4.74 | 2.47 | 1.93 | 77.99 | 30.53 | 25.33 | 0.354 | 2.24 | 5.21 |
| | | | 16 | | 36.027 | 28.281 | 0.470 | 805.51 | 1 797.55 | 217.07 | 403.24 | 133.72 | 4.73 | 2.45 | 1.93 | 82.60 | 32.27 | 26.82 | 0.352 | 2.27 | 5.25 |
| 16/10 | 160 | 100 | 10 | 13 | 25.315 | 19.872 | 0.512 | 668.69 | 1 362.89 | 205.03 | 336.59 | 121.74 | 5.14 | 2.85 | 2.19 | 62.13 | 26.56 | 21.92 | 0.390 | 2.28 | 5.24 |
| | | | 12 | | 30.054 | 23.592 | 0.511 | 784.91 | 1 635.56 | 239.06 | 405.94 | 142.33 | 5.11 | 2.82 | 2.17 | 73.49 | 31.28 | 25.79 | 0.388 | 2.36 | 5.32 |
| | | | 14 | | 34.709 | 27.247 | 0.510 | 896.30 | 1 908.50 | 271.20 | 476.42 | 162.23 | 5.08 | 2.80 | 2.16 | 84.56 | 35.83 | 29.56 | 0.385 | 0.43 | 5.40 |
| | | | 16 | | 29.281 | 30.835 | 0.510 | 1 003.04 | 2 181.79 | 301.60 | 548.22 | 182.57 | 5.05 | 2.77 | 2.16 | 95.33 | 40.24 | 33.44 | 0.382 | 2.51 | 5.48 |
| 18/11 | 180 | 110 | 10 | 14 | 28.373 | 22.273 | 0.571 | 956.25 | 1 940.40 | 278.11 | 447.22 | 166.50 | 5.80 | 3.13 | 2.42 | 78.96 | 32.49 | 26.88 | 0.376 | 2.44 | 5.89 |
| | | | 12 | | 33.712 | 26.440 | 0.571 | 1 124.72 | 2 328.38 | 325.03 | 538.94 | 194.87 | 5.78 | 3.10 | 2.40 | 93.53 | 38.32 | 31.66 | 0.374 | 2.52 | 5.98 |
| | | | 14 | | 38.967 | 30.589 | 0.570 | 1 286.91 | 2 716.60 | 369.55 | 631.95 | 222.30 | 5.75 | 3.08 | 2.39 | 107.76 | 43.97 | 36.32 | 0.372 | 2.59 | 6.06 |
| | | | 16 | | 44.139 | 34.649 | 0.569 | 1 443.06 | 3 105.15 | 411.85 | 726.46 | 248.94 | 5.72 | 3.06 | 2.38 | 121.64 | 49.44 | 40.87 | 0.369 | 2.67 | 6.14 |
| 20/12.5 | 200 | 125 | 12 | | 37.912 | 29.761 | 0.641 | 1 570.90 | 3 193.85 | 483.16 | 787.74 | 285.79 | 6.44 | 3.57 | 2.74 | 116.73 | 49.99 | 41.23 | 0.392 | 2.83 | 6.54 |
| | | | 14 | | 43.687 | 34.436 | 0.640 | 1 800.97 | 3 726.17 | 550.83 | 922.47 | 326.58 | 6.41 | 3.54 | 2.73 | 134.65 | 57.44 | 47.34 | 0.390 | 2.91 | 6.62 |
| | | | 16 | | 49.739 | 39.045 | 0.639 | 2 023.35 | 4 258.88 | 615.44 | 1 058.86 | 366.21 | 6.38 | 3.52 | 2.71 | 152.18 | 64.89 | 53.32 | 0.388 | 2.99 | 6.70 |
| | | | 18 | | 55.526 | 43.588 | 0.639 | 2 238.30 | 4 792.00 | 677.19 | 1 197.13 | 404.83 | 6.35 | 3.49 | 2.70 | 169.33 | 71.74 | 59.18 | 0.385 | 3.06 | 6.78 |

## L 型钢截面尺寸、截面面积、理论质量及截面特性

表 A-5

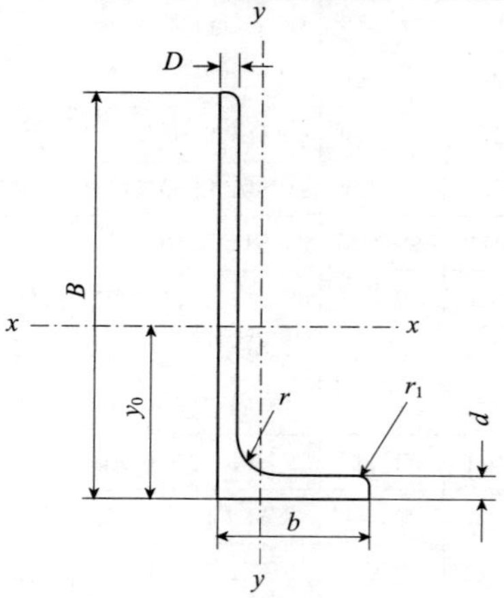


符号意义：$B$——长边宽度；

$b$——短边宽度；

$D$——长边厚度；

$d$——短边厚度；

$r$——内圆弧半径；

$r_1$——边端圆弧半径；

$y_0$——重心距离。

截面面积计算公式：$BD + d(b - D) + 0.215(r^2 - r_1^2)$

| 型号 | 截面尺寸(mm) | | | | | | 截面面积 | 理论质量 | 惯性矩 | 重心距离 |
|---|---|---|---|---|---|---|---|---|---|---|
| | $B$ | $b$ | $D$ | $d$ | $r$ | $r_1$ | (cm²) | (kg/m) | $I_x$(cm⁴) | $y_0$(cm) |
| L250×90×9×13 | 250 | 90 | 9 | 13 | 15 | 7.5 | 33.4 | 26.2 | 2 190 | 8.64 |
| L250×90×10.5×15 | | | 10.5 | 15 | | | 38.5 | 30.3 | 2 510 | 8.76 |
| L250×90×11.5×16 | | | 11.5 | 16 | | | 41.7 | 32.7 | 2 710 | 8.90 |
| L300×100×10.5×15 | 300 | 100 | 10.5 | 15 | | | 45.3 | 35.6 | 4 290 | 10.6 |
| L300×100×11.5×16 | | | 11.5 | 16 | | | 49.0 | 38.5 | 4 630 | 10.7 |
| L350×120×10.5×16 | 350 | 120 | 10.5 | 16 | 20 | 10 | 54.9 | 43.1 | 7 110 | 12.0 |
| L350×120×11.5×18 | | | 11.5 | 18 | | | 60.4 | 47.4 | 7 780 | 12.0 |
| L400×120×11.5×23 | 400 | 120 | 11.5 | 23 | | | 71.6 | 56.2 | 11 900 | 13.3 |
| L450×120×11.5×25 | 450 | 120 | 11.5 | 25 | | | 79.5 | 62.4 | 16 800 | 15.1 |
| L500×120×12.5×33 | 500 | 120 | 12.5 | 33 | | | 98.6 | 77.4 | 25 500 | 16.5 |
| L500×120×13.5×35 | | | 13.5 | 35 | | | 105.0 | 82.8 | 27 100 | 16.6 |

# 附录B 部分思考题和习题参考答案

## B-1 思考题答案和提示

### 第2章 截面几何性质

*思考题 2-7 如图 B-1 所示,设任意图形对形心 $C$ 的极惯性矩为 $I_p$,对任一点 $C_1$ 的极惯性矩为 $I_{p_1}$,于是

$$I_{p_1}=I_{x_1}+I_{y_1}=I_x+a^2A+I_y+b^2A=I_p+(a^2+b^2)A$$

$$a^2+b^2=(I_{p_1}-I_p)/A \tag{B-1}$$

所以由题意可知,$I_{p_1}$不随 $C_1$ 的位置而变,所以 $C_1$ 点的坐标 $a$ 和 $b$ 应满足的式(B-1)是圆的方程,即极惯性矩相同的各点 $C_1$ 连成一个半径 $R_1=\sqrt{(I_{p_1}-I_p)/A}$的圆,圆形形心 $C$ 即为圆心,对不同的 $I_{p_i}$,半径 $R_i$ 各不相同,构成一同心圆族。

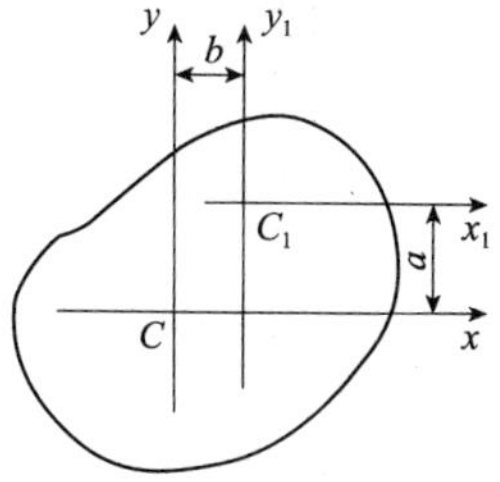


图 B-1

思考题 2-10 过 $O$ 点的所有轴都是主轴。可参考思考题2-16答案。

*思考题 2-14 $I_x=\left(\frac{\pi d^4}{64}-\frac{a^4}{12}\right)+\left(\frac{\pi d^2}{4}-a^2\right)\left(\frac{d}{2}\right)^2=\frac{5\pi d^4}{64}-\frac{7d^4}{48}$。可参考思考题 2-16 答案。

*思考题 2-15 $I_y=I_x$。可参考思考题 2-16 答案。

*思考题 2-16 可得到用于计算惯性矩的莫尔圆——惯性矩圆。在回答思考题 2-10、思考题 2-13 ~ 思考题 2-15 时,读者可运用转轴公式等来分析。若利用惯性矩圆并注意到其惯性矩圆为点圆的特点,则可以很方便地回答这些题。

思考题 2-17 $I_{z_1}=[\cos\alpha,\sin\alpha]\begin{bmatrix}I_y & I_{yz}\\ I_{yz} & I_z\end{bmatrix}\begin{bmatrix}\cos\alpha\\ \sin\alpha\end{bmatrix}$。

### 第3章 基本概念和材料的力学性能

思考题 3-5 有的塑性材料拉伸与压缩的屈服应力存在明显的差异。

*思考题 3-6 有的塑性材料(如某些铝合金、合金钢等)可压至破裂并测出压缩强度限。有的脆性材料(如某种铸铝合金)可压扁但不破裂。

### 第4章 轴向拉压

*思考题 4-15 图 4-35a)的载荷对称,所以变形也对称,即

$$\Delta l_1=\Delta l_3=|\Delta l_2|/2$$

于是

$$F_{N_1}=F_{N_3}=|F_{N_2}|/2;$$

图 4-35b)的载荷反对称,所以变形也反对称,即

$$\Delta l_1=|\Delta l_3|,\Delta l_2=0$$

于是

$$F_{N_1}=|F_{N_3}|,F_{N_2}=0$$

***思考题 4-18**　$\delta$ 值大于 $l\cos\theta$。$\delta=\frac{[\sigma]l}{E}\left(\frac{1}{\cos\theta}-\cos\theta\right)$。

**思考题 4-20**　图 4-40a)中

$$\Delta l_2\sin(\alpha+\beta)=\Delta l_1\sin\beta+\Delta l_3\sin\alpha$$

图 4-40b)中

$$\Delta l_1-\Delta l_2=\Delta l_4-\Delta l_3$$

**思考题 4-21**　几何关系如图 B-2 所示(按两力相向而画出)。各杆内力相同均为 $F_N=4F/15$。

***思考题 4-25**　$\sigma(r)=\frac{15F}{17\pi R^2}\left(1+\frac{r}{5R}\right)$。其中,$R$ 为圆杆半径,$r$ 为轴线至任一点的径向距离。

***思考题 4-26**　$\sigma_1=\frac{F_b}{A_1+\frac{E_2}{E_1}A_2},\sigma_2=\frac{F_b}{\frac{E_1}{E_2}A_1+A_2}$。

***思考题 4-27**　接触以后端面 $B$ 和 $C$ 的位移分别为

$$\delta_B=\frac{1}{3}(\Delta+\alpha tl),\delta_C=\frac{1}{3}(2\Delta-\alpha tl)$$

其中,$\alpha$ 为材料的线膨胀系数,$t$ 为升高的温度。接触面如图 B-3 中虚线所示。具体的位置与 $t$ 有关。

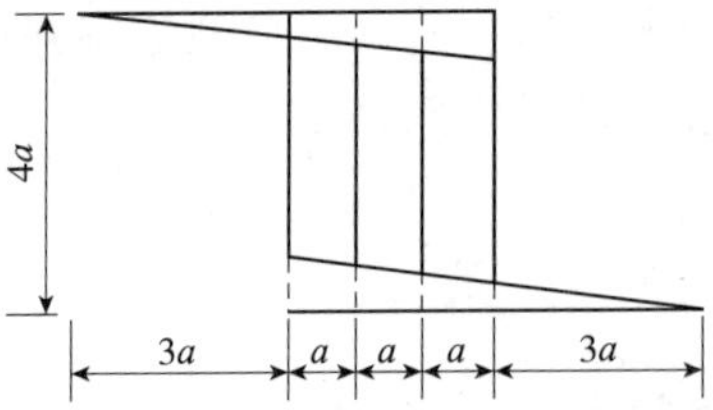


图　B-2

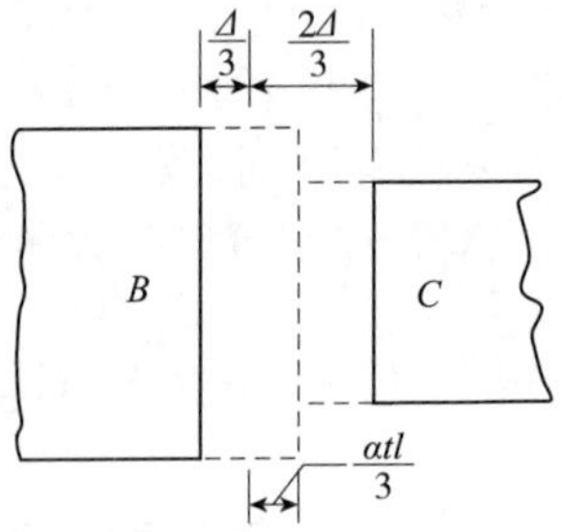


图　B-3

**思考题 4-29**　$F_{R,t}=\alpha EA\left(t_A+\frac{t_B-t_A}{n+1}\right)$。

## 第 6 章　扭　　转

***思考题 6-3**　$A$ 面与 $E$ 面的线位移相等,角位移不相等。

***思考题 6-4**　母线显然伸长了。对于低碳钢,试件的直径和长度变化甚微。精密测量表明,强化材料在大塑性扭转后长度增加,而非强化材料(如铅)则缩短。一般金属试件的纵

向、径向应变和体积应变,数量上比最大切应变小二至三个数量级。对于聚合物材料,这种效应变得明显了,称为坡印廷(Poynting)效应。致密的聚合物材料受扭转后试件伸长、体积增大,而疏松的聚合物材料则试件缩短、体积减小。某些聚合物材料还会先伸长后缩短,这与高分子材料的分子结构有关。

*思考题 6-5** $\tau_i = \dfrac{TG_i\rho}{\sum G_i I_{p_i}}$。其中,$\rho$ 为一点到圆心的径向距离。切应力分布如图B-4所示。

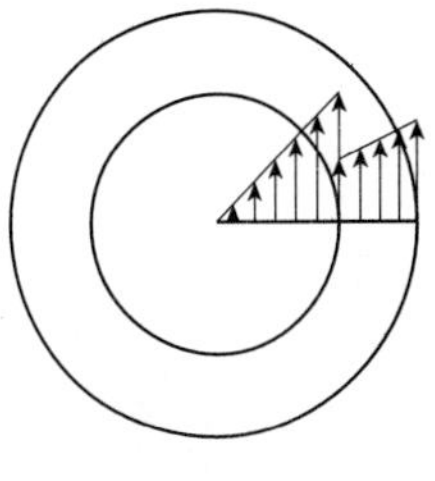

图 B-4

***思考题 6-7** 若采用圆柱形螺旋弹簧并按中等体重者设计,则体轻者感到它太硬、弹性不好,而体重者会把它压紧,因而也感到弹性不好。沙发弹簧却不同,由于体轻者主要使大圈即弹簧的两端部分受压,体重者虽会使大圈压紧但细圈即弹簧中部仍处于较好的弹性状态,所以两者各得其所,都感到有较好的弹性。

***思考题 6-8** 开尔文和泰特认为,凹角处的剪应力是无穷大。

***思考题 6-14** 由于截面图形对称,而受力反对称,所以在图形的对称轴线即腹板上,反对称的剪应力等于零。

## 第 7 章　弯 曲 内 力

***思考题 7-1** 当 $F_S$、$M$ 全部取正向时,图 7-21a)、b)、g)、h)中有$\dfrac{dF_S}{dx}=q$;图 7-21c)~f)中有$\dfrac{dF_S}{dx}=-q$;图 7-21a)~d)中有$\dfrac{dM}{dx}=F_S$;图 7-21e)~h)中有$\dfrac{dM}{dx}=-F_S$。

***思考题 7-2** $F_{S_2}=F_{S_1}+\int_{x_1}^{x_2} q dx=F_{S_1}+\omega_{12}^{q}, M_2=M_1+\int_{x_1}^{x_2} F_S dx=M_1+\omega_{12}^{F_S}$。

上述两个积分关系表明:在没有集中力作用的一段梁上,右端截面的 $F_{S_2}$ 等于左端截面的 $F_{S_1}$ 加上两截面间 $F_S$ 图的面积 $\omega_{12}^{F_S}$;在没有集中力偶作用的一段梁上,右端截面的 $M_2$ 等于左端截面的 $M_1$ 加上两截面间 $F_S$ 图的面积 $\omega_{12}^{F_S}$。

***思考题 7-4** $\dfrac{dM(x)}{dx}=F_S(x)+m(x)$,沿梁长 $F_S(x)$ 为常量。

***思考题 7-5** 将载荷 $q$ 向直梁的轴线分解为轴向载荷 $q_x$、横向载荷 $q_y$ 和分布力偶 $m$,取微段如图 B-5a)所示,由平衡得

$$\frac{dF_N}{dx}=-q_x, \frac{dF_S}{dx}=-q_y, \frac{dM}{dx}=F_S+m$$

类似地,曲梁微段如图 B-5b)所示,轴线上的载荷有切向载荷 $q_t$、径向载荷 $q_r$ 和分布力偶 $m$,由平衡得

$$\frac{dF_N}{dx}=-q_t-\frac{F_S}{R}, \frac{dF_S}{dx}=q_r+\frac{F_N}{R}, \frac{dM}{dx}=F_S+m$$

**思考题 7-8** 从如图 B-6 所示弯矩图可知,在辅助梁中点处的弯矩比原始梁在该处的弯矩减小了 $qa^2/8$。

**思考题 7-12** 剪力为反对称内力素,弯矩为对称内力素,所以:

(1)结构和载荷对称时,$F_S$ 图为反对称图形,$M$ 图为对称图形;

(2)结构对称而载荷反对称时,则 $F_S$ 图对称,$M$ 图反对称;

(3)在对称面上,前一情况的 $F_S=0$,后一情况的 $M=0$。

*__思考题 7-14__ 本题用截面法不难分段作出答案。但为了写出各段通用的统一内力方程,则要借助于单位阶梯函数,即引用

$$H(x-a)=\begin{cases}0 & x<a\\1 & x\geqslant a\end{cases}$$

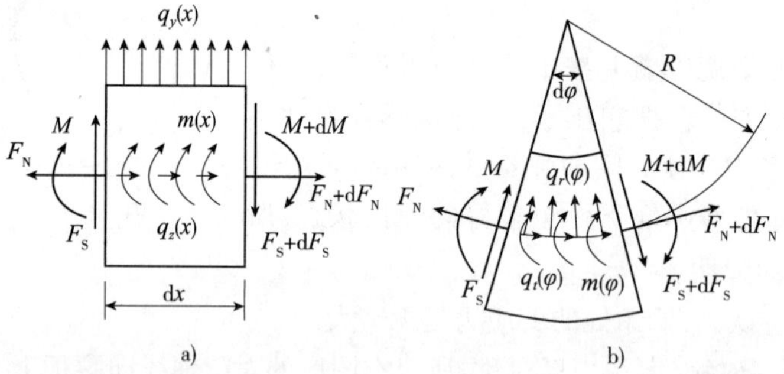


图 B-5

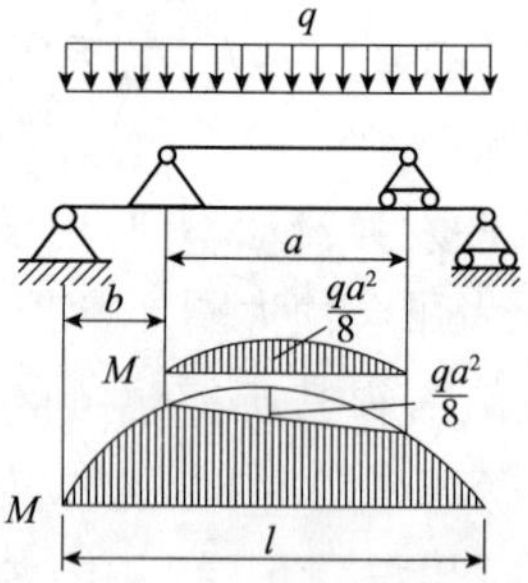


图 B-6

由图 7-33 将载荷表示为

$$q(x)=-q_0[H(x-\xi)-H(x-\xi-b)]$$

利用微分关系

$$\frac{\mathrm{d}^2M}{\mathrm{d}x^2}=\frac{\mathrm{d}F_S}{\mathrm{d}x}=q(x)$$

积分一次,并在每一区段引入一个积分常数,从而有

$$\begin{aligned}F_S(x)=&C_1[H(x)-H(x-\xi)]+ &\text{第一段}\\&(-q_0x+C_2)[H(x-\xi)-H(x-\xi-b)]+ &\text{第二段}\\&C_3[H(x-\xi-b)-H(x-l)] &\text{第三段}\end{aligned}$$

再积分一次有

$$\begin{aligned}M(x)=&(C_1x+C_5)[H(x)-H(x-\xi)]+ &\text{第一段}\\&\left(-\frac{1}{2}q_0x^2+C_2x+C_4\right)[H(x-\xi)-H(x-\xi-b)]+ &\text{第二段}\\&(C_3x+C_6)[H(x-\xi-b)-H(x-l)] &\text{第三段}\end{aligned}$$

利用边界条件和内力分段连续条件求各积分常数,由

$$x=\xi,\left.\frac{\mathrm{d}M}{\mathrm{d}x}\right|_{\xi^-}=\left.\frac{\mathrm{d}M}{\mathrm{d}x}\right|_{\xi^+},M(\xi^-)=M(\xi^+)$$

$$x=\eta=\xi+b,\left.\frac{\mathrm{d}M}{\mathrm{d}x}\right|_{\eta^-}=\left.\frac{\mathrm{d}M}{\mathrm{d}x}\right|_{\eta^+},M(\eta^-)=M(\eta^+)$$

$$x=l,\left.\frac{\mathrm{d}M}{\mathrm{d}x}\right|_{l^-}=0,M(l^-)=0$$

可求出

$$C_1=q_0b,C_2=q_0(\xi+b),C_3=0$$

$$C_4=-\frac{q_0}{2}(\xi+b)^2,C_5=-\frac{q_0b}{2}(2\xi+b),C_6=0$$

于是，在 $x=0$ 处，有

$$M(0^+)=C_5=-\frac{q_0b}{2}(2\xi+b)$$

上面各式中符号"－"、"＋"表示各 $x$ 位置的左、右。将各积分常数代入上述 $F_S(x)$ 和 $M(x)$ 方程中，可得

$$F_S(x)=q_0b\cdot H(x)-q_0(x-\xi)\cdot H(x-\xi)+q_0(x-\xi-b)\cdot H(x-\xi-b)$$

$$M(x)=\frac{1}{2}q_0b(2x-2\xi-b)\cdot H(x)-\frac{q_0}{2}(x-\xi)^2\cdot H(x-\xi)+\frac{q_0}{2}(x-\xi-b)^2\cdot H(x-\xi-b)$$

**思考题 7-16**　若 $F_R$ 在某两个集中力之间，则最大弯矩就在这两个集中力之一处。假定最大弯矩在 $F_2$ 处，$F_R$ 在 $F_2$ 右边，距离为 $d$，则 $F_2$ 处的弯矩为 $M=F_A(x-d)-F_1a$，由 $\mathrm{d}M/\mathrm{d}x=0$ 可得 $x=(l+d)/2$。此结果对于最大弯矩在任一集中力处均适用。

# 第 8 章　弯曲应力

**思考题 8-4**　$\alpha=1/9,\Delta=\alpha/(9\sqrt{2})$。

**思考题 8-6**　因为 $\sigma_{\max}=Ed/D$，所以应减小钢丝直径。

**思考题 8-8**　相当于假定正应力在横截面上均匀分布。

**思考题 8-9**　前后两者分别相当于假定正应力分布如图B-7a)、b)所示。

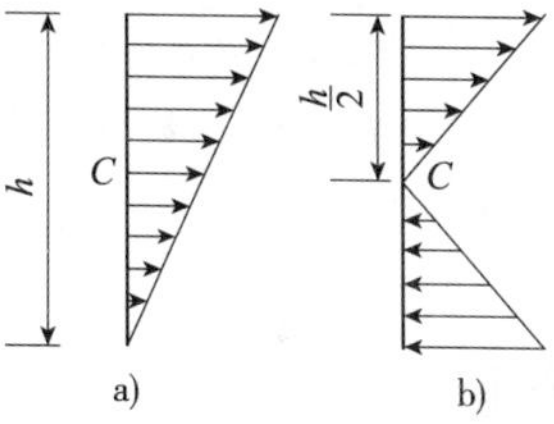

图　B-7

**思考题 8-11**　这只适用于中性轴为截面对称轴的情况。至于截面不是对中性轴对称的情况，读者可用如图 B-8 所示截面（设中性轴与 $x$ 平行）进行探讨。到 1826 年纳维才这样改正：当材料服从郑玄—胡克定律时，中性轴必通过截面的形心。

***思考题 8-12**　设郑玄—胡克定律和平面假设依然适用，由平衡、几何、物理三方面综合可得如图 B-9 所示中性轴位置和应力分布的公式如下（$i=1,2$）：

$$h_1=\frac{\sqrt{E_2}h}{\sqrt{E_1}+\sqrt{E_2}},\sigma_{x_i}=\frac{3E_iMy}{b(E_1h_1^3+E_2h_2^3)}$$

**思考题 8-14**　菱形截面剪应力铅垂分量仍可用公式 $\tau=\frac{F_SS(y)}{Ib}$，其中

$$S(y)=\frac{b(y)}{3}\left(\frac{h^2}{2}+\frac{h}{2}y-y^2\right)$$

由 $\frac{\mathrm{d}\tau}{\mathrm{d}y}=0$，可得 $y=\frac{h}{4}$ 处 $\tau_{\max}=\frac{9F_S}{8bh}$，应力分布如图 B-10 所示。

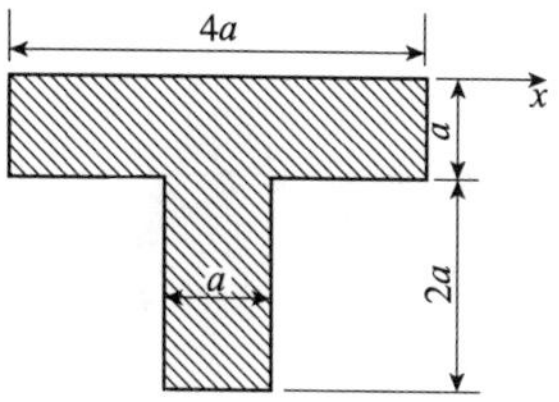

图　B-8

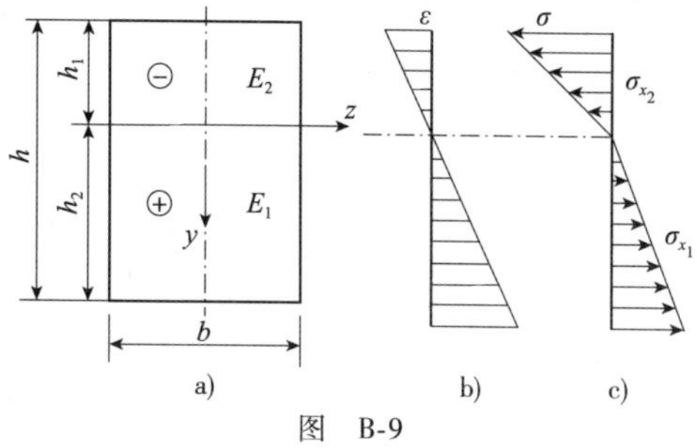

图　B-9

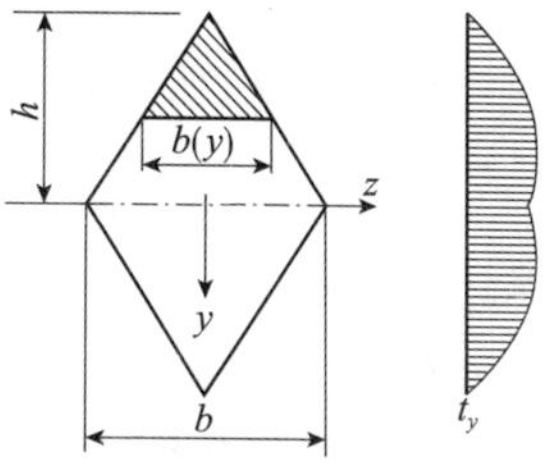

图　B-10

# 第9章　弯曲变形

**思考题 9-2**　由于$\dfrac{d^2M}{dx^2}=q$,所以对 $EIv''=M$ 取两次导数得 $EIv^{(4)}=q(x)$。$q$ 的指向与 $v$ 正向一致时为正,反之为负。

**思考题 9-3**　图 9-18a):$v(A)=0, EIv''(A)=0$;

图 9-18b):$v(B^+)=0, v(B^-)=0$,

$v'(B^-)=v'(B^+), EIv''(B^-)=EIv''(B^+)$;

图 9-18c):$v(A)=0, v'(A)=0$;

图 9-18d):$v(B^-)=v(B^+), EIv''(B^-)=0$,

$EIv''(B^+)=0, EIv'''(B^-)=EIv'''(B^+)$;

图 9-18e):$EIv''(A)=0, EIv'''(A)=kv(A)$;

图 9-18f):$v(B^-)=v(B^+), v'(B^-)=v'(B^+)$,

$EIv''(B^-)=EIv''(B^+), EIv'''(B^+)=kv(B^-)+EIv'''(B^-)$;

图 9-18g):$v(A)=0, EIv''(A)=kv'(A)$;

图 9-18h):$v'(A), EIv'''(A)=0$。

其中,$B^-$ 和 $B^+$ 表示截面 $B$ 的左、右,$k$ 为弹簧的刚度系数。由于 $v'=\theta, EIv''=M, EIv'''=F_S, M'=F_S$,所以考查转角、弯矩和剪力时,亦可用 $v'$、$v''$和 $v'''$来分析和表示。例如在自由端处,$M=0$、$F_S=0$,可写成 $v''=0$、$v'''=0$。

**思考题 9-5**　抛物线是从挠曲线近似微分方程 $EIv''=M(x)$ 中求得的,所以与精确解的圆弧线不同。

**思考题 9-7**　图 9-22a):$\theta_A>0$;图 9-22b)和 c):$\theta_A<0$。

**思考题 9-8**　$1/\rho(x)=$常数,即挠曲线是一圆弧。

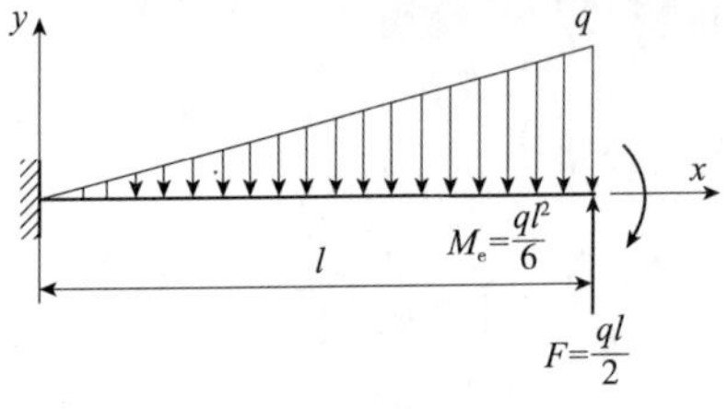


图　B-11

**思考题 9-10**　梁的约束和载荷如图 B-11 所示。

**思考题 9-11**　可以用二次积分法求解超静定梁,因为它比静定梁能提供更多的边界条件。

**思考题 9-13**　斗拱起到分散集中力的作用。这种设计减轻了梁的负担,以分布载荷代替集中载荷。

**思考题 9-16**　$\delta=\dfrac{Fx^3}{3EI}-\dfrac{qx^4}{8EI}$。

**思考题 9-20**　对于图 9-34b),有 $M(q\mathrm{d}\xi,x,\xi)$ 和 $v(q\mathrm{d}\xi,x,\xi)$,可将它们分别写成 $M(q,x,\xi)\mathrm{d}\xi$ 和 $v(q,x,\xi)\mathrm{d}\xi$。于是,分布载荷作用区域内任意截面 $x$ 处的弯矩为

$$M(q,x)=\int_a^x M(q,x,\xi)\Big|_{x<\xi}\mathrm{d}\xi+\int_x^b M(q,x,\xi)\Big|_{x>\xi}\mathrm{d}\xi$$

同理,$x$ 处的挠度为

$$v(q,x)=\int_a^x v(q,x,\xi)\Big|_{x<\xi}\mathrm{d}\xi+\int_x^b v(q,x,\xi)\Big|_{x>\xi}\mathrm{d}\xi$$

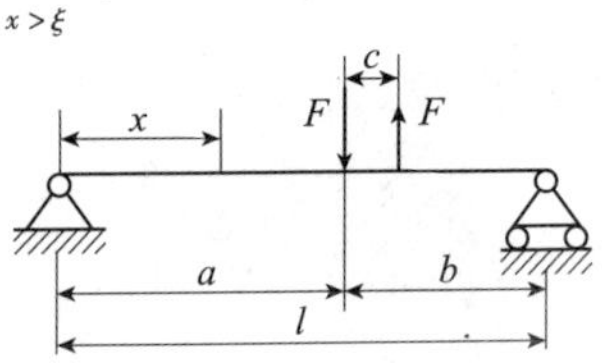


图　B-12

对于图 9-34c),将 $M_0$ 化为等值反向而靠近的两个力 $F$,如图 B-12 所示,则有

$$M(m,x) = \lim_{c\to 0}[M(F,x,a) + M(-F,x,a+c)] = \frac{x}{l}M_0$$

$$v(m,x) = \lim_{c\to 0}[v(F,x,a) + v(-F,x,a+c)]$$

***思考题 9-21** $\frac{1}{\rho} = \frac{\varepsilon}{y} = \frac{\alpha}{h}(T_2 - T_1)$，$y_{max} = \frac{\alpha l^2}{2h}(T_2 - T_1)$。无温度应力。

***思考题 9-24** $\varepsilon = tf/l^2$，可以通过等强度梁的挠度 $f$ 而得知梁上、下表面的应变 $\varepsilon$，一般就是利用这个关系来标定应变片。

## 第 10 章 弯曲问题的进一步研究

**思考题 10-9** 对于矩形截面，为半轴等于$\frac{M_e l^2}{2EI_z}$和$\frac{M_e l^2}{2EI_y}$的椭圆。

**思考题 10-12** 重合。

**思考题 10-13** 方法相同。

**思考题 10-16** 图 10-38a)的形心即是弯心。图 10-38b)的剪力在两部分按刚度分配，所以总的剪力作用在 $E$ 大的一部分上，因而弯心离开形心而偏向 $E$ 大的一侧。

## 第 11 章 利用计算机求解梁弯曲变形的快速解析法

**思考题 11-1** 支座约束力与载荷一起，图 11-14a)构成平面平行力系，其他三者均为平面汇交力系。求内力时都应分作两段，并注意截面垂直于轴线(即取横截面)。

***思考题 11-4** 求支座约束力后取受力对象如图 B-13 所示，由平衡得

$$M(x) = \frac{q}{2}y^2(x) + F_A x - F_H y(x)$$

$$F_N(x) = F_x(x)\cos\beta + F_A\sin\beta$$

$$F_S(x) = F_x(x)\sin\beta - F_A\cos\beta$$

其中，$F_x(x) = F_H - qy(x)$，$\beta$ 通过 $\tan\beta = y'(x)$ 确定。

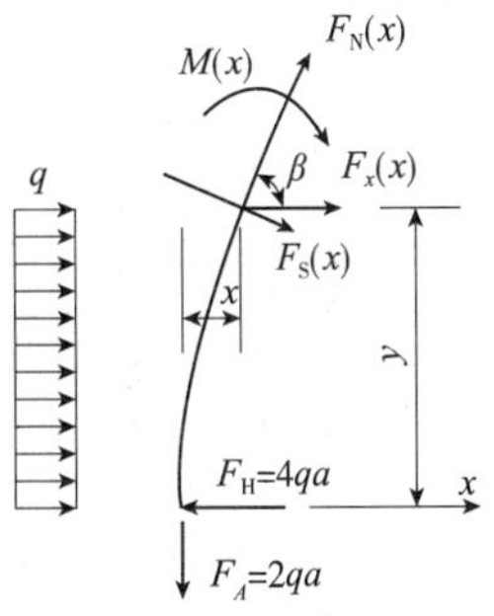

图 B-13

***思考题 11-5** 利用微分关系$\frac{d^2M}{dx^2} = q(x)$积分两次，并由边界条件确定其中的积分常数，可得图 11-18a)：$M(x) = \frac{q_0 l^2}{\pi^2}\sin\frac{\pi x}{l}$；图 11-18b)：$M(x) = \frac{q_0 l^2}{\pi^2}\sin\frac{\pi x}{l} - \frac{q_0 l}{\pi}x$。

***思考题 11-6** 仿照横截面有剪力时梁的剪力公式的推导方法，可知此梁横截面上也有剪应力。

**思考题 11-13** 因为原来图 11-26a)中的板处于自然状态，图 11-26b)中的板内存在内应力的缘故。

**思考题 11-16** 工程上称 $\sigma_b/\rho$ 为比强度，$E/\rho$ 为比刚度。在比较材料的优劣时，用这两个指标可以知道材料的轻重程度。

***思考题 11-25** 超静定梁也有它的缺点，例如装配应力、温度应力以及刚度较大时会使冲击的动载系数增大等。所以工程设计中选用静定梁还是超静定梁，要根据实际情况做全

面的考虑。

**思考题 11-27** 将 $M$ 图总面积除以梁的弯曲刚度 $EI$，反映了两端（设为 $A$ 和 $B$）的相对转角，即

$$\frac{\mathrm{d}v}{\mathrm{d}x} = \int_l \frac{M\mathrm{d}x}{EI} = \int_A^B \frac{\mathrm{d}\omega}{EI} = \frac{\omega_{AB}}{EI}$$

式中，$\omega_{AB}$ 为 $A$、$B$ 两端之间弯矩图的面积。而 $v_{AB} = \int_A^B \frac{x\mathrm{d}\omega}{EI}$ 即弯矩图面积对端点的一次矩，表示 $A$、$B$ 两端的相对挠度。对于两端固定的梁，在端点处 $v' = v = 0$，所以 $\omega_{AB} = v_{AB} = 0$。

## 第 12 章 应力与应变分析

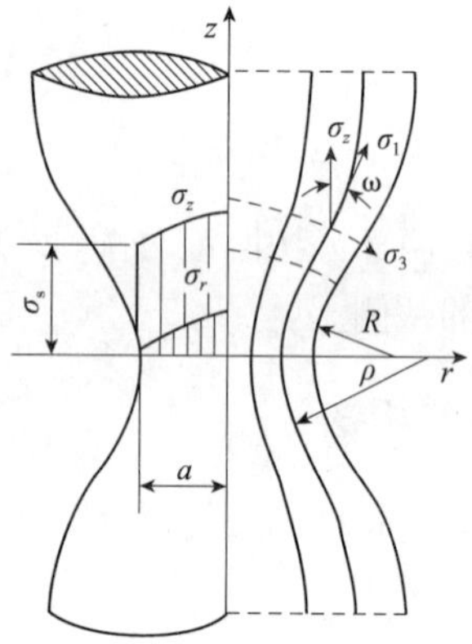


图 B-14

***思考题 12-4** 圆试件产生缩颈后，缩颈区域处于不均匀的轴对称分布的三向应力状态。缩颈区域中央截面中心处为三向拉应力状态，且应力值最大，从 X 光照片也可看到在该处首先出现开裂。由于缩颈区域的塑性变形属于各向异性的有限变形，它的发展受到材料性质、环境温度和加载速率等多种因素的影响，因此，详细分析缩颈区域的应力分布是比较复杂的。按某种近似解析解得出的缩颈区域中央处的轴向应力 $\sigma_z$、径向应力 $\sigma_r$ 和周向应力 $\sigma_\theta$（认为 $\sigma_\theta = \sigma_r$）的分析，如图 B-14所示。近年来，一些人用有限元法对缩颈过程进行了比较成功的数值模拟。

***思考题 12-11** 磁铁内的单元体有偶极应力作用，此时剪应力不互等。剪应力和偶极应力要满足动量矩方程。

***思考题 12-18** 提示：蒙皮沿纵向（即桁条的轴向）可以自由膨胀，但沿横向的膨胀要受到肋的约束。曲率的影响可以略去。可考虑两种极端情况：肋很粗大，蒙皮的横向应变为零；肋很单薄，蒙皮的横向应变不受约束。

**思考题 12-19** 只要 $\frac{1-\mu_1}{E_1} \neq \frac{1-\mu_2}{E_2}$，就产生轴向应变。

## 第 13 章 强 度 理 论

***思考题 13-2** $\sigma_2 = (\sigma_1 + \sigma_3)/2$（包括纯剪）时相差最大，此时 $(\sigma_{r_3} - \sigma_{r_4})/\sigma_{r_4} = 15.4\%$。

***思考题 13-5** 以拉伸强度 $\sigma_{bt}$ 小于压缩强度 $\sigma_{bc}$ 的材料为例，修正后的极限曲线如图 B-15 所示，即为简化的莫尔强度理论的极限曲线。当泊松比 $\mu = \sigma_{bt}/\sigma_{bc}$ 时，斜线也是第二强度理论的极限曲线。

***思考题 13-6** 应大于45°。

**思考题 13-8** 从薄壁圆筒外壁任一点取单元体，因为当压应力为零时单元体处于单向拉应力状态，作出应力圆如图 B-16 所示。将直径 $OA$ 三等分，并作垂线交于圆上 $D$ 和 $D'$ 点，其中 $D$ 点表示横截面上的应力，$D'$ 点表示径向截面上的应力，连接 $OD'$ 和 $D'A$，由于两三角形 $OBD'$ 和 $D'BA$ 相似，有 $D'B/OB = BA/D'B$，即 $\tau/\sigma_z = \sigma_x/\tau$，所以 $\sigma_z = \sqrt{2}\tau$。

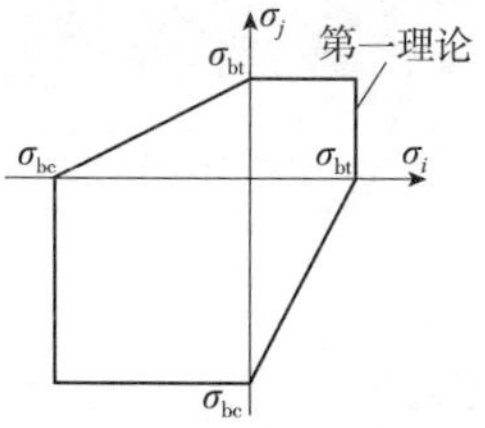


图　B-15

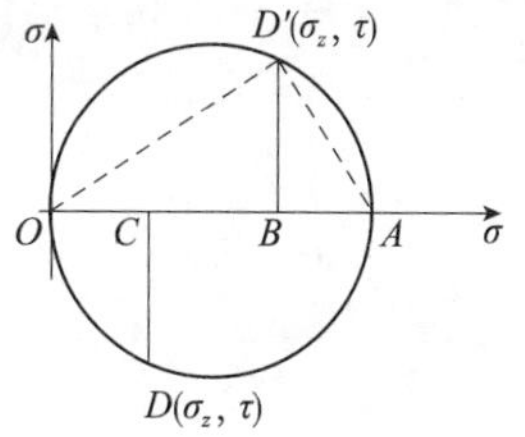


图　B-16

# 第14章　组 合 变 形

*思考题 14-6　题中各截面核心如图 B-17 所示。

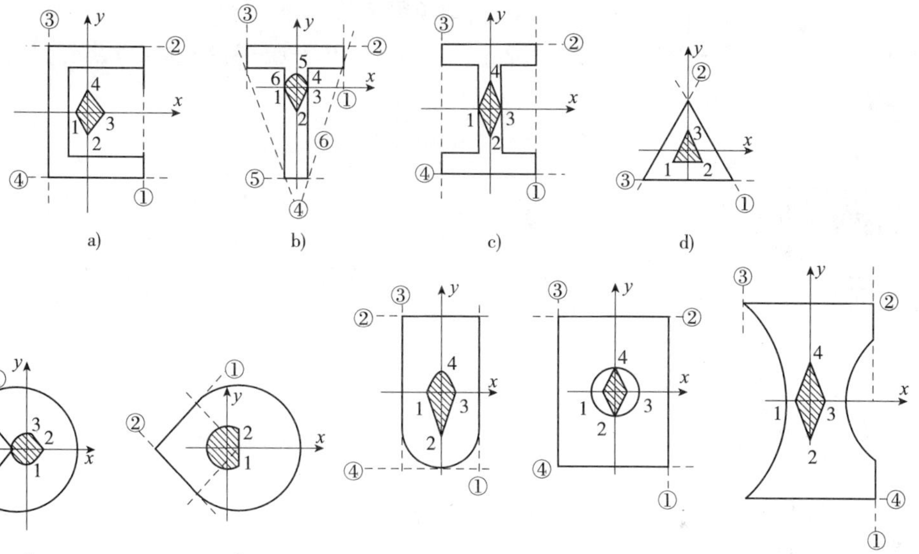

a)　b)　c)　d)

e)　f)　g)　h)　i)

图　B-17

*思考题 14-7　拉伸作用会使薄片的扭转刚度和弯曲刚度增加,测定拉力对于受扭或受弯薄片振动频率的影响(音频变化),即可证实。

*思考题 14-8　提示:设 $M_y = ax + b$,$M_z = ex + f$。如果$\frac{d^2\sqrt{M_y^2 + M_z^2}}{dx^2}$大于或等于零,则 $BC$ 段合弯矩图不是直线便是上凹曲线。合弯矩 $M_r^2 = M_y^2 + M_z^2$ 方程可表示成如下形式:

$$\frac{M_r^2}{i^2} - \frac{(x-j)^2}{k^2} = 1$$

其中,$i^2 = \frac{(af-be)^2}{a^2+e^2}$,$j = -\frac{ab+ef}{a^2+e^2}$,$k = \frac{(af-be)^2}{(a^2+e^2)^2}$。

# 第15章　索

*思考题 15-3　$F = EA\theta^3$,其中 $E$ 和 $A$ 分别为弦丝的弹性模量和截面积。$F$-$\theta$ 特性曲线如图 B-18 所示。

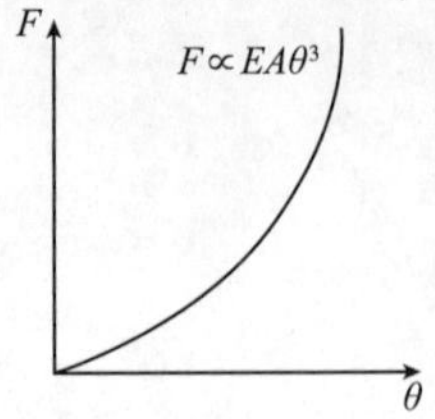


图 B-18

# B-2 习题答案和详解

## 第1章 绪 论

### A 类型习题答案

**习题 1-1** (1)$F=98\text{N}$;(2)$F_A=228.3\text{N}$(向上),$F_B=65.37\text{N}$(向上)。

**习题 1-2** $F_{Ax}=0,F_{Ay}=10\text{kN},M_A=10\text{kN}\cdot\text{m}$。

**习题 1-3** $F_{Ax}=0,F_{Ay}=-\dfrac{M_0}{a+b},F_B=\dfrac{M_0}{a+b}$。

**习题 1-4** $F_{Ax}=-F,F_{Ay}=-F,F_C=F$。

**习题 1-5** 习题图 1-5a):$F_{Ax}=0,F_{Ay}=\dfrac{q_0l}{6},F_B=\dfrac{q_0l}{3}$。

习题图 1-5b):$F_{Ax}=0,F_{Ay}=\dfrac{q_0l}{3},F_B=\dfrac{q_0l}{3}$。

**习题 1-6** 习题图 1-6a):$F_{Ax}=0,F_{Ay}=\dfrac{F}{4},F_B=\dfrac{13}{8}F,F_C=\dfrac{F}{8}$。

习题图 1-6b):$F_{Ax}=0,F_{Ay}=\dfrac{31}{6}F,F_B=\dfrac{5}{6}F,M_{\text{A}}=14.5Fa$。

习题图 1-6c):$F_{Ax}=\dfrac{qa}{8},F_{Ay}=\dfrac{qa}{2},F_{Bx}=-\dfrac{qa}{8},F_{By}=\dfrac{qa}{2}$。

**习题 1-7** $F_{Ax}=F,F_{Ay}=0,F_{Az}=0,M_{Ax}=0,M_{Ay}=Fa,M_{Az}=-Fa$。

### B 类型习题答案

**习题 1-8** 否;否;否。

### C 类型习题答案

**习题 1-9** **解**:(1)对称设置的支座 $A$ 与 $B$ 传递垂直方向的支座约束力 $F_{A\text{V}}=F_{B\text{V}}=G/2$,可以由合理切开的子系统的平衡方程得到杆力,在图 B-19a)中画出了一种可能的切开部分。在两个铰 $D$ 与 $E$ 之间的梁段,作用有垂直方向力 $F_{D\text{V}}=F_{E\text{V}}=G/12$,由平衡方程得

$$\sum M_K=0,F_{\text{N}_4}\cdot\frac{a}{2}-F_{A\text{V}}\cdot\frac{a}{2}-F_{D\text{V}}\cdot\frac{a}{4}+\frac{5}{12}G\cdot\frac{3}{8}a=0 \quad (1)$$

$$F_{\text{N}_4}=0.229G$$

$$\sum F_y=0,F_{A\text{V}}-\frac{G}{2}-\frac{1}{\sqrt{2}}F_{\text{N}_3}=0 \quad (2)$$

$$F_{\text{N}_3}=0$$

对节点 $A$ 有

$$\sum F_x = 0,\ -\frac{F_{N_1}}{\sqrt{2}} + \frac{F_{N_2}}{\sqrt{2}} + F_{N_4} = 0 \tag{3}$$

$$\sum F_y = 0,\ \frac{F_{N_1}}{\sqrt{2}} + \frac{F_{N_2}}{\sqrt{2}} + F_{AV} = 0 \tag{4}$$

$$F_{N_1} = -0.192G \tag{B-2}$$

$$F_{N_2} = -0.516G$$

在桁架右半边与杆 1、4 对称的杆也受相应的载荷。

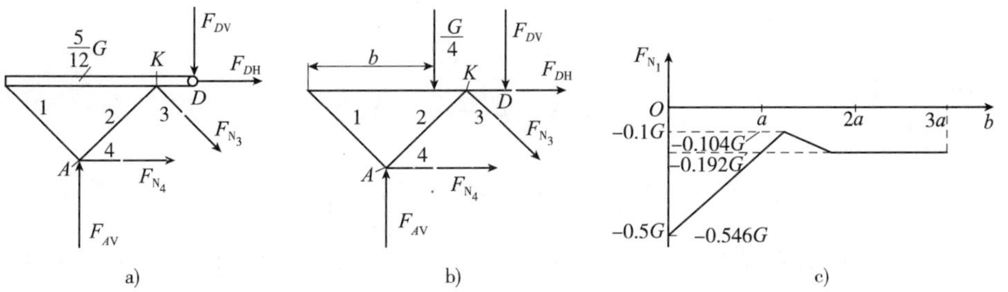


图 B-19

(2)在空间静力学中,作用于一系统上的外力与截面内力总是成线性关系。因此将外力分成不同的组,截面内力可对每个组分开计算。然后,总载荷下的截面力可将各分组载荷的截面力加起来(叠加原理)。因此,这里可取结果式(B-2)。另外还必须考虑由新加集中力引起的载荷。由此可得支座约束力(习题图 1-9)

$$\sum M_A = 0,\ -\frac{G}{4}\left(b - \frac{a}{2}\right) + F_{BV} \cdot 2a = 0 \tag{5}$$

$$F_{BV} = \frac{G}{8}\left(\frac{b}{a} - \frac{1}{2}\right)$$

$$\sum F_y = 0,\ -\frac{G}{4} + F_{AV} + F_{BV} = 0 \tag{6}$$

$$F_{AV} = \frac{G}{8}\left(\frac{5}{2} - \frac{b}{a}\right)$$

杆力 $F_{N_1}$ 可用类似于(1)中对切开梁的平衡考察计算出来。移动载荷必须在三个梁单元上分别加以考察:

a. $0 \leqslant b \leqslant \frac{5}{4}a$:梁单元 $DE$ 在所考察的部分受载情况下只能传递沿梁轴方向的力[图B-19b)],因此 $F_{DV} = 0$。

$$\sum M_K = 0,\ -F_{AV} \cdot \frac{a}{2} + \frac{G}{4} \cdot (a - b) + F_{N_4} \cdot \frac{a}{2} = 0 \tag{7}$$

$$F_{N_4} = F_{AV} - \frac{1}{2}G\left(1 - \frac{b}{a}\right)$$

节点 $A$ 平衡条件可由前述(1)直接转过来。由式(3)和式(4)可得

$$F_{N_1} = \frac{1}{\sqrt{2}}(F_{N_4} - F_{AV}) = \frac{\sqrt{2}}{4}G\left(\frac{b}{a} - 1\right) = 0.354G\left(\frac{b}{a} - 1\right) \tag{B-3}$$

b. $\frac{5}{4}a \leqslant b \leqslant \frac{7}{4}a$:由梁 $DE$ 的平衡条件得(习题图 1-9)

$$\sum M_E=0,\ -F_{DV}\cdot\frac{a}{2}+\frac{G}{4}\left[\frac{a}{2}-\left(b-\frac{5}{4}a\right)\right]=0 \tag{8}$$

$$F_{DV}=\frac{G}{2}\left(\frac{7}{4}-\frac{b}{a}\right)$$

因此对图 B-19b)的半个系统有

$$\sum M_K=0,\ -F_{DV}\cdot\frac{a}{4}+F_{N_4}\cdot\frac{a}{2}-F_{AV}\cdot\frac{a}{2}=0 \tag{9}$$

$$F_{N_4}=F_{AV}+\frac{1}{2}F_{DV}$$

对节点 A,由式(3)和式(4)可得

$$F_{N_1}=\frac{\sqrt{2}}{8}G\left(\frac{7}{4}-\frac{b}{a}\right)$$

$$F_{N_1}=G\left(0.309-0.177\frac{b}{a}\right) \tag{B-4}$$

c. $\frac{7}{4}a\leqslant b\leqslant 3a$:在此范围内,在一个外载荷作用下图 B-19b)中的 $F_{DV}$ 等于零,然后对于右边半个系统可得

$$\sum M_K=0,\ -F_{AV}\cdot\frac{a}{2}+F_{N_4}\cdot\frac{a}{2}=0 \tag{10}$$

$$F_{N_4}=F_{AV}$$

对节点 A,由式(B-3)和式(4)可得

$$F_{N_1}=0 \tag{B-5}$$

杆 1 的总载荷将用梁的自重部分[式(B-2)]与移动载荷部分[式(B-3)、式(B-4)及式(B-5)]叠加得到

$$F_{N_1}=\left(0.354\frac{b}{a}-0.546\right)G,0\leqslant b\leqslant\frac{5}{4}a \tag{B-6a}$$

$$F_{N_1}=\left(-0.177\frac{b}{a}+0.117\right)G,\frac{5}{4}a\leqslant b\leqslant\frac{7}{4}a \tag{B-6b}$$

$$F_{N_1}=-0.192G,\frac{7}{4}a\leqslant b\leqslant 3a \tag{B-6c}$$

此关系如图 B-19c)所示。

# 第 2 章　截面几何性质

## A 类型习题答案

**习题 2-1**　$I_{x_C}=\frac{9\pi^2-64}{72\pi}R^4$。

**习题 2-2**　圆形:$I_y^{(1)}=\frac{5\pi}{4}R^4$;正方形:$I_y^{(2)}=\frac{a^4}{3}$。比较:$\frac{I_y^{(1)}}{I_y^{(2)}}=\frac{15}{4\pi}>1$,$I_y^{(1)}>I_y^{(2)}$。

**习题 2-3**　$I_y=5.85\times10^6\ \text{mm}^4$,$I_z=1.81\times10^6\ \text{mm}^4$。

**习题 2-4**　$I_z=1.44\times10^6\ \text{mm}^4$,$I_{y_C}=43.2\times10^4\ \text{mm}^4$。

**习题 2-5**　$I_x=10.27a^4$,$I_y=10.27a^4$,$I_{xy}=0$。

**习题 2-6**　$I_y=2.00\times10^6\ \text{mm}^4$,$I_z=1.97\times10^6\ \text{mm}^4$。

**习题 2-7**　$I_z=0.329\,7a^4$。

**习题 2-8** $z_C = 44.70\text{mm}, I_{y_C} = 4.239 \times 10^{-6}\text{m}^4, I_{z_C} = 1.666 \times 10^{-6}\text{m}^4$。

**习题 2-9** $z_C = 59.4\text{mm}, I_{y_C} = 3.67 \times 10^{-4}\text{m}^4, I_{z_C} = 1.191 \times 10^{-4}\text{m}^4$。

**习题 2-10** $I_y = \frac{1}{12}BH^3 - \frac{\pi}{64}D^4, W_z = \frac{1}{6}BH^2 - \frac{\pi D^4}{32H}$。

**习题 2-11** $z_C = \frac{3\pi + 4}{2\pi + 8}a, I_{y_C} = 0.5723a^4, I_{z_C} = 0.1324a^4$。

**习题 2-12** $z_C = 31.67\text{mm}, I_{y_C} = 6.767 \times 10^{-7}\text{m}^4, I_{z_C} = 7 \times 10^{-8}\text{m}^4$。

**习题 2-13** $y_C = 4.75b$。

**习题 2-14** $I_{y_1} = I_y - 2 \times 10^{-3}A, I_{y_2} = I_{y_1}$。

**习题 2-15** $y_C = \frac{10a}{3(8-\pi)}, I_{y_C} = 0.02292a^4$。

## B 类型习题答案

**习题 2-16** $I_{z_1} = I_z + (b^2 - a^2)A$。

**习题 2-17** (A),(B)。

**习题 2-18** $S_y = \frac{\pi}{4}d^2, I_y = \frac{17\pi}{64}d^4$。

## C 类型习题答案

**习题 2-20** **解:**首先将型材断面分解成简单的、其局部面积形心和惯性矩很容易给出的分面积。按习题图 2-50 将断面分解后,可得到

$$A = A_1 + A_2 + A_3 = a^2 - b^2 + cd - ef + 2sh = 15.8\text{cm}^2 \tag{B-7}$$

对于图 B-20a)中的 $y$、$z$ 坐标系,可得对型材形心的坐标

$$r_{OC} = \frac{1}{A}\sum_i r_{OC_i}A_i$$

$$y_C = \frac{1}{A}\left[\frac{a}{2}(b^2 - a^2) + \left(a + \frac{c}{2}\right)(ef - cd) - 2ash\right] = -4.19\text{cm} \tag{B-8a}$$

$$z_C = \frac{1}{A}\left[\frac{a}{2}(b^2 - a^2) + \frac{d}{2}(ef - cd) + h^2 s\right] = -1.362\text{cm} \tag{B-8b}$$

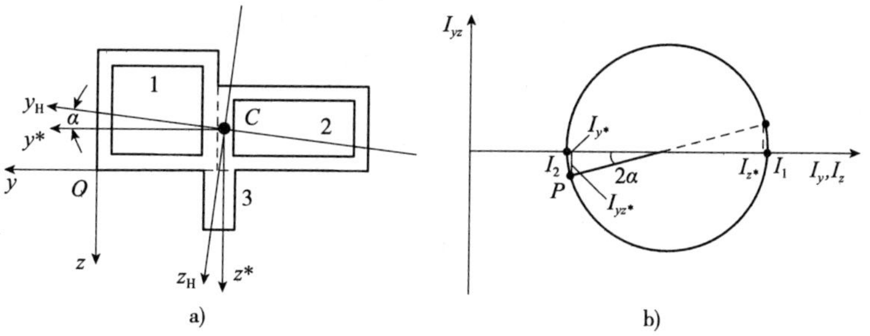


图 B-20

对于通过原点 $O$ 的 $y$、$z$ 系统的惯性矩可求得如下

$$I_y = I_{y_1} + I_{y_2} + I_{y_3}$$

$$I_{y_1} = I_{y_{C1}} + \left(\frac{a}{2}\right)^2 A_1 = \frac{1}{12}(a^4 - b^4) + \frac{1}{4}a^2(a^2 - b^2)$$

$$I_{y_2} = I_{y_{C2}} + \left(\frac{d}{2}\right)^2 A_2 = \frac{1}{12}(cd^3 - fe^3) + \frac{1}{4}d^2(cd - ef)$$

$$I_{y_3}=I_{y_{C3}}+\left(\frac{h}{2}\right)^2A_3=\frac{2}{3}sh^3$$

得

$$I_y=65.78\text{cm}^4 \tag{B-9}$$

用类似的计算，得

$$I_z=I_{z_1}+I_{z_2}+I_{z_3}=381.6\text{cm}^4 \tag{B-10}$$

很显然 $y$、$z$ 系统不是主轴系统，因此还必须计算惯性积。在这里仍要使用 Huygens - Steiner 公式

$$I_{yz}=I_{yz1}+I_{yz2}+I_{yz3} \tag{B-11a}$$

$$I_{yz1}=I_{yz_{C1}}+\frac{1}{4}a^2(a^2-b^2) \tag{B-11b}$$

$$I_{yz2}=I_{yz_{C2}}+\left(a+\frac{c}{2}\right)\frac{d}{2}(cd-ef) \tag{B-11c}$$

$$I_{yz3}=I_{yz_{C3}}-\frac{1}{2}ha(2sh) \tag{B-11d}$$

要特别注意式(B-11)中局部面积形心坐标的正负号。因为通过局部面积形心的轴的惯性积在式(B-11)中应为零，于是得

$$I_{yz}=81.88\text{cm}^4 \tag{B-12}$$

现将惯性矩换算到通过面积形心 $C$ 的平行移动的 $y^*$、$z^*$ 坐标系统，由式(B-8)~式(B-10)和式(B-12)得

$$I_{y*}=I_y-z_C^2A=36.47\text{cm}^4$$

$$I_{y*}=I_y-z_C^2A=36.47\text{cm}^4$$

$$I_{yz*}=I_{yz}-z_Cy_CA=-8.29\text{cm}^4$$

于是主惯性矩即为

$$\left.\begin{matrix}I_1\\I_2\end{matrix}\right\}=\frac{1}{2}(I_{y*}+I_{z*})\pm\sqrt{\frac{1}{4}(I_{y*}-I_{z*})^2}$$

$$I_1=105.2\text{cm}^4, I_2=35.47\text{cm}^4$$

可用

$$I_1+I_2=I_{y*}+I_{z*}=\text{const}$$

$$I_1\cdot I_2=I_{y*}\cdot I_{z*}-I_{yz*}=\text{const}$$

作为对计算的校核。

主惯性轴的位置可通过

$$\tan2\alpha=\frac{2I_{yz*}}{I_{z*}-I_{y*}}=-0.2447$$

得到

$$\alpha=\begin{cases}-6.9^\circ\\-83.1^\circ\end{cases} \tag{B-13}$$

上述结果可用惯性圆表示[图 B-20b)]。这里要注意，$P$ 点将在惯性圆上由 $I_{y*}$、$I_{yz*}$ 所决定，若由 $I_{z*}$、$I_{yz*}$ 来决定主轴的位置则将得到错误的结果。这可以很容易地由图 B-20b)看出。究竟由式(B-13)的 $\alpha$ 所确定的主轴哪个是 $I_1$ 哪个是 $I_2$，在很难看出的情况下，可以由惯性圆确定，则有

$$I_1=I_{z_H}>I_2=I_{y_H}$$

# 第3章　基本概念和材料的力学性能

## A类型习题答案

**习题3-1**　$m$-$m$ 截面：$F_S=\frac{F}{2}$；$n$-$n$ 截面：$F_S=0$。

**习题3-2**　左侧：$F_S=0,T=0,M=0$。

右侧：$F_S=-3F_T,T=-\frac{F_Td}{2},M=0$。

**习题3-3**　$F_S=-98\text{N},M=-29.4\text{N}\cdot\text{m},T=-14.7\text{N}\cdot\text{m}$。

**习题3-4**　1-1 截面：$F_S=10\text{kN},M=-5\text{kN}\cdot\text{m}$。

2-2 截面：$F_S=10\text{kN},M=0$。

3-3 截面：$F_S=10\text{kN},M=-5\text{kN}\cdot\text{m}$。

**习题3-5**　1-1 截面：$F_S=-\frac{M_0}{a+b},M=-\frac{a}{a+b}M_0$。

2-2 截面：$F_S=-\frac{M_0}{a+b},M=\frac{b}{a+b}M_0$。

**习题3-6**　1-1 截面：$F_N=F,F_S=F,M=Fa$。

**习题3-7**　习题图1-5a)：$F_S=\frac{q_0l}{24},M=\frac{q_0l^2}{16}$。

习题图1-5b)：$F_S=0,M=\frac{5}{48}q_0l^2$。

**习题3-8**　1-1 截面：$F_S=-\frac{a}{2l}F,M=\frac{Fa}{4}$。

2-2 截面：$F_S=-\frac{a}{2l}F,M=\frac{Fa}{2}$。

3-3 截面：$F_N=-\frac{\sqrt{3}}{2}F,F_S=\frac{F}{2},M=\frac{Fa}{2}$。

**习题3-9**　(1) $AB$ 杆：$F_N=30\text{kN}$。

(2) $BD$ 梁：$F_{N_1}=-25.98\text{kN},F_S=3\text{kN},M=9\text{kN}\cdot\text{m}$。

**习题3-10**　1-1 截面：$F_S=F,M=-\frac{Fl}{2}$。

2-2 截面：$F_N=2F,F_S=F,M=-\frac{Fl}{2}$。

3-3 截面：$F_N=-2\sqrt{2}F$。

4-4 截面：$F_N=-F,M=-2Fl$。

**习题3-11**　$F_N=\frac{2\sqrt{3}}{3}F$。

**习题3-12**　习题图1-6a)：$F_S=-\frac{3}{4}F$。

习题图1-6b)：$F_S=\frac{25}{6}F$。

习题图 1-6c)：$F_S=0, F_N=-\frac{1}{8}qa$。

**习题 3-13** 1-1 截面：$F_S=-F, M=1.5FR$。

2-2 截面：$F_N=\frac{F}{\sqrt{2}}, F_S=\frac{F}{\sqrt{2}}, M=2.21FR$。

3-3 截面：$F_S=F$。

4-4 截面：$F_S=F, M=-1.5FR$。

**习题 3-14** $P$ 截面：$F_N=-F, M_z=-Fa, M_y=Fa$。

$Q$ 截面：$F_S=\frac{F}{\sqrt{2}}, T=-Fa, M=-\frac{Fa}{2}$。

**习题 3-15** $F_N=\frac{\sqrt{3}}{4}\sigma_0 a^2$；作用点：$y=0, z=\frac{a}{2\sqrt{3}}$。

**习题 3-16** (1)$\sigma_{max}=10\text{MPa}$。

(2)$M_y=833.3\text{N}\cdot\text{m}$。

(3)$\sigma_A=8\text{MPa}, \sigma_B=-6\text{MPa}$。

**习题 3-17** $C=\frac{32M_e}{\pi D^4}$。

# 第4章 轴向拉压

## A 类型习题答案

**习题 4-1** $F_{N_1}=-2F; F_{N_2}=F; F_{N_3}=-2F$。

**习题 4-2** $F_{N_1}=-4F; F_{N_2}=-F; F_{N_3}=F$。

**习题 4-3** $F_1=20\text{kN}$(向右)；$F_2=35\text{kN}$(向左)；

$F_3=45\text{kN}$(向右)；$F_4=30\text{kN}$(向左)。

**习题 4-4** $\theta=45°, \tau_{max}=\frac{\sigma}{2}=114.6\text{MPa}$。

**习题 4-5** $A\geqslant 10\text{cm}^2$。

**习题 4-6** 车在 $C$ 点最危险，$n\geqslant 38$ 根。

**习题 4-7** $[F]=69.3\text{kN}$。

**习题 4-8** $\sigma_s=240\text{MPa}$。

**习题 4-9** $[F]=36\text{kN}$。

**习题 4-10** $\sigma_1=146.5\text{MPa}<[\sigma], \sigma_2=116\text{MPa}<[\sigma]$，安全。

**习题 4-11** $d=26.8\text{mm}, b=164.5\text{mm}$。

**习题 4-12** $\varepsilon_{max}=6.06\times10^{-4}, \Delta L=6.06\times10^{-5}\text{m}$。

**习题 4-13** (1)$x=\frac{9}{14}L$；

(2)$x=\frac{2}{3}L$。

**习题 4-14** $F=22\text{kN}, \Delta_D=1.44\text{mm}$。

**习题 4-15** $\vartheta=60°, F=138.6\text{kN}$。

**习题 4-16** (1) $x=\frac{L}{3}, F_{max}=3[\sigma_2]A$;

(2) $[F]=[\sigma_2]A$。

**习题 4-17** (1) $\Delta L_{DC}=2\text{mm}$;

(2) $\Delta_B=5.66\text{mm}$。

**习题 4-18** $\Delta_A=\frac{3Wa}{EA}$。

**习题 4-19** $DE$ 杆:$F_{N_1}=0.42\text{kN}$;$FG$ 杆:$F_{N_2}=0.37\text{kN}$。

**习题 4-20** $F_{N_1}=\frac{2}{7}F, F_{N_2}=\frac{3}{7}F, F_{N_3}=\frac{2}{7}F$。

**习题 4-21** $F_{N_1}=-\frac{F}{6}, F_{N_2}=\frac{F}{3}, F_{N_3}=\frac{5}{6}F$。

## B 类型习题答案

**习题 4-23** $F_{max}=\frac{\sqrt{3}}{4}\pi d^4\sigma_w, \theta\geqslant 60°$。

**习题 4-24** 有切应力,平面假设不严格成立。

**习题 4-26** $F_{N,m}=\frac{F}{n}+\frac{(n-1)(n-2m+1)}{\sum_{i=1}^{n}(n-2i+1)}\frac{2M}{l}$

其中 $F=\sum_{i=1}^{k}F_i, M=\sum_{i=1}^{k}M_C(F_i)$。

**习题 4-27** $\sigma(x)=\gamma(x-c), u_1(x)=\frac{\gamma}{2E^-}(x^2-2cx)\quad(x\leqslant c)$,

$u_2(x)=\frac{\gamma}{2E^+}(x^2-2cx+2cL-L^2)\quad(x>c), c=\frac{L}{1+\sqrt{E^+/E^-}}$。

**习题 4-28** 办法 1:杆 3 过盈量 $\delta=\frac{[\sigma]l}{E}\tan^2\theta$;

办法 2:杆 3 升温 $\Delta t=\frac{[\sigma]}{E\alpha}\tan^2\theta$。

**习题 4-29** $F_{N_1}=\frac{F}{6}-\frac{Fy}{3a}-\frac{Fx}{4a}, F_{N_2}=\frac{F}{6}-\frac{Fy}{3a}$,

$F_{N_3}=\frac{F}{6}-\frac{Fy}{3a}+\frac{Fx}{4a}, F_{N_4}=\frac{F}{6}+\frac{Fy}{3a}-\frac{Fx}{4a}$,

$F_{N_5}=\frac{F}{6}+\frac{Fy}{3a}, F_{N_6}=\frac{F}{6}+\frac{Fy}{3a}+\frac{Fx}{4a}$。

**习题 4-31** $\delta=\frac{2Fl}{nEA}$。

**习题 4-32** $F_{N_0}=\frac{EA}{l}\left(1-\frac{2}{n}\right)d, F_{N,k}=-\frac{2EA\cos\alpha_k}{nl}d\quad(k=1,\cdots,n-1)$。

**习题 4-33** $\omega_0=\left(\frac{E}{\rho}\right)^{\frac{1}{2}}\frac{(2n+1)\pi}{2l}$($n$ 为整数)。

**习题 4-34** 在这两种情况下均有 $\omega_0=\left(\frac{E}{\rho}\right)^{\frac{1}{2}}\frac{n\pi}{l}$。

## C 类型习题答案

**习题 4-35　解：**(1)设 $F$ 在顶部断面上均匀分布，则在柱任意截面 $A(x)$ 上的应力 $\sigma(x)$ 为

$$\sigma(x)=\frac{F+G(x)}{A(x)} \tag{B-14}$$

按照

$$A(x)=ab\left(1+\frac{x}{h}\right)$$

$$G(x)=\int_0^x \mathrm{d}G(x)=\int_0^x \rho g A(x)\,\mathrm{d}x=\rho gab\left(x+\frac{x^2}{2h}\right)$$

和

$$F=G=\frac{3}{2}abh\rho g$$

可由式(B-14)得到

$$\sigma(x)=-\frac{\rho g(3h^2+2hx+x^2)}{2(h+x)}$$

(2)用 $\left(\frac{\mathrm{d}\sigma}{\mathrm{d}x}\right)_{x=x_0}=0$ 的条件，得 $\sigma_{\min}$ 应在 $x_0=h(\sqrt{2}-1)=0.414h$ 处。$\sigma(x)$ 的最大值位于 $x_0=0$ 和 $x_0=h$ 两处的 $\sigma_{\max}$ 均相同。

(3)在 $x$ 方向柱的应变量

$$\varepsilon_x(x)=\frac{\mathrm{d}\xi}{\mathrm{d}x}=\frac{1}{E}\sigma_x(x)$$

柱的长度总变化可由积分求得

$$\Delta h=\int_0^h \varepsilon_x(x)\,\mathrm{d}x=-\frac{\rho g}{E}\int_0^h \frac{3h^2+2hx+x^2}{2(h+x)}\mathrm{d}x$$

$$\Delta h=-\frac{\rho g}{E}h^2\left(\ln 2+\frac{3}{4}\right)=-1.443\frac{\rho g}{E}h^2$$

**习题 4-36　解：**(1)桁架是超静定结构，因而四个支座约束力不可能由三个平衡条件求出。考虑到几个杆件变形的相互关系，由几何协调条件提供一个补充方程。

按照图 B-21a)中的标记和力的方向可知

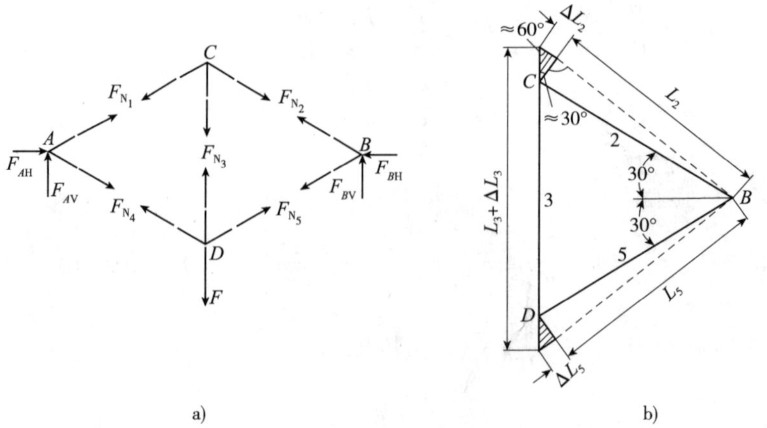


图　B-21

$$F_{AH}=F_{BH},F_{AV}=F_{BV}=\frac{1}{2}F \tag{B-15}$$

由于桁架和载荷的对称性，得

$$F_{N_1}=F_{N_2},F_{N_4}=F_{N_5} \tag{B-16}$$

结点处力的平衡条件是

结点 $D$：

$$\sum F_y=0,2F_{N_5}\cos 60°+F_{N_3}-F=0 \tag{B-17}$$

结点 $B$：

$$\sum F_x=0,\ -F_{N_2}\cos 30°+F_{N_5}\cos 30°-F_{BH}=0 \tag{B-18}$$

$$\sum F_y=0,F_{N_2}\cos 60°-F_{N_5}\cos 60°+F_{BV}=0 \tag{B-19}$$

当桁架受外力时，单元 $DBC$ 的各杆，按照图 B-21a）所给定的杆力，将依照图 B-21b）变形；杆 3 将保持在对称轴位置上。在小变形的前提下（$\Delta L \ll 1$），可以认为在点 $D$ 和点 $C$ 由变形所形成的三角形为直角三角形。于是得

$$\frac{\Delta L_2}{\sin 30°}+\frac{\Delta L_5}{\sin 30°}=\Delta L_3,\Delta L_2+\Delta L_5=\frac{1}{2}\Delta L_3 \tag{B-20}$$

按照郑玄—胡克定律，在等刚度 $EA$ 时

$$\varepsilon=\frac{\sigma}{E},\frac{\Delta L}{L}=\frac{F_N}{EA} \tag{B-21}$$

由式（B-20）和式（B-21）得到杆力之间的补充关系

$$F_{N_2}+F_{N_5}=\frac{1}{2}F_{N_3} \tag{B-22}$$

最后，由式（B-15）～式（B-19）和式（B-22）求得支座约束力和各杆力

$$F_{AV}=F_{BV}=\frac{1}{2}F,F_{AH}=F_{BH}=-\frac{\sqrt{3}}{10}F$$

$$F_{N_1}=F_{N_2}=-\frac{2}{5}F(\text{压杆}),F_{N_3}=\frac{2}{5}F(\text{拉杆}),F_{N_4}=F_{N_5}=\frac{3}{5}F(\text{拉杆})$$

（2）在将外载荷 $F$ 移至节点 $C$ 时，只有式（B-17）变化，在节点 $D$ 处：

$$\sum F_y=0,2F_{N_5}\cos 60°+F_{N_3}=0 \tag{B-23}$$

因此得

$$F_{AV}=F_{BV}=\frac{1}{2}F,F_{AH}=F_{BH}=\frac{\sqrt{3}}{10}F$$

$$F_{N_1}=F_{N_2}=-\frac{3}{5}F(\text{压杆}),F_{N_3}=-\frac{2}{5}F(\text{压杆}),F_{N_4}=F_{N_5}=\frac{2}{5}F(\text{拉杆})$$

**注：**在刚体静力学中，力被认为只是沿其作用线的矢量（在作用线上）。在刚体静力学中，一个力系的平衡状态不因力的矢量沿着其作用线移动而改变。在弹性体静力学中则不然，上例中，处于平衡状态的系统（$\boldsymbol{F},\boldsymbol{F}_A,\boldsymbol{F}_B$）中的矢量$\boldsymbol{F}_A$ 和$\boldsymbol{F}_B$ 就与力 $\boldsymbol{F}$ 的作用点有关。

**习题 4-37　解：**（1）求解此超静定问题要分三步走：

a. 利用截面原理并建立平衡条件：假设未知的杆内力为拉力，于是得在垂直方向上力的平衡式

$$\sum F_y=0,F_{N_1}+F_{N_2}+F_{N_3}+F_{N_4}+F_{N_5}-F-G=0 \tag{B-24}$$

在力 $F$ 的作用点的力矩平衡式为

$$\sum M_P=0,\frac{1}{4}bF_{N_2}+\frac{1}{2}bF_{N_3}+\frac{3}{4}bF_{N_4}+bF_{N_5}-\frac{1}{2}bG=0 \qquad \text{(B-25)}$$

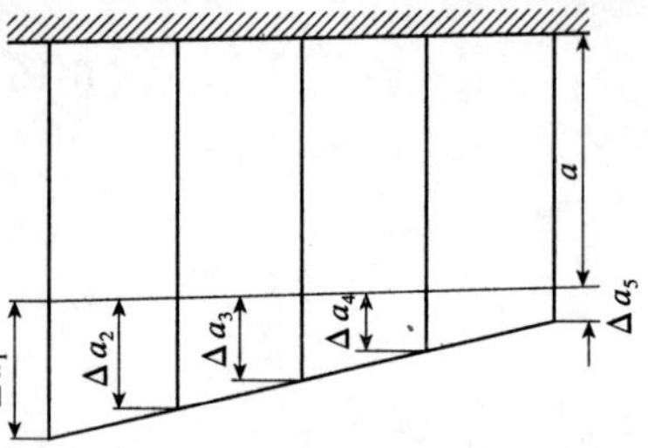


图 B-22

b. 列出协调条件：在式(B-24)中设想的杆力使各杆拉长。由于预先假设梁是刚性的，由图 B-22 得到三个协调条件

$$\Delta a_1-\Delta a_2=\Delta a_2-\Delta a_3 \qquad \text{(B-26a)}$$

$$\Delta a_2-\Delta a_3=\Delta a_3-\Delta a_4 \qquad \text{(B-26b)}$$

$$\Delta a_3-\Delta a_4=\Delta a_4-\Delta a_5 \qquad \text{(B-26c)}$$

c. 材料性质定理：将热膨胀考虑在内，则单轴应力状态下的郑玄—胡克定律为

$$\varepsilon=\frac{\sigma}{E}+\alpha\cdot\Delta T,\frac{F_N}{AE}+\alpha\cdot(T_1-T_0)=\frac{\Delta a}{a} \qquad \text{(B-27)}$$

由式(B-24)~式(B-27)得到计算力 $F_{N_1}\sim F_{N_5}$的方程组：

$$F_{N_1}+F_{N_2}+F_{N_3}+F_{N_4}+F_{N_5}=F+G$$

$$\frac{1}{4}F_{N_2}+\frac{1}{2}F_{N_3}+\frac{3}{4}F_{N_4}+F_{N_5}=\frac{1}{2}G$$

$$F_{N_1}-2F_{N_2}+F_{N_3}=0$$

$$F_{N_2}-2F_{N_3}+F_{N_4}=EA(\alpha-\alpha_4)(T_1-T_0)$$

$$F_{N_3}-2F_{N_4}+F_{N_5}=2EA(\alpha_4-\alpha)(T_1-T_0)$$

方程组的解为

$$F_{N_1}=0.2(G+3F) \qquad \text{(B-28a)}$$

$$F_{N_2}=0.2(G+2F)-0.1EA(\alpha-\alpha_4)(T_1-T_0) \qquad \text{(B-28b)}$$

$$F_{N_3}=0.2(G+F)-0.2EA(\alpha-\alpha_4)(T_1-T_0) \qquad \text{(B-28c)}$$

$$F_{N_4}=0.2G+0.7EA(\alpha-\alpha_4)(T_1-T_0) \qquad \text{(B-28d)}$$

$$F_{N_5}=0.2(G-F)-0.4EA(\alpha-\alpha_4)(T_1-T_0) \qquad \text{(B-28e)}$$

可以利用$\sum\limits_{i=1}^{5}F_{N_i}=F+G$的关系校核结果。热应力只影响系统的内力(梁，杆，支座)，所以不出现在求和的式中。

(2)由式(B-28d)可得出，当 $T_2=\dfrac{2G}{7EA(\alpha_4-\alpha)}+T_0$ 时，有

$$F_{N_4}=0$$

值得注意的是 $F_{N_4}$与 $F$ 无关。这一点只在郑玄—胡克定律有效范围内成立。

**习题 4-38　解：**(1)对于支座约束力$F_A$ 和$F_B$(沿 $x$ 方向为正)，有平衡条件

$$\sum F_x=0,F_A+F_B+F_1-F_2+F_3=0 \qquad \text{(B-29)}$$

对于杆的各段变形 $\Delta\xi$ 之间存在协调条件

$$\Delta b=\sum\Delta\xi,\Delta c+\Delta d+\Delta e+\Delta f+\Delta g=0 \qquad \text{(B-30)}$$

现在计算锥杆任意段上的力与变形之间的关系。杆的某段受到一正法向力 $F_N$(拉力)。依照郑玄—胡克定律，厚度为 d$x$ 的薄片将有应变

$$\frac{d\xi}{dx}=\varepsilon,\varepsilon=\frac{\sigma}{E}$$

式中，$\sigma(x)=\dfrac{F_N}{A(x)}$。由此得到某杆段的伸长量为

$$\Delta h=\int_0^h \frac{F_N}{EA(x)}dx=\int_0^h \frac{F_N}{E\dfrac{\pi}{4}\left[D-(D-d)\dfrac{x}{h}\right]}dx$$

$$\Delta h=\frac{4hF_N}{\pi dDE} \tag{B-31}$$

考虑到杆内法向力的正负号，并将各段的伸长量按照式(B-31)代入式(B-30)得

$$\frac{4}{\pi}\left\{\frac{1}{E}\left[-\frac{cF_A}{d_A d_C}-\frac{d(F_A+F_1)}{d_C d_D}\right]+\frac{1}{E_2}\left[-\frac{e(F_A+F_1)}{d_D d_E}-\frac{f(F_A+F_1-F_2)}{d_E d_F}-\frac{g(F_A+F_1-F_2+F_3)}{d_F d_B}\right]\right\}=0 \tag{B-32}$$

在各杆段端点的直径各为

$$d_A=0.2\text{m};d_C=0.183\ 3\text{m};d_D=0.158\ 3\text{m}; \tag{B-33a}$$

$$d_E=0.137\ 5\text{m};d_F=0.125\text{m};d_B=0.1\text{m}。 \tag{B-33b}$$

由式(B-32)和式(B-33)求得在支座 $A$ 处的约束力

$$F_A=8.9\text{N}(压力)$$

并由式(B-29)得

$$F_B=-0.108\text{N}(压力)$$

图 B-23b)绘出了沿杆轴各截面的法向力。

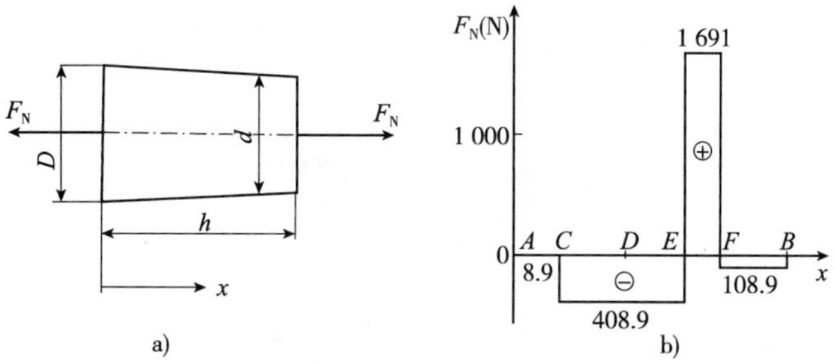


图　B-23

(2)由图 B-23b)和式(B-33)中各截面的直径，求出在各杆段端处的法向应力。最大应力位于截面 $F$

$$\sigma_F=\frac{F_N(x_F)}{A(x_F)}=13.8\text{MPa}$$

**习题 4-39　解：**(1)考虑到线性热膨胀，两个管在 $x$ 处的应变为

$$\varepsilon_1(x)=\frac{\sigma_1}{E_1}+\alpha_1\Delta T_1(x),\varepsilon_1(x)=\frac{d\xi_1}{dx} \tag{B-34a}$$

$$\varepsilon_2(x)=\frac{\sigma_2}{E_2}+\alpha_2\Delta T_2(x),\varepsilon_2(x)=\frac{d\xi_2}{dx} \tag{B-34b}$$

其中

$$\sigma_1=\frac{F_{N1}}{A_1},\sigma_2=\frac{F_{N2}}{A_2},F_{N1}=-F_{N2} \tag{B-35}$$

在温度是线性分布时，两管与装配温度在 $x$ 处的温度差 $\Delta T(x)$ 为

$$\Delta T_1(x)=T_{1A}+(T_{1B}-T_{1A})\frac{x}{h}-T_0 \tag{B-36a}$$

$$\Delta T_2(x)=T_{2A}+(T_{2B}-T_{2A})\frac{x}{h}-T_0 \tag{B-36b}$$

双管的总伸长量 $\Delta h=\int_0^h \varepsilon(x)\mathrm{d}x$，由式(B-34)～式(B-36)知

$$\Delta h_1=\frac{F_{N1}h}{E_1A_1}+\alpha_1 h(T_{1B}+T_{1A}-2T_0) \tag{B-37a}$$

$$\Delta h_2=-\frac{F_{N1}h}{E_2A_2}+\alpha_2 h(T_{2B}+T_{2A}-2T_0) \tag{B-37b}$$

两管与刚性法兰连接，存在以下协调关系

$$\Delta h_1=\Delta h\ ,\Delta h_1=\Delta h_2 \tag{B-38}$$

由式(B-37)和式(B-38)消去 $F_{N1}$，得

$$\Delta h=\frac{h[\alpha_1E_1A_1(T_{1A}+T_{1B}-2T_0)+\alpha_2E_2A_2(T_{2A}+T_{2B}-2T_0)]}{2(E_1A_1+E_2A_2)} \tag{B-39}$$

$$\Delta h=0.427\text{mm}$$

(2)由式(B-37)和式(B-38)消去 $\Delta h$，求得管系的内力

$$F_{N1}=E_1A_1\left[\frac{\Delta h}{h}-\frac{\alpha_1}{2}(T_{1A}+T_{1B}-2T_0)\right],F_{N2}=-F_{N1} \tag{B-40}$$

$$F_1=-26.24\text{kN},F_{N2}=26.24\text{kN}$$

在管 1 中的压应力为

$$\sigma_1=\frac{F_{N1}}{A_1}=-29.7\text{MPa}$$

在管 2 中的拉应力为

$$\sigma_2=\frac{F_{N2}}{A_2}=20.6\text{MPa}$$

(3)当法兰 $A$ 是固定时，在运行状态下，管在 $x$ 处对装配时的位移 $\xi(x)=\int_0^x \varepsilon(x)\mathrm{d}x$，可由式(B-34)～式(B-36)得到

$$\xi_1(x)=\frac{F_{N1}x}{E_1A_1}+\frac{\alpha_1}{2h}[2h(T_{1A}-T_0)x+(T_{1B}-T_{1A})x^2]$$

$$\xi_2(x)=\frac{F_{N2}x}{E_2A_2}+\frac{\alpha_2}{2h}[2h(T_{2A}-T_0)x+(T_{2B}-T_{2A})x^2]$$

在安装时，两管上相同 $x$ 处的相对位移是

$$\Delta\xi(x)=|\xi_1(x)-\xi_2(x)|$$

通过求 $\Delta\xi(x)$ 上极值，即 $\left\{\frac{d}{\mathrm{d}x}[\Delta\xi(x)]\right\}_{x=x_0}=0$，可求出 $\Delta\xi_{\max}$。

$$x_0=\frac{F_{N1}\left(\frac{1}{E_1A_1}+\frac{1}{E_2A_2}\right)+\alpha_1(T_{1A}-T_0)-\alpha_2(T_{2A}-T_0)}{\alpha_2(T_{2B}-T_{2A})-\alpha_1(T_{1B}-T_{1A})}h$$

利用式(B-39)和式(B-40)得到最大相对位移的位置是

$$x_0 = \frac{h}{2}$$

**习题 4-40　解:**(1)由郑玄—胡克定律得螺栓的拉力为

$$F_{N_1} = E\frac{\pi d^2}{4} \times \frac{\Delta h_{N_1}}{h} = 7.684\text{kN}$$

如在缸盖上再无其他外力作用,则预紧力为 6 个螺栓的拉力总和:

$$F_{V_1} = 6F_{N_1} = 46.08\text{kN} \tag{B-41}$$

(2)如缸盖承受一附加的内力 $F$,则缸盖在垂直方向的受力应由力的平衡条件求得

$$\sum F_V = 0,\ -6F_{N_2} + F_{V_2} + F = 0 \tag{B-42}$$

进一步,可以给出一个几何协调条件。在拉力 $F_{N_2}$ 的作用下,螺栓将伸长 $\Delta h_{N_2}$;由于压力 $F_{V_2}$ 的作用,法兰高度将缩短 $\Delta h_{V_2}$。两者之和即为初始的相对长度变化 $\Delta h_R$

$$\Delta h_{N_2} + \Delta h_{V_2} = \Delta h_R \tag{B-43}$$

按照郑玄—胡克定律,螺栓伸长度为

$$\frac{\Delta h_{N_2}}{\Delta h_{N_1}} = \frac{F_{N_2}}{F_{N_1}} \tag{B-44}$$

与此相对应,法兰的伸长度为

$$\frac{\Delta h_{V_2}}{\Delta h_{V_1}} = \frac{F_{V_2}}{F_{V_1}} \tag{B-45}$$

其在装配状态时的协调方程为

$$\Delta h_{V_1} = \Delta h_R - \Delta h_{N_1} \tag{B-46}$$

由式(B-44)得 $\Delta h_{N_2}$,由式(B-45)与式(B-46)得 $\Delta h_{N_2}$,由式(B-42)与式(B-43)可求得 $F_{V_2}$ 和 $F_{N_2}$

$$F_{V_2} - 6F_{N_2} = -F \tag{B-47a}$$

$$\frac{(\Delta h_R - \Delta h_{N_1})}{F_{V_1}}F_{V_2} + \frac{\Delta h_{N_1}}{F_{N_1}}F_{N_2} = \Delta h_R \tag{B-47b}$$

将式(B-41)代入式(B-47),得

$$F_{V_2} = 6F_{N_1} - \frac{\Delta h_{N_1}}{\Delta h_R}F = 13.07\text{kN},\ F_{N_2} = 10.68\text{kN}$$

由上述结果可获得对有预紧力的螺栓连接的重要认识。尽管内压对缸盖的压力 $F$ 为 51kN,6 个螺栓只额外受到 $\Delta F_N = 6(F_{N_2} - F_{N_1}) = 18\text{kN}$ 的拉力。其原因是,螺栓的伸长使法兰同时得到卸载($F_{V_2} < F_{V_1}$)。如果想要在内压升高时使螺栓尽可能少受附加的载荷,则螺栓的设计必须要具有较小的伸长刚度,而法兰则必须具有尽可能大的刚度。在连杆和曲轴的轴承上使用膨胀螺栓就是这样的实例。

上述结果可用预加应力图说明。绘出螺栓和法兰的力与伸长量的关系曲线如图 B-24 所示。

$$F_N = c \cdot \Delta h$$

式中,$c$ 为弹簧刚度,$c = EA/h$。

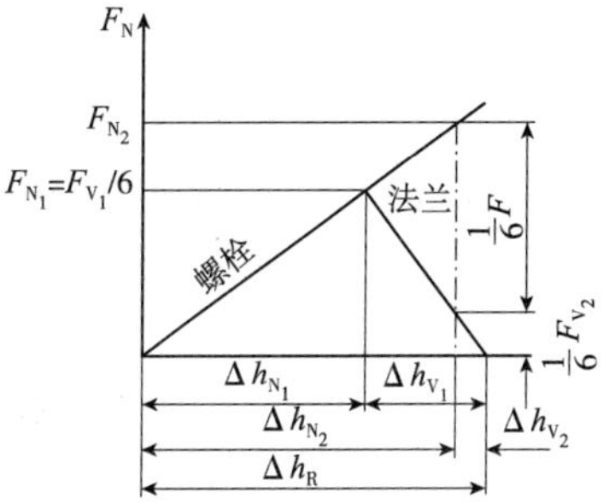


图　B-24

# 第5章 剪　切

## A类型习题答案

**习题5-1**　$\tau=63.7\text{MPa}<[\tau]$，$\sigma_{bs}=42.5\text{MPa}<[\sigma_{bs}]$，安全。

**习题5-2**　$\tau=99.5\text{MPa}<[\tau]$，$\sigma_{bs}=156\text{MPa}<[\sigma_{bs}]$，安全。

**习题5-3**　$\sigma=28.9\text{MPa}<[\sigma]$，$\tau=105.7\text{MPa}<[\tau]$，$\sigma_{bs}=141\text{MPa}<[\sigma_{bs}]$，安全。

**习题5-4**　$[F]=720\text{N}$。

**习题5-5**　$h\leqslant 2.83\text{mm}$。

**习题5-6**　$\tau=31.8\text{MPa}<[\tau]$，$\sigma_{bs}=25\text{MPa}<[\sigma_{bs}]$，安全。

**习题5-7**　$[F]=1\ 099\text{kN}$。

**习题5-8**　$[F]=73.7\text{kN}$。

**习题5-9**　$M_e=145\text{N}\cdot\text{m}$。

**习题5-10**　$t\geqslant 83.3\text{mm}$。

# 第6章 扭　转

## A类型习题答案

**习题6-1**　$[M_e]=13.7\text{kN}\cdot\text{m}$。

**习题6-2**　(1) $T_{max,1}=1\ 273\text{N}\cdot\text{m}$。

(2) $T^{(-)}_{max,2}=954.9\text{N}\cdot\text{m}$，$T^{(-)}_{max,2}<T_{max,1}$，有利。

**习题6-3**　$\tau_A=63.7\text{MPa}$，$\tau_{max}=84.7\text{MPa}$，$\tau_{min}=42.4\text{MPa}$。

**习题6-4**　$d=40\text{mm}$，$D_1=42\text{mm}$，$d_1=25\text{mm}$。

**习题6-5**　(1) 重量比 $\lambda=0.51$；

(2) $\dfrac{D_2}{d_1}=1.19$。

**习题6-6**　$2\sqrt{2}$倍。

**习题6-7**　$[T_2]>[T_1]$，空心铝轴能承受较大的扭矩。

**习题6-8**　$\tau^{(-)}_{max,1}=37.7\text{MPa}<[\tau]$，$\tau_{max,2}=32.7\text{MPa}<[\tau]$，安全。

**习题6-9**　$\varphi_{AC}=0.012\ 7\text{rad}$。

**习题6-10**　$\dfrac{M_{e_2}}{M_{e_1}}=15$。

**习题6-11**　$\Delta z_C=-\dfrac{32Fa^2L}{\pi d^4G}$。

**习题6-12**　$L=2.327\text{m}$。

**习题6-13**　$\dfrac{L}{d}\leqslant 69.8$。

**习题6-14**　(1) $\tau_{max}=19.26\text{MPa}<[\tau]$。

(2) $\varphi_{AC}=-1.482\times10^{-3}\text{rad}$。

**习题6-15**　按强度计算：$d\geqslant 9.7\text{mm}$；

按刚度计算：$d\geqslant 16.7\text{mm}$，取 $d=17\text{mm}$。

**习题6-16**　按强度计算：$d\geqslant 66.3\text{mm}$；

按刚度计算：$d \geqslant 67.6\text{mm}$，取 $d = 68\text{mm}$。

**习题 6-17** 按强度计算：$T \leqslant 8.04\text{kN} \cdot \text{m}$；

按刚度计算：$T \leqslant 6.43\text{kN} \cdot \text{m}$，$T_{\max} = 6.43\text{kN} \cdot \text{m}$。

**习题 6-18** $d \geqslant 32\text{mm}$。

**习题 6-19** $d(x) = \sqrt[3]{\dfrac{16m_t x}{\pi[\tau]}}$。

**习题 6-20** (2)$\tau_{\max} = 51\text{MPa}$。

**习题 6-21** (1)$\tau_{\max} = 75\text{MPa} < [\tau_1]$，安全。

(2)$d_1 = 12\text{mm}$。

**习题 6-22** $G = 96.4\text{GPa}$。

**习题 6-23** $D_2 = 59.4\text{mm}$，$d_2 = 51.2\text{mm}$。

**习题 6-24** (1)$\varphi = 2.01°$。

(2)$d = 70.1\text{mm}$。

**习题 6-25** $d_2 \geqslant 44.4\text{mm}$，$d_1 \geqslant 50.8\text{mm}$。

**习题 6-26** 按强度计算：$d \geqslant 25.7\text{mm}$；

按刚度计算：$d \geqslant 29.2\text{mm}$，取 $d = 30\text{mm}$。

**习题 6-27** 按强度计算：$d \geqslant 10\text{mm}$；

按刚度计算：$d \geqslant 13.8\text{mm}$，取 $d = 14\text{mm}$。

**习题 6-28** 按强度计算：$M_e \leqslant 4\ 241\text{N} \cdot \text{m}$；

按刚度计算：$M_e \leqslant 3\ 360\text{N} \cdot \text{m}$，取$[M_e] = 3.36\text{kN} \cdot \text{m}$。

## B 类型习题答案

**习题 6-29** $U = \dfrac{M_e^2 I_{p_2} L}{2GI_{p_1}(I_{p_1} + I_{p_2})}$。

**习题 6-30** $M_{T\text{I}} = \dfrac{G_\text{I} I_{p\text{I}} T}{G_\text{I} I_{p\text{I}} + G_\text{II} I_{p\text{II}}}$，$M_{T\text{II}} = \dfrac{G_\text{II} I_{p\text{II}} T}{G_\text{I} I_{p\text{I}} + G_\text{II} I_{p\text{II}}}$。

**习题 6-31** (1)用预扭的方法，6.25%；

(2)$\dfrac{d}{D} = \dfrac{3}{4}$，10.5%。

**习题 6-32** 圆截面杆：$c = c_t$，$c_t = \sqrt{\dfrac{G}{\rho}}$；

椭圆截面杆：$c = \dfrac{2ab}{a^2 + b^2}c_t$；

等边三角形截面杆：$c = \dfrac{3}{5}c_t$；

窄矩形截面杆：$c = \dfrac{2h}{d}c_t$，$h$ 是板厚，$d$ 是板宽。

## C 类型习题答案

**习题 6-33** **解**：扭转弹簧系数为扭转力矩 $M_T$ 与杆的扭转角 $\varphi$ 之比

$$c = \frac{M_T}{\varphi}$$

对于圆形常截面(直径 $d$)，其扭转角为

$$\varphi = \frac{hM_T}{GI_p}$$

式中，$h$ 为杆长，$G$ 为切变模量，$I_p = \pi d^4/32$ 为轴截面的极惯性矩。此公式对于细长锥形杆可近似有效，只是要用 $dx$ 作为杆长，有

$$\varphi = \int_0^h \frac{M_T}{GI_p}dx$$

对于本题的情况，得

$$\varphi = \varphi_a + \varphi_b + \varphi_c = \frac{32M_T}{\pi G}\left\{\frac{a}{d_1^4} + \int_0^h \frac{dx}{\left[d_1 + (d_2 - d_1)\frac{x}{b}\right]} + \frac{e}{d_2^4}\right\}$$

$$= \frac{32M_T}{\pi G}\left[\frac{a}{d_1^4} + \frac{b(d_1^2 + d_1 d_2 + d_2^2)}{3d_1^3 d_2^3} + \frac{e}{d_2^4}\right]$$

从而可求得

$$c = 3\ 258\text{N} \cdot \text{m/rad}$$

**习题 6-34　解**：(1)取轴为分离体，其力矩平衡式为

$$\sum M_x = 0, M_e + M_{Ax} + M_{Bx} = 0 \tag{B-48}$$

在轴段 $a$、$b$ 和 $c$ 的扭转角 $\varphi$ 的协调方程为

$$\varphi_a + \varphi_b = \varphi_c \tag{B-49}$$

对于长度为 $h$ 的轴，其扭转力矩 $T$ 与扭转角 $\varphi$ 存在如下关系

$$\varphi = \frac{Th}{GI_p} \tag{B-50}$$

式中，$I_p = \pi d^4/32$。

对于各个不同轴段，将式(B-50)代入式(B-49)，可得

$$\frac{M_{Ax}}{G}\left(\frac{a}{I_{p_1}} + \frac{b}{I_{p_2}}\right) = \frac{M_{Bx} \cdot c}{GI_{p_2}}$$

$$M_{Ax}\left(\frac{a}{d_1^4} + \frac{b}{d_2^4}\right) - M_{Bx}\frac{c}{d_2^4} = 0 \tag{B-51}$$

解式(B-48)和式(B-51)可得到支座两端的约束力矩

$$M_{Ax} = -\frac{cd_1^4}{ad_2^4 + (b+c)d_1^4}M_e \tag{B-52a}$$

$$M_{Bx} = -\frac{ad_2^4 + bd_1^4}{ad_2^4 + (b+c)d_1^4}M_e \tag{B-52b}$$

(2)在一个受扭转的直径为 $d$ 的圆柱形杆截面边界上的切应力为

$$\tau = \frac{Td}{2I_p} = \frac{16T}{\pi d^3}$$

当 $a < b < c$ 时，由式(B-52)可知：$|M_{Bx}| > |M_{Ax}|$。因此，最大切应力将出现在 $c$ 段：

$$\tau_{max} = \frac{16M_e}{\pi d_2^3}\frac{ad_2^4 + bd_1^4}{ad_2^4 + (b+c)d_1^4}$$

(3)齿轮的扭转角 $\varphi_z = \dfrac{cM_{Bx}}{GI_P}$，可由式(B-50)和式(B-53)得到

$$\varphi_z = -\frac{32cM_e}{G\pi d_2^4}\frac{ad_2^4 + bd_1^4}{ad_2^4 + (b+c)d_1^4} \tag{B-53}$$

由于 $b = L - a - c$，由极值计算得

$$\left[\frac{d\varphi_z}{dc}\right]_{c=c^*} = 0$$

用式(B-53)求得对于 $\varphi_{z,\max}$ 的齿轮距离固定支座 $B$ 的位置 $C^*$ 为

$$c^* = \frac{1}{2}(L-a) + \frac{1}{2}a\left(\frac{d_2}{d_1}\right)^4$$

# 第7章 弯曲内力

## A类型习题答案

**习题 7-1** 习题图 7-1a)：$F_{S,\max}^{(+)} = F$；$M_{\max}^{(+)} = Fa$。

习题图 7-1b)：$F_{S,\max}^{(+)} = F$；$M_{\max}^{(+)} = Fa$。

习题图 7-1c)：$F_{S,\max}^{(+)} = 4\text{kN}$，$F_{S,\max}^{(-)} = 6\text{kN}$；$M_{\max}^{(+)} = 8\text{kN}\cdot\text{m}$，$M_{\max}^{(-)} = 4\text{kN}\cdot\text{m}$。

习题图 7-1d)：$F_{S,\max}^{(+)} = F$；$M_{\max}^{(-)} = Fa$。

习题图 7-1e)：$F_{S,\max}^{(+)} = \frac{qa}{4}$，$F_{S,\max}^{(-)} = \frac{7}{4}qa$；$M_{\max}^{(+)} = \frac{49}{32}qa^2$。

习题图 7-1f)：$F_{S,\max}^{(+)} = 2qa$，$F_{S,\max}^{(-)} = qa$；$M_{\max}^{(+)} = 2qa^2$，$M_{\max}^{(-)} = \frac{3}{2}qa^2$。

习题图 7-1g)：$F_{S,\max}^{(+)} = 10.88\text{kN}$，$F_{S,\max}^{(-)} = 8.125\text{kN}$；$M_{\max}^{(+)} = 5.5\text{kN}\cdot\text{m}$。

习题图 7-1h)：$F_{S,\max}^{(+)} = qa$，$F_{S,\max}^{(-)} = qa$；$M_{\max}^{(+)} = \frac{qa^2}{2}$，$M_{\max}^{(-)} = \frac{qa^2}{2}$。

习题图 7-1i)：$F_{S,\max}^{(+)} = qa$，$F_{S,\max}^{(-)} = qa$；$M_{\max}^{(-)} = qa^2$。

习题图 7-1j)：$F_{S,\max}^{(-)} = qa$；$M_{\max}^{(+)} = \frac{qa^2}{2}$，$M_{\max}^{(-)} = \frac{qa^2}{2}$。

习题图 7-1k)：$F_{S,\max}^{(+)} = \frac{3}{2}qa$，$F_{S,\max}^{(-)} = \frac{qa}{2}$；$M_{\max}^{(-)} = qa^2$。

习题图 7-1l)：$F_{S,\max}^{(+)} = 2qa$，$F_{S,\max}^{(-)} = 3qa$；$M_{\max}^{(+)} = \frac{9}{2}qa^2$。

**习题 7-2** 习题图 7-2a)：$F_{S,\max}^{(-)} = ql$；$M_{\max}^{(-)} = \frac{ql^2}{2}$。

习题图 7-2b)：$F_{S,\max}^{(-)} = 2qa$；$M_{\max}^{(-)} = 2qa^2$。

习题图 7-2c)：$F_{S,\max}^{(-)} = 4qa$；$M_{\max}^{(+)} = qa^2$，$M_{\max}^{(-)} = 5qa^2$。

习题图 7-2d)：$F_{S,\max}^{(+)} = qa$，$F_{S,\max}^{(-)} = qa$；$M_{\max}^{(-)} = \frac{qa^2}{2}$。

习题图 7-2e)：$F_{S,\max}^{(+)} = \frac{qL}{2}$，$F_{S,\max}^{(-)} = \frac{qL}{2}$；$M_{\max}^{(+)} = \frac{9}{8}qL^2$。

习题图 7-2f)：$F_{S,\max}^{(+)} = 20\text{kN}$，$F_{S,\max}^{(-)} = 20\text{kN}$；$M_{\max}^{(+)} = 10\text{kN}\cdot\text{m}$，$M_{\max}^{(-)} = 20\text{kN}\cdot\text{m}$。

**习题 7-3** 习题图 7-3a)：$F_{S,\max}^{(+)} = qa$，$F_{S,\max}^{(-)} = \frac{qa}{4}$；$M_{\max}^{(-)} = \frac{qa^2}{2}$。

习题图 7-3b)：$F_{S,\max}^{(+)} = F$；$M_{\max}^{(+)} = Fa$。

习题图 7-3c)：$F_{S,\max}^{(+)} = 8\text{kN}$，$F_{S,\max}^{(-)} = 12\text{kN}$；$M_{\max}^{(+)} = 6.4\text{kN}\cdot\text{m}$，$M_{\max}^{(-)} = 8\text{kN}\cdot\text{m}$。

习题图 7-3d)：$F_{S,\max}^{(+)} = \frac{3}{4}qa$，$F_{S,\max}^{(-)} = \frac{qa}{4}$；$M_{\max}^{(+)} = \frac{3}{4}qa^2$，$M_{\max}^{(-)} = \frac{qa^2}{2}$。

习题图 7-3e)：$F_{S,\max}^{(-)}=F$；$M_{\max}^{(-)}=Fa$。

习题图 7-3f)：$F_{S,\max}^{(-)}=8.75\text{kN}$；$M_{\max}^{(+)}=4.375\text{kN}\cdot\text{m}$，$M_{\max}^{(-)}=5.625\text{kN}\cdot\text{m}$。

习题图 7-3g)：$F_{S,\max}^{(+)}=12\text{kN}$，$F_{S,\max}^{(-)}=8\text{kN}$；$M_{\max}^{(+)}=16\text{kN}\cdot\text{m}$，$M_{\max}^{(-)}=8\text{kN}\cdot\text{m}$。

习题图 7-3h)：$F_{S,\max}^{(+)}=qa$，$F_{S,\max}^{(-)}=qa$；$M_{\max}^{(-)}=\dfrac{qa^2}{2}$。

习题图 7-3i)：$F_{S,\max}^{(+)}=qa$，$F_{S,\max}^{(-)}=\dfrac{qa}{3}$；$M_{\max}^{(+)}=\dfrac{qa^2}{2}$，$M_{\max}^{(-)}=\dfrac{qa^2}{2}$。

习题图 7-3j)：$F_{S,\max}^{(+)}=2qa$，$F_{S,\max}^{(-)}=3qa$；$M_{\max}^{(+)}=2qa^2$，$M_{\max}^{(-)}=2qa^2$。

习题图 7-3k)：$F_{S,\max}^{(+)}=2qa$，$F_{S,\max}^{(-)}=\dfrac{5}{2}qa$；$M_{\max}^{(+)}=qa^2$，$M_{\max}^{(-)}=2qa^2$。

习题图 7-3l)：$F_{S,\max}^{(+)}=2qa$，$F_{S,\max}^{(-)}=2qa$；$M_{\max}^{(+)}=qa^2$，$M_{\max}^{(-)}=qa^2$。

**习题 7-4** 习题图 7-4a)：$F_{N,\max}^{(-)}=F$；$F_{S,\max}^{(+)}=F$，$F_{S,\max}^{(-)}=F$；$M_{\max}^{(-)}=2Fa$。

习题图 7-4b)：$F_{N,\max}^{(-)}=2qa$；$F_{S,\max}^{(+)}=2qa$，$F_{S,\max}^{(-)}=qa$；$M_{\max}^{(-)}=3qa^2$。

习题图 7-4c)：$F_{N,\max}^{(-)}=qa$；$F_{S,\max}^{(+)}=qa$，$F_{S,\max}^{(-)}=qa$；$M_{\max}^{(+)}=\dfrac{3}{2}qa^2$，$M_{\max}^{(-)}=qa^2$。

习题图 7-4d)：$F_{N,\max}^{(+)}=F$；$F_{S,\max}^{(+)}=F$，$F_{S,\max}^{(-)}=F$；$M_{\max}^{(+)}=2FL$。

习题图 7-4e)：$F_{N,\max}^{(-)}=2qa$；$F_{S,\max}^{(+)}=2qa$，$F_{S,\max}^{(-)}=2qa$；$M_{\max}^{(+)}=2qa^2$，$M_{\max}^{(-)}=2qa^2$。

习题图 7-4f)：$F_{N,\max}^{(+)}=\dfrac{5}{4}qa$；$F_{S,\max}^{(+)}=\dfrac{5}{4}qa$，$F_{S,\max}^{(-)}=qa$；$M_{\max}^{(+)}=\dfrac{5}{2}qa^2$。

习题图 7-4g)：$F_{N,\max}=0$；$F_{S,\max}^{(+)}=2qa$，$F_{S,\max}^{(-)}=2qa$；$M_{\max}^{(+)}=2qa^2$。

习题图 7-4h)：$F_{N,\max}^{(+)}=\dfrac{3}{2}qa$；$F_{S,\max}^{(+)}=2qa$，$F_{S,\max}^{(-)}=\dfrac{3}{2}qa$；$M_{\max}^{(+)}=2qa^2$。

习题图 7-4i)：$F_{N,\max}^{(+)}=12.5\text{kN}$，$F_{N,\max}^{(-)}=32.5\text{kN}$；$F_{S,\max}^{(+)}=30\text{kN}$，$F_{S,\max}^{(-)}=32.5\text{kN}$；$M_{\max}^{(-)}=180\text{kN}\cdot\text{m}$。

习题图 7-4j)：$F_{N,\max}^{(-)}=5\text{kN}$；$F_{S,\max}^{(+)}=3\text{kN}$，$F_{S,\max}^{(-)}=5\text{kN}$；$M_{\max}^{(+)}=7\text{kN}\cdot\text{m}$，$M_{\max}^{(-)}=3\text{kN}\cdot\text{m}$。

习题图 7-4k)：$F_{N,\max}^{(+)}=\dfrac{qL}{2}$，$F_{N,\max}^{(-)}=qL$；$F_{S,\max}^{(+)}=\dfrac{qL}{2}$；$M_{\max}^{(-)}=qL^2$。

习题图 7-4l)：$F_{N,\max}^{(+)}=\dfrac{qL}{2}$，$F_{N,\max}^{(-)}=\dfrac{qL}{2}$；$F_{S,\max}^{(+)}=qL$；$M_{\max}^{(+)}=qL^2$。

**习题 7-5** $F_{S,\max}^{(+)}=4\text{kN}$，$F_{S,\max}^{(-)}=2\text{kN}$；$M_{\max}^{(+)}=4\text{kN}\cdot\text{m}$，$M_{\max}^{(-)}=4\text{kN}\cdot\text{m}$。

**习题 7-6** $F_{N,\max}^{(+)}=\dfrac{qa}{2}$，$F_{N,\max}^{(-)}=\dfrac{5}{2}qa$；$F_{S,\max}^{(+)}=qa$，$F_{S,\max}^{(-)}=\dfrac{5}{2}qa$；$M_{\max}^{(+)}=2qa^2$，$M_{\max}^{(-)}=2qa^2$。

**习题 7-7** $F_{N,\max}^{(+)}=F$，$F_{N,\max}^{(-)}=F$；$F_{S,\max}^{(+)}=F$；$M_{\max}^{(+)}=2FR$。

## B 类型习题答案

**习题 7-8** $\dfrac{\mathrm{d}M}{\mathrm{d}x}=F_S+m$。

**习题 7-9** $F_{N,\max}^{(-)}=tL$；$M_{\max}^{(+)}=\dfrac{thL}{2}$。

**习题 7-10** $x=\dfrac{\sqrt{2}-1}{2}L$。

**习题 7-11** $F_{S,\max}^{(+)}=\dfrac{qa}{2}$，$F_{S,\max}^{(-)}=\dfrac{qa}{2}$；$M_{\max}^{(+)}=\dfrac{2}{3}qa^2$。

**习题 7-12** 习题图 7-12a)：$F_1=3\text{kN}(\uparrow)$，$F_2=4\text{kN}(\downarrow)$，$F_3=2\text{kN}(\uparrow)$，$F_4=2\text{kN}(\uparrow)$；$q=\dfrac{3}{4}\text{kN/m}(\downarrow)$。

习题图 7-12b)：$F_1=5\text{kN}(\downarrow)$，$F_2=1\text{kN}(\downarrow)$，$q=2\text{kN/m}(\uparrow)$。

**习题 7-13** 习题图 7-13a)：$M_e=1\text{kN}\cdot\text{m}$(顺时针)；$F_1=2\text{kN}(\downarrow)$，$F_2=3\text{kN}(\downarrow)$。

习题图 7-13b)：$M_{e1}=3\text{kN}\cdot\text{m}$(顺时针)，$M_{e2}=3\text{kN}\cdot\text{m}$(顺时针)；$F_1=1\text{kN}(\downarrow)$，$F_2=1\text{kN}(\uparrow)$。

**习题 7-14** 取 $AB=CD=\dfrac{l}{6}$时，才能充分利用材料的抗力。

**习题 7-15** 当一人立于右侧外伸段离右支座的距离为 0.536～0.75m 时，另一人可安全通过跳板。通过跳板的人，立于左外伸段离左支座距离为 0.536～0.75m，另一人亦可安全通过。

## C 类型习题答案

**习题 7-16** **解**：(1) 由于在计算 5 个未知支座约束力时只能提供 3 个平衡条件，所以该系统是二次超静定的。每装入一个转动铰后超静定度就减少一次，这是新增加了三个平衡条件而只增加两个未知的铰支座约束力。因此该二次超静定系统可以通过装进两个铰而静定化。这两个铰还必须布置得使无载荷的系统中既不会出现内应力又不可能有晃动。铰座布置的两种可能性如图 B-25 所示。

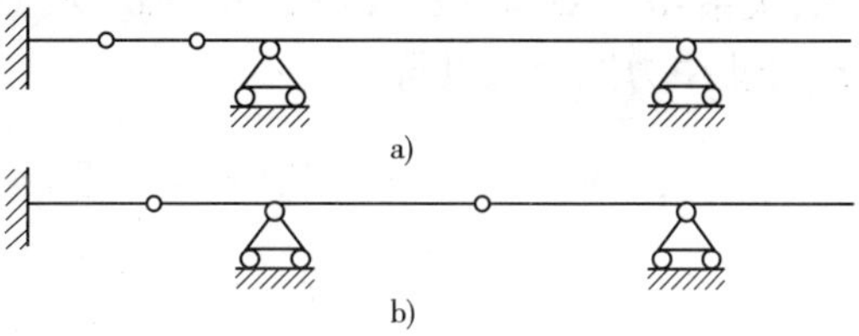

图 B-25

(2) 如(1)所述，第二个铰必须布置在梁的左边区间内，否则左边的梁段是超静定的。支座约束力$F_B$ 和$F_C$ 由图 B-26 中分离系统的平衡条件来确定。对右边梁段有

$$\sum M_{G_1y}=0,4a\cdot F_C-3a\cdot 6qa=0 \tag{1}$$

$$F_C=\frac{9}{2}qa \tag{B-54}$$

$$\sum F_z=0,F_{G_1}-F_C+6qa=0 \tag{2}$$

$$F_{G_1}=-\frac{3}{2}qa$$

对中间梁段，其长度为 $r=4a-x_g$，有

$$\sum M_{G_2y}=0,(r-a)\cdot F_B+r\cdot F_{G_1}-\frac{1}{2}r^2q=0 \tag{3}$$

$$F_B=\frac{3qr(r+a)}{2(r-a)} \tag{B-55}$$

按 $F_B=F_C$ 的要求，由式(B-54)和式(B-55)导出 $r$ 应满足

$$r^2-6ar+9a^2=0,r=3a$$

第二个铰就必须布置在 $x_g=4a-r=a$ 处。

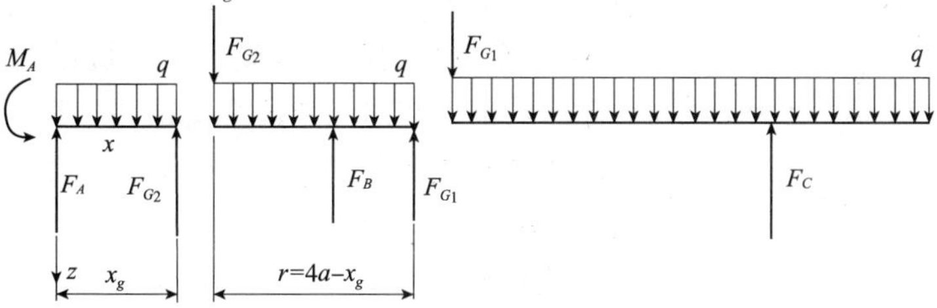


图 B-26

(3)约束力 $F_A$ 由整体梁的力平衡关系导出

$$\sum F_z = 0, F_A + F_B + F_C - 10qa = 0 \tag{4}$$

$$F_A = qa$$

通过左边梁段的力矩平衡可以导出约束力矩 $M_A$

$$\sum M_{G_2y} = 0, M_A - a \cdot F_A + \frac{1}{2}qa^2 = 0 \tag{5}$$

$$M_A = \frac{1}{2}qa^2$$

为了计算截面力 $F_S(x)$ 和 $M(x)$，采用如下函数是适宜的

$$\{x - \xi\}^p = \begin{cases} (x - \xi)^p & x \geqslant \xi \\ 0 & x < \xi \end{cases} \tag{B-56}$$

在上述情况中，函数式(B-56)给出一种在三个梁段 $0 \leqslant x < 3a$、$3a \leqslant x < 8a$ 和 $8a \leqslant x \leqslant 10a$ 中分别说明函数 $F_S(x)$ 和 $M(x)$ 的简缩表达方式(见第二种解法)。采用图 B-26 中的坐标系，关系 $\mathrm{d}F_{Sz}/\mathrm{d}x = -q_z(x)$ 和 $\mathrm{d}M_y/\mathrm{d}x = F_{Sz}(x)$ 是适用的。由此考虑到作用在梁上的集中力 $F_{z_i}$ 和集中力矩 $M_{y_i}$，可得

$$F_S(x) = -\sum_{i=1}^{n} F_{z_i}\{x - \xi_i\}^0 - \int_0^x q_z(\xi)\mathrm{d}\xi \tag{B-57a}$$

$$M(x) = -\sum_{i=1}^{n} M_{y_i}\{x - \xi_i\}^0 + \int_0^x F_S(\xi)\mathrm{d}\xi \tag{B-57b}$$

由式(B-57)按图 B-26 所标明的力矢量的方向，可以求出函数 $F_S(x)$ 和 $M(x)$。

$$q(x) = q$$

$$\begin{aligned} F_S(x) &= F_A\{x\}^0 + F_B\{x - 3a\}^0 + F_C\{x - 8a\}^0 - qx \\ &= qa + 4.5qa[\{x - 3a\}^0 + \{x - 8a\}^0] - qx \end{aligned} \tag{B-58a}$$

$$\begin{aligned} M(x) &= -M_A + qax + 4.5qa[\{x - 3a\}^1 + \{x - 8a\}^1] - \frac{qx^2}{2} \\ &= -\frac{1}{2}qa^2 + qax - \frac{1}{2}qx^2 + 4.5qa[\{x - 3a\}^1 + \{x - 8a\}^1] \end{aligned} \tag{B-58b}$$

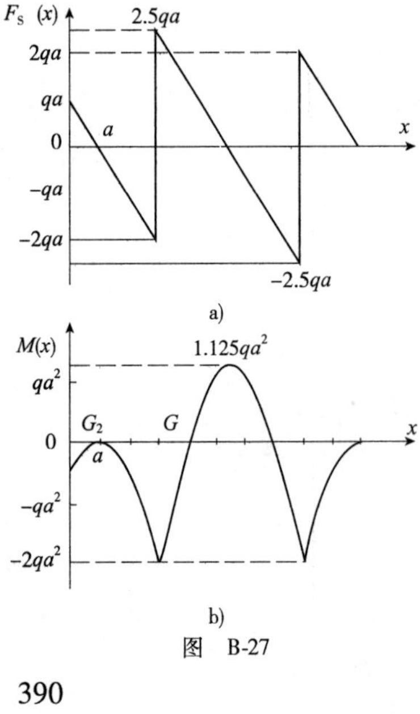

图 B-27

由式(B-58b)求得支座 $C$ 处的力矩

$$M_C = M(8a) = -\frac{1}{2}qa^2 + 8qa^2 - 32qa^2 + 4.5qa \cdot 5a = -2qa^2$$

为了验证式(B-58)，可以利用控制方程 $F_S(10a) = 0$、$M(10a) = 0$ 和铰支条件 $M(a) = M(4a) = 0$。函数式(B-58)如图 B-27 所示。

另一解法：除了形式地应用式(B-57)外，还可以通过适当地截断该系统，用直观的方法来求截面力 $F_S(x)$ 和 $M(x)$。在每个载荷区内设一个横贯梁的截面，并写出包括截面约束力在内的梁段平衡条件。其中可注意到，对梁的左边和右边部分，截面约束力的正负号是互不相同的，见式(B-59)和式(B-60)。

截面 1，在 $0 \leqslant x < 3a$ 区间内有

$$\sum F_z = 0, F_S(x) + qx - F_A = 0 \tag{6}$$

$$F_S(x)=q(a-x) \tag{B-59a}$$

$$\sum M_y=0, M(x)+M_A+\frac{1}{2}qx^2-xF_A=0 \tag{7}$$

$$M(x)=-\frac{1}{2}q(a-x)^2 \tag{B-59b}$$

截面2,在 $3a\leqslant x<8a$ 区间内有

$$\sum F_z=0, -F_S(x)+q(10a-x)-F_C=0 \tag{8}$$

$$F_S(x)=q(5.5a-x) \tag{B-60a}$$

$$\sum M_y=0, -M(x)+(8a-x)F_C-\frac{1}{2}q(10a-x)^2=0 \tag{9}$$

$$M(x)=\frac{1}{2}q(11ax-28a^2-x)^2 \tag{B-60b}$$

截面3,在 $8a\leqslant x<10a$ 区间内有

$$\sum F_z=0, -F_S(x)+q(10a-x)=0 \tag{10}$$

$$F_S(x)=q(10a-x) \tag{B-61a}$$

$$\sum M_y=0, -M(x)-\frac{1}{2}q(10a-x)^2=0 \tag{11}$$

$$M(x)=-\frac{1}{2}q(10a-x)^2 \tag{B-61b}$$

**习题7-17　解:**(1)对索拉力 $F_T$ 和由它确定的力矩 $M_A$ 和 $M_B$ 有(图 B-28)

$$F_T=\frac{1}{\sqrt{2}}G$$

$$M_A=M_B=\frac{\sqrt{2}}{2}F_T\cdot\frac{a}{8}=\frac{1}{16}aG$$

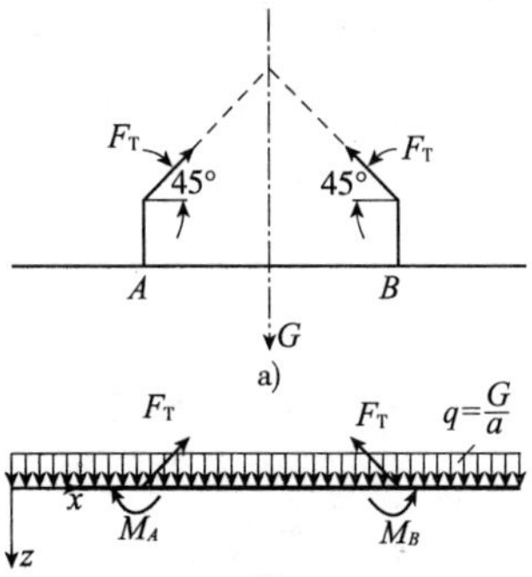

图　B-28

由习题7-16中的式(B-57),对受如图 B-28 所示载荷的支架可以求得截面力 $F_S(x)$ 和 $M(x)$ 的分布为

$$q(x)=\frac{G}{a}$$

$$F_S(x)=-F_{Tz}\{x-b\}^0-F_{Tz}\{x-a+b\}^0-\frac{G}{a}x$$

由 $F_{Tz}=-\frac{F_T}{\sqrt{2}}=-\frac{G}{2}, b=\frac{a}{4}$,得

$$F_S(x)=\frac{G}{2}\left[\left\{x-\frac{a}{4}\right\}^0+\left\{x-\frac{3}{4}a\right\}^0\right]-\frac{G}{a}x \tag{B-62}$$

$$M(x)=-M_{Ay}\{x-b\}^0-M_{By}\{x-a+b\}^0+\int_0^x F_S(\xi)\mathrm{d}\xi$$

由 $M_{Ay}=-M_A=-\frac{aG}{16}, M_{By}=\frac{aG}{16}$,得

$$M(x)=\frac{aG}{16}\left[\left\{x-\frac{a}{4}\right\}^0-\left\{x-\frac{3}{4}a\right\}^0\right]+\frac{G}{2}\left[\left\{x-\frac{a}{4}\right\}^1+\left\{x-\frac{3}{4}a\right\}^1\right]-\frac{G}{2a}x^2 \tag{B-63}$$

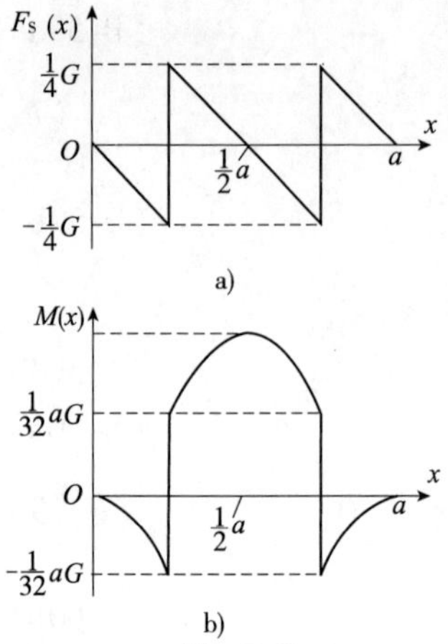


图 B-29

式(B-62)和式(B-63)中的函数 $F_S(x)$ 和 $M(x)$ 画在图 B-29 中。

(2)如图 B-29 所示最大弯矩发生在 $x_1=b$、$x_2=a/2$ 和 $x_3=a-b$ 处。由曲线 $M(x)$ 的一般分布规律可以看出,当

$$|M(x_1)|=|M(x_2)|=|M(x_3)| \tag{B-64}$$

时,最大弯矩将取其极小值。对于式(B-64),利用式(B-63),当对 $|M(x_1)|$ 取左边极限值时,有

$$|M(x_1)|=|M(b)|=|M(a-b)|=\frac{Gb^2}{2a} \tag{B-65}$$

$$|M(x_2)|=\left|M\left(\frac{a}{2}\right)\right|=\left|\frac{1}{16}aG+\frac{1}{2}G\left(\frac{a}{2}-b\right)-\frac{1}{8}aG\right|$$

$$=\frac{G}{2}\left|\frac{3}{8}a-b\right| \tag{B-66}$$

对式(B-66)应该区分两种情况,即

$$\left|M\left(\frac{a}{2}\right)\right|=\begin{cases}\frac{G}{2}\left(\frac{3}{8}a-b\right),0\leqslant b\leqslant\frac{3}{8}a\\ \frac{G}{2}\left(b-\frac{3}{8}a\right),\frac{3}{8}a\leqslant b<\frac{a}{2}\end{cases} \tag{B-67}$$

只有在上述第一个范围内才能给出 $|M(b)|=\left|M\left(\frac{a}{2}\right)\right|$ 的解。

由式(B-65)和式(B-67)式解得

$$\frac{Gb^2}{2a}=\frac{G}{2}\left(\frac{3}{8}a-b\right)\quad\left(0\leqslant b\leqslant\frac{3}{8}a\right)$$

$$8b^2+8ab-3a^2=0,b=0.291a$$

**习题 7-18 解:**(1)在确定支座约束力时,分布载荷将用其合成的集中力来代替(图B-30),于是求得

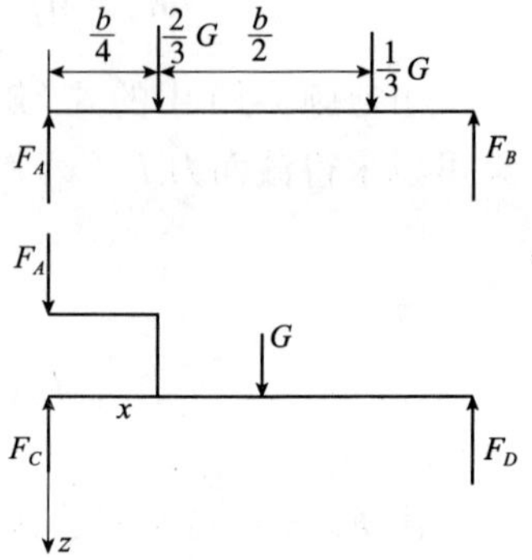


图 B-30

梁 1: $\sum M_{Ay}=0,bF_B-\frac{2}{3}G\frac{b}{4}-\frac{G}{3}\frac{3}{4}b=0$ (1)

$$F_B=\frac{5}{12}G$$

$$\sum F_z=0,G-F_A-F_B=0 \tag{2}$$

$$F_A=\frac{7}{12}G$$

梁 2: $\sum M_{Cy}=0,bF_D-G\frac{b}{2}=0$ (3)

$$F_D=\frac{G}{2}$$

$$\sum F_z=0,G+F_A-F_C-F_D=0 \tag{4}$$

$$F_C=\frac{13}{12}G$$

(2)对梁 1 求出弯矩函数 $M(x)$

$$q(x)=q_a\{x\}^0-q_a\left\{x-\frac{b}{2}\right\}^0+q_b\left\{x-\frac{b}{2}\right\}^0$$

式中，$q_a=\frac{4}{3}\frac{G}{b}$，$q_b=\frac{2}{3}\frac{G}{b}$。

$$q_1(x)=\frac{4}{3}\frac{G}{b}-\frac{2}{3}\frac{G}{b}\left\{x-\frac{b}{2}\right\}^0$$

$$F_{S_1}(x)=F_A\{x\}^0-\int_0^x q(\xi)\mathrm{d}\xi$$

$$F_{S_1}(x)=\frac{7}{12}G-\frac{4}{3}\frac{G}{b}x+\frac{2}{3}\frac{G}{b}\left\{x-\frac{b}{2}\right\}^1 \tag{B-68}$$

$$M_1(x)=\frac{7}{12}Gx-\frac{2}{3}\frac{G}{b}x^2+\frac{1}{3}\frac{G}{b}\left\{x-\frac{b}{2}\right\}^2 \tag{B-69}$$

因为梁1上没有作用外力矩，对最大弯矩的位置 $x_m$ 有

$$\left[\frac{\mathrm{d}}{\mathrm{d}x}M_1(x)\right]_{(x=x_m)}=F_{S_1}(x_m)=0$$

当 $0\leqslant x<b/2$ 时，由式(B-68)得

$$\frac{7}{12}G-\frac{4}{3}\frac{G}{b}x_m=0,x_m=\frac{7}{16}b \tag{B-70}$$

当 $b/2\leqslant x<b$ 时，则找不到 $x_m$ 的解。把式(B-70)代入式(B-69)得

$$M_{1,\max}=|M_1(x_m)|=\frac{49}{384}bG \tag{B-71}$$

(3)曲杆的弯腿长度 $a$ 对支座约束力没有影响。但在计算梁2中的截面力时必须注意到，支座力$F_A$ 是在点 $E(x=a)$处加到梁上的(图 B-31)。在 $E$ 处的外载荷将通过力螺旋$(F_E,M_E)\sim F_A$ 来给出，且 $F_E=F_A=7G/12$，$M_E=aF_A=7aG/12$。在梁 2 中，由 $q(x)=G/b$ 可解出 $F_S(x)$和 $M(x)$为

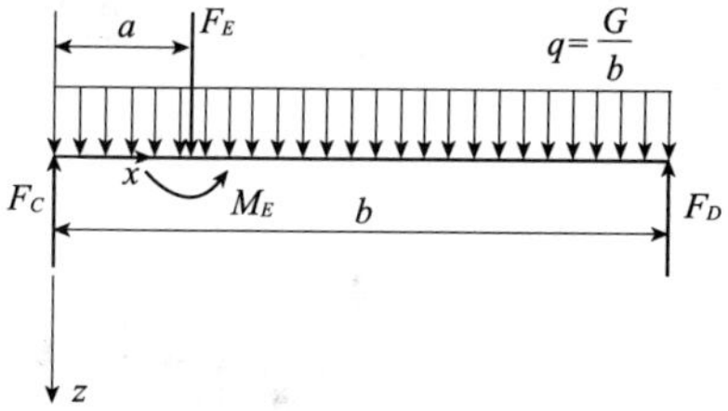


图 B-31

$$F_{S_2}(x)=F_C\{x\}^0-F_E\{x-a\}^0-\int_0^x q(\xi)\mathrm{d}\xi$$

$$F_{S_2}(x)=\frac{13}{12}G-\frac{7}{12}G\{x-a\}^0-\frac{G}{6}x$$

$$M_2(x)=-M_{yE}\{x-a\}^0+\int_0^x F_S(\xi)\mathrm{d}\xi$$

$$M_2(x)=-\frac{7}{12}aG\{x-a\}^0+\frac{13}{12}Gx-\frac{7}{12}G\{x-a\}^0-\frac{1}{2}\frac{G}{b}x^2 \tag{B-72}$$

对 $a=b/4$ 情况，$F_{S_2}(x)$和 $M_2(x)$画在图B-32中。

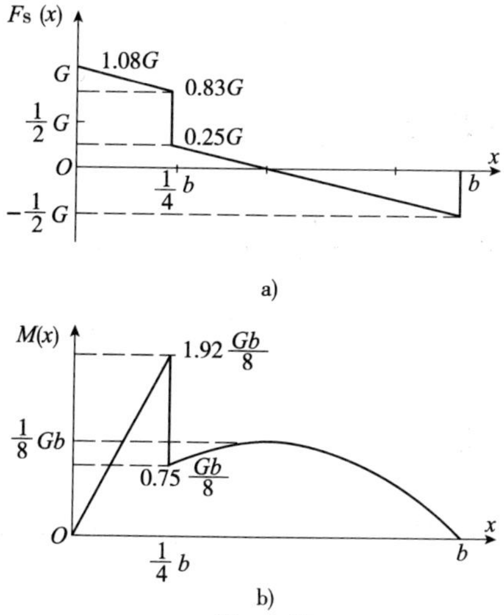


图 B-32

(4)梁2中的最大弯矩可发生在 $x=a$ 或 $x=b/2$ 处，此时

$$M_2\left(\frac{b}{2}\right)=\frac{Gb}{8},a<\frac{b}{2}$$

而与 $a$ 无关。此值比梁1中的最大弯矩[式(B-71)]小。最后，由式(B-71)和式(B-72)解出 $a$ 值。

$$M_1(x_m) = M_2(a)$$

此时,$M_2(a)$取左边极限值

$$\frac{49}{384}bG = \frac{13}{12}Ga - \frac{1}{2}\frac{G}{b}a^2$$

$$a_{\max} = \frac{1}{8}b$$

**习题 7-19　解:**(1)为了计算支座约束力,将恒定的分布载荷用其静力等效的集中力代替。此时加在三铰拱的 $AG$ 和 $GB$ 部分上的载荷必须分别地集中在一起。从图 B-33 中可以得到

$$\sum M_{Gy} = 0, \ -q_0\frac{5a}{2}\frac{5a}{4} + F_{BV}\frac{5a}{2} = 0 \tag{1}$$

$$F_{BV} = \frac{5}{4}q_0 a$$

$$F_{GV} = F_{BV} \tag{B-73}$$

$$\sum F_z = 0, \ -F_{AV} + \frac{1}{2}q_0 a + F_{GV} = 0 \tag{2}$$

$$F_{AV} = \frac{7}{4}q_0 a$$

$$\sum M_{Gy} = 0, aF_{AH} - aF_{AV} + \frac{1}{2}q_0 a\frac{a}{3} = 0 \tag{3}$$

$$F_{AH} = \frac{19}{12}aq_0, F_{BH} = F_{AH}$$

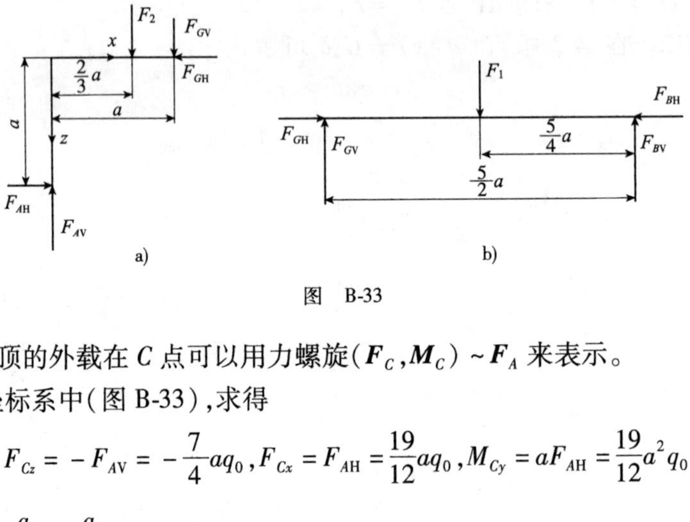


图　B-33

(2)水平屋顶的外载在 $C$ 点可以用力螺旋($\boldsymbol{F}_C, \boldsymbol{M}_C$) ~ $\boldsymbol{F}_A$ 来表示。

在给定的坐标系中(图 B-33),求得

$$F_{Cz} = -F_{AV} = -\frac{7}{4}aq_0, F_{Cx} = F_{AH} = \frac{19}{12}aq_0, M_{Cy} = aF_{AH} = \frac{19}{12}a^2q_0$$

利用 $q(x) = \frac{q_0}{a}x - \frac{q_0}{a}\{x-a\}^1$,求得 $F_S(x)$ 和 $M(x)$

$$F_S(x) = F_{AV}\{x\}^0 - \int_0^x q(\xi)\mathrm{d}\xi$$

$$F_S(x) = \frac{7}{4}aq_0 - \frac{q_0}{2a}x^2 + \frac{q_0}{2a}\{x-a\}^2 \tag{B-74}$$

$$M(x) = -M_{Cy}\{x\}^0 + \int_0^x F_S(\xi)\mathrm{d}\xi$$

$$M(x)=\frac{19}{12}a^2q_0+\frac{7}{4}aq_0x-\frac{q_0}{6a}[x^3-\{x-a\}^3] \quad \text{(B-75)}$$

函数 $F_S(x)$ 和 $M(x)$ 画在图 B-34 中。

(3)最大弯矩出现在 $C$ 点,或者在满足

$$\left[\frac{d}{dx}M(x)\right]_{(x=x_m)}=F_S(x_m)=0 \quad \text{(B-76)}$$

的位置 $x_m$。利用式(B-74)和式(B-76),在区间 $a\leqslant x\leqslant 3.5a$ 内只能找到 $x_m$ 的一个解。

$$x_m=\frac{9}{4}a \quad \text{(B-77)}$$

此时由式(B-75)得

$$M(x_m)=\frac{25}{32}a^2q_0 \quad \text{(B-78)}$$

因为根据式(B-75)可知 $|M_C|=|M(0)|=\frac{19}{12}a^2q_0$,最大弯矩出现在 $C$ 点。

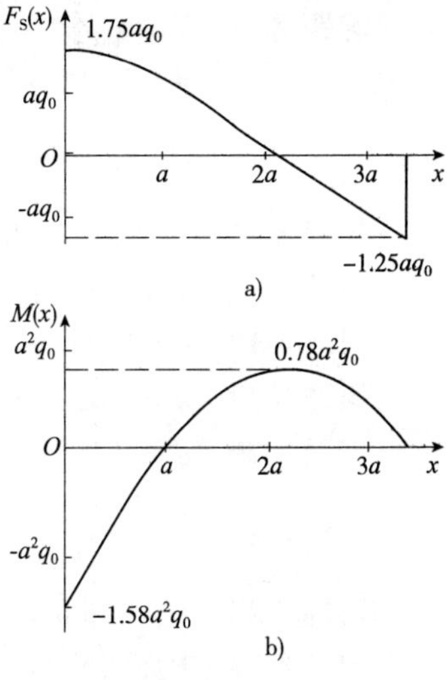


图 B-34

式(B-77)和式(B-78)的结果也可以从图 B-34 中直接得出。屋架段 $GB$ 可以看作是受均布载荷 $q_0$ 的二支座梁,其中 $B$ 是固定铰支座,而 $G$ 是可动铰支座,此时,可求得式(B-73)中 $F_{BV}=F_{GV}=\frac{1}{2}\left(\frac{5}{2}q_0a\right)$。当梁的长度为 $L$ 时,该简单受载情况的最大弯矩为

$M_{max}=\left|M\left(\frac{1}{2}L\right)\right|=\frac{1}{8}q_0L^2$。当 $L=\frac{5}{2}a$ 时,可求得 $x_m=\frac{7}{2}a-\frac{L}{2}=\frac{9}{4}a$ 和 $M_{max}=\frac{25}{32}a^2q_0$。

# 第8章 弯曲应力

## A 类型习题答案

**习题 8-1** $\sigma_A=6.04\text{MPa}$,$\sigma_B=12.94\text{MPa}$。

**习题 8-2** $\varepsilon_C=5.57\times10^{-4}$。

**习题 8-3** $\sigma_{t,max}=43.7\text{MPa}$($B$ 下),$\sigma_{c,max}=25.5\text{MPa}$($B$ 上)。

**习题 8-4** $\sigma_{t,max}=26.1\text{MPa}$($C$ 下)。

**习题 8-5** $\sigma=141.6\text{MPa}<[\sigma]$,安全。

**习题 8-6** $(\sigma_t)_B=27.3\text{MPa}<[\sigma_t]$,$(\sigma_c)_B=46.1\text{MPa}<[\sigma_c]$,$(\sigma_t)_C=28.8\text{MPa}<[\sigma_t]$,安全。

**习题 8-7** (1)$F=2.67\text{kN}$。

(2)$\sigma=157\text{MPa}<[\sigma]$。

**习题 8-8** $[F]=44.2\text{kN}$。

**习题 8-9** $(\sigma_c)_{max}=17.8\text{MPa}<[\sigma_c]$,$(\sigma_t)_{max}=5.9\text{MPa}<[\sigma_t]$,$(\sigma_t)_B=7.7\text{MPa}<[\sigma_t]$,安全。

**习题 8-10** $a=1.38\text{mm}$。

**习题 8-11** $F=47.38\text{kN}$,$\sigma_{max}=126\text{MPa}<[\sigma]$,安全。

**习题 8-12** $(\sigma_{t,max})_B\leqslant[\sigma_t]$,$F\leqslant24.3\text{kN}$;$(\sigma_{c,max})_B\leqslant[\sigma_c]$,$F\leqslant46.2\text{kN}$;$(\sigma_{t,max})_C\leqslant[\sigma_t]$,$F\leqslant27.0\text{kN}$;$[F]=24.3\text{kN}$。

**习题 8-13** (1)$(\sigma_{t,max})_B \leqslant [\sigma_t]$,$F \leqslant 25kN$;$(\sigma_{c,max})_B \leqslant [\sigma_c]$,$F \leqslant 46kN$;$[F]_a = 25kN$。

(2)$(\sigma_{t,max})_C \leqslant [\sigma_t]$,$F \leqslant 13.5kN$,$[F]_b = 13.5kN$。

**习题 8-14** $(\sigma_{t,max})_B = 30.6MPa < [\sigma_t]$,$(\sigma_{c,max})_B = 51.8MPa < [\sigma_c]$;$(\sigma_{t,max})_C = 43.1MPa > [\sigma_t]$,不安全。

**习题 8-15** $\sigma_K = \dfrac{Fa}{bh^2}$,$\tau_K = \dfrac{3F}{4bh}$。

**习题 8-16** $\tau_A = 0$,$\tau_B = 0.225MPa$,$\tau_{max} = 0.3MPa$。

**习题 8-17** $\tau = 5.56MPa > [\dot{\tau}]$,不安全。

**习题 8-18** $a = h/2$。

**习题 8-19** $a = 2.12m$,$q = 43.11kN/m$。

**习题 8-20** $d = 198.3mm$。

**习题 8-21** $\dfrac{F_{(a)}}{F_{(b)}} = \dfrac{2}{1}$。

**习题 8-22** $D \geqslant 146mm$,$d = 103mm$。

**习题 8-23** $B$:$F \leqslant 5.2kN$;$C$:$F \leqslant 3.47kN$;$[F] = 3.47kN$。

**习题 8-24** $[M_e] = 40.53kN \cdot m$。

**习题 8-25** $\sigma = 132MPa$。

**习题 8-26** (1)$\sigma_A = 6MPa$,$\sigma_B = 3MPa$。

(2)$\sigma_A = 12MPa$,$\sigma_B = 6MPa$。

**习题 8-27** $x = 2.25m$ 处的 $D$ 点正弯矩最大,$A$ 点负弯矩最大。

$D$:$(\sigma_c)_{max} = 123.3MPa$,$(\sigma_t)_{max} = 61.67MPa$;

$A$:$(\sigma_t)_{max} = 80.54MPa$。

可知,$\sigma_{c,max} = 123.3MPa$($D$ 点),$\sigma_{t,max} = 80.54MPa$($A$ 点)。

## B 类型习题答案

**习题 8-28** $\sigma_{max}^{(a)} = \dfrac{6FL}{a^3}$,$M = FL$,$W = \dfrac{a^3}{6}$,$\sigma_{max}^{(d)} = \sigma_{max}^{(a)}$;

$\sigma_{max}^{(b)} = \sigma_{max}^{(a)}$,$M_1 = \dfrac{1}{2}FL$,$I_1 = \dfrac{a^4}{24}$,$y_{1,max} = \dfrac{a}{2}$;

$\sigma_{max}^{(c)} = 2\sigma_{max}^{(a)}$,$M_1 = \dfrac{1}{2}FL$,$I_1 = \dfrac{a^4}{96}$,$y_{1,max} = \dfrac{a}{4}$。

(b)和(d)承载能力与(a)相同,(c)承载能力最小。

**习题 8-29** $\sigma_{max} = 120MPa$。

**习题 8-30** $y_1 = \dfrac{3}{4}h$,$y_2 = \dfrac{h}{4}$。

**习题 8-31** $\Delta L = \dfrac{ql^3}{2Ebh^2}$。

**习题 8-32** $\dfrac{\sigma_{max,2}}{\sigma_{max,1}} = 0.844$。

**习题 8-33** $d = D\sqrt{\dfrac{D}{D+4a}}$。

**习题 8-34** (1)$F = \dfrac{2bh^2E\varepsilon_n}{3x}$,$x = \dfrac{3}{4}L$;

(2) $\sigma_{\max}=10\text{MPa}$。

**习题 8-35** $S\leqslant 117\text{mm}$。

**习题 8-36** $\sigma_{\text{d, max}}=57.7\text{MPa}$。

**习题 8-37** 错误出在只考虑了相距 d$x$ 的两个截面上正应力 $\sigma$ 的不同，而未考虑相距 d$y$ 的两个纵截面上切应力的不相同。

## C 类型习题答案

**习题 8-38** **解：**(1)截面二次矩 $I_z$ 在 $\frac{d}{2}\leqslant b\leqslant a-\frac{d}{2}$ 时与 $b$ 无关。为了计算 $I_z$，可将截面 $A$ 分解为具有两个钻孔 $A_2$ 的长方形 $A_1$ 和两个分离开的半圆形 $A_3$，有

$$A=A_1-2A_2+2A_3$$

$I_z$ 应为

$$I_z=\int_A y^2\mathrm{d}A=\int_{A_1}y^2\mathrm{d}A-2\int_{A_2}y^2\mathrm{d}A+2\int_{A_3}y^2\mathrm{d}A \tag{B-79}$$

前两个部分积分可直接由表中查出

$$I_{z_1}=\int_{A_1}y^2\mathrm{d}A=\frac{(2a)a^2}{12}=\frac{a^4}{6} \tag{B-80a}$$

$$I_{z_2}=\int_{A_2}y^2\mathrm{d}A=\frac{1}{64}\pi\left(\frac{a}{2}\right)^4=\frac{1}{1\,024}\pi a^4 \tag{B-80b}$$

在求式(B-79)中的第三项时，应利用 Huygens-Steiner 公式

$$I_{z_3}=\int_{A_3}y^2\mathrm{d}A=I_{s_3}+y_s^2A_3 \tag{B-81}$$

式中，$y_s$ 是半圆形的形心与 $z$ 轴的距离

$$y_s=\frac{a}{2}+\frac{2a}{3\pi}$$

为了计算半圆形面积对通过其自身截面形心的 $z$ 轴的截面二次矩，仍可应用 Huygens-Steiner 公式。这是因为已知半圆形对其直径的截面二次矩为

$$I_{s_3}=\frac{1}{2}\left[\frac{\pi a^4}{64}-\left(\frac{2a}{3\pi}\right)^2\frac{\pi a^2}{4}\right]=\left(\frac{\pi}{128}-\frac{1}{18\pi}\right)a^4$$

由此得到式(B-81)应为

$$I_{z_3}=\left(\frac{\pi}{128}-\frac{1}{18\pi}\right)a^4+\left(\frac{1}{2}+\frac{2}{3\pi}\right)^2\frac{\pi a^4}{8} \tag{B-82}$$

由式(B-79)、式(B-80)和式(B-82)最后求得

$$I_z=\left(\frac{1}{3}+\frac{39}{512}\pi\right)a^4=5\,726\text{cm}^4$$

对于 $y$ 轴的截面二次惯性矩应为

$$I_y=\int_A z^2\mathrm{d}A=\int_{A_1}z^2\mathrm{d}A-\int_{A_2}z^2\mathrm{d}A+2\int_{A_3}z^2\mathrm{d}A \tag{B-83}$$

按照

$$I_{y_1}=\frac{2}{3}a^4,I_{y_2}=\frac{\pi}{64}\left(\frac{a}{2}\right)^4+\frac{\pi}{16}a^2b^2,I_{y_3}=\frac{1}{2}\left(\frac{\pi}{64}a^4\right)$$

可以由式(B-83)得到

$$I_y=\left(\frac{2}{3}+\frac{7\pi}{512}\right)a^4-\frac{\pi}{8}a^2b^2$$

由条件 $I_y = I_z$，可求出钻孔对 $y$ 轴的距离为

$$b^2 = \frac{16+3\pi}{6\pi}a^2 = 0.348\,8a^2, b = 5.9\text{cm}$$

(2)梁的最大弯曲应力为

$$\sigma = \frac{M_{\max}}{W_{\min}} = \frac{M_{\max} \cdot e}{I} \tag{B-84}$$

式中，$e$ 为截面的某一边缘点距断面中心的最大距离(图B-35)。
由于 $I$ 与方向无关，在给定的情况下

$$\alpha = \arctan\frac{1}{2} = \pm 26.6°$$

由此可根据式(B-84)和 $M_{\max} = \frac{1}{8}qL^2$ 求得

$$\sigma = \frac{\sqrt{5}aqL^2}{16I} = 7.810\text{MPa}$$

**习题 8-39　解：**(1)对该系统的分离体写出平衡条件(图 B-36)。对升降平台有

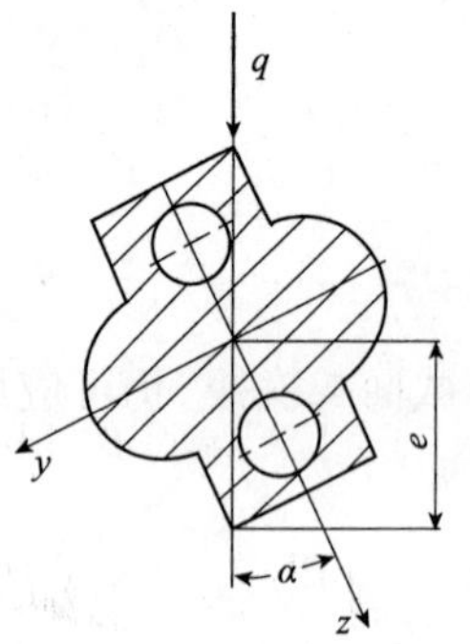


图　B-35

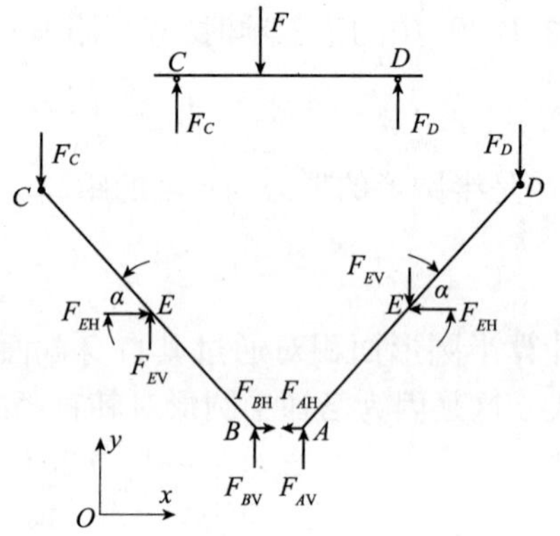


图　B-36

$$\sum M_{Cz} = 0, -bF + a\cos\alpha F_D = 0 \tag{1}$$

$$F_D = \frac{0.4}{\cos\alpha}F$$

$$\sum F_y = 0, F_C - F + F_D = 0 \tag{2}$$

$$F_C = F\left(1 - \frac{0.4}{\cos\alpha}\right)$$

对剪刀臂有

$$\sum M_{Bz} = 0, a\cos\alpha F_C - \frac{a}{2}\sin\alpha F_{EH} - \frac{a}{2}\cos\alpha F_{EV} = 0 \tag{3}$$

$$\sum M_{Az} = 0, -a\cos\alpha F_D - \frac{a}{2}\cos\alpha F_{EV} + \frac{a}{2}\sin\alpha F_{EH} = 0 \tag{4}$$

式中，$F_{EV}=F\left(1-\frac{0.8}{\cos\alpha}\right)$，$F_{EH}=F\cot\alpha$。

$$F_E=\sqrt{F_{EV}^2+F_{EH}^2}=F\sqrt{\left(1-\frac{0.8}{\cos\alpha}\right)^2+\cot^2\alpha}$$

利用只在 $A$ 和 $B$ 点截开的升降台整体平衡条件 $\sum F=0$，可以求得

$$F_{BV}=\frac{0.4}{\cos}F,\quad F_{AV}=F\left(1-\frac{0.4}{\cos\alpha}\right)$$

根据 $F_{AH}=F_{BH}$，再由对剪刀臂 $CB$ 的 $\sum F_x=0$ 得到

$$F_{AH}=F_{BH}=F\cot\alpha$$

(2)在每个剪刀臂中，弯矩都是在铰接点 $E$ 处最大。对 $AD$ 臂有

$$M_{(AD)\max}=|M_{(AD)E}|=\frac{1}{2}a\cos\alpha F_D=0.2aF$$

对 $BC$ 臂有

$$M_{(BC)\max}=|M_{(BC)E}|=\frac{1}{2}a\cos\alpha F_D=\frac{1}{2}aF(\cos\alpha-0.4)$$

弯矩的最大绝对值发生在 $BC$ 臂中，当 $\alpha=15°$ 时，有

$$M_{\max,\mathrm{abs}}=|M_{(BC)E}(\alpha=15°)|=0.283aF$$

**习题 8-40　解：**目标是要导出函数 $a(F_{\mathrm{T}},M_{\mathrm{m}})$ 和 $b(F_{\mathrm{T}},M_{\mathrm{m}})$。在一根分离出来的书架杆子上作用有垂直的地面约束力 $F_B$、绳子拉力 $F_{\mathrm{T}}$ 和铰接力 $F_G$（图 B-37）。由对称性可知，铰接力垂直分量的值为 $F_{GV}=F/3$。由平衡条件

$$\sum F_y=0,\ F_B-\frac{1}{3}F=0 \tag{1}$$

$$\sum M_{Gz}=0,\ -\frac{\sqrt{3}}{3}bF_B+\frac{3}{4}\sqrt{a^2-\left(\frac{\sqrt{3}}{3}b\right)^2}F_{\mathrm{T}}\sqrt{3}=0 \tag{2}$$

求得

$$a=b\sqrt{\frac{16}{729}\left(\frac{F}{F_{\mathrm{T}}}\right)^2+\frac{1}{3}} \tag{B-85}$$

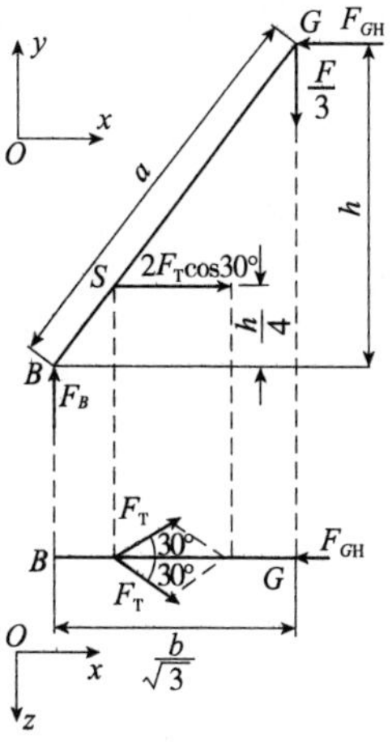


图　B-37

杆中的最大弯矩发生在与绳子的连接处

$$M_{\max}=|M_{\mathrm{S}}|=\frac{1}{4}\cdot\frac{\sqrt{3}}{3}b\cdot\frac{F}{3}=\frac{\sqrt{3}}{36}bF \tag{B-86}$$

由式(B-86)得到

$$b_{\max}=12\sqrt{3}\frac{M_{\mathrm{m}}}{F}=4.52\mathrm{m}$$

再由式(B-85)和 $F_{\mathrm{T}}\leqslant 2\ 200\mathrm{N}$ 得

$$a\geqslant 3.68\mathrm{m}$$

书架高度为

$$h=\sqrt{a^2-\left(\frac{\sqrt{3}}{3}b\right)^2}\geqslant 2.59\text{m}$$

**提示:**这里并不能求出 $a$ 和 $h$ 的上限,因为作为计算判据,只给出了最大绳索和最大弯矩。而 $a$ 的上限是由支架杆子的许用屈曲应力求得的。

**习题 8-41　解:**起重机受力$\boldsymbol{F}_1$、$\boldsymbol{F}_2$、$\boldsymbol{F}_{Ax}$、$\boldsymbol{F}_{Ay}$、$\boldsymbol{F}_B$[图 B-38a)]。

$$\sum F_x=0, F_2\sin\alpha+F_{Ax}=0 \tag{1}$$

$$F_{Ax}=-15\text{kN}$$

$$\sum M_A=0,\ -F_1e-F_2\cos\alpha(c+b+f)+F_Bd=0 \tag{2}$$

$$F_B=46.57\text{kN}$$

$$\sum F_y=0,\ -F_1-F_2\cos\alpha+F_{Ay}+F_B=0 \tag{3}$$

$$F_{Ay}=4.5\text{kN}$$

梁 $GD$ 受力$\boldsymbol{F}_B$、$\boldsymbol{F}_D$、$\boldsymbol{F}_{Gx}$、$\boldsymbol{F}_{Gy}$[图 B-38b)]。

$$\sum F_x=0, F_{Gx}=0 \tag{4}$$

$$F_{Gx}=0$$

$$\sum M_G=0,\ -F_B(d-c)+F_Db=0 \tag{5}$$

$$F_D=31.05\text{kN}$$

$$\sum F_y=0, F_B+F_D+F_{Gy}=0 \tag{6}$$

$$F_{Gy}=15.5\text{kN}$$

梁 $CD$ 受力$\boldsymbol{F}_{Ax}$、$\boldsymbol{F}_{Ay}$、$\boldsymbol{F}_B$、$\boldsymbol{F}_{Cx}$、$\boldsymbol{F}_{Cy}$、$\boldsymbol{M}_C$、$\boldsymbol{F}_D$[图 B-38c)]。

$$\sum F_x=0,\ -F_{Ax}+F_{Cx}=0 \tag{7}$$

$$F_{Cx}=-15\text{kN}$$

$$\sum F_y=0,\ -F_{Ay}+F_{Cy}-F_B+F_D=0 \tag{8}$$

$$F_{Cy}=20\text{kN}$$

$$\sum M_C=0,\ -F_{Ay}(a-c)-F_B(a-c+d)+M_C+F_D(a+b)=0 \tag{9}$$

$$M_C=66.5\text{kN}\cdot\text{m}$$

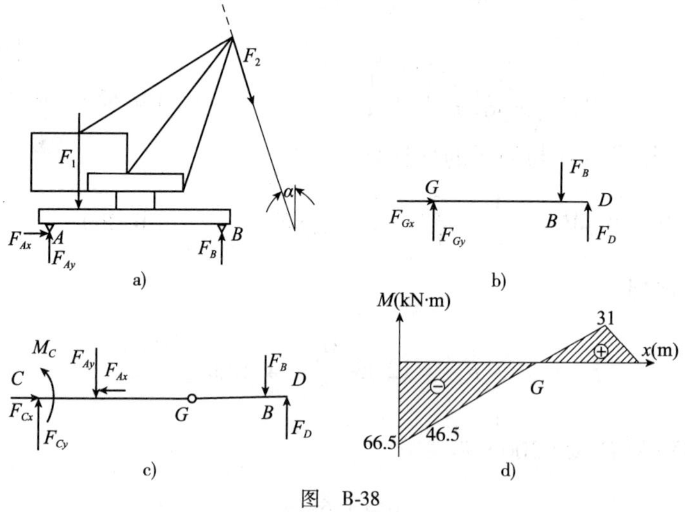


图　B-38

弯矩表达式(弯矩 $M$ 的单位 kN · m,坐标 $x$ 单位 m)为

$$M=\begin{cases}-66.5+20x,0\leqslant x\leqslant 1\\-62+15.5x,1<x<6\\217-31x,6\leqslant x\leqslant 7\end{cases}$$

弯矩图如图 B-38d)所示。

# 第 9 章 弯曲变形

## A 类型习题答案

**习题 9-1** $v_B=-\dfrac{qa^3}{24EI}(4L-a),\theta_B=-\dfrac{qa^3}{6EI}$。

**习题 9-2** $\theta_A=-\dfrac{qL(a^2+L^2)}{2Ea^4},f=-\dfrac{qL^2}{16Ea^4}(8a^2+5L^2)$。

**习题 9-3** $v_C=-\dfrac{7FL^3}{12EI},v_B=-\dfrac{23FL^3}{12EI}$。

**习题 9-4** $v_C=-\dfrac{5qa^4}{24EI},\theta_C=-\dfrac{qa^3}{4EI}$。

**习题 9-5** $\Delta L=2.28\text{mm},v=-7.39\text{mm}$。

**习题 9-6** $v_C=-\dfrac{qa^4}{8EI},\theta_C=-\dfrac{qa^3}{6EI}$。

**习题 9-7** $F=\dfrac{3}{4}qL$。

**习题 9-8** $v_C=-\dfrac{F(L+a)}{3EIL^2k}[kL^2a^2+3EI(L+a)]$。

**习题 9-9** $v_C=-\dfrac{Fa^2}{3EI_1I_2}(aI_1+LI_2),\theta_C=-\dfrac{Fa}{6EI_1I_2}(3aI_1+2LI_2)$。

**习题 9-10** $[F]=37.36\text{kN},\sigma_{\max}=96\text{MPa}<[\sigma]$,安全。

**习题 9-11** (1)压力 $F_D=\dfrac{5}{4}F$;

(2)$\dfrac{M_{\max}}{M'_{\max}}=2$;

(3)$\dfrac{f_B}{f'_B}=\dfrac{64}{39}$。

**习题 9-12** $M_B=-\dfrac{3FkL^2a^2}{16(ka^2L+3EI)}$。

**习题 9-13** (1)$F_N=\dfrac{5qa^3A}{4(a^2A+6I)}$;

(2)$F_N=\dfrac{5}{4}qa,F_{S,\max}^{(+)}=\dfrac{5}{8}qa,F_{S,\max}^{(-)}=\dfrac{5}{8}qa;M_{\max}^{(+)}=\dfrac{9}{128}qa^2,M_{\max}^{(-)}=\dfrac{qa^2}{8}$。

**习题 9-14** $d=4.34\text{mm}$。

## B 类型习题答案

**习题 9-15** $v_C=\dfrac{5qL^4}{384(E_1I_1+E_2I_2)}(\downarrow)$。

**习题 9-16** $u_B=\dfrac{qL^2}{Ebh}(\leftarrow);u_C=\dfrac{2qL^2}{Ebh}(\rightarrow)$。

**习题 9-17** 集中力偶 $M_e = 6AEIL$（顺时针）及集中力 $F = 6AEI$（↑）。

**习题 9-18** $F_A = \dfrac{6EI\theta}{L^2}$（↑），$M_A = \dfrac{2EI\theta}{L^2}$（逆时针）。

$F_B = \dfrac{6EI\theta}{L^2}$（↓），$M_B = \dfrac{4EI\theta}{L^2}$（逆时针）。

**习题 9-19** $M_e = \dfrac{EI\alpha}{h}(T_2 - T_1)$（顺时针）。

**习题 9-20** $v_B = -\dfrac{\varepsilon_C L^2}{h}$。

**习题 9-21** $x = 2L/3$。

**习题 9-22** $\Delta_{Ax} = -\dfrac{tL^2}{Ebh}, \Delta_{Ay} = -\dfrac{2tL^3}{Ebh^2}, \theta_A = -\dfrac{2tL^2}{Ebh^2}$。

**习题 9-23** $L/a = \sqrt{2}$。

**习题 9-24** $l = 8.33\text{mm}, \sigma_{\max} = 333\text{MPa}$。

**习题 9-25** (1) $s \geqslant \left(\dfrac{2EI\mu}{G}\right)^{\frac{1}{2}}$；

(2) $v = \left\{\dfrac{2g(L-s)}{3EI}[G(L^2 + Ls + s^2) - 3EI\mu]\right\}^{\frac{1}{2}}$。

**习题 9-26** (1) $Ax$ 段不可能与 $AC$ 梁的相应段紧贴且无挤压；

(2) 在 $C$ 点作用向下的集中力 $2F$，同时作用逆时针的力偶 $M_e = 2Fl$ 即满足要求。

**习题 9-27** $\Delta l = \int_0^l \varepsilon \mathrm{d}x, A_M = \int_0^l M(x)\mathrm{d}x, \int_0^l \mathrm{d}\theta = \theta_B - \theta_A$。

**习题 9-28** $F_T = \dfrac{I_2 l_1^3}{I_2 l_1^3 + I_1 l_2^3}F; F_T = \dfrac{(E_c A_c l_1^3 + 3EI_1 L)I_2}{E_c A_c(I_2 l_1^3 + I_1 l_2^3) + 3EI_1 I_2 L}F$。

**习题 9-29** $F_N = \dfrac{3(a-b)E_c A_c EI}{3bEI + 8E_c A_c L^3}; \delta_A = \dfrac{\sqrt{2}(a-b)E_c A_c L^3}{3bEI + 8E_c A_c L^3}$。

**习题 9-30** $\Delta = \dfrac{(8\sqrt{2} - 11)ql^4}{24EI}$；45.7%。

**习题 9-31** $Fl \leqslant 2aEI, v_B = \dfrac{Fl^3}{3EI}, \theta_B = \dfrac{Fl^2}{2EI}$；

$Fl > 2aEI, v_B = \dfrac{F}{3EI}[(l-c)^3 + 2ac(l-c) + ac^2]$，

$\theta_B = \dfrac{F}{2EI}[(l-c)^2 + 2ac]$。

其中，$c = l - \dfrac{2aEI}{F}$。

**习题 9-32** $\dfrac{8EIh}{l^4} \leqslant q \leqslant \dfrac{72EIh}{l^4}$。

**习题 9-33** $\omega_{0,\min} = \dfrac{22.4}{l^2}\sqrt{\dfrac{EI_y}{\rho A}}$。

**习题 9-34** $\omega_{0,\min}=\frac{9.87}{l^2}\sqrt{\frac{EI_y}{\rho A}}$。

**习题 9-35** $\omega_{0,\min}=\frac{3.52}{l^2}\sqrt{\frac{EI_y}{\rho A}}$。

## C 类型习题答案

**习题 9-36** **解：**为求得 $M(x)$ 的尽可能简单的表达式，我们将 $z$、$x$ 坐标系统放在梁的右端（习题图 9-33）。在此系统中，挠度曲线方程为

$$EI_y(x)w''(x)=-M(x) \tag{B-87}$$

其中

$$I_y(x)=\frac{\pi}{64}d^4(x)=\frac{\pi}{64}\left[d_2+(d_2-d_1)\frac{x}{a}\right]^4$$

$$M(x)=-\frac{1}{2}qx^2$$

由式（B-87）得

$$w''(x)=\frac{32q}{E\pi}\frac{x^2}{\left[d_2+(d_2-d_1)\frac{x}{a}\right]^4}$$

积分后得

$$w'(x)=\frac{32qa^3}{E\pi(d_2-d_1)^3}\left\{-\frac{1}{d_2+(d_2-d_1)\frac{x}{a}}+\frac{d_2}{\left[d_2+(d_2-d_1)\frac{x}{a}\right]^2}-\frac{d_2^2}{3\left[d_2+(d_2-d_1)\frac{x}{a}\right]^3}\right\}$$

$$w(x)=\frac{32qa^4}{E\pi(d_2-d_1)}\left\{-\ln\left[d_2+(d_2-d_1)\frac{x}{a}\right]-\frac{d_2}{d_2+(d_2-d_1)\frac{x}{a}}+\frac{d_2^2}{6\left[d_2+(d_2-d_1)\frac{x}{a}\right]^2}\right\}+C_1x+C_2 \tag{B-88}$$

积分常数 $C_1$ 和 $C_2$ 可由固定端的边界条件 $w(-a)=0$、$w'(-a)=0$ 求得

$$C_1=\frac{32qa^3}{E\pi(d_2-d_1)^3}\left(\frac{1}{d_1}-\frac{d_2}{d_1^2}+\frac{d_2^2}{3d_1^3}\right) \tag{B-89a}$$

$$C_2=\frac{32qa^4}{E\pi(d_2-d_1)^4}\left[\ln d_1+3\frac{d_2}{d_1}-\frac{3}{2}\left(\frac{d_2}{d_1}\right)^2+\frac{1}{3}\left(\frac{d^2}{d_2}\right)^3-1\right] \tag{B-89b}$$

由式（B-88）和式（B-89）可得梁在自由端的挠度为

$$w(0)=\frac{32qa^4}{E\pi(d_2-d_1)^4}\left[\ln\frac{d_1}{d_2}+3\frac{d_2}{d_1}-\frac{3}{2}\left(\frac{d_2}{d_1}\right)^2+\frac{1}{3}\left(\frac{d_2}{d_1}\right)^3-\frac{11}{6}\right]$$

**习题 9-37** **解：**用通过铰链的截面将梁分成两个悬臂梁。它们均在其各自的自由端受到铰链力 $\pm F_G$ 作用［图 B-39a)］。对于跨度为 $L$ 的悬臂梁其自由端的挠度为

$$w=\frac{L^3}{3EI}F$$

由此有

$$s = w_1 + w_2$$

$$w_1 = \left(\frac{2}{3}a\right)^3 \frac{F_G}{3EI}, w_2 = \left(\frac{1}{3}a\right)^3 \frac{F_G}{3EI}$$

并得到

$$F_G = \frac{9EI}{a^3}s$$

因此在 $A$ 端和 $B$ 端的支座约束力为

$$F_{Az} = -\frac{9EI}{a^3}s, F_{Bz} = \frac{9EI}{a^3}s$$

$$M_{Ay} = \frac{2}{3}aF_G = \frac{6EI}{a^2}s, M_{By} = -\frac{1}{3}aF_G = -\frac{3EI}{a^2}s$$

剪力图 $F_S(x)$ 和弯矩图 $M(x)$ 见图 B-39b)。

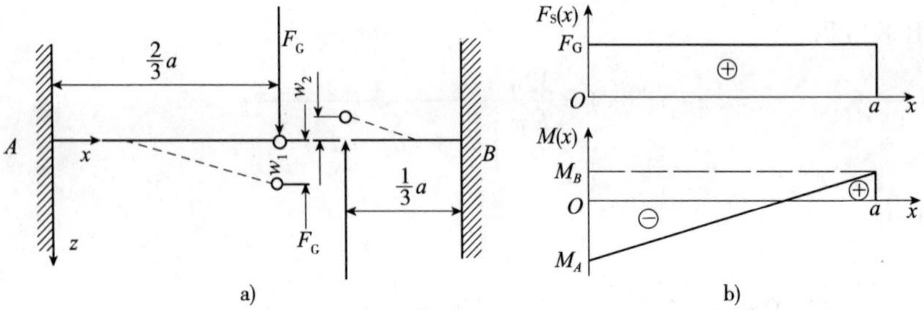


图 B-39

**习题 9-38 解**:(1)对截出的自由体[图 B-40a)],其平衡条件为

$$\sum F_z = 0, F_{Az} + F_{Bz} + F + F_{Cz} = 0 \tag{B-90a}$$

$$\sum M_{Ay} = 0, -M_e - bF_{Bz} - \frac{3}{2}bF - 2bF_{Cz} = 0 \tag{B-90b}$$

为了计算未知的三个支座约束力,由梁的挠度 $w(x)$ 可以得到另一关系。对于图 B-40a)的坐标系统,挠度曲线的微分方程是

$$EIw''(x) = -M(x) \tag{B-91}$$

由图 B-40b)知

$$M(x) = bF\{x\}^0 - F_{Az}\{x\}^1 - F_{Bz}\{x-b\}^1 - F\left\{x - \frac{3}{2}b\right\}^1$$

将式(B-91)积分后得

$$EIw'(x) = -bF\{x\}^1 + \frac{1}{2}F_{Az}\{x\}^2 + \frac{1}{2}F_{Bz}\{x-b\}^2 + \frac{1}{2}F\left\{x - \frac{3}{2}b\right\}^2 + C_1 \tag{B-92}$$

$$EIw(x) = -\frac{1}{2}bF\{x\}^2 + \frac{1}{6}F_{Az}\{x\}^2 + \frac{1}{6}F_{Bz}\{x-b\}^3 + \frac{1}{6}F\left\{x - \frac{3}{2}b\right\}^3 + C_1x + C_2 \tag{B-93}$$

为了确定 $C_1$ 和 $C_2$,将边界条件 $w(0)=0$、$w(2b)=0$ 代入式(B-93),得

$$C_1 = \frac{95}{96}Fb^2 - \frac{2}{3}F_{Az}b^2 - \frac{1}{12}F_{Bz}b^2, C_2 = 0 \tag{B-94}$$

利用第三个几何条件 $w(b)=0$,由式(B-93)可得到为求三个支座约束力尚缺少的方程

$$\frac{47}{96}F-\frac{1}{2}F_{Az}-\frac{1}{12}F_{Bz}=0 \tag{B-95}$$

由式(B-90)和式(B-95)最后求得

$$F_{Az}=\frac{43}{32}F,F_{Bz}=-\frac{35}{16}F,F_{Cz}=-\frac{5}{32}F \tag{B-96}$$

利用这个结果可得弯矩曲线与外载荷的关系

$$M(x)=bF-\frac{43}{32}Fx+\frac{35}{16}F\{x-b\}^{1}-F\left\{x-\frac{3}{2}b\right\}^{1}$$

绘出此函数如图 B-40b)所示。对于挠度曲线式(B-93),可由式(B-94)和式(B-96)最后得到

$$w(x)=\frac{F}{EI}\left[\frac{53}{192}b^{2}x-\frac{1}{2}bx^{2}+\frac{43}{192}x^{3}-\frac{35}{96}\{x-b\}^{3}+\frac{1}{6}\left\{x-\frac{3}{2}b\right\}^{3}\right] \tag{B-97}$$

绘出函数 $w(x)$ 如图 B-40c)所示。

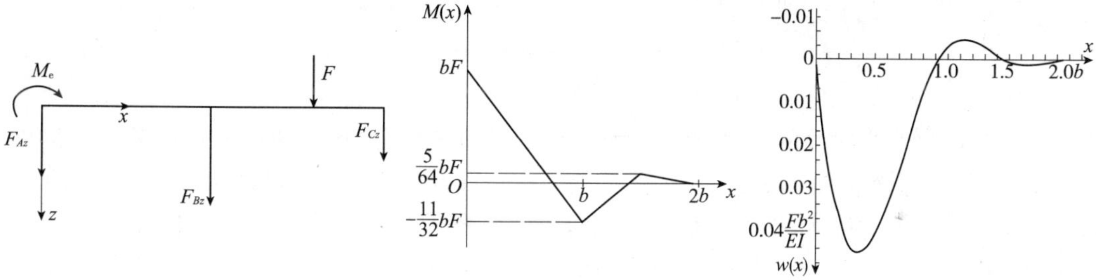


a) b) c)

图 B-40

(2)梁的最大挠度值及其位置可在不需要知道挠度曲线的准确分布情况下[图 B-40c)],直接由式(B-97)来确定。为此,首先要确定式(B-92)中的 $w'(x)$ 在哪儿为零。用式(B-94)与式(B-96),由式(B-92)得

$$w'(x)=\frac{F}{EI}\left[\frac{53}{192}b^{2}-bx+\frac{129}{192}x^{2}-\frac{105}{96}\{x-b\}^{2}+\frac{1}{2}\left\{x-\frac{3}{2}b\right\}^{2}\right] \tag{B-98}$$

由 $[w'(x)]_{x=x_0}=0$ 和式(B-98),可得 $x_0$ 的值为

$$0\leqslant x\leqslant b:\ x_{0_1}=0.366\ 1b$$

$$b\leqslant x<\frac{3}{2}b:\ x_{0_2}=1.201b$$

由以上这些值,经式(B-97)可得挠度

$$w(x_{0_1})=0.045\ \frac{Fb^{3}}{EI}=w_{\max}$$

$$w(x_{0_2})=-0.047\ \frac{Fb^{3}}{EI}$$

$$w(x_{0_3})=0.000\ 9\ \frac{Fb^{3}}{EI}$$

**习题 9-39**　**解**:利用平衡条件时,选铰链 $G$ 作为取力矩的坐标点。由于在 $G$ 处不能传递力矩,因此,对每个局部梁在此处的合力矩均应为零。

$$\sum M_G^{(+)}=0,\ -F_{Cz}(h-e)-F_3(g-e)-q_2(h-f)(g-e)-\frac{1}{2}q_1(f-e)^2=0 \quad (1)$$

$$F_{Cz}=-116.8\text{kN}$$

$$\sum M_G^{(-)}=0,F_1(e-a)+q_1b(e-\frac{b}{2})+F_{Az}(e-b)+F_{Bz}(e-c)+\frac{1}{2}q_1(e-d)^2=0 \quad (2)$$

$$\sum F_z=0,F_1+q_1b+F_{Az}+F_{Bz}+F_2+q_1(f-d)+F_3+q_2(h-f)+F_{Cz}=0 \quad (3)$$

$$F_{Az}=-97.74\text{kN},F_{Bz}=-170.5\text{kN}$$

采用习题图 9-36 的坐标系统,通过两次对外载荷 $q(x)$ 的两次积分,可得

$$q(x)=q_1\{x\}^0-q_1\{x-b\}^0+\{q_1(x-d)^0+(q_2-q_1)(x-f)\}^0$$

$$F_S(x)=-F_1\{x-a\}^0-F_{Az}\{x-b\}^0+F_{Bz}\{x-c\}^0-F_2\{x-e\}^0-$$
$$F_3\{x-g\}^0-q_1\{x\}^1+q_1\{x-b\}^1-q_1\{x-d\}^1-(q_2-q_1)\{x-f\}^1$$

$$M(x)=-F_1\{x-a\}^1-F_{Az}\{x-b\}^1-F_{Bz}\{x-c\}^1-F_2\{x-e\}^1-F_3\{x-g\}^1-$$
$$\frac{1}{2}q_1\{x\}^2+\frac{1}{2}q_1\{x-b\}^2-\frac{1}{2}q_1\{x-d\}^2-\frac{1}{2}(q_2-q_1)\{x-f\}^2 \quad \text{(B-99)}$$

利用式(B-99)得挠度曲线的微分方程

$$EIw''(x)=-M(x) \quad \text{(B-100)}$$

两次积分可得到挠度 $w(x)$。因 $w'(x)$ 在铰链处不连续,必须对 $0\leqslant x\leqslant e$ 和 $e\leqslant x\leqslant h$ 分别考虑。在计算左半段梁的挠度 $w_G$ 时,因在支座 $A$ 和 $B$ 处有两个几何条件,能够直接求出。与此相反,在考虑梁的右半段时,在支座 $C$ 处只有一个边界条件,不足以求出 $w_G$,利用括号函数在积分有很大的优点,即在受载区边界处的连续条件“自动”满足,因而对每段局部梁只出现两个积分常数。如按区段分别积分,则在区段 $0\leqslant x\leqslant e$ 中将需要确定 10 个积分常数。

对式(B-100)积分得

$$w(x)=\frac{1}{EI}\Big\{\frac{1}{6}F_1(x-a)^3+\frac{1}{6}F_{Az}(x-b)^3+\frac{1}{6}F_{Bz}(x-c)^3+$$
$$\frac{1}{24}q_1[(x)^4-(x-b)^4+(x-d)^4]+C_1x+C_2\Big\} \quad (0\leqslant x\leqslant e) \quad \text{(B-101)}$$

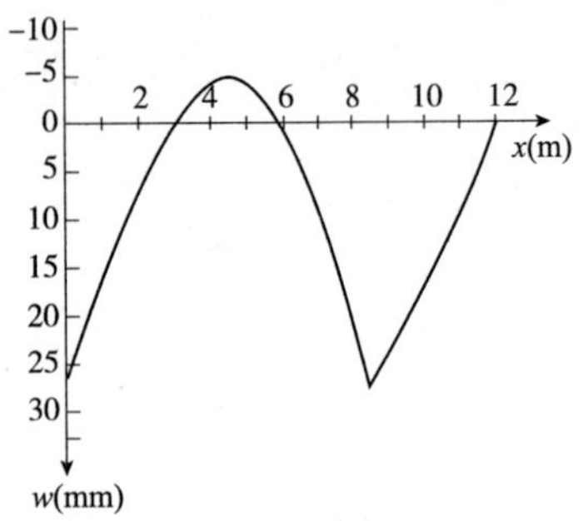

图 B-41

因 $w(b)=0$、$w(c)=0$,由式(B-101)得积分常数

$$C_1=-585.9\text{kN}\cdot\text{m}^2,C_2=1\ 603\text{kN}\cdot\text{m}^3$$

由式(B-101)可得在铰链 $G$ 处($x=e$)的挠度

$$w_G=27.7\text{mm}$$

图 B-41 绘出了 $w(x)$ 的曲线。在 $e\leqslant x\leqslant h$ 区段内式(B-100)的积分可按此处所给的计算过程完成。这里的两个附加的积分常数 $C_3$ 和 $C_4$,可由边界条件 $w(h)=0$ 和 $w[e^{(-)}]=w[e^{(+)}]$确定。

# 第 10 章 弯曲问题的进一步研究

## A 类型习题答案

**习题 10-1** $v=\dfrac{q_0x^2(2L^3-3L^2x+x^3)}{120LEI}$。

**习题 10-2** $x=1.457a,v_{\max}^{(-)}=0.700\ 8\dfrac{qa^4}{EI}$。

**习题 10-3** $x=1.862a, v_{\max}=0.2118\dfrac{qa^4}{EI}$。

**习题 10-4** $v_B=-\dfrac{qa^3(3a+4b)}{24EI}, \theta_B=-\dfrac{qa^3}{6EI}$。

**习题 10-5** $\theta_A=\dfrac{1175}{18EI}, \theta_B=-\dfrac{3775}{18EI}$。

## B 类型习题答案

**习题 10-6** $e=\dfrac{\delta_2 b_2^3 h}{\delta_1 b_1^3+\delta_2 b_2^3}$。

**习题 10-7** $e=2R$。

**习题 10-8** $e=\dfrac{2b^2+2\pi br+4r^2}{4b+\pi r}$。

**习题 10-9** $\sigma_{\max,1}=-7.28\text{MPa}, \sigma_{\max,2}=79.3\text{MPa}$。

**习题 10-10** 见思考题 8-12。

**习题 10-11** $M_1:M_2=5:21$。

**习题 10-12** $F_{\text{N}}=189\text{kN}, F_{\text{S}}=11.8\text{kN}$。

**习题 10-13** $\dfrac{\sigma_{\max,A}}{\sigma_{\max,B}}=1/4$。

**习题 10-14** $F=1.024\text{kN}, \beta=31.35°$。

**习题 10-15** $F=\sqrt{F_y^2+F_z^2}, \varphi=30°, f=\dfrac{FL^3}{3EI}$,挠度与合力同向。

**习题 10-16** $\sigma_A=106.6\text{MPa}, \sigma_B=-106.6\text{MPa}, \sigma_C=0$。

**习题 10-17** $\sigma_A=\dfrac{10FL}{7a^3}$。

**习题 10-18** $f=0.828\text{mm}, \varphi=52.85°$。

## C 类型习题答案

**习题 10-19** **解**:按照伯努里假设,梁的截面在受弯曲时仍保持平面,由此可知 $\varepsilon_x(z)$ 是线性的。按照习题图 10-19 所示,将 $y$、$z$ 坐标系统放在截面上,但其 $y$ 轴所代表的中性轴的位置仍为未知数。因此

$$\varepsilon_x(z)=\frac{\varepsilon_0}{z_0}z \tag{B-102}$$

其中,$z_0$ 按习题图 10-19 为边界距离,而 $\varepsilon_0=\varepsilon_x(z_0)$ 则为边界面的变形。

按照郑玄—胡克定律,在两种材料内部的应力分布为:

$$\sigma_1(z)=\varepsilon(z)E_1, \sigma_2(z)=\varepsilon(z)E_2$$

由式(B-102)得到

$$\sigma(z)=\frac{\varepsilon_0}{z_0}zE_1, (z_0-c-b)\leqslant z\leqslant(z_0-c) \tag{B-103a}$$

$$\sigma(z)=\frac{\varepsilon_0}{z_0}zE_2, (z_0-c)\leqslant z\leqslant z_0 \tag{B-103b}$$

这里的未知量 $\varepsilon_0$ 和 $z_0$ 可由截面上力的平衡条件求出。在 $x$ 方向力的平衡方程是

$$F_N(x) = \int_A \sigma(z)\,\mathrm{d}A$$

$$= \frac{\varepsilon_0}{z_0}E_1 \cdot a\int_{(z_0-c-b)}^{(z_0-b)} z\mathrm{d}z + \frac{\varepsilon_0}{z_0}E_2 \cdot a\int_{(z_0-c)}^{z_0} z\mathrm{d}z = 0$$

由此得出

$$z_0 = \frac{E_1 b(2c+b) + E_2 c^2}{2(E_1 b + E_2 c)} = 30.5\mathrm{mm} \tag{B-104}$$

令 $E_1 = E_2$,可得已知的 $z_0$ 值为 $z_0 = \frac{1}{2}(c+b)$。

力矩的平衡条件是

$$M_y = \int_A z\sigma(z)\,\mathrm{d}A$$

$$= \frac{\varepsilon_0}{z_0}E_1\int_{(z_0-c-b)}^{(z_0-c)} az^2\mathrm{d}z + \frac{\varepsilon_0}{z_0}E_2 \cdot \int_{(z_0-c)}^{z_0} az^2\mathrm{d}z \tag{B-105}$$

式中,两个积分分别是两个局部截面对 $y$ 轴的面积惯性矩。因此,式(B-105)为

$$M_y = \frac{\varepsilon_0}{z_0}a\left\{E_1\left[\frac{b^3}{12} + b\left(z_0 - c - \frac{b}{2}\right)^2\right] + E_2\left[\frac{c^3}{12} + c\left(z_0 - \frac{c}{2}\right)^2\right]\right\}$$

或

$$\varepsilon_0 = \frac{12z_0M_y}{aE_1b[b^2 + 3(2z_0 - 2c - b)^2] + aE_2c[c^2 + (2z_0 - c)^2]}$$

$$\varepsilon_0 = 1.374 \times 10^{-4} \tag{B-106}$$

由式(B-104)和式(B-106)可得到变形曲线式(B-102)(图 B-42 左)。由式(B-103)得到钢的部分应力分布线

$$\sigma(z_0 - c - b) = -23.8\mathrm{MPa}, \sigma(z - c) = -12.2\mathrm{MPa}$$

和铜的部分应力分布线

$$\sigma(z_0 - c) = -7.0\mathrm{MPa}, \sigma(z_0) = -17.0\mathrm{MPa}$$

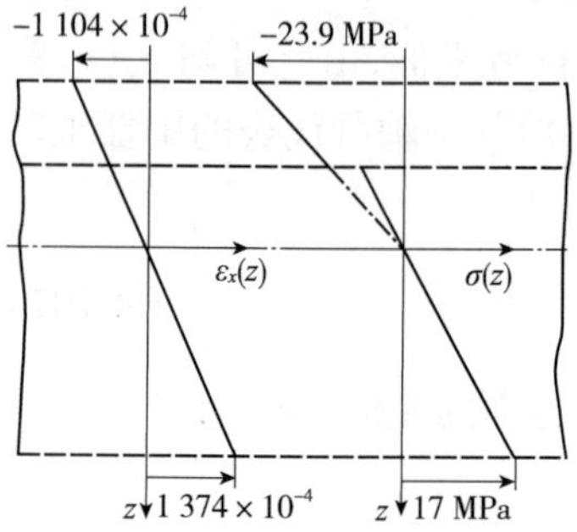


图 B-42

这个应力分布线绘在图 B-42 的右边。值得注意的是,对于一个由不同材料组成的受弯曲的梁,其中性线不再通过截面的面积形心,而应力分布线也是不连续的。

**习题 10-20 解:**(1)截面Ⅰ:

最大弯矩

$$M_{\max} = M_y\left(\frac{L}{2}\right) = \frac{1}{4}FL \tag{B-107}$$

由于载荷 $F$ 位于梁截面的对称平面(主惯性轴),由此产生正弯曲,最大弯曲应力为

$$\sigma(z)_{\max} = \frac{M_{\max}}{I_y^*}z_{\max}^* \tag{B-108}$$

其中,要使坐标系统的原点与中性轴重合,$y^*$ 和 $z^*$ 也均为通过截面面积形心的主轴。图 B-43中 $y_1z$ 系统的形心坐标应为

$$y_C = 0$$

$$z_C = \frac{\sum z_{C_i}A_i}{\sum A_i} = -\frac{\sqrt{2}}{9}a$$

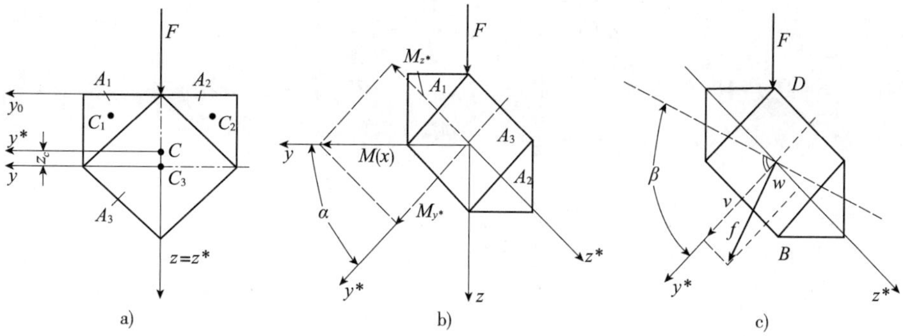


图　B-43

由此得到面积惯性矩 $I_{y*}$ 为

$$I_{y*}=I_{y*}(A_3)+I_{y*}(A_1,A_2)$$

其中

$$I_{y*}(A_3)=I_y(A_3)+z_C^2A_3=\frac{35}{324}a^4$$

在这里，要注意到一个正方形截面内，对所有通过其形心的轴的惯性矩均为同一值。要计算 $I_{y*}(A_1,A_2)$，最好是由截面上边缘（$y_0$ 轴）出发，于是

$$I_{y_0}(A_1,A_2)=\frac{1}{2}I_y(A_3)=2\left(\frac{1}{4}\times\frac{a^4}{12}\right)=\frac{a^4}{24}$$

$$I_{y*}(A_1,A_2)=\left[I_{y_0}(A_1,A_2)-\left(\frac{1}{3}\times\frac{a}{\sqrt{2}}\right)^2\times\frac{a^2}{2}\right]+\left(\frac{a}{\sqrt{2}}-z_C-\frac{1}{3}\times\frac{a}{\sqrt{2}}\right)^2\times\frac{a^2}{2}=\frac{41}{648}a^4$$

加在一起

$$I_y(A_1,A_2,A_3)=\frac{37}{216}a^4 \qquad \text{(B-109)}$$

距中性轴最大边缘距离为

$$z_{\max}=|z_C|+\frac{a}{\sqrt{2}}=\frac{11\sqrt{2}}{18}a$$

可由式（B-108），并利用式（B-107）和式（B-109）求得对第一种情况的最大应力

$$\sigma_{\max}=\frac{33\sqrt{2}}{37}\frac{FL}{a^3}=1.261\ \frac{FL}{a^3} \qquad \text{(B-110)}$$

在 $x=\dfrac{L}{2}$ 处的**最大挠度**为

$$w_{\max}=w\left(\frac{L}{2}\right)=\frac{FL^3}{48EI_{y*}}$$

再利用式（B-109）得

$$w_{\max}=\frac{9FL^3}{74Ea^4}=0.121\ 6\ \frac{FL^3}{Ea^4} \qquad \text{(B-111)}$$

（2）**截面Ⅱ**：由于载荷不与截面主惯性轴相重合，梁受到**斜弯曲**，在这种情况下，弯矩 $M(x)$ 需要分解为在截面的主轴（$y^*,z^*$）两个方向上的分量[图 B-43b)]。截面上的总弯曲应力是由力矩分量所产生的弯曲应力的组合。挠度则为分别在两主惯性轴方向的挠度分量的矢量和。在主轴系统（$y^*,z^*$）中截面上的应力为[图 B-43b)]

$$\sigma(y^*,z^*) = -\frac{M_{z^*}}{I_{z^*}}y^* + \frac{M_{y^*}}{I_{y^*}}z^* \tag{B-112}$$

利用 $M = [M_{y^*};M_{z^*}] = [M\cos\alpha;M\sin\alpha]$，$\alpha = -45°$，由式(B-112)得

$$\sigma(y^*,z^*) = \frac{M}{\sqrt{2}I_{z^*}}y^* + \frac{M}{\sqrt{2}I_{y^*}}z^* \tag{B-113}$$

其中，$M$ 见式(B-107)，$\alpha$ 角应由主轴系统起计量。

至于式(B-113)在截面上哪个点为最大值，则可由中性轴的位置来确定。在截面中性轴上的各个点，应有 $\sigma(y^*,z^*)=0$，因此可由式(B-113)得到中性轴的直线方程

$$z^* = -\frac{I_{y^*}}{I_{z^*}}\tan\alpha \cdot y^* = -\frac{I_{y^*}}{I_{z^*}}y^* = \tan\beta \cdot y^* \tag{B-114}$$

各主惯性矩为

$$I_{y^*} = I_{y^*}(A_3) + I_{y^*}(A_1,A_2)$$

$$I_{y^*} = \frac{a^4}{12} + \left[\frac{1}{12}\left(\frac{a}{\sqrt{2}}\right)^4 - \left(\frac{1}{3}\cdot\frac{a}{2}\right)^2\left(\frac{a}{\sqrt{2}}\right)^2 + \left(\frac{a}{2}+\frac{1}{3}\cdot\frac{a}{2}\right)^2\left(\frac{a}{\sqrt{2}}\right)^2\right]$$

$$I_{y^*} = \frac{5}{16}a^4$$

$$I_{z^*} = I_{z^*}(A_3) + I_{z^*}(A_1,A_2) = \frac{a^4}{12} + \frac{1}{12}\left(\frac{a}{\sqrt{2}}\right)^4$$

$$I_{z^*} = \frac{5}{48}a^4$$

由式(B-114)，得中性轴与 $y^*$ 轴的夹角[图 B-43c)]

$$\beta = \arctan\left(-\frac{I_{y^*}}{I_{z^*}}\right) = \arctan(-3) \approx -71.6°$$

最大应力产生于截面上距中性轴最远的点上[由图 B-43c)可看出为 $B$ 和 $D$ 点]。它们在 $y^*$、$z^*$ 坐标系统中为 $(y_B^*,z_B^*) = \left(\frac{a}{2},\frac{a}{3}\right)$，$(y_D^*,z_D^*) = \left(-\frac{a}{2},\frac{a}{3}\right)$，由式(B-113)可得

$$\sigma(B) = \frac{4\sqrt{2}}{5}\frac{FL}{a^3} = 1.131\frac{FL}{a^3}, \sigma(D) = -1.131\frac{FL}{a^3} \tag{B-115}$$

梁的最大挠度 $f_{max}$ 可由在主轴 $z^*$ 和 $y^*$ 方向的挠度 $w(x)$ 和 $v(x)$ 求出

$$f_{max} = f\left(\frac{L}{2}\right) = \sqrt{w^2\left(\frac{L}{2}\right) + v^2\left(\frac{L}{2}\right)}$$

挠度 $w\left(\frac{L}{2}\right)$ 和 $v\left(\frac{L}{2}\right)$ 可由在 $z^*$、$x$ 和在 $x^*$、$y^*$ 平面中的挠度曲线的微分方程求出

$$EI_{y^*}w''(x) = -M_{y^*}, EI_{z^*}v''(x) = M_{z^*}(x)$$

因 $[M_{y^*};M_{z^*}] = [M\cos\alpha;M\sin\alpha]$，得解如下

$$w\left(\frac{L}{2}\right) = \frac{FL^3}{48EI_{y^*}}\cos\alpha = \frac{\sqrt{2}FL^3}{30Ea^4}$$

$$v\left(\frac{L}{2}\right) = -\frac{FL^3}{48EI_{z^*}}\sin\alpha = \frac{\sqrt{2}FL^3}{10Ea^4}$$

$$f_{max} = \frac{\sqrt{5}FL^3}{15Ea^4} = 0.1491\frac{FL^3}{Ea^4}$$

由 $w\left(\frac{L}{2}\right)=\frac{-I_{z*}}{I_{y*}\tan\alpha}v\left(\frac{L}{2}\right)$，并与式(B-114)比较，可知最大挠度 $f_{\max}$ 与中性轴相垂直[图 B-43c)]。所求的在外载荷 $F$ 方向的最大挠度 $f_{z,\max}$ 为

$$f_{z,\max}=f_{\max}\cos(\beta-\alpha)=0.133\ 3\,\frac{FL^3}{Ea^4} \tag{B-116}$$

将式(B-110)、式(B-111)和式(B-115)、式(B-116)的结果作比较，可知第Ⅱ种截面布置比第Ⅰ种截面布置在 $z$ 方向的弯矩减少 10.3%，而挠度则增加 9.6%。梁Ⅱ还在 $y$ 方向增加了额外的挠度。

## 第 11 章　利用计算机求解梁弯曲变形的快速解析法

### B 类型习题答案

**习题 11-7**　$M_K=M\frac{\lambda^K-\lambda^{2n-K}}{1-\lambda^{2n}}$，$\lambda=\sqrt{3}-2$。

**习题 11-8**　$F_{\mathrm{R}}=\frac{ql}{n+1}$。

**习题 11-9**　$\Delta_{E1}=\left(1+\frac{3GI_{\mathrm{p}}}{8EI}\right)\frac{9Fl^3}{280EI+123GI_{\mathrm{p}}}$，$\Delta_{E2}=\frac{9Fl^2}{280EI+123GI_{\mathrm{p}}}$。

**习题 11-10**　$l=(\sqrt{3}+1)b$。

**习题 11-11**　需垫 16 块砖；至少需垫 144 块砖。

**习题 11-12**　$F=\frac{24EI\delta_0}{5a^3}$，$\theta_A=\frac{6\delta_0}{5a}$。

**习题 11-13**　$q(x)=-\frac{2GAa}{\alpha}\frac{\times\cosh\beta x}{\cosh\beta l}$，$\beta^2=\frac{GA}{\alpha EI}$，$\alpha$ 是剪切形状因数。

### C 类型习题答案

**习题 11-14**　**解：**(1)为了确定六个铰链上的力，在铰接处将圆弧杆元件分开[图 B-44a)]。由平衡条件可知

弧 1

$$\sum F_x=0,F_{AH}+F_{BH}-F\sin\alpha=0 \tag{1}$$

$$\sum F_y=0,F_{AV}+F_{BV}-F\cos\alpha=0 \tag{2}$$

弧 2

$$\sum M_{Cz}=0,\ -\sqrt{3}rF_{BV}+r\sin(60°-\alpha)F=0 \tag{3}$$

弧 3

$$\sum F_x=0,F_{CH}-F_{AH}=0 \tag{4}$$

$$\sum F_y=0,F_{CV}-F_{AV}=0 \tag{5}$$

$$\sum M_{Az}=0,\ -\frac{\sqrt{3}}{2}rF_{CV}+\frac{3}{2}rF_{CH}=0 \tag{6}$$

可解得

$$F_{AH}=\frac{F}{6}(\sqrt{3}\cos\alpha+\sin\alpha),F_{AV}=\frac{F}{6}(3\cos\alpha+\sqrt{3}\sin\alpha)$$

$$F_{BH}=\frac{F}{6}(5\sin\alpha-\sqrt{3}\cos\alpha),F_{BV}=\frac{F}{6}(3\cos\alpha-\sqrt{3}\sin\alpha)$$

$$F_{CH} = F_{AH}, F_{CV} = F_{AV}$$

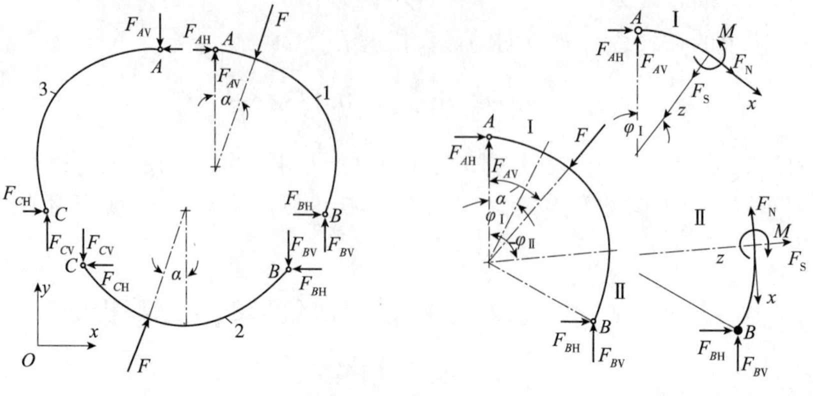


图 B-44

(2)截面上的内力在 $Oxyz$ 坐标系中描述，$x$ 轴总是与梁的轴线相切，$z$ 轴永远指向弧的中心。截面内力可以通过将梁元 1 分成两个区域，$0° \leqslant \varphi < \alpha$ 与 $\alpha \leqslant \varphi \leqslant 120°$[图 B-44b)]，并列写平衡方程来得到。在这里，截面内力的正负号与直梁一样。

在 $0 \leqslant \varphi < \alpha$ 范围内：

$$\sum F_z = 0, F_S(\varphi) - F_{AV}\cos\varphi - F_{AH}\sin\varphi = 0 \tag{7}$$

$$\sum F_x = 0, F_N(\varphi) - F_{AV}\sin\varphi + F_{AH}\cos\varphi = 0 \tag{8}$$

$$\sum M_y = 0, M(\varphi) - r\sin\varphi F_{AV} - r(1-\cos\varphi) - F_{AH} = 0 \tag{9}$$

在 $\alpha \leqslant \varphi \leqslant 120°$范围内：

$$\sum F_z = 0, F_S(\varphi) - F_{BV}\cos\varphi - F_{BH}\sin\varphi = 0 \tag{10}$$

$$\sum F_x = 0, F_N(\varphi) - F_{BV}\sin\varphi + F_{BH}\cos\varphi = 0 \tag{11}$$

$$\sum M_y = 0, -M(\varphi) + F_{BH}r\left(\cos\varphi + \frac{1}{2}\right) + F_{BV}r\left(\frac{\sqrt{3}}{2} - \sin\varphi\right) = 0 \tag{12}$$

由式(7)～式(9)得

对 $0 \leqslant \varphi < \alpha$：

$$F_S(\varphi) = \frac{F}{18}(3\cos\alpha + \sqrt{3}\sin\alpha)(3\cos\varphi + \sqrt{3}\sin\varphi) \tag{B-117a}$$

$$F_N(\varphi) = \frac{F}{18}(3\cos\alpha + \sqrt{3}\sin\alpha)(3\sin\varphi - \sqrt{3}\cos\varphi) \tag{B-117b}$$

$$M(\varphi) = \frac{F}{18}(3\cos\alpha + \sqrt{3}\sin\alpha)[3\sin\varphi + \sqrt{3}(1-\cos\varphi)] \tag{B-117c}$$

由式(10)～式(12)得

对 $\alpha \leqslant \varphi \leqslant 120°$：

$$F_S(\varphi) = -\frac{F}{6}[3\cos(\alpha-\varphi) - \sqrt{3}\cos(\alpha+\varphi) + 2\sin\alpha\sin\varphi] \tag{B-118a}$$

$$F_N(\varphi) = -\frac{F}{6}[3\sin(\alpha-\varphi) - \sqrt{3}\cos(\alpha+\varphi) + 2\sin\alpha\cos\varphi] \tag{B-118b}$$

$$M(\varphi) = \frac{rF}{6}[3\sin(\alpha-\varphi) - \sqrt{3}\cos(\alpha+\varphi) + \sqrt{3}\cos\alpha + 2\sin\varphi\cos\varphi + \sin\alpha] \tag{B-118c}$$

当 $\alpha = 15°$，图 B-45a)中作出了此函数曲线。

(3)对于可比较的两梁元1与2,其弯矩的极值可由式(B-117)与式(B-118)来确定,这时的极值可能在力$\boldsymbol{F}$作用点上出现,或者在某个角度$\varphi_m$上出现,对此有

$$\left[\frac{d}{d\varphi}M(\varphi)\right]_{\varphi=\varphi_m}=0 \tag{B-119}$$

这需要在两个区域,即$0\leqslant\varphi<\alpha$与$\alpha\leqslant\varphi\leqslant120°$中进行研究,由于对称性,$\alpha$只取在$0\leqslant\alpha\leqslant60°$范围内。于是得

对于$0\leqslant\varphi<\alpha$:

$$\left[\frac{d}{d\varphi}M(\varphi)\right]_{\varphi=\varphi_m}=0,\frac{rF}{18}(3\cos\alpha+\sqrt{3}\sin\alpha)(3\cos\varphi_m+\sqrt{3}\sin\varphi_m)=0$$

$$\tan\varphi_m=-\sqrt{3} \tag{B-120}$$

对于$\alpha\leqslant\varphi\leqslant120°$:

$$\left[\frac{dM}{d\varphi}\right]_{\varphi=\varphi_m}=0,\frac{rF}{6}[-3\cos(\alpha-\varphi_m)+\sqrt{3}\sin(\alpha+\varphi_m)-2\sin\alpha\sin\varphi_m]=0$$

$$\tan\varphi_m=\frac{3-\sqrt{3}\tan\alpha}{\sqrt{3}-5\tan\alpha} \tag{B-121}$$

式(B-120)的值超出了$\varphi$的适合值范围,因此得出结论:在第一个范围内,$M(\varphi)$的极值就是力作用点处$\varphi=\alpha$的边值。对于梁1(梁2类似)弯矩的极值,可由$M_{1,\max}=|M_1(\varphi=\alpha)|$以及$M_{1,\max}=|M_1(\varphi_m)|$计算出来,其中的$\varphi_m$则按式(B-121)进行计算[图B-45b)]。

弧杆元3的最大弯矩总是在其对称平面内,因为力$\boldsymbol{F}_A$与$\boldsymbol{F}_C$在$AC$连线上。其值为

$$M_{3,\max}=\frac{1}{2}rF_A=\frac{1}{6}rF(\sqrt{3}\cos\alpha+\sin\alpha) \tag{B-122}$$

由图B-45b)可以看出,当力的作用角度$\alpha=30°$时,圆环中的最大弯矩取最小值

$$M_{\max}=\frac{1}{3}rF$$

此值出现在两个力的作用点处,以及弧杆3的对称轴上(即$AC$杆的中点处)。

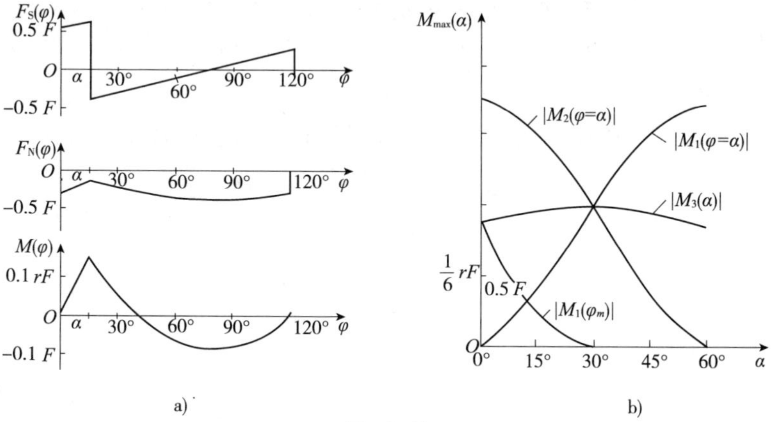


图 B-45

**习题11-15** **解**:(1)链条力$\boldsymbol{F}_K$和支座力$\boldsymbol{F}_A$与$\boldsymbol{F}_B$可由平衡方程得到

$$\sum\boldsymbol{F}=0,\boldsymbol{F}_A+\boldsymbol{F}_B+\boldsymbol{F}_K+\boldsymbol{F}_P=\boldsymbol{0}$$

$$F_{Ay}+F_{By}+F_{Ky}+F_{Py}=0 \tag{B-123}$$

$$F_{Az}+F_{Bz}+F_{Kz}+F_{Pz}=0 \tag{B-124}$$

$$\sum \boldsymbol{M}_A=0, \boldsymbol{r}_{AK}\times \boldsymbol{F}_K+\boldsymbol{r}_{AB}\times \boldsymbol{F}_B+\boldsymbol{r}_{AP}\times \boldsymbol{F}_P=0$$

$$\begin{pmatrix}-a_2\\0\\r_K\end{pmatrix}\times\begin{pmatrix}0\\-F_K\\0\end{pmatrix}+\begin{pmatrix}-a_2+a_1\\0\\0\end{pmatrix}\times\begin{pmatrix}0\\F_{By}\\F_{Bz}\end{pmatrix}+\begin{pmatrix}a_4-a_2\\r_P\\0\end{pmatrix}\times\begin{pmatrix}0\\-\frac{1}{2}F_P\\-\frac{\sqrt{3}}{2}F_P\end{pmatrix}=0$$

$$r_KF_K-\frac{\sqrt{3}}{2}r_PF_P=0 \tag{B-125}$$

$$(a_2-a_1)F_{Bz}+\frac{\sqrt{3}}{2}F_P(a_4-a_2)=0 \tag{B-126}$$

$$a_2F_K-(a_2-a_1)F_{By}-\frac{1}{2}(a_4-a_2)F_P=0 \tag{B-127}$$

方程组中式(B-123)~式(B-127)有下列解

$$\left.\begin{aligned}\boldsymbol{F}_K&=(0\quad -866\quad 0)\text{N}\\ \boldsymbol{F}_A&=(0\quad 480.7\quad 1\ 082.5)\text{N}\\ \boldsymbol{F}_B&=(0\quad 636.3\quad -649.5)\text{N}\end{aligned}\right\}$$

(2)横剪力 $F_S(x)$ 与弯矩 $M(x)$ 的曲线将在 $x$-$z$ 平面和 $x$-$y$ 平面内分别给出。踏板支轴的总载荷 $F_S(x)$、$M(x)$ 可按矢量相加的规律进行计算。

$$|F_S(x)|=\sqrt{F_{Sz}^2(x)+F_{Sy}^2(x)}, |M(x)|=\sqrt{M_y^2(x)+M_z^2(x)}$$

在应用习题图 11-9 中的坐标系时,由 $x$-$z$ 平面中的外力可得

$$F_{Sz}(x)=-F_{Bz}\{x-a_1\}^0-F_{Az}\{x-a_2\}^0$$

$$F_{Sz}(x)=649.5\ \{x-a_1\}^0-1\ 083\ \{x-a_2\}^0\ \text{N} \tag{B-128}$$

$$M_y(x)=649.5\ \{x-a_1\}^1-1\ 083\ \{x-a_1\}^1\ \text{N}\cdot\text{m} \tag{B-129}$$

在由 $Oxy$ 平面内的外力确定截面约束力时,$\mathrm{d}M_z(x)/\mathrm{d}x=-F_{Sy}(x)$ 仍然适用,可得

$$F_{sy}=-F_{Ky}\{x\}^0-F_{By}\{x-a_1\}^0-F_{Ay}\{x-a_2\}^0$$

$$F_{sy}=866-635.3\ \{x-a_1\}^0-480.7\ \{x-a_2\}^0\ \text{N} \tag{B-130}$$

$$M_z(x)=-866x+635.3\ \{x-a_1\}^1+480.7\ \{x-a_2\}^1\ \text{N}\cdot\text{m} \tag{B-131}$$

式(B-128)~式(B-131)的函数关系如图 B-46 所示,踏板支轴中的最大弯矩在 $A$ 处。

$$M_A=\sqrt{38.97^2+22.5^2}=45.0\text{N}\cdot\text{m}$$

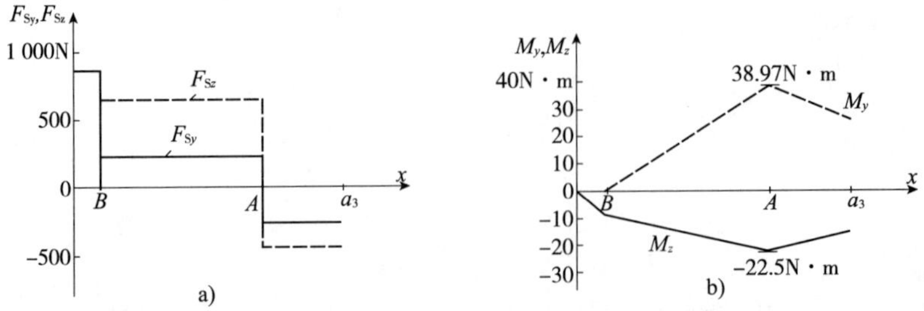


图 B-46

**习题 11-16 解:**(1)齿轮 1 传递给齿轮 2 的沿着节圆切线方向的周向力为

$$F_U = M_I \frac{2}{d_1}$$

轴Ⅱ中的扭转力矩为

$$M_{II} = F_U \frac{d_2}{2} = M_I \frac{d_2}{d_1}$$

对于所有的其余处于啮合状态的齿轮和轴都可得到相应的方程。由此,可得传动轴上的力矩 $M_V$ 为

$$M_V = M_I \frac{d_2}{d_1}\frac{d_4}{d_3}\frac{d_6}{d_5}\frac{d_8}{d_7} = 287.3\text{N} \cdot \text{m}$$

(2)图 B-47 所示为带有作用外力的轴Ⅱ的分离体。如果将每个齿轮上单个作用力$\boldsymbol{F}_i$等效成其相应的齿轮中心点的力旋,则可得

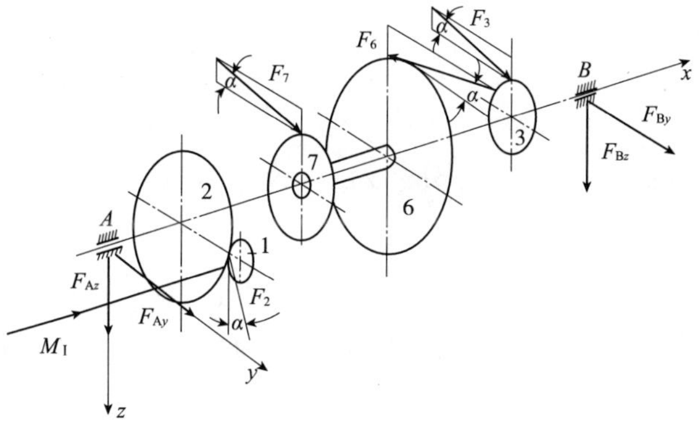


图 B-47

$$\boldsymbol{F}_i \sim (\boldsymbol{F}'_i, \boldsymbol{M}_{x_i})$$

其中,$\boldsymbol{F}'_i$ 平行$\boldsymbol{F}_i$,且 $F'_i = F_i$;$M_{x_i}$是传递到轴上的扭矩。因为轴Ⅳ可转动地支承在轴Ⅱ上,因而没有扭矩传递给轴Ⅱ,只有力$\boldsymbol{F}_6$ 与$\boldsymbol{F}_7$ 反向作用在轴Ⅱ上。

对于齿轮力有

$$F_{2z} = -M_1 \frac{2}{d_1} = -171\text{N}, F_{2y} = F_{2z}\tan\alpha = -62\text{N}$$

$$F_{3y} = M_{II}\frac{2}{d_3} = M_I \frac{d_2}{d_1} \cdot \frac{2}{d_3} = F_{2y}\frac{d_2}{d_3} = 389\text{N}, F_{3z} = F_{3y}\tan\alpha = 141\text{N}$$

$$F_{6y} = -F_{3y}\frac{d_4}{d_5} = -1\ 143\text{N}, F_{6z} = -F_{6y}\tan\alpha = 416\text{N}$$

$$F_{7y} = -F_{6y}\frac{d_6}{d_7} = 2\ 612\text{N}, F_{7z} = F_{7y}\tan\alpha = 951\text{N}$$

支座约束力$\boldsymbol{F}_A$ 与$\boldsymbol{F}_B$ 可由平衡方程得到

$$\sum M_{Ay} = 0, F_{Bz} = -726\text{N}$$
$$\sum F_z = 0, F_{Az} = -611\text{N}$$
$$\sum M_{Az} = 0, F_{By} = -530\text{N}$$
$$\sum F_y = 0, F_{Ay} = -1\ 266\text{N}$$

(3)轴Ⅱ的弯矩分布曲线可分别在平面 $x$-$z$ 与平面 $x$-$y$ 中确定。在 $x$-$z$ 平面内,由

$$F_{Sz}(x) = -\sum_i F_{z_i}\{x-\xi_i\}^0, M_y(x) = -\sum_i F_{z_i}\{x-\xi_i\}^1$$

得到函数 $M_y(x)$

$$\begin{aligned} M_y(x) &= -F_{Az}x - F_{2x}\{x-a\}^1 - F_{7z}\{x-a-b\}^1 - \\ &\quad F_{6z}\{x-a-b-c\}^1 - F_{3z}\{x-a-b-c-e\}^1 \\ &= 611x + 171\{x-0.045\}^1 - 951\{x-0.135\}^1 - \\ &\quad 416\{x-0.245\}^1 - 141\{x-0.325\}^1 \text{ N}\cdot\text{m} \end{aligned} \quad \text{(B-132)}$$

在 $xy$ 平面中，由

$$F_{Sy}(x) = -\sum_i F_{y_i}\{x-\xi_i\}^0, M_z(x) = \sum_i F_{y_i}\{x-\xi_i\}^1$$

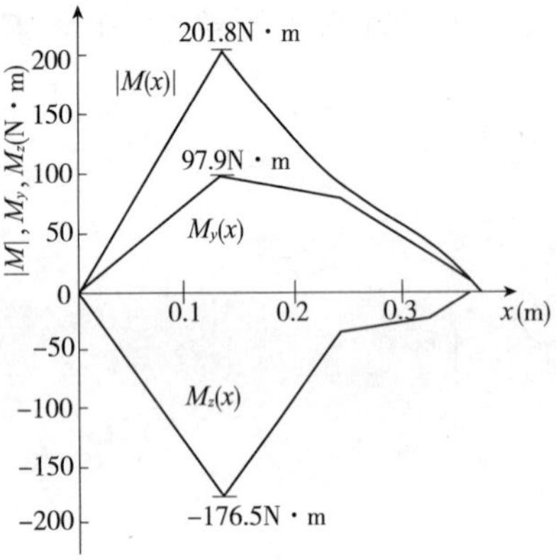


图 B-48

得

$$\begin{aligned} M_z(x) &= F_{Ay}x + F_{2y}\{x-a\}^1 + F_{7y}\{x-a-b\}^1 + \\ &\quad F_{6y}\{x-a-b-c\}^1 + F_{3y}\{x-a-b-c-e\}^1, \\ &= -1\ 266x - 62\{x-0.045\}^1 + 2\ 612\{x-0.135\}^1 - \\ &\quad 1\ 143\{x-0.245\}^1 + 389\{x-0.325\}^1 \text{ N}\cdot\text{m} \end{aligned} \quad \text{(B-133)}$$

上述式(B-132)与式(B-133)的函数在图 B-48 中绘出。由公式

$$|M(x)| = \sqrt{M_z^2(x) + M_y^2(x)}$$

可得到在某一截面上作用的总的弯矩值。最大弯矩值为 $M_{max} = 201.8\text{N}\cdot\text{m}$，其位置在齿轮 7 上。

# 第 12 章 应力与应变分析

## A 类型习题答案

**习题 12-1** $\sigma_1 = 115.4\text{MPa}, \sigma_2 = 0, \sigma_3 = -55.44\text{MPa}, \alpha_0 = -34.72°$。

**习题 12-2** $A$ 点：$\sigma_1 = 100\text{MPa}, \sigma_2 = 0, \sigma_3 = 0, \tau_{max} = 50\text{MPa}$。

$B$ 点：$\sigma_1 = 40\text{MPa}, \sigma_2 = 0, \sigma_3 = -40\text{MPa}, \tau_{max} = 40\text{MPa}$。

**习题 12-3** $\sigma_1 = 102.6\text{MPa}, \sigma_2 = 0, \sigma_3 = -52.62\text{MPa}$,

$\tau_{max} = 77.6\text{MPa}, \alpha_0 = -7.5°$。

**习题 12-4** (1) $\sigma_{60°} = 159.8\text{MPa}$;

(2) $\sigma_1 = 360.6\text{MPa}, \sigma_2 = 0, \sigma_3 = -360.6\text{MPa}, \alpha_0 = 28.2°$。

**习题 12-5** $\sigma_1 = 98.0\text{MPa}, \sigma_2 = 0, \sigma_3 = -16.7\text{MPa}$。

**习题 12-6** $\sigma_1 = 52.2\text{MPa}, \sigma_2 = 10\text{MPa}, \sigma_3 = -42.2\text{MPa}, \tau_{max} = 47.2\text{MPa}$。

**习题 12-7** (1) $\sigma_1 = 50\text{MPa}, \sigma_2 = 5\text{MPa}, \sigma_3 = -5\text{MPa}$;

(2) $\tau_{max} = 27.5\text{MPa}$;

(3) $\varepsilon_{max} = 2.5 \times 10^{-4}$。

**习题 12-8** 略。

**习题 12-9** $\sigma_1 = 77.7\text{MPa}, \sigma_2 = 7.7\text{MPa}, \sigma_3 = 30\text{MPa}, \tau_{max} = 53.9\text{MPa}$。

**习题 12-10** $G = \dfrac{8M_e}{\pi d^3 \varepsilon}$。

**习题 12-11** $M_e = \frac{-\pi D^3 E\varepsilon_{45^\circ}}{16(1+\mu)}$。

**习题 12-12** $\varepsilon_1 = 3.75\times10^{-4}, \varepsilon_2 = 0, \varepsilon_3 = -3.75\times10^{-4}$。

**习题 12-13** $\sigma_{60^\circ} = 7.32\text{MPa}, \tau_{30^\circ} = -32.6\text{MPa}, \sigma_1 = 8.3\text{MPa}$,
$\sigma_2 = 0, \sigma_3 = -48.3\text{MPa}, \tau_{max} = 28.3\text{MPa}$。

**习题 12-14** (1)$\sigma_{30^\circ} = 76.6\text{MPa}, \tau_{60^\circ} = -7.32\text{MPa}$;
(2)$\sigma_1 = 81.98\text{MPa}, \sigma_2 = 0, \sigma_3 = -122.0\text{MPa}, \alpha_0 = 39.34^\circ$。

**习题 12-15** $\tau_{xy} = 140\text{MPa}, \sigma_2 = 20\text{MPa}, \sigma_3 = 10\text{MPa}, \tau_{max} = 55\text{MPa}$。

**习题 12-16** 略。

**习题 12-17** $\sigma_1 = 0, \sigma_2 = -19.8\text{MPa}, \sigma_3 = -60\text{MPa}$。

## B 类型习题答案

**习题 12-18** $\varepsilon_2 = \varepsilon_{120^\circ}, \varepsilon_1 = \frac{4\varepsilon_{0^\circ} - \varepsilon_{120^\circ}}{3}, \varepsilon_3 = \varepsilon_1$。

**习题 12-19** $m_{cr} = \frac{\pi E r^4}{4R^2}$。

## C 类型习题答案

**习题 12-20** **解**:(1)为了求管壁上的平面应力状态,设想由物体切出一微元体[图 B-49a)],在微元体上设与其边相平行的 $x$、$y$ 坐标,然后对在 $y$ 面(与正 $y$ 轴垂直的面)上作用的应力,用图 B-50b)代表 $P$ 点应力状态的莫尔应力圆表示,同时要遵守正负号的规定。

如焊缝的切应力等于零,图 B-50a)中的 $\bar{x}$ 和 $\bar{y}$ 轴就必须是主应力轴。

对此应有

$$\tan 2\varphi = \frac{2\tau_{xy}}{\sigma_x - \sigma_y} = \frac{2\tau}{-\sigma_D} \tag{B-134}$$

由习题图 12-20 可得到

$$\cos\varphi = \frac{b}{d\pi} = 0.477\,5, \varphi = 61.5^\circ$$

因此由式(B-134)推出所求的应力比为

$$\frac{\sigma_D}{\tau} = -\frac{2}{\tan 2\varphi} = 1.3$$

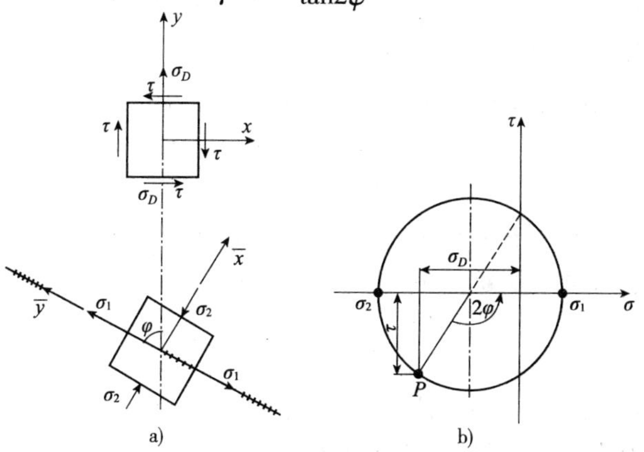


图 B-49

(2)根据图 B-49a)和图 B-49b)的标记,得到

$$\sigma_1=\frac{1}{2}\sigma_D+\frac{1}{2}\sigma_D\cos2\varphi-\tau\sin2\varphi \tag{B-135}$$

并注意 $\tau=\frac{1}{1.3}\sigma_D$,$\sigma_D<0$,$\tau=-3.077\text{MPa}$,$\sigma_1=1.67\text{MPa}$。

为了计算 $\sigma_2$ 同样可以使用式(B-135),只需用 $\psi=-(90°-\varphi)$ 代替 $\varphi$,代入式(B-135)。另一捷径是利用应力圆的不变式

$$\sigma_1+\sigma_2=\sigma_x+\sigma_y=\text{const}$$

$$\sigma_2=\sigma_D-\sigma_1=-0.567\text{MPa}$$

**习题 12-21　解:**由于两相互垂直的方向 $b$ 和 $c$ 的应变已给出,因此可以根据广义郑玄—胡克定律,计算在钻轴表面上平面应力状态($\sigma_x\neq0,\sigma_y\neq0,\sigma_z=0$)下的法向应力。如图 B-50a)所示,置 $x$、$y$ 坐标系于测量方向 $b$ 与 $c$,则

$$\varepsilon_x=\varepsilon_b=\frac{1}{E}(\sigma_b-\mu\sigma_c) \tag{B-136a}$$

$$\varepsilon_y=\varepsilon_c=\frac{1}{E}(\sigma_c-\mu\sigma_b) \tag{B-136b}$$

由式(B-136)得

$$\sigma_b=\frac{E}{1-\mu^2}(\varepsilon_b+\mu\varepsilon_c)=-11.5\text{MPa} \tag{B-137a}$$

$$\sigma_c=\frac{E}{1-\mu^2}(\varepsilon_c+\mu\sigma_b)=7.1\text{MPa} \tag{B-137b}$$

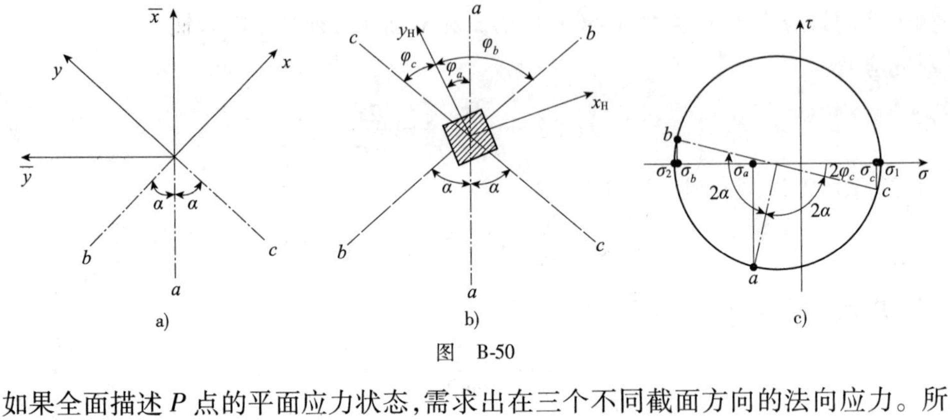


图　B-50

如果全面描述 $P$ 点的平面应力状态,需求出在三个不同截面方向的法向应力。所以式(B-137)不足以求得解。作为第三个应力值 $\sigma_a$,可以由下述已知关系得出:在一点的三个相互垂直方向的应变与坐标的方向位置无关。于是得

$$\varepsilon_x+\varepsilon_y+\varepsilon_z=\varepsilon_{\bar{x}}+\varepsilon_{\bar{y}}+\varepsilon_{\bar{z}}$$

并且

$$\varepsilon_{\bar{y}}=\varepsilon_x+\varepsilon_y-\varepsilon_{\bar{x}}=\varepsilon_b+\varepsilon_c-\varepsilon_a=0.07\times10^{-4}$$

与式(B-137)类似,可以令 $\sigma_{\bar{x}}=\sigma_a$,得到

$$\sigma_a=\frac{E}{1-\mu^2}(\varepsilon_a+\mu\varepsilon_{\bar{y}})=-4.5\text{MPa}$$

为了求主应力 $\sigma_1$ 和 $\sigma_2$,以及主应力轴,可先设主轴系统 $x_H$、$y_H$ 为任意方向。参考轴 $a$、$b$ 和 $c$ 与 $y_H$ 的夹角设为 $\varphi_a$、$\varphi_b$ 和 $\varphi_c$[图 B-50b)]。由于主轴上的切应力为零,则 $\sigma_a$、$\sigma_b$、$\sigma_c$、

$\sigma_{x_H}$和$\sigma_{y_H}$之间的关系为

$$\sigma_a = \frac{1}{2}[\sigma_{x_H} + \sigma_{y_H} + (\sigma_{y_H} - \sigma_{x_H})\cos 2\varphi_a] \tag{B-138a}$$

$$\sigma_b = \frac{1}{2}[\sigma_{x_H} + \sigma_{y_H} + (\sigma_{y_H} - \sigma_{x_H})\cos 2\varphi_b] \tag{B-138b}$$

$$\sigma_c = \frac{1}{2}[\sigma_{x_H} + \sigma_{y_H} + (\sigma_{y_H} - \sigma_{x_H})\cos 2\varphi_c] \tag{B-138c}$$

关于夹角，由图 B-50c)可得

$$\varphi_a = \varphi_c - \alpha = \varphi_c - \frac{\pi}{4}$$

$$\varphi_b = \varphi_c - 2\alpha = \varphi_c - \frac{\pi}{2}$$

由此得

$$\cos 2\varphi_a = \sin 2\varphi_c, \cos 2\varphi_b = -\cos 2\varphi_c \tag{B-139}$$

由式(B-138)和式(B-139)可求出$\sigma_{y_H}$、$\sigma_{x_H}$和$\varphi_c$，得

$$\tan 2\varphi_c = \frac{2\sigma_a - \sigma_b - \sigma_c}{\sigma_c - \sigma_b} = -0.247\ 3$$

$$2\varphi_c = -13.9°\text{或}166.1° \tag{B-140}$$

两夹角$\varphi_{c_1}$和$\varphi_{c_2}$相差90°。在进一步计算时，两者之一均可任意选用，这并不改变切出的单元体的位置，只是使轴的标记互换。图 B-50b)中的主轴 $y_H$ 的位置显然选错了。按照式(B-140)，它位于参考轴 $a$ 和 $b$ 之间。由式(B-138)，并约定 $\sigma_1 > \sigma_2$，代入$2\varphi_c = -13.9°$，得

$$\sigma_{x_H} = \sigma_2 = -11.8\text{MPa}, \sigma_{y_H} = \sigma_1 = -7.4\text{MPa} \tag{B-141}$$

如图 B-50c)所示用莫尔应力圆表示出计算结果式(B-140)和式(B-141)，求得最大切应力为

$$\tau_{\max} = \frac{1}{2}(\sigma_1 - \sigma_2) = 9.8\text{MPa}$$

它出现在与主应力方向成45°角的截面上。

**习题 12-22　解：**考虑到线性热应变 $\varepsilon_T = \alpha\Delta T$，广义郑玄—胡克定律可表示为

$$\varepsilon_x = \frac{1}{E}[\sigma_x - \mu(\sigma_y + \sigma_z)] + \alpha\Delta T \tag{B-142a}$$

$$\varepsilon_y = \frac{1}{E}[\sigma_y - \mu(\sigma_z + \sigma_x)] + \alpha\Delta T \tag{B-142b}$$

$$\varepsilon_z = \frac{1}{E}[\sigma_z - \mu(\sigma_x + \sigma_y)] + \alpha\Delta T \tag{B-142c}$$

设方块三边方向为 $x$、$y$、$z$ 坐标轴，其中令 $z$ 轴为力 $F$ 的方向，则 $\Delta d_H$ 可由式(B-142c)得出，此时应注意 $\sigma_z < 0$(压应力)，则

$$\varepsilon_z = \frac{\Delta d_H}{d} = -\frac{1}{E}\left[\frac{F}{d^2} + \mu(\sigma_x + \sigma_y)\right] + \alpha(T_1 - T_0) \tag{B-143}$$

为了由式(B-142)计算出此时出现的法向应力，应首先检验在 $T_1$ 时是 $\sigma_x = \sigma_y = 0$ 还是 $\sigma_x = \sigma_y \neq 0$。当铜方块在受力状态下，恰好与模具的面刚刚接触时的极限温度为 $T^*$，可由式(B-142)利用两个条件 $\varepsilon_x = \varepsilon_y = \frac{\Delta d}{d}$和 $\sigma_x = \sigma_y = 0$ 计算得到

$$\varepsilon_x = \frac{\Delta d}{d} = \frac{\mu}{E} \cdot \frac{F}{d^2} + \alpha(T^* - T_0)$$

$$T^* = \left(\frac{\Delta d}{d} - \frac{\mu}{E}\frac{F}{d^2}\right)\frac{1}{\alpha} + T_0 = 30.9℃$$

由于 $T^* < T_1$,因此有 $\sigma_x(T_1) = \sigma_y(T_1) \neq 0$。此应力值可由式(B-142)和 $\varepsilon_x = 0$ 以及 $\Delta T = T_1 - T^*$ 求得

$$\varepsilon_x = \frac{1}{E}(1-\mu)\sigma_x + \alpha(T_1 - T^*) = 0 \qquad \text{(B-144)}$$

$$\sigma_x = \sigma_y = 28.6\text{MPa}$$

最后由式(B-143)和式(B-144)得

$$\Delta d_{\text{H}} = 0.023\text{mm}$$

# 第13章 强度理论

## A类型习题答案

**习题13-1** $\sigma_{r1} = 30\text{MPa} = [\sigma]$,$\sigma_{r2} = 21.25\text{MPa} < [\sigma]$,安全。

**习题13-2** $\sigma_{r3} = 250\text{MPa} = [\sigma]$,$\sigma_{r4} = 229\text{MPa} < [\sigma]$,安全。

**习题13-3** $\sigma_{r3} = 100\text{MPa} < [\sigma]$,安全。

**习题13-4** $\sigma_{r4} = 143\text{MPa} < [\sigma]$,安全。

**习题13-5** $\sigma = 165\text{MPa}$,$\tau = 110\text{MPa}$。

**习题13-6** $\sigma_{r1} = 22.5\text{MPa} < [\sigma]$,安全。

**习题13-7** $n = 1.6$。

**习题13-8** $\sigma_{max} = 101\text{MPa} < [\sigma]$;翼缘与腹板交界处任意点:$\sigma_{r3} = 111.9\text{MPa} < [\sigma]$。

**习题13-9** $\sigma_1 = 12.07\text{MPa}$,$\sigma_2 = 2.93\text{MPa}$,$\sigma_3 = 0$。

## B类型习题答案

**习题13-10** 当$\frac{3pD}{8\delta} + \frac{M}{2W} \geqslant \sqrt{\left(\frac{M}{2W} - \frac{pD}{8\delta}\right)^2 + \frac{T^2}{4W^2}}$时,$\sigma_{r3} = \frac{3pD}{8\delta} + \frac{M}{2W} + \sqrt{\left(\frac{M}{2W} - \frac{pD}{8\delta}\right)^2 + \frac{T^2}{4W^2}} \leqslant [\sigma]$;

当$\frac{3pD}{8\delta} + \frac{M}{2W} < \sqrt{\left(\frac{M}{2W} - \frac{pD}{8\delta}\right)^2 + \frac{T^2}{4W^2}}$时,$\sigma_{r3} = \sqrt{\left(\frac{M}{W} - \frac{pD}{4\delta}\right)^2 + \frac{T^2}{W^2}} \leqslant [\sigma]$。

$\Delta l_{AB} = \frac{l}{E}\left[\frac{M}{W} + \frac{pD}{4\delta}(1-2\mu)\right]$,其中 $W = \frac{\pi D^3}{32}(1-\alpha^4)$,$\alpha = 1 - 2\frac{\delta}{D}$。

**习题13-11** 圆筒的压力为

$$\sigma_x = \frac{pD}{4\delta} - \frac{F_{\text{R}}}{\pi D\delta}, \sigma_t = \frac{pD}{2\delta}$$

其中,$F_{\text{R}} = \pi D\delta\left(\frac{pD}{4\delta} - \frac{E\delta}{l} - \frac{\mu pD}{2\delta}\right)$,如果按上式计算得 $F_{\text{R}} < 0$,则取 $F_{\text{R}} = 0$。

## C类型习题答案

**习题13-12** 板条内 $\sigma_{\text{W}}$ 和 $\tau_{\text{W}}$ 是 $\alpha$ 的函数,先确定 $\alpha$ 的取值范围。截面应力为

$$\sigma_t = \frac{pD}{2\delta} = \sigma_1, \sigma_x = \frac{\sigma_1}{2}, \tau_{xy} = 0$$

$$\sigma_{\text{W}}(\alpha) = \frac{\sigma_x + \sigma_t}{2} + \frac{\sigma_x - \sigma_t}{2}\cos 2\alpha = \left(\frac{3}{4} - \frac{1}{4}\cos 2\alpha\right)\sigma_1$$

$$\tau_W(\alpha)=\frac{\sigma_x-\sigma_t}{2}\sin2\alpha=-\frac{1}{4}\sigma_1\sin2\alpha$$

不难验证不等式$|\tau_W(\alpha)|\leqslant0.5\sigma_1$恒满足，由$\sigma_W\leqslant0.7\sigma_1$，可得$\frac{3}{4}-\frac{1}{4}\cos2\alpha\leqslant0.7$。

解得$\cos2\alpha\leqslant0.2$，即$\cos\alpha\geqslant\cos39.2°$。

从板条焊线的一点做圆筒向线，可知经过$\pi D$后到达另一焊线，再从此点做焊线的垂线，可假想截取如图B-51所示三角条，于是$\cos\alpha\geqslant\cos39.2°$，即

$$\frac{\sqrt{(\pi D)^2-b^2}}{\pi D}\geqslant\cos39.2°$$

解得

$$b\leqslant1.89D\approx2D。$$

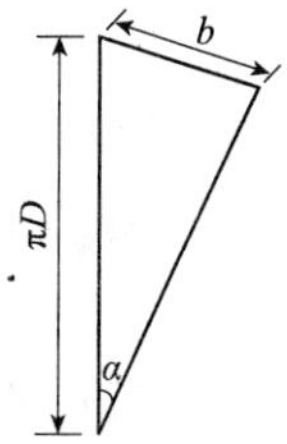

图 B-51

# 第14章 组合变形

## A类型习题答案

**习题14-1** (1)$\sigma_{t,max}=\frac{8F}{a^2}$，$\sigma_{c,max}=\frac{-4F}{a^2}$；

(2)$\frac{\sigma_{t,max}}{\sigma_t}=8$。

**习题14-2** $e\leqslant\frac{b}{6}$。

**习题14-3** $F=18.4kN$，$e=1.786mm$。

**习题14-4** 按$CD$杆强度计算：$q\leqslant54kN/m$；

按$AB$杆强度计算：$q\leqslant21.8kN/m$；$[q]=21.8kN/m$。

**习题14-5** $x\leqslant5.2mm$。

**习题14-6** $d\geqslant90mm$。

**习题14-7** $\sigma_{r3}=76.1MPa<[\sigma]$，安全。

**习题14-8** (1)$d\geqslant86.4mm$；

(2)$\tau=16MPa$，$\sigma=51.9MPa$。

**习题14-9** $\sigma_{r3}=123MPa$。

**习题14-10** $a\leqslant299mm$。

**习题14-11** $d\geqslant65.3mm$。

**习题14-12** $\sigma_{r3}=50.2MPa<[\sigma]$，安全。

**习题14-13** $\sigma_{r3}=57.2MPa>[\sigma]$，不满足强度要求。

**习题14-14** $\sigma_{r3}=97.1MPa>[\sigma]$。

**习题14-15** $d\geqslant18.9mm$。

**习题14-16** $d\geqslant94.8mm$，危险点在$C$截面。

## B类型习题答案

**习题14-17** (1)$[F]=\left([\sigma]-E\frac{d}{D}\right)A$；

(2)$[F]=\left([\sigma]-E\frac{d}{\sqrt{nD}}\right)A$。

**习题 14-18** $\sigma_{r4}^{a}=\sqrt{\left(\frac{F_N}{A}+\frac{M_y}{W_y}+\frac{M_z}{W_z}\right)^2+3\left(\frac{T}{2\Omega t}+\frac{F_S S_z(\omega)}{I_z t}\right)^2}$,

$$\sigma_{r4}^{b}=\sqrt{\left(\frac{F_N}{A}+\frac{M_y}{W_y}\right)^2+3\left(\frac{T}{2\Omega t}+\frac{F_S S_z(\omega^*)}{I_z t}\right)^2}。$$

**习题 14-19** $s=\frac{l}{2}+\frac{d}{8}\tan\alpha, 0\leqslant s\leqslant l$(当所计算的 $s>l$ 时,取 $s=l$)。

**习题 14-20** $\sigma_{r4}^{A}=131.1\text{MPa}$。

## C 类型习题答案

**习题 14-23** **解:**(1)在杆的 $x$ 截面上受到截面力螺旋($\boldsymbol{F}_N, \boldsymbol{M}_0$),得

$$M_y=-\frac{1}{2}aF, F_N=F$$

这里的 $y$、$z$ 系统的原点为面积形心。杆承受的载荷可认为是拉伸与弯曲的组合。因此法向应力为

$$\sigma_x=\frac{F_{Nx}}{A(x)}+\frac{M_y}{I_y(x)}z$$

将 $A(x)=a^2\left(4-3\frac{x}{L}\right)$ 和 $I_y(x)=\frac{1}{12}a^4\left(4-3\frac{x}{L}\right)^3$ 代入上式,得

$$\sigma_x=\frac{F\left[a\left(4-3\frac{x}{L}\right)^2-6z\right]}{\left[a\left(4-3\frac{x}{L}\right)\right]^3} \tag{B-145}$$

(2)令 $z=\pm\frac{1}{2}a\left(4-3\frac{x}{L}\right)$,由式(B-145)得知杆边缘的应力为

$$\sigma_x=\frac{FL(L-3x)}{a^2(4L-3x)^2}, z>0$$

$$\sigma_x=\frac{FL(7L-3x)}{a^2(4L-3x)^2}, z<0$$

此应力对于 $0\leqslant x\leqslant L$ 时,在 $z>0$ 区域,即在梁的下边缘 $x=\frac{1}{3}L$ 处改变正负号。在这里拉应力与弯曲应力的压应力相叠加。在 $z<0$ 的区域,拉应力与弯曲应力的拉应力部分相叠加,因此不会出现正负号的变化。

**习题 14-24** **解:**(1)在固定端 $B$ 处的支座约束力,由集中力 $F_{Bz}=-F$、扭转力矩 $T_B=bF$ 和弯曲力矩 $M_{By}=aF$ 组成。这些支座约束力在材料中所引起应力可分别对不同载荷计算,然后叠加。

对于直径与长度比很小的杆,由于剪力引起的切应力与其他各种载荷所引起的应力比较,可忽略不计。弯矩在 $B$ 处杆的上边缘产生拉应力(同样地,在杆的下边缘产生相应的压应力),其最大值为

$$\sigma=\frac{M_y d_1}{2I_1}=\frac{32aF}{\pi d_1^3}=83.56\text{MPa} \tag{B-146}$$

由于扭矩在杆 1 的外表面产生最大切应力

$$\tau=\frac{T}{W_{p_1}}=\frac{16bF}{\pi d_1^3}=22.28\text{MPa} \tag{B-147}$$

在杆 1 的 $B$ 处,上、下边缘受力最大,存在由式(B-146)和式(B-147)所给出的应力值 $\sigma$ 和 $\tau$ 组成的平面应力状态。从而可计算出比较应力 $\sigma_{r4}$。按照畸变能理论,对一般三轴应力状态,此应力为

$$\sigma_{r4}=\sqrt{\frac{1}{2}[(\sigma_1-\sigma_2)^2+(\sigma_2-\sigma_3)^2+(\sigma_3-\sigma_1)^2]} \tag{B-148}$$

由于在此处的应力状态是平面的,因此 $\sigma_3=0$。主应力 $\sigma_1$ 和 $\sigma_2$ 可由式(B-146)和式(B-147)利用莫尔圆求出,在 $B$ 处杆上边缘的点的主应力为

$$\sigma_x=\sigma,\sigma_y=0,\tau_{xy}=\tau_{yx}=\tau$$

绘于图 B-52 上。由此得

$$\sigma_{1,2}=\frac{\sigma}{2}\pm\sqrt{\left(\frac{\sigma}{2}\right)^2+\tau^2}$$

由式(B-148)可得

$$\sigma_{r4}=\sqrt{\sigma^2+3\tau^2}=92.04\text{MPa}$$

(2)受力点的挠度 $w_A$,在省略了由剪力所造成的剪切挠度后,由三个部分所组成。假设其均为小变形,则此三部分分别为

①杆 1 的扭转: $w_{A,1}=b\varphi=\dfrac{abT}{GI_{p_1}}=\dfrac{ab^2F}{GI_{p_1}},I_{p_1}=\dfrac{\pi}{32}d_1^4$;

②杆 1 的弯曲: $w_{A,2}=\dfrac{Fa^3}{3EI_1},I_1=\dfrac{\pi}{64}d_1^4$;

③杆 2 的弯曲: $w_{A,3}=\dfrac{Fb^3}{3EI_2},I_2=\dfrac{\pi}{64}d_2^4$。

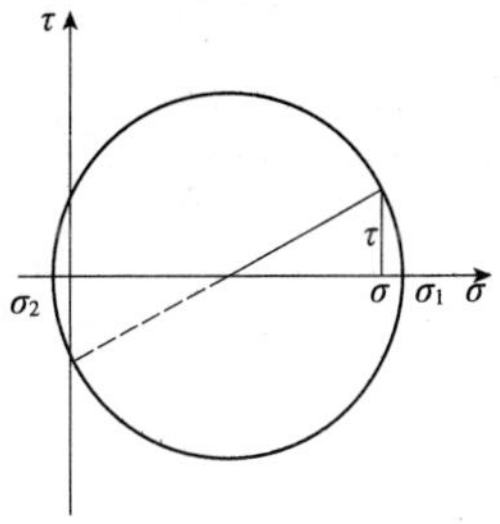

图 B-52

三者之和为

$$w_A=\frac{F}{3E}\left(\frac{a^3}{I_1}+\frac{b^3}{I_2}\right)+\frac{ab^2F}{GI_{p_1}}=68.6\text{mm}$$

## 第 15 章 索

### A 类型习题答案

**习题 15-1** $F_{T_1}=400\text{N},F_{T_2}=700\text{N},F_{T_3}=1050\text{N},F_{T_4}=700\text{N}$ 和 $F_{T_5}=450\text{N}$。

**习题 15-2** (1)$h=111.2\text{mm}$;

(2)$\theta_A=-2.54°$。

**习题 15-3** (1)$h=28\text{mm}$;

(2)$\theta_A=-25.543°,\theta_C=-27.569°$。

**习题 15-4** (1)$h=12.55\text{m}$;

(2)$F_{max}=F_A=F_B=1\ 296.2\text{N}$。

**习题 15-5** $h=1.252\text{m}$。

**习题 15-6** (1)$F=8.27\text{N}$;

(2)$h=6.69\text{m}$;

(3)$F_{max}=F_B=21.6\text{N}$。

**习题 15-7** $h_1=6.75\text{m}$。

**习题 15-8** $b=20\text{m},F_{max}=F_A=2.08\text{kN}$。

**习题 15-9**　$b = 173.64\text{m}$。

## B 类型习题答案

**习题 15-19**　$\omega_{0,1} = \frac{\pi}{l}\sqrt{\frac{F_T}{\rho A}}, \omega_{0,2} = \frac{2\pi}{l}\sqrt{\frac{F_T}{\rho A}}, \omega_{0,3} = \frac{3\pi}{l}\sqrt{\frac{F_T}{\rho A}}$;

$X_1 = \sin\frac{\pi}{l}x, X_2 = \sin\frac{2\pi}{l}x, X_3 = \sin\frac{3\pi}{l}x$。

## C 类型习题答案

**习题 15-20**　**解:** 在如图 B-53 所示的 $Axy$ 坐标系中，只受重力作用的绳索的曲线微分方程为

$$H_0\frac{d^2y}{dx^2} = q(x) \tag{B-149}$$

式中，$H_0 = F_T\cos\alpha$ 为索力的水平分量；$q(x) = p_0\frac{dL}{dx} = p_0\sqrt{1 + \left(\frac{dy}{dx}\right)^2}$ 为索的单位长度载荷。

用 $u = \frac{dy}{dx}$ 代替式(B-149)，通过分离变量积分得

$$\frac{dy}{dx} = \sinh\left(\frac{p_0}{H_0}x + C_1\right) \tag{B-150}$$

$$y(x) = \frac{H_0}{p_0}\cosh\left(\frac{p_0}{H_0}x + C_1\right) + C_2 \tag{B-151}$$

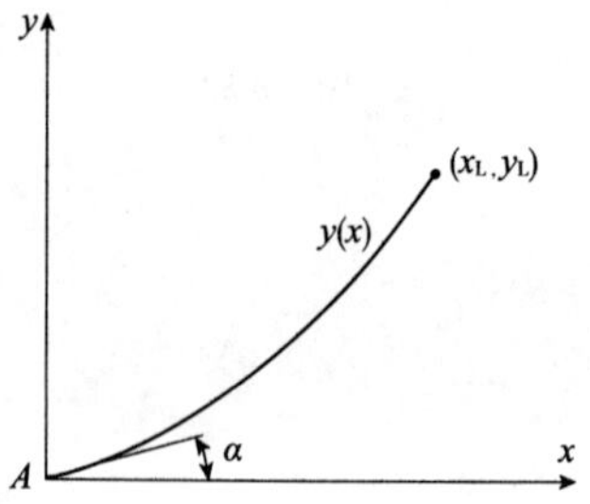


图　B-53

积分常数可由式(B-150)、式(B-151)按图 B-53 的坐标系来得到，即

$$\left(\frac{dy}{dx}\right)_{x=0} = \tan\alpha = \sinh(C_1)$$

$$C_1 = \text{arcsinh}(\tan\alpha)$$

$$y(0) = \frac{H_0}{p_0}\cosh(C_1) + C_2 = 0$$

$$C_2 = -\frac{H_0}{p_0}\cosh(C_1)$$

风筝的位置坐标 $[x_L, y_L]$ 可以通过给定的绳长度 $L$ 算得。平面曲线 $y(x)$ 在横坐标值为 $0 \leqslant x \leqslant x_L$ 之间的长度 $L$ 为

$$L = \int_0^{x_L}\sqrt{1 + [y'(x)]^2}dx$$

因此，由式(B-150)得到

$$L = \int_0^{x_L}\sqrt{1 + \sinh^2\left(\frac{p_0}{H_0} + C_1\right)}dx = \int_0^{x_L}\cosh\left(\frac{p_0}{H_0} + C_1\right)dx = \frac{p_0}{H_0}\left[\sinh\left(\frac{p_0}{H_0}x_L + C_1\right) - \tan\alpha\right]$$

并可解出

$$x_L = \frac{p_0}{H_0}\left[\text{arcsinh}\left(\frac{p_0}{H_0}L + \tan\alpha\right) - C_1\right] \tag{B-152}$$

最后将式(B-152)代入式(B-151)得

$$y_L=\frac{F_{\mathrm{T}}\cos\alpha}{p_0}\left\{\cosh\left[\operatorname{arcsinh}\left(\frac{p_0L}{F_{\mathrm{T}}\cos\alpha}+\tan\alpha\right)\right]-\cosh\left[\operatorname{arcsinh}(\tan\alpha)\right]\right\}$$

$$y_L=129.3\mathrm{m}$$

**习题 15-21** **解:**在如习题图 15-12 所示的 $x$-$y$ 坐标系中,索曲线的微分方程为

$$H_0\frac{\mathrm{d}^2y}{\mathrm{d}x^2}=q(x) \tag{B-153}$$

式中,$H_0$ 为索力的水平分量;$q(x)$ 为单位长度车道的重量。

此处有

$$q(x)=2q_0\left(1-\frac{x}{2a}\right)=\frac{4}{3}\frac{G}{a}\left(1-\frac{x}{2a}\right)$$

通过对式(B-153)积分得

$$y'(x)=\frac{4}{3}\frac{G}{aH_0}\left(x-\frac{x^2}{4a}\right)+C_1 \tag{B-154}$$

$$y(x)=\frac{4}{3}\frac{G}{aH_0}\left(\frac{x^2}{2}-\frac{x^3}{12a}\right)+C_1x+C_2$$

积分常数 $C_1$ 与 $C_2$ 可由索曲线上已知的两点 $y(0)=h_1$ 与 $y(a)=h_2$ 确定

$$C_2=h_1$$

$$h_2=\frac{4}{3}\frac{G}{aH_0}\left(\frac{a^2}{2}-\frac{a^3}{12a}\right)+C_1a+h_1$$

$$C_1=\frac{1}{a}(h_2-h_1)-\frac{5}{9}\frac{G}{H_0} \tag{B-155}$$

因为在垂直方向重力作用下,索中的水平拉力 $H_0$ 是常数,所以最大总拉力出现在最陡的索截面中,按照式(B-154)可知,在支柱 1 的顶点$[0,h_1]$处。索相对于 $x$ 轴的倾角 $\alpha$,索中最大拉力为

$$F_{\mathrm{T,max}}=\sqrt{H_0^2+H_0^2\left(\tan^2\alpha\right)_{x=0}}=H_0\sqrt{1+(y')^2{}_{x=0}} \tag{B-156}$$

根据式(B-154)、式(B-155)、式(B-156)可得允许的水平拉力为

$$H_0^2\left[1+\frac{1}{a^2}(h_2-h_1)^2-\frac{10G}{9aH_0}(h_2-h_1)+\frac{25}{81}\frac{G^2}{H_0^2}\right]=F_{\mathrm{T,max}}^2$$

$$H_0=81\mathrm{kN}$$

因此,索曲线方程为

$$y=-2.258x+0.164\ 6x^2-0.001\ 83x^3+9\mathrm{m}$$

由此通过求极植计算,可得从车道算起的最小索距 $y_0$。得到 $x_0=7.9\mathrm{m}$,$y_0=0.53\mathrm{m}$。

**习题 15-22** **解:**本题为超静定问题,必须考虑变形。因此,通过同时建立几何协调方程与平衡方程才能求解。

钢丝中的许用拉力 $F_{\mathrm{D}}$ 为

$$F_{\mathrm{D}}=F_{\mathrm{V}}+\Delta F=\sigma_z\cdot\frac{\pi d^2}{4}=1.414\mathrm{kN} \tag{B-157}$$

式中,$\Delta F$ 为由于横向载荷在钢丝中额外增加的拉力,它使钢丝伸长 $\Delta a$。

由习题图 15-13得协调条件为

$$\frac{1}{2}(a+\Delta a)=\sqrt{\left(\frac{a}{2}\right)^{2}+f^{2}} \tag{B-158}$$

郑玄—胡克定律给出 $\Delta a$ 和 $\Delta F$ 的关系为

$$\frac{\Delta a}{a}=\frac{\Delta F}{EA} \tag{B-159}$$

钢丝将一直向下弯，直到在力 $F$ 的作用点处，几个力形成一封闭的力三角形(图 B-54)，因此 $\sum F=0$。将习题图 15-13 与图 B-54 作比较，得

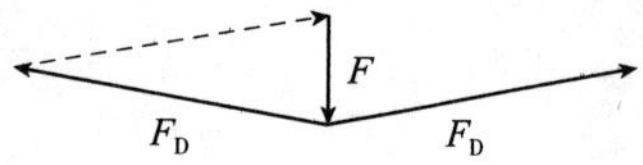

图 B-54

$$\frac{2F_{\mathrm{D}}}{F}=\frac{1}{f}\sqrt{\left(\frac{a}{2}\right)^{2}+f^{2}} \tag{B-160}$$

由式(B-160)并利用式(B-157)可求得挠度为

$$f=\frac{Fa}{2\sqrt{4F_{\mathrm{D}}^{2}-\mathrm{F}^{2}}}=31.86\mathrm{mm} \tag{B-161}$$

式(B-161)中应特别值得注意的是，在此情况下，变形与载荷 $F$ 之间不存在线性关系。由式(B-157)、式(B-158)、式(B-159)和式(B-161)，得到许用预张力为

$$F_{\mathrm{V}}=F_{\mathrm{D}}-\Delta F=F_{\mathrm{D}}-EA\left(\sqrt{1+\left(\frac{f}{a}\right)^{2}}-1\right)=36.7\mathrm{N}$$

# 参 考 文 献

[1] Walter Gander, Jiří Hřebíček. 用 Maple 和 MATLAB 解决科学计算问题[M]. 刘来福,何青,译. 北京:高等教育出版社,2001.

[2] 马开平,潘申梅,冯玮,等. Maple 高级应用和经典实例[M]. 北京:国防工业出版社,2002.

[3] 李银山,王拉娣,张建明,等. 数学建模案例分析[M]. 北京:海洋出版社. 1999.

[4] 彭芳麟. 数学物理方程的 MATLAB 解法与可视化[M]. 北京:清华大学出版社. 2004.

[5] 范钦珊. 材料力学计算机分析[M]. 北京:高等教育出版社,1987.

[6] 袁驷. 程序结构力学[M]. 北京:高等教育出版社,2001.

[7] 李银山. Maple 理论力学[M]. 北京:机械工业出版社,2006.

[8] 李银山. Maple 材料力学[M]. 北京:机械工业出版社,2009.

[9] 李银山. Maple 理论力学 I[M]. 北京:机械工业出版社,2013.

[10] 李银山. Maple 理论力学 II[M]. 北京:机械工业出版社,2013.

[11] 贾有权. 材料力学实验[M]. 北京:人民教育出版社,1964.

[12] 刘鸿文. 材料力学[M]. 北京:高等教育出版社,2011.

[13] 孙训方,方孝淑,关来泰. 材料力学[M]. 北京:高等教育出版社,2009.

[14] 单辉祖. 材料力学[M]. 北京:高等教育出版社,2010.

[15] B·И·费奥多谢夫. 材料力学[M]. 蒋威城,赵九江,俞茂鋐,等,译. 北京:高等教育出版社,1985.

[16] H·M·别辽耶夫. 材料力学[M]. 王光远,干光瑜,顾振隆,译. 北京:高等教育出版社,1992.

[17] 西田正孝. 材料力学——附光弹性说明[M]. 马安禧,迟恩田,译. 北京:高等教育出版社,1985.

[18] K·马格努斯,H·H·缪勒. 工程力学基础[M]. 张维,等,译. 北京:北京理工大学出版社,1997.

[19] 老亮,赵福滨,郝松林,等. 材料力学思考题集[M]. 北京:高等教育出版社,1990.

[20] S·铁摩辛柯. 材料力学(高等理论及问题)[M]. 汪一麟,译. 北京:科学出版社,1964.

[21] 钱伟长. 变分法及有限元[M]. 北京:科学出版社,1980.

[22] 胡海昌. 弹性力学的变分原理及其应用[M]. 北京:科学出版社,1981.

[23] 徐芝纶. 弹性力学[M]. 北京:高等教育出版社,1982.

[24] 李廉锟. 结构力学[M]. 北京:高等教育出版社,2004.

[25] 杨桂通. 弹塑性力学[M]. 北京:高等教育出版社,1979.

[26] 杨桂通,张善元. 弹性动力学[M]. 北京:中国铁道出版社,1988.

[27] 杨桂通. 塑性动力学[M]. 北京:高等教育出版社,2000.

[28] 徐秉业. 弹性与塑性力学——例题和习题[M]. 北京:机械工业出版社,1980.

[29] 武际可. 力学史[M]. 重庆:重庆出版社,2000.

[30] 戴念祖,老亮. 中国物理学史大系:力学史[M]. 长沙. 湖南教育出版社,2001.

[31] 李银山. 再谈郑玄最早发现线弹性定律[J]. 力学与实践,2006,28(4):86-88.

[32] 刘树勇,李银山. 郑玄与胡克定律[J]. 自然科学史研究,2007,26(2):248-254.
[33] 李银山,李铁军,焦永树,等. 材料力学精品课程教学方法和内容的改革——分段独立一体化积分法[C]//. 力学课程报告论坛组委会. 第七届,力学课程报告论坛. 北京:高等教育出版社,2013:304-307.
[34] 李银山,徐秉业,李树杰,等. 基于计算机求解弯曲变形问题的一种新解析法(一)——复杂载荷作用下的静定梁问题[J]. 力学与实践,2013,35(2):83-85.
[35] 李银山,刘波,桑建兵,等. 求解超静定梁的快速解析法[C]//. 力学与工程应用编审委员会力学与工程应用(第十四卷). 郑州:郑州大学出版社,2012,379-382.
[36] 吴艳艳,李银山,魏剑伟,等. 求解超静定梁的分段独立一体化积分法[J]. 工程力学,2013,30(增刊):11-14.
[37] 李银山,杨维阳. 变惯矩梁变形的函数解[J]. 力学与实践,1992,14(2):55-58.
[38] 梁应彪,李银山. 压杆优化设计[J]. 太原重型机械学院学报,1993,14(3):86-94.
[39] 李银山,张宝玉. 按可靠性标准的结构优化设计[J]. 太原工业大学学报,1995,26(3):58-62.
[40] 李银山,徐克晋. 桁架门式起重机空间结构优化设计[J]. 太原重型机械学院学报,1996,17(1):18-23.
[41] 李银山,张宝玉,卢准炜,等. 矩形截面钢筋混凝土简支梁的可靠性优化设计[J]. 太原工业大学学报,1996,27(3):66-73.
[42] 李银山,赵永刚,卢准炜,等. 两端任意支承矩形截面钢筋混凝土梁的可靠性优化设计[J]. 太原理工大学学报,1998,29(3):244-246.
[43] 李银山,魏剑伟,刘志芳,等. 中心受压钢筋混凝土矩形截面柱的可靠性优化设计[J]. 太原理工大学学报,1999,30(2):184-187.
[44] 李银山,杨宏胜,于文芳,等. Mises 桁架结构的全局分岔和混沌运动[J]. 工程力学,2000,17(6):140-144.
[45] 李银山,陈予恕,吴志强. 正交各向异性圆板非线性振动的亚谐分岔[J]. 机械强度,2001,23(2):148-151.
[46] 李银山,杨桂通,张善元,等. 圆板受迫振动超谐分岔和混沌运动的实验研究[J]. 实验力学,2001,16(4):347-358.
[47] 李银山,陈予恕,李伟锋. 各种板边条件下大挠度圆板的全局分岔和混沌[J]. 天津大学学报,2001,34(6):718-722.
[48] 李银山,刘波,龙运佳,等. 二次非线性粘弹性圆板的 2/1 +3/1 超谐解[J]. 应用力学学报,2002,19(3):20-24.
[49] 李银山,高峰,张善元,等. 二次非线性圆板的 1/2 亚谐解[J]. 机械强度,2002,24(4):505-509.
[50] 李银山,李欣业,刘波,等. 二次非线性粘弹性圆板的 2/1 超谐解[J]. 工程力学,2003,20(4):74-77.
[51] 李银山,张明路,罗利军,等. 回转窑两圆柱体任意交叉角接触压力系数计算[J]. 河北工业大学学报,2006,35(1):1-5.
[52] 李银山,张善元,张明路,等. 材料非线性圆板的 1/2 +1/4 亚谐解[J]. 振动与冲击,2006,25(3):115-120.

[53] 李银山,孙雨明,王守信,等. 材料力学中的结构优化设计方法[C]//. 工程力学教学与工程应用学术会议论文集. 北京:机械工业出版社,2006:147-153.
[54] 李银山,张善元,刘波,等. 各种板边条件下大挠度圆板自由振动的分岔解[J]. 机械强度,2007,29(1):30-35.
[55] 李彤,李银山. 压杆稳定设计的直接迭代法[J]. 机械设计与研究,2009,25(6):50-53.
[56] 李彤,李银山. 压杆稳定设计的折减因数迭代法[J]. 起重运输机械,2010,420(2):20-22.
[57] 李银山,刘波,潘文波,等. 弹性压杆的大变形分析[J]. 河北工业大学学报,2011,40(5):31-35.
[58] 李银山,刘波,张明路,等. 二次非线性圆板的自由振动分岔解[J]. 机械强度,2011,33(4):505-510.
[59] 潘文波,李银山,李彤,等. 细长柔韧压杆弹性失稳后挠曲线形状的计算机仿真[J]. 力学与实践,2012,34(1):48-51.
[60] 李银山,侯书军,焦永树,等. 计算机和力学相结合如虎添翼——Maple 材料力学[C]//. 力学课程报告论坛组委会. 第三届力学课程报告论坛. 北京:高等教育出版社,2009:219-221.
[61] 李银山,李彤,李欣业,等. 材料力学研究型教学的探索与实践——Maple 材料力学[C]//. 力学课程报告论坛组委会. 第四届力学课程报告论坛. 北京:高等教育出版社,2010:148-151.
[62] 李银山,李铁军,刘波,等. 材料力学教学内容和课程体系改革研究——Maple 材料力学[C]//. 力学课程报告论坛组委会. 第五届力学课程报告论坛. 北京:高等教育出版社,2011:303-306.
[63] 李银山,刘世平,蔡中民,等. 框架剪力墙高层建筑结构抗震优化设计[C]//. 力学与工程应用编审委员会力学与工程应用(第六卷). 北京:中国林业出版社,1996:380-383.
[64] 李银山,邢素芳,马玉英,等. Maple 在材料力学中的应用(一)——拉压中的应力集中和变截面问题[C]//. 力学与工程应用编审委员会力学与工程应用(第十卷). 北京:中国林业出版社,2004:312-315.
[65] 李银山,焦永树,刘悦藏,等. Maple 在材料力学中的应用(二)——变截面扭转和超静定问题[C]//. 力学与工程应用编审委员会力学与工程应用(第十一卷). 北京:中国林业出版社,2006:391-394.
[66] 李银山,桑建兵,范慕辉,等. Maple 在材料力学中的应用(四)——压杆优化设计的迭代方法[C]//. 力学与工程应用编审委员会力学与工程应用(第十三卷). 郑州:郑州大学出版社,2010:356-358.
[67] 李银山,李铁军,范慕辉,等. Maple 在材料力学中的应用(五)——绘制复杂载荷下梁的剪力图和弯矩图[C]//. 力学与工程应用编审委员会力学与工程应用(第十四卷). 郑州:郑州大学出版社,2012:383-385.
[68] Li Yin-shan, Zhang Nian-mei, Yang Gui-tong. 1/3 Subharmonic solution of elliptical sandwich plates[J]. Applied Mathematics and Mechanics, 2003, 24(10):1147-1157.
[69] Chen Yu-shu, Li Yin-shan, Xue Yu-sheng. Safety margin criterion of nonlinear unbalance elastic Axle System[J]. Applied Mathematics and Mechanics. 2003, 24(6):621-630.

[70] Gere J M, Timoshenko S P. Mechanics of materials[M]. 2nd SI ed. New York: Van Nostrand Reinhold, 1984.
[71] Popov E P. Mechanics of materials[M]. 2nd ed. New Jersey: Prentice Hall Inc, 1976.
[72] Timoshenko S. Strength of materials. (Part II Advanced) [M]. 3rd ed. New York: Van Nostrand Reinhod, 1978.
[73] Beer F P, Johnton E R. Mechanics of materials[M]. 5th ed. New Jersey: Prentice Hall, 2004.
[74] Nash W A. Theory and problems of strength of materials[M]. 2nd ed. New York: McGraw-Hill, 1977.
[75] Zienkiewicz O C. The finite element method[M]. 3rd ed. London: McGarw-Hill(UK), 1977.
[76] Richard G. Budynas. Advanced strength and applied stress analysis[M]. 2nd ed. New York: McGraw-Hill, 1999.